入試につながる

合格る数学Ⅱ+B

広瀬 和之 著

文英堂

はじめに

まず最初に，合格る数学 I+A にも書いた「正しき学び方」を再確認しておきます：

（ヘンテコリンな）悪しき学習態度：◆	（ごく普通の）正しき学習姿勢：☆
教科書の基本事項はササっと斜め読みで済ませて，あとはひたすら問題演習・問題演習・問題演習…	教科書をちゃんと読み込み，定義を確認．それをもとに定理を証明する．そして，その流れに沿って，問題演習も行う．
「問題」の「解き方」を覚えることが目的．参考書に載っている問題を全て解けるようにする．	問題を解くのは手段．目的は基本原理を理解し身に着けること．
テストでは，既に解き方を知っている問題が出ることを期待する．	解き方を知らない初見の問題でも，基本にさかのぼることにより，自然体で解く．
易しい問題はテキトーに片付けて，とにかく難しい問題をたくさん解く．そしてその解き方を覚えこむ．	易しい問題を解くときこそ，基本を大事にして正しいフォームを身に付ける．その延長線上で，難問と称されるものも自然体で解く．
細かく区切った 1 テーマを完璧に仕上げてから次へ進み，またそれを完璧に仕上げてから…と，キッチリと成果を積み重ねていく．	多少モヤモヤ感が残ってもどんどん先へ進み，ある程度広い範囲を大まかに頭に入れて問題を解いてみる．解けないならまた基本に戻る．
待ち受ける悲惨な結末	**訪れる心豊かな未来**
高校 1・2 年時，とくに定期テストは成績優秀．でも，模試になるとそれほど芳しくない．	定期テストでは，その問題が既習だったライバルに負けたりするが，模試になると周りが苦戦している中ワリと普通に得点が伸びる．
受験学年になり，浪人生参加の模試になると偏差値が急降下．〇〇大学実戦オープンのような本格的な模試になると，1 問も解けない．	本格的な受験勉強を始めてみると，他の人が難問だと騒いでる問題が，割と普通に，自然に解けたりする．
入試で知らない問題が出たらオシマイ．勝負は試験開始前の段階で既に決まっている．	入試で知らない問題が出ても，その場で現象を観察するうち，体に染み込んだ基本原理からアイデアが湧き上がってきて，解ける．
苦学・苦行したのに，トップレベルの大学には合格できない．	受験生活を通して**学ぶことの喜び**を知り，結果としてトップレベルの大学に合格る．
世にあふれる「数」に関する情報を訳もわからず鵜呑みにして踊らされる．	世の中のあらゆる現象を「数学」という理論体系を通して的確に判断・評価できる．

〔◆のなれの果て〕

問題 a ↔ 解法 a
問題 b ↔ 解法 b
問題 c ↔ 解法 c
問題 d ↔ 解法 d
⋮
知らない ↔ 解けない

困ったことに，大多数の（マジメな）受験生がこの誤った学習法◆の虜です（苦笑）．解き方を真似るだけだから楽．目標が単純明快．問題集一冊“仕上げた”という安易な達成感．目先の定期試験で高得点が取れるという即効性．“罠”にハマってしまうのも当然ですね．周りの大人たちが戒めなければ．
上位大学の問題作成者は，既存の問題と既に準備された解法の対応付けを暗記することを「力」として評価しませんから，◆は実を結びません．また，ただ覚えるだけの学習では，脳に**負荷**がかかっていないので脳は成長しません．前記の「楽」とはそういう意味です．決して楽しい訳ではなく，受験のために，つまらないと感じながら仕方なくやらされる“苦行”です．

筆者の主な仕事は，前記左列◆のような“苦行”としての勉強しかやったことのない子供たちに対して，脳に正しい負荷を与え，**学ぶことの喜び**を伝えることです．それを知ることこそ，「受験」という試練があなたの人生にもたらしてくれる最高のプレゼントです．
筆者の考える本当の「力」とは次の通りです：

初見の問題を，訓練によって身に付けた基本にさかのぼって解決する「力」

〔☆の成果〕

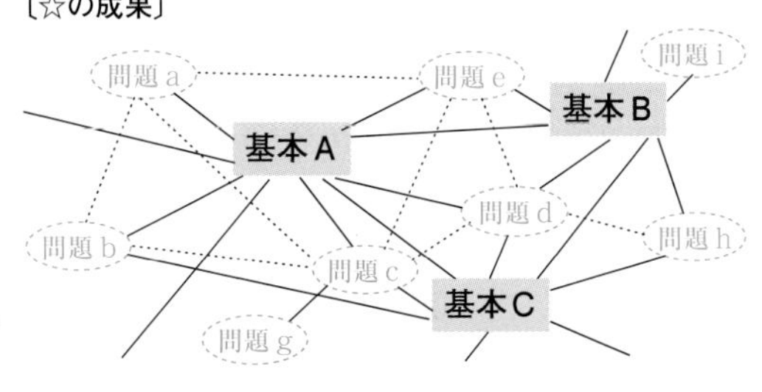

それを会得するための正しい学習法：前ページの表右列☆では，基本の理解を中心・主目的とし，問題演習はそのための手段として基本とのつながりを重視して行います．その結果として，右図のような**脳内ネットワーク**が作られていきます．基本という**核**が，問題演習を通して強固になり，基本と問題が織りなす網目が緻密化してどんな問題も網のどこかに引っ掛かる．解こうとする訳ではなく，否応なく**解けてしまう．そんなイメージです．**
そんな成功をもたらす学習法☆の**ベース**となるべく書かれたのが本書です．学校教科書より詳しい基本事項から，トップ大学の入試問題を解く鍵となる姿勢・考え方までが，**この一冊の中に**そろっています．ある単元を生まれて初めて学ぶときから，受験対策として何度目かの復習をするときまで，つねにこの一冊をベースに学ぶことができます．(もちろん，「何度目に学ぶか」により，各項目の学習の深度は自ずと変わってくるでしょうが．)
以上のコンセプトのもとに書かれた本書に込められた筆者の思いの丈は次の通りです：

- 基本事項を，教科書より詳しく丁寧に一からみっちりと書きました．受験参考書にありがちな，教科書で基礎を学んでいるはずだからと“甘えた”申し訳程度の要約とは訳が違います．

  基本事項解説こそ本書のメインコンテンツです．
- **問題も充実しています．**基本確認のための単純問題から，入試でも難問とされるものまで．ただし，そうした“難問”も，原初の基本と見事に**つなげてお見せします．**業界で 30 年研鑽(けんさん)を積んできた筆者の得意技です (笑)．
- 「大学受験はこの一冊以外不要！」は誇大広告ですが (笑)，少なくとも普段の学習から受験勉強の**ベース作り**までは，ホントに**この 1 冊で OK です．**

合格(うか)る数学．Ⅰ+Aから Ⅱ+Bへ

Ⅰ+Aの内容のほとんどは，単独では入試 (2 次試験) で出ません (例外は「確率」と「整数」)．ですから高 1 段階では「問題が解ける」ことの重要性は低く，その先へつながる基礎・計算こそが大切でした．(もちろん合格(うか)る数学 **Ⅰ+A**はそれを考慮して書かれています)．
それに対して**Ⅱ+B**は，受験までの“距離”も縮まり，多くの分野が単体として入試で出ます．よって，「問題が解ける」ことの重要性は相対的に高まります．しかし，くれぐれも勘違いしないように！**本書の全問題の“解き方”をマスターしたからといって，上位大学の問題が解ける訳ではありません** (もちろん他書でも)．前述した通り，問題演習などの手段により，主目的である基本原理の正しい理解が深まった結果として，問題は自然に解けてしまう．それこそが，本当の意味での数学の「力」です．
それでは本書とともに，**心に広がる豊かな数学の世界へ踏み出しましょう．**

もくじ

本書の使い方 …… 6

第1章 いろいろな式 数学Ⅱ

1 二項定理 …… 10
2 整式の除法 …… 18
3 分数式 …… 26
4 演習問題A …… 32
5 恒等式 …… 36
6 等式の証明 …… 42
7 不等式の証明 …… 46
8 演習問題B …… 55
9 複素数 …… 58
10 複素数と方程式 …… 62
11 演習問題C …… 76
12 有名不等式（今後の内容含む） …… 80
13 演習問題D 他分野との融合 …… 88

第2章 ベクトルの基礎 数学C

1 ベクトルとは？ …… 92
2 ベクトルの演算 …… 94
3 位置ベクトル …… 98
4 内積 …… 100
5 内積による計量 …… 104
6 演習問題A …… 108

第3章 図形と方程式 数学Ⅱ

1 点と図形 …… 110
2 直線の方程式 …… 112
3 点と直線の距離公式 …… 116
4 円の方程式 …… 118
5 演習問題A …… 120
6 図形の共有点 …… 122
7 軌跡・領域（基礎編） …… 128
8 発展的問題 …… 134
9 演習問題B …… 156
10 演習問題C 他分野との融合 …… 162

第4章 三角関数 数学Ⅱ

1 「角」の表し方 …… 164
2 単位円と三角関数 …… 168
3 演習問題A …… 180
4 加法定理など …… 182
5 演習問題B …… 195
6 グラフと周期 …… 196
7 発展的問題 …… 200
8 演習問題C …… 220
9 演習問題D 他分野との融合 …… 224

第5章 指数・対数関数 数学Ⅱ

1 指数の拡張と法則……226
2 指数関数とそのグラフ……232
3 対数とその公式……234
4 対数関数とそのグラフ……238
5 演習問題A……241
6 指数・対数の応用……242
7 演習問題B……260
8 演習問題C 他分野との融合……264

第6章 微分法・積分法 数学Ⅱ

1 微分係数・導関数……266
2 微分法の利用……272
3 微分法の実戦問題……280
4 演習問題A……292
5 定積分・不定積分……296
6 面積を求める……306
7 定積分と関数……314
8 微積分の総合問題……318
9 演習問題B……324
10 演習問題C 他分野との融合……328

第7章 数列 数学B

1 数列の基礎……330
2 等差数列……332
3 等比数列……336
4 演習問題A……340
5 和と階差……342
6 “ドミノ式”→一般項……356
7 数学的帰納法……368
8 数列の総合問題……375
9 演習問題B……386

第8章 統計的推測 数学B

1 確率の基礎（復習）……398
2 確率変数……400
3 期待値・分散の性質……404
4 演習問題A……410
5 二項分布と正規分布……412
6 統計的推測……422
7 推定・検定……428
8 演習問題B……435
9 演習問題C 数学Ⅲとの融合……441

常用対数表……442
平方・平方根・逆数の表……444
正規分布表……445

Index……446

本書の使い方

[全体の構成・進め方]

基本的には先に学んで欲しい章から順に並んでいます．ただし，数学 B 7「数列」は，前提となる予備知識が少なく，逆に他の様々な分野と融合されやすいので，1(および5のうち単純な指数計算）を学んだ後であれば状況次第で早めに学ぶのも良いでしょう．もう 1 つの数学 B 8「統計的推測」は，他分野へ影響を及ぼさないので全 8 章中最後にやりましょう．

[高校数学範囲表] ● 当該分野 ● 関連が深い分野

数学Ⅰ	数学Ⅱ	数学Ⅲ 理系
数と式	いろいろな式	いろいろな関数
2次関数	ベクトルの基礎	極限
三角比	図形と方程式	微分法
データの分析	三角関数	積分法
数学A	指数・対数関数	**数学C**
図形の性質	微分法・積分法	ベクトル
整数	**数学B**	複素数平面
場合の数・確率	数列	2次曲線
	統計的推測	

注 重要度⇧ 2「ベクトルの基礎」は，本来数学 C で学ぶ内容の一部を先取りしたものです．従来数学 B にあった「ベクトル」が，統計重視の影響で数学 C へ先送りされて学ぶ時期が遅くなり，数学の諸分野（とくに3「図形と方程式」）および「物理」の習得が阻害されることが教育現場で懸念されています．そこで本書では，「ベクトル」の単元で学ぶ内容のうち，**他分野を理解するための土台となる内容だけを抽出**し，早期に学んでいただけるよう配慮しました．**必ず2をやってから次章へ進んでください**．たったの「18 ページ」ぽっきりですから（笑）．ここでベクトルを軽く“齧(かじ)って”おけば，後に数学 C で本格的に学ぶ際の負担もかなり軽減されます．正に一石二鳥です（笑）．

[各章の構成・進め方]

章 節 項
1 1 1
　　 2
　　 ⋮
　 2 1
　　 2
　　 ⋮
2 1 1
　　 ⋮

- 章の紹介ページで，その学び方・他分野との関連について説明します（上表は，7数列）．
- 1～8の各**章**は，**節**：1 2…，さらには**項**：1 2…に分かれています（右の通り）．
  例えば第 6 章 8 節 3 項であれば，6 8 3のように表します．
  各ページの上部にこれを表示し，数学の基本体系全体における**今の居場所**がわかるようになっています．巻末の索引も，この章節項番号で表示されています．
- 各節・各項ごとに，教科書より掘り下げた**基本事項**があります．ただし，意図的に厳密性を抑えて書いた箇所もあります（例：「直線 l の方程式は」→「直線 l は」）．
  誤解が生じない範囲で「簡潔さ」を優先し，学習の利便性を図るためです．
  途中，記述に具体性を与える 例 や，理解度を確認する 問 などが入る場合もあります．
- 基本事項の流れの中で，「問題」として演習しがいのある内容を**例題**として扱います．「例題」は，「基本原理」が「問題解法」に直結することを体感する絶好の機会・場面です．解き方の暗記ではなく，**基本にさかのぼって考える**ことにより，前述した「数学脳内ネットワーク」が構築されます．
- いくつか節が進んだ段階で「演習問題」の節を設けます．例えば右の第5章「指数・対数関数」では，次のように 演習問題節 が配置されます：

  1 指数の拡張と法則
  2 指数関数とそのグラフ
  3 対数とその公式
  4 対数関数とそのグラフ
  5 演習問題A
  6 指数・対数の応用
  7 演習問題B
  8 演習問題C 他分野との融合

  1～4節の内容 → 5節「演習問題 A」
  6の内容中心 [1] → 7節「演習問題 B」
  全節の内容＋他章と融合 [2] → 8節「演習問題 C」

注 [1]：～4の内容が含まれるケースもあります．
[2]：「演習問題 C（および D)」は，章によって役割が多少変化します．■

注 “1 つ”学んだ直後にそれを真似て“1 つ”問題を解くという演習スタイルは，“解き方の丸暗記”を誘発する危険性大です．ある程度広い範囲を視野に，**どの基本に戻るか**と考えましょう．

なお，例題や演習問題の解答は，実際の記述答案の見本となることを意識して書きました．普段から，この程度の厳密度合い・ボリューム感で「答案」を書くとよいでしょう．

[例題・演習問題への付加情報]

(例題・問題文) 章・節の番号とその中での順序をアルファベットで表した**例題 5 6 d** のような識別番号があります．他に，テーマ名，問題の種別，関連ある演習問題（一部例題）の番号が付加されます．

(演習問題・問題文) 章・節の番号とその中での順序を数で表した**演習問題 5 7 15** のような識別番号があります．他に，問題の種別が付加されます．テーマ名，関連ある例題の番号は伏せてあります．先入観を持たずに問題と向き合って欲しいからです．

(演習問題・別冊解答) 問題文では伏せてあったテーマ名，関連ある例題の番号（もしくは章節項番号など）が付加されます．

注　「例題」と「演習問題」を，キチッと1対1に対応付け過ぎないよう配慮しています．これまでの学習スタイルが，「はじめに」の◆：「問題の解き方を覚える」だったという人は，“**やりづらい**”と感じるでしょう．それが狙いです（笑）．相互の関連情報は“一応”程度のものだと思ってください．

[各種マーク類]

基本事項	
原理	多くの事柄の源，核，コア．最重要！
定義	数学基本単語の定義
定理	定義から導かれる定理・公式
知識	「定理」ではないが，知っておきたい事
方法論	方法論の総括
問題種別	
根底	基本に密接．他の問題を解く上での土台・拠り所となる“ワンテーマ”問題
実戦	実戦で出る問題．根底より重層的
典型	型にはまった問題．ほぼそのまま出る
終着	この問題自体が（ほぼ）最終目的．（あまり）次へはつながらないパターンもの．
入試	定期試験より大学入試で出やすい
定期	大学入試より定期試験で出やすい
問題解答前後	
考え方	少し難しい考え方，頭の動かし方
着眼	発想の取っ掛かり，注目すべき内容
方針	具体的な方策，解答の青写真
原則	問題解法などの原則・鉄則（例外もあるのが普通）
下書き	答案を書く前の図とか，実験
解答	正規の解答．入試答案の手本となる
別解	解答とは別の解き方．有益なものしか扱わない
本解	前出の解答より優れた解答
解説	解答を詳しく説明．

補助的な事柄	
重要	特に重要な事柄
注意！	注意！警告！アブナイこと
注	幅広い意味での「注」
○ 1)	脚注番号．文中に番号を付し，後で説明
語記サポ	通じにくい用語&記号の補助説明
暗記！	結果を記憶するべきと強調したい事柄
将来	先々の知識を踏まえたお話
余談	軽い話題・コーヒーブレイク
〔証明〕	定理・公式などの証明
補足	解説を少し付け足し
参考	メインテーマから少し逸れた内容
発展	余力のある人だけが読めばよい高度な内容
言い訳	簡潔さ最優先で厳密性を犠牲にするときなど
その他諸々	
△後	△という分野を学習後に復習する場合限定の内容
既習者	既修者が復習する際にも重要なこと
暗算	暗算で見えて欲しい事柄
理系	理系（数学Ⅲ履修者）限定の内容
ハイレベル⬆	難しい内容・問題（とらわれなくてよい）
重要度⬆	（矢印の個数に応じて）重要度上げ
重要度⬇	（矢印の個数に応じて）重要度下げ
■ ■ ■	注などの項目の終了箇所の印
[→△]	参照個所の指示
[→△]	「例題」に関連のある「演習問題」．またはその逆．ガチガチな1対1対応ではない

[網掛け枠]

重要事項のまとめなどを網掛けで表しています．3種類の色を，おおむね次のように使い分けました：

定義，原理など　　原則，方法論，解法選択など　　知識，定理・公式など

[使用する数学記号など]

本書では以下の記号を用います．また，数学では下のギリシャ文字をよく用います．

$\mathbb{C}$	複素数全体の集合
$\mathbb{R}$	実数全体の集合
$\mathbb{Q}$	有理数全体の集合
$\mathbb{Z}$	整数全体の集合
$\mathbb{N}$	自然数全体の集合
$a \in A$	a が集合 A に属する
x の区間 $[a, b]$	$a \leqq x \leqq b$
x の区間 (a, b)	$a < x < b$
x の区間 $(a, b]$	$a < x \leqq b$
$\leq, \geq$	$\leqq, \geqq$ と同じ
$\max F$	F の最大値
$\min F$	F の最小値
x_P	点 P の x 座標

$\therefore, \because$	ゆえに，なぜならば
i.e.	換言すれば
$f(x) := x^2$	x^2 を $f(x)$ と命名する
□	「証明終わり」
○○//	○○が答え，最終結果
数列 (a_n)	(高校教科書では) $\{a_n\}$
$a \mid b$	a は b を割り切る
$a \equiv b \pmod p$	a, b は p で割った余りが等しい
(a, b)	a, b の最大公約数
even, odd	偶数，奇数
A, a の読み方	キャピタル A，スモール A
a'の読み方	a プライム

α	アルファ
β	ベータ
γ	ガンマ
δ	デルタ
ε	イプシロン
λ	ラムダ
π	パイ
τ	タウ
θ	シータ
φ	ファイ
ψ	プサイ
ω	オメガ

[本書で学んで欲しいこと]

筆者が考える数学学習の **3 本柱**は次の 3 つです．本書はそれを強く意識して書かれています．

(a) **基本にさかのぼる** … 「はじめに」で述べた通りです

(b) **現象そのものをあるがままに見る** … 例えば「数列」の問題なら，解こうとする前に「数の並びそのもの」を見る．ごくあたりまえのことなのですが，実行している受験生は稀(まれ)です (涙).

(c) **計算を合理的に行う** … 計算法がスマートだと，思考の流れが途切れず解答の**全体像**が見渡せます．本書は計算過程も詳しく解説します．(暗算で省いて欲しい所は薄字にしてあります．)

注 これらのうち，とくに(b)の習得はハードルが高いです．そんなときにはぜひ『動画解説』も参考にしてください．また，(c)の追加訓練は，ぜひ拙著：「合格(うか)る計算」で．

[本書とその先]

「はじめに」にも書いた通り，本書を真摯に学べばどんな大学の受験に向けても確固たる**『学習ベース』**が出来上がります．**基本事項の流れの中で**，「例題」および 根底 や 重要 マーク付きの「演習問題」[3] を入念に理解し，基本原理に根差した「解法の必然性」が把握できるようになれば，大学入試問題実戦演習への準備は OK と言えるでしょう．

しかし，「入試」とは結局のところそこで出た問題が解けるかどうかの勝負です．本書を『学習ベース』に据えつつ，初見の問題を解く“他流試合”にも積極的に挑(いど)みましょう．模試や受験大学の過去問など…．その“実戦”を通して，あなたの「学び」が正しいかどうかを省察するのです．

ただし，そうした“実戦問題”の多くは，あなたの力を伸ばすためには作られていません．本書並みに真面目にやると，体が 2 つ要るのでほどほどに (笑)．勉強では，**メリハリ**が大事です：

本書 … 基礎を習得する『学習ベース』．みっちり．繰り返し． → 「ハリ」

“他流試合”… 雑多な初見問題演習．わりとテキトーに，“量”をこなす． → 「メリ」

語記サポ ハリ：楽器の弦などがピンと張(ハリ)りつめている メリ：減(メリ)り込んでダランとたるんでいる■

「メリハリ」を覚えて，勉強上手 = 生きる上手になりましょう．

注 [3]：これら以外の「演習問題」は，「ハリ」というよりある程度「メリ」に寄った扱いにしてもよいでしょう．

第 1 章
いろいろな式

概要

章の名称通り，いろいろな**式**に関する特性・計算法などについて学びます．また，これまで扱ってきた「実数」より広い範囲の**数**：「複素数」を導入し，数学Ⅰでは未習であった 3 次以上の方程式についても学習します．
数学Ⅰ「**数**と**式**」とよく似た特性をもつ分野であり，今後**高校数学全体の土台**となる重要な分野です．

将来入試では

数学Ⅰ「数と式」と同様，この章の内容が単独で出るというより，他のあらゆる分野を陰で支えるという役割の方がメインです．**基礎・計算力を重視**して学びましょう．
注　ただし，7や12で学ぶ“相加相乗”などの有名不等式は，問題が解けるか否かに直接関与することが多いです．

学習ポイント

学ぶ内容は大まかにいうと次の 2 つです：

1. **式**変形　$x^2-5x+6=(x-2)(x-3)$
2. **数値**代入　$4-10+6=0$（上式の x へ 2 を代入した）

「式」と「数値」．この 2 つを明確に区別しながら学ぶことが，より深い理解を得るためには欠かせない前提条件となります．
同時に，上で示した 2 例において何気なく使っている「=(イコール)」という記号について，「**式**として等しい」と「**値**として等しい」の 2 通りの意味があることも理解していきましょう．
注　1213は，「指数・対数関数」など，指定してある他分野を学んだ後で取り組んでください．

この章の内容

1 二項定理
2 整式の除法
3 分数式
4 演習問題A
5 恒等式
6 等式の証明
7 不等式の証明
8 演習問題B
9 複素数
10 複素数と方程式
11 演習問題C
12 有名不等式（今後の内容含む）
13 演習問題D 他分野との融合

［高校数学範囲表］ ●当該分野　●関連が深い分野

数学Ⅰ	数学Ⅱ	数学Ⅲ 理系
数と式	いろいろな式	いろいろな関数
2次関数	ベクトルの基礎	極限
三角比	図形と方程式	微分法
データの分析	三角関数	積分法
数学A	指数・対数関数	**数学C**
図形の性質	微分法・積分法	ベクトル
整数	**数学B**	複素数平面
場合の数・確率	数列	2次曲線
	統計的推測	

1 二項定理

「二項定理」とは，言ってみればただの展開公式です（笑）．そんな原始的な公式だからこそ，**数学全分野**において使用する可能性があります．**常備必須**の公式だと思ってください．
Ⅰ+A 1 2 2 で述べた**展開の仕組み**（1 に再掲）に基づいて学べば，すぐにマスターでき，かつ今後の応用もスムーズにいきます．

1 展開の仕組み 重要度↑↑↑

まず，「二項定理」を理解するためのベースとなる「展開」の仕組みを復習しておきます．
多項式の因数どうしの積：$(a+b)(x+y)$ の展開は，次のような感覚で実行します：

因数 $(a+b)$, $(x+y)$ から項を 1 個ずつ抜き出して作る積を，全ての抜き出し方について加える．

$(a+b)(x+y) = ax+ay+bx+by.$
アイウエ

展開の仕組み 原理 重要度↑ 既習者
展開式とは，各因数から項を 1 個ずつ抜き出して作る積を，全ての抜き出し方について加えたもの．

例題 1 1 a 展開の仕組み 重要度↑ 根底 実戦

[→演習問題 1 4 2]

$(x^2+3x-2)^2$ の展開式における定数項，x^4 の係数，x^2 の係数をそれぞれ求めよ．

方針 “抜き出して掛ける”という感覚のおさらいです．

解答 「左」「右」の 2 つの因数について，それぞれ 3 つの項のうちどれを抜き出して掛けるかを考える．
求める値は

定数項 $=(-2)^2=4$,
x^4 の係数 $=1\cdot 1=1$,
x^2 の係数 $=-2+9-2=5.$ //

「左」「右」
$(x^2+3x-2)(x^2+3x-2)$ 定数項 x^4
$(x^2+3x-2)(x^2+3x-2)$ ⋯ x^2

解説 展開式を降べきの順に整理するとき，“両端”（最高次と定数項）は抜き出し方が 1 通りのみで簡単です．それに比べて“真ん中”の x^2 は，抜き出し方が多く手間がかかります．

参考 展開式全体を書くと，$x^4+6x^3+5x^2-12x+4$ となります．

2 展開・因数分解のおさらい

学校教科書では数学Ⅱで扱う 3 次式の展開，因数分解などを，本書では Ⅰ+A 1 で既に済ませてありますが，少し感覚を取り戻すために軽くおさらいしておきましょう．
準備として，Ⅰ+A 1 3 5 および Ⅰ+A 1 2 4 にあった公式を再掲しておきます．ちゃんと身に付いていたかどうかを確認してください．

展開・因数分解の公式 定理

2 項展開

❶ $(a+b)^2=a^2+2ab+b^2$　　❶′ $(a-b)^2=a^2-2ab+b^2$

❷ $(a+b)^3=a^3+3a^2b+3ab^2+b^3$　　❷′ $(a-b)^3=a^3-3a^2b+3ab^2-b^3$

❸ $(a+b)^n=\sum_{k=0}^{n}{}_n\mathrm{C}_k a^{n-k}b^k$ (n は任意の自然数)　　二項定理 [→1 1 3]

3 項展開

❹ $(a+b+c)^2=a^2+b^2+c^2+2ab+2bc+2ca$

累乗の差

❺ $a^2-b^2=(a-b)(a+b)$

❻ $a^3-b^3=(a-b)(a^2+ab+b^2)$　　❻′ $a^3+b^3=(a+b)(a^2-ab+b^2)$

❼ $a^n-b^n=(a-b)(a^{n-1}+a^{n-2}b+\cdots+b^{n-1})$ (n は任意の自然数)

対称式の公式 定理

ⓐ $a^2+b^2=(a+b)^2-2ab$　　ムリヤリ和の 2 乗を作って余分を引く

ⓑ $a^3+b^3=(a+b)^3-3ab(a+b)$　　ムリヤリ和の 3 乗を作って余分を引く

ⓒ $a^2+b^2+c^2=(a+b+c)^2-2(ab+bc+ca)$　　ムリヤリ和の 2 乗を作って余分を引く

ⓓ $a^3+b^3+c^3-3abc=(a+b+c)(a^2+b^2+c^2-ab-bc-ca)$

例題 1 1 b 展開，因数分解の計算 根底 実戦 定期

[→ I+A 1 2 3]

(1) $(x+y)^3(x-y)^3$ を展開せよ．　(2) $a^6-7a^3b^3-8b^6$ を因数分解せよ．

(3) $p^3+q^3+3pq-1$ を因数分解せよ．

方針 (1) $(x+y)^3$, $(x-y)^3$ をそれぞれ展開するのは面倒そう．

(2)「a^3」「b^3」というカタマリが見えましたか？

(3) 上にある公式のどれかが適用できます．

解答 (1) $(x+y)^3(x-y)^3$

$=\{(x+y)(x-y)\}^3$

$=(x^2-y^2)^3$

$=(x^2)^3-3(x^2)^2(y^2)+3(x^2)(y^2)^2-(y^2)^3$

$=x^6-3x^4y^2+3x^2y^4-y^6$.//

(2) $a^6-7a^3b^3-8b^6$

$=(a^3)^2-7a^3b^3-8(b^3)^2$

$=(a^3+b^3)(a^3-8b^3)$

$=(a^3+b^3)\{a^3-(2b)^3\}$

$=(a+b)(a^2-ab+b^2)(a-2b)(a^2+2ab+4b^2)$.//

(3) $p^3+q^3+3pq-1$

$=p^3+q^3+(-1)^3-3pq\cdot(-1)$

$=\{p+q+(-1)\}$
$\times\{p^2+q^2+(-1)^2-pq-q\cdot(-1)-(-1)p\}$

$=(p+q-1)(p^2-pq+q^2+p+q+1)$.//

解説 (3)で使用した公式は上記ⓓです．これは，3 文字の対称式に関する公式ですが，そのうち 1 文字の所を定数「-1」とした本問は，公式ⓓの利用に気付きにくいですね．

注 ⓓの公式としての使用の可否は，例によって状況次第です．

3 二項定理 重要度↑

I+A 1 2 3 で既に学んだ，二項からなる因数 $(a+b)$ の 3 乗を展開する公式：

$$(a+b)^3=a^3+\underline{3}a^2b+3ab^2+b^3$$

の右辺において a^2b の係数が「3」となる理由を，前項「展開の仕組み」をもとに再確認しておきます．

左辺を展開する際には，3 つの因数 1 2 3（右を参照）からそれぞれ a, b のうち一方を抜き出して積を作ります．そのうち a^2b となるのは，3 つの因数のうち 2 個から a を，1 個から b を抜き出すときで，どの 1 つの因数から b を抜き出すかを考えると，全部で ${}_3C_1=\underline{3}$ 通りあります．この「3」が，a^2b の係数となる訳です．

1	2	3
$(a+b)$	$(a+b)$	$(a+b)$
b	a	a
a	**b**	a
a	a	**b**

これと同じ考えを用いて $(a+b)^5$ を展開しましょう．

5 つの因数 1 2 3 4 5 からそれぞれ a, b のうち一方を抜き出して積を作る際，例えば a^3b^2 となるのは，5 つの因数のうち 3 個から a を，2 個から b を抜き出すときです．よって，b の方を抜き出す因数の選び方の個数を考えて，a^3b^2 の係数は ${}_5C_2$ [1] となります．ab^4 など他の項についても同様に考えると，次の展開式を得ます：（右辺の赤字は b を抜き出した因数の個数）：

1	2	3	4	5
$(a+b)$	$(a+b)$	$(a+b)$	$(a+b)$	$(a+b)$
b	**b**	a	a	a
b	a	**b**	a	a
b	a	a	**b**	a
		⋮		
a	a	a	**b**	**b**

$$\overset{1}{(a+b)}\overset{2}{(a+b)}\overset{3}{(a+b)}\overset{4}{(a+b)}\overset{5}{(a+b)}={}_5C_0a^5b^0+{}_5C_1a^4b^1+{}_5C_2a^3b^2+{}_5C_3a^2b^3+{}_5C_4a^1b^4+{}_5C_5a^0b^5.$$

注1 $a^0=b^0=1$, ${}_5C_0={}_5C_5=1$ でしたね．[→ I+A 1 1 2，I+A 7 3 5]

注2 [1]：もちろん，a を抜き出す因数の方を考えて ${}_5C_3$ とすることもできます．■

「5 乗」を「n 乗」（n は任意の自然数）としても同様の結果を得ます．これを**二項定理**といいます：

二項定理 定理 二項からなる因数の n 乗を展開すると，次のようになる：

$$\overset{1}{(a+b)}\overset{2}{(a+b)}\overset{3}{(a+b)}\cdots\overset{n}{(a+b)}$$

$$={}_nC_0a^nb^0+{}_nC_1a^{n-1}b^1+{}_nC_2a^{n-2}b^2+\cdots+\underbrace{{}_nC_ka^{n-k}b^k}_{\text{「展開式の一般項」という}}+\cdots+{}_nC_na^0b^n.\ \cdots①$$

赤字は b を抜き出した因数の個数

$$\text{i.e. } (a+b)^n=\sum_{k=0}^{n}{}_nC_ka^{n-k}b^k.\ \cdots①'$$

解説 この定理の**実体**を表している①を見て**理解**しましょう．展開式における $a^{n-k}b^k$ の係数は，n 個の因数 1 2 3 … n から，b を抜き出す k 個の因数の選び方を考えて，${}_nC_k$ となります．

①′は，左辺を「n 乗」と書き，右辺を Σ 記号でまとめた簡潔な表現です．

注 「和」を表す Σ 記号は第 7 章「数列」で学ぶ内容ですが，I+A 4 2 1 で既にご紹介したように，ここでは“器 k”に $0, 1, 2, \cdots, n$ を代入して全て加えることを意味します．

どちらの記法を用いるかは，好みと状況次第で選びますが，たとえ①′で書かれていても，必ず①を思い浮かべていることが必須です．

補足 ①右辺で，a^0, b^0, ${}_nC_0$, ${}_nC_n$ は，実際には初めから「1」として書かないことが多いです．

例題 1 1 c 二項定理 根底 実戦

[→演習問題 1 4 1]

$(a+2b)^5$ を展開せよ.

方針 前ページの公式に"あてはめる"のではなく, 右の因数①②…⑤をイメージして,「$2b$ の抜き出し方」を**考える**こと!

① ② ③ ④ ⑤
$(a+2b)(a+2b)(a+2b)(a+2b)(a+2b)$

解答
$$(a+2b)^5 = {}_5C_0a^5(2b)^0 + {}_5C_1a^4(2b)^1 + {}_5C_2a^3(2b)^2 + {}_5C_3a^2(2b)^3 + {}_5C_4a^1(2b)^4 + {}_5C_5a^0(2b)^5$$
$$= a^5 + {}_5C_1a^4(2b) + {}_5C_2a^3(2b)^2 + {}_5C_3a^2(2b)^3 + {}_5C_4a(2b)^4 + (2b)^5$$
$$= a^5 + 5a^4(2b) + 10a^3(2b)^2 + 10a^2(2b)^3 + 5a(2b)^4 + (2b)^5$$
$$= a^5 + 10a^4b + 40a^3b^2 + 80a^2b^3 + 80ab^4 + 32b^5. /\!/$$

例題 1 1 d 二項定理の利用 根底 実戦

[→演習問題 1 4 1]

(1) $(2a-b)^4$ を展開せよ.

(2) $(x^2+3x)^6$ の展開式における x^{10} の係数を求めよ.

方針 (1) 頭の中で $\{(2a)+(-b)\}^4$ とみなして二項展開[1] します.

(2) 二項展開式を全て書くのは疲れそう(笑). そんな時は, 文字 k を用いた展開式の一般項を書き, x の次数が 10 となるような k を探ります.

語記サポ [1]: 二項定理を用いて展開することを(俗に)こう言います.

解答

(1)
$$(2a-b)^4 = \{(2a)+(-b)\}^4$$
$$= {}_4C_0(2a)^4(-b)^0 + {}_4C_1(2a)^3(-b)^1 + {}_4C_2(2a)^2(-b)^2 + {}_4C_3(2a)^1(-b)^3 + {}_4C_4(2a)^0(-b)^4$$
$$= (2a)^4 - {}_4C_1(2a)^3b + {}_4C_2(2a)^2b^2 - {}_4C_3(2a)b^3 + b^4 \quad {}^{2)}$$
$$= 16a^4 - 32a^3b + 24a^2b^2 - 8ab^3 + b^4. /\!/$$

(2) 二項展開式の一般項は
$${}_6C_k(x^2)^{6-k}(3x)^k = \underbrace{{}_6C_k3^k}_{\text{係数}} \cdot \underbrace{x^{12-k}}_{\text{文字の部分}} \ (k=0,1,2,\cdots,6). \quad {}^{3)}$$
x の次数が 10 となるとき
$$12-k=10 \text{ より } k=2. \quad {}^{4)}$$
よって求める係数は
$${}_6C_2 \cdot 3^2 = 15 \cdot 9 = 135. /\!/$$

注 [2]: 展開式の各項の符号は, $(-b)$ を抜き出す個数が偶数個なら $+$, 奇数個なら $-$ です. 初めからその処理を済ませた上で紙に書くようにしましょう.

[3]: このように,「係数」の部分と「x の文字式」の部分とをしっかり分離することが重要です.

[4]: この程度の問題なら, k の値はいろいろ試してちょうどよいものを見つけてしまえばよいかと思います.

4 パスカルの三角形

$(\underline{1}+x)^n$ (n は自然数) を二項展開すると，$\underline{1}$ は何乗しようと 1 なので，次のようになります：

$$(1+x)^n = {}_nC_0 + {}_nC_1x^1 + {}_nC_2x^2 + \cdots + {}_nC_nx^n.$$ 赤字は x を抜き出した因数の個数

また，$n \geqq 2$ のとき

$$(1+x)^n = (1+x)(1+x)^{n-1}$$
$$= (1+x)\left({}_{n-1}C_0 + {}_{n-1}C_1x + {}_{n-1}C_2x^2 + \cdots + {}_{n-1}C_{n-1}x^{n-1}\right).$$

(1×(…) が ☆，x×(…) が ★)

2 式の右辺どうしを比べると

$$\begin{aligned} &{}_nC_0 + {}_nC_1x + {}_nC_2x^2 + \cdots + {}_nC_kx^k + \cdots + {}_nC_{n-1}x^{n-1} + {}_nC_nx^n \\ =& {}_{n-1}C_0 + {}_{n-1}C_1x + {}_{n-1}C_2x^2 + \cdots + {}_{n-1}C_kx^k + \cdots + {}_{n-1}C_{n-1}x^{n-1} \quad \text{上の☆} \\ &+ {}_{n-1}C_0x + {}_{n-1}C_1x^2 + \cdots + {}_{n-1}C_{k-1}x^k + \cdots + {}_{n-1}C_{n-2}x^{n-1} + {}_{n-1}C_{n-1}x^n \quad \text{上の★} \end{aligned}$$

両辺の x^k $(1 \leqq k \leqq n-1)$ の係数を比較すると，次の等式が成り立つことがわかります．

$${}_nC_k = {}_{n-1}C_{k-1} + {}_{n-1}C_k.$$

参考 [→ **I+A 7 3 8 後コラム❷**] の「エース起用 or 温存」でも取り上げた等式です．■

これを見ると，n 乗の展開式に現れる二項係数は，$n-1$ 乗の展開式に現れる二項係数 2 つの和として表せることがわかります．この関係を視覚的に表したものが，右の**パスカルの三角形**です (赤字は二項係数の値)．

例えば 5 乗の展開の係数「${}_5C_3=10$」は，その左上「${}_4C_2=6$」と，右上「${}_4C_3=4$」の和になっていますね (青色部分)．

$(a+b)^1$	${}_1C_0$ (1)	${}_1C_1$ (1)				
$(a+b)^2$	${}_2C_0$ (1)	${}_2C_1$ (2)	${}_2C_2$ (1)			
$(a+b)^3$	${}_3C_0$ (1)	${}_3C_1$ (3)	${}_3C_2$ (3)	${}_3C_3$ (1)		
$(a+b)^4$	${}_4C_0$ (1)	${}_4C_1$ (4)	${}_4C_2$ (6)	${}_4C_3$ (4)	${}_4C_4$ (1)	
$(a+b)^5$	${}_5C_0$ (1)	${}_5C_1$ (5)	${}_5C_2$ (10)	${}_5C_3$ (10)	${}_5C_4$ (5)	${}_5C_5$ (1)

問 パスカルの三角形を，8 乗の係数まで完成させよ．ただし，二項係数の値のみ書けばよいとする．

解答 右の通り．

$(a+b)^1$	1	1							
$(a+b)^2$	1	2	1						
$(a+b)^3$	1	3	3	1					
$(a+b)^4$	1	4	6	4	1				
$(a+b)^5$	1	5	10	10	5	1			
$(a+b)^6$	1	6	15	20	15	6	1		
$(a+b)^7$	1	7	21	35	35	21	7	1	
$(a+b)^8$	1	8	28	56	70	56	28	8	1

注 実際に二項展開式の係数を求める際には，二項係数の値を直接計算してしまうことが多いです．しかし，例えば 7 乗の二項係数がわかっている場合には，8 乗の係数はそれを利用した方が早く求まります．

参考 パスカルの三角形には，次のような特徴があります：

❶ 各行 (横の並び) の両端は 1 である．

❷ 両端以外は，左上と右上の和に等しい．

❸ 各行の数の並びは左右対称である．

❹ 各行の数は，中央ほど大きく，端に行くほど小さい．[→**演習問題 1 13 1 参考**]

❺ $(a+b)^n$ の行の和は 2^n である．[→**例題 1 1 g** (1)]

発展 $(a+b)^n$ の係数において，両端にある 1 以外の数の**偶奇**に着目してみましょう．

n が 2 の累乗数 (2, 4, 8) のとき→全て偶数．

n が上記 -1 ($n=3, 7$) のとき→全て奇数．

実はこれ，一般的に成り立つ法則であり，次のようになることが知られています：

$n=2^k\ (k=1,2,3,\cdots)$ と表せるときに限り，${}_n\mathrm{C}_k\ (1\leqq k\leqq n-1)$ は全て偶数．

$n=2^k-1\ (k=2,3,4,\cdots)$ と表せるときに限り，${}_n\mathrm{C}_k\ (1\leqq k\leqq n-1)$ は全て奇数．

この事実の証明は，整数（Ⅰ+A 6）における有名な難問です．この件と関連の深いものとして，「クンマーの定理」なるものがあります．

5 多項定理

「二項」より多い「3項以上」の累乗を展開します．「二項定理」を**理解**していれば，つまり「**展開の仕組み**」を理解していれば，それとほぼ同様な考え方から導けます．

3 では，$(a+b)^5$ の二項展開式における a^3b^2 の係数を，

❶ b を抜き出す因数の選び方

→ ${}_5\mathrm{C}_2$ 通り　組合せ

として求めていましたが，それ以外に

❷ 1 2 3 4 5 と順序を付けて a 3個と b 2個を並べる方法

→ $\dfrac{5!}{3!2!}$ 通り　同じものを含む順列

という考え方もあります．

1	2	3	4	5
$(a+b)$	$(a+b)$	$(a+b)$	$(a+b)$	$(a+b)$
a	a	a	b	b
a	a	b	a	b
a	a	b	b	a
		⋮		
b	b	a	a	a

補足　この2つの見方については，[→ Ⅰ+A 7 3 7 補足] で触れました．■

この❷を用いると，$(a+b+c)^5$ も同様に展開できます（“3項展開”）．展開式において，例えば a^2b^2c となる抜き出し方の数は，上記❷にならって

1 2 3 4 5 と順序を付けて
a 2個と b 2個と c 1個を並べる方法

→ $\dfrac{5!}{2!2!1!}$ 通り　同じものを含む順列

と求まり，これが a^2b^2c の係数となります．

1	2	3	4	5
$(a+b+c)$	$(a+b+c)$	$(a+b+c)$	$(a+b+c)$	$(a+b+c)$
a	a	b	b	c
a	a	b	c	b
a	a	c	b	b
		⋮		
c	b	b	a	a

「5乗」を「n 乗」（n は任意の自然数）としても同様の結果を得ます．これを**多項定理**といいます：

多項定理　定理　3項からなる因数の n 乗を展開すると，次のようになる：

$(a+b+c)^n$ の展開式における $a^pb^qc^r\ (p+q+r=n)$ の項は，

p 個の a，q 個の b，r 個の c の並べ方を考えて，$\dfrac{n!}{p!q!r!}a^pb^qc^r$．　展開式の一般項

注　「3項」が「4項以上」になっても考え方は同様です．

参考　展開して同類項をまとめたとき何種類の項ができるかについては，[→ Ⅰ+A 演習問題 7 5 32]

例題 11e 多項定理 根底 実戦

[→演習問題143]

(1) $(x+y+z)^6$ の展開式における xy^3z^2 の係数を求めよ.

(2) $(a+2b-c-2)^8$ の展開式における a^2bc^4 の係数を求めよ.

注 5 多項定理を使いますが,「抜き出し方を考える」という基本姿勢を忘れずに.

解答 (1) 6つの因数のうち, 1つから x を, 3つから y を, 2つから z を抜き出す仕方を考えて, 求める係数は

$$\frac{6!}{3!2!}=\frac{6\cdot5\cdot4}{2}=60. /\!/$$

(2) 展開式における a^2bc^4 の項は, a, $2b$, $-c$, -2 をそれぞれ 2, 1, 4, 1 回抜き出して得られるから

$$\frac{8!}{2!4!}\cdot a^2\cdot(2b)\cdot(-c)^4\cdot(-2)=-\frac{8!}{2!4!}2^2\cdot a^2bc^4.$$

よって求める係数は

$$-\frac{8!}{2!4!}\cdot2^2=-8\cdot7\cdot6\cdot5\cdot2=-3360. /\!/$$

6 二項定理・多項定理の応用

例題 11f 二項定理・多項定理 根底 実戦

[→演習問題141, 3]

$P=(x+a+2)^8$ について答えよ.

(1) P を x の多項式[1]とみて展開したとき, x^5 の係数を求めよ.

(2) P を x と a の多項式とみて展開したとき, x^3a^2 の係数を求めよ.

(3) P を x と a の多項式とみて展開したとき, 次数が 5 である項の係数の総和を求めよ.

語記サポ 1):この「多項式」という用語は,「整式」と同じ意味で使っています. [→ I+A 113]

着眼 設問ごとに視点が変化するのがわかりますか?

(1) $(\underbrace{x}_{\text{文字}}+\underbrace{a+2}_{\text{係数}})^8$ (2) $(\underbrace{x}_{\text{文字}x}+\underbrace{a}_{\text{文字}a}+\underbrace{2}_{\text{係数}})^8$ (3) $(\underbrace{x+a}_{\text{文字}}+\underbrace{2}_{\text{係数}})^8$

これが何を意味しているかは…, 下記の**解答**を見ればわかります(笑).

解答 (1) $P=\{x+(a+2)\}^8$ を x の多項式とみて二項展開したとき, x^5 の項は

$${}_8C_5x^5(a+2)^3 \overset{2)}{=} {}_8C_3(a+2)^3\cdot x^5.$$

よって, x^5 の係数は,

$${}_8C_3(a+2)^3=56(a+2)^3. /\!/$$

(2) $P=(x+a+2)^8$ を x, a の多項式とみて多項展開したとき, x^3a^2 の項は

$$\frac{8!}{3!2!3!}x^3a^2\cdot2^3=\frac{8!}{3!2!3!}2^3\cdot x^3a^2.$$

よって, x^3a^2 の係数は,

$$\frac{8!}{3!2!3!}2^3=\frac{8\cdot7\cdot\overset{2}{\cancel{6}}\cdot5\cdot\cancel{4}}{\cancel{2}\cdot\cancel{3}\cdot\cancel{2}}2^3=8\cdot7\cdot10\cdot8=4480. /\!/$$

(3) $P=\{(x+a)+2\}^8$ を文字 x, a の多項式とみて二項展開したとき, 5次となる項は

$${}_8C_5(x+a)^5\cdot2^3$$
$$={}_8C_3\cdot2^3\cdot(x+a)^5$$
$$=8\cdot7\cdot8\times(x^5+{}_5C_1x^4a+\underline{{}_5C_2x^3a^2}+{}_5C_3x^2a^3+{}_5C_4xa^4+a^5).$$

よって, 次数が 5 である項の係数の総和は

$$8\cdot7\cdot8\times(1+5+\underline{10}+10+5+1)$$
$$=8\cdot7\cdot8\cdot32=7\cdot2^{11}=7\cdot2048=14336. /\!/$$

注 2):二項係数に関する公式:${}_nC_k={}_nC_{n-k}$ は大丈夫ですね?

(3)で赤下線を付した部分が, (2)の答えに対応します.

二項定理は，“基本的には”「展開」の公式ですが，変形の向きを逆にすれば「因数分解」にも利用できます．次の例題は，いかにも「二項展開式」っぽい式を，展開する前の元の形に復元する練習です．

例題 1 1 g 二項係数の等式 根底 実戦 典型 入試

[→演習問題 1 4 4]

$$(1+x)^n = {}_n\mathrm{C}_0 + {}_n\mathrm{C}_1 x + {}_n\mathrm{C}_2 x^2 + \cdots + {}_n\mathrm{C}_{n-1} x^{n-1} + {}_n\mathrm{C}_n x^n \quad \cdots ①$$

を利用して，以下の問いに答えよ．

(1) $A = {}_n\mathrm{C}_0 + {}_n\mathrm{C}_1 + {}_n\mathrm{C}_2 + \cdots + {}_n\mathrm{C}_n$ を求めよ．

(2) $B = {}_n\mathrm{C}_0 - {}_n\mathrm{C}_1 + {}_n\mathrm{C}_2 - \cdots + (-1)^n {}_n\mathrm{C}_n$ を求めよ．

(3) 二項係数 ${}_n\mathrm{C}_k$ $(k = 0, 1, 2, \cdots, n)$ のうち，k が偶数であるもの，奇数であるものの総和をそれぞれ C, D とする．C, D を求めよ．

方針 (1)(2) 等式①の x にどんな数値を代入するかを考えます．

(3) A, B を利用します．

解答 (1) A は①の右辺で $x = 1$ としたものである．よって

$$A = (1+1)^n = 2^n. /\!/$$

(2) B は①の右辺で $x = -1$ としたものである．よって

$$B = (1-1)^n = 0. /\!/$$

(3) (1)(2)より

$$(A =)\, {}_n\mathrm{C}_0 + {}_n\mathrm{C}_1 + {}_n\mathrm{C}_2 + \cdots + {}_n\mathrm{C}_n = 2^n. \quad \cdots ②$$

$$(B =)\, {}_n\mathrm{C}_0 - {}_n\mathrm{C}_1 + {}_n\mathrm{C}_2 - \cdots + (-1)^n {}_n\mathrm{C}_n = 0. \quad \cdots ③$$

②＋③ より

（n が偶数なら $2{}_n\mathrm{C}_n$，n が奇数なら 0.）

$$2{}_n\mathrm{C}_0 + 2{}_n\mathrm{C}_2 + 2{}_n\mathrm{C}_4 + \cdots + \{1 + (-1)^n\}{}_n\mathrm{C}_n = 2^n.$$

この左辺が $2C$ であるから，$C = 2^{n-1}. /\!/$

②－③ より

（n が偶数なら 0，n が奇数なら $2{}_n\mathrm{C}_n$.）

$$2{}_n\mathrm{C}_1 + 2{}_n\mathrm{C}_3 + 2{}_n\mathrm{C}_5 + \cdots + \{1 - (-1)^n\}{}_n\mathrm{C}_n = 2^n.$$

この左辺が $2D$ であるから，$D = 2^{n-1}. /\!/$

解説

$$(a+b)^n \underset{\text{因数分解}}{\overset{\text{展開}}{\rightleftarrows}} {}_n\mathrm{C}_0 a^n + {}_n\mathrm{C}_1 a^{n-1}b + {}_n\mathrm{C}_2 a^{n-2}b^2 + \cdots + {}_n\mathrm{C}_n b^n \quad \cdots ①'$$

上式①′を見ればわかる通り，二項定理には「展開」「因数分解」の 2 通りの使い方があります．とはいえ基本は「展開」ですから，それを何度も反復練習し，自然に逆向きの「因数分解」もできるようにしましょう．

本問の(1)(2)は，①式が与えられているのでそれを見ながら「x に何を代入するか？」と考えますが，①がなくても，「二項定理っぽいぞ！」と感じたら①′を紙に書きそれを見ながら「a, b に何を代入するか？」と考えれば OK です．(1)なら，$a = b = 1$ とすればよいとわかりますね．

参考 (1)で得た等式は，要素の個数が n 個である全体集合の部分集合の個数を考えることからも得られます．[→ I+A 演習問題 7 5 13]

2 整式の除法

その名の通り，「除く方法論」です．「割り算」とも呼ばれますが，その呼称は分数式 $\frac{\triangle}{\bigcirc}$ を作るという誤ったイメージを誘発してしまいます．よって，本書では基本的には「除法」と呼びます．

1 除いておく

例　x の 3 次式 $f(x)=2x^3-7x^2-9x+2$ から，2 次式 $g(x)=x^2-5x+2$ の整式倍を除いていくことを考えます．

$f(x)=2x^3-7x^2-9x+2$ と $g(x)=x^2-5x+2$ の赤下線部を見比べると，$2x^3$ は x^2 の $\boxed{2x}$ 倍です．
そこで，右の引き算を行います：

$$\begin{array}{rrrrr} & f(x)= & 2x^3 & -7x^2 & -9x & +2 \\ -) & g(x)\cdot\boxed{2x}= & 2x^3 & -10x^2 & +4x & \\ \hline & f(x)-g(x)\cdot 2x= & & 3x^2 & -13x & +2. \end{array}$$

この右辺と $g(x)=x^2-5x+2$ の赤波線部とを見比べると，$3x^2$ は x^2 の $\boxed{3}$ 倍です．そこで，右の引き算を行います．この結果を整理して書くと，次の通りです：

$$\begin{array}{rrrr} & f(x)-g(x)\cdot 2x= & 3x^2 & -13x & +2. \\ -) & g(x)\cdot\boxed{3}= & 3x^2 & -15x & +6 \\ \hline & f(x)-g(x)\cdot 2x-g(x)\cdot 3= & & 2x & -4. \end{array}$$

$$f(x)=g(x)\cdot(2x+3)+(2x-4).\ \cdots ①$$

試しに，この右辺を展開・整理してみてください．必ず自身で実行してね

x^2 の項

$$右辺=(x^2-5x+2)(2x+3)+(2x-4)=2x^3-7x^2-9x+2.$$

x の項

ちゃんと左辺の $f(x)$ と一致しましたね．アタリマエですが (笑)．①における「=」は，**両辺が式として一致している**という意味であることを確認しておいてください！

2 整式の除法

前項の①式において，1 次式 $2x-4$ からは，もうこれ以上 2 次式 $g(x)$ の整式倍を除くことはできませんね．$f(x)$ をこのような形に式変形するのが整式の除法です：

整式の除法　原理　整式 $f(x)$, $g(x)$ ($\neq 0$ [1)]) が与えられたとき，$f(x)$ を
割られる式　割る式

$$f(x)=g(x)\cdot Q(x)+R(x)$$ 式として一致する

ただし，$Q(x)$, $R(x)$ は整式で，$R(x)$ は $g(x)$ より低次 (または 0 [2)])

の形に式変形することを**整式の除法**という．
また，$Q(x)$, $R(x)$ のことを，それぞれ $f(x)$ を $g(x)$ で割った**商**，**余り**という．

参考　整数の除法とよく似ていますね．両者の違いは次の点です：

整数の除法→等式 $a=bq+r$ において，割る数 b と余り r の値の大小が重要

整式の除法→割る式 $g(x)$ と余り $R(x)$ の次数の大小が重要

余りが 0 であるとき，$f(x)$ は $g(x)$ で割り切れるといいます．これも，整数の除法と同様ですね．

注 1　1)2)：これらの「0」とは，数値ではなく，0 という式です．$0+0x+0x^2+\cdots$ という係数が全て 0 である多項式だと思ってください．

注 2　与えられた整式 $f(x)$, $g(x)$ に対して，商と余りは必ず 1 つに定まることが知られています．

問 (1) x^3+2x^2+3x+4 を x^2 で割った商と余りを求めよ．

(2) $4x^2$ を $2x+1$ で割った商と余りを求めよ．

解答 (1) $x^3+2x^2+3x+4=\underbrace{x^2}_{2\text{次}}\cdot(x+2)+\underbrace{(3x+4)}_{1\text{次}}$ より，商：$x+2$，余り：$3x+4$.//

(2) $4x^2=\underbrace{(2x+1)}_{1\text{次}}(2x-1)+\underbrace{1}_{0\text{次}}$ より，商：$2x-1$，余り：1.//

3 除法の筆算

1 で行った除法の計算，つまり $f(x)$ から $g(x)\times$整式 を除いていく計算は，次のように[3] 行うと効率的です：

語記サポ 3)：除法（割り算）を「実行する」とか，「筆算」とかいったりします．

$$
\begin{array}{r|rrrrl}
 & \boxed{2x} & +\boxed{3} & & & \cdots\text{商 } Q(x)\\
\hline
x^2-5x+2\ (g(x)) & 2x^3 & -7x^2 & -9x & +2 & \cdots f(x)\\
 & 2x^3 & -10x^2 & +4x & & \cdots g(x)\cdot\boxed{2x}\\
\hline
 & & 3x^2 & -13x & +2 & \cdots f(x)-g(x)\cdot\boxed{2x}\\
 & & 3x^2 & -15x & +6 & \cdots g(x)\cdot\boxed{3}\\
\hline
 & & & 2x & -4 & \cdots\text{余り } R(x)\\
 & x^3 & x^2 & x & \text{定数} & \cdots\text{各列の次数は一定}
\end{array}
$$

$$
\begin{array}{r|rrrr}
 & 2 & 3 & & \\
\hline
1\ \ -5\ \ 2 & 2 & -7 & -9 & 2\\
 & 2 & -10 & 4 & \\
\hline
 & & 3 & -13 & 2\\
 & & 3 & -15 & 6\\
\hline
 & & & 2 & -4
\end{array}
$$

上左の筆算を見ると，1 で行った計算がどのように表現されているかがわかりますね．ただし，$\overline{)\ \ }$ より下の部分は，1列目は x^3，2列目は x^2，3列目は x，4列目は定数項と，各列毎に x の次数は決まっています．よって，「x^3」など文字の部分は書かずに係数のみ書くことで，スピード・正確性が格段にアップします．何度か左のやり方を通して「除法」＝「除く方法」を**理解**したら，その後は右のやり方でスッキリ片付けるべし！

例題 1 2 a 除法の筆算 根底 実戦

[→演習問題 1 4 8]

(1) $f(x)=x^4-10x^2+12x+1$ を $g(x)=x^2+3x-3$ で割った商と余りを求めよ．

(2) $f(x)=2x^3+2x^2-3x$ を $g(x)=2x^2+3x-1$ で割った商と余りを求めよ．

方針 筆算を行います．係数だけを書く方式でいきましょう．「0」が現れるので注意！

解答 (1)

$$
\begin{array}{r|rrrrr}
 & 1 & -3 & 2 & & \\
\hline
1\ \ 3\ \ -3 & 1 & 0 & -10 & 12 & 1\\
 & 1 & 3 & -3 & & \\
\hline
 & & -3 & -7 & 12 & \\
 & & -3 & -9 & 9 & \\
\hline
 & & & 2 & 3 & 1\\
 & & & 2 & 6 & -6\\
\hline
 & & & & -3 & 7
\end{array}
$$

商：x^2-3x+2, 余り：$-3x+7$.//

(2)

$$
\begin{array}{r|rrrr}
 & 1 & -\frac{1}{2} & & \\
\hline
2\ \ 3\ \ -1 & 2 & 2 & -3 & 0\\
 & 2 & 3 & -1 & \\
\hline
 & & -1 & -2 & 0\\
 & & -1 & -\frac{3}{2} & \frac{1}{2}\\
\hline
 & & & -\frac{1}{2} & -\frac{1}{2}
\end{array}
$$

商：$x-\dfrac{1}{2}$, 余り：$-\dfrac{1}{2}x-\dfrac{1}{2}$.//

注 ここで用いた係数のみを書く方法は，あくまでも除法の仕組みを理解できている前提で使うようにしてくださいね．

4 整式の除法の応用

整式の除法に関するごく素朴な問題をやってみましょう．

例題 1 2 b 割り切れる条件 重要度↑ 根底 実戦

[→演習問題 1 11 12]

x の多項式 $A=2x^3+ax^2+4x+b$, $B=x^2+2x+3$ がある．A が B で割り切れるような定数 a, b の値を求めよ．

文字係数があるときは，右ほど広くスペースをとる

方針 筆算を実行し，求めた余りが「0」となるための条件を考えます．

$$
\begin{array}{rrrrr}
 & 2 & a-4 & & \\
\hline
1\ 2\ 3\,) & 2 & a & 4 & b \\
 & 2 & 4 & 6 & \\
\hline
 & & a-4 & -2 & b \\
 & & a-4 & 2a-8 & 3a-12 \\
\hline
 & & & -2a+6 & -3a+b+12
\end{array}
$$

解答

$A=B\cdot(2x+a-4)+\underbrace{(-2a+6)x+(-3a+b+12)}_{R\text{ とおく}}$.

A が B で割り切れるための条件は

$R=0$ [1]. ・・・式として等しい

i.e. $\begin{cases} -2a+6=0, \\ -3a+b+12=0. \end{cases}$ [2] ・・・値として等しい

これを解いて，求める値は，$a=3$, $b=-3$.//

注 [1]：余り「0」とは，整式「$0x+0$」のことです．

[2]：よって，R の係数は全て「0 という数値」になります．

重要 「式」なのか？それとも「値」なのか？…「＝」を使う際にもその違いを理解していないと，頓珍漢なことになりますよ (笑).

例題 1 2 c 整式の除法の仕組み 根底 実戦

[→演習問題 1 4 9]

(1) 整式 A を整式 x^2+1 で割ったところ，商が x^2+3x-1 で余りが 1 [1] であった．A を求めよ．

(2) 整式 A を整式 $2x+1$ で割ったところ，商が Q で余りが 5 であった．さらに，Q を $(x-1)^2$ で割ったところ，余りが x であった．A を $(2x+1)(x-1)^2$ で割った余りを求めよ．

方針 ただひたすら，「A を B で割った商が Q で余りが R」であることを，

$A=BQ+R$ (R は B より低次または 0)

と表します．

解答 (1) $A=(x^2+1)\cdot(x^2+3x-1)+1$

$=x^4+3x^3+3x$.//

(2) $A=(2x+1)\cdot Q+5$.

$Q=(x-1)^2\cdot Q_1+x$ (Q_1はある整式).

したがって

$A=(2x+1)\{(x-1)^2\cdot Q_1+x\}+5$

$=(2x+1)(x-1)^2\cdot Q_1+(2x+1)x+5$

$=\underbrace{(2x+1)(x-1)^2}_{3\text{ 次}}\cdot Q_1+\underbrace{(2x^2+x+5)}_{2\text{ 次以下}}$. [2]

よって求める余りは，$2x^2+x+5$.//

注 [1]：2 次式で割った余りは「1 次以下」です．1 次式や定数であるケースもあります．

[2]：くれぐれも次数に注意！

例題 1 2 d 除いておく効用

根底 実戦 典型 定期 [→演習問題 1 4 10]

x の 4 次式 $f(x)=x^4+2x^3+5x-1$ と 2 次式 $g(x)=2x^2+6x+1$ があり，方程式 $g(x)=0$ …① の 1 つの解 $x=\dfrac{-3+\sqrt{7}}{2}$ を α とおく．$x=\alpha$ のときの $f(x)$ の値 $f(\alpha)$ を求めよ．

注 方程式①を解くと，“b' の解の公式” より，$x=\dfrac{-3\pm\sqrt{7}}{2}$ ですね．

方針 α の値はキレイではないので，4 次式 $f(x)$ へ直接代入して計算するのは面倒です．しかし，α は方程式①の 1 つの解ですから，$g(x)$ へ代入すれば値は当然「0」です！そこで，$f(x)$ から $g(x)$ を除いておいてから α を代入するという戦略を用います．

解答 $f(x)$ を $g(x)$ で割ると次のようになる．

$$
\begin{array}{rrr|rrrrr}
 & & & \frac{1}{2} & -\frac{1}{2} & \frac{5}{4} & & \\
\hline
2 & 6 & 1 & 1 & 2 & 0 & 5 & -1 \\
 & & & 1 & 3 & \frac{1}{2} & & \\
\hline
 & & & & -1 & -\frac{1}{2} & 5 & \\
 & & & & -1 & -3 & -\frac{1}{2} & \\
\hline
 & & & & & \frac{5}{2} & \frac{11}{2} & -1 \\
 & & & & & \frac{5}{2} & \frac{15}{2} & \frac{5}{4} \\
\hline
 & & & & & & -2 & -\frac{9}{4}
\end{array}
$$

この結果を整理すると，次の通り：

$$f(x)\overset{1)}{=}g(x)\cdot\left(\frac{1}{2}x^2-\frac{1}{2}x+\frac{5}{4}\right)+\left(-2x-\frac{9}{4}\right).$$

両辺の x に α を代入すると，$g(\alpha)=0$ だから

$$
\begin{aligned}
f(\alpha)&\overset{2)}{=}\underbrace{g(\alpha)}_{0}\cdot\left(\frac{1}{2}\alpha^2-\frac{1}{2}\alpha+\frac{5}{4}\right)-2\alpha-\frac{9}{4}\\
&=-2\alpha-\frac{9}{4}\\
&=-2\cdot\frac{-3+\sqrt{7}}{2}-\frac{9}{4}\\
&=\frac{3}{4}-\sqrt{7}.\ /\!/
\end{aligned}
$$

解説 4 次式 $f(x)$ から，2 次の割る式 $g(x)$ を**予**(あらかじ)**め除いておき**，1 次の余りを用意しておくことにより，数値計算の手間が省けましたね．今後もあちこちで大活躍する手法です．

注 1)：この「$=$」は，式として等しいという意味であり，両辺の x にどんな値を代入しても両辺は等しい値になります．このような等式のことを「恒等式」と呼びます．[→ 1 5 1]

2)：そこで x に α を代入すると，数値についての等式ができます．$g(\alpha)\cdot(\cdots\cdots)$ の部分が 0 となってゴッソリ消え，1 次式の余りに代入した $-2\alpha-\dfrac{9}{4}$ だけの計算で済むので楽ですね．

注 1)：この「$g(x)$」は 0 という式ではありません．決して「0 で割る」という暴挙は行っておりませんよ（笑）．

2)：この $g(\alpha)$ は，0 という数値です．

参考 ここで用いた手法とよく似たものを，「整数」における「倍数判定法」[→ I+A 6 2 3]で用いていました．例えば 2025 が 4 の倍数か否かを判定する際，

$$2025=20\cdot100+25=20\cdot\underline{4}\cdot25+\underbrace{25}_{\text{下 2 桁}}$$

のように 4 の倍数とわかっている百以上の位の数を**除いておく**ことにより，下 2 桁のみを考えることに帰着したのです．

5 組立除法

整式の除法において，割る式が「$x-\alpha$」という 1 次式であるケースが今後頻繁に現れます．このタイプの除法を，**3** の「筆算」より簡便に実行する「**組立除法**」をご紹介します．

$$\underbrace{ax^3+bx^2+cx+d}_{\text{割られる式}}=\underbrace{(x-\alpha)}_{\text{割る式}}\cdot\underbrace{(px^2+qx+r)}_{\text{商}}+\underbrace{s}_{\text{余り}}$$

例えば上の等式が成り立つとき，両辺の係数を比べると次のようになります：

$$\begin{cases} x^3\cdots & a=p \\ x^2\cdots & b=q-\alpha p \\ x\cdots & c=r-\alpha q \\ \text{定数項}\cdots & d=s-\alpha r. \end{cases}$$

商の係数と余りを a, b, c, d, α で表すと，

$$\begin{cases} p=a \\ q=b+\alpha p \\ r=c+\alpha q \\ s=d+\alpha r. \end{cases}$$

よって，次の手順で商と余りが求まります：

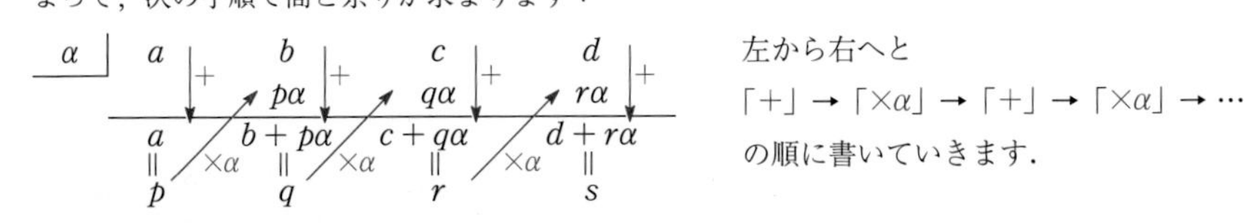

左から右へと
「+」→「×α」→「+」→「×α」→ …
の順に書いていきます．

例題 12e 組立除法　根底 実戦

(1) $3x^3-4x^2-3x+1$ を $x-2$ で割った商と余りを，組立除法で求めよ．

(2) x^3+4x^2+3x-1 を $2x+3$ で割った商と余りを，組立除法で求めよ．

解答 (1)

2	3	−4	−3	1
		6	4	2
	3	2	1	3

（3, 2, 1：商の係数　3：余り）

上の組立除法より

商：$3x^2+2x+1$, 余り：3.//

注 組立除法では上下を<u>足し算</u>します．「筆算」においては上下で<u>引き算</u>しましたが．

(2) **方針** $2x+3=2\left\{x-\left(-\frac{3}{2}\right)\right\}$ と変形し，いったん $x-\left(-\frac{3}{2}\right)$ で割ります．■

$-\frac{3}{2}$	1	4	3	−1
		$-\frac{3}{2}$	$-\frac{15}{4}$	$\frac{9}{8}$
	1	$\frac{5}{2}$	$-\frac{3}{4}$	$\frac{1}{8}$

上の組立除法より

$$x^3+4x^2+3x-1$$
$$=\left(x+\frac{3}{2}\right)\left(x^2+\frac{5}{2}x-\frac{3}{4}\right)+\frac{1}{8} \quad {}^{1)}$$
$$=(2x+3)\left(\frac{1}{2}x^2+\frac{5}{4}x-\frac{3}{8}\right)+\frac{1}{8} \quad {}^{2)}$$

$\therefore$ 商：$\frac{1}{2}x^2+\frac{5}{4}x-\frac{3}{8}$, 余り：$\frac{1}{8}$.//

注 1) の 2 つの括弧について，前を 2 倍し，後ろを 2 で割ったのが 2) です．
このような式変形を経ると，「筆算」(下記) に対する優位性はかなり薄れます．

$$\begin{array}{r} \frac{1}{2}\quad\ \frac{5}{4}\quad -\frac{3}{8} \\ 2\ \ 3\,\overline{)\,1\quad 4\quad\ 3\quad -1} \\ 1\quad \frac{3}{2} \\ \hline \frac{5}{2}\quad\ 3 \\ \frac{5}{2}\quad \frac{15}{4} \\ \hline -\frac{3}{4}\quad -1 \\ -\frac{3}{4}\quad -\frac{9}{8} \\ \hline \frac{1}{8} \end{array}$$

6 剰余の定理・因数定理

組立除法を行うと，「$x-\alpha$」で割った商と余りが求まりますが，余りのみが興味の対象となるケースもよくあります．そんなとき少し便利な定理をご紹介します．

整式 $f(x)$ を 1 次式 $x-\alpha$ で割った余りは定数 r とおけて，商を $Q(x)$ とおくと

$$f(x)=(x-\alpha)\cdot Q(x)+r$$ 式として一致

と表せます．両辺の x に α を代入して

$$f(\alpha)=(\alpha-\alpha)\cdot Q(\alpha)+r=r$$ 値として一致

よって，次のことが言えます：

剰余の定理 定理

整式 $f(x)$ と定数 α があるとき，

$f(x)=(x-\alpha)\cdot Q(x)+r$ （$Q(x)$ は整式, r は定数） 式変形

と表せるから，$f(x)$ を $x-\alpha$ で割った余りは $r=f(\alpha)$ である． 数値代入

注 $f(x)$ を $ax+b$ $(a\neq 0)$，つまり $a\left\{x-\left(-\frac{b}{a}\right)\right\}$ で割った余りは，前の**例題126**(2)からわかるように，$x-\left(-\frac{b}{a}\right)$ で割った余りに等しく，$f\left(-\frac{b}{a}\right)$ です．■

剰余の定理をもとにすると，次の定理も即座に導かれます：

因数定理 定理

整式 $f(x)$ が $x-\alpha$ で割り切れる $r=0$

i.e. $f(x)=(x-\alpha)\cdot Q(x)$ （$Q(x)$ は整式）と表せる 式変形

$\Longleftrightarrow f(\alpha)=0.$ 数値代入

注 どちらの定理も，式変形をベースとして数値代入によって結果が導かれています．

例題 1 2 f 剰余の定理・因数定理 根底 実戦 [→演習問題 1 4 11]

x の整式 $f(x)=x^3+2ax^2+x-3a$ （a は定数）について答えよ．

(1) $f(x)$ を $x+2$ で割った余りを求めよ．

(2) $f(x)$ が $x+2$ で割り切れるような a の値を求めよ．

(3) (2)のとき，$f(x)$ を因数分解せよ．

方針 (1) 剰余の定理． (2) 因数定理． (3) 割り切れることを既知として，組立除法．

解答 (1) 求める余りは，剰余の定理より

$$f(-2)=-8+8a-2-3a=5a-10.$$ //

(2) 題意の条件は，因数定理より(1)で求めた余りが 0 であること，すなわち

$$5a-10=0.\ \therefore\ a=2.$$ //

(3) $a=2$ より，$f(x)=x^3+4x^2+x-6$．

これを $x+2$ で割る．

−2	1	4	1	−6
		−2	−4	6
	1	2	−3	0

上の組立除法より

$$f(x)=(x+2)(x^2+2x-3)$$
$$=(x+2)(x+3)(x-1).$$ //

7 余りを求める

例題 1 2 g 累乗と余り 重要度↑ 根底 実戦 [→演習問題 1 4 12]

(1) 多項式 $(x+2)^n$ $(n \geqq 2)$ を x^2 で割った余りを求めよ.

(2) 多項式 x^n $(n \geqq 2)$ を $(x-2)^2$ で割った余りを求めよ.

方針 整式の除法に関する基本に忠実に, $A = BQ + R$ (R は B より低次) の形へと「式変形」することを目指します.

(1) **解答** 二項定理より,

$$(\boxed{2} + \underline{x})^n = 2^n + {}_n\mathrm{C}_1 2^{n-1}x + {}_n\mathrm{C}_2 2^{n-2}x^2 + \cdots + {}_n\mathrm{C}_n x^n$$
$$= \underbrace{2^n + n \cdot 2^{n-1}x}_{1\text{ 次以下}} + x^2 \cdot (x\text{ の多項式}).$$

よって求める余りは, $2^n + n \cdot 2^{n-1}x$ //

解説 「$x+2$」を「$2+x$」の順に書き直したのは, $\boxed{2}$ が余りを決める主要な部分だからです. ■

(2) **方針** (1)の「x^2」で割った余りは,「x」について展開すればできました. (2)は「$(x-2)^2$」で割った余りなので,「$x-2$」について展開します. アタリマエだと感じられる?（笑）

解答 二項定理より,

$$x^n = \left\{\boxed{2} + (\underline{x-2})\right\}^n$$
$$= 2^n + {}_n\mathrm{C}_1 2^{n-1}(x-2) + {}_n\mathrm{C}_2 2^{n-2}(x-2)^2 + \cdots + {}_n\mathrm{C}_n (x-2)^n$$
$$= \underbrace{2^n + n \cdot 2^{n-1}(x-2)}_{1\text{ 次以下}} + (x-2)^2 \cdot (x\text{ の多項式}).$$

よって求める余りは, $2^n + n \cdot 2^{n-1}(x-2) = n \cdot 2^{n-1}x - (n-1)2^n$. //

補足 (1)(2)とも, 答えは $n=1$ でも適合します.

例題 1 2 h 余りを求める（抽象的） 根底 実戦 典型 [→演習問題 1 4 13]

(1) 整式 $f(x)$ は, $x-2$ で割った余りが 3, $x+1$ で割った余りが -6 である. $f(x)$ を x^2-x-2 で割った余りを求めよ.

(2) 整式 $g(x)$ は, $x+2$ で割った余りが 4, x^2-1 で割った余りが x である. $g(x)$ を $(x+2)(x^2-1)$ で割った余りを求めよ.

着眼 抽象的で次数すら不明な整式 $f(x)$ について, 余りだけに関する情報から余りだけを求めます.

方針 中核を担うのは「式変形」. それをベースとして,「数値代入」も併用します.

解答 (1) $f(x)$ は, $Q_1(x)$ などのある整式を用いて次のように表せる (a, b は定数).

$f(x) = (x-2) \cdot Q_1(x) + 3$. …① 式変形

$f(x) = (x+1) \cdot Q_2(x) - 6$. …②

$f(x) = \underbrace{(x-2)(x+1)}_{2\text{ 次}} \cdot Q_3(x) + \underbrace{ax+b}_{1\text{ 次以下}}$. …③

③①より, $f(2) = 2a + b = 3$. 数値代入

③②より, $f(-1) = -a + b = -6$.

よって $a = 3$, $b = -3$ だから, 求める余りは

$3x - 3$. //

(2) $g(x)$ は，$Q_4(x)$ などのある整式を用いて次のように表せる（a, b, c は定数）．

$g(x)=(x+2)\cdot Q_4(x)+4.$ …④

$g(x)=(x-1)(x+1)\cdot Q_5(x)+x.$ …⑤

$g(x)=\underbrace{(x+2)(x-1)(x+1)}_{3\text{ 次}}\cdot Q_6(x)+\underbrace{ax^2+bx+c}_{2\text{ 次以下}}.$ …⑥

⑥④より，$g(-2)=4a-2b+c=4.$ …⑦

⑥⑤より，$g(1)=a+b+c=1.$ …⑧

⑥⑤より，$g(-1)=a-b+c=-1.$ …⑨

⑧ − ⑨より，$2b=2.$ ∴ $b=1.$

これと⑦⑧より，$a=2,\ c=-2.$

よって求める余りは，$2x^2+x-2.$ //

注 例えば(1)の「$f(2)=3$」などは，①式を書くまでもなく「剰余の定理」から得られます．しかし，上記**解答**のように「式変形」をベースとした上で「数値代入」を行う習慣を付けてください．より高度な問題に対応するために．

例題 1 2 i 余りを求める（平方式） 重要度↑ 根底 実戦 入試

[→演習問題 1 4 14]

整式 $f(x)$ は，$x-3$ で割った余りが 2，$(x-1)^2$ で割った余りが $3x+1$ である．$f(x)$ を $(x-3)(x-1)^2$ で割った余りを求めよ．

着眼 3 次式で割った余りを求める点では，前問(2)とよく似ていますが，決定的な違いがあります．それは，x に代入すると有効な数値の個数です（**解答**途中で詳述します）．

解答 $f(x)$ は，$Q_1(x)$ などのある整式を用いて次のように表せる（a, b, c は定数）．

$f(x)=(x-3)\cdot Q_1(x)+2.$ …① 式変形

$f(x)=(x-1)^2\cdot Q_2(x)+3x+1.$ …②

$f(x)=\underbrace{(x-3)(x-1)^2}_{3\text{ 次}}\cdot Q_3(x)+\underbrace{ax^2+bx+c}_{2\text{ 次以下}}.$ …③

注 $\begin{cases}\text{未知数}：a, b, c\text{ の 3 個}\\ x\text{ に代入して有効な数値}：3, 1\text{ の 2 個}\end{cases}$

このように，「数値代入」で得られる条件の個数が足りなくなっている原因は，$\boxed{(x-1)^2}$ という「平方式」があるからですね．よって，対処の仕方は，

「平方式」で割った余りを「式変形」で表す

ということになります．■

$\boxed{(x-1)^2}$ で割った余りに注目する．

③右辺第 1 項は $\boxed{(x-1)^2}$ で割り切れる．これと②より，ax^2+bx+c を $\boxed{(x-1)^2}$ で割ると，

余りは $3x+1$ [1]．また，商は定数．

これと③より次のように表せる（k は定数）．

$f(x)=(x-3)\boxed{(x-1)^2}\cdot Q_3(x)+\boxed{(x-1)^2}\cdot k+3x+1.$ …④

④①より

$f(3)=4k+10=2.$ ∴ $k=-2.$

以上より，求める余りは

$-2(x-1)^2+3x+1=-2x^2+7x-1.$ //

解説 [1]：ピンと来ない人は，次の説明で納得しておきましょう．

$$\begin{aligned}ax^2+bx+c&=f(x)-(x-3)\boxed{(x-1)^2}\cdot Q_3(x)\ (\because\ ③)\\&=\boxed{(x-1)^2}\cdot Q_2(x)+3x+1-(x-3)\boxed{(x-1)^2}\cdot Q_3(x)\ (\because\ ②)\\&=\boxed{(x-1)^2}\cdot(\text{ある整式})+3x+1.\end{aligned}$$

とはいえ，このような詳細な計算を行うまでもなくズバッと見抜けるようになりたいです．

将来 本問のような「平方式で割った余り」を求めるには，「積の微分法」（数学Ⅲ）を利用する方法もあります．

[→演習問題 1 4 14 別解]

3 分数式

1 分数式計算の基礎

分数，分数式の計算（分母にある文字は当然 0 でないとする.）

分子，分母に C を掛ける

❶ $\dfrac{A}{B} = \dfrac{AC}{BC}$ …分子，分母に同じものを掛けても，割っても，値は不変

分子，分母を C で割る

❷ $\dfrac{A}{C} + \dfrac{B}{C} = \dfrac{A+B}{C}$ …分母が揃(そろ)えば分子どうしで足し算できる（引き算も同様）

❸ 積：$\dfrac{A}{B} \cdot \dfrac{C}{D} = \dfrac{AC}{BD}$．商：$\dfrac{A}{B} \div \dfrac{C}{D} = \dfrac{\frac{A}{B}}{\frac{C}{D}} = \dfrac{A}{B} \cdot \dfrac{D}{C} = \dfrac{AD}{BC}$.

❶を用いて，❷の「和」や「差」の計算ができるよう分母を揃えることを，**通分**といいますね.

補足 古来わかりづらいことで評判の（笑）❸「商」を，❶をもとにして大雑把に説明しておきます：

$$\frac{A}{B} \div \frac{C}{D} = \frac{\frac{A}{B}}{\frac{C}{D}}$$

$$= \frac{\frac{A}{B} \cdot D}{C} \quad \text{…分子，分母を } D \text{ 倍}$$

$$= \frac{A}{B} \cdot \frac{D}{C}. \quad \text{…分子，分母を } C \text{ で割る}$$

2 約分

前項❶を右辺→左辺の向きに使い，分子，分母から共通な因数を取り除く計算です．どんな共通因数があるかを見抜くのがポイントです.

例題 1 3 a 約分 根底 実戦 定期

[→演習問題 1 4 18]

(1) $\dfrac{abc}{a^2b + ab^2}$ を簡単にせよ.

(2) $\dfrac{4x^2 - 4x - 3}{(2x-3)(3x+1)}$ を簡単にせよ.

(3) $\dfrac{2x^2 + 3x - 14}{x^3 - x^2 - x - 2}$ を簡単にせよ.

解答 (1) **方針** 分子と分母を，全ての項にある共通因数 ab で割って約分します. ■

$$\frac{abc}{a^2b + ab^2} = \frac{c}{a+b}. /\!/$$

(2) **方針** 分母にある 2 つの因数のうち，どちらかが分子の因数にもなっていることを期待します．分子の x^2 の係数が 4 ですから，$3x+1$ の方は望み薄ですね. ■

$$\frac{4x^2 - 4x - 3}{(2x-3)(3x+1)} = \frac{(2x-3)(2x+1)}{(2x-3)(3x+1)}$$

$$= \frac{2x+1}{3x+1}. /\!/$$

(3) **方針** まず，やりやすい分子を 2 つの因数に分解し，そのどちらかが分母の因数にもなっていないか調べます．もちろん，ヤサシイ方から順に．■

分子 $=(2x+7)(x-2)$．　$x-2$ の方が簡単

2	1	−1	−1	−2
		2	2	2
	1	1	1	0

左の組立除法より

$$与式=\frac{(2x+7)(x-2)}{(x-2)(x^2+x+1)}$$
$$=\frac{2x+7}{x^2+x+1}.//$$

注 やってみるとわかりますが，組立除法と因数定理に要する時間はたいして変わりません．よって，どうせ商も求める際には，因数定理を使わず，初めから組立除法を実行することも多いです．

注 (3)の答えの分母がさらに因数分解できて分子と約分できるケースもあります．くれぐれも油断しないように．

補足 (3)の答えは，$\dfrac{1\text{ 次式}}{2\text{ 次式}}$ であり，分子の次数 ＜ 分母の次数 …① です．

一方(2)の答えは，$\dfrac{1\text{ 次式}}{1\text{ 次式}}$ であり，①のようにはなっていません．このような分数式は，①の形へ変形することが可能です．7「分子の低次化」で学びます．

3 分数式の積，商

1❸に従って計算します．ただし，約分で消える所が見つかり次第どんどん消していきましょう．

例題 1 3 b 分数式の積，商　根底 実戦 定期　[→演習問題 1 4 18]

次の数，式を簡単にせよ．

(1) $\dfrac{2}{3}\div\dfrac{4}{5}$　(2) $\dfrac{a^2+2ab}{a^2-2ab+b^2}\cdot\dfrac{ab-b^2}{a^2+4ab+4b^2}$　(3) $\dfrac{x^2-4}{x^3+8}\div\dfrac{x^3-8}{x^2-2x+4}$

注 高校以降では，「÷」という表現を用いることは稀(まれ)ですが，一応練習です．

方針 約分をしてできるだけ簡単にします．

解答 (1) $\dfrac{2}{3}\div\dfrac{4}{5}=\dfrac{2}{3}\cdot\dfrac{5}{4}=\dfrac{5}{6}.//$

(2) $\dfrac{a^2+2ab}{a^2-2ab+b^2}\cdot\dfrac{ab-b^2}{a^2+4ab+4b^2}$

$$=\frac{a(a+2b)}{(a-b)^2}\cdot\frac{b(a-b)}{(a+2b)^2}$$
$$=\frac{ab}{(a-b)(a+2b)}.//$$

(3) $\dfrac{x^2-4}{x^3+8}\div\dfrac{x^3-8}{x^2-2x+4}$

$$=\frac{(x+2)(x-2)}{(x+2)(x^2-2x+4)}\cdot\frac{x^2-2x+4}{(x-2)(x^2+2x+4)}$$
$$=\frac{1}{x^2+2x+4}.//$$

解説 けっきょく，因数分解が自在にできるかどうかの勝負ですね．

参考 (2)の答えは，$\dfrac{ab}{a^2+ab-2ab^2}$ と変形するとわかる通り，分子，分母の全ての項が**同次式**(2次)です．このような分数式は，分子，分母を b^2 で割って，$\dfrac{ab}{(a-b)(a+2b)}=\dfrac{\frac{a}{b}}{\left(\frac{a}{b}-1\right)\left(\frac{a}{b}+2\right)}$ のように**比** $\dfrac{a}{b}$ のみで表せることが有名です．[→演習問題 1 4 20]

4 繁分数の整理

分子や分母に分数式を含んでいる場合の計算です．多くの人が下手な方法でやってます．

例題 1 3 c 繁分数 根底 実戦 定期

[→演習問題 1 4 18]

次の数，式を簡単にせよ．

(1) $\dfrac{1+\dfrac{4}{9}}{\left(1+\dfrac{2}{3}\right)^2}$　(2) $\dfrac{\dfrac{1}{t}-\dfrac{1}{t+1}}{1+\dfrac{1}{t}\cdot\dfrac{1}{t+1}}$　(3) $1+\dfrac{1}{2+\dfrac{1}{a+1}}$

方針 1 1 ❶を用いて，分子全体，分母全体の双方に同じものを掛けるのが正しい計算です．

注 例えば(1)において，~~分子を通分して $\dfrac{13}{9}$~~ とするのは下手な計算の見本です．

解答 (1) 与式 $=\dfrac{9+4}{(3+2)^2}$ （分子，分母を 9 倍）

$=\dfrac{13}{25}$.//

解説 分母は次のように計算しています：

$3^2\left(1+\dfrac{2}{3}\right)^2=\left\{3\left(1+\dfrac{2}{3}\right)\right\}^2$ （括弧内を 3 倍）

$=(3+2)^2$.

（分母を 3^2 倍）

(2) 与式 $=\dfrac{(t+1)-t}{t(t+1)+1}$ （分子，分母を $t(t+1)$ 倍）

$=\dfrac{1}{t^2+t+1}$.//

(3) 与式 $=1+\dfrac{a+1}{2(a+1)+1}$ （分子，分母を $a+1$ 倍）

$=1+\dfrac{a+1}{2a+3}$

$=\dfrac{2a+3+a+1}{2a+3}=\dfrac{3a+4}{2a+3}$.//

5 通分

2 つ（以上）の分数を，分母を揃えて足したり引いたりする練習です．

例題 1 3 d 通分 根底 実戦 定期

[→演習問題 1 4 15]

次の分数，分数式を通分して簡単にせよ．

(1) $\dfrac{5}{12}-\dfrac{7}{18}$　(2) $\dfrac{1}{x}-\dfrac{1}{x+1}$　(3) $\dfrac{1}{k^2+k}-\dfrac{1}{k^2+3k+2}$

(4) $\dfrac{1}{x^2-1}+\dfrac{1}{x^3+1}$　(5) $\dfrac{2}{x}-\dfrac{1}{2\sqrt{x}}$

解答 (1) **方針** 分母を，12 と 18 の最小公倍数に統一します．■

与式 $=\dfrac{5}{6\cdot2}-\dfrac{7}{6\cdot3}$

$=\dfrac{5\cdot3}{6\cdot2\cdot3}-\dfrac{7\cdot2}{6\cdot3\cdot2}$

$=\dfrac{15-14}{36}=\dfrac{1}{36}$.//

(2) 与式 $=\dfrac{x+1}{x(x+1)}-\dfrac{x}{x(x+1)}=\dfrac{1}{x(x+1)}$.//

(3) **方針** まずは分母を因数分解．■

与式 $=\dfrac{1}{k(k+1)}-\dfrac{1}{(k+1)(k+2)}$

$=\dfrac{k+2}{k(k+1)(k+2)}-\dfrac{k}{k(k+1)(k+2)}$

$=\dfrac{2}{k(k+1)(k+2)}$.//

(4) **着眼** 2 つの分母には共通な因数があることが見抜けましたか？■

$\dfrac{1}{x^2-1}+\dfrac{1}{x^3+1}$

$=\dfrac{1}{(x+1)(x-1)}+\dfrac{1}{(x+1)(x^2-x+1)}$

$=\dfrac{(x^2-x+1)+(x-1)}{(x+1)(x-1)(x^2-x+1)}$

$=\dfrac{x^2}{(x+1)(x-1)(x^2-x+1)}$.//

（$\dfrac{x^2}{(x-1)(x^3+1)}$ でも可）

(5) **着眼** x は分母の $\sqrt{\ }$ 内にあるので当然正です．$x=(\sqrt{x})^2$ を見抜いて通分すること．■

与式 $=\dfrac{4}{2x}-\dfrac{\sqrt{x}}{2x}=\dfrac{4-\sqrt{x}}{2x}$.//

6 部分分数展開 「部分分数分解」とも言います

例 分数式 $A=\dfrac{1}{x+1}+\dfrac{2}{x+2}$ を通分すると $A'=\dfrac{3x+4}{(x+1)(x+2)}$ となります．この A' を，分母の各因数を分母とする分数式の和や差，つまり通分する前の A の形に戻すことを，**部分分数展開**といいます．本項では，そのうちカンタンなものだけを扱い，5「恒等式」で，より本格的なものを扱います．

例題 1 3 e 部分分数展開 根底 実戦

[→演習問題 1 4 16]

(1) $\dfrac{1}{x(x+1)}$ を，x および $x+1$ を分母とする分数式で表せ．

(2) $\dfrac{1}{(x-2)x}$ を，$x-2$ および x を分母とする分数式で表せ．

(3) $\dfrac{1}{k(k+1)(k+2)}$ を，$k(k+1)$ および $(k+1)(k+2)$ を分母とする分数式で表せ．

(4) $\dfrac{1}{k(k+1)(k+2)}$ を，k, $k+1$ および $k+2$ を分母とする分数式で表せ．

方針 「部分分数展開」は「通分」の逆読みです．このような「順方向」の逆を辿（たど）るタイプの計算は，次のような“3 ステップ”の手順を踏みます：

1° おおよその結果を予想して書く．経験とカンに依ります（笑）．

2° 順方向の計算（ここでは「通分」）によりチェック．

3° 定数倍の違いとか符号を微調整

1°「予想」→ 2°「チェック」→ 3°「微調整」と覚えましょう．

注 試験ではイキナリ答えを書けば OK ですが，ここでは上記 3 ステップの“解説”をします．

解答 (1) 1° 与式は $\dfrac{1}{x}-\dfrac{1}{x+1}$ のようになると予想．

2° この分数式を通分してみると

$$\frac{1}{x}-\frac{1}{x+1}=\frac{(x+1)-x}{x(x+1)}=\frac{1}{x(x+1)}$$

となり，与式と完全一致．

3° 微調整の必要なく，答えは $\dfrac{1}{x}-\dfrac{1}{x+1}$.//

(2) 1° 与式は $\dfrac{1}{x-2}-\dfrac{1}{x}$ のようになると予想．

2° この分数式を通分してみると

$$\frac{1}{x-2}-\frac{1}{x}=\frac{x-(x-2)}{(x-2)x}=\frac{2}{(x-2)x}\quad\cdots①$$

となり，分子が与式の 2 倍．

3° ①の両辺を 2 で割って微調整．答えは

$$与式=\frac{1}{2}\left(\frac{1}{x-2}-\frac{1}{x}\right).//$$

(3) 1° 与式は $\dfrac{1}{k(k+1)}-\dfrac{1}{(k+1)(k+2)}$ のようになると予想．

2° この分数式を通分してみると

$$\frac{1}{k(k+1)}-\frac{1}{(k+1)(k+2)}$$
$$=\frac{(k+2)-k}{k(k+1)(k+2)}=\frac{2}{k(k+1)(k+2)}\quad\cdots②$$

となり，分子が与式の 2 倍．

3° ②の両辺を 2 で割って微調整．答えは

$$与式=\frac{1}{2}\left\{\frac{1}{k(k+1)}-\frac{1}{(k+1)(k+2)}\right\}.//$$

(4) これは，(3)の結果が利用できます．

$$与式=\frac{1}{2}\left\{\frac{1}{k(k+1)}-\frac{1}{(k+1)(k+2)}\right\}$$
$$=\frac{1}{2}\left\{\left(\frac{1}{k}-\frac{1}{k+1}\right)-\left(\frac{1}{k+1}-\frac{1}{k+2}\right)\right\}$$
$$=\frac{1}{2}\left(\frac{1}{k}-\frac{2}{k+1}+\frac{1}{k+2}\right).//$$

将来 ここで行った変形は，数学 B「数列の和」，数学Ⅲ「積分計算」などで役立ちます．

7 分子の低次化

例 分数式 $\dfrac{2\underline{x}+7}{\underline{x}+3}$ では分子が分母と同次（ともに 1 次式）であり，x が 2 か所にあります．これを

$$\frac{2\underline{x}+7}{\underline{x}+3}=\frac{(x+3)\cdot 2+1}{x+3}=2+\frac{1}{\underline{x}+3}$$

と変形すると，**分子が分母より低次**になり，x が 1 か所に**集約**されますから，例えばこの分数関数のグラフを描く際に有利になりますね．このような変形を（本書では）**分子の低次化** 1) と呼びます．

語記サポ 1)：正式な呼び名はないようですが，この呼称を記憶の補助としてください．

補足 この 例 は，[→ I+A 2 2 4 将来] でも扱ったものです．■

上で行った分子の変形：$2x+7=(x+3)\cdot 2+1$ は，分子：$2x+7$ を分母：$x+3$ で割る 2) 整式の除法ですね．ということは，「分子の低次化」は，分子と分母が整式である分数式なら必ず実行可能です．

分子の低次化 知識

$f(x)$ を $g(x)$ で割った 3) 商が $Q(x)$，余りが $R(x)$ であるとき，

$$\underbrace{f(x)}_{\text{割られる式}}=\underbrace{g(x)}_{\text{割る式}}\cdot\underbrace{Q(x)}_{\text{商}}+\underbrace{R(x)}_{\text{余り}}.$$

よって，$\dfrac{f(x)}{g(x)}=\dfrac{g(x)\cdot Q(x)+R(x)}{g(x)}=Q(x)+\dfrac{R(x)}{g(x)}$ 　余り：低次／割る式：高次

のように，分子が分母より低次（または 0）になる．

注 2)3)：この表現にダマされないように．あくまでも，“除いた” のですよ．■

例題 1 3 f 分子の低次化 重要度↑ 根底 実戦 [→演習問題 1 4 17]

次の分数式を，分子が分母より次数が低い形にせよ．

(1) $\dfrac{3n+2}{n+3}$　　(2) $\dfrac{x^2}{2x+1}$　　(3) $\dfrac{4x^2+12x-27}{2x^2+x-6}$

方針 分子を分母で割る整式の除法をどの程度しっかり実行するかは，問題のレベルに応じて選択します．

解答 (1) 与式 $=\dfrac{(n+3)\cdot 3-7}{n+3}=3-\dfrac{7}{n+3}$．//

注 この程度なら，実際には次のようにして済ませたいです：

$$\frac{3n+2}{n+3}=3+\frac{\square}{n+3}$$

1° まず，分子を分母で割った商：3 を書く．

2° これを通分して分子に乗っけると $3n+9$ となり，7 だけ大き過ぎ．

3° そこで，空いている分子に -7 を書く（実際には $-$ を分数の前に書く）．

(2) $\dfrac{x^2}{2x+1}$

$$=\frac{(2x+1)\left(\frac{1}{2}x-\frac{1}{4}\right)+\frac{1}{4}}{2x+1}$$

$$=\frac{1}{2}x-\frac{1}{4}+\frac{1}{4(2x+1)}.\ //$$

$$\begin{array}{r|rrr} & \frac{1}{2} & -\frac{1}{4} & \\ \hline 2\ \ 1 & 1 & 0 & 0 \\ & 1 & \frac{1}{2} & \\ \hline & & -\frac{1}{2} & 0 \\ & & -\frac{1}{2} & -\frac{1}{4} \\ \hline & & & \frac{1}{4} \end{array}$$

注 筆者は，実際には先を見越して次のように計算します：

$$\frac{x^2}{2x+1}=\frac{1}{4}\cdot\frac{4x^2}{2x+1}$$

$$=\frac{1}{4}\cdot\frac{(2x+1)(2x-1)+1}{2x+1}$$

$$=\frac{1}{4}\left(2x-1+\frac{1}{2x+1}\right).$$

(3) $\dfrac{4x^2+12x-27}{2x^2+x-6}$

$=\dfrac{2(2x^2+x-6)+10x-15}{2x^2+x-6}$

$=2+5\cdot\dfrac{2x-3}{(2x-3)(x+2)}=2+\dfrac{5}{x+2}.$ //

注 実は，$\dfrac{4x^2+12x-27}{2x^2+x-6}=\dfrac{(2x-3)(2x+9)}{(2x-3)(x+2)}$ なので最初から約分できるのですが，パッと見気付きにくいですね．しかし，分子を低次化した後なら充分見抜けると思います．

将来 (1)で，$\dfrac{3n+2}{n+3}$ (n は整数) が整数となるような n は何かと問われた場合，

$\dfrac{3n+2}{n+3}=3-\dfrac{7}{n+3}$

と変形すれば，$n+3$ が 7 の約数だとわかり，アッサリ解決しますね．

8 分数式の総括

重要 5 6 7 で行った分数式に対する 3 通りの変形を振り返りつつ，整式の変形と比べてみましょう．

分数式の変形

商の形 $\dfrac{x^2}{x^2-1}$ ⇄(→ 分子の低次化／← 通分) $1+\dfrac{1}{(x-1)(x+1)}$ ⇄(→ 部分分数展開／← 通分) $1+\dfrac{1}{2}\left(\dfrac{1}{x-1}-\dfrac{1}{x+1}\right)$ 和の形

整式の変形

積の形 $(x+1)(2x+3)$ ⇄(→ 展開／← 因数分解) $2x^2+5x+3$ 和の形

このように，分数式，整式には，どちらにも積や商にまとめる変形と，和や差にバラす変形という，逆向きの変形方針があるのです．

注 分数式では「商」にまとめる「通分」が自然な向きの計算で，他はそれを逆に辿る計算です．
一方整式においては，「和」にバラす「展開」が自然な向きで，「因数分解」はそれの逆．つまり，分数式と整式では，自然な計算の向きがあべこべなんです．

語記サポ このように，「部分分数展開」には，和や差の形を作るという，整式の「展開」と同じ機能があります．なので筆者は，「部分分数分解」を差し置いてこちらの呼称を好んで使います．だって，「因数分解」とは真逆の機能ですから．

将来 積や商の形にすると，「$=0$」という方程式や「>0」などの不等式が解きやすくなります[→演習問題 1 8 22]．
一方，和（もしくは差）の形にした方が有利なケース（数列の和，積分計算などなど）もあります．

例 Ⅰ+A例題 2 10 f で扱った関数 $f(x)=\dfrac{3x+5}{x+1}$ に関する話を振り返ってみます．

$y=f(x)$ のグラフを描く際には，$f(x)=3+\dfrac{2}{x+1}$ のように分子の低次化により x を集約しました．

一方，不等式 $f(x)\leqq 2$ を解く際には，右辺の 2 を移項して通分し，$\dfrac{x+3}{x+1}\leqq 0$ としました．

上で述べたことが，まさに実行されていた訳です．

分数式の変形方針 方法論

互いに逆向きな次の 2 通りがある：

❶：通分して積の形にまとめる．……方程式・不等式などで有利

❷：分子の低次化・部分分数展開により和にバラす．

4 演習問題A

141 根底 実戦

(1) $(x-2y)^4$ を展開せよ.

(2) a と b の多項式 $(2a-3b)^5$ を展開したときの, a^5, a^2b^3 の係数をそれぞれ求めよ.

(3) $\left(x+\dfrac{2}{x^2}\right)^9$ の展開式における定数項を求めよ.

142 根底 実戦 重要

$(a+b+c)^3$ の展開式における a^3, a^2b, abc の係数をそれぞれ求めよ.

143 根底 実戦

(1) $(a+b+c)^8$ の展開式における a^2b^5c の係数を求めよ.

(2) $(p-2q+r+3)^6$ の展開式における pq^2r^2 の係数を求めよ.

144 根底 実戦

(1) $(1+x)^n$ (n は自然数) の展開式の一般項を求めよ.

(2) n は 2 以上の自然数で $0 \leq k \leq n-2$ とする. 等式

$${}_{n+2}\mathrm{C}_{k+2} = {}_n\mathrm{C}_k + 2{}_n\mathrm{C}_{k+1} + {}_n\mathrm{C}_{k+2} \quad \cdots①$$

が成り立つことを示せ.

145 根底 実戦

n は自然数とする.

$$S = {}_{2n}\mathrm{C}_0 + {}_{2n}\mathrm{C}_1 + {}_{2n}\mathrm{C}_2 + \cdots + {}_{2n}\mathrm{C}_n$$

を ${}_{2n}\mathrm{C}_n$ で表せ.

146 根底 実戦 入試

n は自然数とする.

(1) x の多項式 $(1+x)^{2n}$ の展開式における x^n の係数を求めよ.

(2) ${}_n\mathrm{C}_0{}^2 + {}_n\mathrm{C}_1{}^2 + {}_n\mathrm{C}_2{}^2 + \cdots + {}_n\mathrm{C}_{n-1}{}^2 + {}_n\mathrm{C}_n{}^2 = {}_{2n}\mathrm{C}_n$ が成り立つことを示せ.

147 根底 実戦 入試

n は自然数とする.

(1) x の多項式 $(1-x^2)^{2n}$ の展開式における x^{2n} の係数を求めよ.

(2) ${}_{2n}\mathrm{C}_0{}^2 - {}_{2n}\mathrm{C}_1{}^2 + {}_{2n}\mathrm{C}_2{}^2 - \cdots - {}_{2n}\mathrm{C}_{2n-1}{}^2 + {}_{2n}\mathrm{C}_{2n}{}^2 = (-1)^n{}_{2n}\mathrm{C}_n$ が成り立つことを示せ.

1 4 8 根底 実戦

次の(1)~(3)について，$f(x)$ を $g(x)$ で割った商と余りを求めよ．

(1) $f(x)=9x^2,\ g(x)=3x-2$

(2) $f(x)=x^3+6x-2,\ g(x)=x^2-2x+2$

(3) $f(x)=2x^3-4x^2+5x-2,\ g(x)=2x-1$

1 4 9 根底 実戦

整式 $A=2x^3-x^2+5x+2$ を整式 B で割ったところ，商が Q で余りが $R=3x+5$ であった．B と Q を求めよ．ただし，B, Q の係数は全て整数とする．[1)]

1 4 10 根底 実戦 典型 定期

$f(x)=4x^3-18x^2+19x+3$ とする．$x=\dfrac{3-\sqrt{13}}{4}$ のときの $f(x)$ の値を求めよ．

1 4 11 根底 実戦

x の整式 $f(x)=4x^4+ax^2-2ax-1$ (a は定数) について答えよ．

(1) $f(x)$ を $2x-1$ で割った余りを求めよ．

(2) $f(x)$ が $2x-1$ で割り切れるような a の値を求めよ．

(3) $(2x+1)f(x)$ を $2x-1$ で割った余りが -6 となるような a の値を求めよ．

1 4 12 根底 実戦

n は自然数とする．$x(x+1)^n$ を $(x-1)^2$ で割った余りを求めよ．

1 4 13 根底 実戦 典型

整式 $f(x)$ は，x^2-1 で割った余りが x，x^2+x-2 で割った余りが 1 である．$f(x)$ を x^2+3x+2 で割った余りを求めよ．

1 4 14 根底 実戦 入試

整式 $f(x)$ は，$(x+1)^2$ で割った余りが x であり，$f(1)=9$ とする．$f(x)$ を $(x-1)(x+1)^2$ で割った余りを求めよ．

1 4 15 根底 実戦

次の分数式を通分して簡単にせよ．

(1) $\dfrac{1}{x+1}+\dfrac{1}{x^2-1}$

(2) $\dfrac{x}{x^2-4}+\dfrac{x}{x^2+4x+4}$

(3) $-\dfrac{4}{x}+\dfrac{1}{x^2}+\dfrac{9}{2x+1}$

(4) $\dfrac{n!}{(k+1)!\cdot(n-k-1)!}+\dfrac{n!}{k!\cdot(n-k)!}$

(ただし，$n\in\mathbb{N},\ 0\leq k\leq n-1$)

 → 3・11

1 4 16 根底 実戦

(1) $\dfrac{1}{x^2-2x-3}$ を，$x-3$ および $x+1$ を分母とする分数式で表せ．

(2) $\dfrac{x+2}{x^2+4x+3}$ を，$x+1$ および $x+3$ を分母とする分数式で表せ．

(3) $\dfrac{k}{(k+1)!}$ を，$k!$ および $(k+1)!$ を分母とする分数式で表せ．

(4) $x>0,\ x \neq 1$ とする．$\dfrac{1}{x-1}$ を，$\sqrt{x}+1$ および $\sqrt{x}-1$ を分母とする分数式で表せ．

(5) $\dfrac{1}{k(k-2)(k-4)}$ を，$k(k-2)$ および $(k-2)(k-4)$ を分母とする分数式で表せ．

1 4 17 根底 実戦

次の分数式を，分子が分母より次数が低い形にせよ．

(1) $\dfrac{x^2+2x+3}{x}$

(2) $\dfrac{x+3}{2x+1}$

(3) $\dfrac{x^4-x^3+2x^2+1}{x^2+1}$

1 4 18 根底 実戦

次の分数式を簡単にせよ．

(1) $\dfrac{x^2-9}{x^2+x-6}\cdot\dfrac{x^2-4}{x^2+x-2}$

(2) $\dfrac{1}{1+\dfrac{1}{1+\dfrac{1}{1+\dfrac{1}{x}}}}$

(3) $\dfrac{a+\dfrac{2}{a}+3}{1+\dfrac{1}{a}}\div\left(2-\dfrac{a-4}{a-1}\right)$

(4) $\left(a+b-\dfrac{4ab}{a+b}\right)\left(a-b+\dfrac{4ab}{a-b}\right)$

(5) $\dfrac{x}{1+\sqrt{1-x^2}}+\dfrac{x}{1-\sqrt{1-x^2}}\ (-1<x<1,\ x\neq 0)$

1 4 19 根底 実戦

次の分数式を通分して簡単にせよ．

(1) $\dfrac{1}{k(k+1)}+\dfrac{1}{(k+1)(k+2)}+\dfrac{1}{(k+2)(k+3)}+\dfrac{1}{(k+3)(k+4)}$

(2) $\dfrac{a}{a+1}-\dfrac{a+1}{a+2}-\dfrac{a+2}{a+3}+\dfrac{a+3}{a+4}$

1 4 20 根底 実戦 重要

(1) $\dfrac{x^2y+xy^2}{x^3+y^3}$ $(y \neq 0)$ を $\dfrac{x}{y}$ で表せ.

(2) $\dfrac{3x^2-2xy+y^2}{(x+y)^2}$ $(x \neq 0)$ を $\dfrac{y}{x}$ で表せ.

1 4 21 根底 実戦 入試

正の実数 x, y の関数

$$F := \frac{2x^2-4xy+8y^2}{x^2-2xy+3y^2}$$

の最大値を求めよ.

1 4 22 根底 実戦 入試

n は整数とする. $f(n)=\dfrac{2n^2-n+5}{2n+1}$ が整数となるような n を求めよ.

5 恒等式

1 恒等式とは

文字を含んだ等式で，文字にどんな値を代入しても両辺の値が等しくなるものを**恒等式**といいます．

例　$(x+1)^2 = x^2 + 2x + 1$　…　x についての恒等式

$\dfrac{1}{x} - \dfrac{1}{x+1} = \dfrac{1}{x(x+1)}$　…　x についての恒等式 1)

$(a+b)(a-b) = a^2 - b^2$　…　a, b についての恒等式

注1　1)：もちろん，両辺が値を持たない $x = 0, -1$ のときは除いて考えます．

注2　これまで学んできた展開・因数分解・整式の除法で扱った等式は，全て恒等式です．

2 整式の恒等式

例えば等式

$$ax^3 + bx^2 + cx + d = a'x^3 + b'x^2 + c'x + d' \ (x \text{ 以外の文字は全て定数})$$

が x についての恒等式であるための必要十分条件は

$$a = a',\ b = b',\ c = c',\ d = d'$$ 係数が全て一致

となることです．なんとなくアタリマエな感じがしますね（笑）．そして実は，これまで既に何気なく使ってきていました．一般に，次の定理が成り立ちます．

整式の一致　原理

$f(x), g(x)$ は整式とする．

$f(x) = g(x)$ が x についての恒等式

$\iff$ 両辺の次数が等しく，同次の項の係数どうしが全て等しい．

注　この事実の証明は，4において行います．今はとりあえずこれを認めて，いくつかの問題を解いてみましょう．

3 恒等式の係数決定

x の恒等式が文字の定数を含んでいるとき，その文字定数の値を求めましょう．その方法として，次の2通りがあります：

恒等式の係数決定　方法論

❶：「係数比較法」→展開して整理し，両辺の係数を比べる．「式」で攻める

❷：「数値代入法」→いくつかの数値を x に代入する．「値」で攻める

注　❶の方がオーソドックスです．

例題 15a 恒等式の係数決定　根底 実戦　典型 定期　

[→演習問題 1 8 1]

次の各式が x についての恒等式となるような定数 a, b, c, d の値を求めよ．

(1)　$x^3 = a(x-1)^3 + b(x-1)^2 + c(x-1) + d$

(2)　$x^3 - 3x + 1 = ax(x-1)(x-2) + bx(x-1) + cx + d$

方針 (1) まずは普通に❶「係数比較法」で.
(2) 右辺が簡単に計算できる x の値がいくつかありますので，❷「数値代入法」で.

解答 (1) 与式を変形すると

$$x^3 = a(x^3-3x^2+3x-1)$$
$$+b(x^2-2x+1)+c(x-1)+d.$$

両辺の係数を比べると

$x^3 \cdots 1 = a.$

$x^2 \cdots 0 = -3a+b.\ \therefore\ b=3.$

$x \cdots 0 = 3a-2b+c.\ \therefore\ c=3.$

定数項 $\cdots 0 = -a+b-c+d.\ \therefore\ d=1.$

以上より，$(a, b, c, d) = (1, 3, 3, 1).$ //

本解 (要するに「x^3 を $x-1$ で表せ」と言われている訳ですから…)

$$\text{左辺} = x^3 = \{(x-1)+1\}^3 = (x-1)^3+3(x-1)^2+3(x-1)+1.$$

よって，$t=x-1$ とおくと，与式は

$$t^3+3t^2+3t+1 = at^3+bt^2+ct+d.$$

これが t に関する恒等式だから

$(a, b, c, d) = (1, 3, 3, 1).$ //

注 $t=x-1$ とおくまでもなく，$(x-1)$ で表した段階で係数比較をしても許される気もします.

(2) 与式は $x=0, 1, 2, -1$ で成り立つから

$x=0 \cdots 1 = d.$

$x=1 \cdots -1 = c+d.\ \therefore\ c=-2.$

$x=2 \cdots 3 = 2b+2c+d.\ \therefore\ b=3.$

$x=-1 \cdots 3 = -6a+2b-c+d.\ \therefore\ a=1.$

以上より，$(a, b, c, d) = (1, 3, -2, 1).$ //
(逆にこのとき，与式は x についての恒等式となる. 1))

注 もちろん，係数比較法でもできます.

補足 (1)(2)とも，$a=1$ であることは，与式を変形するまでもなく，両辺の x^3 の係数を考えればすぐにわかります.

注 (2)で用いた数値代入法には，次のような問題点があります：

題意＝大目標：全ての x について与式が成り立つ

○⇓　⇑?

(2)の解答：$x=0, 1, 2, -1$ について与式が成り立つ

つまり，(2)の解答で得られたものは，題意の条件に対して，必要条件でしかないのです. よって十分性を確認するため，$(a, b, c, d) = (1, 3, -2, 1)$ のとき右辺を展開整理して確かに左辺と係数が一致しているかを調べるべきなのです.

1)：という訳で，この一文を書き加えています. 本当は，もっと詳細な計算式を書いた上で述べるべきことなのですが…，それなら初めから展開→整理して係数比較法を用いた方が二度手間にならない分早いかも (笑). となると，「数値代入法」を用いる意味がなくなってしまいます.
でも実は…，3次以下の x の整式に関する等式が，異なる4個の x の値に対して成り立つならば，その等式は恒等式となることが知られています (これが次項のテーマ). 仮にそれを認める立場ならば，(2)は「逆に…」の一文が無くても「マル」ということになります.

言い訳 実は，入試においては，今述べている厳格な話が重要となる場面は多くありません. 多少論理的に不完全な部分があっても，結果として正しい答えが得られていれば問題ないのが普通です. あまり神経質になり過ぎないでね (笑).

4 恒等式となるための条件 ハイレベル↑

それでは，前の例題注のモヤモヤをスッキリさせます．

注 ただし，この項が理解できていなくてもあまり心配は要りませんので，根を詰めすぎないようにね．

例題 1 5 b 恒等式・多項式の一致 根底 実戦 [→演習問題 1 8 3]

3 次以下の多項式 $f(x) = ax^3 + bx^2 + cx + d$ (a, b, c, d は定数) を考える．等式 $f(x) = 0$ …① が異なる 4 個の値 $x = \alpha, \beta, \gamma, \delta$ について成り立つならば $a = b = c = d = 0$ であることを示せ．

方針 「$f(\alpha) = 0$」という**数値**に関する条件を，「係数がゼロ」という**式**の話に結び付ける役割を担うのが「**因数定理**」です．

解答 以下で用いる $g(x)$, $h(x)$ は整式とする．

$f(\alpha) = 0$ だから因数定理より

$$f(x) = (x - \alpha)\cdot g(x) \ (g(x) \text{ は 2 次以下})$$

と表せる．これと $f(\beta) = 0$ より

$$\underbrace{(\beta - \alpha)}_{0\text{ ではない}}\cdot g(\beta) = 0. \quad \therefore \quad g(\beta) = 0.$$

よって因数定理より

$$g(x) = (x - \beta)\cdot h(x) \ (h(x) \text{ は 1 次以下})$$

$$\text{i.e. } f(x) = (x - \alpha)(x - \beta)\cdot h(x)$$

と表せる．これと $f(\gamma) = 0$ より，

$$\underbrace{(\gamma - \alpha)(\gamma - \beta)}_{0\text{ ではない}}\cdot h(\gamma) = 0. \quad \therefore \quad h(\gamma) = 0.$$

よって因数定理より

$$h(x) = (x - \gamma)\cdot a \ (a \text{ は定数})$$

$$\text{i.e. } f(x) = (x - \alpha)(x - \beta)(x - \gamma)\cdot a \ ^{1)}$$

と表せる．これと $f(\delta) = 0$ より，

$$\underbrace{(\delta - \alpha)(\delta - \beta)(\delta - \gamma)}_{0\text{ ではない}}\cdot a = 0. \quad \therefore \quad a = 0.$$

よって，

$$f(x) = bx^2 + cx + d = 0$$

が x の異なる 3 個の値について成り立つから，以下同様にすると，$b = 0, c = 0, d = 0$ が順に導かれる．□

注 1)：「$f(\alpha) = f(\beta) = f(\gamma) = 0$ であり，α, β, γ は全て相異なるから」と述べた上でイキナリこの式を書いても許される気もします．

重要 等式①を

$$a_1x^3 + b_1x^2 + c_1x + d_1 = a_2x^3 + b_2x^2 + c_2x + d_2 \ (x \text{ 以外の文字は全て定数}) \ \cdots ①'$$

に変えてみましょう．これは次のように変形できますね：

$$(a_1 - a_2)x^3 + (b_1 - b_2)x^2 + (c_1 - c_2)x + (d_1 - d_2) = 0$$

左辺の係数を順に a, b, c, d とおいて本問の結果を適用すれば，①′が異なる 4 個の値 $x = \alpha, \beta, \gamma, \delta$ について成り立つならば

$$a_1 = a_2, b_1 = b_2, c_1 = c_2, d_1 = d_2$$

が成り立つことがわかります．つまり，本問で得た結論は次のように書けます：

(両辺とも) 3 次以下の整式からなる等式が，異なる 4 個の数において成り立つ

$\Longrightarrow$ 両辺の**係数は全て一致**する．

本問と同様な議論により，次の結果を得ます：

n 次以下の整式からなる等式が，異なる $n + 1$ 個の数において成り立つ

$\Longrightarrow$ 両辺の**係数は全て一致**する．

これは，世間で（多項式の）**“一致の定理”**と呼ばれたりしているものです．これにより，次のような論理の流れができます：

俗な言い方ですが

恒等式と“一致の定理” 知識

x の n 次以下の整式からなる等式ⓐが，x に関する恒等式（全ての x で成立）…㋐

$\Longrightarrow$ ⓐが異なる $n+1$ 個の x で成立する …㋑

$\overset{1)}{\Longrightarrow}$ 両辺の同じ次数の項について，係数が全て等しい（式として一致）…㋒

つまり，㋐㋑㋒の 3 つは全て同値である．

注 1)：ここが（多項式の）“一致の定理”です．

㋐と㋒が同値であることは，試験で使用して大丈夫でしょう．㋑については…状況次第，採点者の意向次第でしょうか．

5 分数式の恒等式

前項までは整式（多項式）の恒等式を考えてきましたが，本節では分数式の恒等式を扱います．分母が 0 になってしまうような x の値を除外して考えることが，これまでとは異なる点です．

例題 155 C 恒等式の係数決定（分数式・その1） 根底 実戦

[→演習問題183]

$\dfrac{3x-2}{(x+1)^2}=\dfrac{a}{x+1}+\dfrac{b}{(x+1)^2}$ …① が x についての恒等式となるような定数 a, b の値を求めよ．

方針 右辺を通分して両辺の分母を揃えれば，「整式」である分子どうしの恒等式に帰着されます．

解答 ①を変形すると

$$\frac{3x-2}{(x+1)^2}=\frac{a(x+1)+b}{(x+1)^2}.\ \cdots①'$$

よって題意の条件は，

$$3x-2=a(x+1)+b\ \cdots①''$$

が x についての恒等式となることで，両辺の係数を比較して

$$3=a,\ -2=a+b.$$

よって求める値は，$a=3, b=-5.$ //

解説 本問は，136で扱った「部分分数展開」の発展形です．分子にくる定数の値が“カン”ではわからないとき，このように文字 a, b, c などでおいて求めます（次問も同様です）．

注 「①が全ての x（-1 を除く）で成立」と「①″が全ての x（-1 を含む）で成立」を同値だとすることに違和感を覚える人もいるかもしれません．

しかし，①を左辺→右辺と変形することは，実際には例えば積分計算（理系）で役立ったりしますが，その際には「結果として正しい a, b が算出されている」ことが重要であり，上記のような「論理関係」が議論の対象となることはまずありません．

発展 この件に関しては，「論理的思考」の訓練だけを目的として，次問で詳しすぎる（笑）解説を加えます．

例題 1 5 d 恒等式の係数決定（分数式・その2） 根底 実戦 典型 [→演習問題 1 8 3]

$\dfrac{x^2+x+2}{x^3-x}=\dfrac{a}{x-1}+\dfrac{b}{x}+\dfrac{c}{x+1}$ …① が x についての恒等式となるような定数 a, b, c の値を求めよ．

方針 右辺を通分して分母を揃えれば，「整式」である分子どうしの恒等式に帰着されます．

解答 ①を変形すると

$$\frac{x^2+x+2}{(x-1)x(x+1)}=\frac{ax(x+1)+b(x-1)(x+1)+c(x-1)x}{(x-1)x(x+1)}.\ \cdots ①'$$

題意の条件は，

$$x^2+x+2=ax(x+1)+b(x-1)(x+1)+c(x-1)x\ \cdots ②$$

が x についての恒等式となること．

②において $x=0, 1, -1$ [1] として

$$2=-b,\ 4=2a,\ 2=2c.\quad \text{i.e. } a=2,\ b=-2,\ c=1.//$$

（逆にこのとき，②は x についての恒等式となる．）

発展 ハイレベル↑↑ 1)：①の分母が 0 となる値を x に代入してよいのかというのが古来議論の的です．前項の［恒等式と"一致の定理"］（下の赤色の ⟺）を用いると，上記**解答**で正しいことが，次のように説明されます．

題意：①（i.e. ①′）が全ての x ($0, \pm1$ を除く）で成り立つ．

⟺ ②が全ての x ($0, \pm1$ を除く）で成り立つ．

⟹ ②（両辺とも 2 次以下の多項式）が異なる 3 個の x ($0, \pm1$ を除く）で成り立つ．（例えば $x=2, 3, 4$）

⟺ ②が全ての x ($0, \pm1$ も含む）で成り立つ．

⟺ ②（両辺とも 2 次以下の多項式）が異なる 3 個の $x=0, \pm1$ で成り立つ．

上記 5 行は，全てが同値関係ですので，上記**解答**で正しい訳です．

以上，あくまでも「論理的思考」の訓練だけを目的として説明しました．「答案」としては，上記**解答**程度で許されるのではないかと思われます（最終的には採点者の趣味です）．

6 2文字の恒等式

例 x, y に関して 2 次以下の等式

$$\begin{cases} ax^2+bxy+cy^2+dx+ey+f=0\ (a\sim f \text{ は定数})\ \cdots ①\text{が} \\ \text{「}x, y \text{ についての恒等式」である．}\end{cases}\quad \cdots(*)$$

つまり，①が任意の (x, y) について成り立つための条件を考えましょう．

①を x の降べきの順に整理して

$$ax^2+(by+d)\cdot x+(cy^2+ey+f)=0.$$

これが x についての恒等式であるとき，

$$a=0,\ by+d=0,\ cy^2+ey+f=0.$$

これらが y についての恒等式であるとき，

$$a=0,\ b=d=0,\ c=e=f=0.$$

$$\text{i.e. } a=b=c=d=e=f=0.\ \cdots ②$$

逆に②のとき，①は任意の (x, y) について成り立ちます．

以上より，求める条件 $(*)$ は，②であることがわかりました．

1 文字についての恒等式と同様，要は「全ての係数が 0」ということですね．3 次以上，3 文字以上の恒等式に関しても同様です．アタリマエと感じる結果ですね（笑）

注 $ax^2+bxy+cy^2+dx+ey+f$

$=a'x^2+b'xy+c'y^2+d'x+e'y+f'$ ($a\sim f$ および $a'\sim f'$ は定数) …③

が「x, y についての恒等式」であるための条件は，③を

$$(a-a')x^2+(b-b')xy+(c-c')y^2+(d-d')x+(e-e')y+(f-f')=0$$

と変形することにより，次のようになります．

$$a-a'=b-b'=c-c'=d-d'=e-e'=f-f'=0.$$

i.e. $a=a', b=b', c=c', d=d', e=e', f=f'$.

要は，「両辺の係数が全て一致」ということですね．これも，1 文字についての恒等式と同様です．

この結果は，既に I+A 演習問題 2 12 6 においてアタリマエのように使っていました（笑）．

例題 1 5 e 恒等式の係数決定（2文字） 根底 実戦

[→演習問題 1 8 4]

$$2x^2-xy-6y^2+3x+8y-6=(x+ay+b)(cx+dy+e)+f \quad \cdots ①$$

が x, y についての恒等式となるような整数の定数 $a\sim f$ の値を求めよ．

方針 もちろん，右辺を展開して左辺と係数比較すれば OK ですが，全ての係数を一気に比べると式の個数が多くなるので，まずは 2 次の項のみ比較してみましょう．

解答 両辺の 2 次の項の係数を比べて

$$\begin{cases} x^2\cdots & 2=c \\ xy\cdots & -1=d+ac \\ y^2\cdots & -6=ad. \end{cases} \quad \therefore \begin{cases} c=2 \\ d=-2a-1 \\ ad=-6. \end{cases}$$

下の 2 式から

$a(-2a-1)=-6.$

$2a^2+a-6=0.$

$(2a-3)(a+2)=0.$

$\therefore a=-2$ ($\because a\in\mathbb{Z}$).

$\therefore d=3.$

よって①は

$2x^2-xy-6y^2+3x+8y-6$

$=(x-2y+b)(2x+3y+e)+f$

両辺の 1 次以下の項の係数を比べて

$$\begin{cases} x\cdots & 3=e+2b \\ y\cdots & 8=-2e+3b \\ \text{定数項}\cdots & -6=be+f. \end{cases}$$

上の 2 式から $b=2, e=-1$.

3 番目の式から $f=-4$.

以上より，求める (a, b, c, d, e, f) は，

$(-2, 2, 2, 3, -1, -4)$. //

解説 お気付きの通り，本問は I+A 演習問題 2 12 6 とほぼ同内容の問題です．

参考 方程式 $2x^2-xy-6y^2+3x+8y-6=0$ を満たす整数の組 (x, y) を求める際，本問の結果を利用して

$$(x-2y+2)(2x+3y-1)=4$$

と変形すれば，左辺の 2 つの因数がそれぞれ 4 の約数であることから解決します．

6 等式の証明

1 等式の証明

等式 $(ac-bd)^2+(ad+bc)^2=(a^2+b^2)(c^2+d^2)$ …①
が成り立つこと（恒等式であること）を証明しましょう．次に挙げるいろいろな方法論があります：

等式の証明 方法論 等式 $A=B$ の示し方として，次をよく使う．

❶ A, B **それぞれを計算**し，同じ形になることを示す．
❷ A, B のうち，**複雑な方を計算**して簡単な他方と同じ形になることを示す．
❸ A と B の**差をとり**，$A-B$ を計算して 0 と等しいことを示す．
❹ 一部のみ移項するなどして $A=B$ を**同値変形**してから示す．

〔方法❶〕 両辺をそれぞれ展開→整理してみます．

$$\begin{aligned}\text{右辺}&=(a^2+b^2)(c^2+d^2)\\&=a^2c^2+a^2d^2+b^2c^2+b^2d^2. \cdots②\end{aligned}$$

$$\begin{aligned}\text{左辺}&=(ac-bd)^2+(ad+bc)^2\\&=a^2c^2\overset{1)}{-}2ac\cdot bd+b^2d^2+a^2d^2\overset{2)}{+}2ad\cdot bc+b^2c^2\\&=a^2c^2+a^2d^2+b^2c^2+b^2d^2.\end{aligned}$$

よって①の両辺は等しい．□

〔方法❷〕 両辺を比べると，“どちらかというと”左辺の方が複雑目で右辺の方がスッキリ目ですね．こんなときは，

複雑な左辺 $\xrightarrow[\text{変形}]{}$ 単純な右辺

の向きに計算します．

$$\begin{aligned}\text{左辺}&=(ac-bd)^2+(ad+bc)^2\\&=a^2c^2+b^2d^2+a^2d^2+b^2c^2\ (2abcd\ \text{は消える})\\&=a^2(c^2+d^2)+b^2(c^2+d^2)\\&=(a^2+b^2)(c^2+d^2)=\text{右辺}.\ □\end{aligned}$$

解説 前半は展開，後半は因数分解でした．

〔方法❸〕 与式を「左辺 − 右辺 ＝ 0」と同値変形し，「左辺 − 右辺」を計算していきます．そのとき目標が「0」とハッキリしていますからやりやすいですね．

$$\begin{aligned}&\text{左辺}-\text{右辺}\\&=(ac-bd)^2+(ad+bc)^2-(a^2+b^2)(c^2+d^2)\\&=(a^2c^2+b^2d^2+a^2d^2+b^2c^2)\ (2abcd\ \text{は消える})\\&\qquad-(a^2c^2+a^2d^2+b^2c^2+b^2d^2)\\&=0.\end{aligned}$$

よって①が示せた．□

注 ❹：（ここは①式とは別の話）
例えば $a^3+3a^2b+3ab^2=(a+b)^3-b^3$ を示す際，右辺全体ではなく右辺の一部：$-b^3$ のみを移項して

$$a^3+3a^2b+3ab^2+b^3=(a+b)^3$$

とすれば，既に証明できたも同然です．このように，証明すべき等式を，証明しやすい形に**同値変形**してから計算するという方法も覚えておいてください [→**例題 16a**(2)]．

注意！ 1)2)：普段なら，これらが ± で消しあうことを暗算して見抜き，初めから書かないのが良き計算スタイルなのですが…，『証明』となると話が変わってきます．だって，この計算結果が②式と同じになることは初めからわかっている訳ですから，計算過程を書かずに②式と同じものを書いてしまうと，「計算などロクにやらずにズルしたのではないか」という疑念を採点者に抱かせます．
『証明』では，普段暗算で済ます計算過程も書くべき場合がある．このことはぜひ覚えておいてください．
もっとも，こんなショボい等式の証明など入試では滅多に出ませんのでご安心ください（笑）．

例題 1 6 a 等式の証明 根底 実戦 定期 [→演習問題 1 8 6]

次の等式を証明せよ．

(1) $\dfrac{a+b+c+\dfrac{a+b+c}{3}}{4}=\dfrac{a+b+c}{3}$　　(2) $4+\left(x-\dfrac{1}{x}\right)^2=\left(x+\dfrac{1}{x}\right)^2$

方針 (1) 複雑な左辺を計算して，右辺と同じ形にしましょう．(前記方法❷)

(2) いろいろな方法で示せますが，練習のため，(1)以外の方法を用いてみます．

解答 (1) 左辺 ⋯ 方法❷

$=\dfrac{a+b+c+\dfrac{a+b+c}{3}}{4}$

$=\dfrac{3(a+b+c)+(a+b+c)}{4\cdot3}$ ⋯ 分子，分母を3倍

$=\dfrac{4(a+b+c)}{4\cdot3}=\dfrac{a+b+c}{3}=$ 右辺．□

(2) **解答1** ⋯ 方法❶

左辺 $=4+x^2-2x\cdot\dfrac{1}{x}+\dfrac{1}{x^2}=x^2+2+\dfrac{1}{x^2}$．

右辺 $=x^2+2x\cdot\dfrac{1}{x}+\dfrac{1}{x^2}=x^2+2+\dfrac{1}{x^2}$．

よって，左辺 = 右辺 が示せた．□

解答2 ⋯ 方法❹

[1] $\left(x+\dfrac{1}{x}\right)^2-\left(x-\dfrac{1}{x}\right)^2$

$=\left(x+\dfrac{1}{x}+x-\dfrac{1}{x}\right)\left(x+\dfrac{1}{x}-x+\dfrac{1}{x}\right)$

$=2x\cdot\dfrac{2}{x}=4$．

$\therefore 4+\left(x-\dfrac{1}{x}\right)^2=\left(x+\dfrac{1}{x}\right)^2$．□

解説 1)：単純に両辺の差をとるより，よく似た式どうしの差のみを計算するよう工夫しました．

注 「証明」では，正しく考えていることを採点者にアピールしなくてはなりませんから，普段は暗算で済ます部分もちゃんと答案に書いています．

参考 (1)に現れた「平均」の形は，後に“相加相乗”の証明で役立ちます．[→演習問題 1 13 7]

2 条件下での等式の証明

前項で証明した等式は，全て恒等式でした．それに対して本項では，何らかの条件の下でのみ成り立つ等式を示します．

例題 1 6 b 等式の証明（条件付） 根底 実戦 [→演習問題 1 8 8]

$a^2+b^2=c^2\ (a,b,c>0)$ ⋯① のとき，等式 $\dfrac{ab}{a+b+c}=\dfrac{a+b-c}{2}$ ⋯② を示せ．

方針 「両辺をそれぞれ変形」「左辺を変形して右辺へ（またはその逆）」はやり辛そう．そこで，②を同値変形した上で示します．

解答 ②を変形した等式：

$2ab=(a+b-c)(a+b+c)$ ⋯②′ を示す．

右辺 $=(a+b)^2-c^2$ [1]

$=a^2+b^2-c^2+2ab$

$=2ab$ (∵ ①)

$=$ 左辺．

よって，②′および②が示せた．□

注意！ 1)：これ以降の計算は暗算程度のものですが…，『証明においては暗算のし過ぎは禁物！』でしたね．

参考 本問は，直角三角形の内接円の半径を3辺の長さで表す2通りの方法を題材としたものです．[→ I+A演習問題 5 9 11]

3 比例式

次の例題への準備として,「比例式」について解説しておきます.(基本的にはどの文字も 0 ではないと想定しておいてください.)

比を表す記号「:」とは,「割る」を表す記号「÷」の横棒を省いたものだと思ってください. つまり,

$$x:a=x\div a=\frac{x}{a}.$$

よって, 2 つの比が等しいことは, 次のように様々な形式で表すことができます(全てが同値です).

①$x:a=y:b$　　②$\dfrac{x}{a}=\dfrac{y}{b}$　　③$\boxed{bx=ay}$

①′$x:y=a:b$　　②′$\dfrac{x}{y}=\dfrac{a}{b}$

このように, 比が等しいことを表す等式を**比例式**といいます.

①①′は, ②②′を経ることなく直接③へと書き換えられるようにしましょうね.

外項の積

①$x:a=y:b \Longleftrightarrow$ ③$bx=ay$

内項の積

③を中核として, 5 つの表現が全て同値関係であることを確認しておいてください.

注 重要度↓②では分母の a, b が 0 のときは除外されていますが, ①③ではそのケースも想定に入れます. 例えば $a=0$ の場合, ③は $b=0$ または $x=0$ のとき成り立ちます. よってこのとき①も成り立つものと定めます. とはいえ実際には, こうした「0 も想定する状況」は滅多にありませんが(笑).

補足 比例式①を①′へと読み替えることで鮮やかに解決することもあります. [→ I+A 例題 5 3 b 補足]

また, ①①′の左右, つまり②②′の分子, 分母を入れ替えた表現もあります. ■

さて, 上記の比例式に対して, もう 1 つの比例式

④$y:b=z:c$　　i.e. ⑤$\dfrac{y}{b}=\dfrac{z}{c}$

を追加(連立)してみましょう. すると, 次のようになります:

⑥$x:a=y:b=z:c$　　⑦$\dfrac{x}{a}=\dfrac{y}{b}=\dfrac{z}{c}$

このような関係を, 次のようにも書き表します.

⑥′$x:y:z=a:b:c$

この両辺のような形式のことを**連比**といいます.

⑥′のような連比を用いた比例式を見たら, 即座に⑦の分数式を想起できるようにしておきましょう.

問 $\begin{cases} S_1:S_2:S_3=2:3:4 & \cdots① \\ T_1:T_2:T_3=2:3:4 & \cdots② \end{cases}$ であるとき, $(S_1+T_1):(S_2+T_2):(S_3+T_3)$ を求めよ.

解答 ①②より

$$\frac{S_1}{2}=\frac{S_2}{3}=\frac{S_3}{4}=k\ ^{1)}$$

$$\frac{T_1}{2}=\frac{T_2}{3}=\frac{T_3}{4}=l$$

とおける. したがって

$$\begin{aligned}&(S_1+T_1):(S_2+T_2):(S_3+T_3)\\&=(2k+2l):(3k+3l):(4k+4l)\\&=2(k+l):3(k+l):4(k+l)=2:3:4.\,/\!/\end{aligned}$$

注 1): 上記⑥′のような連比を用いた比例式は, ⑦のような分数式に書き改めた上で各辺の値を文字 k などで表し, それを用いて各値を表すのが常套手段です.

語記サポ このように，比が等しいものどうしを加えるとその比が保存されるという法則を，「**加比の理**」といいます．
[→ I+A 例題 5 7 a]

例題 1 6 C 連比　根底 実戦　典型 定期

[→演習問題 1 8 10]

(1) $(x+y):(y+z):(z+x)=3:4:5$ のとき，$x:y:z$ を求めよ．

(2) $\dfrac{x}{y+z}=\dfrac{y}{z+x}=\dfrac{z}{x+y}$ のとき，各辺のとり得る値を求めよ．

方針 (1)「連比」の形になっていますから，前記の **問** と同様で用いた「分数式に書き改めて文字で表す」という手法が有効です．

(2) こちらは，初めから分数式の形になっています．

解答 (1) $\dfrac{x+y}{3}=\dfrac{y+z}{4}=\dfrac{z+x}{5}=k$

とおくと，

$$\begin{cases} x+y=3k \\ y+z=4k \quad \cdots① \\ z+x=5k. \end{cases}$$

これらを辺々加えると，[1]

$2(x+y+z)=12k.$

$x+y+z=6k.$

これと①より

$$\begin{cases} x=(x+y+z)-(y+z)=6k-4k=2k, \\ y=(x+y+z)-(z+x)=6k-5k=k, \\ z=(x+y+z)-(x+y)=6k-3k=3k. \end{cases}$$

$\therefore\ x:y:z=2:1:3.$ //

(2) $\dfrac{x}{y+z}=\dfrac{y}{z+x}=\dfrac{z}{x+y}=l\ \cdots①$

とおくと，

$$\begin{cases} x=l(y+z) \\ y=l(z+x) \\ z=l(x+y). \end{cases}$$

これらを辺々加えると，[2]

$x+y+z=2l(x+y+z).$

$(x+y+z)(2l-1)=0.\ \cdots②$

i) $x+y+z\neq 0$ のとき，②より $l=\dfrac{1}{2}$(①よりこれが求める値の 1 つ).

ii) $x+y+z=0$ のとき，与式の各辺の値は

$\dfrac{x}{-x}=\dfrac{y}{-y}=\dfrac{z}{-z}=-1.$

以上より，求める値は，$\dfrac{1}{2}$, -1. //

別解 題意の条件のうち，左辺 ＝ 中辺 を変形すると（$\dfrac{y}{z+x}$ のこと）

$x^2+xz=y^2+yz.$

$(x+y)(x-y)+z(x-y)=0.$

$(x+y+z)(x-y)=0.\ \cdots③$

中辺 ＝ 右辺 を変形すると，同様に

$(x+y+z)(y-z)=0.\ \cdots④$

i) $x+y+z\neq 0$ のとき，③④より $x=y=z$.

よって与式の各辺の値は，$\dfrac{1}{2}$.

ii) $x+y+z=0$ のとき，③④はともに成り立ち，与式の各辺の値は，$\dfrac{x}{-x}=-1$.

以上より，求める値は，$\dfrac{1}{2}$, -1. //

解説 [1)2)]：ここは経験が要ります．こうすると和：「$x+y+z$」ができることを見越して方針を立てています．

7 不等式の証明

不等式の証明は，数学ⅠAの展開・因数分解，および本章でこれまで学んだ計算の絶好のトレーニングにもなります．たっぷり演習量を積んで今後に向けての基礎体力造りに役立てましょう．

1 不等式の基本性質・証明

最初に，Ⅰ+A 1 7 1 で述べた「不等式」の基礎を再掲しておきます．

2つの実数 a, b の間の大小関係には

$a > b, a = b, a < b$

の3通りがあり，このうち1つだけが成り立ちます．

定義 既習者 不等式とは，2つの実数どうしの大小関係[1]を表す式である．

重要 3つの下線部に注意して覚えておきましょう．

注1 [1]：文脈次第では，不等式は「値の範囲」を表すこともあります．[→例題 1 7 g 直前 不等式の2通りの意味]

注2 Ⅰ+A 演習問題 1 10 20 で扱った右の同値関係も再確認．■

積の符号 a, b が実数とすると，

$ab = 0 \iff a = 0$ または $b = 0$.

$ab > 0 \iff a, b$ は同符号.

$ab < 0 \iff a, b$ は異符号.

不等式の変形を行う際に用いる基本は次の通りでした．

不等式の基本変形 $a > b$ のとき，次も成り立つ：（各 >, < をそれぞれ ≥, ≤ に変えても同様）

❶：$a + k > b + k$（両辺に同じ実数を加える）

❷：$ak > bk$（$k > 0$ のとき）（両辺に同じ正の数を掛ける）

❷′：$ak < bk$（$k < 0$ のとき）（両辺に同じ負の数を掛ける）

注意！ 両辺に負の数を掛けると，不等号の向きが変わる！

これ以降はⅠ+Aではとくに述べなかった不等式の性質です．

不等式の性質（文字は実数．各 > を ≥ に変えても同様）

❸：$a > b, b > c \Longrightarrow a > c$.（いわゆる“三段論法”）

❹：$\begin{cases} a > b \\ c > d \end{cases} \Longrightarrow a + c > b + d$.（大どうしの和 > 小どうしの和）

❺：$a^2 \geq 0$（等号成立条件は $a = 0$）．　❺′：$a^2 + b^2 \geq 0$（等号成立条件は $a = b = 0$）．

❺′は，❺と❹から導かれます．a, b のどちらかが0でなければ，$a^2 + b^2 > 0$ となります．

重要 不等式を解いたり証明したりするとき，最重要となる方針は次の通りです：

不等式の基本変形方針 重要度↑ 既習者

1° $A > B$ を $A - B > 0$ と同値変形する．つまり，差と**ゼロ**の大小関係に持ち込む．（両辺に $-B$ を加えた）

2° $A - B$ を積（または商）の形[1]に変形し，個々の因数の**符号**から全体の**符号**を考える．

注 [1]：例1「**積** $(+)(+)$」なら符号は +．「**商** $\dfrac{(-)}{(+)}$」なら符号は −．

例2「**完全平方式**（実数）^{2}」は，括弧内の符号によらず必ず0以上．

例題 1 7 a 不等式の証明 根底 実戦

[→演習問題 1 8 11]

(1) $a > c,\ b > c$ とする．不等式 $ab + c^2 > ac + bc$ を示せ．

(2) $x,\ y > 0$ とする．不等式 $x^3 + y^3 \geq x^2y + xy^2$ を示せ．

方針 オーソドックスに，差をとって因数分解しましょう．

解答 (1) 左辺 − 右辺

$= \underline{ab} + c^2 \underline{-ac} - bc$ 差をとる

$= \underline{a(b-c)} - c(b-c)$ 低次の a に注目

$= (a-c)(b-c)$ 積の形

$> 0.\ (\because\ a-c,\ b-c > 0)$ 各因数の符号を考える

よって与式が示せた．□

(2) 左辺 − 右辺

$= \underline{x^3} + y^3 \underline{-x^2y} - xy^2$ 差をとる

$= \underline{x^2(x-y)} - y^2(x-y)$ 部分的に因数分解

$= (x^2-y^2)(x-y)$ 積の形

$= (x+y)(x-y)^2$ 完全平方式を作った

$\geq 0.\ (\because\ x+y > 0)$

よって与式が示せた．□

解説 (1)では前記 例 1 を，(2)では前記 例 1 および 例 2 を用いました．

例題 1 7 b 累乗と不等式 根底 実戦

[→演習問題 1 13 4]

(1) $a,\ b$ は実数とする．不等式 $a^2 + ab + b^2 \geq 0$ を示し，等号が成り立つための条件を求めよ．

(2) $a > b$ とする．不等式 $a^3 > b^3$ を示せ．

(3) $a > b \geq 0$ とする．不等式 $a^n > b^n$ (n は 2 以上の自然数) を示せ．

方針 (1) 完全平方式を作ります．(2) 差をとれば(1)が利用できます．(3) (2)と同様な変形で．

解答

(1) $a^2+ab+b^2 = \left(a+\dfrac{b}{2}\right)^2 + \dfrac{3}{4}b^2$

$\geq 0.\left(\because\ \left(a+\dfrac{b}{2}\right)^2,\ \dfrac{3}{4}b^2 \geq 0\right)$

よって与式が示せた．□

また，等号成立条件は

$a + \dfrac{b}{2} = b = 0,$ i.e. $a = b = 0.$ //

(2) $a^3 - b^3 = (a-b)(a^2+ab+b^2).$

ここで，

$\begin{cases} a-b > 0\ (\because\ a > b), \\ a^2+ab+b^2 > 0\ (\because\ (1)\text{と}\ a \neq b). \end{cases}$

よって $a^3-b^3>0$. すなわち与式が示せた．□

(3) $a^n - b^n$

$= \underbrace{(a-b)}_{a>b\text{ より正}}\underbrace{(a^{n-1}+a^{n-2}b+a^{n-3}b^2+\cdots+b^{n-1})}_{a>b\geq 0\text{ より正}}$

$> 0.$

よって与式が示せた．□

解説 (1) 前記の性質❺′を使っています．

(3) この因数分解公式は，本シリーズでは紹介済みですね．[→ I+A 1 3 5 ❼]

本問(3)を見ると，次のことが成り立つことがわかります．

累乗と大小関係 知識

n は自然数とする．

$a,\ b \geq 0$ のとき，「a と b の大小」と「a^n と b^n の大小」は一致する．

補足 (2) ($n = 3$) と同様，n が**奇数**だと「$a,\ b > 0$」という前提は不要です．[→演習問題 1 13 4]

2 逆数，ルート，絶対値と不等式

諸々の細かい知識と不等式を組み合わせたものを扱います.

○ まず,「逆数」に関する不等式です.

$a > b\ (>0)$ のとき，両辺を $ab\ (>0)$ で割ると $\frac{1}{b} > \frac{1}{a}$. つまり，次の通りです.

正の数の逆数の大小 知識

正の実数 a, b について，$a > b \iff \frac{1}{a} < \frac{1}{b}$.

2 つの正の数の大小と，その逆数どうしの大小は逆になる訳です.

例題 1 7 c 逆数と不等式 根底 実戦

[→演習問題 1 8 15]

a は実数とする. 不等式 $\frac{1}{a^2+3a+3} \leq \frac{4}{3}$ …① を示せ.

方針 まず，分母の 2 次式に関する不等式を作り，その逆数がどうなるかを考えます.

解答

$$a^2+3a+3 = \left(a+\frac{3}{2}\right)^2 + \frac{3}{4} \geq \frac{3}{4}.$$

両辺とも正だから，逆数をとると

$$\frac{1}{a^2+3a+3} \leq \frac{1}{\frac{3}{4}} = \frac{4}{3}. \quad \square$$

注 ①の両辺を $3(a^2+3a+3)\ (>0)$ 倍して同値変形してから証明することもできますが，書く手間がかかるので上記**解答**のように片付けたいです.

補足 高校数学において，不等号の向きが逆転する典型的状況として，次の 3 つがあります：

- 両辺に負の数を掛ける
- 正数の逆数をとる（上の例題）
- 将来 指数，対数の底が 1 未満のとき[→5]

○ 次に，$\sqrt{\ }$ を含んだ不等式です. I+A 1 6 で学んだ基本性質を思い出して.

平方根の性質 定理

実数「$\sqrt{a}$」があるとき…

$\sqrt{a}$ は 0 以上. ルート内の a も 0 以上. ……$\sqrt{\ }$ は 0 以上，中身も 0 以上.

$(\sqrt{a})^2 = (-\sqrt{a})^2 = a$. ……$\sqrt{\ }$ の定義より

$a, b \geq 0$ のとき，$\sqrt{ab} = \sqrt{a}\sqrt{b}$, $\sqrt{\frac{a}{b}} = \frac{\sqrt{a}}{\sqrt{b}}$.

例題 1 7 d $\sqrt{\ }$ と不等式 根底 実戦

[→演習問題 1 8 13]

実数 $x\ (\geq 0)$ に対して，不等式 $\sqrt{x}+\sqrt{x+3} < \sqrt{x+1}+\sqrt{x+2}$ が成り立つことを示せ.

方針 各辺とも $\sqrt{\ }$ を含んでいるため，このまま差をとっても上手くいきません. そこで，できるだけ $\sqrt{\ }$ を消すため，2 乗してから差をとります.

解答 与式の両辺は 0 以上だから，2 乗しても大小は変わらない．…①

右辺^2 − 左辺^2

$$=(\sqrt{x+1}+\sqrt{x+2})^2-(\sqrt{x}+\sqrt{x+3})^2$$

$$=\left\{2x+3+2\overset{1)}{\sqrt{(x+1)(x+2)}}\right\}-\left\{2x+3+2\sqrt{x(x+3)}\right\}$$

$$=2\left(\sqrt{x^2+3x+2}-\sqrt{x^2+3x}\right)>0.$$ [2)]

これと①より，与式が示せた．□

解説 1)：平方根の演算規則：「$a, b \geqq 0$ のとき，$\sqrt{a}\sqrt{b}=\sqrt{ab}$」を用いています．

2)：$\sqrt{○}$ と $\sqrt{△}$ の大小は，○ と △ の大小と一致します．なぜなら，$\sqrt{○}$, $\sqrt{△}$（いずれも 0 以上）を 2 乗したのが ○, △ ですから．

[→例題17b(3)]

∘最後に，絶対値の性質をもとにしたものです．文字は実数であるとして，$|a|^2=a^2$ でしたね．また，$|2\cdot3|=6=|2|\cdot|3|$, $|2\cdot(-3)|=6=|2|\cdot|-3|$ などからわかるように，「積の絶対値」と「絶対値の積」は一致します（商も同様）．

そして，実数 a に対して，$|a|=\pm a$ より $a=\pm|a|$．よって，下の不等式が成り立ちます．（+ または − という意味）

絶対値の性質 定理 文字は実数とする．

㋐ $|a|^2=a^2$． ㋑ $|ab|=|a||b|$, $\left|\dfrac{a}{b}\right|=\dfrac{|a|}{|b|}$． ㋒ a を実数として，$-|a| \leqq a \leqq |a|$．（もちろん $|a| \geqq 0$）

例題 17e 絶対値と不等式 根底 実戦

[→演習問題1815]

a, b を実数とする．不等式 $\big||a|-|b|\big| \leqq |a+b| \leqq |a|+|b|$ を示せ．

着眼 左辺 ≦ 中辺 ≦ 右辺 と連なった不等式は，$\begin{cases}\text{左辺} \leqq \text{中辺}\\ \text{中辺} \leqq \text{右辺}\end{cases}$ の略記でしたね．

方針 各辺とも絶対値を含んでいるため，このまま差をとっても上手くいきません．そこで，できるだけ絶対値を消すため，2 乗してから差をとります．

解答 与式の各辺は全て 0 以上だから，2 乗しても大小は変わらない．…①

右辺^2 − 中辺^2

$=(|a|+|b|)^2-|a+b|^2$

$=a^2+2|a||b|+b^2-a^2-2ab-b^2$ ㋐

$=2(|ab|-ab)$ ㋑

$\geqq 0.$ …② ㋒

中辺^2 − 左辺^2

$=|a+b|^2-\big||a|-|b|\big|^2$

$=a^2+2ab+b^2-a^2+2|a||b|-b^2$ ㋐

$=2(ab+|ab|)$ ㋑

$=2\{ab-(-|ab|)\}$

$\geqq 0.$ …③ ㋒

以上①②③より，与式が示せた．□

参考 「$|a+b| \leqq |a|+|b|$」という 2 個の関係を繰り返し用いると，3 個の関係も簡単に作れます：

$$|a+b+c|=|(a+b)+c| \leqq |a+b|+|c| \leqq |a|+|b|+|c|.$$

発展 将来 この不等式は，a, b をベクトル $\vec{a}, \vec{b}$ に，あるいは複素数 α, β に変えても成り立ちます．そして，そこには三角形の成立条件とほぼ同じ意味があるため，「**三角不等式**」と呼ばれます．a, b が実数である本問ではピンとこない呼称ですが（苦笑）．

3 "相加相乗" 定理の略称です

とても有名な不等式であり，多くの問題解法の中で使用する重要定理です．正式名称とともに結果を書いてしまいます．

相加平均と相乗平均の大小関係（2 文字） 定理　　略した俗称が"相加相乗"

$a, b > 0$ [1] のとき

$$\underbrace{\frac{a+b}{2}}_{\text{相加平均}} \geqq \underbrace{\sqrt{ab}}_{\text{相乗平均}}.$$

分母を払った形：$a + b \geqq 2\sqrt{ab}$ で使うことも多い

等号 [2] は，$a = b$ のときに限り成り立つ．　足したり掛けたりする 2 つが等しいとき

〔証明〕

$$\text{左辺} - \text{右辺} = \frac{a+b}{2} - \sqrt{ab}$$

差をとってゼロと大小比較

$$= \frac{a+b-2\sqrt{ab}}{2}$$

分数式は通分して商の形に

$$= \frac{(\sqrt{a})^2 + (\sqrt{b})^2 - 2\sqrt{a}\sqrt{b}}{2}$$

[3] 完全平方式を予感して

$$= \frac{1}{2}(\sqrt{a} - \sqrt{b})^2 \geqq 0.$$

期待通り！

よって与式が示せた．

等号成立条件は，$\sqrt{a} = \sqrt{b}$ i.e. $a = b$. □

解説　左辺の加法（和）による平均を「相加平均」，右辺の乗法（積）による平均を「相乗平均」といいます．

その名の通り，あくまでも「大小関係」を表す不等式です．　「値の範囲」ではない！

注　[1]：定理として使用する際，「正である」ことへの言及は必須です．

[2]：「最小値」へ応用する際などに重要になります．

[3]：平方根の演算規則：「$a, b > 0$ のとき，$\sqrt{ab} = \sqrt{a}\sqrt{b}$」を用いています．

例題 17f "相加相乗"の利用　根底 実戦 典型

[→演習問題 1 8 18]

(1)　関数 $f(x) = x + \dfrac{1}{x}$ $(x > 0)$ の最小値を求めよ．

(2)　関数 $g(x) = \dfrac{x}{x^2+1}$ $(x > 0)$ の最大値を求めよ．

着眼　(1) x と $\dfrac{1}{x}$ の和があり，一方の積は定数です．こんなときが，「和」と「積」の関係を表す"相加相乗"の出番です．

(2) 分子と分母にある変数 x を，分母のみに**集約**することができます．すると…

解答　(1)　$x, \dfrac{1}{x} > 0$ [4] より「相加平均と相乗平均の大小関係」[5] が使えて

$$x + \frac{1}{x} \geqq 2\sqrt{x \cdot \frac{1}{x}}.$$

$a + b \geqq 2\sqrt{ab}$ の形で使った

i.e. $f(x) \geqq 2$（定数）. …①　大小関係

①の等号は

$x = \dfrac{1}{x}$, i.e. $x = 1$ のとき成立する．…②

①，②より，求める**最小値**は

$\min f(x) = 2.$ //

(2) $g(x)=\dfrac{1}{x+\frac{1}{x}}=\dfrac{1}{f(x)}$. ($x$ を分母に集約)

また，①において両辺は正だから，逆数をとると

$g(x)=\dfrac{1}{f(x)}\leq\dfrac{1}{2}$ (定数). …③ (大小関係)

③の等号は，②と同様に

$x=1$ のとき成立する．…④

③，④より，求める**最大値**は

$\max g(x)=\dfrac{1}{2}$.//

解説 不等式①は，定理の名称にある通りあくまで「大小関係」を表します．けっして $f(x)$ の「値の範囲」が「2 以上の実数値全体である」と主張しているのではありません．この事情については，(2)の③を見ると明白です．だって，$g(x)$ は正ですから，「$\dfrac{1}{2}$ 以下の実数値全体」をとり得る訳がないですね．したがって，②や④のような等号成立確認が不可欠です．

最小値や最大値だけが問われている場合，ホントは等号を成り立たせる $x\ (>0)$ を **1 つ見つけさえすれば** OK なのですが，ここではいちおうその見つけ方の過程も書いておきました．

注 4)：“相加相乗”を使う際には，正であることに言及してください．

5)：使用する定理の名称はできれば書いた方がよいですが…あまりに長いので書かずに済ませたり，あるいは“相加相乗”と略しても許される気がします．今筆者はパソコンで原稿を書いているので，“予測変換システム”によりキーボードの「s」を押すだけで「相加平均と相乗平均の大小関係」と書けてしまいますが (笑)，今後はかなりの頻度でサボります．ワザとです．

知識 **着眼**で述べたように，“相加相乗”が最小値 (or 最大値) に活用される典型的状況は次の通りです (これしかない訳ではありませんよ)．

2 つの実数の和と積のうち，一方が**目的**で他方が**一定**なとき．

($f(x)=x+\dfrac{1}{x}$)　($x\cdot\dfrac{1}{x}=1$)

重要 上記**解答**で用いた

- 大小関係の不等式
- 等号成立確認→ **最小値**

という流れは，じつは「最小値とは何か」という基本に立脚したとてもスタンダードな論法です．

最小値とは？ 重要 既習者 (最大値もこれに準ずる)

関数 $f(x)$ の**最小値**について，次が成り立つ．

$\min f(x)=m$ (m は定数 6))

$\iff$ 大小関係 $f(x)\geq m$ がつねに成り立ち，かつ，その等号が成立可能.

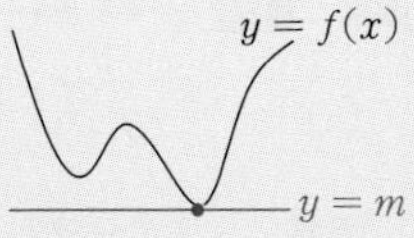

注 6)：ここはあくまでも定数です．勝手に関数 $F(x)$ に変えて，

つねに $f(x)\geq F(x)$．等号は $x=\alpha$ で成立．よって $\min f(x)=F(\alpha)$

としてはなりません (右図参照)．■

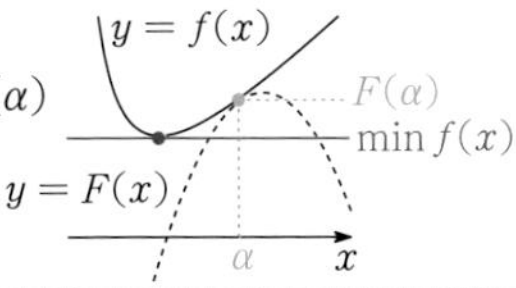

今一度，不等式がもつ 2 つの意味を確認しておきましょう．

不等式の 2 通りの意味 重要

❶ 不等式とは，2 つの実数どうしの**大小関係**を表す式である． (a, b が正のとき，$\dfrac{a+b}{2}\geq\sqrt{ab}$.)

❷ 特定の文脈のもとでは，**値の範囲**を表すこともある． (関数 $y=f(x)$ の定義域は $0\leq x\leq 1$ である.)

例題 1 7 g "相加相乗"の正しい利用 根底 実戦 典型

[→演習問題 1 8 20]

x, y が正の実数の範囲で動くとき，$F=\left(x+\dfrac{1}{y}\right)\left(\dfrac{4}{x}+y\right)$ の最小値を求めよ．

注 「$x+\dfrac{1}{y}$」が，前問の「$x+\dfrac{1}{x}$」と似ているのでとマネすると…

$x, y>0$ だから，"相加相乗"より

$$x+\frac{1}{y}\geq 2\sqrt{x\cdot\frac{1}{y}}, \quad \cdots①$$

$$\frac{4}{x}+y\geq 2\sqrt{\frac{4}{x}\cdot y}. \quad \cdots②$$

いずれも両辺は正だから [1]，辺々掛けて

$$\left(x+\frac{1}{y}\right)\left(\frac{4}{x}+y\right)\geq 2\sqrt{x\cdot\frac{1}{y}}\cdot 2\sqrt{\frac{4}{x}\cdot y}.$$

i.e. $F\geq 4\sqrt{x\cdot\dfrac{1}{y}\cdot\dfrac{4}{x}\cdot y}=8$ (定数). 大小関係

この等号が成立するのは①②の等号がいずれも成り立つとき，すなわち

$$x=\frac{1}{y} \text{ かつ } \frac{4}{x}=y,$$

i.e. $xy=1$ かつ $xy=4$ のとき．

もちろんこれは成立不能ですので，残念ながら8は求める最小値ではありません．

はい．以上，典型的な失敗例でした (笑)．

注 [1]：「積の大小関係」については[→例題 1 7 j 後]．

方針 という訳で，F を少し変形した後で"相加相乗"を使ってみます．

解答 (定数)

$$\begin{aligned}F&=\left(x+\frac{1}{y}\right)\left(\frac{4}{x}+y\right)\\&=5+xy+\frac{4}{xy}\\&\geq 5+2\sqrt{xy\cdot\frac{4}{xy}}\ (\because\ xy>0)\\&=5+2\cdot 2=9\ (\text{定数}).\end{aligned}$$

大小関係

等号成立条件は

$$xy=\frac{4}{xy}, \text{ i.e. } xy=2$$

であり，これは成立可能．

以上より，$\min F=9.$ //

注 冒頭の**注**のような「結果として上手くいかない方法」を選択してしまうことは恐れなくてかまいません．筆者もときどきやらかします (笑)．とにかく，次の 2 つを意識して！

「大小関係の不等式」＋「等号成立確認」

例題 1 7 h 分数式と"相加相乗" 根底 実戦 入試

[→演習問題 1 8 18]

$f(x)=\dfrac{x^2-2x-1}{x+1}$ $(x>0)$ の最小値を求めよ．

着眼 分子が分母より高次なので，「分子の低次化」を行ってみましょう．何かが見えてきます．

解答

-1	1	-2	-1
		-1	3
	1	-3	2

組立除法

分子を分母で割ると 整式の除法

分子 $=(x+1)(x-3)+2.$

$$\begin{aligned}f(x)&=\frac{(x+1)(x-3)+2}{x+1}\\&=x-3+\frac{2}{x+1}\\&=\boxed{x+1}+\frac{2}{\boxed{x+1}}-4\\&\geq 2\sqrt{\boxed{x+1}\cdot\frac{2}{\boxed{x+1}}}-4\ (\because\ \boxed{x+1}>0\ ^{2)})\\&=2\sqrt{2}-4\ (\text{定数}).\end{aligned}$$

$x+\dfrac{1}{x}$ と似た形

ムリヤリ $\boxed{x+1}$ で表す

大小関係

等号成立条件は

$$\boxed{x+1} = \frac{2}{\boxed{x+1}}\ (x>0),$$

i.e. $\boxed{x+1} = \sqrt{2}$

であり，これは $x=\sqrt{2}-1\ (>0)$ のとき成立する．••• 等号成立確認

以上より，求める最小値は

$\min f(x) = 2\sqrt{2}-4.$ //

注 2)："相加相乗" を使う際には，（定理の名称はともかく）必ず「足したり掛けたりする 2 つが正」であることに言及すること．

将来 **理系** 数学Ⅲの微分法を用いても解決しますが，その際にも「分子の低次化」をした方が有利になるケースがあります．

例題 1 7 i "相加相乗" の利用（対称式） 根底 実戦 入試 [→演習問題 1 8 21]

$\dfrac{1}{a}+\dfrac{1}{b}=2\ (a,b>0)$ …① のとき，$F:=a^2+b^2$ の最小値を求めよ．

着眼 "相加相乗" の両辺には，「和」と「積」という基本対称式が現れます．例題 1 7 f 知識 において，「このうち一方が一定なとき "相加相乗" を使う」と言いましたが，一定でなくても，対称な式があるときには「"相加相乗" かも？」と思ってみてください．

解答 $a^2, b^2>0$ だから

$a^2+b^2 \ge 2\sqrt{a^2b^2}.$ ••• "相加相乗"

$F \ge 2ab\ (\because\ a, b>0).$ …②

また，$\dfrac{1}{a}, \dfrac{1}{b}>0$ だから

$\dfrac{1}{a}+\dfrac{1}{b} \ge 2\sqrt{\dfrac{1}{a}\cdot\dfrac{1}{b}}.$ ••• "相加相乗"

これと①より

$2 \ge \dfrac{2}{\sqrt{ab}}.\quad \therefore\ ab \ge 1.$ …③

②③より，

$F \ge 2\cdot 1 = 2$（定数）．…④ ••• 大小関係

④の等号成立条件は，②③の等号および①が同時に成り立つこと，すなわち

$$\begin{cases} ②:\ a^2=b^2 \\ ③:\ \dfrac{1}{a}=\dfrac{1}{b} \end{cases} \text{かつ ①}$$

i.e. $a=b=1$

であり，これは成立可能．••• 等号成立確認

以上より，求める最小値は

$\min F = 2.$ //

解説 とにかく，「大小関係の不等式」＋「等号成立確認」の 2 つをセットで．

注 ①の分母を払った $b+a=2ab$ …①′ を見ると，対称式 $F=a^2+b^2$ を基本対称式で表したくなるかもしれませんね．

$$\begin{aligned} F &= a^2+b^2 \\ &= (a+b)^2-2ab \\ &= (2ab)^2-2ab\ (\because\ ①'). \end{aligned}$$

ここで $t=ab$ とおくと

$F=4t^2-2t.$ ••• t の 2 次関数

後は t の 2 次関数を利用しつつ，$t\ (=ab)$ に関する不等式③を作ることになります．

参考 ①は，「相加平均」「相乗平均」に次ぐもう一つの平均：「調和平均」[→演習問題 1 8 19] が一定という意味をもっています．

発展 "相加相乗" については，さらに発展したバージョンの証明およびその利用について，1 12 1 や演習問題において扱います．

4 不等式と関数

「2 次不等式」には，❶「因数分解」，❷「グラフ＋方程式」という **2 通りの解法**がありましたね．
[→ I+A 283]
本節「不等式の証明」では，これまで❶と同じ「積 vs 0」で様々な不等式を証明してきましたが，それでは困難なとき，ぜひもう一つの方法論❷を思い出してください．

不等式の扱い　重要度↑　既習者
❶ [式変形] $A > B$ を $A - B > 0$ と同値変形し，左辺を積 (or 商) の形にする．
❷ [関数] 関数の増減を利用する．

例題 17j 不等式の2通りの扱い　重要度↑　根底 実戦　入試　[→演習問題 1816]

(1) $a < 1, b < 1$ のとき，$ab + 1 > a + b$ を示せ．
(2) $0 < a < 1, 0 < b < 1, c < 1$ のとき，$abc + 2 > a + b + c$ を示せ．

方針 (1) これまで通りの手法❶：「差をとって因数分解」で解決します．
(2) 今度はそうはいきません．そこで，❷：「関数」という視点から考えます．条件は，a, b については対等で c だけ他と異なりますから，c を変数としてみます．

解答 (1) 左辺 − 右辺 $= (ab + 1) - (a + b)$
$= (a - 1)(b - 1)$.
ここで，$a - 1 < 0, b - 1 < 0$ だから
$(a - 1)(b - 1) > 0$.
よって与式は示せた．□
(2) 左辺 − 右辺 $= (abc + 2) - (a + b + c)$.
これを，a, b を固定して c の**関数** $f(c)$ とみると　（c が変数）
$f(c) = (ab - 1)c + 2 - a - b$.
ここで，1) $0<a<1, 0<b<1$ より $ab<1$.
よって $ab-1 < 0$ だから，$f(c)$ は減少関数．
これと $c < 1$ より，
$f(c)>f(1)$
$=(ab-1)+2-a-b$
$=(ab+1)-(a+b)$
>0 (∵ $a<1, b<1$ より(1)が使えた)．
よって与式が示せた．□

解説 (2) のように❶「式変形」だけでは困難だと感じたら，❷「関数」という見方を思い出してください．実はこの❷の視点は「微分法」[→6] においてのみ学ぶ人が多いためか，本問において発想できない人が多いのです．「式変形」と「関数利用」．「不等式」と向き合う際には，**常にこの 2 つを念頭におく**ようにしましょう．

注 1)：a, b が正であるからこそ，$\begin{cases} a < 1 \\ b < 1 \end{cases}$ を辺々掛けて，$ab < 1$. とすることができます．

上記注で述べたことは，次のように一般化されます．

積の大小関係　知識　a, b, c, d が正のとき，$\begin{cases} a > b \\ c > d \end{cases} \Longrightarrow ac > bd$.

注 あくまでも a~d が正のときに限ります．例えば，$\begin{cases} -1 > -2 \\ -3 > -4 \end{cases}$ ですが，辺々掛けると，
左辺の積 $(= 3) <$ 右辺の積 $(= 8)$ となってしまいますね．

8 演習問題B

181 根底 実戦 典型 定期

(1) $x^2+2x+3=ax(x+1)+b(x+1)(x+2)+c(x+2)(x+3)$ が x についての恒等式となるような定数 a, b, c を求めよ．

(2) $x^4=a+b(x-1)+c(x-1)^2+d(x-1)^3+e(x-1)^4$ が x についての恒等式となるような定数 a, b, c, d, e を求めよ．

182 根底 実戦

(1) $x^4+ax^3+bx^2-6x+2=(x^2-2x)^2+c(x^2-2x)+d$ …① が x についての恒等式となるような定数 a, b, c, d の値を求めよ．

(2) (1)のときの①の左辺を $f(x)$ とおく．$f(1+t)=f(1-t)$ が t についての恒等式であることを示せ．

183 根底 実戦 典型

$$\frac{x^2+x+1}{(x+2)(x-1)^2}=\frac{a}{x+2}+\frac{b}{x-1}+\frac{c}{(x-1)^2}$$

が x についての恒等式となるような定数 a, b, c の値を求めよ．

184 根底 実戦

$7x^2+8xy+ay^2+10x+10y+b=(2x-y+c)^2+d(x+ey+f)^2$ …① が x, y についての恒等式となるような定数 a, b, c, d, e, f の値を求めよ．

185 根底 実戦 入試

$f(x+2)-f(x)=x^2+2x+2$ …①，$f(0)=1$ …② を満たす多項式 $f(x)$ を求めよ．

186 根底 実戦 定期

次の等式を証明せよ．

(1) $(a-1)(a+1)(a^2+1)(a^4+1)=a^8-1$　(2) $x^2+1+\dfrac{1}{x^2}=\left(x+1+\dfrac{1}{x}\right)\left(x-1+\dfrac{1}{x}\right)$

187 根底 実戦

n は 2 以上の整数で，k は $0\leq k\leq n-2$ を満たす整数とする．

$$_{n+2}\mathrm{C}_{k+2}={}_n\mathrm{C}_k+2{}_n\mathrm{C}_{k+1}+{}_n\mathrm{C}_{k+2}$$

が成り立つことを，$_n\mathrm{C}_k=\dfrac{n!}{k!(n-k)!}$ にもとづいて示せ．

188 根底 実戦

$a+b+c=0$ …① のとき

$$a^3+b^3+c^3+3(a+b)(b+c)(c+a)=0 \quad \cdots②$$

が成り立つことを示せ．

1 8 9 根底 実戦 ハイレベル↑

$\begin{cases} a=b+c & \cdots① \\ a^2+b^2+c^2=2 & \cdots② \end{cases}$ のとき，次の問いに答えよ．

(1) $b^2+c^2+bc=1$ を示せ．

(2) $a^4+b^4+c^4$ の値を求めよ．

1 8 10 根底 実戦

全て相異なる a, b, c があり

$$\frac{a+b}{b-c}=\frac{b+c}{c-a}=\frac{c+a}{a-b}$$

を満たしている．このとき

$$F:=a\left(\frac{1}{b}+\frac{1}{c}\right)+b\left(\frac{1}{c}+\frac{1}{a}\right)+c\left(\frac{1}{a}+\frac{1}{b}\right)$$

の値を求めよ．

1 8 11 根底 実戦

(1) $a<1, b<1, c<1$ …① のとき，不等式

$$abc+a+b+c<ab+bc+ca+1 \quad \cdots②$$

が成り立つことを示せ．

(2) x, y が実数のとき，不等式

$$x^2+xy+y^2-3y+3 \geq 0 \quad \cdots③$$

が成り立つことを示せ．

1 8 12 根底 実戦 重要

文字は全て実数とする．次の不等式をそれぞれ示せ．

(1) $(ap+bq)^2 \leq (a^2+b^2)(p^2+q^2)$ …①

(2) $(ap+bq+cr)^2 \leq (a^2+b^2+c^2)(p^2+q^2+r^2)$．…②

1 8 13 根底 実戦

不等式 $\left|x+\sqrt{3}y\right| \leq 2\sqrt{x^2+y^2}$ (x, y は実数) …① を示せ．

1 8 14 根底 実戦

$a, b>0$ のとき，以下の不等式をそれぞれ示せ．

(1) $\left(\frac{a+b}{2}\right)^3 \leq \frac{a^3+b^3}{2}$ …①

(2) $\sqrt{\frac{a+b}{2}} \geq \frac{\sqrt{a}+\sqrt{b}}{2}$ …②

(3) $\frac{1}{\frac{a+b}{2}} \leq \frac{\frac{1}{a}+\frac{1}{b}}{2}$ …③

1 8 15 根底 実戦

(1) $0 \leq p \leq q$ のとき，$\frac{p}{1+p} \leq \frac{q}{1+q}$ …① を示せ．

(2) $\frac{|a+b|}{1+|a+b|} \leq \frac{|a|}{1+|a|}+\frac{|b|}{1+|b|}$ (a, b は実数) …② を示せ．

1 8 16 根底 実戦 入試

(1) $0<a<1,\ 0<b<1$ …① のとき, $\dfrac{1}{a}+\dfrac{1}{b}<1+\dfrac{1}{ab}$ …② を示せ.

(2) $0<a<1,\ 0<b<1,\ 0<c<1$ …③ のとき, $\dfrac{1}{a}+\dfrac{1}{b}+\dfrac{1}{c}<2+\dfrac{1}{abc}$ …④ を示せ.

1 8 17 根底 実戦 入試 重要

$a\geq 0,\ 0\leq b\leq 1$ …① のとき, $F:=a^2-ab+b^2+2a-b+1\geq\dfrac{3}{4}$ …② を示せ. また, ②の等号が成り立つような a, b の値を求めよ.

1 8 18 根底 実戦 入試

$x>0$ として, 次の不等式をそれぞれ示せ. また, 等号が成り立つときの x の値を求めよ.

(1) $f(x):=\dfrac{x}{x^2+3x+4}\leq\dfrac{1}{7}$

(2) $g(x):=\dfrac{x^2+4x+10}{x+2}\geq 2\sqrt{6}$

1 8 19 根底 実戦 入試

ある人が, 2 つの地点 A と B の間を往復した. A から B へは速さ u で移動し, B から A へは速さ v で移動したところ, 一定の速さ V で往復する場合と同じ時間がかかったとする. 以下の問いに答えよ.

(1) V を u, v で表せ.

(2) (1)の V と, u と v の相乗平均 $\sqrt{uv}$ との大小関係を調べよ.

1 8 20 根底 実戦 入試

正の実数 x, y, z が変化するとき, $F:=x\left(\dfrac{1}{y}+\dfrac{1}{z}\right)+y\left(\dfrac{1}{z}+\dfrac{1}{x}\right)+z\left(\dfrac{1}{x}+\dfrac{1}{y}\right)$ の最小値を求めよ.

1 8 21 根底 実戦 入試

正の実数 a, b が $a+b=1$ …① を満たしながら変化するとき, $F:=\left(\dfrac{1}{a^2}+1\right)\left(\dfrac{1}{b^2}+1\right)$ の最小値を求めよ.

1 8 22 根底 実戦 重要

次の不等式を解け.

(1) $x^3-2x^2-x+2\geq 0$

(2) $\dfrac{2}{x+1}\geq\dfrac{1}{2-x}$

(3) $x^3>-27$

(4) $x^4+x^3-8x-8<0$

1 8 23 根底 実戦 入試 ハイレベル↑

x, y, z は実数とする.

(1) 不等式 $3(x^2+y^2+z^2)\geq(x+y+z)^2$ …① を示せ. また, 等号が成り立つための条件も求めよ.

(2) a は正の実数とする. 「$x^2+y^2+z^2\leq a$ ならば $x+y+z\leq a$」…(*) が成り立つための a に関する条件を求めよ.

9 複素数

1 数の拡張

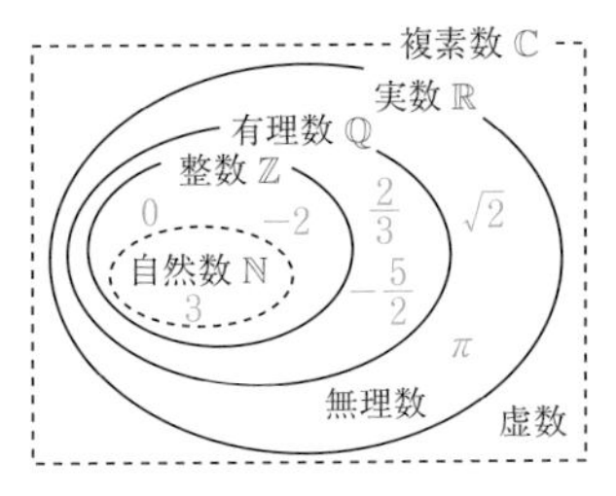

- 1 次方程式 $2x=5$ は，整数の範囲では解がありません．
  しかし，範囲を有理数に広げれば，$x=\frac{5}{2}$ という解をもちます．
- 2 次方程式 $x^2=2$ は，有理数の範囲では解がありません．
  しかし，範囲を実数に広げれば，$x=\pm\sqrt{2}$ という解をもちます．
- 2 次方程式 $x^2=-1$ は，実数の範囲では解がありません．
  そこで，この方程式が解をもつように，実数より広い範囲の数である「複素数」を導入します．

$i^2=-1$ となる数 $\boldsymbol{i}$ を考え，これを**虚数単位**と呼びます．これで，方程式 $x^2=-1$ の 1 つの解ができましたね．

語記サポ 「虚」＝「imaginary」■

この i と実数 a, b を用いて $a+bi$ という数を作ります．このような数を**複素数**と呼びます．

例 $2+3i$，　$4-5i$ つまり $4+(-5)i$，$2+i$ つまり $2+1\cdot i$
$3i$ つまり $0+3i$，2 つまり $2+0i$，　0 つまり $0+0i$

注 今後，複素数を論ずるときには，とくに断らなくても「i」は虚数単位を表すものとします．■

複素数 [1] $\alpha=a+bi$ (a, b は実数) において

a を α の**実部**といい，$\mathrm{Re}\,\alpha$ [2] と表します．　実部 =real part
b を α の**虚部**といい，$\mathrm{Im}\,\alpha$ と表します．　虚部 =imaginary part

語記サポ 1)：複素数は，このように「ギリシャ文字」$\alpha, \beta, \gamma, \delta$ などで表すことが多いです．絶対的な決まりではありませんが．
2)：例えば複素数 $2+3i$ の実部なら，$\mathrm{Re}(2+3i)$ のように括弧を付けて表しましょう．虚部についても同様です．■

複素数は，次のように分類されます．

複素数の分類　知識　a, b は実数とする．

複素数 $a+bi$ $\begin{cases} b=0 \text{ のとき，}\textbf{実数 } a & (2+0i=2) \\ b\neq 0 \text{ のとき，}\textbf{虚数} \to a=0 \text{ のとき，}\textbf{純虚数 } bi & (0+3i=3i) \end{cases}$

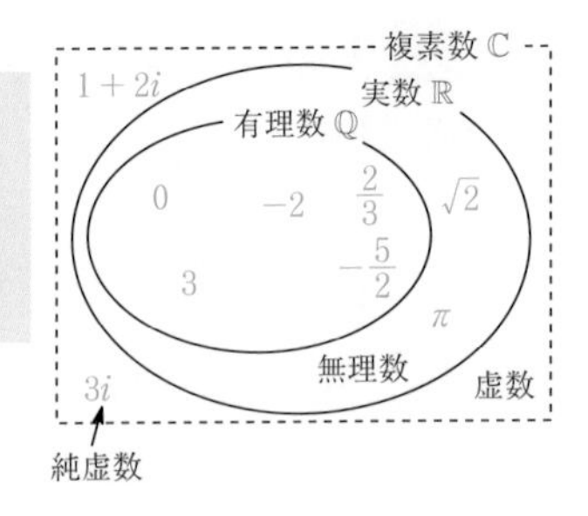

注 虚数とは，複素数のうち実数でない数です．
実数のうち有理数でない数を無理数と呼ぶのと同様です．

2 複素数の相等

2 つの複素数 α, β が等しいとは，それぞれの実部どうし，虚部どうしがともに等しいことを指します．

複素数の相等 **定義**

a, b, c, d は実数とする.

$$a+bi=c+di \Longleftrightarrow [a=c \text{ かつ } b=d].$$

とくに, $a+bi=0$ [1] $\Longleftrightarrow [a=0$ かつ $b=0]$.

重要 複素数についての等式 1 個は, 実数についての等式 2 個分の情報をもつ!

補足 [1]: 複素数としての「0」とは, $0+0i$ のことです.

問 $(2a+b)+(a-2b)i=a+(b+4)i$ が成り立つとき, 実数 a, b の値を求めよ.

解答 両辺の実部, 虚部を比べて

$$\begin{cases} 2a+b=a \\ a-2b=b+4. \end{cases} \text{ i.e. } \begin{cases} a+b=0 \\ a-3b=4. \end{cases}$$

これを解いて

$a=1, b=-1.$ //

解説 複素数についての等式 1 つから, 実数 a, b についての連立方程式が得られましたね.

3 複素数の演算規則

複素数の演算は, 次の規則に従います:

$$\begin{cases} i^2=-1. \\ i \text{ に関する他の演算規則は, 普通の文字と同様.} \end{cases}$$

例 和 $(2+3i)+(5-i)=(2+5)+(3-1)i=7+2i$.

差 $3i-(4+2i)=(0-4)+(3-2)i=-4+i$.

積 $(2+3i)(5+i)=(2\cdot5+3i\cdot i)+(2\cdot i+3i\cdot5)=7+17i$.

(i が消える / i が残る)

重要 とくに「積」の計算では,「i が消える部分」と「i が残る部分」とに**初めから振り分けて**計算することが大切です. 合言葉:「**書いてから見るな. 見えてから書け.**」

注 残る演算「商」については, 次項の「共役」の後で.

4 共役複素数

複素数 $\alpha=a+bi$ $(a, b \in \mathbb{R})$ に対して, 虚部のみ符号を反対にした複素数 $a-bi$ を考えます. これを α と**共役**(きょうやく)な複素数といい, $\overline{\alpha}$ [1] と表します. また, α と $\overline{\alpha}$ は互いに共役であるともいいます.

語記サポ [1]:「アルファバー」と読みます.

例 $\overline{2+3i}=2-3i$, $\overline{3i-1}=-3i-1$, $\overline{3i}=-3i$, $\overline{2}=2$, $\overline{\overline{2+3i}}=\overline{2-3i}=2+3i$.

最後の 2 例からわかるように, 次が成り立ちます.

a が実数のとき, $\overline{a}=a$. …実数 a の共役複素数は a 自身　　$\overline{\overline{\alpha}}=\alpha$. …共役の共役は自分自身

複素数 $\alpha=a+bi$ とその共役複素数 $\overline{\alpha}$ について, 次が成り立ちます.

$$\begin{cases} \alpha=a+bi \\ \overline{\alpha}=a-bi \end{cases} \text{ より, } \begin{cases} \text{和: } \alpha+\overline{\alpha}=2a=2\cdot\mathrm{Re}\,\alpha. \\ \text{積: } \alpha\overline{\alpha}=a^2-(bi)^2=a^2-b^2\cdot(-1)=a^2+b^2. \end{cases}$$

重要 たとえ α 自体が虚数であったとしても, 共役どうしの和, 積はいずれも実数となります. 今後, このことが随所において重要な役割を演じます.

将来 **理系** 数学 C「複素数平面」では,「積」の結果 $\alpha\overline{\alpha}=|\alpha|^2$(絶対値の 2 乗) であることを学びます.

5 複素数の計算

前項で行った共役複素数どうしの積を利用して，2 つの複素数の商を計算してみましょう．

例 $\dfrac{2+3i}{3+i}=\dfrac{(2+3i)(3-i)}{(3+i)(3-i)}$ 分子は単なる積 分母は共役どうしの積

$$=\frac{(2\cdot3-3i\cdot i)+(-2\cdot i+3i\cdot3)}{3^2-i^2}$$

$$=\frac{9+7i}{10}=\frac{9}{10}+\frac{7}{10}i.$$

一般に，複素数 $\alpha=a+bi,\ \beta=c+di\ (a,\ b,\ c,\ d\in\mathbb{R})$ の商は次のようになります．

$$\frac{\alpha}{\beta}=\frac{\alpha}{\beta}\cdot\frac{\overline{\beta}}{\overline{\beta}}=\frac{a+bi}{c+di}\cdot\frac{c-di}{c-di}=\frac{(ac+bd)+(bc-ad)i}{c^2+d^2}.$$

これで，商もちゃんと (実数) + (実数)i の形になることがわかりました．

これで，3 で行った和，差，積の計算結果と合わせて，次のことがわかりました．

複素数の四則演算 重要 既習者 二項演算の答えも複素数となる

複素数は，四則演算について**閉じている**．[→ I+A 153]

例題 19 a 複素数の計算 根底 実戦 定期 [→演習問題 1 11 1]

(1) 次の各複素数を簡単にせよ．

(ア) i^4 (イ) $\left(\dfrac{1+i}{\sqrt{2}}\right)^2$ (ウ) $\dfrac{\sqrt{3}+i}{\sqrt{3}i-1}$ (エ) $\dfrac{\left\{(\sqrt{3}+1)+(\sqrt{3}-1)i\right\}^3}{(1-i)^3}$

(2) $\dfrac{a+3i}{2-bi}=1+i$ を満たす実数 $a,\ b$ の値を求めよ．

方針 初めから「i の消える部分」,「i の残る部分」に振り分けて．できる限り暗算で！

解答 (1)(ア) $i^4=(i^2)^2=(-1)^2=1.$ //

(イ) $\left(\dfrac{1+i}{\sqrt{2}}\right)^2=\dfrac{(1+i)^2}{2}$

$$=\frac{(1+i^2)+2i}{2}=\frac{2i}{2}=i.\ /\!/$$

(ウ) 与式 $=\dfrac{\sqrt{3}+i}{-1+\sqrt{3}i}\cdot\dfrac{-1-\sqrt{3}i}{-1-\sqrt{3}i}$

$$=\frac{(\sqrt{3}+i)(-1-\sqrt{3}i)}{(-1)^2-(\sqrt{3}i)^2}$$

$$=\frac{(-\sqrt{3}+\sqrt{3})+(-3-1)i}{4}=-i.\ /\!/$$

注 分母 $-1+\sqrt{3}i$ の共役複素数は，虚部のみ符号を反対にした $-1-\sqrt{3}i$ です．分子分母に「$\sqrt{3}i+1$」を掛けると，分母が負になります．■

(エ) 与式 $=\left\{\dfrac{(\sqrt{3}+1)+(\sqrt{3}-1)i}{1-i}\right\}^3.$

ここで

$$\frac{(\sqrt{3}+1)+(\sqrt{3}-1)i}{1-i}$$

$$=\frac{(\sqrt{3}+1)+(\sqrt{3}-1)i}{1-i}\cdot\frac{1+i}{1+i}$$

$$=\frac{(\sqrt{3}+1-\sqrt{3}+1)+(\sqrt{3}+1+\sqrt{3}-1)i}{1^2-i^2}$$

$$=\frac{2+2\sqrt{3}i}{2}=1+\sqrt{3}i.$$

$\therefore$ 与式 $=(1+\sqrt{3}i)^3$

$$=1+3\cdot\sqrt{3}i+3(\sqrt{3}i)^2+(\sqrt{3}i)^3$$

$$=(1-9)+(3\sqrt{3}-3\sqrt{3})i=-8.\ /\!/$$

(2) 与式を変形すると

$$a+3i=(1+i)(2-bi).$$

$$a+3i=(2+b)+(2-b)i.$$

$\therefore a=2+b,\ 3=2-b.$ $a=1,\ b=-1.$ //

例題 19b 表現の一意性（虚数） 根底 実戦

[→演習問題1112]

a, b, a', b' は実数で α は虚数とする．「$a + b\alpha = a' + b'\alpha$ …① のとき $a = a', b = b'$」であることを示せ．

着眼 「a, b は有理数で $\sqrt{2}$ は無理数のとき，$a + b\sqrt{2} = 0 \Longrightarrow a = b = 0$」[→ I+A例題190] とよく似ていますね．そこでも用いた背理法を使います．

解答 ①を変形すると，

$(b - b')\alpha = a' - a$. …①′

仮に $b \neq b'$ だとしたら，$b - b' \neq 0$ より

$$\alpha = \frac{a' - a}{b - b'}. \quad \cdots ②$$

ところが，左辺は虚数で右辺は実数だから，②は不合理である．

よって，$b \neq b'$ は成り立たない．つまり，$b = b'$．これと①′より $a = a'$．□

重要 任意の複素数を，虚数 α を用いて

(実数)+(実数)α

の形に表すとき，その**表現は一意的**であることがわかりました．1106〔証明〕において，この結果を使います．

解説 ①′以降は，I+A例題190とまったく同様です．「有理数」→「実数」，「無理数」→「虚数」と置き換わっただけです．

将来 このような，「一意性」の証明は，「ベクトル」[→数学C]においても行われます．

注 「$a + bi = a' + b'i$ のとき $a = a', b = b'$」は，複素数の相当の定義から言えます．本問のような議論の出番はありません．

例題 19c 積＝0となる条件 根底 実戦

[→演習問題1113]

a, b, c, d は実数で，i は虚数単位とする．2つの複素数 $\alpha = a + bi, \beta = c + di$ について考える．実数 x, y について，$xy = 0 \Longleftrightarrow [x = 0$ または $y = 0]$ …① であることに基づいて，複素数 α, β についても

$$\alpha\beta = 0 \Longleftrightarrow [\alpha = 0 \text{ または } \beta = 0] \quad \cdots ②$$

が成り立つことを示せ．

解答

$\alpha = 0 \Longleftrightarrow a = b = 0$（複素数の相等の定義）

$\Longleftrightarrow a^2 + b^2 = 0$ ($\because$ $a, b \in \mathbb{R}$). …③

注 ③への同値変形は，「複素数の絶対値」（数学C）を背景として発想していますから，ここでは"鑑賞"してくだされば OK です（笑）．■

同様に，$\beta = 0 \Longleftrightarrow c^2 + d^2 = 0$. …④

また，

$\alpha\beta = (a+bi)(c+di) = (ac-bd) + (ad+bc)i$

だから，同様に

$\alpha\beta = 0 \Longleftrightarrow (ac - bd)^2 + (ad + bc)^2 = 0$

($\because$ $ac - bd, ad + bc \in \mathbb{R}$). …⑤

ここで，

$(ac - bd)^2 + (ad + bc)^2$

$= a^2c^2 + b^2d^2 + a^2d^2 + b^2c^2$ （$2abcd$ は±で消しあう）

$= a^2(c^2 + d^2) + b^2(c^2 + d^2)$

$= (a^2 + b^2)(c^2 + d^2)$. [1]

これと①より

$(ac - bd)^2 + (ad + bc)^2 = 0$

$\Longleftrightarrow [a^2 + b^2 = 0$ または $c^2 + d^2 = 0]$.

これと③④⑤より，②が示せた．□

補足 1)：この等式は，161①と全く同じものです．

重要 次項の「方程式」で，本問の結果を用います．

10 複素数と方程式

方程式については，既に I+A 2 7 で学びましたが，解の範囲を実数から複素数へと広げ，方程式の次数も2次以下から3次以上(高次方程式)にまで拡張します．しかし，**ベースとなる基本は同じです．**

1 方程式の解とは？

数学 I と同様，今後「方程式の解」について考えるときは，つねに次の 2 つがベースになります．「整式」の扱いと同様，「**値**」・「**式**」という **2 つの手法**があります． I+A 2 7 1 の再掲です．

方程式の解　原理　重要度↑　既習者

x の 2 次の方程式 $f(x) := x^2 + x - 6 = 0$ …① について…

❶ **数値代入**

$f(2) = 4 + 2 - 6 = 0$ より，$x = 2$ は①の **1 つの解**である．…「値」で攻める

(数値として等しい)

❷ **因数分解（式変形）**

①の左辺を因数分解すると $f(x) = (x-2)(x+3)$．…「式」で攻める

(式として一致)

よって，① の**全ての解**は $x = 2, -3$ である．

重要　上記 2 つを強固に結びつけるのが「因数定理」です！

❶: $f(\alpha) = 0 \iff$ ❷: $f(x) = (x-\alpha)(\cdots\cdots\cdots)$

2 複素数と平方根

1 9 1 冒頭で述べた通り，2 次方程式 $x^2 = -1$ が解をもつように虚数単位 i が導入されました．こうして数の範囲を複素数まで広げた上で，一般の 2 次方程式の解について考えましょう．

x の 2 次方程式 $x^2 = \alpha^2$ (α は複素数) を変形すると

$x^2 - \alpha^2 = 0$．$(x-\alpha)(x+\alpha) = 0$ …「積=0」の形

これと**例題** 1 9 C の結果より，複素数 α に対して，

$x^2 = \alpha^2$ の全ての解は，$x = \pm\alpha$ となります．

例　方程式 $x^2 = -3$ を解きます．$i^2 = -1$ に注意すると，$(\sqrt{3}i)^2 = 3i^2 = -3$．よって

$x^2 = (\sqrt{3}i)^2$．$\therefore\ x = \pm\sqrt{3}i$．

ここで，「$\sqrt{-3} = \sqrt{3}i$」のように約束しましょう．すると，任意の実数 k に対して $k = (\sqrt{k})^2$．よって，次のようになります．

$x^2 = \boxed{3}$　i.e. $x^2 = (\sqrt{3})^2$　の全ての解は，$x = \pm\sqrt{\boxed{3}}$

$x^2 = \boxed{-3}$　i.e. $x^2 = (\sqrt{-3})^2$　の全ての解は，$x = \pm\sqrt{\boxed{-3}}\ (= \pm\sqrt{3}i)$

$x^2 = \boxed{k}$　i.e. $x^2 = (\sqrt{k})^2$　の全ての解は，$x = \pm\sqrt{\boxed{k}}$ (k は実数．符号は問わない！)

正負の実数の平方根　定理　a を正の実数として，$\sqrt{-a} = \sqrt{a}i$ と定める．

こうすると，任意の実数 k に対して $k = (\sqrt{k})^2$ だから

方程式 $x^2 = k$ の全ての解，つまり k の平方根は，$x = \pm\sqrt{k}$．…

$x^2 = 3 \to x = \pm\sqrt{3}$

$x^2 = -3 \to x = \pm\sqrt{-3} = \pm\sqrt{3}i$

注意！ $\sqrt{負の実数}$ の計算は注意を要します．[→演習問題 1 11 4]

$\sqrt{-3}\sqrt{-2} = \sqrt{3}i \cdot \sqrt{2}i$
$= \sqrt{6}i^2 = -\sqrt{6}.$ //

$\sqrt{-3}\sqrt{-2} = \sqrt{(-3)(-2)}$ は成り立ちません．

$(\sqrt{-3})^2 = (\sqrt{3}i)^2 = 3i^2 = -3.$ //

注 $(\sqrt{-3})^2 = -3$ は，覚えてしまいたいです．

$(\sqrt{-3})^2 = \sqrt{-3}\sqrt{-3} = \sqrt{(-3)(-3)} = 3$ は誤り．

3 複素数と2次方程式

I+A 2 7 2 で導いた実数係数 2 次方程式の解の公式を，虚数解も含めた複素数全体における解を対象として，同様に議論していきます．

$ax^2 + bx + c = 0\ (a \neq 0)$ …①

$x^2 + \frac{b}{a}x + \frac{c}{a} = 0.$ ●●● $a \neq 0$

$\left(x + \frac{b}{2a}\right)^2 = \frac{\boxed{b^2 - 4ac}}{4a^2}.$

$\boxed{b^2 - 4ac}$ の符号によらず，[1)]

$\left(x + \frac{b}{2a}\right)^2 = \left(\frac{\sqrt{\boxed{b^2 - 4ac}}}{2a}\right)^2.$

$x + \frac{b}{2a} = \pm\frac{\sqrt{\boxed{b^2 - 4ac}}}{2a}.$

∴ ①の全ての解は，

$x = \frac{-b \pm \sqrt{\boxed{b^2 - 4ac}}}{2a}.$ ●●● 例えば $\sqrt{-3} = \sqrt{3}i$

注 1)：負でも OK．虚数を学んでいない数学Ｉ段階では，「0 以上」に制限されていましたが．

以上で，数学Ｉで学んだものと全く同じ形式の**解の公式**が得られました．虚数解にも適用できます．

2 次方程式の解の公式 定理

注 係数は全て**実数**に限る．

「判別式」という

❶ $ax^2 + bx + c = 0$ の全ての解は，$x = \frac{-b \pm \sqrt{\boxed{b^2 - 4ac}}}{2a}$. **負でもＯＫ！**

❷ $ax^2 + 2b'x + c = 0$ の全ての解は，$x = \frac{-b' \pm \sqrt{\boxed{b'^2 - ac}}}{a}$. "$b'$ の公式"

例題 1 10 a 2次方程式 根底 実戦 定期

[→演習問題 1 11 5]

次の 2 次方程式を解け．ただし，根号の中が正の実数である形で答えよ（(4)の a は実数の定数）．

(1) $3x^2 - 3x + 1 = 0$　(2) $x^2 - 4x + 5 = 0$　(3) $5 + (x+1)^2 = 0$　(4) $3x^2 - 6x + a = 0$

方針 いずれもキレイには因数分解できそうにないので，解の公式で解きます．

数学Ｉ段階との違いはただ 1 つ：例えば $\sqrt{-3}$ を $\sqrt{3}i$ と書き直すことだけです．

解答 (1) $x = \frac{3 \pm \sqrt{3^2 - 4 \cdot 3 \cdot 1}}{6}$
$= \frac{3 \pm \sqrt{-3}}{6} = \frac{3 \pm \sqrt{3}i}{6}.$ //

(2) $x = 2 \pm \sqrt{2^2 - 1 \cdot 5}$
$= 2 \pm \sqrt{-1} = 2 \pm i.$ //

(3) $(x+1)^2 = -5.$
$x + 1 = \pm\sqrt{-5}.$
$x = -1 \pm \sqrt{5}i.$ //

注 せっかく x が 1 か所に集約されていますから，展開したりしないでくださいね．■

(4) $x = \frac{3 \pm \sqrt{9 - 3a}}{3}$ ●●● $\sqrt{\ }$ 内（判別式）の符号によらず成立

$= \begin{cases} \frac{3 \pm \sqrt{9 - 3a}}{3}\ (a < 3 \text{ のとき}), \\ \frac{3}{3} = 1\ (a = 3 \text{ のとき}), \\ \frac{3 \pm \sqrt{3a - 9}\,i}{3}\ (a > 3 \text{ のとき}). \end{cases}$ //

●●● 重解

参考 I+A 2 7 4 と同様，方程式の解（虚数解）を利用して左辺を因数分解することができます．

例 (1)の結果より，$3x^2-3x+1=3\left(x-\dfrac{3+\sqrt{3}i}{6}\right)\left(x-\dfrac{3-\sqrt{3}i}{6}\right)$. ■

I+A 2 7 3 でも学んだ「判別式」により，2 次方程式の解の虚実（虚数が実数か），あるいは重解かどうかを"判別"できます．

判別式 **定義**

実数係数の 2 次方程式 $ax^2+bx+c=0$ …① の解の公式：

$$x=\frac{-b\pm\sqrt{\boxed{b^2-4ac}}}{2a}$$ の ルート内 [2] のことを**判別式**という． ここだけしっかり覚える！

判別式の符号により，①の解の虚実などが判別できる．

正→異なる 2 つの実数解，0 →実数の重解 $\dfrac{-b}{2a}$，負→異なる 2 つの虚数解 [3] ここを丸暗記するな！

注 [2]：「判別式とは解の公式のルート内」．これだけ覚えておけば，「解の虚実」などはその場で考えればわかります．

語記サポ 判別式 (discriminant) は，しばしば「D」と表します．

将来 ただし，将来は他のものを「D」という名称で書くこともあります（3 7 3「領域」など）から，入試答案において「判別式」を断りなく「D」と書くことは慎みましょう．

補足 公式❷："b' の公式" のルート内は，判別式 D の値の 4 分の 1 ですから，$\dfrac{\text{判別式}}{4}$ もしくは $\dfrac{D}{4}$ と書きます．

将来 **注** 解の公式は，係数が実数であるときのみ使えます．また，判別式の符号による解の虚実の判定も同様です．

語記サポ [3]：これを「異なる 2 虚解」と略したりします．2 つの実数解を「2 実解」と言うのと同様です．

例題 1 10 b 判別式と解の虚実 根底 実戦

[→演習問題 1 11 6]

x の 2 次方程式 $x^2-ax+a+3=0$（a は実数）…① の解について答えよ．

(1) ①が虚数解をもつような a の範囲を求めよ．

(2) ①が異なる 2 つの解をもつような a の範囲を求めよ．

方針 もちろん，判別式 = 解の公式の $\sqrt{\quad}$ 内の符号に注目します．

解答 ①の判別式を D とおくと

$$\begin{aligned}D&=a^2-4(a+3)\\&=a^2-4a-12\\&=(a+2)(a-6).\end{aligned}$$

D, −2, 6, a

(1)（虚数解→ $\sqrt{\quad}$ 内が負）

求める条件は

$D<0$. ∴ $-2<a<6$.//

(2)（異なる 2 解→ $\sqrt{\quad}$ 内が 0 以外）

求める条件は

$D\neq 0$. ∴ $a\neq -2, 6$.//

4 高次方程式

「高次方程式」とは，3 次以上の方程式に対する総称です．

残念ながら，2 次方程式と違って 3 次以上の方程式には使い勝手の良い解の公式はありませんから，1❷の原則にしたがって，「(　　)(　　) = 0」の形にすることを目指します．（因数分解）

例1　3 次方程式 $x^3 - 8 = 0$ なら，左辺がすぐに因数分解できるので助かります．

$(x-2)(x^2+2x+4)=0.$

$x-2=0$ または $x^2+2x+4=0.$　（これは解の公式で解ける）

$\therefore x = 2, -1 \pm \sqrt{3}i.$ //

例2　しかし，3 次方程式

$f(x) := x^3 - 3x^2 + x + 2 = 0$ …①

となるとそうはいきません．そこで，$f(x)$ を割り切る 1 次の因数 $(x-●)$ を探しましょう．そこでは，「因数定理」が役立ちます．

$f(●) = 0 \iff f(x)$ は $x - ●$ で割り切れる

ですから，$f(●) = 0$ となるような●，つまり①の 1 つの解を探します．

$f(1) = 1-3+1+2 = 1 \neq 0,$

$f(-1) = -1-3-1+2 = -3 \neq 0,$

$f(2) = 8-12+2+2 = 0.$　（やった！）

よって，因数定理より $f(x)$ は $x-2$ で割り切れます．これを知った上で組立除法を実行します．

2	1	−3	1	2
		2	−2	−2
	1	−1	−1	0

よって①は

$(x-2)(x^2-x-1)=0.$

$x-2=0$ または $x^2-x-1=0.$ [1)]

$x = 2, \dfrac{1\pm\sqrt{5}}{2}.$ //

注　1)：因数 $x-2$ を見つけてしまえば，あとは 1 次方程式と 2 次方程式に帰着されます．

重要　例2①の 1 つの解：●を見つける際の強い味方があります（次は，I+A 6 11 6 からの再掲）．

整数係数方程式の有理数解　知識

係数が全て整数である n 次方程式 $ax^n + \cdots + b = 0$ …(*) が有理数解をもつとき，その解は（n は自然数）

$$\frac{\text{定数項 } b \text{ の約数}}{\text{最高次係数 } a \text{ の約数}}$$ 以外にはない．（負の約数も考える）

注　この「知識」を「定理」として使って問題を解いてもよいという状況はないと思われます．次の例題のように，下書き段階で“ひっそり”使ってください．

注　上の結論は，(*) が必ず有理数解をもつことを保証している訳ではありません！有理数解を全くもたない方程式もあります．

例題 1 10 C 高次方程式 根底 実戦

[→演習問題 1 11 7]

次の方程式を解け.

(1) $f(x) := 2x^3 - 15x + 9 = 0$　　(2) $g(x) := 4x^4 + 4x^3 + 7x^2 - x - 2 = 0$

方針 前記知識を用いて有理数解の候補を限定した上で，計算が楽な値から順に x へ代入してみます．その値が「0 ではない」とわかれば，それ以降の計算はする必要なしです．

解答 (1) **下書き** 有理数解の候補は次の通り．

$$\frac{9\text{ の約数}}{2\text{ の約数}} = \pm1, \pm3, \pm9, \pm\frac{1}{2}, \pm\frac{3}{2}, \pm\frac{9}{2}.$$

これらを順に x に代入します．

$f(1) = -4 \neq 0$

$f(-1) = -2 + 15 + 9 > 0$ ・・・値を求めるまでもない

$f(3) = 3^2(6-5+1) \neq 0$ ・・・3^2 でくくると楽

$f(-3) = 3^2(-6+5+1) = 0$ ・・・やった！

よって $f(x)$ は $x+3$ で割り切れます．■

-3	2	0	-15	9
		-6	18	-9
	2	-6	3	0

よって与式は

$$(x+3)(2x^2 - 6x + 3) = 0.$$

$$x + 3 = 0 \text{ または } 2x^2 - 6x + 3 = 0.$$

$$\therefore x = -3, \frac{3 \pm \sqrt{3}}{2}. //$$

(2) **下書き** 有理数解の候補は次の通り．

$$\frac{2\text{ の約数}}{4\text{ の約数}} = \pm1, \pm2, \pm\frac{1}{2}, \pm\frac{1}{4}.$$

これらを順に x に代入します．

$g(1) = 4 + 4 + 7 - 1 - 2 > 0$

$g(-1) = 4 - 4 + 7 + 1 - 2 > 0$

$g(2) = 2^2(16 + 8 + 7) - 2 - 2 > 0$

$g(-2) = 2^2(16 - 8 + 7) + 2 - 2 > 0$

$g\left(\frac{1}{2}\right) = \frac{1}{4} + \frac{1}{2} + \frac{7}{4} - \frac{1}{2} - 2 = 0$ ・・・やった！

よって $g(x)$ は $x - \frac{1}{2}$ で割り切れます．■

$\frac{1}{2}$	4	4	7	-1	-2
		2	3	5	2
	4	6	10	4	0

よって与式は

$$\left(x - \frac{1}{2}\right)(4x^3 + 6x^2 + 10x + 4) = 0.$$

$$\left(x - \frac{1}{2}\right)(\underbrace{2x^3 + 3x^2 + 5x + 2}_{h(x)\text{ とおく}}) = 0.$$

下書き 再び 1 つの解を見つける作業です．

$h(x) = 0$ の有理数解の候補は次の通り．

$$\frac{2\text{ の約数}}{2\text{ の約数}} = \pm1, \pm2, \pm\frac{1}{2}.$$

ただし，$\pm1, \pm2$ は $g(x) = 0$ を満たさないので，当然 $h(x) = 0$ も満たしません．

また，$h(x)$ の係数は全て正なので，x に正の値を代入すれば当然値は正になってしまいますね．

よって，$-\frac{1}{2}$ のみ調べます．

$h\left(-\frac{1}{2}\right) \overset{1)}{=} -\frac{1}{4} + \frac{3}{4} - \frac{5}{2} + 2 = 0.$ ・・・やった！

よって $h(x)$ は $x + \frac{1}{2}$ で割り切れます．■

$-\frac{1}{2}$	2	3	5	2 [2)]
		-1	-1	-2
	2	2	4	0

よって与式は

$$\left(x - \frac{1}{2}\right)\left(x + \frac{1}{2}\right)(2x^2 + 2x + 4) = 0.$$

$$\left(x - \frac{1}{2}\right)\left(x + \frac{1}{2}\right)(x^2 + x + 2) = 0.$$

$$\therefore x = \frac{1}{2}, -\frac{1}{2}, \frac{-1 \pm \sqrt{7}i}{2}. //$$

解説 このように，高次方程式を解くのはなかなか大変な作業です．ただし，入試では所要時間を考慮して，あまりシンドイ問題は出ませんのでご安心を．

補足 1)2)：$h\left(-\frac{1}{2}\right)$ の計算を省き，イキナリ組立除法を実行して割り切れるかどうかを調べる手もありです．代入計算より，むしろ組立除法の方が短時間でできたりもしますので (笑).

5 解と係数の関係

既に I+A 2 7 5 で学んだ内容の再掲です．そことの違いは，虚数解も考える点のみです．

解と係数の関係（2 次方程式） 定理

2 次方程式 $f(x) := ax^2 + bx + c = 0$ …① について

① の 2 つの解が $x = \alpha, \beta$ 　虚数解でも可

$$\overset{\bigstar}{\Longleftrightarrow} ax^2 + bx + c = a(x-\alpha)(x-\beta) \quad \text{式として等しい}$$

$$= a\{x^2 - (\alpha+\beta)x + \alpha\beta\}$$

両辺の係数を比較して

$$\begin{cases} x \cdots b = -a\cdot(\alpha+\beta), \\ \text{定数項} \cdots c = a\cdot\alpha\beta. \end{cases} \quad \therefore \begin{cases} \alpha+\beta = -\dfrac{b}{a}, \\ \alpha\beta = \dfrac{c}{a}. \end{cases}$$

解の基本対称式

注 ★の同値性，つまり「解と因数分解」の関連性こそが重要です．

例題 1 10 d 解と係数の関係（2次） 根底 実戦 典型

[→演習問題 1 11 10]

(1) $2x^2 + 3x + 4 = 0$ …① の 2 つの解を $\alpha, \beta\ (\neq 0)$ とする．$\dfrac{1}{\alpha} + \dfrac{1}{\beta}$, $\alpha^3 + \beta^3$ の値を求めよ．

(2) $x = \dfrac{a \pm \sqrt{4-a^2}\,i}{2}$ $(-2 < a < 2$, i は虚数単位) を 2 つの解とする 2 次方程式を 1 つ作れ．

方針 (1) 問われているのが α, β の対称式の値ですから，解と係数の関係を用います．ただし，(頭の中では)「因数分解」の形を経由して．(2)も同様．「因数分解」を経由．

解答 (1) α, β は①の 2 解だから

$$\underline{2}\cdot x^2 + 3x + 4 = \underline{2}\cdot(x-\alpha)(x-\beta).\ ^{1)}$$

$$\alpha + \beta = -\frac{3}{2},\ \alpha\beta = \frac{4}{2} = 2.\ ^{2)}$$

したがって

$$\frac{1}{\alpha} + \frac{1}{\beta} = \frac{\beta+\alpha}{\alpha\beta} = -\frac{3}{2}\cdot\frac{1}{2} = -\frac{3}{4}.\ /\!/$$

$$\alpha^3 + \beta^3 = (\alpha+\beta)^3 - 3\alpha\beta(\alpha+\beta)$$
$$= \left(-\frac{3}{2}\right)^3 - 3\cdot 2\cdot\left(-\frac{3}{2}\right)$$
$$= \frac{9}{8}(-3+8) = \frac{45}{8}.\ /\!/$$

(2) 2 解を $\alpha, \overline{\alpha}$ とおくと，求める方程式は

$$(x-\alpha)(x-\overline{\alpha}) = 0. \quad \text{2 つの解→因数分解}$$

i.e. $x^2 - (\alpha + \overline{\alpha})x + \alpha\overline{\alpha} = 0.$ 3)

ここで，

$$\alpha + \overline{\alpha} = \frac{a+\sqrt{4-a^2}\,i}{2} + \frac{a-\sqrt{4-a^2}\,i}{2} = a,$$

$$\alpha\overline{\alpha} = \frac{a+\sqrt{4-a^2}\,i}{2}\cdot\frac{a-\sqrt{4-a^2}\,i}{2}$$
$$= \frac{a^2+4-a^2}{4} = 1.$$

よって求める方程式は，$x^2 - ax + 1 = 0.$ //

(1) **注** 2)：「解と係数の関係」の結果を使いましたが…

1)：このように，**必ず**「因数分解」というプロセスを思い浮かべること！

(2) **解説** このように，2 数の和と積の値を求めればこれらを 2 解とする 2 次方程式が作れますが…

注 3)：この形を「$x^2 - (2\text{ 解の和})x + (2\text{ 解の積}) = 0$」のように暗記してしまうことはお勧めできません．**必ず** 1 行上の「因数分解」の形を経由してください（少なくとも頭の中では）．

参考 (2)の 2 解は互いに共役な虚数です．また，①の 2 解も $x = \dfrac{-3 \pm \sqrt{23}\,i}{4}$ ですから同様です．しかし，これら 2 解の和と積は実数となります．

3 次方程式についても，同様な定理ができます．

解と係数の関係（3 次方程式） 定理

3 次方程式 $f(x) := ax^3+bx^2+cx+d=0$ …① について

① の 3 つの解が $x=\alpha, \beta, \gamma$ （虚数解でも可）

$\overset{\bigstar}{\iff} ax^3+bx^2+cx+d=a(x-\alpha)(x-\beta)(x-\gamma)$ （式として等しい）

$=a\{x^3-(\alpha+\beta+\gamma)x^2+(\alpha\beta+\beta\gamma+\gamma\alpha)x-\alpha\beta\gamma\}$

両辺の係数を比較して

$$\begin{cases} x^2 \cdots b=-a\cdot(\alpha+\beta+\gamma), \\ x \cdots c=a\cdot(\alpha\beta+\beta\gamma+\gamma\alpha), \\ \text{定数項} \cdots d=-a\cdot\alpha\beta\gamma. \end{cases} \quad \therefore \begin{cases} \alpha+\beta+\gamma=-\dfrac{b}{a}, \\ \alpha\beta+\beta\gamma+\gamma\alpha=\dfrac{c}{a}, \\ \alpha\beta\gamma=-\dfrac{d}{a}. \end{cases}$$

（解の基本対称式）

注意！ 「$f(\alpha)=f(\beta)=f(\gamma)=0$」という「数値代入の繰り返し」では，「① の 3 つの解が α, β, γ」であることを表すことはできません．α, β, γ の中に等しい解（重解）があるかもしれないからです．2 次方程式についても同様です．■

例題 1 10 e 解と係数の関係（3次）・その1 根底 実戦 典型 [→演習問題 1 11 11]

方程式 $x^3+2x^2+3x+4=0$ …① の 3 つの解を α, β, γ ($\neq 0$) とするとき，$\dfrac{1}{\alpha}, \dfrac{1}{\beta}, \dfrac{1}{\gamma}$ を 3 つの解とする 3 次方程式を 1 つ作れ．

方針 求める方程式の係数は，α, β, γ の対称式となります．よって，解と係数の関係を用いて基本対称式の値を用意します．ただし，「因数分解」の形を思い浮かべることは怠らないように．

解答 α, β, γ は①の 3 解だから

$\underline{1}\cdot x^3+2x^2+3x+4=\underline{1}\cdot(x-\alpha)(x-\beta)(x-\gamma).$

$$\begin{cases} \alpha+\beta+\gamma=-\dfrac{2}{1}=-2, \\ \alpha\beta+\beta\gamma+\gamma\alpha=\dfrac{3}{1}=3, \\ \alpha\beta\gamma=-\dfrac{4}{1}=-4. \end{cases}$$

（3 つの解→因数分解）

求める方程式は （3 つの解→因数分解）

$$\left(x-\frac{1}{\alpha}\right)\left(x-\frac{1}{\beta}\right)\left(x-\frac{1}{\gamma}\right)=0.$$

$$^{1)}\ x^3-\left(\frac{1}{\alpha}+\frac{1}{\beta}+\frac{1}{\gamma}\right)x^2+\left(\frac{1}{\alpha}\frac{1}{\beta}+\frac{1}{\beta}\frac{1}{\gamma}+\frac{1}{\gamma}\frac{1}{\alpha}\right)x-\frac{1}{\alpha}\frac{1}{\beta}\frac{1}{\gamma}=0.$$

ここで，

$$\frac{1}{\alpha}+\frac{1}{\beta}+\frac{1}{\gamma}=\frac{\beta\gamma+\gamma\alpha+\alpha\beta}{\alpha\beta\gamma}=-\frac{3}{4},$$

$$\frac{1}{\alpha}\frac{1}{\beta}+\frac{1}{\beta}\frac{1}{\gamma}+\frac{1}{\gamma}\frac{1}{\alpha}=\frac{\gamma+\alpha+\beta}{\alpha\beta\gamma}=\frac{2}{4},$$

$$\frac{1}{\alpha}\frac{1}{\beta}\frac{1}{\gamma}=\frac{1}{\alpha\beta\gamma}=-\frac{1}{4}.$$

よって求める方程式は

$$x^3-\left(-\frac{3}{4}\right)x^2+\frac{2}{4}x-\left(-\frac{1}{4}\right)=0.$$

i.e. $4x^3+3x^2+2x+1=0.$ // …②

注 1)：3 次方程式ともなると，さすがにこれをマジメに書くと疲れますので，思い浮かべるだけでもかまいません．

注意！ 「$f(\alpha)=0, f(\beta)=0, \cdots$」という「数値代入の繰り返し」では，「①の 3 つの解が α, β, γ」であることを表すことはできません．なぜなら，$\alpha=\beta$ などの可能性があるからです．もし仮に①の x に「3」という数値を 2 回代入した結果 $f(3)=0, f(3)=0$ となったからといって，$f(x)=(x-3)(x-3)(\cdots\cdots)$ と式変形できるとは限りませんよね（笑）．

このように，「複数の解」を表す方法は，基本的には「数値代入」ではなく「式変形」(因数分解) によります．

ただし，異なる 2 つの値：3, 5 を代入して $f(3)=0$, $f(5)=0$ となれば，3, 5 は①の 2 つの解だと言えますが．

参考 $\alpha\ (\neq 0)$ は①の 1 つの解なので

$$\therefore \alpha^3+2\alpha^2+3\alpha+4=0.$$

$$1+2\cdot\frac{1}{\alpha}+3\cdot\frac{1}{\alpha^2}+4\cdot\frac{1}{\alpha^3}=0.$$ 両辺を α^3 で割った

$$4\left(\frac{1}{\alpha}\right)^3+3\left(\frac{1}{\alpha}\right)^2+2\left(\frac{1}{\alpha}\right)+1=0.$$ 整理して逆順に並べた

つまり②の左辺を $f(x)$ とすると，$f\left(\frac{1}{\alpha}\right)=0$ より $x=\frac{1}{\alpha}$ は確かに②の 1 つの解であることがわかりました．$\frac{1}{\beta}$, $\frac{1}{\gamma}$ についても同様に 1 つの解です．しかし，$\frac{1}{\alpha}$, $\frac{1}{\beta}$, $\frac{1}{\gamma}$ が全て相異なると確かめられない限り，これらが②の 3 つの解であるとは言えません！

例題 1 10 f 解と係数の関係（3次）・その2 重要度↑ 根底 実戦

[→演習問題 1 11 11]

$x=2,\ \dfrac{1\pm\sqrt{7}i}{2}$ を 3 つの解とする 3 次方程式を 1 つ作れ．

方針 解と係数の関係を用いるというより，その導出過程で現れる「因数分解」の形こそが決め手となります．

解答 2 つの虚数解を $\alpha, \overline{\alpha}$ とおくと，求める方程式は

$$(x-2)(x-\alpha)(x-\overline{\alpha})=0.$$

i.e. $(x-2)\left\{x^2-(\alpha+\overline{\alpha})x+\alpha\overline{\alpha}\right\}=0.$ [1)]

ここで，

$$\alpha+\overline{\alpha}=\frac{1+\sqrt{7}i}{2}+\frac{1-\sqrt{7}i}{2}=1,$$

$$\alpha\overline{\alpha}=\frac{1+\sqrt{7}i}{2}\cdot\frac{1-\sqrt{7}i}{2}=\frac{1+7}{4}=2.$$

よって求める方程式は

$$(x-2)(x^2-x+2)=0.$$

i.e. $x^3-3x^2+4x-4=0.$ //

注 1)：3 次方程式ですから，つい 3 解の基本対称式「$2+\alpha+\overline{\alpha}$」などの値を求めたくなりますが，「$x-2$」というキレイな因数を確保してしまえば，あとは実は 2 次方程式の話に帰着されます．こうしたことも，「因数分解」という基本に戻って考えていれば，自然に気付けますね．

重要 このように，3 次方程式の 3 解が「実数 a と共役な虚数 $\alpha, \overline{\alpha}$」であるときには，3 解の基本対称式ではなく，共役な 2 つの虚数解の基本対称式を求めることが多いです．

また，仮に 3 解の基本対称式を計算するとしても

$$a+(\alpha+\overline{\alpha}),\quad a(\alpha+\overline{\alpha})+\alpha\overline{\alpha},\quad a\times\alpha\overline{\alpha}$$

のように，互いに共役な 2 つの複素数 $\alpha, \overline{\alpha}$ の基本対称式が現れるようにするとスムーズに計算できますよ．

3 つの解が，例えば実数 $x=2,\ \dfrac{3\pm\sqrt{5}}{2}$ のときも同様です．

6 共役な解

これまで扱ってきた方程式の解を見ると，虚数解がある場合には，共役な 2 つが必ずペアで現れると推察されますね．実際，次の定理が有名です：

共役な解 定理

$f(x)$ は実数係数の整式とする．方程式：$f(x)=0$ …① を考える．

虚数 $\alpha := a+bi$ (a, b は実数, $b \neq 0$) が①の **1 つの解**ならば，

α と**共役**(きょうやく)な虚数 $\overline{\alpha}=a-bi$ も① の解である．

〔証明〕 $f(x)$ を

$$g(x) := (x-\alpha)(x-\overline{\alpha})$$
$$= x^2-(\alpha+\overline{\alpha})x+\alpha\overline{\alpha}$$
$$= x^2-2ax+(a^2+b^2)$$

で割った余りは，$g(x)$ が実数係数 [1] の 2 次式であることより $px+q$ (p, q は実数) とおける．商を $Q(x)$ とすれば

$$f(x) = (x-\alpha)(x-\overline{\alpha})\cdot Q(x)+(px+q).$$ [2]

式として一致

$$\therefore \begin{cases} f(\alpha)=p\alpha+q, & \cdots② \\ f(\overline{\alpha})=p\overline{\alpha}+q. & \cdots③ \end{cases}$$ 数値代入

α が① の 1 つの解であるとき，

$f(\alpha)=0$ と②より $p\alpha+q=0$.

これと**例題 1 9 b** の結果より，$p=q=0$.

これと③より $f(\overline{\alpha})=0$ も成り立つから $\overline{\alpha}$ も①の解である．□

解説 [2]：$f(x)$ から，$\alpha, \overline{\alpha}$ を 2 解とする方程式の左辺 $g(x)$ を除いておく「整式の除法」を有効利用．

[1]：証明のポイントとなったのは，$\alpha, \overline{\alpha}$ 自体は互いに共役な虚数なのに，これらの和と積は実数となること．そして，実数係数の整式 $f(x)$ を実数係数の整式 $x^2-2ax+(a^2+b^2)$ で割ると，余りも実数係数となる [3] ということです．(商も実数係数です.)

注 [3]：このことは，除法の筆算の仕組みを理解していれば納得いくでしょう．

注 $f(\alpha)=0 \Longrightarrow f(\overline{\alpha})=0$ 自体は，$b=0$, i.e. $\alpha \in \mathbb{R}$ のときでも成り立ちます．ただしそれは，「$\alpha=a+0i$ が解ならば，$\alpha=a-0i$ も解である」というアタリマエなこと．“価値” はゼロ (笑).

例題 1 10 g 虚数解をもつ条件（3次） 重要度↑ 根底 実戦 典型 [→演習問題 1 11 12]

3 次方程式 $f(x) := x^3+ax^2+bx+10=0$ (a, b は実数) …① が，$\alpha=2+i$ を1つの解にもつとき，a, b の値を求めよ．

ひじょうにスタンダードな問題です．3 通りの方法をお見せします (全てが重要です).

解答 1：「1 つの解を利用」

α は①の 1 つの解だから，$f(\alpha)=0$. 数値代入

$$\therefore (2+i)^3+a(2+i)^2+b(2+i)+10=0.$$
$$(8+12i-6-i)+a(3+4i)+b(2+i)+10=0.$$

両辺の実部，虚部を比較して

$$12+3a+2b=0,\ 11+4a+b=0.$$
$$\therefore a=-2,\ b=-3.$$

解答 2：「2 つの解を利用」

$f(x)$ は実数係数だから，①は $\overline{\alpha}=2-i$ も解にもつ．よって①は

$\alpha=2+i, \overline{\alpha}=2-i$ を 2 つの解とする．

$f(x)=1\cdot(x-\alpha)(x-\overline{\alpha})(x-\triangle)$. [1]

よって $f(x)$ は，

$$g(x) := (x-\alpha)(x-\overline{\alpha})$$
$$= x^2-4x+5$$ で割り切れる．…②

一方，$f(x)$ を $g(x)$ で割ってみると次の通り：

$$\begin{array}{r|rrrr} & 1 & a+4 & & \\ \hline 1\ -4\ \ 5 & 1 & a & b & 10 \\ & 1 & -4 & 5 & \\ \hline & & a+4 & b-5 & 10 \\ & & a+4 & -4a-16 & 5a+20 \\ \hline & & & 4a+b+11 & -5a-10 \end{array}$$

$f(x)=g(x)\cdot(x+a+4)$
$\quad +(4a+b+11)x+(-5a-10)$. …③

これと②より

$(4a+b+11)x+(-5a-10)=0$. （式として $0x+0$）

$4a+b+11=0,\ -5a-10=0$. （値として）

$\therefore a=-2,\ b=-3$.

参考　このとき③より，

$f(x)=g(x)(x+2)$
$\quad =(x-\alpha)(x-\overline{\alpha})(x+2)$.

よって，①の α 以外の解は，$\overline{\alpha}=2-i,\ -2$.

注1　1)：これをもっと直接利用すると…

$f(x)=1\cdot(x-\alpha)(x-\overline{\alpha})(x-\triangle)$
$\quad =(x^2-4x+5)(x-\triangle)$　（5 と $\triangle$ の積が 10）
$\quad =(x^2-4x+5)(x+2)$.　（$5\cdot 2=10$）

定数項だけで「△」が決まってしまいますね．あとはこれを展開すれば a, b が決まります．

注2　前記注1の方法では，事実上3つの解全てを考えています．次の解答3は，1) と同じ因数分解を経由して導かれる「解と係数の関係」を使用しますから，実質的には前記注1と同じものです．

解答3：「3つの解を利用」

$f(x)$ は実数係数だから，①は $\overline{\alpha}=2-i$ も解にもつ．よって①の3つの解は

$\alpha=2+i,\ \overline{\alpha}=2-i,\ \beta$

とおけて，解と係数の関係より

$$\begin{cases}\alpha+\overline{\alpha}+\beta=-a,\\ \alpha\overline{\alpha}+\overline{\alpha}\beta+\beta\alpha=b,\\ \alpha\overline{\alpha}\beta=-10.\end{cases}$$

$$\begin{cases}(\alpha+\overline{\alpha})+\beta=-a,\\ \alpha\overline{\alpha}+\beta(\alpha+\overline{\alpha})=b,\\ \alpha\overline{\alpha}\cdot\beta=-10.\end{cases}$$
（例題1 10 f 重要で述べた書き方）

$\begin{cases}\alpha+\overline{\alpha}=4\\ \alpha\overline{\alpha}=5\end{cases}$ より $\begin{cases}4+\beta=-a,\\ 5+4\beta=b,\\ 5\beta=-10.\end{cases}$

$\therefore \beta=-2.\quad\therefore\quad a=-2,\ b=-3.$ //

重要　α の値がもっと複雑になると解答1では処理し切れなくなりますから，解答2 解答3をマスターしましょう．そこでは，1) の因数分解がポイントです．ここを素通りして解答3の解き方だけを暗記すると，“この先”にはまったく進めません（次問）.

注　実数係数の方程式 $f(x)=0$ …(*) が虚数解 α をもつとき，(*) は虚数 $\overline{\alpha}$ も解にもつので

$f(x)=(x-\alpha)(x-\overline{\alpha})\cdot F(x)$ （$F(x)$ は整式）

となり，$(x-\alpha)(x-\overline{\alpha})=x^2-(\alpha+\overline{\alpha})x+\alpha\overline{\alpha}$ は実数係数の2次式なので，$F(x)$ も実数係数の整式です．よって，さらに方程式 $F(x)=0$ …(*)′ が虚数解 β をもつとき，(*)′ は虚数 $\overline{\beta}$ も解にもちます．

以下同様に考えると，(*) の虚数解は，互いに共役なものが2個ずつペアで現れるので必ず**偶数個**です．
(*) が3次方程式の場合，解の個数は（重解も考えて）3個ですから，そこには必ず実数解が含まれます．

実数係数方程式の虚数解の個数　知識

実数係数の整式の方程式の虚数解の個数は偶数．　$\alpha, \overline{\alpha}, \beta, \overline{\beta}, \cdots$ （$\alpha=\beta$ の可能性もある）

∴任意の実数係数3次方程式は，必ず実数解をもつ．

これを定理として使って良いか否かは微妙です．

7 “解と因数分解の関係”

「解と係数の関係」という定理を導く上での原理：“解と因数分解の関係” についてまとめておきます．

“解と因数分解の関係” 原理

n 次方程式 $f(x) := ax^n + bx^{n-1} + \cdots = 0$ …① について

①の n 個の解が $x = \alpha_1, \alpha_2, \alpha_3, \cdots, \alpha_n$ ●●● 虚数解でも可

$\overset{\bigstar}{\Longleftrightarrow} ax^n + bx^{n-1} + \cdots = a(x-\alpha_1)(x-\alpha_2)(x-\alpha_3)\cdots(x-\alpha_n)$. ●●● 式として等しい

α が①の**重解**であるとは，$\alpha_1, \alpha_2, \alpha_3, \cdots, \alpha_n$ の中に等しいものがあって，

$$f(x) = (x-\alpha)(x-\alpha)(\cdots\cdots\cdots)$$
$$= (x-\alpha)^2(\cdots\cdots\cdots)$$

の形に因数分解されること，つまり $f(x)$ が $(x-\alpha)^2$ で**割り切れる**こと．

★の「因数分解」という式変形を経由する限り，どんな次数の方程式でも同様な関係を導くことができますね（結果の式は煩雑になっていきますが）．

補足 次のように言い表します：

$f(x) = (x-1)^2(x+5)$ のとき，$x = 1$ は①の 2 重解．

$f(x) = (x-1)^3(x+5)$ のとき，$x = 1$ は①の 3 重解． ●●● 「4 重解」などについても同様

「重解」という言葉は，これらを総称したものだと思ってください．

注 2 重解を 2 個の解，3 重解を 3 個の解と数えると約束します．こうすると，一般に n 次方程式はちょうど n 個の解をもつのです．

重要 上記 2 つを強固に結びつけるのが「因数定理」です！

❶「数値代入」　　❷「因数分解」

$f(\alpha) = 0 \iff f(x) = (x-\alpha)(\cdots\cdots\cdots)$

言い訳 重要度⇩ 厳格な話をすると，上記★は①が複素数の範囲で少なくとも 1 つの解をもつということを前提としています．これは，「代数学の基本定理」（証明は大学以降）から導かれることなのですが，通常それを認めて議論することが許されている気がします．

例題 1 10 h 虚数解をもつ条件（4次） 重要度⇧ 根底 実戦 入試 [→演習問題 1 11 12]

4 次方程式 $f(x) := x^4 - 3x^3 + ax^2 + bx - 10 = 0$（$a, b$ は実数）…① が，$\alpha = 2 + i$ を 1 つの解にもつとき，a, b の値と①の他の解を求めよ．

方針 ワザと前問とよく似た問題にしてみました（笑）．ですが，前問で **解答3** の解き方だけ暗記した人はお手上げですね．だって，4 次方程式の解と係数の関係なんて知らないのですから．でも，ちゃんと「因数分解」を経由して考えた人なら大丈夫．

解答 $f(x)$ は実数係数だから，①は $\overline{\alpha} = 2 - i$ も解にもつ．よって①は

$\alpha = 2 + i, \overline{\alpha} = 2 - i$ を 2 つの解とする．

$f(x) = 1\cdot(x-\alpha)(x-\overline{\alpha})(\cdots\cdots)$. ●●● 因数分解

よって $f(x)$ は，

$g(x) := (x-\alpha)(x-\overline{\alpha})$
$= x^2 - 4x + 5$ で割り切れる．…②

一方，$f(x)$ を $g(x)$ で割ってみると次の通り：

$$\begin{array}{r|rrrrr} & 1 & 1 & a-1 & & \\ \hline 1\ -4\ 5 & 1 & -3 & a & b & -10 \\ & 1 & -4 & 5 & & \\ \hline & & 1 & a-5 & b & \\ & & 1 & -4 & 5 & \\ \hline & & & a-1 & b-5 & -10 \\ & & & a-1 & -4a+4 & 5a-5 \\ \hline & & & & 4a+b-9 & -5a-5 \end{array}$$

$$f(x)=g(x)\cdot(x^2+x+a-1)$$
$$+(4a+b-9)x+(-5a-5).$$

これと②より

(式として)

$(4a+b-9)x+(-5a-5)=0.$

$4a+b-9=0,\ -5a-5=0.$

$a=-1,\ b=13.$ //

このとき①は

$(x-\alpha)(x-\overline{\alpha})(x^2+x-2)=0.$

$(x-\alpha)(x-\overline{\alpha})(x+2)(x-1)=0.$

よって，α 以外の解は，

$2-i,\ -2,\ 1.$ //

解説 再三述べてきた通り，「解と係数の関係」は「因数分解」経由で理解することが大切です．

例題 1 10 i 高次方程式の重解 根底 実戦 入試

[→演習問題 1 11 14]

(1) x の方程式 $x^3+x^2+(a-2)x-a=0$ …① が重解をもつような a の値を求めよ．

(2) x の方程式 $x^3+kx+16=0$ …② が実数の重解をもつような実数 k の値を求めよ．

着眼 (1) ①に対する式変形が見えましたか？ (2) (1)と同じようにはいきません．

解答 (1) **着眼** $x=1$ のとき，

左辺 $=1+1+a-2-a=0$．そこで…■

$$\begin{array}{r|rrrr} 1 & 1 & 1 & a-2 & -a \\ & & 1 & 2 & a \\ \hline & 1 & 2 & a & |\,0 \end{array}$$

①を変形すると

$$(x-1)(x^2+2x+a)=0.$$

i.e. $\begin{cases} x=1,\ \text{または} \\ x^2+2x+a=0. \cdots ③ \end{cases}$

これが重解をもつための条件は

$\begin{cases} ③\text{の判別式}/4=0,\ \text{または} \\ x=1\ \text{が③の解}. \end{cases}$

$\begin{cases} 1-a=0,\ \text{または} \\ 3+a=0. \end{cases}$ i.e. $\begin{cases} a=1,\ \text{または} \\ a=-3. \end{cases}$ //

(2) **着眼** キレイには因数分解できそうにありませんね．■

②の 3 つの解は $\alpha,\ \alpha$ (重解)，β とおける．

②の左辺 $=1\cdot(x-\alpha)(x-\alpha)(x-\beta)$

解と係数の関係より

$$\alpha+\alpha+\beta=2\alpha+\beta=0. \cdots ④$$
$$\alpha\alpha+\alpha\beta+\beta\alpha=\alpha^2+2\alpha\beta=k. \cdots ⑤$$
$$\alpha\alpha\beta=\alpha^2\beta=-16. \cdots ⑥$$

④より $\beta=-2\alpha$ …④′．これと⑥より

$\alpha^3=8$．$\alpha\in\mathbb{R}$ より，$\alpha=2$．

④′より $\beta=-4$．

⑤より，$k=4+2\cdot2\cdot(-4)=-12.$ //

参考 (1) ①の解は次のようになります：

i) $a=1$ のとき，①は $(x-1)(x+1)^2=0$．∴ $x=1,\ -1$ (重解)．

ii) $a=-3$ のとき，①は $(x-1)\cdot(x-1)(x+3)=0$．∴ $x=1$ (重解)，-3．

注 (2)「実数の重解」とありますが，6 最後の**注**で述べた通り，②の虚数解には，互いに共役なものが 2 個ずつペアで現れます．よって，仮に虚数の重解 α をもつとしたら，②は 4 つの解 $\alpha,\ \alpha,\ \overline{\alpha},\ \overline{\alpha}$ をもつことになり，②が 3 次方程式であることと矛盾します．よって②の重解は，必ず実数です．

8 1の3乗根ω 「オメガ」

方程式 $x^2=1$ の解，つまり1の2乗根（平方根）は2つの実数1と -1 です．それに対して $x^3=1$ の解，つまり1の3乗根（立方根）には，実数1以外に虚数であるものがあります．これが，本項の考察対象です．

例題 1 10 j ωの特性 根底 実戦

[→演習問題 1 11 21]

1の3乗根のうち虚数であるものの1つを ω とする．

(1) 次の各値を求めよ．

(i) ω^3　　(ii) $\omega^2+\omega+1$　　(iii) $\omega+\overline{\omega}$　　(iv) $\omega\overline{\omega}$

(2) $\overline{\omega}=\omega^2$ を示せ．

解答 (1) 方程式 $x^3=1$ …① の虚数解の1つが ω である．①を変形すると

$$(x-1)(x^2+x+1)=0$$

$$\text{i.e.}\begin{cases} x=1 \text{ または} \\ x^2+x+1=0 \text{ …②} \end{cases}$$

②を解くと，$x=\dfrac{-1\pm\sqrt{3}i}{2}$（虚数）．$\omega$ はこのうちの一方である[1]．

(i) ω は①の1つの解だから，$\omega^3=1$. …③ //

(ii) ω は②の1つの解だから，

$\omega^2+\omega+1=0$. …④ //

(iii)(iv) ②の2つの解は互いに共役な虚数[2] $\omega,\ \overline{\omega}$ だから，解と係数の関係[3]より

$x^2+x+1=1\cdot(x-\omega)(x-\overline{\omega})$. 因数分解を経由

$\omega+\overline{\omega}=-1$. // …⑤　　$\omega\overline{\omega}=1$. // …⑥

(2) ③⑥より

$$\overline{\omega}=\frac{1}{\omega}=\frac{\omega^3}{\omega}=\omega^2.\ \square$$

別解 ④⑤より

$$\overline{\omega}=-\omega-1=\omega^2.\ \square$$

注 1)：どちらでもかまいません．

2)：②の2解が互いに共役な2虚解をもつことは，解を具体的に求めなくても左辺が実数係数であることからわかりますね．

3)：$\dfrac{-1\pm\sqrt{3}i}{2}$ という値を用いて計算しても簡単に求まります．

将来 理系 数学C「複素数平面」を学ぶと，本問全ての結論に図形的な意味付けができます．

例題 1 10 k ωの計算 根底 実戦

[→演習問題 1 11 21]

1の虚数3乗根の1つ：ω が $\omega^3=1$ …①　$\omega^2+\omega+1=0$ …② を満たすことを既知として[1]，以下を簡単にせよ（ω を用いて表してもよい）．

(1) ω^{100}　　(2) $\omega^{100}+\omega^{200}$　　(3) $(1+\omega)^{99}$

注 1)：実際の入試では，①②は示した上で使うことが多いです．

解答 (1) ①を用いて

$$\omega^{100}=(\omega^3)^{33}\cdot\omega=1^{33}\cdot\omega=\omega. //$$

(2)

$$\omega^{200}=(\omega^{100})^2=\omega^2.\ (\because (1))$$

$$\therefore\ \omega^{100}+\omega^{200}=\omega+\omega^2=-1. //\ (\because ②)$$

(3)

$$\begin{aligned}(1+\omega)^{99}&=(-\omega^2)^{99}\ (\because ②)\\&=-\omega^{2\cdot3\cdot33}\\&=-(\omega^3)^{66}\\&=-1^{66}\ (\because ①)\\&=-1. //\end{aligned}$$

解説 (1)(2) ω^n の値は，n を 3 で割った余りで決まります．

(2)(3) いずれも，②を（ω を文字だとみなして）多項式→単項式の向きに使っています．

(2) $\omega+\omega^2 \to -1$ (3) $1+\omega \to -\omega^2$

例題 1 10 1 ω の利用 根底 実戦 典型 入試

[→演習問題 1 11 21]

n は自然数とする．

(1) 1 の虚数 3 乗根の 1 つを ω とし，$a_n=\omega^{2n}+\omega^n+1$ と定める．$a_n=0$ となるための n に関する条件を求めよ．

(2) x の整式 $f(x)=x^{2n}+x^n+1$, $g(x)=x^2+x+1$ がある．$f(x)$ が $g(x)$ で割り切れるための n に関する条件を求めよ．

方針 (1) ω のもつ特性を示した上で，それを活用します．

(2) 式 $g(x)$ と値 ω を関連付けるには…？[1]

解答 (1) $\omega^3=1.$ …①

$(\omega-1)(\omega^2+\omega+1)=0.$

$\omega\neq1$ より $\omega^2+\omega+1=0.$ …②

i) $n=3k$ ($k=1, 2, \cdots$[2]) のとき

$a_n=\omega^{6k}+\omega^{3k}+1$

$=(\omega^3)^{2k}+(\omega^3)^k+1$

$=1^{2k}+1^k+1$ (∵ ①)

$=1+1+1=3\neq0.$

ii) $n=3k+1$ ($k=0, 1, 2, \cdots$[3]) のとき

$a_n=\omega^{6k+2}+\omega^{3k+1}+1$

$=(\omega^3)^{2k}\cdot\omega^2+(\omega^3)^k\cdot\omega+1$

$=\omega^2+\omega+1=0$ (∵ ①②).

iii) $n=3k+2$ ($k=0, 1, 2, \cdots$) のとき

$a_n=\omega^{6k+4}+\omega^{3k+2}+1$

$=(\omega^3)^{2k+1}\cdot\omega+(\omega^3)^k\cdot\omega^2+1$

$=\omega+\omega^2+1=0$ (∵ ①②).

以上 i)〜iii) より，$a_n=0$ となるための条件は，

$3\nmid n.$ // 3 が n を割り切らない [→ I+A 6 2 1]

(2) $g(x)=0$ を解くと $x=\dfrac{-1\pm\sqrt{3}i}{2}$. これらは②より $\omega, \overline{\omega}$ であるから

$g(x)=1\cdot(x-\omega)(x-\overline{\omega}).$ 因数分解

$f(x)=(x-\omega)(x-\overline{\omega})\times(\cdots\cdots).$ これをイメージ

$\omega\neq\overline{\omega}$ だから，題意の条件 (*) は

$f(x)$ が $x-\omega$ および $x-\overline{\omega}$ で割り切れることであり，これは因数定理[4] より次と同値：

$f(\omega)=0$ …③ かつ $f(\overline{\omega})=0.$ …④

ここで $f(x)$ は実数係数だから，③$\Longleftrightarrow$④[5].

よって (*) は

③: $f(\omega)=a_n=0$

と同値．これと(1)より，求める条件は，

$3\nmid n.$ //

解説 [1][4]：「式」と「解」を結びつける役割を担うのが因数定理です．

[5]：「共役な解」に関する定理ですね．

注 [2][3]：「$n=1, 2, 3, \cdots$」なので，このように k の範囲が異なります．「$n=0, 1, 2, 3, \cdots$」とすると，i)〜iii) が全て「$k=0, 1, 2, \cdots$」となってスッキリ合理的なのですが，入試問題の実情に合わせました（苦笑）．

言い訳 「a_n」は数学 B の「数列」の記法ですが，とくに「数列」を意識せず取り組めますね．

11 演習問題C

1 11 1 根底 実戦 定期

次の複素数を計算して簡単にせよ．

(1) $(\sqrt{3}+3i)-(1-\sqrt{3}i)$

(2) $(2+3i)(5-i)$

(3) $\dfrac{3i}{3i-1}$

(4) $\dfrac{3+4i}{2+i}+\dfrac{3-4i}{2-i}$

(5) $\dfrac{(\sqrt{3}-i)^3}{(\sqrt{3}+i)^3}$

1 11 2 根底 実戦

$(3+ai)(b-i)=2-4i$ が成り立つような実数 a, b を求めよ．

1 11 3 根底 実戦

a, b, c, d は実数で，i は虚数単位とする．2 つの複素数 $\alpha=a+bi, \beta=c+di$ とそれぞれの共役複素数 $\overline{\alpha}, \overline{\beta}$ について，次の(1)～(3)が成り立つことを示せ．

(1) $\overline{\alpha}+\overline{\beta}=\overline{\alpha+\beta}$

(2) $\overline{\alpha}\cdot\overline{\beta}=\overline{\alpha\cdot\beta}$

(3) $\dfrac{\overline{\alpha}}{\overline{\beta}}=\overline{\left(\dfrac{\alpha}{\beta}\right)}$

1 11 4 根底 実戦 定期

次を計算せよ．

(1) $\sqrt{-2}\sqrt{-5}$

(2) $\left(\sqrt{-2}\right)^2$

(3) $\dfrac{\sqrt{-6}}{\sqrt{-2}}$

(4) $\dfrac{\sqrt{6}}{\sqrt{-2}}$

1 11 5 根底 実戦 定期

次の 2 次方程式を解け．ただし，根号の中が正の実数である形で答えよ．

(1) $-x^2+4x-5=0$

(2) $(2x-1)^2+3=0$

(3) $x^2-\sqrt{2}ax+a^2+1=0$ (a は実数)

(4) $x^2=i$ (i は虚数単位)

1 11 6 根底 実戦

x の 2 次方程式

$$2x^2+(a-1)x+2=0\ (a\text{ は実数})\ \cdots ①$$

の解が実数か虚数か，さらに重解か否かを判別せよ．

1 11 7 根底 実戦

次の方程式を解け．

(1) $f(x) := x^4+3x^3-3x^2+3x-4=0$

(2) $g(x) := 3x^3+8x^2+8x+5=0$

1 11 8 根底 実戦 重要

方程式

$$x^4+3x^3+4x^2+3x+1=0.\ \cdots ①$$

を解け．

1 11 9 根底 実戦

次の方程式を解け．

(1) $x(x+1)(x+2)=24$

(2) $x^4+x^2-6=0$

(3) $x^4+2x^2+1=0$

(4) $x^4+x^2+1=0$

1 11 10 根底 実戦 典型

x の方程式 $x^2-ax+1-a=0$ …① の 2 つの解の比が 3 : 2 であるとき，a の値を求めよ．

1 11 11 根底 実戦 典型

方程式 $2x^3-x^2+3x+1=0$ …① の 3 つの解を $\alpha, \beta, \gamma\ (\neq 0)$ とするとき，$\alpha\beta, \beta\gamma, \gamma\alpha$ を 3 つの解とする 3 次方程式を 1 つ作れ．

1 11 12 根底 実戦 典型

x の方程式 $x^3+ax^2-2x+2a-1=0$ (a は実数) … ①が，$\alpha=\sqrt{1-q^2}+qi$ ($0\leq q\leq 1$, i は虚数単位) を解とするとき，a, q の値を求めよ．

1 11 13 根底 実戦

$x^4+x^3+ax^2-ax-8=0$ …① が $x=qi\ (q>0)$ を解にもつような実数 a と q の値を求めよ．

1 11 14 根底 実戦 入試

x の方程式 $f(x) := x^4 + ax^2 + bx - 3 = 0$ (a, b は実数) … ①が 3 重解をもつような実数 a, b の値を求めよ.

1 11 15 根底 実戦 重要

x の 2 つの方程式

$x^3 + x^2 - ax - 1 = 0$ …①

$x^2 + 2x + a = 0$ …②

が共通解をもつような定数 a の値を求めよ.

1 11 16 根底 実戦 典型

a, b は実数とする. x の方程式

$x^2 + ax + b = 0$ …①

$x^2 + bx + a = 0$ …②

が共通解をもつための a, b に関する条件を求めよ. また, それを満たす点 (a, b) の集合を, ab 平面上に図示せよ.

1 11 17 根底 実戦 入試 重要

$f(x) := x^3 + (a-1)x^2 + (a+2)x - 2a + 6 = 0$ …①

$g(x) := x^2 + ax + 2a = 0$ …②

が共通解をもつような定数 a の値を求めよ.

1 11 18 根底 実戦 典型

次の x, y についての連立方程式を解け.

(1) $\begin{cases} x + y = 2 \\ xy = 3 \end{cases}$

(2) $\begin{cases} x^2 + xy + y^2 = 6 \\ (x - y)^2 = 12 \end{cases}$

1 11 19 根底 実戦 典型 入試 重要

x, y についての連立方程式

$\begin{cases} y = 2(x^2 - x) \text{ …①} \\ x = 2(y^2 - y) \text{ …②} \end{cases}$ $(x \neq y)$

を解け.

1 II 20 根底 実戦 典型

$f(x)=4x^4-2x^3-7x^2-1$ とする．$x=\dfrac{1-\sqrt{3}i}{4}$ のときの $f(x)$ の値を求めよ．

1 II 21 根底 実戦 入試

n は 3 以上の自然数とする．x の整式 $f(x)=x^n-1$, $g(x)=x^2+x+1$ がある．$f(x)$ が $g(x)$ で割り切れるための n に関する条件を求めよ．

1 II 22 根底 実戦 入試 ハイレベル↑

注　いちおう 数列後 ですが，「Σ 記号」の意味さえ分かれば大丈夫です．[→ I+A 4 2 1]■

n は自然数とする．

(1)　1 の虚 3 乗根の 1 つを ω とするとき，$(1+\omega)^{3n}$ の値を求めよ．

(2)　$A=\sum\limits_{k=0}^{n}{}_{3n}\mathrm{C}_{3k}$, $B=\sum\limits_{k=0}^{n-1}{}_{3n}\mathrm{C}_{3k+1}$, $C=\sum\limits_{k=0}^{n-1}{}_{3n}\mathrm{C}_{3k+2}$ の値をそれぞれ求めよ．

12 有名不等式（今後の内容含む）

1 “相加相乗” 指数・対数関数後

1 7 3 の“相加相乗”は，2 つの正の実数に関する不等式でしたが，3 つ以上についても同様な関係があることが有名です．結論を言ってしまうと，次の通りです．

相加平均と相乗平均の大小関係（n 個） 知識

n は 2 以上の任意の整数とする．

$a_1, a_2, a_3, \cdots, a_n > 0$ のとき

$$\overbrace{\frac{a_1+a_2+\cdots+a_n}{n}}^{\text{相加平均}} \geqq \overbrace{\sqrt[n]{a_1a_2\cdots a_n}}^{\text{相乗平均}}. \quad \text{大小関係}$$

等号は，$a_1=a_2=\cdots=a_n$のときのみ成り立つ．

この不等式を，様々な n に対して証明することが，良いトレーニングになります．

例題 1 12 a “相加相乗の証明”（3個） 根底 実戦 典型 [→ 1 7 1]

(1) $a, b, c>0$ のとき，$a^3+b^3+c^3 \geqq 3abc$ を示せ．また，等号が成り立つための条件も答えよ．

(2) a, b, c が正の実数のとき $\dfrac{a+b+c}{3} \geqq \sqrt[3]{abc}$（等号は $a=b=c$ のときのみ成立）… ① を示せ．

着眼 (1) 差をとって因数分解の流れでイケるのが見えますか？

(2) (1)が利用できそうですね．ただ，(1)の「a^3」の所が，(2)では「a」になっています．このイジワルに幻惑されないように．(入試ではよくあることです.)

解答 (1) 左辺 − 右辺

$=a^3+b^3+c^3-3abc$

$=(a+b+c)(a^2+b^2+c^2-ab-bc-ca).$ [1)]

ここで，$a+b+c>0$ …② であり，

$a^2+b^2+c^2-ab-bc-ca$

$=\dfrac{1}{2}(2a^2+2b^2+2c^2-2ab-2bc-2ca)$

$=\dfrac{1}{2}\left\{(a-b)^2+(b-c)^2+(c-a)^2\right\} \geqq 0.$ …③ [2)]

よって与式が示せた．□

また，等号成立条件は②③より

$a-b=0$ かつ $b-c=0$ かつ $c-a=0$,

i.e. $a=b=c$. //

(2) $a=A^3, b=B^3, c=C^3$ とおくと，

$3\times$(左辺 − 右辺)

$=A^3+B^3+C^3-3ABC.$

$A, B, C>0$ だから，(1)が使えて，

左辺 $\geqq$ 右辺．

また，等号成立条件は，

$A=B=C$ i.e. $a=b=c$.

以上で，①が示せた．□

解説 これまで学んできたことが，いろいろ役立つ証明ですね．

1)：[→ I+A 1 2 4 対称式の公式 d]　2)：[→ I+A 演習問題 1 4 14 (2)]

余談 「定理の証明」って，楽しくて，ためになります．

注 ここで示した“相加相乗”(3 個) は，学校教科書で定理扱いされていませんが，入試では使ってしまってかまわない気もします．例によって，採点者の意向・問題の状況次第ですが．“相加相乗”(4 個以上) を使って問題を解くという状況は，あまりないと思われます．

例題 1 12 b "相加相乗"の証明（2個→3個） 根底 実戦 入試 6「微分法」後

[→演習問題 1 13 7]

a, b, c は正の実数とする．

$$\frac{a+b}{2} \geq \sqrt{ab}\ (\text{等号は } a=b \text{ のときのみ成立}) \cdots ①$$

を仮定して，

$$\frac{a+b+c}{3} \geq \sqrt[3]{abc}\ (\text{等号は } a=b=c \text{ のときのみ成立}) \cdots ②$$

が成り立つことを示せ．

方針 "相加相乗"を，個数を増やす向きに証明しようという問題です．②を，「式変形」によって①へ帰着させる方法は思い浮かびませんので，②の両辺を1文字 c の「**関数**」とみる（もちろん a, b でもよい）手法を用いてみます．ただし，「3乗根」付だとメンドウなので…

解答 ②の不等式は，

$$x = \sqrt[3]{c}\ (>0)$$

とおくと，次のように表せる：

$$\frac{a+b+x^3}{3} \geq \sqrt[3]{ab}\,x.$$

$$\text{i.e. } a+b+x^3-3\sqrt[3]{ab}\,x \geq 0. \cdots ②'$$

これを示す．左辺を $x\ (>0)$ の関数 $f(x)$ とみると，

$$f'(x) = 3\left(x^2-\sqrt[3]{ab}\right).$$

よって，次表を得る．

x	(0)	$\cdots$	$\sqrt[6]{ab}$	$\cdots$
$f'(x)$		$-$	0	$+$
$f(x)$		↘		↗

したがって，任意の $x\ (>0)$ に対して，

$$\begin{aligned} f(x) &\geq f\left(\sqrt[6]{ab}\right) \cdots ③ \\ &= a+b+\sqrt{ab}-3\sqrt[3]{ab}\sqrt[6]{ab} \quad {}^{1)} \\ &= a+b-2\sqrt{ab} \\ &= 2\left(\frac{a+b}{2}-\sqrt{ab}\right). \end{aligned}$$

これと①より

②′: $f(x) \geq 0$ …④ が示せた．

④の等号成立条件は，③，①の等号が同時に成り立つこと，すなわち

$$\begin{cases} ③: \left(\sqrt[3]{c}=\right)x = \sqrt[6]{ab}. \text{ i.e. } {}^{2)}\ c=\sqrt{ab}, \text{かつ} \\ ①: a=b. \end{cases}$$

i.e. $a=b=c$.

以上で，②が示せた．□

解説 このように，「1文字の関数とみてその増減を調べる」という手法は，不等式の扱いにおいて時として絶大なる効果を発揮します．

補足 1)：ここは，次のように計算しています．

$$\sqrt[3]{ab}\sqrt[6]{ab} = (ab)^{\frac{1}{3}} \cdot (ab)^{\frac{1}{6}} = (ab)^{\frac{1}{3}+\frac{1}{6}} = (ab)^{\frac{3}{6}} = (ab)^{\frac{1}{2}} = \sqrt{ab}.$$

注 2)：これを見るとわかるように，$f(x)$ は c が a, b の相乗平均に等しいときに最小となります．

参考 "相加相乗"は，本問と同様な作業を繰り返して，

2個→3個→4個→…

一般に，n 個→ $n+1$ 個

の順に示すことができます．よって，任意の個数 $n\ (n \geq 2)$ について示すことができます．キチンと証明答案を書く際には，「数学的帰納法」を用います．[→演習問題 7 9 36]

2 コーシー・シュワルツの不等式 2ベクトルの基礎後

ベクトルの内積と大きさとの間に成り立つ有名な関係です．

コーシー・シュワルツの不等式 知識

平面上，もしくは空間内の任意の 2 ベクトル $\vec{a}, \vec{p}$ について，次が成り立つ．

$(\vec{a}\cdot\vec{p})^2 \leq |\vec{a}|^2|\vec{p}|^2$. …①

等号は，$\vec{a} /\!/ \vec{p}$ のときのみ成立．… ②

xy 平面上の 2 ベクトル $\vec{a}=\begin{pmatrix} a \\ b \end{pmatrix}$, $\vec{p}=\begin{pmatrix} p \\ q \end{pmatrix}$ については，①は

$(ap+bq)^2 \leq (a^2+b^2)(p^2+q^2)$. …①′

xyz 空間内の 2 ベクトル $\vec{a}=\begin{pmatrix} a \\ b \\ c \end{pmatrix}$, $\vec{p}=\begin{pmatrix} p \\ q \\ r \end{pmatrix}$ については，①は

$(ap+bq+cr)^2 \leq (a^2+b^2+c^2)(p^2+q^2+r^2)$. …①″

〔証明〕 $\vec{a}, \vec{p}$ のなす角を θ とすると

$\vec{a}\cdot\vec{p}=|\vec{a}||\vec{p}|\cos\theta$. …③

これと $-1 \leq \cos\theta \leq 1$ より

$-|\vec{a}||\vec{p}| \leq \vec{a}\cdot\vec{p} \leq |\vec{a}||\vec{p}|$. …④

$\therefore |\vec{a}\cdot\vec{p}| \leq |\vec{a}||\vec{p}|$. [1)]

両辺とも 0 以上だから

$|\vec{a}\cdot\vec{p}|^2 \leq |\vec{a}|^2|\vec{p}|^2$.

i.e. $(\vec{a}\cdot\vec{p})^2 \leq |\vec{a}|^2|\vec{p}|^2$.

等号成立条件は，③④より

$\cos\theta=\pm1$ または $|\vec{a}||\vec{p}|=0$,

i.e. $\vec{a} /\!/ \vec{p}$. [2)]

以上で①②が示せた．□

注 1)：左辺の｜　｜は実数の絶対値，右辺の｜　｜はベクトルの大きさを表しています．

2)：$|\vec{a}|=0$ または $|\vec{p}|=0$ のときにも，(大学以降のルールでは) $\vec{a}$ と $\vec{p}$ は「平行」だと定めます．実際問題として，0 ベクトルのときなどという些末(さまつ)なことを気にし過ぎることに益はありません．「$\cos\theta=\pm1$」「$\theta=0, \pi$」「平行」と，おおらかに考えましょう．■

重要 ①ではなく，④の形で使う方がむしろ便利なことも多いです．**[→次の例題]**

参考 ①′①″は，ベクトルを持ち出すことなく，純粋に式変形だけで示すこともできます．

[→演習問題 1 8 12]

例題 1 12 C コーシー・シュワルツの不等式（応用） 根底 実戦 入試 [→演習問題 1 13 11]

実数 x, y, z が $x^2+y^2+z^2=1$ …① を満たしながら変化するとき，$F=x+2y+3z$ の最大値を求めよ．

方針 コーシー・シュワルツの不等式を“使用”するときには，「ベクトル」を設定し，「ベクトル」で考え，「ベクトル」で表現して定理を証明しながら[1] 使うのがおススメです．

着眼 本問では，「何を利用するか？」が問題タイトルからバレてしまっています．しかし，実際の入試では「コーシー・シュワルツだ！」と見抜くこと自体が一つの関門です．その発想段階においても，「ベクトルの大きさ」の形や「ベクトルの内積」っぽい形が合図です．

解答 $\vec{a}=\begin{pmatrix}1\\2\\3\end{pmatrix}$, $\vec{p}=\begin{pmatrix}x\\y\\z\end{pmatrix}$ とすると，

$F=\vec{a}\cdot\vec{p}$ であり，①は $|\vec{p}|=1$. …①′

$\vec{a}$ と $\vec{p}$ のなす角を θ とすると

$$\begin{aligned}F&=\vec{a}\cdot\vec{p}\\&=|\vec{a}|\,|\vec{p}|\cos\theta\\&\le|\vec{a}|\,|\vec{p}|\cdot1^{\,2)}\\&=\sqrt{1+4+9}\sqrt{1}\\&=\sqrt{14}\ (\text{定数}).\ \cdots②\end{aligned}$$
大小関係

等号成立条件は

$\cos\theta=1$, i.e. $\theta=0$ かつ ①.

すなわち，k をある正の実数として

$$\vec{p}=\begin{pmatrix}x\\y\\z\end{pmatrix}=k\begin{pmatrix}1\\2\\3\end{pmatrix}\ \cdots③\ \text{かつ}\ ①'.$$

③を①′に代入して

$$|k|\sqrt{1^2+2^2+3^2}=1.\ \therefore\ k=\frac{1}{\sqrt{14}}.$$
☆

よって，②の等号は $\begin{pmatrix}x\\y\\z\end{pmatrix}=\dfrac{1}{\sqrt{14}}\begin{pmatrix}1\\2\\3\end{pmatrix}$ …④

のとき成立する．

以上より，求める最大値は，$\max F=\sqrt{14}$.//

注 1)：「コーシー・シュワルツの不等式」は，教科書には載っていないものですから，「定理として使って良いか否か」は採点者の意向次第です．しかし，上記**解答**のようにベクトルで表現して証明しながら使えば何の問題もありませんね．

2)：前述したコーシー・シュワルツの〔**証明**〕の途中で現れた $-|\vec{a}|\,|\vec{p}|\le\vec{a}\cdot\vec{p}\le|\vec{a}|\,|\vec{p}|$ の右側部分のみを使っています．その後得られた最終結果である $(\vec{a}\cdot\vec{p})^2\le|\vec{a}|^2|\vec{p}|^2$ は使っていません．実際にはこうした使い方をすることも多いので，なおさら「証明しながら使う」というスタイルをお勧めしたいのです．

解説 ②の後は，等号を成立させる (x, y, z) を 1 組見つけさえすれば OK でしたね [→例題 1 7 f 解説]．よって，**解答**の☆の部分は答案に書かずに下書き用紙で済ませ，解答用紙にはイキナリ④の値を提示して②の等号および①が成り立っていることを示してもかまいません．
ただし，問題として「最大となるときの x, y, z の値を求めよ」と問われるケースもあります．それに備えて，いざとなったら☆もちゃんと書けるようにしておきましょう．

"相加相乗" と同様,「コーシー・シュワルツの不等式」も個数を一般の n 個に拡張できます.

コーシー・シュワルツの不等式(一般形) 知識

実数 $a_1, a_2, \cdots, a_n$; $p_1, p_2, \cdots p_n$ $(n \geq 2)$ に対して, 「正」でなくても可

$$(a_1p_1 + a_2p_2 + \cdots + a_np_n)^2 \leq (a_1{}^2 + a_2{}^2 + \cdots + a_n{}^2)(p_1{}^2 + p_2{}^2 + \cdots + p_n{}^2).$$

等号は, $a_1 : p_1 = a_2 : p_2 = \cdots = a_n : p_n$ のときに限り成り立つ.

注 コーシー・シュワルツの不等式は, $n = 2, 3$ のときは入試において「公式」として使用することもあります. $n \geqq 4$ のときについては, (証明抜きでは)使用することはない気がします.

例題 1 12 d コーシー・シュワルツの不等式の証明(一般)

根底 実戦 典型 入試 数列後

任意の実数 t に対して $(a_kt - p_k)^2 \geq 0$ $(k = 1, 2, 3, \cdots, n)$ が成り立つことを利用して, 前記「コーシー・シュワルツの不等式(一般形)」を示せ.

方針 難しそうですが, 誘導に従えば, 何をなすべきかが案外自然にわかるかもしれません.

解答 $(a_kt - p_k)^2 \geq 0$ …① を,

$k = 1, 2, 3, \cdots, n$ について辺々加えると

$$\begin{array}{r} (a_1t - p_1)^2 \geq 0 \\ (a_2t - p_2)^2 \geq 0 \\ \vdots \\ {}^{1)}+)\ (a_nt - p_n)^2 \geq 0 \\ \hline \sum_{k=1}^{n}(a_kt - p_k)^2 \geq 0. \end{array}$$

以下, $\sum_{k=1}^{n}$ を $\sum$ と書くと

$$\sum(a_k{}^2t^2 - 2a_kp_kt + p_k{}^2) \geq 0.$$

$$t^2\underbrace{\sum a_k{}^2}_{A\text{とおく}} - 2t\underbrace{\sum a_kp_k}_{B\text{とおく}} + \underbrace{\sum p_k{}^2}_{C\text{とおく}} \geq 0.$$

i.e. $f(t) := At^2 - 2B\cdot t + C \geq 0.$ …②

②が任意の実数 t について成り立つ.

i) $A > 0$ のとき, 右図より, 方程式 $f(t) = 0$ の判別式を D として

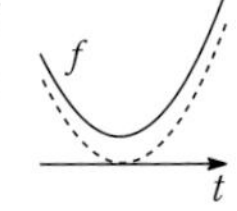

$$D/4 = B^2 - AC \leq 0.$$

i.e. $(\sum a_kp_k)^2 \leq \sum a_k{}^2 \cdot \sum p_k{}^2$.

等号成立条件は, ①の等号が全ての k について成り立つこと, すなわち

$$t = \frac{p_1}{a_1} = \frac{p_2}{a_2} = \cdots = \frac{p_n}{a_n}$$

のとき. ただし, 分母 a_k が 0 なら分子 p_k も 0 [2] とする. すなわち等号成立条件は,

$$a_1 : p_1 = a_2 : p_2 = \cdots = a_n : p_n. \quad \cdots ③$$

ii) $A = 0$ のとき, $a_1 = a_2 = \cdots = a_n = 0$ だから, 示すべき不等式は両辺はともに 0 ゆえ成り立つ(等号が成立).

また, このとき③が成立する.

以上で, 題意は示せた. □

解説 [1]: このように, 上下にずら〜っと並んだ n 個の不等式を加える様を思い浮かべてください.

注 [2]: ①の等号が成立してさらに $a_k = 0$ ならば, $p_k = 0$ となりますね.

参考 **I+A演習問題 4 12 5** において, 実質的に本問に対する別の証明法を扱っています. (そちらの方がストレートで優れていると思います.) また, **演習問題 7 9 37** で「数学的帰納法」による証明も行います.

3 並べ替えの不等式　2ベクトルの基礎後

百聞は一見に如かず．まずは基本例題をご覧ください．

例題 1 12 e 並べ替えの不等式（2項）　根底 実戦　典型　[→演習問題 1 13 15]

「$a \geq b$, $p \geq q$ のとき，$ap+bq \geq aq+bp$ …①」が成り立つことを示せ．

方針 原則通り，「差をとって因数分解」で解決しそうです．

解答
$$\begin{aligned}\text{左辺}-\text{右辺} &= ap+bq-aq-bp\\ &= a(p-q)+b(q-p)\\ &= (a-b)(p-q).\end{aligned}$$
ここで，$a-b \geq 0$，$p-q \geq 0$ だから
　左辺 − 右辺 ≥ 0.
すなわち，①が示せた．□

解説 **"並べ替えの不等式"** として古来有名な結果です．要するに
　大どうし，小どうしの積を作る方が大きい
ということです．例として

$$\overset{大\quad 小}{ap+bq} \geq \overset{大\quad 小}{aq+bp}$$
（下：大 小　小 大）

　$\overset{a}{\boxed{10,000}}$ 円札と $\overset{b}{①}$ 円玉があり，
　どちらかを $\underset{p}{3}$ 個，他方を $\underset{q}{2}$ 個 ●●●「個」または「枚」

もらえるとしたら，あなたはどうしますか？
1万円札，1円玉のどちらを3倍してどちらを2倍するのがトクかと考えると…

$$\overset{a}{\boxed{10,000}}\times\overset{p}{3}\text{枚} + \overset{b}{①}\times\overset{q}{2}\text{個}$$
$$>\underset{a}{\boxed{10,000}}\times\underset{q}{2}\text{枚} + \underset{b}{①}\times\underset{p}{3}\text{個}.$$

10,000		10,000
10,000		10,000
10,000	>	①
①		①
①		①

大金の1万円札を沢山，少額の1円玉を少しにするのがトクだと直観的にもわかりますね．人間は欲深いですから（笑）．（もっとも，ここでは正の数に限定しており，しかも個数は自然数限定なので，イメージ記憶のための例に過ぎませんが．）

注 ①式は，文字の正負によらず成り立ちます．

参考 ①式は，ベクトルの内積を用いて表すとわかりやすいです：

$$\begin{matrix}大\\小\end{matrix}\begin{pmatrix}a\\b\end{pmatrix}\cdot\begin{pmatrix}p\\q\end{pmatrix}\begin{matrix}大\\小\end{matrix} \geq \begin{matrix}大\\小\end{matrix}\begin{pmatrix}a\\b\end{pmatrix}\cdot\begin{pmatrix}q\\p\end{pmatrix}\begin{matrix}小\\大\end{matrix}.$$

これを用いて表記すると，本問の結果は次のようにも言い表せます：

　$\begin{pmatrix}a\\b\end{pmatrix}\cdot\begin{pmatrix}p\\q\end{pmatrix}$ において，p と q を**互換**して $\begin{pmatrix}a\\b\end{pmatrix}\cdot\begin{pmatrix}q\\p\end{pmatrix}$ に変えると小さくなる．●●● または等しい

注 実は，「不等式の証明」の最初の問題：例題 1 7 a も，この不等式の一種とみなせます．

(1)「$a>c$, $b>c$ とする．不等式 $ab+c^2>ac+bc$ を示せ．」
(2)「$x, y>0$ とする．不等式 $x^3+y^3 \geq x^2y+xy^2$ を示せ．」

$$\begin{matrix}大\\小\end{matrix}\begin{pmatrix}a\\c\end{pmatrix}\cdot\begin{pmatrix}b\\c\end{pmatrix}\begin{matrix}大\\小\end{matrix} \geq \begin{matrix}大\\小\end{matrix}\begin{pmatrix}a\\c\end{pmatrix}\cdot\begin{pmatrix}c\\b\end{pmatrix}\begin{matrix}小\\大\end{matrix}$$

(2)では，両辺が x, y について対称なので，一般性を失うことなく $x \geq y \geq 0$, ∴ $x^2 \geq y^2$ として右を書きました．

$$\begin{matrix}大\\小\end{matrix}\begin{pmatrix}x^2\\y^2\end{pmatrix}\cdot\begin{pmatrix}x\\y\end{pmatrix}\begin{matrix}大\\小\end{matrix} \geq \begin{matrix}大\\小\end{matrix}\begin{pmatrix}x^2\\y^2\end{pmatrix}\cdot\begin{pmatrix}y\\x\end{pmatrix}\begin{matrix}小\\大\end{matrix}$$

参考 本問は「2項の和」の大小でしたが，これを「3項の和」に拡張したのが次問です．

例題 1 12 f 並べ替えの不等式（3項） 根底 実戦

[→演習問題 1 13 14]

「$a \geq b,\ p \geq q$ のとき，$ap+bq \geq aq+bp$ …①」が成り立つことを用いて，
「$a \geq b \geq c,\ p \geq q \geq r$ のとき，$ap+bq+cr \geq aq+br+cp$ …②」が成り立つことを示せ．

方針 ①は「2 項」に関する大小関係です．よって，②の「3 項」のうちどれか「2 項」に対して①を適用します．

解答 ①を繰り返し用いる．

$$\text{左辺} = \begin{pmatrix} a \\ b \\ c \end{pmatrix}\cdot\begin{pmatrix} p \\ q \\ r \end{pmatrix} \geq \begin{pmatrix} a \\ b \\ c \end{pmatrix}\cdot\begin{pmatrix} q \\ p \\ r \end{pmatrix}\ (\because\ a \geq b,\ p \geq q).\ \cdots③$$

cr はそのまま

aq はそのまま

$$\begin{pmatrix} a \\ b \\ c \end{pmatrix}\cdot\begin{pmatrix} q \\ p \\ r \end{pmatrix} \geq \begin{pmatrix} a \\ b \\ c \end{pmatrix}\cdot\begin{pmatrix} q \\ r \\ p \end{pmatrix}\ (\because\ b \geq c,\ p \geq r).\ \cdots④$$

$$= \text{右辺}.$$

③④より，②が示せた．□

解説 ③では「p と q」を**互換**しました．④では「p と r」を**互換**しました．
このように，p, q, r のうちどれか 2 つを互換することを繰り返すと，次のようになります：

$$(*):\begin{pmatrix} p \\ q \\ r \end{pmatrix} \nearrow \begin{pmatrix} q \\ p \\ r \end{pmatrix} \to \begin{pmatrix} q \\ r \\ p \end{pmatrix} \searrow \begin{pmatrix} r \\ q \\ p \end{pmatrix}$$

$$\begin{pmatrix} p \\ q \\ r \end{pmatrix} \searrow \begin{pmatrix} p \\ r \\ q \end{pmatrix} \to \begin{pmatrix} r \\ p \\ q \end{pmatrix} \nearrow \begin{pmatrix} r \\ q \\ p \end{pmatrix}$$

1 回互換　2 回互換　3 回互換

上の矢印は，全て $\begin{pmatrix} \text{大} \\ \text{小} \end{pmatrix}\to\begin{pmatrix} \text{小} \\ \text{大} \end{pmatrix}$ となるように互換を行っています．したがって，$\begin{matrix}\text{大}\\\text{中}\\\text{小}\end{matrix}\begin{pmatrix} a \\ b \\ c \end{pmatrix}$ との内積は，左ほど大きく，右ほど小さくなります（上下に並んだ 2 つは不明）．
そして，$(*)$ には $3!=6$ 通りの**全ての**配列が登場しています．よって，

$\begin{pmatrix} a \\ b \\ c \end{pmatrix}$ との内積を最大化するのは $\begin{pmatrix} p \\ q \\ r \end{pmatrix}$，最小化するのは $\begin{pmatrix} r \\ q \\ p \end{pmatrix}$ であることがわかりました．

（より一般的な「n 項」については，[→演習問題 1 13 15]）

注 「2 回互換」の 2 つはそれぞれ，p, q, r を右図のように時計回り，および反時計回りに回転移動したものになっていますね．[→次問]

参考 ②を単独で示してみます．「式変形」では無理なので，「関数」を利用します：

左辺 − 右辺 を p の**関数** $f(p)$ とみると
$f(p)=(a-c)p+bq+cr-aq-br\ (p \geq q)$.
ここで，$a-c \geq 0$ より $f(p)$ は増加するから，

$$\begin{aligned} f(p) &\geq f(q) \\ &= (a-c)q+bq+cr-aq-br \\ &= -cq+bq+cr-br \end{aligned}$$

$\begin{pmatrix} b \\ c \end{pmatrix}\cdot\begin{pmatrix} q \\ r \end{pmatrix}-\begin{pmatrix} b \\ c \end{pmatrix}\cdot\begin{pmatrix} r \\ q \end{pmatrix}$．結局①を 1 回使っている

$$= (\underbrace{b-c}_{0\text{ 以上}})(\underbrace{q-r}_{0\text{ 以上}}) \geq 0.\ \square$$

例題 1 12 g 並べ替えの不等式の利用 ハイレベル↑ 根底 実戦 [→演習問題 1 13 15]

「$a \geq b$, $p \geq q$ のとき，$ap+bq \geq aq+bp$ …①」が成り立つ（前々問）．①を繰り返し用いると

「$a \geq b \geq c$, $p \geq q \geq r$ のとき，$\begin{cases} ap+bq+cr \geq aq+br+cp \cdots② \\ ap+bq+cr \geq ar+bp+cq \cdots③ \end{cases}$」

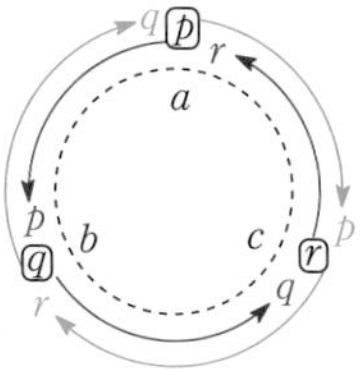

が成り立つことが示される（前問）．②③を用いて以下に答えよ．

(1) 「$a \geq b \geq c$, $p \geq q \geq r$ のとき，
$3(ap+bq+cr) \geq (a+b+c)(p+q+r)$ … ④」が成り立つことを示せ．

(2) 「$a, b, c > 0$ のとき $\dfrac{a}{b+c}+\dfrac{b}{c+a}+\dfrac{c}{a+b} \geq \dfrac{3}{2}$ …⑤」が成り立つことを示せ．

着眼 (1) ④の左辺括弧内と②③の左辺は同じ．一方④の右辺を展開すると…②③の右辺が現れることが，「展開の仕組み」を理解していれば“透けて”見えます．

(2) いかにして(1)へ帰着させるかを考えましょう．

解答 (1) $ap+bq+cr=ap+bq+cr$ と②③を辺々加えると，

$$\begin{aligned} &3(ap+bq+cr) \\ \geq\ & ap+bq+cr \\ &+aq+br+cp \\ &+ar+bp+cq \\ =\ & a(p+q+r)+b(p+q+r)+c(p+q+r) \\ =\ & (a+b+c)(p+q+r). \ \square \end{aligned}$$

(2) ⑤の左辺は a, b, c について対称だから，一般性を失うことなく

$a \geq b \geq c (>0)$ …⑥

としてよく，このとき

②③との対応

$$\overset{p}{\frac{1}{b+c}} \geq \overset{q}{\frac{1}{c+a}} \geq \overset{r}{\frac{1}{a+b}}. \cdots⑦$$

⑥⑦②より，

$$a\cdot\frac{1}{b+c}+b\cdot\frac{1}{c+a}+c\cdot\frac{1}{a+b} \geq a\cdot\frac{1}{c+a}+b\cdot\frac{1}{a+b}+c\cdot\frac{1}{b+c}. \cdots⑧$$

⑥⑦③より，

$$a\cdot\frac{1}{b+c}+b\cdot\frac{1}{c+a}+c\cdot\frac{1}{a+b} \geq a\cdot\frac{1}{a+b}+b\cdot\frac{1}{b+c}+c\cdot\frac{1}{c+a}. \cdots⑨$$

⑧ + ⑨より

$$2\times⑤の左辺 \geq \frac{a+b}{a+b}+\frac{b+c}{b+c}+\frac{c+a}{c+a}=3.$$

よって⑤が示せた．□

解説 (1)「展開の仕組み」の重要性がわかるでしょ！

(2)⑤：左辺は a, b, c について対称な式ですね．そんなときには，大小関係を固定して議論することが許されます．例えば a と b を取り換えても同じ式なのですから，$a \geq b$ において成り立ったことは，$a \leq b$ においても成り立つに決まっていますね．

⑦：(1)の「p, q, r」の所に当てはまるものは何かと考えます．

補足 ⑦：$a \geq b \geq c$ より，$a+b \geq c+a \geq b+c$．これらは全て正なので，逆数をとると大小が逆転します．

注 本問(2)の別解を，**演習問題 1 13 13**で扱います．

参考 (1)は「チェビシェフの不等式」，(2)は「Nesbitt の不等式」と呼ばれる有名なものです．これを土台にして入試問題が作られたりします．

13 演習問題D 他分野との融合

注　本節は，1 12を学んだ後で取り組んでください．

1 13 1 根底 実戦 典型 入試 数列 後

n は正で 3 の倍数とする．x の多項式 $(x+2)^n$ を展開したとき，係数が最大となる項の次数を求めよ．

1 13 2 根底 実戦 典型 入試 数学Ⅱ微分法・積分法 後

n は自然数とする．

$$(1+x)^n = {}_nC_0 + {}_nC_1 x + {}_nC_2 x^2 + \cdots + {}_nC_n x^n \quad \cdots①$$

を利用して，以下の問いに答えよ．

(1) $A = 1\cdot{}_nC_1 + 2{}_nC_2 + 3{}_nC_3 + \cdots + n{}_nC_n$ を求めよ．

(2) $B = \dfrac{{}_nC_0}{1} + \dfrac{{}_nC_1}{2} + \dfrac{{}_nC_2}{3} + \cdots + \dfrac{{}_nC_n}{n+1}$ を求めよ．

1 13 3 根底 実戦 入試 重要

x の整式 $f(x) = 2x^3 + 3x^2 + 7x + 15$ と $g(x) = 2x^2 - x + 7$ がある．

(1) $f(x)$ を $g(x)$ で割った商と余りを求めよ．

(2) n は整数とする．2 つの整数 $f(n)$, $g(n)$ の最大公約数を求めよ．

1 13 4 根底 実戦 数学Ⅱ「微分法」後

n が奇数の自然数のとき，$a > b$ ならば $a^n > b^n$ が成り立つことを示せ．

1 13 5 根底 実戦 重要

次の不等式を解け．

$x^3 + 3x^2 + 3x + 3 > 0$

1 13 6 根底 実戦 入試

a, b, c, d を正の実数とする．

$$\frac{a+b+c+d}{4} \geq \sqrt[4]{abcd} \text{（等号は } a=b=c=d \text{ のときのみ成立）}$$

が成り立つことを証明せよ．

1 13 7 根底実戦 入試

a, b, c, d は正の実数とする.

$$\frac{a+b+c+d}{4} \geq \sqrt[4]{abcd} \text{ (等号は } a=b=c=d \text{ のときのみ成立) } \cdots ①$$

が成り立つことを用いて,

$$\frac{a+b+c}{3} \geq \sqrt[3]{abc} \text{ (等号は } a=b=c \text{ のときのみ成立) } \cdots ②$$

が成り立つことを示したい.

(1) ①の左辺と②の左辺が一致するとき, d を a, b, c で表せ.

(2) ①を用いて②を証明せよ.

1 13 8 根底実戦 入試

1 つの頂点で交わる 3 辺の長さが a, b, c である直方体がある. その体積を V, 表面積を S, 対角線の長さを L とする. $S=1$ (一定) …① のとき, 以下の問いに答えよ.

(1) V の最大値を求めよ. (2) L の最小値を求めよ.

1 13 9 根底実戦 入試

正の実数 a, b が $a+b+1=3ab$ …① を満たすとき, ab の最小値を求めよ.

1 13 10 根底実戦 入試

正の実数 a, b, c が $ab+bc+ca=abc$ …① を満たすとき, $a+b+c$ の最小値を求めよ.

1 13 11 根底実戦 入試

正の実数 x, y, z が $\sqrt{x}+\sqrt{y}+\sqrt{z}=1$ …① を満たしながら変化するとき, $F=x+y+z$ の最小値を求めよ.

1 13 12 根底実戦 典型入試 重要

正の実数 x, y, z が変化するとき,

$$F := (x+y+z)\left(\frac{1}{x}+\frac{1}{y}+\frac{1}{z}\right)$$

の最小値を求めよ.

1 13 13 根底 実戦

$a, b, c > 0$ のとき

$$(a+b+c)\left(\frac{1}{a}+\frac{1}{b}+\frac{1}{c}\right) \geqq 3^2 \quad \cdots①$$

が成り立つ．これを用いて下記を示せ．

$$a, b, c > 0 \text{ のとき } \frac{a}{b+c}+\frac{b}{c+a}+\frac{c}{a+b} \geqq \frac{3}{2} \quad \cdots②$$

1 13 14 根底 実戦

a, b, c は実数とする．不等式

$$a^2+b^2+c^2 \geqq ab+bc+ca \quad \cdots①$$

が成り立つことを，$\vec{a}=\begin{pmatrix} a \\ b \\ c \end{pmatrix}$, $\vec{b}=\begin{pmatrix} b \\ c \\ a \end{pmatrix}$ を用いて示せ．

1 13 15 根底 実戦 入試 ハイレベル⬆

(1) 「$a<b$, $p<q$ のとき，$ap+bq>aq+bp$」…① が成り立つことを示せ．

(2) n は 2 以上の整数とする．2 つ集合

$$A=\{a_1, a_2, a_3, \cdots, a_n\},\ B=\{b_1, b_2, b_3, \cdots, b_n\}$$

が与えられており，

$$a_1<a_2<a_3<\cdots<a_n,\ b_1<b_2<b_3<\cdots<b_n \quad \cdots②$$

が成り立つとする．

$$\{x_1, x_2, x_3, \cdots, x_n\}=\{b_1, b_2, b_3, \cdots, b_n\} \quad \cdots③$$ 集合の一致

を満たす組 $(x_1, x_2, x_3, \cdots, x_n)$ の中で，

$$S=a_1x_1+a_2x_2+a_3x_3+\cdots+a_nx_n$$

を最大化するものを求めよ．

1 13 16 根底 実戦 入試 ハイレベル⬆

1 の虚数 3 乗根の 1 つを ω とする．ω が $\omega^3=1$ … ①　$\omega^2+\omega+1=0$ … ②　$\overline{\omega}=\omega^2$ … ③ を満たすことを既知として，以下の問いに答えよ．

(1) x の方程式 $x^3=a$ (a は 0 でない実数) … ④の 3 つの解を，a と ω で表せ．

(2) $(a+b+c)(a+\omega b+\omega^2 c)(a+\omega^2 b+\omega c)$ を展開せよ．

(3) x の方程式 $x^3+3x+1=0$ … ⑤の 3 つの解を，ω で表せ．

第 2 章
ベクトルの基礎

概要

本章で学ぶ「ベクトル」は，本来は数学 C 範囲ですが，従来より高校 2 年時に学んでいた内容です．比較的早い時期に学んでおくと，他の様々な分野の習得が容易になり，理解が深まります [1]．

ベクトルで学ぶ内容は，大別すると次の 2 つがあります：

1. 「ベクトルの問題」を解く．
2. 「他分野」を征服するツールとして役立てる．

もちろん両者に明快な区別がある訳ではありませんが．

注 [1]：このような事実があるにも関わらず，旧来「ベクトル」はかなり後回しにされるケースが多い分野でした．かっちりとした基本体系を積み上げていかないといけない分野であるため，習得する上での負担が**重い**からだと思われます．ただし，その重さは 1. を目指した場合の話です．

そこで本章では，高校 2 年時前半において重要な 2. に絞って学んでいきます．これなら，ベクトル全体を一気に学ぶのに比べて，おそらく 3 分の 1 以下の負担で済み，しかもこの後学ぶ他分野の**学習効率を爆上げします！**

また，本章で一度軽く触れておくことにより，数学 C においてより本格的に，そして少し精密にベクトルを学ぶ際のハードルも劇的に下がるでしょう．

学習ポイント

1. 「ベクトルとは何か？」「内積の定義」を，よく理解する．
2. ベクトルおよび内積の演算ルールを覚える（多くは自然に使えます）．
3. 内積を用いて長さや角を計量する．

将来入試では

（本章では「ベクトル分野の入試問題」までは扱いませんが…）

文系の人も，おそらく共通テストでは数学 C の「ベクトル」を選択することになる可能性が高いです．受験学年を迎える前に，今から少しだけ 軽く学んでおきましょう．

この章の内容

1 ベクトルとは？
2 ベクトルの演算
3 位置ベクトル
4 内積
5 内積による計量
6 演習問題A

［高校数学範囲表］ ●当該分野 ●関連が深い分野

数学Ⅰ	数学Ⅱ	数学Ⅲ 理系
数と式	いろいろな式	いろいろな関数
2次関数	ベクトルの基礎	極限
三角比	図形と方程式	微分法
データの分析	三角関数	積分法
数学A	指数・対数関数	**数学C**
図形の性質	微分法・積分法	ベクトル
整数	**数学B**	複素数平面
場合の数・確率	数列	2次曲線
	統計的推測	

1 ベクトルとは？

1 ベクトルとは？

「向き」も考えた線分を**有向線分**といい，矢印で表されます．例えば点 A から点 B へ向かう矢印で表される有向線分 AB において，A を**始点**，B を**終点**といいます．[1)]

始点　終点　A　B

有向線分は，一般に次の 3 つで決定します：

(始点の) 位置，向き，大きさ (長さ)

この 3 つのうち，位置を考えず，向きと大きさだけを考えたものを**ベクトル**といい，有向線分 AB で表されるベクトルを $\overrightarrow{\mathrm{AB}}$ と書きます．

(始点の) 位置　位置，向き　位置，向き，大きさ

言い訳　1)：「始点」および「終点」という用語は，元来は有向線分に対して用いますが，「ベクトル $\overrightarrow{\mathrm{AB}}$ の始点は A」のように使っても叱られはしないと思われます．(笑)

> 有向線分とベクトル　原理
>
> 区別するもの：位置，向き，大きさ
>
> (有向線分：位置，向き，大きさ／ベクトル：向き，大きさ)

2 ベクトルの相等

2 つのベクトルは，向きも大きさも等しい有向線分で表されるとき，互いに等しいと定めます．右図において，各有向線分 (矢印) が表すベクトルどうしの関係は，次の通りです：

$\overrightarrow{\mathrm{AB}} = \overrightarrow{\mathrm{A'B'}}$.　向きと大きさが等しい

$\overrightarrow{\mathrm{AB}} \neq \overrightarrow{\mathrm{DE}}$.　向きは同じだが大きさが異なる

$\overrightarrow{\mathrm{AB}} \neq \overrightarrow{\mathrm{AC}}$.　大きさは等しいが向きが異なる

C　3　終点　B　A　3　始点　B′　A′　3　E　D　2

注　『位置が違っても同一だとみなす』というのがなかなか斬新で呑み込みにくいかもしれませんね．そこで，「ベクトル」とは「移動」のようなものだと捉えておきましょう．例えば上の図において，「A から B への移動」と「A′ から B′ への移動」は，どちらも右上向きに 3 だけ動く同じ移動だという主張なら，ワリと抵抗なく受け入れられるでしょ？

> 原理　「ベクトル」とは，有向線分において「位置」の違いを無視し，「向き」と「大きさ」だけを考えたもの，つまり，「移動」のようなものである．

例えば右図において，$\overrightarrow{\mathrm{AB}}, \overrightarrow{\mathrm{A'B'}}, \overrightarrow{\mathrm{A''B''}}$ は向きと大きさが等しいので全て等しいベクトルです．そこで，これら全ベクトルを「$\vec{a}$」などと表します．

$$\overrightarrow{\mathrm{AB}} = \overrightarrow{\mathrm{A'B'}} = \overrightarrow{\mathrm{A''B''}} = \vec{a}.$$

$\vec{b}, \vec{v}$ とか…

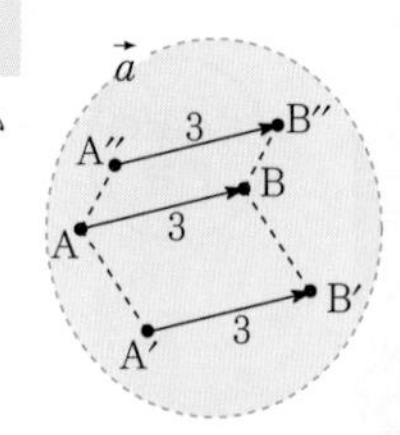

3 ベクトルの大きさ

また，ベクトルの大きさ (長さ) を [1)] $|\overrightarrow{\mathrm{AB}}|$，$|\vec{a}|$ のように書きます．例えば 2 の図においては，

$$|\overrightarrow{\mathrm{AB}}| = |\overrightarrow{\mathrm{A'B'}}| = |\overrightarrow{\mathrm{AC}}| = 3,\ |\overrightarrow{\mathrm{AB}}| \neq |\overrightarrow{\mathrm{DE}}|.$$

注　特に大きさが 1 のベクトルのことを**単位ベクトル**といいます．

語記サポ　1)：「絶対値」とは読みません．「大きさ」といいます．

4 ベクトルの向き

例えば2の図において，$\overrightarrow{AB}$ と $\overrightarrow{DE}$ は**向きが同じ**．$\overrightarrow{AB}$ と $\overrightarrow{ED}$ は**向きが反対**です．このいずれかの関係があるとき2つのベクトルは**平行**であるといい，次のように表します．

$\overrightarrow{AB} \parallel \overrightarrow{DE}$．$\overrightarrow{AB} \parallel \overrightarrow{ED}$．$\overrightarrow{AB}$ と $\overrightarrow{AC}$ は平行ではないので，$\overrightarrow{AB} \nparallel \overrightarrow{AC}$．

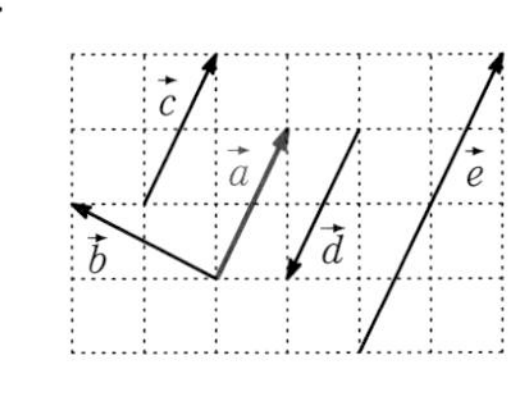

問 右図において，次の条件を満たすベクトルを $\vec{b}$〜$\vec{e}$ から選べ．

(1) $\vec{a}$ と等しいベクトル．　(2) $\vec{a}$ と大きさが等しいベクトル．

(3) $\vec{a}$ と向きが同じベクトル．

解答 (1) 向きと大きさが $\vec{a}$ と等しいベクトルを選んで，$\vec{c}$．//

(2) 大きさ（長さ）が $\vec{a}$ と等しいものは，$\vec{b}, \vec{c}, \vec{d}$．//

(3) 向きが $\vec{a}$ と同じものは，$\vec{c}, \vec{e}$．//　**参考** $\vec{a}$ と平行なものは，$\vec{c}, \vec{d}, \vec{e}$．

5 成分表示

O を原点とする xy 平面上で，点 A(1, 3) から B(6, 5) への「移動」を考えると，

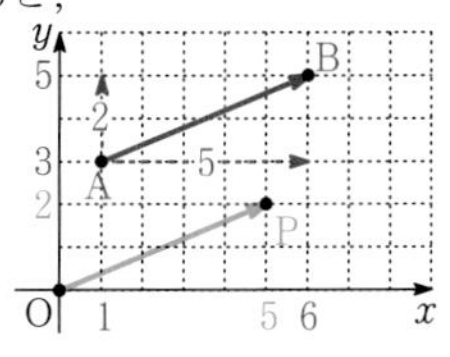

$$\begin{cases} x \text{ 軸の向きへの移動量} = 6 - 1 = 5, \\ y \text{ 軸の向きへの移動量} = 5 - 3 = 2. \end{cases}$$

この2つの移動量を用いて，$\overrightarrow{AB} = \begin{pmatrix} 5 \\ 2 \end{pmatrix}$ （x 成分，y 成分）のように表します．

これを，ベクトル $\overrightarrow{AB}$ の**成分表示**といいます．

ベクトルの成分表示

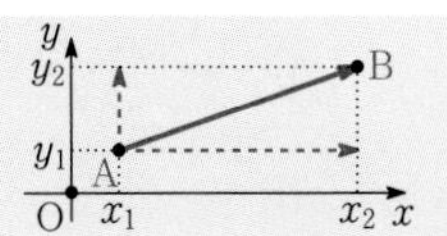

A(x_1, y_1)，B(x_2, y_2) のとき，$\overrightarrow{AB} = \begin{pmatrix} x_2 - x_1 \\ y_2 - y_1 \end{pmatrix}$ （横移動量，縦移動量）

上図で，$\overrightarrow{AB} = \begin{pmatrix} 5 \\ 2 \end{pmatrix}$ と等しいベクトルで，原点 O を始点とするものを $\overrightarrow{OP}$ とすると，P(5, 2) ですね．

原点を始点とするベクトルの成分

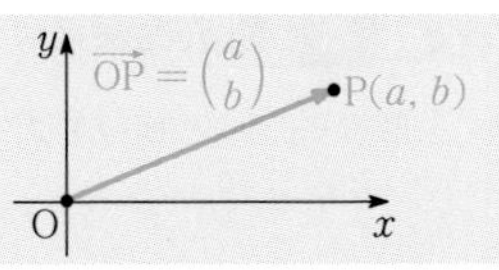

ベクトルの始点を原点にとるとき

「ベクトルの成分」と「終点の座標」は同じ数で表される．

語記サポ 学校教科書では，（諸般のオトナの事情により）ベクトルを「(5, 2)」のように成分を横に並べて書きますが，上記のように縦に並べるのが本式であり，今後**断然有利**となります！■

成分表示と相等

$$\begin{pmatrix} x \\ y \end{pmatrix} = \begin{pmatrix} x' \\ y' \end{pmatrix} \iff \begin{cases} x = x', \\ y = y'. \end{cases}$$

縦＆横の移動量が一致
i.e. x 成分どうし，y 成分どうしが等しい

成分表示と大きさ

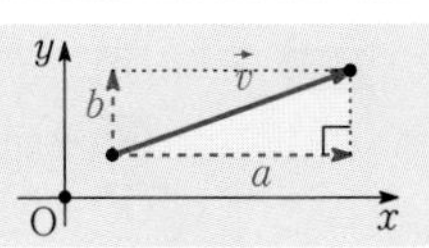

$\vec{v} = \begin{pmatrix} a \\ b \end{pmatrix}$ のとき，$|\vec{v}| = \sqrt{a^2 + b^2}$．（三平方の定理より）

例 O を原点とする xy 平面上で，A(1, 3)，B(5, 2) のとき

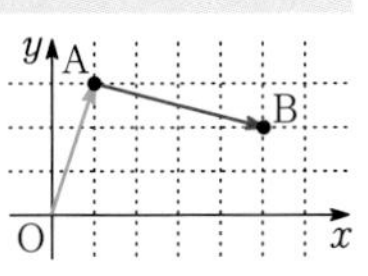

$$\overrightarrow{OA} = \begin{pmatrix} 1 \\ 3 \end{pmatrix}．\ \overrightarrow{AB} = \begin{pmatrix} 5-1 \\ 2-3 \end{pmatrix} = \begin{pmatrix} 4 \\ -1 \end{pmatrix}．\ |\overrightarrow{AB}| = \sqrt{4^2 + (-1)^2} = \sqrt{17}.$$

2 ベクトルの演算

1 ベクトルの加法・減法

ベクトルどうしの**加法**（足し算）を，次のように定めます：

$\overrightarrow{\mathrm{AB}}+\overrightarrow{\mathrm{BC}}=\overrightarrow{\mathrm{AC}}$.

これは，ベクトルが「移動」のようなものだと知っていれば

「A から B への移動」に，「B から C への移動」を継ぎ足すと，

「A から C への移動」になる

のように，自然に理解できますね．

この関係は，図のように $\vec{a}, \vec{b}, \vec{v}$ をとると，「$\vec{v}=\vec{a}+\vec{b}$」とも書けます．

ベクトルどうしの**減法**（引き算）は，数の場合の加法と減法の関係と同様，次のように行います：

$\overrightarrow{\mathrm{AB}} + \boxed{\overrightarrow{\mathrm{BC}}} = \overrightarrow{\mathrm{AC}}$.

$7 + \boxed{3} = 10$.

$10 - 7 = \boxed{3}$. ●●● 7 に，あと何を加えたら 10 になるか？それは$\boxed{3}$である．

$\overrightarrow{\mathrm{AC}} - \overrightarrow{\mathrm{AB}} = \boxed{\overrightarrow{\mathrm{BC}}}$. ●●● $\overrightarrow{\mathrm{AB}}$ に，あと何を加えたら $\overrightarrow{\mathrm{AC}}$ になるか？それは$\boxed{\overrightarrow{\mathrm{BC}}}$である．

これらを一応理解したら，次のように覚えてしまいましょう．赤字がポイントです！

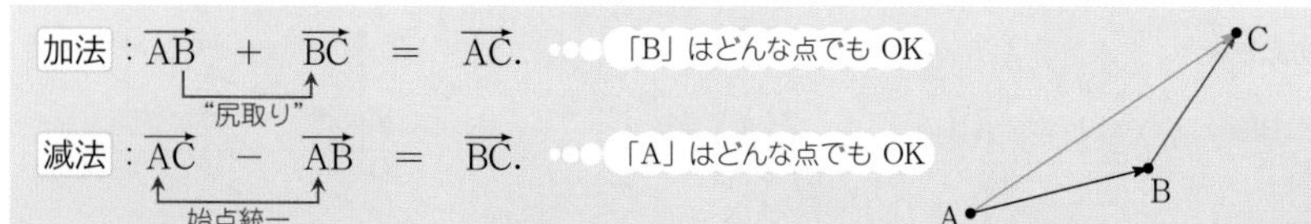

加法：$\overrightarrow{\mathrm{AB}} + \overrightarrow{\mathrm{BC}} = \overrightarrow{\mathrm{AC}}$. ●●● 「B」はどんな点でも OK

“尻取り”

減法：$\overrightarrow{\mathrm{AC}} - \overrightarrow{\mathrm{AB}} = \overrightarrow{\mathrm{BC}}$. ●●● 「A」はどんな点でも OK

始点統一

例題 2 2 a 加法と減法 根底 実戦

[→演習問題 2 6 1]

右図の平行四辺形 OABC において，$\vec{a}=\overrightarrow{\mathrm{OA}}, \vec{b}=\overrightarrow{\mathrm{OB}}, \vec{c}=\overrightarrow{\mathrm{OC}}$ とおく．

(1) $\vec{b}$ を $\vec{a}, \vec{c}$ で表せ．　　(2) $\vec{c}$ を $\vec{a}, \vec{b}$ で表せ．

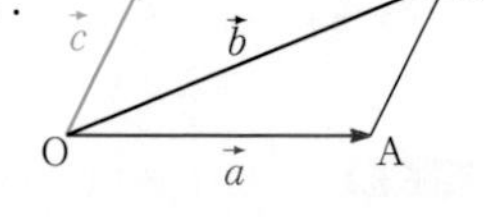

方針 上記の“尻取り”，“始点統一”の形ができるよう工夫します．

その際，「位置」がズレていてもベクトルとしては等しいもの（**解答**の赤下線部）を利用しましょう．

解答 (1) $\vec{b}=\overrightarrow{\mathrm{OB}}$

$=\overrightarrow{\mathrm{OA}}+\overrightarrow{\mathrm{AB}}$ ●●● “尻取り”

$=\overrightarrow{\mathrm{OA}}+\underline{\overrightarrow{\mathrm{OC}}}=\vec{a}+\vec{c}$.//

別解 $\vec{b}=\overrightarrow{\mathrm{OB}}$

$=\overrightarrow{\mathrm{OC}}+\overrightarrow{\mathrm{CB}}$ ●●● “尻取り”

$=\overrightarrow{\mathrm{OC}}+\underline{\overrightarrow{\mathrm{OA}}}=\vec{c}+\vec{a}$.//

参考 この 2 通りの結果を比べると，ベクトルの加法について

$\vec{a}+\vec{c}=\vec{c}+\vec{a}$ ●●● 「交換法則」という

が成り立つことがわかりますね．つまり，ベクトルどうしの足し算は，数の場合と同様に，順序を替えてもかまわないのです．■

(2) $\vec{c}=\overrightarrow{\mathrm{OC}}=\underline{\overrightarrow{\mathrm{AB}}}=\overrightarrow{\mathrm{OB}}-\overrightarrow{\mathrm{OA}}=\vec{b}-\vec{a}$.//

始点統一

注 (1)(2)の結果が，途中式を丁寧に書かずにスパッと見抜けるようにしましょう．

【成分表示の場合】

成分表示されたベクトルどうしの加法は，右図からわかる通り，x 成分どうし，y 成分どうしを足せばOK です．減法も同様です．

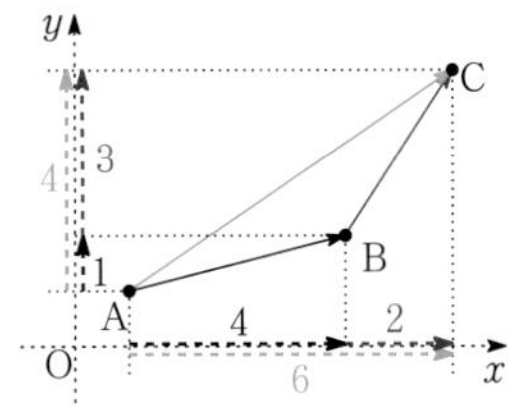

$$\overrightarrow{\mathrm{AC}} = \overrightarrow{\mathrm{AB}} + \overrightarrow{\mathrm{BC}} = \begin{pmatrix}4\\1\end{pmatrix} + \begin{pmatrix}2\\3\end{pmatrix} = \begin{pmatrix}4+2\\1+3\end{pmatrix} = \begin{pmatrix}6\\4\end{pmatrix}.$$

$$\overrightarrow{\mathrm{BC}} = \overrightarrow{\mathrm{AC}} - \overrightarrow{\mathrm{AB}} = \begin{pmatrix}6\\4\end{pmatrix} - \begin{pmatrix}4\\1\end{pmatrix} = \begin{pmatrix}6-4\\4-1\end{pmatrix} = \begin{pmatrix}2\\3\end{pmatrix}.$$

成分による加法，減法

$$\begin{pmatrix}x_1\\y_1\end{pmatrix} + \begin{pmatrix}x_2\\y_2\end{pmatrix} = \begin{pmatrix}x_1+x_2\\y_1+y_2\end{pmatrix}. \quad \begin{pmatrix}x_1\\y_1\end{pmatrix} - \begin{pmatrix}x_2\\y_2\end{pmatrix} = \begin{pmatrix}x_1-x_2\\y_1-y_2\end{pmatrix}.$$

x 成分どうし，y 成分どうしを足し引きすればよい

成分表示されたベクトルの加法の規則によれば，ベクトルの加法について次の法則が成り立つことが容易に示されます：

$\vec{a}+\vec{b}=\vec{b}+\vec{a}$. $(\vec{a}+\vec{b})+\vec{c}=\vec{a}+(\vec{b}+\vec{c})$（どちらも「$\vec{a}+\vec{b}+\vec{c}$」と書く）.

数を表す普通の文字式と同じ規則だと思っておけば大丈夫ですね．

2 零ベクトル，逆ベクトル

「れい」とも読みます

$\overrightarrow{\mathrm{AA}}$ や $\overrightarrow{\mathrm{BB}}$ のように，始点と終点が同じであるベクトル，つまり“移動なき移動”のことを**零**(ゼロ)**ベクトル**といい，「$\vec{\mathbf{0}}$」で表します．

$\vec{0}$ の「大きさ」は，$|\vec{0}|=0$ です．また，$\vec{0}$ の「向き」は[1]考えません．

注 [1]：$\vec{0}$ の「向き」は，自分で好きに決めてよいとする立場もあります．■

$$\overrightarrow{\mathrm{AB}} + \overrightarrow{\mathrm{BB}} = \overrightarrow{\mathrm{AB}} + \vec{0} = \overrightarrow{\mathrm{AB}}.$$

“尻取り”　　$7+0=7$ とそっくり

これを見ると $\vec{0}$ は数 0 と同じように振舞うことがわかりますね．

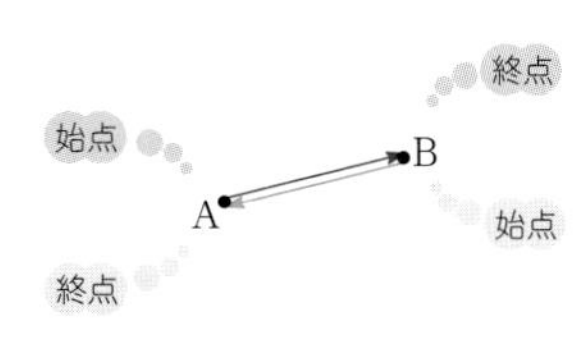

次に，$\overrightarrow{\mathrm{AB}}$ の始点と終点を入れ替えたベクトル $\overrightarrow{\mathrm{BA}}$ を考えると

$$\overrightarrow{\mathrm{AB}} + \overrightarrow{\mathrm{BA}} = \overrightarrow{\mathrm{AA}} = \vec{0}.$$

“尻取り”　　$7+(-7)=0$ とそっくり　（-7，7）

このベクトル $\overrightarrow{\mathrm{BA}}$ を，$\overrightarrow{\mathrm{AB}}$ の**逆ベクトル**といい，「$-\overrightarrow{\mathrm{AB}}$」と表します．　数 7 に対する -7 とそっくり

一般に，$\vec{a}$ と大きさが等しく向きが反対であるベクトルを，$\vec{a}$ の**逆ベクトル**といい，$-\vec{a}$ と表します．

【成分表示の場合】

零ベクトル：$\vec{0}=\begin{pmatrix}0\\0\end{pmatrix}$. $\vec{a}=\begin{pmatrix}x\\y\end{pmatrix}$ の逆ベクトルは，$-\vec{a}=\begin{pmatrix}-x\\-y\end{pmatrix}$.

3 ベクトルの実数倍

ベクトル $\vec{a}\,(\neq\vec{0})$ の実数 k 倍：「$k\vec{a}$」を，次のように定めます．

〔$\boldsymbol{k>0}$ の場合〕 例：$k=3$　　〔$\boldsymbol{k<0}$ の場合〕 例：$k=-2$

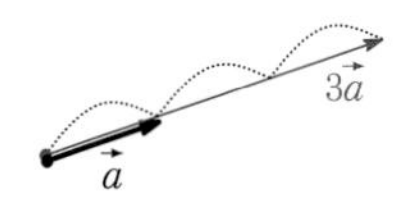

$\vec{a}$
$-2\vec{a}$

$\vec{a}$ と同じ向きで大きさは 3 倍　　$\vec{a}$ と反対向きで大きさは $|-2|=2$ 倍

「ベクトルは移動のようなもの」という観点から自然に頭に入るでしょ（笑）．

補足　$k=0$ の場合は，$k\vec{a}=0\vec{a}=\vec{0}$（零ベクトル）となります．■

「向きが同じ」または「向きが反対」のときに限って「平行」というのでしたね．よって，一般に次の関係が成り立ちます：

平行と実数倍

$\vec{0}$ でない 2 ベクトル $\vec{a}, \vec{b}$ について，

「$\vec{b}=k\vec{a}\ (k\in\mathbb{R})$ と表せる」$\iff \vec{a}\,/\!/\,\vec{b}$.

$\vec{a}=k\vec{b}$ でも OK

注　「ベクトルの平行」の表し方は，「実数倍の関係」だけではありません！[→例題 2 5 d (3)]■

一般に，実数倍したベクトルの大きさは，次の通りです．

$|k\vec{a}|=|k|\,|\vec{a}|$.　$|3\vec{a}|=3|\vec{a}|$, $|-2\vec{a}|=2|\vec{a}|$（$k<0$ のときに注意）

【成分表示の場合】

成分表示されたベクトル $\vec{a}$ を実数 k 倍した $k\vec{a}$ は，右の例からわかる通り，x, y 成分をそれぞれ k 倍すれば OK です．

また，$k\vec{a}$ の大きさは，$\vec{a}$ の大きさをもとに求まります．

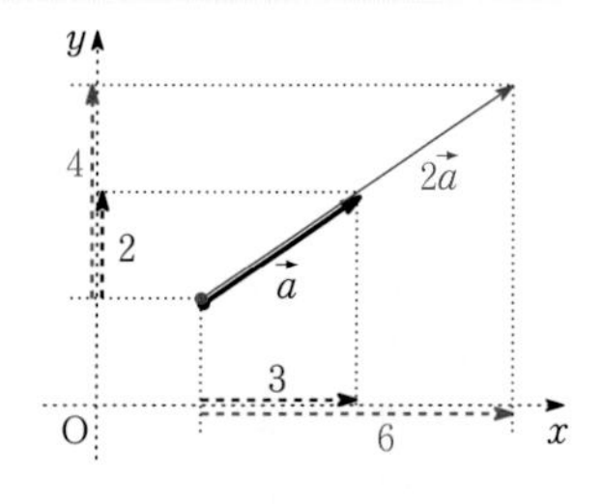

成分による実数倍・その大きさ

$$k\begin{pmatrix}x\\y\end{pmatrix}=\begin{pmatrix}kx\\ky\end{pmatrix}.\quad \left|k\begin{pmatrix}x\\y\end{pmatrix}\right|=|k|\sqrt{x^2+y^2}.$$

k の符号に注意

例題 2 2 b ベクトルの実数倍　根底 実戦

[→演習問題 2 6 4]

右図のように点 A, B, C, D があるとき，次の□に入る実数を答えよ．

(1) $\overrightarrow{\mathrm{AD}}=\square\,\overrightarrow{\mathrm{AB}}$　(2) $\overrightarrow{\mathrm{DB}}=\square\,\overrightarrow{\mathrm{AC}}$　(3) $\overrightarrow{\mathrm{CC}}=\square\,\overrightarrow{\mathrm{AB}}$

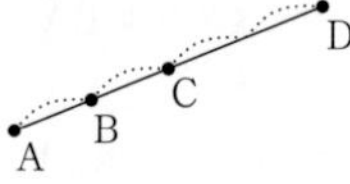

方針　向きが同じか反対か？大きさの比はどうなっているか？以上の 2 つを考えます．

解答　(1) $\overrightarrow{\mathrm{AD}}$ は，$\overrightarrow{\mathrm{AB}}$ と同じ向きで，大きさは 4 倍．よって，$\overrightarrow{\mathrm{AD}}=\boxed{4}\,\overrightarrow{\mathrm{AB}}$. //

(2) $\overrightarrow{\mathrm{DB}}$ は，$\overrightarrow{\mathrm{AC}}$ と反対向きで，大きさは $\dfrac{3}{2}$ 倍．

よって，$\overrightarrow{\mathrm{DB}}=\boxed{-\dfrac{3}{2}}\,\overrightarrow{\mathrm{AC}}$. //

(3) $\overrightarrow{\mathrm{CC}}=\vec{0}=\boxed{0}\,\overrightarrow{\mathrm{AB}}$. //

解説　(1)の $\overrightarrow{\mathrm{AD}}$ と $\overrightarrow{\mathrm{AB}}$，および(2)の $\overrightarrow{\mathrm{DB}}$ と $\overrightarrow{\mathrm{AC}}$ はそれぞれ平行です．だからこそ，「実数倍」という関係が得られます．

例題 2 2 C 成分表示と大きさ 根底 実戦

[→演習問題 2 6 5]

xy 平面上で，2 点 $A(-4a, a)$，$B(4a, 7a)$（a は実数）の距離を求めよ．

方針 「2 点の距離」ではなく，「ベクトル $\overrightarrow{AB}$ の大きさ」と考えた方がトクします．

解答 $\overrightarrow{AB}=\begin{pmatrix}4a-(-4a)\\7a-a\end{pmatrix}$

$=\begin{pmatrix}8a\\6a\end{pmatrix}=2a\begin{pmatrix}4\\3\end{pmatrix}$． ……$2a$ をくくり出す

$\therefore\ AB=|\overrightarrow{AB}|=|2a|\left|\begin{pmatrix}4\\3\end{pmatrix}\right|$ ……絶対値に注意！

$=|2a|\sqrt{4^2+3^2}$

$=2|a|\cdot5=10|a|$．//

解説 2 点間の距離の公式より，早く片付きます．

参考 $\overrightarrow{AB}$ の逆ベクトル[→2 7] $\overrightarrow{BA}=-\overrightarrow{AB}$ は，$\overrightarrow{AB}$ と反対向きで大きさは等しい（1 倍）ですから，$-\overrightarrow{AB}=(-1)\overrightarrow{AB}$ です（同様に $1\overrightarrow{AB}=\overrightarrow{AB}$）．また

$$\overrightarrow{AC}-\overrightarrow{AB}=\overrightarrow{BC},\quad \overrightarrow{AC}+(-\overrightarrow{AB})=\overrightarrow{AC}+\overrightarrow{BA}=\overrightarrow{BC}.\quad \therefore\ \overrightarrow{AC}-\overrightarrow{AB}=\overrightarrow{AC}+(-\overrightarrow{AB}).$$

（$\overrightarrow{AC}+\overrightarrow{BA}$ に "尻取り"）

これは，"普通の文字式" と同じ感覚でイケます．とくに覚えようとしなくても平気です（笑）．

4 実数倍と演算法則

例 右図の平行四辺形 OACB において，$\vec{a}=\overrightarrow{OA}$, $\vec{b}=\overrightarrow{OB}$ とおく．対角線の交点を P として，$\overrightarrow{OP}$ を $\vec{a}$, $\vec{b}$ で表しましょう．

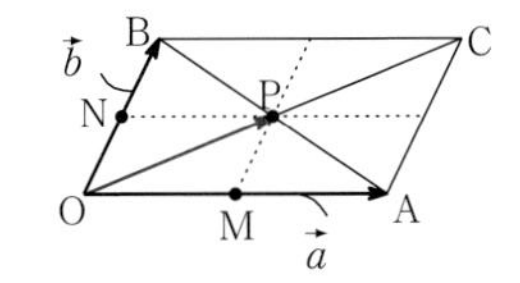

P が対角線 OC の中点であることを利用すると

$$\overrightarrow{OP}=\frac{1}{2}\overrightarrow{OC}=\frac{1}{2}(\vec{a}+\vec{b}).$$

また，OA，OB の中点をそれぞれ M，N とすると四角形 OMPN が平行四辺形であることから

$$\overrightarrow{OP}=\overrightarrow{OM}+\overrightarrow{ON}=\frac{1}{2}\vec{a}+\frac{1}{2}\vec{b}.$$

この結果から，$\frac{1}{2}(\vec{a}+\vec{b})=\frac{1}{2}\vec{a}+\frac{1}{2}\vec{b}$ が成り立つことがわかります．一般に，次の法則が成り立ちます：

ベクトルと実数の演算法則

$k(\vec{a}+\vec{b})=k\vec{a}+k\vec{b}$． ……$k(a+b)=ka+kb$ と同様

$(k+l)\vec{a}=k\vec{a}+l\vec{a}$． ……$(k+l)a=ka+la$ と同様

$k(l\vec{a})=(kl)\vec{a}$． ……$k(la)=(kl)a$ と同様

成分表示されたベクトルの加法，減法，実数倍の演算規則によれば，第 1 式は次のように示されます． ……第 2，3 式も同様

$\vec{a}=\begin{pmatrix}x_1\\y_1\end{pmatrix}$, $\vec{b}=\begin{pmatrix}x_2\\y_2\end{pmatrix}$ として，

$$k(\vec{a}+\vec{b})=k\begin{pmatrix}x_1+x_2\\y_1+y_2\end{pmatrix}=\begin{pmatrix}k(x_1+x_2)\\k(y_1+y_2)\end{pmatrix}=\begin{pmatrix}kx_1\\ky_1\end{pmatrix}+\begin{pmatrix}kx_2\\ky_2\end{pmatrix}=k\begin{pmatrix}x_1\\y_1\end{pmatrix}+k\begin{pmatrix}x_2\\y_2\end{pmatrix}=k\vec{a}+k\vec{b}.$$

注 これらの法則も，中学以来学んできた普通の文字式における演算法則と全く同じですから，特に覚えようとしなくても自然に使えます（笑）．

3 位置ベクトル

1 位置ベクトルとは

ベクトルの始点を 1 点 O に統一し，$\vec{p}=\overrightarrow{\mathrm{OP}}$ とおくと，次のような 1 対 1 対応が得られます：

終点 P の位置 $\underset{1\text{対}1}{\longleftrightarrow}$ ベクトル $\vec{p}$

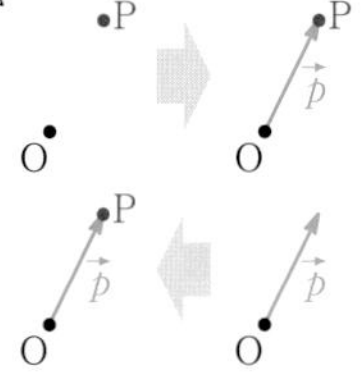

このとき，$\vec{p}=\overrightarrow{\mathrm{OP}}$ は点 P の位置を表すので「点 P の**位置ベクトル**」と呼ばれ，$\mathrm{P}(\vec{p})$ のように表します．

2 内分点

P が線分 AB を $m:n$ (m, n は正) に**内分**するとき，始点 O から P への"移動"を考えると，

$$\begin{aligned}\overrightarrow{\mathrm{OP}}&=\overrightarrow{\mathrm{OA}}+\overrightarrow{\mathrm{AP}}\\&=\overrightarrow{\mathrm{OA}}+\frac{m}{m+n}\overrightarrow{\mathrm{AB}}\\&=\overrightarrow{\mathrm{OA}}+\frac{m}{m+n}(\overrightarrow{\mathrm{OB}}-\overrightarrow{\mathrm{OA}}).\end{aligned}$$

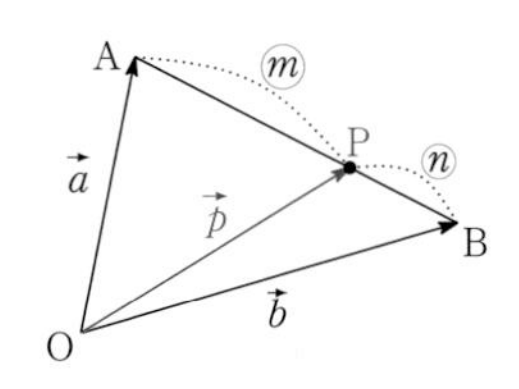

これを整理すると，下左の公式が成り立ちます．これは，O を始点とする位置ベクトルを上図のようにとると下右のようにも書けます．

内分点の位置ベクトル　定理　P が線分 AB を $m:n$ に内分するとき，

$$\overrightarrow{\mathrm{OP}}=\frac{n\overrightarrow{\mathrm{OA}}+m\overrightarrow{\mathrm{OB}}}{m+n}.$$ 始点は O に統一

$$\vec{p}=\frac{n\vec{a}+m\vec{b}}{m+n}.$$ 始点が統一されていることを忘れずに！

例　P が線分 AB を 5 : 2 に内分するとき，

$$\overrightarrow{\mathrm{OP}}=\frac{2\overrightarrow{\mathrm{OA}}+5\overrightarrow{\mathrm{OB}}}{5+2}=\frac{2\overrightarrow{\mathrm{OA}}+5\overrightarrow{\mathrm{OB}}}{7}.\quad \text{i.e. } \vec{p}=\frac{2\vec{a}+5\vec{b}}{7}.$$

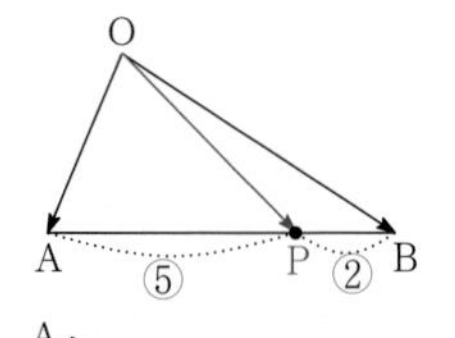

上記の内分点において，とくに $m:n=1:1$ の場合を考えたのが次です：

中点の位置ベクトル　定理　M が線分 AB の**中点**であるとき，

$$\overrightarrow{\mathrm{OM}}=\frac{\overrightarrow{\mathrm{OA}}+\overrightarrow{\mathrm{OB}}}{2}.\qquad \vec{m}=\frac{\vec{a}+\vec{b}}{2}.$$ 始点が統一されていることを忘れずに！

参考　P が線分 AB を $m:n$ $(m>n>0)$ に**外分**するとき，

$$\begin{aligned}\overrightarrow{\mathrm{OP}}&=\overrightarrow{\mathrm{OA}}+\overrightarrow{\mathrm{AP}}\\&=\overrightarrow{\mathrm{OA}}+\frac{m}{m-n}\overrightarrow{\mathrm{AB}}\\&=\overrightarrow{\mathrm{OA}}+\frac{m}{m-n}(\overrightarrow{\mathrm{OB}}-\overrightarrow{\mathrm{OA}}).\end{aligned}$$

$$\therefore\ \overrightarrow{\mathrm{OP}}=\frac{-n\overrightarrow{\mathrm{OA}}+m\overrightarrow{\mathrm{OB}}}{m-n}.$$ 始点が統一されていることを忘れずに！

この結果は，$n>m>0$ のときも同様に成り立ちます．要するに，「外分」のときは，「内分点」の公式における m, n の一方をマイナスにすれば OK です．

例題 2 3 a 位置ベクトル・平行 根底 実戦

[→演習問題 2 6 5]

△OAB があり，OA を 2：1 に外分する点を P，OB の中点を Q，AB を 1：2 に内分する点を R とする．$\vec{a}=\overrightarrow{\mathrm{OA}}, \vec{b}=\overrightarrow{\mathrm{OB}}$ として，以下の問いに答えよ．

(1) $\overrightarrow{\mathrm{OP}}, \overrightarrow{\mathrm{OQ}}, \overrightarrow{\mathrm{OR}}$ を $\vec{a}, \vec{b}$ で表せ．

(2) 3 点 P，Q，R は同一直線上にあることを示せ．

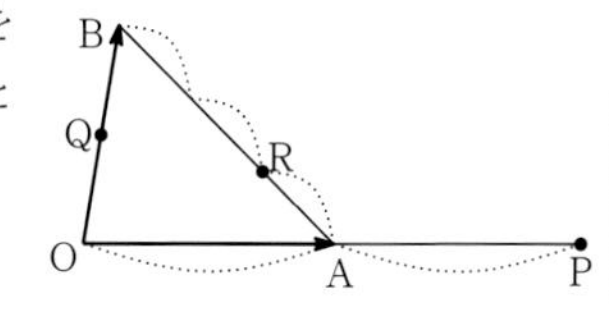

方針 (2) P を始点とした 2 ベクトル：$\overrightarrow{\mathrm{PQ}}, \overrightarrow{\mathrm{PR}}$ を求めて比較します．

解答 (1) $\overrightarrow{\mathrm{OP}}=2\vec{a}, \overrightarrow{\mathrm{OQ}}=\frac{1}{2}\vec{b}.$ //

$$\overrightarrow{\mathrm{OR}}=\frac{2\vec{a}+1\vec{b}}{1+2}=\frac{2\vec{a}+\vec{b}}{3}. //$$

(2) $\overrightarrow{\mathrm{PQ}}=\overrightarrow{\mathrm{OQ}}-\overrightarrow{\mathrm{OP}}$

$$=\frac{1}{2}\vec{b}-2\vec{a}=\frac{1}{2}(\vec{b}-4\vec{a}). \cdots ①$$

$\overrightarrow{\mathrm{PR}}=\overrightarrow{\mathrm{OR}}-\overrightarrow{\mathrm{OP}}$

$$=\frac{2\vec{a}+\vec{b}}{3}-2\vec{a}=\frac{1}{3}(\vec{b}-4\vec{a}). \cdots ②$$

①②より，$\overrightarrow{\mathrm{PR}}=\frac{2}{3}\overrightarrow{\mathrm{PQ}}$ だから，$\overrightarrow{\mathrm{PQ}} /\!/ \overrightarrow{\mathrm{PR}}$．

よって，3 点 P, Q, R は同一直線上にある．□

参考 (2)「メネラウスの定理（の逆）」[→ I+A 5 8 2] を用いても示せますが，ここは「ベクトルを利用する練習」に専念してくださいね．

注 2 2 3 注でも述べた通り，「ベクトルの平行」はいつでも必ず「実数倍の関係」と表す訳ではありませんよ！[→例題 2 5 d (3)]

3 重心

△ABC の重心 G の位置ベクトルについて考えましょう．G が中線 AM を 2：1 に内分することを用います．[→ I+A 5 6 3]

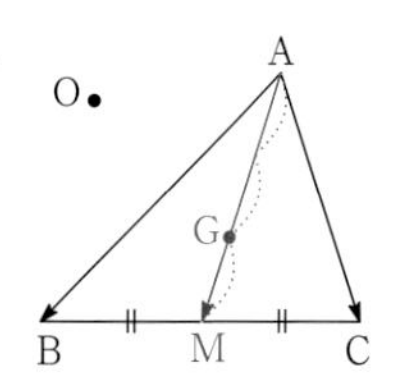

○ まず，1 頂点 A を始点として考えます．

$$\overrightarrow{\mathrm{AM}}=\frac{\overrightarrow{\mathrm{AB}}+\overrightarrow{\mathrm{AC}}}{2}.$$ 始点は A に統一

$$\therefore\ \overrightarrow{\mathrm{AG}}=\frac{2}{3}\overrightarrow{\mathrm{AM}}=\frac{\overrightarrow{\mathrm{AB}}+\overrightarrow{\mathrm{AC}}}{3}.$$

○ この等式において，始点を任意の点 O に変えます．

$$\overrightarrow{\mathrm{OG}}-\overrightarrow{\mathrm{OA}}=\frac{\overrightarrow{\mathrm{OB}}-\overrightarrow{\mathrm{OA}}+\overrightarrow{\mathrm{OC}}-\overrightarrow{\mathrm{OA}}}{3}.$$

$$\therefore\ \overrightarrow{\mathrm{OG}}=\frac{\overrightarrow{\mathrm{OA}}+\overrightarrow{\mathrm{OB}}+\overrightarrow{\mathrm{OC}}}{3}.$$ 始点は O に統一

これを公式として覚えます：

重心の位置ベクトル 定理

△ABC の重心を G とすると，$\overrightarrow{\mathrm{OG}}=\dfrac{\overrightarrow{\mathrm{OA}}+\overrightarrow{\mathrm{OB}}+\overrightarrow{\mathrm{OC}}}{3}.$

始点は O に統一．
「O」は任意の点で OK.

参考 2 点 A，B を結ぶ線分 AB の**中点**の位置ベクトルは，その 2 点の位置ベクトルの相加平均の形でした[→2]．それと同様に，3 点 A，B，C からなる △ABC の**重心**の位置ベクトルは，その 3 点の位置ベクトルの相加平均の形になっていますね．

4 内積

1 ベクトルどうしのなす角

2 ベクトル $\vec{a}, \vec{b}$ の**なす角 $\boldsymbol{\theta}$** は，始点をそろえて[1] 測ります．
ただし，$0° \leqq \theta \leqq 180°$ の方です（図の×の角ではありません）．

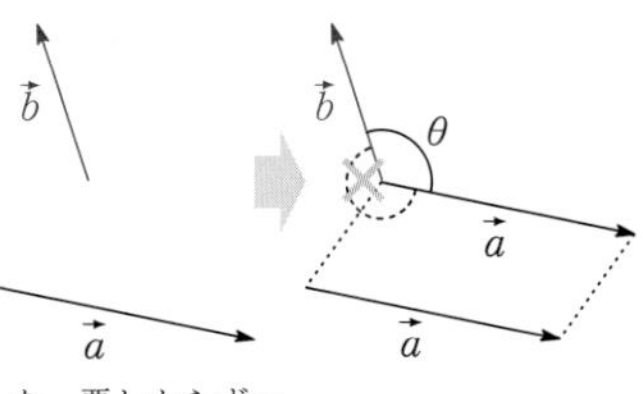

言い訳 下線部[1] は，2 1 1 **言い訳**で述べたように，正しく述べると次のようになります：

「$\vec{a}, \vec{b}$ を始点のそろった有向線分で表して」

長いですね（笑）．という訳で，「ベクトルの始点をそろえる」と言い回しました．悪しからず…

2 内積の定義

右図のように，2 ベクトル $\vec{a}, \vec{b}$ の始点をそろえ，平行四辺形 OACB を作ると，その**面積** S は

$$S = \underbrace{|\vec{a}|}_{底辺} \cdot \underbrace{|\vec{b}| \sin\theta}_{高さ}. \cdots ①$$

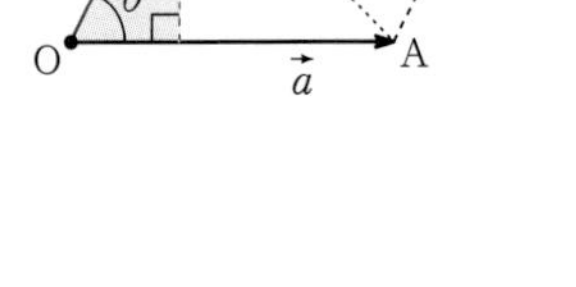

面積と対をなす量として，2 ベクトル $\vec{a}, \vec{b}$ の**内積**なるものを考え，「$\vec{a} \cdot \vec{b}$」と表して次のように定めます：

$$\vec{a} \cdot \vec{b} = \underbrace{|\vec{a}|}_{底辺} \cdot \underbrace{|\vec{b}| \cos\theta}_{???} \cdots ②$$

①と②の違いは，sin と cos だけ

??? この意味は後述

例 $\vec{a}, \vec{b}$ の大きさがそれぞれ 3，2 であり，なす角が 30° なら，

$$\vec{a} \cdot \vec{b} = 3 \cdot 2 \cdot \cos 30° = 3 \cdot 2 \cdot \frac{\sqrt{3}}{2} = 3\sqrt{3}.$$

2 → B，30°，O → A，3

注 ご覧の通り，「ベクトルの内積」は実数です． 内積はベクトルじゃない！

例題 2 4 a 内積の定義 根底 実戦

[→演習問題 2 6 2]

右図の正三角形 ABC において，内積 $\overrightarrow{AB} \cdot \overrightarrow{BC}$ の値を求めよ．

注意！ 2 ベクトルの始点がそろっていませんよ！

解答 2 ベクトルのなす角は，始点を B に統一して測ると $180° - 60° = 120°$．よって

$$\overrightarrow{AB} \cdot \overrightarrow{BC} = 2 \cdot 2 \cdot \cos 120° = 2 \cdot 2 \cdot \frac{-1}{2} = -2. //$$

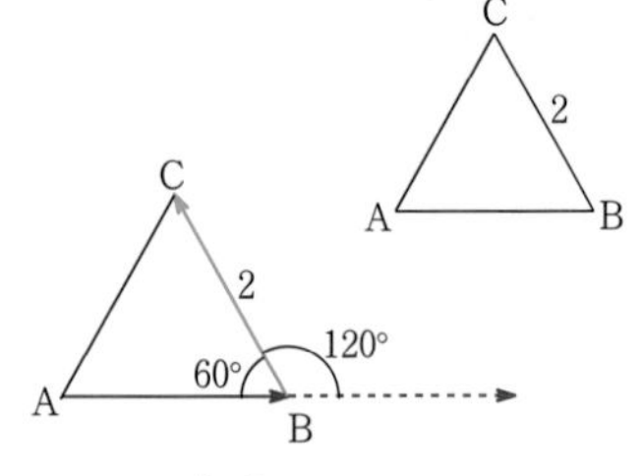

補足 $\vec{a}, \vec{b}$ の少なくとも一方が $\vec{0}$（その大きさは 0）であるとき，内積の値は $\vec{a} \cdot \vec{b} = 0$ と定めます．

3 内積の意味 ハイレベル↑

注 将来各方面において有効活用できる内容です［→3 3 **「点と直線の距離公式」**］．少し理解するのに時間がかかるかもしれませんが，徐々に理解していきましょう．■

2 における，①式の「高さ」に対応する②式の「???」について解説します．

〔**図 1**〕

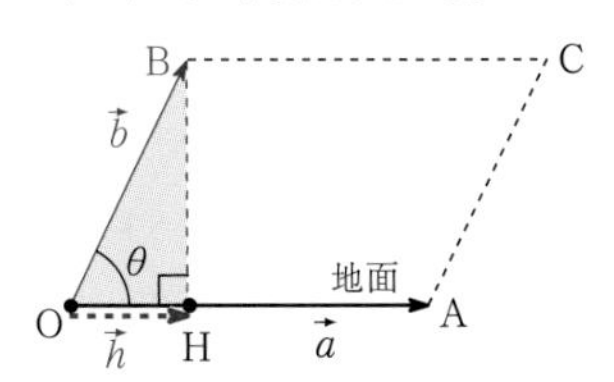

〔**図 2**〕

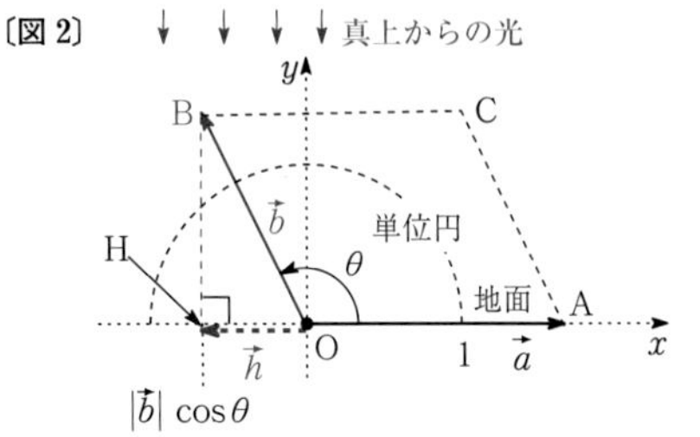

B から直線 OA に垂線 BH を下ろします．θ が鋭角の場合，上の〔**図 1**〕で色の付いた直角三角形 OBH に注目すれば，「???」は「ベクトル $\vec{h}=\overrightarrow{\mathrm{OH}}$ の長さ（大きさ）」ですね．

この「$\vec{h}$」について説明します．ベクトル $\vec{a}$ を「地面」に見立て，その“真上”から光を当てると，ベクトル $\vec{b}$ の「影」が地面に映りますね．この影が $\vec{h}$ であり，次のように言います：

$\vec{h}$ は，$\vec{b}$ の $\vec{a}$ への**正射影ベクトル**である．

つまり〔**図 1**〕においては，②の「???$=|\vec{b}|\cos\theta$」は，この正射影ベクトルの「長さ」です．

θ が 90° 以上の場合も含めると直角三角形では考えにくいので，上の〔**図 2**〕のように xy 平面を導入し，三角比を利用するべく単位円をとります（**I+A 3 5 3**「余弦定理」の証明で用いた図と同じです）．

$\vec{b}$ の終点 B の座標は，B$(|\vec{b}|\cos\theta,\ |\vec{b}|\sin\theta)$ です．よって②の「???$=|\vec{b}|\cos\theta$」は，H の x 座標，つまり**正射影ベクトル** $\vec{h}$ の符号も考えた長さです．

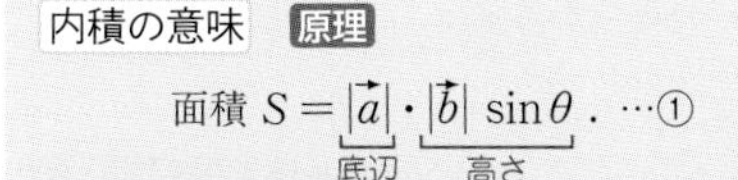

内積の意味　**原理**

面積 $S=|\vec{a}|\cdot|\vec{b}|\sin\theta$．…①（$|\vec{a}|$：底辺，$|\vec{b}|\sin\theta$：高さ）

内積 $\vec{a}\cdot\vec{b}=|\vec{a}|\cdot|\vec{b}|\cos\theta$．…②（$|\vec{a}|$：底辺，$|\vec{b}|\cos\theta$：正射影ベクトル $\vec{h}$ の符号付長さ [1]）

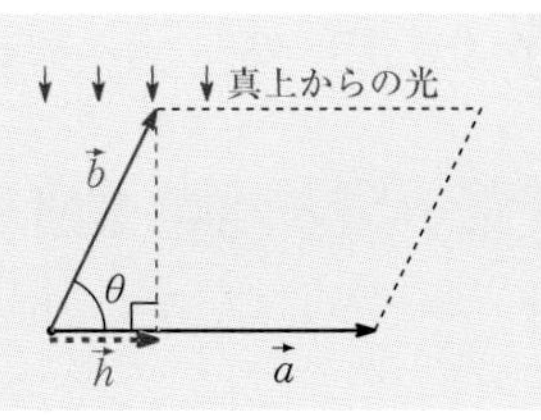

注 [1]：耳慣れない表現だと思いますが，「数直線」や「座標」って，まさにこの「符号付長さ」を表したものですね．ここでは，“地面”を表すベクトル $\vec{a}$ と同じ向きが正，反対向きが負です．

例題 2 4 b 内積の意味　根底 実戦

［→演習問題 2 6 3］

右図の二等辺三角形 ABC において，内積 $\overrightarrow{\mathrm{AB}}\cdot\overrightarrow{\mathrm{AC}}$ の値を求めよ．

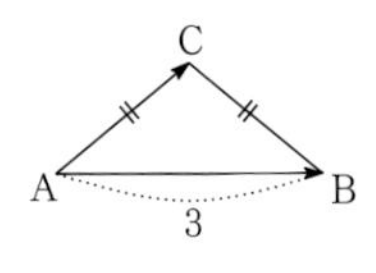

着眼　2 ベクトルの始点はそろっていますね．ただし，$|\overrightarrow{\mathrm{AC}}|$，$\angle$A がどちらもわかっていません．どうしたものか…

解答　C から AB へ垂線 CM を下ろすと，M は AB の中点であり，

$$\overrightarrow{\mathrm{AB}}\cdot\overrightarrow{\mathrm{AC}}=|\overrightarrow{\mathrm{AB}}|\times|\overrightarrow{\mathrm{AC}}|\cos A$$
$$=\mathrm{AB}\times\mathrm{AM}=3\cdot\frac{3}{2}=\frac{9}{2}.\ /\!/$$

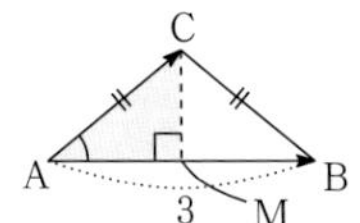

参考　$\overrightarrow{\mathrm{AM}}$ は，$\overrightarrow{\mathrm{AC}}$ の $\overrightarrow{\mathrm{AB}}$ への正射影ベクトルですね．

4 内積の成分計算

右図の三角形において余弦定理を用いると

$$\underbrace{|\vec{a}-\vec{b}|^2=|\vec{a}|^2+|\vec{b}|^2}_{\text{三平方の定理}}-2\underbrace{|\vec{a}||\vec{b}|\cos\theta}_{\text{内積 }\vec{a}\cdot\vec{b}}\cdots ①$$

$\vec{b}=\begin{pmatrix}x_2\\y_2\end{pmatrix}$, $\vec{a}=\begin{pmatrix}x_1\\y_1\end{pmatrix}$, $\vec{a}-\vec{b}=\begin{pmatrix}x_1-x_2\\y_1-y_2\end{pmatrix}$

$$\begin{aligned}\therefore\ 2\vec{a}\cdot\vec{b}&=|\vec{a}|^2+|\vec{b}|^2-|\vec{a}-\vec{b}|^2\\&=x_1{}^2+y_1{}^2+x_2{}^2+y_2{}^2-(x_1-x_2)^2-(y_1-y_2)^2\\&=2(x_1x_2+y_1y_2).\end{aligned}$$

$$\therefore\ \vec{a}\cdot\vec{b}=x_1x_2+y_1y_2.$$

x 成分どうし，y 成分どうしをそれぞれ掛けて加えるだけ．覚えやすいですね！

成分による内積 定理

$$\begin{pmatrix}x_1\\y_1\end{pmatrix}\cdot\begin{pmatrix}x_2\\y_2\end{pmatrix}=x_1x_2+y_1y_2\ .$$

言い訳 内積を，「$\vec{a}\cdot\vec{b}$」と書かず上式左辺のように成分表示で記するのは正式な表現ではありませんが，使っても支障ないでしょう．

重要 ①を見るとわかるように，「余弦定理」とは，「三平方の定理」の形の後に，「$-2\times$内積」がくっついたものだとみなせます．

補足 余弦定理①は，$\theta=0°$, $180°$ でも成り立ちます．例えば $\theta=0°$ のとき，①は

$$|\vec{a}-\vec{b}|^2=|\vec{a}|^2+|\vec{b}|^2-2|\vec{a}||\vec{b}|\cdot1=(|\vec{a}|-|\vec{b}|)^2.$$

i.e. $|\vec{a}-\vec{b}|=\Big||\vec{a}|-|\vec{b}|\Big|$. これは右図より成り立つ（$\theta=180°$でも同様）.

例題 2 4 C 成分による内積 根底 実戦 [→演習問題 2 6 3]

xy 平面上に 3 点 A(1, 1)，B(2, −1)，C(4, 3) がある．内積 $\overrightarrow{AB}\cdot\overrightarrow{AC}$ の値を求めよ．

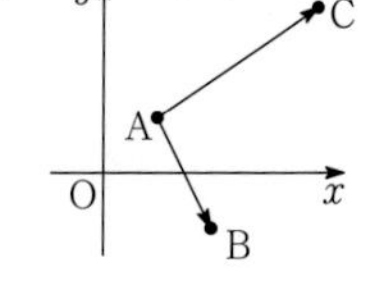

方針 2 ベクトル $\overrightarrow{AB}$, $\overrightarrow{AC}$ を成分で表します．

解答 $\overrightarrow{AB}\cdot\overrightarrow{AC}=\begin{pmatrix}2-1\\-1-1\end{pmatrix}\cdot\begin{pmatrix}4-1\\3-1\end{pmatrix}=\begin{pmatrix}1\\-2\end{pmatrix}\cdot\begin{pmatrix}3\\2\end{pmatrix}=1\cdot3-2\cdot2=-1.$ //

参考 見たカンジ，$\overrightarrow{AB}$, $\overrightarrow{AC}$ のなす角は鈍角っぽいですね．なので，内積の値が負になる訳です．[→2 5 1]

5 内積の演算法則

内積の演算は，数を表す普通の文字式と同様なルールで行うことができます．

内積の演算 定理

	普通の文字式の場合
❶ $\vec{a}\cdot\vec{b}=\vec{b}\cdot\vec{a}$	$ab=ba$
❷ $\vec{a}\cdot(\vec{b}+\vec{c})=\vec{a}\cdot\vec{b}+\vec{a}\cdot\vec{c}$	$a(b+c)=ab+ac$
❸ $(k\vec{a})\cdot\vec{b}=k(\vec{a}\cdot\vec{b})$ （k は実数）	$(ka)b=k(ab)$

❷を，成分を用いて証明します（他も同様に示せます）．実に単純かつ機械的な計算に過ぎず，証明過程に対する知的な喜びは，ゼロです（笑）．❶❸の証明についても同様です．

〔証明〕　重要度⇩

$\vec{a}=\begin{pmatrix}x_1\\y_1\end{pmatrix}, \vec{b}=\begin{pmatrix}x_2\\y_2\end{pmatrix}, \vec{c}=\begin{pmatrix}x_3\\y_3\end{pmatrix}$ として

$$\text{左辺}=\begin{pmatrix}x_1\\y_1\end{pmatrix}\cdot\left\{\begin{pmatrix}x_2\\y_2\end{pmatrix}+\begin{pmatrix}x_3\\y_3\end{pmatrix}\right\}=\begin{pmatrix}x_1\\y_1\end{pmatrix}\cdot\begin{pmatrix}x_2+x_3\\y_2+y_3\end{pmatrix}$$

$$=x_1(x_2+x_3)+y_1(y_2+y_3)=(x_1x_2+x_1x_3)+(y_1y_2+y_1y_3)$$ ……ここで，[1]普通の文字式の演算法則を用いた

$$=(x_1x_2+y_1y_2)+(x_1x_3+y_1y_3)=\text{右辺}.\ \square$$ ……ね．面白味ないでしょ（笑）

注 [1]：結局，**ベクトル**の内積の成分による求め方は，「x 成分」および「y 成分」という**実数**どうしの積によって表されるため，数を表す普通の文字式の演算規則と同等なものができ上がるという訳です．

補足 $\vec{a}\cdot\vec{a}=|\vec{a}||\vec{a}|\cos 0^\circ=|\vec{a}|^2$ ……同じベクトルどうしの「内積」は，「大きさ」の 2 乗

となります．実はこれ，「長さ」（大きさ）と「内積」を結びつける重要公式です．後に図形の計量において大活躍することになります．[→2 5 2]

注意！ 同じベクトルどうしの内積を $\vec{a}^2$（×）と書いてはいけません．これは約束ね．

例題 2 4 d ベクトルの演算法則　根底 実戦

[→演習問題 2 6 2]

$|\vec{a}|=3, |\vec{b}|=2, \vec{a}\cdot\vec{b}=\dfrac{1}{2}$ のとき，次の各値を求めよ．

(1) $(\vec{a}+\vec{b})\cdot(\vec{a}+3\vec{b})$　　(2) $|2\vec{a}-\vec{b}|$

方針 (1) 普通の文字式を展開するような軽い気持ちで．

(2) 上記**補足**で述べたことを使います．

(1) $(\vec{a}+\vec{b})\cdot(\vec{a}+3\vec{b})$ ……普通の文字式の場合 $(a+b)(a+3b)$

$=$[1] $|\vec{a}|^2+4\vec{a}\cdot\vec{b}+3|\vec{b}|^2$ ……$a^2+4ab+3b^2$

$=9+4\cdot\dfrac{1}{2}+3\cdot 4=23.$ //

注意！ 同じベクトルどうしの内積：$\vec{◯}\cdot\vec{◯}$ は，大きさの 2 乗：$|\vec{◯}|^2$ と書くこと！

(2) $|2\vec{a}-\vec{b}|^2$ ……長さは 2 乗せよ．すると…

$(2a-b)^2$

$=(2\vec{a}-\vec{b})\cdot(2\vec{a}-\vec{b})$ ……同じベクトルどうしの内積になり，

$=4|\vec{a}|^2-4\vec{a}\cdot\vec{b}+|\vec{b}|^2$ ……展開して“パーツ”に分解できる．

$4a^2-4ab+b^2$

$=4\cdot 9-4\cdot\dfrac{1}{2}+4=38.$

$\therefore\ |2\vec{a}-\vec{b}|=\sqrt{38}.$ //

解説 内積は，普通の文字式と全く同じ感覚で展開できるんですね．もちろん，逆向きの変形である因数分解についても同様です．

注 [1]：この式は紙には書かず，即座に問題文にある数値を代入してしまいましょう！

重要 2，4，5と見てきてわかるように，内積を求める方法として，次の 3 つがあります．

内積の求め方　方法論

1. 定義　2. 成分　3. 演算法則

5 内積による計量

前節2で学んだ内積の定義：$\vec{a}\cdot\vec{b}=\overbrace{|\vec{a}||\vec{b}|}^{長さ}\cos\theta$（$\theta$：$\vec{a},\vec{b}$ のなす「角」）…(*) には，「長さ」と「角」という図計量が含まれています．また，前節5で見たように内積の演算規則はとてもシンプルであり，“機械的に”（神経をすり減らすことなく）計算できてしまいます．以上の2つの理由により，「内積」は，「計量」を行うためのとても便利なツールとなります．

1 内積による角の計量

上記 (*) の両辺を $|\vec{a}||\vec{b}|(\neq 0)$ で割れば，$\cos\theta$ の値を求める公式が得られます．また，$\cos\theta$ と $\vec{a}\cdot\vec{b}$ は同符号ですから，内積の符号により，なす角 θ と $90°$ との大小がわかります．

角と内積　$\vec{a},\vec{b}\ (\neq\vec{0})$ のなす角を θ とする．

∘ 角：$\cos\theta=\dfrac{\vec{a}\cdot\vec{b}}{|\vec{a}||\vec{b}|}$．…上記(*)より

∘ $\begin{cases}\theta<90°\iff\vec{a}\cdot\vec{b}>0.\\ \theta=90°\iff\vec{a}\cdot\vec{b}=0.^{1)}\\ \theta>90°\iff\vec{a}\cdot\vec{b}<0.\end{cases}$

注　1)：このとき「$\vec{a}$ と $\vec{b}$」は**垂直**であるといい，$\vec{a}\perp\vec{b}$ と表します．一般に，次の関係が成り立ちます：

ベクトルの垂直と内積　知識　$\vec{a},\vec{b}\neq\vec{0}$ のとき，

$\vec{a}\perp\vec{b}\iff\vec{a}\cdot\vec{b}=0.$　…$\vec{a}=\vec{0}$ or $\vec{b}=\vec{0}$ のときも内積は0となります

例題 2 5 a 内積と角　根底 実戦 典型

xy 平面上に3点 A(1, 2)，B(5, 1)，C(6, 5) がある．

(1)　∠CAB を求めよ．　　(2)　∠ABC を求めよ．

方針　(1) ∠A の計量ですから，A を始点とする2ベクトル $\overrightarrow{AB},\overrightarrow{AC}$ の内積を用います．
(2) 同様に，B を始点とする2ベクトル $\overrightarrow{BA},\overrightarrow{BC}$ の内積を用います．

解答　(1)　$\overrightarrow{AB}=\begin{pmatrix}4\\-1\end{pmatrix}$，$\overrightarrow{AC}=\begin{pmatrix}5\\3\end{pmatrix}$ だから

$$\cos\angle CAB=\frac{\overrightarrow{AB}\cdot\overrightarrow{AC}}{|\overrightarrow{AB}||\overrightarrow{AC}|}=\frac{20-3}{\sqrt{17}\sqrt{34}}=\frac{17}{17\sqrt{2}}=\frac{1}{\sqrt{2}}.$$

$\therefore\ \angle CAB=45°.$ // …0°〜180° で考える

(2)　$\overrightarrow{BA}=\begin{pmatrix}-4\\1\end{pmatrix}$，$\overrightarrow{BC}=\begin{pmatrix}1\\4\end{pmatrix}$ だから

$\overrightarrow{BA}\cdot\overrightarrow{BC}=-4+4=0.$

$\therefore\ \cos\angle ABC=0.$

$\therefore\ \angle ABC=90°.$ // …つまり $\overrightarrow{BA}\perp\overrightarrow{BC}$

注　(2)では，$\overrightarrow{BA},\overrightarrow{BC}$ の内積が0なので，それぞれの大きさを考えるまでもなくこれら2ベクトルは「垂直」だとわかります．

言い訳　右のように正確に図を描けば，△ABC が ∠ABC= 90° の直角二等辺三角形であることがわかり，(1)(2)の答えは瞬時に得られますが…．ここは，ベクトルを用いる練習だと思ってお付き合いくださいね．

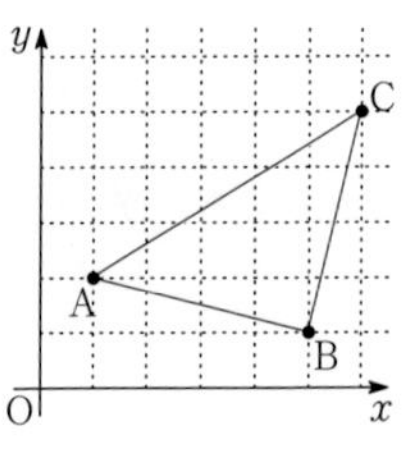

2 内積による長さの計量

等式 $\vec{v}\cdot\vec{v}=|\vec{v}|^2$ において，右辺は大きさ（長さ）で左辺は内積であり，内積にはこれまで述べた様々な計算法があります．よって，長さを 2 乗して内積にすり替えることにより，長さの計量をカンタンに行うことができる訳です．

長さと内積 定理

$$\underbrace{|\vec{v}|^2}_{\text{長さ}}=\underbrace{\vec{v}\cdot\vec{v}}_{\text{内積}}.$$

…長さは 2 乗して内積にすり替える

例題 2 5 b 内積と長さ，角 根底 実戦

[→演習問題 2 6 2]

△OAB において，OA$=2$，OB$=\sqrt{2}$，$\angle\text{BOA}=135°$ とする．

(1) 線分 AB を 2：3 に内分する点を P とするとき，OP の長さを求めよ．

(2) AB を 3：2 に内分する点を Q とするとき，OQ⊥AB となることを示せ．

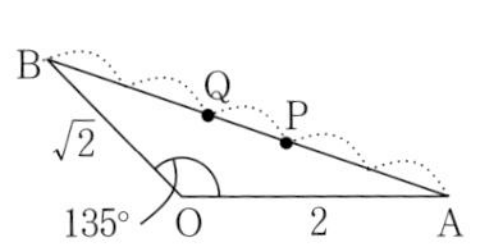

方針 2 ベクトル $\overrightarrow{\text{OA}}, \overrightarrow{\text{OB}}$ を用いて $\overrightarrow{\text{OP}}, \overrightarrow{\text{OQ}}$ を表し，内積を用いて計量していきます．

解答 $\vec{a}=\overrightarrow{\text{OA}}, \vec{b}=\overrightarrow{\text{OB}}$ とおくと，

$|\vec{a}|=2,\ |\vec{b}|=\sqrt{2},$

$\vec{a}\cdot\vec{b}=2\cdot\sqrt{2}\cdot\cos 135°=2\sqrt{2}\cdot\dfrac{-1}{\sqrt{2}}=-2.$ 1)

(1)

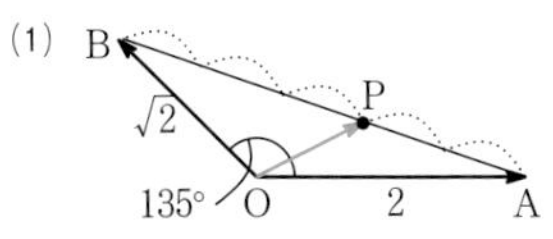

内分点公式より

$$\overrightarrow{\text{OP}}=\frac{3\overrightarrow{\text{OA}}+2\overrightarrow{\text{OB}}}{2+3}=\frac{3\vec{a}+2\vec{b}}{5}.\ \cdots①$$

ここで

$$|3\vec{a}+2\vec{b}|^2=9|\vec{a}|^2+12\vec{a}\cdot\vec{b}+4|\vec{b}|^2 \ \text{2)}$$
$$=9\cdot4+12\cdot(-2)+4\cdot2=20.$$

これと①より

$$|\overrightarrow{\text{OP}}|=\frac{\sqrt{20}}{5}=\frac{2}{\sqrt{5}}.⫽$$

(2)

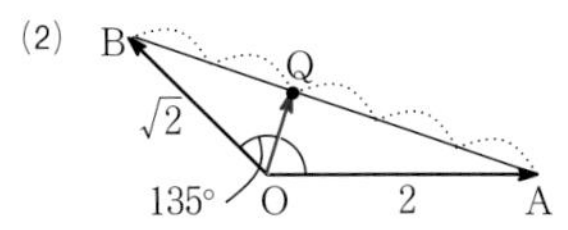

内分点公式より

$$\overrightarrow{\text{OQ}}=\frac{2\overrightarrow{\text{OA}}+3\overrightarrow{\text{OB}}}{3+2}=\frac{2\vec{a}+3\vec{b}}{5}.\ \cdots②$$

ここで

$$(2\vec{a}+3\vec{b})\cdot\overrightarrow{\text{AB}}=(2\vec{a}+3\vec{b})\cdot(\vec{b}-\vec{a})$$
$$=-2|\vec{a}|^2-\vec{a}\cdot\vec{b}+3|\vec{b}|^2$$
$$=-2\cdot4-(-2)+3\cdot2$$
$$=-8+2+6=0.$$

これと②より，$\overrightarrow{\text{OQ}}\perp\overrightarrow{\text{AB}}$. □

解説 1)：このように，この後の内積計算において現れるであろう値を予め準備しておくと…

2)：この薄字部分を紙に書く手間を省いて効率良い計算ができます．

補足 (1)(2)とも，①②の後，無駄な分数計算をしないで済ますよう工夫しています：

(1)→①より，$|\overrightarrow{\text{OP}}|=\dfrac{1}{5}|3\vec{a}+2\vec{b}|$ ですね．

(2)→②より，$\overrightarrow{\text{OQ}}\,/\!/\,2\vec{a}+3\vec{b}$ ですね．

3 面積と内積

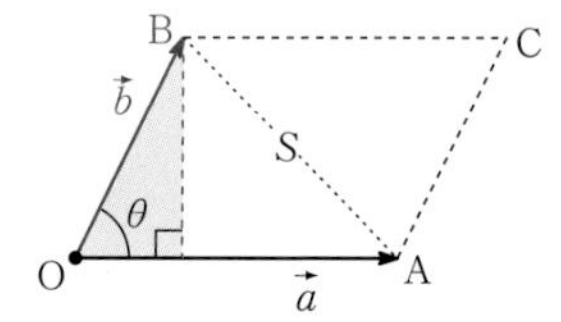

2 4 2 の 2 式：

$$S=|\vec{a}|\cdot|\vec{b}|\sin\theta\ .\ \cdots①$$
$$\vec{a}\cdot\vec{b}=|\vec{a}|\cdot|\vec{b}|\cos\theta\ .\ \cdots②$$

を見るとわかるように,「平行四辺形の面積 S」と「内積 $\vec{a}\cdot\vec{b}$」が共通な文字 θ によって表されているので，ここから θ を消去し，面積と内積の直接の関係式を得ることができます．$①^2+②^2$ により，

$$S^2+(\vec{a}\cdot\vec{b})^2=|\vec{a}|^2|\vec{b}|^2(\sin^2\theta+\cos^2\theta)=|\vec{a}|^2|\vec{b}|^2.\ \cdots③$$
$$\therefore\ S=\sqrt{|\vec{a}|^2|\vec{b}|^2-(\vec{a}\cdot\vec{b})^2}.$$

さらに，$\vec{a}=\begin{pmatrix}x_1\\y_1\end{pmatrix},\vec{b}=\begin{pmatrix}x_2\\y_2\end{pmatrix}$ と成分で表されているとき，③より

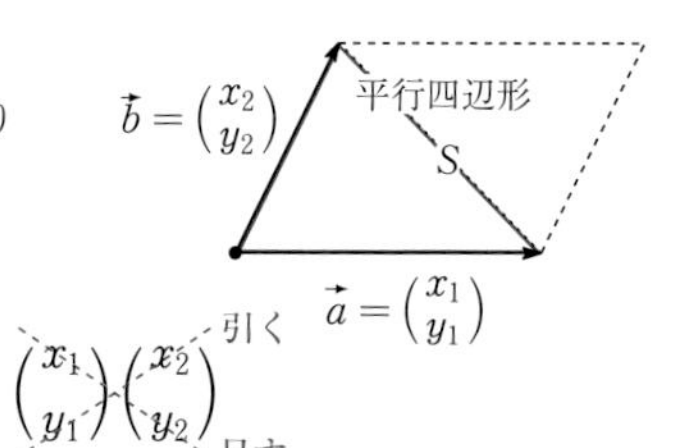

$$S^2=(x_1{}^2+y_1{}^2)(x_2{}^2+y_2{}^2)-(x_1x_2+y_1y_2)^2\ \cdots④$$
$$=x_1{}^2y_2{}^2+x_2{}^2y_1{}^2-2x_1x_2y_1y_2$$
$$=(x_1y_2-x_2y_1)^2\ \cdots⑤$$
$$\therefore\ S=|x_1y_2-x_2y_1|.$$ 俗に"たすき掛け"という（右を参照）

解説 ④から⑤への変形は，因数分解の問題としてとても有名です．[→ I+A演習問題 1 4 12(2)]

ベクトルによる面積 定理 （S は，右図の平行四辺形の面積）

$$S=\sqrt{|\vec{a}|^2|\vec{b}|^2-(\vec{a}\cdot\vec{b})^2}.$$ この2乗を忘れずに！

$$S=|x_1y_2-x_2y_1|.$$ "たすき掛け"．絶対値記号に注意

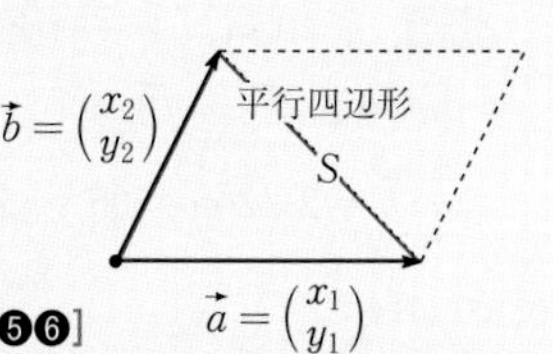

注 赤色三角形なら，式の先頭に $\frac{1}{2}\times$ が付きます．[→ I+A 3 5 7 ❺❻]

例題 2 5 C 内積と面積 根底 実戦 [→演習問題 3 5 10]

(1) $|\overrightarrow{OA}|=\sqrt{5},\ |\overrightarrow{OB}|=\sqrt{3},\ \overrightarrow{OA}\cdot\overrightarrow{OB}=3$ のとき，三角形 OAB の面積を求めよ．

(2) xy 平面上に 3 点 A(1, 1), B(2, −1), C(4, 2) がある．三角形 ABC の面積を求めよ．

方針 上記の公式を適用するだけです．

解答 (1)

O → B ($\sqrt{3}$), O → A ($\sqrt{5}$)

$$\triangle OAB=\frac{1}{2}\sqrt{|\overrightarrow{OA}|^2|\overrightarrow{OB}|^2-(\overrightarrow{OA}\cdot\overrightarrow{OB})^2}$$
$$=\frac{1}{2}\sqrt{5\cdot3-3^2}=\frac{\sqrt{6}}{2}.\ /\!/$$

(2) $\overrightarrow{AB}=\begin{pmatrix}1\\-2\end{pmatrix},\overrightarrow{AC}=\begin{pmatrix}3\\1\end{pmatrix}$

だから

$$\triangle ABC=\frac{1}{2}|1\cdot1-3\cdot(-2)|$$
$$=\frac{7}{2}.\ /\!/$$

補足 (2)では，A 以外を始点にとっても同様に解けます．

参考 ③式において，$S^2\geqq0$ より，$(\vec{a}\cdot\vec{b})^2\leqq|\vec{a}|^2|\vec{b}|^2$. i.e. $(x_1x_2+y_1y_2)^2\leqq(x_1{}^2+y_1{}^2)(x_2{}^2+y_2{}^2)$ が得られます．これは,「コーシー・シュワルツの不等式」[→ 1 12 2]に他なりません．

4 ベクトルの決定

本節の最後に，xy 平面上で何らかの条件を満たすベクトルを求める問題をやってみましょう．今後の学習において，よく用いる手法が登場します．

例題 2 5 d ベクトルの決定 重要度↑ 根底 実戦

[→演習問題 2 6 4]

xy 平面上で，次の各条件を満たすベクトル $\vec{v}$ についてそれぞれ答えよ．

(1) $\vec{a}=\begin{pmatrix}-2\\1\end{pmatrix}$ と平行な単位ベクトル $\vec{v}$ を求めよ．ただし，$\vec{v}$ の x 成分は正とする．

(2) $\vec{a}=\begin{pmatrix}-2\\1\end{pmatrix}$ と垂直かつ大きさが 2 であるベクトル $\vec{v}$ を求めよ．

(3) $\vec{a}=\begin{pmatrix}3\\2\end{pmatrix}$ と $\vec{v}=\begin{pmatrix}t\\1-t\end{pmatrix}$ (t は実数) が平行となる t の値を求めよ．

(4) $\vec{a}=\begin{pmatrix}3\\2\end{pmatrix}$ と $\vec{v}=\begin{pmatrix}t\\1-t\end{pmatrix}$ (t は実数) が垂直となる t の値を求めよ．

方針 「ベクトル」を決定する 2つ：「向き」と「大きさ」について考えます．

解答 (1) $\vec{a}$ と平行な単位ベクトルは

$$\pm\frac{\vec{a}}{|\vec{a}|}=\pm\frac{1}{\sqrt{5}}\begin{pmatrix}-2\\1\end{pmatrix}.$$

$\vec{a}$ を，自身の長さで割る

x 成分が正である方を選んで，求めるものは

$$\vec{v}=-\frac{1}{\sqrt{5}}\begin{pmatrix}-2\\1\end{pmatrix}=\frac{1}{\sqrt{5}}\begin{pmatrix}2\\-1\end{pmatrix}.\,/\!/$$

(2) $\vec{a}$ と垂直なベクトルの 1 つは，$\vec{b}=\begin{pmatrix}1\\2\end{pmatrix}$ [1]．

$$\therefore\ \vec{v}=\underbrace{\pm2}_{\text{符号付長さ}}\cdot\underbrace{\frac{\vec{b}}{|\vec{b}|}}_{\text{単位ベクトル}}$$

$$=\pm\frac{2}{\sqrt{5}}\begin{pmatrix}1\\2\end{pmatrix}.\,/\!/$$

解説 [1]：一般に，次が成り立ちます：

> **重要** xy 平面上で，2 つのベクトル $\vec{u}=\begin{pmatrix}x\\y\end{pmatrix}$，$\vec{v}=\begin{pmatrix}y\\-x\end{pmatrix}$ を考えると，
>
> $\vec{u}\perp\vec{v}$ ($\because$ $\vec{u}\cdot\vec{v}=0$)，$|\vec{u}|=|\vec{v}|$．

(3) $\vec{a}\,/\!/\,\vec{v}$ となるための条件は

$3:2=t:(1-t)$.

$3(1-t)=2t$.　$\therefore\ t=\dfrac{3}{5}.\,/\!/$

解説 $\vec{a}=\begin{pmatrix}3\\2\end{pmatrix}$ と平行なベクトルである $\begin{pmatrix}6\\4\end{pmatrix}$，$\begin{pmatrix}15\\10\end{pmatrix}$，$\begin{pmatrix}30\\20\end{pmatrix}$ などは，どれも x 成分と y 成分の比が $\vec{a}$ と等しいですね．

注意！ 「ベクトルが平行」⟷「一方が他方の実数 k 倍」のような，解法ガチガチパターン暗記はダメ！

参考 このとき確かに

$$\vec{v}=\begin{pmatrix}3/5\\2/5\end{pmatrix}=\frac{1}{5}\begin{pmatrix}3\\2\end{pmatrix}/\!/\,\vec{a}\ \text{ですね．}$$

(4) $\vec{a}\perp\vec{v}$ となるための条件は

$\vec{a}\cdot\vec{v}=0$.

$3\cdot t+2\cdot(1-t)=0$.　$\therefore\ t=-2.\,/\!/$

参考 このとき確かに

$$\vec{v}=\begin{pmatrix}-2\\3\end{pmatrix}\perp\begin{pmatrix}3\\2\end{pmatrix}=\vec{a}\ \text{ですね．}$$

6 演習問題A

2 6 1 根底 実戦

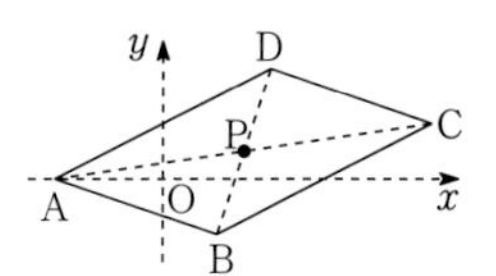

O を原点とする xy 平面上に平行四辺形 ABCD があり，A$(-2, 0)$，B$(1, -1)$，C$(5, 1)$ とする．

(1) 対角線の交点 P の座標を求めよ．　　(2) 点 D の座標を求めよ．

2 6 2 根底 実戦 重要

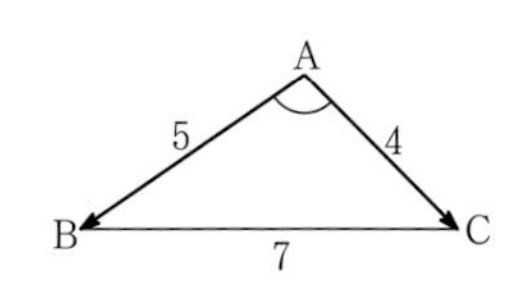

△ABC において，BC $= 7$, CA $= 4$, AB $= 5$ とする．

(1) 内積 $\overrightarrow{\mathrm{AB}} \cdot \overrightarrow{\mathrm{AC}}$ の値を求めよ．

(2) ∠A の二等分線と BC の交点を P とする．線分 AP の長さを求めよ．

2 6 3 根底 実戦

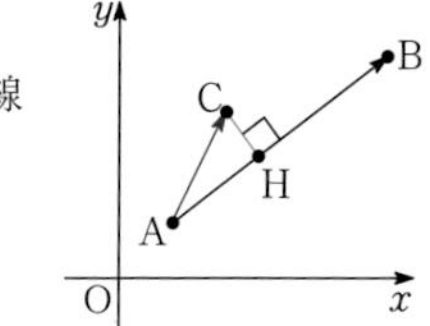

xy 平面上に 3 点 A$(1, 1)$，B$(5, 4)$，C$(2, 3)$ があり，C から直線 AB へ垂線 CH を下ろす．

(1) 内積 $\overrightarrow{\mathrm{AB}} \cdot \overrightarrow{\mathrm{AC}}$ の値を求めよ．

(2) (1)を利用して AH の長さを求めよ．

2 6 4 根底 実戦

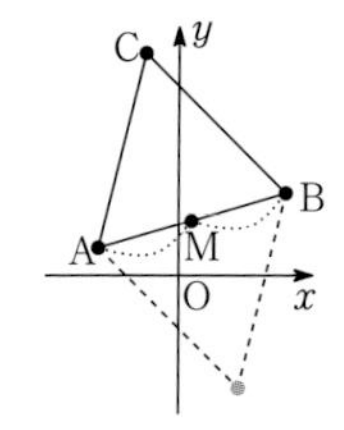

xy 平面上に正三角形 ABC があり，A$(-3, 1)$，B$(4, 3)$ とする．

(1) 辺 AB の中点 M の座標を求めよ．

(2) C の座標を求めよ．ただし，C の y 座標は正であるとする．

2 6 5 根底 実戦 典型

O を原点とする xy 平面上に三角形 OAB があり，A$(25, 0)$，B$(9, 12)$ とする．

(1) 2 辺 OB，AB の長さを求めよ．　　(2) ∠BOA の二等分線と AB の交点 P の座標を求めよ．

(3) △OAB の内心 I の座標を求めよ．

コラム

xyz 空間内でのベクトル

I+A 5 14最後のコラム：空間座標で紹介した xyz 空間におけるベクトルは，xy 平面上のベクトルと同様，x 軸，y 軸，z 軸の向きへの移動量によって成分表示されます．例えば点 A$(2, 1, 3)$，B$(5, 3, 4)$ のとき，$\overrightarrow{\mathrm{AB}}$ の成分表示は，A から B への「移動量」を考えて，

$$\overrightarrow{\mathrm{AB}} = \begin{pmatrix} 5-2 \\ 3-1 \\ 4-3 \end{pmatrix} = \begin{pmatrix} 3 \\ 2 \\ 1 \end{pmatrix} \begin{matrix} \cdots x\text{成分} \\ \cdots y\text{成分} \\ \cdots z\text{成分} \end{matrix}$$

となります．

$\overrightarrow{\mathrm{AB}}$ と等しいベクトルで，原点 O を始点とするベクトル $\overrightarrow{\mathrm{OP}}$ を考えると，P$(3, 2, 1)$ となり，「ベクトルの成分」と「終点の座標」は同じ数で表されます．

〔xyz 空間〕

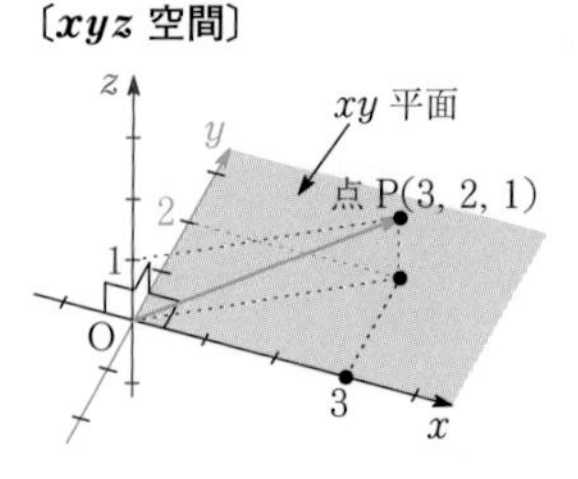

第 3 章

図形と方程式

概要

章タイトルの読み方が重要です．「**図形**と方程式」と読むのが正解です．つまり

　　主役は**図形**．式は 1 つの手段

と考えてください．それを守らず，ロクに図を描きもせず，式ばかりをこねくり回して答えを出そうとするような姿勢では，何も習得できません．

学習ポイント

1. 「直線」と「円」を中心に，各図形の特性を把握した上で，それを方程式（or 不等式）で表す．あるいは逆に，方程式（or 不等式）がどのような図形を表すかを見抜けるようにする．
2. そのような図形を“素材”とした様々な発展的テーマを理解し，マスターする．
3. 上記の扱いにおいて，「ベクトル」を有効利用する．

注［1］ベクトルで学ぶ内容は，大別すると次の 2 つでした：

1. 「ベクトルの問題」を解く．
2. 「他分野」を征服するツールとして役立てる．

本書では，第 2 章で先に上記の 2. ：「ベクトルの基礎」を一通りサラッと学び，それを本章以降で最初から有効活用するというスタイルを採用しています．これによって，高校数学学習および大学受験対策の効率が爆上がりします．（1. ：ベクトル分野の入試レベル問題は，数学 C へ先送りします．）

注［2］従来の指導法では，初学者段階では「図形と方程式」→「ベクトル」の順に学び，受験学年時に「図形と方程式」を復習する際に「ベクトル」手法を加味していく…ことになっているのですが….

その結果として，ほとんどの受験生は受験学年になっても「ベクトル」を「ベクトルの問題を解く」ことにしか使えません．「図形と方程式」において，「ベクトル」は完全に切り離された“他分野”のままであり，たとえ指導者が「ベクトルを使え！」と言っても，“最初に習った原始的な解き方”を一生使い続けます．断言します．これが，「ジュケンセイ」の悲しき現実です（苦笑）．

将来入試では

8で学ぶような高度な内容は，それ自体が入試でも出題されます．ただ，扱う対象が「図形」ですから，本章で学ぶ「方程式」以外のツール：ベクトル・三角比・微分法などと融合された問題も多いです．

この章の内容

1 点と図形
2 直線の方程式
3 点と直線の距離公式
4 円の方程式
5 演習問題A
6 図形の共有点
7 軌跡・領域（基礎編）
8 発展的問題
9 演習問題B
10 演習問題C 他分野との融合

［高校数学範囲表］ • 当該分野 • 関連が深い分野

数学Ⅰ	数学Ⅱ	数学Ⅲ 理系
数と式	いろいろな式	いろいろな関数
2次関数	ベクトルの基礎	極限
三角比	図形と方程式	微分法
データの分析	三角関数	積分法
数学A	指数・対数関数	数学C
図形の性質	微分法・積分法	ベクトル
整数	数学B	複素数平面
場合の数・確率	数列	2次曲線
	統計的推測	

1 点と図形

1 xy 平面上の点

xy 平面上の「点の座標」に関する話題：「線分の中点」「内分点の座標」「線分の長さ（2 点間の距離）」などは，全て前章の「ベクトル」を用いて処理するのが得策です．本章で新たに学ぶことはとくにありません（笑）．ここで基盤となるのは，2 1 5 で述べた次の関係です：

原点を始点とするベクトルの成分 原理

ベクトルの始点を原点にとるとき

「ベクトルの成分」と「終点の座標」は同じ数で表される．

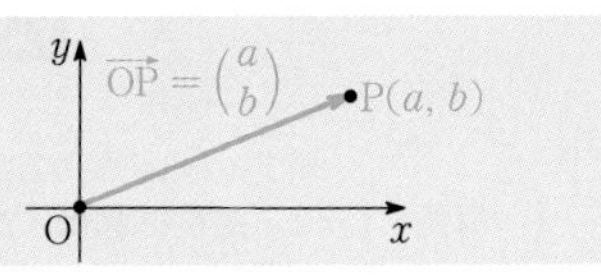

例題 3 1 a 内分点，外分点の座標とベクトル 根底 実戦 [→演習問題 3 5 1]

xy 平面上に 2 点 A(5, 1), B(−3, 5) があり，線分 AB を 1 : 3 に内分，外分する点をそれぞれ P，Q とする．

(1) P の座標を求めよ．　(2) Q の座標を求めよ．　(3) 線分 PQ の長さを求めよ．

方針 (1)(2)は，原点 O を始点とする P，Q の**位置ベクトル**を考えます．
(3)も，2 点間の距離というより**ベクトルの大きさ**として求めます．

解答

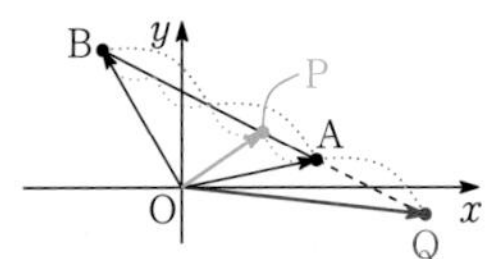

(1) P は AB を 1 : 3 に内分するから，

$$\overrightarrow{OP}=\frac{3\overrightarrow{OA}+1\overrightarrow{OB}}{1+3}$$ 内分点公式 始点は統一

$$=\frac{1}{4}\left\{3\begin{pmatrix}5\\1\end{pmatrix}+\begin{pmatrix}-3\\5\end{pmatrix}\right\}=\begin{pmatrix}3\\2\end{pmatrix}.$$

i.e. P(3, 2).//

(2) **注** 外分点の位置ベクトルの公式は，内分点の公式における「1」,「3」の片方に「マイナス」を付ければ OK でしたね．分母が正になると楽なので，「1」の方に付けます．■

Q は AB を 1 : 3 に外分するから，

$$\overrightarrow{OQ}=\frac{3\overrightarrow{OA}-1\overrightarrow{OB}}{-1+3}$$ 外分点公式 始点は統一

$$=\frac{1}{2}\left\{3\begin{pmatrix}5\\1\end{pmatrix}-\begin{pmatrix}-3\\5\end{pmatrix}\right\}=\begin{pmatrix}9\\-1\end{pmatrix}.$$

i.e. Q(9, −1).//

(3) (1)(2)の結果より，

$$|\overrightarrow{PQ}|=\left|\begin{pmatrix}6\\-3\end{pmatrix}\right|=\left|3\begin{pmatrix}2\\-1\end{pmatrix}\right|=3\sqrt{5}.$$//

参考 (3)は，P や Q の座標を求めるまでもなく解決します．右図の線分比からわかるように，

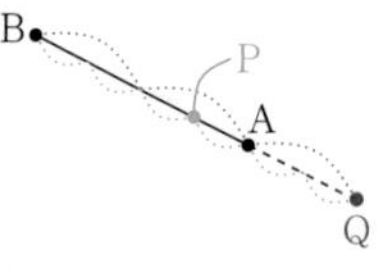

$$\overrightarrow{PQ}=\frac{3}{4}\overrightarrow{BA}=\frac{3}{4}\begin{pmatrix}8\\-4\end{pmatrix}=3\begin{pmatrix}2\\-1\end{pmatrix}.\quad\therefore\ |\overrightarrow{PQ}|=3\sqrt{5}.$$//

注 本問で用いた「内分点」,「外分点」に関する公式は，学校教科書数学Ⅱでは「点の座標」に関する公式として載っていますが，初めから「ベクトル」の公式だととらえておいてください．その方が断然有利ですから！とはいえ，例えば AB の中点 M “ごとき” であれば

$$\overrightarrow{OM}=\frac{\overrightarrow{OA}+\overrightarrow{OB}}{2}=\frac{1}{2}\left\{\begin{pmatrix}5\\1\end{pmatrix}+\begin{pmatrix}-3\\5\end{pmatrix}\right\}.\quad \text{i.e. } M\left(\frac{5-3}{2},\ \frac{1+5}{2}\right).$$

のように，ベクトルの計算を暗算で済ませて初めから座標を書けるようにしましょう．

例題 3 1 b 点対称な2点 根底 実戦

[→ 2 1 ～ 3]

O を原点とする xy 平面上で，A(2, 3) に関して P(−5, 1) と対称な点 Q の座標を求めよ．

方針 原点 O を始点とする「ベクトル」$\overrightarrow{OQ}$ を求めましょう．

解答 1

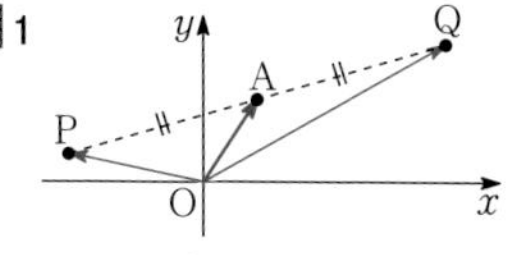

$$\overrightarrow{OA} = \frac{\overrightarrow{OP}+\overrightarrow{OQ}}{2}.$$ 中点公式 始点は統一

$$\therefore\ \overrightarrow{OQ} = 2\overrightarrow{OA} - \overrightarrow{OP} = 2\begin{pmatrix}2\\3\end{pmatrix} - \begin{pmatrix}-5\\1\end{pmatrix} = \begin{pmatrix}9\\5\end{pmatrix}.$$

i.e. Q(9, 5).//

解答 2

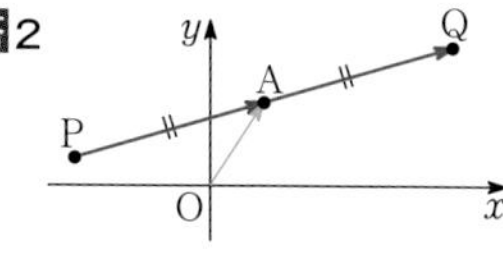

$$\overrightarrow{OQ} = \overrightarrow{OA} + \overrightarrow{AQ} = \overrightarrow{OA} + \overrightarrow{PA} = \begin{pmatrix}2\\3\end{pmatrix} + \begin{pmatrix}7\\2\end{pmatrix} = \begin{pmatrix}9\\5\end{pmatrix}.$$ ベクトルの相等

i.e. Q(9, 5).//

注 「Q が AP を 1 : 2 に外分」を用いても可．

例題 3 1 c 重心 根底 実戦 定期

[→例題 3 7 c]

O を原点とする xy 平面上に三角形 ABC があり，A(2, a)，B(1 − a, −3)，C(b, 2a) とする．三角形 ABC の重心 G が原点 O と一致するような実数 a, b の値を求めよ．

方針 重心 G の座標は，原点 O を始点とするベクトル $\overrightarrow{OG}$ の成分と同じ数で表されます．

解答

$$\overrightarrow{OG} = \frac{\overrightarrow{OA}+\overrightarrow{OB}+\overrightarrow{OC}}{3} = \frac{1}{3}\left\{\begin{pmatrix}2\\a\end{pmatrix} + \begin{pmatrix}1-a\\-3\end{pmatrix} + \begin{pmatrix}b\\2a\end{pmatrix}\right\} = \frac{1}{3}\begin{pmatrix}3-a+b\\3a-3\end{pmatrix}.$$ 始点は統一 [→ 2 3 3]

G が O と一致するための条件は，これが $\vec{0}$ であること，すなわち

$$3-a+b=0,\ 3a-3=0.$$

$\therefore (a, b) = (1, -2).$//

2 xy 平面上の曲線

例えば xy 平面上の「**曲線** $C : y = x^2$ …① [1)]」とは，等式①を満たす**点**：

$\cdots, (-2, 4), (-1, 1), (0, 0), (1, 1), \left(\frac{3}{2}, \frac{9}{4}\right), (2, 4), \cdots$ などなど

全体の**集合**（真理集合[→ I+A 1 9 5]）です（C については右の放物線）．

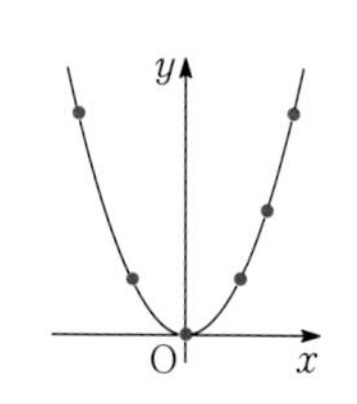

定義 xy 平面上の**曲線**とは，等式 [2)] を満たす全ての点 (x, y) の集合である．

逆に，等式①のことを，曲線 C の**方程式**といいます．

注 1)：この放物線 C をより正確に表すと，集合記号を用いて「$C = \{(x, y) \mid y = x^2\ (x, y \in \mathbb{R})\}$」となります．普段はこんなクドイ表現は使いませんが（笑）．

語記サポ 数学界では，「直線」も「曲線」の一種とみなされます．
また，「曲線」のことを「図形」とか「点 (x, y) の軌跡」と呼んだりもします．
2)：「等式」が「不等式」に変わると，「曲線」「軌跡」から「範囲」「領域」へと名称が変わります．

2 直線の方程式

1 傾きと直線

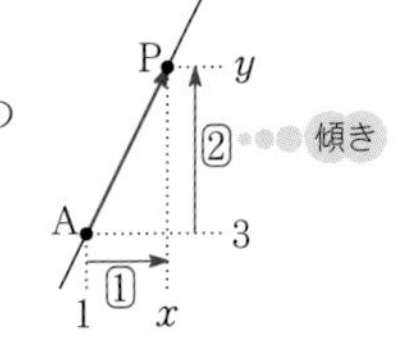

例えば 1 点 A(1, 3) を通り傾きが 2 の直線 l において，1 点 A から l 上の任意の点 $\mathrm{P}(x, y)$ までの移動を表すベクトルは

$$\overrightarrow{\mathrm{AP}} = \begin{pmatrix} x-1 \\ y-3 \end{pmatrix}.$$
（$x-1$：ヨコ変化量，$y-3$：タテ変化量）

「**傾き**」とは，「ヨコ変化量」に対する「タテ変化量」の倍率ですから，P が l 上にあるための条件は，「これら変化量の比が ①：② であること」 …①．よって l の方程式は

$$l : \overbrace{y-3}^{\text{タテ変化量}} = \underbrace{2}_{\text{傾き}}(\overbrace{x-1}^{\text{ヨコ変化量}}).$$

直線と平行なベクトルのことを，その直線の**方向ベクトル**といいます．傾き $\underline{2}$ の直線 l の方向ベクトルの 1 つは $\vec{l} = \begin{pmatrix} 1 \\ \underline{2} \end{pmatrix}$ ですね．P が l 上にあるための条件①は，この $\vec{l}$ を用いて次のように表現することもできます：

$$\overrightarrow{\mathrm{AP}} \parallel \vec{l}. \quad \begin{pmatrix} x-1 \\ y-3 \end{pmatrix} \parallel \begin{pmatrix} 1 \\ 2 \end{pmatrix}. \quad \cdots ②$$

$$(x-1):(y-3) = 1:2. \quad \therefore \quad l : 1(y-3) = 2(x-1). \quad \cdots ②'$$

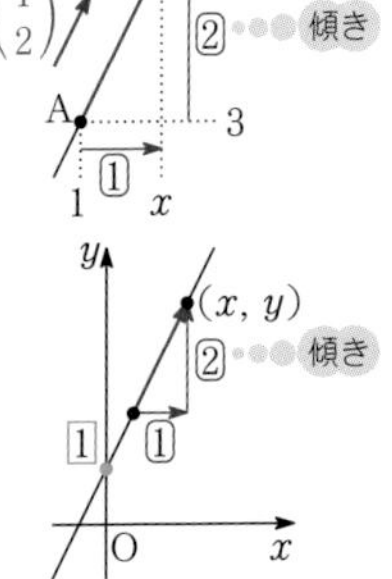

注 ②では，$\overrightarrow{\mathrm{AP}} = \vec{0}$，つまり P が A と一致するケースも想定しています．②′は，そのときも含めて成り立ちますね．■

②′を整理すると，l： $y = \boxed{2}x + \boxed{1}$ という中学で学んだ形になります．（$\boxed{2}$：傾き，$\boxed{1}$：y 切片）

y 切片とは，直線と y 軸の交点の y 座標（$x=0$ のときの y の値）です．

直線の方程式（傾き） 定理

点 $\mathrm{A}(x_0, y_0)$ を通り傾きが m である直線 l の方程式は，

$$❶: y - y_0 = \underbrace{m}_{\text{傾き}}(x - x_0) \xrightarrow{\text{整理すると}} ❶': y = \boxed{m}x + \boxed{n}$$
（通過する 1 点：(x_0, y_0)；$\boxed{m}$：傾き，$\boxed{n}$：y 切片；$y = \cdots$ の形）

l の方向ベクトルの 1 つは，$\vec{l} = \begin{pmatrix} 1 \\ m \end{pmatrix}$．

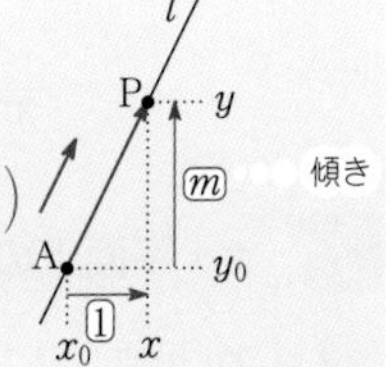

例題 3 2 a 傾きと直線 根底 実戦

[→演習問題 3 5 2]

次の直線の方程式を求めよ．

(1) 点 (−3, 1) を通る傾き $\dfrac{4}{3}$ の直線 l_1．

(2) 2 点 (2, 0), (5, −3) を通る直線 l_2．

方針 通過する 1 点と傾きから求めましょう．

解答 (1) $l_1 : y-1 = \dfrac{4}{3}(x+3)$．

i.e. $y = \dfrac{4}{3}x + \underline{5}$.//

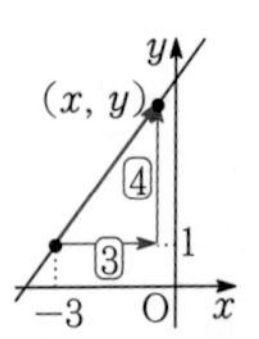

注 答えは，上記❶′の形に整理しておきましょう．■

(2) l_2 の傾きは

$$\frac{-3-0}{5-2} = -1.$$

$\therefore l_2 : y-0 = -1\cdot(x-2)$.

i.e. $y = -x + 2$.//

注 図を正確に描くと，y 切片が 2 であることが見抜けてしまいますが．

2 法線ベクトルと直線

1の直線 l の方程式を，別の方法で導いてみましょう．1では，傾きもしくは l と平行な方向ベクトル $\vec{l}$ を用いましたが，ここでは l と垂直なベクトルを用います．これを，l の**法線ベクトル**といいます．

$\vec{l}=\begin{pmatrix}1\\2\end{pmatrix}$ と垂直なベクトルの1つとして，$\vec{n}=\begin{pmatrix}-2\\1\end{pmatrix}$ がありますね[→例題2 5 d(2)]．これを用いると

$P(x,y)$ が l 上にあるための条件は，

$\vec{n}\perp\overrightarrow{AP}$. …③.

$\vec{n}\cdot\overrightarrow{AP}=0.\quad\begin{pmatrix}-2\\1\end{pmatrix}\cdot\begin{pmatrix}x-1\\y-3\end{pmatrix}=0.$ …③′

$(-2)(x-1)+1\cdot(y-3)=0.$ … ③″

注 ③では，$\overrightarrow{AP}=\vec{0}$，つまりPがAと一致するケースも想定しています．③′は，そのときも含めて成り立ちますね．■

③″を整理すると，l: $-2x+1\cdot y-1=0$ という形になります．（-2, 1：法線ベクトル）

一般に，直線の方程式は法線ベクトルの成分を用いて次のように表されます：

直線の方程式（法線ベクトル） 定理

点 $A(x_0,y_0)$ を通り法線ベクトルが $\vec{n}=\begin{pmatrix}a\\b\end{pmatrix}$ である直線 l の方程式は，

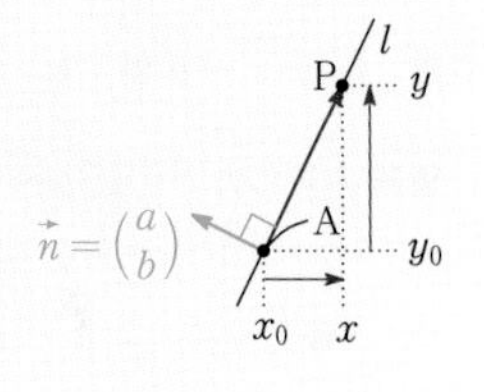

❷: $a(x-x_0)+b(y-y_0)=0$ 　—整理すると→　❷′: $ax+by+c=0$

（❷の x_0, y_0：通過する1点，a, b：法線ベクトル；❷′の a, b：法線ベクトル）

例題 3 2 b 法線ベクトルと直線 重要度↑ 根底 実戦 [→演習問題3 5 2]

次の直線の方程式を求めよ．

(1) 点 $(1,4)$ を通り，法線ベクトルの1つが $\begin{pmatrix}2\\-3\end{pmatrix}$ である直線 l_1.

(2) 直線 $l_2: y=-\dfrac{3}{4}x-7$ の法線ベクトルを1つ答えよ．

方針 法線ベクトルの成分は，x, y を左辺に集めたときのそれらの係数です．

解答 (1) l_1 の方程式は，

$\begin{pmatrix}2\\-3\end{pmatrix}\cdot\begin{pmatrix}x-1\\y-4\end{pmatrix}=0.$

$2(x-1)-3(y-4)=0.$

$2x-3y+10=0.$ //

(2) l_2 の傾きは $-\dfrac{3}{4}$ だから，方向ベクトルの1つは

$\begin{pmatrix}1\\-3/4\end{pmatrix}=\dfrac{1}{4}\begin{pmatrix}4\\-3\end{pmatrix}.$

l_2 の法線ベクトルの1つは，これと垂直なものを求めて，$\begin{pmatrix}3\\4\end{pmatrix}$. //

別解 与式を変形すると

$3x+4y+$ [1] $28=0$.（$3, 4$：法線ベクトル）

$\therefore l_2$ の法線ベクトルの1つは，$\begin{pmatrix}3\\4\end{pmatrix}$. //

注 [1]：この定数項は，法線ベクトルを求める上では関係ありませんので，面倒な場合には省いてかまいません．

3 いろいろな直線

直線の傾きとは，直線に沿って点が移動するときの $\dfrac{\text{タテ変化量}}{\text{ヨコ変化量}}$ です．右図のような y 軸と同じ方向（x 軸と垂直）の直線 l は，ヨコ方向の移動量が 0 ですから，「傾き」をもちません．よって，l の方程式は 1 の形では表せません．

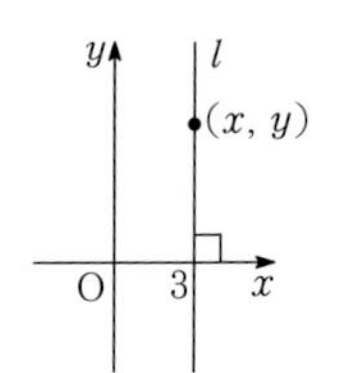

直線 l は，x 座標が 3 である点：

$$\cdots, (3, -1), (3, 0), \left(3, \frac{1}{2}\right), (3, 1), (3, 3), \cdots \text{ などなど}$$

全体の集合（y 座標は任意）ですから，その方程式は

$$l : x = 3.$$

しかし，2 の形なら表せます．l は 1 点 $(3, 0)$ を通り，$\begin{pmatrix}1\\0\end{pmatrix}$ を法線ベクトルとする直線なので，

$$l : \begin{pmatrix}1\\0\end{pmatrix}\cdot\begin{pmatrix}x-3\\y-0\end{pmatrix} = 0. \quad 1\cdot(x-3)+0\cdot(y-0)=0.$$

i.e. $x = 3$. ちゃんと表せましたね

x, y のどっちが 0 か考えて！

参考 同様に，「y 軸」という直線の方程式は $x = 0$ です．また，「x 軸」の方程式は $y = 0$ です．

直線の表し方 方法論

xy 平面上の任意の直線を表す方法として，次の 2 通りがある：

- ❶′：$y = \boxed{m}\, x + \boxed{n}$（$m$：傾き，$n$：$y$ 切片）または ❸：$x = k$ 「傾き」で表せるか否か
- ❷′：$ax + by + c = 0$（a, b：法線ベクトル）．「法線ベクトル（$\neq \vec{0}$）」で表す．❸も含めて表せる．

❶′における「$\boxed{n}$」は直線の y 切片を表しました．x 切片，y 切片の両方が現れるのが，次の形です：

直線の方程式（x, y 切片） 知識

x 切片が a，y 切片が b（$a, b \neq 0$）である直線の方程式は

❹：$\dfrac{x}{\boxed{a}} + \dfrac{y}{\boxed{b}} = 1.$

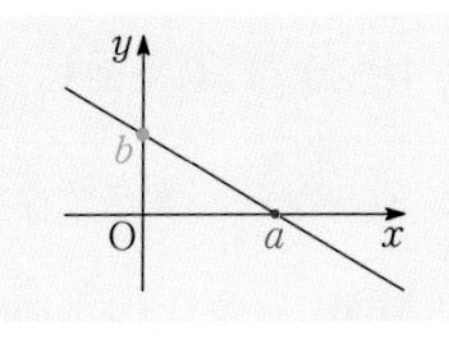

解説 この直線は，たしかに点 $(\boxed{a}, 0)$ および $(0, \boxed{b})$ を通りますね．

例題 3 2 C 直線の図示 根底 実戦

［→演習問題 3 5 3］

次の方程式で表される直線を図に描き込め（点線どうしの間隔は全て 1 とする）．

(1) $y = -\dfrac{1}{2}x + 2$　(2) $y = 3(x-1)$　(3) $x + 2 = 0$　(4) $\dfrac{x}{2} - \dfrac{y}{3} = 1$　(5) $x + 2y + 4 = 0$

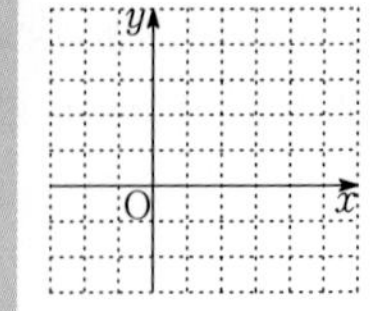
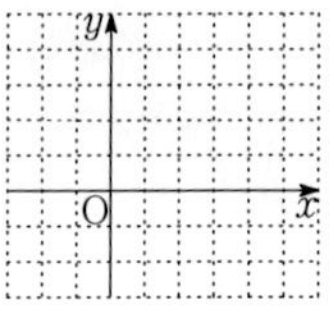
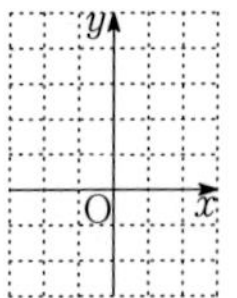
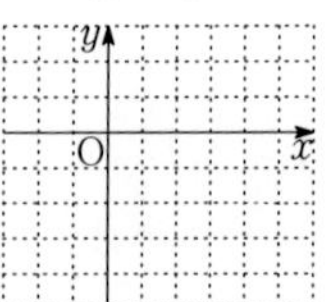
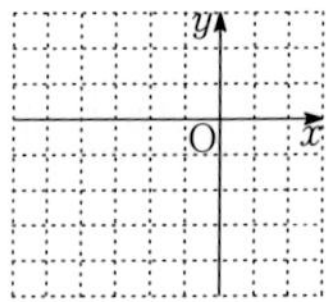

解答 （注目したものを赤色で描いています．）

(1) y 切片が 2．傾き $-\frac{1}{2}$．　(2) $(1, 0)$ を通る．傾き 3．　(3) $x=-2$．x 軸と垂直．　(4) x, y 切片が 2, -3．　(5) x, y 切片が -4, -2．

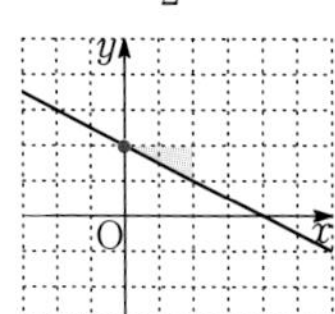
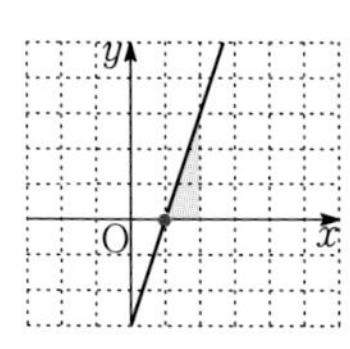
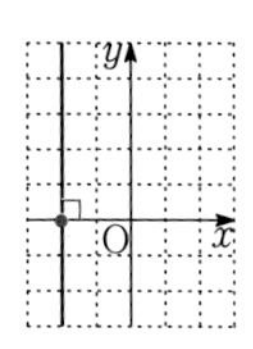
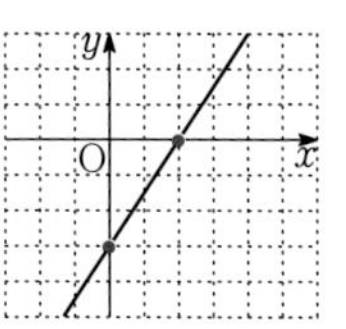
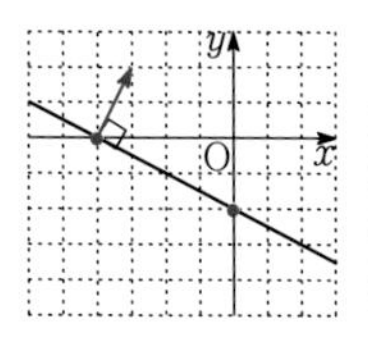

注 (5)では，法線ベクトルが $\begin{pmatrix}1\\2\end{pmatrix}$ であることも忘れずに．

4 2直線の関係

直線どうしの平行・垂直は，それぞれの「傾き・方向ベクトル」or「法線ベクトル」の関係からわかります．2 直線の傾きが m, m' であるとき，それらが垂直であるための条件は，方向ベクトルどうしの内積を考えて，$\begin{pmatrix}1\\m\end{pmatrix}\cdot\begin{pmatrix}1\\m'\end{pmatrix}=0$．$1+mm'=0$. i.e. $mm'=-1$. ですね．

直線どうしの平行・垂直 方法論

❶′ $\begin{cases} l: y=mx+n \text{ と} \\ l': y=m'x+n' \end{cases} \rightarrow \begin{cases} l /\!/ l' \iff m=m'. \\ l \perp l' \iff mm'=-1. \end{cases}$ [1]　傾き掛けたら -1

❷′ $\begin{cases} l: ax+by+c=0 \text{ と} \\ l': a'x+b'y+c'=0 \end{cases} \rightarrow$ 法線ベクトル $\begin{pmatrix}a\\b\end{pmatrix}$, $\begin{pmatrix}a'\\b'\end{pmatrix}$ による（右図参照）．

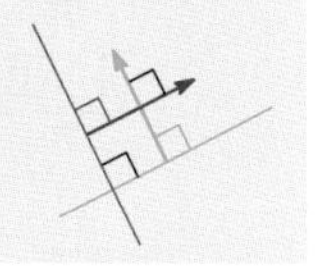

注 [1]：本章では，l と l' が一致するときも含めて「平行」と扱うことにしています．

例題 3 2 d　直線どうしの平行・垂直　重要度↑　根底 実戦　［→演習問題 3 5 8］

(1) 直線 $l: y=\frac{1}{3}x+9$ と平行な直線 m_1，および垂直な直線 m_2 の傾きをそれぞれ求めよ．

(2) a は実数の定数とする．2 直線 $l: ax+y-a=0$，$m: (1-a)x+2ay+a-1=0$ が平行になるときの a の値，および垂直になるときの a の値をそれぞれ求めよ．

方針 上記 2 通りの方法のうち，(1)では❶′を，(2)では❷′を用いるのがトクですね．

解答 (1) ○ l と平行な直線 m_1 の傾きは l の傾きと等しいから，m_1 の傾き $=\frac{1}{3}$．//

○ l と垂直な直線 m_2 の傾きを k とおくと

$\frac{1}{3}\cdot k=-1$．∴ $k=-3$．//　逆数で符号も反対

(2) l, m の法線ベクトルはそれぞれ $\begin{pmatrix}a\\1\end{pmatrix}$, $\begin{pmatrix}1-a\\2a\end{pmatrix}$．

○ $l /\!/ m$ となるための条件は

$\begin{pmatrix}a\\1\end{pmatrix} /\!/ \begin{pmatrix}1-a\\2a\end{pmatrix}$．　$a:1=(1-a):2a$．

$2a^2=1-a$．　$2a^2+a-1=0$．

$(2a-1)(a+1)=0$ ∴ $a=\frac{1}{2}, -1$．//

○ $l \perp m$ となるための条件は

$\begin{pmatrix}a\\1\end{pmatrix}\cdot\begin{pmatrix}1-a\\2a\end{pmatrix}=0$．　$a(1-a)+2a=0$．

$a(a-3)=0$　　∴ $a=0, 3$．//

注 (2)を❶′「傾き」でやると，$a=0$ のとき m が傾きをもたないため場合分けを要します．

(2)「平行」で，$a=-1$ のとき $l: -x+y+1=0$，$m: 2x-2y-2=0$ は同一な直線です．

3 点と直線の距離公式

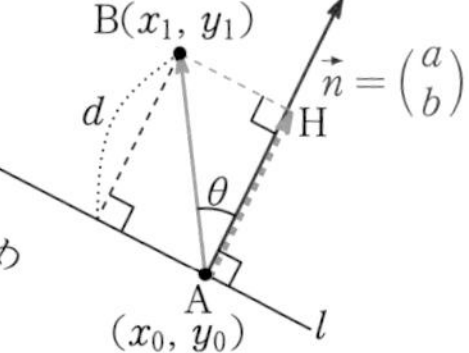

xy 平面上で，点 A(x_0, y_0) を通り法線ベクトルが $\vec{n}=\begin{pmatrix}a\\b\end{pmatrix}$ である直線

$$l: \underbrace{a(x-x_0)+b(y-y_0)}_{f(x,\,y)\text{ とおく}}=0 \quad \cdots①$$

を考えます．この直線 l と点 B(x_1, y_1) の距離 d（右図の垂線の長さ）を求める公式を導きます．ベクトルの内積を用いれば“一瞬”です（笑）．（距離＝distance）

点 B から，A を通り l と垂直な直線へ垂線 BH を下ろすと，d は AH と等しいのでこれを求めます．

$\vec{n}$ と $\overrightarrow{\mathrm{AB}}$ のなす角を θ とすると，

$$\mathrm{AH}=|\mathrm{AB}\cos\theta|. \quad \cdots②$$

（θ が鈍角の場合もあるので）

一方，$n=|\vec{n}|=\sqrt{a^2+b^2}$ とおくと，

$$\vec{n}\cdot\overrightarrow{\mathrm{AB}}=n\cdot\mathrm{AB}\cos\theta. \quad \cdots③$$

②③より

$$\mathrm{AH}=\left|\frac{\vec{n}\cdot\overrightarrow{\mathrm{AB}}}{n}\right|$$

（商の絶対値は…）

$$=\frac{|\vec{n}\cdot\overrightarrow{\mathrm{AB}}|}{|n|}$$

（絶対値の商に分解できる）

$$=\frac{|\vec{n}\cdot\overrightarrow{\mathrm{AB}}|}{n} \ (\because\ n>0). \quad \cdots④$$

ここで，

$$\vec{n}\cdot\overrightarrow{\mathrm{AB}}=\begin{pmatrix}a\\b\end{pmatrix}\cdot\begin{pmatrix}x_1-x_0\\y_1-y_0\end{pmatrix}$$
$$=a(x_1-x_0)+b(y_1-y_0).$$

これは，①の左辺の x,y へ B の座標 x_1, y_1 を代入したもの，つまり $f(x_1, y_1)$ である．これと④より

$$d=\mathrm{AH}=\frac{|f(x_1,\,y_1)|}{n}.$$

補足　「$|\vec{n}|$」と書くはずの所を「n」とすることにより，見た目をかなりスッキリさせています．

参考　実は，既に**演習問題 2 6 3**で全く同じことをやっていたのでした（笑）．

①の左辺を展開・整理すると $f(x, y)=ax+by+c$ となるとして，次の公式が得られました．

点と直線の距離公式 定理

直線 $l: \underbrace{ax+by+c}_{f(x,\,y)\text{ とおく}}=0$ と点 B(x_1, y_1) の距離 d は

（法線ベクトル：a, b）（右辺は 0 にする！）

$$d=\frac{|f(x_1,\,y_1)|}{|\vec{n}|}=\frac{|ax_1+by_1+c|}{\sqrt{a^2+b^2}}.$$

[1]（左辺へ B の座標を代入）（$\sqrt{a^2+b^2}$：法線ベクトルの大きさ）

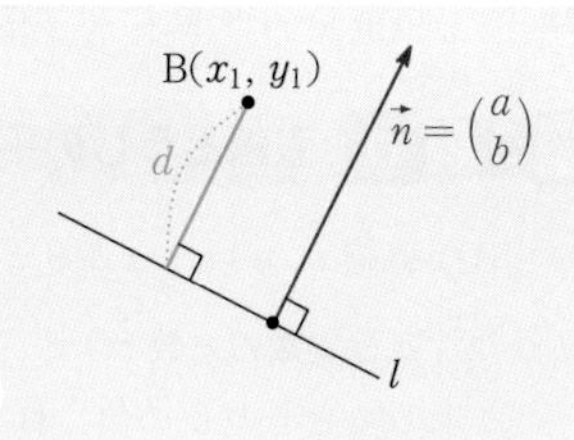

注　赤字などで示した“意味”を記憶するよう心掛けてください．そうすれば，分母を $\sqrt{x_1{}^2+y_1{}^2}$ としてしまうというよくある誤用も起こり得ません．

語記サポ 1)：ここにある記号：$|\ \ |$ について．分子は「実数の絶対値」，分母は「ベクトルの大きさ」です．見た目は同じでも，意味は異なりますから注意しましょう．

例題 3 3 a 点と直線の距離公式　根底 実戦

［→演習問題 3 5 4］

(1)　点 $(1, 4)$ と直線 $l_1: y=-\frac{1}{3}x+1$ の距離 d_1 を求めよ．

(2)　点 $(2, -1)$ と直線 $l_2: \frac{x}{4}+\frac{y}{3}=1$ の距離 d_2 を求めよ．

方針　上記公式を使うために，まずは直線の方程式を $f(x, y)=0$ の形にしましょう．

解答 (1) $l_1 : x+3y-3=0$ だから，

右辺は 0 にする！

$$d_1 = \frac{|1+3\cdot 4-3|}{\sqrt{1^2+3^2}}$$

$$= \frac{|10|}{\sqrt{10}} = \sqrt{10}. /\!/$$

参考 図を正確に描くと，赤色の直角三角形に注目して $d_1=\sqrt{10}$ が見抜けてしまいますが．

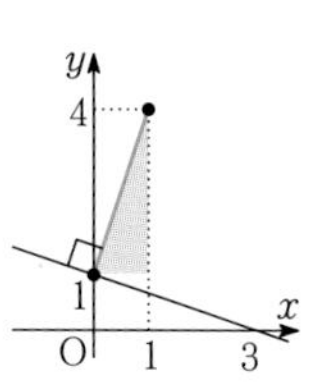

(2) $l_2 : 3x+4y-12=0$ だから，

$$d_2 = \frac{|3\cdot 2+4\cdot(-1)-12|}{\sqrt{3^2+4^2}} = \frac{|-10|}{5} = 2. /\!/$$

注 l_2 の方程式は，x, y 切片がすぐにわかる形です．しかし，「点と直線の距離公式」を使う際にはそれは関係ありません．右辺を 0 にし，係数がなるべくきれいな整数値になるように整理しましょう．

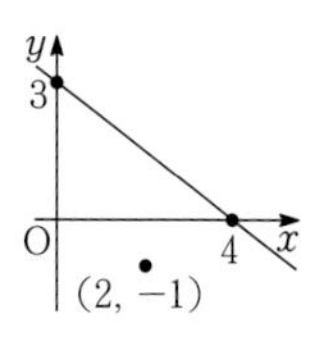

第3章 図形と方程式

例題 3 3 b 点と直線の距離公式（文字入り） 根底 実戦

[→演習問題 3 5 4]

点 (3, 0) を通る直線で，点 A(2, −3) との距離 d が $\sqrt{5}$ となるものを l とする．l の傾き m を求めよ．

方針 l の方程式を作り，右辺が 0 の形にします．そして，公式を，“意味” を理解して使いましょう．

解答

右辺は 0 にする！

$l : y=m(x-3)$, i.e. $m(x-3)-y=0$.[1)]

$$\therefore\ d = \frac{|m(2-3)-(-3)|}{\sqrt{m^2+(-1)^2}} = \frac{|-m+3|}{\sqrt{m^2+1}}.$$

よって題意の条件は

$$\frac{|-m+3|}{\sqrt{m^2+1}} = \sqrt{5}.^{2)}\ (m-3)^2 = 5(m^2+1).$$

$$2m^2+3m-2=0.\ (2m-1)(m+2)=0.$$

$$\therefore m = \frac{1}{2},\ -2. /\!/$$

注 1)：公式を，意味を理解せず丸暗記している人は，この左辺を必ず「$mx-y-3m$」のように「$ax+by+c$」の形にしてしまいます．これは，せっかく集約している文字 m をわざわざバラ撒(ま)いてしまう愚行です．「$f(x, y)=0$ の左辺へ代入」という意味を，今一度確認しておいてください．

参考 右のように図を丁寧に描くと，傾き m が $\frac{1}{2}$, -2 のとき，確かに $d=\sqrt{5}$ となることがわかりますね．

補足 2)：これ以降の式変形を詳しく説明すると次の通りです．

$$\frac{|-m+3|}{\sqrt{m^2+1}} = \sqrt{5}.$$ 分母 > 0 だから，この分母を払う

$$|-m+3| = \sqrt{5}\sqrt{m^2+1}.$$ 両辺とも正だから，この両辺を 2 乗する

$$|-m+3|^2 = \left(\sqrt{5}\sqrt{m^2+1}\right)^2.$$ 2 乗しても同値

$$(m-3)^2 = 5(m^2+1).$$ $\triangle$ が実数のとき，$|\triangle|^2=\triangle^2$

今後，応用局面になると，頻繁に行う変形です．「$=$」を「$<$」などに変えたものも登場しますから，今の段階で完全に理解しておいてください．

言い訳 本問では，点 (3, 0) を通る傾きのない直線 $x=3$ は「$d=\sqrt{5}$」を満たさないことを前提とし，「傾き」を問いました．

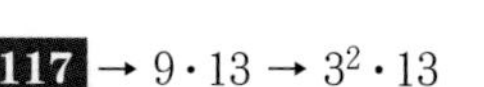

4 円の方程式

1 中心と半径

円周 [1] とは，ある平面上 [2] で定点（**中心**）からの距離（**半径**）が一定である点の集合です［→ I+A 5 10 1］.「距離」に注目しているので，“円という曲線” より，“中心と円上の点を結ぶ線分” の方が重要な役割を演じることが多いです.

語記サポ 1)：「円周」のことを，単に「円」ということもあります.

参考 2)：空間内では，同じ条件を満たす点の集合は「球面」となります. ■

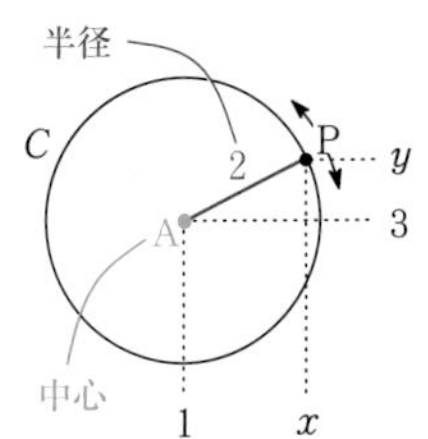

例えば中心 A(1, 3)，半径 2 の円 C があるとき，P(x, y) が C 上にあるための条件は，AP = 2. よって C の方程式は次のようになります：

$$C : (x-1)^2 + (y-3)^2 = 2^2. \cdots ①$$

（1, 3：中心，2：半径）両辺は距離の 2 乗

2 円の方程式の変形

①を展開して整理すると

$$x^2 + y^2 - 2x - 6y + 6 = 0. \cdots ②$$

逆に，②を①へ変形するには，「2 次関数」と同様に平方完成によって x, y を集約します.

$$x^2 + y^2 - 2x - 6y + 6 = 0. \cdots ②$$

$$\underbrace{(x-1)^2}_{x^2-2x+1} + \underbrace{(y-3)^2}_{y^2-6y+9} = -6 + 1 + 9.$$

6 を移項し，左辺に余分に加えた 1, 9 を右辺にも加える

$$(x-1)^2 + (y-3)^2 = 2^2.$$

円の方程式 定理

中心 (a, b)，半径 r の円周の方程式は

❶ : $(x-a)^2 + (y-b)^2 = r^2$ $\xrightarrow{\text{展開・整理}}$ $\xleftarrow{\text{平方完成}}$ ❷ : $x^2 + y^2 + lx + my + n = 0$

（a, b：中心，r：半径）

注 ❶の半径 r はもちろん正に限ります.

❷の方程式は，いつでも円を表すとは限りません［→例題 3 4 c］.

例題 3 4 a 円と方程式 根底 実戦

［→演習問題 3 5 5］

xy 平面上の円について答えよ.

(1) 中心 $(2, -1)$，半径 3 の円の方程式を求めよ.

(2) 円 $x^2 + y^2 + 2x - 4y + 2 = 0$ を描け.

(3) 円 $x^2 + y^2 - x - 3y = 0$ を描け.

解答 (1) 求める方程式は，

$$(x-2)^2 + (y+1)^2 = 9. /\!/$$

（3^2 でも可）

(2) 与式を変形すると

$$x^2 + y^2 + 2x - 4y + 2 = 0.$$

$$(x+1)^2 + (y-2)^2 = -2 + 1 + 4 = 3.$$

これは，中心 $(-1, 2)$，半径 $\sqrt{3}$ の円を表すから，右図の通り.

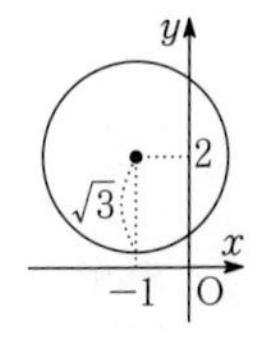

注 半径は 3 ではなく $\sqrt{3}$ ですよ. ■

(3) **注**　もちろん(2)と同様にもできますが，平方完成すると分数が現れます．ここでは，もっと手早い方法をご紹介します．■

与式で $y=0$ とすると

$x^2-x=0$．∴ $x=0,\ 1$．

$x=0$ とすると

$y^2-3y=0$．∴ $y=0,\ 3$．

よってこの円は，点 $(0,\ 0)$，$(1,\ 0)$，$(0,\ 3)$ を通るから，右図の通り．

解説　(3) このように方程式に定数項がない場合，円は原点を通り，座標軸との共有点が瞬時に見抜けます．それを利用して描きましょう．図の赤破線の長方形の外接円を描くようなイメージで．

例題 34b 円の方程式の決定　根底 実戦　定期

[→演習問題356]

次のような円の方程式をそれぞれ求めよ．

(1) 原点Oを中心とし，点 $A(3,\ 4)$ を通る円 C_1　(2) 点 $(-2,\ 3)$ を中心とし，y 軸に接する円 C_2

(3) 3点 $(1,\ 0)$，$(0,\ 1)$，$(1,\ 4)$ を通る円 C_3　(4) 2点 $(1,\ 1)$，$(4,\ 2)$ を直径の両端とする円 C_4

方針　基本的には前記❶，❷のいずれかの形を用います．

解答　(1) 半径は $OA=5$ だから

$C_1:x^2+y^2=5^2$．//

補足　半径は右図の「3：4：5 の直角三角形」から一瞬で．■

(2) 半径は $|-2|=2$ だから

$C_2:(x+2)^2+(y-3)^2=2^2$．//

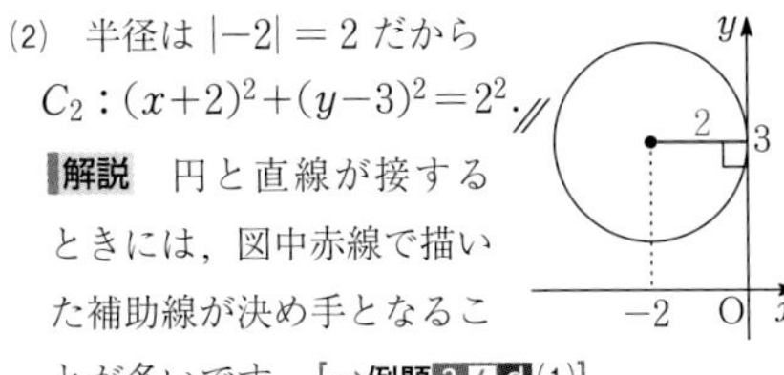

解説　円と直線が接するときには，図中赤線で描いた補助線が決め手となることが多いです．[→例題36d(1)]

(3) $C_3:x^2+y^2+lx+my+n=0$ とおく．これが題意の3点を通ることから

$$\begin{cases}1+l+n=0,\\1+m+n=0,\\17+l+4m+n=0.\end{cases}$$

$l,\ m$ を消去して（1，2番目の式から $l,\ m$ を n で表して3番目の式へ代入）

$17+(-n-1)+4(-n-1)+n=0$．

∴ $n=3,\ l=m=-4$．

∴ $C_3:x^2+y^2-4x-4y+3=0$．//

別解　C_3 は，3点が作る三角形の外接円であり，その中心Pは，2辺の垂直二等分線：$y=x$，$y=2$ の交点 $(2,\ 2)$．これと $(1,\ 0)$ の距離 $\sqrt{5}$ が半径．

∴ $C_3:(x-2)^2+(y-2)^2=5$．//

(4) 2点の中点 $\left(\dfrac{1+4}{2},\ \dfrac{1+2}{2}\right)=\left(\dfrac{5}{2},\ \dfrac{3}{2}\right)$ が中心．直径の長さは $\left|\begin{pmatrix}3\\1\end{pmatrix}\right|=\sqrt{10}$．よって，

半径$^2=\left(\dfrac{\sqrt{10}}{2}\right)^2=\dfrac{5}{2}$．

∴ $C_4:\left(x-\dfrac{5}{2}\right)^2+\left(y-\dfrac{3}{2}\right)^2=\dfrac{5}{2}$．//

別解　図の垂直なベクトルに注目して，C_4 の方程式は

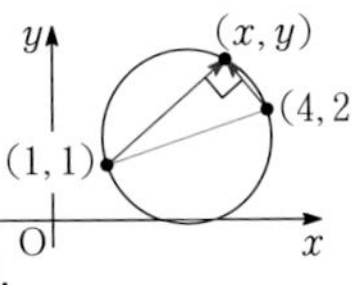

1) $\begin{pmatrix}x-1\\y-1\end{pmatrix}\cdot\begin{pmatrix}x-4\\y-2\end{pmatrix}=0$．

$(x-1)(x-4)+(y-1)(y-2)=0$．

$x^2+y^2-5x-3y+6=0$．//

注　1)：これは，点 $(x,\ y)$ が $(1,\ 1)$ や $(4,\ 2)$ と一致するときも含めて成り立ちますね．

例題 34 C 円を表す条件 根底 実戦

[→演習問題3 9 13]

方程式 $x^2+y^2-2kx+ky+5=0$ …① が円を表すような実数 k の値の範囲を求めよ.

解答 与式を変形すると

$$(x-k)^2+\left(y+\frac{k}{2}\right)^2=-5+k^2+\frac{k^2}{4}$$
$$=\frac{5}{4}k^2-5.$$

これが円を表すための条件は，右辺が「半径 ^{2}」を表すこと，すなわち

$\frac{5}{4}k^2-5>0.$ $k^2>4.$ $\therefore$ $k<-2,\ 2<k.$//

解説 前々ページの円の方程式において，❷が本当に円を表すかどうかは，平方完成して❶の形にしてみて初めてわかるということですね.

注 k が答えの範囲でない値のとき，方程式①が表す図形は例えば次のようになります：

$k=2$ → $(x-2)^2+(y+1)^2=0$ → ①を満たすのは「1 点 $(2,\ -1)$」のみ.

$k=0$ → $x^2+y^2=-5$ → ①を満たす点は存在しない.

この例題から，次のことがわかりましたね：

知識 方程式❷：$x^2+y^2+lx+my+n=0$ が表す図形 F は，2 個以上の点を含む場合には**円**である.

5 演習問題A

351 根底 実戦

xy 平面上の 2 点 A$(1,4)$，B$(4,-2)$ に対して，次の(1)～(4)を求めよ.

(1) AB の中点 M

(2) AB を 2 : 1 に内分する点 P

(3) AB を 1 : 3 に外分する点 Q

(4) 線分 AB の長さ

352 根底 実戦 定期

O を原点とする xy 平面上で，次の各直線の方程式を求めよ.

(1) 直線 $y=-\frac{2}{3}x+1$ と平行で，点 $(3,\ 2)$ 通る直線 l_1

(2) 直線 $y=-\frac{2}{3}x+1$ と垂直でしかも y 切片が共通な直線 l_2

(3) 2 点 $\left(\frac{5}{2},-4\right)$, $(1,2)$ を通る直線 l_3

(4) 点 A$(a,-2a)$ $(a\neq 0)$ を通り OA と垂直な直線 l_4

(5) 2 点 A$(2,0)$，B$(-1,2)$ を結ぶ線分 AB の垂直二等分線 l_5

(6) 2 点 $(-2,0)$, $(0,4)$ を通る直線 l_6

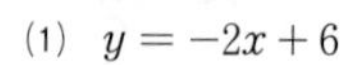

353 根底 実戦 定期

次の方程式で表される直線を，右図のような “ 方眼用紙” を作り，そこに描き込め (破線どうしの間隔は全て 1 とする).

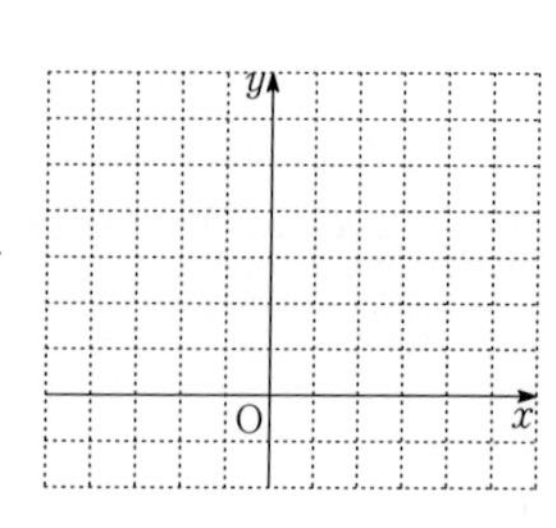

(1) $y=-2x+6$

(2) $y=\frac{1}{3}(x+4)$

(3) $2x=3(y-1)$

(4) $3x+4y=12$

3 5 4 根底 実戦 定期

(1) 点 $(2, -3)$ と直線 $3x-y+1=0$ の距離 d_1 を求めよ．

(2) 点 $(1, 1)$ と直線 $y=-\dfrac{3}{4}x+1$ の距離 d_2 を求めよ．

(3) 点 $(6, -1)$ と直線 $y=m(x-3)+2$ の距離 d_3 を求めよ．

(4) 2 直線 l_1: $2x+3y=4$, l_2: $2x+3y=7$ の距離 d_4 を求めよ．

注 (4)だけは「平行な直線どうしの距離」です．2 直線と直交する直線を考え，その 2 交点間の距離のことをいいます．

3 5 5 根底 実戦 定期

xy 平面上で，次の各方程式が表す図形を図示せよ．

(1) $(x-2)^2+(y+2)^2=5$

(2) $x^2+y^2+x+2y-1=0$

(3) $x(x-1)+y(y+2)=0$

(4) $x^2+y^2-|x|-|y|=0$

3 5 6 根底 実戦

xy 平面上で，次の各円の方程式を求めよ．

(1) 3 点 O$(0, 0)$, $(4, 0)$, $(0, 3)$ を通る円 C_1

(2) 直線 $y=x$ 上に中心があり， 点 A$(3, 1)$ を通る半径 2 の円 C_2

(3) 第 1 象限に中心をもち，x 軸，y 軸， および直線 l: $3x+4y=10$ に接する円 C_3

(4) 2 点 B$(0, 2)$, C$(2, -3)$ を直径の両端とする円 C_4

(5) 3 点 D$(-2, 0)$, E$(1, 3)$, F$(2, 2)$ を通る円 C_5

3 5 7 根底 実戦 定期

円 C : $x^2+y^2+3x-7y=0$ を x 軸方向に 2，y 軸方向に -1 だけ平行移動した円 C' の方程式を求めよ．

3 5 8 根底 実戦 定期

2 直線 l: $y=-ax+3$, m: $(2-a)x+ay-a+4=0$ (a は実数) について答えよ．

(1) l と m が異なる平行な 2 直線となるような a の値を求めよ．

(2) l と m が垂直となるような a の値を求めよ．

3 5 9 根底 実戦

右図のように，2 直線①②上に 3 点 A，B，P をとる．

△ABP の面積を求めよ．

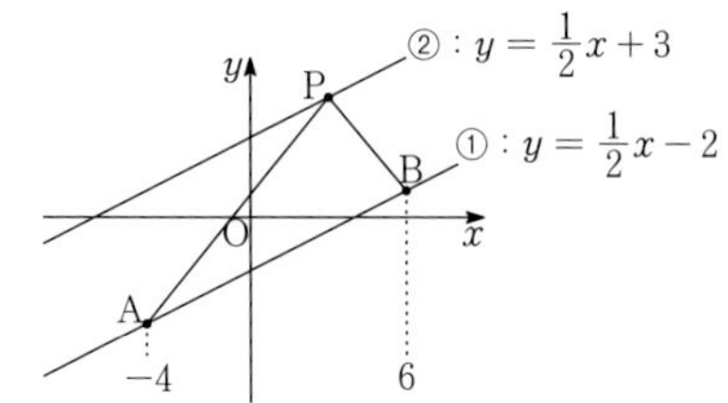

3 5 10 根底 実戦

放物線 C: $y=x^2$ 上に相異なる 3 点 A$(-1, 1)$，B$(2, 4)$，P(t, t^2) ($t \neq -1, 2$) がある．△ABP に関する次の問に答えよ．

(1) t が $-1<t<2$ の範囲で変化するとき，△ABP の面積の最大値を求めよ．

(2) △ABP が直角三角形となるような t の値を求めよ．

6 図形の共有点

1 直線と直線

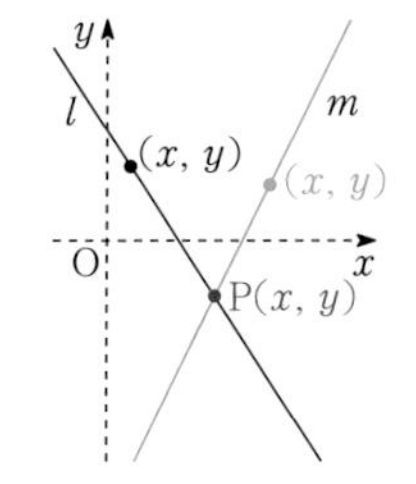

例 2 直線 $l: 3x+2y=4 \cdots ①$ $m: 2x-y=5 \cdots ②$ について考えます．①，②は同じ文字「x, y」で書かれていますが，

①を満たす点 (x, y) は l 上の点（図の黒色）を

②を満たす点 (x, y) は m 上の点（図の青色）を

それぞれ表します．このように，xy 平面上の図形を表す際，異なる点を 同じ文字で表してしまうのが普通なのです．

それでは，2 直線 l, m の交点 $\mathrm{P}(x, y)$（図の赤色）の座標を求めてみましょう．この (x, y) は，①②をどちらも満たす(x, y)，つまり①②の共通解ですから，それを求めるに際して，①②にある x どうし，y どうしを共通な値だとみなす合図として，「①②を**連立**する」と宣言します．大雑把にいうと，

「連立」＝「共通」 です．

あとは，もちろん連立方程式を解くまでです．

$$\begin{cases} 3x+2y=4 \cdots ① \\ 2x-y=5 \cdots ② \end{cases}$$

①＋②×2 より，$7x=14$． $\therefore$ $\mathrm{P}(x, y)=(2, -1)$．

重要 この 例 で見たことは，直線だけに限りません．図形一般に関して，次のことが言えます：

「共有点」と「共通解」 原理

2 つの図形 $C_1: f(x, y)=0 \cdots ①$ $C_2: g(x, y)=0 \cdots ②$ の**共有点**の座標は，

連立方程式①②の**共通解**（実数）と一致する．

注 ここでは共有点が存在することを前提に述べています．「共有点が存在すること」は，「共通解（実数）が存在すること」と同値です．■

前記 例 の l, m のような平行でない 2 直線は，必ず 1 点で交わります．それでは，一般的にはどうかというと…

例題 3 6 a 直線の交点 根底 実戦 [→演習問題 3 9 1]

xy 平面上の 2 直線 $l: ax+y-a=0 \cdots ①$ $m: (a-2)x-ay+1=0 \cdots ②$ について考える．

(1) $a=3$ のとき，l と m の交点の座標を求めよ．

(2) l と m の共有点について調べよ．

言い訳 本来は(2)だけで済む問題ですが，"慣らし" のために(1)を付けてます（笑）．
(2)では，共有点が存在しない可能性も想定して，「求めよ」でなく「調べよ」としました．

解答 (1) $a=3$ のとき，①②を**連立**すると

$$\begin{cases} 3x+y-3=0 \cdots ① \\ x-3y+1=0 \cdots ② \end{cases}$$

①×3＋② より，$10x-8=0$. $x=\dfrac{4}{5}$.

正確には「交点の座標」

これと①より，求める交点は $\left(\dfrac{4}{5}, \dfrac{3}{5}\right)$.//

(2) ①②を**連立**する．①$\times a+$② より，

$$(a^2+a-2)x-a^2+1=0.$$

$$(a+2)(a-1)x=(a+1)(a-1).\ \cdots③$$

方針 x の係数が 0 か否かで場合分け．■

i) $a \neq -2, 1$ のとき，③より

$$x=\frac{a+1}{a+2}\ \left(=1-\frac{1}{a+2}\right).$$

分子の低次化

これと①より

$$y=a(1-x)=\frac{a}{a+2}.$$

$a=3$ とすると(1)と一致

よって，共有点は 1 点 $\left(\dfrac{a+1}{a+2},\ \dfrac{a}{a+2}\right)$.//

ii) $a=-2$ のとき，③は

$$0\cdot x=3.$$

これは解をもたない．

よって，l と m の共有点は存在しない．//

iii) $a=1$ のとき，③は $0\cdot x=0$

$$\begin{cases} ①: x+y-1=0, \\ ②: -x-y+1=0 \end{cases}$$

左辺どうしは逆符号

$$\Longleftrightarrow x+y-1=0.$$

よって共有点は，

直線 $x+y-1=0$ 上の任意の点．//

第3章 図形と方程式

解説 $l /\!/ m$ となるための条件は，それぞれの法線ベクトルを考えて

$$\begin{pmatrix} a \\ 1 \end{pmatrix} /\!/ \begin{pmatrix} a-2 \\ -a \end{pmatrix}.\quad \text{i.e. } a:1=(a-2):(-a).$$

$$-a^2=a-2.\quad (a+2)(a-1)=0.$$

この左辺は③における x の係数であり，次のようになっています：

◦ 場合 i) → l と m は平行ではない → 1 点で交わる．

◦ 場合 ii) iii) → l と m は平行 → $\begin{cases} \text{ii)} \to l \text{ と } m \text{ は共有点なし（右図上）} \\ \text{iii)} \to l \text{ と } m \text{ は同一直線（右図下）} \end{cases}$

$$\left(\text{ii) のとき，}\begin{cases} ①: -2x+y+2=0 \\ ②: -4x+2y+1=0 \end{cases} \Longleftrightarrow \begin{cases} -4x+2y+4=0 \\ -4x+2y+1=0 \end{cases}\right)$$

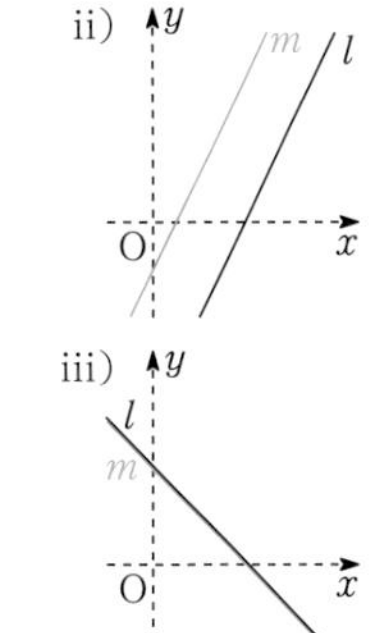

例題 36b 直線に関する対称点 重要度↑ 根底 実戦 典型

[→演習問題393]

直線 $l: 3x-y-2=0$ に関して点 P(3, 1) と対称な点 Q の座標を求めよ．

方針 「中点」と「垂直」を，それぞれベクトルを用いて表します．

解答 Q が l に関して P と対称であるための条件は，線分 PQ の中点を M として

$$\begin{cases} \text{M が } l \text{ 上にある，}\cdots① \\ \text{PQ} \perp l.\ \cdots② \end{cases}$$

Q(a, b) とおくと，

$$\text{M}\left(\frac{3+a}{2},\ \frac{1+b}{2}\right).$$

よって①は

$$3\cdot\frac{3+a}{2}-\frac{1+b}{2}-2=0.$$

$$\text{i.e. } 3a-b+4=0.\ \cdots①'$$

次に，$l: y=3x-2$ の方向ベクトルの 1 つ：$\vec{l}=\begin{pmatrix} 1 \\ 3 \end{pmatrix}$ を考えると，②は

$$\vec{l}\cdot\overrightarrow{\text{PQ}}=0.\ \text{つまり，}\ \begin{pmatrix} 1 \\ 3 \end{pmatrix}\cdot\begin{pmatrix} a-3 \\ b-1 \end{pmatrix}=0.$$

$$a-3+3(b-1)=0.\quad a+3b-6=0.\ \cdots②'$$

①′②′より，$\text{Q}(a, b)=\left(-\dfrac{3}{5},\ \dfrac{11}{5}\right)$.//

注 「垂直」の条件②は「傾き」を用いても表せますが，分数式が現れるので不利です．

言い訳 「交点」の問題ではないですが，「2 直線 l，PQ」が登場するのでここで扱いました．

2 円と直線

主体　手段

この項は，本章「**図形**と方程式」におけるハイライトです．**図形**，方程式という 2 つの扱い方を，対比しながら学びましょう．

円 C と直線 l の位置関係は，C の中心と直線 l との距離（垂線の長さ）を d として，「距離 d」と「半径 r」の大小関係により下図の 3 通りに分かれます．

円と直線の位置関係　知識

〔交わる〕

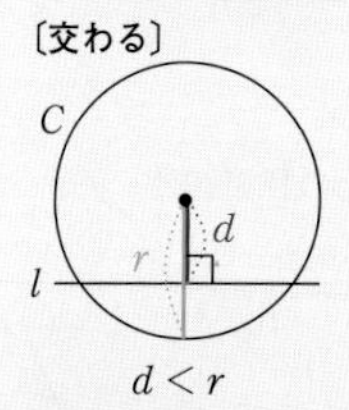

〔接する〕

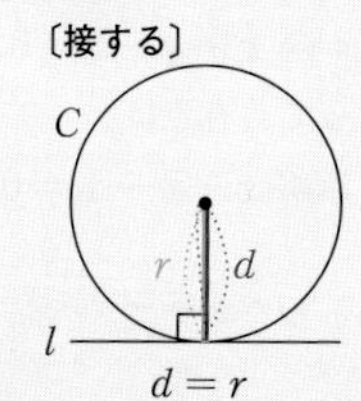

〔共有点なし〕

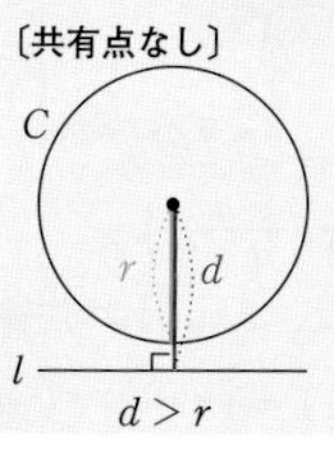

例題 3 6 C 円と直線の交点　根底 実戦

[→演習問題 3 9 1]

円 $C : x^2 + y^2 - 6x + 5 = 0$ …① と直線 $l : x - 2y + 1 = 0$ …② について答えよ．

(1) C と l は異なる 2 点で交わることを示せ．　(2) C と l の交点の座標を求めよ．

方針 (1)「図形」について考えます．両者の「位置関係」のみを，上記に基づいて考えます．

(2)「方程式」を利用します．「共有点の座標」は，「連立方程式の共通解」として求まります．

解答 (1) ①を変形すると

$$(x-3)^2 + y^2 = 2^2. \cdots ①'$$

よって円 C は，中心 $A(3, 0)$，半径 $\underline{2}$ の円である．

A と l の距離 $\underline{d}$ は

$$d = \frac{|3 - 2\cdot 0 + 1|}{\sqrt{1^2 + (-2)^2}} = \frac{|3+1|}{\sqrt{1+4}} = \frac{4}{\sqrt{5}}.$$

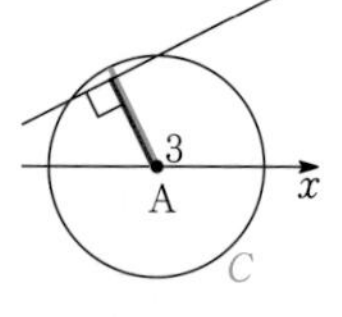

$\frac{4}{\sqrt{5}} < \frac{4}{2} = 2$ だから，$d < C$ の半径．

よって，C と l は異なる 2 点で交わる．□

(2) ①②を連立する．（共通な x, y とみなす宣言）

②は，$x = 2y - 1$. …②′

これを①′へ代入して（①′では x が 1 か所に集約）

$(2y-4)^2 + y^2 = 4$.　$5y^2 - 16y + 12 = 0$.

$(y-2)(5y-6) = 0$.　$y = 2, \frac{6}{5}$.

これと②′より，求める交点は [1)]

$$(3, 2), \left(\frac{7}{5}, \frac{6}{5}\right). //$$

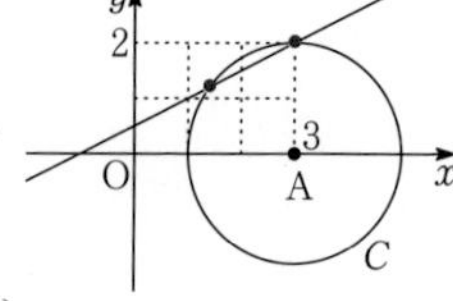

参考 右のように図を丁寧に描けば，片方の交点 (3, 2) は見抜けますね．

言い訳 1 (2)で交点が求まれば，同時に(1)：「交点の存在」も示されたことになりますが…．基礎を学ぶために敢えてこのように出題しました．

言い訳 2 [1)]：正しくは「交点の座標は」ですが，サボっても叱られないかな？（笑）

重要 本問で用いた「2 通りの方法論」をまとめておきます．今後，目的に応じて使い分けます．

円と直線の共有点の考察　方法論

❶ 「円の中心と直線の**距離**」と「円の**半径**」の大小に注目する．（2 つの図形の関係性のみが大切）

❷ それぞれの方程式からなる連立方程式の**共通解**を考える．（共有点の座標が大切）

例題 3 6 d 円と直線の位置関係 重要度↑ 根底 実戦 典型 [→演習問題 3 9 11]

円 $C : x^2 + y^2 = 3$ …① と直線 $l : y = m(x-2)-1$ (m は実数) …② について答えよ.

(1) C と l が接するような m の値を求めよ.

(2) C が l から切り取る線分の長さが $2\sqrt{2}$ であるような m の値を求めよ.

方針 C と l の「位置関係」のみが重要. 共有点の座標は不要. よって, 前ページ❶を使用.

解答 円 C の中心は原点 $\mathrm{O}(0, 0)$ で半径は $\sqrt{3}$.

②を変形して

$l : m(x-2)-y-1=0$. …②′

よって, C の中心 O と l の距離 d は

$$d = \frac{|m(-2)-0-1|}{\sqrt{m^2+(-1)^2}} = \frac{|-2m-1|}{\sqrt{m^2+1}}.$$

(1) C と l が接するための条件は

$d = C$ の半径.

$$\frac{|2m+1|}{\sqrt{m^2+1}} = \sqrt{3}.$$

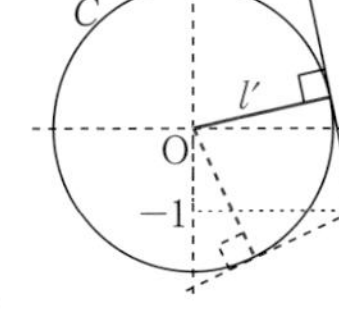

両辺とも 0 以上だから, 分母を払って 2 乗すると

$(2m+1)^2 = 3(m^2+1)$.

$m^2+4m-2=0$. ∴ $m = -2\pm\sqrt{6}$. // …③

(2) C が l から切り取る線分の長さが $2\sqrt{2}$ のとき, 右図の直角三角形に注目して,

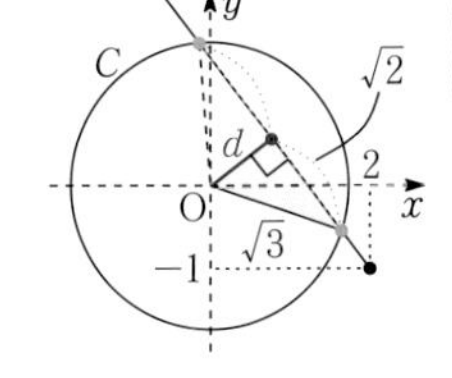

$d = \sqrt{3-2} = 1$.

$$\frac{|2m+1|}{\sqrt{m^2+1}} = 1.$$

$(2m+1)^2 = m^2+1$. ∴ $m = 0, -\dfrac{4}{3}$. //

注 (2)では, 「交点の座標を求め, その 2 点間の距離を計算する」とやりたくなりますが, 「交点の座標」そのものは不要なので, 遠回りです.

解説 本問を❷:「連立方程式の共通解」で考えるのはとてつもなく遠回りです. また, (1)で「接点の座標」が問われていたとしても, 上記❶による **解答** に, 次の操作を付け足せば OK です:

③の m に対して, l と垂直で原点を通る直線 l' は

$l' : x+my=0$. …④ 法線ベクトルを考えよ

これと②′を連立して

$$m(-my-2)-y-1=0.\ y = \frac{-2m-1}{m^2+1}.$$

これと④より, C と l の共有点(接点)の座標は

$$\left(\frac{m(2m+1)}{m^2+1}, \frac{-(2m+1)}{m^2+1}\right).$$

(あとは③の m の値を代入. 本問ではメンドウ.)

参考 直線 l は, m の値によらず定点 $\mathrm{A}(2, -1)$ を通ります. (2)で, 傾き: $m=0$ が条件を満たすことは, 右図を見れば納得いきますね.

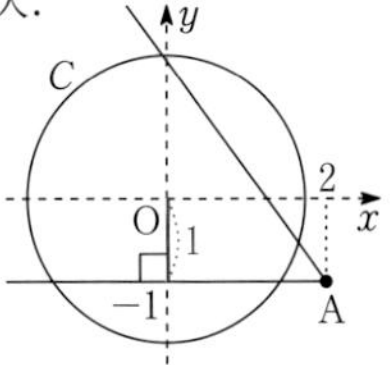

参考 Ⅰ+A 5 10 7 にもある通り, 円に関連して得られる直角三角形として, 次の 3 つが有名です.

〔交わるとき〕

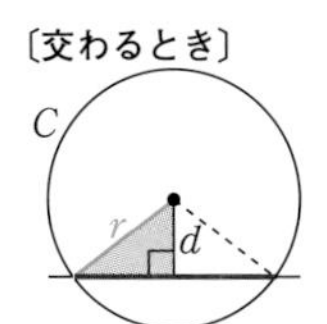

〔接するとき〕

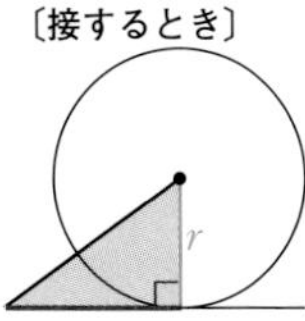

〔直径〕

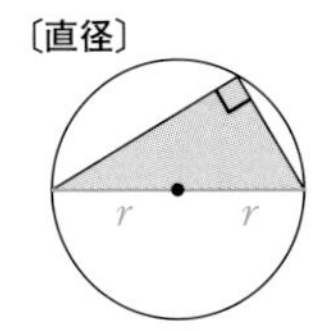

語記サポ 〔交わるとき〕の赤線分を, 「C が l から**切り取る部分**」と呼びます. 前記例題(2)

〔接するとき〕の赤線分の長さを, 「**接線の長さ**」といいます.

3 円の接線公式

原点 O が中心で半径 r の円周 $C: x^2+y^2=r^2$ 上の点 A(a, b) における C の接線 l の方程式を求めます．ベクトルを用いれば一瞬です．

A(a, b) は C 上の点だから

$a^2+b^2=r^2$. …①

これを忘れないこと！

点 P(x, y) が l 上にあるための条件は

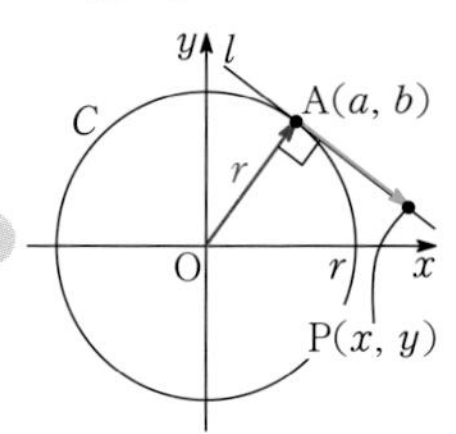

$\overrightarrow{OA} \perp \overrightarrow{AP}$. $\overrightarrow{OA} \cdot \overrightarrow{AP} = 0$. 1)

$\begin{pmatrix} a \\ b \end{pmatrix} \cdot \left\{ \begin{pmatrix} x \\ y \end{pmatrix} - \begin{pmatrix} a \\ b \end{pmatrix} \right\} = 0.$

$ax+by=a^2+b^2$.

これと①より

$l: ax+by=r^2$.

注 1)：これは，P が A と一致するときも含めて成り立ちます．

円の接線公式 定理

原点 O が中心で半径 r の円 C の，点 A(a, b) における接線を l とすると，

$C: xx+yy=r^2$

$l: ax+by=r^2$.

2 乗の片方を接点の座標に替えるだけ！

注 ただし，$a^2+b^2=r^2$.　これを忘れずに！

重要 この公式を用いる際には，必ず**接点の座標** (a, b) が現れます．

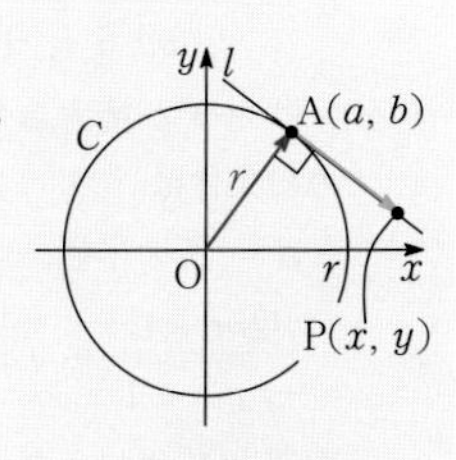

注 原点以外が中心の場合の公式は複雑．覚えるのは無意味．その場で導くべし．[→**次の例題**(3)]

例題 36e 円の接線公式 根底 実戦

[→**演習問題399**]

次の(1)～(3)のような円の接線の方程式をそれぞれ求めよ．

(1) 円 $C: x^2+y^2=7$ 上の点 A$(2, \sqrt{3})$ における C の接線 l.

(2) 点 A$(2, 4)$ から円 $C: x^2+y^2=10$ へ引いた接線 l.

(3) 点 A$(1, 1)$ を中心とする半径 5 の円 C 上の点 B$(4, 5)$ における C の接線 l.

解答 (1) **方針** C は原点を中心とする円で，接点が既知ですから，前記接線公式を適用すれば一瞬です．■

l: $2x+\sqrt{3}y=7$.//

(2) **方針** C は原点を中心とする円です．未知なる接点 P の座標を文字で表せば，前記接線公式が使えます．■

C と l の接点を P(a, b) とおく．

ただし，

$a^2+b^2=10$. …①

このとき　これを忘れずに！

$l: ax+by=10$. …②

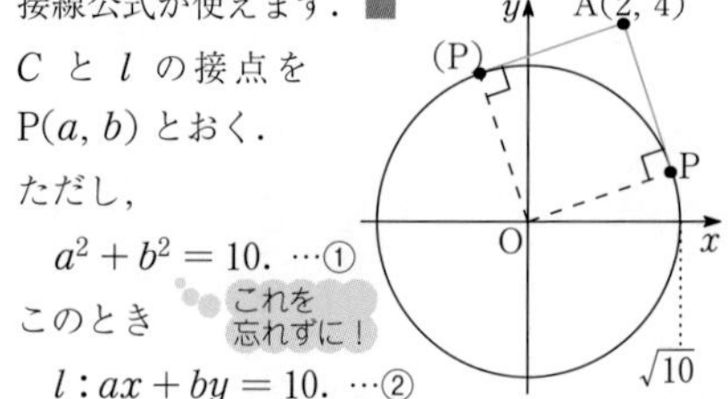

これが点 A$(2, 4)$ を通るから

$2a+4b=10$. i.e. $a=5-2b$. …③

①③より

$(5-2b)^2+b^2=10$.　$5b^2-20b+15=0$.

$(b-1)(b-3)=0$.　$\therefore b=1, 3$.

これと③より，$(a, b)=(3, 1), (-1, 3)$.

これと②より

$l: 3x+y=10, -x+3y=10$.//

注 $l: y-4=m(x-2)$ とおいて前項 2 ❶ の手法を用いれば，「接点の座標」を持ち出さず解決します．とはいえ「接線公式」を用いれば，「接点の座標」が求まると同時に「接線の方程式」も得られますから，上記のようにしました．

解答 (3) **方針** 原点以外が中心なので接線公式の結果は使えませんが，**証明過程の考え方**は使えます．■

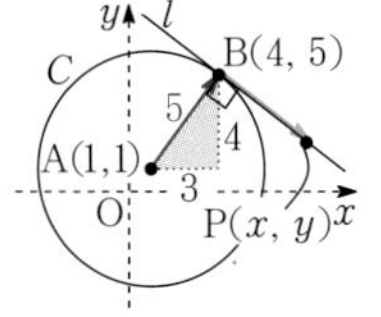

l 上の任意の点 $\mathrm{P}(x, y)$ が満たすべき条件は

$\overrightarrow{\mathrm{AB}} \perp \overrightarrow{\mathrm{BP}}$.

$\overrightarrow{\mathrm{AB}} \cdot \overrightarrow{\mathrm{BP}} = 0$. P=B のときも含めて成立

$\begin{pmatrix}3\\4\end{pmatrix} \cdot \left\{\begin{pmatrix}x\\y\end{pmatrix} - \begin{pmatrix}4\\5\end{pmatrix}\right\} = 0$.

$\therefore l : 3x + 4y = 32$.//

4 円と円

2 つの円が「交わる」，「外接する」などの関係については，既に I+A 5 10 8 で述べた通り，「中心間距離」と「2 つの半径の和，差」を比較して判定します．

ここでは，「中心 A，半径 r_1 の円 C_1」と，「中心 B，半径 r_2 の円 C_2」について，次の同値関係があることのみ確認しておきます．

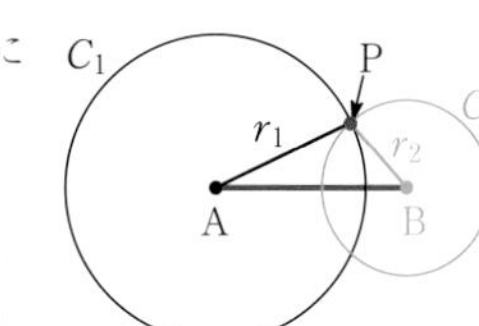

2 円が交わる条件 定理

「C_1 と C_2 が異なる 2 点で交わる」$\Longleftrightarrow \underbrace{|r_1 - r_2|}_{\text{半径の絶対差}} < \overbrace{\mathrm{AB}}^{\text{中心間距離}} < \underbrace{r_1 + r_2}_{\text{半径の和}}$.

解説 2 円が「交わる」とは，2 つの中心と交点 (の 1 つ)P を頂点とする三角形ができることに他なりません．よってその条件は，「AB, r_1, r_2 が三角形の 3 辺の長さをなす条件」と同型になります．

注 「外接」「内接」などについてまで細かく覚えるのは無駄．その場で図を描いて考えるべし．■

例題 3 6 f 2円が交わる条件 根底 実戦 典型 [→演習問題 3 9 10]

xy 平面上にある次の 2 つの円について考える．ただし，a は $0 < a < 2$ …① を満たす実数とする．

$$C_1 : x^2 + y^2 - 2ax + ay + \frac{3}{4}a^2 - 4a - 8 = 0$$

$$C_2 : x^2 + y^2 + 2ax - 3ay + \frac{11}{4}a^2 + 2a - 2 = 0$$

C_1, C_2 が異なる 2 点で交わるような a の範囲を求めよ．

方針 原則通り，中心間距離と半径の和，差を比べます．

解答 与式を変形すると

$$C_1 : (x-a)^2 + \left(y + \frac{a}{2}\right)^2 = \frac{(a+4)^2}{2},$$

$$C_2 : (x+a)^2 + \left(y - \frac{3}{2}a\right)^2 = \frac{(a-2)^2}{2}.$$

これと①より

$$C_1 : \text{中心 A}\left(a, -\frac{a}{2}\right),\ \text{半径} \frac{|a+4|}{\sqrt{2}} = \frac{a+4}{\sqrt{2}}.$$

$$C_2 : \text{中心 B}\left(-a, \frac{3}{2}a\right),\ \text{半径} \frac{|a-2|}{\sqrt{2}} = \frac{2-a}{\sqrt{2}}.$$

中心間距離 AB は，

$$|\overrightarrow{\mathrm{AB}}| = \left|\begin{pmatrix}-2a\\2a\end{pmatrix}\right| = \left|2a\begin{pmatrix}-1\\1\end{pmatrix}\right|$$

$$= 2|a|\sqrt{2} = 2\sqrt{2}a\ (\because ①).$$

よって，題意の条件は

$$\left|\frac{a+4}{\sqrt{2}} - \frac{2-a}{\sqrt{2}}\right| < 2\sqrt{2}a < \frac{a+4}{\sqrt{2}} + \frac{2-a}{\sqrt{2}}.$$

$\underbrace{2a+2}_{\because ①} < 4a < 6$. これと①より，$1 < a < \frac{3}{2}$.//

解説 計算上のポイントは，再三現れる絶対値記号を，①を用いて取り除いていくことです．

言い訳 円と円の交点の座標を求める問題は，他の内容との関連により例題 3 8 b で扱います．その次の例題 3 8 c では，この例題を「$0 < a < 2$」という制限なしで解いてみます．

7 軌跡・領域（基礎編）

1 軌跡の基本

3 1 2 で述べたように，数学では，「図形」というものをある条件を満たす点の集合ととらえます．xy 平面における点 $\mathrm{P}(x, y)$ の集合で，x, y が満たすべき「条件」が（主に）等式 1) で表されているものを，点 P の**軌跡**と呼びます．

注 1)：「等式」が「不等式」に変わると，「軌跡」から「領域」へと呼び名が変わります［→3］．

例　xy 平面上で，2 点 $\mathrm{O}(0, 0)$，$\mathrm{A}(2, 1)$ に到る距離が等しいような点 P の軌跡 F を求めてみましょう．もちろん F は，右図のような線分 OA の垂直二等分線になるに決まっているのですが，それを敢えて計算によって導いてみます．

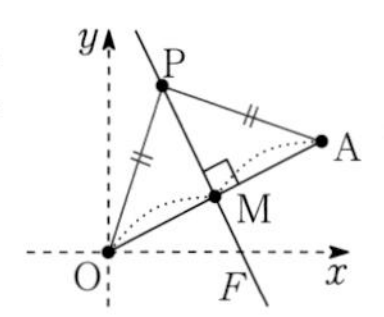

1° $\mathrm{P}(x, y)$ とおきます．こうして座標を文字で表すことにより，初めて軌跡を「方程式」で表すことができるのです．

2° 題意の条件：$\mathrm{OP} = \mathrm{AP}$ を x, y の式で表して整理していきます．

$\mathrm{OP}^2 = \mathrm{AP}^2$．（両辺を 2 乗すると，長〜い $\sqrt{\ }$ を書かなくて済む）

$x^2 + y^2 = (x-2)^2 + (y-1)^2$.

$0 = -4x - 2y + 5$．（x^2, y^2 は消える）

$\therefore F : 4x + 2y = 5$.//

これで，P の軌跡 F は，直線 $4x + 2y = 5$ であることがわかりました．

参考　「垂直二等分線」として求めるなら，次のようにします：

線分 OA の中点 M は $\left(1, \dfrac{1}{2}\right)$.

$\mathrm{P}(x, y)$ が満たすべき条件は

$\overrightarrow{\mathrm{OA}} \cdot \overrightarrow{\mathrm{MP}} = 0$.

$$\begin{pmatrix} 2 \\ 1 \end{pmatrix} \cdot \begin{pmatrix} x-1 \\ y-\frac{1}{2} \end{pmatrix} = 0.$$

$$2(x-1) + \left(y - \frac{1}{2}\right) = 0.$$

$$\therefore\ F : 2x + y - \frac{5}{2} = 0.$$

例題 3 7 a　簡単な軌跡　根底 実戦 典型　［→演習問題 3 9 22］

xy 平面上で，2 点 $\mathrm{A}(1, 0)$，$\mathrm{B}(4, 0)$ に到る距離の比が $1:2$ であるような点 P の軌跡 F を求めよ．

着眼　題意の条件を満たすような点 P として，線分 AB を $1:2$ に内分する点 $(2, 0)$ と外分する点 $(-2, 0)$ は必ず含まれるはず．解答後，これらを通るかをチェックしましょう．（手順 0°：点 P の動きそのものを観察）

解答　$\mathrm{P}(x, y)$ とおく．（手順 1°：座標設定）

題意の条件は，

$\mathrm{AP} : \mathrm{BP} = 1 : 2$．（手順 2°：条件の定式化→整理）

$2\mathrm{AP} = \mathrm{BP}$.

$4\mathrm{AP}^2 = \mathrm{BP}^2$.

$4\{(x-1)^2 + y^2\} = (x-4)^2 + y^2$.

$3x^2 + 3y^2 = 12$.

よって求める軌跡 F は

円：$x^2 + y^2 = 2^2$.//

（図示すると右図の通り）

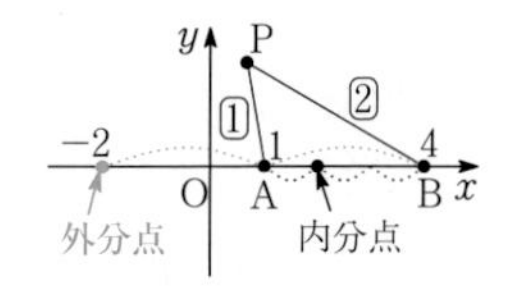

解説　一般に，2 定点に到る距離の比が一定（上記 例 のような $1:1$ は除く）である点の軌跡は「円」となります．これを**アポロニウスの円**といいます．

補足　確かに 着眼 で考えた「内分点」「外分点」を通ってますね．

2 軌跡（パラメタ入り）

例題37a では，$\mathrm{P}(x, y)$ とおいた後，条件を立式すると直接 x と y だけの関係式が得られました．それに対して次の問題では，それ以外の文字 t[1] も使用して立式がなされます．

語記サポ [1]：こうしたもののことを**媒介変数**，もしくは**パラメタ**といいます．

例題 37b 簡単な軌跡（パラメタ入り） 根底 実戦 典型 [→演習問題3 9 25]

xy 平面上で，円 $C: x^2+y^2+(4t+6)x-(2t+2)y+14t=0$（$t$ は実数）の中心を P とする．

(1) t が実数全体を動くときの点 P の軌跡 F を求めよ．

(2) t が 0 以上の実数全体を動くときの点 P の軌跡 F' を求めよ．

方針 方程式を平方完成し，P の座標とパラメタ t の関係を立式します．

解答 (1) 与式を変形すると

$$C:(x+2t+3)^2+(y-t-1)^2 = (2t+3)^2+(t+1)^2-14t.$$

$$(x+2t+3)^2+(y-t-1)^2=5t^2+10.$$

任意の t に対して，右辺は正だから C は円である．

$\mathrm{P}(x, y)$ とおくと，（手順 1°：座標設定）

$$\begin{cases} x=-2t-3, & \cdots ① \\ y=t+1. & \cdots ② \end{cases}$$

（手順 2°：条件の定式化→整理）

方針 パラメタ t を消去し，x と y だけの関係式を作ることが肝心です．■

②より $\boxed{t=y-1}$．…②′（これが最重要！消したい t を残したい y で表す）

これを①に代入して

$$x=-2(y-1)-3.$$（手順 3°：パラメタを消去）

$\therefore\ F: x+2y+1=0.$ // …③

(2) (1)と同様に③が成り立つ．また，②′を $t \geq 0$ に代入して（手順 4°：軌跡の限界を調べる）

$$y-1 \geq 0. \quad \text{i.e. } y \geq 1.$$

$$\therefore\ F': x+2y+1=0\ (y \geq 1). //$$

重要 ②′のように，消したい t を残したい x や y で表すのが大切です．

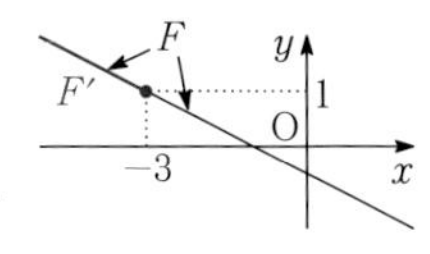

注 (2)の軌跡 F' は，(1)で求めた直線 F の一部（赤色の半直線）となりました．このように，ある方程式が表す図形全体の中で，どの部分だけが軌跡に含まれるかを考えることを，俗に**軌跡の限界**を調べると言ったりします．上記の通り，②′を t の条件へ代入することで得られます．

注意！ ~~y の範囲~~（もしくは x の範囲）を求めようとするのはよくある誤りです．[→例題38q 注意！]

前 2 問で，1°, 2°, … と書いた手順を整理しておきます．

点 P の軌跡を求める手順 方法論

0° まず，**下書き**として点 P の動きそのものを大まかに観察．

1° 「$\mathrm{P}(X, Y)$」のように座標を設定する．

2° 与えられた条件を，X, Y（およびパラメタ t など）を用いて立式→整理．

3° 2° で t を用いた場合には，可能な限り $\boxed{t=X, Y \text{ の式}}$ の形を作り，t を消去する．

4° 3° で t を消去する際などにおいて，軌跡の限界に注意！

ハイレベル 3°, 4° の作業は，厳密に言うと条件を満たす t の**存在条件**を求めています．[→例題38o 後の発展]

例題 3 7 C 軌跡（パラメタ2個入り） 根底 実戦 ［→演習問題 3 10 1］

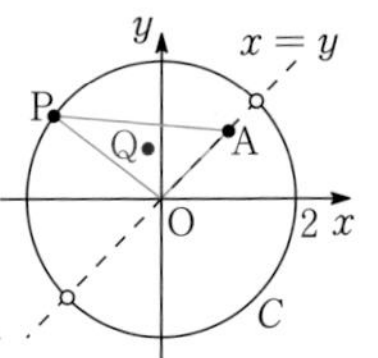

xy 平面上に 3 点 O(0, 0)，A(1, 1)，P があり，△OAP の重心を Q とする．P が円 $C : x^2+y^2=4\ (x \neq y)$ …① 上を動くときの Q の軌跡 C' を求めよ．

方針 P と Q の関係を，ベクトルを用いて表しましょう．

解答 P(x, y)，Q(X, Y) とおくと，(x, y) は①を満たす．Q は △OAP の重心だから

$$\overrightarrow{\mathrm{OQ}} = \frac{\overrightarrow{\mathrm{OO}}+\overrightarrow{\mathrm{OA}}+\overrightarrow{\mathrm{OP}}}{3}. \cdots ②$$ 始点は統一

着眼 「P(x, y)」，「Q(X, Y)」の扱い方を整理しておきます．

P(x, y)…C 上（軌跡が既知）
↕ 消したい x, y を残したい X, Y で表す
Q(X, Y)…C' 上（軌跡が未知）■

②より，$\overrightarrow{\mathrm{OP}} = 3\overrightarrow{\mathrm{OQ}} - \overrightarrow{\mathrm{OA}}$.

i.e. $\boxed{\begin{pmatrix} x \\ y \end{pmatrix} = 3\begin{pmatrix} X \\ Y \end{pmatrix} - \begin{pmatrix} 1 \\ 1 \end{pmatrix} = \begin{pmatrix} 3X-1 \\ 3Y-1 \end{pmatrix}}$. …②′

消したい x, y を残したい X, Y で表す

これを①へ代入して

$$(3X-1)^2+(3Y-1)^2=4\ (3X-1 \neq 3Y-1).$$

$$\left(X-\frac{1}{3}\right)^2+\left(Y-\frac{1}{3}\right)^2=\frac{4}{9}\ (X \neq Y).$$

すなわち，求める Q の軌跡 C' は

円：$\left(x-\frac{1}{3}\right)^2+\left(y-\frac{1}{3}\right)^2=\left(\frac{2}{3}\right)^2$,

$(x, y) \neq \left(\frac{1}{3} \pm \frac{\sqrt{2}}{3}, \frac{1}{3} \pm \frac{\sqrt{2}}{3}\right)$（複号同順）.//

重要 ②の後の舵（かじ）取りが肝要です．**最終目標**は Q の座標を表す X, Y だけの関係式を導くことですから，2 種類の文字の“役割分担”は次のようになっています：

X, Y：残したい文字
x, y：消したい文字（前問のパラメタ t に相当）

文字を消去するときの大原則．それは★「消す文字を残す文字で表すこと」です．残念ながら②は**全く逆**ですので，②′のような★の形へ変形します．

前問でも，①②で得られた式は“逆”なので，消したい t を残したい y で表した②′：$t=y-1$ という★の形を作りました．

以上を踏まえて，パラメタを用いて軌跡を求める際の大原則を確認しておきます：

軌跡（パラメタ入り）の求め方 方法論

消したい文字を，残したい文字で表す．
つまり，消したい文字について解く．

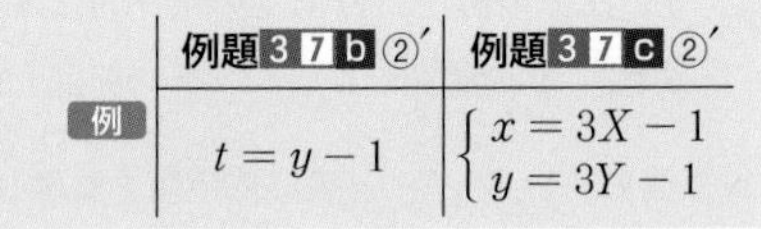

	例題 3 7 b ②′	例題 3 7 c ②′
例	$t=y-1$	$\begin{cases} x=3X-1 \\ y=3Y-1 \end{cases}$

参考 OA の中点を M とすると，重心 Q は中線 PM を 2：1 に内分します．よって，$\overrightarrow{\mathrm{MQ}}=\frac{1}{3}\overrightarrow{\mathrm{MP}}$

C と C' は M$\left(\frac{1}{2}, \frac{1}{2}\right)$を中心として相似の位置にあり，

相似比は 3：1．$\overrightarrow{\mathrm{MB}}=\frac{1}{3}\overrightarrow{\mathrm{MO}}$

よって Q の軌跡 C' も円であり，

中心 B$\left(\frac{1}{2}\cdot\frac{2}{3}, \frac{1}{2}\cdot\frac{2}{3}\right)=\left(\frac{1}{3}, \frac{1}{3}\right)$，半径 $2\cdot\frac{1}{3}=\frac{2}{3}$.

補足 「軌跡を求めよ」という問いでは，「方程式」「どんな図形かを言葉で」「図示」のいずれかを行えば正解になると思います．あと，答えで円から除外される点の座標は求めなくても許されるかも．

3 領域の基本

xy 平面上で，x, y の等式を満たす点 (x, y) の集合が軌跡でした．それに対して，不等式を満たす点 (x, y) の集合を**領域**といいます．典型的な領域として，次の 2 タイプがあります．

❶〔曲線の上・下〕

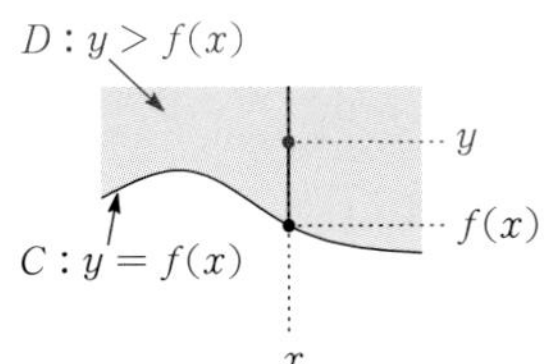

領域 $D: y > f(x)$ 内の点 (x, y) は
曲線 $C: y = f(x)$ 上[1] の点 に対して
共通な x 座標で比べると y 座標が大きい．
よって，D は C の[2] 上側の部分．
「<」に変えると，C の下側の部分．

❷〔円周の内・外〕

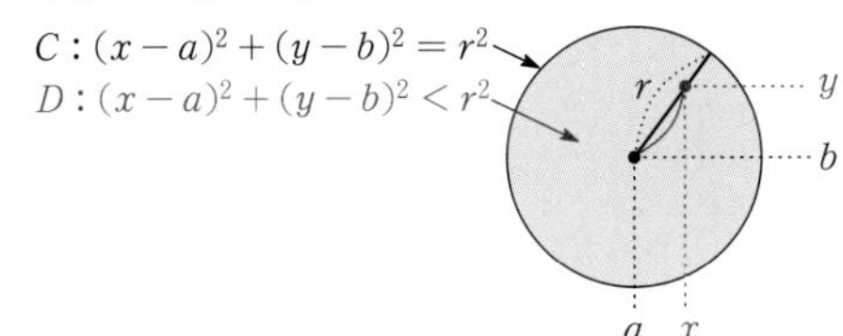

領域 $D: (x-a)^2 + (y-b)^2 < r^2$ 内の点 (x, y) は
円周 $C: (x-a)^2 + (y-b)^2 = r^2$ 上の点 と比べて
中心 (a, b) からの距離が短い．
よって，D は C の内部．
「>」に変えると，C の外部．

語記サポ 1)：この「上」は「on the wall」の「on」（接触）の意．
2)：こちらの「上」は「above」（上方）の意．

$D: x > g(y)$
$C: x = g(y)$
y
$g(y)$ x

注 **❶′〔曲線の左・右〕**「上・下」と同様な考えにより，領域 $D: x > g(y)$ は，曲線 $C: x = g(y)$ の右側の部分です．（「<」なら左側です．）

例題 3 7 d 領域の図示（基本） 根底 実戦

［→演習問題 3 9 14］

次の各不等式が表す領域を図示せよ．

(1) $y > x - 1$　(2) $y \geq x - 1$　(3) $(x-1)^2 + y^2 \leq 1$
(4) $x^2 + y^2 - x - 2y > 0$　(5) $x \leq 2$　(6) $3x - 4y > 12$

注 「>」や「<」なら境界線は除き，「$\geq$」や「$\leq$」なら境界線も含みます．

解答 手法番号❶❷❶′を書いておきます．

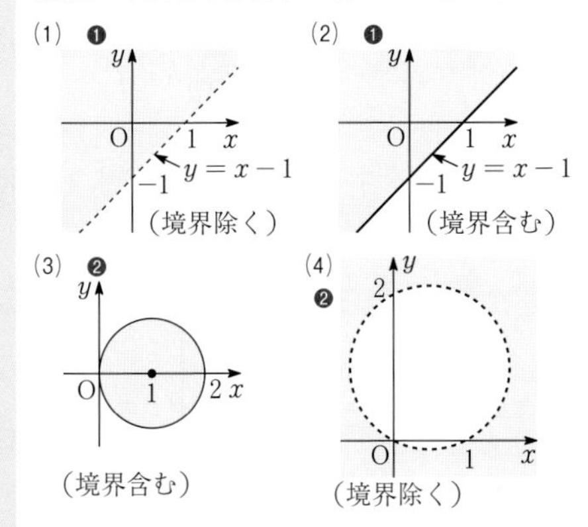

(5) ❶′
y
O
2 x
（境界含む）

(6) ❶
y
4
O
x
-3
（境界除く）

解説 (4) 平方完成して中心の座標を求めなくても，切片に注目して境界線を描き，「>」だから「外側」だと判断すれば OK です．
(6) これも，切片に注目して境界線を描き，与式を（暗算で）変形すると「$y <$ 〜〜」の形になることが見抜けるので「下側」だと判断します．
もしくは，原点 O の座標 $(0, 0)$ を代入すると与式が成り立たないことから，O と反対側の領域だとわかります．［→3 7 5］

第3章 図形と方程式

4 領域を描く

例題 3 7 e 領域の図示（応用） 根底 実戦

[→演習問題 3 9 14]

次の各不等式が表す領域を図示せよ．

(1) $y>0$ かつ $3x+y-6\leqq 0$　　(2) $x(y-1)\geqq 0$　　(3) $\dfrac{x}{y-1}\geqq 0$

(4) $(x+y-4)(x-2y+5)\leqq 0$　　(5) $(x+y-1)(x^2+y^2-1)>0$

言い訳 実際の入試では，説明不要で結果のみ書けばよい“程度”の問題ですので，**解答**というより，各問ごとに**解説**を述べていきます．

解説 (1) 境界線の直線に対する上下関係は次の通り：

$$\begin{cases} y=0 \text{ の上側}, \\ y=-3x+6 \text{ の下側}. \end{cases}$$

（境界は実線部のみ含む）

(2) 大雑把に言えば x と $y-1$ が同符号です．

$$x(y-1)\geqq 0$$

$$\Longleftrightarrow \begin{cases} x\geqq 0 \\ y\geqq 1 \end{cases} \text{ or } \begin{cases} x\leqq 0 \\ y\leqq 1 \end{cases}.$$

（境界含む）

(3) x と $y-1$ が同符号である点は(2)と全く同様です．ただし，分母の $y-1$ は 0 ではありません．

（境界は実線部のみ含む）

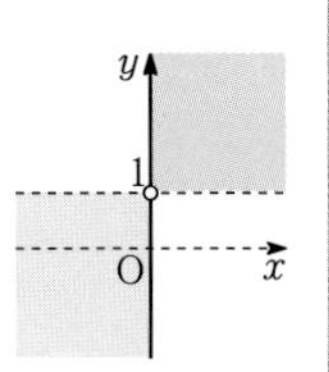

(4) 大雑把に言えば $x+y-4$ と $x-2y+5$ が異符号です．与式は次と同値：

$$\begin{cases} x+y-4\geqq 0 & \text{上側} \\ x-2y+5\leqq 0 & \text{上側} \end{cases}$$

or

$$\begin{cases} x+y-4\leqq 0 & \text{下側} \\ x-2y+5\geqq 0 & \text{下側} \end{cases}$$

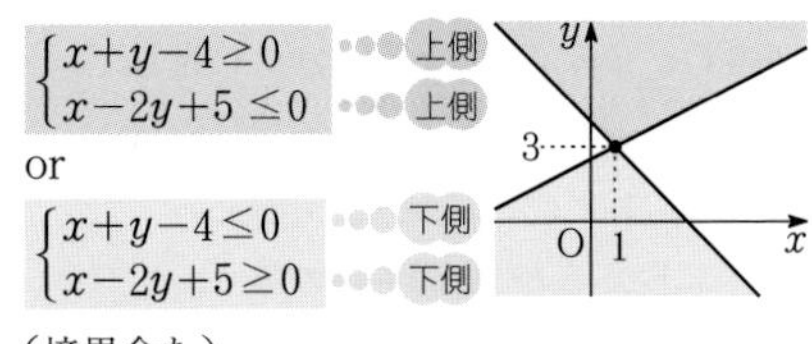

（境界含む）

(5) $x+y-1$ と x^2+y^2-1 が同符号です．与式は次と同値：

$$\begin{cases} x+y-1>0 & \text{上側} \\ x^2+y^2-1>0 & \text{外側} \end{cases}$$

or

$$\begin{cases} x+y-1<0 & \text{下側} \\ x^2+y^2-1<0 & \text{内側} \end{cases}$$

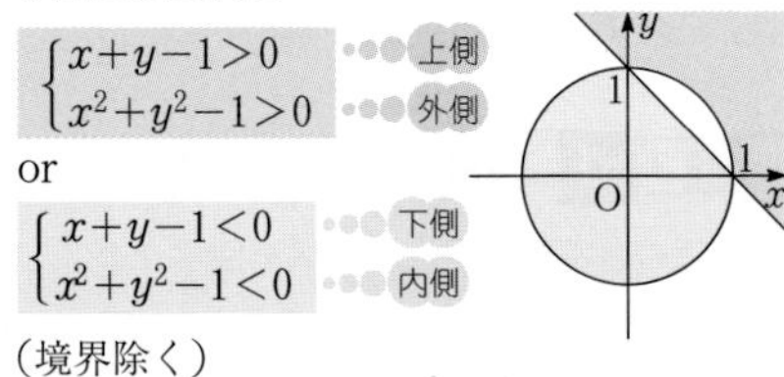

（境界除く）

注 答えの領域に含まれる原点 O(0, 0) が，確かに与式を満たすことを確認しておきましょう．

5 正領域・負領域

「絶対必須」という訳ではないですが，知っておくととても便利な領域の捉え方をご紹介します．

例 領域 D : $xy<1$ …① を，2 通りの方法で描いてみます．

〔方法 1〕 まずは素朴に❶「$y \gtrless$ ～～」の形を利用します．①の両辺を x で割ると，①は次のように変形できます．ただし，その際 x の符号による場合分けを要します．

$$\begin{cases} x>0 \text{ のとき，} y<\dfrac{1}{x}. \\ x<0 \text{ のとき，} y>\dfrac{1}{x}. \\ x=0 \text{ のとき，} 0\cdot y<1.\ (\text{これは任意の } y \text{ について成立．}) \end{cases}$$

よって D は右図の通り（境界除く）．青色部と赤色部の“つなぎ目”である y 軸（太線）を欠かさないよう注意しましょう．

〔方法 2〕 x の符号による場合分けをすることなく D を描きましょう．①の左辺から右辺を引いた $f(x,y)=xy-1$ を考えます．これは，x, y を変数とする「2 変数関数」です．

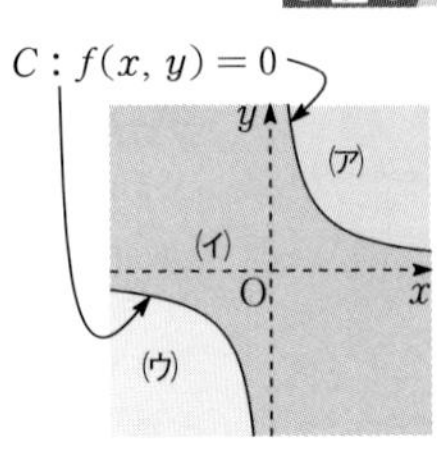

この $f(x, y)$ を用いて，xy 平面上全体は次のように分類されます：

$f(x, y)>0$ となる点 (x, y) の集合：「$f(x, y)$ の**正領域**」という．
$f(x, y)<0$ となる点 (x, y) の集合：「$f(x, y)$ の**負領域**」という．
$f(x, y)=0$ となる点 (x, y) の集合：曲線 C とする．

xy 平面全体は，曲線 $C: xy=1$，i.e. $y=\frac{1}{x}$ により右図の3つの領域(ア)(イ)(ウ)(境界除く)に分断されます．座標軸は関係なし

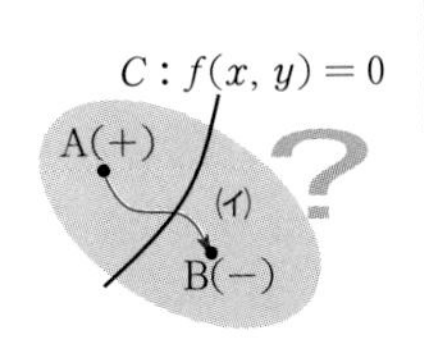

例えば領域(イ)内では，$f(x, y)$ の符号は一定です．これを背理法で説明します．仮に(イ)内に符号が「+」の点Aと符号が「−」の点Bがあるとしたら(右図)，Aから(イ)を通ってBへ移動する途中，必ず一度は $C: f(x, y)=0$ を横切ることになりますが，そもそも(イ)は，C によって区切られた1つの領域なのですから，それはあり得ません．よって，(イ)内に「+」の点Aと「−」の点Bが共存することは不可能なのです．

さて，3つの領域のうち，①の表す $f(x, y)$ の負領域 D に含まれるのはどれでしょう？それを調べるために，例えば(イ)に含まれる原点Oの座標 $(0, 0)$ を $f(x, y)$ に代入してみます．すると，

$f(0, 0)=0\cdot 0-1=-1<0$. よって点Oは $f(x, y)$ の負領域にあります．原点 $(0, 0)$ だと計算が楽

よって，点Oを含む(イ)全体が D に含まれます．

そして，(イ)から境界 C を越えて(ア)へ移動すると，点と C との上下が逆転することから $f(x, y)$ の符号は変わりますね．よって，(ア)全体は $f(x, y)$ の正領域に含まれます．(ウ)についても同様です．

以上により，求める D は(イ)と一致することがわかりました(前記と同じ結果ですね)．

$f(x, y)$ の正領域・負領域の描き方 方法論

1° 境界線 $C: f(x, y)=0$ [1] を描いて xy 平面をいくつかの領域に分断する．

2° その領域の1つについて，そこにある1点における $f(x, y)$ の符号を調べる．

3° 境界 C を越えるときの $f(x, y)$ の符号変化を考える．

注 [1]：境界線として，分数式の分母が0になる所もあるケースがあります．

例題 3 7 f 正領域・負領域 根底 実戦 入試

[→演習問題 3 9 14]

不等式 $(|x|-|y|)(x^2+y^2-1)>0$ が表す領域 D を求めよ．

方針 絶対値と積の形があるので，場合分けが少し面倒そう．「正領域」の考えを使います．

解答 与式の左辺を $f(x, y)$ とおくと，D は $f(x, y)$ の正領域．

$f(x, y)=0$ を変形すると

$$\begin{cases}|x|=|y| \text{ i.e. } y=\pm x \text{ または} \\ x^2+y^2=1\end{cases}$$

この境界線により，xy 平面全体は右図のように8個の領域に分けられる．

色の付いた領域内の点 $(2, 0)$ について調べる．

$f(2, 0)=2\cdot 3>0$ より，点 $(2, 0)$ を含む領域は，$f(x, y)$ の正領域 D に含まれる．

境界線を越えると，$f(x, y)$ の符号は変化する．

以上より，求める領域 D は右図の通り(境界除く)．

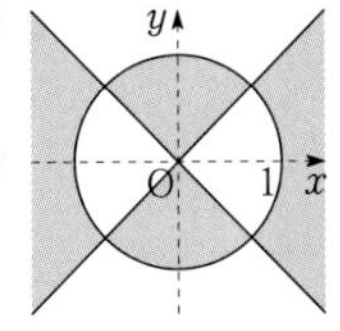

8 発展的問題

1 “第３の図形”

「束（そく）」と呼ぶ先生が多いかも

タイトルの「“第 3 の図形”」は，筆者の勝手な呼称ですが，次の 例 を見ればその意味がわかるはず．

例　2 つの直線 $l_1 : 3x+5y-4=0$ …①, $l_2 : 4x-7y+3=0$ …② の交点を P とします．P の座標は，求めてみると $\left(\frac{13}{41}, \frac{25}{41}\right)$．なかなかに面倒な値です．しかし，交点 P と点 A(2, 2) を通る直線 l_3 の方程式ならカンタンに求めることができるんです．

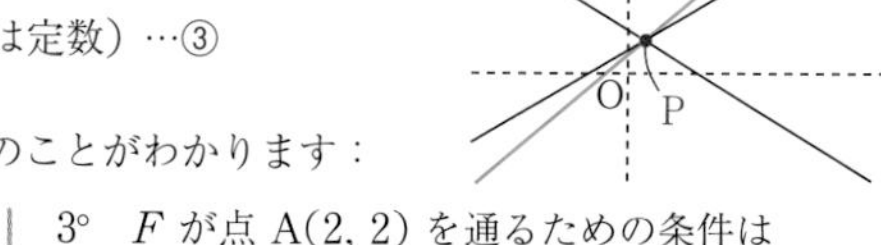

ずいぶん唐突ですが，方程式

$$\underbrace{(3x+5y-4)}_{\text{①の左辺}}+k\underbrace{(4x-7y+3)}_{\text{②の左辺}}=0\ (k\text{ は定数})\ \cdots③$$

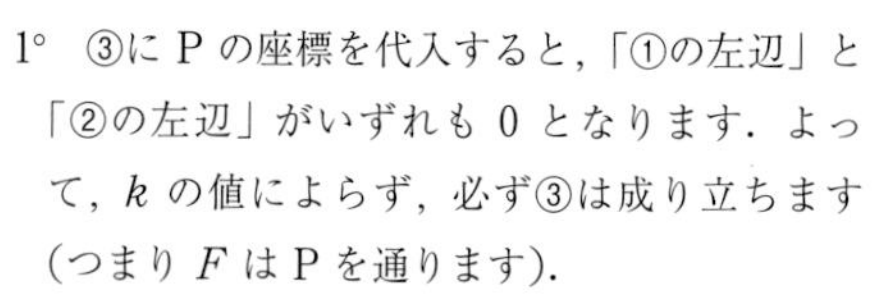

について考えます．③の表す図形 F について，次のことがわかります：

1°　③に P の座標を代入すると，「①の左辺」と「②の左辺」がいずれも 0 となります．よって，k の値によらず，必ず③は成り立ちます（つまり F は P を通ります）．

2°　③は x, y の 1 次方程式なので，F は直線です．1°, 2° より，F は k の値によらず P を通る直線です．

3°　F が点 A(2, 2) を通るための条件は

$(3\cdot2+5\cdot2-4)+k(4\cdot2-7\cdot2+3)=0$

$12-3k=0$.　i.e. $k=4$.

以上 1°, 2°, 3° より，$k=4$ のときの F は，2 点 P, A を通る直線です．このときの③は，

$\therefore\ l_3 : (3x+5y-4)+4(4x-7y+3)=0$.

i.e. $19x-23y+8=0$. …③′

上記の議論により，「異なる2点P, Aを通る直線」の方程式③′を見つけることができました．また，「異なる2点P, Aを通る直線」はこの世にただ1つだけあります．よって，③′が求める l_3 の方程式です．以上で，直線 l_1，直線 l_2 の交点 P を通る第 3 の直線 l_3 の方程式が，P の座標を用いることなく求まりました．これで，本項のタイトル：「“第 3 の図形”」の意味がお分かりいただけたと思います．

この考え方は，直線のみならず xy 平面上の曲線一般についても使えます：

“第 3 の図形”　知識

必ず右辺を「0」にすること！

xy 平面上の曲線 $C_1 : f(x, y)=0$ と曲線 $C_2 : g(x, y)=0$ が共有点 P をもつとする．

「直線」も「曲線」の一種ですよ

方程式

$$f(x, y)+kg(x, y)=0\ (k\text{ は定数})\ \cdots(*)$$

「k」は，$f(x, y)$ の方に付けても可

が表す曲線は，k の値によらず，交点 P を通る“第 3 の図形”を表す．

注　(*) がどんな図形であるかは状況次第．

C_1　C_2　第 3 の図形　P

解説　この手法を用いると，交点の座標を求めることなく“第 3 の図形”の方程式が得られてしまいます．

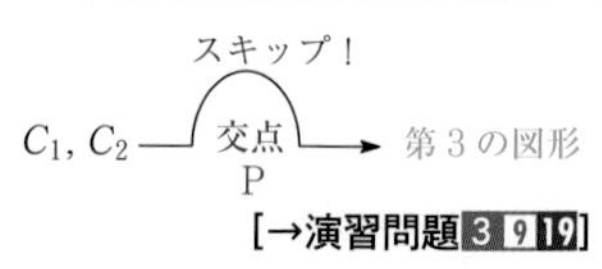

例題 3 8 a　“第3の図形”　重要度↑　根底 実戦　典型　[→演習問題 3 9 19]

2 つの円 $C_1 : x^2+y^2=1$, $C_2 : (x-2)^2+(y-1)^2=3$ について答えよ．

(1)　C_1 と C_2 は異なる 2 点で交わることを示せ．

(2)　C_1 と C_2 の 2 交点を通る直線 l の方程式を求めよ．

(3)　C_1 と C_2 の 2 交点，および点 A(1, −1) を通る円 C_3 の方程式を求めよ．

方針 (2)(3)は，前記 例 の手法を用います．

解答 (1) 中心間距離 $=\sqrt{5}=2.2\cdots$,

半径の和 $=1+\sqrt{3}=2.7\cdots$,

半径の絶対差 $=\sqrt{3}-1=0.7\cdots$.

∴ 半径の絶対差 < 中心間距離 < 半径の和.

よって C_1, C_2 は異なる 2 点で交わる．□

(2) (1)で考えた 2 交点を P，Q とする．

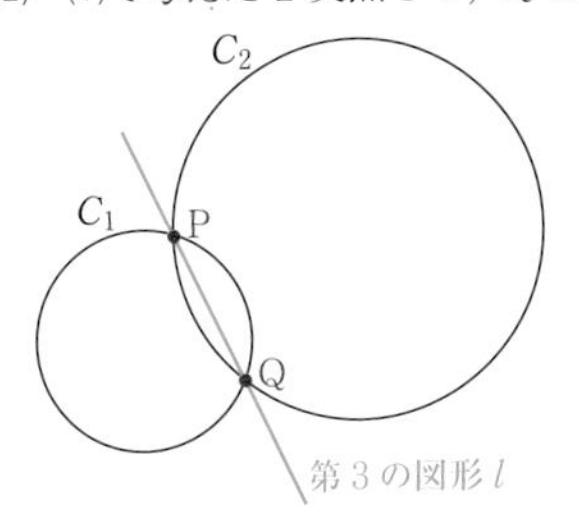

$C_1 : x^2+y^2-1=0$, …①

$C_2 : x^2+y^2-4x-2y+2=0$. …②

方程式

$$\underbrace{(x^2+y^2-1)}_{①の左辺}+k\underbrace{(x^2+y^2-4x-2y+2)}_{②の左辺}=0 \quad \cdots③$$

が表す図形 F について考える．

1° F は k の値によらず必ず P，Q を通る．

2° F が直線となる条件は，③が 1 次方程式となること，すなわち $k=-1$.

1°, 2° より，$k=-1$ のときの F が P，Q を通る直線である．よって求める l の方程式は，このときの③であり，

$$(x^2+y^2-1)-(x^2+y^2-4x-2y+2)=0.$$

$$4x+2y-3=0. /\!/ \cdots③'$$

(3) C_1 と C_2 の交点 P，Q は，C_1 と l の交点でもある．

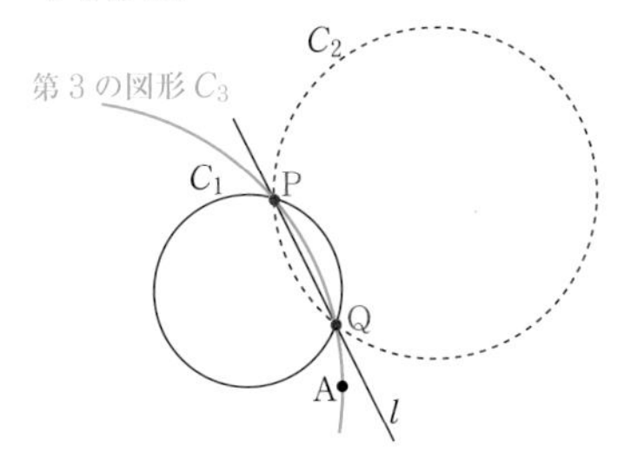

方程式

$$\underbrace{(x^2+y^2-1)}_{①の左辺}+a\underbrace{(4x+2y-3)}_{③'の左辺}=0 \quad \cdots④$$

が表す図形 G について考える．

1° G は a の値によらず必ず P，Q を通る．

2° G は a の値によらず必ず円を表す．

3° G が点 $(1, -1)$ を通るための条件は，

$\{1^2+(-1)^2-1\}+a\{4\cdot1+2(-1)-3\}=0.$

$1+a(-1)=0.\quad a=1.$

1°, 2°, 3° より，$a=1$ のときの G が P，Q および点 A$(1, -1)$ を通る円であり，このときの④が求める方程式である．

∴ $C_3 : (x^2+y^2-1)+(4x+2y-3)=0.$

i.e. $x^2+y^2+4x+2y-4=0. /\!/$

解説 (2)の答えである $k=-1$ のときの③とは，要するに①と②で辺々引いて x^2, y^2 を消去したものですね．この結果はとても有名で，しかもよく使いますから，結果を覚えてしまいましょう：

2 円の 2 交点を通る直線の方程式は，両者の方程式から 2 次の項 x^2, y^2 を消去して得られる．

注 ただし，試験においては，『交点 P，Q の座標は，①②をともに満たすから① − ②から得た③′をも満たす．』くらいの説明は付けるべきでしょう：■

なお，この③′は，2 円の交点を求める次の例題における③式に相等します．

(3) ③式を用いても解答できますが，(2)の結果を活かして計算を簡便化しています．

参考 比較的よく用いる“第 3 の図形”の例をいくつか列記しておきます．(2 つの図形①，②が黒．それらの交点 P(および Q) が赤．それを通る“第 3 の図形”が青線です．)

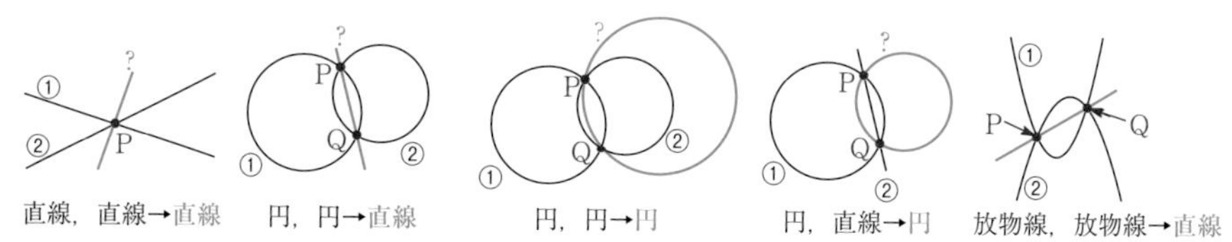

2 共有点に関する工夫

例題 38b 円と円の共有点 根底 実戦

2 つの円

$C_1 : x^2+y^2-1=0$ …①

$C_2 : x^2+y^2+2x-2y-\sqrt{3}=0$ …②

の共有点の座標を求めよ．

方針 「2 次」のままでは連立方程式は解けませんから，2 次の項：x^2, y^2 を消去しましょう．

解答 ①，②を連立する．② − ①より

$$2x-2y-\sqrt{3}+1=0. \quad \cdots③$$

$$\text{i.e. } y=x+\frac{1-\sqrt{3}}{2}. \quad \cdots③'$$

これを①へ代入すると

$$x^2+\left(x+\frac{1-\sqrt{3}}{2}\right)^2=1.$$

$$2x^2+(1-\sqrt{3})x+\frac{4-2\sqrt{3}}{4}-1=0.$$

$$2x^2+(1-\sqrt{3})x-\frac{\sqrt{3}}{2}=0.$$

$$\left(x-\frac{\sqrt{3}}{2}\right)(2x+1)=0. \therefore\ x=\frac{\sqrt{3}}{2}, -\frac{1}{2}.$$

これと③′より，求めるものは

$$\left(\frac{\sqrt{3}}{2}, \frac{1}{2}\right), \left(-\frac{1}{2}, -\frac{\sqrt{3}}{2}\right). /\!/$$

解説 ①，②を連立すると，② − ①より③が導かれました．この③の両辺に①の両辺をそれぞれ加えると，②が導かれますね．このように，次の同値関係が成り立ちます：

$$\begin{cases}①\\②\end{cases} \iff \begin{cases}③\\①\end{cases}$$

言い換えると，上記**解答**では，円 C_1 と円 C_2 の交点を，円 C_1 と直線③の交点へとすり替えて解いた訳です．これは，例題38a(3)でも用いた手法ですね．

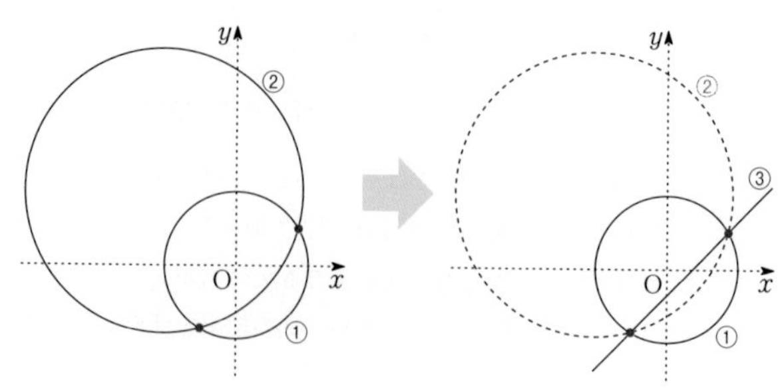

例題 3 8 C 円と円→円と直線 根底 実戦

[→演習問題396]

xy 平面上にある次の 2 つの円について考える．ただし，a は 0 以外の実数とする．

$$C_1 : x^2+y^2-2ax+ay+\frac{3}{4}a^2-4a-8=0 \quad \cdots①$$

$$C_2 : x^2+y^2+2ax-3ay+\frac{11}{4}a^2+2a-2=0 \quad \cdots②$$

C_1, C_2 が異なる 2 点で交わるような a の範囲を求めよ．

注 お気付きの通り，本問は例題36fとほぼ同じ問題で，そこにあった不等式：「$0<a<2$」を除いたものです．その問題では，この不等式のおかげで絶対値記号が外れたのですが，本問ではそれができないので，2 円が交わる条件を表すと

$$\left|\frac{|a+4|}{\sqrt{2}}-\frac{|2-a|}{\sqrt{2}}\right|<2\sqrt{2}|a|<\frac{|a+4|}{\sqrt{2}}+\frac{|2-a|}{\sqrt{2}}$$

となり，「絶対値」だらけで辟易（へきえき）します（苦笑）．

方針 そこで，前問で学んだ「連立方程式の同値変形」を用いて，「円と円」の関係を，別のモノへとすり替えてみます．

解答 ② と ①で辺々引くと

$$4ax-4ay+2a^2+6a+6=0.$$

$$\text{i.e. } 2ax-2ay+a^2+3a+3=0. \quad \cdots③$$

ここに，$\begin{cases}①\\②\end{cases} \iff \begin{cases}③\\①\end{cases}$ だから，次の同値関係が成り立つ：

　C_1と C_2が異なる 2 点で交わる

$\iff$ 直線③と C_1が異なる 2 点で交わる …(*)

そこで，①を変形すると，

$$C_1 : (x-a)^2+\left(y+\frac{a}{2}\right)^2=\frac{(a+4)^2}{2} \text{ より，}$$

$$\text{中心 A}\left(a, -\frac{a}{2}\right)\text{, 半径}\frac{|a+4|}{\sqrt{2}}.$$

よって (*) は，A と直線③の距離に注目して

$$\frac{\left|2a\cdot a-2a\cdot\frac{-a}{2}+a^2+3a+3\right|}{{}^{1)}\ 2|a|\sqrt{2}}<\frac{|a+4|}{\sqrt{2}}.$$

$$|4a^2+3a+3|<|2a(a+4)|. \quad \cdots④$$

着眼 一方の絶対値記号は不要となることが見抜けますか？■

ここで，

$$A:=4a^2+3a+3$$
$$=4\left(a+\frac{3}{8}\right)^2+\frac{39}{16}>0.$$

よって④は

$$|2a^2+8a|>A.$$

$$2a^2+8a<-A \text{ or } A<2a^2+8a.\ {}^{2)}$$

$$6a^2+11a+3<0 \text{ or } 2a^2-5a+3<0.$$

$$(3a+1)(2a+3)<0 \text{ or } (2a-3)(a-1)<0.$$

$$\therefore -\frac{3}{2}<a<-\frac{1}{3} \text{ or } 1<a<\frac{3}{2}. /\!/$$

解説 「円と円」のまま考えて冒頭の注に書いた絶対値だらけの条件に比べ，「円と直線」にすり替えた④は，ずいぶん扱いやすくなりましたね．

補足 1)：直線③の法線ベクトルの大きさとして

$$\left|\begin{pmatrix}2a\\-2a\end{pmatrix}\right|=\left|2a\begin{pmatrix}-1\\1\end{pmatrix}\right|=|2a|\sqrt{2}$$

と求めています．

2)：絶対値を含んだこの不等式の解き方はバッチリ…ですね？ [→ I+A 例題17d]

言い訳 C_1 や C_2 が円を表さない（半径が 0）のときは，当然題意は不成立です．

3 通過定点

注 既習前提で復習する際には，ぜひ6「通過領域」とセットで練習しましょう．いずれも有名・典型問題で，**同じ考え方**を用いますので．

例題 38d 通過定点 根底 実戦 典型

[→演習問題3921]

直線 $l:(2k+3)x-(k+1)y+k=0$（k は実数）…① が，k の値によらず常に通る点の座標を求めよ．

考え方 いろいろ値を変える k に対して，つねに l 上にある定点を求めます．このように「**何が固定され，何が変化するか**」を**考えます**．

解答 求める定点を $\mathrm{P}(X, Y)$ とおく．これが直線 l 上にあるための条件は

$$(2k+3)X-(k+1)Y+k=0. \quad \cdots②$$

P が満たすべき条件は

「②が全ての実数 k について成り立つこと．」…(*)

着眼 重要度↑ 2 つの赤色部を見るとわかるように，X, Y は定数．k が値を変える変数です．■

そこで，②を k について整理すると，

$$(2X-Y+1)k+(3X-Y)=0. \quad \cdots②'$$

(*) は，②′が k についての恒等式であること，すなわち

$$\begin{cases} 3X-Y=0, \\ 2X-Y+1=0. \end{cases}$$

これを解いて，求める定点 P は

$$(X, Y)=(1, 3).//$$

注意！ 「通過定点の問題の解法パターンは文字係数について整理して…」などと丸暗記するのは最悪．上記の **考え方** および **着眼** で述べた「解法の必然性」を**理解すること**が大切です．ここで学んだ内容は，今後いろいろな箇所で現れる重要な方法論ですから．

参考 ①を②′と同様な形にすると

$$(3x-y)+k(2x-y+1)=0. \quad \cdots①'$$

これは，381で扱った

2 直線 $3x-y=0,\ 2x-y+1=0$ の交点を通る“第 3 の図形”

の表し方に他なりません．よって，①が表す直線 l は，k の値によらずこの交点を通る訳です．本問で求めた点 P はこの交点そのものです．

4 平行移動

既に I+A 241 で説明した内容を再掲します．

ある図形 F 上の各点に対して同じ移動を施（ほどこ）して図形 F' を作ることを**平行移動**といいます．

2 つの図形 F: $f(x, y)=0$，F' の間に次の関係があるとし，F 上の任意の点を (x, y)，それと対応する F' 上の点を (X, Y) とします．

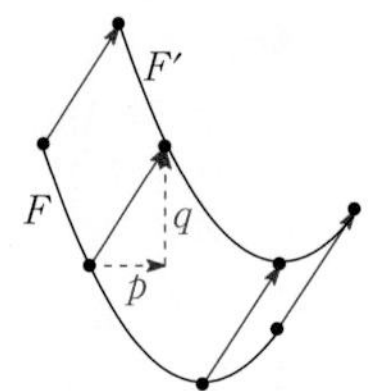

点 $(x, y)\cdots F$: $f(x, y)=0$ …①

↓ベクトル $\begin{pmatrix} p \\ q \end{pmatrix}$ だけ平行移動

点 $(X, Y)\cdots F'$: どんな関係式？

これをもとに，F' 上の点 (X, Y) が満たす方程式を求めます．まず，2 点の関係は次の通り：

$$\begin{cases} X = x + p, \\ Y = y + q. \end{cases} \cdots② \quad \text{i.e.} \begin{cases} x = X - p, \\ y = Y - q. \end{cases} \cdots②'$$

消したい x, y を残したい X, Y で表す

(x, y) と (X, Y) の関係を"素直に"表すと②となります．(x, y) は F 上の点ですから①を満たします．そこで②を x, y について解いて②′とし，①へ代入します．例題 3 7 c「軌跡（パラメタ 2 個入り）」と同じ手法ですね．

これにより，

$$f(X - p, Y - q) = 0.$$

これが，F' の方程式です．慣習に従って「X, Y」を「x, y」に書き換えると，次の通りです：

平行移動 定理

$$F : f(\boxed{x}, \boxed{y}) = 0$$

↓ ベクトル $\begin{pmatrix} p \\ q \end{pmatrix}$ だけ平行移動

$$F' : f(\boxed{x - p}, \boxed{y - q}) = 0$$

「x, y から引く数」＝「移動量」

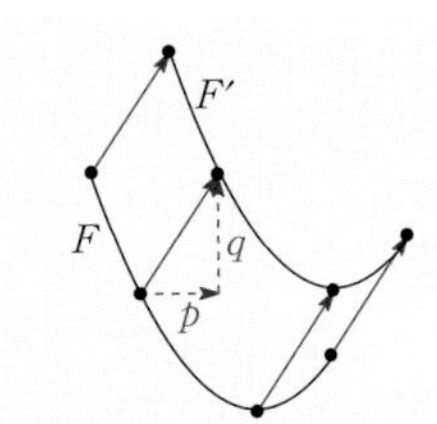

□の中身を x から $x-p$ に，□の中身を y から $y-q$ に変えれば OK.「−」であることに注意！

注　この関係は，曲線全般について成り立ちます．また，$f(x, y) = 0$ を $f(x, y) \leq 0$ などの不等式に変えて得られる領域[→**次問**]についても適用できます．

例題 3 8 e　絶対値と領域　根底 実戦

[→演習問題 3 9 15]

次の各不等式が表す領域を描け．

(1)　$D_1 : |x| + |y| \leq 2$　　(2)　$D_2 : |x-2| + |y-2| \leq 2$　　(3)　$D_3 : \big||x|-2\big| + \big||y|-2\big| \leq 2$

着眼　(1)では，絶対値があるので場合分けが要りそうですが，例えば点 $(1, 1)$ が D_1 内にあることが分かれば，点 $(1, -1)$ も D_1 内にあると言えます（点 $(-1, 1)$ も同様）．よって，D_1 は x 軸，y 軸に関して対称です．(2)(3)では，それぞれ前の設問が利用できます．

解答　(1)　D_1 は x 軸，y 軸に関して対称．そこで $x, y \geq 0$ のときを考えると，$x + y \leq 2$．

よって，D_1 は右図（境界含む）．

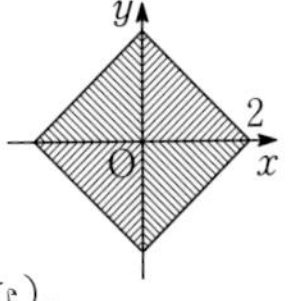

(2)　D_2 は，D_1 をベクトル $\begin{pmatrix} 2 \\ 2 \end{pmatrix}$ だけ平行移動したものだから，右図の通り（境界含む）．

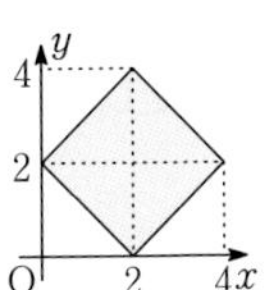

(3)　D_3 は，D_1 と同様 x 軸，y 軸に関して対称．そこで $x, y \geq 0$ のときを考えると，

$$|x - 2| + |y - 2| \leq 2.$$

これは D_2 と一致する．よって，D_3 は上図（境界含む）．

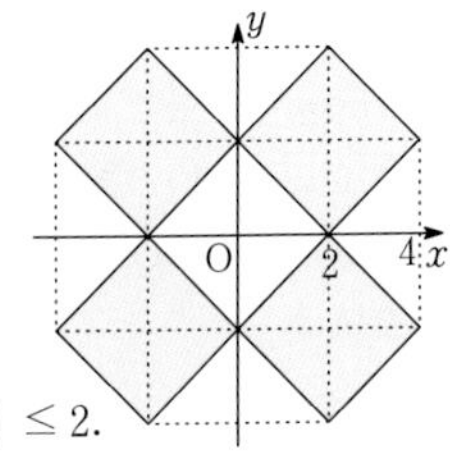

注　(1)の領域は有名なので覚えておきましょう．

5 領域内における２変数関数の変域

xy 平面上で，点 $(x,\,y)$ がある領域内にあるときの 2 変数関数の変域を求める 1 つの[1] 手法をご紹介します．

例 **重要度↑** 実数 $x,\,y$ が不等式 $x^2+y^2 \leq 1$ …① を満たすとき，2 変数関数「$x+y$」のとりうる値の範囲 I を求めてみましょう．

考え方 （問）：例えば，「定数 1 は I に属するか？」

（答え）：「①のもとで，等式 $x+y=1$ …② が成立可能か？」，つまり

「①，②をともに満たす $(x,\,y)$ が見つかるか？」…$(*)$

と考えます．

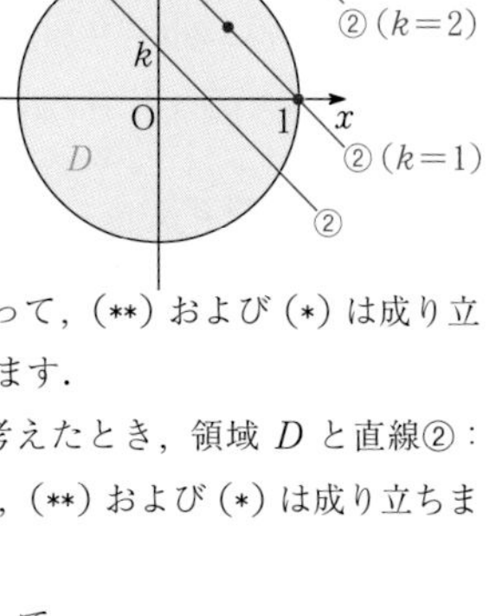

xy 平面上で，①を満たす $(x,\,y)$ は右図の領域 D 内の点と対応し，②を満たす $(x,\,y)$ は直線②：$y=-x+\underline{1}$ 上の点と対応します．

よって $(*)$ は，

「xy 平面上で，領域 D と直線②の共有点が存在するか？」…$(**)$

と読み替えられます．　$(0,\,1)$ や $\left(\frac{1}{2},\,\frac{1}{2}\right)$ なども

このような共有点として，例えば $(1,\,0)$ とかが存在しますね．したがって，$(**)$ および $(*)$ は成り立つことがわかりました．つまり，答えは YES！定数 1 は変域 I に属します．

次に，定数 1 を定数 2 に変えてみましょう．上記と全く同じように考えたとき，領域 D と直線②：$y=-x+\underline{2}$ は，図からわかるように共有点をもちません．したがって，$(**)$ および $(*)$ は成り立ちませんから，答えは NO！定数 2 は変域 I に属しません．

このように，**固定**された 1 つ 1 つの定数 $k\ (=1,\,2,\,7,\,-19,\,\cdots)$ に対して，

「①のもとで，等式 $x+y=k$ …② が成立可能か？」

「①，②をともに満たす $(x,\,y)$ が見つかるか？」…$(*)$

「xy 平面上で，領域 D と直線②の共有点が存在するか？」…$(**)$

を逐一判定していくのです．

この **例** の **解答** は，次のようになります：

定数 k が I に属するための条件は

「xy 平面上で，領域 D と直線②の共有点が存在すること」…$(**)$

$(**)$ が成り立つとき，直線②は右図②㋐～②㋑の範囲で動かせる．直角二等辺三角形 OAB に注目して②㋐，②㋑の y 切片を求めて，求める変域は

$$I:-\sqrt{2} \leq x+y \leq \sqrt{2}.\,/\!/$$

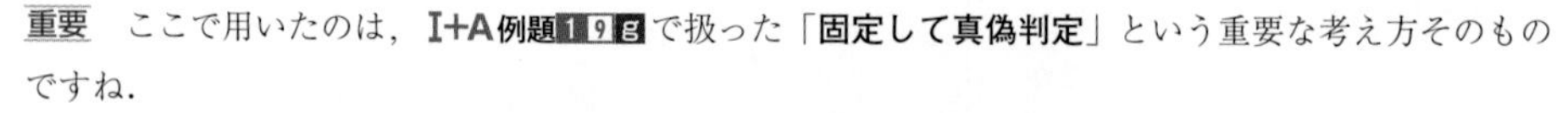

重要　ここで用いたのは，**Ⅰ+A 例題 1 9 g** で扱った「**固定して真偽判定**」という重要な考え方そのものですね．

上記 $(*)$ と全く同じ考え方を，既に **Ⅰ+A 演習問題 2 12 1**(2)，**演習問題 2 12 3** で扱いました．そこでは，$(**)$ という「共有点」という図形的なとらえ方まではしていませんが．

注 1)：他の方法もありますよ．[→例題 3 8 i]

例題 38f 領域と２変数関数 根底 実戦 典型

[→演習問題3929]

領域 D : $\begin{cases} x^2+y^2 \leq 4 \\ x-\sqrt{3}y+2 \geq 0 \end{cases}$ 内の点 (x, y) について答えよ．

(1) $x+y$ のとり得る値の範囲を求めよ．　　(2) $ax+y$ (a は実数) の最大値を求めよ．

考え方 (1) 前記の 例 で述べた通りです．例えば「$x+y=1$ は可能か？」のように，2 変数関数が，ある**固定**された値 k をとり得るか否かを考えます．それは，領域 D と直線の共有点が存在するか否かに帰着されます．

(2) 直線の傾きに応じた場合分けが発生します．

解答

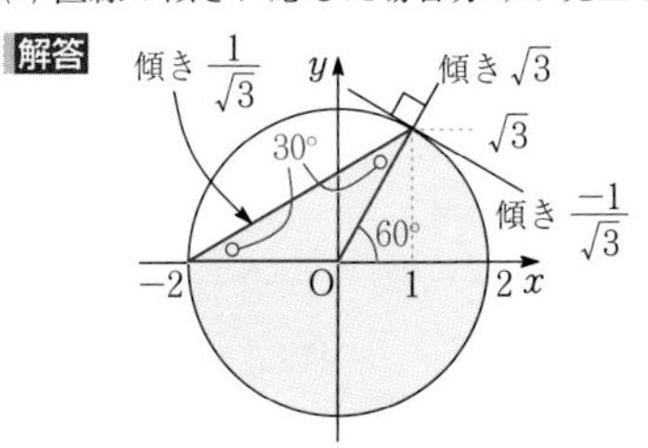

上図赤色の二等辺三角形に注目すると，領域 D は上図青色部分のようになる．

(1) $x+y=k$ …① とおく．定数 k が求める変域 I に属するための条件は，

　直線① :$y=-x+k$ と
　領域 D が共有点をもつこと．

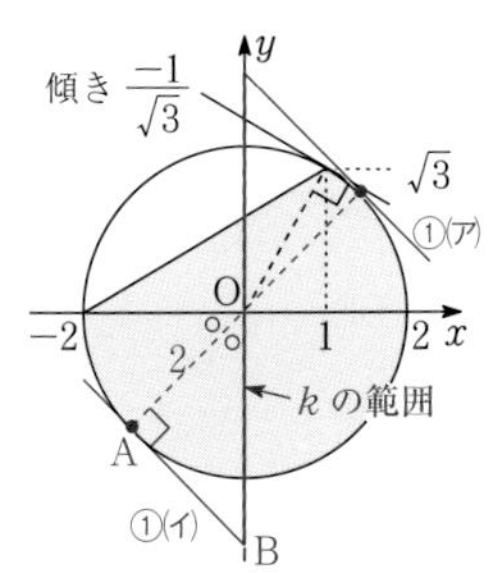

このとき直線①は，図の①(イ)〜①(ア)の範囲を動き，y 切片 k の範囲が求める変域 I である．
①(イ)のとき，図の直角二等辺三角形 OAB に注目して OB$=2\sqrt{2}$．
以上より，$x+y$ の変域は

$$I: -2\sqrt{2} \leq x+y \leq 2\sqrt{2}.　//$$

(2) $ax+y=l$ (l は定数) …② とおく．
直線② : $y=-ax+l$ と領域 D が共有点をもつような最大の y 切片 l を求める．

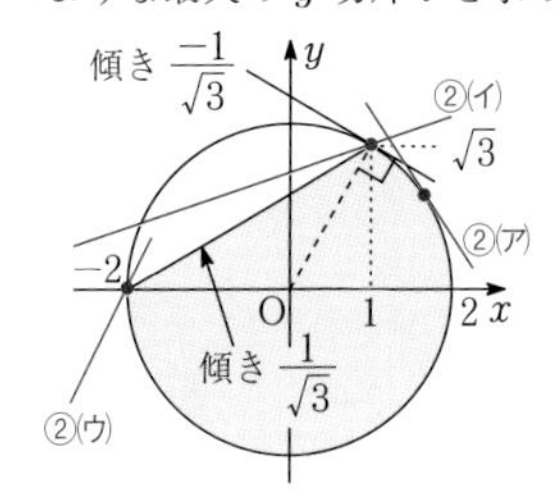

直線②の傾き $-a$ に注目して場合分けする．

i) $-a < -\frac{1}{\sqrt{3}}$，i.e. $a > \frac{1}{\sqrt{3}}$ のとき，l は図の②(ア)のとき最大となる．
このとき，直線② : $ax+y-l=0$ と原点 O の距離に注目して

$$\frac{|-l|}{\sqrt{a^2+1}}=2.\quad |l|=2\sqrt{a^2+1}.$$

②(ア)のとき y 切片 $l>0$ だから

$$\max(ax+y)=2\sqrt{a^2+1}.　//$$

ii) $-\frac{1}{\sqrt{3}} \leq -a \leq \frac{1}{\sqrt{3}}$，i.e. $-\frac{1}{\sqrt{3}} \leq a \leq \frac{1}{\sqrt{3}}$ のとき，l は図の②(イ)のとき最大となり，

$$\max(ax+y)=a\cdot 1+\sqrt{3}=a+\sqrt{3}.　//$$

iii) $\frac{1}{\sqrt{3}} < -a$，i.e. $a < -\frac{1}{\sqrt{3}}$ のとき，l は図の②(ウ)のとき最大となり，

$$\max(ax+y)=a\cdot(-2)+0=-2a.　//$$

注 場合 i) と場合 ii) の "つなぎ目" の値 : $a=\frac{1}{\sqrt{3}}$ において，i) と ii) の値が同じ $\frac{4}{\sqrt{3}}$ になることをチェックしておきましょう．ii) と iii) についても同様です．

例題 38g 図計量を表す2変数関数 根底 実戦

領域 D : $\begin{cases} x^2+y^2 \leq 4 \\ x-\sqrt{3}y+2 \geq 0 \end{cases}$ 内の点 (x, y) について，次の F, G の最大値，最小値を求めよ．

(1) $F=x^2+y^2+4x-4y$ (2) $G=\dfrac{y+1}{x+3}$

着眼 前問と同様に「$=k$」とおいても解けますが，(1)(2)とも**図形的な意味**をもつ特殊な 2 変数関数です．それを利用します．

解答 (領域 D を描く部分については，前問とまったく同じなので省略します．)

(1) $F=(x+2)^2+(y-2)^2-8$.

そこで，定点 A$(-2, 2)$ と D 内の動点 P(x, y) をとると

$F=\mathrm{AP}^2-8$. …①

ここで，右図において

$\max \mathrm{AP}=\mathrm{AP}_1$

$=2\sqrt{2}+2$,

$\min \mathrm{AP}=\mathrm{AP}_2$

$=\dfrac{\left|-2-\sqrt{3}\cdot 2+2\right|}{\sqrt{1+3}}$

$=\sqrt{3}$.

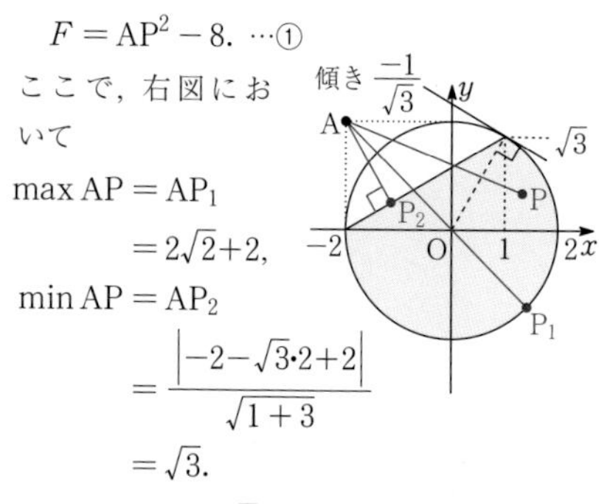

(A と直線 $x-\sqrt{3}y+2=0$ の距離を考えた.)

これらと①より

$\max F=\left(2\sqrt{2}+2\right)^2-8=4+8\sqrt{2}$,

$\min F=\left(\sqrt{3}\right)^2-8=-5$.//

(2) 定点 B$(-3, -1)$ と(1)と同様な点 P をとると

$G=\dfrac{y-(-1)}{x-(-3)}$

$=$ BP の傾き.

よって右図において

$\max G=\mathrm{BP}_3$の傾き

$=\dfrac{1}{1}=1$.//

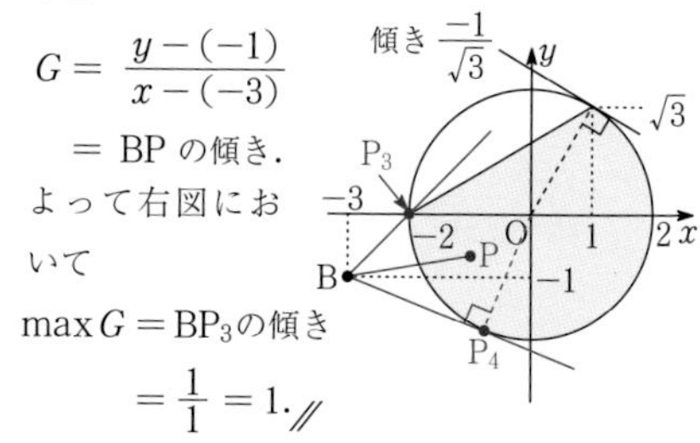

次に，$\min G=\mathrm{BP}_4$ の傾き.

B を通り傾き m の直線：

$y+1=m(x+3)$, i.e. $m(x+3)-y-1=0$

が円と接するとき

$\dfrac{|m\cdot 3-1|}{\sqrt{m^2+1}}=2$. $(3m-1)^2=4(m^2+1)$.

$5m^2-6m-3=0$.

P_4 で接する接線の傾きは負だから

$\min G=\mathrm{BP}_4$の傾き $=\dfrac{3-2\sqrt{6}}{5}$.//

解説 (1)の「距離」，(2)の「傾き」という 2 種類の意味は，読み取れるようにしましょう．

例題 38h 線型計画法 根底 実戦 典型

[→演習問題 3 9 31]

実数 x, y が不等式 $y \geq 0$, $y \leq 2x$, $y \leq 16-2x$, $y \leq 9-x$ を満たすとき，$x+ay$ (a は定数) の最大値を求めよ．

方針 「$=k$」とおいて，前々問と同様場合分けすることもできますが，全ての不等式および $x+ay$ が 1 次以下であることを利用することができます．

解答 題意の不等式が表す領域を D とする．$x+ay=k$ (k は定数) …① とおき，直線①と領域 D が共有点をもつときの x 切片 k の値を考える．

D の周が全て線分 1) であるから，k が最大となるとき，直線①は D の 4 頂点のいずれかを通る．

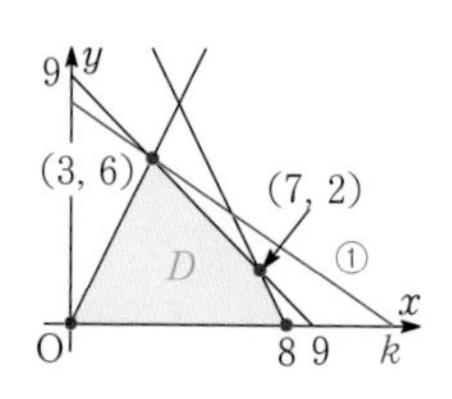

$f(x, y) = x+ay$ とおくと

$$\begin{cases} f(0, 0) = 0, \\ f(3, 6) = 3+6a, \\ f(7, 2) = 7+2a, \\ f(8, 0) = 8. \end{cases}$$

求める最大値は，これらのうち最大のものである．

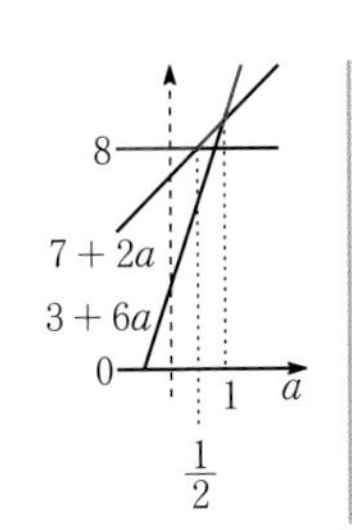

前図より，

$$\max f(x, y) = \begin{cases} 8 \left(a < \dfrac{1}{2} \text{ のとき}\right) \\ 7+2a \left(\dfrac{1}{2} \leq a < 1 \text{ のとき}\right) \\ 3+6a \ (1 \leq a \text{ のとき}).\text{//} \end{cases}$$

解説 1)：前々問のように領域の境界線に円弧などがあると，直線がそれと接するときに k が最大になったりもしますが，本問ではそれは起こり得ません．

参考 このように，**5** 冒頭の **例** の考え方は，全て 1 次（以下）の式で構成された問題に適用されるとき，**線型計画法**と呼ばれます．しばしば実用的な問題へ応用されます．

語記サポ 「線型」:「まっすぐ」「直線的」の意．

例題 38i 領域と2変数関数 根底 実戦 入試

[→演習問題3 9 37]

実数 x, y が $x^2-x \leq y \leq x+3$ …① を満たすとき，2 変数関数 $F = \dfrac{4}{5}x^2 - y$ の最大値を求めよ．

注 「領域と最大・最小」は，「$=k$ とおいて解く」というパターン化はダメですよ．

解答 方程式 $x+3 = x^2-x$ を解くと

$$x^2-2x-3 = 0.$$
$$(x+1)(x-3) = 0.$$
$$\therefore x = -1, 3.$$

よって，①が表す領域 D は右図のようになる．

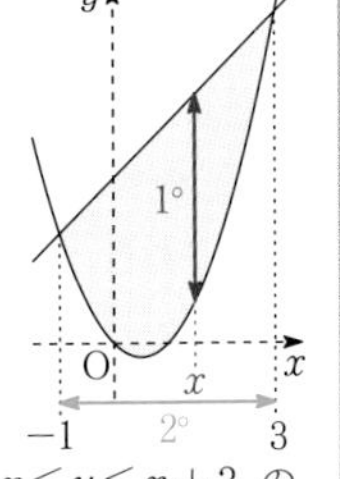

1° x を固定し，y を $x^2-x \leq y \leq x+3$ の範囲で動かす．このとき，y の 1 次関数 $F = \underbrace{-y}_{\text{減少}} + \underbrace{\dfrac{4}{5}x^2}_{\text{定数項}}$ は，$y = x^2-x$ のとき最大．

その値は

$$F = -(x^2-x) + \frac{4}{5}x^2$$
$$= -\frac{1}{5}x^2 + x \ (= f(x) \text{ とおく}).$$

2° 図より，x の変域は $-1 \leq x \leq 3$.

$f(x)$ に対し，この範囲で x を動かす．

$$f(x) = -\frac{1}{5}\left(x-\frac{5}{2}\right)^2 + \frac{5}{4}.$$

以上，1°2° より，求める最大値は

$$\max F = f\left(\frac{5}{2}\right) = \frac{5}{4}.\text{//}$$

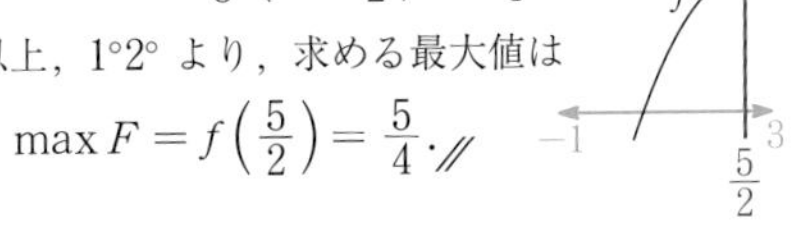

注 $\dfrac{4}{5}x^2 - y = k$ とおき，放物線 $y = \dfrac{4}{5}x^2 - k$ と領域 D が共有点をもつような k の最大値を考える手もありますが…．右図のように，いつ最大になるかが微妙です（苦笑）．本問は **解答** の「**1 文字固定**」の方が断然明快です．

I+A 演習問題 2 12 4 重要でも書いた，「2 変数関数」に対する処理方法のまとめを再掲しておきます：

2 変数関数 $f(x, y)$ の最大・最小 方法論

1. $f(x, y) = k$ と固定して，「$=$」が成立可能かどうかを調べる．→**例題 3 8 f**
2. 1 変数化
   - 1 文字消去→ **I+A 演習問題 2 12 1**(1)　これは実質的には 1 変数
   - 1 文字固定→本問

6 通過領域

文字定数を含んだ図形が，その文字が変化する際に通過する範囲を求める典型的問題です．

例 重要度 直線 $l: y = 2tx - t^2$ がある．t が実数全体を動くときの l の通過領域 D を図示せよ．

考え方 **(問)**：例えば，「定点 $(1, 1)$ は D に属する？」

(答え)：「点 $(1, 1)$ が直線 l 上にあることは可能か？」，つまり

「$1 = 2t \cdot 1 - t^2$ を満たす実数 t が見つかるか？」…$(*)$

と考えます．この等式を変形すると $(t-1)^2 = 0$ となり，$t = 1$ $(\in \mathbb{R})$ がこれを満たすことがわかります．つまり，答えは YES！定点 $(1, 1)$ は通過領域 D に属します．

次に，定点 $(1, 1)$ を定点 $(0, 1)$ に変えてみましょう．この点が l 上にあるための条件は

$1 = 2t \cdot 0 - t^2$, i.e. $t^2 = -1$.

これを満たす実数 t はありません．よって答えは NO！定点 $(0, 1)$ は通過領域 D に属しません．

このように，**固定**された 1 つ 1 つの定点 (X, Y) に対して，

「その点が直線 l 上にあることは可能か？」

「等式 $Y = 2tX - t^2$ を満たす実数 t が見つかるか？」…$(*)$

を逐一判定していきます． 5 例 と同じ，「**固定して真偽判定**」の考え方ですね．

この 例 の 解答 は，次のようになります：

解答 定点 $(X, Y) \in D$ となるための条件は

「$Y = 2tX - t^2$ …①を満たす

実数 t が存在すること」…$(*)$

方針 重要度 「X, Y は定数」，「t の存在を調べたい」．この状況下では，①をどうするべきか??■

そこで，①を t について整理すると

$t^2 - 2X \cdot t + Y = 0$. …①′

よって $(*)$ は，

①′ の判別式/4 $= X^2 - Y \geq 0$.

すなわち，求める領域は

$D: y \leq x^2$. 答えは小文字で

図示すると右の通り（境界含む）.

例題 38j 曲線の通過領域 根底 実戦 典型 入試 [→演習問題 3932]

放物線 $C: y = 2x^2 + 4tx + t^2$ がある．t が正の実数全体を動くときの C の通過領域 D を図示せよ．

着眼 前記 例 の「直線」から「放物線」に変わりましたが，考え方は全く同じ．1 点を**固定**して真偽判定です．ただし，「実数 t」が「$t > 0$」に変わるので作業量が増えます．

解答 定点 $(X, Y) \in D$ となるための条件は

「$Y = 2X^2 + 4tX + t^2$ …① を満たす $t\,(>0)$ が存在[1]すること．」…$(*)$

そこで，①を t について整理すると

$f(t) := t^2 + 4X \cdot t + 2X^2 - Y = 0$. …①′

因数分解はキビシそう

方針 t の大きさがテーマ．そして①′の左辺はキレイには因数分解できません．よって，グラフを使用した「解の配置」[→ I+A 291]の議論を行います．■

$f(t) = (t + 2X)^2 - 2X^2 - Y$.

放物線 $u = f(t)$ の軸：$t = -2X$ と 0 との大小で場合分けする．

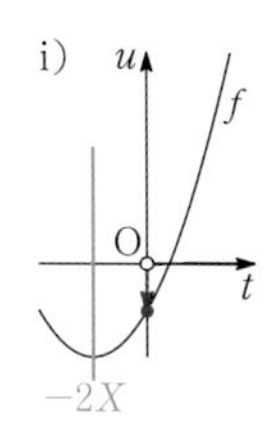

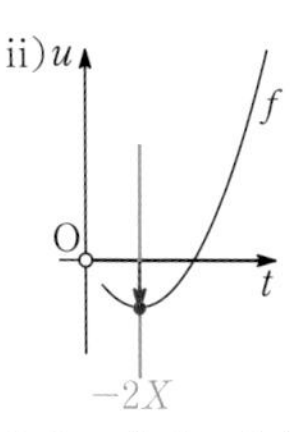

i) $-2X \leq 0$, i.e. $X \geq 0$ のとき，(∗) は

$f(0) = 2X^2 - Y < 0$.

ii) $-2X > 0$, i.e. $X < 0$ のとき，(∗) は

$f(-2X) = -2X^2 - Y \leq 0$.

以上より，求める領域 D は

$$\begin{cases} x \geq 0 \text{ のとき}, y > 2x^2, \\ x < 0 \text{ のとき}, y \geq -2x^2. \end{cases}$$

図示すると右図の通り

（境界は実線部のみ含む）.

解説 1)：このように，実戦的な問題中で使用される「解の配置」は，「少なくとも1つの解」というタイプが多いのです．[→ I+A例題 2 9 d]

解の配置処理の ii) では，グラフと縦軸の交点について，座標が正か負かは関係ないですね．

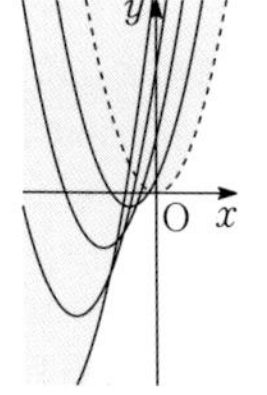

参考 $t = 0$（破線），0.5, 1, 1.5, 2.5 に対する放物線 C を描くと右図の通り：

例題 3 8 k 通過定点・通過領域 根底 実戦 入試

[→演習問題 3 9 33]

円 $C : x^2 + y^2 + kx + 7ky - 25k - 25 = 0$（$k$ は実数）について考える．

(1) C が，k の値によらず常に通る点の座標を求めよ．

(2) k が正の実数値をとって動くとき，C が通過する領域 D を図示せよ．

着眼 (1)は例題 3 8 d と同じ「通過定点」．一方(2)は前問同様「通過領域」．別の問題に見えて，実は根幹をなす考え方は同一：「1 つの点を**固定**して YES or NO を判別」です．

解答 定点 P$\boxed{(X, Y)}$ が円 C 上にある条件は

$X^2 + Y^2 + kX + 7kY - 25k - 25 = 0$. …①

(1) P が満たすべき条件は，

(∗)：「①が全ての実数 $\boxed{k}$ について成り立つこと」

着眼 重要度↑ 2 つの赤色部を見るとわかるように，$\boxed{X, Y}$ は定数．$\boxed{k}$ が値を変える変数です．■

そこで，①を k について整理すると，

$(X+7Y-25)\cdot k + (X^2+Y^2-25) = 0$. …①′

よって (∗) は　（k の 1 次（以下）の式）

$$\begin{cases} X + 7Y - 25 = 0 \text{ (i.e. } X = 25 - 7Y), \\ X^2 + Y^2 - 25 = 0. \end{cases}$$

$(25 - 7Y)^2 + Y^2 - 25 = 0$.

$Y^2 - 7Y + 12 = 0$. $(Y - 3)(Y - 4) = 0$.

よって求める定点 P は，(4, 3), (−3, 4). //

(2) P が満たすべき条件は，

(⋆)：「①を満たす $\boxed{k}$ (> 0) が存在すること」

着眼 重要度↑ (1)と全く同様です！■

i) $X + 7Y - 25 \neq 0$ のとき，①′より

$$k = -\frac{X^2 + Y^2 - 25}{X + 7Y - 25}.$$

よって (⋆) は，　（分子，分母が異符号）

$$-\frac{X^2+Y^2-25}{X+7Y-25} > 0. \text{ i.e. } \frac{X^2+Y^2-25}{X+7Y-25} < 0.$$

ii) $X + 7Y - 25 = 0$ のとき，①′は

$0 \cdot k + (X^2 + Y^2 - 25) = 0$.

よって (⋆) は，

$X^2 + Y^2 - 25 = 0$.

∴ $(X, Y) = (4, 3), (-3, 4)$.

i), ii) より，D は右図

（境界は黒点のみ含む）.

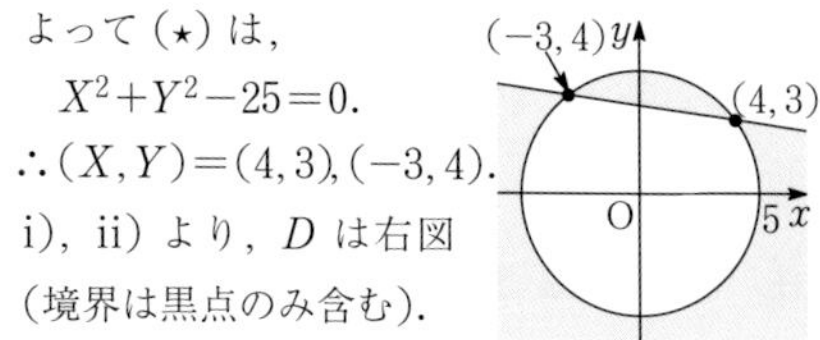

解説 前問：t の 2 次方程式．本問：k の 1 次方程式．実は 1 次の方が素朴な思考力が試されます．

本項冒頭の 例 :「直線 $l : y=2tx-t^2$ がある．t が実数全体を動くときの l の通過領域 D を図示せよ．」には，次のような別のアプローチの仕方もあります．

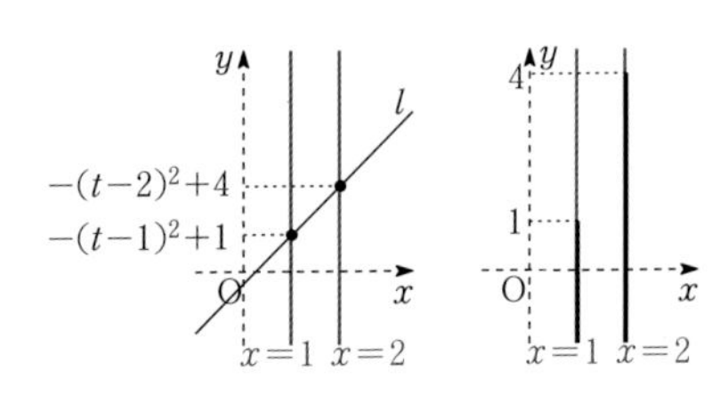

例えば l と直線 $x=1$(一定) との交点の y 座標は

$$y=2t\cdot 1-t^2=-(t-1)^2+1.$$

これは t の関数であり，その変域は，$y\leq 1$.

同様に，l と直線 $x=2$(一定) との交点の y 座標は

$$y=2t\cdot 2-t^2=-(t-2)^2+4.$$

これは t の関数であり，その変域は，$y\leq 4$.

このように，固定された１つ１つの x 座標ごとに，y 座標の変域を考えていくことで，直線 l が通過する範囲を求めることができます．

どの範囲にインクを付けるか

B5 の紙

$x=X$(一定)

余談　「プリンタ」は，紙の上に文字などを印字することを，1 本の線上でどの範囲にインクを付けるかを制御することによって行います．上記はこれとよく似た方法論なので，俗に“プリンタ論法”と呼ばれたりします．

解答は，以下の通りです：

解答　l と直線 $x=X$ (一定) の交点の y 座標は

$$y=2t\cdot X-t^2=-(t-X)^2+X^2.$$

これは t の関数であり，その変域は，$y\leq X^2$.

X の各値に対するこの変域を考えることにより，求める領域は

$$D : y\leq x^2.$$

答えは小文字の x, y で

注　もし最後の 3 行がわかりにくいと感じたら…**具体的に**，「直線 $x=1$ 上では…」「直線 $x=2$ 上では…」「直線 $x=-1$ 上では…」…と，x に個々の固定された値を当てはめてみてください．納得いくはずです．■

曲線の通過領域

$y=2tx-t^2$ $(t\in\mathbb{R})$ など，文字係数 t を含む方程式が表す曲線の通過領域の求め方：

❶　1 点を**固定**→ t の存在条件

❷　x を**固定**→ y の変域　“プリンタ論法”

どちらも何かを**固定**します

例題 3 8 j も，❷“プリンタ論法”でも解決します．

別解　C と直線 $x=X$ (一定) の交点の y 座標は

$$y=(t+2X)^2-2X^2\ (=g(t) \text{ とおく}).$$

t の関数 $g(t)$ の変域 I を求める．

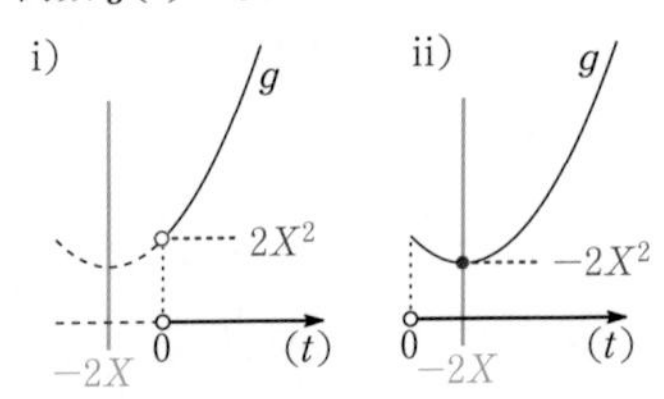

i) $-2X\leq 0$, i.e. $X\geq 0$ のとき，

$$I : y>g(0)=2X^2.$$

ii) $-2X>0$, i.e. $X<0$ のとき，

$$I : y\geq g(-2X)=-2X^2.$$

X の各値に対するこの変域を考えることにより，求める領域は…(結果は **解答** と同じ)

注　2 次関数の変域を考える際には，座標軸は不要でしたね[→ **I+A 例題 2 3 a**].

注　前問 **例題 3 8 k** では，$y=$ ～～ の形にしにくいので，❷は不向きです．では，次の例題はどうでしょう？

例題 3 8 I 放物線の通過領域 根底 実戦 入試

[→演習問題 3 9 33]

a が正の実数値をとって変化するとき，放物線 $C: y=\dfrac{1}{a}(x-1)^2+a$ の通過領域 D を図示せよ．

着眼 ❶：「1 点を固定」だと，分母の a を払って移項する手間が要ります．それに対し，❷：“プリンタ論法”なら…，右辺を a の関数とみたときあの公式が思い浮かぶハズです．

解答 C と直線 $x=X$（一定）の交点の y 座標は

$$y=\frac{(X-1)^2}{a}+a. \cdots ①$$

この a の関数に対して，$a>0$ のときの変域 I を求める．

i) $X \neq 1$ のとき，$\dfrac{(X-1)^2}{a}$, $a>0$ より，

$$y \geq 2\sqrt{\frac{(X-1)^2}{a}\cdot a} \quad \text{“相加相乗”}$$
$$=2\sqrt{(X-1)^2}$$
$$=2|X-1|. \quad \text{大小関係の不等式}$$

等号は，$\dfrac{(X-1)^2}{a}=a$, i.e. $a=|X-1|(>0)$ のとき成立するから，$\min y=2|X-1|$.

また，①において a の値を大きくすると，第 1 項は正で第 2 項はいくらでも大きくなるから，y はいくらでも大きくなる[1]．

$\therefore\ I: y \geq 2|X-1|.$ 変域の不等式

ii) $X=1$ のとき，$y=a$. よって，$I: y>0$.

X の各値に対する変域 I を考えることにより，求める領域 D は

$$\begin{cases} y \geq 2|x-1| \ (x \neq 1 \text{ のとき}), \\ y>0 \ (x=1 \text{ のとき}). \end{cases}$$

これを図示すると右図の通り（境界は，白丸以外は含む）.

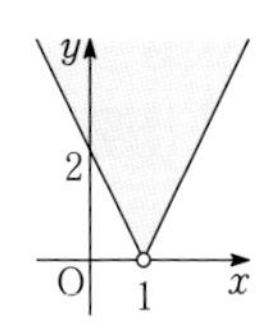

参考 $a=0.2, 0.6, 1, 1.5, 2, 3$ に対する放物線 C を描いてみると，右のようになります．

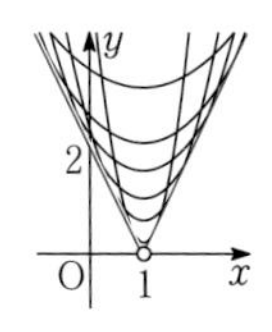

理系[1]：数学Ⅲの「極限」を学んだ人は，「$a \to \infty$ のとき，$y \to \infty$」と表します．

注 [1]：厳〜〜密には，「$2|X-1|$ 以上の値を漏れなく全てとる」ことにも言及した方がよいですが，“自明”として許されるかと思われます．

注 これまで「通過領域」に対する解答をする際，**固定**する 1 点の座標は定数っぽく見える大文字 (X, Y) で，“プリンタ論法”においては x を**固定**した値を大文字 X で表してきました．
しかし，大切なことは，文字が大文字であることではありません．解答者（アナタ）がそれを**定数**だと考え，答案中でそれを明言することです．
逆にいうと，このように考え，明言するなら，文字は何でもかまいません．正直に言うと，“上級者”は，「定点 (x, y)」とか「直線 $x=$ 一定」のように小文字の x, y で表してしまうのが普通です．ただし，小文字だとどうしても「変数」に見えてしまうというアナタは，とりあえず大文字を使ってください．そして理解が深まり，小文字でやることに抵抗感がなくなったら小文字へ移行すればよいのです．

第3章 図形と方程式

7 その他の応用問題

例題 38m 領域を求める　根底 実戦

[→演習問題 3 9 34]

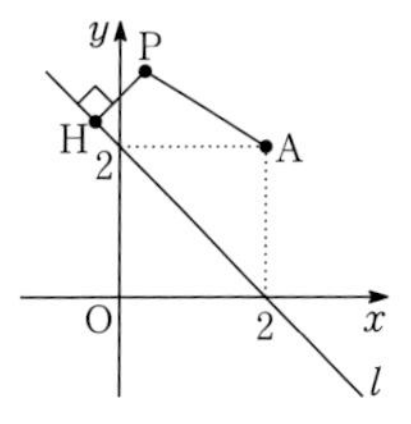

xy 平面上に，点 A$(2, 2)$ と直線 $l : x + y = 2$ がある．次の条件を満たす点 P(x, y) の存在範囲 D を図示せよ．

条件：P から l に垂線 PH を下ろすとき，$\text{AP} > \sqrt{2}\text{PH}$.

方針 やるべきことは単純．AP，PH の長さを x, y の式で表すだけ．

解答 $l : x+y-2=0$ だから，題意の条件は

$$\sqrt{(x-2)^2+(y-2)^2} > \sqrt{2}\cdot\frac{|x+y-2|}{\sqrt{1^2+1^2}} \text{ }^{1)}.$$

両辺とも 0 以上だから

$(x-2)^2+(y-2)^2 > (x+y-2)^2$.

$f(x, y) := xy - 2 < 0$.

求める D は $f(x, y)$ の負領域．曲線 $f(x, y)=0$ は図の C.

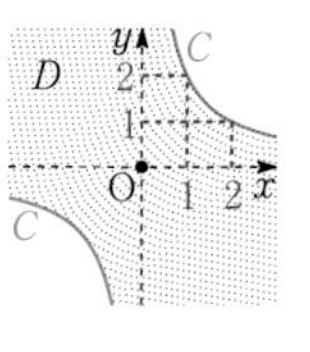

$f(0, 0) = -2 < 0$ より原点 O は $f(x, y)$ の負領域に属する．

以上より，D は右上図の通り（境界は除く）．

注 1)：点と直線の距離公式です．l の方程式の「x, y」へ，P の座標 (x, y) を代入しています．

数学C 2次曲線 後　境界線 C は，A を焦点，l を準線とする双曲線です．

例題 38n 円への接線の長さ　根底 実戦 入試

[→演習問題 3 9 23]

xy 平面上に，2 つの円 $\begin{cases} C_1 : x^2+y^2-1=0 \cdots ①, \\ C_2 : x^2+y^2-4x-4y+a=0 \text{（}a\text{ は実数の定数）} \cdots ② \end{cases}$ がある．

条件：「点 P から C_1, C_2 へ引いた接線の長さが等しい」を満たす点 P の軌跡を F とする．

(1) $a=3$ のとき，F を求め，図示せよ．　(2) $a=6$ のとき，F を求め，図示せよ．

方針 「接線の長さ」つまり P から接点までの距離は直接には求めにくいですね．そこで，円の中心と半径を利用します．

解答 $C_1 : x^2+y^2=1^2$.

中心は O$(0, 0)$, 半径 $=1$.

$C_2 : (x-2)^2+(y-2)^2 = 8-a$.

中心は A$(2, 2)$, 半径 $=\sqrt{8-a}$ $(a<8)$.

P から 2 円 C_1, C_2 へ引いた接線の接点をそれぞれ H, I とする．

(1) $a = 3$ のとき，C_2 の半径は $\sqrt{5}$ であり，2 円は右図のように交わる．

P が満たすべき条件は，右図において

$\begin{cases} \text{P は } C_1, C_2 \text{ の外部にある．} \cdots ③ \text{ かつ} \\ \text{PH} = \text{PI}. \cdots ④ \end{cases}$

△OHP，△AIP に注目し，P(x, y) とおいて④を変形すると

$\text{PH}^2 = \text{PI}^2$.

$\text{OP}^2 - \text{OH}^2 = \text{AP}^2 - \text{AI}^2$.

$x^2+y^2-1 = (x-2)^2+(y-2)^2-5. \cdots ⑤$

$4x+4y-4=0$.

$x+y=1. \cdots ⑤'$

これと③より，求める軌跡 F は

$x+y=1$

$(x<0, 1<x)$. //

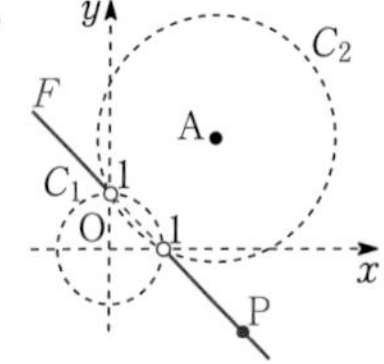

(2) $a=6$ のとき，C_2 の半径は $\sqrt{2}$ であり，2 円は右図のように共有点をもたない．

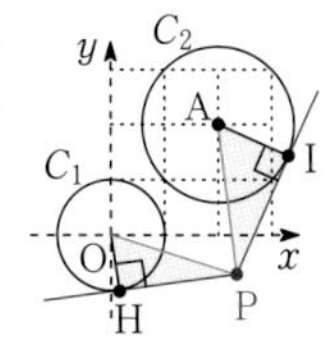

P が満たすべき条件は，右図において

$$\begin{cases} \text{P は } C_1, C_2 \text{の外部にある．かつ} \\ \text{PH} = \text{PI}. \cdots⑥ \end{cases}$$

△OHP, △AIP に注目し，$\mathrm{P}(x, y)$ とおいて⑥を変形すると

$\mathrm{PH}^2=\mathrm{PI}^2$.

$\mathrm{OP}^2-\mathrm{OH}^2=\mathrm{AP}^2-\mathrm{AI}^2$.

$x^2+y^2-1=(x-2)^2+(y-2)^2-2.$ …⑦

$4x+4y-7=0.$ i.e. $x+y-\dfrac{7}{4}=0.$ …⑦′

これが表す直線と C_1 の中心 O との距離は

$$\frac{\left|-\frac{7}{4}\right|}{\sqrt{2}}=\frac{7}{4\sqrt{2}}=\frac{\sqrt{49}}{\sqrt{32}}>1\,(=C_1\text{の半径}).$$

よって直線⑦′上の任意の点 (x, y) について，C_1 の外部にあるから⑦の左辺は正．よって右辺も正だから，直線⑦′上の点は C_2 についても外部にある．

以上より，求める軌跡 F は

直線 $x+y=\dfrac{7}{4}$.//

補足　本問の場合，2 円の位置関係は，中心間距離と半径の和・差を比べるまでもなくわかりますね．

参考1　(1)⑤の両辺は，それぞれ①，②の左辺そのものです．よって，⑤から右辺を移項して得られた⑤′は，①と②で辺々引いたものです．これは，**例題3 8 a**「“第 3 の図形”」で見たように，2 円の交点 $\mathrm{C}(1, 0)$, $\mathrm{D}(0, 1)$ を通る直線の方程式です．

(2)⑦，⑦′も，①と②で辺々引いたものである点は同じです．ただし，2 円に交点はありませんが．

これらのことから，一般に，2 円の方程式から x^2, y^2 の項を消去して得られる 1 次方程式が表す直線は，「2 円の交点を通る直線」「2 円へ引いた接線が等長である点の軌跡」のいずれかの意味をもつことがわかります．

参考2　P が(1)で求めた軌跡 F 上にあるとき，「方べきの定理」

[→ I+A 5 10 6] より，

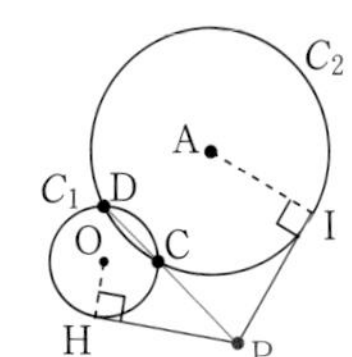

$$\begin{cases} \text{円 } C_1 \text{に注目して，} \mathrm{PC}\cdot\mathrm{PD}=\mathrm{PH}^2, \\ \text{円 } C_2 \text{に注目して，} \mathrm{PC}\cdot\mathrm{PD}=\mathrm{PI}^2. \end{cases}$$

$\therefore \mathrm{PH}=\mathrm{PI}$ が成り立ちます．

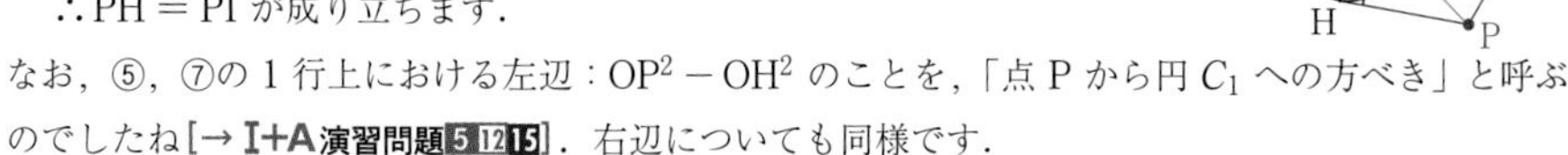

なお，⑤，⑦の 1 行上における左辺：$\mathrm{OP}^2-\mathrm{OH}^2$ のことを，「点 P から円 C_1 への方べき」と呼ぶのでしたね [→ I+A 演習問題 5 12 15]．右辺についても同様です．

よって，2 円の方程式①と②で辺々引いて得られる方程式⑤′，⑦′は，「点 P から 2 円 C_1, C_2 への方べきが等しい」ことを表しています．

例題 380 中点の軌跡（放物線） 重要度↑ 根底 実戦 典型 入試 [→演習問題 3 9 27]

放物線 C: $y=x^2$ …① と直線 l: $y=m(x+1)$（m は実数）…② が異なる 2 点 P, Q で交わるとき，その中点 M の軌跡 F を求め，図示せよ．

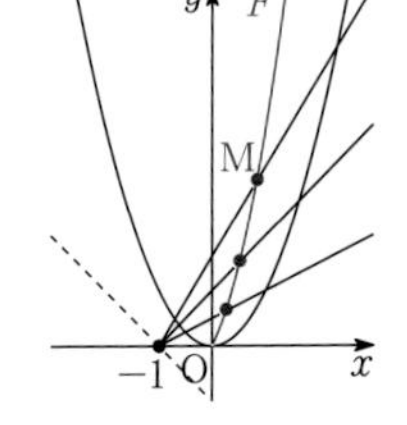

下書き l は，傾き m の値によらず定点 $(-1, 0)$ を通ります．m の値を変えながら l を何本か描いてみると，M の軌跡 F の様子が"ある程度"わかります．手順 0°←[→372「軌跡を求める手順」]

また，m が例えば -1 とかだと交点 P, Q がないことも見渡せます．

方針 m がパラメタです．どんな式を作ることが至上命題でしたか？

解答 ①②を連立すると

$x^2=m(x+1)$.

$x^2-mx-m=0$. …③

これが異なる 2 実解をもつから

判別式 $=m^2+4m=m(m+4)>0$.

$\therefore m<-4,\ 0<m$. …④ 変域の不等式

④のもとで，③の異なる 2 実解を α, β とおく．M(X, Y) とおくと，手順 1°

$$\begin{cases} X=\dfrac{\alpha+\beta}{2}=\dfrac{m}{2}, & \cdots⑤ \\ Y=m(X+1)\ (\because \text{M は} l \text{上の点}). & \cdots⑥ \end{cases}$$

手順 2°

⑤より

$\boxed{m=2X}$. …⑤′ 消したい m を残したい X で表す

これを⑥，④[1] へ代入して

$$\begin{cases} Y=2X(X+1), & \text{手順 } 3° \\ 2X<-4,\ 0<2X. & \text{手順 } 4° \end{cases}$$

よって，求める軌跡 F は

$$F: \begin{cases} y=2x(x+1), \\ x<-2,\ 0<x. \end{cases}$$ //

これを図示すると右図の通り．

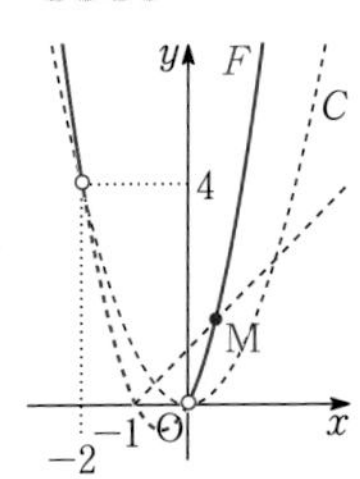

解説 「至上命題」とは，もちろん⑤′式のことでした．
これさえ作ることができれば，"あと 1 つの式"は何でも構わないのです．

注 1 1)：⑤′を不等式④へも代入してください．これにより，「消える文字 m の条件」が，「残る文字 X の条件」へと移植され，「軌跡の限界」が正しく求まります．けっして，X の変域を求めようとしているのではありませんよ！[→例題 38q 注意！]

注 2 ⑤⑥ではなく，X, Y を m で表す「パラメタ表示」を作ろうとする人が跡を絶ちません．パラメタを（1 個）含んだ軌跡における手順 2°「条件の立式→整理」の仕方について再確認！

パラメタ t 入りの軌跡における立式 方法論

◎（最高）：$\begin{cases} \boxed{t=X, Y \text{ の式}} \\ \text{あと 1 つの式} \end{cases}$　　△（イマイチ）：$\begin{cases} X=t \text{ の式} \\ Y=t \text{ の式} \end{cases}$

発展 ハイレベル↑ 上記の厳～～密な**解答**を書くと，以下の通りです．同じく「点の存在範囲」を求める「通過領域」と，根幹をなす考え方は全く同じ．1 つの点を**固定**して，真偽判定します．

（…⑤⑥までは上記**解答**と同じ…）

考え方 ∘ 定点 $(1, 4)$ の場合，

$$\begin{cases} ⑤: 1=\dfrac{m}{2}, \\ ⑥: 4=m(1+1). \end{cases}$$

これと④を満たす $m=2$ が存在するから，

点 $(1, 4)\in F$.

∘ 定点 $(1, 1)$ の場合，

$$\begin{cases} ⑤: 1=\dfrac{m}{2}, \\ ⑥: 1=m(1+1). \end{cases}$$

これと④を満たす m が存在しないから，

点 $(1, 1)\notin F$.

このように，**固定**された1つ1つの定点 (X, Y) に対して，

⑤⑥④を全て満たす m が存在するか否か

を逐一判定していきます．■

定点 (X, Y) が F に属するための条件は

「⑤⑥④を満たす m が存在すること」…(∗)

そこで，⑤を m について解くと

$\boxed{m = 2X}$．…⑤′

これを⑥④へ代入して

$$\begin{cases} Y = 2X(X+1), & \cdots ⑦ \\ 2X < -4,\ 0 < 2X. & \cdots ⑧ \end{cases}$$

ここに，「⑤′⑥④」$\Longleftrightarrow$「⑤′⑦⑧」．[2)]

⑦⑧は m を含まず，⑤′は「$m = \sim\sim$」の形に解かれているので，⑦⑧を満たす (X, Y) に対して，⑤′を満たす m は必ず存在する．よって

(∗) $\Longleftrightarrow$「⑦⑧」．

よって，求める軌跡 F は

$$F: \begin{cases} y = 2x(x+1), \\ x < -2,\ 0 < x. \end{cases}$$

最後の答えは小文字 x, y で

注1 [2)]：この「複数の式どうしの同値関係」がポイントです．⑤′が成り立つことをベースとして考えれば，「⑥ $\Longleftrightarrow$ ⑦」および「④ $\Longleftrightarrow$ ⑧」であることがわかりますね．

言い訳 軌跡の問題を全てこのように厳密に解くのは疲れます（笑）．要は「消したい文字：パラメタ m を残したい文字 X, Y で表す」ことさえ実行すれば大丈夫です．本書でも，軌跡の問題の**解答**はその程度の密度で済ませてありまーす．

注2 学校教科書では，こうした難しい厳密性の回避策として，とにかく軌跡上の点についてわかることをドンドン書いていき，そうして得られた図形 F について「逆に F 上の点は条件を満たす」という“減点されないためのオマジナイ”を書くという欺瞞（ぎまん）に満ちた対応をしています（実際には，その確認作業は一切なされていませんが）．教育上好ましくない態度だと考えます．

例題 3 8 p 中点の軌跡（円） 根底 実戦 入試

[→演習問題 3 9 26]

円 C: $(x-2)^2 + y^2 = 1$ …① と直線 l: $y = mx$（m は実数）…② が異なる2点 P，Q で交わるとき，その中点 M の軌跡 F を図示せよ．

着眼 前問とよく似た中点の軌跡ですが，「放物線」から「円」に変わっただけで大違いです！

下書き l は，傾き m の値によらず原点 O を通ります．m の値を変えながら l を何本か描いてみると，M の軌跡 F の様子が“ある程度”わかります．

手順 0° ←[→3 7 2「軌跡を求める手順」]

解答（図形そのものに注目して）

C の中心 $(2, 0)$ を A として，弦 PQ の中点 M が満たすべき条件は，

∘∠OMA $= 90°$（または M $=$ A），

i.e. M が OA を直径とする円周上．かつ

∘M が C の内部．

よって求める軌跡 F は右図の通り（両端の点は除く）．

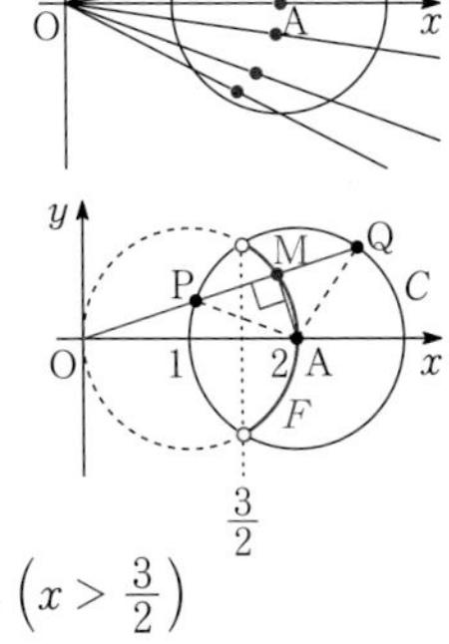

参考 もし軌跡 F を式で表すなら

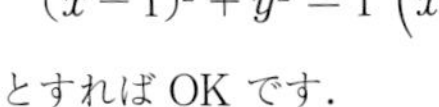

$$(x-1)^2 + y^2 = 1 \ \left(x > \frac{3}{2}\right)$$

とすれば OK です．

注 前問と全く同様に式を用いても解決しますが，「円」という単純明快な図形を相手にするときは，とくに「図形そのものを見る」という姿勢が大切です．

例題 3 8 q 軌跡 根底 実戦 入試

[→演習問題 3 9 26]

xy 平面上に，点 A(1, 0) と直線 $l: y=mx$ がある．A から l へ垂線 AH を下ろし，線分 AH を 3 : 2 に外分する点を P とする（$m=0$ のときは P = H = A とする）．m が $m>-1$ の範囲で動くときの P の軌跡を図示せよ．

下書き いくつかの m に対して P をとると，右図の通り．

方針 P の座標を設定し，それが満たすべき条件を作ります．「直線に関する対称点」の求め方が応用できそうですね．

解答 P(X, Y) とおく．H は AP を 1 : 2 に内分するから，

$$\overrightarrow{\mathrm{OH}}=\frac{2\overrightarrow{\mathrm{OA}}+1\overrightarrow{\mathrm{OP}}}{1+2}=\frac{1}{3}\left\{2\begin{pmatrix}1\\0\end{pmatrix}+\begin{pmatrix}X\\Y\end{pmatrix}\right\}.$$

i.e. $\mathrm{H}\left(\dfrac{2+X}{3}, \dfrac{Y}{3}\right)$.

これが l 上にあるから

$$\frac{Y}{3}=m\cdot\frac{2+X}{3}.$$

i.e. $Y=m(X+2)$. …①

また，AP⊥l だから

$$\begin{pmatrix}1\\m\end{pmatrix}\cdot\begin{pmatrix}X-1\\Y\end{pmatrix}=0.$$

$X-1+mY=0$. …② （①②は $m=0$ でも成立）

重要 目指すべきは「$m=X, Y$ の式」です．けっして X, Y を m で表そうとしてはなりません．■

i) $X\neq-2$ のとき，①より

$$\boxed{m=\frac{Y}{X+2}}. \quad …①'$$

（これが最重要！消したい m を残したい X, Y で表す）

これを②および $m>-1$ …③ へ代入して

$$\begin{cases}X-1+\dfrac{Y}{X+2}Y=0,\\ \dfrac{Y}{X+2}>-1. \quad …④\end{cases}$$

$$\begin{cases}(X-1)(X+2)+Y^2=0, \quad …⑤\\ \dfrac{X+Y+2}{X+2}>0. \quad …④'\end{cases}$$

（分子，分母は同符号）

ii) $X=-2$ のとき，①より $Y=0$．このとき②は，$-3+m\cdot0=0$．これは成立し得ないから，ii) では軌跡上の点はない．

以上 i), ii) より，求める P の軌跡は右図の通り．

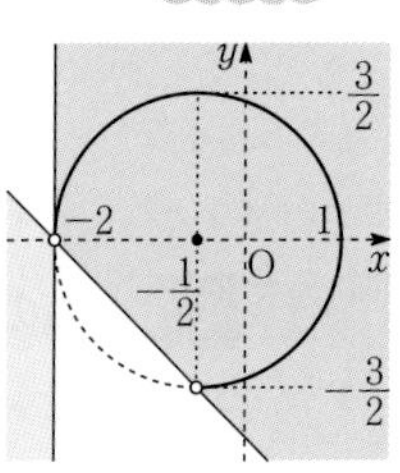

解説 とにもかくにも，①′の式が最重要です（②から $m=\dfrac{1-X}{Y}$ としても可）．

補足 ⑤の円は，中心が x 軸上にあり，x 切片が 1, −2 であることに注目して描きました．

④′の領域は，分子，分母がともに正→赤色部分，分子，分母がともに負→青色部分となります．

あるいは，④：$\dfrac{Y}{X-(-2)}>-1$ のままで，定点 $(-2, 0)$ と (X, Y) を結ぶ直線の傾きを考えても軌跡の限界が得られます．

注意！ 重要度↑ 本問の軌跡において，x の範囲は $-2<x\leqq1$，y の範囲は $-\dfrac{3}{2}<y\leqq\dfrac{3}{2}$ ですが，方程式⑤にこれらを付加しても軌跡の範囲は正しく表されませんね．

言い訳 本来は答えを小文字 x, y で表すべきですが，「図示せよ」なのでそこをサボりました．

参考 P の軌跡が円になるカラクリをお話しします（ここでは $m>-1$ は考えません）．∠OHA = 90° より，H の軌跡は OA を直径とする半径 $\dfrac{1}{2}$ の円 C_0 です．そして，$\overrightarrow{\mathrm{AP}}=3\overrightarrow{\mathrm{AH}}$ より，C_0 と P の軌跡 C_1 は，A を中心として相似の位置にあり，相似比は 1 : 3 です．よって，C_1 は右図のように点 $\mathrm{B}\left(-\dfrac{1}{2}, 0\right)$ を中心とする半径 $\dfrac{3}{2}$ の円となります．

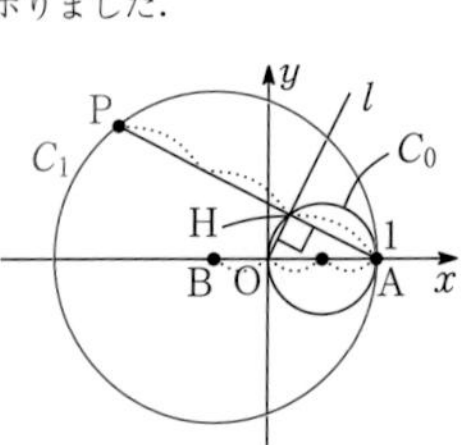

例題38r 反転 根底実戦 典型入試

[→例題25d]

a, b, c は実数とする．O を原点とする座標平面上において，O 以外の点 P に対し，半直線 OP 上に点 Q を $\mathrm{OP}\cdot\mathrm{OQ}=1$ となるようにとる．

(1) P が直線 l: $x+y=a$ …① 上を動くときの Q の軌跡 F を求めよ．

(2) P が円 C: $x^2+y^2+bx+c=0\ (b \neq 0)$ …② 上を動くときの Q の軌跡 G を求めよ．

着眼 問題の構造は例題37cと同じ．消したいのが P の座標，残したいのが Q の座標です．どちらをどちらで表すべきですか？

方針 O から見て，P と Q は同じ向き．そして OP, OQ の長さの間に関係がある．とくれば…使う道具は**ベクトル**に決まりです．

解答 $\mathrm{P}(x, y)$, $\mathrm{Q}(X, Y)$ とおくと，

$$\overrightarrow{\mathrm{OP}} = \underbrace{+\mathrm{OP}}_{\text{符号付長さ}}\cdot\underbrace{\frac{\overrightarrow{\mathrm{OQ}}}{\mathrm{OQ}}}_{\text{単位ベクトル}}$$

$$= \frac{1}{\mathrm{OQ}^2}\overrightarrow{\mathrm{OQ}}\ (\because\ \mathrm{OP}\cdot\mathrm{OQ}=1).$$

$$\text{i.e. } \begin{pmatrix} x \\ y \end{pmatrix} = \frac{1}{X^2+Y^2}\begin{pmatrix} X \\ Y \end{pmatrix}. \quad \cdots ③$$

(1) $\mathrm{P}(x, y)$ は①を満たす．これに③を代入して，

$$\frac{X+Y}{X^2+Y^2} = a.$$

$(X, Y) \neq (0, 0)$ のもとで，

$$a(X^2+Y^2) = X+Y.$$

以上より，求める F は

$$\begin{cases} a \neq 0 \text{ のとき，円 } x^2+y^2-\dfrac{1}{a}x-\dfrac{1}{a}y=0. \\ a=0 \text{ のとき，直線 } x+y=0. \end{cases}$$

(ただし，いずれも原点は除く)．//

(2) $\mathrm{P}(x, y)$ は②を満たす．これに③を代入して，

$$\frac{X^2+Y^2}{(X^2+Y^2)^2} + b\frac{X}{X^2+Y^2} + c = 0.$$

$(X, Y) \neq (0, 0)$ のもとで，

$$1 + bX + c(X^2+Y^2) = 0.$$

以上より，求める G は

$$\begin{cases} c \neq 0 \text{ のとき，円 } x^2+y^2+\dfrac{b}{c}x+\dfrac{1}{c}=0 \\ c=0 \text{ のとき，直線 } x=-\dfrac{1}{b}. \end{cases}$$ //

注 「ベクトルの平行」は「実数 k 倍で表す」なんて決めつけていると，激しく遠回りすることになりますよ．[→例題25d]

注 入試では，しばしば「X, Y を x, y で表せ．」という誤った逆向きの誘導が付されます．それに引っ掛からないよう注意(笑)．

参考 例えば $a=1$ のとき，P と，それに対応する Q の組をいくつかとってみると，右のようになります．

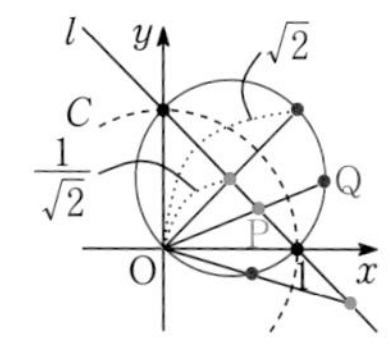

$\mathrm{OP}\cdot\mathrm{OQ}=1$ より，2 点 P, Q は，破線で描かれた「単位円 C」に対し，一方が内側のときは他方が外側にありますね．本問の 2 点 P, Q は「円 C に関して互いに**反転**である」と呼ばれ，とても有名です．

なお，P を Q へ (あるいは Q を P へ) 移す変換のことも「反転」といいます．

本問の結果などから，「反転」によって図形が右のように変換されることがわかります．ただし，完全に暗記しなくて OK．「直線とか円とかが互いに移り合う」程度で充分です．

原点を通らない直線 ⟷ 原点を通る円
原点を通る直線 ⟷ 原点を通る直線
原点を通らない円 ⟷ 原点を通らない円

例題 38S 極と極線 重要度↑ 根底 実戦 典型 入試

[→演習問題3938]

xy 平面上に円 C: $x^2+y^2=1$ がある．C の外部にある点 $\mathrm{A}(a, b)$ から C へ引いた 2 本の接線を l_1, l_2 とし，それぞれの C との接点を P, Q とする．2 点 P, Q を通る直線 m の方程式を求めよ．

方針 円とその 2 接線に関する有名問題．3 通りの解法が，それぞれとても勉強になります．

解答1 （まずは，ごく素朴に．直線 m の向きと，通る 1 点を考えます．）

まず，m の法線ベクトルは，$\overrightarrow{\mathrm{OA}}=\begin{pmatrix}a\\b\end{pmatrix}$．

次に，OA と PQ の交点を M とすると，

OM⊥PQ.

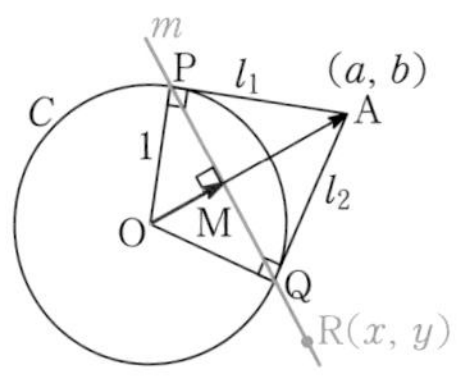

$$\therefore \triangle\mathrm{OMP} \backsim \triangle\mathrm{OPA}.$$

$$\mathrm{OP}:\mathrm{OM}=\mathrm{OA}:\mathrm{OP}.$$

$$\text{i.e. } \mathrm{OA}\cdot\mathrm{OM}=\mathrm{OP}^2=1. \cdots ①$$

$$\overrightarrow{\mathrm{OM}}=+\mathrm{OM}\cdot\frac{\overrightarrow{\mathrm{OA}}}{\mathrm{OA}}=\frac{1}{\mathrm{OA}^2}\overrightarrow{\mathrm{OA}}\ (\because\ ①)$$

$$=\frac{1}{a^2+b^2}\begin{pmatrix}a\\b\end{pmatrix}.$$

m 上の任意の点 $\mathrm{R}(x, y)$ が満たすべき条件は

$$\overrightarrow{\mathrm{OA}}\cdot\overrightarrow{\mathrm{MR}}=\begin{pmatrix}a\\b\end{pmatrix}\cdot\left\{\begin{pmatrix}x\\y\end{pmatrix}-\frac{1}{a^2+b^2}\begin{pmatrix}a\\b\end{pmatrix}\right\}=0.$$

$$\therefore\ m: ax+by=1. /\!/$$

解説 「接点」P, Q より，「交点」M の方が求めやすいんです．何しろ $\overrightarrow{\mathrm{OM}} /\!/ \overrightarrow{\mathrm{OA}}$ ですから．

別解 ハイレベル↑「正射影ベクトル」を完璧にマスターしている人は，次のように済ますことも可能です．

m 上の任意の点 $\mathrm{R}(x, y)$ が満たすべき条件は

$$\overrightarrow{\mathrm{OA}}\cdot\overrightarrow{\mathrm{OR}}=\overrightarrow{\mathrm{OA}}\cdot\overrightarrow{\mathrm{OP}}\,(=\overrightarrow{\mathrm{OA}}\cdot\overrightarrow{\mathrm{OM}})$$ （OA への正射影）

$$=\mathrm{OP}^2.$$ （OP への正射影）

$$\therefore\ m: ax+by=1.$$

参考 ①を見るとわかるように，A と M は前問で述べた「反転」の関係にありますね．

解答2 （接点 P, Q に注目すると，C 以外のもう一つの円が見えてきませんか？）

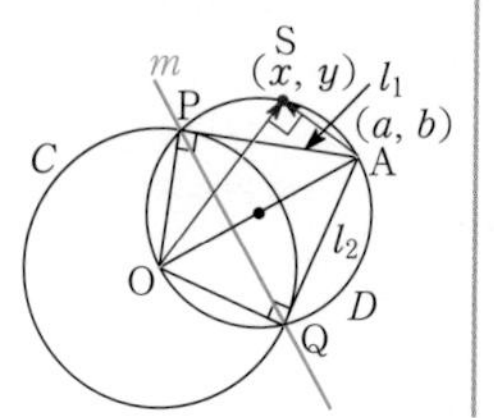

線分 OA を直径とする円 D は 2 点 P, Q を通る．

円 D 上の任意の点を $\mathrm{S}(x, y)$ とすると，

$$\overrightarrow{\mathrm{OS}}\cdot\overrightarrow{\mathrm{AS}}=0.\quad \begin{pmatrix}x\\y\end{pmatrix}\cdot\left\{\begin{pmatrix}x\\y\end{pmatrix}-\begin{pmatrix}a\\b\end{pmatrix}\right\}=0.$$

$$\therefore\ D: x^2+y^2-ax-by=0. \cdots ②$$

$$\text{一方, } C: x^2+y^2-1=0. \cdots ③$$

③−② を作ると

$$ax+by-1=0. \cdots ④$$

④について考えると，P は円 C 上かつ円 D 上だから，P の座標は②，③を満たす．よって④をも満たす（Q についても同様）．

また，④は 1 次方程式だから直線を表す．

よって，④が直線 PQ，すなわち m の方程式である．

解説 ④式以降の議論は，例の“第 3 の図形” [→381]ですね．

解答3 （前記 2 つの**解答**で用いた「交点 M」や「円 D」といった“余分なモノ”を一切使わず，A と接点 P, Q のみで解決します．ただし，初見では無理な発想を用います．）

$\mathrm{P}(x_1, y_1)$, $\mathrm{Q}(x_2, y_2)$

とおくと （接線公式）

$$l_1: x_1x+y_1y=1,$$

$$l_2: x_2x+y_2y=1.$$

これらはいずれも $\mathrm{A}(a, b)$ を通るから

$$\begin{cases}x_1a+y_1b=1,\\ x_2a+y_2b=1.\end{cases}{}^{1)}\ \text{i.e.}\ \begin{cases}a\boxed{x_1}+b\boxed{y_1}=1,\\ a\boxed{x_2}+b\boxed{y_2}=1.\end{cases}$$

この 2 式は異なる 2 点 P, Q がいずれも

$$\text{直線}: a\boxed{x}+b\boxed{y}=1 \cdots ④$$

上にあることを表している 2)．よって，求める m の方程式は，④である．

解説 この 解答3の手法は，とにもかくにも有名・パターンものです．よく**理解**した上で**暗記**してください．

1)：ここで行った“すり替え”がポイントです．

2)：④は，$(\boxed{x}, \boxed{y})$ に，$\mathrm{P}(x_1, y_1)$，$\mathrm{Q}(x_2, y_2)$ を代入すると，確かに成り立ちますね．

将来 理系 本問と同じ内容が，楕円などの 2 次曲線を題材として出ることもあり，その際には 解答1 解答2は使えません．必ず 解答3もマスターしましょう．

参考 本問で求めた直線 m のことを，「円 C に関する点 A の**極線**」といい，A のことをその「**極**」といいます．

重要 「接する」という現象を表す方法は，次の 2 通りに大別されます：

$\begin{cases} \text{❶：接点重視} \\ \text{❷：接点軽視} \end{cases}$ 「接点」とは「接点の座標」を意味します

前記 解答1 解答2は接点の座標を用いない❷，解答3は接点の座標を用いる❶でした．

例題 38 t 対称式・点の存在範囲 重要度↑ 根底 実戦 典型 入試

[→演習問題 3 9 37]

x, y を実数とする．座標平面上で，点 $(x+y, xy)$ の存在範囲 D を図示せよ．

注 x, y に関する条件式は何もありません．よって，点 (x, y) の存在範囲はもちろん座標平面全体です．ところが…D の方はそうではないのです．次の 2 例を見てください．

考え方 ○定点 $(1, 0) \in D$？

$\begin{cases} x+y=1 \\ xy=0 \end{cases}$ を満たす (x, y)（実数）として，$(1, 0)$ が存在する． $\therefore$ 点 $(1, 0) \in D$.

○定点 $(0, 1) \in D$？

$\begin{cases} x+y=0 \\ xy=1 \end{cases}$ のとき，$x(-x)=1$ i.e. $x^2=-1$.

このような実数 x は存在しない．$\therefore$ 点 $(0,1) \notin D$.

このように，**固定**された 1 つ 1 つの定点に対して，対応する実数 x, y が存在するか否かを逐一判定していきます． 固定して真偽判定

注意！ その「定点」の座標に“名前”を与えること．そうしないと，その点に関する条件を表す術（すべ）がありませんので（笑）． 軌跡を求める手順 1°

解答 $\begin{cases} u=x+y \\ v=xy \end{cases}$ …①とおく．

定点 $\boxed{(u, v)} \in D$ となるための条件は

「①を満たす実数の組 $\boxed{(x, y)}$ が存在すること」 …(＊)

方針 「存在」を調べたい x, y とは何か？■

①より，x, y は次の t の方程式の 2 解である：

$(t-x)(t-y)=0.$ この因数分解を思い浮かべて

$t^2-(x+y)t+xy=0.$

$t^2-u \cdot t+v=0.$

(＊) は，これの 2 解がともに実数であること，つまり

判別式 $= u^2-4v \geq 0.$

i.e. $v \leq \dfrac{1}{4}u^2.$

これを uv 平面上に図示すると右図の通り（境界含む）．

$v=\dfrac{u^2}{4}$ v O u

解説 けっきょく，頼りになるのは「**固定して真偽判定**」という数学の根幹をなす考え方ですね．

9 演習問題B

391 根底 実戦

次の(1)〜(5)について，2つの図形の共有点の座標を求めよ．

(1) 直線 $y=\frac{1}{2}x-3$ …① と直線 $x+3y-1=0$ …②

(2) 円 $x^2+y^2+2x-2y+1=0$ …① と直線 $y=\frac{1}{7}x+\frac{3}{7}$ …②

(3) 円 $x^2+y^2=7$ …① と直線 $x+y=3$ …②

(4) 円 $x^2+y^2=2$ …① と直線 $y=\sqrt{3}x+2\sqrt{2}$ …②

(5) 放物線 $y=-2x^2+4x$ …① と直線 $y=-4x+8$ …②

392 根底 実戦

3直線 l_1: $2x+y-7=0$, l_2: $x-3y-k=0$, l_3: $x+ky+3=0$ で囲まれる三角形ができるような k を求めよ．

393 根底 実戦

点 A(3, 2) と直線 l: $y=-3x+3$ について答えよ．

(1) A の l に関する対称点 B の座標を求めよ．

(2) A から l へ下ろした垂線の足 H の座標を求めよ．

注 (1)(2)を独立に解いてみよ．

394 根底 実戦 典型

xy 平面上に，右図のような三角形 ABC があり，辺 BC の中点 (1, 1) を D とする．

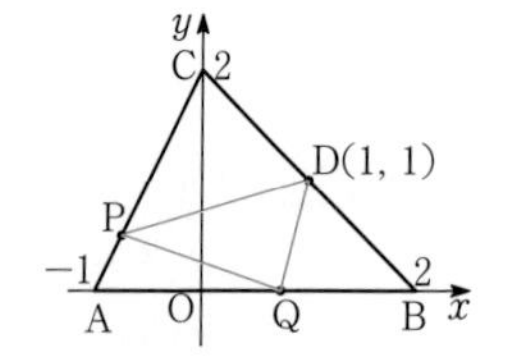

(1) 直線 AC に関して D と対称な点 D′ の座標を求めよ．

(2) D と，辺 CA 上の動点 P，辺 AB 上の動点 Q を結んでできる折れ線の長さ $L:=\mathrm{DP}+\mathrm{PQ}+\mathrm{QD}$ の最小値を求めよ．

395 根底 実戦 入試

直線 l: $y=mx$ (m は実数) について答えよ．

(1) 点 P(a, b) と l に関して対称な点 P′ の座標を求めよ．

(2) 円 C: $x^2+(y-3)^2=1$ と l に関して対称な円 C' が x 軸に接するような傾き m の値を求めよ．

396 根底 実戦 典型

円 C: $x^2+y^2-x-4y+2=0$ の接線で，点 A(2, 3) を通るものの方程式を求めよ．

397 根底 実戦 入試

円 C: $(x-2)^2+y^2=1$ と直線 l: $y=ax$ $(a>0)$ がある．C と l が異なる 2 点で交わるとき，2 つの交点を O に近い方から順に P，Q とする．OP=PQ となるような a の値を求めよ．

398 根底 実戦 入試

O を原点とする座標平面上に，円 C : $x^2+y^2=1$ と，点 A(2, 1) を通る直線 l がある．C, l が異なる 2 点 P，Q で交わるとき，三角形 OPQ の面積を S とする．S が最大となるときの l の傾きを求めよ．

399 根底 実戦 入試

2 円 C_1: $x^2+y^2=1$, C_2: $(x-3)^2+(y-1)^2=4$ の共通接線の方程式を全て求めよ．

3910 根底 実戦 典型

正の実数 t に対して，円 C_t: $x^2+y^2-4tx-2ty+4t^2=0$ $(t>0)$ を考える．円 C_a, C_b が異なる 2 点で交わるとき，$\dfrac{a}{b}$ のとり得る値の範囲を求めよ．

3911 根底 実戦 典型

円 C: $x^2+y^2=2$ が，直線 l: $y=3x+2$ から切り取る線分の長さを求めよ．

3912 根底 実戦 典型 重要

放物線 C: $y=x^2$ が，直線 l: $y=3x+1$ から切り取る線分の長さを求めよ．

3913 根底 実戦 入試

a, b は実数とする．方程式 $x^2+y^2+ax+(a+1)y+b=0$ …① が，任意の a について xy 平面上で円を表すような b の範囲を求めよ．

3914 根底 実戦

次の不等式が表す領域を図示せよ．

(1) $2x-3y>8$

(2) $x^2+y^2-2x+y+1\leq 0$

(3) $x^2-y<0\leq\dfrac{x^2}{2}-y+1$

(4) $(3x-y+5)(2x-5y+12)<0$

(5) $\dfrac{y}{x}\geq 1$

(6) $(x-1)(y-1)(x^2+y^2-x-y)>0$

3 9 15 根底実戦 典型 重要

次の不等式が表す領域を図示せよ.

(1) $|2x+y| \leqq 1$

(2) $\begin{cases} |2x+y| \leqq 1 \\ |2x-y| \leqq 1 \end{cases}$

(3) $2|x|+|y| \leqq 1$

(4) $|x+y|+|x-y| \leqq 2$

3 9 16 根底実戦 入試

実数 x, y に関する 3 つの条件

$|x|<1, |y|<1$ …①

$|x|+|y|<2$ …②

$x^2+y^2<a\ (a>0)$ …③

を考える.

(1) ②は①であるための必要条件であるか？また，②は①であるための十分条件であるか？

(2) ③が②であるための十分条件となるような a の値の範囲を求めよ.

3 9 17 根底実戦 典型 重要

2 直線 l_1: $x-y+3=0$, l_2: $x+7y-1=0$ のなす鋭角，鈍角を二等分する直線をそれぞれ m_1, m_2 とする. m_1, m_2 の方程式を求めよ.

3 9 18 根底実戦 典型

3 直線 $3x+y-7=0$ …①，$x-3y+3=0$ …②，$3x-y+4=0$ …③ で囲まれる三角形の内心 I の座標を求めよ.

3 9 19 根底実戦 典型

2 つの円 C_1 : $x^2+y^2=2$, C_2 : $(x-2)^2+(y-1)^2=5$ の 2 つの交点 P，Q を通り，なおかつ直線 $y=2$ に接するような円 C_3 の方程式を求めよ.

3 9 20 根底実戦 入試

2 つの放物線 C_1: $y=x^2-x$ …①，C_2: $y=-2x^2+3x+1$ …② の 2 つの交点を通る直線 l の方程式を求めよ.

3 9 21 根底実戦 典型

円 C : $x^2+y^2-2kx-ky+5k-10=0$ (k は実数) について考える.

(1) C が，k の値によらず常に通る点の座標を求めよ.

(2) (1)で求めた 2 つの点 A，B を結ぶ線分を 1 辺とする正方形 (ただし，全ての頂点の x 座標が正) が円 C に内接するときの k の値を求めよ.

3 9 22 根底 実戦

xy 平面上に定点 A(1, 1) と直線 $l : y = 2$ があり，動点 P から l へ垂線 PH を下ろす．AP=PH を満たす点 P の軌跡 C を求めよ．

3 9 23 根底 実戦 入試

次の条件を満たす点 P の軌跡を求めよ．

条件：xy 平面上で，P から単位円へ引いた 2 接線が直交する．

3 9 24 根底 実戦 典型

t が $0 < t < 1$ の範囲で動くときの 2 直線

$y = tx$, …①

$x = \dfrac{1}{1+t^2}$ …②

の交点 P の軌跡 C を図示せよ．

3 9 25 根底 実戦 典型

方程式 $x^2 + y^2 + (a+1)x + (a-1)y + \dfrac{5}{4}a = 0$ が円を表すとき，その中心 P の軌跡 F を求めよ．

3 9 26 根底 実戦 典型 入試 重要

2 直線 l: $tx - y - t = 0$ …①, m: $x + ty - 2t = 0$ …② の交点を P とする．t が 0 以上の実数の範囲で変化するときの P の軌跡 F を図示せよ．

3 9 27 根底 実戦 典型 入試

xy 平面上に，2 定点 A(1, 0), B(2, 0) と直線 l: $y = mx$ (m は 0 でない実数) がある．l 上の動点 P に対して，折れ線の長さ AP + PB を L とし，L が最小となるときの P を Q と定める．次の問に答えよ．

(1) l に関して A と対称な点 A′ の座標を m で表せ．

(2) m が $m \neq 0$ の範囲で動くときの Q の軌跡 F を求めよ．

3 9 28 根底 実戦 入試 ハイレベル↑

t は $0 < t < 1$ を満たす実数とする．xy 平面上に 3 点 O(0, 0), A(1, 0), B(0, 1) がある．線分 BO, OA を $t : (1-t)$ に内分する点をそれぞれ P, Q とし，線分 PQ を $t : (1-t)$ に内分する点を R とする．

t が $0 < t < 1$ で動くときの点 R の軌跡は放物線の一部であることを示せ．

 → 3・53

3 9 29 根底実戦 典型

領域 $D: \begin{cases} x^2+y^2 \leq 1 \\ y \leq x+1 \end{cases}$ 内の点 (x, y) について，$F := ax - y$（a は実数）の値を考える．

(1) F の最大値を求めよ．　　(2) F の最小値を求めよ．

3 9 30 根底実戦 入試

実数 x の関数 $f(x) = ax^2 + bx + c$（a, b, c は実数）があり，3 つの条件

$f(-1) = 0$ …①, $0 \leq f(0) \leq 1$ …②,

$1 \leq f(1) \leq 2$ …③

を満たしている．

(1) ac 平面上で，点 (a, c) の存在範囲 D を図示せよ．

(2) $f(2)$ のとり得る値の範囲 I を求めよ．

3 9 31 根底実戦 入試

農業を営む A さんは，所有する農地 10反（たん）[1] を，キャベツ栽培またはニンジン栽培に割り当てたいと考えている（農地の一部を使わないこともあり得る）．

1 反あたり 1 年間の収益および必要労働時間は，それぞれキャベツ：40 万円・50 時間，ニンジン：60 万円・150 時間である．

また，人手不足の折，この農地に投入できる延べ労働時間は年間 1200 時間に限られるとする．

この農地から得る年間収益を最大化するには，キャベツ，ニンジンに何反ずつ割り当てるべきか？

また，ニンジンの 1 反あたりの年間収益が a 万円 $(a > 0)$ である場合にはどうするべきか？

語記サポ [1] 1 反 =10 アール =1000m^2.

(1 反あたりの収益（正しくは粗（あら）収益）・必要労働時間データは，千葉県園芸協会『千葉の大地で農業を始めたい人の手引書. 3 作物ごとの経営をイメージするために』から引用した数値をもとに筆者が設定した概算値. なお，キャベツ・ニンジンとも，pH5.5~6.5 の土壌で生育. ）

3 9 32 根底実戦 典型入試

放物線 C: $y = -2(x+t)^2 + 2t$（t は実数）について答えよ．

(1) t が実数の範囲で動くとき，C の頂点 P の軌跡 F を求めよ．

(2) t が実数値全体をとって動くとき，C が通過する領域 D を求めよ．

(3) t が $0 \leq t \leq 1$ の範囲で動くとき，C が通過する領域 D' を求めて図示せよ．

3 9 33 根底実戦 典型入試

放物線 C: $y = \dfrac{x^2 + tx + 2t}{t+1}$ の，t が 0 以上の範囲で動くときの通過領域 D を図示せよ．

3 9 34 根底実戦 入試

xy 平面上に半円 C: $x^2+y^2=1\ (y \geqq 0)$ がある．C 上に異なる 2 点 P，Q を取り，弧 PQ を直線 PQ に関して折り返して x 軸と接するようにする．
P，Q がこの条件を満たしながら動くとき，線分 PQ の通過する領域を図示せよ．

3 9 35 根底実戦 入試 ハイレベル↑

半直線 $y=x\ (x \geqq 0)$ 上に点 $\mathrm{P}(t,t)$ をとり，半直線 $y=-x\ (x \leqq 0)$ 上に点 $\mathrm{Q}(t-1, 1-t)$ をとる．線分 PQ を $1:2$ に内分する点を R とする．
t が $0 \leqq t \leqq 1$ の範囲を動くときの線分 PR の通過領域 D を求め，図示せよ．

3 9 36 根底実戦 入試

y 軸に平行ではない直線 l に関して対称な異なる 2 点が放物線 C: $y=x^2$ 上に存在するとき，l の y 切片は $\dfrac{1}{2}$ より大きいことを示せ．

3 9 37 根底実戦 典型入試

実数変数 x, y が $x^2+y^2 \leqq 1$ …① を満たすとき，以下の問に答えよ．
(1) $u=x+y, v=xy$ …② とおくとき，点 (u, v) の存在範囲 D を uv 平面上に図示せよ．
(2) a を実数の定数とする．2 変数関数 $a(x+y)-xy$ の最大値を求めよ．

3 9 38 根底実戦 典型入試

点 $\mathrm{A}(1,2)$ を通り円 C: $x^2+y^2=1$ と異なる 2 点 P，Q で交わる直線 l を引く．P，Q における C の接線をそれぞれ m_1, m_2 とし，これらの交点を R とする．R が円 C': $x^2+y^2=2$ 上にあるとき，R の座標を求めよ．

3 9 39 根底実戦 入試

半径 1 の円 C の外部に定点 A がある．A から C へ 2 本の接線を引き，接点どうしを結んだ直線を l とする．A を通り C と交わる直線 m と C の交点を P，Q とし，m と l の交点を R とする．このとき，等式 $\mathrm{AR}=\dfrac{2}{\dfrac{1}{\mathrm{AP}}+\dfrac{1}{\mathrm{AQ}}}$ が成り立つことを示せ．

10 演習問題C 他分野との融合

3 10 1 根底 実戦 入試 数学Ⅱ三角関数後 重要

次のように媒介変数表示された曲線 C を描け.

$$\begin{cases} x = \cos\theta - \sin\theta \ \cdots① \\ y = \cos\theta + \sin\theta \ \cdots② \end{cases} \quad \left(-\frac{\pi}{4} \leq \theta \leq \frac{5}{4}\pi \ \cdots③\right)$$

3 10 2 根底 実戦 入試 数学Ⅱ三角関数後

直線 l: $(\cos\theta)x + (\sin\theta)y = 2\cos\theta + \sin\theta + 1$ …① が通過しない範囲 D を求め, 図示せよ.

3 10 3 根底 実戦 入試 数学C 2次曲線後

a は正の実数とする.

(1) 楕円 C: $(x - 2\cos\theta)^2 + 4(y - \sin\theta)^2 = 4a^2$ …① が, θ が変化するとき通過する領域 F_1 を求め, 図示せよ.

(2) 領域 D: $(x - 2\cos\theta)^2 + 4(y - \sin\theta)^2 \leq 4a^2$ …② が, θ が変化するとき通過する領域 F_2 を求め, 図示せよ.

3 10 4 根底 実戦 入試 数学Ⅱ三角関数後

xy 平面上に, 定点 A$(0, 3)$, 線分 l: $x = 3\ (0 \leq y \leq 3)$, 円 C: $x^2 + y^2 = 1$ がある. 2 つの点 P, Q がそれぞれ l, C 上を動くとき, △APQ の重心 G の存在範囲 D を図示せよ.

3 10 5 根底 実戦 入試 数学Ⅱ「微分法」後

3 次関数のグラフ C : $y = x^3 - x$ …① と, C を x 軸方向, y 軸方向にそれぞれ a だけ平行移動した曲線 C' を考える. C と C' がちょうど 2 つの共有点をもつような実数 a の範囲を求めよ.

第 4 章
三角関数

概要

数学Ⅰ「三角比」で学んだ sin，cos，tan について，さらに広範囲な事柄を学び，応用範囲を広げていきます．（「三角比」とほぼ同じ内容もかなり含まれています．）
この単元の，基礎力・計算力が身に付けば，図形や微積分（数学Ⅲ）と絡めた入試問題も自在に操れるようになります．

学習ポイント

本章：「三角関数」は，次の二本柱で構成されています：
1．単位円による三角関数の定義
2．加法定理などによる変形
1．は数学Ⅰ「三角比」でほぼ既習と言ってもよい内容です．ただし，前提として学ぶ「角」に関する基礎的な事柄が案外盲点になりがちですので気を付けてください．
2．は数学Ⅱ「三角関数」で新たに学ぶ内容で，三角関数を変形する公式類です．登場する公式の個数が高校数学全単元の中でダントツ最多ですから，個々の公式を“点”として暗記する勉強法では破綻します．**証明過程**も踏まえて“線”で結ぶ姿勢で臨みましょう．

将来入試では

下の範囲表を見てもわかる通り，理系生にとっては，今後学ぶ数学Ⅲ C 分野全ての**土台**となります．その分，この分野単独での出題は限定的でしょう．
文系の人は，遡って数学Ⅰ「三角比」がメインの図形絡みの問題演習を行う際，本章の内容と**融合**した問題と数多く出会うことになるでしょう．
いずれにせよ，問題解法そのものより，基礎力・計算力がとくに重要です．

語記サポ 角は主に「θ（シータ）」という文字で表します．他に，「φ（ファイ）」，「α（アルファ）」，「β（ベータ）」などのギリシャ文字がよく使われます．

この章の内容

1 「角」の表し方
2 単位円と三角関数
3 演習問題A
4 加法定理など
5 演習問題B
6 グラフと周期
7 発展的問題
8 演習問題C
9 演習問題D 他分野との融合

［高校数学範囲表］ ●当該分野 ●関連が深い分野

数学Ⅰ	数学Ⅱ	数学Ⅲ 理系
数と式	いろいろな式	いろいろな関数
2次関数	ベクトルの基礎	極限
三角比	図形と方程式	微分法
データの分析	三角関数	積分法
数学A	指数・対数関数	**数学C**
図形の性質	微分法・積分法	ベクトル
整数	**数学B**	複素数平面
場合の数・確率	数列	2次曲線
	統計的推測	

1 「角」の表し方

中学まで学んできた「角」は，右の図のように 2 つの半直線 OA，OP の間の“広がりの大きさ”を表し，度数法という単位のとり方を用いて「∠AOP＝60°」のように表しました．本節では，その「角」に関して新しく[1] 2 つのことを学びます．

1 →回転の向きまで考慮した「**一般角**」

2 →角の大きさを，「度数法」とは別の単位で表す「**弧度法**」

〔図 1〕

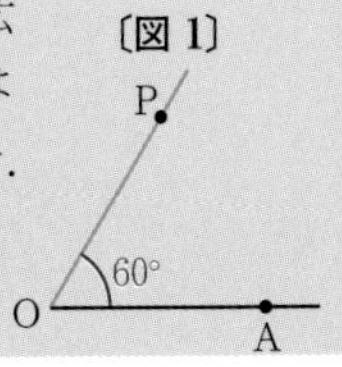

1 一般角 原理

「角」には意味の異なる 2 種類があります：

❶ 小学校で学んだ，2 つの半直線が挟む広がりの度合いを表す“大きさの角”[2] 冒頭の図の角

❷ 符号も考えて回転移動量を表す「一般角」

語記サポ [2] これは，❷：「一般角」と対比するために筆者が時々用いる個人的呼称に過ぎませんので悪しからず…．■

それでは，❷の「一般角」について説明します．

冒頭の図において，半直線 OP が，半直線 OA から出発してどれだけ回転移動して現在地に到ったのかを考えます．その際，回転の向きも区別して

「左回り」＝「反時計回り」：↺ を**正の向き**

「右回り」＝「時計回り」　：↻ を**負の向き**

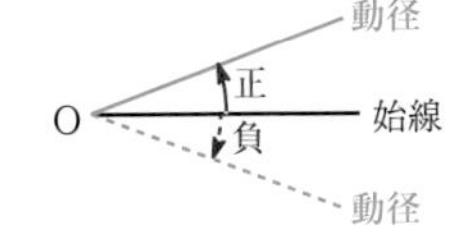

と定めます． 「左回り」「右回り」については［→**本項最後のコラム**］

このように，符号も考えて回転移動量を表した角のことを**一般角**といいます．〔**図 1**〕をベースにした下の 3 例を見れば，その意味がわかるでしょう．

なお，この例における半直線 OP のことを**動径**といい，“スタートライン”である半直線 OA のことを**始線**といいます．

〔図 2〕

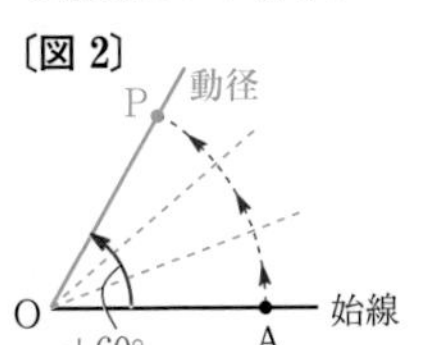

注 「60°」と書いても OK ですが，ここでは符号が正であることを強調しています．

〔図 3〕

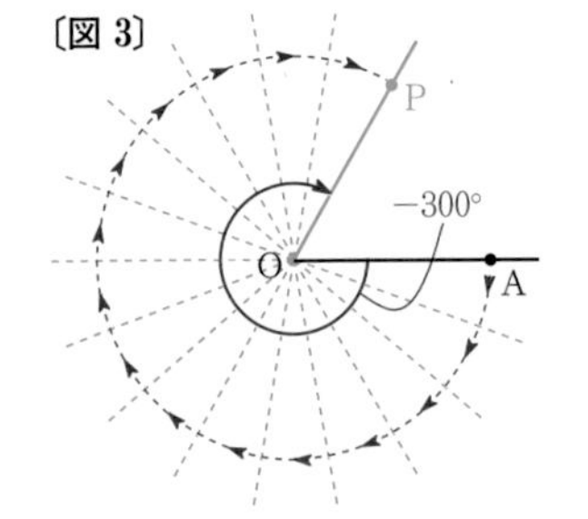

〔図 4〕

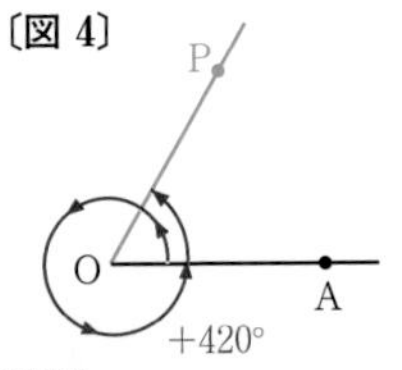

補足 360°＋60°＝420° と計算しました．

このように，3 点 O，A，P の位置関係が同じでも，一般角の値は回転移動の仕方によって変わってきます．

一般角では，負の角〔**図 3**〕や 360° を超える角〔**図 4**〕も考えます．

語記サポ 〔図 1〕〔図 2〕の角はどちらも同じ値「60°」ですが，上記“2 種類の角”のうち**どちらと考えているか**を，角に矢印を付すか否かで表現しています．

言い訳 [1]：「新しく」と言いましたが，本書では，1 について既に I+A 3 3 6 最後のコラムで紹介済であり，I+A 3 「三角比」では一般角を意識して矢印を付けて角を描いていました．

例題 4 1 a　2種類の角　根底 実戦

[→演習問題 4 3 3]

正三角形 ABC の外接円 γ の中心を O とする．

(1) 弧 BAC に対する中心角の大きさを求めよ．

(2) 円 γ 上の動点 P が B を出発して A を通って C に到るとき，半直線 OP の回転移動量を表す一般角を求めよ．

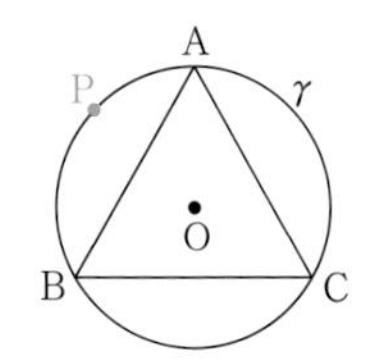

方針 2 種類の角の区別を明確に．

解答 (1) 求める中心角は，右図赤太線の角であり

$2\times 120° = 240°$.//

注 この角は「∠BOC」とは書けません．(120° の方を指してしまいます．)

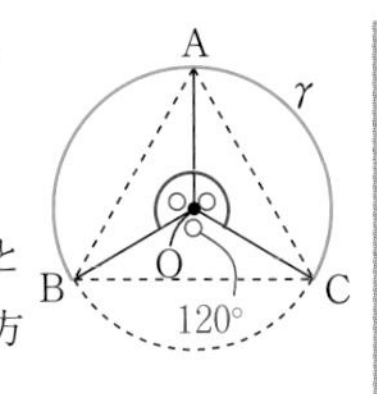

(2) 求める一般角は，動径 OP が始線 OB から OA を通過して OC に到るまでの回転移動量である．これは，右図赤矢印で表され，$-240°$. //

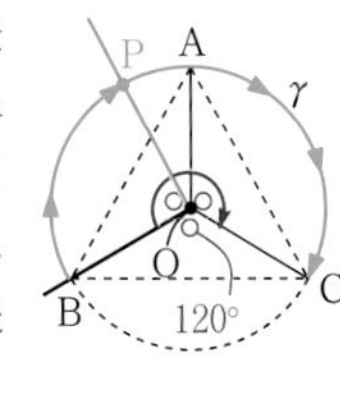

解説 (1)は❶“大きさの角”．(2)は符号も考えた❷「一般角」です．

問 右図の一般角 θ_1, θ_2 は，それぞれ何度か？

着眼 正，負のどちらの向きにどれだけ回転移動したかを考えます．“切りのいい”「+360°」や「−360°」を利用すると便利です．

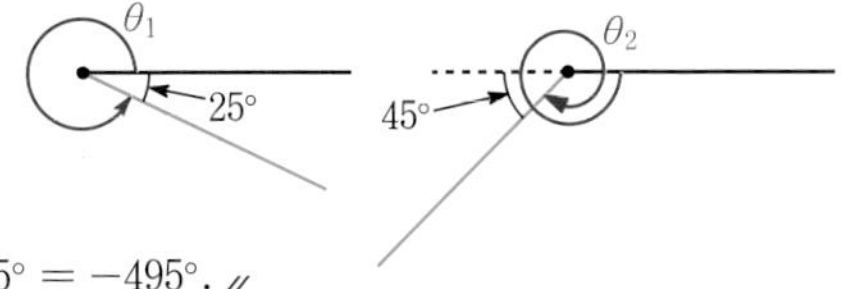

解答 $\theta_1 = 360° - 25° = 335°$.// $\theta_2 = -360° - 135° = -495°$.//

コラム

左回り・右回り

1 の記述で登場した「回転の向き」についてまとめてみました．

回転の向き	↺	↻
時計の針	反時計回り	時計回り
数学界	正の向き	負の向き
左，右	左回り	右回り
覚え方	左の「ひ」を書く向き	右の「み」を書く向き
意味	進行方向から左へ曲がっていく	進行方向から右へ曲がっていく

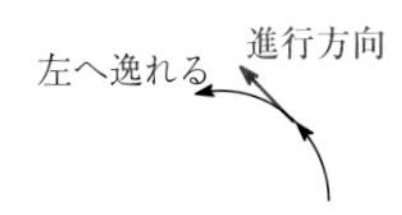

参考 数学界で左回りが「正」とされているのは，座標平面で「x 軸→ y 軸」の向きの回転だからでしょうか？よくわかりませんが (笑)．筆者は，「北極星のまわりを星が運行する向きが正」と覚えています．

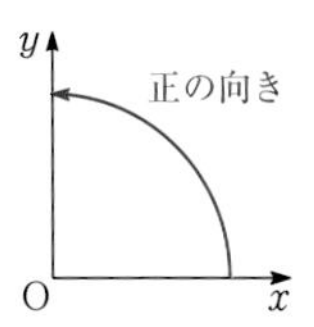

2 弧度法 原理

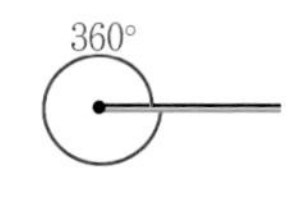

これまで用いてきた「度数法」では，“ちょうど 1 周分”の角を「360°」と表します（その $\frac{1}{360}$ が角度の単位「1°」）．これは，次の 2 つの理由によるものと考えられます．

① 「360」という数値は 2, 3, 4, 5, 6, 8, 9, 10, 12 などの整数でキレイに割り切れるので扱いやすい．

② 「1 年」の日数 =365 に近い値なので，ある恒星を毎日同一時刻に観測すると，北極星のまわりを 1 日あたりおおよそ 1° ずつ移動していくので便利．

しかし考えてみると，①は我々人間が指の本数 =10 を底とする 10 進法を用いていることによりますし，②の方は，我々が暮らす地球の自転・公転周期に依存しています．

つまり，“ちょうど 1 周分”の角に「360」という数値を当てることには，数学的な必然性は何もなく，単に便宜的な約束事に過ぎないのです．

そこで，“必然性”のある角の測り方・角の単位を導入します（ここでは，まずは“大きさの角”の方を用いて解説します）．

ルールはとても単純です．半径 1 の扇形を考え，長さが 1（半径と等しい）の弧に対する中心角を単位と定め，これを 1 [**rad**（ラジアン）] といいます．

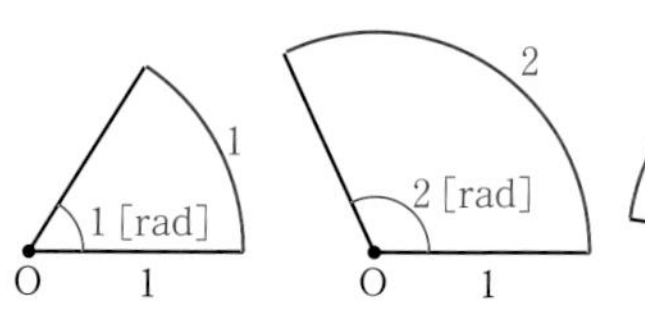

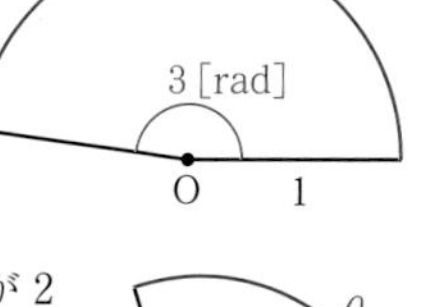

この円において，中心角の大きさは対応する弧の長さに比例しますから，弧長が 2 なら 2 [rad]，弧長が 3 なら 3 [rad]，…となります．一般に，半径 1 の円の弧の長さが θ であるとき，それと対応する中心角の大きさは θ [rad] となります．このような角の表し方（単位のとり方）を**弧度法**といいます．

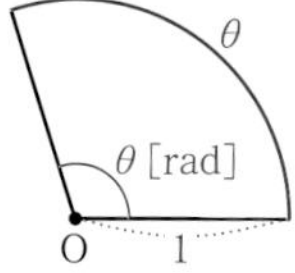

注 ただし，単位の「rad」は省略して書かないことが多いです．

中心角が等しい 2 つの扇形は相似ですから，弧長の半径に対する倍率は両者とも等しくなります．よって，右図のように中心角 θ，半径 r の扇形について，弧長を l とすると，次の関係が成り立ちます．

$$\frac{\theta}{1} = \frac{l}{r}.\ \text{i.e.}\ \theta = \frac{l}{r}.\ \cdots①$$

つまり，扇形における中心角は，弧長の半径に対する倍率（割合）です．

弧度法で表す角のうち，今後よく使うものをご紹介しておきます．半径 r の円周の長さは $2\pi r$．よって半径 r の半円周の長さは πr です．したがって，度数法で「180°」と表してきたその中心角は，弧度法では π [rad] となります．

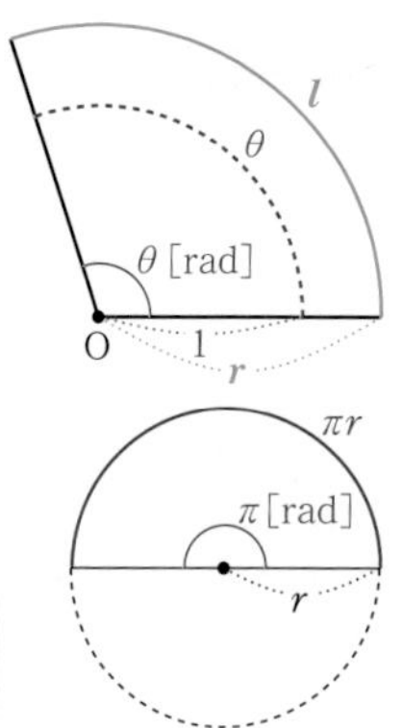

弧度法と度数法 知識

180° と π [rad] は同じ角である． $\pi = 3.1415\cdots$

注意！ 巷では「180° = π [rad]」のような式を平気で書く人がいますが，異なる単位を用いた量を「=」で結んだりすると，訳がわからなくなりますよ（笑）．極力慎みましょう．

同じ角を度数法，弧度法で表すとき，一般に次が成り立ちます：

弧度法と度数法の関係 知識

x° と y [rad] が同じ角であるとき，x の 180 に対する割合と y の π (= 3.14…) に対する割合が等しいから，2 つの実数 x, y は次を満たす：

$$\frac{x}{180} = \frac{y}{\pi}.$$ 例：$x = 360$, $y = 2\pi$ のときは，両辺とも 2

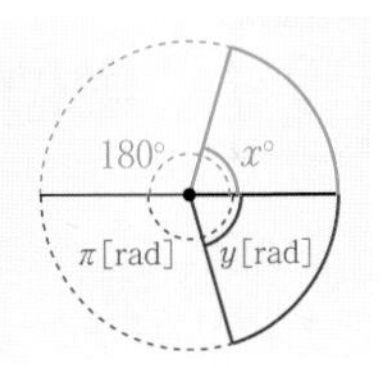

注　「度数法を弧度法に直すときは $\frac{\pi}{180}$ を掛ける」などと“やり方”だけ覚えるのは最悪．すぐ忘れちゃいます (苦笑)．そもそも，入試でそのような操作をすることなど，ほぼ皆無です (笑)．■

有名角において度数法 ⟷ 弧度法の変換をする際，いちいち上の関係式を使っていたらトロくて話になりません (笑)．図を (頭の中に) 描いて片付けます．中心角 π [rad] の“ピザ”を何等分かした“ピース”が何個分かと考えます．

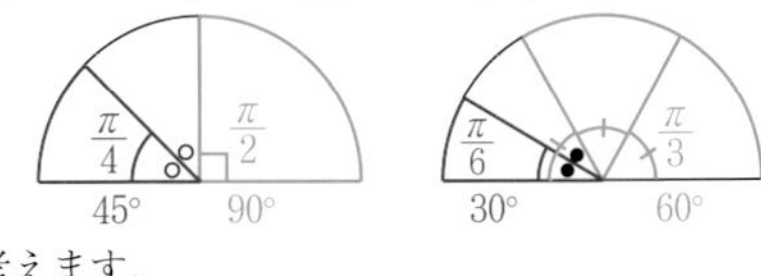

例 1

120°は ? [rad] と同じ角

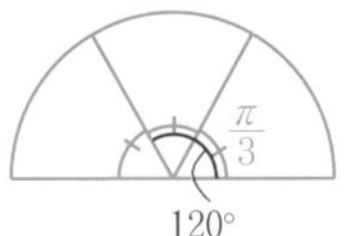

$120^\circ = 2\times 60^\circ$.

$\frac{\pi}{3}$ のピースが 2 個分.

$\therefore$? $= \frac{2}{3}\pi$. //

例 2

210°は ? [rad] と同じ角

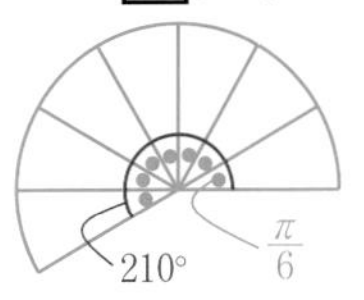

$210^\circ = 180^\circ + 30^\circ$.

$\frac{\pi}{6}$ のピースが $6+1$ 個分.

$\therefore$? $= \frac{7}{6}\pi$. //

例 3

$\frac{7}{4}\pi$ は ? ° と同じ角

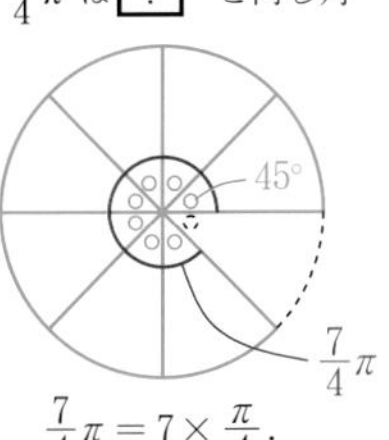

$\frac{7}{4}\pi = 7\times\frac{\pi}{4}$.

45°のピースが $8-1$ 個分.

$\therefore$? $= 360 - 45 = 315$. //

前ページ①より，中心角 θ [rad] の扇形について，次が成り立ちます：

弧度法と扇形 定理 右図の扇形において

$$\theta = \frac{l}{r}. \text{ i.e. } l = r\theta.$$

$$\text{面積} = \pi r^2 \times \frac{\theta}{2\pi} = \boldsymbol{\frac{1}{2}r^2\theta} = \frac{1}{2}lr.$$

例題 4 1 b 弧度法・一般角 根底 実戦

[→演習問題 4 3 4]

角は全て弧度法で表すとする．

(1) 右の〔図 1〕で，半径 r と扇形の面積 S を求めよ．

(2) 右の〔図 2〕で，角 θ を求めよ．

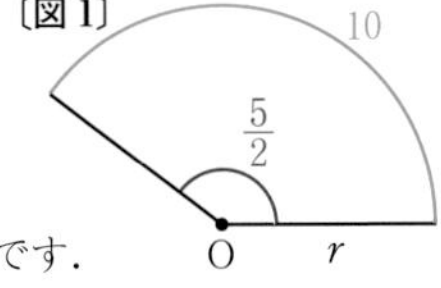

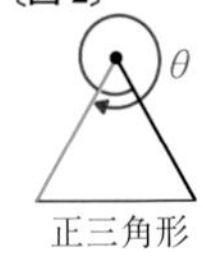

着眼　(1)の $\frac{5}{2}$ は“大きさの角”，(2)の θ は「一般角」です．

解答　(1)　$10 = r\cdot\frac{5}{2}$. $\therefore$ $r = 10\cdot\frac{2}{5} = 4$. //

$S = \frac{1}{2}\cdot 4^2\cdot\frac{5}{2} = 20$. //

補足　$S = \frac{1}{2}\cdot 10\cdot 4$ としても OK.

(2)　$\theta = -\left(2\pi + \frac{\pi}{3}\right) = -\frac{7}{3}\pi$. //

補足　黒太線で始線を，青太線で動径の最終位置を表しています．

注　今後，角は基本的には弧度法で表しますが，度数法も，その利便性が際立つ場面では使います．

2　単位円と三角関数

I+A 3 3 で既習だと言っても過言ではありません．扱う内容はほぼ同じ．角の範囲が「0°〜180°」から「任意の角」へと広がるだけです．I+A からの再掲が多く，そちらの方により詳しく書いた事柄もありますので，適宜参照してください．

1　直角三角形による三角比の定義（復習）

本題の「単位円」に入る前に，直角三角形による三角比の原始的な定義も確認しておきます．

直角三角形と三角比　定義

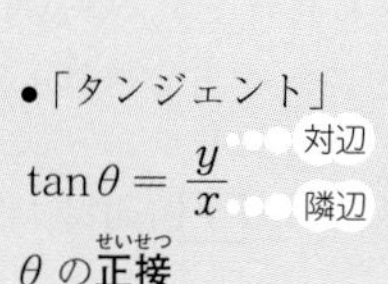

●「サイン」

$\sin\theta = \dfrac{y}{r}$ 対辺／斜辺

θ の正弦（せいげん）

●「コサイン」

$\cos\theta = \dfrac{x}{r}$ 隣辺／斜辺

θ の余弦（よげん）

●「タンジェント」

$\tan\theta = \dfrac{y}{x}$ 対辺／隣辺

θ の正接（せいせつ）

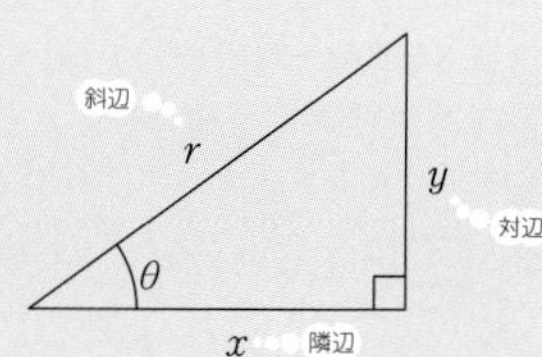

2　単位円による三角関数の定義

注1　「単位円による定義」に関するこの項は，I+A「三角比」の 3 3 1 とほぼ同内容であり，しかもその項を包含します．よって復習時には，本章「三角関数」のみをこなせばOK．「三角比」の方は不要です．■

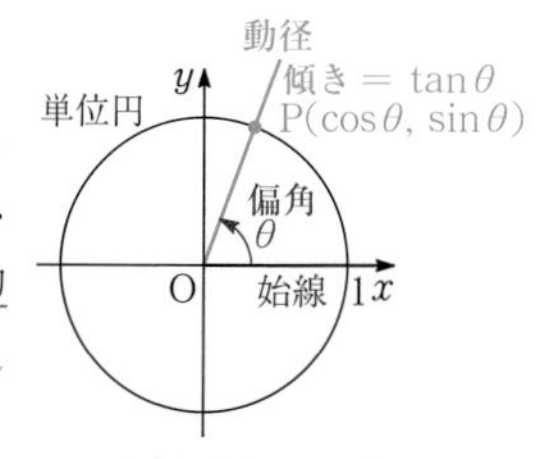

座標平面上の，原点 O を中心とする半径 1 の円を**単位円**といいます．「x 軸の正の部分を始線とした一般角 1)」θ に対応する動径と単位円周との交点 P の座標を $(\cos\theta,\ \sin\theta)$，動径 OP の傾きを $\tan\theta$ と定めます．このとき，任意の実数 2) θ に対して，$\cos\theta$, $\sin\theta$, $\tan\theta$ の値は一意的に定まります．つまり，これら 3 つは各々 θ の**関数** 3) であり，総称して**三角関数**といいます．

注2 1)：重要度↑ この角 θ のことを，本書では今後点 P の**偏角**（へんかく）と呼びます．（本来は数学C「複素平面」「極座標」で使う用語ですが）

2)：I+A 3 3 1 で学んだ「三角比」では，角の範囲が $0° \leq \theta \leq 180°$ に限られましたが，本項ではそれを実数全体に拡張した，より包括的な「三角関数」を考えます．（名称の違いは気にせずに．）

3)：「関数である」とは「1 つに定まる」ということでしたね．[→ I+A 2 1 1]

単位円による三角関数の定義　定義　重要度↑↑

単位円周上で，偏角 θ に対応する点を P とすると

点 P の座標が $(\cos\theta,\ \sin\theta)$　（$x = \cos\theta$，$y = \sin\theta$）

直線 OP の**傾き**が $\tan\theta$　（つまり $\tan\theta = \dfrac{\sin\theta}{\cos\theta}$）

これら 3 つを総称して，三角関数という．

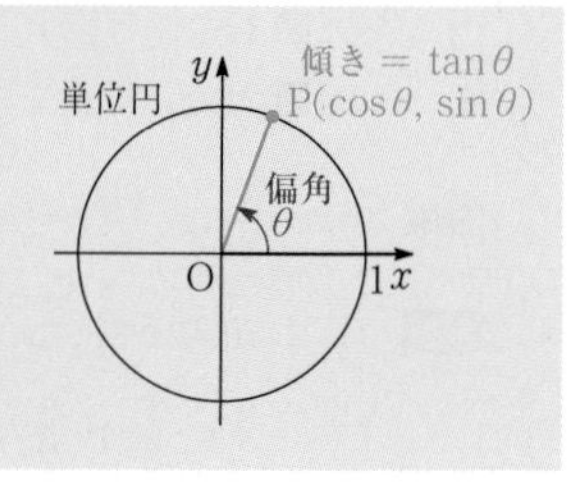

注　この定義は，$0 < \theta < \dfrac{\pi}{2}$ $(0° < \theta < 90°)$ のとき，1：「直角三角形による定義」と一致します．

P が縦軸上にあるとき，OP は傾きをもちませんから，$\tan\theta$ は値をもちません．

「角 θ」と書いている所を，入試では「角 x」と書くこともあります．よって今後，「x 軸」「y 軸」の代わりに「横軸」・「縦軸」と呼び，座標軸名を図中に明示しないこともあります．

言い訳：学校教科書にある半径 r の円を用いた定義は，今後まったく使いませんので省きます．■

単位円による三角関数の定義を考えるときには，偏角 θ と**単位円周上の点** P$(\cos\theta, \sin\theta)$ の位置関係を強く意識してください（1 対 1 対応とは限りません）．[→**このページ最後の注**]

原理 偏角 $\theta \longleftrightarrow$ **単位円周上の点 P$(\cos\theta, \sin\theta)$** 直線 OP の傾きが $\tan\theta$

3 “有名角”に対する三角関数の“有名値”

今後頻繁に出会うことになる“有名角”：$\frac{\pi}{6}$ (30°), $-\frac{5}{4}\pi$ (−225°) などに対応する三角関数の“有名値”は，瞬時に求められるようにしておきましょう．

“有名角”に対する三角関数の値 知識

絶対値 → 下表の値を暗記！

符号 → 単位円周上の点の位置を見て判断

絶対値	cos，sin	tan
$\frac{\pi}{6}$ (30°) $\frac{\pi}{3}$ (60°) など	長い方：$\frac{\sqrt{3}}{2}$ (約 0.87) 短い方：$\frac{1}{2}$ (0.5)	急な傾き：$\sqrt{3}$ (約 1.73) 緩い傾き：$\frac{1}{\sqrt{3}}$ (約 0.58)
$\frac{\pi}{4}$ (45°) など	どちらも $\frac{1}{\sqrt{2}}$ (約 0.7)	1

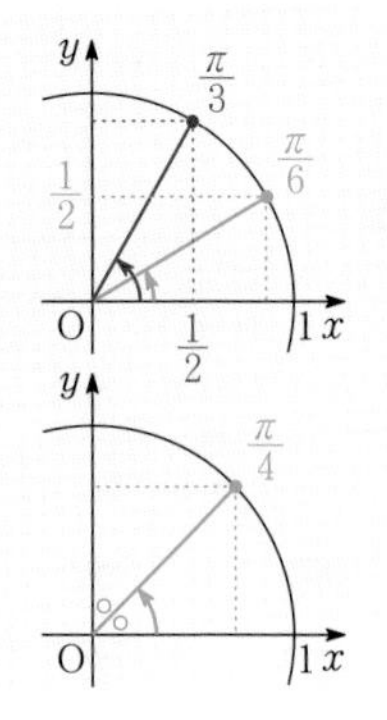

例 1 偏角 $-\frac{4}{3}\pi$ (−240°) について．

$\frac{\pi}{6}$ (30°), $\frac{\pi}{3}$ (60°) などのように，“長い方”と“短い方”がある有名角については，“短い方”の絶対値が「$\frac{1}{2}$」となるよう，対応する単位円周上の点 P を正確にとります．

$-\frac{4}{3}\pi = -\pi - \frac{\pi}{3}$ より，

$\left(\cos\left(-\frac{4}{3}\pi\right), \sin\left(-\frac{4}{3}\pi\right)\right) = \left(-\frac{1}{2}, \frac{\sqrt{3}}{2}\right).$

短くて負　長くて正

$\tan\left(-\frac{4}{3}\pi\right) = -\sqrt{3}.$ 急な右下がり

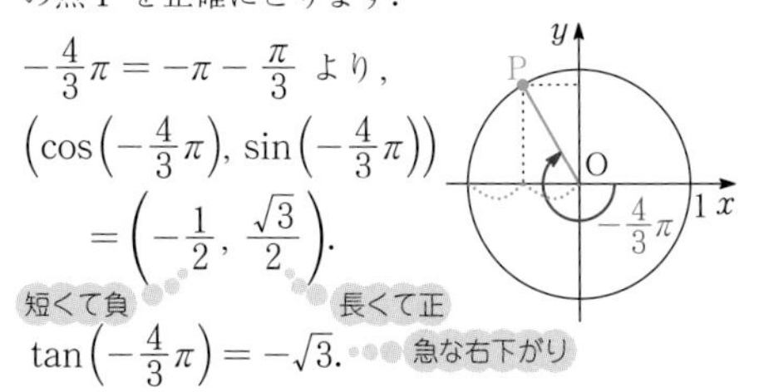

例 2 偏角 $\frac{13}{4}\pi$ (585°) について．

$\frac{\pi}{4}$ (45°) などのように，縦と横の長さが等しくなる有名角については，動径が座標軸のなす角を二等分するよう，対応する単位円周上の点 P を正確にとります．

$\frac{13}{4}\pi = 2\pi + \pi + \frac{\pi}{4}$ より，

$\left(\cos\frac{13}{4}\pi, \sin\frac{13}{4}\pi\right) = \left(-\frac{1}{\sqrt{2}}, -\frac{1}{\sqrt{2}}\right).$

$\tan\frac{13}{4}\pi = 1.$

解説 cos△, sin△ の値を単独に考えるというより，それらをペアにした点（cos△, sin△）の位置を考えること．この姿勢が，先々活きてきます．

注 例えば 例 1で，「$-\frac{4}{3}\pi$」を「$-\frac{4}{3}\pi + 2\pi = \frac{2}{3}\pi$」に変えても，対応する単位円周上の点 P は同じであり，三角関数の値も変わりません．

このように，三角関数においては，単位円をちょうど 1 周する角「2π」を何度足そうが何度引こうが，その値は不変であるということは覚えておきましょう．[→4 6 2「周期」]

例題 4 2 a 三角関数の値域 根底 実戦 定期 [→演習問題 4 3 9]

θ が $-\frac{5}{6}\pi < \theta < \frac{\pi}{6}$ の範囲で変化するとき，三角関数 $\sin\theta$, $\cos\theta$, $\tan\theta$ のとり得る値の範囲をそれぞれ求めよ．ただし，$\tan\theta$ については $\theta = -\frac{\pi}{2}$ を除いて考えるとする．

方針 とにかく**単位円周上の点**に注目です．ただし，これまでは1つの点でしたが，本問では点の範囲を考えます．その上で，sin は縦座標，cos は横座標，tan は傾きを考えましょう．

解答 単位円周上の点 $(\cos\theta, \sin\theta)$ の存在範囲は，下図の太線部：

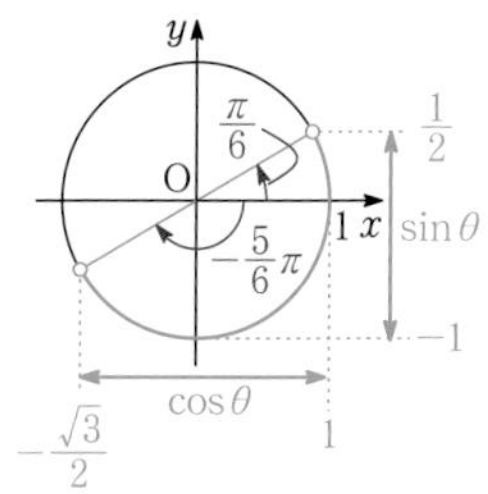

したがって，求める値域は

$$-1 \leqq \sin\theta < \frac{1}{2},\ -\frac{\sqrt{3}}{2} < \cos\theta \leqq 1. \text{//}$$

$\tan\theta$ については，点 $(\cos\theta, \sin\theta)$ の存在範囲を右図のように青色部分と赤色部分の2つに分け，赤色部分については，右図で OP と OP′の傾きが等しいので，赤破線部分に移して考える．

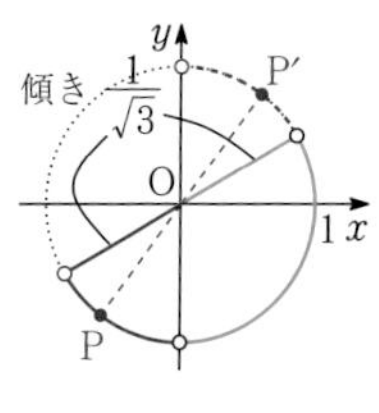

求める値域は，

$$\tan\theta < \frac{1}{\sqrt{3}},\ \frac{1}{\sqrt{3}} < \tan\theta.$$

$$\text{i.e. } \tan\theta \neq \frac{1}{\sqrt{3}}. \text{//}$$

解説 単位円周上の点 $P(\cos\theta, \sin\theta)$ の存在範囲を図示した後，「$\sin\theta$」は P の縦座標，「$\cos\theta$」は P の横座標から考えます．

「$\tan\theta$」は OP の傾きから考えるので少し難しいですが，点 P が単位円周の“右側”にあるときには，点 P が上方にあるほど傾き $\tan\theta$ も大きいのでわかりやすいですね．そこで上記**解答**のように，“左側”にある赤色部分を“右側”にある赤破線部分に移して考えるのが有効です．

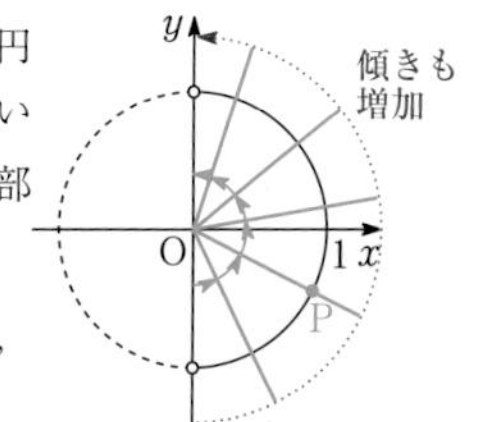

注 直線 $x=1$ との交点を利用する手もありましたが[→ I+A例題 3 3 f]，入試の現場でそんなことしてるヒマなどありません．

言い訳 ﾚﾍﾞﾙ↑ 本問における定義域の“長さ”：$\frac{\pi}{6} - \left(-\frac{5}{6}\pi\right) = \pi$ は，4 6 3 で学ぶ $\tan\theta$ の周期です．よって，$\tan\theta$ の値域は，定義域が実数全体であるときとほぼ同じになります．

注意！ 図示するべきは，あくまでも単位円周上の点の範囲です．右のように領域に斜線を引くのは**絶対ダメ！**今後，三角関数が理解不能になっちゃうよ．

4 $\pi - \theta$ などの三角関数

三角関数を扱っていると，$\pi - \theta$ とか $\theta + \pi$ のような角に頻繁に出くわします．こうした角を「θ」に変えてスッキリと表す公式を整備しておきましょう（I+A 3 3 4 と同じ公式も含まれます）．

これらの公式は，次の〔**図 1**〕〜〔**図 6**〕を見ることにより想起できます．あくまでも想起するための図ですから，いつでも θ が $\frac{\pi}{6}$ (= 30°) くらいのつもりで描いて OK です．

注 キチンと「証明」するには，次図の角 θ が第 2, 3, 4 象限にあるときも考えるべきですが…，普通そこまでは突き詰めません（笑）．

〔図 1〕

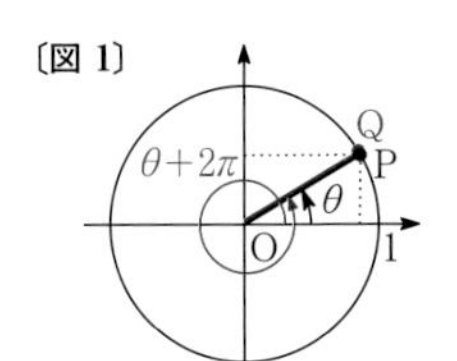

$P(\cos\theta,\ \sin\theta)$
$Q(\cos(\theta+2\pi), \sin(\theta+2\pi))$

〔図 2〕

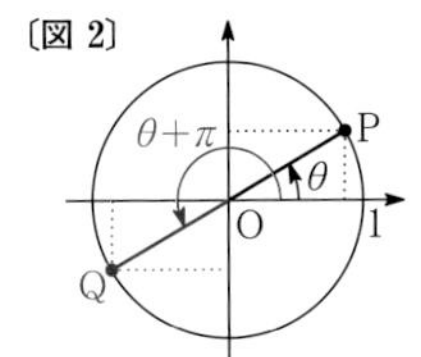

$P(\cos\theta,\ \sin\theta)$
$Q(\cos(\theta+\pi), \sin(\theta+\pi))$

〔図 3〕

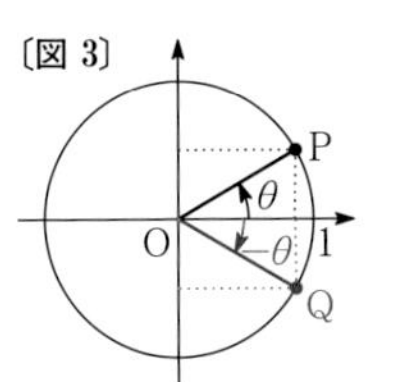

$P(\cos\theta,\ \sin\theta)$
$Q(\cos(-\theta), \sin(-\theta))$

〔図 4〕

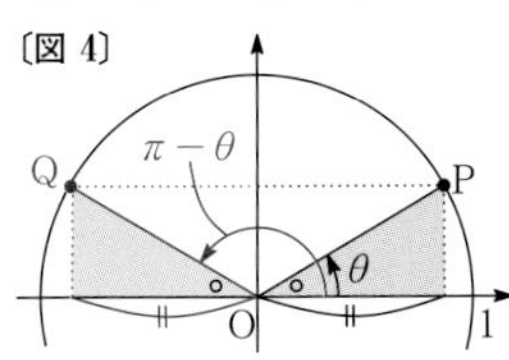

$P(\cos\theta,\ \sin\theta)$
$Q(\cos(\pi-\theta), \sin(\pi-\theta))$

〔図 5〕

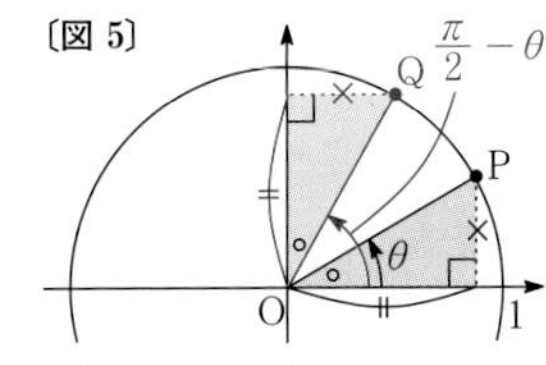

$P(\cos\theta,\ \sin\theta)$
$Q\left(\cos\left(\frac{\pi}{2}-\theta\right), \sin\left(\frac{\pi}{2}-\theta\right)\right)$

〔図 6〕

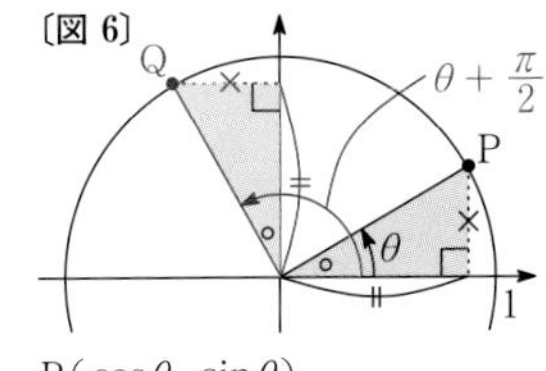

$P(\cos\theta,\ \sin\theta)$
$Q\left(\cos\left(\theta+\frac{\pi}{2}\right), \sin\left(\theta+\frac{\pi}{2}\right)\right)$

上図において，例えば〔**図 6**〕を見ながら次のように考えます：

- ○ $\cos\left(\theta+\frac{\pi}{2}\right)$ は Q の横座標.
- ○ これは,「絶対値」はPの縦座標と同じ（×印）で,「符号」は負.
- ○ P の縦座標は $\sin\theta$ で，符号は正.
- ○ $\therefore\ \cos\left(\theta+\frac{\pi}{2}\right)=-\sin\theta$.

注 tan に関しては，傾きに注目するか，もしくは $\tan\bigcirc=\dfrac{\sin\bigcirc}{\cos\bigcirc}$ の関係を用います.

***π − θ* などの三角関数** 定理 （〔**図 1**〕～〔**図 6**〕から，順にそれぞれ以下の公式が想起できる．）

$$\begin{cases}\cos(\theta+2\pi)=\cos\theta\\ \sin(\theta+2\pi)=\sin\theta\\ \tan(\theta+2\pi)=\tan\theta\end{cases}\quad \begin{cases}\cos(\theta+\pi)=-\cos\theta\\ \sin(\theta+\pi)=-\sin\theta\\ \tan(\theta+\pi)=\tan\theta\end{cases}\quad \begin{cases}\cos(-\theta)=\cos\theta\\ \sin(-\theta)=-\sin\theta\\ \tan(-\theta)=-\tan\theta\end{cases}$$

$$\begin{cases}\cos(\pi-\theta)=-\cos\theta\\ \sin(\pi-\theta)=\sin\theta\\ \tan(\pi-\theta)=-\tan\theta\end{cases}\quad {}^{1)}\begin{cases}\cos\left(\frac{\pi}{2}-\theta\right)=\sin\theta\\ \sin\left(\frac{\pi}{2}-\theta\right)=\cos\theta\\ \tan\left(\frac{\pi}{2}-\theta\right)=\frac{1}{\tan\theta}\end{cases}\quad \begin{cases}\cos\left(\theta+\frac{\pi}{2}\right)=-\sin\theta\\ \sin\left(\theta+\frac{\pi}{2}\right)=\cos\theta\\ \tan\left(\theta+\frac{\pi}{2}\right)=-\frac{1}{\tan\theta}\end{cases}$$

解説 「$\frac{\pi}{2}$」が現れるときに限って，cos と sin が入れ替わります（tan は逆数になります).

注 [1]：マイナス「−」が付かず，cos と sin が入れ替わるだけであり，しかも使用頻度が高いので，これだけは暗記！するべきです．また,「$\cos\theta=\sin\left(\frac{\pi}{2}-\theta\right)$」のように，cos を sin へ，あるいは sin を cos へ変える目的で使ったりもします．[→4 4 1 **加法定理証明**]

問 $\sin\theta=\frac{3}{4}$ のとき，$\sin(\theta+\pi)$ の値を求めよ.

解答 $\sin(\theta+\pi)=-\sin\theta=-\frac{3}{4}.$ //

注 本問の θ のうち第 1 象限にあるものは，度数法で約 49° くらいですが，公式想起のために描く図は，いつでも θ が 30° のつもりで上記〔**図 2**〕を描けば OK です.

少しだけレベルを上げた例題です．改ページしたので，公式類をカンニングしながら解くことはできません（笑）．単位円を思い浮かべて公式を想起してくださいね．

例題 4 2 b 角を θ にする 根底 実戦

[→演習問題 4 3 6]

$\cos\theta=-\frac{2}{3}$ のとき，$\sin\left(\theta-\frac{\pi}{2}\right)$ の値を求めよ．

方針 前ページと同じように，点 $\left(\cos\left(\theta-\frac{\pi}{2}\right),\ \sin\left(\theta-\frac{\pi}{2}\right)\right)$ と点 $(\cos\theta,\ \sin\theta)$ の位置関係を図示してもできますが，前ページの公式を複合的に使う練習をしましょう．

解答 $\sin\left(\theta-\frac{\pi}{2}\right)=-\sin\left(\frac{\pi}{2}-\theta\right)$ ……公式 $\sin(-\triangle)=-\sin\triangle$ より

$=-\cos\theta$ ……公式 $\sin\left(\frac{\pi}{2}-\triangle\right)=\cos\triangle$ より

$=\frac{2}{3}$.//

将来 入試では，例えばこういう公式の符号を1つ間違えただけで，大問全部が“オジャン”となることもあります．失う得点は，英語で1年間努力して伸ばせる得点に匹敵するでしょう．そのくらいの覚悟をもって，**完璧に習得**すべし．■

これまでは，偏角 θ →それに対応する単位円周上の点 $\mathrm{P}(\cos\theta,\ \sin\theta)$ の向きに考えてきましたが，次に，単位円周上の点 $\mathrm{P}(\cos\theta,\ \sin\theta)$ の位置→偏角 θ という逆向きの操作をしてみましょう（次項の方程式・不等式へとつながります）．

例1 単位円周上の点Pが

$(\cos\theta,\ \sin\theta)=(0,1)$

のとき，右図より

$\theta=\frac{\pi}{2}+2\pi\cdot n\,(n\in\mathbb{Z})$.[1] （整数）

注 最初に思い浮かぶ θ の値は，$\frac{\pi}{2}$ でしょうね．しかし，動径がそこから $\pm2\pi$（$\pm360°$）回転することを何度繰り返そうが，点Pの位置は同じです．よって，「$+2\pi\cdot n\,(n\in\mathbb{Z})$」が付く訳です．

例2 単位円周上の点Pが

$(\cos\theta,\sin\theta)=\left(\frac{\sqrt{3}}{2},\frac{-1}{2}\right)$

のとき，右図より

$\theta=-\frac{\pi}{6}+2\pi\cdot n\,(n\in\mathbb{Z})$. …① （整数）

注 「$-\frac{\pi}{6}$」の代わりに「$\frac{11}{6}\pi$」を用いて

$\frac{11}{6}\pi+2\pi\cdot n\ (n\in\mathbb{Z})$ …②

と表す仕方などもあります．①と②は見た目が異なりますが，「n」に「$-2, -1, 0, 1, 2$」を代入してみると，

①: $-\frac{25}{6}\pi,\ -\frac{13}{6}\pi,\ -\frac{1}{6}\pi,\ \frac{11}{6}\pi,\ \frac{23}{6}\pi$.

②: $-\frac{13}{6}\pi,\ -\frac{1}{6}\pi,\ \frac{11}{6}\pi,\ \frac{23}{6}\pi,\ \frac{35}{6}\pi$.

けっきょくどちらも同じ答えであることがわかりますね．

ここで用いている「n」には，「何か不特定な整数」，「整数なら何でもよい」というニュアンスが込められていることを理解しておいてください．

補足 [1]：こうした表現を学ぶと，$\tan\theta$ が値をもたない θ は，$\theta=\frac{\pi}{2}+\pi\cdot n\ (n\in\mathbb{Z})$ と書けますね．

注 例えば点 $(1,1)$ の偏角は $\frac{\pi}{4}$ であるというとき，より正確には「偏角の1つ」とするべきだということになりますが，あまり厳格さに縛られ過ぎると疲れちゃいます．“の1つ”であることは百も承知な上で，“の1つ”を省いてしまうことも多いです．

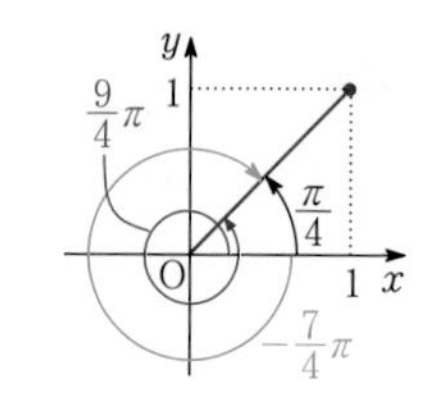

5 三角方程式・不等式

三角関数に関する方程式や不等式を解きましょう．数学Ⅰ「三角比」との違いは，考察対象となる角の範囲が広がることと，角を弧度法で表すことのみです．

前ページ 例 1 例 2 で扱った“逆向き”の操作を行うことになります：

方法論 重要度↑ 偏角 θ ⇄（→ 3，← 1) 5） **単位円周上の点 P($\cos\theta$, $\sin\theta$)** ⇄（→ 3，← 5） $\cos\theta$ や $\sin\theta$ の値など

重要　とにかく，「**単位円周上の点 P($\cos\theta$, $\sin\theta$)** はどこにあるか？」と考えます．

注　1)：一般角においては，1 つの点 P に複数の偏角 θ が対応したりします．[→4 2 3 注]

例題 4 2 C 三角方程式 重要度↑ 根底 実戦

[→演習問題 4 3 11]

次の方程式を，指定された θ の範囲において解け．

(1) $\sin\theta = -\dfrac{1}{\sqrt{2}}$ ($0 \leq \theta < 2\pi$ 2))　(2) $\cos\theta = \dfrac{\sqrt{3}}{2}$ ($-\pi \leq \theta < \pi$)

(3) $\tan\theta = -1$ (θ は任意の実数)　(4) $\sin\theta = 0$ (θ は任意の実数)

方針　**とにもかくにも，単位円周上の点 P($\cos\theta$, $\sin\theta$) がどこにあるか**を考えます．以上！

注　2)：単位円周上の点がちょうど 1 周する範囲．入試で解く多くがこのタイプ（(2)も）．

言い訳　入試では，単位円と答えのみ書けばよい程度の問題．以下は，解答 というより解説です．

解説　単位円周上の，偏角 θ に対応する点 ($\cos\theta$, $\sin\theta$) を P とする．

(1) P の縦座標：$\sin\theta$ が $-\dfrac{1}{\sqrt{2}} \fallingdotseq -0.7$．これは“有名値”で OP が座標軸のなす角を 2 等分し，符号は負．よって，P の位置として右図の 2 か所がある．

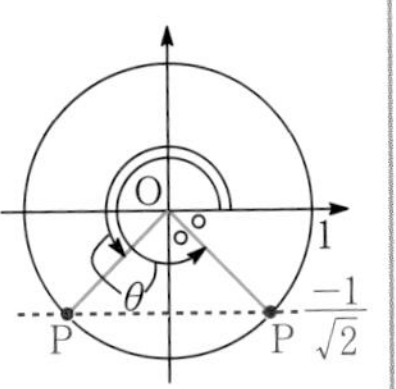

θ は“有名角”であり，$0 \leq \theta < 2\pi$ の範囲では

$$\theta = \frac{5}{4}\pi,\ \frac{7}{4}\pi. /\!/$$

(2) P の横座標：$\cos\theta$ が $\dfrac{\sqrt{3}}{2} \fallingdotseq 0.87$．これは“有名値”であり，その“相棒”である縦座標の絶対値は $\dfrac{1}{2}$．よって，P の位置として右図の 2 か所がある．

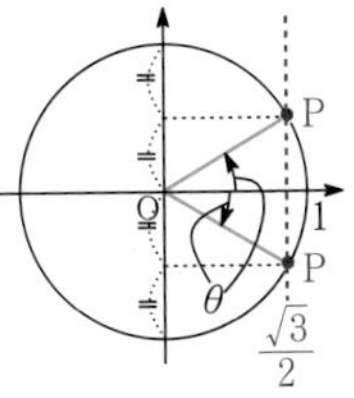

θ は“有名角”であり，$-\pi \leq \theta < \pi$ の範囲では

$$\theta = \pm\frac{\pi}{6}. /\!/$$

(3) 直線 OP の傾きが -1．これは“有名値”で符号は負だから，P の位置として右図の 2 か所がある．

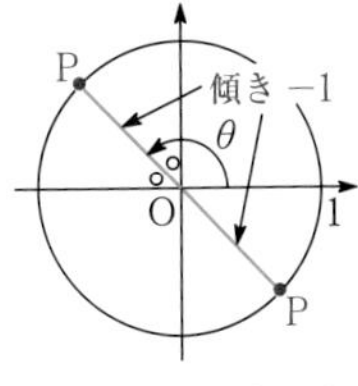

θ は“有名角”であり，実数全体で考えると

$$\theta = \frac{3}{4}\pi + \pi\cdot n\ (n \in \mathbb{Z}). /\!/$$

$-\dfrac{\pi}{4}$, $\dfrac{7}{4}\pi$ など

(4) P の縦座標：$\sin\theta$ が 0 だから，P の位置として右図の 2 か所がある．

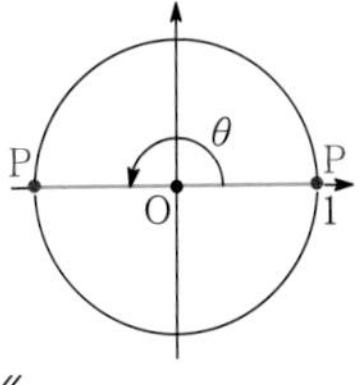

実数全体で考えると

$$\theta = \pi\cdot n\ (n \in \mathbb{Z}). /\!/$$

$\cdots, -2\pi, -\pi, 0, \pi, 2\pi, \cdots$

重要　例えば(1)では，問題に sin しかなくても，点 P($\cos\theta$, $\sin\theta$) を考えます．そうすれば，自然とレベルアップできます．[→例題 4 2 e]

例題 4 2 d 三角不等式 重要度↑ 根底 実戦

[→演習問題 4 3 11]

次の不等式を，指定された θ の範囲において解け．

(1) $\cos\theta > -\dfrac{1}{2}\ (-\pi \leqq \theta < \pi)$　　(2) $\sin\theta \leqq \dfrac{\sqrt{3}}{2}\ (0 \leqq \theta < 2\pi)$

(3) $\sin\theta \leqq \dfrac{\sqrt{3}}{2}$ (θ は任意の実数)　　(4) $\cos 2\theta < \dfrac{1}{\sqrt{2}}\ (0 \leqq \theta < 2\pi)$

方針 単位円周上の点の範囲を図示します．

注意！ 例題 4 2 a でも述べたように，扇形部分を斜線で塗り潰したりしないこと．

注 考察対象となる角の範囲をよく考えて．

言い訳 前問と同様，実際の試験では説明文不要なレベル．以下は解説です．

解説 (1)〜(3)では単位円周上の，偏角 θ に対応する点 $(\cos\theta,\ \sin\theta)$ を P とする．

(1) P の横座標：$\cos\theta$ が $-\dfrac{1}{2}$ より大きいから，P の存在範囲は右図の赤太線部．

$-\dfrac{1}{2}$ は"有名値"だから，θ の変域の端の値は"有名角"であり，$-\pi \leqq \theta < \pi$ の範囲では

$$-\frac{2}{3}\pi < \theta < \frac{2}{3}\pi. /\!/$$

(2) P の縦座標：$\sin\theta$ が $\dfrac{\sqrt{3}}{2}$ 以下だから，

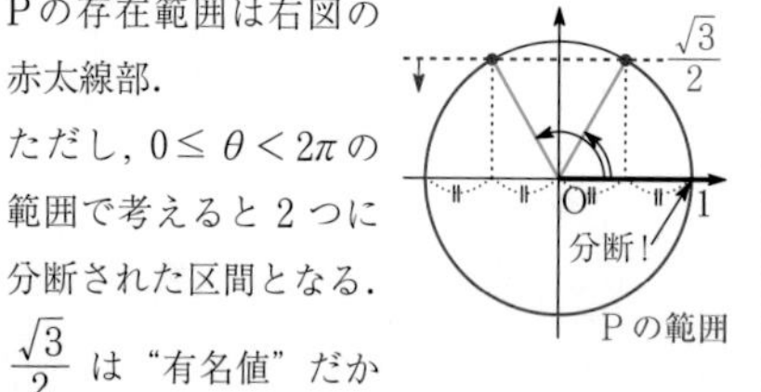

P の存在範囲は右図の赤太線部．

ただし，$0 \leqq \theta < 2\pi$ の範囲で考えると 2 つに分断された区間となる．

$\dfrac{\sqrt{3}}{2}$ は"有名値"だから，θ の変域の端の値は"有名角"であり，

$$0 \leqq \theta \leqq \frac{\pi}{3},\ \frac{2}{3}\pi \leqq \theta < 2\pi. /\!/$$

(3) P の存在範囲は(2)と同じ．θ の範囲に制限がないので，上記範囲を分断されない区間で表すことを目指す．

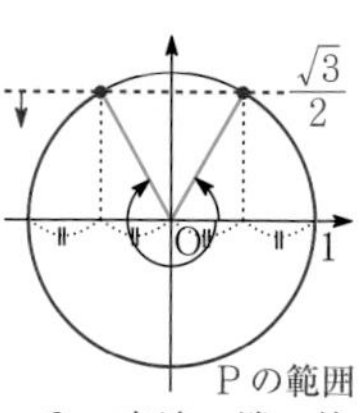

$\dfrac{\sqrt{3}}{2}$ は"有名値"だから，θ の変域の端の値は"有名角"であり，

$$-\frac{4}{3}\pi + 2\pi\cdot n \leqq \theta \leqq \frac{\pi}{3} + 2\pi\cdot n\ (n \in \mathbb{Z}). /\!/$$

(4) $\mathrm{P}(\cos 2\theta,\ \sin 2\theta)$ の横座標：$\cos 2\theta$ が $\dfrac{1}{\sqrt{2}}$ 未満だから，P の存在範囲は右図の赤太線部．$0 \leqq 2\theta < 4\pi$ の"2 周"の範囲で考える．

$\dfrac{1}{\sqrt{2}}$ は"有名値"だから，2θ の変域の端の値は"有名角"であり，

$$\underbrace{\frac{\pi}{4} < 2\theta < \frac{7}{4}\pi}_{1\text{周目}},\ \underbrace{\frac{9}{4}\pi < 2\theta < \frac{15}{4}\pi}_{2\text{周目}^{1)}}.$$

$$\therefore\ \frac{\pi}{8} < \theta < \frac{7}{8}\pi,\ \frac{9}{8}\pi < \theta < \frac{15}{8}\pi. /\!/$$

補足 1)："2 周目"は，"1 周目"に 2π を足すだけですね．

前記 2 つの例題は，sin，cos の片方のみに関する方程式・不等式でした．次の例題では cos，sin が混在しますが…，大切なことは同じです．

例題 4 2 e cos，sin 混在型三角方程式・不等式 重要度↑ 根底 実戦 入試

[→演習問題 4 3 13]

次の方程式，不等式を，$0 \leqq \theta < 2\pi$ の範囲で解け．

(1) $\cos\theta + \sin\theta + 1 = 0$　　(2) $2\cos^2\theta - 2\sin\theta\cos\theta + \cos\theta - \sin\theta \geqq 0$

方針 とくに変わりません(笑). これまで通り, 「**単位円周上の点 P($\cos\theta$, $\sin\theta$) はどこにあるか?**」と考えます.

解答 単位円周上の, 偏角 θ に対応する点 $(\cos\theta,\ \sin\theta)$ を P とする.

(1) 与式は, 単位円周上の点 P が, 直線 $x+y+1=0$ 上にもあることを表す. よって, P の位置として右図の 2 か所がある. これと $0 \leq \theta < 2\pi$ より

$$\theta = \pi,\ \frac{3}{2}\pi. //$$

(2) **方針** 不等式の基本中の基本:「積 vs 0」の形を作りましょう. ■

$\cos\theta$ を c, $\sin\theta$ を s と略記して与式を変形すると

$$\underbrace{2c(c-s)}_{2\text{次}} + \underbrace{(c-s)}_{1\text{次}} \geq 0.$$

$$\left(c+\frac{1}{2}\right)(c-s) \geq 0.$$

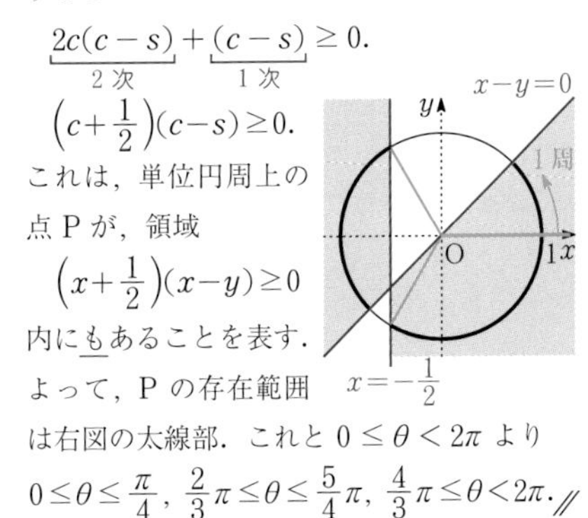

これは, 単位円周上の点 P が, 領域

$$\left(x+\frac{1}{2}\right)(x-y) \geq 0$$

内にもあることを表す. よって, P の存在範囲は右図の太線部. これと $0 \leq \theta < 2\pi$ より

$$0 \leq \theta \leq \frac{\pi}{4},\ \frac{2}{3}\pi \leq \theta \leq \frac{5}{4}\pi,\ \frac{4}{3}\pi \leq \theta < 2\pi. //$$

解説 例えば例題 4 2 c (1)の方程式「$\sin\theta = -\frac{1}{\sqrt{2}}$」は, 単位円周上の点 P($\cos\theta$, $\sin\theta$) が直線 $y = -\frac{1}{\sqrt{2}}$ 上にもあることを意味していました. これを**理解**している人にとっては, 本問(1)はそれとほぼ同レベルの問題に過ぎません.

補足 (2)の領域は, 例の「正領域」の考えを使うと手軽です. [→3 7 5]

「$\tan = \frac{\sin}{\cos}$」より, 次の tan の不等式も, 事実上前問:「cos, sin 混在型」の続編です.

例題 4 2 f tan の不等式 根底 実戦

[→演習問題 4 3 11]

不等式 $\tan\theta \leq \frac{1}{\sqrt{3}}$ を, $0 \leq \theta < 2\pi$ の範囲で解け.

方針 例題 4 2 a **解説**で述べたように, 単位円の"右側"半分を主体として考えます. "左側"については, "右側"と対応付けて考えます.

解説 単位円周上の, 偏角 θ に対応する点を P とし, OP の傾きを考える.

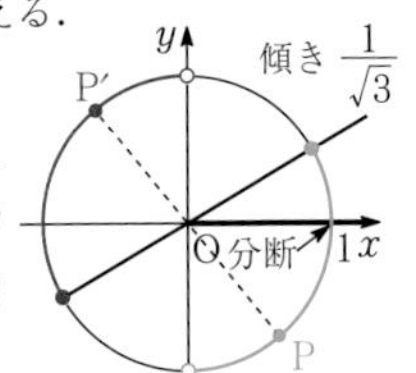

点 P が単位円周の"右側"にあるときには, P が上方にあるほど傾き $\tan\theta$ も大きいので, 条件を満たす P は図の青太線部.

次に, "左側"について考える. 例えば図中で, O に関して対称な 2 点 P, P′をとると, OP と OP′は傾きが等しい. よって, "左側"において条件を満たす P′ は図の赤太線部.

これと $0 \leq \theta < 2\pi$ より 区間が分断されます!

$$0 \leq \theta \leq \frac{\pi}{6},\ \frac{\pi}{2} < \theta \leq \frac{7}{6}\pi,\ \frac{3}{2}\pi < \theta < 2\pi. //$$

注 Ⅰ+A 例題 3 3 f でご紹介した, 直線 $x=1$ との交点を利用する方法もありますが, 受験学年に近づいたら, "卒業" してしまって欲しいです(笑).

重要 とにかく, 傾き tan は "右半分" が考えやすいので, そこを表す 1 つながりの区間:「$-\frac{\pi}{2} < \theta < \frac{\pi}{2}$」で考えるのがコツとなります. [→例題 4 7 h]

第4章 三角関数

6 相互関係

本項で扱う $\cos\theta$, $\sin\theta$, $\tan\theta$ の相互関係式は，I+A 3 3 6 と比べて，角の範囲は実数全体に広がりますが，得られる公式の結果は全く同じです．

「相互関係公式」の証明過程は，記述を簡便化して効率的に行います．（4 4 :「加法定理」などにおいても同様）．

「$(\cos\theta)^2$」のことを，楽して「$\cos^2\theta$」と書いてもよいのでしたね（sin，tan についても同様）．さらに記述を楽にするため，$\cos\theta$ を「c」，$\sin\theta$ を「s」と略記して公式類を導いていきます．

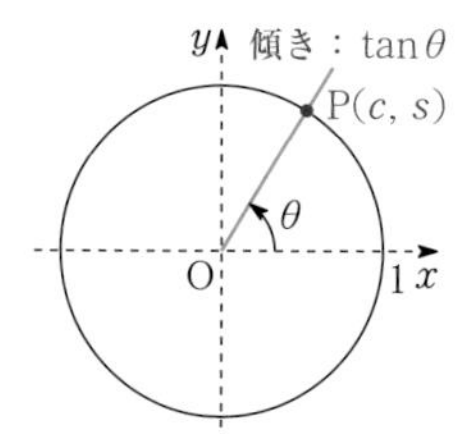

注意！ 答案中で使う場合には，必ず断った上で略記すること．あと，偏角が θ であることを，頭の中で明確に捉えておくこと．「$\cos\theta$」と「$\cos 2\theta$」を両方 c と書いたりしたら絶対ダメよ．■

点 $P(c, s)$ は単位円周上の点だから

$$OP = 1.$$

$$\therefore c^2 + s^2 = 1. \cdots ①$$

また，$\tan\theta$ は直線 OP の傾きであり，

$$\tan\theta = \frac{s}{c}. \cdots ②$$

①の両辺を c^2 で割り，②も用いると

$$\frac{c^2}{c^2} + \frac{s^2}{c^2} = \frac{1}{c^2}.$$

$$\text{i.e. } 1 + \tan^2\theta = \frac{1}{c^2}.$$

①の両辺を s^2 で割り，②も用いると

$$\frac{c^2}{s^2} + \frac{s^2}{s^2} = \frac{1}{s^2}.$$

$$\text{i.e. } \frac{1}{\tan^2\theta} + 1 = \frac{1}{s^2}.$$

また，c と s の和や差を 2 乗すると，①も用いて

$$(c \pm s)^2 = c^2 + s^2 \pm 2cs$$

$$= 1 \pm 2cs.\ (\text{複号同順})$$ 暗算で！

以上をまとめておきます．（当然，割る式や分母は全て 0 でないことが前提です．）

三角関数の相互関係 定理 赤字や吹き出しで書いた「導き方」とともに覚えること

❶：$\cos^2\theta + \sin^2\theta = 1.$

❷：$\tan\theta = \dfrac{\sin\theta}{\cos\theta}.$

❸：$1 + \tan^2\theta = \dfrac{1}{\cos^2\theta}.$ ❶ ÷ c^2 →❷利用．数学Ⅲの微積分でよく使う．

❸′：$\dfrac{1}{\tan^2\theta} + 1 = \dfrac{1}{\sin^2\theta}.$ ❶ ÷ s^2 →❷利用

❹：$(\cos\theta \pm \sin\theta)^2 = 1 \pm 2\cos\theta\sin\theta.$ 和（差）と積の関係
展開→❶利用 （複号同順）

これらの相互関係公式を使って，1 つの三角関数の値から他の三角関数の値を求めるのが次の例題です．

例題 4 2 g 1つの三角関数→他の三角関数 根底 実戦

[→演習問題 4 3 7]

次の値を求めよ．ただし，$-\pi \leq \theta < \pi$ とする． 要するに単位円周のちょうど 1 周分

(1) $\sin\theta = -\dfrac{2}{3}$ のときの $\cos\theta$, $\tan\theta$

(2) $\cos\theta = \dfrac{3}{5}$ のときの $\sin\theta$, $\tan\theta$

(3) $\tan\theta = -\sqrt{2}$ のときの $(\cos\theta, \sin\theta)$

着眼 まずは，単位円周上の点 $(\cos\theta, \sin\theta)$ の位置を把握するべし．

方針 「公式」による方法以外に，「直角三角形」という図を用いた手早いやり方もあります．2 通りの方法を両方とも書きますね．

$\cos\theta$ を c，$\sin\theta$ を s と略記し，単位円周上の点 $\mathrm{P}(c, s)$ を考える．（複号同順とする．）

解答 1（相互関係公式利用）

(1) P の位置として，下図の 2 か所がある．

$$c^2 = 1 - s^2 \quad \text{公式❶}$$
$$= 1 - \left(-\frac{2}{3}\right)^2$$
$$= 1 - \frac{4}{9} = \frac{5}{9}.$$
$$\therefore\ c = \pm\frac{\sqrt{5}}{3}. /\!/$$
$$\therefore\ \tan\theta = \frac{s}{c} \quad \text{公式❷}$$
$$= -\frac{2}{3}\cdot\frac{3}{\pm\sqrt{5}} = \mp\frac{2}{\sqrt{5}}. /\!/$$

(2) P の位置として，下図の 2 か所がある．

$$s^2 = 1 - c^2 \quad \text{公式❶}$$
$$= 1^2 - \left(\frac{3}{5}\right)^2 \quad \text{2乗－2乗}$$
$$= \frac{8}{5}\cdot\frac{2}{5}. \quad \text{和と差の積}$$
$$\therefore\ s = \pm\frac{4}{5}. /\!/$$
$$\therefore\ \tan\theta = \frac{s}{c} \quad \text{公式❷}$$
$$= \pm\frac{4}{5}\cdot\frac{5}{3} = \pm\frac{4}{3}. /\!/$$

(3) P の位置として，下図の 2 か所がある．

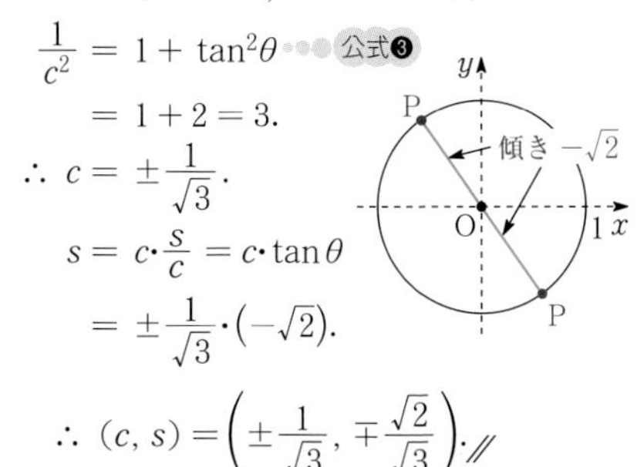

$$\frac{1}{c^2} = 1 + \tan^2\theta \quad \text{公式❸}$$
$$= 1 + 2 = 3.$$
$$\therefore\ c = \pm\frac{1}{\sqrt{3}}.$$
$$s = c\cdot\frac{s}{c} = c\cdot\tan\theta$$
$$= \pm\frac{1}{\sqrt{3}}\cdot(-\sqrt{2}).$$
$$\therefore\ (c, s) = \left(\pm\frac{1}{\sqrt{3}}, \mp\frac{\sqrt{2}}{\sqrt{3}}\right). /\!/$$

補足　$\tan\theta$ から直接 $\sin\theta$ を求めるなら，公式❸′を用います．

解答 2（直角三角形利用）

本問も，入試では計算過程など不要な“程度”の問題です．筆者は普段，以下のように直角三角形を（頭の中に）描いて「絶対値」を求め，「符号」は点 P の位置を見て片付けちゃいます．■

(1)

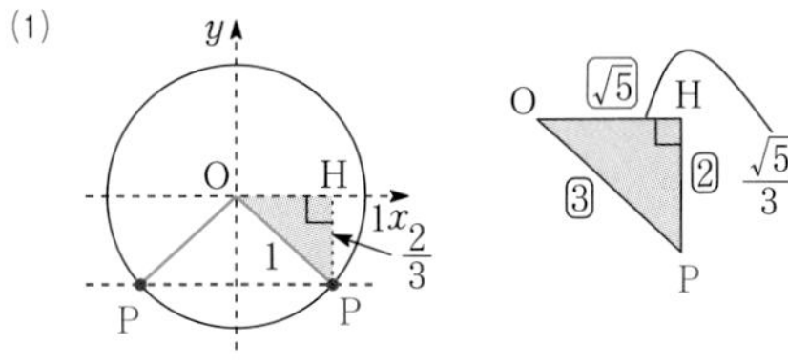

上図の直角三角形 OPH の 3 辺比に注目して，

$\mathrm{OP} : \mathrm{PH} = 3 : 2$ より

$\mathrm{OP} : \mathrm{PH} : \mathrm{OH} = 3 : 2 : \sqrt{5}$.

符号は目で見て，

$$\cos\theta = \pm\frac{\sqrt{5}}{3},\ \tan\theta = \mp\frac{2}{\sqrt{5}}. /\!/$$

(2)

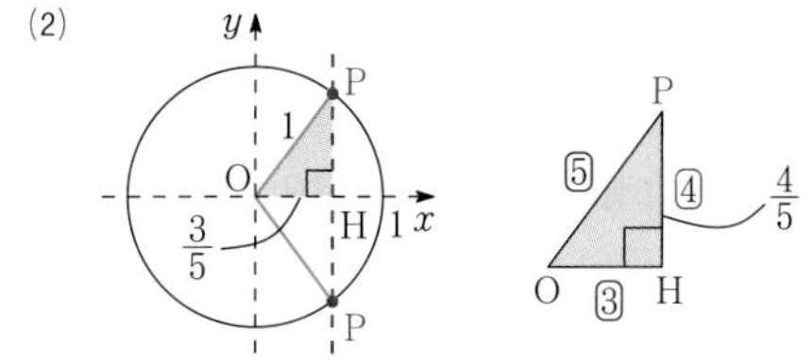

上図の直角三角形 OPH の 3 辺比に注目して，

$\mathrm{OP} : \mathrm{OH} = 5 : 3$ より

$\mathrm{OP} : \mathrm{OH} : \mathrm{PH} = 5 : 3 : 4$.

符号は目で見て，

$$\sin\theta = \pm\frac{4}{5},\ \tan\theta = \pm\frac{4}{3}. /\!/$$

(3)

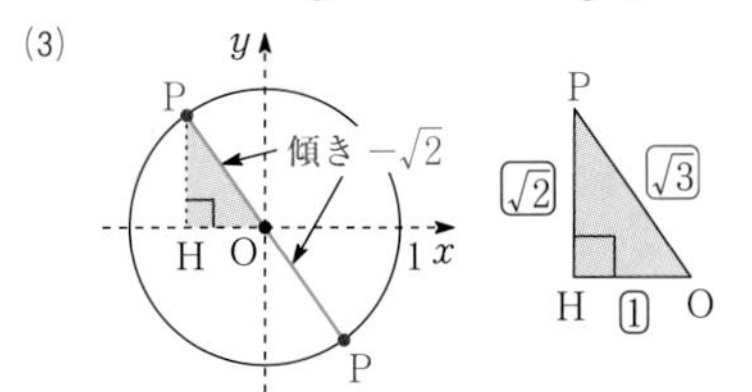

上図の直角三角形 OPH の 3 辺比に注目して，

$\mathrm{OH} : \mathrm{HP} = 1 : \sqrt{2}$ より

$\mathrm{OH} : \mathrm{HP} : \mathrm{OP} = 1 : \sqrt{2} : \sqrt{3}$.

符号は目で見て，

$$(c, s) = \left(\pm\frac{1}{\sqrt{3}}, \mp\frac{\sqrt{2}}{\sqrt{3}}\right). /\!/$$

注　「相互関係公式」と 4 4「加法定理など」を合わせると，三角関数は様々に変形することができます．[→ 4 7 1]

7 三角関数とベクトル

「ベクトル」は,「位置」の違いを無視し,「向き」と「大きさ」で決まる矢印のようなものでした[→ 2 1 1].
このうち「向き」を表すのに，三角関数がとても役立ちます.

右図において,「点の座標」と「ベクトルの成分」に関して次のことが言えます：

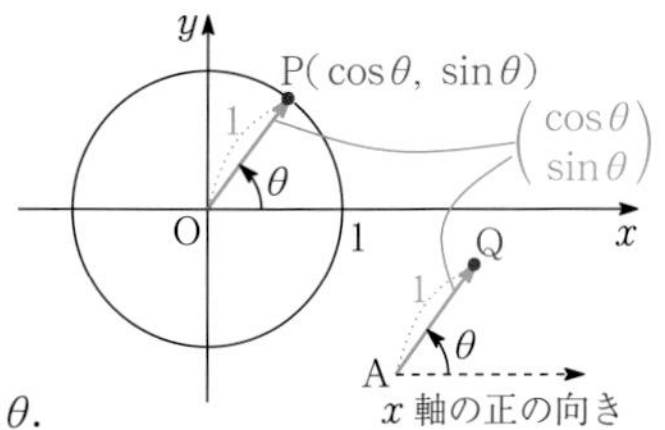

単位円周上の偏角 θ の**点 P の座標**が $(\cos\theta,\ \sin\theta)$.

偏角 θ の**単位ベクトル $\overrightarrow{\mathrm{OP}}$** の成分が $\begin{pmatrix}\cos\theta\\ \sin\theta\end{pmatrix}$.

そして，ベクトルにおいては「位置」の違いは関係ないので，

偏角 θ の**単位ベクトル $\overrightarrow{\mathrm{AQ}}$** の成分も $\begin{pmatrix}\cos\theta\\ \sin\theta\end{pmatrix}$.

また，偏角 θ のベクトルと平行な**直線 OP, AQ の傾き**は $\tan\theta$.

注　「偏角」とは,「x 軸の正の部分を始線とした一般角」でしたが,「ベクトル」を論じる際には「位置」はどうでもよいので,「x 軸の正の向き」を始線として考えましょう．要するに,「x 軸」の“高さ”$(y=0)$ という「位置」などどうでもよく，“真右(まみぎ)”という「向き」だけが重要な訳です.

例題 4 2 h 三角関数とベクトル　重要度↑　根底 実戦 入試　[→演習問題 4 3 16]

(1)〔**図 1**〕のように，半径 2 の円と鋭角 α がある．直線 AP の傾きと，ベクトル $\overrightarrow{\mathrm{AP}}$ の成分を求めよ.

(2)〔**図 2**〕のように，半径 2 の円と半径 1 の円と一般角 θ（弧度法で，鋭角）があり，$\overset{\frown}{\mathrm{AP}}=\overset{\frown}{\mathrm{RP}}$ であるとする．点 R の座標を求めよ.

〔図 1〕

〔図 2〕

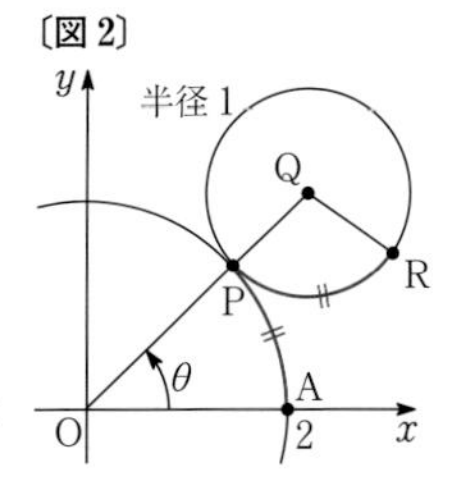

方針　ベクトルの「向き」を三角関数で表し，長さを調整するだけです.

解答 (1) $\overrightarrow{\mathrm{AP}}$ の偏角は $+\dfrac{\pi}{2}+(-\alpha)$ だから,

$$\text{AP の傾き}=\tan\left(\frac{\pi}{2}-\alpha\right)=\frac{1}{\tan\alpha}.\ /\!/$$

また，$|\overrightarrow{\mathrm{AP}}|=2$ だから

$$\overrightarrow{\mathrm{AP}}=2\begin{pmatrix}\cos\left(\frac{\pi}{2}-\alpha\right)\\ \sin\left(\frac{\pi}{2}-\alpha\right)\end{pmatrix}=2\begin{pmatrix}\sin\alpha\\ \cos\alpha\end{pmatrix}.\ /\!/$$

(2)

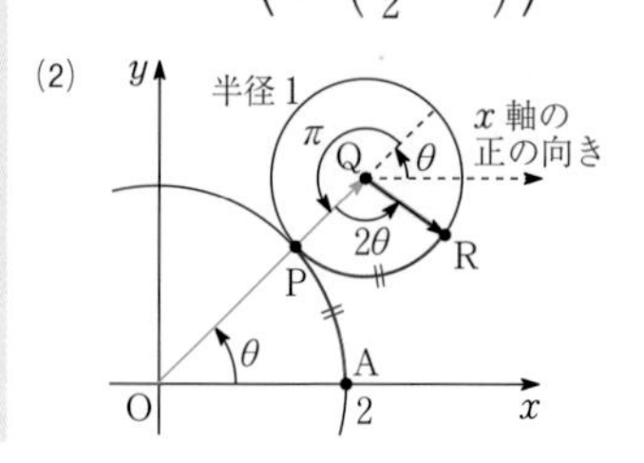

$|\overrightarrow{\mathrm{OQ}}|=2+1=3$, $\overrightarrow{\mathrm{OQ}}$の偏角 $=\theta$ より

$$\overrightarrow{\mathrm{OQ}}=3\begin{pmatrix}\cos\theta\\ \sin\theta\end{pmatrix}.$$

次に，$|\overrightarrow{\mathrm{QR}}|=1$．また，$\overset{\frown}{\mathrm{RP}}=\overset{\frown}{\mathrm{AP}}=2\cdot\theta$ [1] より

$$\angle\mathrm{PQR}=\frac{2\theta}{1}=2\theta.\ ^{2)}$$

$$\therefore \overrightarrow{\mathrm{QR}}\text{の偏角}=\theta+\pi+2\theta.\ ^{3)}$$

$$\therefore \overrightarrow{\mathrm{QR}}=\begin{pmatrix}\cos(3\theta+\pi)\\ \sin(3\theta+\pi)\end{pmatrix}=\begin{pmatrix}-\cos3\theta\\ -\sin3\theta\end{pmatrix}.$$

以上より

$$\overrightarrow{\mathrm{OR}}=\overrightarrow{\mathrm{OQ}}+\overrightarrow{\mathrm{QR}}=3\begin{pmatrix}\cos\theta\\ \sin\theta\end{pmatrix}+\begin{pmatrix}-\cos3\theta\\ -\sin3\theta\end{pmatrix}.$$

i.e. $\mathrm{R}(3\cos\theta-\cos3\theta,\ 3\sin\theta-\sin3\theta)$. $/\!/$

重要 (1)では問題図にある矢印なしの“大きさの角”と，解答図にある矢印付きの「一般角」の違いを意識してください．(2)の一般角 θ は，正なので“大きさの角”としても扱えます．

1)2)：いずれも“大きさの角”です．

3)：これはもちろん「一般角」の方です．

解説 1)2)：「弧度法」の仕組みは理解できていますか？[→4 1 2 弧度法と扇形]

参考 (1)の“大きさの角”α は，度数法だと約 53° です．

また，このような文字は答えの記述に使ってよく，「与えられた定数」と呼ばれます．

前記例題**解答**中，(1)の $\overrightarrow{AP}$，(2)で $\overrightarrow{OQ}$ や $\overrightarrow{QR}$ を求める際，ベクトルを大きさと偏角から作っています．それを一般論としてまとめておきます．

ベクトルの大きさと偏角 **重要** 右図において，

- **大きさ** r，**偏角** θ のベクトル $\overrightarrow{OP}$, $\overrightarrow{AQ}$ の成分は，$r\begin{pmatrix}\cos\theta \\ \sin\theta\end{pmatrix}$.
- 原点中心**半径** r の円周上で，**偏角** θ の点 P の座標は，

4 4 5「合成」で使います $(r\cos\theta, r\sin\theta)$.

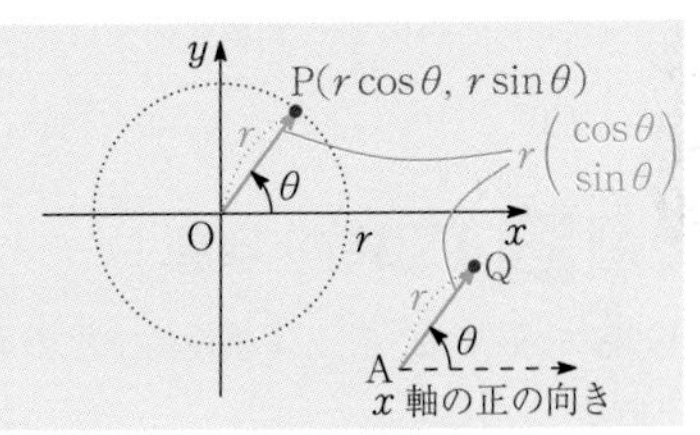

コラム

表記の厳密性と簡素化

筆者のように数学原稿を書きまくる人間の PC だと，「予測変換システム」により，キーボードを「so」と押しただけで「相加平均と相乗平均の大小関係」と打ち込むことができます．それに頼れば，原稿を丁寧に・完璧に・絶対減点されないように書くのはとても簡単で楽な仕事です (笑)．

しかし，読者 = 受験生の方は，「ペンで紙に書いて」答案作成するはずです．試験場では，その作業にかかる手間・時間と，得られる成果・得点とを天秤(てんびん)にかけ，得点効率が最大になる答案の書きっぷりを選択することになります．

筆者はそうした事情も勘案し，悶々(もんもん)としながら，できるだけ少ない文字数でできるかぎり中身のある正しい記述をしようと心掛けています．そしてでき上がった**解答**が，読者の方に「答案作成の見本」としていただけるようにと願いながら，日々「原稿」の文章を紡ぎ出しています (ああシンドイ！)．

「全てを完璧に，絶対に減点されない答案を書け」という“指導”は，実はとても的外れで無責任なものです．実際，それを忠実に実行して作成された模試の解答なんて，「これ，答案用紙 3 枚要るだろ」ってなことすらありますし (笑)．

「表現」という営みは，つねに「正しさ」「厳密性」と「わかりやすさ」「簡潔さ」の間でバランスをとりながら，時には譲歩し，時には妥協しながら行うものです．そうではない，書き手がひたすら自身の充足感だけを追求した文章など，読者にとって何ら利するところはありません．

本章で頻繁に用いている「偏角」という表現も，学校教科書 (数学Ⅱ) にはないものです．よって，「誰からも批判されたくない」という人は，「x 軸の正の部分を始線とする一般角」と，毎回毎回書くことになる訳ですが…，実際はというと，それを書いていたらとてつもなく冗長になってしまうので，そうした「角」についての言及を避けてしまいます．いちばん大切な「読者の理解」を脇へ追いやって！

筆者は，前記「バランス」を考慮した結果…「偏角」という用語を使おうと決めた訳です．という訳で，今後も「偏角」と書きまくります (笑)．

3 演習問題A

431 根底 実戦

右図のように，半径 5 の円 A と半径 3 の円 B がある．それぞれの太線で描かれた弧 $\overset{\frown}{\mathrm{PQ}}$, $\overset{\frown}{\mathrm{PR}}$ の長さが等しく，$\overset{\frown}{\mathrm{PQ}}$ に対応する中心角が $\frac{2}{3}\pi$ とする．$\overset{\frown}{\mathrm{PR}}$ に対応する中心角 θ を求めよ．

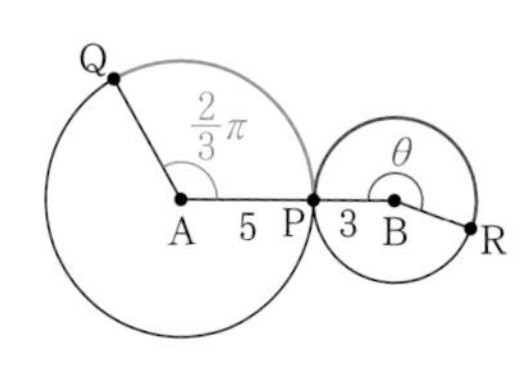

432 根底 実戦 定期

次の(1)～(4)について，度数法の角は弧度法で表し，弧度法の角は度数法で表せ．

(1) $240°$　(2) $147°$　(3) $\frac{5}{6}\pi$[rad]　(4) $\frac{4}{3}$[rad]

433 根底 実戦 定期

次図の一般角 α, β, γ を弧度法で求めよ．

(1)

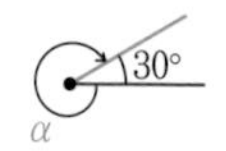

(2)

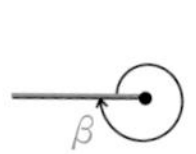

(3)

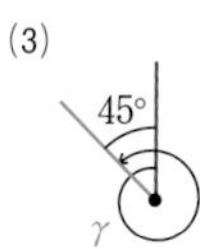

434 根底 実戦 入試

周の長さが 1 である扇形の面積 S の最大値を求めよ．また，最大となるときの扇形の中心角の大きさを求めよ．

435 根底 実戦

右図の単位円周上の点 P，Q の座標を求めよ．

(1)

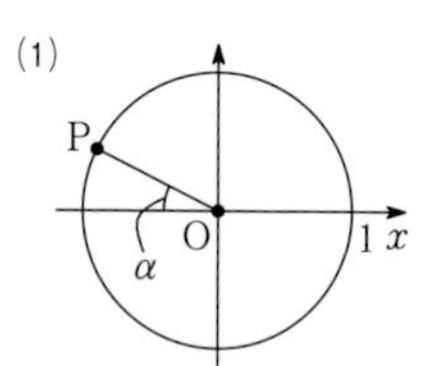

(2)

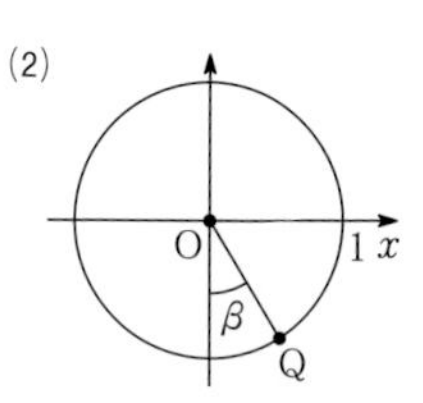

436 根底 実戦 定期

次の各式を簡単にせよ．

(1) $\sin(3\pi - \theta)$　(2) $\cos\left(\theta - \frac{3}{2}\pi\right)$

(3) $\sin\left(\frac{\pi}{2} - \theta\right) - \cos(\pi - \theta)$　(4) $\tan\left(\theta + \frac{\pi}{2}\right)\sin(\pi - \theta)$ $\left(0 < \theta < \frac{\pi}{2}\right)$

437 根底 実戦

次の各値を求めよ．

(1) $\tan\theta = 3$ $(\pi < \theta < 2\pi)$ のときの $(\cos\theta,\ \sin\theta)$

(2) $\cos\theta = -\frac{1}{\sqrt{3}}$ のときの $\sin\theta$, $\tan\theta$

4 3 8 根底 実戦

$f(\theta)=\left(\dfrac{1}{\cos\theta}-1\right)\left(\dfrac{1}{\cos\theta}+1\right)\cdot\dfrac{1-\cos\theta}{\sin^4\theta}\cdot\dfrac{1}{1+\tan^2\theta}$ を簡単にせよ.

4 3 9 根底 実戦 定期

θ が $0\leq\theta\leq\dfrac{2}{3}\pi$ の範囲で変化するとき, $\sin\theta$, $\cos\theta$, $\tan\theta$ の値域をそれぞれ求めよ.

4 3 10 根底 実戦

a は 0 以上 2π 以下の定数とする. $\sin\theta\ (0\leq\theta\leq a)$ のとり得る値の範囲を求めよ.

4 3 11 根底 実戦

次の方程式・不等式を, 指定された θ の範囲において解け.

(1) $|\cos\theta|=\dfrac{\sqrt{3}}{2}\ (-\pi\leq\theta<\pi)$

(2) $2\sin\left(\theta+\dfrac{\pi}{3}\right)+1\leq 0\ (0\leq\theta<2\pi)$

(3) $\tan 2\theta\geq\sqrt{3}\ (0\leq\theta<2\pi)$

4 3 12 根底 実戦 重要

不等式 $\sin\theta>\cos 1\ (0\leq\theta<2\pi)$ を解け.

4 3 13 根底 実戦 入試

不等式 $2\cos^2\theta+\sin\theta-\cos\theta-1\leq 0\ (0\leq\theta<2\pi)$ を解け.

4 3 14 根底 実戦 入試

不等式 $\sin 8\theta>\sin\theta\ \left(0<\theta<\dfrac{\pi}{2}\right)$ を解け.

4 3 15 根底 実戦 入試

右図において, $0<\theta<\dfrac{\pi}{2}$ とする. 点 Q の座標を θ で表せ.

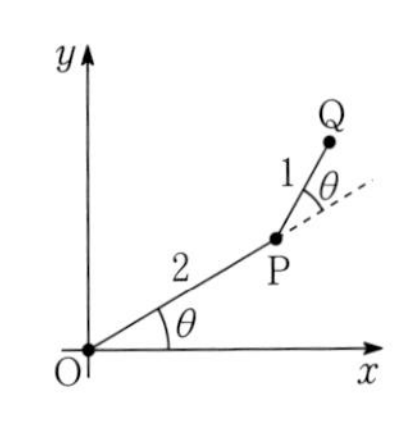

4 3 16 根底 実戦 入試

中心 $\mathrm{P}(t,\ 2)\ (0\leq t\leq 2\pi)$, 半径 2 の円 C が Q において x 軸と接している. C 上の点 R が右図のように $\mathrm{OQ}=\overset{\frown}{\mathrm{QR}}$ を満たすとき, R の座標を t で表せ.

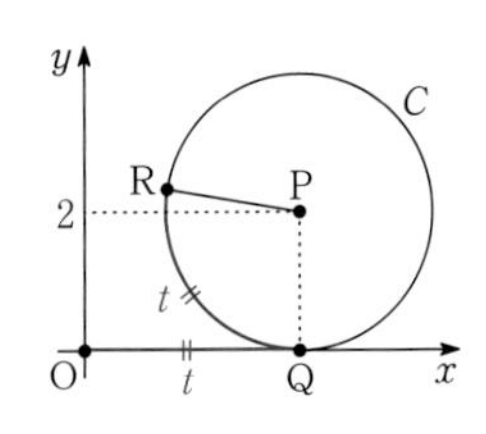

4 加法定理など

これまで，三角関数の値といえば，30°, 135° などの“有名角”に対する値しか求めることができませんでした．ところが，例えば本節で学ぶ公式の 1 つ：

$$\sin(\alpha+\beta)=\sin\alpha\cos\beta+\cos\alpha\sin\beta$$ 略記すると，$s_{\alpha+\beta}=s_\alpha c_\beta+c_\alpha s_\beta$

を用いると，角 $\alpha+\beta$ を，α と β に分解して考えることができます．このように，本節の公式類をマスターすれば，三角関数を自由自在に変形することができ，世界がグッと広がります．

注 何しろ公式の個数が 25 個くらいあります！それらを個々に暗記しようとせず，証明過程の流れの中で記憶していくことが大切です．

ただし…，上記公式を見るとわかるように，マジメに書くとけっこう手間がかかり，「証明」を行う気力が失せます (笑)．そこで，前にも書いた『略記』を用いましょう．ただし，角が 2 種類以上現れますから「c」や「s」だとマズイです．上式の右に注釈で書いたように，例えば $\sin\alpha$ なら s_α，$\cos\beta$ なら c_β のように書いて証明していきます (ただし，試験で使う場合にはちゃんとその旨を断ること！)．

1 加法定理

2 つの角を加えた (加法) 角の三角関数を変形するのに使えます．

○ まず，$\cos(\alpha-\beta)=\cos\alpha\cos\beta+\sin\alpha\sin\beta$ …① を示します．

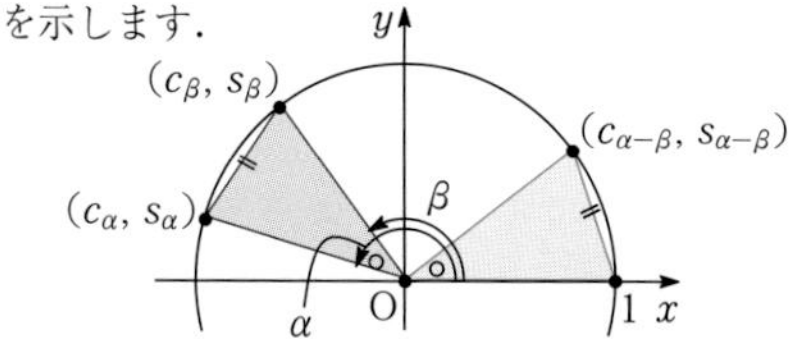

上図のように，単位円周上に偏角が α, β である 2 点をとり，赤色二等辺三角形を作ります．そして，これを一般角 $-\beta$ だけ回転すると，前記 2 点はそれぞれ偏角 $\alpha-\beta$, 0 の 2 点となり，前記と合同な青色二等辺三角形ができます．両者の底辺どうしの長さは等しいので

$$(c_{\alpha-\beta}-1)^2+s_{\alpha-\beta}{}^2=(c_\alpha-c_\beta)^2+(s_\alpha-s_\beta)^2.$$
$$2-2c_{\alpha-\beta}=2-2c_\alpha c_\beta-2s_\alpha s_\beta.$$
$$\therefore c_{\alpha-\beta}=c_\alpha c_\beta+s_\alpha s_\beta.$$

これで，①が示せました．

これをもとにして，左辺において「−」を「+」に変えたり，「cos」を「sin」に変えたりした公式も導いていきます．そのために，適切な置き換えを行い，4 2 4 の公式を適用します．

○ ①の左辺を $c_{\alpha+\beta}$ に変えます．そのために，①の「β」を $-\beta$ に置き換えると

$$c_{\alpha-(-\beta)}=c_\alpha c_{(-\beta)}+s_\alpha s_{(-\beta)}.$$
$$\text{i.e. } c_{\alpha+\beta}=c_\alpha c_\beta-s_\alpha s_\beta.$$

○ 次に，①の左辺を $s_{\alpha+\beta}$ に変えます．そのために，①の「α」を $\frac{\pi}{2}-\alpha$ [1] に置き換えると

$$c_{\frac{\pi}{2}-\alpha-\beta}=c_{\frac{\pi}{2}-\alpha}c_\beta+s_{\frac{\pi}{2}-\alpha}s_\beta.$$
$$\therefore s_{\alpha+\beta}=s_\alpha c_\beta+c_\alpha s_\beta. \quad \cdots②$$

注 [1]：cos を sin へ変えるための常套手段．■

○ 最後に，②の左辺を $s_{\alpha-\beta}$ に変えます．そのために，②の「β」を $-\beta$ に置き換えると

$$s_{\alpha+(-\beta)}=s_\alpha c_{(-\beta)}+c_\alpha s_{(-\beta)}.$$
$$\therefore s_{\alpha-\beta}=s_\alpha c_\beta-c_\alpha s_\beta.$$

示された結果をまとめて書くと以下のとおりです：

(s と c)　(c と s)

$$\sin(\alpha+\beta)=\sin\alpha\cos\beta+\cos\alpha\sin\beta.$$
$$\sin(\alpha-\beta)=\sin\alpha\cos\beta-\cos\alpha\sin\beta.$$

(符号は一致)

(c と c)　(s と s)

$$\cos(\alpha+\beta)=\cos\alpha\cos\beta-\sin\alpha\sin\beta.$$
$$\cos(\alpha-\beta)=\cos\alpha\cos\beta+\sin\alpha\sin\beta.$$

(符号は反対)

注 これら 4 つは，(証明過程を理解した上で)完全に暗記すること．覚え方のコツを，赤字で書き込んでおきました．

語記サボ 右辺にある 4 つの三角関数において，角の並びは「$\alpha, \beta, \alpha, \beta$」とするのが世間の標準です．それに従って書く方が，読む側もわかりやすいです．
また，そう決めておけば，思いっ切りサボって右のように書いても，自分自身には充分意味がわかりますね．これが後に「和積・積和公式」を作るとき役立ちます．

$$s_{\alpha+\beta} = sc + cs.$$
$$s_{\alpha-\beta} = sc - cs.$$
$$c_{\alpha+\beta} = cc - ss.$$
$$c_{\alpha-\beta} = cc + ss.$$

問 (1) $\sin 105^\circ$ の値を求めよ．　(2) $\cos \dfrac{\pi}{12}$ の値を求めよ．

方針 どちらも，2 つの“有名角”の和や差に分解し，既知なる“有名値”に帰着させます．

解答 (1)
$$\begin{aligned}&\sin 105^\circ \\ &= \sin(60^\circ + 45^\circ) \\ &= \sin 60^\circ \cos 45^\circ + \cos 60^\circ \sin 45^\circ \ ^{1)} \\ &= \frac{\sqrt{3}}{2}\cdot\frac{\sqrt{2}}{2} + \frac{1}{2}\cdot\underbrace{\frac{\sqrt{2}}{2}}_{2)} \\ &= \frac{\sqrt{6}+\sqrt{2}}{4}. //\end{aligned}$$

補足 答えの概算値は $\dfrac{2.45+1.4}{4} = \dfrac{3.85}{4}$ と，1 にとても近い値です．右図を見れば，これが“相応（ふさわ）しい値”だと納得いくでしょう．■

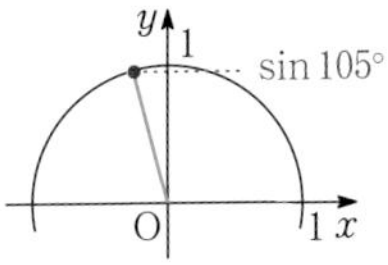

y, 1, sin 105°, O, 1 x

注 1)：将来的にはこの 1 行を書かず，直接次行の式が書けるようにしましょう．
2)：いつもは「$\dfrac{1}{\sqrt{2}}$」と書いていますが，この後の分母の有理化を“見越して”このように書いています．

(2)
$$\begin{aligned}&\cos\frac{\pi}{12} \\ &= \cos\left(\frac{\pi}{3} - \frac{\pi}{4}\right) \ ^{3)} \\ &= \cos\frac{\pi}{3}\cos\frac{\pi}{4} + \sin\frac{\pi}{3}\sin\frac{\pi}{4} \\ &= \frac{1}{2}\cdot\frac{\sqrt{2}}{2} + \frac{\sqrt{3}}{2}\cdot\frac{\sqrt{2}}{2} = \frac{\sqrt{2}+\sqrt{6}}{4}. //\end{aligned}$$

注 3)：弧度法だと，このように有名角の差（or 和）で表す際に分数計算を要するのでやりづらいですね．そこで筆者は，次のように度数法を思い浮かべながら計算することも多いです：

$$\frac{\pi}{12} = \frac{1}{2}\cdot\frac{\pi}{6} = 15^\circ = 60^\circ - 45^\circ = \frac{\pi}{3} - \frac{\pi}{4}.$$

あ．弧度法の角と度数法の角を「＝」で結んでしまいましたね．この程度ならお許しを（笑）．

参考 (1)(2)が同じ値になることは，次のようにしてもわかります：

$$\sin 105^\circ = \sin(15^\circ + 90^\circ) = \cos 15^\circ = \cos\frac{\pi}{12}.$$

例題 4 4 a 加法定理と図形　根底 実戦　入試

[→演習問題 4 5 1]

右図において，△ABC は直角三角形，△ACD は正三角形である．△ABD の面積を求めよ．

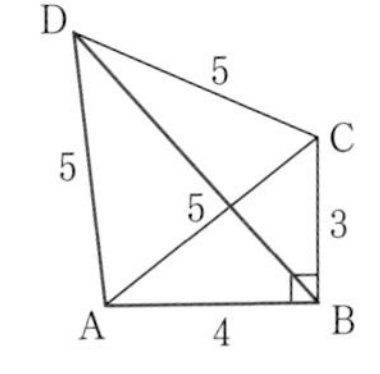

方針 2 辺夾角（きょうかく）の面積公式[→ I+A 3 5 6]が使えそうです．$\sin\angle DAB$ を求めるには，何を準備すればよいでしょう？

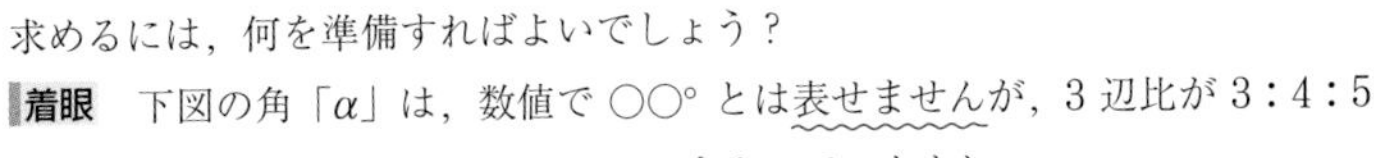

着眼 下図の角「α」は，数値で ○○° とは表せませんが，3 辺比が 3 : 4 : 5 である直角三角形の内角として 1 **つに定まって**いますね．

解答 右図のように角 α，β（度数法）をとる．
△ABC に注目して

$$\cos\alpha = \frac{4}{5},\ \sin\alpha = \frac{3}{5}.$$

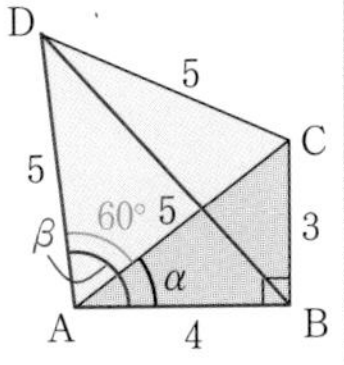

$$\begin{aligned}\therefore\ \sin\beta &= \sin(\alpha + 60^\circ) \\ &= \sin\alpha\cdot\cos 60^\circ + \cos\alpha\cdot\sin 60^\circ \\ &= \frac{3}{5}\cdot\frac{1}{2} + \frac{4}{5}\cdot\frac{\sqrt{3}}{2} = \frac{3+4\sqrt{3}}{10}.\end{aligned}$$

したがって

$$\begin{aligned}\triangle ABD &= \frac{1}{2}\cdot AB\cdot AD\cdot\sin\beta \\ &= \frac{1}{2}\cdot 4\cdot 5\cdot\frac{3+4\sqrt{3}}{10} \\ &= 3 + 4\sqrt{3}. //\end{aligned}$$

解説 こんなふうに，「加法定理」が使いこなせると，扱える図形がグンと広がります．

補足 角 α，β（度数法）は，“大きさの角”です．

次に，tan の加法定理です．$\tan(\alpha\pm\beta)$ は，「$\tan\alpha$ と $\tan\beta$ で表せる」と覚えておいてください．

$\tan\triangle=\dfrac{\sin\triangle}{\cos\triangle}$ をもとに示されます．

解答

$$\tan(\alpha+\beta)=\frac{s_{\alpha+\beta}}{c_{\alpha+\beta}}=\frac{s_\alpha c_\beta+c_\alpha s_\beta}{c_\alpha c_\beta-s_\alpha s_\beta}=\frac{\dfrac{s_\alpha c_\beta}{c_\alpha c_\beta}+\dfrac{c_\alpha s_\beta}{c_\alpha c_\beta}}{\dfrac{c_\alpha c_\beta}{c_\alpha c_\beta}-\dfrac{s_\alpha s_\beta}{c_\alpha c_\beta}}=\frac{\tan\alpha+\tan\beta}{1-\tan\alpha\tan\beta}.$$

$\tan(\alpha-\beta)$ は，上記の分子，分母の符号がどちらも反対になるだけです．よって，次の加法定理が得られました：

$$\tan(\alpha+\beta)=\frac{\tan\alpha+\tan\beta}{1-\tan\alpha\tan\beta}.$$ 「1マイタンタン，タンプラタン」

$$\tan(\alpha-\beta)=\frac{\tan\alpha-\tan\beta}{1+\tan\alpha\tan\beta}.$$ 「1プラタンタン，タンマイタン」

補足 分子には和ないし差，分母には積が現れます．

注 大切なのは，「符号」の覚え方です．証明過程を理解していれば，分子は「sin」の加法定理由来なので両辺は同符号，分母は「cos」の加法定理由来なので両辺は異符号だと記憶できますね．

余談 この公式を，分母→分子の順に略して読み上げる仕方が注釈で書き入れてあります．

問 $\tan\frac{5}{12}\pi$ の値を求めよ．

解答

$$\tan\frac{5}{12}\pi=\tan\left(\frac{2}{12}\pi+\frac{3}{12}\pi\right)=\tan\left(\frac{\pi}{6}+\frac{\pi}{4}\right)=\frac{\tan\frac{\pi}{6}+\tan\frac{\pi}{4}}{1-\tan\frac{\pi}{6}\tan\frac{\pi}{4}}=\frac{\frac{1}{\sqrt{3}}+1}{1-\frac{1}{\sqrt{3}}\cdot 1}$$

$$=\frac{1+\sqrt{3}}{\sqrt{3}-1}\cdot\frac{\sqrt{3}+1}{\sqrt{3}+1}=\frac{4+2\sqrt{3}}{2}=2+\sqrt{3}.\text{//}$$

補足 「$\frac{5}{12}\pi$」を度数法に書き改めて，

$75^\circ=30^\circ+45^\circ$

と分解してもよいですね．

参考 前の2つの問で扱った角：105°，$\frac{\pi}{12}$，$\frac{5}{12}\pi$ に対する3つの三角関数の値を参考までに書いておきます．加法定理を使う単純計算練習をしたい人は，答え合わせに使ってください．

$$\cos 105^\circ=\frac{\sqrt{2}-\sqrt{6}}{4},\quad \sin 105^\circ=\frac{\sqrt{6}+\sqrt{2}}{4},\quad \tan 105^\circ=-2-\sqrt{3}.$$

$$\cos\frac{\pi}{12}=\frac{\sqrt{6}+\sqrt{2}}{4},\quad \sin\frac{\pi}{12}=\frac{\sqrt{6}-\sqrt{2}}{4},\quad \tan\frac{\pi}{12}=2-\sqrt{3}.$$

$$\cos\frac{5}{12}\pi=\frac{\sqrt{6}-\sqrt{2}}{4},\quad \sin\frac{5}{12}\pi=\frac{\sqrt{6}+\sqrt{2}}{4},\quad \tan\frac{5}{12}\pi=2+\sqrt{3}.$$

例題 4 4 b 加法定理 根底 実戦

[→演習問題 4 5 1]

$\cos\alpha=\frac{4}{5}\ \left(0<\alpha<\frac{\pi}{2}\right)$ を満たす角 α と，$\sin\beta=\frac{1}{\sqrt{3}}\ \left(\frac{\pi}{2}<\beta<\pi\right)$ を満たす角 β がある．

次の値を求めよ．

(1) $\cos(\alpha+\beta)$　　(2) $\tan(\alpha+\beta)$

方針 まずは例によって，α,β に対応する単位円周上の点を図示しましょう．

加法定理を適用したとき，右辺に何が現れるかを予め把握して，それに応じた準備をします．

解答 単位円周上の偏角 α, β の点は，次図の通り．

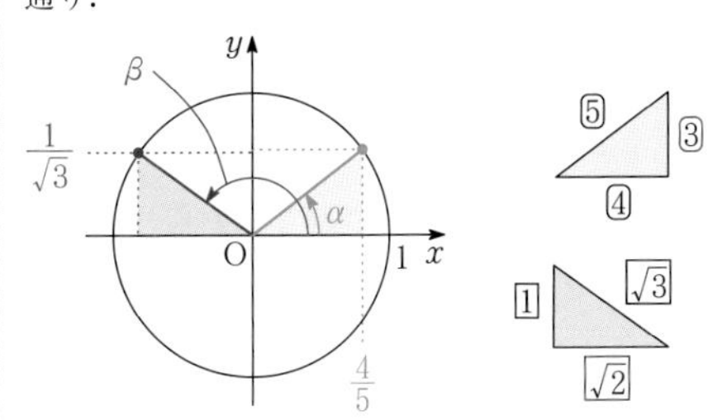

図中の直角三角形の 3 辺比を利用して

$$\cos\alpha = \frac{4}{5},\ \sin\alpha = \frac{3}{5},\ \tan\alpha = \frac{3}{4}.$$

$$\cos\beta = -\frac{\sqrt{2}}{\sqrt{3}},\ \sin\beta = \frac{1}{\sqrt{3}},\ \tan\beta = -\frac{1}{\sqrt{2}}.$$

(1) （α, β の cos，sin の値が要りますね．）

$$\begin{aligned}\cos(\alpha+\beta) &= c_\alpha c_\beta - s_\alpha s_\beta \\ &= \frac{4}{5}\cdot\left(-\frac{\sqrt{2}}{\sqrt{3}}\right) - \frac{3}{5}\cdot\frac{1}{\sqrt{3}} \\ &= -\frac{4\sqrt{2}+3}{5\sqrt{3}}.\ /\!/\end{aligned}$$

(2) （$\tan\alpha$，$\tan\beta$ の値から求まります．）

$$\begin{aligned}\tan(\alpha+\beta) &= \frac{\tan\alpha + \tan\beta}{1 - \tan\alpha\tan\beta} \\ &= \frac{\frac{3}{4} + \frac{-1}{\sqrt{2}}}{1 - \frac{3}{4}\cdot\frac{-1}{\sqrt{2}}} \\ &= \frac{3\sqrt{2}-4}{4\sqrt{2}+3}\cdot\frac{4\sqrt{2}-3}{4\sqrt{2}-3} \\ &= \frac{36-25\sqrt{2}}{23}.\ /\!/\end{aligned}$$

参考 $\alpha+\beta$ は，度数法で表すと約 181.6° です．

注 (2)は，(1)と同様に $\sin(\alpha+\beta)$ を求め，$\tan(\alpha+\beta) = \dfrac{\sin(\alpha+\beta)}{\cos(\alpha+\beta)}$ と求める手もあります．

2 2倍角・半角の公式

加法定理：$\begin{cases}\sin(\alpha+\beta) = \sin\alpha\cos\beta + \cos\alpha\sin\beta. & \cdots① \\ \cos(\alpha+\beta) = \cos\alpha\cos\beta - \sin\alpha\sin\beta. & \cdots②\end{cases}$ をもとに，次の **2 倍角公式**が導かれます．

①において「β」を α に置き換えると

$$s_{\alpha+\alpha} = s_\alpha c_\alpha + c_\alpha s_\alpha.$$

$$\therefore\ s_{2\alpha} = 2s_\alpha c_\alpha.$$ sin の 2 倍角公式

②において「β」を α に置き換えると

$$c_{\alpha+\alpha} = c_\alpha c_\alpha - s_\alpha s_\alpha.$$

$$\therefore\ c_{2\alpha} = {c_\alpha}^2 - {s_\alpha}^2.$$ cos の 2 倍角公式

${c_\alpha}^2 + {s_\alpha}^2 = 1$ を用いると

$$c_{2\alpha} = \begin{cases}2{c_\alpha}^2 - 1, \\ 1 - 2{s_\alpha}^2.\end{cases}$$ これも cos の 2 倍角公式

これらを ${c_\alpha}^2, {s_\alpha}^2$ について解くと

$$\begin{cases}{c_\alpha}^2 = \dfrac{1+c_{2\alpha}}{2}, & \cdots③ \\ {s_\alpha}^2 = \dfrac{1-c_{2\alpha}}{2}. & \cdots④\end{cases}$$ 半角公式

次に，tan の加法定理：

$$\tan(\alpha+\beta) = \frac{\tan\alpha + \tan\beta}{1 - \tan\alpha\tan\beta}.$$

において「β」を α に置き換えると

$$\tan(\alpha+\alpha) = \frac{\tan\alpha + \tan\alpha}{1 - \tan\alpha\tan\alpha}.$$

$$\therefore\ \tan 2\alpha = \frac{2\tan\alpha}{1 - \tan^2\alpha}.$$ tan の 2 倍角公式

また，④ ÷ ③ より

$$\tan^2\alpha = \frac{1-c_{2\alpha}}{1+c_{2\alpha}}.$$ tan の半角公式

結果をまとめておくと，次の通りです：

$$\sin 2\alpha = 2\sin\alpha\cos\alpha. \quad \cos 2\alpha = \begin{cases}\cos^2\alpha - \sin^2\alpha \\ 2\cos^2\alpha - 1 \\ 1 - 2\sin^2\alpha.\end{cases} \quad \tan 2\alpha = \frac{2\tan\alpha}{1-\tan^2\alpha}.$$

2 倍角公式
左辺の角が
右辺の角の 2 倍

$$\begin{cases}\cos^2\alpha = \dfrac{1+\cos 2\alpha}{2} \\ \sin^2\alpha = \dfrac{1-\cos 2\alpha}{2}.\end{cases} \quad \tan^2\alpha = \frac{1-\cos 2\alpha}{1+\cos 2\alpha}.$$

半角公式
左辺の角が右辺の角の半分

 → 5・37

問 $\tan\theta = -2\left(\frac{\pi}{2} < \theta < \pi\right)$ を満たす角 θ について，$\tan 2\theta$, $\sin 2\theta$, $\cos 2\theta$ の値を求めよ．

着眼 与えられた角 θ の 2 倍の角の三角関数が問われています．

解答

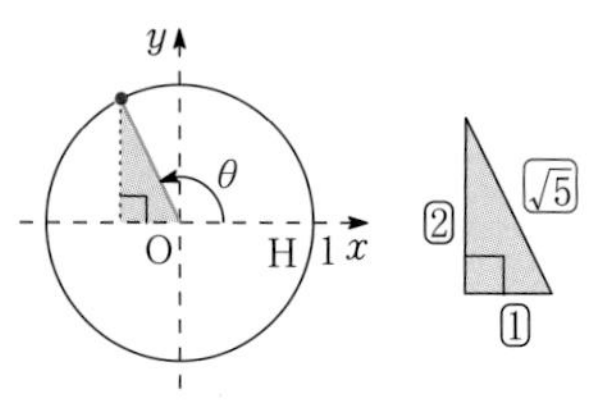

θ は，上図のような角だから，

$$\cos\theta = -\frac{1}{\sqrt{5}},\ \sin\theta = \frac{2}{\sqrt{5}}.\ \cdots①$$

2 倍角公式より

$$\tan 2\theta = \frac{2\tan\theta}{1-\tan^2\theta} = \frac{-4}{1-4} = \frac{4}{3}. /\!/ \ \cdots②$$

また，①より

$$\sin 2\theta = 2\sin\theta\cos\theta = 2\cdot\frac{2}{\sqrt{5}}\cdot\frac{-1}{\sqrt{5}} = -\frac{4}{5}. /\!/$$

$$\cos 2\theta = \cos^2\theta - \sin^2\theta = \frac{1-4}{5} = -\frac{3}{5}. /\!/$$

注 ②と「相互関係公式」を用いる手もあります．

$$1+\tan^2 2\theta = \frac{1}{\cos^2 2\theta}.$$

$$1+\frac{16}{9} = \frac{1}{\cos^2 2\theta}. \qquad \cos^2 2\theta = \frac{9}{25}.$$

ここで，図の単位円を見ると $\frac{\pi}{2} < \theta < \frac{3}{4}\pi$.

よって $\pi < 2\theta < \frac{3}{2}\pi$ より，$\cos 2\theta < 0$ だから

$$\cos 2\theta = -\frac{3}{5}.$$

$$\sin 2\theta = \cos 2\theta\tan 2\theta = -\frac{3}{5}\cdot\frac{4}{3} = -\frac{4}{5}. /\!/$$

とはいえ，ここでは sin，cos の 2 倍角公式も使う練習をして欲しいです．

問 $\cos\frac{\pi}{8}$, $\sin\frac{\pi}{8}$, $\tan\frac{\pi}{8}$ の値をそれぞれ求めよ．

着眼 有名角：$\frac{\pi}{4}$ の半分の角 $\frac{\pi}{8}$ の三角関数が問われています．

解答 半角公式より

$$\cos^2\frac{\pi}{8} = \frac{1+\cos\frac{\pi}{4}}{2} = \frac{1+\frac{\sqrt{2}}{2}}{2} = \frac{2+\sqrt{2}}{4}.\ \cdots①$$

$\cos\frac{\pi}{8} > 0$ だから，$\cos\frac{\pi}{8} = \frac{\sqrt{2+\sqrt{2}}}{2}. /\!/$ [1)]

同様に

$$\sin^2\frac{\pi}{8} = \frac{1-\cos\frac{\pi}{4}}{2} = \frac{2-\sqrt{2}}{4}.\ \cdots②$$

$$\therefore\ \sin\frac{\pi}{8} = \frac{\sqrt{2-\sqrt{2}}}{2}. /\!/$$

①②より

$$\tan^2\frac{\pi}{8} = \frac{1-\cos\frac{\pi}{4}}{1+\cos\frac{\pi}{4}} = \frac{1-\frac{1}{\sqrt{2}}}{1+\frac{1}{\sqrt{2}}} = \frac{\sqrt{2}-1}{\sqrt{2}+1}\cdot\frac{\sqrt{2}-1}{\sqrt{2}-1} = \left(\sqrt{2}-1\right)^2.$$

$\tan\frac{\pi}{8} > 0$ だから，$\tan\frac{\pi}{8} = \sqrt{2}-1. /\!/$

補足 1)：この 2 重根号を外すことはできません．

例題 4 4 C 2倍角・半角公式と図形 根底 実戦 入試

[→演習問題 4 5 2]

O を原点とする xy 平面上で，右図のように，P を中心とする円 C_1 が x 軸と A において接し，Q を中心とする円 C_2 が y 軸と B において接している．また，C_1 と C_2 は R において直線 OR と接している．

(1) P(2, 1) のとき，Q，R の座標を求めよ．

(2) R(3, 4) のとき，P，Q の座標を求めよ．((1)と独立に解け．)

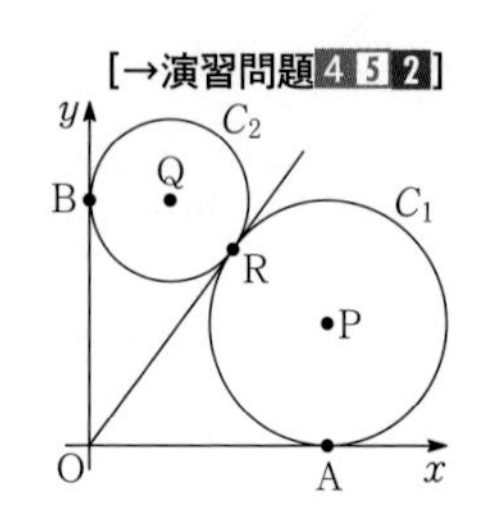

着眼 (1)「OR」について，長さと向きに関する情報があるのがわかりますか？

(2) (1)の逆を辿るだけです．

解答 (1)

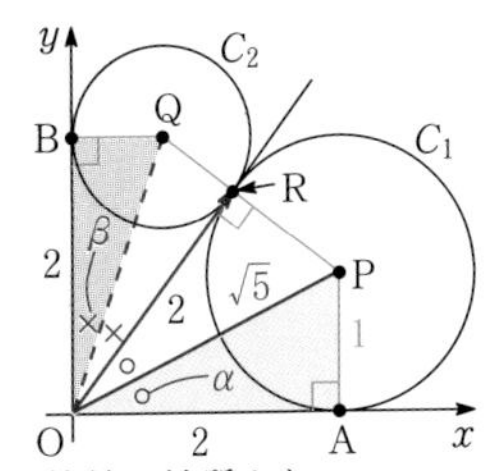

まず，円の接線の性質より，

$\mathrm{OA}=\mathrm{OB}=\mathrm{OR}=2.$ …①

上図のように角 α, β（弧度法）をとる．

△OAP に注目して　"大きさの角"

$$\cos\alpha=\frac{2}{\sqrt{5}},\ \sin\alpha=\frac{1}{\sqrt{5}},\ \tan\alpha=\frac{1}{2}.\ \cdots②$$

○Q について．

$2\alpha+2\beta=\dfrac{\pi}{2}$ より $\alpha+\beta=\dfrac{\pi}{4}$.

△OBQ において

$$\tan\beta=\tan\left(\frac{\pi}{4}-\alpha\right)=\frac{\tan\frac{\pi}{4}-\tan\alpha}{1+\tan\frac{\pi}{4}\tan\alpha}=\frac{1-\frac{1}{2}}{1+1\cdot\frac{1}{2}}=\frac{1}{3}.$$

これと① より，$\mathrm{BQ}=2\tan\beta=\dfrac{2}{3}$.

$$\therefore\ \mathrm{Q}\left(\frac{2}{3},\ 2\right).//$$

○R について．

$\overrightarrow{\mathrm{OR}}$ の偏角は 2α であり，②より

$$\cos 2\alpha=\cos^2\alpha-\sin^2\alpha=\frac{4}{5}-\frac{1}{5}=\frac{3}{5},$$

$$\sin 2\alpha=2\sin\alpha\cos\alpha=2\cdot\frac{1}{\sqrt{5}}\cdot\frac{2}{\sqrt{5}}=\frac{4}{5}.$$

これと①より

$$\overrightarrow{\mathrm{OR}}=2\begin{pmatrix}\cos 2\alpha\\ \sin 2\alpha\end{pmatrix}=\frac{2}{5}\begin{pmatrix}3\\ 4\end{pmatrix}.$$

i.e. $\mathrm{R}\left(\dfrac{6}{5},\ \dfrac{8}{5}\right).//$

(2)

まず，円の接線の性質より，

$\mathrm{OA}=\mathrm{OB}=\mathrm{OR}=5.$ …③　$\sqrt{3^2+4^2}=5$ は有名

(1)と同様に角 α, β（弧度法）をとる．

図の △OHR に注目して，

$$\cos 2\alpha=\frac{3}{5}.\ \cdots④$$

○P について．

△OAP において，④より

$$\tan^2\alpha=\frac{1-\cos 2\alpha}{1+\cos 2\alpha}=\frac{1-\frac{3}{5}}{1+\frac{3}{5}}=\frac{2}{8}=\frac{1}{4}.$$

$$\therefore\ \tan\alpha=\frac{1}{2}.\ \cdots⑤$$

これと③より，$\mathrm{AP}=5\cdot\dfrac{1}{2}=\dfrac{5}{2}$.

$$\therefore\ \mathrm{P}\left(5,\ \frac{5}{2}\right).//$$

○Q について．

(1)と同様に △OBQ に注目して，②と⑤で $\tan\alpha$ の値は等しいから

$$\tan\beta=\tan\left(\frac{\pi}{4}-\alpha\right)=\frac{1}{3}.$$

これと③より，$\mathrm{BQ}=5\tan\beta=\dfrac{5}{3}$.

$$\therefore\ \mathrm{Q}\left(\frac{5}{3},\ 5\right).//$$

解説　"大きさの角" と「偏角」（一般角に含まれる）の 2 種類の角が使われていましたね．

参考　実は(2)の図は，(1)の図と O を中心として相似の位置にあり，相似比は 2 : 5 です．

3 3倍角の公式

2倍角の公式では，$\sin 2\alpha = 2\sin\alpha\cos\alpha$ のように，左辺の角が右辺の 2倍となっていました．この「2倍」を「3倍」にしてみましょう．

$\cos 3\alpha$ は $\cos\alpha$（c と略記）のみで，$\sin 3\alpha$ は $\sin\alpha$（s と略記）のみで，それぞれ次のように表せます：

$$\begin{aligned}\cos 3\alpha &= c_{\alpha+2\alpha}\\ &= c_\alpha c_{2\alpha} - s_\alpha s_{2\alpha}\\ &= c(2c^2-1) - s\cdot 2sc\\ &= 2c^3 - c - 2c(1-c^2) = 4c^3 - 3c.\end{aligned}$$

$$\begin{aligned}\sin 3\alpha &= s_{\alpha+2\alpha}\\ &= s_\alpha c_{2\alpha} + c_\alpha s_{2\alpha}\\ &= s(1-2s^2) + c\cdot 2sc\\ &= s - 2s^3 + 2s(1-s^2) = 3s - 4s^3.\end{aligned}$$

結果を記すと次の通りです：

両辺とも cos　$\cos 3\alpha = 4\cos^3\alpha - 3\cos\alpha$

両辺とも sin　$\sin 3\alpha = 3\sin\alpha - 4\sin^3\alpha$

（右辺どうしは符号が反対）

問　$\tan\theta = 3\ \left(0 < \theta < \frac{\pi}{2}\right)$ を満たす角 θ について，$\tan 3\theta$ の値を求めよ．

着眼　与えられた角 θ の 3倍の角の三角関数が問われています．ただし，tan には「3倍角の公式」はありません[1] ので…

解答

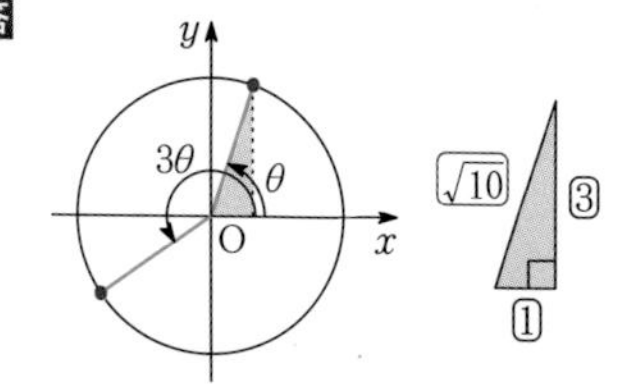

上図の直角三角形に注目して

$$\cos\theta = \frac{1}{\sqrt{10}},\ \sin\theta = \frac{3}{\sqrt{10}}.$$

3倍角公式より

$$\begin{aligned}\cos 3\theta &= 4\cos^3\theta - 3\cos\theta\\ &= 4\left(\frac{1}{\sqrt{10}}\right)^3 - 3\cdot\frac{1}{\sqrt{10}}\\ &= \frac{1}{\sqrt{10}}\cdot\left(\frac{2}{5} - 3\right) = \frac{-13}{5\sqrt{10}}.\end{aligned}$$

$$\begin{aligned}\sin 3\theta &= 3\sin\theta - 4\sin^3\theta\\ &= 3\cdot\frac{3}{\sqrt{10}} - 4\left(\frac{3}{\sqrt{10}}\right)^3\\ &= \frac{9}{\sqrt{10}}\cdot\left(1 - \frac{6}{5}\right) = \frac{-9}{5\sqrt{10}}.\end{aligned}$$

以上より

$$\tan 3\theta = \frac{\sin 3\theta}{\cos 3\theta} = \frac{9}{13}.\ /\!/$$

参考　1)：実は…ない訳でもありません（笑）．

$\tan\theta$ を t と略記すると

$$\begin{aligned}\tan 3\theta &= \tan(\theta + 2\theta)\\ &= \frac{\tan\theta + \tan 2\theta}{1 - \tan\theta\cdot\tan 2\theta}\\ &= \frac{t + \frac{2t}{1-t^2}}{1 - t\cdot\frac{2t}{1-t^2}}\\ &= \frac{t(1-t^2) + 2t}{1 - t^2 - 2t^2}\\ &= t\cdot\frac{3-t^2}{1-3t^2}\quad\cdots①\\ &= 3\cdot\frac{3-9}{1-27} = 3\cdot\frac{-6}{-26} = \frac{9}{13}.\end{aligned}$$

①が tan の 3倍角の公式です．

とはいえ，これを証明抜きに問題解法に使うという状況はないかなという気がします．筆者は記憶していません（暗算17秒くらいで導けますが）．

注　上記**参考**の計算では，途中式を含めて分数式の分母が 0 にはならないことを前提としています．

例題 4 4 d　$\dfrac{\pi}{5}$ の三角関数　根底 実戦　入試

[→演習問題 4 5 4]

(1)　$\alpha=\dfrac{\pi}{5}$ とおく．3α と 2α の関係に注目して $\cos\alpha$ の値を求めよ．

(2)　1 辺の長さが a である正五角形の対角線の長さ l を求めよ．

着眼　(1) $\alpha=\dfrac{\pi}{5}$ とは，度数法だと $\dfrac{180^\circ}{5}=36^\circ$ です．「どんな大きさの角なのか」を認識したうえで問題を解きにかかってくださいね．

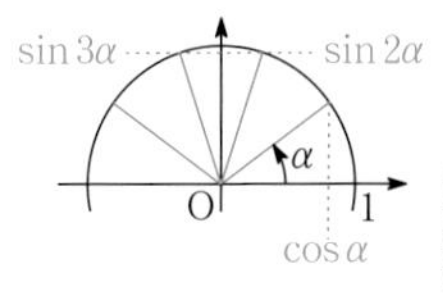

方針　「3α」と「2α」があるので，3 倍角の公式・2 倍角の公式を使います．さて，「cos」，「sin」のどちらを使いましょうか？

解答　(1)　$\alpha=\dfrac{\pi}{5}$ より $5\alpha=\pi$．よって

$$3\alpha=\pi-2\alpha.\ \cdots①$$

$$\therefore\ \sin 3\alpha=\sin(\pi-2\alpha).\ \cdots②$$

$$\sin 3\alpha=\sin 2\alpha.$$ [1)]

3 倍角・2 倍角の公式を用いると，$\cos\alpha$ を c，$\sin\alpha$ を s と略記して

$$3s-4s^3=2sc.\ \cdots③$$

$s=\sin\dfrac{\pi}{5}>0$ より

$$3-4(1-c^2)=2c.\qquad 4c^2-2c-1=0.$$

$c=\cos\dfrac{\pi}{5}>0$ より，$\cos\alpha=c=\dfrac{1+\sqrt{5}}{4}$.[2)] //

(2)　正五角形の 1 つの内角は $\dfrac{(5-2)\times\pi}{5}=3\alpha$．

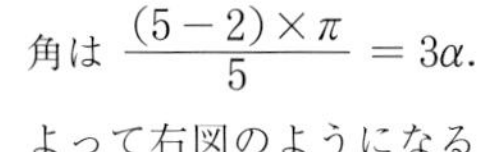

よって右図のようになるから，色の付いた直角三角形に注目して

$$\frac{l}{2}=a\cos\alpha.$$

$$\therefore\ l=2a\cdot\frac{1+\sqrt{5}}{4}=\frac{1+\sqrt{5}}{2}a.$$ //

解説　「① ⟹ ②」は正しいですが，その逆：「① ⟸ ②」であるとは限りません．このことに気付いていないと痛い目に遭うこともあります（本問ではセーフですが）．
②では，「sin」の方の 3 倍角・2 倍角公式を選択しました．これは，③の両辺が s で割れカンタンになることを見越してのことです．初学者の人にはハードル高目ですね（笑）．
もし「cos」の方でやると，c の 3 次方程式を解く羽目になります（それとよく似た内容の問題が例題 4 7 v です）．

補足　1)：この等式は，着眼の単位円からも見抜けますね．

2)：答えの概算値は，$\dfrac{3.2}{4}=0.8$ です．着眼の単位円を見ると「いいカンジの値」になっていますね．

余談　対角線 l の 1 辺 a に対する比：$\dfrac{1+\sqrt{5}}{2}$ は**黄金比**として有名な値でしたね．[→ I+A 6 15]

4 積和・和積公式

2つの sin どうしや2つの cos どうしの和 (or 差) を積へ，あるいは逆に積を和 (or 差) へと変形する公式類です．全部で8つもあって個別に覚えるのは疲れますから，その場で，サッと暗算で作れるようにしておきましょう．そのために，例の“略記法”が役立ちます．

4 4冒頭でご紹介した加法定理に対する右の略記法を用います．角の並びは「$\alpha, \beta, \alpha, \beta$」の順に決めてあるので，とてもシンプルに表記できています．

4つのうち，「①と②」，「③と④」をそれぞれペアと考え，両辺を足したり引いたりすることにより公式が得られます．

$$\begin{cases} s_{\alpha+\beta} = sc + cs & \cdots ① \\ s_{\alpha-\beta} = sc - cs & \cdots ② \end{cases}$$

$$\begin{cases} c_{\alpha+\beta} = cc - ss & \cdots ③ \\ c_{\alpha-\beta} = cc + ss & \cdots ④ \end{cases}$$

例 ①＋② より，$s_{\alpha+\beta} + s_{\alpha-\beta} = \underline{2} s_\alpha c_\beta$．

両辺を $\underline{2}$ で割り，右辺→左辺の向きに使えば，積を和に変える**積和公式**のでき上がりです．

次に，$\underbrace{s_{\alpha+\beta}}_{A} + \underbrace{s_{\alpha-\beta}}_{B} = \underline{2} s_\alpha c_\beta$ と置き換えると，

$A + B = 2\alpha,\ A - B = 2\beta$.

$$\therefore s_A + s_B = 2\sin\frac{A+B}{2}\cos\frac{A-B}{2}.$$ [1]

これは，左辺→右辺の向きに使えば，和を積に変える**和積公式**です．

以上が積和・和積公式の作り方でした．ごく単純なものであり，①②の2式を頭の中に思い浮かべれば，紙に書くことなくサッと導ける程度のものです．

注 [1]：この右辺に現れる角は，上記作業を何度か行ううち，ごく自然に「足して半分，引いて半分」と暗記！できてしまうはずです．■

積和，和積公式には，上の**例**で導いたもの以外にも沢山あります．下の(ア)(イ)(ウ)の各々について2通りずつ選択肢があるので，全部で $2^3 = 8$ **通り**あることになります．

(ア) { ①②を使う / ③④を使う }　(イ) { 辺々を加える / 辺々を引く }　(ウ) { そのままで積→和 / 角を置き換えて和→積 }

重要 積和・和積公式を適用すると，元々ある2角の和と差 $\left(\alpha \pm \beta \text{ とか}, \dfrac{A \pm B}{2} \text{ とか}\right)$ が必ず現れますね．このことは，ぜひ念頭に置いてください．

問 (1) $\cos 75^\circ \sin 45^\circ$ の値を求めよ．　(2) $\cos 75^\circ - \cos 15^\circ$ の値を求めよ．

解答 (1) **着眼** この積を和に変えたとき現れる2角の和と差は，いずれも有名角ですね．

cos と sin の積ですから，sin の加法定理①，②を使います．

下書き ①－② より，$s_{\alpha+\beta} - s_{\alpha-\beta} = \underline{2} c_\alpha s_\beta$．
両辺を $\underline{2}$ で割り，右辺→左辺の向きに使うと…■

積和公式より

$$\begin{aligned}\text{与式} &= \frac{1}{2}\{\sin(75^\circ + 45^\circ) - \sin(75^\circ - 45^\circ)\} \\ &= \frac{1}{2}(\sin 120^\circ - \sin 30^\circ) \\ &= \frac{1}{2}\left(\frac{\sqrt{3}}{2} - \frac{1}{2}\right) = \frac{\sqrt{3}-1}{4}. /\!/\end{aligned}$$

注 仮に「$\sin 45^\circ \cos 75^\circ$」であっても，2角の差が正になるよう，「$\cos 75^\circ \sin 45^\circ$」と並べ直してから考えましょう．■

参考 $\cos 75^\circ$ を加法定理で求めても解決します．

(2) **着眼** 2角の和と差が有名角になる点は，(1)と同じです．

cos と cos の差ですから，cos の加法定理③，④を辺々引きます．

下書き ③－④より，$\underbrace{c_{\alpha+\beta}}_{75^\circ} - \underbrace{c_{\alpha-\beta}}_{15^\circ} = -2 s_\alpha s_\beta$．■

$\dfrac{75^\circ + 15^\circ}{2}$ ↓　↓ $\dfrac{75^\circ - 15^\circ}{2}$

$$\begin{aligned}\text{与式} &= -2\sin 45^\circ \sin 30^\circ \\ &= -2 \cdot \frac{1}{\sqrt{2}} \cdot \frac{1}{2} = -\frac{1}{\sqrt{2}}. /\!/\end{aligned}$$

例題 4 4 e 積和・和積公式の用途 重要度↑ 根底 実戦 [→演習問題 4 5 5]

(1) 方程式 $\cos x + \cos 5x = 0\ (0 \leq x \leq \pi)$ を解け．

(2) $f(\theta) = \sin\left(\theta + \dfrac{7}{12}\pi\right)\cos\left(\theta + \dfrac{\pi}{12}\right)$ のとり得る値の範囲を求めよ．

着眼 (1)「方程式」ですから「積 $=0$」の形にしたいですね．和→積公式の出番です．ただし，「$x-5x$」ではなく，「$5x-x$」となるよう工夫して．

(2) 2 角の差をとると，θ が消えて定角となります．よって，積→和公式を適用すれば，変数 θ が 1 か所だけに集約されるハズです．

解答 (1) **下書き** ③＋④ より，（前ページの式番号）

$c_{\alpha+\beta} + c_{\alpha-\beta} = 2c_\alpha c_\beta$．■（$\alpha+\beta$：$5x$，$\alpha-\beta$：$x$）

与式を変形すると

$\cos 5x + \cos x = 0.$

$2\cos 3x \cos 2x = 0.$（$3x = \dfrac{5x+x}{2}$，$2x = \dfrac{5x-x}{2}$）

$\cos 3x = 0$, or $\cos 2x = 0.$

$0 \leq 3x \leq 3\pi,\ 0 \leq 2x \leq 2\pi$

より

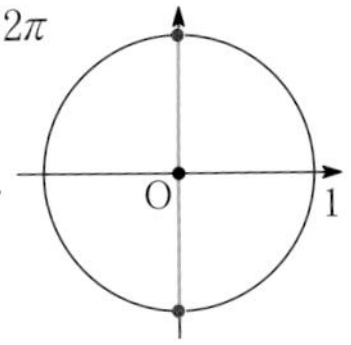

$$\begin{cases} 3x = \dfrac{\pi}{2},\ \dfrac{3}{2}\pi,\ \dfrac{5}{2}\pi. \\ 2x = \dfrac{\pi}{2},\ \dfrac{3}{2}\pi. \end{cases}$$

$\therefore x = \dfrac{\pi}{6},\ \dfrac{\pi}{2},\ \dfrac{5}{6}\pi,\ \dfrac{\pi}{4},\ \dfrac{3}{4}\pi.$ //

(2) **下書き** ①＋② より，

$s_{\alpha+\beta} + s_{\alpha-\beta} = 2s_\alpha c_\beta$．■

$2f(\theta) = \sin\left(2\theta + \dfrac{2}{3}\pi\right) + \sin\dfrac{\pi}{2}.$（2 角の和，2 角の差，変数 θ が集約）

$\therefore\ f(\theta) = \dfrac{1}{2}\sin\left(2\theta + \dfrac{2}{3}\pi\right) + \dfrac{1}{2}.$

$2\theta + \dfrac{2}{3}\pi$ は任意の実数値をとり得るから，求める値域は

$$\frac{1}{2}\cdot(-1) + \frac{1}{2} \leq f(\theta) \leq \frac{1}{2}\cdot 1 + \frac{1}{2}.$$

i.e. $0 \leq f(\theta) \leq 1.$ //

重要 (1)と(2)で行った式変形の"狙い"を対比しておきます：

(1)：方程式を解くために，和を積に変える．

(2)：2 角の差を作って定角を作り，変数 θ を集約．

このように，積和・和積公式には主な使用目的が 2 通りあることを，記憶に留めておいてください．[→次のコラム]

コラム

公式の名称と用途

本節でこれまで学んできた公式を，右にいくつか列記してみました．

これらを見るとわかる通り，これら公式類には，「角を変える」と「次数[1]を変える」の『2 通りの機能』があります．

公式の名称にはそのうち片方の機能（赤下線部）が現れますが，それ以外のもう 1 つの機能（太字）もあることを忘れないこと！

2 倍角公式	右辺の 2 倍の角 $\cos 2\alpha = 2\cos^2\alpha - 1$ **1 次**　**2 次**
半角公式	右辺の半分の角 $\cos^2\alpha = \dfrac{1+\cos 2\alpha}{2}$ **2 次**　**1 次**
和積公式	左辺の角の**和と差** $\sin A + \sin B = 2\sin\dfrac{A+B}{2}\cos\dfrac{A-B}{2}$ 1 次（和）　2 次（積）

注 1)：cos や sin を文字のようにみなした場合の話ですが．

第 4 章 三角関数

5 三角関数の合成

例えば θ の関数 $f(\theta)=\sin\theta+\sqrt{3}\cos\theta$（角が一致）のように，角が一致した sin と cos は，必ず 1 つの sin に [1] まとめること（**合成**）ができます．下の 例 の方法論を見れば納得がいくはずです．

注 [1]：1 つの cos にまとめることもできます．［→演習問題 4 8 12(2)］■

例 $f(\theta)=\boxed{1}\cdot\sin\theta+\boxed{\sqrt{3}}\cos\theta$ …① を，　変数 θ が 2 箇所にある

$r\sin(\theta+\alpha)\ (r\geq 0)$ …②　θ を 1 つの sin に集約する（合成）

の形へと変えるには，どんな r と α を使えばよいかを考えます．そのために，②を加法定理で展開して①と比較しやすくします．

$$r\sin(\theta+\alpha)=r\sin\theta\cos\alpha+r\cos\theta\sin\alpha$$
$$=\boxed{r\cos\alpha}\sin\theta+\boxed{r\sin\alpha}\cos\theta.\ \cdots②'$$
①と同じ形

これと①の $\sin\theta$, $\cos\theta$ の係数どうしを比べると，$\begin{cases}\boxed{r\cos\alpha}=\boxed{1}\\ \boxed{r\sin\alpha}=\boxed{\sqrt{3}}\end{cases}$ …③ が成り立てばよいことがわかります．

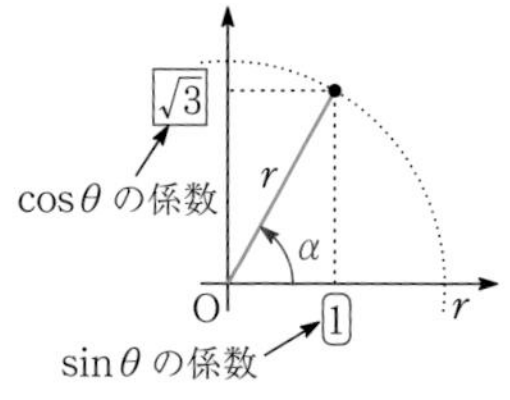

ここで，4 2 7 ベクトルの大きさと偏角 で述べたように

原点からの距離が r で偏角 α の点の座標が $(r\cos\alpha, r\sin\alpha)$

でした．よって，座標平面上の点 $(\boxed{1}, \boxed{\sqrt{3}})$ を利用して，右図のように r, α をとれば，③は成り立っています．

この 例 においては，$r=\sqrt{1^2+(\sqrt{3})^2}=2$，$\alpha$ は "有名角"：$\frac{\pi}{3}$ ですね．以上より，

$$f(\theta)=2\sin\left(\theta+\frac{\pi}{3}\right).$$
①で 2 箇所にあった θ が 1 箇所に集約された

③の右辺が $1, \sqrt{3}$ 以外のときでも，行うべき作業は全く同じです．これで，三角関数の合成の一般論が確立しました：

三角関数の合成 定理

$$a\sin\theta+b\cos\theta=\sqrt{a^2+b^2}\sin(\theta+\alpha)\ (\alpha\text{ は点 }(a, b)\text{ の偏角}).$$
（角が一致 [2]，θ が集約）

注 ただし，$(a, b)\neq(0, 0)$.

$(a, b)=(0, 0)$ のときは，「α」は任意の角．　上式は両辺とも 0 となります

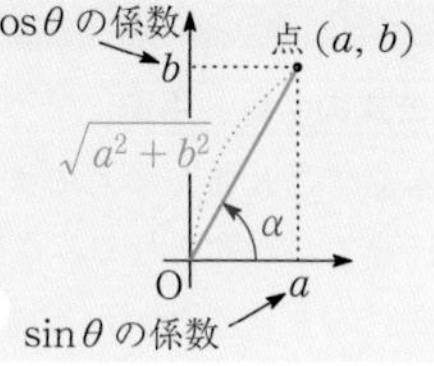

注 [2]：4 7 4 では，実は「周期」が一致していれば，やがては合成可能であることを学びます．

重要 前記の手順を振り返ってみると，r, α の値を特定する方法論のポイントは，次の通りでした：

目標：①から，②へと変形したい．　①→②

方法：②を変形して，①と比べる．　②→①

このように，目標である②の形から**逆算**して元の①と比べるという方法論は，今後数学全体をレベルアップしていく上で欠かせないものとなります．■

上記：「合成の仕組み」を理解したら [3]，実際の作業においては次の手順でサッと片付けます．15 秒切るつもりで！

$a\sin\theta + b\cos\theta$ の合成手順 方法論 （$(a,b) \neq (0,0)$ のときの話です）

1° sin の係数 a を横座標，cos の係数 b を縦座標とする点 $\mathrm{P}(a, b)$ をとる．（縦と横を逆にしないように）

2° OP の長さ $\sqrt{a^2+b^2}$，P の偏角 α を用いて $\sqrt{a^2+b^2}\sin(\theta+\alpha)$ と合成完了．（たったこれだけ）

注 3)：「理解」していないと，たまに出る「cos に合成せよ」なんて時に困りますよ（笑）．■

それでは，合成によって変数 θ を集約し，関数の最大値・最小値を求める例題をやってみましょう．

例題 4 4 f 合成→最大・最小 根底 実戦

[→演習問題 4 5 7]

次の関数の最大値，最小値をそれぞれ求めよ．

(1) $f(\theta) = \sin\theta - \cos\theta$

(2) $g(\theta) = 2\sin\theta + 3\cos\theta \left(0 \leq \theta \leq \dfrac{\pi}{2}\right)$

方針 とにかく，前記の 例 で学んだように図を使って合成することがポイントです．そこで図示された「偏角」を目視することで，適切な方針を立てることができます．

解答 （θ が集約）

(1) $f(\theta) = \sqrt{2}\sin\left(\theta + \overset{1)}{\dfrac{-\pi}{4}}\right)$

$= \sqrt{2}\sin\left(\theta - \dfrac{\pi}{4}\right)$.

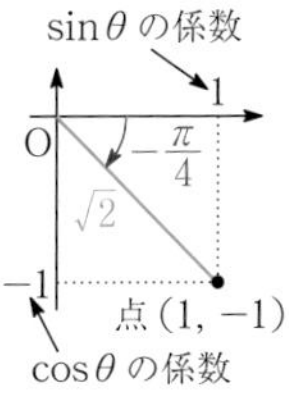

$\theta - \dfrac{\pi}{4}$ は任意の実数値をとり得るから，

$\max f(\theta) = \sqrt{2}$, $\min f(\theta) = -\sqrt{2}$.//

解説 1)：あくまでも「$-\dfrac{\pi}{4}$」という負の定角を足すという気持ちで.「足す」ときと「引く」ときでやり方を変える人がいますが，この先例題 4 7 l のように文字係数による場合分けが発生すると，困りますよ．

(2) $g(\theta) = \sqrt{13}\sin(\theta+\alpha)$

（α は右図 2) の偏角）．

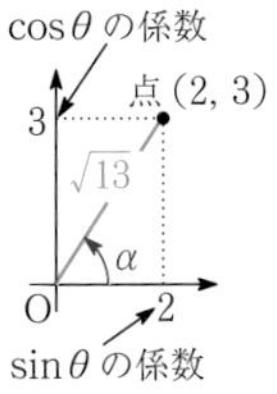

$\theta + \alpha$ の変域は

$\alpha \leq \theta + \alpha \leq \dfrac{\pi}{2} + \alpha$

だから，次図 3)4) を得る：

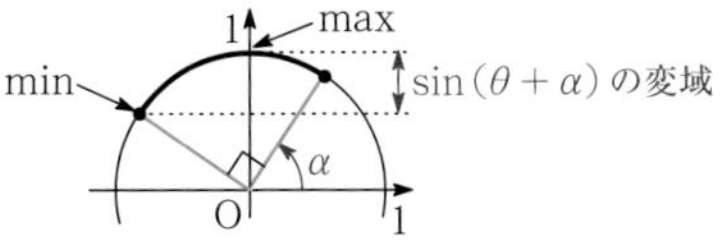

したがって

$\max g(\theta) = \sqrt{13}\cdot 1 = \sqrt{13}$,

$\min g(\theta) = g\left(\dfrac{\pi}{2}\right)^{5)} = 2$.//

解説 2)：点 (2, 3) の偏角は“有名角”としては求まりませんが，むしろ求まらない方が，求めることなく図を描いて「α」と名前を付ければ済むので楽かも（笑）．

なお，この「α」を図示せず cos，sin の値を記すやり方は，下の 4) で言う「目視」ができないのでとても不利です．

3)：本来書くべき言葉は，「単位円周上の点 $(\cos(\theta+\alpha), \sin(\theta+\alpha))$ の存在範囲は次図の太線部分である」ですが，「次図」とサボっても許される気がします．

（頭はサボってないよ！）

4)：太線部のうち，最小値に対応する縦座標：sin が一番小さい点は，定義域の最後の端：$\theta = \dfrac{\pi}{2}$ です．

これは，鋭角 α が $\dfrac{\pi}{4}$ より大きいことから言えますね（右図参照）．このことも答案中に記す方がよいですが，…

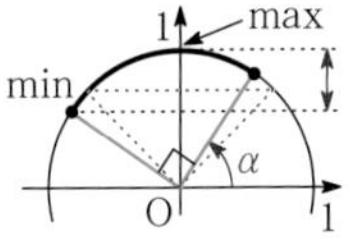

「α」が目視できていると，アタリマエ過ぎで書く気が起きないくらいです（笑）．

5)：“最後の端”：$\theta = \dfrac{\pi}{2}$ における値は，合成する前の式に代入すると，「$2\cdot 1 + 3\cdot 0 = 2$」とカンタンに求まります．■

6 加法定理などの総まとめ 定理

それでは，1〜5で学んだ公式をまとめておきます．全部で何個あるか…個数のカウントはお任せします（笑）．

注 一応，ほとんどの公式を横着せずにマジメに書きますね．ただし，自身の学習として「証明」する際には，くれぐれも略記方式で！■

加法定理

$\sin(\alpha+\beta)=\sin\alpha\cos\beta+\cos\alpha\sin\beta.$　$\cos(\alpha+\beta)=\cos\alpha\cos\beta-\sin\alpha\sin\beta.$

$\sin(\alpha-\beta)=\sin\alpha\cos\beta-\cos\alpha\sin\beta.$　$\cos(\alpha-\beta)=\cos\alpha\cos\beta+\sin\alpha\sin\beta.$

$$\tan(\alpha+\beta)=\frac{\tan\alpha+\tan\beta}{1-\tan\alpha\tan\beta}.$$ 「1 マイタンタン，タンプラタン」

$$\tan(\alpha-\beta)=\frac{\tan\alpha-\tan\beta}{1+\tan\alpha\tan\beta}.$$ 「1 プラタンタン，タンマイタン」

2 倍角公式

$$\sin 2\alpha=2\sin\alpha\cos\alpha.\quad \cos 2\alpha=\begin{cases}\cos^2\alpha-\sin^2\alpha\\ 2\cos^2\alpha-1\\ 1-2\sin^2\alpha.\end{cases}\quad \tan 2\alpha=\frac{2\tan\alpha}{1-\tan^2\alpha}.$$ 左辺の角が右辺の角の 2 倍

半角公式

$$\begin{cases}\cos^2\alpha=\dfrac{1+\cos 2\alpha}{2}\\ \sin^2\alpha=\dfrac{1-\cos 2\alpha}{2}.\end{cases}\quad \tan^2\alpha=\frac{1-\cos 2\alpha}{1+\cos 2\alpha}.$$ 左辺の角が右辺の角の半分

3 倍角公式

両辺とも cos　$\cos 3\alpha=4\cos^3\alpha-3\cos\alpha$

両辺とも sin　$\sin 3\alpha=3\sin\alpha-4\sin^3\alpha$

右辺どうしは符号が反対

積和・和積公式

右の加法定理のうち，「①と②」，「③と④」をそれぞれペアと考え，両辺を足したり引いたりすることにより公式が得られる．

$$\begin{cases}s_{\alpha+\beta}=s_\alpha c_\beta+c_\alpha s_\beta \cdots①\\ s_{\alpha-\beta}=s_\alpha c_\beta-c_\alpha s_\beta \cdots②\end{cases}$$
$$\begin{cases}c_{\alpha+\beta}=c_\alpha c_\beta-s_\alpha s_\beta \cdots③\\ c_{\alpha-\beta}=c_\alpha c_\beta+s_\alpha s_\beta \cdots④\end{cases}$$

例 ①＋② より，$s_{\alpha+\beta}+s_{\alpha-\beta}=\underline{2}s_\alpha c_\beta$．
両辺を $\underline{2}$ で割り，右辺→左辺の向きに使えば，積を和に変える積和公式．

$\underbrace{s_{\alpha+\beta}}_{A}+\underbrace{s_{\alpha-\beta}}_{B}=\underline{2}s_\alpha c_\beta$ と置き換えると，
$$s_A+s_B=2\sin\frac{A+B}{2}\cos\frac{A-B}{2}.$$
左辺→右辺の向きで，和を積に変える和積公式．

下の(ア)(イ)(ウ)の各々について 2 通りずつ選択肢があるので，全部で $2^3=\mathbf{8}$ **通り**ある．

(ア) { ①②を使う / ③④を使う }　(イ) { 辺々を加える / 辺々を引く }　(ウ) { そのままで積→和 / 角を置き換えて和→積 }

合成

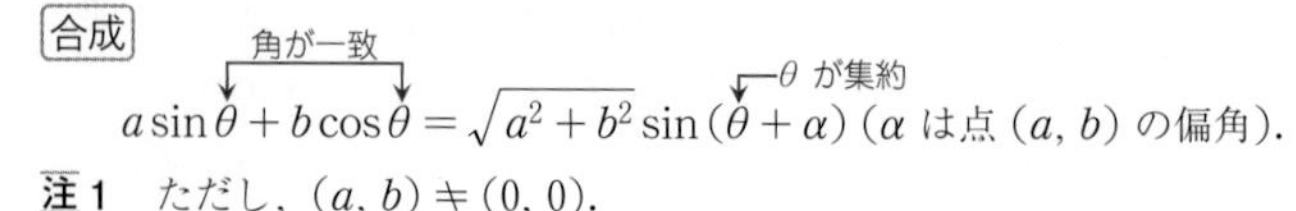

$$a\sin\theta+b\cos\theta=\sqrt{a^2+b^2}\sin(\theta+\alpha)\ (\alpha \text{ は点 } (a, b) \text{ の偏角}).$$

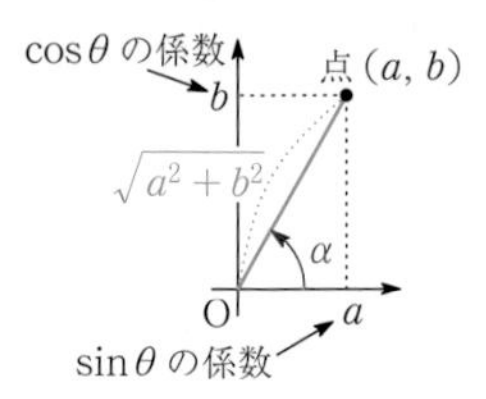

注1 ただし，$(a, b)\neq(0, 0)$．
$(a, b)=(0, 0)$ のときは，「α」は任意の角．上式は両辺とも 0

注2 cos に合成することもできる．

5 演習問題B

451 根底 実戦 定期

次の各値を求めよ.

(1) $\cos 165°$　　(2) $\sin \frac{5}{8}\pi$　　(3) $\tan \frac{17}{12}\pi$

452 根底 実戦

次の各値を求めよ.

(1) $\sin\theta = \frac{1}{3}\ \left(0 < \theta < \frac{\pi}{2}\right)$ のとき, $\sin 2\theta$, $\tan 2\theta$

(2) $\tan 2\theta = -\frac{3}{4}\ \left(\frac{\pi}{2} < \theta < \pi\right)$ のとき, $(\cos\theta,\ \sin\theta)$

453 根底 実戦

$\frac{1}{\tan\theta} - \tan\theta = 3\ \left(0 < \theta < \frac{\pi}{2}\right)$ …① のとき, $\tan 2\theta$ の値を求めよ.

454 根底 実戦

不等式 $\frac{\sin 2x}{\sin x} + \frac{\sin 3x}{\sin x} \geq 1\ (-\pi < x < \pi)$ を解け.

455 根底 実戦 重要

方程式 $\cos 2x + \cos 3x = 0$ …① を解け.

456 根底 実戦

次の不等式を解け.

(1) $\cos\theta + \sin\theta \leq \frac{1+\sqrt{3}}{2}\ (-\pi \leq \theta < \pi)$

(2) $\cos\theta + \sin\theta \leq \frac{1}{\sqrt{2}}\ (0 \leq \theta < 2\pi)$

457 根底 実戦

$f(\theta) = \sqrt{7}\sin\theta + \sqrt{2}\cos\theta\ \left(0 \leq \theta \leq \frac{2}{3}\pi\right)$ のとり得る値の範囲を求めよ.

6 グラフと周期

三角関数の「グラフ」を「問題」の中で使うのは，主に数学Ⅲ（理系）が中心であり，文系の人は滅多に使わないので後回しにしました（笑）．ただし，グラフを目で見ることにより，三角関数の特性：**周期性**・**対称性**を実感を伴って知ることは，次節の発展的内容を理解する土台となります．

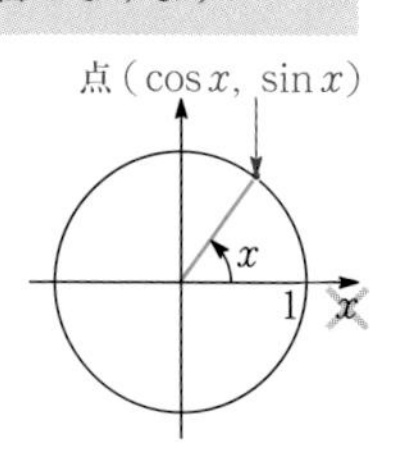

注 これまで，三角関数の変数を表す文字として主に「θ（シータ）」を用いてきましたが，グラフを扱う本節では，入試での実情を考慮して「x」を用いることにします．よって，単位円を描く際には横軸を「x 軸」としてはなりません．座標軸名を書かないで「横座標」と呼ぶか，名称を与えたい場合には「X 軸」などとしましょう．なお，グラフを考える際には，角は基本的には「弧度法」で表します．

1 単位円とグラフ

三角関数 $y = \sin x\ (0 \leq x \leq 2\pi)$ のグラフ C_1 を描いてみましょう．やるべきことは単純．いくつかの x の値に対する $y(= \sin x)$ の値を求め，得られた点 (x, y) を xy 平面上にプロットしていき，それらの点を滑らかにつなぐまでです．「$\sin x$」は，単位円周上で偏角 x の点の縦座標ですから，グラフ C_1 上の点として，例えば以下のような点があります（マークは下図と対応）．

$\bullet$: $(0, 0)$,　$\circ$: $\left(\frac{\pi}{2}, 1\right)$,　$\bullet$: $(\pi, 0)$,　$\circ$: $\left(\frac{3}{2}\pi, -1\right)$,　$\bullet$: $(2\pi, 0)$,　などなど

これらをつないで，次図を得ます：

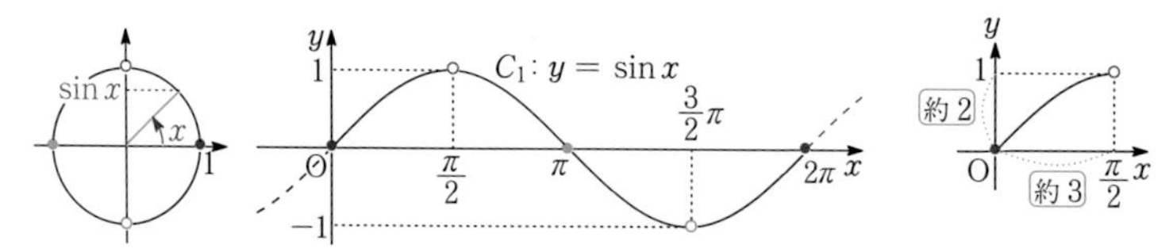

注 $y = \sin x$ や次の $y = \cos x$ のグラフのような波状の曲線のことを「**サインカーブ（正弦曲線）**」と呼びます．その $0 \leq x \leq \frac{\pi}{2}$ の部分の横縦比は，$\frac{\pi}{2} \fallingdotseq 1.57$ より，おおよそ $1.57 : 1 \fallingdotseq 3 : 2$ となります（上図右参照）．

グラフの破線部分は，定義域：$0 \leq x \leq 2\pi$ 以外の部分をなんとなく空想して描いたものだと思っておいてください．実は，正しく描けています．**[→次項]** ■

グラフ C_2: $y = \cos x\ (0 \leq x \leq 2\pi)$ は，前記の「縦座標」を「横座標」に変えて，次のようになります：

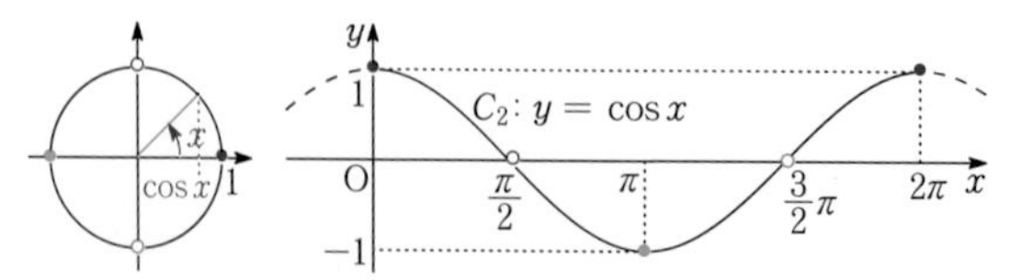

$y = \tan x$ については，y の値が途切れることなく一つながり（「連続」といいます）の区間：$-\frac{\pi}{2} < x < \frac{\pi}{2}$ におけるグラフ C_3 を描きましょう．偏角 x に対応する傾き y を求め，点 (x, y) をプロットしていきます．

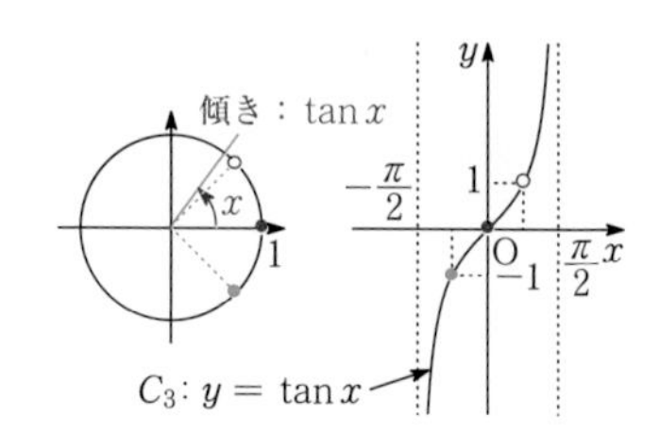

2 周期

1 で描いた C_1: $y = \sin x\ (0 \leqq x \leqq 2\pi)$ において，“定義域外” の $x > 2\pi$ の部分（赤破線部）について考えてみましょう．

x が 0 から 2π まで増加するとき，対応する単位円周上の点は，●→○→●→○→● と “グルリ 1 周” して元に戻ってきます．

“振り出しに戻る”

よって，x が 2π を越えて 2π から 4π まで増加する “2 周目” においても，対応する単位円周上の点は，まったく同様に ●→○→●→○→● と “グルリ 1 周” して再び元に戻ります．

このように考えると，$y = \sin x$ のグラフの，…，$0 \leqq x \leqq 2\pi$, $2\pi \leqq x \leqq 4\pi$, $4\pi \leqq x \leqq 6\pi$, … の各部分が全て同じ形になることがわかります．つまり，

❶：$y = \sin x$ のグラフは，“幅” が 2π の同じ形を繰り返す．**(同形反復)** 「周期」のイメージ

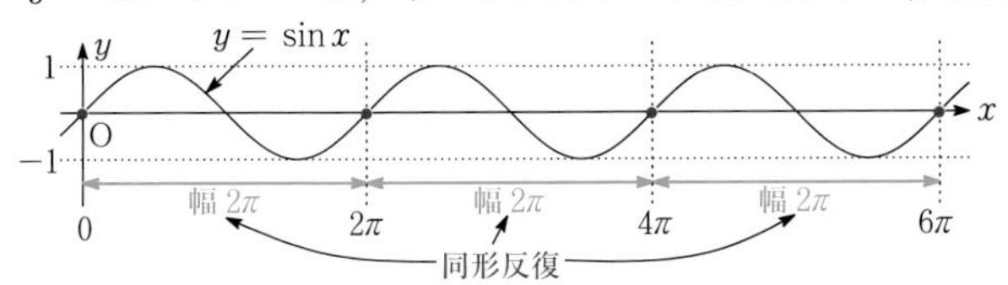

この現象は，関数 $y = \sin x$ がもつ次の特性によってもたらされています：

❷：$\sin(x + 2\pi) = \sin x$ が，任意の x に対して成り立つ．

つまり，グラフ上のどの点から右へ 2π ズレても同じ高さの点がある．

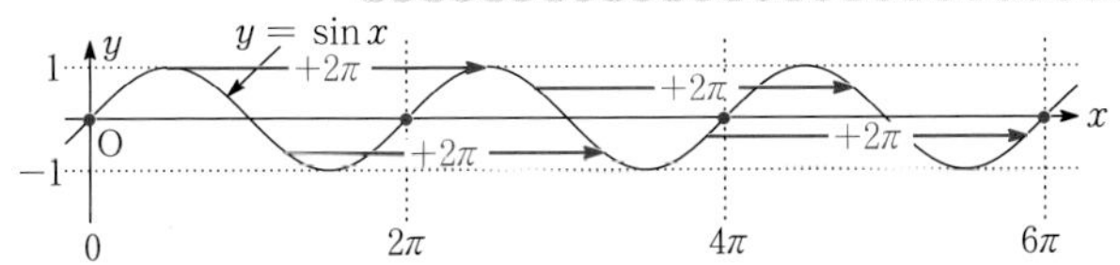

❷が成り立つとき，「2π は関数 $y = \sin x$ の**周期**である」といいます． 「周期」の定義

以上と同じことが，関数一般についても言えます：

> **周期** **原理**
>
> 「定数 $p (\neq 0)$ が関数 $f(x)$ の周期である」ことについて…
>
> ○ **定義**（上の❷）：$f(x + p) = f(x)$ が，任意の x に対して成り立つ． p だけズレても同じ値
>
> ○ “イメージ”（上の❶）：グラフにおいて，“幅” が p の同形が反復する．[1)]

語記サポ 周期 =period．関数 $f(x)$ が周期をもつとき，「$f(x)$ は周期関数である」とか「$f(x)$ には周期性がある」と言い表します．■

将来　周期にまつわる問題を解く際，“イメージ” によって周期性を見抜き，**定義**にもとづいてそれを証明することが多いです **[→演習問題 7 9 54]**．つまり，両方とも大切です！

p が周期であれば，その整数倍：$2p$, $3p$, … や $-p$, $-2p$, … もまた周期となります．つまり，周期関数はたくさんの周期をもちます．

それらのうち，正で最小のものを**基本周期**と言います．

注　「基本周期」のことを単に「周期」と呼ぶこともあります．けっこうなあなあです（笑）．

1)：上の $\sin x$ の例では …, 0, 2π, 4π, 6π, … で区切っていますが，例えば …, $-\pi$, π, 3π, 5π, … でもかまいません．“幅” が 2π の区間なら，なんでも OK です．

第4章 三角関数

3 三角関数のグラフの特性

4 2 4の公式を用いると，三角関数：$y=\sin x$, $y=\cos x$, $y=\tan x$ は全て**周期性**および**対称性**をもつことがわかります．（以下において，x は任意の実数とします．）

三角関数に関する周期性・対称性 知識

〔周期性〕

$\sin(x+2\pi)=\sin x \to 2\pi$ は $\sin x$ の周期．

$\cos(x+2\pi)=\cos x \to 2\pi$ は $\cos x$ の周期．

$\tan(x+\pi)=\tan x \to \pi$ は $\tan x$ の周期．

（x は，もちろん tan が定義される値）

〔対称性〕

$\sin(-x)=-\sin x \to$ 曲線 $y=\sin x$ は原点対称．

$\cos(-x)=\cos x \to$ 曲線 $y=\cos x$ は y 軸対称．

$\tan(-x)=-\tan x \to$ 曲線 $y=\tan x$ は原点対称．

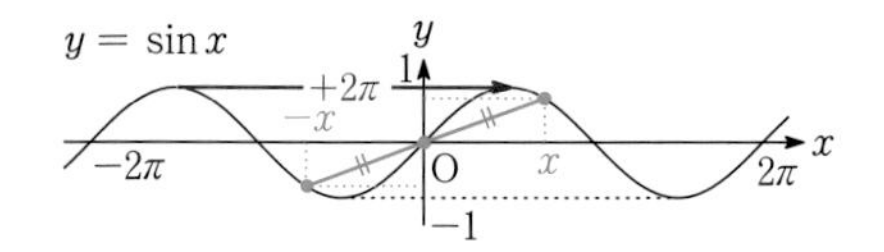

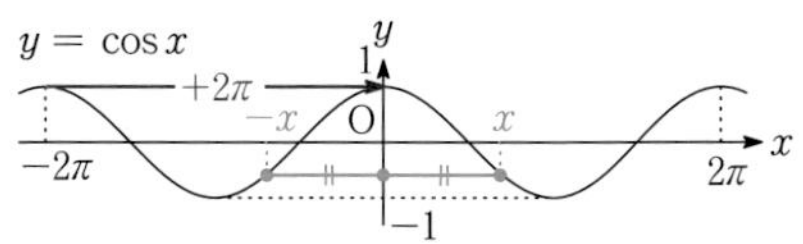

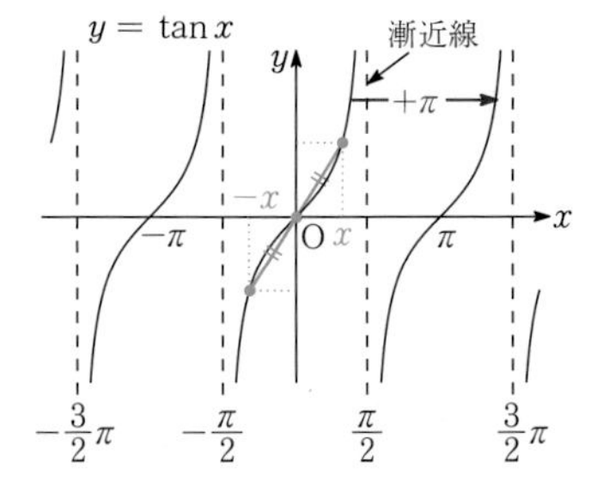

注1　上記で「周期」と書いた 2π, 2π, π が実は「基本周期」であることを，普通“常識”と認めてしまいます．キチンとした証明は［→例題 4 7 s］

語記サポ

$\begin{cases}(-x)^3=-x^3 \ (3 \text{ は奇数}),\\ (-x)^4=x^4 \ (4 \text{ は偶数}).\end{cases}$　$\begin{cases}\sin(-x)=-\sin x,\\ \cos(-x)=\cos x.\end{cases}$（tan も同様）

上式の左右を見比べてグラフの対称性を考えると，$\sin x$, $\tan x$ は奇数乗の関数と，$\cos x$ は偶数乗の関数と，それぞれ同じ特性をもつことがわかります．そこで，前者のような関数を**奇関数**，後者のような関数を**偶関数**と呼びます．

注2　$y=\tan x$ のグラフは，直線 $x=\pm\frac{\pi}{2}, \pm\frac{3}{2}\pi, \cdots$ に限りなく近づきますが，決して“触れる”ことはありません．このような直線のことを，グラフの**漸近線**といいます．■

注3　関数 $y=\tan x$ は，そのグラフを見ると，上記漸近線の前後で値が“飛ぶ”（連続でない）ということがわかりますね．挙動が複雑ですから，充分気を付けて扱うようにしましょう！

例題 4 6 a グラフの応用　根底 実戦　定期

［→演習問題 4 8 1］

$y=\sin x$ のグラフを C として，C と次のグラフを描け．ただし，例えば(1)では C と C_1 を同一座標平面に描け．(2)(3)についても同様である．また，$0\leqq x\leqq 2\pi$ の範囲のみ描けばよいとする．

(1)　C_1: $y=\sin\left(x-\frac{\pi}{6}\right)$　　(2)　C_2: $y=\sin 2x$　　(3)　C_3: $y=2\sin 2\left(x-\frac{\pi}{12}\right)$

注　前述の通り三角関数には周期性があり，グラフは“同形反復”します．よって「グラフを描け」と言われたら，1 周期分のみ描けば許される気がしますが，…曖昧ですね．そこで本問では x の範囲を指定しました．入試では，グラフを描くだけのショボいのは滅多に出ませんのでご安心を．

方針　(1)(3)では平行移動が使えそう．勝負は(2)．グラフを描く際の最も原始的な手法：『点をいくつかプロットしてみる』を忘れずに！

解答 (1) 曲線 C_1: $y=\sin\left(x-\frac{\pi}{6}\right)$ は，C を x 軸の向きに $+\frac{\pi}{6}$ だけ平行移動したもの．

よって，次図を得る：

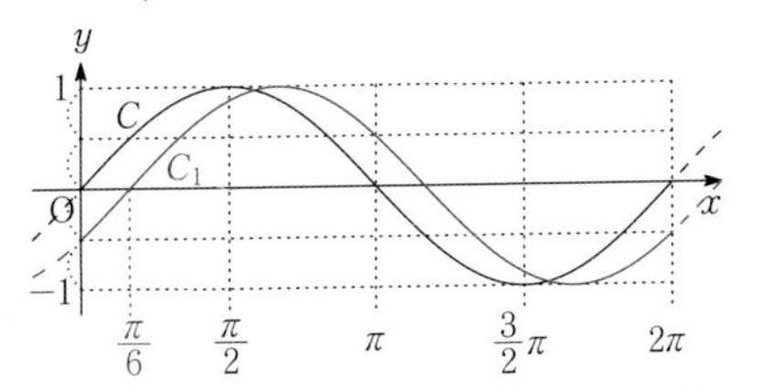

補足 「引いた分だけズラす」のでしたね．

[→ 3 8 4] ■

(2) 曲線 C_2: $y=\sin 2x$ 上の点を列記すると

$(0, 0), \left(\frac{\pi}{4}, 1\right), \left(\frac{\pi}{2}, 0\right), \cdots$.

したがって，次図を得る：

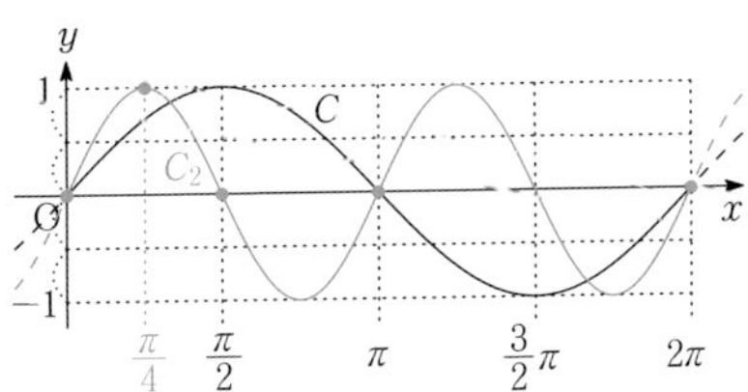

解説 x が $0 \to \frac{\pi}{4}$ と変化するとき，

$2x$ は $0 \to \frac{\pi}{2}$ となり，

$\sin 2x$ の値は $0 \to 1$ と増加します．

その続きの変化は，グラフの形状から自然にわかりますね．

注 $0 \leq x \leq \pi$, $\pi \leq x \leq 2\pi$ の 2 つの部分が“同形反復”になっており，周期が π になっているようですね．[→下の **重要**] ■

(3) C_2 と C_3 の関係は次の通り：

C_2: $y = \sin 2x$

$\xrightarrow[\frac{\pi}{12}\text{ 平行移動}]{x\text{ 軸の向きに}}$ $C_2{}'$: $y = \sin 2\left(x-\frac{\pi}{12}\right)$

$\xrightarrow[y\text{ 座標を 2 倍}]{}$ C_3: $y = 2\sin 2\left(x-\frac{\pi}{12}\right)$

したがって，次図を得る：

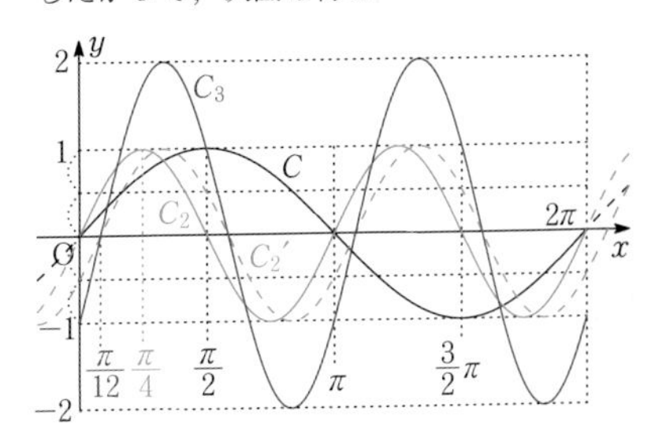

解説 $C_2{}'$ を描いてしまえば，あとはグラフを縦方向に 2 倍に“引き伸ばす”だけですね．

補足 $x=0$ のときの y 座標は，

$2\sin\left(-\frac{\pi}{6}\right) = 2\cdot\left(-\frac{1}{2}\right) = -1$.

重要 $\sin x$ の基本周期が 2π であることをもとに，本問の各関数の基本周期を考えてみましょう．

(1)の $\sin\left(x-\frac{\pi}{6}\right)$ は，$\sin x$ と比べてグラフが横にズレるだけですから，基本周期は変わらず 2π です．

(2)の $\sin 2x$ が問題です．**解答**のようにグラフ上の点をプロットしてみると π が基本周期だとわかりますが，その仕組みを説明すると次の通りです：

角「$\boxed{2}x$」が 2π 増加すると，対応する単位円周上の点はちょうど 1 周する．

このときの「x」の増加量は，$\frac{2\pi}{\boxed{2}} = \pi$. これが，$\sin 2x$ の周期である．

π が周期であることは，次の計算によって確かめられます：

$\sin 2(x+\underline{\pi}) = \sin(2x+2\pi) = \sin 2x$ (x は任意の実数).

同様に考えると，一般に右のようになります：

(3)の $\boxed{2}\sin\boxed{2}\left(x\underline{-\frac{\pi}{12}}\right)$ については，「平行移動」の $\underline{-\frac{\pi}{12}}$，$y$ の 0 からの変動量（振幅）である $\boxed{2}$ は関係なし．

結局，$\boxed{2}$ だけを考慮して，(2)と同じく基本周期 $=\pi$ です．

知識 関数 $y=f(x)$ の基本周期が p のとき，$y=f(\boxed{k}x)$ $(k>0)$ の基本周期は，$\frac{p}{\boxed{k}}$. $\left(k<0 \text{ のときは } \frac{p}{|k|}\right)$

7 発展的問題

1 三角関数の変形

相互関係公式，$\cos(\pi-\theta)=-\cos\theta$ などの公式，加法定理などを総合的に用いると，三角関数を様々に変形することができます．

例題 4 7 a 三角関数の変形 根底 実戦

[→演習問題 4 8 4]

(1) $\left(\dfrac{\sin\theta}{1-\cos\theta}\right)^2+\left(\dfrac{1-\cos\theta}{\sin\theta}\right)^2$ を $\sin\theta$ で表せ． (2) $\dfrac{\cos 2\theta}{1+\sin 2\theta}=\dfrac{1-\tan\theta}{1+\tan\theta}$ を示せ．

(3) $\sin\left(\theta+\dfrac{\pi}{6}\right)\cos\theta+\cos\left(\theta+\dfrac{\pi}{2}\right)\cos\left(\theta+\dfrac{\pi}{6}\right)$ の値を求めよ．

(4) $\cos 70^\circ\cos 20^\circ-\sin 80^\circ\cos 40^\circ$ の値を求めよ．

解答 $\cos\theta$ を c，$\sin\theta$ を s と略記する．

(1) **方針** s と c があって「s（のみ）で表せ」ですから，両者の相互関係公式を使います．■

$$\left(\frac{s}{1-c}\right)^2=\frac{1-c^2}{(1-c)^2}=\frac{(1+c)(1-c)}{(1-c)^2}=\frac{1+c}{1-c}.$$

第 2 項はこれの逆数だから

$$与式=\frac{1+c}{1-c}+\frac{1-c}{1+c}=\frac{(1+c)^2+(1-c)^2}{(1-c)(1+c)}=\frac{2+2c^2}{1-c^2}=\frac{4-2s^2}{s^2}=\frac{4}{\sin^2\theta}-2.//$$

解説 ここで用いた

$$s^2=1-c^2=(1+c)(1-c)$$

という変形の流れは，超頻出です！（c と s を入れ替えても同様）

注 この流れが見えているので，「s で表せ」と問われていても，上記変形を用いていったん c で表すのが近道だと判断しました．■

(2) **着眼** 次の 2 つを念頭に置いて考えます：

- 左辺と右辺で角が異なる．
- tan と cos，sin の相互関係．■

$$左辺=\frac{c^2-s^2}{1+2sc}=\frac{1-\left(\frac{s}{c}\right)^2}{\frac{1}{c^2}+2\cdot\frac{s}{c}}=\frac{1-\tan^2\theta}{1+\tan^2\theta+2\tan\theta}=\frac{(1+\tan\theta)(1-\tan\theta)}{(1+\tan\theta)^2}=右辺.\ \square$$

別解（右辺→左辺の変形も可能です．）

$$右辺=\frac{1-\frac{s}{c}}{1+\frac{s}{c}}=\frac{c-s}{c+s}\cdot\frac{c+s}{c+s}=\frac{c^2-s^2}{1+2cs}=左辺.\ \square$$

(3) **着眼** 「$\cos\left(\theta+\dfrac{\pi}{2}\right)$」が「$-\sin\theta$」に変えられることを見抜けば…．■

$$与式=\sin\left(\theta+\frac{\pi}{6}\right)\cos\theta-\sin\theta\cos\left(\theta+\frac{\pi}{6}\right)=\sin\left(\theta+\frac{\pi}{6}-\theta\right)=\sin\frac{\pi}{6}=\frac{1}{2}.//$$

解説 このように，「加法定理」を右辺→左辺の向きに使うこともあります．

(4) **着眼** 与式の第 1 項，第 2 項のいずれにおいても，2 角の和が有名角となります．そこで，積和公式を使います．■

$$\cos 70^\circ\cos 20^\circ-\sin 80^\circ\cos 40^\circ$$
$$=\frac{1}{2}(\cos 90^\circ+\cos 50^\circ)-\frac{1}{2}(\sin 120^\circ+\sin 40^\circ)$$
$$=\frac{1}{2}\left(\cos 50^\circ-\frac{\sqrt{3}}{2}-\underbrace{\cos 50^\circ}_{\cos(90^\circ-40^\circ)}\right)=-\frac{\sqrt{3}}{4}.//$$

例題 4 7 b 等式の証明　根底 実戦　典型 入試

[→演習問題 4 8 22]

三角形ABCにおいて，等式 $\sin A+\sin B+\sin C=4\cos\frac{A}{2}\cos\frac{B}{2}\cos\frac{C}{2}$ が成り立つことを示せ．

着眼　もちろん $A+B+C=\pi$ ですから，例えば $A+B=\pi-C$ のように，2 角の和は他の 1 角で表せます．これを有効活用するには，2 角の和を作るとよく…「和積・積和公式」の出番ですね．

$$\begin{cases} s_{\alpha+\beta}=sc+cs \\ s_{\alpha-\beta}=sc-cs \end{cases}\quad \begin{cases} c_{\alpha+\beta}=cc-ss \\ c_{\alpha-\beta}=cc+ss \end{cases}$$

解答　A, B, C は三角形の内角だから

$A+B+C=\pi.\quad A, B, C>0.$ …①

これを用いて右辺を変形すると，

$$2\left(\cos\frac{A+B}{2}+\cos\frac{A-B}{2}\right)\cdot\cos\frac{C}{2}$$ 積和公式

$$=\cos\frac{A+B+C}{2}+\cos\frac{A+B-C}{2}$$ 展開して積和公式

$$+\cos\frac{A-B+C}{2}+\cos\frac{A-B-C}{2}$$

$$=\cos\frac{\pi-2C}{2}+\cos\frac{\pi-2B}{2}+\cos\frac{2A-\pi}{2}\ (\because ①)$$

$$=\cos\left(\frac{\pi}{2}-C\right)+\cos\left(\frac{\pi}{2}-B\right)+\cos\left(\frac{\pi}{2}-A\right)$$

$=$左辺．□

別解　(①までは同じ)

和→積公式

$$\text{左辺}=2\sin\underbrace{\frac{A+B}{2}}_{\frac{\pi-C}{2}}\cos\frac{A-B}{2}+\sin\underbrace{C}_{2\cdot\frac{C}{2}}\ {}^{1)}$$

$$=2\cos\frac{C}{2}\cos\frac{A-B}{2}+2\sin\frac{C}{2}\cos\frac{C}{2}$$

$=2\cos\frac{C}{2}\times F.$ …②　ここに，2)

$$F=\cos\frac{A-B}{2}+\sin\frac{C}{2}$$

$$=\cos\frac{A-B}{2}+\cos\frac{\pi-C}{2}$$ cos に統一

$$=2\cos\frac{\pi-C-B+A}{4}\cos\frac{\pi-C-A+B}{4}$$

$$=2\cos\frac{A+A}{4}\cos\frac{B+B}{4}=2\cos\frac{A}{2}\cos\frac{B}{2}.$$

これと②より，与式が示せた．□

解説　積和・和積公式と「$\frac{\pi}{2}-○$」に関する公式を繰り返し用いています．

1)：その左に $\frac{C}{2}$ が現れたことを察知して，ここも同じ角で表そうという発想です．

2)：この後「$2\cos\frac{C}{2}$」を何度も書くことを回避するため，この「F」の部分だけを以下で計算します．

例題 4 7 c cos, sin の2次同次式　根底 実戦　典型

[→演習問題 4 8 10]

$f(\theta)=\sin^2\theta+2\sin\theta\cos\theta+2\cos^2\theta\ \left(0\le\theta\le\frac{\pi}{4}\right)$ の最大値，最小値を求めよ．

方針　2 倍角・半角公式には，名前に現れていない「次数を変える」という機能もあります．

解答

$$f(\theta)=(\sin^2\theta+\cos^2\theta)+2\sin\theta\cos\theta+\cos^2\theta$$

$$=1+\sin2\theta+\frac{1+\cos2\theta}{2}$$

$$=\frac{3}{2}+\frac{1}{2}(2\sin2\theta+\cos2\theta)$$

$$=\frac{3}{2}+\frac{\sqrt{5}}{2}\sin(2\theta+\alpha)\ \cdots①$$

(α は右図の角)．

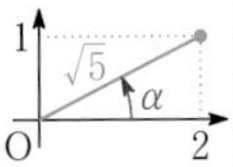

1, $\sqrt{5}$, α, O, 2

$2\theta+\alpha$ の変域は $\left[\alpha, \alpha+\frac{\pi}{2}\right]$ 値の範囲

であり，$0<\alpha<\frac{\pi}{4}$ だから，右図を得る．大小関係の不等式

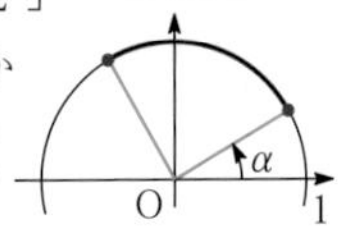

α, O, 1

これと①より，求める値は

$$\max f(\theta)=\frac{3}{2}+\frac{\sqrt{5}}{2}\cdot1=\frac{3+\sqrt{5}}{2},$$

$$\min f(\theta)=f(0)=\frac{3}{2}+\frac{1}{2}\cdot1=2.$$ //

解説　「sin, cos の 2 次同次式→ 2 倍角・半角公式で**次数下げ**→合成して**変数集約**」の流れは定番！

第4章 三角関数

例題 4 7 d　cos, sin の対称式　根底 実戦　典型　[→演習問題 4 8 11]

$f(\theta) = \sin\theta\cos\theta - \sin\theta - \cos\theta \ (0 \leq \theta \leq \pi)$ の最大値，最小値を求めよ．

方針 **着眼**　$\cos\theta$ と $\sin\theta$ の和と積があり，両者の間には相互関係公式がありますから…

解答

$$(\overbrace{\sin\theta + \cos\theta}^{\text{和}})^2 = 1 + 2\overbrace{\sin\theta\cos\theta}^{\text{積}}.$$

そこで，$t = \sin\theta + \cos\theta$ …① とおく[1]と，

$$t^2 = 1 + 2\sin\theta\cos\theta.$$

$$\text{i.e. } \sin\theta\cos\theta = \frac{t^2-1}{2}.$$

したがって

$$\therefore\ f(\theta) = \frac{t^2-1}{2} - t = \frac{1}{2}t^2 - t - \frac{1}{2} = \frac{1}{2}(t-1)^2 - 1 \ (= g(t) \text{ とおく}).$$

ここで，①より

$$t = \sqrt{2}\sin\left(\theta + \frac{\pi}{4}\right).$$

$\theta + \dfrac{\pi}{4}$ の変域は $\left[\dfrac{\pi}{4}, \dfrac{\pi}{4} + \pi\right]$ だから，右図を得る．

よって，t の変域は

$$\sqrt{2}\cdot\frac{-1}{\sqrt{2}} \leq t \leq \sqrt{2}\cdot 1.$$

$$\text{i.e. } -1 \leq t \leq \sqrt{2}.$$

よって，右図を得る．

以上より，求める値は

$$\max f(\theta) = g(-1) = 1,$$
$$\min f(\theta) = g(1) = -1. \ /\!/$$

解説　$\cos\theta, \sin\theta$ について対称な式（両者を互換しても不変な式）は，必ず 2 つの和と積のみで表せるのでしたね[→ I+A 1 2 4]．よって，次の流れが確立します：

$\cos\theta$ と $\sin\theta$ の対称式→「和」と「積」で表す→「和」を t と置換する．
（「和」と「積」：相互関係公式あり）

本問も，前問と並び称される典型問題ですから，この流れは完全に覚えておいてください．
なお，積 $\sin\theta\cos\theta$ は，$\sin 2\theta (= 2\sin\theta\cos\theta)$ の形で出ることも多いです．また，「和」のところを「差」などに変えて出題されることもあります．

注　1)：このような「置換」を行った際には，置いた後の文字 t の変域チェックを怠らないこと！

前問**解説**中の 2 か所の太字部分，および本問で利用した，全体を同じもの $(\sin\theta + \cos\theta)$ に**統一**して t と「置換」する手法，以上の 3 つが，関数を変形するときの基本方針です．

> **関数変形時の基本方針**　方法論
> ❶ 変数を**集約**する．
> ❷ 種類を**統一**する．
> ❸ **次数**を変える．

例題 4 7 e　cos と sin の和　根底 実戦　[→演習問題 4 5 6]

$\cos\theta + \sin\theta = -\dfrac{3}{\sqrt{5}}$ …① のとき，$(\cos\theta, \sin\theta)$ を求めよ．

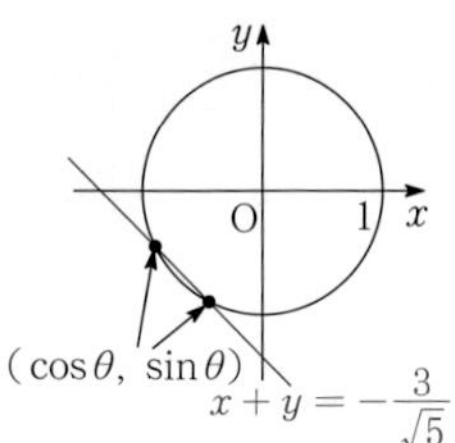

着眼　まずは単位円周上の点 $(\cos\theta, \sin\theta)$ の位置を考えます．

$-\dfrac{3}{\sqrt{5}} = -1.3\cdots$ ですから，おおよそ右図の通り：

方針　cos と sin の和が既知であり，和と積には相互関係公式がありますから…

解答 $\cos\theta$ を c, $\sin\theta$ を s と略記する.

$(c+s)^2=1+2cs.$

これと①より

$\dfrac{9}{5}=1+2cs.\quad cs=\dfrac{2}{5}.$

これと①より, c, s は次の方程式の 2 解である:

$t^2+\dfrac{3}{\sqrt{5}}t+\dfrac{2}{5}=0.$ ……(t−c)(t−s)=0 の形を忘れずに

$5t^2+3\sqrt{5}\cdot t+2=0.$

$(\sqrt{5}t+1)(\sqrt{5}t+2)=0.$

以上より, 求める組 (c, s) は

$\left(\dfrac{-1}{\sqrt{5}}, \dfrac{-2}{\sqrt{5}}\right), \left(\dfrac{-2}{\sqrt{5}}, \dfrac{-1}{\sqrt{5}}\right).$ //

解説 前問と同様, cos と sin の和と積がテーマです.

「cos と sin の和→積→解と係数の関係」という定番の流れは覚えておいてください.

例題 4 7 f ベクトルの大きさと偏角 根底 実戦 入試 [→演習問題 4 8 6]

単位円周上に, 2 点 A(1, 0), P$(\cos\theta, \sin\theta)$ $(0<\theta<2\pi)$ をとる. ベクトル $\overrightarrow{\mathrm{AP}}$ の大きさと, x 軸の正の向きから $\overrightarrow{\mathrm{AP}}$ までの回転角 [1]φ $(0\leq\varphi<2\pi)$ を求めよ.

注 [1]: もちろん,「偏角」のことを言っています.

方針 「大きさ」だけならともかく,「偏角」もとなると, ある巧みな変形が有効です.

解答
$$\overrightarrow{\mathrm{AP}}=\begin{pmatrix}\cos\theta-1\\ \sin\theta\end{pmatrix}=\begin{pmatrix}-2\sin^2\dfrac{\theta}{2}\\ 2\sin\dfrac{\theta}{2}\cos\dfrac{\theta}{2}\end{pmatrix}^{2)}=2\sin\dfrac{\theta}{2}\underbrace{\begin{pmatrix}-\sin\dfrac{\theta}{2}\\ \cos\dfrac{\theta}{2}\end{pmatrix}}_{\vec{v}\text{ とおく}}.$$

ここで, $0<\dfrac{\theta}{2}<\pi$ より $2\sin\dfrac{\theta}{2}>0$ であり, $|\vec{v}|=1$ だから, 求める大きさは

$|\overrightarrow{\mathrm{AP}}|=2\sin\dfrac{\theta}{2}.$ //

次に, $\vec{v}=\begin{pmatrix}\cos\left(\dfrac{\theta}{2}+\dfrac{\pi}{2}\right)\\ \sin\left(\dfrac{\theta}{2}+\dfrac{\pi}{2}\right)\end{pmatrix}$ [3] だから, 求める偏角は, $\varphi=\dfrac{\theta+\pi}{2}$. // ($0\leq\varphi<2\pi$ も成立.)

解説 [2]:「$1\pm\cos\theta$ と $\sin\theta$」や「$\cos\theta\pm1$ と $\sin\theta$」があるときは, このように角「$\dfrac{\theta}{2}$」を用いた表現ができることは覚えておいてください. とくに理系生の方はよく使います.

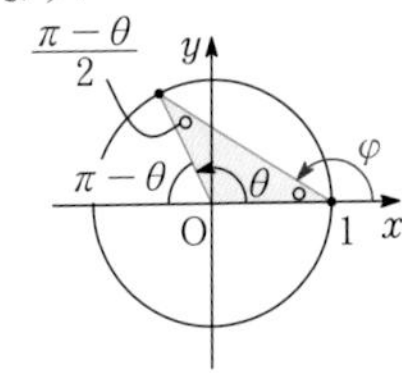

$0<\theta<\pi$ …① のときに限定すれば, 右図の二等辺三角形に注目して,

$\varphi=\pi-\dfrac{\pi-\theta}{2}=\dfrac{\theta+\pi}{2}$

と求めることもできますが, これでは①以外の場合が考察されていないので, 減点対象となります.

[3]: $\begin{pmatrix}\cos\triangle\\ \sin\triangle\end{pmatrix}$ の形を作れば, △ が偏角となりますね. 前記の図を利用して,「偏角は $\dfrac{\theta+\pi}{2}$ ではないか」と予想を立てると, この変形も思いつきやすくなります. とはいえ, 試行錯誤を要します.

参考 「大きさ」のみ求めるなら, 次のようにもできます: $|\overrightarrow{\mathrm{AP}}|=\sqrt{(\cos\theta-1)^2+\sin^2\theta}$

$=\sqrt{2-2\cos\theta}=\sqrt{2^2\cdot\dfrac{1-\cos\theta}{2}}=2\sqrt{\sin^2\dfrac{\theta}{2}}=2\left|\sin\dfrac{\theta}{2}\right|=2\sin\dfrac{\theta}{2}\ \left(\because\ 0<\dfrac{\theta}{2}<\pi\right).$

例題 4 7 g　$\cos\theta$, $\sin\theta$ と $\tan\frac{\theta}{2}$　根底 実戦　典型 入試

(1)　$\cos\theta$, $\sin\theta$ を，$t=\tan\frac{\theta}{2}$ を用いて表せ．（$\tan\frac{\theta}{2}$ が値をもつときに限定して問うています）

(2)　$f(\theta)=\frac{3-\cos\theta}{\sin\theta}$ $(0<\theta<\pi)$ の最小値を求めよ．

方針　(1) 角 θ の cos, sin を，角 $\frac{\theta}{2}$ の tan で表せと言われているのですから，θ を $2\cdot\frac{\theta}{2}$ とみなして 2 倍角公式を使います．後は，相互関係公式を駆使して．
(2) 分数型ですので，合成したりすることは不可能．(1)を利用しましょう．

解答　(1)

$$\cos\theta=\cos 2\cdot\frac{\theta}{2}=\cos^2\frac{\theta}{2}-\sin^2\frac{\theta}{2}=\cos^2\frac{\theta}{2}\left(1-\frac{\sin^2\frac{\theta}{2}}{\cos^2\frac{\theta}{2}}\right)=\frac{1}{1+\tan^2\frac{\theta}{2}}\left(1-\tan^2\frac{\theta}{2}\right)=\frac{1-t^2}{1+t^2}.\ /\!/$$

$$\sin\theta=\sin 2\cdot\frac{\theta}{2}=2\sin\frac{\theta}{2}\cos\frac{\theta}{2}=2\cdot\frac{\sin\frac{\theta}{2}}{\cos\frac{\theta}{2}}\cdot\cos^2\frac{\theta}{2}=2\tan\frac{\theta}{2}\cdot\frac{1}{1+\tan^2\frac{\theta}{2}}=\frac{2t}{1+t^2}.\ /\!/$$

(2)　$t=\tan\frac{\theta}{2}$ とおくと，$0<\frac{\theta}{2}<\frac{\pi}{2}$ より t の変域は $t>0$ であり，(1)より

$$f(\theta)=\left(3-\frac{1-t^2}{1+t^2}\right)\cdot\frac{1+t^2}{2t}=\{3(1+t^2)-(1-t^2)\}\cdot\frac{1}{2t}=\frac{4t^2+2}{2t}=2t+\frac{1}{t}$$
$$\geqq 2\sqrt{2t\cdot\frac{1}{t}}\ (\because\ t>0)\ \text{（“相加相乗”）}$$
$$=2\sqrt{2}.\ \text{（大小関係の不等式）}$$

等号は

$$2t=\frac{1}{t},\ \text{i.e. } t=\frac{1}{\sqrt{2}}\ (>0)$$

のとき成立する．（等号成立確認）
以上より，求める最小値は

$$\min f(\theta)=2\sqrt{2}.\ /\!/$$

解説　$\cos\theta$, $\sin\theta$ が，$t=\tan\frac{\theta}{2}$ で表せることは覚えておきましょう．

補足　(1)では，tan と cos の相互関係公式：$1+\tan^2\triangle=\frac{1}{\cos^2\triangle}$ を 2 回使っています．

2　なす角

座標平面上における角の計量を考えます．

例題 4 7 h　2直線のなす角　重要度↑　根底 実戦　典型　[→演習問題 4 8 18]

2 直線 l: $x-2y+17=0$, m: $3x+y-19=0$ のなす角を θ とする．$\tan\theta$ の値を求めよ．

語記サポ　「2 直線のなす角」は，$0\sim\frac{\pi}{2}$ の範囲で考えるのが決まりです．

着眼　2 直線の傾きさえわかれば，なす角は求まります．「傾き = tan(偏角)」ですから，重要なのは「偏角」と「なす角 θ」(“大きさの角”) との関係です．交点や切片など不要です．

注意！　l や m と x 軸との交点をとって角を設定したりするのは…最悪です (苦笑).

解答 l, m の傾きはそれぞれ $\frac{1}{2}, -3$ だから，右図のように偏角 α, β をとると

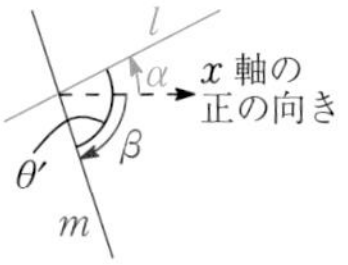

$\tan\alpha = l$ の傾き $= \frac{1}{2}$,

$\tan\beta = m$ の傾き $= -3$.

ただし，$-\frac{\pi}{2} < \beta < \alpha < \frac{\pi}{2}$. …①

さらに上図のように角 θ'をとると，①より

[1] $\theta' = \alpha - \beta$. “大きさの角”

$\therefore$ [2] $\tan\theta' = \tan(\alpha - \beta)$

$$= \frac{\tan\alpha - \tan\beta}{1 + \tan\alpha\tan\beta}$$

$$= \frac{\frac{1}{2} - (-3)}{1 + \frac{1}{2}\cdot(-3)} = \frac{7}{-1} = -7.$$

よって $\tan\theta' < 0$ であり，①より $0 < \theta' < \pi$ だから，$\frac{\pi}{2} < \theta' < \pi$ [3]. したがって

$$\theta = \pi - \theta'.$$

$$\therefore\ \tan\theta = \tan(\pi - \theta') = -\tan\theta' = 7. /\!/$$

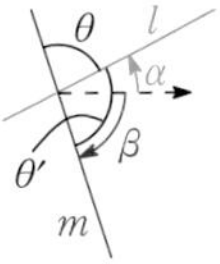

別解 (「角」といえば，ベクトルの内積によって計量できましたね．)

2 直線 l, m の法線ベクトルは，それぞれ

$$\vec{l} := \begin{pmatrix} 1 \\ -2 \end{pmatrix},\ \vec{m} := \begin{pmatrix} 3 \\ 1 \end{pmatrix}.$$

これらのなす角 [4] を φ とすると

$$\cos\varphi = \frac{\vec{l}\cdot\vec{m}}{|\vec{l}||\vec{m}|} = \frac{3-2}{\sqrt{5}\cdot\sqrt{10}} = \frac{1}{5\sqrt{2}}.$$

よって $\cos\varphi > 0$ だから，$0 < \varphi < \frac{\pi}{2}$.

$$\therefore\ \theta = \varphi.$$

$$\therefore\ \tan\theta = \tan\varphi = 7. /\!/$$

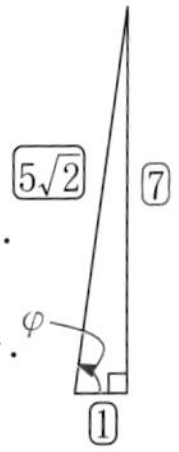

解説 偏角を設定する際には，①のように $\pm\frac{\pi}{2}$ の間 (単位円の右側) でとると簡明です．

注 [1]：これが果たして求める $\frac{\pi}{2}$ 以下の角 θ かどうかが未知なので，「θ」以外の名称を与えました．また，この等式の左辺は“大きさの角”，右辺は「偏角」であり，性格の異なる角どうしが「＝」で結ばれています．

言い訳 [2]：$\tan\theta'$ が値をもつ，つまり $\theta' \neq \frac{\pi}{2}$ を前提として書いてしまっています．

[3]：このことは図を正確に描くと見抜けてしまうかもしれませんが，今後の発展へ備えて，このようにキチンと論証できるようにしておきましょう．

補足 [4]：これも“大きさの角”の方です．「ベクトルのなす角」は，$0 \sim \pi$ の範囲で考えます．

xy 平面上の角の計量 方法論

❶：tan → 傾き … 傾き ＝ tan(偏角) を用いる

❷：cos → ベクトルの内積 … $\cos(\text{なす角}) = \frac{\vec{○}\cdot\vec{△}}{|\vec{○}||\vec{△}|}$ を用いる

注 ❶と❷は一長一短です．

❶の弱点は，傾きをもたない直線があったり，角が「直角」であるときについては「tan」が値をもたないため，場合分けを要することです．

❷ならそうした場合分けは不要です．しかし，成分に文字が含まれたりすると，ベクトルの大きさが $\sqrt{文字式}$ となり，計算がメンドウになることが多いです (角が「直角」であれば大きさは関係なく「内積＝0」で済みますが)．

❶なら $\sqrt{\ \ }$ は登場しませんので，その分計算がスッキリ片付きます．

実戦における使用頻度は，筆者の感覚だと❶：85 %，❷：15 %くらいでしょうか？ただし，「垂直」に関しては❷の「内積＝0」がメインで，❶寄りの手法：「傾きの積＝−1」も使うというカンジです．

→ 5・41

例題 4 7 i 角の最大化 根底 実戦 典型 入試 [→演習問題 4 8 19]

xy 平面上に定点 A(0, 3), B(0, 6) がある．また，直線 $y=x$ の $x>0$ の部分を l とし，l 上の点 $\mathrm{P}(t, t)$ $(t>0)$ をとる．P が l 上を動くとき，P から 2 点 A, B を見込む角：$\theta=\angle\mathrm{APB}$ の最大値を求めよ．

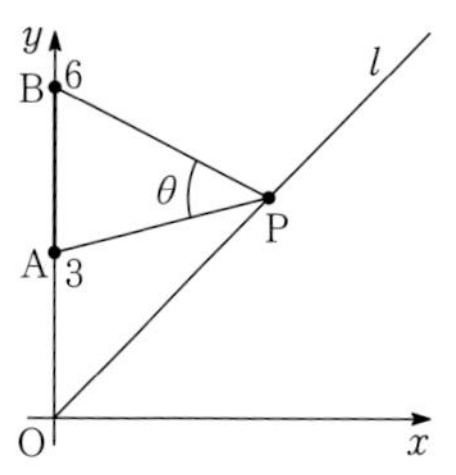

余談 サッカーのフィールドをモデルにして意味付けします．y 軸がゴールライン，線分 AB がゴールポストの両端です．ゴールを狙うストライカー P が l 上をドリブルしながらシュートを打つ際，l 上のどこで蹴るとゴール枠が最も広く見えるか？という問題です． ゴールまでの距離は考えない（笑）

注 $\theta=\angle\mathrm{APB}$ は，前問の「2 直線のなす角」と同様“大きさの角”ですが，その範囲としては，0〜$\underline{\pi}$ で考えます．

方針 AP, BP の傾きが t で簡単に表せます．そこで「偏角」を設定し，それと“大きさの角”θ との関係を考えます．

解答

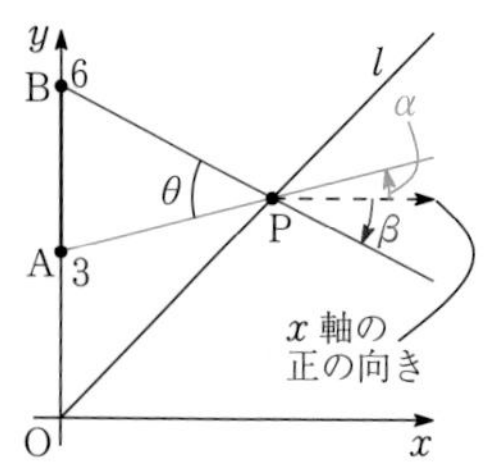

上図のように偏角 α, β をとると

$\tan\alpha=\mathrm{AP}$ の傾き $=\dfrac{t-3}{t}$,

$\tan\beta=\mathrm{BP}$ の傾き $=\dfrac{t-6}{t}$. 開区間

ただし, $\alpha, \beta\in\left(-\dfrac{\pi}{2}, \dfrac{\pi}{2}\right)$. …①

$t>0$ より $\tan\alpha>\tan\beta$ だから，①より $\alpha>\beta$. これと①より

$-\dfrac{\pi}{2}<\beta<\alpha<\dfrac{\pi}{2}$ …①′

したがって，

$$\theta=\alpha-\beta.^{1)}$$

$$\begin{aligned}\therefore\ \tan\theta&=\tan(\alpha-\beta)\\&=\frac{\tan\alpha-\tan\beta}{1+\tan\alpha\tan\beta}\\&=\frac{\frac{t-3}{t}-\frac{t-6}{t}}{1+\frac{t-3}{t}\cdot\frac{t-6}{t}}\\&=\frac{\frac{3}{t}}{1+\frac{(t-3)(t-6)}{t^2}}\\&=\frac{3t}{t^2+(t-3)(t-6)}\\&=\frac{3t}{2t^2-9t+18}\\&=\frac{3}{2t+\frac{18}{t}-9}.\end{aligned}$$

t を分母に集約

ここで，$t>0$ より

“相加相乗”

分母 $\geqq 2\sqrt{2t\cdot\dfrac{18}{t}}-9=3.$ …②

よって $\tan\theta>0$ だから，①′と合わせて

$$0<\theta<\frac{\pi}{2}.$$

∴「θ が最大」$\Longleftrightarrow$「$\tan\theta$ が最大」. …③

また，②より

$\tan\theta\leqq\dfrac{3}{3}=1.$ …④ 大小関係の不等式

②④の等号は

等号成立確認

$2t=\dfrac{18}{t}$, i.e. $t=3$ のとき成立. …⑤

④⑤より

$\max\tan\theta=1$. i.e. $\max\theta=\dfrac{\pi}{4}$.// (∵ ③)

解説 1)：この等式が重要です．左辺は“大きさの角”，右辺は「偏角」．性格の異なる角どうしを「＝」で結ぶ訳ですから，くれぐれも慎重に！ちなみに上記**解答**中の図の状態では，おおよそ（度数法で表すと）$\theta=\alpha-\beta=20^\circ-(-30^\circ)=50^\circ$ のようになっています．

注　「偏角」は，極力①のように $\pm\dfrac{\pi}{2}$ の間（単位円の右側）で設定すること！

$\beta<0<\alpha$ とは限りません．α, β とも，P の位置によって正にも負にもなり得ますね．

補足 1　①では，図から直感的に $-\dfrac{\pi}{2}<\beta<\alpha<\dfrac{\pi}{2}$ としても叱られない気もしますが…

補足 2　前記**解答**の後半は，**例題 1 7 f** で学んだ“相加相乗”の典型的用法ですね．

参考　実は，次のような初等幾何による解法もあります．

右図のように，A，B を通り l と接する円 C をとり，接点を P_1 とすると，P_1 以外の点 P については，全て C の外部にあるので，

$$\theta=\angle APB<\angle AP_1B.$$

よって $P=P_1$ のとき θ は最大です．

ここで，方べきの定理より

$$OP_1{}^2=OA\cdot OB=3\cdot 6=18.$$

$$OP_1=3\sqrt{2}. \quad \therefore\ P_1(3, 3).$$

$\triangle AP_1B$ は直角二等辺三角形なので，$\max\theta=\dfrac{\pi}{4}$ と求まりました．「レギオモンタヌスの問題」と呼ばれる古典的有名問題でした．

前問と本問で扱った「大きさの角」を「tan」で表現する方法を振り返ってみます．

下図のように，異なる 2 直線 l, m の交点を P とし，l, m 上に P より右側の点 Q，R をとります．また，原則通り $\pm\dfrac{\pi}{2}$ の間の「偏角」α, β をとり，“大きさの角”として l, m のなす角 θ と $\angle QPR=\theta'$ をとります．（角の名称は，**例題 4 7 h** と同じ設定になっています．）

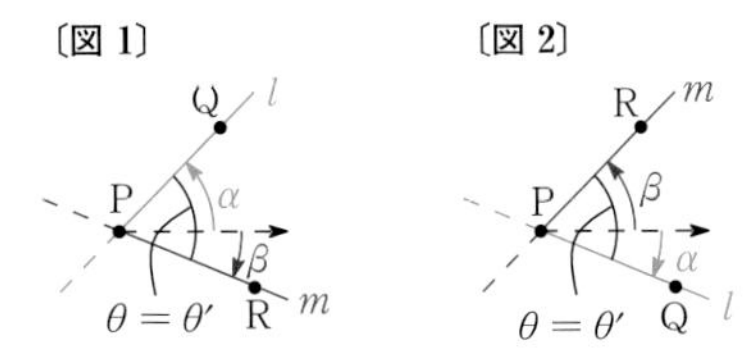

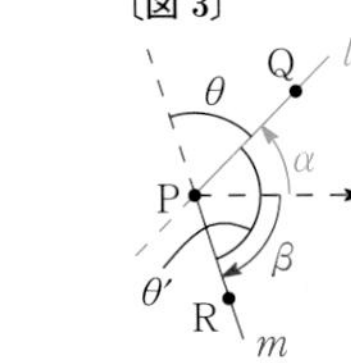

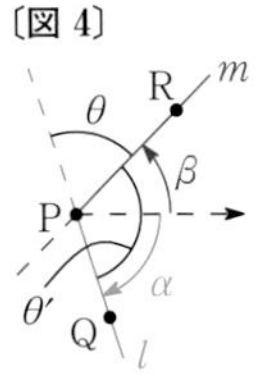

$\angle QPR=\theta'$ は，α と β の大小関係で決まります：

$$\theta'=\begin{cases}\alpha-\beta\ (\alpha>\beta \text{ のとき}) & \cdots\text{図 1, 3}\\ \beta-\alpha\ (\alpha<\beta \text{ のとき}) & \cdots\text{図 2, 4}\end{cases}$$

$$=|\alpha-\beta|.$$

さらに l, m のなす角 θ については，θ' と $\dfrac{\pi}{2}$ の大小も関係してきます：

$$\theta=\begin{cases}|\alpha-\beta|\ \left(|\alpha-\beta|\leq\dfrac{\pi}{2} \text{ のとき}\right) & \cdots\text{図 1, 2}\\ \pi-|\alpha-\beta|\ \left(|\alpha-\beta|>\dfrac{\pi}{2} \text{ のとき}\right). & \cdots\text{図 3, 4}\end{cases}$$

θ については，絶対値内の符号も考えると 4 通りの場合分けを要する訳ですが，「$\tan\theta$」の値はというと…

$$\tan|\alpha-\beta|=\pm\tan(\alpha-\beta),$$

$$\tan(\pi-|\alpha-\beta|)=-\tan|\alpha-\beta|=\mp\tan(\alpha-\beta).$$

$$\therefore\ \tan\theta=\pm\tan(\alpha-\beta). \quad \cdots\text{違っても符号のみ}$$

θ が鋭角のときを考えると，$\tan\theta>0$ なので

$$\tan\theta=|\tan(\alpha-\beta)|.$$

l, m の傾きをそれぞれ s, t とおくと，$s=\tan\alpha$，$t=\tan\beta$ なので

$$\tan\theta=\left|\frac{s-t}{1+st}\right|.$$

注意！　これで，2 直線のなす角の tan を，（垂直なときを除いて）それぞれの傾きをもとに求める公式が得られたことになりますが，上記プロセスを理解せずにこの公式を暗記！するのはダメです．**例題 4 7 i** のように，$\angle QPR$ のような角が問われたらオシマイですから．

必ず，「tan(偏角)＝傾き」という原理に立脚して考えるようにしてください．

3 方程式の解

例題 4 7 j 三角方程式の解の個数 重要度↑ 根底 実戦 典型 [→例題 4 7 I]

k は実数とする．θ の方程式 $\sin\theta-2\cos^2\theta+k=0\ (0\leq\theta<2\pi)$ …① の解の個数を N とする．
(1) $k=1$ のとき，N を求めよ．　　(2) N を，k の値に応じて求めよ．

方針 $\cos^2\theta$ を $\sin\theta$ で表せば，全体を「$\sin\theta$」に統一できますね．ただし…

注 問われているのは，あくまでも「θ」の個数です．「$\sin\theta$」の個数ではありません．

解答 (1) $k=1$ のとき，①は

$\sin\theta-2(1-\sin^2\theta)+1=0.$

$2\sin^2\theta+\sin\theta-1=0.$ ●●● $\sin\theta$ に統一

$(\sin\theta+1)(2\sin\theta-1)=0.$

$\sin\theta=\underline{-1},\ \underline{\frac{1}{2}}.$

$\therefore\ \theta=\underline{\frac{3}{2}\pi},\ \underline{\frac{\pi}{6},\ \frac{5}{6}\pi}.$

$\therefore\ N=3.$ //

(2) $t=\sin\theta$ …② とおくと，①は

$t-2(1-t^2)+k=0.$ ●●● 積 = 0 型は無理

$f(t):=-2t^2-t+2=k.$ …③ ●●● 定数分離

③を満たす t 1個に対し，②で対応する①の解 θ の個数は次の通り：

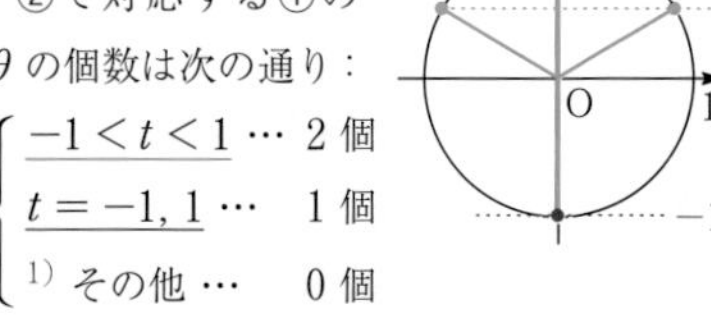

$\begin{cases}\underline{-1<t<1} \cdots 2\text{ 個}\\ \underline{t=-1,1} \cdots 1\text{ 個}\\ ^{1)}\text{その他} \cdots 0\text{ 個}\end{cases}$

そこで，t の方程式③の解を，±1 との大小関係に注目しながら数える．

$f(t)=-2\left(t+\frac{1}{4}\right)^2+\frac{17}{8}$

だから，曲線 $y=f(t)$ と直線 $y=k$ の共有点を考えて，次表を得る．

k		…	-1	…	1	…	$\frac{17}{8}$	…
③を満たす t	$-1<t<1$	0	0	1	1	2	1	0
	$t=\pm1$	0	1	0	1	0	0	0
N		0	1	2	3	4	2	0

//

解説 「$\sin\theta$」を「t」と置換した②により，三角方程式①が2次方程式③へ帰着するので簡単になる…かと思いきや，t と θ の**対応関係**が「1：2」「1：1」「1：0」とまちまちなのでなかなか手間がかかる．そんな問題でした．この「対応がまちまち」という難点は，**I+A 演習問題 7 5 33**「数珠順列」でも体験しましたね．

注 (1)の結果が，(2)の $k=1$ のときと一致していることを確認しましょう．

補足 1)：$t<-1,\ 1<t$ を満たす t，および虚数 t を指しています．

例題 4 7 k 解の存在条件 重要度↑ 根底 実戦 [→演習問題 3 10 2]

a,b は実数とする．θ の方程式 $a\sin\theta+b\cos\theta=b+1$ …① が解をもつための a,b に関する条件を求め，ab 平面上における点 (a,b) の存在範囲を図示せよ．

方針 左辺を合成して未知数 θ を1か所に集約します．

注 θ の範囲に制限はないので，場合分けは登場しません．

解答 与式を変形すると

$\sqrt{a^2+b^2}\sin(\theta+\alpha)=b+1$ …①′

(α はある定角 1))．

題意の条件は，θ の関数である左辺の変域：$\left[-\sqrt{a^2+b^2},\ \sqrt{a^2+b^2}\right]$ に，右辺が属すること，すなわち

$-\sqrt{a^2+b^2}\leq b+1\leq\sqrt{a^2+b^2}.$

$|b+1|\leq\sqrt{a^2+b^2}.$

両辺とも 0 以上だから，2 乗して

$(b+1)^2 \leq a^2+b^2.$

$2b+1 \leq a^2.$

$b \leq \dfrac{a^2-1}{2}.$ //

これを図示すると，右図の領域となる（境界含む）．

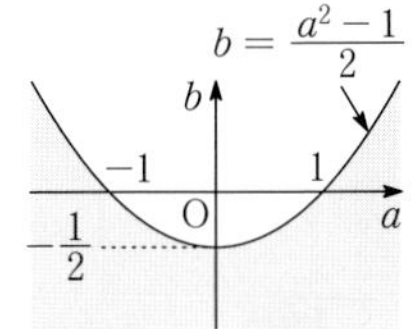

解説 本問を通して，次の 2 つのことを確認しておいてください．案外盲点になりがちですが，今後も各所で用います．

1° $\boxed{a}\sin\theta+\boxed{b}\cos\theta$ は，いかなる実数 $\boxed{a}$, $\boxed{b}$ についても合成できる．（角が一致）

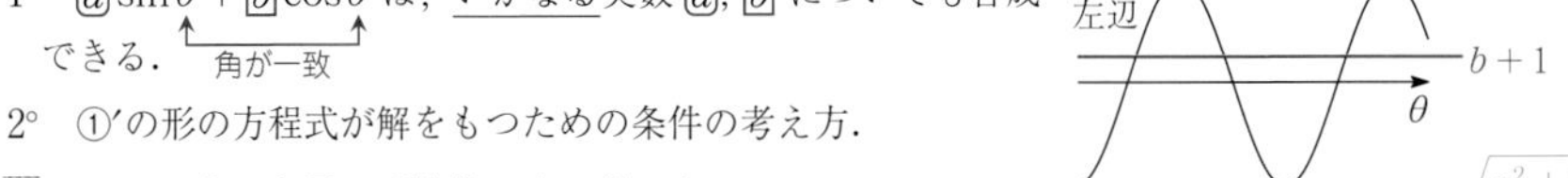

2° ①′の形の方程式が解をもつための条件の考え方．

注 2° は，右図を見れば納得いくはずです．

1)：いつもなら右図を添えたり「点 (a, b) の偏角」と書いたりするところですが，$(a, b)=(0, 0)$ のときもあるので，このように書きました．$(a, b)=(0, 0)$ なら，「α」の所にどんな角を代入しようが正しく変形できてます．この件も踏まえて，上記 1° のように言える訳です．

例題 4 7 l 解の個数（文字係数入り） 根底 実戦 入試 [→例題 4 7 j]

a は 0 以外の実数とする．方程式 $a\sin\theta+\cos\theta=k$ $(0 \leq \theta \leq \pi)$ …① が異なる 2 つの実数解をもつような定数 k の値の範囲を a で表せ．

方針 まずは左辺を合成して未知数 θ を 1 か所に集約します．

注1 a の値に応じた場合分けを要しますね．

注2 「a で表せ．」とありますから，「a」は，いわゆる "与えられた定数" です．

解答 与式を変形すると

$\sqrt{a^2+1}\sin(\theta+\alpha)=k$

（α は点 $(a, 1)$ の偏角）．

i.e. $\sin(\theta+\alpha)=\dfrac{k}{\sqrt{a^2+1}}$ $(=K$ とおく$)$.…①′

$\theta+\alpha$ の範囲は $[\alpha, \alpha+\pi]$ であり，a の値に応じて次のように場合分けされる：

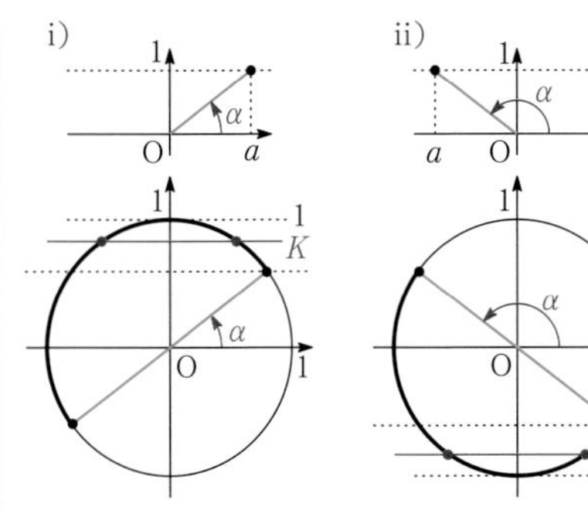

i) $a>0$, i.e. $0<\alpha<\dfrac{\pi}{2}$ のとき，題意の条件 $(*)$ は，

$\sin\alpha \leq K < 1.$

$\dfrac{1}{\sqrt{a^2+1}} \leq \dfrac{k}{\sqrt{a^2+1}} < 1.$

1) $1 \leq k < \sqrt{a^2+1}.$ //

ii) $a<0$, i.e. $\dfrac{\pi}{2}<\alpha<\pi$ のとき，$(*)$ は，

$-1 < K \leq \sin(\alpha+\pi).$

$-1 < \dfrac{k}{\sqrt{a^2+1}} \leq -\dfrac{1}{\sqrt{a^2+1}}.$

$-\sqrt{a^2+1} < k \leq -1.$ //

言い訳 1)：この「1」は要するに①の定義域の最初における左辺の値ですから，合成する前の式で $\theta=0$ とした方が早いのですけどね（笑）．

注 場合分けの仕方に関しては，とにかく「試行錯誤 = トライアル&エラー」の精神です．

例題 4 7 m 連立方程式　根底 実戦　典型

[→例題 4 7 r]

連立方程式 $\begin{cases} \cos x+\sqrt{3}\cos y+1=0 \\ \sin x+\sqrt{3}\sin y=0 \end{cases}$ を解け．ただし，$0\leq x\leq y<2\pi$ …① とする．

方針　「連立方程式」といえば，まずは「1 文字消去」を考えます．そのために，cos と sin の相互関係公式が使えますね．

解答　与式を変形すると　x を消去する

$$\begin{cases} \cos x=-\sqrt{3}\cos y-1 \ \cdots② \\ \sin x=-\sqrt{3}\sin y \ \cdots③ \end{cases}$$

消したいものについて解く

$②^2+③^2$ より

$$1=\left(-\sqrt{3}\cos y-1\right)^2+\left(-\sqrt{3}\sin y\right)^2. \ \cdots④$$

$$1=4+2\sqrt{3}\cos y.$$

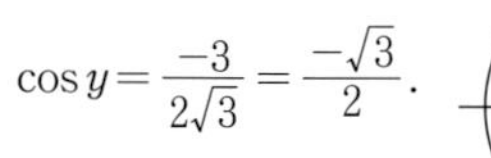

$$\cos y=\frac{-3}{2\sqrt{3}}=\frac{-\sqrt{3}}{2}.$$

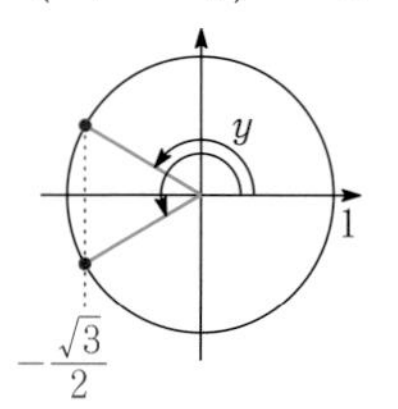

$$y=\frac{5}{6}\pi,\ \frac{7}{6}\pi.$$

i) $y=\dfrac{5}{6}\pi$ のとき

$$\begin{cases} ②:\cos x=\dfrac{1}{2} \\ ③:\sin x=-\dfrac{\sqrt{3}}{2}. \end{cases}$$

$$\therefore x=\frac{5}{3}\pi>y.$$

これは①を満たさない．

ii) $y=\dfrac{7}{6}\pi$ のとき

$$\begin{cases} ②:\cos x=\dfrac{1}{2} \\ ③:\sin x=\dfrac{\sqrt{3}}{2}. \end{cases}$$

$$\therefore x=\frac{\pi}{3}<y.$$

これは①を満たす．

以上，i)，ii) より

$$(x,y)=\left(\frac{\pi}{3},\ \frac{7}{6}\pi\right).\text{//}$$

注1　②と③を 両辺 2 乗して得られた④は，もちろん元の連立方程式と同値ではありません．したがって，必要条件として得られた $y=\dfrac{5}{6}\pi,\ \dfrac{7}{6}\pi$ を，ちゃんと元の両式へ代入して x を求めなくてはなりませんよ．

注2　冒頭の**方針**で述べた「1 文字消去」に関するより深い意味を，次問で扱います．

例題 4 7 n 点の存在範囲　重要度↑　根底 実戦　入試

[→演習問題 3 10 1]

(1)　p,q は実数とする．次の同値性を示せ．

$\begin{cases} \cos\theta=p \\ \sin\theta=q \end{cases}$ を満たす θ が存在する …① $\Longleftrightarrow$ $p^2+q^2=1$ …②

(2)　xy 平面上の点 $\mathrm{P}(x,y)$ が，媒介変数 α,β を用いて $\begin{cases} x=2\cos\alpha-\sin\beta \ \cdots③ \\ y=2\sin\alpha+\cos\beta \ \cdots④ \end{cases}$ と表されている．α,β が実数全体を動くときの点 P の存在領域 D を図示せよ．

着眼　(1) わざわざ同値記号「$\Longleftrightarrow$」を使って厳格に記述されていますから，「$\Longrightarrow$」と「$\Longleftarrow$」をそれぞれキチっと示してください．

以下，(2)について述べます．

着眼　何やら前章：「図形と方程式」で考えた「点の存在範囲」の問題ですね．

考え方　そこで用いた「1 点を固定して真偽判定」という考え方を用います．

(問)：例えば，「定点 (1, 1) は D に属する？」と問われたなら…

(答え)：「P が $(1,1)$ となることは可能か？」，つまり

$$\begin{cases} 1 = 2\cos\alpha - \sin\beta \\ 1 = 2\sin\alpha + \cos\beta \end{cases}$$ を満たす実数 α, β が見つかるか？」…(*)

と考えます．つまり，この α と β の連立方程式が解をもつか否かで真偽判定を行います．方向性としては，前問と同じような作業を行います．

注 ただし，(1)で問われたことをちゃんと取り入れて正確な答案を書くこと．

解答 (1) ○①⟹②について．

$\cos^2\theta + \sin^2\theta = 1$ だから，①のとき②も成り立つ．

○①⟸②について．

②のとき，座標平面上で点 (p, q) は単位円周上にある．

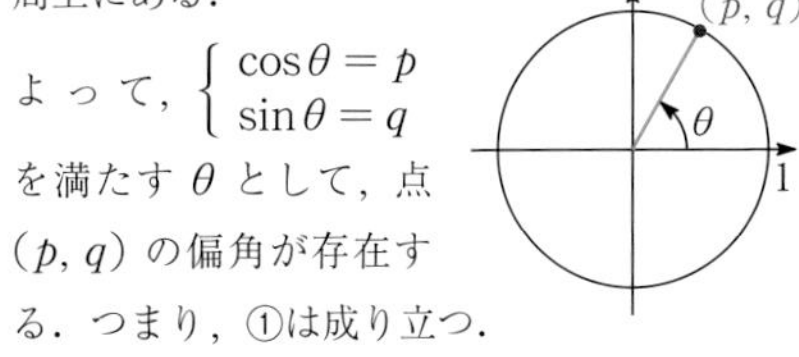

よって，$\begin{cases} \cos\theta = p \\ \sin\theta = q \end{cases}$

を満たす θ として，点 (p, q) の偏角が存在する．つまり，①は成り立つ．

以上で，① ⟺ ② が示せた．□

(2) 定点 $(x, y) \in D$ となるための条件は

③④を満たす実数の組 (α, β) が存在すること． …(*)

まず，β の存在条件を考える．

着眼 この「β」が(1)の「θ」に当たります．■

そこで，③④を β に注目して変形すると，

$$\begin{cases} \sin\beta = \boxed{2\cos\alpha - x} & \text{(1)の「}q\text{」} \\ \cos\beta = \boxed{y - 2\sin\alpha}. & \text{(1)の「}p\text{」} \end{cases}$$

これを満たす実数 β の存在条件は，(1)より

$(y - 2\sin\alpha)^2 + (2\cos\alpha - x)^2 = 1.$ …⑤

よって (*) は，

⑤を満たす実数 α が存在すること．…(**)

そこで，⑤を α に注目して整理すると，

$y^2 + x^2 + 4 - 4y\sin\alpha - 4x\cos\alpha = 1.$

$4(y\sin\alpha + x\cos\alpha) = x^2 + y^2 + 3.$

$r = \sqrt{x^2 + y^2}\ (\geq 0)$ …⑥ とおくと

$4r\sin(\alpha + \alpha_0) = r^2 + 3$ (α_0はある定角).

(**) は，α の関数である左辺の変域：$[-4r, 4r]$ に，右辺が属すること，すなわち

$-4r \leq r^2 + 3 \leq 4r.$

(左側の不等式はつねに成り立つから)

$r^2 - 4r + 3 \leq 0.$ $(r-1)(r-3) \leq 0.$

$1 \leq r \leq 3.$

⑥より，r は OP の長さを表すから，求める領域 D は，右図の通り（境界含む）.

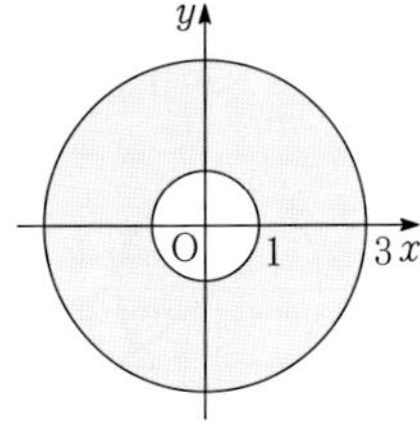

注 (1)を用いて⑤を導く部分が，前問で予告した「1 文字消去に関するより深い意味」です．

参考 ハイレベル↑ (2)の答えがキレイになるカラクリを述べます．

$$\begin{cases} x = 2\cos\alpha + \cos\left(\beta + \dfrac{\pi}{2}\right) \\ y = 2\sin\alpha + \sin\left(\beta + \dfrac{\pi}{2}\right) \end{cases}$$ ですから，$\beta' = \beta + \dfrac{\pi}{2}$ とおくと，$\begin{pmatrix} x \\ y \end{pmatrix} = 2\begin{pmatrix} \cos\alpha \\ \sin\alpha \end{pmatrix} + \begin{pmatrix} \cos\beta' \\ \sin\beta' \end{pmatrix}$

よって，図のように点 Q(偏角 α)，R(偏角 β') をとると

$\overrightarrow{OP} = \overrightarrow{OQ} + \overrightarrow{OR}.$

Q を固定して R を動かすと，P は中心 Q，半径 OR=1 の円 γ を描き，Q を動かすと γ の中心 Q は中心 O，半径 OQ=2 の円周上を動きます．したがって，**解答**のような領域 D が得られるという訳です．

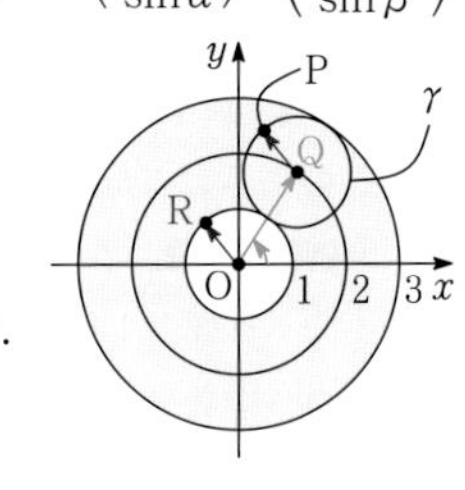

4 1つの“波”か否か

4 4 5 や例題 4 7 k で述べたように，角が一致した sin と cos の足し合わせ：ⓐ$\sin\theta+$ⓑ$\cos\theta$ は，（角が一致）
いかなる実数ⓐ, ⓑ についても合成して「キレイな 1 つの sin」（グラフはサインカーブ）にまとめることができます．（$a=b=0$ 以外のとき）
この話の続きが本項のテーマです．実は，「キレイな 1 つの sin」にまとまる関数の範囲は，さらに拡張することができるんです．
最初の例題は，これまでと同じく角が一致した $\square\sin\theta+\square\cos\theta$ 型のおさらいです．

例題 4 7 o 最大・最小（文字係数入り） 根底 実戦 [→演習問題 4 8 15]

a は実数とする．$f(\theta)=\sin\theta+a\cos\theta\ \left(0\leq\theta\leq\dfrac{\pi}{2}\right)$ の最大値，最小値を求めよ．

方針 変数 θ が 2 か所にありますから，合成して 1 つに集約します．

注 ただし，合成に用いる定角が，a の値に応じて定まることを見落とさないように．

解答 $f(\theta)=\sqrt{1+a^2}\sin(\theta+\alpha)$
（α は点 $(1,a)$ の偏角）.
$\theta+\alpha$ の変域は $\left[\alpha,\ \alpha+\dfrac{\pi}{2}\right]$ であり，
a の値に応じて次のように場合分けされる：

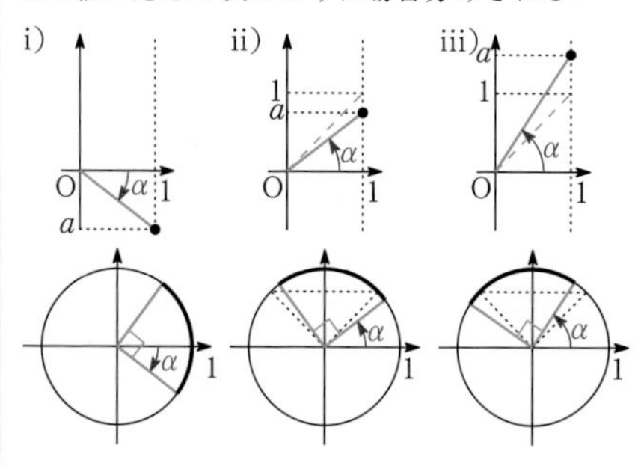

よって，求める値は次のようになる：

i) $a\leq 0$, i.e. $-\dfrac{\pi}{2}<\alpha\leq 0$ のとき，

$\max f(\theta)=f\left(\dfrac{\pi}{2}\right)=1$,

$\min f(\theta)=f(0)=a.$ //

ii) $0<a\leq 1$, i.e. $0<\alpha\leq\dfrac{\pi}{4}$ のとき，

$\max f(\theta)=\sqrt{1+a^2}\cdot 1=\sqrt{1+a^2}$,

$\min f(\theta)=f(0)=a.$ //

iii) $1<a$, i.e. $\dfrac{\pi}{4}<\alpha<\dfrac{\pi}{2}$ のとき，

$\max f(\theta)=\sqrt{1+a^2}$,

$\min f(\theta)=f\left(\dfrac{\pi}{2}\right)=1.$ //

解説 「どのように場合分けしたらいいかわかりません！」というアナタへの回答：「私（筆者）もわかりません（笑）．だから，いろんなケースを試して，どう場合分けをするべきかを探ります．」
試してみること，試行錯誤 = トライアル&エラーの心構えが大切です．

注1 場合分けは，次のようになされています：

「最大値」…a と 0 の大小関係
「最小値」…a と 1 の大小関係

このように“分岐点”が異なりますから，最大値と最小値を別々に答えるのも合理的です（I+A例題 2 3 b「2 次関数の最大・最小」でも同じことを述べましたね）.
本問“程度”なら，ワザワザ別々に書くのがメンドウなので上記**解答**のようにしましたが.

注2 定義域 $0\leq\theta\leq\dfrac{\pi}{2}$ において，$\sin\theta$ は増加し，$\cos\theta$ は減少します．よって，実は i)：「$a\leq 0$」の場合には，合成するまでもなく $f(\theta)$ は増加関数だとわかります．

例題 4 7 p 周期が一致した“波” 根底 実戦

[→演習問題 4 8 13]

関数 $f(x) = 2\sin x + \cos\left(x + \frac{\pi}{6}\right)$ のとり得る値の範囲を求めよ．

着眼 いかなる実数 ⓐ, ⓑ についても，角が一致している ⓐ$\sin\theta$ + ⓑ$\cos\theta$ は合成できるのでしたね．[→例題 4 7 k]（角が一致）

それをベースに，加法定理も念頭に置いて $f(x)$ を眺めると…見えてきました？途中“1 ステップ”挟めば合成できることが．

解答

加法定理

$$f(x) = 2\sin x + \cos x\cdot\frac{\sqrt{3}}{2} - \sin x\cdot\frac{1}{2} \quad {}^{1)}$$

$$= \frac{3}{2}\sin x + \frac{\sqrt{3}}{2}\cos x$$

$$= \frac{\sqrt{3}}{2}(\sqrt{3}\sin x + 1\cdot\cos x)$$

$$= \frac{\sqrt{3}}{2}\cdot 2\sin\left(x + \frac{\pi}{6}\right)$$

$$= \sqrt{3}\sin\left(x + \frac{\pi}{6}\right).$$

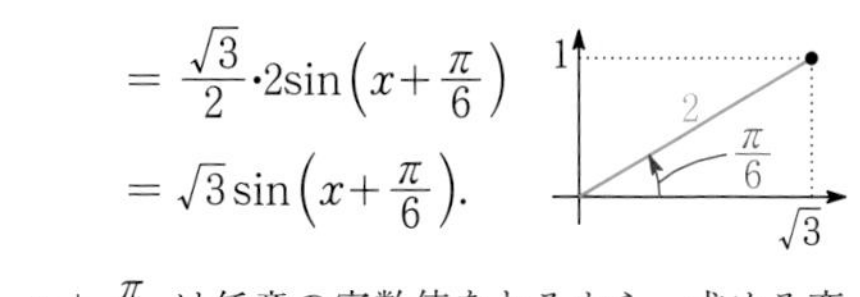

$x + \frac{\pi}{6}$ は任意の実数値をとるから，求める変域は

$$-\sqrt{3} \le f(x) \le \sqrt{3}.$$ //

解説 重要度↑ 本問で体験したことは，今後に向けて次のように一般化できる重要事項です．(以下の説明において，三角関数 sin，cos のことを，そのグラフの形状を意識して「波」と呼んだりします．)

1)：$f(x)$ を構成する 2 つの関数 $y = 2\sin x$ …① と $y = \cos\left(x + \frac{\pi}{6}\right)$ …② のうち，②を加法定理で変形しました．（これが着眼の“1 ステップ”）

すると，sin，cos の角が x となって □$\sin\theta$ + □$\cos\theta$ 型ができ，①も含めて角が x に統一されて □$\sin\theta$ + □$\cos\theta$ 型になったので合成可能となりました．この結果は，次の要因から起こったものです：

①と②で x の係数（の絶対値）が一致している．…(*)

また，この (*) により，4 6 3 最後の重要で述べたように次の現象も起こります：

①と②の基本周期が一致する．

これらを総合して，次の原理を得ることができました：

周期の等しい“波” 知識

例えば $2\sin x$ と $\cos\left(x + \frac{\pi}{6}\right)$ のように，基本周期が等しい 2 つ (以上[2]) の“波”は，足し合わせるとまた同じ周期の 1 つの“波”へと**合成**される．

補足 2)：例えば $g(x) = 2\sin x + \cos\left(x + \frac{\pi}{6}\right) + 3\sin\left(\frac{\pi}{6} - x\right)$ という，基本周期が等しい 3 つの波の和があるときも，後の 2 つは加法定理で変形するといずれも □$\sin\theta$ + □$\cos\theta$ 型になるので，本問と同様に $g(x)$ 全体が 1 つの波に合成されます．

語記サポ ここで「波」と言っているものを，物理では「**単振動**」と呼びます．その用語を用いると，上の原理は次のように言えます：

『基本周期の等しい単振動を複数重ね合わせると，同じ基本周期の単振動となる．』

例題 4 7 q 周期が一致．係数も一致 根底 実戦 典型

[→演習問題 4 8 13]

関数 $f(x) = \sin x + \cos\left(x + \frac{\pi}{6}\right)$ のとり得る値の範囲を求めよ．

着眼 前問の「$2\sin x$」が「$\sin x$」に変わっただけの問題です．「ふざけてるのか？」というくらいソックリですが（笑），実は….

解答1 （一応，前問と同じ解き方もやっておきます．）

周期が一致

$$f(x) = \sin x + \cos\left(x + \frac{\pi}{6}\right)$$
$$= \sin x + \cos x \cdot \frac{\sqrt{3}}{2} - \sin x \cdot \frac{1}{2}$$
$$= \frac{1}{2}\left(\sin x + \sqrt{3}\cos x\right)$$
$$= \sin\left(x + \frac{\pi}{3}\right).\ ^{1)}$$

$\sqrt{3}$，2，$\frac{\pi}{3}$，1

$x + \frac{\pi}{3}$ は任意の実数値をとり得るから，求める変域は，

$$-1 \leq f(x) \leq 1.//$$

解答2 **着眼** 「$1\cdot\sin$」と「$1\cdot\cos$」ですから，sin に統一すると和積公式が使えます．

$$\begin{cases} s_{\alpha+\beta} = sc + cs \\ s_{\alpha-\beta} = sc - cs \end{cases}$$

係数が一致

$$f(x) = 1\cdot\sin x + 1\cdot\cos\left(x + \frac{\pi}{6}\right)$$
$$= \sin x + \sin\left(\frac{\pi}{3} - x\right) \quad \cdots \cos\triangle = \sin\left(\frac{\pi}{2} - \triangle\right)$$

和が一定

$$= 2\sin\frac{\pi}{6}\cos\left(x - \frac{\pi}{6}\right) \quad \cdots \text{和積公式}$$
$$= \cos\left(x - \frac{\pi}{6}\right).\ ^{2)} \quad \cdots x \text{ が集約}$$

$x - \frac{\pi}{6}$ は任意の実数値をとるから，求める変域は

$$-1 \leq f(x) \leq 1.//$$

解説 本問では，**解答2**の方も cos を sin に書き直す手間がかかりますから，**解答1**との優劣の差は大してありません．

しかし，初めから sin どうしで $f(x) = \sin x + \sin\left(x + \frac{\pi}{3}\right)$ とかであれば，迷わず**解答2**「和積公式」を選んでください．

注 前問と本問を比べると，『見た目はソックリでも解き方は一変することもある』ということがお分かりいただけたと思います．だから，解法パターン暗記学習はダメなんです．

参考 1)2)：もちろん両者は一致しています：

$$\sin\left(x + \frac{\pi}{3}\right) = \cos\left(\frac{\pi}{6} - x\right) = \cos\left(x - \frac{\pi}{6}\right).$$

$\sin\triangle = \cos\left(\frac{\pi}{2} - \triangle\right)$

例題 4 7 r 定数値関数となる条件 重要度↑ 根底 実戦 典型 入試

[→演習問題 4 8 14]

θ の関数 $f(\theta) = \sin\theta + \cos(\theta + a) + \sin(\theta + b)$ が，θ の値によらず一定の値をとる[1] ような実数の組 (a, b) （a, b は 0 以上 2π 未満 …①）を求めよ．

語記サポ 1)：このような関数のことを**定数値関数**といいます．

着眼 これまで「合成」に関してしっかり学んできた人なら，「なんだ．1つの“波”じゃん」と見抜けますね．一目で．余裕で（笑）．

解答

$f(\theta)$ （周期が一致）

$=\sin\theta+\cos(\theta+a)+\sin(\theta+b)$

$=\underline{\sin\theta}+\cos\theta\cos a-\underline{\sin\theta}\sin a$

$\quad+\underline{\sin\theta}\cos b+\cos\theta\sin b$

$=\underbrace{(1-\sin a+\cos b)}_{A\text{とおく}}\sin\theta+\underbrace{(\cos a+\sin b)}_{B\text{とおく}}\cos\theta$

$=A\sin\theta+B\cos\theta$

$=\sqrt{A^2+B^2}\sin(\theta+\alpha)$ ……θが集約

（αはθに依らない定数[2]）．

これがθの定数値関数となるための条件は

$\sqrt{A^2+B^2}=0$, i.e. $A=B=0$.

$\begin{cases}1-\sin a+\cos b=0,\\ \cos a+\sin b=0.\end{cases}$ $\begin{cases}\cos b=\sin a-1,\\ \sin b=-\cos a.\end{cases}$

$(\sin a-1)^2+(-\cos a)^2=1.$

$1-2\sin a=0.\ \sin a=\frac{1}{2}.$

①より，$a=\frac{\pi}{6},\ \frac{5}{6}\pi.$

$a=\frac{\pi}{6}$のとき，$\begin{cases}\cos b=-\frac{1}{2},\\ \sin b=-\frac{\sqrt{3}}{2}.\end{cases}$

$a=\frac{5}{6}\pi$のとき，$\begin{cases}\cos b=-\frac{1}{2},\\ \sin b=\frac{\sqrt{3}}{2}.\end{cases}$

①より，$(a,\ b)=\left(\frac{\pi}{6},\ \frac{4}{3}\pi\right),\ \left(\frac{5}{6}\pi,\ \frac{2}{3}\pi\right).$

解説 再度，確認しておきます．『基本周期が等しい2つ（以上）の“波”は，足し合わせるとまた同じ周期の1つの“波”へと**合成**される．』これが本問の全て（笑）．4つの波を重ね合わせた$f(\theta)=\sin\theta+2\cos(\theta+a)+3\sin(\theta+b)+4\cos(\theta+c)$でも，話は全く同様です．

注意！1 にもかかわらず，本問において「$x=0,\pi,\frac{\pi}{2}$として…」と必要条件で絞り込む手法を用いる人があとを絶ちません．上記の原理を知らないと，こうしたヘンテコリンな解き方をする羽目になります．（この手法の出番は**例題47t**）

注 2)：**例題47k注**で述べた通り，$(A,\ B)=(0,\ 0)$のときも考慮してこのように書きました．それ以外の場合なら，「αは右図の定角」（点$(A,\ B)$の偏角）でOKですが．

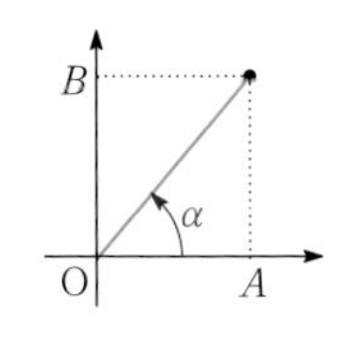

$\square\sin\theta+\square\cos\theta$型は，たとえ$\square=\square=0$でも合成可能．このことを知らないことも，前記ヘンテコリン解法を誘発する原因となります．

注意！2 合成する前の「$f(\theta)=A\sin\theta+B\cos\theta$」の段階で，「これが定数値関数だから$A=B=0$」とするのは典型的な誤りです．右のように，「大目標」に対して，「$A=B=0$」は十分条件でしかありませんので．

$A\sin\theta+B\cos\theta$が定数値関数←**大目標**
?⇓ ⇑○
$A=B=0$

$A\sin\theta$, $B\cos\theta$の2つが変化しますから，全体としての変化はこのままでは判然としません．あくまでも，合成して1つに集約して初めて明快な議論が可能となるのです．

補足 上記**解答**右列は，**例題47m**「連立方程式」とほとんど同じですね（笑）．

例題 4 7 s sin の基本周期 根底 実戦

[→演習問題 4 8 1]

関数 $y = \sin x$ の基本周期は 2π である[1]．これを証明せよ．

方針 基本周期とは，正で最小の周期でしたね．「証明」ですから，「周期」の定義に基づいてキチンと示します．

解答 正の定数 p が関数 $\sin x$ の周期であるための条件は

$\sin(x+p) = \sin x$ …①が
任意の実数 x について成り立つこと． …(*)

そこで，①を x に注目して変形すると，

$$\sin(x+p) - \sin x = 0.$$

差が定数

$$2\cos\left(x+\frac{p}{2}\right)\sin\frac{p}{2} = 0. \ \cdots ①'$$

x が集約

よって (*) は，

$$\sin\frac{p}{2} = 0.$$

これと $p > 0$ より

$$\frac{p}{2} = \pi \cdot n, \text{ i.e. } p = 2\pi \cdot n \ (n = 1, 2, 3, \cdots).$$

$\sin x$ の基本周期は，これらのうち最小のものであり，

$2\pi \cdot 1 = 2\pi$．□

別解 **着眼** 2π 未満の正数が，(*) を満たさないことを示せばよいのです．■

(…前記 解答 と (*) までは同じ…)

任意の実数 x について $\sin(x+2\pi) = \sin x$ が成り立つ．よって (*) より，2π は $\sin x$ の周期の 1 つである．

次に，$0 < p < 2\pi$ …② を満たす p が $\sin x$ の周期とはなり得ないことを示す．

(*) が成り立つためには，①で $x = 0, \frac{\pi}{2}$ とした

$$\sin p = 0, \ \cos p = 1$$

が成り立つことが必要であるが，②よりこれは不可能．

よって，$\sin x$ は 2π 未満の正の周期をもたない．

以上で題意は示された．□

言い訳 [1]：普通は，アタリマエなこと・"常識" として認めてしまいますが….

解説 ここで行った「周期」をその「定義」に基づいて論じる練習が，次のやや本格的な問題への予行演習になります．

本問では，①の両辺で周期が一致しているので，①′のようにキレイに 1 つの波にまとまりました．しかし次問では….

補足 別解 は理解できましたか？ (*) は，任意の(全ての) 実数 x について①が成り立つこと．ところが②のような p だと，たった 2 つの $x\left(=0, \frac{\pi}{2}\right)$ についてすら①は成立不可能．よって，②のような p は周期ではない訳です．

例題 4 7 t 基本周期を求める 根底 実戦 入試

[→演習問題 4 8 14]

$f(x) = \sin x + \sin 2x$ の基本周期を求めよ．

着眼 $\sin x$ の基本周期は 2π．一方 $\sin 2x$ の基本周期は $\frac{2\pi}{2} = \pi$ です [→ 4 6 3 最後]．このように周期が不一致な波を足し合わせた関数 $f(x)$ は，キレイな 1 つの波にはまとまりそうにありません．

そこで，ある**特殊な手法**を持ち出します．

解答 定数 $p(>0)$ が $f(x)$ の周期であるための条件は

$f(x+p)=f(x)$ …①が,
任意の x について成り立つこと. …Ⓐ

Ⓐであるためには, ①が $x=0,\ \pi,\ \frac{\pi}{2}$ [1] で成り立つこと, つまり

$$\begin{cases} f(p)=f(0), \\ f(\pi+p)=f(\pi), \\ f\left(\frac{\pi}{2}+p\right)=f\left(\frac{\pi}{2}\right) \end{cases} \quad \cdots ②$$

が必要. ②は

$$\begin{cases} \sin p+\sin 2p=0, \\ \sin(\pi+p)+\sin(2\pi+2p)=0, \\ \sin\left(\frac{\pi}{2}+p\right)+\sin(\pi+2p)=1. \end{cases}$$

$$\text{i.e.} \begin{cases} \sin p+\sin 2p=0, \\ -\sin p+\sin 2p=0, \\ \cos p-\sin 2p=1. \end{cases}$$

$\overset{2)}{\iff} \sin p=0,\ \cos p=1.$

これと $p>0$ より, ②は次と同値:

$p=2\pi\cdot n\ (n\in\mathbb{N}).$ …②′

逆にこのとき, 任意の x に対して

$$\begin{aligned} f(x+p)&=f(x+2\pi\cdot n) \\ &=\sin(x+2\pi\cdot n)+\sin(2x+2\pi\cdot 2n) \\ &=f(x). \end{aligned}$$

よって, Ⓐに対して②(i.e. ②′)は十分でもある. すなわち, Ⓐ $\iff$ ②′.

よって $f(x)$ の周期は, $2\pi\cdot n\ (n=1,2,3,\cdots)$.

以上より, 求める基本周期(正で最小の周期)は,

$2\pi\cdot 1=2\pi.$ //

解説 “例の”「必要条件で候補を絞る」という攻め方でした. [→ I+A例題 1 9 i]

まず, 大目標Ⓐに対する必要条件である手段②を用いて, p の候補を②′に絞り込みます. (右の上参照)

そして, 絞った②′をもとに, そこから大目標Ⓐが導かれるかどうかを調べます. その結果がOKならば, 晴れて

大目標Ⓐ $\iff$ ②′

が言えたことになります. (右の下参照)

Ⓐ: 任意の x について①が成り立つ←大目標
○⇓
②: $x=0,\ \pi,\ \frac{\pi}{2}$ について①が成り立つ←手段
i.e. ②′: $p=2\pi\cdot n\ (n\in\mathbb{N})$

② i.e. ②′ に絞って逆向きを考えると…
Ⓐ: 任意の x について①が成り立つ←大目標
○⇓　⇑○
②′: $p=2\pi\cdot n\ (n\in\mathbb{N})$

本問は, 周期が不一致な波を足し合わせた複雑な関数だったからこそ, 「必要条件で絞り込む」というテクニックが有効でした. 1つの波に合成可能なシンプルな問題で使うのは的外れよ(笑).

補足 1):「どのようにしてこの3つの値を選んだの?」と問いたい人には…例によって「試行錯誤です」と回答します(笑). なるべく計算が楽そうな値から探していきましょう.

2):この同値性をもう少し詳しく書くと, 次の通りです:

$$\begin{cases} \sin p+\sin 2p=0, \\ -\sin p+\sin 2p=0, \\ \cos p-\sin 2p=1. \end{cases} \iff \begin{cases} \sin p=0, \\ \sin 2p(=2\sin p\cos p)=0, \\ \cos p=1. \end{cases} \iff \begin{cases} \sin p=0, \\ \cos p=1. \end{cases}$$

参考 周期が不一致な波を足し合わせたこの関数 $y=f(x)$ のグラフは, 右のような複雑な形になります. キレイな波型:サインカーブではありません. (ちゃんと描くには, 数学IIIの微分法を要します.)

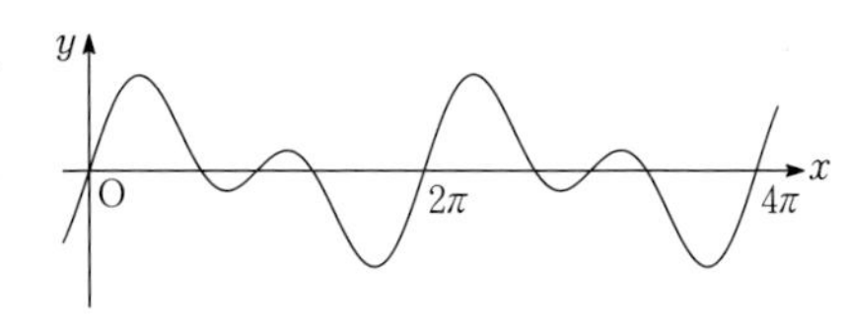

5 三角関数と多項式

cosの 2 倍角公式：$\cos 2\theta = 2\cos^2\theta - 1$

cosの 3 倍角公式：$\cos 3\theta = 4\cos^3\theta - 3\cos\theta$

から類推される通り，実は $\cos n\theta$ ($n \in \mathbb{N}$) は $\cos\theta$ の n 次式として表すことができます[**→一般証明は演習問題7 9 39**]．この整式は「**チェビシェフの多項式**」と呼ばれる有名なものです．

例題 4 7 u 3次方程式と cos 根底 実戦 入試 [→演習問題4 5 5]

(1) $\cos 3\theta$ を $\cos\theta$ で表せ．

(2) x の 3 次方程式 $x^3 - 3x - 1 = 0$ …① を解け．ただし，解を三角関数で表してもよいとする．

注 (1)では，「3 倍角の公式」の「証明過程」が要求されていると思って下さい．

方針 さて，(1)の結果をどう活かすか？？

解答 (1) $\cos\theta$ を c，$\sin\theta$ を s と略記すると，

$$\begin{aligned}\cos 3\theta &= \cos(\theta + 2\theta)\\ &= \cos\theta\cos 2\theta - \sin\theta\sin 2\theta\\ &= c(2c^2 - 1) - s\cdot 2sc\\ &= 2c^3 - c - 2c(1 - c^2)\\ &= 4\cos^3\theta - 3\cos\theta. /\!/\end{aligned}$$

(2) **着眼** 次の 2 式を見比べてみましょう：

$$① : x^3 - 3x\cdots$$
$$\cos 3\theta = 4c^3 - 3c$$

似てるけど，少し違う．どうしましょう？■

$x = 2\cos\theta$ ($0 \leq \theta \leq \pi$ [1]) が①の解であるための条件は

[2] $(2\cos\theta)^3 - 3\cdot 2\cos\theta - 1 = 0.$

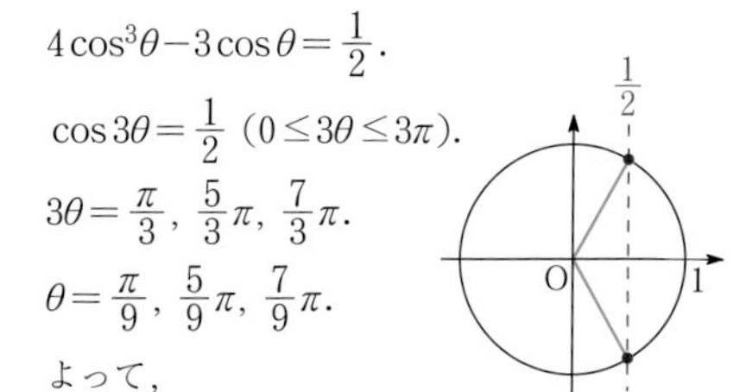

$4\cos^3\theta - 3\cos\theta = \frac{1}{2}.$

$\cos 3\theta = \frac{1}{2}$ ($0 \leq 3\theta \leq 3\pi$).

$3\theta = \frac{\pi}{3}, \frac{5}{3}\pi, \frac{7}{3}\pi.$

$\theta = \frac{\pi}{9}, \frac{5}{9}\pi, \frac{7}{9}\pi.$

よって，

$$x = 2\cos\frac{\pi}{9},\ 2\cos\frac{5}{9}\pi,\ 2\cos\frac{7}{9}\pi \quad \cdots②$$

の各々は，方程式①の 1 つの解である．

また，②の 3 数(右図赤点の x 座標の 2 倍)は全て相異なり，3 次方程式①の解の個数は 3 だから，方程式①の全ての解は②である．//

解説 「$x = 2\cos\theta$」という解を考えることにより，**着眼**で述べた問題点が解決しましたね．

[2]：1 10 1 方程式の解のうち，❶：「数値代入→ 1 つの解」の方を使っています．

ただし，「数値代入」だけをもって，②の 3 数が①の「全ての解」だとは言えません．**必ず**，それら 3 数が相異なることにも言及してください．[→1 10 5 注意！]

補足 [1]：θ の範囲を「$0 \leq \theta \leq \pi$」としておけば，$\cos\theta$ の値として可能な区間 $[-1, 1]$ 全体をカバーできますね．

例題 4 7 v 4次方程式と cos 根底 実戦 典型 入試 [→演習問題4 5 5]

(1) $\cos 4\theta$ を $\cos\theta$ で表せ．

(2) θ の方程式 $\cos 4\theta = \cos 3\theta$ ($0 \leq \theta \leq \pi$) …① を解け．

(3) (2)で求めた解のうち正で最小のものを α とおく．実数 $\cos\alpha$, $\cos 2\alpha$, $\cos 3\alpha$ について，これら 3 つの和および積の値を求めよ．

言い訳 「3 倍角の公式」を，本問では公式として使用します．この辺りは状況次第です．

方針 (1)「$4\theta \to 2\theta \to \theta$」と変えていきます．

(2) 右辺を移項し，「積 = 0」という方程式の基本形を作りましょう．

(3) (2)をどう使うかがポイントです．前問の経験が活かせるか否かの勝負です．

解答 (1)

$$\begin{aligned}\cos 4\theta &= \cos 2\cdot 2\theta \\ &= 2\cos^2 2\theta - 1 \\ &= 2(2\cos^2\theta - 1)^2 - 1 \\ &= 8\cos^4\theta - 8\cos^2\theta + 1. /\!/\end{aligned}$$

(2) ①を変形すると，

$$\cos 4\theta - \cos 3\theta = 0.$$

$$-2\sin\frac{7}{2}\theta\sin\frac{\theta}{2} = 0. \quad \text{積} = 0 \text{型}$$

n をある整数として

$$\frac{7}{2}\theta = n\pi,\ \text{または}\ \frac{\theta}{2} = n\pi.$$

$$\theta = \frac{2}{7}\pi\cdot n,\ 2\pi\cdot n.$$

$$\text{i.e.}\ \theta = \frac{2}{7}\pi\cdot n.$$ [1)]

これと $0 \leq \theta \leq \pi$ より

$$\theta = \frac{2}{7}\pi\cdot 0,\ \frac{2}{7}\pi\cdot 1,\ \frac{2}{7}\pi\cdot 2,\ \frac{2}{7}\pi\cdot 3.$$

$$\text{i.e.}\ \ \theta = 0,\ \frac{2}{7}\pi,\ \frac{4}{7}\pi,\ \frac{6}{7}\pi. /\!/$$

(3) (2)より $\alpha = \frac{2}{7}\pi$ である．

$\cos\theta$ を c と略記する．

①を(1)を用いて変形すると，

$$8\cos^4\theta - 8\cos^2\theta + 1 = 4\cos^3\theta - 3\cos\theta.$$

$$8\cos^4\theta - 4\cos^3\theta - 8\cos^2\theta + 3\cos\theta + 1 = 0. \quad \cdots ①'$$

着眼 ① i.e. ①′の「θ」に $0, \alpha, 2\alpha, 3\alpha$ を代入するとイコールが成立．これをもとに，$\cos\alpha$, $\cos 2\alpha$, $\cos 3\alpha$ を **3 つの解**とする 3 次方程式を作ります．前問の経験を活かしながら．■

ここで，x の方程式

$$8x^4 - 4x^3 - 8x^2 + 3x + 1 = 0 \quad \cdots ②$$

を考える．

(2)より，②の x に

$$\cos 0\,(=1),\ \cos\alpha,\ \cos 2\alpha,\ \cos 3\alpha \quad \cdots ③$$

を代入すると等号が成り立つ[2)]．すなわち，③の 4 数の各々は，方程式②の 1 つの解である．

また，③の 4 数（右図赤点の x 座標）は全て相異なる．よって，③は方程式②の 4 つの解である．

1	8	−4	−8	3	1
		8	4	−4	−1
	8	4	−4	−1	0

②を変形すると

$$(x-1)(8x^3 + 4x^2 - 4x - 1) = 0.$$

$$\begin{cases} x = 1,\ \text{または} \\ 8x^3 + 4x^2 - 4x - 1 = 0. \quad \cdots ④ \end{cases}$$

よって，③の 1 以外の 3 数が④の 3 つの解である．

着眼 つまり，次のように式が一致します：

$$\begin{aligned}&8x^3 + 4x^2 - 4x - 1 \\ &= 8(x - \cos\alpha)(x - \cos 2\alpha)(x - \cos 3\alpha).\end{aligned}$$ [3)]

右辺を展開して両辺の係数を比べると…■

解と係数の関係より

$$\cos\alpha + \cos 2\alpha + \cos 3\alpha = -\frac{4}{8} = -\frac{1}{2}.$$

$$\cos\alpha\cos 2\alpha\cos 3\alpha = -\frac{-1}{8} = \frac{1}{8}. /\!/$$

解説 2)：1 10 1 方程式の解 ❶：「数値代入→ 1 つの解」を使っています．

① i.e. ①′の θ へ，例えば α を代入するとイコールが成り立ちますから

$$8\cos^4\alpha - 4\cos^3\alpha - 8\cos^2\alpha + 3\cos\alpha + 1 = 0.$$

これは，②の x へ $\cos\alpha$ を代入するとイコールが成り立つことを意味します（$0, 2\alpha, 3\alpha$ も同様）．

3)：ここは，1 10 1 方程式の解 ❷：「因数分解→全ての解」の方です．

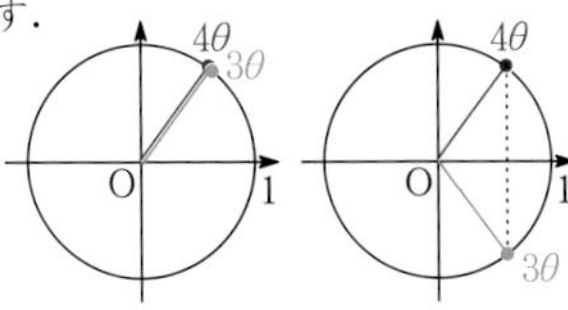

補足 1)：$\frac{2}{7}\pi$ の整数倍は，2π の整数倍をも含みますね．

注 (2)は，単位円周上の $4\theta, 3\theta$ に対応する点の位置関係を考えて（右図），$4\theta = \pm 3\theta + 2\pi\cdot n\ (n \in \mathbb{Z})$ としても解けます．

8 演習問題C

481 根底 実戦 定期

次の関数のグラフを描け．また，その関数の基本周期を求めよ（結果のみ答えればよい）．

(1) $y = 2\cos x\ (-\pi \leq x \leq \pi)$

(2) $y = |\sin x|\ (0 \leq x \leq 2\pi)$

(3) $y = \cos\dfrac{x}{2}\ (-2\pi \leq x \leq 2\pi)$

(4) $y = \tan\left(x + \dfrac{\pi}{4}\right)\ (-\pi \leq x \leq \pi)$

482 根底 実戦

n は整数とする．次の各値を求めよ．

(1) $\sin n\pi$

(2) $\cos n\pi$

(3) $\sin\left(\dfrac{\pi}{6} + n\pi\right)$

483 根底 実戦 重要

次の各関数のとり得る値の範囲を求めよ．

(1) $f(\theta) = \left(\sqrt{2} + \sqrt{6}\right)\cos\theta + \left(\sqrt{2} - \sqrt{6}\right)\sin\theta\ (0 \leq \theta \leq \pi)$

(2) $g(\theta) = \cos^2\theta + \sin\theta\ (0 \leq \theta \leq \pi)$

(3) $h(\theta) = \sqrt{1 + \cos\theta} + \sqrt{1 - \cos\theta}\ (0 \leq \theta < 2\pi)$

484 根底 実戦

(1) $4\sin^4 10^\circ - 4\sin^2 10^\circ + \cos^2 20^\circ = \cos 40^\circ$ を示せ．

(2) $\cos 20^\circ \cos 100^\circ \cos 140^\circ$ の値を求めよ．

485 根底 実戦

次の不等式を解け．

(1) $2\sin^2 x - 2\cos x - \cos 2x \leq 1\ (-\pi \leq x < \pi)$

(2) $\sin 2x + \cos 2x + 2\sin x \geq 1\ (0 \leq x < 2\pi)$

486 根底 実戦

$0 < \theta < 2\pi$ とする．不等式

$$\sqrt{1 - \cos\theta} + \sin\theta \leq 0$$

を解け．

487 根底 実戦

$0 \leq \theta < 2\pi$ とする．不等式 $2\sqrt{3}\cos^2\theta + 2\left(\sqrt{3} - 1\right)\sin\theta\cos\theta + \cos 2\theta < 1$ を解け．

4 8 8 根底実戦 典型

方程式 $\sin x+\sin 2x+\sin 3x=0\ (0\leqq x<2\pi)$ …① を解け.

4 8 9 根底実戦

$F=\dfrac{\sin\theta\cos\theta+1}{\sin^4\theta-\cos^4\theta}$ とおく.

(1) $\tan 2\theta=2\ \left(0<\theta<\dfrac{\pi}{4}\right)$ …① のとき, F の値を求めよ.

(2) F を $\tan\theta$ で表せ.

4 8 10 根底実戦 典型

$f(\theta)=(\sin\theta+\cos\theta)(\sin\theta-3\cos\theta)\ \left(0\leqq\theta\leqq\dfrac{\pi}{2}\right)$ のとり得る値の範囲を求めよ.

4 8 11 根底実戦

(1) 方程式 $\sin\theta-\sqrt{3}\cos\theta=1\ (0\leqq\theta<2\pi)$ …① を解け.

(2) 方程式 $2\cos^2\theta-\sqrt{3}\sin 2\theta+\sin\theta-\sqrt{3}\cos\theta-1=0\ (0\leqq\theta<2\pi)$ …② を解け.

4 8 12 根底実戦 入試 重要

(1) $f(\theta)=\sqrt{3}\sin\theta-\cos\theta$ を $r\sin(\theta+\alpha)$ $(r>0,\ \alpha$ は実数$)$ の形へ変形せよ.(結果のみ答えればよい.)

(2) $g(\theta)=\sqrt{3}\cos\theta+\sin\theta$ を $r\cos(\theta-\beta)$ $(r>0,\ \beta$ は実数$)$ の形へ変形せよ.

4 8 13 根底実戦 典型 重要

θ が $0\leqq\theta\leqq\dfrac{\pi}{2}$ の範囲で変化するとき, 次の関数の最大値・最小値を求めよ.

(1) $f(\theta)=2\sin\theta+\sin\left(\theta+\dfrac{2}{3}\pi\right)$

(2) $g(\theta)=\sin\theta+\sin\left(\theta+\dfrac{2}{3}\pi\right)$

4 8 14 根底実戦

(1) $f(x)=\sin x+\cos(x+\alpha)$ が定数値関数となるような実数定数 $\alpha\ (0\leqq\alpha<2\pi)$ を求めよ.

(2) $g(x)=a\sin x+b\cos 3x$ が定数値関数となるような実数定数 $a,\ b$ を求めよ.

4 8 15 根底実戦

θ の関数

$$f(\theta)=\sin(\theta+\alpha)+2\cos(\theta+2\alpha)\ (\alpha \text{ は実数の定数})$$

の最大値を M とする.

α が $-\pi\leqq\alpha<\pi$ の範囲で動くとき, M のとり得る値の範囲を求めよ.

4 8 16 根底実戦 入試

x, y が実数全体で動くとき，$F := 2\sin x \sin y + \cos x \cos y + \sin x \cos y - 2\cos x \sin y$ の最大値を求めよ．

4 8 17 根底実戦 典型 重要

媒介変数 θ を用いて $\begin{cases} x = \cos^2\theta, \\ y = \sin\theta\cos\theta \end{cases}$ $\left(0 \leq \theta \leq \dfrac{\pi}{2}\right)$ と表された曲線 C を描け．

4 8 18 根底実戦 典型

xy 平面上で 2 直線 $l : 3x - 2y + 7 = 0$, $m : 5x + y - 11 = 0$ のなす角 θ を求めよ．

4 8 19 根底実戦 入試

放物線 $C : y = x^2$ 上に 3 点 $\mathrm{A}(t, t^2)$，$\mathrm{B}(t+1, (t+1)^2)$，$\mathrm{C}(t+3, (t+3)^2)$ をとる．t が実数全体を動くときを考える．

(1) $\mathrm{AB} \perp \mathrm{BC}$ となるときの t の値を求めよ．

(2) 2 直線 AB, BC のなす角を θ とする．(1)以外のとき，$\tan\theta$ を t で表せ．

(3) $\varphi = \angle\mathrm{ABC}$ が最小になるときの t の値を求めよ．

4 8 20 根底実戦 定期

$\triangle\mathrm{ABC}$ において，頂点 A，B，C の対辺の長さをそれぞれ a, b, c で表す．次の等式が成り立つとき，$\triangle\mathrm{ABC}$ はどのような三角形であるか [1] をそれぞれ答えよ．

(1) $a\cos A = b\cos B$

(2) $\sin A\cos B = \sin B\cos A$

(3) $a\cos A + b\cos B = c\cos C$

(4) $2\cos A\sin B + \sin A - \sin B - \sin C = 0$

4 8 21 根底実戦

$\triangle\mathrm{ABC}$ において，第一余弦定理：$c = b\cos A + a\cos B$ を証明せよ．

4 8 22 根底実戦 入試

$\triangle\mathrm{ABC}$ において，$F = \cos A + \cos B + \cos C$ の最大値を求めよ．

4 8 23 根底実戦 典型

(1) 右図において，線分比 AD : DC を求めよ．

(2) 右図において，線分 BD の長さを求めよ．

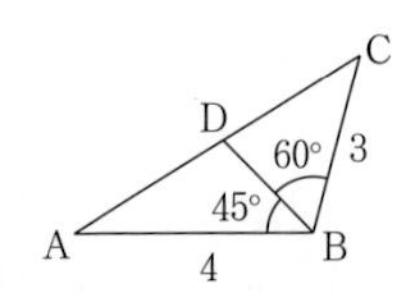

4 8 24 根底 実戦 重要

右図のような直角三角形 ABC の辺 CA 上に，$\angle \mathrm{ABP} = 30°$ を満たす点 P をとる．線分 BP の長さを求めよ．

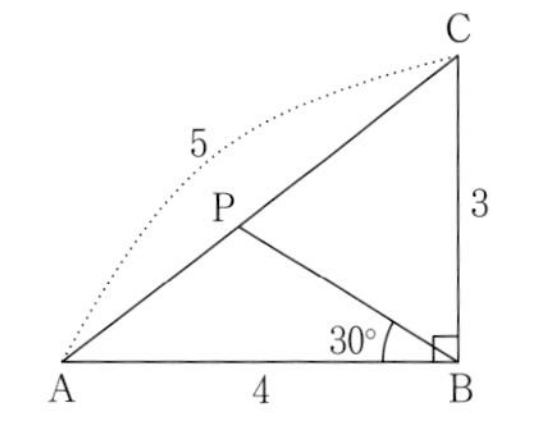

4 8 25 根底 実戦

円に内接する四角形 ABCD があり，右図のように辺の長さ $a \sim d$，対角線の長さ x, y および角 $\alpha \sim \delta$ をとる．
これらの角を用いて，トレミーの定理：$ac + bd = xy$ を示せ．

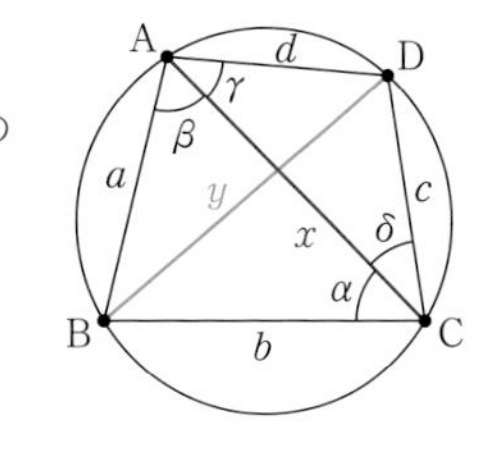

4 8 26 根底 実戦 典型

右図のように，3 辺の長さが 3, 4, 5 である直角三角形の外接円があり，A を含まない弧 BC 上に動点 P をとる．$\theta = \angle \mathrm{BAP}$ とおくとき，以下の問いに答えよ．

(1) AP，BP，CP の長さをそれぞれ θ で表せ．

(2) (1)で求めた 3 つの長さの和を $f(\theta)$ とおく．θ が $0 < \theta < \dfrac{\pi}{2}$ の範囲で変化するときの $f(\theta)$ の値域を求めよ．

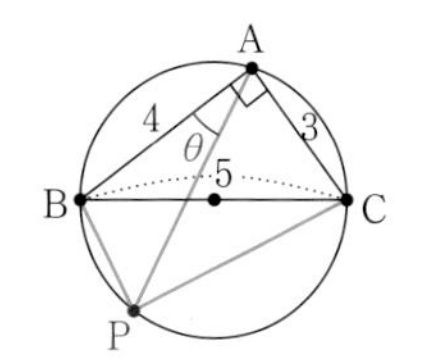

4 8 27 根底 実戦 入試

右図の $\triangle \mathrm{ABC}$ は，周の長さが 1 である直角三角形であるとする．

(1) $l = \mathrm{CA}$ を $\theta = \angle \mathrm{CAB}$ で表せ．

(2) $\triangle \mathrm{ABC}$ の面積 S の最大値を求めよ．

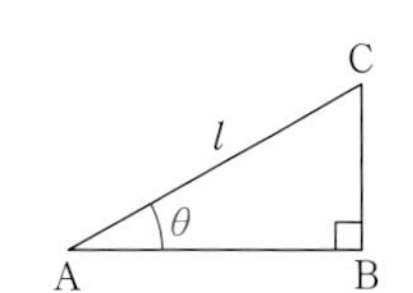

4 8 28 根底 実戦 入試

中心 O，半径 1，中心角 60° の扇形 OAB がある．その弧 AB 上に点 P をとり，$\angle \mathrm{AOP}$ を θ とおく．P から OA に垂線 PS を下ろし，扇形に内接する長方形 PQRS を作るとき，その面積 $f(\theta)$ の最大値を求めよ．

4 8 29 根底 実戦

$\triangle \mathrm{ABC}$ は，$\mathrm{AB} = \mathrm{AC} = 1$ の二等辺三角形であり，$\angle \mathrm{A}$ を θ $(0 < \theta < \pi)$ とおく．

(1) $\triangle \mathrm{ABC}$ の内接円の半径 r を θ で表せ．

(2) BC を 1 辺とする正三角形 BCD を作る．ただし，D は直線 BC に関して A と反対側にとるとする．θ が変化するとき，四角形 ABDC の面積 S の最大値を求めよ．

4 8 30 根底 実戦

単位円周上に，2 点 P($\cos\alpha$, $\sin\alpha$)，Q($\cos\beta$, $\sin\beta$) をとる．

(1) 線分 PQ の長さを α, β で表せ．

(2) P，Q から x 軸へそれぞれ垂線 PH，QI を下ろす．線分 HI の長さを α, β で表せ．

4 8 31 根底 実戦 入試 重要

O を原点とする xy 平面上に，O を中心とする半径 2 の円 C_1 と，A(3, 0) を中心とする半径 1 の円 C_2 があり，C_1 上を動く点 P と，C_2 上を動く点 Q がある．P と Q は初め点 B(2, 0) にあり，同時に出発して同じ速さでどちらも正の向きに回転する．

PQ のとり得る値の範囲を求めよ．

4 8 32 根底 実戦 入試

$\cos 10^\circ$ は無理数であることを証明せよ．ただし，$\sqrt{3}$ が無理数であることは用いてよいとする．

4 8 33 根底 実戦 典型 入試

$\cos 5\theta = f(\cos\theta)$ …① を満たす多項式 $f(x)$ を考える．

(1) $f(x)$ を求めよ．

(2) $|x| \leqq 1$ のとき，$|f(x)| \leqq 1$ となることを示せ．

(3) 方程式 $f(x) = -\dfrac{1}{2}$ …② の全ての解を求めよ．ただし，解を三角関数で表してもよいとする．

9 演習問題D 他分野との融合

4 9 1 根底 実戦 入試 数学Ⅱ「微分法」後

$0 < \theta < \pi$ とする．$f(\theta) = \cos\dfrac{\theta}{2}\sin\theta$ の最大値を求めよ．

4 9 2 根底 実戦 典型 入試 数学Ⅱ「微分法」後

$f(x) = 2\cos 3x - 2\sin 3x + 3\sin 2x$ $(\pi \leqq x \leqq 2\pi)$ の最大値，最小値を求めよ．

第 5 章
指数・対数関数

注　本章では，実数だけを対象とします．虚数については考えません．■

概要

中学で学んだ「指数」による表示：a^3 などの演算規則をベースに，扱う対象となる数の範囲を広げてその計算方法をマスターしていきます．
また，指数の逆を表す記法として「対数」とその計算についても学びます．
そして最後に，指数・対数を様々な素材へと応用していきます．

学習ポイント

学ぶべき内容は次の 3 つに大別されます：
1.　定義の理解
　公式以前の大元の原理．ここをおろそかにしないこと．
2.　法則・公式の習熟
　指数・対数の計算が，呼吸をするような自然さでこなせるように．
3.　グラフ
　様々な知識・情報を，グラフをイメージしてサッと引き出せるように．

注意！　1.　のうち，5 1「指数の拡張と法則」は理解するのが困難です！無理し過ぎず，書かれた指示に従って部分的にスルーしてくださいね（笑）．

将来入試では

下の範囲表を見てもわかる通り，理系生にとっては，今後学ぶ数学Ⅲ全分野の**土台**となります．この単元の基礎力・計算力を身に付けて，入試で出やすい微分積分極限（数学Ⅲ）と融合した問題も自在に操れるようになりたいです．
一方文系生にとっては，指数・対数は他から孤立しており，マジメに勉強していても疎遠になりがちです．せめて計算練習くらいは，小まめに間隔をあけ過ぎないで反復するよう心掛けてください．

注　この分野単独での出題は，とくに理系では限定的でしょう．ただし，文系および共通テストにおいては，日常的・実用的素材を扱う応用問題[→5 6 5]が比較的出題されやすいと思われます．

この章の内容

1 指数の拡張と法則
2 指数関数とそのグラフ
3 対数とその公式
4 対数関数とそのグラフ
5 演習問題A
6 指数・対数の応用
7 演習問題B
8 演習問題C　他分野との融合

［高校数学範囲表］　● 当該分野　● 関連が深い分野

数学Ⅰ	数学Ⅱ	数学Ⅲ 理系
数と式	いろいろな式	いろいろな関数
2次関数	ベクトルの基礎	極限
三角比	図形と方程式	微分法
データの分析	三角関数	積分法
数学A	指数・対数関数	**数学C**
図形の性質	微分法・積分法	ベクトル
整数	**数学B**	複素数平面
場合の数・確率	数列	2次曲線
	統計的推測	

1 指数の拡張と法則

中学で学んだ「指数」の計算規則を思い出しながら，より**広範囲な指数**を考え，計算していきます．
注意！　この「指数の拡張」を，詳しすぎるくらいに書いています[→**5 4 後のコラム**]．くれぐれも本節で燃え尽きないように（笑）．「疲れた…」と感じたら，**重要度⇩**マークの付いた所は読み飛ばし，なるべく早く**6**の「結論」に到達してその先へ進んでください．

1 「指数」のおさらい

中学で，次の「累乗」について学びましたね：

a を 2 個掛けた $a \cdot a \to a^2$ と書き，a の **2 乗**という
a を 3 個掛けた $a \cdot a \cdot a \to a^3$ と書き，a の **3 乗**という
⋮
a を n 個掛けた $\underbrace{a \cdot a \cdot \cdots \cdot a}_{n\text{ 個}} \to a^n$ と書き，a の $\boldsymbol{n}$ **乗**という

これらを総称して a の**累乗**という
a^n における n を**指数**という
正確には「冪(べき)指数」

注　「a」のことを「a^1」と書くこともできます．これも，a の累乗の 1 つとみなします．
これら累乗に関して，次の演算規則が成り立つのでしたね：

指数法則　**原理**　具体例：$p=3,\ q=2$

❶：$a^p a^q = a^{p+q}$.　$(a \cdot a \cdot a) \times (a \cdot a) = a \cdot a \cdot a \cdot a \cdot a$

❷：$(a^p)^q = a^{pq} = (a^q)^p$.　$(a \cdot a \cdot a)^2 = (a \cdot a \cdot a) \times (a \cdot a \cdot a) = a \cdot a \cdot a \cdot a \cdot a \cdot a$
$(a \cdot a)^3 = (a \cdot a) \times (a \cdot a) \times (a \cdot a) = a \cdot a \cdot a \cdot a \cdot a \cdot a$

❸：$(ab)^p = a^p b^p$.　$(ab)^3 = (ab) \times (ab) \times (ab) = a^3 \times b^3$

注　「えーっと？」ってなった時には，赤字で書いた具体例をイメージして法則を思い出すこと．■
中学で学んだのは，これらが p, q が『自然数』のときに成り立つことでした．本節ではこれ以降，この「指数法則」がそれ以外の p, q でも使えるよう，『自然数』→『整数』→『有理数』→『実数』の順に「指数の拡張」を行っていきます．つまり，この❶❷❸を原理・出発点にして他のルールを決めます．
という訳で，これらの名称は「公式」ではなく「**法則**」となるのです．

問　次を計算せよ．　(1) $(ab^2)^5$　(2) $3^{n+1} - 3^n$ (n は自然数)

解答　(1) $(ab^2)^5 = a^5 \cdot b^{2 \cdot 5} = a^5 b^{10}$.//　｜ (2) $3^{n+1} - 3^n = 3^1 \cdot 3^n - 3^n = 2 \cdot 3^n$.//

2 a^0, a^{-3} など

本項では，$a \neq 0$, n は自然数とします．
指数法則❶で $p=n,\ q=0$ とした等式が成り立つようにすると，

$a^{n+0} = a^n \cdot a^0$.　i.e. $a^n = a^n \cdot a^0$.

$a^n \neq 0$ より $a^0 = 1$. …①　0 乗は 1 だと約束する

次に，❶で $p=n,\ q=-n$ とした等式が成り立つようにすると，

$a^{n-n} = a^n \cdot a^{-n}$.　i.e. $a^0 = a^n \cdot a^{-n}$.

これと①より，$a^{-n} = \dfrac{1}{a^n}$. …②　$-n$ 乗は n 乗の逆数と約束する

注 $3^0=1,\ 2^0=1,\ 1^0=1$ → この流れから, $\mathbf{0^0}$ $\underline{=1}$ と定めたい.

$0^3=0,\ 0^2=0,\ 0^1=0$ → この流れから, $\mathbf{0^0}$ $\underline{=0}$ と定めたい.

上記 2 つの希望を同時に叶(かな)えて整合性を確保することは無理です. そこで, 基本的には「0^0」という数は考えないという約束になっています. ■

指数法則❶❷❸が, 指数を『自然数』から『整数』へと拡張してもそのまま適用できることを確認してみましょう:

例 重要度↓ ($a, b \neq 0$ とします.)

❶ : $a^{5+(-3)}=a^5 \cdot a^{-3}$ は

$$左辺 = a^{5-3}=a^2,\ 右辺 = a^5 \cdot \frac{1}{a^3}=a^2$$

より成り立ちます.

❷ : $(a^5)^{-3}=a^{5\cdot(-3)}$ は

$$左辺 = \frac{1}{(a^5)^3}=\frac{1}{a^{15}},\ 右辺 = a^{-15}=\frac{1}{a^{15}}$$

より成り立ちます.

❸ : $(ab)^{-3}=a^{-3}b^{-3}$ は

$$左辺 = \frac{1}{(ab)^3}=\frac{1}{a^3b^3},\ 右辺 = \frac{1}{a^3}\cdot\frac{1}{b^3}=\frac{1}{a^3b^3}$$

より成り立ちます.

これで, 指数法則❶❷❸は, p, q が『整数』の範囲まで拡張されました.

注 上で示したのは"具体例"に過ぎませんが,「5」や「-3」のところを文字で表し, 符号などに関する場合分けを行えば, 一般証明となります (次項でも同様).

問 次を計算せよ. (1) $a^{-4}a^7$ (2) $(a^3b^{-1})^{-2}$

解答 (1) $a^{-4}a^7=a^{-4+7}=a^3$. //

参考 中学で行った計算 : $\frac{1}{a^4}\cdot a^7=a^3$ と実質的に同じです.

(2) $(a^3b^{-1})^{-2}=a^{3\cdot(-2)}\cdot b^{(-1)(-2)}=a^{-6}b^2$. //

参考 中学流に書くと次のようになります:

$$\frac{1}{\left(a^3\cdot\frac{1}{b}\right)^2}=\frac{1}{a^6\cdot\frac{1}{b^2}}=\frac{b^2}{a^6}.$$

注 $a, b>0$ とします. n を自然数とすると

$$a^n-b^n=(a-b)(\underbrace{a^{n-1}+a^{n-2}b+a^{n-3}b^2+\cdots+b^{n-1}}_{a,\,b>0\ より正})$$

例題 1 7 b「累乗と不等式」(3) と似てますね

より, $a=b \Longleftrightarrow a^n=b^n$.

これと $a^{-n}=\frac{1}{a^n},\ b^{-n}=\frac{1}{b^n}$ より, $a=b \Longleftrightarrow a^{-n}=b^{-n}$.

以上より, $a, b>0$, m を 0 以外の整数として, $a=b \Longleftrightarrow a^m=b^m$. つまり, a と b の相等は, それぞれの m 乗 (m は整数) どうしの相等と同値関係にあります. 今後各所でこの関係を使います.

参考 本章の内容を扱う上で, 次の"累乗数"を記憶しておくと便利です (I+A 1 6 1 から再掲).

2, 3, 5, 6, 7 の累乗 知識

2^5, 2^{10} の値は暗記!

n	1	2	3	4	**5**	6	7	8	9	**10**
2^n	2	4	8	16	**32**	64	128	256	512	**1024**

4, 8 の累乗数も含まれる

n	1	2	3	4	5	6	7
3^n	3	9	27	81	243	729	2187

9 の累乗数も含まれる

n	1	2	3	4	5
5^n	5	25	125	625	3125

n	1	2	3	4	5
6^n	6	36	216	1296	7776

サイコロを繰り返し投げる問題で出会う

n	1	2	3	4
7^n	7	49	343	2401

3 累乗根

ここでは実数のみを考えます．例の"ω(オメガ)"とかは考えませんよ

$\square^2 = 25$ の$\square$に入る数：5, -5 のことを，25 の **2 乗根**（**平方根**）といい，そのうち正の数：5 を記号 $\sqrt{25}$ で表すのでしたね．なお，正の 2 乗根 $\sqrt{25}$ は，$\sqrt[2]{25}$ とも書けます（普段は用いませんが）．

これと同じように 3 乗根，4 乗根，…を考えることができます：

$\square^2 = 25$ の$\square$に入る数：　$\pm 5 \rightarrow$ 25 の 2 乗根といい，正の方を記号 $\sqrt[2]{25}$で表す．

$\square^3 = 8$ の$\square$に入る数：　$2 \rightarrow$ 8 の 3 乗根（**立方根**）といい，記号 $\sqrt[3]{8}$で表す．

$\square^4 = 81$ の$\square$に入る数：　$\pm 3 \rightarrow$ 81 の 4 乗根といい，正の方を記号 $\sqrt[4]{81}$で表す．

⋮

n は 2 以上の自然数

$\square^n = a\ (>0)$ の$\square$に入る数：　$\rightarrow a$ の n 乗根といい，正のものを記号 $\sqrt[n]{a}$で表す．

2 乗根，3 乗根，4 乗根，…を総称して**累乗根**といいます．

「$\sqrt[n]{\ \ }$」のもつ性質をいくつか紹介します．以下において，$a, b > 0$ とします．

累乗根の性質　$a, b > 0$, n, k, l は自然数として，次が成り立つ：

㋐: $\sqrt[n]{a} > 0$.　㋑: $(\sqrt[n]{a})^n = a = \sqrt[n]{a^n}$.　㋒: $\sqrt[n]{a}\sqrt[n]{b} = \sqrt[n]{ab}$,　㋒′: $\dfrac{\sqrt[n]{a}}{\sqrt[n]{b}} = \sqrt[n]{\dfrac{a}{b}}$.　㋓: $\sqrt[l]{\sqrt[k]{a}} = \sqrt[kl]{a}$.

解説 重要度⇩　㋐：$\sqrt[n]{a}$ は，正数 a の n 乗根のうち正の数だから当然．

㋑の左：$\sqrt[n]{a}$ =「n 乗したら a になる数」を n 乗したら，当然 a です．（以下，これを用います．）

㋑の右：$\sqrt[n]{a^n}$ =「n 乗したら a^n になる正数」は，当然 a です．

㋒：$(\sqrt[n]{a}\sqrt[n]{b})^n = (\sqrt[n]{a})^n(\sqrt[n]{b})^n = ab$,

$(\sqrt[n]{ab})^n = ab$ より，㋒は成立（㋒′ も同様）．

㋓：$\left(\sqrt[l]{\sqrt[k]{a}}\right)^{kl} = \left\{\left(\sqrt[l]{\sqrt[k]{a}}\right)^l\right\}^k = (\sqrt[k]{a})^k = a$,

$(\sqrt[kl]{a})^{kl} = a$ より，㋓は成立．

問　次の計算をせよ．　(1) $\sqrt[3]{125}$　(2) $(\sqrt[4]{7})^8$　(3) $\sqrt[5]{4}\sqrt[5]{8}$　(4) $\sqrt{\sqrt[3]{7}}$

注　累乗根の計算は，慣れているルート：$\sqrt{\ \ }$ の計算と同じ感覚でできます．

解答　(1) $\sqrt[3]{125} = 5.$//

(2) $(\sqrt[4]{7})^8 = \{(\sqrt[4]{7})^4\}^2 = 7^2 = 49.$//

(3) $\sqrt[5]{4}\sqrt[5]{8} = \sqrt[5]{4 \cdot 8} = \sqrt[5]{32} = 2.$//

(4) $\sqrt{\sqrt[3]{7}} = \sqrt[2]{\sqrt[3]{7}} = \sqrt[6]{7}.$//

4 $a^{\frac{1}{3}}, a^{-\frac{1}{2}}$ など

本項では，$a > 0$，n は自然数，m は整数とします．

指数法則❷：$(a^p)^q = a^{pq}$ で $p = \dfrac{1}{n}$, $q = n$ とした等式が成り立つようにすると

$$\left(a^{\frac{1}{n}}\right)^n = a^{\frac{1}{n}\cdot n}. \quad \text{i.e.} \quad \left(\boxed{a^{\frac{1}{n}}}\right)^n = a.$$

つまり，$\boxed{a^{\frac{1}{n}}}$ は，n 乗すると a になる正数ですから

$a^{\frac{1}{n}} = \sqrt[n]{a}$. …③　$\dfrac{1}{n}$ 乗は n 乗根と約束する

さらに，指数法則❷で $p = \dfrac{m}{n}$, $q = n$ とした等式が成り立つようにすると

$$\left(a^{\frac{m}{n}}\right)^n = a^{\frac{m}{n}\cdot n}. \quad \text{i.e.} \quad \left(\boxed{a^{\frac{m}{n}}}\right)^n = a^m.$$

つまり，$\boxed{a^{\frac{m}{n}}}$ は，n 乗すると a^m になる正数ですから

$a^{\frac{m}{n}} = \sqrt[n]{a^m}$. …④　$\dfrac{m}{n}$ 乗は，m 乗の n 乗根と約束する

右辺の「m 乗の n 乗根」は「n 乗根の m 乗」と一致すること，つまり等式 $\sqrt[n]{a^m}=\left(\sqrt[n]{a}\right)^m$ が成り立つことを示します．それぞれの n 乗を計算すると

$$\left(\sqrt[n]{a^m}\right)^n=a^m.$$ （n 乗根の n 乗ですから当然）

$$\left\{\left(\sqrt[n]{a}\right)^m\right\}^n=\left(\sqrt[n]{a}\right)^{mn}$$ （$\because$ m, n は整数）

$$=\left(\sqrt[n]{a}\right)^{n\cdot m}$$

$$=\left\{\left(\sqrt[n]{a}\right)^n\right\}^m$$ （$\because$ n, m は整数）

$$=a^m.$$

$$\therefore\ \sqrt[n]{a^m}=\left(\sqrt[n]{a}\right)^m.\ \square$$

これと③④より

$$a^{\frac{m}{n}}=\begin{cases}\left(a^{\frac{1}{n}}\right)^m & \cdots⑤\\ (a^m)^{\frac{1}{n}}. & \cdots⑤'\end{cases}$$

$$\left(a^{\frac{1}{n}}\right)^m=(a^m)^{\frac{1}{n}}.\ \cdots⑤''$$

⑤⑤′を見ると，指数が有理数であるとき，「$\triangle^{\frac{1}{n}}$ つまり累乗根」(指数の分子は 1，分母は**自然数**) と「整数 m 乗」を用いて表せることがわかります．また，⑤″より $\dfrac{1}{n}$ 乗と m 乗は“交換”可能であることもわかりました．今後，これらが活躍します．

指数法則❶❷❸が，指数を『整数』から『有理数』へと拡張してもそのまま適用できることを確認してみましょう．指数が『整数』であるところについては，2 で指数法則が成り立つことが示されているので，バンバン使います！ （負でも OK）

例 重要度↓ ($a, b>0$ とします．)

❶：$a^{\frac{4}{3}+\frac{-1}{2}}=a^{\frac{4}{3}}\cdot a^{\frac{-1}{2}}$ は，

$$左辺=a^{\frac{8}{6}+\frac{-3}{6}}=a^{\frac{5}{6}},$$

$$右辺=a^{\frac{8}{6}}\cdot a^{-\frac{3}{6}}$$ （分母を揃えて $a^{\frac{1}{6}}$ で表そうとしている）

$$=(a^{\frac{1}{6}})^8\cdot(a^{\frac{1}{6}})^{-3}$$ （⑤で左辺→右辺）

$$=(a^{\frac{1}{6}})^{8-3}$$ （$\because$ 8, −3 は『整数』）

$$=(a^{\frac{1}{6}})^5=a^{\frac{5}{6}}$$ （⑤で右辺→左辺）

より成り立ちます．

❸：$(ab)^{\frac{4}{3}}=a^{\frac{4}{3}}b^{\frac{4}{3}}$ は，

$$左辺=\left\{(ab)^{\frac{1}{3}}\right\}^4,$$ （⑤で左辺→右辺）

$$右辺=(a^{\frac{1}{3}})^4(b^{\frac{1}{3}})^4$$ （⑤で左辺→右辺）

$$=(a^{\frac{1}{3}}b^{\frac{1}{3}})^4$$ （$\because$ 4 は『整数』）

ここで，3 累乗根の性質㋒：$\sqrt[n]{a}\sqrt[n]{b}=\sqrt[n]{ab}$ を用いると

$$(ab)^{\frac{1}{3}}=\sqrt[3]{ab}=\sqrt[3]{a}\sqrt[3]{b}=a^{\frac{1}{3}}b^{\frac{1}{3}}.$$

よって，左辺 = 右辺 が成り立ちます．

❷だけは一般証明を行います．その方が理解しやすいので．

m_1, m_2 は 0 でない整数，n_1, n_2 は自然数として [1]

$$\left(a^{\frac{m_1}{n_1}}\right)^{\frac{m_2}{n_2}}=a^{\frac{m_1}{n_1}\cdot\frac{m_2}{n_2}}$$

を示します．

$$右辺=a^{\frac{m_1m_2}{n_1n_2}}$$

$$=\left(a^{\frac{1}{n_1n_2}}\right)^{m_1m_2}.$$ （⑤で左辺→右辺）

$$左辺=\left\{\left(a^{\frac{1}{n_1}}\right)^{m_1}\right\}^{\frac{m_2}{n_2}}$$ （⑤で左辺→右辺）

$$=\left[\left\{\left(a^{\frac{1}{n_1}}\right)^{m_1}\right\}^{m_2}\right]^{\frac{1}{n_2}}$$ （⑤′で左辺→右辺）

$$=\left\{\left(a^{\frac{1}{n_1}}\right)^{m_1m_2}\right\}^{\frac{1}{n_2}}$$ （$\because$ m_1, m_2 は『整数』）

$$=\left\{\left(a^{\frac{1}{n_1}}\right)^{\frac{1}{n_2}}\right\}^{m_1m_2}.$$ （⑤″で右辺→左辺）

あとは 3 累乗根の性質㋓：

$$\sqrt[l]{\sqrt[k]{a}}=\sqrt[kl]{a},\quad \text{i.e. } \left(a^{\frac{1}{k}}\right)^{\frac{1}{l}}=a^{\frac{1}{kl}}\ (k, l\in\mathbb{N})$$

を用いれば，左辺 = 右辺 が示せました．□

注 この等式は，m_1 または m_2 が 0 のときも，両辺とも 1 ですから成り立ちますね．

注 1)：全ての有理数は，$\dfrac{4}{3}$，$\dfrac{-1}{2}$ のように $\dfrac{整数}{自然数}$ (分母は正) の形で表せますね．■

これで，指数法則❶❷❸は，p, q が『有理数』の範囲まで拡張されました．疲れましたね (笑)．

5 $a^{\sqrt{2}}$ など

「指数の拡張」を前項の『有理数』まで大真面目に行ってきたのですが…指数を『実数』へ拡張することは，完全に高校数学の範疇（はんちゅう）・レベルを超えており，理論説明抜きに認めていただくしかありません．という訳で，本節の冒頭で「読み飛ばしてね」と言っていたのです（苦笑）．

a^x
a^1
$a^{1.4}$
$a^{1.41}$
$a^{1.414}$
$a^{1.4142}$
⋮

指数が有理数以外の実数＝無理数，例えば $\sqrt{2}=1.4142\cdots$ であるときには，$a^{\sqrt{2}}$ $(a>0)$ の値を次のように定めます．右のように，a^x において指数 x を有理数の値をとりながら限りなく $\sqrt{2}$ へ近づけていくときに，a^x が近づいていく値を $a^{\sqrt{2}}$ の値と定めます．

モヤモヤしますよね（笑）．でも，ここは黙って受け入れてください．そして，このようにして指数を『実数』まで拡張しても，指数法則❶❷❸は成り立つことが知られています．これも，受け入れてください．［→5 4後のコラム］

スイマセン…

6 まとめ

それでは，『実数』まで拡張された指数法則を，累乗根との関連も踏まえてまとめておきます．実用上覚えておくと便利な等式を少し追加しておきます．

指数法則 原理 $a>0$，p, q は『実数』とする．

❶：$a^pa^q=a^{p+q}$　❶′：$\dfrac{a^p}{a^q}=a^{p-q}$　左辺 $=a^p\cdot\dfrac{1}{a^q}=a^pa^{-q}=$ 右辺

❷：$\left.\begin{matrix}(a^p)^q\\(a^q)^p\end{matrix}\right\}=a^{pq}$

❸：$(ab)^p=a^pb^p$　❸′：$\left(\dfrac{a}{b}\right)^p=\dfrac{a^p}{b^p}$　左辺 $=\left(a\cdot\dfrac{1}{b}\right)^p=a^p\cdot(b^{-1})^p=a^p\cdot b^{-p}=$ 右辺

注　“思い出し方”は1に書いたのと同様，指数が自然数のつもりで具体例をイメージ．■

累乗根とその性質 原理 $a>0$，n は自然数とする．

$\square^n=a$ の $\square$ に入る数を a の n 乗根といい，そのうち正の数を記号 $\sqrt[n]{a}$ で表す．

$a, b>0$，n, k, l は自然数として，次が成り立つ：

㋐：$\sqrt[n]{a}>0$．㋑：$(\sqrt[n]{a})^n=a=\sqrt[n]{a^n}$．㋒：$\sqrt[n]{a}\sqrt[n]{b}=\sqrt[n]{ab}$，　㋒′：$\dfrac{\sqrt[n]{a}}{\sqrt[n]{b}}=\sqrt[n]{\dfrac{a}{b}}$．㊀：$\sqrt[l]{\sqrt[k]{a}}=\sqrt[kl]{a}$．

指数と累乗根 原理 m は整数，n は自然数として

$a^{\frac{1}{n}}=\sqrt[n]{a}$．　$\dfrac{1}{n}$ 乗は n 乗根

$a^{\frac{m}{n}}=\sqrt[n]{a^m}=(\sqrt[n]{a})^m$．　$\dfrac{m}{n}$ 乗は，$\begin{cases}m\text{ 乗の }n\text{ 乗根}\\n\text{ 乗根の }m\text{ 乗}\end{cases}$

注　学校教科書には，これ以外の累乗根の性質も載っていたりしますが，まず使いません（笑）．「累乗根」に関する複雑な計算は，「指数」で表して「指数法則」を用いる方が明快です．■

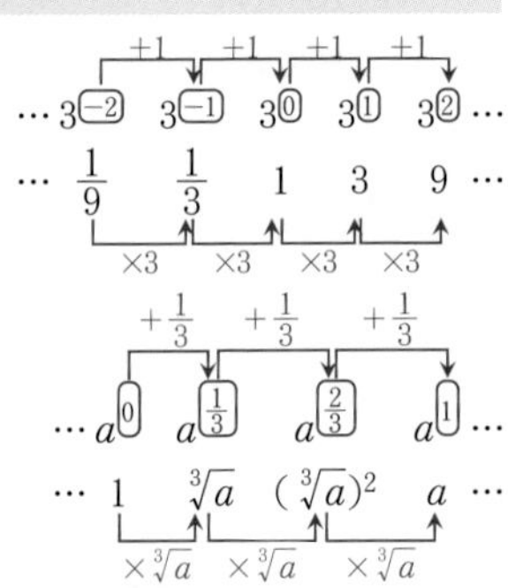

重要　指数を『整数』『有理数』まで拡張しても，a^p について指数 p が『自然数』のとき成り立っていたルール：

「指数 p が一定値増えるごとに累乗 a^p の数値が一定値倍になる」

という規則は保たれ，整合性があって扱いやすそうですね．

将来　7「数列」を学ぶと，上記のルールは次のように言い表せます：

「指数 p が**等差数列**をなすとき，累乗 a^p は**等比数列**をなす」

右のグラフからわかるように，実数の n 乗根は，n の偶奇によって次のようになります：

	$a\ (>0)$ の n 乗根	$-a\ (<0)$ の n 乗根
n が偶数	$\pm\sqrt[n]{a}$	ない
n が奇数	$\sqrt[n]{a}\ (>0)$	$\sqrt[n]{-a}=-\sqrt[n]{a}\ (<0)$

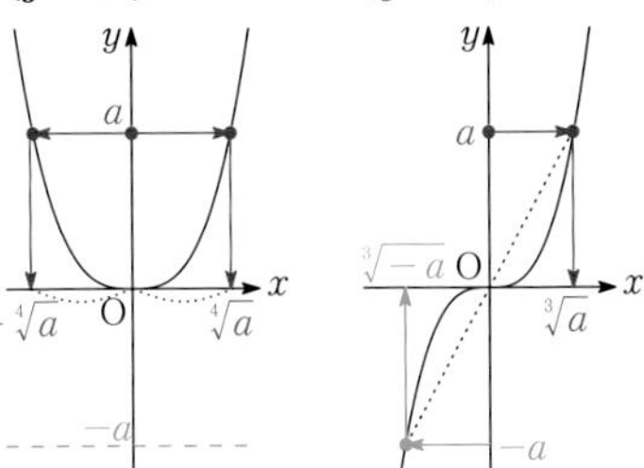

例 $\sqrt[3]{-27}=-3$．$\sqrt[5]{-32}=-2$．

注 負数 $-a$ の奇数乗根（3 乗根など）は，$\sqrt[n]{-a}\to-\sqrt[n]{a}$ とマイナスを根号の外に出してから計算するのが賢明です．■

これらをもとに，いよいよこれから指数に関する計算練習をしたり応用問題を解いたりしていきます．

例題 5 1 a 指数・累乗の計算 重要度↑ 根底 実戦 定期 [→演習問題 5 5 2]

次の計算をして，□に適切な数値を当てはめた形で答えよ．

(1) $\dfrac{1}{\sqrt[5]{8}}=2^{\square}$　(2) $25^{\frac{3}{4}}=\sqrt{\square}$　(3) $3^{\frac{5}{4}}\cdot3^{-\frac{3}{2}}=3^{\square}$　(4) $\dfrac{8}{\sqrt[3]{-4}}=-2^{\square}$

(5) $5^{\frac{2}{3}}\cdot2^{\frac{4}{3}}=\sqrt[3]{\square}$　(6) $\dfrac{\sqrt[3]{32}}{3\cdot3^{\frac{1}{3}}}=\square\cdot\square^{\frac{2}{3}}$　(7) $81^{\frac{2}{5}}+\dfrac{1}{\sqrt[5]{-9}}=\square\sqrt[5]{\square}$　(8) $(\sqrt[5]{2})^{-\frac{3}{2}}\cdot\sqrt{4^{\frac{2}{5}}}=2^{\square}$

方針 随所に累乗根が現れますが，計算過程では指数で表す方が簡明です．

解答 (1) $\dfrac{1}{\sqrt[5]{8}}=\dfrac{1}{\sqrt[5]{2^3}}=\dfrac{1}{2^{\frac{3}{5}}}=2^{\boxed{-\frac{3}{5}}}$．

(2) $25^{\frac{3}{4}}=(5^2)^{\frac{3}{4}}=5^{2\cdot\frac{3}{4}}=5^{\frac{3}{2}}=\sqrt{5^3}=\sqrt{\boxed{125}}$．

(3) $3^{\frac{5}{4}}\cdot3^{-\frac{3}{2}}=3^{\frac{5}{4}-\frac{3}{2}}=3^{\boxed{-\frac{1}{4}}}$．

注 普段の計算における最後の結果もこれで OK ですが，累乗根を用いて $\dfrac{1}{\sqrt[4]{3}}$ と答えを書く人が多い気がします．■

(4) $\dfrac{8}{\sqrt[3]{-4}}=-\dfrac{2^3}{2^{\frac{2}{3}}}=-2^{3-\frac{2}{3}}=-2^{\boxed{\frac{7}{3}}}$．

(5) $5^{\frac{2}{3}}\cdot2^{\frac{4}{3}}=5^{2\cdot\frac{1}{3}}\cdot2^{4\cdot\frac{1}{3}}$
$=(5^2\cdot2^4)^{\frac{1}{3}}=\sqrt[3]{\boxed{400}}$．

(6) $\dfrac{\sqrt[3]{32}}{3\cdot3^{\frac{1}{3}}}=\dfrac{(2^5)^{\frac{1}{3}}}{3^{\frac{4}{3}}}$
$=\dfrac{2^{\frac{5}{3}}}{3^{\frac{4}{3}}}$　（$\frac{2}{3}$ 乗で表す準備）
$=\dfrac{2^{1+\frac{2}{3}}}{3^{2\cdot\frac{2}{3}}}=2\cdot\dfrac{2^{\frac{2}{3}}}{9^{\frac{2}{3}}}=\boxed{2}\cdot\left(\boxed{\frac{2}{9}}\right)^{\frac{2}{3}}$．

注 分子は次のように変形してもよいですね：
$\sqrt[3]{32}=\sqrt[3]{8\cdot4}=\sqrt[3]{8}\cdot\sqrt[3]{4}=2\sqrt[3]{4}=\boxed{2}\cdot2^{\boxed{\frac{2}{3}}}$．■

(7) $81^{\frac{2}{5}}+\dfrac{1}{\sqrt[5]{-9}}=81^{\frac{2}{5}}-\dfrac{1}{\sqrt[5]{9}}$
$=(3^4)^{\frac{2}{5}}-\dfrac{1}{\sqrt[5]{3^2}}$
$=3^{\frac{8}{5}}-\dfrac{1}{3^{\frac{2}{5}}}$
$=3^{1+\frac{3}{5}}-\dfrac{3^{\frac{3}{5}}}{3^{\frac{2}{5}}\cdot3^{\frac{3}{5}}}$
$=3\cdot3^{\frac{3}{5}}-\dfrac{3^{\frac{3}{5}}}{3}$
$=\left(3-\dfrac{1}{3}\right)3^{\frac{3}{5}}$
$=\boxed{\dfrac{8}{3}}\sqrt[5]{\boxed{27}}$

(8) $(\sqrt[5]{2})^{-\frac{3}{2}}\cdot\sqrt{4^{\frac{2}{5}}}=\left(2^{\frac{1}{5}}\right)^{-\frac{3}{2}}\cdot\left(2^{2\cdot\frac{2}{5}}\right)^{\frac{1}{2}}$
$=2^{-\frac{3}{10}}\cdot2^{\frac{4}{10}}$
$=2^{-\frac{3}{10}+\frac{4}{10}}=2^{\boxed{\frac{1}{10}}}$．

注 普段の計算では，最後の結果を $\sqrt[10]{2}$ と答える人が多い気がします．■

言い訳 重要度↓ 例えば(7)の答えは，$\boxed{\frac{8}{3}}\sqrt[5]{\boxed{27}}=\frac{4}{3}\sqrt[5]{32}\sqrt[5]{27}=\boxed{\frac{4}{3}}\sqrt[5]{864}$ とも書けるので，「答えの一意性」が確立していませんが，入試で本問のようなものが出る訳ではないのでお気になさらずに（笑）．

第5章 指数・対数関数

2 指数関数とそのグラフ

本節以降では，小うるさい話は一切なし！おおらかな気持ちで臨みましょう（笑）．

1 指数関数とは

$y=a^x$ $(a>0,\ a\neq 1)$ …① のとき，y は x の関数です（つまり，一意的に対応します）．これを**指数関数**といい，a のことを底（てい）といいます．

注　$a=1$ のときの「$y=1^x$」も x の「関数」ではあります（$y=1$ という定数値関数）．ただし，ふつう「指数関数」とは呼びません．その理由には，4で登場する「対数関数」も絡んでいます．

2 指数関数の増減

底が 2 の指数関数 $y=2^x$ …② について考えます．x は任意の実数であり，つねに $y>0$ です．

それでは，x の増加にともなう y の増減を調べてみましょう．

まず，x の整数値に対する y の値は，右表のようになります．x が 1 増える毎に，y は 2 倍になるので増加します．

x	…	-3	-2	-1	0	1	2	3	…
$y=2^x$	…	$\frac{1}{8}$	$\frac{1}{4}$	$\frac{1}{2}$	1	2	4	8	…

（x：+1 +1 +1 +1 +1 +1　y：×2 ×2 ×2 ×2 ×2 ×2）

整数以外の x についても同様です．例えば x が $\frac{1}{2}$ ずつ増えるとき，y はその度に $\sqrt{2}$ 倍になるので増加します（x が $\frac{1}{3}$ ずつ，$\frac{1}{4}$ ずつ増えるときも同様）．

x	0	$\frac{1}{2}$	1
$y=2^x$	1	$\sqrt{2}$	2

（x：$+\frac{1}{2}$ $+\frac{1}{2}$　y：$\times\sqrt{2}$ $\times\sqrt{2}$）

指数関数②は，実数 x の増加関数です．

次に，底が $\frac{1}{2}$ の指数関数 $y=\left(\frac{1}{2}\right)^x$ …③ について考えます．

x が 1 増える毎に y は $\frac{1}{2}$ 倍になるので減少します．指数関数③は，実数 x の減少関数です．

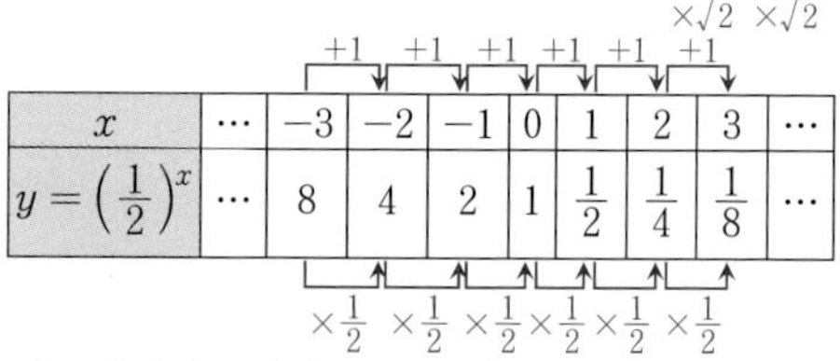

x	…	-3	-2	-1	0	1	2	3	…
$y=\left(\frac{1}{2}\right)^x$	…	8	4	2	1	$\frac{1}{2}$	$\frac{1}{4}$	$\frac{1}{8}$	…

（x：+1 +1 +1 +1 +1 +1　y：$\times\frac{1}{2}$ $\times\frac{1}{2}$ $\times\frac{1}{2}$ $\times\frac{1}{2}$ $\times\frac{1}{2}$ $\times\frac{1}{2}$）

②③を比べるとわかるように，指数関数①の増減は，**底 a と 1 との大小**によって変わってきます．

3 指数関数のグラフ

例　前項②③のグラフを描いてみましょう．行う作業はごく単純です．前項の表を見ながら，対応する x と y をペアにした点 $(x,\ y)$ を xy 平面上にプロットしていき，それらの点を滑らかにつなぐまでです（4 6 1 三角関数のグラフと同様です）．

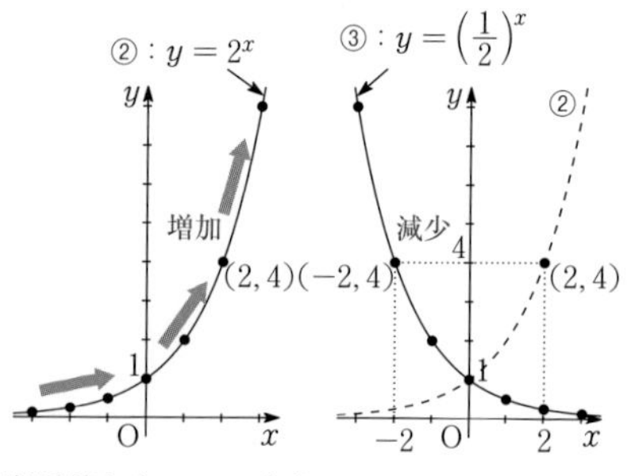

②のグラフを見ると，x が大きいときほど y が急激に増加する様子がわかりますね（図の赤矢印の向き）．これが，指数関数のグラフの特徴です．また，x 軸がグラフの漸近線となっています．

参考　③を変形すると，③: $y=(2^{-1})^x=2^{-x}$．よって，例えば②のグラフ上には点 $(2,\ 4)$ があり，③のグラフ上には点 $(-2,\ 4)$ があります．これからわかるように，両者のグラフは y 軸に関して対称です．

問　次の指数関数について，表を完成させた上でグラフを描け．

(1) $y=\left(\sqrt{2}\right)^x$　　　(2) $y=\left(\dfrac{1}{3}\right)^x$

x	$\cdots$	-4	-3	-2	-1	0	1	2	3	4	$\cdots$
y	$\cdots$										$\cdots$

x	$\cdots$	-2	-1	0	1	2	$\cdots$
y	$\cdots$						$\cdots$

解答 (1)

x	$\cdots$	-4	-3	-2	-1	0	1	2	3	4	$\cdots$
y	$\cdots$	$\frac{1}{4}$	$\frac{1}{2\sqrt{2}}$	$\frac{1}{2}$	$\frac{1}{\sqrt{2}}$	1	$\sqrt{2}$	2	$2\sqrt{2}$	4	$\cdots$

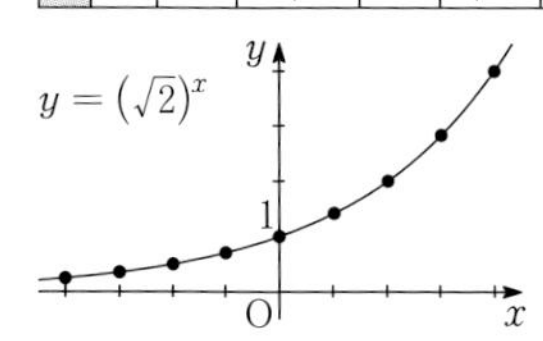

(2)

x	$\cdots$	-2	-1	0	1	2	$\cdots$
y	$\cdots$	9	3	1	$\frac{1}{3}$	$\frac{1}{9}$	$\cdots$

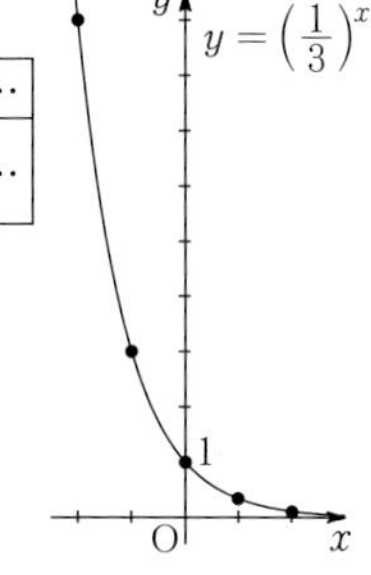

前記の**例**および**問**を通して，指数関数 $y=a^x$ $(a>0,\ a\neq 1)$ …① は，底：$a>1$ のとき増加関数，底：$0<a<1$ のとき減少関数となることがわかります．(詳細なまとめは，4で「対数関数」と合わせて行います．)

したがって，大小関係に関して次が成り立ちます：

　　$a>1$ のとき，$x_1<x_2 \iff a^{x_1}<a^{x_2}$．　大小は一致

$0<a<1$ のとき，$x_1<x_2 \iff a^{x_1}>a^{x_2}$．　大小は逆

問　次の大小を比較せよ．　(1) $4\sqrt{2}$, $\sqrt[4]{512}$　(2) $3^{\sqrt{2}}$, $27^{\frac{2}{5}}$

解答 (1) $4\sqrt{2}=2^2\cdot 2^{\frac{1}{2}}=2^{2+\frac{1}{2}}=2^{\frac{5}{2}}$,

$\sqrt[4]{512}=(2^9)^{\frac{1}{4}}=2^{\frac{9}{4}}$.

ここで，$\dfrac{5}{2}=\dfrac{10}{4}>\dfrac{9}{4}$ であり，底：$2>1$ だから

$2^{\frac{5}{2}}>2^{\frac{9}{4}}$．　i.e. $4\sqrt{2}>\sqrt[4]{512}$.//

(2) $27^{\frac{2}{5}}=(3^3)^{\frac{2}{5}}=3^{\frac{6}{5}}$.

ここで，$\sqrt{2}=1.4\cdots>1.2=\dfrac{6}{5}$ であり，

底：$3>1$ だから

$3^{\sqrt{2}}>27^{\frac{2}{5}}$.//

注　大小比較の方法は，ここで用いた「底の統一」以外にもあります．[→例題5 6 a(2)]

コラム

「1つに定まる」と「表せる」　5 3 1の後で読んでください

指数関数 $y=2^x$ のグラフ(右図上)からわかる通り

　　$2^x=k\ (k>0)$ を満たす実数 x が **1つに定まります**．…①

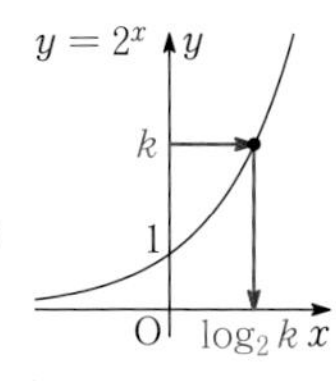

全く同様に，三角関数 $y=\sin x\left(-\dfrac{\pi}{2}\leq x\leq\dfrac{\pi}{2}\right)$ において，右図下からわかる通り

　　$\sin x=k\ (-1\leq k\leq 1)$ を満たす実数 x が **1つに定まります**．…②

このように，両者とも k に対応する x が **1つに定まります**．ところがその「x」の**表記**となると事情が異なります．①の「x」は高校教科書で学ぶ記号を用いて「$\log_2 k$」と表せます．一方②の「x」は，それを表す記号：「$\mathrm{Sin}^{-1}k$」を学ぶのが大学以降であるため表せませんので，「α」などと“名前”を付け，その定義を明記した上で扱っていきます．[→例題4 4 f 解説 2)]

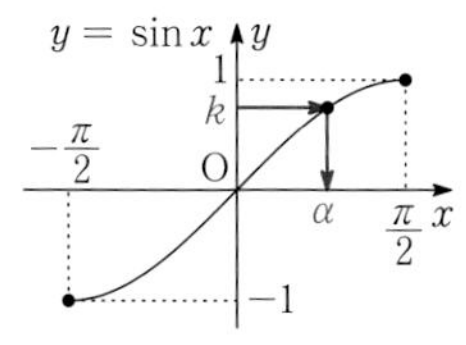

3 対数とその公式

5 1 3では，$\square^3=8$ の「$\square$に入る数」である 3 乗根などの**累乗根**について学びました．本節の「対数」も，それと同じように導入され，その**定義こそが最重要**です．

注 本章5は，終始実数だけを対象として考えています．

1 $\log_2 8$ とは？

$\square^3=8$ の $\square$ に入る数，つまり方程式 $x^3=8$ の解 x（実数）のことを，「8 の 3 乗根」といい，記号「$\sqrt[3]{8}$」で表すのでした．こうすれば，方程式 $x^3=7$ のように，解 x が整数値などできれいに表せないときでも，その解を「$\sqrt[3]{7}$」と書き表すことができて便利です．

それと同様に，$2^{\square}=8$ の$\square$に入る数，つまり方程式 $2^x=8$ の解 x のことを，「2 を**底**とする 8 の**対数**」といい，記号「$\log_2 8$」[1] で表すことにします．「8」のことを，この対数の**真数**といいます．

定義	意味	名称	記号
$\square^3=8$ の$\square$に入る数：2	3 乗したら 8 になる数	8 の **3 乗根**	$\sqrt[3]{8}$
$2^{\square}=8$ の$\square$に入る数：3	底 2 の“右肩”に乗っかったら 8 になる数	2 を**底**とする 8 の**対数**	$\log_2 8$

語記サポ 1)：読み方は人それぞれ．筆者の場合は「ログ 2 底(てい)の 8」です．■

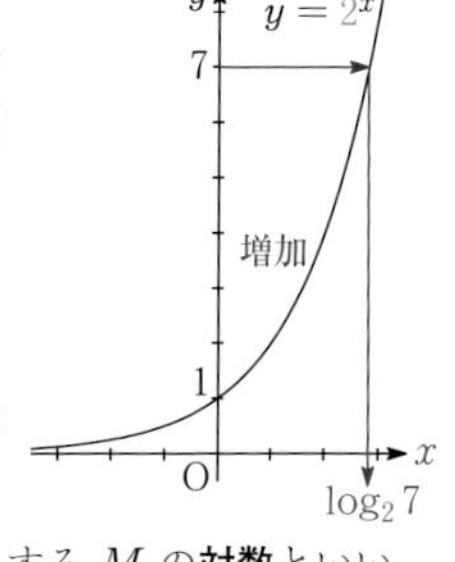

このように「対数」および記号「log」を約束しておけば，方程式 $2^x=\underset{\sim}{7}$ のように，解 x が整数値などできれいに表せないときでも，その解を「$\log_2 7$」と書き表すことができて助かりますね．（5 2 最後のコラムも読んでみてね）

5 2 3で描いた底が 2 の指数関数 $y=2^x$ …② のグラフ（右図）を見れば，方程式 $2^x=7$ の解 x が確かに **1 つに定まる**ことがわかります．その値を「$\log_2 7$」と表している訳です．方程式の右辺を 7 以外の正数に変えたり，底を 2 以外の正数（1 は除く）に変えても「**1 つに定まる**」ことは同様です．

よって一般に，$a^{\square}=M\ (a>0,\ a\neq 1,\ M>0)$ の$\square$に入る数を，a を**底**とする M の**対数**といい，記号「$\log_a M$」で表すことと定めます．

重要 例えば$\log_3 81$の値を算出する際，いちいち原理に戻って $3^{\square}=81$ と書いていてはスピード不足です．$\log_3 81$ とは「底 3 の“右肩”に乗っかったら 81 になる数」ですから，筆者は次のようにしています：

$\log_{3\square} 81$ のように，底：3 の“右肩”に小さい四角$\square$を“思い浮かべ”，

等式 $3^{\square}=81$ を“イメージ”しながら$\square$に入る数は何か？ と考えて，$\log_3 81=4$.//

問 次の各値を求めよ．

(1) $\log_2 32$　(2) $\log_{10} 10000$　(3) $\log_5 \frac{1}{25}$　(4) $\log_{\frac{1}{2}} 8$

解答 (1) $\log_{2\square} 32=5$.//（$2^{\square}=32$ をイメージ）

(2) $\log_{10\square} 10000=4$.//（$10^{\square}=10000$ をイメージ）

(3) $\log_{5\square}\frac{1}{25}=-2$.//（$5^{\square}=\frac{1}{25}$ をイメージ）

(4) $\log_{\frac{1}{2}\square} 8=-3$.//（$\left(\frac{1}{2}\right)^{\square}=8$ をイメージ）

注 5 2 1で，指数関数 $y=a^x\ (a>0,\ a\neq 1)$ …① において，底 a の値として「1」が除外されていました．これは，次のような事情によると考えることができます．

$a=1$ のときの①：$y=1^x$（$=1$）も x の関数ですが，グラフは右のようになり，$y=M$（$M>0$）に対応する x の値が 1 つに定まりません．つまり，$\log_1 M$ という値は定義できません．このように，指数関数①に $a=1$ の場合も含めてしまうと，それを例外的に扱わざるを得なくなります．こうした事情があり，指数関数の底として $a=1$ は考えません．

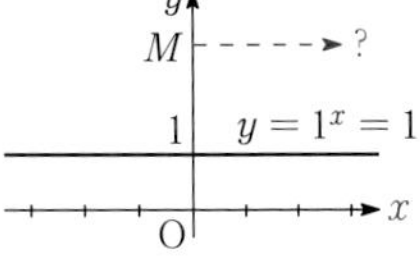

2 $2^{\log_2 8}$ とは？

累乗根・対数には，その定義から当然成り立つ等式があります：

定義	記号	等式	理由
$\square^3=8$ の□に入る数：2	$\sqrt[3]{8}$	$\left(\boxed{\sqrt[3]{8}}\right)^3=8$	3 乗したら 8 になる数を，実際に 3 乗したから．
$2^{\square}=8$ の□に入る数：3	$\log_2 8$	$2^{\boxed{\log_2 8}}=8$	底 2 の“右肩”に乗っかったら 8 になる数を，実際に 2 の“右肩”に乗っけたから．

もちろん，「8」のところが「7」とかに変わっても同様です：

$$\left(\boxed{\sqrt[3]{7}}\right)^3=7.\qquad 2^{\boxed{\log_2 7}}=7.$$

不思議なことに，累乗根の方はほとんどの受験生が使えるのに，対数の方は大多数の受験生が使いこなせません（苦笑）．これは，対数の定義をないがしろにしているから起こる現象です．

今一度確認しておきます：

代入

$2^{\square}=7$ の□に入る数が $\log_2 7$．だから当然，$2^{\boxed{\log_2 7}}=7$．　アタリマエ中のアタリマエ

それでは，対数に関するここまでのまとめです：

対数の定義と性質　原理　既習者

$a>0,\ a\neq 1,\ M>0$ のとき，$a^{\boxed{x}}=M$ を満たす実数 $\boxed{x}$ が **1 つに定まる**．

この $\boxed{x}$ を，a を**底**とする M の**対数**といい，記号

$\log_a \square M$　□に入る数だと“イメージ”する

で表す．M をこの対数の**真数**という．また，対数の定義より自ずと次の等式が成り立つ：

❶：$a^{\boxed{\log_a M}}=M$．

例題 5 3 a　対数の定義・性質　重要度↑　根底 実戦

[→演習問題 5 5 3]

次の各値を求めよ．

(1) $\log_{\sqrt{2}}\dfrac{1}{16}$　(2) $3^{\log_3 5}$　(3) $\dfrac{3}{2}=\log_4\square$ の□に入る数

注 次項の「対数の公式」を用いるのは不可．本項の知識だけで解答すること．

解説 (1) $\log_{\sqrt{2}}\square\dfrac{1}{16}$ とイメージします．

$\sqrt{2}=2^{\frac{1}{2}},\ \dfrac{1}{16}=2^{-4}$．

$(2^{\frac{1}{2}})^{\square}=2^{-4}$ の□に入る数を考えて

$\log_{\sqrt{2}}\dfrac{1}{16}=-8.$ //

(2) $3^{\log_3 5}=5.$ //　❶より

(3) $\dfrac{3}{2}=\log_4\square\boxed{}$ とイメージします．

□に入る数が $\dfrac{3}{2}$ なので

$\square=4^{\frac{3}{2}}=(2^2)^{\frac{3}{2}}=2^3=8.$ //

3 対数の公式

5 1 6 の指数法則をもとに，対数に関する公式がいくつか得られます．以下において，$a>0,\ a \neq 1,\ M>0,\ N>0$ で p, q は実数とします．

指数法則❶：$\underbrace{a^p}_{M}\underbrace{a^q}_{N} = a^{p+q}$ …① において，

$a^p = M,\ a^q = N$ …② とおく．

①より，$\log_a MN = p+q$.

②より，$p = \log_a M,\ q = \log_a N$.

$\therefore \log_a MN = \log_a M + \log_a N.$ …③

指数法則❶′：$\dfrac{a^p}{a^q} = a^{p-q}$ において同様な置換を行えば，次が得られる：

$\log_a \dfrac{M}{N} = \log_a M - \log_a N.$ …③′

指数法則❷：$(\underbrace{a^p}_{M})^q = a^{pq}$ …④ において，

$a^p = M$ …⑤ とおく．

④より，$\log_a M^q = pq$.

⑤より，$p = \log_a M$.

$\therefore \log_a M^q = q\log_a M.$ …⑥

問 次の□に適する数を当てはめよ．

(1) $\log_3 60 - \log_3 12 = \log_3 \square$　(2) $4\log_5 3 = \log_5 \square$　(3) $\log_2 72 = \square + \square \log_2 3$

解答 (1) ③′を右辺→左辺と使って

$\log_3 60 - \log_3 12 = \log_3 \dfrac{60}{12} = \log_3 \boxed{5}$.//

(2) ⑥を右辺→左辺と使って

$4\log_5 3 = \log_5 3^4 = \log_5 \boxed{81}$.//

(3) $\log_2 72 = \log_2 8\cdot 9$

$= \log_2 8 + \log_2 9$　（③を左辺→右辺）

$= \log_2 2^3 + \log_2 3^2$

$= \boxed{3} + \boxed{2}\log_2 3$.//　（対数の定義）（⑥を左辺→右辺）

解説 このように，各公式は「左辺→右辺」，「右辺→左辺」のどちらの向きにも使います．

注意！ (3)の最後で $\log_2 \square 2^3 = 3$ とした所は，**必ず**「対数の定義」で（例の□をイメージして）片付けること．そのすぐ右の項と同様に公式⑥を使ってしまうと，対数の定義を忘れてしまいます（苦笑）．■

次に，対数の底を変える公式を導きます．

前項の対数の性質❶より

$a^{\log_a b} = b\ (b>0).$ …⑦

この両辺（正）に対し，底 c の対数をとる[1] と，

$\log_c a^{\log_a b} = \log_c b$（もちろん $c>0,\ c\neq 1$）．

⑥を用いると

$\log_a b \cdot \log_c a = \log_c b.$

ここで，$a \neq 1$ より $\log_c a \neq 0$[2] だから

$\log_a b = \dfrac{\log_c b}{\log_c a}.$ …⑧

解説 公式⑧を用いると，a を底とする $\log_a b$ は，新たに c を底とする対数の分数で表せて，分子の真数 b は元の真数，分母の真数 a は元の底です．もちろん，その逆向きに使うこともあります．

とくに $b=c$ のときを考えると，⑧は $\log_a b = \dfrac{\log_b b}{\log_b a} = \dfrac{1}{\log_b a}$ …⑧′ となります．

補足 [2]：$\log_c \square a = 0$ となるのは，$a = c^{\boxed{0}} = 1$ のときに限りますね．

語記サポ [1]：「対数をとる」とは，「log を付ける」ことを意味します．言葉があべこべですね（笑）．■

問 次の□に適する数を当てはめよ．

(1) $\log_4 9 = \log_2 \square$　(2) $\log_5 3\cdot \log_3 5 = \square$

解答 (1) $\log_4 9 = \dfrac{\log_2 9}{\log_2 \square 4}$

$= \dfrac{2\log_2 3}{2}$　（上記⑥）（対数の定義）

$= \log_2 \boxed{3}$.//

(2) $\log_5 3\cdot \log_3 5 = \log_5 3 \cdot \dfrac{1}{\log_5 3}$　（上記⑧′）

$= \boxed{1}$.//

解説 底と真数を入れ替えると，逆数になります．

注 対数の底を変換する公式⑧の元になった等式⑦，つまり前述の性質❶を用いれば，指数関数の底の変換ができます：

$a = b^{\log_b a}$. ⑦とは a, b が入れ替わってます

$\therefore a^x = (b^{\log_b a})^x = b^{(\log_b a)x}$. 底 a →底 b と変わった ■

それでは対数の公式のまとめです：

対数の公式 定理

❶：$a = b^{\log_b a}$. 指数関数の底の変換に使える：$a^x = (b^{\log_b a})^x = b^{(\log_b a)x}$

❷：$\log_a MN = \log_a M + \log_a N$. （積の対数＝対数の和）

❷′：$\log_a \dfrac{M}{N} = \log_a M - \log_a N$. （商の対数＝対数の差）

❸：$\log_a M^q = q \log_a M$. （q 乗の対数＝対数の q 倍）

❹：$\log_a b = \dfrac{\log_c b}{\log_c a}$.

❹′：$\log_a b = \dfrac{1}{\log_b a}$. 底と真数を入れ替えると逆数

重要 ❷，❷′に赤字で書き入れたように，対数には，「積や商」と「和や差」を関連付ける機能があります．[→例題 5 6 c]

また，❸は，真数が「q 乗」の形であるとき，対数の「q 倍」となることを意味しています．■

以上で対数の定義と定理が出そろいましたので，対数計算がスラスラできるよう練習しましょう．

例題 5 3 b 対数の計算 根底 実戦 定期

[→演習問題 5 5 4]

次の計算をせよ．□がある問いについては，そこに適切な数値を当てはめた形で答えよ．

(1) $\log_5 8 + \log_5 9 - \log_5 6$　(2) $\log_{10} 2.43 = \square \log_{10} 3 - \square$　(3) $\log_8 27 - 4 = \log_2 \square$

(4) $\log_3 2 - \log_9 2 + \log_{\sqrt{3}} 2 = \log_3 \square$　(5) $\log_8 9 \cdot \log_3 5 \cdot \log_{25} 8$

方針 各公式を，「左辺→右辺」，「右辺→左辺」の両方向に使います．

解答 (1) $\log_5 8 + \log_5 9 - \log_5 6$ 対数の和，差

$= \log_5 8 \cdot 9 - \log_5 6$

$= \log_5 \dfrac{8 \cdot 9}{6}$ 積，商の対数

$= \log_5 12$. //

(2) $\log_{10} 2.43 = \log_{10} \dfrac{243}{100}$ 商の対数

5 乗の対数 $= \log_{10} 3^5 - \log_{10} 100$ 対数の差

対数の 5 倍 $= \boxed{5} \log_{10} 3 - \boxed{2}$.

(3) $\log_8 27 - 4 = \dfrac{\log_2 27}{\log_2 8} - 4$ 底の変換

$= \dfrac{3 \log_2 3}{3} - 4$ この「4」を $\log_2 \square$ の形に

$= \log_2 3 - \log_2 2^4 = \log_2 \boxed{\dfrac{3}{16}}$.

(4) $\log_3 2 - \log_9 2 + \log_{\sqrt{3}} 2$

$= \log_3 2 - \dfrac{\log_3 2}{\log_3 9} + \dfrac{\log_3 2}{\log_3 \sqrt{3}}$ 底を3に統一

$= \log_3 2 - \dfrac{\log_3 2}{2} + 2 \log_3 2$ $\log_3 \sqrt{3} = \dfrac{1}{2}$

$= \log_3 2 - \log_3 2^{\frac{1}{2}} + \log_3 2^2 = \log_3 \dfrac{2 \cdot 2^2}{\sqrt{2}}$

$= \log_3 \boxed{4\sqrt{2}}$.

(5) $\log_8 9 \cdot \log_3 5 \cdot \log_{25} 8$

$= \dfrac{\log_2 9}{\log_2 8} \cdot \dfrac{\log_2 5}{\log_2 3} \cdot \dfrac{\log_2 8}{\log_2 25}$ 底を 2 に統一

$= \dfrac{2 \log_2 3}{3} \cdot \dfrac{\log_2 5}{\log_2 3} \cdot \dfrac{3}{2 \log_2 5} = 1$. //

注 底を 2 以外に統一しても同様にできます．

4 対数関数とそのグラフ 重要度↑

1 対数関数とは

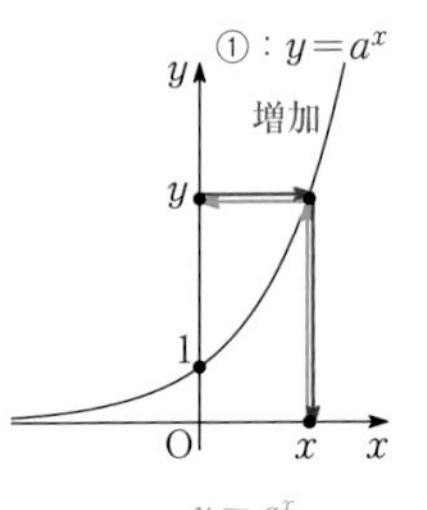

指数関数 $y=a^x$ $(a>0,\ a\neq 1)$ …① において，y は x の関数，つまり，実数 x に対して y は一意的に対応します．また，例えば $a>1$ の場合，y は x の増加関数で任意の正の値をとります．よって右図からわかるように，正数 y に対して x は一意的に対応します．つまり，x は y の関数であり，これを表す式は，①を変形して得られる $x=\log_a y$ …①′ ですね．($0<a<1$ のときも，「増加」が「減少」に変わること以外は同様です．)

これで，指数関数①とは逆向きの[1] 関数ができました．関数を表す際の慣習に従い，x と y を互換して，元の値を文字「x」，それに対応する値を文字「y」で表すと，

$x \underset{x=\log_a y}{\overset{y=a^x}{\rightleftarrows}} y$

$y=\log_a x$ $(x>0)$. …①″ ①①′では $y>0$．“互換”したので，ここでは $x>0$．

これを，a を底とする**対数関数**といいます．

注 ここで行った x と y の互換，つまり文字の“入れ替え操作”が，しばしばチンプンカンプンの原因となります(笑)．ここだけで理解しようとせず，次項の具体例を見て納得してください．

将来 1)：数学Ⅲでは，これを「**逆関数**」と呼ぶことを学びます．文系の人も，用語として一応知っていて損はないと思います．

2 対数関数の増減

例 ともに 2 を底とする

指数関数 $y=2^x$ …②と

対数関数 $y=\log_2 x$ $(x>0)$ …②″

では，前項で見たように x と y が入れ替わっています(右表)．②において y は x の増加関数，つまり x が大きいほど y も大きいのですから，②″においても同様になります．

x	…	-3	-2	-1	0	1	2	3	…
②: $y=2^x$	…	$\frac{1}{8}$	$\frac{1}{4}$	$\frac{1}{2}$	1	2	4	8	…

x	…	$\frac{1}{8}$	$\frac{1}{4}$	$\frac{1}{2}$	1	2	4	8	…
②″: $y=\log_2 x$	…	-3	-2	-1	0	1	2	3	…

底が，例えば $\frac{1}{2}$ のように 1 より小さい場合は，指数関数・対数関数とも減少します(次項で扱います)．

3 対数関数のグラフ

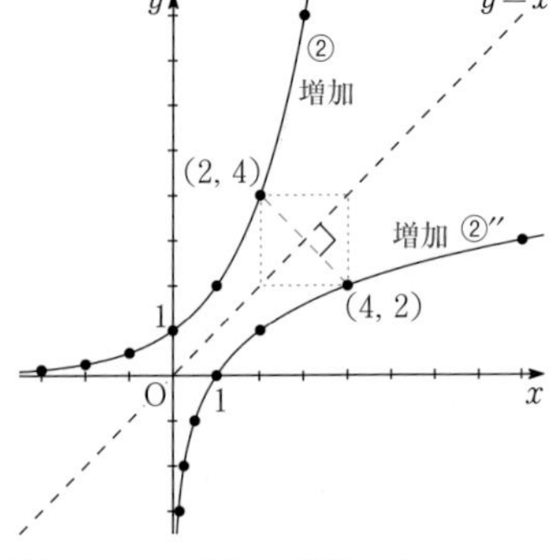

例 1 前項の対数関数②″のグラフを，指数関数②のグラフと対比しながら描いてみましょう．前項の表を見ながら，対応する x と y をペアにした点 $(x,\ y)$ を xy 平面上にプロットして滑らかにつなぐと，右のようになります．

一般に，$b=2^a \Longleftrightarrow a=\log_2 b$ ですから，例えば②のグラフ上に点 (2, 4) があるとき，②″のグラフ上には $x,\ y$ を互換した点 (4, 2) があります(前項の表からもわかりますね)．

青線で描いた正方形を見るとわかるように，これら 2 点は直線 $y=x$ に関して対称です[2]．よって②と②″は，グラフどうしが直線 $y=x$ に関して対称です．

注 2)：これは，既に**演習問題 3 9 5 参考**において言及しました．

例2 次に，底を 2 から 1 より小さい正数 $\frac{1}{2}$ に変えてみましょう．

指数関数 $y=\left(\frac{1}{2}\right)^x$ …③

対数関数 $y=\log_{\frac{1}{2}} x\ (x>0)$ …③″

（x と y を互換）

は，下表からわかるようにどちらも減少関数であり，グラフは右の通りです．

x	…	-3	-2	-1	0	1	2	3	…
③: $y=\left(\frac{1}{2}\right)^x$	…	8	4	2	1	$\frac{1}{2}$	$\frac{1}{4}$	$\frac{1}{8}$	…

x	…	$\frac{1}{8}$	$\frac{1}{4}$	$\frac{1}{2}$	1	2	4	8	…
③″: $y=\log_{\frac{1}{2}} x$	…	3	2	1	0	-1	-2	-3	…

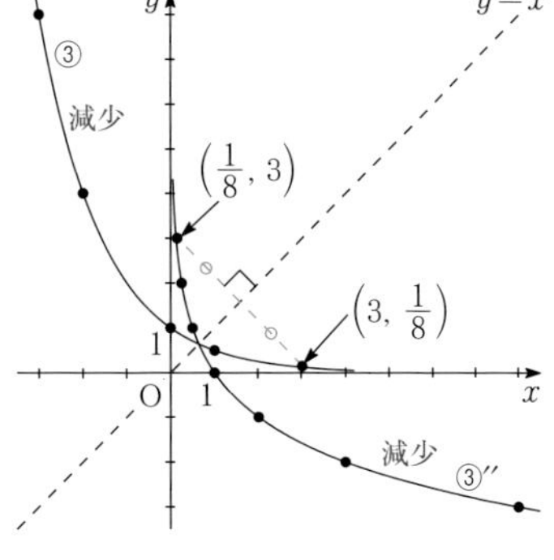

注 ②と②″と同様，③と③″もグラフどうしは直線 $y=x$ に関して対称です．

4 指数関数・対数関数のグラフ

前項の **例1** **例2** からもわかるように，対数関数 $y=\log_a x\ (x>0)$．…①″ の増減は，指数関数 $y=a^x\ (a>0,\ a\neq 1)$ …① と同じであり，底：$a>1$ のとき増加関数，底：$0<a<1$ のとき減少関数となります．

5 2 の内容も取り込んでまとめると，次のようになります：

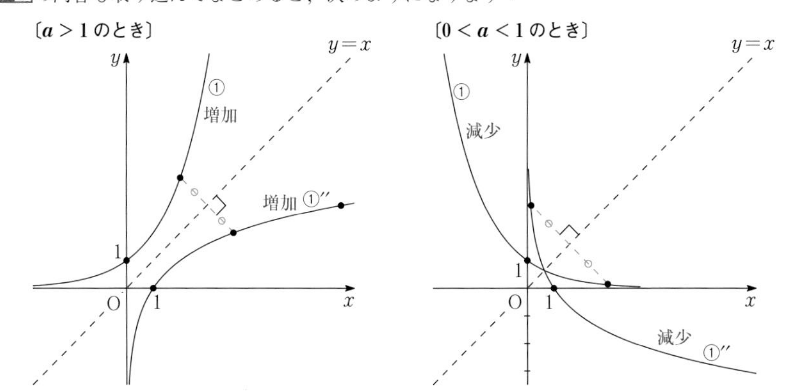

↓ グラフどうしは直線 $y=x$ に関して対称	増減 $a>1$	増減 $0<a<1$	定義域 x の範囲	値域 y の範囲	通る点 切片[1]	漸近線（近づく直線）
$y=a^x$ …①	増加	減少	実数全体	$y>0$	点 (0, 1)	x 軸
$y=\log_a x\ (x>0)$ …①″	増加	減少	$x>0$	実数全体	点 (1, 0)	y 軸

補足 [1]：切片を境に，指数関数では x，対数関数では y の**符号が変わる**ことも覚えておきましょう．

重要 上の 4 つのタイプのグラフを目に焼き付け，必要に応じて瞬時に描き（あるいは“思い描き”），表に書いた情報などを見抜けるようにしましょう．今後，随所で使います！

将来 数学Ⅲでは，**自然対数の底**と呼ばれる特別な定数：$e=2.71\cdots$ を底とする指数関数 $y=e^x$，対数関数 $y=\log_e x$ を多用します（普通，底を省いて「$y=\log x$」と書きます）．$e>1$ ですから，上の $a>1$ の場合と似たようなグラフとなります．

問 次の対数関数について，表を完成させた上でグラフを描け．

(1) $y = \log_3 x$

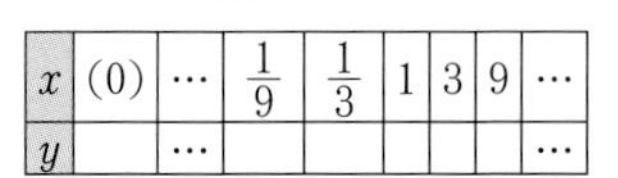

x	(0)	$\cdots$	$\frac{1}{9}$	$\frac{1}{3}$	1	3	9	$\cdots$
y		$\cdots$						$\cdots$

(2) $y = \log_{\frac{1}{3}} x$

x	(0)	$\cdots$	$\frac{1}{9}$	$\frac{1}{3}$	1	3	9	$\cdots$
y		$\cdots$						$\cdots$

解答 (1)

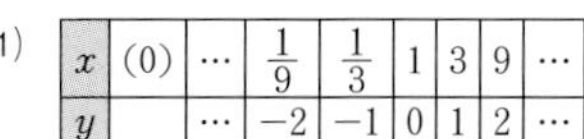

x	(0)	$\cdots$	$\frac{1}{9}$	$\frac{1}{3}$	1	3	9	$\cdots$
y		$\cdots$	-2	-1	0	1	2	$\cdots$

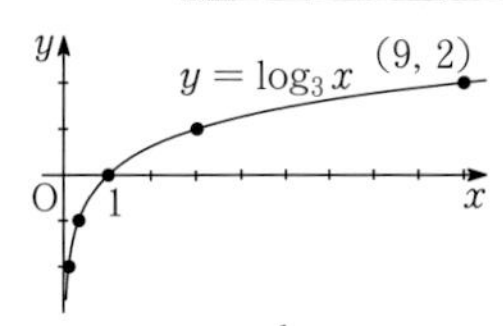

(2)

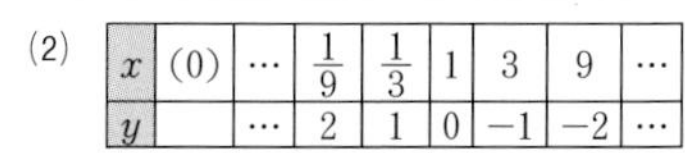

x	(0)	$\cdots$	$\frac{1}{9}$	$\frac{1}{3}$	1	3	9	$\cdots$
y		$\cdots$	2	1	0	-1	-2	$\cdots$

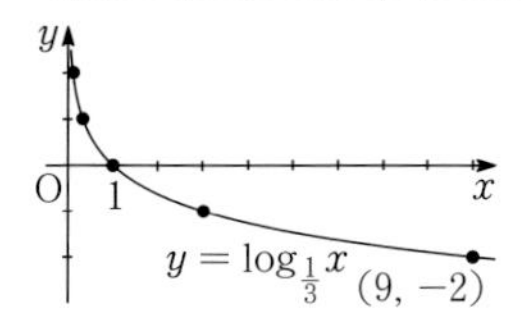

参考 (2)：$y = \dfrac{\log_3 x}{\log_3 \frac{1}{3}} = -\log_3 x$ のグラフは，(1)のグラフと x 軸に関して対称です．

例題 5 4 a 指数・対数関数のグラフ

根底 実戦 定期 [→演習問題 5 5 5]

(1) 指数関数 $y = 2^x$ …①，$y = 2 \cdot 2^x$ …② のグラフを同一座標平面上に描け．

(2) 対数関数 $y = \log_2 x$ …③，$y = \log_2 2x$ …④ のグラフを同一座標平面上に描け．

方針 (1)は①をベースとして②を，(2)は③をベースとして④を描きます．(1)(2)とも，両者の関係性に気を配ること．

解答 (1) **着眼** ②の y 座標が①の2倍[1]であることに注目する手もありますが，ここでは「平行移動」を見抜いて利用します．■

②：$y = 2^{x+1}$ のグラフは，①のグラフを x 軸の向きに -1 だけ平行移動したもの．よって，右図のようになる：

y
−1
②：$y=2 \cdot 2^x$
①：$y=2^x$
(1, 4)
(2, 4)
1
O
x

(2) **着眼** こちらも，ちょっと変形すると「平行移動」が見抜けます．■

④：$y = \log_2 x + 1$ のグラフは，③のグラフを y 軸の向きに $+1$ だけ平行移動したもの．よって，上図のようになる：

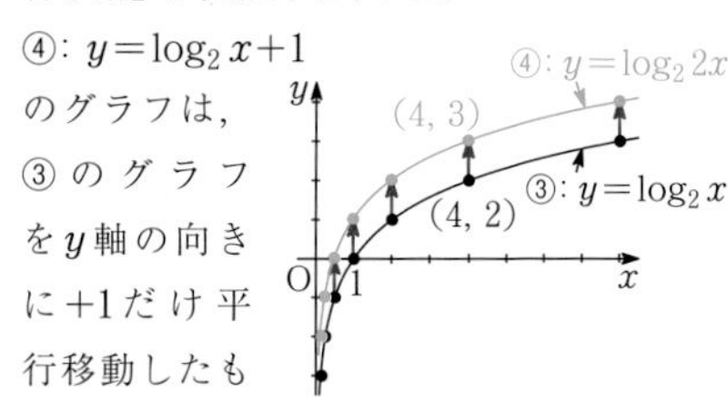

注 [1]：たしかにこの性質も成り立っていることを確認しておいてください（図の赤点線）．

コラム

高校数学の“限界” 本章1では，「指数の拡張」を苦労して苦労してけっこうマジメに行いましたが，最後の 5 1 5 で指数を『実数』まで拡張する際には「指数法則が成り立つことが知られています」とお茶を濁してしまいました（苦笑）．「高校数学」では，このように何かをキチンと証明するのが困難なとき，それを無批判に認めて先へ進むという“逃げ”がときどき行われます．I+A 5 3 2 言い訳 に書いた通り「三角形の相似条件」もそうですし，数学Ⅲの微分・積分・極限ではこうした妥協が頻繁に行われます．そうしないと，基礎の構築にあまりに時間と労力が掛かり過ぎ，その先にある主眼：「基礎の活用」の比重が薄まってしまうので，致し方ないと言えるでしょう．

こうした風潮を否定し，「高校生にも大学並みの厳密さで数学を学ばせるべきだ」という意見もごく一部にはあるかもしれませんが，やはりそれは“やり過ぎ”だと思います．

それとは逆に,「高校数学なんてどうせ基礎をすっ飛ばしてんだからイキナリ公式暗記して問題解法覚えればいいんじゃん」というスタンスはよく見かけますが,これも感心しません.基本原理を問題解法につなげることこそが,高校数学を学ぶことの醍醐(だいごみ)味であり,あるレベル以上の問題が解けるようになるか否かを決定づける事柄ですので.

「基本」を,どこまで深く掘り下げるべきか?これについては様々な意見があってよいと思います.本書は,分野ごとの特性も考慮して読者 = 受験生の数学力伸長にもっとも寄与する“深度”で書くことを基本的スタンスとしています.

言い訳 5 1は,その「基本的スタンス」から少し逸脱してやや深過ぎる記述になっています.「問題を解く」のとは違った,“基本体系の構築そのもの”に興味を抱いてくれる生徒さんがほんの少しでも(笑)いてくれたらと願ってのことです.なので,「読み飛ばしてもOK」と注意しておいた訳です.

5 演習問題A

5 5 1 根底 実戦 定期 重要

次の□に当てはまる数を答えよ.

(1) $\dfrac{1}{49}=7^{\square}$ (2) $10^{-3}=\dfrac{1}{\square}$ (3) $\sqrt[4]{81}=\square$ (4) $\sqrt[5]{-32}=\square$ (5) $\sqrt{125}=5^{\square}$

(6) $\sqrt[3]{243}=3^{\square}$ (7) $\dfrac{1}{\sqrt{8}}=2^{\square}$ (8) $\dfrac{1}{\sqrt[4]{1000}}=10^{\square}$ (9) $3^{\frac{4}{5}}=\sqrt[5]{\square}$ (10) $5^{\frac{2}{3}}=\sqrt[3]{\square}$

5 5 2 根底 実戦 定期 重要

次の計算をして,□に適切な数値を当てはめた形で答えよ.ただし,(8)(9)では $a>0$ とする.

(1) $27^{\frac{3}{4}}=3^{\square}$ (2) $\left(2^{\frac{1}{3}}\cdot 3^{\frac{5}{6}}\right)^{\frac{3}{4}}=2^{\square}\cdot 3^{\square}$ (3) $5^{-\frac{1}{3}}\cdot 5^{\frac{2}{5}}=5^{\square}$ (4) $\dfrac{2^{\frac{1}{4}}}{2^{\frac{2}{3}}}=2^{\square}$ (5) $3^{\frac{3}{2}}\cdot 3^{-\frac{1}{4}}\div 3^{\frac{1}{2}}=3^{\square}$

(6) $\dfrac{\sqrt[3]{9}}{27}=3^{\square}$ (7) $\dfrac{25}{\sqrt{5}}=5^{\square}$ (8) $a\sqrt{a}=a^{\square}$ (9) $\dfrac{\sqrt[3]{a^4}}{a\sqrt[5]{a}}=a^{\square}$

(10) $4^{\frac{1}{6}}\cdot(\sqrt{2})^{\frac{2}{3}}=\sqrt[3]{\square}$ (11) $5^{\frac{1}{3}}+\dfrac{2}{5^{\frac{2}{3}}}=\square\sqrt[3]{5}$ (12) $\dfrac{6}{\sqrt[3]{-4}}+3\sqrt[3]{16}=\square\sqrt[3]{2}$

5 5 3 根底 実戦 定期 重要

次の□に当てはまる数を答えよ.

(1) $3^x=5$ のとき,$x=\square$ (2) $\log_3 81=\square$ (3) $\log_2 4\sqrt{2}=\square$ (4) $\log_{\sqrt{3}}\dfrac{1}{3\sqrt{3}}=\square$ (5) $\log_{100}1000=\square$

(6) $-2=\log_5\square$ (7) $\dfrac{1}{3}=\log_{\frac{1}{3}}\dfrac{1}{\square}$ (8) $10^{\log_{10}7}=\square$ (9) $9^{\log_3 2}=\square$ (10) $3^{\log_9 5}=\square$

5 5 4 根底 実戦 定期

次の計算をして,□に適切な数値を当てはめた形で答えよ.

(1) $\log_6 12+\log_6 3=\square$ (2) $\log_2 15-\log_2 6=\log_2\square$ (3) $\log_3 45=\square+\log_3\square$

(4) $\log_2\dfrac{10}{3}=\square+\log_2\square-\log_2\square$ (5) $2\log_3 5=\log_3\square$ (6) $\log_{10}9\sqrt{3}=\square\log_{10}3$

(7) $\log_3 60^{10}=\square+\square\log_3 2+\square\log_3 5$ (8) $\log_{10}25=\square-\square\log_{10}2$

(9) $\log_2(\sqrt{5}+1)-\log_2(\sqrt{5}-1)=\square\log_2(\sqrt{5}+1)-\square$ (10) $\log_4 3=\log_2\square$

(11) $\log_{\frac{1}{3}}5+\dfrac{2}{\log_2 3}=\log_3\square$ (12) $\log_2 3\cdot\log_3 5\cdot\log_5 7=\log_2\square$

5 5 5 根底 実戦 定期

関数 $y=2^x-1$ …①, $y=\log_2(x+1)$ …② のグラフを同一座標平面上に描け.

6 指数・対数の応用

1 大小比較

指数・対数で表された 2 つ（以上）の実数について大小関係を調べます．とにかく，底の統一など，形を揃えて比較することが肝要です．

大前提として，5 2 2 および 5 4 2 で学んだ指数・対数関数の増減を確認しておきましょう．

	底：$a>1$ のとき，指数関数，対数関数とも，x の大小と y の大小は一致する．	底：$0<a<1$ のとき，指数関数，対数関数とも，x の大小と y の大小は逆転する．
指数関数	$y=a^x$ $(a>1)$ のグラフ（大 a^{x_2}，小 a^{x_1}，x_1 小，x_2 大） $x_1<x_2 \iff a^{x_1}<a^{x_2}$. （指数 x と累乗 a^x の大小は一致）	$y=a^x$ $(0<a<1)$ のグラフ（大 a^{x_1}，小 a^{x_2}，x_1 小，x_2 大） $x_1<x_2 \iff a^{x_1}>a^{x_2}$. （指数 x と累乗 a^x の大小は逆転）
対数関数	$y=\log_a x$ $(a>1)$ のグラフ $x_1<x_2 \iff \log_a x_1<\log_a x_2$. （真数 x と対数 $\log_a x$ の大小は一致）	$y=\log_a x$ $(0<a<1)$ のグラフ $x_1<x_2 \iff \log_a x_1>\log_a x_2$. （真数 x と対数 $\log_a x$ の大小は逆転）

注 今後，上の 4 つのグラフのどれかを，問題解答中などで想起して欲しい場面になるべく挿入しておきます．（答案に書かねばならないという意味ではありません．）■

あと一つ．自然数乗に関する次の関係も再確認しておきます．[→例題 1 7 b]

累乗と大小関係 知識

n は自然数とする．$a, b \geqq 0$ のとき，「a と b の大小」と「a^n と b^n の大小」は一致する．

例題 5 6 a 大小比較（指数） 根底 実戦 [→演習問題 5 7 2]

次の数の大小関係を調べよ．

(1) $\dfrac{\sqrt[3]{5}}{5},\ \dfrac{1}{\sqrt[5]{125}},\ \dfrac{\sqrt[7]{125}}{5}$　　(2) $\sqrt{2},\ \sqrt[3]{3},\ \sqrt[5]{5}$

方針 (1) $125=5^3$ ですから，3 数とも「5」を底とする累乗の形に統一しましょう．

(2) 3 つを一気に比べるのは厳しそう．そこで，いちばんカンタンな $\sqrt{2}$ と他を比べてみます．

解答 (1) ①
$$\begin{cases} \dfrac{\sqrt[3]{5}}{5}=\dfrac{5^{\frac{1}{3}}}{5}=5^{-\frac{2}{3}}, \\ \dfrac{1}{\sqrt[5]{125}}=\dfrac{1}{5^{\frac{3}{5}}}=5^{-\frac{3}{5}}, \\ \dfrac{\sqrt[7]{125}}{5}=\dfrac{5^{\frac{3}{7}}}{5}=5^{-\frac{4}{7}}. \end{cases}$$

5□型に統一

ここで

$\dfrac{2}{3}=0.66\cdots,\ \dfrac{3}{5}=0.6,\ \dfrac{4}{7}=0.5\cdots.$

$\dfrac{2}{3}>\dfrac{3}{5}>\dfrac{4}{7}.$

$-\dfrac{2}{3}<-\dfrac{3}{5}<-\dfrac{4}{7}.$

①において，底：5>1 だから

$$5^{-\frac{2}{3}} < 5^{-\frac{3}{5}} < 5^{-\frac{4}{7}}.$$

i.e. $\dfrac{\sqrt[3]{5}}{5} < \dfrac{1}{\sqrt[5]{125}} < \dfrac{\sqrt[7]{125}}{5}$.//

$y=a^x$ $(a>1)$
1
大
小
小 O 大 x
y

注 ①において，大切なのはあくまでも底と1との大小です．指数が負になっていますがその点はとくに問題ありません．グラフをみればそれがわかりますね．

(2) ○ $\sqrt{2}$ と $\sqrt[3]{3}$ を比べる．

1) $\begin{cases} (\sqrt{2})^6 = 2^3 = 8, \\ (\sqrt[3]{3})^6 = 3^2 = 9. \end{cases}$ $8<9$ より，$\sqrt{2}<\sqrt[3]{3}$.

○ $\sqrt{2}$ と $\sqrt[5]{5}$ を比べる．

$\begin{cases} (\sqrt{2})^{10} = 2^5 = 32, \\ (\sqrt[5]{5})^{10} = 5^2 = 25. \end{cases}$ $32>25$ より，$\sqrt{2}>\sqrt[5]{5}$.

以上より，$\sqrt[5]{5} < \sqrt{2} < \sqrt[3]{3}$.//

解説 1)：「2乗根」と「3乗根」の双方を6乗（6は2と3の最小公倍数）して，累乗根のない形にすることで大小比較が容易になりましたね．

この方針も，両者を**累乗根のない形に統一**して比べていると見ることもできますね．

注 1)：$\begin{cases} \sqrt{2} = 2^{\frac{1}{2}} = 2^{3\cdot\frac{1}{6}} = 8^{\frac{1}{6}}, \\ \sqrt[3]{3} = 3^{\frac{1}{3}} = 3^{2\cdot\frac{1}{6}} = 9^{\frac{1}{6}}. \end{cases}$ のように，$\square^{\frac{1}{6}}$ 型に統一する手もあります．もっとも，$\frac{1}{6}$ 乗（6乗根）どうしの大小が元の大小と一致することは，両者を6乗してわかるのですが（笑）．

例題 5 6 b 大小比較（対数も交えて） 根底 実戦

[→演習問題 5 7 2]

次の数の大小関係を調べよ．

(1) $\log_2 5,\ \dfrac{5}{2}$ (2) $\log_3 2,\ \log_{10} 4,\ \log_{26} 8$

解答 (1) $\begin{cases} \log_2 5 \text{ と} \\ \dfrac{5}{2} = \log_2 2^{\frac{5}{2}} \end{cases}$ を比べる． （$\log_2\square$ 型に統一）

$$5^2 = 25,\ \left(2^{\frac{5}{2}}\right)^2 = 2^5 = 32.$$

$25 < 32$ より，$5 < 2^{\frac{5}{2}}$.

$\therefore \log_2 5 < \log_2 2^{\frac{5}{2}}$ (∵ 底：$2>1$).

i.e. $\log_2 5 < \dfrac{5}{2}$.//

(2) **方針** 底を統一したいですが…，3つの底が 3, 10, 26…．一方真数は 2, 4, 8．という訳で，底と真数を入れ替えます．■

① $\begin{cases} \log_3 2 = \dfrac{1}{\log_2 3}, \\ \log_{10} 4 = \dfrac{1}{\log_4 10}, \\ \log_{26} 8 = \dfrac{1}{\log_8 26}. \end{cases}$ （底と真数を入れ替えると逆数）

これらの分母どうしの大小を考える．

$\log_2 3$,

$\log_4 10 = \dfrac{\log_2 10}{\log_2 4} = \dfrac{\log_2 10}{2} = \log_2 \sqrt{10}$, （$\log_2\square$ 型に統一）

$\log_8 26 = \dfrac{\log_2 26}{\log_2 8} = \dfrac{\log_2 26}{3} = \log_2 \sqrt[3]{26}$.

そこで，真数 3, $\sqrt{10}$, $\sqrt[3]{26}$ の大小を比べる．

方針 カンタンな「3」と他を比べます．■

$\begin{cases} 3 \overset{1)}{=} \sqrt{9} < \sqrt{10}, \\ 3 = \sqrt[3]{27} > \sqrt[3]{26}. \end{cases}$ （$\sqrt{\square}$ 型に統一）（$\sqrt[3]{\square}$ 型に統一）

$\therefore \sqrt[3]{26} < 3 < \sqrt{10}$.

$\therefore \log_2 \sqrt[3]{26} < \log_2 3 < \log_2 \sqrt{10}$ (∵ 底：$2>1$).

これらは全て正 2) だから，①より

$\log_{26} 8 > \log_3 2 > \log_{10} 4$.//

補足 1)：もちろん，$\begin{cases} 3^2 = 9 \\ (\sqrt{10})^2 = 10 \end{cases}$ のように双方を2乗して比べても OK です．

注 2)：「逆数」の大小関係については，[→ 1 7 2]．

例題 5 6 c 不等式の証明 根底 実戦 入試

[→演習問題 5 7 5]

$a, b > 1$ とする．不等式 $\log_2 \dfrac{a+b}{2} \geq \sqrt{\log_2 a \cdot \log_2 b}$ を証明せよ．

着眼 なんとな～く“相加相乗”っぽい形ですが…微妙に違うような…(笑)
ほんの少しの工夫で両辺が見事につながります．

解答 $\dfrac{a+b}{2} \geq \sqrt{ab}$ ($\because$ $a, b > 0$)．（“相加相乗”）

$\therefore$ $\log_2 \dfrac{a+b}{2} \geq \log_2 \sqrt{ab}$ ($\because$ 底：$2 > 1$)

$= \dfrac{1}{2} \log_2 ab$

$= \dfrac{\log_2 a + \log_2 b}{2}$．…①

ここで，$a, b > 1$ より $\log_2 a, \log_2 b > 0$ だから

$$\frac{\log_2 a + \log_2 b}{2} \geq \sqrt{\log_2 a \cdot \log_2 b}. \cdots ②$$

（“相加相乗”）

①②より

$$\log_2 \frac{a+b}{2} \geq \sqrt{\log_2 a \cdot \log_2 b}. \ \square$$

解説 対数の性質により，$\log_2 \sqrt{ab}$（相乗平均の対数）$= \dfrac{\log_2 a + \log_2 b}{2}$（対数の相加平均）と変形できたので，“相加相乗”が 2 回使えて解決に至りました．

このように，「対数」と“相加相乗”には関連性があります．

将来 理系 実は，「対数」は“相加相乗”の証明に活用されます．[→Ⅲ+C]

参考 与式の等号成立条件は，①②の等号がともに成り立つこと，すなわち

$$\begin{cases} a = b \text{ かつ} \\ \log_2 a = \log_2 b. \end{cases} \quad \text{i.e.} \ \ a = b.$$

2 方程式・不等式

指数・対数に関する方程式・不等式を扱います．

例題 5 6 d 指数・対数の方程式・不等式の基本 根底 実戦

[→演習問題 5 7 6, 8]

次の方程式・不等式を解け．

(1) $2^x = 3$　(2) $2^x < 3$　(3) $\log_2 x = 3$　(4) $\log_2 x < 3$

方針 「方程式」(1)(3)は，指数・対数の定義で片付きます．
「不等式」(2)(4)は，ちゃんと両辺の形を揃えてください．

解答 (1) $x = \log_2 3$.//

(2) 与式を変形すると

$2^x < 2^{\log_2 3}$．（$2^{□}$型に統一）

底：$2>1$ だから（右図をイメージ）

$x < \log_2 3$.//

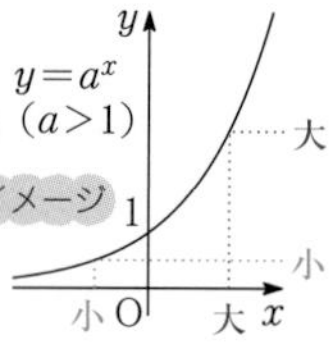

(3) $x = 2^3 = 8$.//

(4) まず，真数条件 1) より

$x > 0$．…①（下図をイメージ）

このもとで与式を変形すると

$\log_2 x < \log_2 2^3$．（$\log_2 \square$ 型に統一）

底：$2>1$ だから（右図をイメージ）

$x < 2^3$．これと①より 2)，

$0 < x < 8$.//

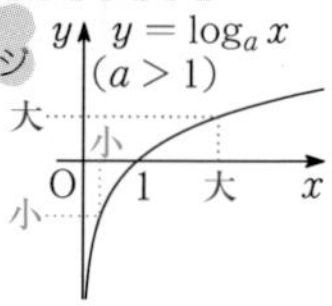

解説 指数型不等式(2)は「$2^{□}$ 型」に統一．対数型不等式(4)は「$\log_2 \square$ 型」に統一．これが正統的な道です．

もっとも，手早く片付けたいときには，(1)(3)の「方程式」の解と「グラフ」から「不等式」の解を求めてしまう手もあります（右図）．しかし，前記解答の「統一」をマスターすることが，今後のステップアップへの土台となります．

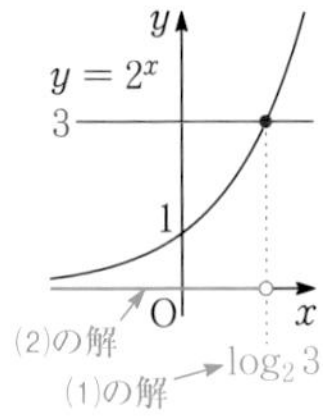

$y = 2^x$，3，1，O，x，y，(2)の解，(1)の解，$\log_2 3$

重要 1)：対数について議論する際には，まず最初に「真数が正」という大前提条件を押さえること．このことを「真数条件」と呼ぶ人が多いようです．

2)：「真数条件」のもとで考えてきたのですから，最後にその範囲も考慮して解を答えます．

注1 「真数条件」は必ず「最初に」押さえること．後回しにするのは誤りですし，危険です．

[→例題5 6 g 解説 1)]

注2 (2)の右辺で行った変形：「$3 \to 2^{\log_2 3}$」は，自由自在にできますよね！？

例題 5 6 e 指数の方程式・不等式 根底 実戦 典型

[→演習問題5 7 6]

次の方程式・不等式を解け．

(1) $25^x \geq \left(\frac{1}{5}\right)^{2x-1}$　　(2) $9^x - 3^{x+1} = 10$

着眼 (1) 両辺の底が 25, $\frac{1}{5}$ なので，底は 5 に統一しやすそう．

(2) 3^x という"カタマリ"だけで表せそうです．

解答 (1) 与式を変形すると

$(5^2)^x \geq (5^{-1})^{2x-1}$.

1) $5^{\boxed{2x}} \geq 5^{\boxed{1-2x}}$.

底：$5>1$ だから　右図をイメージ

$2x \geq 1-2x$. ∴ $x \geq \frac{1}{4}$.//

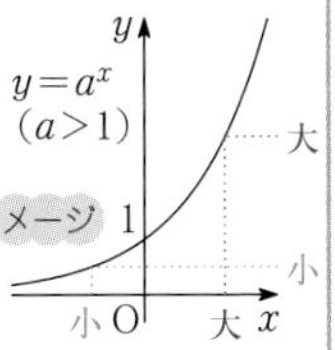

$y=a^x$ $(a>1)$，y，1，O，x，大，小

(2) $9^x = (3^2)^x = 3^{2x} = 3^{x \cdot 2} = (3^x)^2$,

$3^{x+1} = 3^x \cdot 3^1 = 3 \cdot 3^x$.

そこで $t = 3^x$ とおく 2) と，$t > 0$ …① であり，与式は

$t^2 - 3t - 10 = 0$.

$(t+2)(t-5) = 0$.

これと①より

$t = 5$.　「$t = -2$」は初めから書かない

$3^x = 5$. ∴ $x = \log_3 5$.//

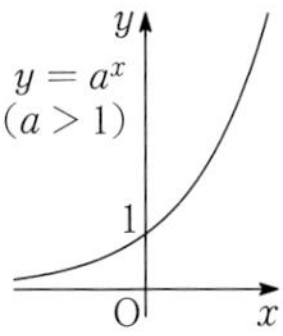

$y = a^x$ $(a>1)$，y，1，O，x

解説 1)2)：「両辺を $5^{\square}$ 型に統一」と「置換」は，指数に関する方程式・不等式を解く際に双璧をなす方針です．

補足 (2)で $t = 3^x$ と置換する際，解答中のグラフをサッと思い浮かべて「$t > 0$」に限定できることを押さえてから以降の作業を行いましょう．

注 (1)(2)とも，1 より大きな底に統一しました．(1)は，1 より小さな底：$\frac{1}{5}$ に統一することもできますが，ワザワザ面倒な状況を作る意味はありません．という訳で，指数および対数の処理では，多くの場合「1 より大きな底」に統一することになります．「1 より小さな底」を用いるのは，かなり不自然・作為的に作られた問題を除けば，底が「文字」になっている場合に限られます．

[→例題5 6 g]

例題 56f 対数の方程式・不等式 根底 実戦 典型

[→演習問題578]

次の方程式・不等式を解け．

(1) $\log_2(x-3)=\log_4(3x+1)-1$

(2) $(\log_3 x)^2+\log_9 x^3+\log_{\frac{1}{3}}\dfrac{9}{x^2}<0$

着眼 (1) 対数の底が 2, 4 ですから，底を「2」に統一しやすそうです．

(2) 対数の底が 3, 9, $\dfrac{1}{3}$ ですから，底を「3」に統一しやすそうです．

解答 (1) まず，真数条件：

$x-3,\ 3x+1>0$ より，$x>3$. …①

①のもとで与式を変形すると

$$\log_2(x-3)=\frac{\log_2(3x+1)}{\log_2 4}-1.$$

$$\log_2(x-3)=\frac{\log_2(3x+1)}{2}-1.\ ^{1)}$$

$$2\log_2(x-3)+2=\log_2(3x+1).$$

$$2\log_2(x-3)+\log_2 4=\log_2(3x+1).$$

$$^{2)}\log_2\boxed{4(x-3)^2}=\log_2\boxed{(3x+1)}.$$

$$4(x-3)^2=3x+1.$$

$$4x^2-27x+35=0.\quad (x-5)(4x-7)=0.$$

これと①より，$x=5$.//

(2) まず，真数条件：

$x,\ x^3,\ \dfrac{9}{x^2}>0$ より，$x>0$. …②

②のもとで与式を変形する．

$$\log_9 x^3=3\log_9 x=3\cdot\frac{\log_3 x}{\log_3 9}=\frac{3}{2}\log_3 x.$$

$$\log_{\frac{1}{3}}\frac{9}{x^2}=\frac{\log_3\frac{9}{x^2}}{\log_3\frac{1}{3}}=\frac{\log_3 9-\log_3 x^2}{-1}$$

$$=2\log_3 x-2.$$

そこで $t=\log_3 x$ とおく[3]と，（下図をイメージ）

与式は

$$t^2+\frac{3}{2}t+2t-2<0.$$

$$2t^2+7t-4<0.$$

$$(2t-1)(t+4)<0.$$

$$-4<t<\frac{1}{2}.$$

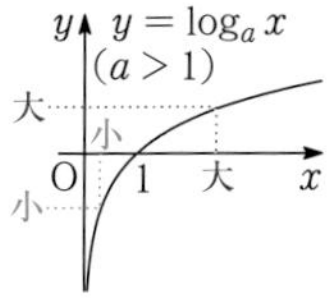

$$\log_3 3^{-4}<\log_3 x<\log_3 3^{\frac{1}{2}}.$$ （上図をイメージ）

底：$3>1$ だから，②も考えて

$$\frac{1}{81}<x<\sqrt{3}.$$//

解説 2)3)：「両辺を $\log_2\boxed{}$ 型に統一」と「置換」は，対数に関する方程式・不等式を解く際に双璧をなす方針です．

注 1)：「-1」をそのまま $\log_2\dfrac{1}{2}$ とせず，移項して「$+$」に変えること．また，「分母」の 2 をそのまま $\log_2(3x+1)^{\frac{1}{2}}$ とせず，両辺を 2 倍して処理すること．

補足 (2)で $t=\log_3 x$ と置換する際，**解答**中のグラフをサッと思い浮かべて「t」の任意の実数値が考察対象となることを押さえてから以降の作業を行いましょう．

例題 56g 対数の不等式（底と1の大小） 根底 実戦 典型

[→演習問題579]

(1) a は $a>0,\ a\neq 1$ を満たす定数とする．x の不等式 $\log_a x^2-\log_a(x+2)\leqq 0$ を解け．

(2) 不等式 $\log_x(x+2)\leqq 2$ を解け．

注 (1)(2)の両不等式は，対数の底が文字になっていますから，それと 1 との大小を考慮すること．

解答 (1) まず[1]，真数条件より

$$x^2>0,\ x+2>0.$$

i.e. $x>-2,\ x\neq 0.$ …①

①のもとで与式を変形すると

$\log_a x^2\leq \log_a(x+2).$ …② （$\log_a$□型に統一）

i) $a>1$ のとき②は

$x^2\leq x+2.$

$(x+1)(x-2)\leq 0.$

$-1\leq x\leq 2.$

これと①より，求める解は

$-1\leq x\leq 2,\ x\neq 0.$ //

ii) $0<a<1$ のとき②は

$x^2\geq x+2.$

$(x+1)(x-2)\geq 0.$

$x\leq -1,\ 2\leq x.$

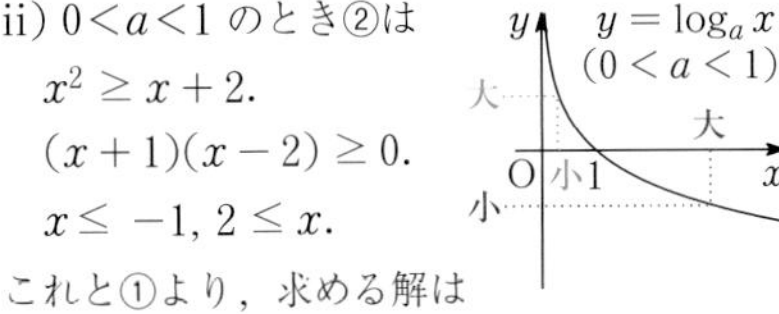

これと①より，求める解は

$-2<x\leq -1,\ 2\leq x.$ //

(2) まず，底と真数に関する条件より

$\begin{cases} x>0,\ x\neq 1, \\ x+2>0. \end{cases}$ i.e. $x>0,\ x\neq 1.$ …③

③のもとで与式を変形すると

$\log_x(x+2)\leq \log_x x^2.$ …④ （$\log_x$□型に統一）

i) $x>1$ …⑤ のとき④は

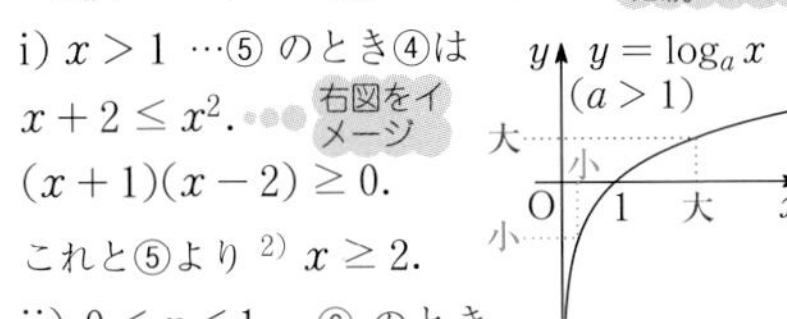

$x+2\leq x^2.$ （右図をイメージ）

$(x+1)(x-2)\geq 0.$

これと⑤より[2] $x\geq 2.$

ii) $0<x<1$ …⑥ のとき

④は

$x+2\geq x^2.$ （右図をイメージ）

$(x+1)(x-2)\leq 0.$

これと⑥より $0<x<1.$

i), ii) を合わせて[3]，求める解は

$0<x<1,\ 2\leq x.$ //

解説 [1]:「真数条件」は，**必ず**最初に押さえること（(2)も同様）．それをする前に $\log_a x^2=2\log_a x$ などとしようものならオシマイです．右辺を見ると，いつの間にか $x>0$ だけに限定されちゃってますね．（ちなみに正しい変形は $\log_a x^2=2\log_a|x|$ です．）

注 (1)の左辺で，ワザワザ $\log_a\dfrac{x^2}{x+2}$ のような分数式を作らないこと．「−」は，移項して「＋」にする．頭を柔軟に（笑）．

(2)では，右辺の「2」を，左辺と同じ「$\log_x$ ○」の形に統一します．

重要 (1)(2)とも，底と 1 との大小を考慮しながら「i), ii)」と“分けて”解答していますが，その内容には大きな違いがあります：

(1) 「x」の範囲を，「与えられた定数 a と 1 の大小」に応じて求めました．いわゆる「**場合分け**」です．答えは，i), ii) のそれぞれの状況に応じて別々に答えます．

(2) 「x」の範囲を「x」の 2 つの範囲 i), ii) に“分類”して求めています．これを筆者は，前記「場合分け」と区別することを意図して「**範囲分け**」と呼んだりすることもあります．答えは，i), ii) を 1 つにまとめて答えます（[3] のように）．

両者の違いが分かってないと，トンチンカンな解答をする羽目になりますよ．

補足 [2]：$x>1$ という前提のもとで解くことが肝心．このとき $x+1>0$ に決まってるので，1 次不等式 $x-2\geq 0$ を解くのみ．2 次不等式を解くのは典型的な下手解答（ ii) も同様）．

言い訳 重要度⇩ ④で，底の x も変化するので，定数 a を底とする対数関数のグラフを添えることに違和感を覚えるかも．そんなときは，**固定**された 1 つの x について考えてみてください．例えば $x=3$ のとき，④は $\log_3 5\leq \log_3 9$ となり，この不等式の真偽は，$y=\log_3 x$ のグラフをイメージして「**真**」だと判断できますね．“例の” **固定して真偽判定**の考え方です．

 → 13・19

3 様々な応用

前 2 項：「大小比較」「方程式・不等式」以外のよくある応用問題を集めてみました.

例題 5 6 h 3^x と 3^{-x} 根底 実戦 [→演習問題 5 7 13]

関数 $f(x)=3^x+3^{-x}$ について答えよ.

(1) $f(x)\geq 2$ を示せ.　(2) $f(x)$ の最小値を求めよ.　(3) $f(x)$ の値域を求めよ.

着眼 (1) $3^{-x}=\dfrac{1}{3^x}$ です. つまり, 積 $=1$ (一定) となる 2 数の和があるのですから…

(2) (1)に何を付け足せば「最小値」が得られる？　(3) (2)にあと一言付け足します.

解答 (1) $3^x, 3^{-x}>0$ だから,

$3^x+3^{-x}\geq 2\sqrt{3^x\cdot 3^{-x}}$. “相加相乗”

i.e. $f(x)\geq 2$. □ …① 大小関係の不等式

(2) ①の等号は

$3^x=3^{-x}$, i.e. $x=0$

のとき成り立つ. …② 等号成立確認

①②より, $\min f(x)=2$.//

(3) $f(x)>3^x$ と右図より, x を大きくすると, $f(x)$ の値はいくらでも大きくなる. …③

これと(2)より, 求める値域は,

$f(x)\geq 2$.//

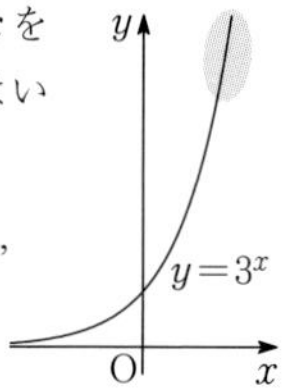

将来 理系 ③のことを, 数学Ⅲでは「正の無限大に発散する」と言い表します.

解説 本問では, (3)の『値域』を, 次のように段階を踏んで求めました：

1° 『大小関係の不等式』①.　2° それに等号成立確認②を付加して, 『最小値』.

3° それに「いくらでも大きくなる」ことを付加して, 『値域』.

1° の「大小関係の不等式」でしかないものを,「値の範囲の不等式」＝「値域」と勘違いしてしまうのが, 古来有名な誤りです.

注 厳厳厳密には, $f(x)$ の値が 2 以上の値を“漏れなく”とること (連続性) にも言及するべきですが…, そこは大目に見るのが「高校数学」の立場だと考えます.

例題 5 6 i 2^x と 2^{-x} の対称式 根底 実戦 典型 [→演習問題 5 7 13]

$f(x)=4^x+4^{-x}-2^{1+x}-2^{1-x}+5$ の最小値を求めよ.

着眼 まず, 次のことがスパッと見抜けるようになりたいものです：

$2^{1+x}=2\cdot 2^x$. 同様に, $2^{1-x}=2\cdot 2^{-x}$.

$4^x=(2^2)^x=2^{2x}=2^{x\cdot 2}=(2^x)^2$. 同様に, $4^{-x}=(2^{-x})^2$.

これを見ると, $f(x)$ 全体が, $\boxed{2^x}$ と $\boxed{2^{-x}}$ で構成されていること, さらに, これらの**対称式** [→ I+A 1 2 4]であることがわかりますね.

方針 したがって, 次の流れで解答できそうです：

$\boxed{2^x}$ と $\boxed{2^{-x}}$ の対称式

→和：$\boxed{2^x}+\boxed{2^{-x}}$ と 積：$\boxed{2^x}\cdot\boxed{2^{-x}}$ $(=1)$ のみで表せる.

→$t=\boxed{2^x}+\boxed{2^{-x}}$ と置換する.

解答 $f(x)$
$=(2^x)^2+(2^{-x})^2-2\cdot2^x-2\cdot2^{-x}+5$
$=(2^x+2^{-x})^2-2\cdot\underbrace{2^x\cdot2^{-x}}_{1}-2(2^x+2^{-x})+5.$

そこで，$t=2^x+2^{-x}$ とおく[1)]と，

$f(x)=t^2-2-2t+5$
$=t^2-2t+3$
$=(t-1)^2+2$ ($=g(t)$ とおく).

ここで，$2^x,\ 2^{-x}>0$ だから，

$2^x+2^{-x}\geq2\sqrt{2^x\cdot2^{-x}}.$ "相加相乗"
i.e. $t\geq2.$ …① 大小関係の不等式

①より， 大小関係の不等式

$f(x)\geq g(2)=3.$ …②

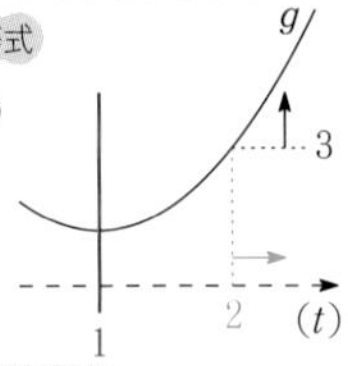

②，①の等号は同時に成立し，その条件は

$2^x=2^{-x}$, i.e. $x=0.$

これは成立可能. 等号成立確認

以上より，$\min f(x)=g(2)=3.$ //

解説 1)：このように「置換」をした際には，新たに設定した t の変域を調べておくのが常道なのですが…，前問で見たようにそれを記述するのはけっこう面倒なので，ここではその作業を回避し，次のように処理しています：
大小関係の不等式①から，同じく大小関係の不等式②を導き，等号成立確認と合わせて最小値を得ました．もうお馴染みですね．

注 冒頭の**着眼**・**方針**では「対称式」をベースに"理詰め"で語りましたが…有名パターンものですから，覚えてしまいましょう(笑).

例題 5 6 j 対称式の値 根底 実戦 典型

[→演習問題 5 7 15]

$a+a^{-1}=5\ (a>1)$ …① のとき，次の各値を求めよ．

(1) $a^{\frac{1}{2}}+a^{-\frac{1}{2}}$　　(2) $a^{\frac{1}{2}}-a^{-\frac{1}{2}}$　　(3) $a^{\frac{3}{2}}+a^{-\frac{3}{2}}$

注 もちろん①を解いて a の値を求めることはできますが，得策ではありません．

着眼 (1) $a=\left(a^{\frac{1}{2}}\right)^2,\ a^{-1}=\left(a^{-\frac{1}{2}}\right)^2$ より，①の左辺は $a^{\frac{1}{2}}$ と $a^{-\frac{1}{2}}$ の対称式であり，

積：$a^{\frac{1}{2}}\cdot a^{-\frac{1}{2}}=1$ (定数) です．

(2) 2乗すれば，これも対称式です．　(3) これも，$a^{\frac{1}{2}}$ と $a^{-\frac{1}{2}}$ の対称式です．

解答 (1) $\left(a^{\frac{1}{2}}+a^{-\frac{1}{2}}\right)^2=a+a^{-1}+2a^{\frac{1}{2}}\cdot a^{-\frac{1}{2}}$
$=5+2=7$ (∵ ①).

ここで，$a^{\frac{1}{2}}+a^{-\frac{1}{2}}>0$ だから

$a^{\frac{1}{2}}+a^{-\frac{1}{2}}=\sqrt{7}.$ //

(2) $\left(a^{\frac{1}{2}}-a^{-\frac{1}{2}}\right)^2=a+a^{-1}-2$
$=5-2=3.$

ここで，底：$a>1$ より，

$a^{\frac{1}{2}}>a^{-\frac{1}{2}}.$ i.e. $a^{\frac{1}{2}}-a^{-\frac{1}{2}}>0.$

$\therefore\ a^{\frac{1}{2}}-a^{-\frac{1}{2}}=\sqrt{3}.$ //

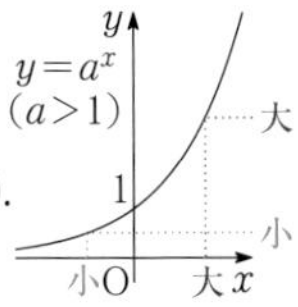

(3) $x=a^{\frac{1}{2}},\ y=a^{-\frac{1}{2}}$ とおくと

与式 $=x^3+y^3$
$=(x+y)(x^2-xy+y^2)$
$=\left(a^{\frac{1}{2}}+a^{-\frac{1}{2}}\right)(a-1+a^{-1})$
$=\sqrt{7}\cdot(5-1)=4\sqrt{7}.$ //

別解

与式 $=x^3+y^3$
$=(x+y)^3-3xy(x+y)$
$=(\sqrt{7})^3-3\cdot1\cdot\sqrt{7}=4\sqrt{7}.$ //

例題 5 6 k log の利用 根底 実戦 [→演習問題 5 7 12]

実数 x, y が $\begin{cases} x^2y = 1000 & \cdots ① \\ x \geq 1,\ y \geq 10 & \cdots ② \end{cases}$ を満たして変化するとき，$F = \log_{10} x \cdot \log_{10} y$ のとり得る値の範囲を求めよ．

方針 目標である F には「$\log_{10}$」が付いており，別の形に変形する手は思い浮かびません．そこで，条件である①②も「$\log_{10} \square$」の形を用いて表します．

解答 $X = \log_{10} x,\ Y = \log_{10} y$ とおく 1) と，①②より

$$\begin{cases} \log_{10} x^2y = \log_{10} 1000, \\ \log_{10} x \geq \log_{10} 1,\ \log_{10} y \geq \log_{10} 10. \end{cases}$$

$$\begin{cases} 2X + Y = 3, & \cdots ①' \\ X \geq 0,\ Y \geq 1. & \cdots ②' \end{cases}$$

①′より $Y = 3 - 2X$．よって

$$F = XY = X(3-2X).\ ^{2)}$$

また，②′より

$$X \geq 0,\ ^{3)}\ 3 - 2X \geq 1.$$

i.e. $0 \leq X \leq 1$.

よって，右図を得る：

よって求める変域は

$$0 \leq F \leq \frac{9}{8}.\ /\!/$$

注 1)：「置換」した際には，②′のように新しく設定した文字 X, Y の変域を押さえること．

2)3)：「XY」は，一応（見かけ上は）**2 変数関数**ですが，「代入」つまり「1 文字消去」といういちばん安易な手法で片付きました．ただし，「代入」した際にも，残る文字 X の変域を押さえることを忘れずに，

このように，**「置換」と「代入」は，文字を消去する行為です**．その消去する文字に関する情報を，ちゃんと残す文字へと移し替えることを忘れないように．

例題 5 6 l 対数と領域 根底 実戦 入試 [→演習問題 5 7 19]

不等式 $\log_x y - \log_y x^2 \leq 1$ が表す領域 D を図示せよ．

方針 底を x に統一しましょう（y でもできますが）．また，不等式ですから，底と 1 の大小で分けることも視野に入れて．

解答 まず，底と真数に関する条件より

$$\begin{cases} x > 0,\ x \neq 1,\ y > 0,\ y \neq 1, & \text{底} \\ y,\ x^2 > 0. & \text{真数} \end{cases}$$

i.e. $x > 0,\ x \neq 1,\ y > 0,\ y \neq 1.\ \cdots ①$

①のもとで与式を変形すると

$\log_x y - 2\log_y x \leq 1.$ ←「$x>0$」がなかったら $\log_y x^2 = 2\log_y |x|$

$$\log_x y - 2 \cdot \frac{1}{\log_x y} \leq 1.$$

そこで，$t = \log_x y$ とおくと，

①より $t \neq 0$ であり，←右図をイメージ

1) $t - \dfrac{2}{t} \leq 1.\quad \dfrac{t^2 - t - 2}{t} \leq 0.$

$y = \log_a x$，$a>1$，$a<1$，O，1，x

$$\frac{(t+1)(t-2)}{t} \leq 0.$$

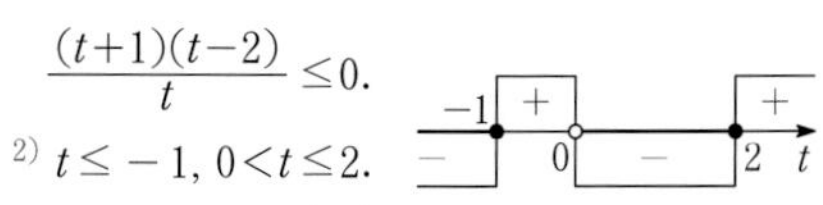

2) $t \leq -1,\ 0 < t \leq 2.$

$$\log_x y \leq \log_x \frac{1}{x},\ \log_x 1 < \log_x y \leq \log_x x^2.$$

i) $x > 1$ のとき，←範囲分け

$$y \leq \frac{1}{x},\ 1 < y \leq x^2.$$

ii) $0 < x < 1$ のとき，

$$y \geq \frac{1}{x},\ 1 > y \geq x^2.$$

これと①より，求める D は右図の通り（境界は実線部のみ含む）．

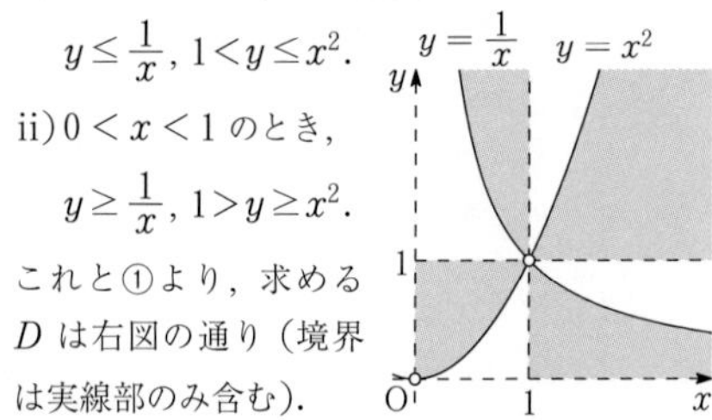

注 [1]：この分数不等式を，分母の符号で場合分けした上で分母を払って解くのは感心しません．この後，底と 1 との大小によってさらなる場合分けをすることが目に見えていますから．前記 **解答** のように，「積・商 vs 0 型」に変形して片付けてください．

[2]：t はその上の式で分母にあるので，0 にはなりません．前記のように分母を払うとこの点に関してミスしやすくなります．

例題 5 6 m　指数で書かれた条件　根底 実戦　入試

[→演習問題 5 7 20]

$2^x = 5^y = 10^z$ $(x, y, z \neq 0)$ …① のとき，$\dfrac{1}{x} + \dfrac{1}{y} = \dfrac{1}{z}$ が成り立つことを示せ．

方針　①における指数 x, y, z の関係式を導きたいので，対数を利用します．その際，底を何にするかはいろいろ考えられますが…

解答　①より

$$2^x = 5^y = 10^z = k \cdots ①'$$

とおける．①′より $k > 0$ [1] であり

$$x = \log_2 k,\ y = \log_5 k,\ z = \log_{10} k.$$

ここで，$2^x = k$ $(x \neq 0)$ より $k \neq 1$ [2] だから

$$\frac{1}{x} = \log_k 2,\ \frac{1}{y} = \log_k 5,\ \frac{1}{z} = \log_k 10.$$

逆数にすると底と真数が入れ替わる

したがって

$$\frac{1}{x} + \frac{1}{y} = \log_k 2 + \log_k 5$$
$$= \log_k 10 = \frac{1}{z}.\ \square$$

解説　①′のように「k」という "他の文字" を用いることにより，x, y, z を対等に扱うことができ，キレイに片付きました．この手法は「連比を k とおく」という手法と似ていますね．[→例題 1 6 c]

補足 [1]：次行の対数で真数となるので，正であることを確認しました．

[2]：次行の対数で底となるので，さらに 1 ではないことも確認しました．

例題 5 6 n　対数と無理数　根底 実戦　典型

[→演習問題 5 7 21]

$\log_{10} 2$ は無理数であることを示せ．

方針　「無理数である」＝「有理数でない実数」の証明といえば，背理法ですね．

解答　仮に実数 $\log_{10} 2$ $(>0$ [1]$)$ は無理数でない，つまり有理数であるとしたら

[2] $\log_{10} 2 = \dfrac{m}{n}$ $(m, n \in \mathbb{N}$ [1]$)$ とおけて，

$$10^{\frac{m}{n}} = 2.\quad 10^m = 2^n.$$
$$\therefore 2^m \cdot 5^m = 2^n.$$

この両辺は自然数であり，$m \in \mathbb{N}$ より

$$\begin{cases} 5 \mid 左辺 & \text{割り切る} \\ 5 \nmid 右辺. & \text{割り切らない} \end{cases}$$

これは不合理である．したがって，$\log_{10} 2$ は無理数である．$\square$

解説 [2]：ここから，「log」や「分数」を消し去り，「整数」の体系中にある表記法のみにするのが正しい道筋です．

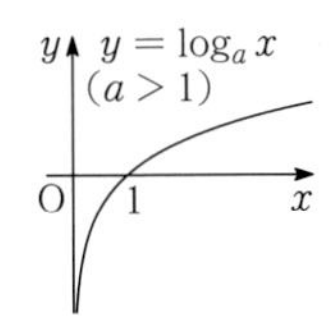

補足 [1]：底：$10 > 1$，真数：$2 > 1$ ゆえ，右図をイメージして，$\log_{10} 2 \underline{> 0}$ とわかります．よって，m, n は正の整数としてよいのです．

4 常用対数

我々は，普段 10 進法を用いて数を表しています．そこで，10 を底とする対数[1)] を利用して桁数などを求めることを考えましょう．

語記サポ 1)：これを**常用対数**といいます．コンピュータの無かった時代には，それこそ日常的に“常用”していたのです．■

本書の巻末に，1.00, 1.01, 1.02, …, 9.99 を真数とする常用対数の概算値一覧表があります．必要に応じて使ってください．（入試では滅多に使いませんので，本書では演習問題においてのみ扱いますね．）
ただし，この表に書いてある数値を何の根拠もなく妄信してしまうと「常用対数」に対する“感覚”が磨かれません．そこで，以下にこの表に登場する数値の一部に“信憑(ぴょう)性”を与えておきます．
多少大雑把にではありますが，真数 1, 2, 3, …, 9 に対する常用対数の概算値を求めてみましょう．ワリと手軽にできます．

注 概算値の導出を行う以下の作業においては，“おおよそ等しい”を表す「≒」を多用します．この記号は，正規の入試答案中では使用不可ですよ！

∘ $\log_{10} 2$ について．

$2^{10} = 1024 \fallingdotseq 1000 = 10^3$.

$\log_{10} 2^{10} \fallingdotseq \log_{10} 10^3$.

$10 \log_{10} 2 \fallingdotseq 3$.

$\therefore \log_{10} 2 \fallingdotseq 0.3$. …① 常用対数表では 0.3010

∘ $\log_{10} 3$ について．

$3^4 = 81 \fallingdotseq 80 = 2^3 \cdot 10$.

$\log_{10} 3^4 \fallingdotseq \log_{10} 2^3 \cdot 10$.

$4 \log_{10} 3 \fallingdotseq 3 \log_{10} 2 + 1 = 1.9$. (∵ ①)

$\therefore \log_{10} 3 \fallingdotseq 0.475 \fallingdotseq 0.48$. …② 常用対数表では 0.4771

∘ ①②を用いると，

$\log_{10} 4 = \log_{10} 2^2 = 2 \log_{10} 2 \fallingdotseq 0.6$.

$\log_{10} 5 = \log_{10} \dfrac{10}{2} = 1 - \log_{10} 2 \fallingdotseq 0.7$.

$\log_{10} 6 = \log_{10} 2 \cdot 3 = \log_{10} 2 + \log_{10} 3 \fallingdotseq 0.78$.

$\log_{10} 8 = \log_{10} 2^3 = 3 \log_{10} 2 \fallingdotseq 0.9$.

$\log_{10} 9 = \log_{10} 3^2 = 2 \log_{10} 3 \fallingdotseq 0.96$.

∘ $\log_{10} 7$ について．

$7^2 = 49 \fallingdotseq 50 = \dfrac{10^2}{2}$.

$\log_{10} 7^2 \fallingdotseq \log_{10} \dfrac{10^2}{2}$.

$2 \log_{10} 7 \fallingdotseq 2 - \log_{10} 2 \fallingdotseq 1.7$. (∵ ①)

$\therefore \log_{10} 7 \fallingdotseq 0.85$. …③ 常用対数表では 0.8451

ここで得られた 1 桁の整数を真数とする常用対数の概算値を用いれば，例えば

$\log_{10} 30 = \log_{10} 3 \cdot 10 = \log_{10} 3 + 1 \fallingdotseq 1.48$,

$\log_{10} 800 = \log_{10} 8 \cdot 10^2 = \log_{10} 8 + 2 \fallingdotseq 2.9$

のような概算値も瞬時に得られ，様々な自然数 x に対し，その常用対数 $\log_{10} x$ の概算値がどのように対応するかが一目でわかります（右表参照）．次のようになっています：

x	$\log_{10} x$		
1	0		
2	0	.	3
3	0	.	48
4	0	.	6
5	0	.	7
6	0	.	78
7	0	.	85
8	0	.	9
9	0	.	96

x	$\log_{10} x$		
10	1		
20	1	.	3
30	1	.	48
40	1	.	6
50	1	.	7
60	1	.	78
70	1	.	85
80	1	.	9
90	1	.	96

x	$\log_{10} x$		
100	2		
200	2	.	3
300	2	.	48
400	2	.	6
500	2	.	7
600	2	.	78
700	2	.	85
800	2	.	9
900	2	.	96

常用対数 $\log_{10} x$ の
- 整数部分 → 桁数がわかる
- 小数部分 → 首位[1)] がわかる

語記サポ 1)：「一番上の桁の数」のことです．「最高位の数」と呼ばれることが多いですが，筆者は記述の便を図ってこう呼ぶことが多いです．

例題 560 桁数と首位 重要度↑ 根底 実戦 典型 [→演習問題 5 7 22]

$a = 3^{100}$ について答えよ．ただし，$\log_{10} 2 = 0.3010$, $\log_{10} 3 = 0.4771$ としてよい[1] とする．

(1) a の桁数を求めよ． (2) a の首位（最高位の数）を求めよ．

方針 常用対数 $\log_{10} a$ の値を手掛かりとして，元の数 a そのものに関する情報を得ていきます．

(1)→ $\log_{10} a$ の「整数部分」に注目． (2)→ $\log_{10} a$ の「小数部分」に注目．

注意！ 「桁数を m とおく」などと安易に文字に頼るのは止めましょう．前ページの表を念頭において，素朴な数値計算だけで片付く程度の問題ですから．

解答 $\log_{10} a = 100 \log_{10} 3$

$= 100 \times 0.4771 = 47.71$．[2]

$\therefore\ a = 10^{47.71}$．…①

(1) ①より

$10^{47} < \underbrace{a}_{10^{47.71}} < 10^{48}$．

$10^{47} = 1\overbrace{000\cdots00}^{0\text{ が }47\text{ 個}}$

$10^{48} = 1\underbrace{000\cdots000}_{0\text{ が }48\text{ 個}}$

よって a の桁数は，48．//

(2)（常用対数の小数部分 0.71 は，前ページの表を念頭に置くと $\log_{10} 5$ に近そう…）

$\log_{10} 5 = \log_{10} \dfrac{10}{2} = 1 - \log_{10} 2 = 0.6990$．

$\log_{10} 6 = \log_{10} 2 \cdot 3 = \log_{10} 2 + \log_{10} 3 = 0.7781$．

よって①において

$10^{47+\log_{10} 5} < 10^{47.71} < 10^{47+\log_{10} 6}$．

$\therefore$ [3] $5 \cdot 10^{47} < a < 6 \cdot 10^{47}$．

よって a の首位は，5．//

$5 \cdot 10^{47} = 5\overbrace{000\cdots00}^{0\text{ が }47\text{ 個}}$

$6 \cdot 10^{47} = 6\underbrace{000\cdots00}_{0\text{ が }47\text{ 個}}$

解説 桁数と首位を問う本問は定番モノ．上記方法論は完全マスター！

①では，"手段"である「常用対数」の値を用いて"目標"である「a 自身」を表しています：$a = 10^{\log_{10} a} = 10^{47.71}$．

例題 5 6 n

x	$\log_{10} x$
1	0
2	0．3
3	0．48
4	0．6
5	0．7
6	0．78
7	0．85
8	0．9
9	0．96

注 1)：$\log_{10} 2$, $\log_{10} 3$ は，ホントは無理数であり無限小数で表されます．作問者は，この概算値でも答えが正しく求まることを確認した上で出題しています．

0.71 はこの間

2)：筆者はこの時点で「整数部分は 47 だから桁数は 48」．「小数部分は 0.71 だから右表を見て首位は 5」だと既に見抜いています．後は，答案にどの程度丁寧に説明を付けるかを，状況次第で判断します．

補足 3)：この不等式から，(1)の桁数も同時に解答できます．なお，この左辺の 1 行上からの計算過程は，$10^{47+\log_{10} 5} = 10^{47} \cdot 10^{\log_{10} 5} = 10^{47} \cdot 5$ です．スラッとできますね？

常用対数と桁数・首位 方法論

4) 自然数 a の首位・桁数は，その常用対数の値を利用して次のように求まる：

$$\log_{10} a = \overbrace{n}^{\text{整数部分}} + \underbrace{f}_{\text{小数部分}}\ (n = 0, 1, 2, \cdots;\ 0 \leq f < 1) \text{ のとき，}$$

小数部分 =Fractional part

$$a = 10^{n+f} = \underbrace{10^f}_{1\text{ 以上 }10\text{ 未満}} \cdot 10^n.$$

よって a の桁数は $n+1$．首位は，f を $\log_{10} 1$, $\log_{10} 2$, $\log_{10} 3$, …, $\log_{10} 9$ と比べるとわかる．

参考 a の桁数が m であるための条件は，$10^{m-1} \leq a < 10^m$ です．

注 4)：実数の整数部分の桁数・首位についても同様です．

参考 a の桁数は，「ガウス記号」[→ I+A 1 6 5 最後のコラム] を用いて $[\log_{10} a] + 1$ と書けます．

例題 5 6 p 小数の首位　根底 実戦　典型　[→演習問題 5 7 23]

$b = \dfrac{1}{6^{200}}$ を十進小数で表すとき，小数第何位に初めて 0 以外の数が現れるか？また，その数（首位）は何か？ただし，$\log_{10} 2 = 0.3010$, $\log_{10} 3 = 0.4771$ としてよいとする．

考察対象が，前問の "大きな数" a とは打って変わって "小さな数" b になりましたが，ベースになる考えは同じです．
右表：x に対する常用対数 $\log_{10} x$ の関係を見れば，常用対数 $\log_{10} b$ の

「整数部分」→「首位は小数第何位か？」
「小数部分」→「首位」

と求まることがわかります．

x	$\log_{10} x$
1	0
2	0 . 3
3	0 . 48
4	0 . 6
5	0 . 7
6	0 . 78
7	0 . 85
8	0 . 9
9	0 . 96

x	$\log_{10} x$
0.1	−1
0.2	−1 + 0.3
0.3	−1 + 0.48
0.4	−1 + 0.6
0.5	−1 + 0.7
0.6	−1 + 0.78
0.7	−1 + 0.85
0.8	−1 + 0.9
0.9	−1 + 0.96

x	$\log_{10} x$
0.01	−2
0.02	−2 + 0.3
0.03	−2 + 0.48
0.04	−2 + 0.6
0.05	−2 + 0.7
0.06	−2 + 0.78
0.07	−2 + 0.85
0.08	−2 + 0.9
0.09	−2 + 0.96

注　必ず，常用対数 ＝ $\overbrace{\text{整数部分}}^{\text{負}}$ ＋ $\overbrace{\text{小数部分}}^{0\sim1\text{ 未満}}$ の形にすること．プラスですよ！

解答
$$\begin{aligned}\log_{10} b &= \log_{10} 6^{-200}\\ &= -200\log_{10} 2\cdot3\\ &= -200(\log_{10} 2 + \log_{10} 3)\\ &= -200\times0.7781\\ &= -155.62 = -156 \overset{1)}{+} 0.38.\end{aligned}$$
$$\therefore\ b = 10^{-156+0.38}.\ \cdots①$$

着眼　小数部分「0.38」は $\log_{10} 2 = 0.3010$ より少しだけ大きい．首位は 2？■

$\log_{10} 2 = 0.3010$, $\log_{10} 3 = 0.4771$ だから，①において
$$10^{-156+\log_{10} 2} < 10^{-156+0.38} < 10^{-156+\log_{10} 3}.$$
$$\therefore 2\cdot10^{-156} < b < 3\cdot10^{-156}.$$
∴ 初めて 0 以外の数が現れるのは小数第 156 位.[2] //
また，その数（首位）は，2. //

$2\cdot10^{-156} = 0.000\cdots02$（156 桁繰り下がる）
$3\cdot10^{-156} = 0.000\cdots03$（156 桁繰り下がる）

解説　①では前問と同様，"目標"：「b 自身」を "手段"：「常用対数」を表しています．

1)：繰り返しになりますが，ここは必ずプラスです．次の形を作ること：

「常用対数」＝「整数部分（負）」＋「小数部分（0 以上 1 未満）」

2)：その右を見れば「首位が小数第何位か？」はわかります．または，簡単な具体例：

$2\cdot10^{-\underline{3}} = 0.002$ の首位 2 は小数第 $\underline{3}$ 位.

を思い浮かべ，下線部を「$\underline{3}$」→「$\underline{4}$」→ ⋯ →「$\underline{156}$」と 1 ずつズラしていってもわかりますね．ややセコイですが（笑）.

例題 5 6 q 上の2桁　ハイレベル↑　根底 実戦　入試　[→ 5 6 4]

$a = 2^{500}$ の最高位（1 番上の位）の数，上から 2 番目の数を求めよ．ただし，次のことを用いてよい：

$$0.30102 < \log_{10} 2 < 0.30103,\ 0.47712 < \log_{10} 3 < 0.47713,\ 1.04139 < \log_{10} 11 < 1.04140\ \cdots①$$

方針　「桁数」と「最高位」なら，常用対数に関する有名問題ですから，明確な方法論として，「常用対数」＝「整数部分」＋「小数部分」と表すという手法が既に確立しています．しかし，「上から 2 番目の位」となると⋯そうはいきませんので基本に立ち返って考えます．

例えば切りのいい数で $b = \boxed{6}\boxed{7}000$ を考えると，その常用対数の値は

$$\log_{10} b = \log_{10} \boxed{6}\boxed{7} \cdot 10^3 = \underbrace{\log_{10} \boxed{6}\boxed{7}}_{1.\cdots} + 3\ (= 4.\cdots).$$

ですね．この例を参考にすると，本問について

「常用対数」＝「整数部分 −1」＋「1+ 小数部分」の形を作り，

「1+ 小数部分」 $\fallingdotseq \log_{10} \square\square$ を満たす 2 桁整数 $\square\square$ を求める

という方法論が浮かんできます．

注 大雑把に「≒」と書いてしまいましたが，**解答**中では不等式を用いてキチンと評価します．

解答 $\log_{10} a = 500 \log_{10} 2$.

これと①より

$$\log_{10} a > 500 \times 0.30102 = 150.510 = 149 + 1.510, \quad \cdots②$$

$$\log_{10} a < 500 \times 0.30103 = 150.515 = 149 + 1.515. \quad \cdots③$$

着眼 ②③より,「常用対数」$\log_{10} a$ において，

「1+ 小数部分」$= 1.51\cdots \fallingdotseq \log_{10} \square\square$

を満たす 2 桁整数$\square\square$を考えることになります．対数の定義に戻って考えると

$$\square\square \fallingdotseq 10^{1.5} = 10\sqrt{10} = 31.6\cdots.$$

よって,「32」がその候補であり，$32 = 2^5$ より $\log_{10} 32 = 5 \log_{10} 2 = 1.5\cdots$ と計算できます．いいカンジです．

実際には，$\square\square \fallingdotseq 10^{1.51}$ くらいですから,「32」は小さ目に見積もってます．そこで，次の「33」はどうかと考えると…，$3 \cdot 11$ と分解すれば①の $\log_{10} 2$ 以外の 2 つが使えますね！どうやら，

$$\log_{10} 32 <「1+ 小数部分」< \log_{10} 33$$

を示すことで解決しそうです．■

ここで，$32 = 2^5$ より

$$\log_{10} 32 = 5 \log_{10} 2 \overset{1)}{<} 5 \times 0.30103 = 1.50515.$$

これと②より，

$$\log_{10} a > 149 + 1.510 > 149 + 1.50515 > 149 + \log_{10} 32. \quad \cdots④$$

同様に，$33 = 3 \cdot 11$ より

$$\log_{10} 33 = \log_{10} 3 + \log_{10} 11 > 0.47712 + 1.04139 = 1.51851.$$

これと③より，

$$\log_{10} a < 149 + 1.515 < 149 + 1.51851 < 149 + \log_{10} 33. \quad \cdots⑤$$

④⑤より

$$149 + \log_{10} 32 < \log_{10} a < 149 + \log_{10} 33.$$

$$\therefore 10^{149 + \log_{10} 32} < 10^{\log_{10} a} < 10^{149 + \log_{10} 33}.$$

$$\text{i.e. } 32 \cdot 10^{149} < a < 33 \cdot 10^{149}.$$

以上より，求める上から 1，2 番目の桁の数は，それぞれ 3, 2.// 桁数は 151

解説 ④において，不等号の向きが同じになっていることが重要です (⑤も同様).

1)：そのために，①を使う際に「どちら側の不等式を使うか」を正確に選ぶことが求められます．

重要 いわゆる「答案」「解答そのもの」に書かれていない部分で，冒頭の**方針**や途中の**着眼**に書いたような**水面下での思索**が鍵を握っています．そこに目を向けず,「解答」だけを見て勉強しても，ただ解き方を丸暗記するだけになってしまいます．

注 結果として,「上から 2 番目の位」まで求めるには常用対数の「1＋小数部分」を用いることがわかりましたが…滅多に出ませんので (笑)，その場で考えてできることに意義があります．

参考 ①の 3 つの値は全て無理数であり，実際の値は無限小数で表されます．

例題 5 6 r 確率と常用対数 根底 実戦 入試

[→演習問題 5 7 26]

サイコロを n 個投げたときの出た目の積を X とし，X が 3 の倍数である確率を p_n とする．$p_n > 0.99$ となる最小の n を求めよ．ただし，$\log_{10} 2 = 0.3010$, $\log_{10} 3 = 0.4771$ としてよいとする．

着眼 確率の問題としてはとてもポピュラーなものです．[→ I+A 例題 7 11 e]

解答 事象 A を

A:「X が 3 の倍数」

i.e.「少なくとも 1 回は 3，6」

と定めると，その余事象は

$\overline{A}$:「n 回とも 1，2，4，5」.

$$\therefore\ p_n = 1 - P(\overline{A}) = 1 - \left(\frac{4}{6}\right)^n = 1 - \left(\frac{2}{3}\right)^n.$$

よって題意の条件は

$$1 - \left(\frac{2}{3}\right)^n > 1 - 0.01.$$

$$^{1)}\ \left(\frac{2}{3}\right)^n < \frac{1}{100}.$$

$$\left(\frac{3}{2}\right)^n > 100.$$

$$\log_{10}\left(\frac{3}{2}\right)^n > \log_{10} 100.$$

$$n(\log_{10} 3 - \log_{10} 2) > 2.$$

$$0.1761 \times n > 2.$$

$$n > \frac{2}{0.1761} = 11.3\cdots.$$

これを満たす最小の自然数 n は，$n = 12.$ //

注 1)：両辺の対数をとるのは，ここではなく，1 行下の式 (底が 1 より大きい) を作ってからにした方が賢いですね.

参考 サイコロを 12 回以上投げると，目の積 X が 3 の倍数となる確率が (百分率で)99% を超えるということですね.

例題 5 6 s 指数関数の“大きさ” ハイレベル↑ 根底 実戦 入試

[→演習問題 5 7 24]

n は自然数とする．$f(n) = 2^n + 3^n < 10^8$ となる最大の n を求めよ．
ただし，$\log_{10} 2 = 0.3010$, $\log_{10} 3 = 0.4771$ としてよいとする.

解説 $f(n)$ が 1 億未満でいられるような n はどこまでか？という問です.

注 もちろん常用対数を利用しますが，$\log_{10}(2^n + 3^n) = \log_{10} 2^n + \log_{10} 3^n$ (×) のように 2^n と 3^n の「和」を分解することはできませんよ (笑).「対数」は，真数が積や累乗の形でないと上手く変形できません．困りましたね.

着眼 そこで，少し“実験”をしてみます (右表)．これを見ると，n がある程度大きくなると，2^n に比べて 3^n の方が**断然大きい**ことがわかりますね．つまり，$f(n)$ 全体において

n	1	2	3	4	5	6	…
2^n	2	4	8	16	32	64	…
3^n	3	9	27	81	243	729	…

3^n が**主要部**
2^n は“ゴミ” であることがわかります.

「取るに足らないモノ」という意味

そこで，とりあえず主要部 3^n だけを考えると

$3^n \fallingdotseq 10^8$ となるのは，$\log_{10} 3^n \fallingdotseq \log_{10} 10^8$ i.e. $n \fallingdotseq \dfrac{8}{0.48} = 16.\cdots$ のとき.

そこで，答えは「16」だろうと目星を付けて…

解答 $f(17)=2^{17}+3^{17}>3^{17}$. …①

ここで, $\log_{10}3^{17}=17\times0.4771=8.1\cdots$.

$\therefore\ 3^{17}=10^{8.1\cdots}$.

これと①より $f(17)>10^{8.1\cdots}>10^8$. …②

次に, $f(16)=2^{16}+3^{16}$

$<3^{16}+3^{16}=2\times3^{16}$. …③

ここで,

$\log_{10}2\cdot3^{16}=0.3010+16\times0.4771=7.9\cdots$.

$\therefore\ 2\cdot3^{16}=10^{7.9\cdots}$.

これと③より $f(16)<10^{7.9\cdots}<10^8$. …④

②④より,

$f(16)<10^8<f(17)$.

これと $f(n)$ が n の増加関数であることより,

$f(n)<10^8$ となる最大の n は, $n=16$.//

解説 ①においては, "ゴミ" に過ぎない 2^{17} を "捨てる" ことにより, $f(17)$ を「3^{17}」という累乗数で評価することができ, その常用対数の値が利用できました.
一方 $f(16)$ に対する評価では逆向きの不等号が欲しいので, "ゴミ" に過ぎない 2^{16} を**主要部**: 3^{16} に取り替えるという粗っぽい[1)] 評価をしてしまいました. しかし, ③で「2×」が付いても, その次の常用対数の値は $\log_{10}2=0.3010$ 増えるだけで済み, 結果として希望通りの評価が得られました.

注 1): 評価が "粗(あら)過ぎて" 上手くいかない場合には, 例えば次のように工夫をします:

$$f(16)=2^{16}+3^{16}=2\cdot2^{15}+3^{16}<2\cdot3^{15}+3\cdot3^{15}=5\cdot3^{15}.\ \cdots⑤$$

$\log_{10}5\cdot3^{15}=1-0.3010+15\times0.4771=7.8\cdots$.

$\therefore\ 5\cdot3^{15}=10^{7.8\cdots}$.

これと⑤より $f(16)<10^{7.8\cdots}<10^8$.

これで, **解答**の「$f(16)<10^{7.9\cdots}$」よりもさらに範囲が限定されましたね.

例題 5 6 t 桁数と首位(応用) 根底 実戦 入試

[→演習問題 5 7 25]

n は自然数とする. 2^n の桁数が 10, 最高位の数が 4 となるような n を求めよ.
ただし, $\log_{10}2=0.3010$ としてよいとする.

方針 まず, 桁数が 10 となるよう n の範囲を限定し, そのうち首位が 4 となるものを探します.

解答 2^n の桁数が 10 となるための条件は

$10^9\le2^n<10^{10}$.

$\log_{10}10^9\le\log_{10}2^n<\log_{10}10^{10}$.

$9\le n\log_{10}2<10$.

$\dfrac{9}{0.3010}\le n<\dfrac{10}{0.3010}$.

$29.\cdots\le n<33.\cdots$.

n は自然数だから

$n=30,31,32,33$ …①

に絞られる. これら 4 つに対し 2^n の常用対数

$f(n):=\log_{10}2^n=n\log_{10}2=0.3010\times n$

の値を求めると, 次の通り:

$f(30)=9.030,\ f(31)=9.331$,

$f(32)=9.632,\ f(33)=9.933$.

ここで, $\log_{10}4=0.6020,\ \log_{10}5=0.6990$ より

$0.331<\log_{10}4<0.632<\log_{10}5<0.933$.

$f(31)<9+\log_{10}4<f(32)<9+\log_{10}5<f(33)$.

$(2^{30}<)\ 2^{31}<4\cdot10^9<2^{32}<5\cdot10^9<2^{33}$.

$\therefore$ ①のうち 2^n の首位が 4 となる n は, 32.//

参考 ①からわかる通り, 連続する 4 つの n について桁数が 10 となっています. このときの首位は, 1, 2, 4, 8or9 となるしかないので, 求める n は①のうち 3 つ目だとわかります. こうした視点を, 後に**演習問題 5 8 3**で用います.

第5章 指数・対数関数

5 実用的応用

p.225 の「将来入試では」でも述べたように，指数・対数関数単独では，あまり深みのある数学の問題は作りにくいのが実情です．ただ，日常的・現実的内容の中にはこの分野と関連の深い事柄があり，問題の素材として使われます．特に文系入試・共通テストではわりと出題されやすいと思われます．

例題 56u 複利計算 根底 実戦 典型 [→演習問題581]

年利率 8 %の銀行預金 (1 年複利) に 100 万円を預け入れた．次の問いに答えよ．
なお，「1 年複利」の場合，預金額 ＝元本(がんぽん)に対し，預けた日の 1 年後に所定の利率の利息が付き，それと元本の合計 (元利(がんり)という) を次の年の元本として，同じことが毎年繰り返される．
また，$\log_{10} 2 = 0.3010$, $\log_{10} 3 = 0.4771$ …① としてよいとする．

(1) 10 年後の元利は，200 万円を超えているか？

(2) 元利が初めて 500 万円を超えるのは何年後か？

着眼 右のような仕組みで元本は増えていきます (金額の単位は万円)．
これを見るとわかるように，年度末の元利は 1 年ごとに 1.08 倍になっていきます．

年度	元本	利息	年度末の元利
1	100	$100 \times 0.08 = 8$	$100 \times 1.08 = 108$
2	108	$108 \times 0.08 = 8.64$	$108 \times 1.08 = 116.64$
3	116.64	$116.64 \times 0.08 = \cdots$	$116.64 \times 1.08 = \cdots$

解答 n 年後の元利を $f(n)$ (万円) とすると

$$f(n) = 100 \times 1.08^n.$$

これの常用対数の値は

$$\begin{aligned}\log_{10} f(n) &= \log_{10} 100 + n \log_{10} 1.08 \\ &= 2 + n \log_{10} \frac{2^2 \cdot 3^3}{100} \\ &= 2 + n(2\log_{10} 2 + 3\log_{10} 3 - 2) \\ &= 2 + 0.0333 \times n \ (\because\ ①). \quad \cdots ②\end{aligned}$$

(1) ②より

$$\log_{10} f(10) = 2 + 0.0333 \times 10 = 2.333.$$
$$\log_{10} 200 = \log_{10} 2 + 2 = 2.3010.$$

よって，$f(10) > 200$．つまり，10 年後の元利は，200 万円を超えている．//

(2) 題意の条件は

$$f(n) > 500.$$
$$\log_{10} f(n) > \log_{10} \frac{1000}{2}.$$
$$2 + 0.0333 \times n > 3 - 0.3010.$$
$$g(n) := 0.0333 \times n > 0.6990.$$

着眼 両辺がほぼ等しくなるのは $n = 20$ くらいだと見当がつきますね．■

ここで，

$g(20) = 0.6660$, $g(21) = 0.6993$ より

$g(20) < 0.6990 < g(21)$.

これと $g(n)$ が増加関数であることより，求める n は，21 (年後)．//

余談 「年利 8 %」は，昨今の国内銀行預金としては夢のような高利率ですが，米国株価は，過去において平均してこのくらいの利回りで推移しています．もちろん預金に比べてリスクは高いですが．投資は自己責任で．
なお，元利が初めて 1000 万円を超えるのはちょうど 30 年後です (①の概算値を使うと 31 年後になってしまいますが)．

数学B数列後 この元利は，初項 100 (万円)，公比 1.08 の等比数列ですね．それを踏まえて，複利で積立(つみた)て貯金をする場合の元利計算を，演習問題581で扱います．

例題 56 V 星の明るさと等級 根底 実戦 入試 [→演習問題 5 7 28]

星の明るさ（エネルギー量）とその星の等級 m との関係を考えよう．m が整数のとき，m が 1 だけ小さくなると明るさ $L(m)$ はある定数 r 倍（$r>1$）となるよう定められている．また，等級 $=1$ の星は等級 $=6$ の星の 100 倍の明るさである．

(1) m, n を整数として，$\dfrac{L(m)}{L(n)}$ を m, n を用いて表せ．

(2) m, n を整数として，$m-n$ を $L(m), L(n)$ を用いて表せ．

(3) 以下において，(1)(2)の等式は任意の実数 m, n について成り立つとする．
有名な恒星シリウスの等級は -1.5，アンタレスは $+1$ である．シリウスの明るさはアンタレスの何倍か？

(4) 満月の等級は -12.7 であり，太陽の明るさは満月の 40 万倍である．太陽の等級を求めよ．ただし，$\log_{10} 2=0.3$ として解答せよ．

着眼 明るさと等級の関係を決めるルールは，右表のようになっています：

m	6	5	4	3	2	1
$\dfrac{L(m)}{L(6)}$	1	r	r^2	r^3	r^4	r^5

解答 (1) 題意の条件より

$$\frac{L(1)}{L(6)}=r^5=100. \quad \therefore\ r=\sqrt[5]{100}.$$

したがって

$$\text{1)}\ \frac{L(m)}{L(n)}=r^{n-m}$$
$$=\left(\sqrt[5]{100}\right)^{n-m}=10^{-\frac{2}{5}(m-n)}.\text{//}$$

(2) (1)の結果より

$$-\frac{2}{5}(m-n)=\log_{10}\frac{L(m)}{L(n)}.$$
$$\therefore m-n=-\frac{5}{2}\log_{10}\frac{L(m)}{L(n)}.\text{//}$$

(3) (1)において $m=-1.5, n=+1$ とすると

$$\frac{L(-1.5)}{L(1)}=10^{-\frac{2}{5}\cdot\frac{-5}{2}}=10^1=10.$$

∴ シリウスの明るさはアンタレスの 10 倍.//

(4) (2)において m を太陽の等級，$n=-12.7$ とすると

$$m-(-12.7)=-\frac{5}{2}\log_{10}\frac{L(m)}{L(-12.7)}$$
$$=-\frac{5}{2}\log_{10}400000$$
$$=-\frac{5}{2}\cdot(2\log_{10}2+5)$$
$$=-\frac{5}{2}\times 5.6$$
$$=-5\times 2.8=-14.$$

よって太陽の等級は，

$$m=-12.7-14=-26.7.\text{//}$$

解説 1)：この等式が正しいことを $(m,n)=(1,6), (5,2)$ などのケースを想定して，**着眼**の表を見ながら確認しておいてください．

参考 $r=\sqrt[5]{100}\fallingdotseq 2.5$ であることが，この近似式を変形していくことによってわかります：

$$\sqrt[5]{100}\fallingdotseq\frac{5}{2} \quad \sqrt[5]{100}\fallingdotseq\frac{10}{2^2} \quad 100\fallingdotseq\frac{10^5}{2^{10}} \quad 2^{10}\fallingdotseq 10^3. \quad 1024\fallingdotseq 1000.$$

お馴染み（なじ）みの近似式に帰着しましたね．

言い訳 本問で用いている星の等級，明るさは，多少変化することもありますし，あくまでも概数です．

7 演習問題B

571 根底 実戦

(1) $4^{x+\frac{1}{4}}$ を 2^x で表せ.

(2) $(a^x+a^{-x})^2$ を展開して整理せよ.

(3) $(a^x+a^{-x}+2)(a^x+a^{-x}-2)=(a^x-a^{-x})^2$ を証明せよ.

(4) $(a^x-1)(a^x+1)(a^{2x}+1)(a^{4x}+1)(a^{8x}+1)$ を簡単にせよ.

(5) $\log_{10}45^{10}$ を $\log_{10}2$ と $\log_{10}3$ で表せ.

(6) $10^{4+\log_{10}3}$ を計算せよ.

(7) 5^x を $3^{\square}$ の形で表せ.

(8) $\log_2\sqrt{ab}$ を, $\log_2 a$ と $\log_2 b$ で表せ.

(9) $\log_{10}3$ と $\dfrac{1}{\log_2 10}$ の大小を調べよ.

(10) $\log_{a^p}b^p$ $(b>0)$ を, a を底とする対数で表せ.

572 根底 実戦

次の数の大小関係を調べよ.

(1) $\left(\dfrac{1}{2}\right)^{\sqrt{15}}, \left(\dfrac{1}{4}\right)^{\sqrt{3}}, \left(\dfrac{1}{8}\right)^{\sqrt{2}}$

(2) $\log_3 6, \log_4 8, \log_5 10$

573 根底 実戦 入試

自然数 n に対して, $10^{nx}=n$ …① を満たす実数 x を $f(n)$ とする. $f(1), f(2), f(3), f(4), f(5)$ の大小関係を調べよ.

574 根底 実戦 典型

a, b は $1<\sqrt{b}<a<b^2$ …① を満たす実数とする.

$$A=\log_b\sqrt{\frac{a}{b}},\ B=\log_a b,\ C=\log_b\frac{b^2\sqrt{b}}{a}$$

の大小関係を調べよ.

575 根底 実戦 入試

$a, b>1$ …① とする.

(1) $A=\log_2\dfrac{a+b}{2}$ と $B=\dfrac{\log_2 a+\log_2 b}{2}$ の大小を比べよ.

(2) $C=\log_{\sqrt{ab}}a$ と $D=\log_b\sqrt{ab}$ の大小を比べよ.

(3) $E=\log_{\frac{a+b}{2}}a$ と $F=\log_b\dfrac{a+b}{2}$ の大小を比べよ.

576 根底 実戦

次の方程式・不等式を解け.

(1) $6^x=2^{x+2}$

(2) $4^x-2^{x+1}-3\leqq 0$

(3) $(a^2)^{x-1}\geqq\left(\dfrac{1}{\sqrt{a}}\right)^x$ (a は正の定数)

5 7 7 根底 実戦

次の不等式を解け.

(1) $\left(\frac{1}{8}\right)^x \geq \left(\frac{1}{2}\right)^{x-2}$ (2) $2^x > 3^{x-2}$ (3) $a^{2x+1}-(a^2+1)a^x+a<0$ (a は正の定数)

5 7 8 根底 実戦

次の方程式・不等式を解け.

(1) $x^{\log_3 x}=81$ (2) $\log_3(x+1) \leq \log_{\frac{1}{3}}(3-x)$

5 7 9 根底 実戦 入試 ハイレベル↑

不等式 $\log_a(x+1) \leq \log_{a^2}(2x+a)-\frac{1}{2}$ を解け.

5 7 10 根底 実戦 入試

不等式 $\left(\log_{\sqrt{2}} x\right)^2+20\log_4 x+\log_x \frac{1}{16}+2 \leq 0$ を解け.

5 7 11 根底 実戦 入試

不等式 $4x^2(x+1)^x > 2^x x^x (x+1)^2$ ($x>0$) を解け.

5 7 12 根底 実戦

次の(1), (2)の連立方程式をそれぞれ解け.

(1) $9^x+9^y=30,\ 3^{x+y}=9$ ($x<y$) (2) $\log_3 \frac{x}{y}=3,\ \log_9 x \cdot \log_9 y=\frac{5}{2}$

5 7 13 根底 実戦 典型

方程式 $9^x+9^{-x}-3^{\frac{1}{2}+x}-3^{\frac{1}{2}-x}+\frac{2}{3}=0$ を解け.

5 7 14 根底 実戦 入試 重要

x^2, $\cos x$ などのように, 任意の x に対して $F(-x)=F(x)$ が成り立つとき, $F(x)$ は偶関数であるという.

x^3, $\sin x$ などのように, 任意の x に対して $F(-x)=-F(x)$ が成り立つとき, $F(x)$ は奇関数であるという.

2 つの関数 $f(x)=\frac{3^x+3^{-x}}{2}$, $g(x)=\frac{3^x-3^{-x}}{2}$ について答えよ.

(1) $f(x)$ は偶関数であることを示し, 方程式 $f(x)=a$ (a は 1 より大きな定数) …① を解け.

(2) $g(x)$ は奇関数であることを示し, 方程式 $g(x)=2$ …② を解け.

(3) $g(2x)=2f(x)g(x)$ …③ が成り立つことを示せ.

(4) 方程式 $\frac{3^x-3^{-x}}{2}\cdot\frac{3^x+3^{-x}}{2}\cdot\frac{3^{2x}+3^{-2x}}{2}\cdot\frac{3^{4x}+3^{-4x}}{2}=-\frac{1}{4}$ …④ を解け.

5 7 15 根底 実戦 典型

$a^{\frac{2}{3}} + a^{-\frac{2}{3}} = 3\ (a > 0)$ …① のとき，$A = \sqrt[3]{a} + \dfrac{1}{\sqrt[3]{a}}$ の値を求めよ．

5 7 16 根底 実戦

$a = \sqrt[3]{\dfrac{7+\sqrt{17}}{2}},\ b = \sqrt[3]{\dfrac{7-\sqrt{17}}{2}}$ とおく．$a+b$ を 1 つの解とする整数係数の x の 3 次方程式を 1 つ作れ．

5 7 17 根底 実戦

次の関数の値域を求めよ．

(1) $f(x) = a^{2x} - a^{x+1} + a^2$ ($x \geqq 1$, a は 1 以外の正の定数)

(2) $g(x) = \log_2 \dfrac{x}{4} \cdot \log_4 \dfrac{8}{x}$

5 7 18 根底 実戦 入試

実数 x, y が $(\log_3 x)^2 + (\log_3 y)^2 = \log_3 x^2 + \log_3 y^2$ …① を満たして変化するとき，xy のとり得る値の範囲を求めよ．

5 7 19 根底 実戦 入試

xy 平面上で，不等式 $2\log_2(x+y-2) - \log_2(x+1) - \log_2(y-1) \leqq 1$ …① が表す領域 D を図示せよ．また，点 $\mathrm{P}(x, y)$ が D 内を動くときの $F = x^2 + y^2 + 2x$ のとり得る値の範囲を求めよ．

5 7 20 根底 実戦

$\log_2 a = \log_3 b = \log_6 c$ のとき，$ab = c$ が成り立つことを示せ．

5 7 21 根底 実戦 入試

$\log_9 n$ が有理数となるような 2 以上の整数 n を求めよ．

5 7 22 根底 実戦 典型

$a = 2^{20} \cdot 3^{30}$ の桁数と首位 (最高位の数) を求めよ．
ただし，$\log_{10} 2 = 0.3010$, $\log_{10} 3 = 0.4771$ としてよいとする．

5 7 23 根底 実戦 典型

$b = \dfrac{5^{50}}{6^{60}}$ を十進小数で表すとき，小数第何位に初めて 0 以外の数が現れるか？また，その数 (首位) は何か？ただし，$\log_{10} 2 = 0.3010$, $\log_{10} 3 = 0.4771$ としてよいとする．

5 7 24 根底 実戦 入試

(1) $a = 2^{100} \times 3^{100}$ の桁数を求めよ．

(2) $b = 2^{100} + 3^{100}$ の桁数を求めよ．

ただし，$\log_{10} 2 = 0.3010$, $\log_{10} 3 = 0.4771$ としてよいとする．

5 7 25 根底実戦 入試

次の問に答えよ．ただし，$\log_{10} 2 = 0.3010$ としてよいとする．

(1) 5^{100} の桁数を求めよ．

(2) 5^n $(n = 1, 2, 3, \cdots, 100)$ のうち，最高位の数が 1 であるものの個数を求めよ．

5 7 26 根底実戦 典型

ある単細胞生物 C は，1 つの細胞が 20 分ごとに 2 つの細胞に分裂する．最初 100 個の C があるとして，C の個数が初めて 1 億個を超えるのは何時間何分後か？

ただし，死滅する細胞はないものと仮定し，$\log_{10} 2 = 0.3010$ としてよいとする．

5 7 27 根底実戦 入試

温度が 100 ℃である物体 H を 0 ℃の空気中においた．そこから 1 分が経過するごとに H の温度はある定数 r 倍 $(r > 0)$ になるとする．20 分後に H の温度が 50 ℃だったとすると，H の温度が初めて 20 ℃未満になるのは何分後か？整数値で答えよ．

ただし，空気の温度は常に 0 ℃のままであるとし，$\log_{10} 2 = 0.3010$ としてよいとする．

5 7 28 根底実戦 入試

ピアノの調律方法の 1 つである「12 平均律」では，ある鍵盤の音に対して，1 つ右（半音上）の鍵盤の音の周波数は常に定数 r 倍となる．また，1 オクターブ（半音 12 個分）上がると音の周波数は 2 倍となる．例えば右図において，ドットを付した「ド」の周波数は，下の「ド」の 2 倍である．

以上を前提として以下の問に答えよ．ただし，必要に応じて本書巻末の常用対数表を用いてよいとする．

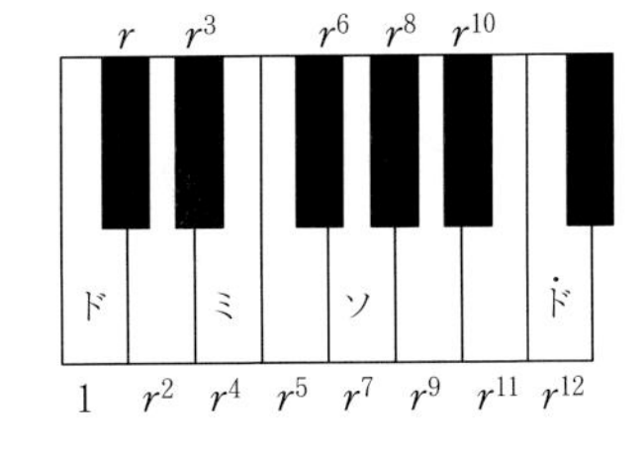

(1) r の値を求めよ．

(2) 「ミ」の音の，その下の「ド」の音に対する周波数比を m とする．$1 < \dfrac{m}{\frac{5}{4}} < 1.01$ であることを示せ．

(3) 「ソ」の音の，その下の「ド」の音に対する周波数比を s とする．$0.998 < \dfrac{s}{\frac{3}{2}} < 1$ であることを示せ．

5 7 29 根底実戦 入試

地震のエネルギー量 E（ジュール）とその尺度である「マグニチュード」M の関係は，次の等式によって定められている：

$$\log_{10} E = 4.8 + 1.5 \cdot M \ (E > 0) \ \cdots ①$$

(1) マグニチュード M が 1 だけ大きくなると，エネルギー量 E は何倍になるか．

(2) エネルギー量 E が 2 倍になると，マグニチュード M はどれだけ増えるか．ただし，$\log_{10} 2 = 0.3$ として解答せよ．

(3) マグニチュードが M_1, M_2 である地震のエネルギー量をそれぞれ E_1, E_2 とする．マグニチュードが $\dfrac{M_1 + M_2}{2}$ である地震のエネルギー量 E' と，$\dfrac{E_1 + E_2}{2}$ との大小関係を調べよ．

8 演習問題C 他分野との融合

581 根底実戦 典型入試 数学B数列後

1年おきに百万円を年利率 r % $(r>0)$ の銀行預金（1年複利）に積立(つみた)てる．0年後（つまり最初），1年後，2年後，…，$n-1$ 年後と n 回積立てをしたとして，最初の積立てをしてから n 年後の資産総額を $A(n)$（単位：百万円）とする．$R=1+\dfrac{r}{100}$ とおいて，以下の問に答えよ． 資産＝Assets

なお，「1年複利」の場合，預金額＝元本(がんぽん)に対し，預けた日の1年後に所定の利率の利息が付き，それと元本の合計（元利(がんり)という）を次の年の元本として，同じことが毎年繰り返される．これが，n 回の預金全てに対して適用される．

(1) $A(n)$ を R, n を用いて表せ．

(2) $A(n)>B$（B は正の実数）となるための条件を，$R^{n+1}>\cdots$ の形で表せ．

(3) $r=5$（年利率5％）とする．$A(n)>99$（99回分の積立て額を超える）となるような最小の自然数 n を求めよ．ただし，$\log_{10}2=0.3010$, $\log_{10}3=0.4771$, $\log_{10}7=0.8451$ としてよいとする．

582 根底実戦 典型入試 数学Ⅲ「極限」後

n は自然数とする．7^n の桁数を $f(n)$ とするとき，以下の問に答えよ．

(1) $\displaystyle\lim_{n\to\infty}\frac{f(n)}{n}$ を求めよ．

(2) $f(k)=f(k+1)$ を満たす k $(1\leq k\leq n-1)$ の個数を $g(n)$ とおく．$\displaystyle\lim_{n\to\infty}\frac{g(n)}{n}$ を求めよ．

583 根底実戦 入試 ハイレベル↑ 数学Ⅲ「極限」後

$k=0, 1, 2, \cdots$ に対して，2^k の桁数を $f(k)$，首位を $g(k)$ で表す．

(1) $k=0, 1, 2, \cdots, 14$ に対して，$f(k), g(k)$ の値を求めよ．ただし，結果のみ答えればよい．（表にまとめるとよい．）

(2) $k=0, 1, 2, \cdots, 100$ のうち，$g(k)=1, g(k)=4$ となる k の個数をそれぞれ求めよ．ただし，$\log_{10}2=0.3010$ としてよいとする．

(3) n は自然数とする．$k=0, 1, 2, \cdots, n$ のうち，$g(k)=4$ となる k の個数を a_n とする．$\displaystyle\lim_{n\to\infty}\frac{a_n}{n}$ を求めよ．ただし，$\displaystyle\lim_{n\to\infty}\frac{f(n)}{n}=\log_{10}2$ [1] であることを用いてよいとする．

第 6 章
微分法・積分法

注 6 5 5 で7「数列」（数学B）の知識を少し使います．先に7を済ませておくと理想的です．

語記サポ 「微分法」と「積分法」を総称して，「微積分」と略します．

まず，関数の値の変化を調べる「微分法」を学び，それと“逆”の関係にある「積分法」が面積の計量につながることなどを学びます．
微分法，積分法とも，最初の導入部分：6 1前半，6 5前半はかなり高度な内容です．ところが，そこを深く理解しなくてもその後の問題演習はなんとかなってしまいます（苦笑）．つまり微積分は，悲しいことに**基本原理と問題解法の乖離（かいり）が大きい**分野なのです．よって，前述した「導入部分」に書かれている内容は，「問題が解けさえすればそれで OK」という人にとっては“余計なこと”かもしれません．（もっとも，そのような人は本書を手に取ってはいないはずですが．）

注意！ ただし，これに味を占めて基本をないがしろにする学習姿勢が癖になると，数学学習全般が崩壊してしまいますよ！「問題の解き方を覚える」のではなく「学問として数学を学ぶ」という姿勢を維持してください．
なお，数学Ⅲの微積分では，基本事項自体の重要度が増してきます．

学習ポイント

学ぶべき内容は大別すると次の 4 つです：
1. 微分法の基礎：微分係数の定義・意味
2. 微分法の応用：「増減」と「接線」
3. 積分法の基礎：定積分の定義・面積との関係
4. 積分法の応用：「面積」と「定積分と関数」

ワリと単純な構成ですね．現実問題として，学びやすい単元だと思います．

将来入試では

文系生にとっては入試で頻出であり，努力次第で得点を稼ぎやすい分野となります．
理系生にとっての微積分は，出題の中心は数学Ⅲ範囲です．下の範囲表からわかる通り，数学Ⅱ範囲はその**土台**としての側面が強いですが，盲点となりがちな内容も含まれるので，しっかり学びましょう．

この章の内容

1 微分係数・導関数
2 微分法の利用
3 微分法の実戦問題
4 演習問題A
5 定積分・不定積分
6 面積を求める
7 定積分と関数
8 微積分の総合問題
9 演習問題B
10 演習問題C 他分野との融合

［高校数学範囲表］ ●当該分野 ●関連が深い分野

数学Ⅰ	数学Ⅱ	数学Ⅲ 理系
数と式	いろいろな式	いろいろな関数
2次関数	ベクトルの基礎	極限
三角比	図形と方程式	微分法
データの分析	三角関数	積分法
数学A	指数・対数関数	数学C
図形の性質	微分法・積分法	ベクトル
整数	数学B	複素数平面
場合の数・確率	数列	2次曲線
	統計的推測	

1 微分係数・導関数

微分法に関する根元的な概念·定義を扱います．本章全体で最も理解が困難な箇所です．モヤモヤ感が残っても，それにとらわれず先へ進みましょう．そして，いつの日かまた本節に戻ってみてください．

1 自由落下における瞬間速度

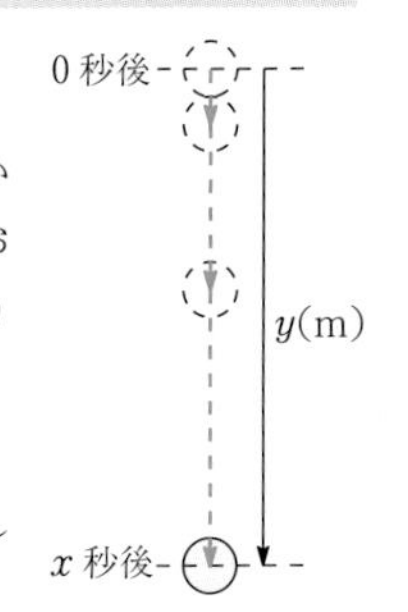

地球上で物体を静かに離すと，その物体は徐々にスピードを上げながら落下していきます．「**自由落下**」と呼ばれるこの運動において，落下し始めてから x 秒後における落下距離を y (m) とすると，y は x の関数であり，おおよそ次の関係が成り立つことが知られています：

$y=5x^2\,(=f(x)$ とおく$)$. …①

言い訳　x^2 の係数は，より正確には「4.9」くらいですが，式を簡便化するため「5」としました．また，空気抵抗は無視できるものと仮定しています．■

右下図は関数①のグラフです．“下向き”の落下距離を“上向き”の y 座標で表しています．

さて，落下し始めてからちょうど 3 秒後，つまり『$x=3$』のとき，物体はどのくらいのスピードに達しているのでしょうか？

まず，3 秒後から 3.1 秒後までの時間，つまり「$3\leq x\leq 3.1$」において，「進んだ距離」を「かかった時間」で割った「速度」を求めてみます．これを，**平均速度**といいます．

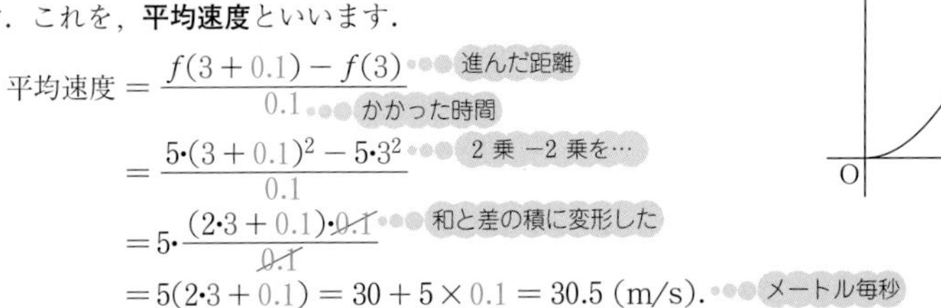

$$\text{平均速度}=\frac{f(3+0.1)-f(3)}{0.1}$$ （分子：進んだ距離，分母：かかった時間）

$$=\frac{5\cdot(3+0.1)^2-5\cdot 3^2}{0.1}$$ （2 乗 −2 乗を…）

$$=5\cdot\frac{(2\cdot 3+0.1)\cdot\cancel{0.1}}{\cancel{0.1}}$$ （和と差の積に変形した）

$$=5(2\cdot 3+0.1)=30+5\times 0.1=30.5\ (\text{m/s}).$$ （メートル毎秒）

この平均速度は，あくまでも「$3\leq x\leq 3.1$」という幅をもった時間における速度であり，私たちが知りたい『3 秒後』という瞬間の話ではありません．

そこで，“時間の幅”を 0.1 秒から 0.01 秒へと縮めてみます．上式との違いは，青字で書いた「0.1」が全て「0.01」に変わるだけですね．よって，「$3\leq x\leq 3.01$」においては

$$\text{平均速度}=\frac{f(3+0.01)-f(3)}{0.01}$$

$$=5(2\cdot 3+0.01)=30+5\times 0.01=30.05\ (\text{m/s}).$$

このように，“時間の幅”を 0 へ近づけていきます．数値：「0.1」，「0.01」の所を，文字：「h」($\neq 0$) で表します．x が 3 から $3+h$ まで動くとき

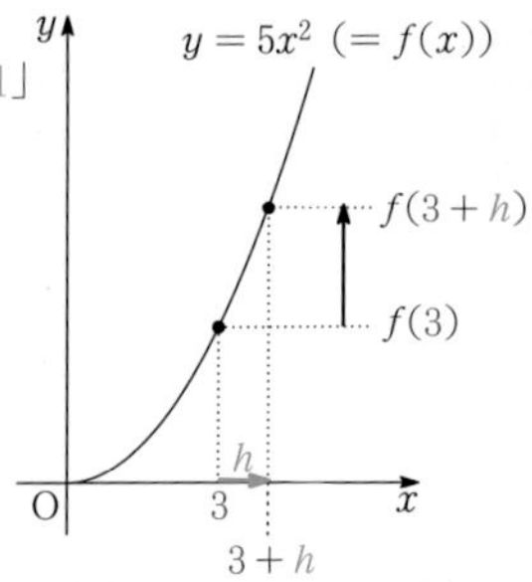

$$\text{平均速度}=\frac{f(3+h)-f(3)}{h}\quad\cdots②$$ （分子：進んだ距離，分母：かかった時間）

$$=\frac{5\cdot(3+h)^2-5\cdot 3^2}{h}$$

$$=5\cdot\frac{(2\cdot 3+h)\cancel{h}}{\cancel{h}}$$

$$=5(2\cdot 3+h)=30+5h\ (\text{m/s}).\quad\cdots③$$

$h \to 0$ と表す

この「h」を，**0 と異なる値をとりながら限りなく 0 に近づけます**．このとき平均速度 $30+5h$ (m/s) は，定数 30 (m/s) を**目指して限りなく近づいていきます**[1]．このことを，次の式で表します：

$$\lim_{h\to 0}\underbrace{\frac{f(3+h)-f(3)}{h}}_{\text{平均速度}}=\lim_{h\to 0}(30+5h)=30\ (\text{m/s}).\ \cdots④$$

「lim」は「リミット」と読む

この「30 (m/s)」こそが，目標としていた「ちょうど 3 秒後における速度」です．これを『$x=3$』における**瞬間速度**といいます．

キロメートル毎時

余談　速度の単位を「km/h」に変換すると，$\dfrac{30\times 60^2}{1000}=108$ (km/h) となります．3 秒後には，既に時速 100 キロを超えてるんですね．速っ！

語記サポ　1)：このことを「**収束**（しゅうそく）する」といい，近づいていく定数 30 のことを**極限値**といいます．

注　h が負であっても，②式の分子，分母がいずれも正から負に変わるだけで，③および④は同様に成り立ちます．■

ここまで赤字で「3 秒後」，『$x=3$』としていたところを，「5 秒後」，『$x=5$』などに変えてもまったく同様な結果が得られます．そこで，文字 a を使って，「a 秒後」，『$x=a$』における瞬間速度を求めると，次のようになります：

$$\begin{aligned}\text{瞬間速度}&=\lim_{h\to 0}\frac{f(a+h)-f(a)}{h}\\&=\lim_{h\to 0}\frac{5(a+h)^2-5\cdot a^2}{h}\\&=\lim_{h\to 0}5\cdot\frac{(2a+h)h}{h}\\&=\lim_{h\to 0}5(2a+h)\\&=\lim_{h\to 0}(10a+5h)=10a\ (\text{m/s}).\end{aligned}$$

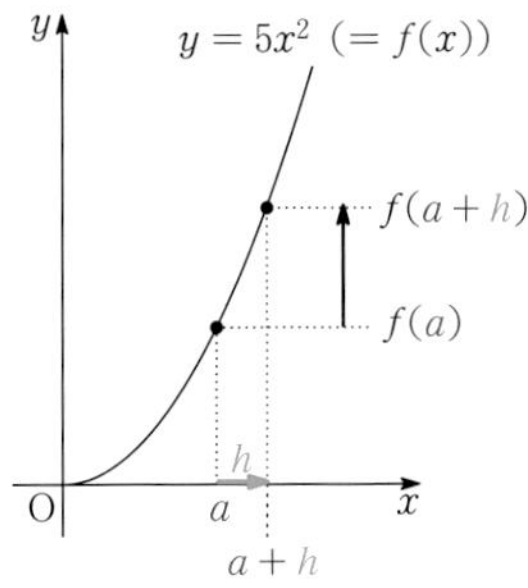

この $10a$ の a に 3, 5 などを代入すれば，3 秒後，5 秒後などの瞬間速度が即座に得られます．

2 微分係数とは？

1 では，「自由落下」を表す関数①を素材として用い，x が「時刻」を表す場合を扱いましたが，これと同じ考え方は関数一般に対して適用できます．ただし，用いる用語が「平均速度」→「平均変化率」，「瞬間速度」→「微分係数」と変わります．

一般に，平均変化率：$\dfrac{f(a+h)-f(a)}{h}$ が，$h\to 0$ のときある定数に限りなく近づくとき，その値を関数 $f(x)$ の $x=a$ における**微分係数**[2] といい，記号「$f'(a)$」[3] で表します：

$$\overbrace{\underbrace{f'(a)}_{\text{微分係数}}}^{\text{①では瞬間速度}}=\lim_{h\to 0}\overbrace{\underbrace{\frac{f(a+h)-f(a)}{h}}_{\text{平均変化率}}}^{\text{①では平均速度}}.$$

①	平均速度	瞬間速度
関数一般	平均変化率	微分係数

重要　2)：この名前の由来については［→6 5 5 **最後のコラム**］．今はとりあえず暗記して使いましょう（苦笑）．上表からわかる通り，「微分係数」とは **"瞬間変化率"** とでも呼ぶとしっくりきます．正式な用語ではないかもしれませんが．

注　①のように「x」が**時刻**を表す変数であるとき，「変化率」を「速度」とも呼びます．このとき「y は」物体の**位置**を表すことが多いですが，例えば「水面の面積の増加速度」という表現と出会うこともあります．**［→演習問題 6 4 6］**

語記サポ　3)：「エフ **プライム** エー」などと読みます．日本では「ダッシュ」と読む人が多いですが．

3 微分係数と導関数

関数 $y=5x^2$ ($=f(x)$ とおく). …① において, 1 2 で導いた通り, $x=a$ における微分係数は

$$f'(a)=\lim_{h\to 0}\frac{f(a+h)-f(a)}{h}=10a. \cdots ⑤$$

補足 自由落下を考える際には $a\geqq 0$ でしたが, 上式は $a<0$ でも成り立ちます. ■

これを用いると, a の各値に, 微分係数 $f'(a)$ という値を対応付ける関数:「$10x$」が得られます. これを $f(x)$ の**導関数**[1] といい, $f'(x)$ と表します.

値 a $\xrightarrow[f']{\text{導関数}}$ 微分係数 $f'(a)$

要は, ⑤の a を x に変えるだけですね (笑). ただし, 文字が「a」であるか「x」であるかは重要ではありません. 両者の違いを端的に述べると,「微分係数」は個々の値.「導関数」は対応付けのルールを指します. とはいえ, ガチガチに区別しようと力まなくていいですよ (笑). 次項以降では, 一応「導関数」という用語の方を多用します.

語記サポ 1): 元の関数 $f(x)$ から "派生して作られる" = "導かれる" 関数なのでこう呼びます. ■

導関数の定義 **定義** 「微分係数」の定義も兼ねます

関数 $f(x)$ の導関数は,

$$f'(x)=\underbrace{\lim_{h\to 0}\frac{f(x+h)-f(x)}{h}}_{\text{平均変化率}}. \cdots ⑥$$

$\begin{cases} x \text{ は固定} \\ h \text{ が } 0 \text{ へ近づく変数} \end{cases}$

補足 「微分係数」の定義もほぼ同じです.

注 $h\to 0$ のときに平均変化率が収束することを前提としています.

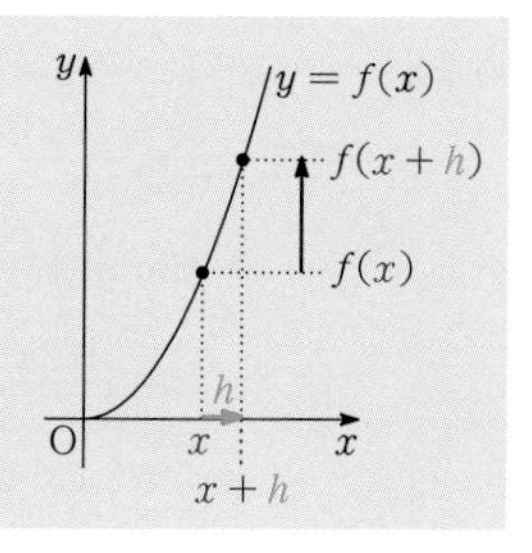

導関数 $f'(x)$ は, ⑥の $x+h$ を「X」とおくことにより, 次の形式で表すこともできます:

$$f'(x)=\underbrace{\lim_{X\to x}\frac{f(X)-f(x)}{X-x}}_{\text{平均変化率}}. \cdots ⑦$$

$\begin{cases} x \text{ は固定} \\ X \text{ が } x \text{ へ近づく変数} \end{cases}$

上記の平均変化率は, 分母 $=x$ の変化量[2], 分子 $=y$ の変化量 をそれぞれ Δx, Δy(デルタ) で表して,「$\dfrac{\Delta y}{\Delta x}$」と書くこともあります. そして, この分数式の極限値として求まる $f'(x)$ も分数のような形で表し, 次のように書きます:

$$\underbrace{\frac{dy}{dx}}_{\text{導関数}}=\underbrace{\lim_{\Delta x\to 0}\frac{\Delta y}{\Delta x}}_{\text{平均変化率}}. \cdots ⑧$$

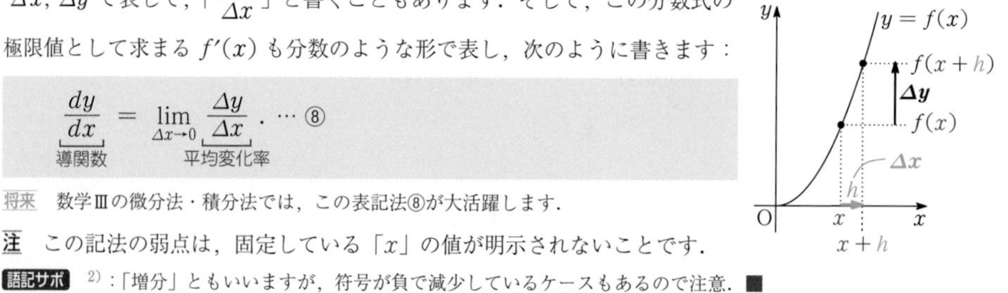

将来 数学Ⅲの微分法・積分法では, この表記法⑧が大活躍します.

注 この記法の弱点は, 固定している「x」の値が明示されないことです.

語記サポ 2):「増分」ともいいますが, 符号が負で減少しているケースもあるので注意. ■

補足 関数 $y=f(x)$ の導関数を表す記法には, $f'(x)$, $\dfrac{dy}{dx}$, y', $\dfrac{d}{dx}f(x)$ などがあります. また, $f(x)$ に対して導関数 $f'(x)$ を求めることを「$f(x)$ を**微分する**」といいます.

4 導関数を求める　つまり，微分する

本項では，基本的な関数を，導関数の定義：前項⑥（もしくは⑦）に基づいて微分してみます．

重要 導関数の定義式⑥における「x」は，さかのぼると⑤では a，④では 3 だったものです．よって，平均変化率の極限値を求める際には，x は**定数**として扱います．0 へ近づく h が変数です．アルファベット「x」は，変数として使うことが多い文字ですから，くれぐれも誤解しないように．■

例 $f(x)=x^3$.

$$f'(x)=\lim_{h\to 0}\frac{f(x+h)-f(x)}{h}.$$ （この⑥式は，どの関数でも共通）

$$=\lim_{h\to 0}\frac{(x+h)^3-x^3}{h}$$ （x は固定，h が 0 へ近づく変数）

$$=\lim_{h\to 0}\frac{3x^2h+3xh^2+h^3}{h}$$ （x^3 は消える）

$$=\lim_{h\to 0}(3x^2+3xh+h^2)=3x^2.$$ （h を約分した）

別解 導関数の定義式⑦の方も使えるようにしておきましょう．

$$f'(x)=\lim_{X\to x}\frac{f(X)-f(x)}{X-x}$$ （⑦を用いた）

$$=\lim_{X\to x}\frac{X^3-x^3}{X-x}$$

$$=\lim_{X\to x}\frac{(X-x)(X^2+Xx+x^2)}{X-x}$$ （累乗の差の因数分解）

$$=x^2+x^2+x^2=3x^2.$$

語記サポ この結果を，$(x^3)'=3x^2$ …⑨ と書いても OK です．■

①では 2 次関数，上では 3 次関数を微分しました．一般化して，n 次関数を微分してみましょう．

例題 6 1 a x^n の導関数　根底 実戦　[→演習問題 6 4 1]

$f(x)=x^n$（n は 2 以上の整数）を微分せよ．

方針 導関数の定義式：⑥，⑦のどちらかを用います．「x」は定数ですよ！

解答

$$f'(x)=\lim_{h\to 0}\frac{f(x+h)-f(x)}{h}$$ （⑥を用いた）

$$=\lim_{h\to 0}\frac{(x+h)^n-x^n}{h}$$

$$=\lim_{h\to 0}\frac{nx^{n-1}h+{}_n\mathrm{C}_2x^{n-2}h^2+{}_n\mathrm{C}_3x^{n-3}h^3+\cdots+h^n}{h}$$ （二項定理）（x^n は消える）

$$=\lim_{h\to 0}\{nx^{n-1}+h\cdot(x,\ h\text{ の多項式})\}=nx^{n-1}.\ /\!/ \quad \cdots⑩$$

別解

$$f'(x)=\lim_{X\to x}\frac{f(X)-f(x)}{X-x}$$ （⑦を用いた）

$$=\lim_{X\to x}\frac{X^n-x^n}{X-x}$$

$$=\lim_{X\to x}\frac{(X-x)(X^{n-1}+X^{n-2}x+X^{n-3}x^2+\cdots+x^{n-1})}{X-x}$$ （累乗の差の因数分解）

$$=\underbrace{x^{n-1}+x^{n-1}+\cdots+x^{n-1}}_{n\text{ 個}}=nx^{n-1}.\ /\!/$$

注 1 次関数 x および定数値関数 c を微分すると，次の通りです：

$$x'=\lim_{h\to 0}\frac{(x+h)-x}{h}=\lim_{h\to 0}1=1.\ \cdots⑪$$

$$c'=\lim_{h\to 0}\frac{c-c}{h}=\lim_{h\to 0}0=0.$$

⑩で $n=3,1$ としてみましょう．

$n=3\to(x^3)'=3x^2.\to$ ⑨と一致

$n=1\to(x^1)'=1\cdot x^0.$

2 行目の式も，「$x^0=1$」だと約束すれば⑪と一致しています．ホントは，$x=0$ のとき 0^0 が現れるのでややワケアリなんですが．[→ 5 1 2 注]

あと1つ．$(x-\alpha)$ という1次式の“カタマリ”を1文字のようにみて微分する練習をしておきます．

例題 6 1 b 因数 $(x-\alpha)$ を用いた微分計算 根底 実戦

[→演習問題 6 4 1]

$f(x)=(x-\alpha)^3$ を微分せよ．

方針 1次式の“カタマリ” $\boxed{x-\alpha}$ を崩さないよう心掛けてください．

解答

$$f'(x)=\lim_{h\to 0}\frac{f(x+h)-f(x)}{h}$$
$$=\lim_{h\to 0}\frac{(x+h-\alpha)^3-(x-\alpha)^3}{h}$$
$$=\lim_{h\to 0}\frac{(\boxed{x-\alpha}+h)^3-(\boxed{x-\alpha})^3}{h}$$
$$=\lim_{h\to 0}\left\{3(\boxed{x-\alpha})^2+3(\boxed{x-\alpha})h+h^2\right\}$$
$$=3(\boxed{x-\alpha})^2.$$ //

解説 得られた結果：$\left\{(\boxed{x-\alpha})^3\right\}'=3(\boxed{x-\alpha})^2$ は，前ページで示した $(x^3)'=3x^2$ の x を，1次式の“カタマリ” $\boxed{x-\alpha}$ で置き換えたものになっています．この関係は，「3乗」を「n 乗」に変えても同様であり，今後，公式として使います．積分法においても大活躍します．

注 “カタマリ” $\boxed{x-\alpha}$ における x の係数は，必ず「$+1$」ですよ！

5 導関数の性質

例 $f(x)=\underline{x^3}+6\underset{\sim}{x^2}$ という多項式からなる関数を微分します．

$$f'(x)=\lim_{h\to 0}\frac{f(x+h)-f(x)}{h}$$ この⑥式は，どの関数でも共通
$$=\lim_{h\to 0}\frac{(x+h)^3+6(x+h)^2-x^3-6x^2}{h}$$
$$=\lim_{h\to 0}\left\{\frac{(x+h)^3-x^3}{h}+6\cdot\frac{(x+h)^2-x^2}{h}\right\}$$ $\underline{x^3}$ と x^2 を分離して処理
$$=\lim_{h\to 0}\left\{\frac{3x^2h+3xh^2+h^3}{h}+6\cdot\frac{(2x+h)h}{h}\right\}$$ ⑨，①でやったのと同じ計算（笑）
$$=\lim_{h\to 0}\left\{(3x^2+3xh+h^2)+6(2x+h)\right\}$$
$$=3x^2+6\cdot 2x=3x^2+12x^2.$$

重要 $\underline{x^3}$ と x^2 を別々に微分し，後者に定数6倍を付けるだけでした：

$$\left(x^3+6x^2\right)'=\left(x^3\right)'+6\left(x^2\right)'.$$

このことから，次のことがわかりました．「和を微分する際には各項を微分して足せばよい」（差でも同様）．「定数倍を微分するには微分して定数倍すればよい」．

これでめでたく，「微分する」ときに用いる公式が出揃いました：

微分法の公式 定理 c,α,n は定数で，n は自然数とする．

❶ $(x^n)'=nx^{n-1}$ 次数が1下がって n 倍．$x^0=1$ とする．

❶′ $\{(x-\alpha)^n\}'=n(x-\alpha)^{n-1}$ 1次式 $x-\alpha$ を1文字のように見る．x の係数は必ず $+1$．

❷ $c'=0$ 定数は，微分すると消える．

❸ $\{f(x)\pm g(x)\}'=f'(x)\pm g'(x)$（複号同順） 和や差はバラして微分してよい

❹ $\{cf(x)\}'=cf'(x)$ $f(x)$ を微分して定数倍しとけば OK

例題 6 1 C 導関数の計算 根底 実戦 定期

次の関数を微分せよ.

(1) $y = 2x^3 - 3x^2 + 5x - 10$　　(2) $y = x^3 + 3x^2 + 3x + 2$

方針 前記公式を使う練習です.

解答 (1) $y' = (2x^3)' - (3x^2)' + (5x)' - (10)'$

$= 2(x^3)' - 3(x^2)' + 5(x)' - (10)'$

$= 2 \cdot 3x^2 - 3 \cdot 2x + 5 \cdot 1 - 0$

$= 6x^2 - 6x + 5.$ //

注 途中式は一切書かず, 直接答えが書けるよう訓練. ■

(2) $y' = 3x^2 + 6x + 3.$ // (1)と全く同様

本解 (係数が左から順に 1, 3, 3. 気付いた？)

$y = (x+1)^3 + 1.$ $(x^3+3x^2+3x+1)+1$

$\therefore\ y' = 3(x+1)^2.$ //

注 この方が, 初めから因数分解された形が出来るので, 有利に働くことが多いです.

注意！ 繰り返しになりますが, (2) **本解**で用いた公式：$\{(x-\alpha)^n\}' = n(x-\alpha)^{n-1}$ では, x の係数は必ず $+1$ ですよ！

6 関数の極限 ハイレベル↑ 重要度↓

注 数学Ⅱ段階では, 微分係数を求めること以外に極限値を求めることはほとんどありません. よって, 本項は飛ばして2へ進んでかまいません. (詳しくは数学Ⅲで扱います. 定期テストで出そうなら, 一応やっておきましょう.)

1の等式④：$\lim\limits_{h \to 0}(30 + 5h) = 30$ について, 今一度詳し目に解説します.

○ 「$h \to 0$」とは, h を 0 と異なる値をとりながら限りなく 0 に近づけるという意味.

○ $\lim\limits_{h \to 0}(30 + 5h)$ とは, そのとき $30 + 5h$ が目指して近づいていく値. 言ってみれば "目的値" です. 「目的地」をもじった表現を使ってみました.

等式④が成り立つとき,「$h \to 0$ のとき, $30 + 5h$ は 30 に**収束する**」といいます.

また, この定数 30 のことを, $h \to 0$ のときの $30 + 5h$ の**極限値**といいます.

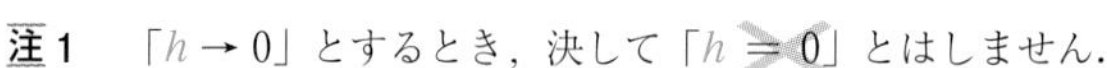

注1 「$h \to 0$」とするとき, 決して「$h = 0$」とはしません.

注2 あくまでも "目的値" である「$\lim\limits_{h \to 0}(30+5h)$」が 30 と等しいという意味です. 決して「$30+5h = 30$」と主張しているのではありません.

重要 $h \to 0$ のときの極限値は, あくまでも「$h \neq 0$」のときだけを参照して求めます (ちょうど $h=0$ のときの値ではありません).

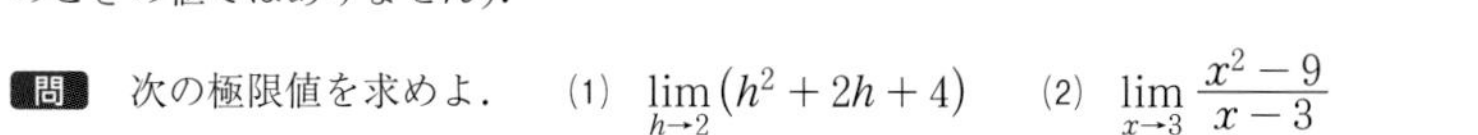

問 次の極限値を求めよ.　(1) $\lim\limits_{h \to 2}(h^2 + 2h + 4)$　(2) $\lim\limits_{x \to 3} \dfrac{x^2 - 9}{x - 3}$

(1) $\lim\limits_{h \to 2}(h^2 + 2h + 4) = 2^2 + 2 \cdot 2 + 4 = 12.$ //

(2) $\lim\limits_{x \to 3} \dfrac{x^2 - 9}{x - 3} = \lim\limits_{x \to 3} \dfrac{(x+3)(x-3)}{x-3}$ …①

$= \lim\limits_{x \to 3}(x + 3)$ …②

$= 3 + 3 = 6.$ //

注 (1)の答えは,「ちょうど $h = 2$」のときの値と一致しますが, あくまでも $h \neq 2$ のもとで "目的値" を考えています.

(2)の答えも, ②で「ちょうど $x = 3$」のときの値と一致しますが, ①段階では $x = 3$ とはできませんね. 求めたのはあくまでも "目的値" です.

2 微分法の利用

微分法の2通りの利用方法：「増減」と「接線」について学びます．この2つは関連し合っていますので，両者の間を行ったり来たりしながら，徐々に理解を深めていきましょう．

1 接線

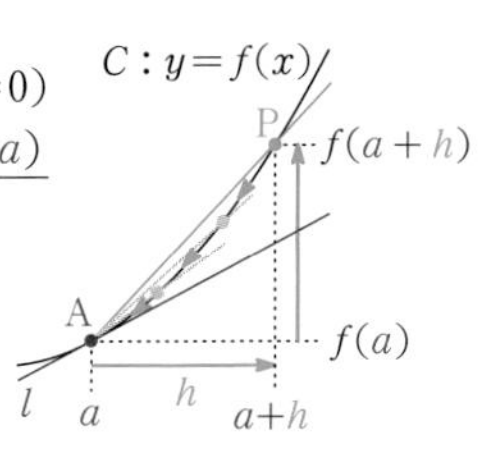

曲線 $C: y=f(x)$ 上に，定点 $\mathrm{A}(a, f(a))$ と動点 $\mathrm{P}(a+h, f(a+h))$ $(h \neq 0)$ をとると，x が a から $a+h$ まで変化したときの平均変化率 $\dfrac{f(a+h)-f(a)}{h}$ は，直線APの傾きを表します．そして，Pを定点Aに近づける，つまり $h \to 0$ とするとき，これは微分係数 $f'(a)$ に限りなく近づきます．このとき直線APが近づいていく直線 l のことを，曲線 C の点Aにおける**接線**といいます（これが,「接線」の定義です）．また，Aのことを l の**接点**といいます．

「接線」に関して，今後重要となるのは次の1つだけです：

接線の傾き 原理

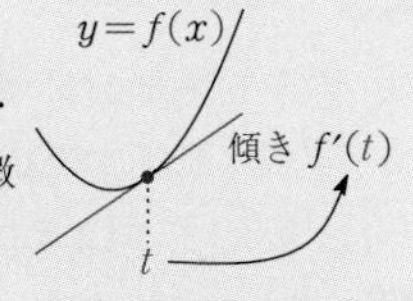

曲線 $C: y=f(x)$ の $x=t$ における[1] 接線の傾きは，微分係数 $f'(t)$ である．

解説 つまり，導関数 $f'(x)$ の x に，接点の x 座標を代入して得られる微分係数の値が，接線の傾きです．

重要 必ず，**まず接点の x 座標**から考える．　**注** 微分法で得られるのは，接線の傾き**のみ**．

言い訳 [1]：正確には「点 $(t, f(t))$ における接線」といいますが，y 座標まで述べるのは面倒ですし，これで通じると思います．

注意！ 微分係数の基礎の導入を,「変化率」ではなく上記のように「直線 AP の傾き」を用いて図形的・視覚的に行うと，将来数学Ⅲの微積分や物理学が理解不能になります．（そんな受験生たちをた〜くさん見てきました）

例題 6 2 a 接線の傾き 根底 実戦 定期　[→演習問題 6 4 7]

3次関数 $f(x)=x^3-3x^2+5x$ がある．曲線 $C: y=f(x)$ について答えよ．

(1) C の $x=2$ における接線の傾きを求めよ．

(2) C の接線について，傾きの最小値を求めよ．

(3) C の接線で，傾きが8である接線の接点の x 座標を求めよ．

方針 「接線の傾き」は，導関数 $f'(x)$ の x に，「接点の x 座標」を代入して得られる微分係数の値です．つまり大雑把にいうと，導関数 $f'(x)$ の値が接線の傾きです．それが全てです．

解答
$$f'(x) = 3x^2-6x+5 = 3(x-1)^2+2. \cdots ①$$
（x を集約）

(1) 求める傾きは，$f'(2)=5.$ //

(2) 求める最小値は $f'(x)$ の最小値である．①よりその値は，2. //

(3) 求める座標を t とおくと
$$f'(t)=3(t-1)^2+2=8.$$
$$(t-1)^2=2.$$
$$\therefore t=1\pm\sqrt{2}.$$ //

次の例題では接線の方程式を求めます．準備として，3 2 1 の「直線の方程式」を確認しておいてください．1点 (x_0, y_0) を通る傾き m の直線は $y-y_0=m(x-x_0)$ …(*) でしたね．

例題 6 2 b 接線の方程式 重要度↑ 根底 実戦 典型

[→演習問題 6 4 7]

3 次関数 $f(x)=x^3$ がある．曲線 C: $y=f(x)$ について答えよ．

(1) C の $x=2$ における接線 l の方程式を求めよ．

(2) 点 $\mathrm{A}(0,2)$ から C へ引いた接線 m の方程式を求めよ．

方針 微分法は，接線の［傾き］に対してのみ使うという意識を持ってください．

接線の「方程式」は，あくまでも前記 (*) によって求めます．

解答 $f'(x)=3x^2$.

(1) 接線 l の傾きは，$f'(2)=12$.

$f(2)=8$ より，l 上の 1 点として，接点 $(2,8)$ がある．

$\therefore\ l$: $y-8=12(x-2)$.

i.e. $y=12x-16$. //

(2) **着眼** 問題文は「A から C へ」の向き（右図青矢印）に書かれていますが，微分法を接線へ活用する際の決まりは「まず接点」です．つまり，「C 上の接点 T から A へ」（右図赤矢印）と向きを変え，ベクトル $\overrightarrow{\mathrm{TA}}$ の成分を考えながら t の値を求めます．■

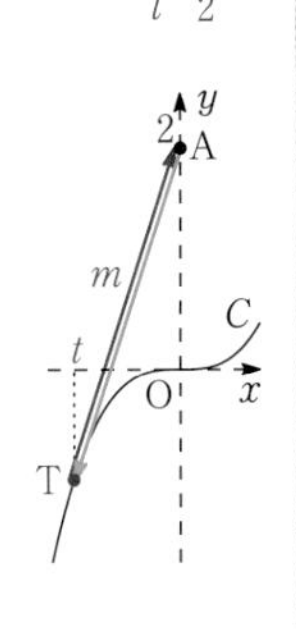

C の $x=t$ における接線が A を通るための条件は

$$\underbrace{2-t^3}_{\overrightarrow{\mathrm{TA}}\text{ の } y \text{ 成分}} = \overbrace{3t^2}^{\text{傾き}}\cdot\underbrace{(0-t)}_{\overrightarrow{\mathrm{TA}}\text{ の } x \text{ 成分}}.\ \cdots①$$

$t^3=-1$. $\therefore\ t=-1\ (\because\ t\in\mathbb{R})$.

よって，接線 m の傾きは，$f'(-1)=3$.[1)]

また，m 上の 1 点として $\mathrm{A}(0,2)$ がある．[2)]

$\therefore\ m$: $y=3x+2$. //

注 1)：微分法を用いているのはここまで．あくまでも傾きのみ．

2)：直線上の 1 点として，本問では「y 切片」を表す $\mathrm{A}(0,2)$ を使うのが得策ですね．(1)と違い，とくに「接点」を使うことにこだわる理由などありません．

重要 上記(2)の **解答**，とくに①について詳しく解説します．多くの受験生は，ここの処理を正しく行うことができていませんので．

(2)では，m 上の 1 点 $\mathrm{A}(0,2)$ が与えられていますから，接点 T の x 座標 t さえ求めれば，傾き $f'(t)$ も得られ，m の方程式は求まります．その t が満たすべき条件は，次の通りです：

T から A への移動，つまりベクトル $\overrightarrow{\mathrm{TA}}$ の「タテ成分」が「ヨコ成分」の「傾き」倍であることです．それを立式したのが①です．この式を**よく理解して**書けるようにすることが重要です．

ところが…，多くの受験生が

接線の公式：$y-f(t)=f'(t)(x-t)$ を丸暗記してそれに頼ろうとしてしまいます．

すると，次の 2 つの弊害が生じます：

1. 接線の方程式を作る際，通過する 1 点の座標として接点しか使えなくなる．
2. 接線の傾きだけで済む問題 [→例題 6 3 g] でも，必ず方程式まで作ってしまう．

また，①を作る際，いったん前記“公式”により m の方程式を立てた後で $\mathrm{A}(0,2)$ を代入する人も多いです．しかし，そもそも①は，3 2 1 の直線の方程式と全く同じ考え方に基づいていますから，完全なる“二度手間”ですね（笑）．①は，直接書けるようにしてください．

以上の理由により，前記“接線の公式”は，暗記する必要がないというより，**暗記するべきではない**と強く主張します．暗記してしまっている生徒は，**例外なく接線に関する処理が下手です．**

2 増減

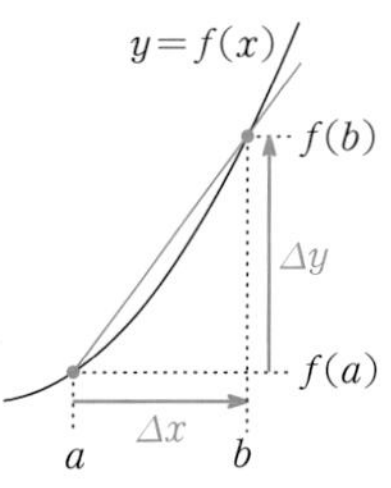

ここでは x のある区間内で考えます.

区間内の任意の $a, b\ (a<b)$ に対して,

$f(a)<f(b)$ が成り立つとき, 関数 $f(x)$ は**増加**する [1] といいます.

($f(a)>f(b)$ の場合には**減少**するといいます.)

語記サポ [1]：より丁寧には,「$f(x)$ は単調に増加する」「$f(x)$ は**単調増加**である」「$f(x)$ は**増加関数**である」などといいます.「減少」についても同様です. ■

図のように $\Delta x\ (>0)$, Δy をとります. 常に導関数 $f'(x)=\lim\limits_{\Delta x\to 0}\dfrac{\Delta y}{\Delta x}$ が正ということは, 平均変化率 $\dfrac{\Delta y}{\Delta x}$ も正です [2]. よって $\Delta y>0$ となるので $f(x)$ は増加します.

言い訳 [2]：より正確な議論は,「平均値の定理」[→**数学Ⅲ**] を用いてなされます.

関数の増減と導関数の符号 **原理**

ある区間内での導関数 $f'(x)$ の**符号**により, 関数の**増減**がわかる：

$$\begin{cases} \text{つねに } f'(x)>\mathbf{0} \Longrightarrow f(x) \text{ は増加.} \\ \text{つねに } f'(x)<\mathbf{0} \Longrightarrow f(x) \text{ は減少.} \end{cases}$$

つねに $f'(x)=\mathbf{0} \Longrightarrow f(x)$ は定数.

(これも厳密には平均値の定理による)

注意！ **重要度↑** 重要なのはあくまでも $f'(x)$ の**符号**です. $f'(x)=0$ の解ではありません.

例題 6 2 C 関数の増減 根底 実戦 定期

関数 $f(x)=x^3-3x^2-9x+7$ の増減を調べよ.

方針 ただひたすら, 導関数の**符号**を考えます.

解答 $f'(x)=3x^2-6x-9$

$\qquad =3(x^2-2x-3)=3(x+1)(x-3)$.

この**符号**を考えて, 次表を得る：

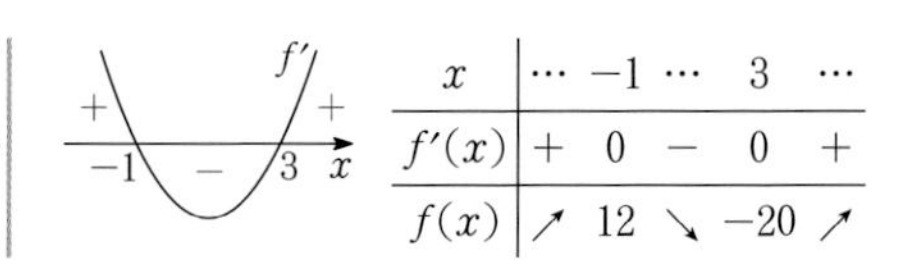

x	$\cdots$	-1	$\cdots$	3	$\cdots$
$f'(x)$	$+$	0	$-$	0	$+$
$f(x)$	↗	12	↘	-20	↗

語記サポ 上記で用いた表のことを**増減表**といいます.

その表中で用いた「↗」は, グラフが右上がり, つまり「増加」を意味します(「↘」は「減少」).

注 「増減を調べよ.」という問題では, この表自体を「答え」として OK です.

重要 導関数の**符号**を, グラフを描くなどして**考える**ことが肝心です. ところが多くの生徒はそれを怠り, 導関数 $=0$ という方程式の実数解を求めるだけで済ませてしまいます. そうしたいい加減な姿勢だと将来確実に行き詰まりますよ. [→例題 6 3 e]

とはいえ, 導関数 $=0$ を解いてみることで導関数が**符号**を変えるか否かがわかることもあります. 臨機応変に対応してください.

参考 $f(-1)=12$ は, $f(x)$ が増加から減少へと転じるときの値であり, $x=-1$ に "近い範囲" での "局所的な最大値" となっていますね. このような値のことを, $f(x)$ の**極大値**といいます. 同様に, $f(3)=-20$ のことを**極小値**といいます.

補足 $f(3)$ の値は, 次のように計算しています：

$$f(3)=3^3-3\cdot 3^2-9\cdot 3+7=3^3\cdot(1-1-1)+7=-27+7=-20.$$

3 極値とグラフ

前記例題で紹介した極大値・極小値に関する一般論をまとめておきます：

極値 **定義**

関数 $f(x)$ とその導関数 $f'(x)$ について，$x=a$ の前後で…，
$f'(x)$ が x の増加にともない**符号**を正→負と変えるとき（図 1），
$f(x)$ は増加から減少へと転じ，
$f(a)$ は $x=a$ に“近い範囲”での“局所的な”最大値．…①
①のとき，$f(x)$ は $x=a$ において「**極大になる**」といい，
$f(a)$ のことを**極大値**という．（**極小**，**極小値**についても同様（図 2））．
極大値と極小値を総称して**極値**という．

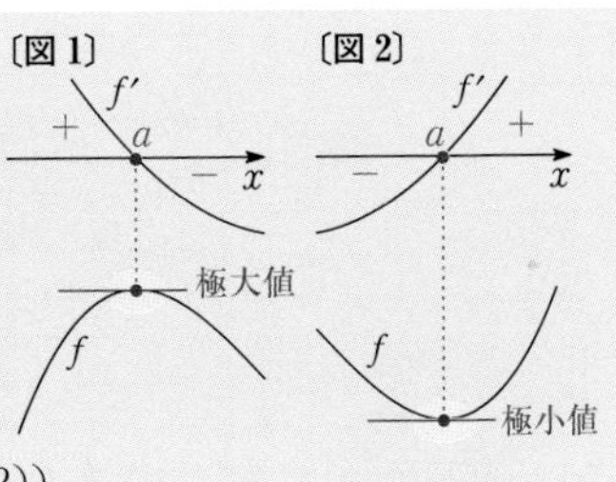

注 絶対値記号を含んだ関数 $y=f(x)=|x|$ のグラフは右のようになります．$f(0)=0$ は，“局所的な”最小値になっていますね．よってこの値も「極小値」と呼びます． 「局」と「極」．読みが同じですね．漢字は違いますが．

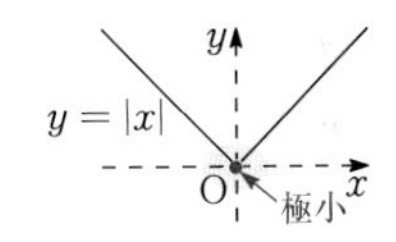

例題 6 2 d 増減・グラフ・極値 根底 実戦 定期 [→演習問題 6 4 15]

次の関数のグラフを描け[1]． 5 では，より正確にグラフを描きます

(1) $f(x)=x^3-3x^2$　　(2) $g(x)=x^3-6x^2+12x+2$

方針 [1]：こう問われたら，増減・極値を調べるのが決まり事のようになっています．

解答

(1) $f'(x)=3x^2-6x=3x(x-2)$． 積の形→**符号**がわかる

この**符号**を考えて，次の表と図を得る．

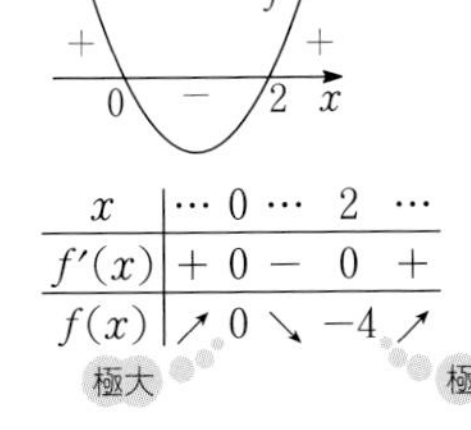

x	$\cdots$ 0 $\cdots$ 2 $\cdots$
$f'(x)$	+ 0 − 0 +
$f(x)$	↗ 0 ↘ −4 ↗

極大　極小

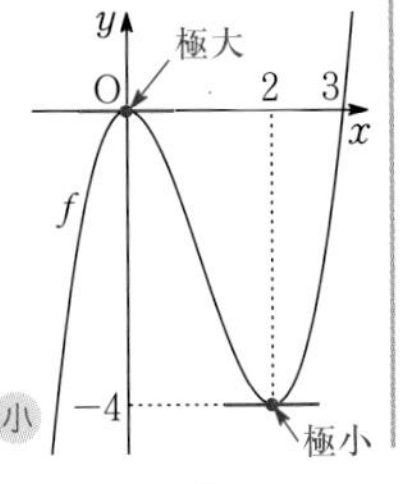

(2) $g'(x)=3x^2-12x+12$
$=3(x^2-4x+4)=3(x-2)^2$．

この**符号**を考えて，次の表と図を得る．

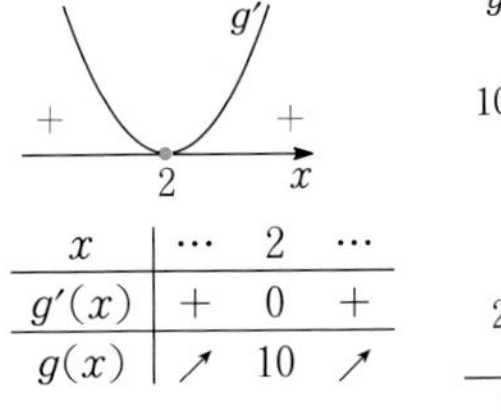

x	$\cdots$	2	$\cdots$
$g'(x)$	+	0	+
$g(x)$	↗	10	↗

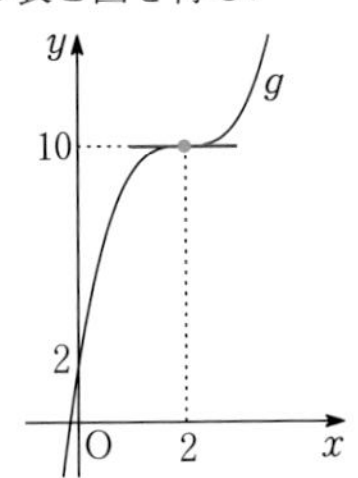

重要 $f'(x)$ は $x=0, 2$ の前後で**符号**を変えるので，$f(x)$ はそこで極値をとります．
一方 $g'(x)$ は「$=0$」にはなりますが，決して**符号**は変えないので，$g(x)$ は極値をもちません．

補足 曲線 $y=f(x)$ 上の $x=0, 2$ における接線，および曲線 $y=g(x)$ 上の $x=2$ における接線は傾きが 0（“真っ平”）ですね．こうした点のことを，その曲線の**停留点**といいます（大学以降の用語ですが）．その中には，後者のように「極大・極小とならない停留点」も含まれます．このような点を，本書では今後略して「**極でない停留点**」と呼びます． 一般的名称ではありません

参考 実は，$g(x)=(x-2)^3+10$ と変形でき，$g'(x)=3(x-2)^2$ が直接得られます．

(1)と(2)を比べるとわかるように，「極値であること」と「導関数の値が 0 であること」の関係はけっこうデリケートです．次ページにまとめておきます：

極値と $f'(x)=0$ 知識

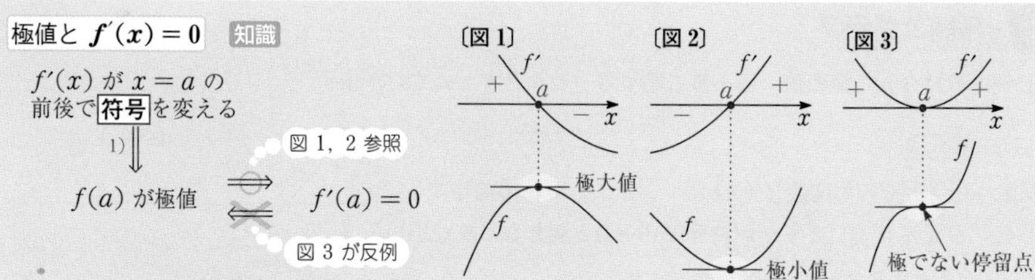

つまり，「$f(a)$ が極値」であるために，
「$f'(a)=0$」は必要条件ではありますが，十分条件でもあるとは限りません．

注 1 数学Ⅲ後　上記は，関数 $f(x)$ が導関数をもつ (微分可能である) ことを前提にしています．

注 2 1)：高校数学で扱う関数では，事実上「$\Longleftrightarrow$」(同値) だと思って大丈夫です．つまり，「$f(a)$ が極値」であるための必要十分条件は，(ほぼ)「$f'(x)$ が $x=a$ の前後で**符号**を変えること」です．■

という訳で，極値に関して議論するとき，$f'(x)=0$ が実数解をもつか否かを論じてもダメなんです．中には，「$f'(x)=0$ が異なる 2 つの実数解をもつ」と書けばよいと勘違いしている学習者もいますが，それもダメです．右図がその反例です：

$$f(x)=\frac{x^5}{5}-\frac{2}{3}x^3+x.\quad f'(x)=x^4-2x^2+1=(x+1)^2(x-1)^2.$$

このとき，$f'(x)=0$ は異なる 2 実解 $x=\pm1$ をもちますが，$f'(x)$ は **符号**を変えないので，$f(\pm1)$ は極値ではありません． "極でない停留点"です

例題 6 2 e 極値をもつ条件　根底 実戦　典型　[→演習問題 6 4 14]

$f(x)=x^3+ax^2+bx+a^2$ (a,b は実数の定数) が，$x=1$ において極値 10 をとるとする．このとき a,b の値を求めよ．また，$f(1)$ は極大値，極小値のいずれであるかを答えよ．

着眼 未知数が a,b の 2 個ですから，2 つの等式が得られれば値は限定できます．

解答 $f(1)=10$ より

$1+a+b+a^2=10.$ …①

次に，$f'(x)=3x^2+2ax+b.$ …②

$f(1)$ は極値だから，$f'(1)=0$ 2)．よって

$3+2a+b=0.$ …③

① − ③ より

$a^2-a-2=10.\qquad a^2-a-12=0.$

$(a+3)(a-4)=0.\ a=-3,\ 4.$ …④

i) $a=-3$ のとき，③より $b=3$．②より，

$f'(x)=3x^2-6x+3=3(x-1)^2.$

これは**符号**を変えない．よって $f(x)$ は極値をもたないから不適．

ii) $a=4$ のとき，③より $b=-11$．②より，

$f'(x)=3x^2+8x-11=(3x+11)(x-1).$

$-\frac{11}{3}<1$ より次表を得る．

x	$\cdots$	$-\frac{11}{3}$	$\cdots$	1	$\cdots$
$f'(x)$	$+$	0	$-$	0	$+$
$f(x)$	↗		↘	極小	↗

よって $f(1)$ は確かに極値である．

以上より，$(a,b)=(4,-11)$.//

また，$f(1)$ は極小値.//

解説 2)：ここで，上記まとめの「$\Longrightarrow$」を使いました．

注 ④は，「$f(1)$ が極値である」ための必要条件であることしかわかっていません．よって，$f'(x)$ の $x=1$ の前後での符号変化を調べ，十分条件でもあるか否かを確認しなければなりません．

4 「接する」と「重解」 既習者

例題 6 2 b の結果を振り返りながら，C: $y=f(x)=x^3$ と，$x=2, -1$ それぞれにおける接線 l: $y=12x-16$, m: $y=3x+2$ の方程式とを連立して解いてみます．

例 1　∘ C と l … $x^3=12x-16$.　　$x^3-12x+16=0$.

C と l は $x=2$ で点を共有することに注目して解きます．

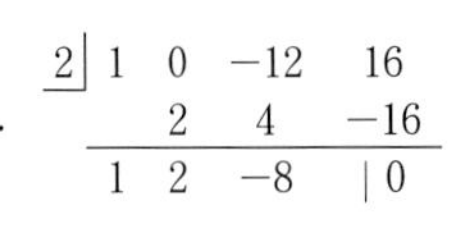

2	1	0	−12	16
		2	4	−16
	1	2	−8	0

$$(x-2)(x^2+2x-8)=0. \qquad (x-2)^2(x+4)=0.$$

$\therefore x=2$ (重解), -4.

接点の x 座標「2」が**重解**となっています．

例 2　∘ C と m … $x^3=3x+2$.　　$x^3-3x-2=0$.

C と m は $x=-1$ の点を共有することに注目して解きます．

−1	1	0	−3	−2
		−1	1	2
	1	−1	−2	0

$$(x+1)(x^2-x-2)=0. \qquad (x+1)^2(x-2)=0.$$

$\therefore x=-1$ (重解), 2.

やはり，**接点**の x 座標「−1」が**重解**となっています．

これらの結果から推察される通り，一般的に次の関係が成り立ちます：

接する ⟷ 重解　定理　重要度↑

2 曲線 F: $y=f(x)$, G: $y=g(x)$ （$f(x)$, $g(x)$ は整式）について．次が成り立つ：

F と G が $x=\alpha$ で**接する**[1].

$\Longleftrightarrow$ 方程式 $f(x)=g(x)$ は $x=\alpha$ を**重解**としてもつ．

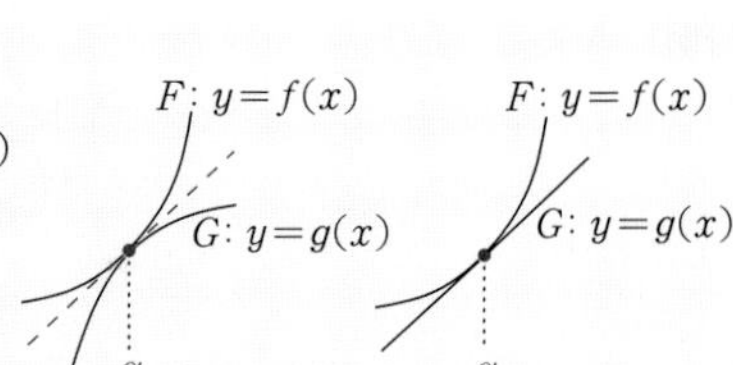

語記サポ [1]：$x=\alpha$ において曲線どうしが「**接する**」とは，接線を共有（図の赤破線）することをいいます（高校数学にはない表現ですが）．

注　右側の図のように，G 自身が $x=\alpha$ における F の接線であるケースも含みます．
上記 例 1 例 2 もそうです．（数学界では，「直線」も「曲線」の一種とみなすのでしたね．）

注意！：この性質は教科書で「公式」扱いされていませんが，試験で使っても許される気がします．

〔証明〕 ハイレベル↑　難しかったら，"棚上げ"してもOK

F と G が $x=\alpha$ で**接する**.

「接する」の定義

$\Longleftrightarrow f(\alpha)=g(\alpha),\ f'(\alpha)=g'(\alpha)$

（$P(x)=f(x)-g(x)$ とおくと…）

$\Longleftrightarrow P(\alpha)=P'(\alpha)=0$ （$\because P'(x)=f'(x)-g'(x)$）

$\overset{*}{\Longleftrightarrow} P(x)=(x-\alpha)^2Q(x)$ （$Q(x)$：整式）と表せる

「重解」の定義　　＊の証明だけは後で

$\Longleftrightarrow$ 方程式 $f(x)=g(x)$ は $x=\alpha$ を**重解**とする

〔＊の証明〕

$P(x)=(x-\alpha)^2Q(x)+a(x-\alpha)+b$ とおくと，

$P'(x)=2(x-\alpha)Q(x)+(x-\alpha)^2Q'(x)+a.$ [2]

$\therefore P(\alpha)=b.\quad P'(\alpha)=a.$

i.e. $P(x)=(x-\alpha)^2Q(x)+P'(\alpha)(x-\alpha)+P(\alpha)$.

よって，＊の同値性が示せた．//

言い訳 [2]：次の公式を使いました：

積の微分法　定理　（数学Ⅲ）

$$\{f(x)\cdot g(x)\}'=f'(x)g(x)+f(x)g'(x).$$

覚え方　微分 そのまま　そのまま 微分

文系生も，知っておくとトクをする局面がけっこうありますよ．（証明は[→演習問題 6 4 3]）■

以上でめでたく「**接する** ⟷ **重解**」という関係性が示せました．**今後，大活躍します！**

5 3次関数のグラフの特徴 既習者

頻出である3次関数のグラフの特徴を研究します．一般の3次関数 $f(x)=ax^3+bx^2+\cdots$ を考え，グラフを C: $y=f(x)$ …① とします．以下においては $a>0$ の場合を想定していますが，導かれる性質は $a<0$ のケースでも同様です．また，「…」の部分は，「その左より低次の式」を表すとします：

$f(x)=ax^3+bx^2+\cdots\ (a>0)$. この「…」は1次以下

$f'(x)=3ax^2+2bx+\cdots$. この「…」は定数

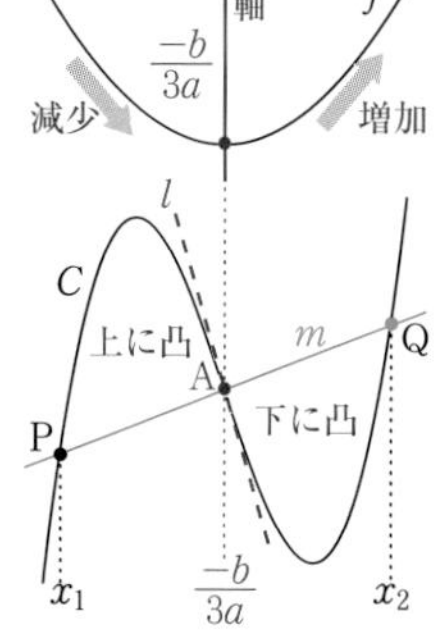

❶ 対称性

C の接線の傾きを表す $f'(x)$ は，$x=\dfrac{-b}{3a}$ において減少から増加に転じます．つまり右図において，点Aにおける接線 l が，C にとって**傾き最小の接線**です．Aを境に C の**凹凸が変わり**，C と l の**上下が逆転**します．このような点Aのことを，C の**変曲点**といいます． 本来は数学Ⅲで学ぶ用語ですが

実は，一般の3次関数のグラフ C は，その**変曲点Aに関して点対称と**なります．以下でそれを示します．(ここでは $f'(x)$ が符号を変えるか否かは関係ありません．)

〔**証明**〕 Aを通る直線 m: $y=px+q$ …② を考え，m と C が右図のように他の点P, Qでも交わるときを考えます(交わらないときは考えません)．①②を連立して y を消去すると

$ax^3+bx^2+\cdots=px+q$.

$ax^3+bx^2+\cdots=0$. 3次と2次の所は変化なし

この3つの解が $\dfrac{-b}{3a}$, x_1, x_2 だから

$\dfrac{-b}{3a}+x_1+x_2=\dfrac{-b}{a}$. 解と係数の関係

$\dfrac{x_1+x_2}{2}=\dfrac{-b}{3a}$.

よってAは線分PQの中点．つまり2点P, QはAに関して対称です．これは，m の傾きによらずつねに成り立つので，曲線 C はAに関して点対称であることが示せました．□

❷ "8マス5点" もちろん筆者の個人的呼称です

ここでは，$f'(x)$ が符号を変えて $f(x)$ が極値をもつときを考えます．

$f(x)$ が極大となる点K(以下，「極大点」と呼びます)，それと同じ"高さ"の点L，変曲点Aの x 座標 α, β, $\dfrac{-b}{3a}$ の関係を調べましょう．

極大点Kにおける C の接線を l': $y=k$ とおき，①と連立すると

$ax^3+bx^2+\cdots=k$.

$ax^3+bx^2+\cdots=0$. …③

ここで，C と l' は点Kで**接する**(図の★)ので，**4**で示したように，③は接点Kの x 座標 α を**重解**とします．よって③の3つの解は α, α, β です．

$\therefore \alpha+\alpha+\beta=\dfrac{-b}{a}$. 解と係数の関係

$\dfrac{2\cdot\alpha+1\cdot\beta}{1+2}=\dfrac{-b}{3a}$. 左辺は内分点の公式

よって右上図において，A′は線分KLを**1：2に内分**します．

また，❶で示した対称性より，極小点はAに関して極大点と対称な位置にあり，そこにおける接線に関しても同様な性質が成り立ちます．

❶の内容ともどもまとめると次のようになります．

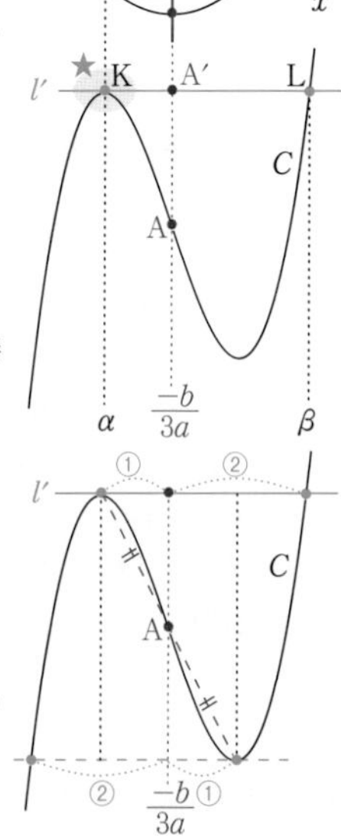

3次関数のグラフの特徴 知識 重要度↑

一般の3次関数 $f(x)=ax^3+bx^2+\cdots$ について，そのグラフ C: $y=f(x)$ には次の特徴がある．（右図は $a>0$ の場合．$a<0$ でも性質は同様．）

❶ **対称性**　極大，極小とならなくても成り立つ

C はその変曲点に関して点対称．

❷ **"8 マス 5 点"**

$f(x)$ が極大，極小となる場合，極大点，それと同じ高さの点，極小点，それと同じ高さの点，変曲点が，8つの"マス目"の5つの頂点となる．

❶ 対称性　❷ "8 マス 5 点"

注意！：これらの性質は基本的には"ウラワザ"，つまり試験で証明抜きに使うことは許されないと思っておきましょう．（いつもの通り，こうした事情は採点者の趣味で決まりますが．）

例題 6 2 f　3次関数のグラフの特徴　重要度↑　根底 実戦　[→演習問題 6 4 15]

次の関数のグラフを，上記❶❷の性質も考慮しながら [1] 描け．

(1) $f(x)=x^3-3x^2$　　(2) $g(x)=-4x^3+12x^2-9x+1$

言い訳 [1]：上記注意！にある通り，こうした扱いを表立ってすることは入試ではありません．今後の実戦的問題への準備・練習です．（(1)は例題 6 2 d (1)と同じ関数です．）

解答 (1) $f(x)=x^3-3x^2=x^2(x-3)$.

よって，$f(x)=0$ となるのは $x=0,3$ のときのみであり，それ以外においては $f(x)$ は $x-3$ と同符号．また，

$$f'(x)=3x^2-6x=3x(x-2).$$

この符号および最小を考え，性質❶❷も用いると，右図を得る．

(2) $g'(x)$

$$=-12x^2+24x-9$$
$$=-3(4x^2-8x+3)$$
$$=-3(2x-1)(2x-3).$$

この符号および最大を考え，性質❶❷も用いると，右図を得る．

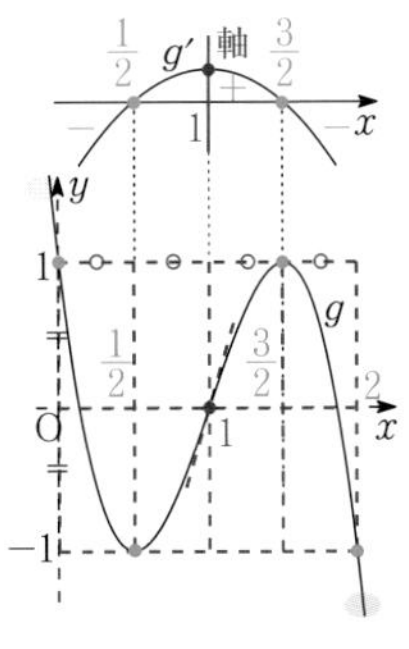

注　$f'(x)$ について，符号以外に最小・最大も調べたいので，増減表ではなくグラフを用いました．

解説　"マス"1個の横幅は，極値をとる x 座標を用いて，(1)：$\dfrac{2-0}{2}=1$，(2)：$\dfrac{\frac{3}{2}-\frac{1}{2}}{2}=\dfrac{1}{2}$ と求まります．

(2)の極値：$g\left(\dfrac{1}{2}\right)=-\dfrac{1}{2}+3-\dfrac{9}{2}+1=4-5=-1$，$g\left(\dfrac{3}{2}\right)=-\dfrac{27}{2}+27-\dfrac{27}{2}+1=1$ は，それぞれ確かに $g(2)=2(-16+24-9)+1=-1$，$g(0)=1$ と一致しています（(1)も同様）．

参考　答えの楕円部分からわかる通り，x を凄く大きくしたとき・小さくしたときの関数の変化は，**最高次の項：x^3 の係数の符号**によって分かれます．（詳しくは[→演習問題 6 10 2 参考]）

3 微分法の実戦問題

それでは実戦編に入ります．土台となる原理は，要約すると次の **2 つだけ**です：

接線の傾き 原理

曲線 $C : y = f(x)$ の $x = t$ における接線の傾きは，微分係数 $f'(t)$ である．

重要 必ず，**まず接点の x 座標**から考える．

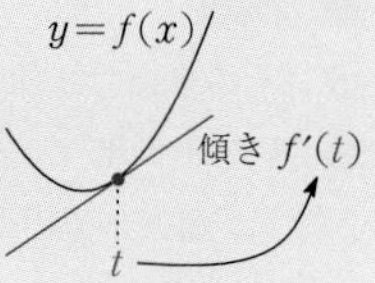

y=f(x)　傾き f′(t)　t

関数の増減と導関数の符号 原理

ある区間内での導関数 $f'(x)$ の符号により，関数の**増減**がわかる：

$$\begin{cases} \text{つねに } f'(x) > 0 \Longrightarrow f(x) \text{ は増加.} \\ \text{つねに } f'(x) < 0 \Longrightarrow f(x) \text{ は減少.} \end{cases}$$

注意！ 重要度↑ 重要なのは $f'(x)$ の符号．$f'(x) = 0$ の解ではない．

1 最大・最小

3 次以上の関数について，ある定義域内での最大，最小（もしくは値域）を調べます．

例題 6 3 a 最大・最小（値域） 根底 実戦

[→演習問題 6 4 16]

(1) $f(x) = 2x^3 - 3x^2 + 6x + 5\ (-1 \leqq x \leqq 1)$ の最大値，最小値を求めよ．

(2) $f(x) = -x^3 - x^2 + x\ (-2 \leqq x \leqq 1)$ の最大値，最小値を求めよ．

(3) $f(x) = 2x^3 - 3x^2 - 3x + 1\ (x < 1)$ の値域を求めよ．

(4) $f(x) = 3x^4 - 8x^3 - 6x^2 + 24x$ の値域を求めよ．

方針 どの $f(x)$ も，そのままでは増減がわかりませんから，導関数の符号を調べます．

解答

(1)
$$\begin{aligned} f'(x) &= 6x^2 - 6x + 6 \\ &= 6(x^2 - x + 1) \\ &= 6\left\{\left(x - \frac{1}{2}\right)^2 + \frac{3}{4}\right\} > 0. \end{aligned}$$

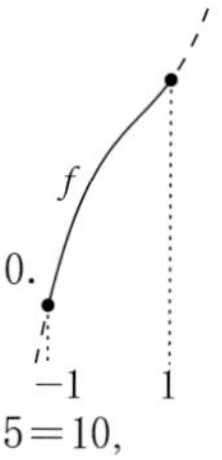

よって $f(x)$ は増加関数だから

$\max f(x) = f(1) = 2-3+6+5 = 10$,

$\min f(x) = f(-1) = -2-3-6+5 = -6.$ //

注 $f'(x) = 0$ を解こうにも，実数解がありません（笑）．■

(2) **注** x^3 の係数が負ですね．■

$f'(x) = -3x^2 - 2x + 1 = -(x+1)(3x-1)$.

よって次表を得る．

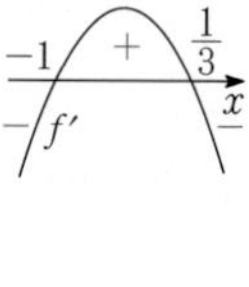

x	-2	$\cdots$	-1	$\cdots$	$\frac{1}{3}$	$\cdots$	1
$f'(x)$		$-$	0	$+$	0	$-$	
$f(x)$	2	↘	-1	↗	$\frac{5}{27}$	↘	-1

$\left(f\left(\frac{1}{3}\right) = -\frac{1}{27} - \frac{1}{9} + \frac{1}{3} = \frac{-1-3+9}{27} = \frac{5}{27}\right)$

よって，$\max f(x) = 2$, $\min f(x) = -1$. //

解説 最大値候補は「極大値」と「端点 $f(-2)$」であり，このうち大きい方が最大値です．同様に，最小値候補は「極小値」と「端点 $f(1)$」です．

参考 "8 マス 5 点"を用いると，上記候補のうちどちらが最大か，最小かがわかります．"マス"1 個の横幅は，極値をとる x 座標を用いて，$\dfrac{\frac{1}{3}-(-1)}{2} = \dfrac{2}{3}$．よって上図の通り．

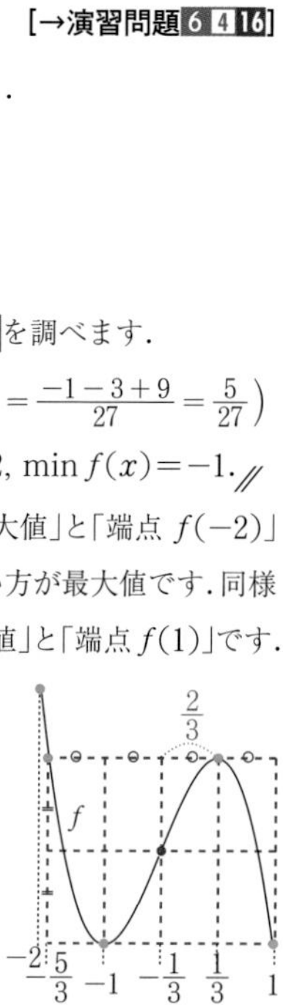

注 あくまでも "ウラワザ" ですので，答案中では**使い方**に注意．[→例題 6 3 b]

(3) $f'(x)=6x^2-6x-3=3\left(2x^2-2x-1\right).$

着眼 波線部より，$f'(x)$ は**符号**を変えますね．そこで…．■

$f'(x)=0$ を解くと，$x=\dfrac{1\pm\sqrt{3}}{2}$.

$\dfrac{1-\sqrt{3}}{2}<1<\dfrac{1+\sqrt{3}}{2}$ だから，次表を得る：

x	$\cdots$	$\dfrac{1-\sqrt{3}}{2}$	$\cdots$ (1)
$f'(x)$	$+$	0	$-$
$f(x)$	↗	極大	↘

注 x を凄く小さくすると，$f(x)$ の値はいくらでも小さくなります．よって，極大値を求めさえすればよいのですが…，$\dfrac{1-\sqrt{3}}{2}$ を3次関数へ代入するのはメンドウです．そこで…

下書き

$$
\begin{array}{rrr|rrrr}
 & & & 1 & -\frac{1}{2} & & \\
\hline
2 & -2 & -1 & 2 & -3 & -3 & 1 \\
 & & & 2 & -2 & -1 & \\
\hline
 & & & & -1 & -2 & 1 \\
 & & & & -1 & 1 & \frac{1}{2} \\
\hline
 & & & & & -3 & \frac{1}{2}
\end{array}
$$
■

$$f(x)=\frac{f'(x)}{3}\cdot\left(x-\frac{1}{2}\right)-3x+\frac{1}{2}.$$

$\alpha=\dfrac{1-\sqrt{3}}{2}$ とおくと，極大値は

$$
\begin{aligned}
f(\alpha)&=\frac{f'(\alpha)}{3}\cdot\left(\alpha-\frac{1}{2}\right)-3\alpha+\frac{1}{2}\\
&=-3\alpha+\frac{1}{2}\ (\because\ f'(\alpha)=0)\\
&=-3\cdot\frac{1-\sqrt{3}}{2}+\frac{1}{2}=-1+\frac{3}{2}\sqrt{3}.
\end{aligned}
$$

これと増減表より，求める値域は，

$$f(x)\leq -1+\frac{3}{2}\sqrt{3}.\ /\!/$$

解説 $f'(x)$ に α を代入したら「0」になることを見越して，$f(x)$ から $\dfrac{f'(x)}{3}$ を予め除いておく（整式の除法）ことにより，α を余りの1次式に代入した値**のみ**の計算に帰着しましたね．[→例題 1 2 d]■

語記サポ 増減表中にある「(1)」は，「ちょうどその値はギリギリとらない」というニュアンスを括弧で囲むことによって表しています．■

(4)
$$
\begin{aligned}
f'(x)&=12x^3-24x^2-12x+24\\
&=12x^2(x-2)-12(x-2)\\
&=12(x^2-1)(x-2)\\
&=12(x+1)(x-1)(x-2).
\end{aligned}
$$

よって，次表を得る：

x	$\cdots$	-1	$\cdots$	1	$\cdots$	2	$\cdots$
$f'(x)$	$-$	0	$+$	0	$-$	0	$+$
$f(x)$	↘	-19	↗	13	↘	8	↗

以上より，求める値域は，$f(x)\geq -19.\ /\!/$

参考 グラフは次の通りです：

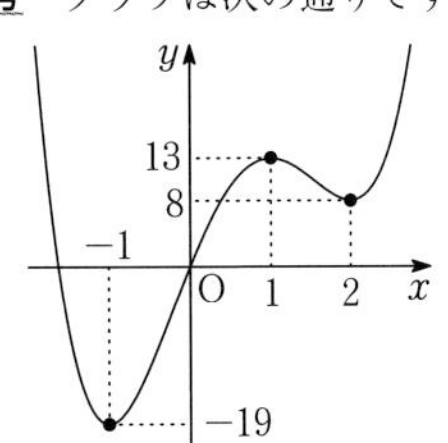

x を凄く大きくしたり小さくすると，$f(x)$ の値はいくらでも大きくなります．

最大・最小の候補 **知識**

関数の最大値・最小値となり得る値は，以下の通り：

最大値候補 は，「極大値」or「"登り切った" 端点」のみ．　右図赤点

最小値候補 は，「極小値」or「"下り切った" 端点」のみ．　右図青点

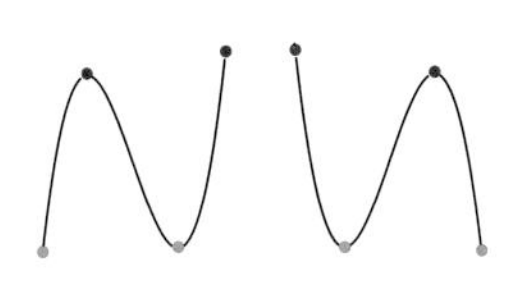

次の例題は，このことを念頭において考えてください．

例題 6 3 b 最大値・場合分け 重要度↑ 根底 実戦 典型 [→演習問題 6 4 17]

a は正の定数とする．関数 $f(x)=x^3-3x^2-9x+10$ $(-a\leq x\leq a)$ の最大値 M を求めよ．

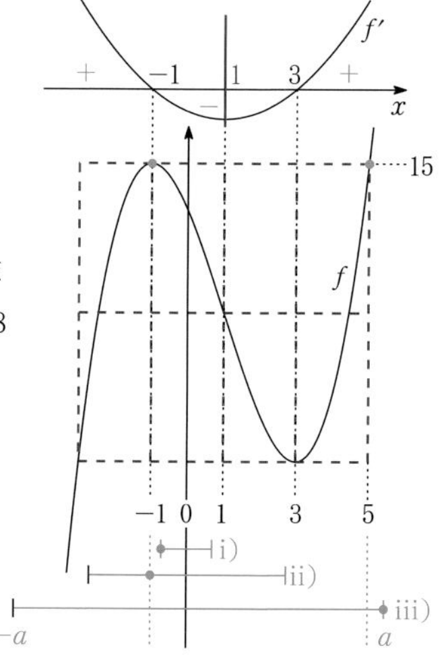

着眼 前ページにある「最大値の候補」に注目します．

注 「$a>0$」を見逃さないように．

解答 $f'(x)=3x^2-6x-9$
$=3(x+1)(x-3)$.

x	$\cdots$	-1	$\cdots$	3	$\cdots$
$f'(x)$	$+$	0	$-$	0	$+$
$f(x)$	$\nearrow$	15	$\searrow$		$\nearrow$

着眼 最大の 1 つの候補は「極大点」です（極小は関係ありません）．よって，「それと同じ高さの点」が重要となります．"8 マス 5 点" の出番ですね．

"マス" 1 個の横幅は，極値をとる x 座標を用いて，

$\dfrac{3-(-1)}{2}=2$. よって右図の通りです．

注 ただし，"ウラワザ" なので次のように使います．■

$f(5)=5(25-15-9+2)=5\cdot3=15=f(-1)$. [1]

よって右図のようになる．したがって，

$$M=\begin{cases} f(-a)\ (-1\leq -a), & \cdots\text{i)} \\ f(-1)\ (-a<-1,\ a<5), & \cdots\text{ii)} \\ f(a)\ (5\leq a) & \cdots\text{iii)} \end{cases}$$

i) 極大値がない
ii) 極大値があり，$x=5$ が含まれない
iii) $x=5$ が含まれる

$$=\begin{cases} -a^3-3a^2+9a+10\ (0<a\leq1), \\ 15\ (1<a<5), \\ a^3-3a^2-9a+10\ (5\leq a). /\!/ \end{cases}$$

f の値を計算しつつ，a の範囲も整理する

解説 1)：これが "ウラワザ" の使い方です．答案中では何の前触れもなくイキナリ $f(5)$ を持ち出し，極大値と等しいことを示せばよいのです．

「極大と同じ高さの点」を "誠実" に求めるには，曲線 $y=f(x)$ と直線 $y=15$ の方程式を連立して解きます．その際，両者が $x=-1$ で**接する**ので，その座標が**重解**となることを用います．

-1	1	-3	-9	-5
		-1	4	5
-1	1	-4	-5	0
		-1	5	
	1	-5	0	

$x^3-3x^2-9x+10=15$. $x^3-3x^2-9x-5=0$. …①

$(x+1)^2(x-5)=0$. $\therefore$ $x=-1$(重解), 5.

もしくは，①の $x=-1$(**重解**) 以外の解を β とおいて，解と係数の関係より，

$(-1)+(-1)+\beta=-\dfrac{-3}{1}=3$. $\therefore$ $\beta=5$. これは，"8 マス 5 点" の証明過程そのもの（笑）

最大・最小に関するポイントを，I+A 2 3 2 の「2 次関数」ともどもまとめておきます．

最大・最小の注目点 方法論

- ○ 2 次関数 → **定義域**と**軸**
- ○ 3 次関数 → **定義域**と "**マス目**"

注 座標軸は重要でないことが多い．

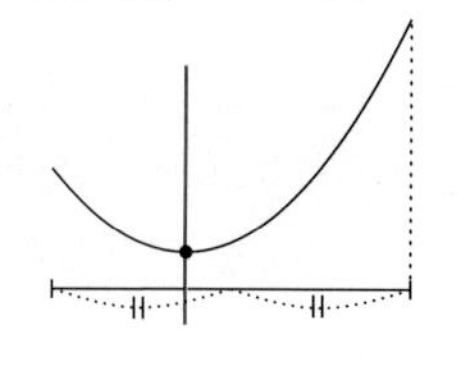

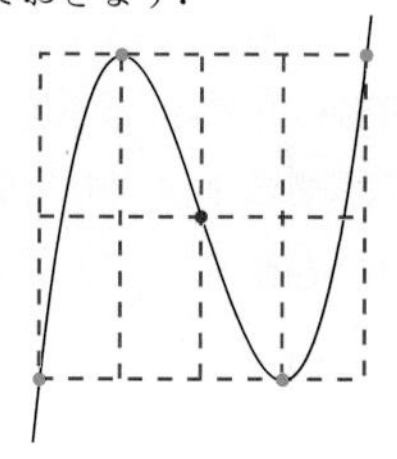

2 方程式の解

例題 6 3 C 方程式の解の大きさ 重要度↑ 根底 実戦 典型 [→演習問題 6 4 19]

方程式 $x^3-3x+k=0$ (k は実数) …① が異なる 3 つの実数解をもつような k のとり得る値の範囲を求めよ．また，そのとき①の 3 解を小さい方から順に α, β, γ として，これらのとり得る値の範囲をそれぞれ求めよ．

着眼 「方程式」ですから，まずは「因数分解」を試みますが…無理です．

方針 そこでグラフを利用します．ただし，このまま「$y=$ 左辺」のグラフを描くと，曲線が k の値に応じて動いてしまいます．そこで…

解答 ①を変形すると[1)]

$$f(x) := -x^3+3x = k. \quad \cdots ①'$$

定数 k を右辺へ分離

そこで，$\begin{cases} y=f(x) \\ y=k \end{cases}$ のグラフの共有点を考える．

$$f'(x) = -3x^2+3 = -3(x+1)(x-1).$$

よって，次図を得る：

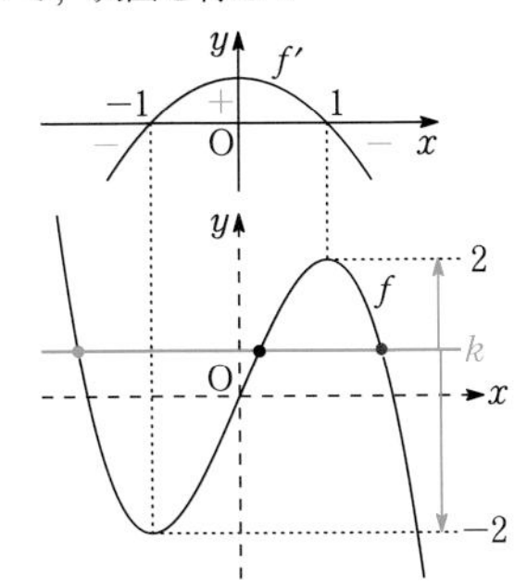

求める k の条件は，グラフどうしが異なる 3 点で交わること，すなわち，$-2<k<2$. // …②

着眼 k を動かすと，3 つの交点は左から順に下図曲線上の青色，黒色，赤色部分を動きます．すると例の "同じ高さの点" の座標が欲しくなります． ■

次に，$f(-2)=f(1)=2$, $f(-1)=f(2)=-2$.[2)]

よって，次図を得る：

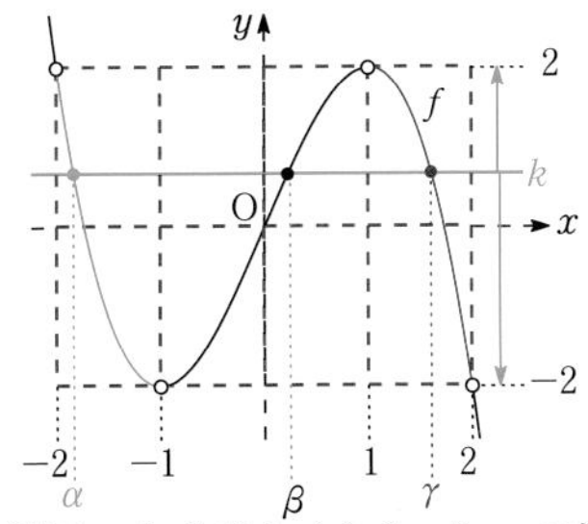

②の範囲で k を動かすとき，3 つの交点の x 座標の範囲を考えて，求める解の変域は

$$-2<\alpha<-1,\ -1<\beta<1,\ 1<\gamma<2. //$$

解説 1)：$\begin{cases} y=f(x)\text{:「固定された曲線」} \\ y=k\text{:「上下に“スライド”する直線」} \end{cases}$ の関係に帰着され，考えやすくなりましたね．

こうした効果を狙って①′のような形を作る方法論を，俗に "**定数分離**" といいます．

2)："8 マス 5 点" を使うための準備です．

補足 $f(x)$ は奇関数[→演習問題 5 7 14]で，グラフは原点対称です．

本問でも使った「解」と「グラフ」に関する一般論を，I+A 2 10 2 から再掲しておきます：

共有点と方程式の実解 原理

「2 曲線の**共有点**」 「方程式の**実数解**」

★ $\begin{cases} y=f(x) \\ y=g(x) \end{cases}$ の共有点の x 座標 ＝ 方程式 $f(x)=g(x)$, i.e. $f(x)-g(x)=0$ の実数解

例題 6 3 d 解とグラフ 根底 実戦 入試

[→例題 6 3 i]

次の方程式(1)(2)について,「異なる3つの実数解をもつ …(*)」ような実数 a のとり得る値の範囲をそれぞれ求めよ.

(1) $2x^3-9ax^2+12a^2x-4a^3-a=0$ (2) $x^3+(a-1)x^2-2ax-a^2=0$

解答 (1) **着眼** 定数項は $-a(4a^2+1)$. 左辺は, x に $\pm a$ を代入しても定数項に「$-a$」があるので0にはならなさそう. そこで「関数」を利用しますが, 前問のような"定数分離"は無理. そこで, $\begin{cases} y=\text{左辺}:\text{「動く曲線」} \\ y=0:\text{「}x\text{ 軸」} \end{cases}$ の関係を考えることになります. ■

与式の左辺を $f(x)$ とおくと

$f'(x)=6x^2-18ax+12a^2$

$=6(x^2-3ax+2a^2)=6(x-a)(x-2a)$.

方針 a と $2a$ の大小関係で場合分けします. ■

i) $a=0$ のとき, 与式は $2x^3=0$ となり, 不適.

ii) $a\neq 0$ のとき, 次図のようになる:

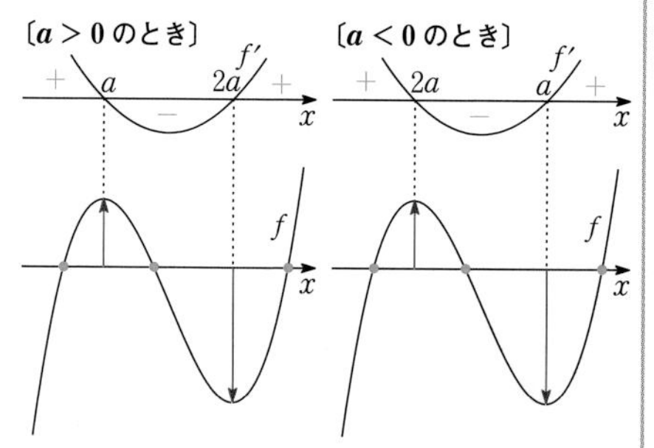

(*) は, 曲線 $y=f(x)$ と x 軸が異なる3点で交わることであり, 上図より

$$\begin{cases} a>0 \text{ のとき}, f(a)>0 \text{ かつ } f(2a)<0. \\ a<0 \text{ のとき}, f(a)<0 \text{ かつ } f(2a)>0. \end{cases}$$

ここで

$$\begin{cases} f(a)=5a^3-4a^3-a=a^3-a, \\ f(2a)=4a^3-4a^3-a=-a. \end{cases}$$

よって (*) は

$$\begin{cases} a>0 \text{ のとき}, a^3-a>0 \text{ かつ } -a<0. \\ a<0 \text{ のとき}, a^3-a<0 \text{ かつ } -a>0. \end{cases}$$

$$\begin{cases} a>0 \text{ のとき}, a^2-1>0. \\ a<0 \text{ のとき}, a^2-1>0. \end{cases}$$

以上より, 求める変域は, $a<-1, 1<a$. //

注 (1)の場合 ii) の (*) は, けっきょくは $a\neq 0$ のもとで $f(a)$ と $f(2a)$ が「異符号」であることですから,「積が負」とまとめて表せます:

$f(a)\cdot f(2a)<0$. $(a^3-a)\cdot(-a)<0$.

$a^2(a^2-1)>0$. $a^2-1>0$.

$\therefore a<-1, 1<a$.

ただし, **解答**のような地道な範囲分けができることが最重要ですよ. ■

(2) **着眼** 定数項が $-a^2$ ですから, x に $\pm a$ を代入してみます. すると, $x=-a$ のとき左辺は

$-a^3+(a-1)a^2+2a^2-a^2=0$.

1つの解が見つかってしまいましたね(笑).[1] ■

与式を変形すると

$(x+a)(x^2-x-a)=0$.

$-a$	1	$a-1$	$-2a$	$-a^2$
		$-a$	a	a^2
	1	-1	$-a$	0

$$\begin{cases} x=-a, \text{ or} \\ x^2-x-a=0. \cdots ① \end{cases}$$

よって (*) は,

①が $-a$ 以外の異なる2実解をもつこと.

$$\begin{cases} ①\text{の判別式}=1+4a>0, \text{ かつ} \\ (-a)^2-(-a)-a=a^2\neq 0. \end{cases}$$

i.e. $a>-\dfrac{1}{4}, a\neq 0$. //

注意! [1]: たとえ「微分法」の単元であっても,「方程式」は, まず「因数分解」. そうした**基本**を軽視し,「こういう3次方程式の問題は微分法で解く」とパターンを覚え込むと, 柔軟かつ自然な発想が失われ, 入試には対応できなくなります.

Ⅰ+A 292 にあった「2 次方程式の解」に関する総まとめを，3 次以上の方程式も視野に入れて再掲しておきます：

「解」の扱い方 **原理** **既習者**

1. 「**式**」で攻める．→ x の方程式 $f(x)=0$（$f(x)$ は整式）…① について…
   - ❶ **数値代入**：$f(\alpha)=0$ のとき，α は①の **1 つの解**.
   - ❷ **因数分解**：$f(x)=a(x-\alpha)(x-\beta)\cdots$ と式変形できれば，①の**全ての解**は $\alpha,\beta,\cdots$.
2. 「関数の**グラフ**」で攻める．→ **端点**と**極値**に注目する．

例題 63e 解とグラフ 根底 実戦 入試

[→演習問題 6 4 21]

方程式 $2x^3+3ax^2-a^2x-2a=0\ (a>1)$ …① について答えよ．

(1) $x>0$ の範囲において，①はただ 1 つの解をもつことを示せ．

(2) ①は異なる 3 個の実数解をもつことを示せ．

解答 (1) **着眼** 定数項は $-2\cdot a$ ゆえ，±1, ±2, $\pm a$, $\pm2a$ あたりが解の候補ですが，どれも解にはならず，因数分解は無理そう．

そこで，$y=$ 左辺 のグラフを利用します．(1)では「$x>0$」を満たす解のみが問われていますから，まずやるべきことは，その“端”：$x=0$ のときを調べることです．■

与式の左辺を $f(x)$ とおくと

$f(0)=-2a<0\ (\because a>0)$. …②

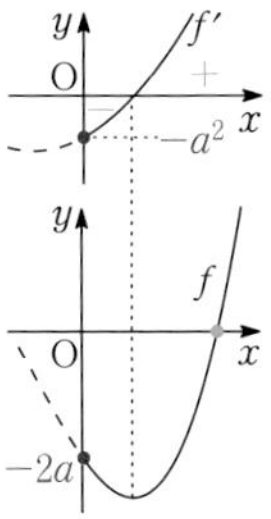

$f'(x)=6x^2+6ax-a^2$.

$f'(0)=-a^2<0$ だから，$x>0$ において右図のようになる．したがって，①の正の解はただ 1 つである．□

(2) **下書き** $f'(x)$ はキレイには因数分解できませんが，定数項が $-a^2<0$ ですから符号を変えます．その変わり目は，$f'(x)=0$ を解いて

$$x=\frac{-3a\pm\sqrt{15a^2}}{6}=\frac{-3\pm\sqrt{15}}{6}a\ \cdots③$$

$$\fallingdotseq\frac{-3\pm\sqrt{16}}{6}a=\frac{1}{6}a,\ -\frac{7}{6}a.$$

この概算値を図に書いた

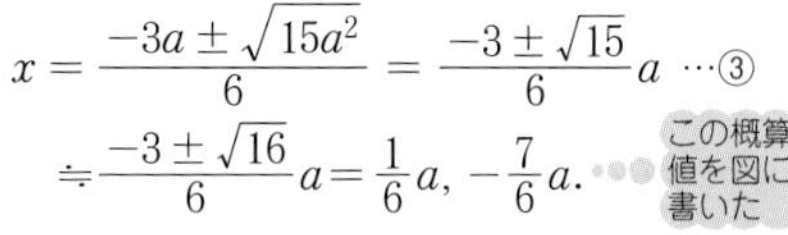

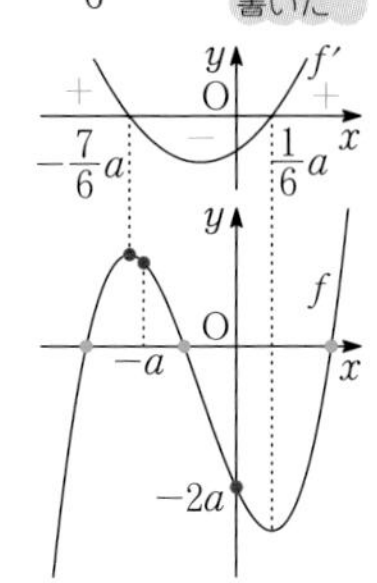

どうやら，極大値が正であることを示せばよさそうですが，x へ代入する値が複雑です．$f(x)$ から $f'(x)$ を除いておく手法も，分数係数が現れそうでメンドウ．そこで，極大点の**近くの座標を代入**してみます．■

$f(-a)$

$=(-2+3+1)a^3-2a$

$=2a(a^2-1)>0\ (\because a>1)$.

これと②より右図のようになるから，題意は示せた．□

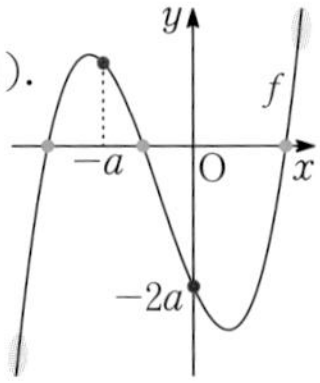

解説 図の 2 つの赤点と 2 つの赤楕円部を見れば納得いきますね．

解説 (1)は，$f'(x)$ の符号変化の様子さえわかれば，その変わり目の x 座標は不要でしたね．(2)では，③の値がフクザツなので，その“近所の値”を代入してみました．たまに使う手法です．

言い訳 (2)を解答すれば，同時に(1)も解答できたことになります．しかも，微分法を一切用いることなく（笑）．

注 という訳で，何も考えず微分して，何も考えず「$f'(x)=0$ を解く」ことを習慣化している学習者にとっては，かなり苦労する問題でした．入試ではこうした問いもけっこう出るんです．

3 絶対不等式

x のある範囲においてつねに成り立つ不等式を，俗に“**絶対不等式**”といいます．与えられた不等式が絶対不等式であるための条件を問う問題です．

例題 6 3 f 絶対不等式 根底 実戦 典型 [→演習問題 6 4 22]

不等式 $x^3-3ax+a^2\geq 0$ (a は実数) …① について答えよ．

(1) ①が $x\geq 0$ においてつねに成り立つような a の値の範囲を求めよ．

(2) ①が $0\leq x\leq 1$ においてつねに成り立つような a の値の範囲を求めよ．

着眼 定数項は a^2．そこで $\pm 1, \pm a, \pm a^2$ を x に代入してみますが，因数分解は無理そう．そこで，$y=$ 左辺 のグラフと x 軸 $(y=0)$ の関係を論じます．

方針 「つねに 0 以上」とは，「最小値ですら 0 以上」ということです．よって，「**絶対不等式**」を扱う本問は，事実上「**最小値**」の問題に他なりません．

解答 (1) ①の左辺を $f(x)$ とおくと

$$f'(x)=3(x^2-a).$$

i) $a\leq 0$ のとき，次表のようになる．

よって，$x\geq 0$ において，つねに

$$f(x)\geq f(0)=a^2\geq 0.$$

よって題意は成り立つ．

x	0	$\cdots$
$f'(x)$		$+$
$f(x)$	a^2	↗

ii) $a>0$ のとき，次表のようになる．

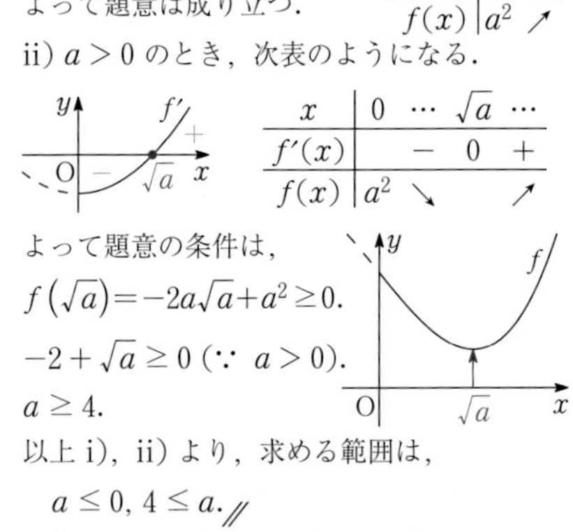

x	0	$\cdots$	$\sqrt{a}$	$\cdots$
$f'(x)$		$-$	0	$+$
$f(x)$	a^2	↘		↗

よって題意の条件は，

$$f(\sqrt{a})=-2a\sqrt{a}+a^2\geq 0.$$

$$-2+\sqrt{a}\geq 0\ (\because\ a>0).$$

$$a\geq 4.$$

以上 i), ii) より，求める範囲は，

$$a\leq 0,\ 4\leq a.$$

(2) i) $a\leq 0$ のとき，(1)の i) より題意は成り立つ．

ii) $a>0$ のとき，$\sqrt{a}$ と 1 の大小関係に注目して，次のように分けられる：

ア) $1\leq\sqrt{a}$, i.e. $a\geq 1$ のとき，題意の条件は

$$f(1)=1-3a+a^2\geq 0.$$

a^2-3a+1 / 1 / O / a / $\dfrac{3+\sqrt{5}}{2}$

y / f / O / x / ア) 1 / イ) / $\sqrt{a}$ / 1

$$\therefore\ \frac{3+\sqrt{5}}{2}\leq a.$$

イ) $\sqrt{a}<1$, i.e. $(0<)\ a<1$ のとき，題意の条件は

$$f(\sqrt{a})\geq 0.\quad \text{i.e. } a\geq 4.$$ 計算は(1)で済んでいる

$a<1$ のとき，これは不成立．

以上 i), ii) より，求める範囲は，

$$a\leq 0,\ \frac{3+\sqrt{5}}{2}\leq a.$$

解説 (2) ii) の範囲分けにおいて，ホントは定義域：「$0\leq x\leq 1$」が固定されており，極小点 $x=\sqrt{a}$ が動くのですが，大切なのは両者の相対的関係ですから，上記**解答**のように曲線は 1 つだけ描き，定義域を表す線分の方を伸び縮みさせて描くのが効率的です．

補足 $a\leq 0$ のとき，x^3, $-3ax$ はどちらも増加しますから，微分するまでもなく $f(x)$ も増加することがわかります．ただ，このような説明を書くのもメンドウなので，**解答**中では導関数を用いて論じています．

参考 上記例題で，例えば $a=5(>4)$ のときを考えると，(1)の結果より $x\geq 0$ においてつねに $f(x)\geq 0$ であることが示せます．このような「不等式の証明」は，**演習問題 6 4 22** で扱います．

4 接線・法線

例題 6 3 g 接線のなす角 根底 実戦 典型 [→例題 4 7 i]

曲線 $C: y=x^3$ 上の点 $\mathrm{P}(t, t^3)\ (t>0)$ における接線を l とする．C と l の P 以外の交点 Q における C の接線を m とおく．2 直線 l, m のなす角 θ が最大となるときの t の値を求めよ．

方針 2 直線 l, m の「なす角」については，4 7 2 で学習済みです．両者の「偏角」を設定して「傾き」を表します．

解答

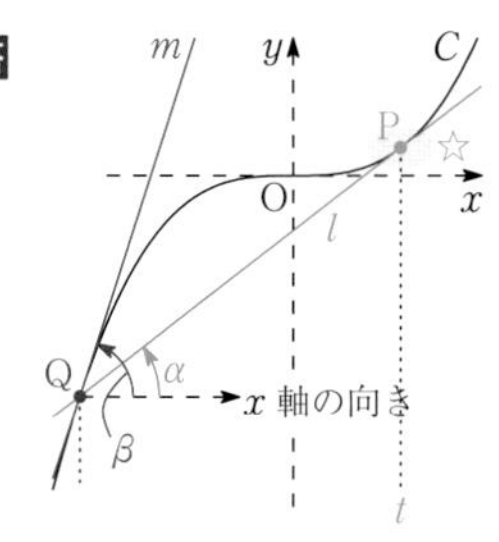

$C: y=x^3 \cdots ①,\ y'=3x^2.$

$\therefore\ l: y-t^3=3t^2(x-t).$

これと①を連立して

$x^3-t^3=3t^2(x-t).$ 因数 $(x-t)$ を保存

$(x-t)(x^2+xt+t^2-3t^2)=0.$

$(x-t)(x^2+t\cdot x-2t^2)=0.$

1) $(x-t)^2(x+2t)=0.\quad \therefore\ x_{\mathrm{Q}}=-2t.$

図の☆より既知

補足 1)：因数 $(x-t)^2$ が現れることが既知ですから，$l: y=3t^2x-2t^3$ として①と連立しても大丈夫です．■

図のように偏角 α, β をとると

$\tan\alpha = l$ の傾き $=3t^2,$

$\tan\beta = m$ の傾き $=3(-2t)^2=12t^2.$

$0<\tan\alpha<\tan\beta$ だから

$0<\alpha<\beta<\dfrac{\pi}{2}. \cdots ②$

$\therefore \theta=\beta-\alpha.$

②より $0<\theta<\dfrac{\pi}{2}$ だから

θ が最大 $\iff \tan\theta$ が最大．$\cdots ③$

そこで

$$\tan\theta=\tan(\beta-\alpha)=\frac{\tan\beta-\tan\alpha}{1+\tan\beta\cdot\tan\alpha}=\frac{12t^2-3t^2}{1+12t^2\cdot 3t^2}=\frac{9t^2}{1+36t^4}=\frac{9}{\frac{1}{t^2}+36t^2}. \cdots ④$$

ここで，$t^2>0$ だから

④の分母 $\geq 2\sqrt{\dfrac{1}{t^2}\cdot 36t^2}=12.$ “相加相乗”

これと④より

$\tan\theta \leq \dfrac{9}{12}=\dfrac{3}{4}$ (定数)．大小関係の不等式

等号は，$\dfrac{1}{t^2}=36t^2$, i.e. $t=\dfrac{1}{\sqrt{6}}\ (>0)$ のとき成立．等号成立確認

これと③より，$\tan\theta$ および θ が最大となるときの t の値は，$t=\dfrac{1}{\sqrt{6}}.$ //

解説 2 接線のなす角を論じる上では，両者の「傾き」のみで OK．m については**方程式は不要**！

注 x_{Q} は，次のように楽して (笑) 求めることもできます：

$l: y=ax+b$ とおいて C の式と連立すると

$x^3-ax-b=0.$

両者は $x=t$ で接するから，この方程式の 3 解は，

$t, t, x_{\mathrm{Q}}.$

$\therefore t+t+x_{\mathrm{Q}}=0.$ 解と係数の関係

$\therefore x_{\mathrm{Q}}=-2t.$

ただし，初学者は必ず解答のような地味なやり方をマスターするのが先決ですよ．

例題 6 3 h 放物線と2接線 根底 実戦 典型

[→演習問題 6 4 10]

点 A(a, b) から放物線 C: $y = x^2$ へ 2 本の接線を引き，それらの接点を P，Q とする．線分 PQ の中点 M の座標を a, b で表せ． 当然，A が C の下側にあるときのみ考えます

注 次の流れでも解答することは可能です：

A を通る**接線**を $y - b = m(x - a)$ と表す → C の式と連立して**重解**条件から m を決定 → P, Q の座標 → PQ の中点 M 判別式 $= 0$

方針 しかし，本問で扱う「放物線と 2 接線」は**特殊なテーマ**であり，ある有名な事実[1]を知った上で解くべきです．

解答 P，Q の x 座標をそれぞれ $\alpha, \beta\ (\alpha \neq \beta)$ とする．

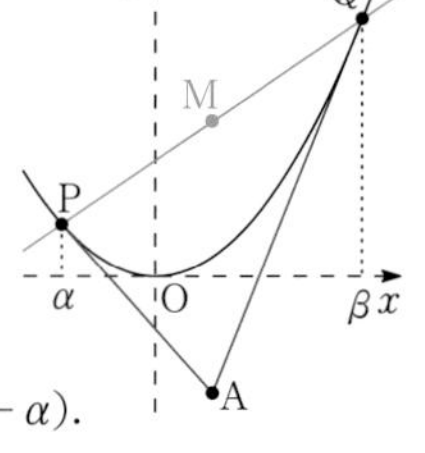

$C \cdots y' = 2x$

だから，P における接線は

$$y - \alpha^2 = 2\alpha(x - \alpha).$$

i.e. $y = 2\alpha x - \alpha^2$. …①

同様に，Q における接線は

$$y = 2\beta x - \beta^2.$$

これら 2 式を連立すると

$$2\alpha x - \alpha^2 = 2\beta x - \beta^2.$$

$$2(\alpha - \beta)x = \alpha^2 - \beta^2.$$

$$2(\alpha - \beta)x = (\alpha + \beta)(\alpha - \beta).$$

$$\therefore x = \frac{\alpha + \beta}{2}\ (\because\ \alpha - \beta \neq 0).$$ 相加平均

これと①より

$$y = 2\alpha \cdot \frac{\alpha + \beta}{2} - \alpha^2 = \alpha\beta.$$

$$\therefore \mathrm{A}\left(\frac{\alpha + \beta}{2}, \alpha\beta\right).$$ 「和」と「積」[2]

これが (a, b) と一致するから

$$\alpha + \beta = 2a,\ \alpha\beta = b.$$

よって，線分 PQ の中点 M(x, y) は，

$$x = \frac{\alpha + \beta}{2} = a. /\!/$$

$$y = \frac{\alpha^2 + \beta^2}{2} = \frac{(\alpha+\beta)^2 - 2\alpha\beta}{2} = \frac{4a^2 - 2b}{2} = 2a^2 - b. /\!/$$

重要 1)2)：このように，放物線の 2 接線の交点の座標は，**接点の x 座標**を設定すると，それらの「和」と「積」を用いてキレイに表せます．これを知っているからこそ，前記**解答**の流れを選択したのでした．

知識 特に，ヨコ座標に関する結果は暗記！してください．また，本問の結果より線分 AM の中点 N の y 座標は，$\frac{b + (2a^2 - b)}{2} = a^2$．つまり N は C 上の点であり，右図のようになります．以上は，任意の放物線について成り立ちます．

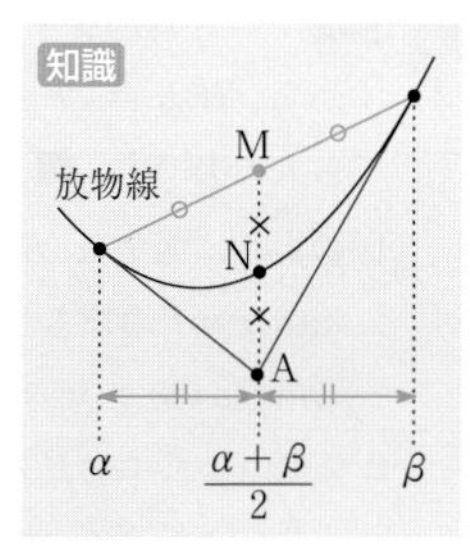

注意！ これらは全て“ウラワザ”的な知識です．試験で証明抜きに使うのは NG．

参考 2)：一般化すると，次の通り：C: $y = kx^2\ (k \neq 0)$ のとき，A$\left(\frac{\alpha + \beta}{2}, k\alpha\beta\right)$．

重要 「接する」ことの表現法には，「接点の座標」を重視する（用いる）か否かの 2 通りがあり，表す“ツール”は「微分法」と「重解条件」の 2 つです．右図のように整理できます（今後，これら 3 つの矢印を各所で使い分けます）．上記例題において，**注**は❸，**解答**は❶です．

「接する」ことの表現 方法論

接点重視	← ❶	微分法
	↖ ❷	
接点軽視	← ❸	重解条件

注 「円」という特殊な図形に関しては，「接する」の扱いも独特ですよ． [→ 3 6 2 重要]

例題 6 3 i 接線の本数 重要度↑ 根底 実戦 典型 [→例題 6 3 d]

$f(x)=x^3-x$ とおく．xy 平面上で，次の〔条件〕を満たす点 P の存在範囲を求め，図示せよ．

〔条件〕: P から曲線 C: $y=x^3-x$ へ 3 本の接線が引ける．

着眼 問題文は「点 P から曲線 C へ」となっていますが，微分法（前記の❶）を用いて「C 上の点から P へ」と向きを変えます．つまり，「異なる 3 点における接線が P に“ぶつかる”」と考えます．「**まず接点**」です！

注 問われているのは「接線の本数」ですが，事実上，「接点の個数」を答えることになります．[1]

解答 $f'(x)=3x^2-1$ だから，$x=t$ における C の接線が P を通るための条件は，$\mathrm{P}(p,q)$ とおいて，

$$q-f(t)=f'(t)(p-t).^{2)}$$

$$q-(t^3-t)=(3t^2-1)(p-t).$$

$$g(t):=2t^3-3p\cdot t^2+p+q=0.$$

題意の〔条件〕は，

これが異なる 3 実解をもつこと．…(*)

方針 因数分解は無理．グラフを利用．■

$$g'(t)=6t^2-6pt=6t(t-p).$$

$p=0$ のとき，$g'(t)=6t^2\geqq 0$ ゆえ $g(t)$ は単調増加．よって (*) は不成立．

以下，$p\neq 0$ のときを考える．

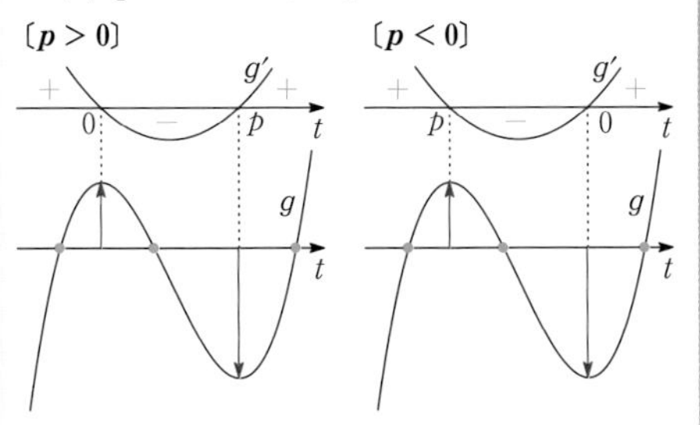

$p>0$ のとき，(*) は

$$g(p)<0<g(0).\quad -p^3+p+q<0<p+q.$$

$$-p<q<p^3-p.$$

$p<0$ のとき，(*) は同様に

$$g(0)<0<g(p).\ p^3-p<q<-p.$$

すなわち，点 P の存在範囲は

$$\begin{cases} x>0 \text{ のとき}, -x<y<f(x), \\ x<0 \text{ のとき}, f(x)<y<-x. \end{cases}$$ //

慣習に従い，答えは「x, y」で．

ここで，

$f(x)=-x$ を解くと，

$x^3-x=-x.\quad x^3=0.$

$\therefore x=0$（3 重解）．

以上より，求める P の存在範囲は右図の通り（境界除く）．

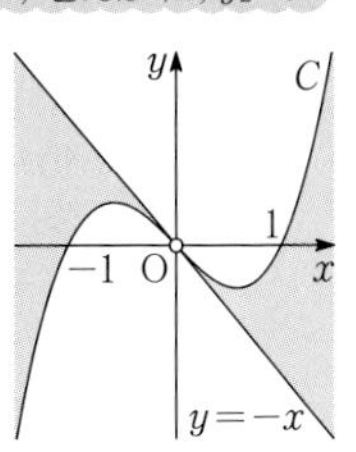

解説 答えに現れた直線 $y=-x$ は，C の変曲点（対称の中心）である原点 O における接線です．

注 2)：この等式は，「p, q」を「x, y」に変えれば接線の方程式そのものです．こんなときですら，必ず x, y を用いた方程式を書かずにいられない学習者が多く，困ってしまいます（笑）．

一般論です

発展 1)：実は，右のように 1 本の接線が 2 点（以上）で曲線に接する場合もあり，このとき「接線の本数」≠「接点の個数」となってしまいます．こうした接線を**複接線**（**二重接線**）と呼びます．[→例題 6 8 b]
ただし，3 次関数のグラフは複接線をもちません．なぜなら仮に右図のような複接線があるとしたら，C と l の式を連立してできる 3 次方程式が α, β をともに重解とするので 4 個以上の解をもってしまい，不合理です．

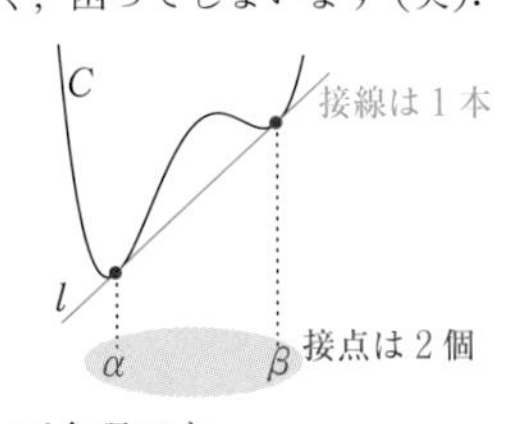

5 図計量への応用

長さ，面積，体積といった「図計量」を，何らかの「変数」で表して関数処理を行います．

例題 6 3 j 図計量の最大 根底 実戦 典型 [→演習問題 6 4 24]

半径 1 の球面 S に内接する直円錐（すい） C の体積を V とする．V の最大値を求めよ．

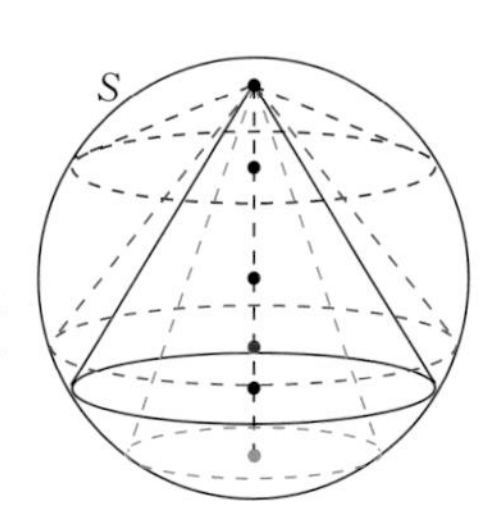

語記サポ 球面 = sphere，円錐 = cone

着眼 C の底円と頂点がいずれも S 上にあります．

下書き まずは図形そのものを動かしてみると，右図の各色のように，「底円の半径」と「高さ」が変化していきます．これを見ながら何を変数にとるかを考えます．また，右図で「黒破線」は「黒実線」より体積が小さいので除外して考えてよいことがわかります．

方針 何を変数にとるとよいかは，基本的には結果論．試行錯誤です．

解答1 右図のような 2 つの直円錐を比べると，最大値をとり得るのは実線で描いた方のみである．よって，S の中心が C の軸上にある場合のみ考えればよい． …①

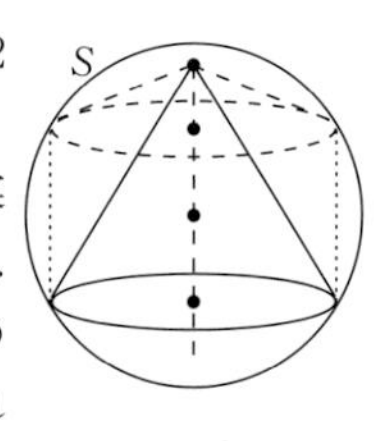

C の軸を含む平面による断面は右図の通り．底円の半径を $r\,(0<r\leq 1)$ とおくと

$$V=\frac{1}{3}\cdot\pi r^2\cdot\left(1+\sqrt{1-r^2}\right).$$

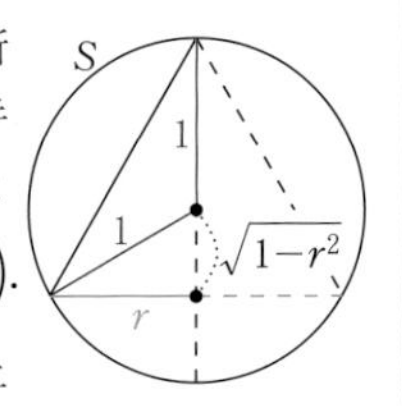

注 残念ながら，あまり上手くいってないですね．■

解答2 （①までは同じ．）
C の軸を含む平面による断面は右図の通り．S の中心と底面の距離を $x\,(0\leq x<1)$ とおくと

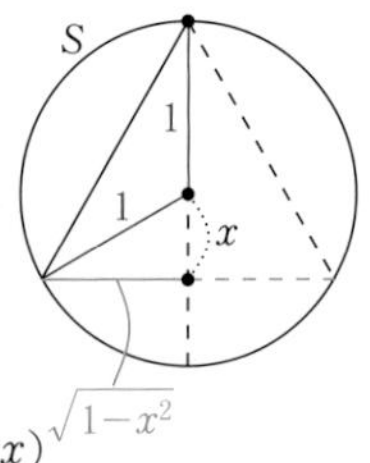

$$V=\frac{1}{3}\cdot\pi\left(\sqrt{1-x^2}\right)^2\cdot(1+x)$$

$$=\frac{1}{3}\cdot\pi\underbrace{(1-x^2)\cdot(1+x)}_{f(x)\text{ とおく}}.$$

注 上手くいきましたね．■

$$f(x)=-x^3-x^2+x+1.$$

$$f'(x)=-3x^2-2x+1$$

$$=\underbrace{(1+x)}_{\text{正}}(1-3x).$$

x	$0\cdots\frac{1}{3}\cdots(1)$
$f'(x)$	$+\ 0\ -$
$f(x)$	↗ ↘

よって右表を得る．

$$\therefore\ \max V=\frac{\pi}{3}\cdot f\left(\frac{1}{3}\right)=\frac{\pi}{3}\cdot\frac{8}{9}\cdot\frac{4}{3}=\frac{32}{81}\pi.$$ //

解答3 （①までは同じ．）
C の軸を含む平面による断面は右図の通り．右図のように角 $\theta\,\left(0\leq\theta<\frac{\pi}{2}\right)$ をとると

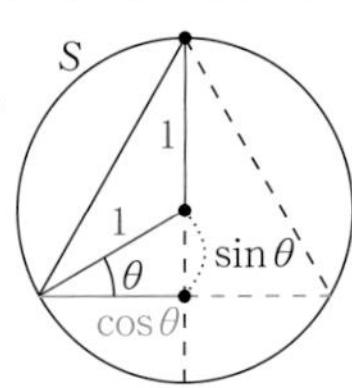

$$V=\frac{1}{3}\cdot\pi\,(\cos\theta)^2\cdot(1+\sin\theta)$$

$$=\frac{1}{3}\cdot\pi\,(1-\sin^2\theta)\cdot(1+\sin\theta).$$

そこで，$x=\sin\theta$ とおくと…
（けっきょく，**解答2** に帰着しましたね．）

注 失敗と判断した **解答1** も，$x=\sqrt{1-r^2}$ と置換すれば **解答2** に帰着します．

補足 $f(x)=(1-x)(1+x)^2$．そこで，積の微分法[→ 6 2 4]を用いると，

$$f'(x)=-1\cdot(1+x)^2+(1-x)\cdot 2(1+x)$$

$$=(1+x)(1-3x)$$

と，因数分解された形が直接得られます．

図計量を表す変数 **方法論**

「長さ」「角」の 2 択． **解答1** **解答2** は「長さ」，**解答3** は「角」

例題 63k 放物線の法線・長さ 根底 実戦 入試

[→演習問題 6 4 25]

放物線 C: $y=1-x^2$ 上の点 $\mathrm{P}(t,1-t^2)\ (t>0)$ における C の**法線**（P を通り，そこでの接線と垂直な直線）を n とする．n と x 軸，y 軸との交点をそれぞれ Q，R とする．

(1) n が原点 O を通るときの t の値を求めよ．

(2) (1)の t の値を t_1 とする．t が $0<t<t_1$ の範囲で変化するとき，OQ+OR が最大となる t の値を求めよ．

語記サポ 法線 =normal line

方針 まずは法線 n の方程式を立て，両切片の座標を求めておきましょう．

解答 $x_\mathrm{Q}, y_\mathrm{R}$ は符号を変える

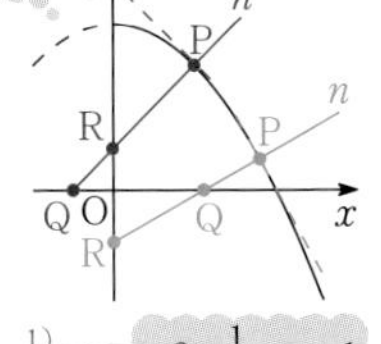

C: $y=1-x^2$.

$y'=-2x$.

よって，P における C の接線の傾きは $-2t$．

法線の傾きは $\dfrac{-1}{-2t}=\dfrac{1}{2t}$．[1] $-2t\cdot\dfrac{1}{2t}=-1$

$\therefore\ n$: $y-(1-t^2)=\dfrac{1}{2t}(x-t)$．[2]

これと $y=0, x=0$ をそれぞれ連立して

$x_\mathrm{Q}=2t^3-t$，…①

$y_\mathrm{R}=-t^2+\dfrac{1}{2}$．…②

(1) n が O を通るための条件は，②より

$-t^2+\dfrac{1}{2}=0$．　①を用いてもよい

$\therefore t=\dfrac{1}{\sqrt{2}}$．//

(2) (1)より $t_1=\dfrac{1}{\sqrt{2}}$．よって，

$0<t<\dfrac{1}{\sqrt{2}}$ …③

において考える．このとき

$x_\mathrm{Q}=2t^3-t$
$=t(2t^2-1)<0$.

$y_\mathrm{R}=-t^2+\dfrac{1}{2}>0$.

$\therefore\ \mathrm{OQ}+\mathrm{OR}=-x_\mathrm{Q}+y_\mathrm{R}$ [3]

$=-(2t^3-t)+\left(-t^2+\dfrac{1}{2}\right)$

$=-2t^3-t^2+t+\dfrac{1}{2}$

（$=f(t)$ とおく）．

$f'(t)=-6t^2-2t+1$.

右図を描いた上で…

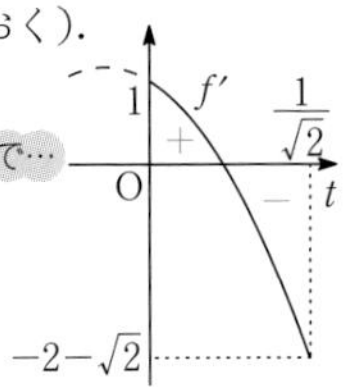

$f'(t)=0$ を解くと [4]

$t=\dfrac{-1+\sqrt{7}}{6}$（$\because$ ③）．

（図：f' のグラフ．1，$\dfrac{1}{\sqrt{2}}$，O，t，$-2-\sqrt{2}$，＋，－）

この値を α とおくと，右表を得る．

t	$(0)\cdots\alpha\cdots\left(\dfrac{1}{\sqrt{2}}\right)$
$f'(t)$	$+\ 0\ -$
$f(t)$	↗ ↘

以上より，求める値は

$t=\alpha=\dfrac{-1+\sqrt{7}}{6}$．//

解説 [1]：垂直な直線どうしは，「傾きの積 $=-1$」でしたね．[→324]

[2]：ここで使用している公式は，321で学んだ直線の方程式に関するものです．「微分法」を用いて考えているのはあくまでも「傾き」のみ．くれぐれも「接線」や「法線」の公式を特別視しないでくださいね．

[3]：「OQ の長さ」と「x_Q」の関係は，$\mathrm{OQ}=|x_\mathrm{Q}|$ ですね．よって，x_Q の**符号**を考えることになります．「OR の長さ」と「y_R」についても同様です．

[4]：あくまでも**導関数の符号**を調べる作業の一部として行っています．

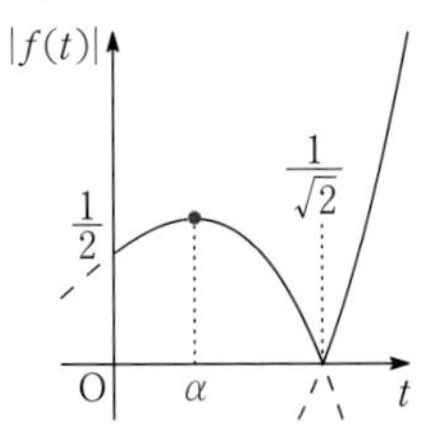

参考 $\dfrac{1}{\sqrt{2}}\leqq t$ のときには，$x_\mathrm{Q}, y_\mathrm{R}$ の符号は上記と逆ですから，

$\mathrm{OQ}+\mathrm{OR}=-f(t)$．よって，$t>0$ において考えると，

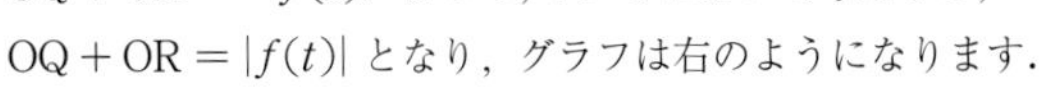
$\mathrm{OQ}+\mathrm{OR}=|f(t)|$ となり，グラフは右のようになります．

4 演習問題A

6 4 1 根底 実戦 定期

(1) $f(x)=x^3$ において，x が 2 から $2+h$ $(h \neq 0)$ まで変化するときの平均変化率を求めよ．

(2) 関数 $g(x)=3x^2-5x+2$ について，微分係数の定義に基づいて $g'(a)$ を求めよ．

6 4 2 根底 実戦

$f(x)=\dfrac{1}{x}$ $(x \neq 0)$ を，導関数の定義に基づいて微分せよ．

6 4 3 根底 実戦 重要度↓

2 つの関数 $f(x)$，$g(x)$ の積：$F(x)=f(x)g(x)$ の導関数は，それぞれの導関数を $f'(x)$，$g'(x)$ として $\{f(x)g(x)\}'=f'(x)g(x)+f(x)g'(x)$ となることを示せ．なお，

$f(x+h)g(x+h)-f(x)g(x)=f(x+h)g(x+h)-f(x)g(x+h)+f(x)g(x+h)-f(x)g(x)$

であることを用いてよい．

6 4 4 根底 実戦

(1) 極限値 $\displaystyle\lim_{x\to-2}\frac{x^3+8}{x^2+x-2}$ を求めよ．

(2) 極限値 $\displaystyle\lim_{h\to0}\frac{f(a+2h)-f(a-h)}{h}$ を $f'(a)$ で表せ．

(3) $a \neq 0$ とする．極限値 $\displaystyle\lim_{x\to a}\frac{x^2f(x)-a^2f(a)}{x^2-a^2}$ を，a, $f(a)$, $f'(a)$ で表せ．

6 4 5 根底 実戦 定期

次の x の関数をそれぞれ微分せよ．

(1) $y=x^3+2ax^2+3a^2x+a^3$

(2) $y=(2x+1)^2$

(3) $y=(x^2-1)(x-1)^2$

6 4 6 根底 実戦 重要

ある球の半径，体積，表面積について考える．半径は最初（時刻 0 秒）は 1cm であり，毎秒 2cm ずつの割合で増加する．

(1) 時刻 1 秒から 1.5 秒にかけての体積の時刻に対する平均変化率を求めよ．

(2) 時刻 2 秒における体積の増加速度を求めよ．

(3) 体積が $36\pi\,\text{cm}^3$ になった瞬間における表面積の増加速度を求めよ．

6 4 7 根底 実戦

(1) $f(x)=x^4-2x^3-3x^2$ とする．曲線 C: $y=f(x)$ の接線で，傾きが -4 であるものを全て求めよ．

(2) $f(x)=x^3-4x^2$ とする．点 A(6, 0) から曲線 C : $y=f(x)$ へ引いた接線の方程式を求めよ．

6 4 8 根底 実戦 重要

$f(x)=x^3+x$ とする．曲線 C: $y=f(x)$ の接線で，点 A(1, 2) を通るものを全て求めよ．

6 4 9 根底 実戦 典型

$f(x)=2x^3-x^2-3x+1$ とし，曲線 C: $y=f(x)$ を考える．$\mathrm{P}\left(\frac{1}{2}, f\left(\frac{1}{2}\right)\right)$ における C の接線を l として，以下の問に答えよ．

(1) l の方程式を求めよ．

(2) C と l の交点 Q の x 座標を求めよ．

(3) (2)の Q における C の接線を m とする．2 直線 l, m のなす角を θ として，$\tan\theta$ の値を求めよ．

6 4 10 根底 実戦

点 A(1, −2) から放物線 C: $y=\frac{1}{3}x^2$ へ 2 本の接線を引き，それらの接点を P，Q とする．直線 PQ の方程式を求めよ．

6 4 11 根底 実戦 入試

$f(x)=x^3+ax$ とする．曲線 C: $y=f(x)$ …① の接線であり，なおかつ C の法線でもあるものが存在するための a の条件を求めよ．
なお，C の法線とは，C 上のある点を通り，そこでの接線と垂直な直線のことをいう．

6 4 12 根底 実戦 入試 重要

放物線 $y=2x^2$ を平行移動して得られる放物線で，別の放物線 C_1: $y=-x^2$ …① に接するものを C_2 とする．このような C_2 の頂点の軌跡を求めよ．

6 4 13 根底 実戦 入試 重要

曲線 C : $y=2x^3+6x^2+3x-5$ と直線 l : $y=ax+b$ は，ただ 1 点を共有し，しかも接している．このとき a, b の値を求めよ．

6 4 14 根底 実戦

3 次関数 $f(x) = ax^3 + (a+2)x^2 + (a+2)x$ (a は実数) について答えよ．

(1) $f(x)$ が極値をもつような a の値の範囲を求めよ．

(2) $f(x)$ が $x < 0$ で極小，$x > 0$ で極大となるような a の値の範囲を求めよ．

6 4 15 根底 実戦 定期

次の(1)〜(4)の $f(x)$ について，関数 $y = f(x)$ のグラフを描け．

(1) $f(x) = x^3 - x^2 - x + 1$

(2) $f(x) = x^3 + x^2 + x + 1$

(3) $f(x) = -2x^3 + 3x$

(4) $f(x) = x(x-1)^2(x-2)$

6 4 16 根底 実戦

(1) $f(x) = -x^3 + 3x^2 + 9x - 5$ $(-3 \leq x \leq 3)$ の最大値，最小値を求めよ．

(2) $f(x) = x^3 - 3x^2 - 6x + 8$ $(-2 \leq x \leq 5)$ の最大値，最小値を求めよ．

(3) $f(x) = 3x^4 - 10x^3 + 3x^2 + 12x + 5$ の最小値を求めよ．

6 4 17 根底 実戦

a は正の定数とする．$f(x) = -x^3 - 3x^2$ $(-2a \leq x \leq a)$ の最小値 $m(a)$ を求めよ．

6 4 18 根底 実戦 重要

(1) $f(x) = x^3 - 3ax$ (a は実数) に対して，$|f(x)|$ $(0 \leq x \leq 1)$ の最大値 $M(a)$ を求めよ．

(2) (1)の $M(a)$ の最小値を求めよ．

6 4 19 根底 実戦

xy 平面上で，曲線 $y = |x^3 - 3x^2 + 2x|$ と直線 $y = x + k$ (k は実数) の共有点の個数 N を，k の値に応じて求めよ．

6 4 20 根底 実戦 入試 重要

4 次関数 $f(x) = x^4 + 2x^3 - 12x^2 + ax$ が極大値をもつような実数 a のとり得る範囲を求めよ．また，極大となるときの x の値の範囲を求めよ．

6 4 21 根底 実戦 入試

方程式 $3x^3 - 3x^2 - 4x + 3 = 0$ …① の異なる実数解の個数を求めよ．

6 4 22 根底 実戦 典型

$f(x) = 2x^3 - 4ax^2 + 2a^2x + a^2 + 2a + 3$ (a は正の定数) について答えよ．

(1) $x \geqq 0$ において，つねに $f(x) > 0$ となることを示せ．

(2) $x \geqq -1$ において，つねに $f(x) > 0$ となるような a の値の範囲を求めよ．

6 4 23 根底 実戦 入試

実数 x, y が

$x \geqq 0,\ y \geqq 0,\ x^2 + y \leqq 1$ …①

を満たして動くとき，$F = x^3 + \dfrac{1}{2}x^2 + y$ の最大値を求めよ．

6 4 24 根底 実戦 入試

右図のような紙片があり，△ABC は二等辺三角形である．各辺の中点 L，M，N を結んだ線分を折り目として △AMN，△BLM，△CLN を同じ側に折り曲げて四面体 PLMN を作る．AL = 1 として，以下の問に答えよ．

(1) 辺 BC の長さのとり得る値の範囲を求めよ．

(2) 四面体 PLMN の体積 V の最大値を求めよ．

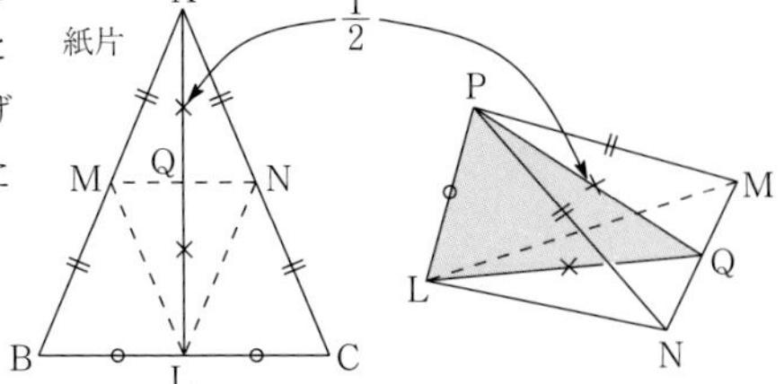

6 4 25 根底 実戦 入試

O を原点とする座標平面上の放物線 C: $y = x^2$ を考える．

(1) C 上に定点 $\mathrm{A}(a, a^2)$ $(a > 0)$ をとり，C の弧 OA 上に動点 P をとる．△OAP の面積 S が最大となるような P の x 座標を求めよ．

(2) C 上に定点 $\mathrm{B}(1, 1)$ をとり，C の弧 OB 上に O から近い順に動点 Q，R をとる．四角形 OQRB の面積 T の最大値を求めよ．

5 定積分・不定積分

本節から，微分法と対をなす積分法に入ります．最初の 1 ～ 3 あたりは，「これやって何に役立つの？」と言いたくなるくらい退屈ですが（苦笑），辛抱してください．4「面積」に入ると一気に花開きますので！

1 原始関数・不定積分

x^3 を微分すると $3x^2$ になります．つまり $3x^2$ は x^3 から派生して導かれるので，$3x^2$ は x^3 の**導関数**と呼ばれます．逆に言うと，x^3 は，微分して $3x^2$ を得る元の関数です．そこで，x^3 は $3x^2$ の**原始関数**であるといいます．

$3x^2$ の原始関数は，x^3 だけではありません．x^3+1 や x^3+5 など，$3x^2+C$（C は任意定数）は全て $3x^2$ の原始関数です．つまり，1 つの関数の原始関数は，定数の違いを考えると無限個あります．

x^3
x^3+1　x^3+C　微分する→　$3x^2$
x^3+5　原始関数　　　　導関数
x^3+8

一般に，$f(x)$ の原始関数の 1 つを $F(x)$ とすると，$f(x)$ の任意の原始関数は $F(x)+C$（C は任意定数）の形に表せます [1]．これらをまとめて $f(x)$ の**不定積分**といい，$\int f(x)\,dx$ と表します：

微分する

$$\int f(x)\,dx = F(x)+C$$

積分する

語記サポ「$\int$」は「インテグラル」と読みます．

上記の任意定数 C のことを**積分定数**といい，「$d$$\boxed{x}$」の $\boxed{x}$ のことを**積分変数**といいます．また，$f(x)$ の不定積分を求めることを「$f(x)$ を**積分する**」といい，積分される関数 $f(x)$ のことを**被**（ひ）**積分関数**といいます．

「被」＝被（こうむ）る＝「…される」

注　このように，x^3, x^3+1, x^3+5 などの 1 つ 1 つを $3x^2$ の「原始関数」といい，それら全てをまとめた x^3+C を $3x^2$ の「不定積分」と呼ぶことが多い気がしますが…，人によっては（書物によっては）「原始関数」と「不定積分」を同義語と扱ったりもします．「1 つ 1 つの関数」「それらをまとめた全体」のどちらを指すかは文脈によって判断するものです．本書も，両者を厳格には区別しない立場でいきます．

原始関数（不定積分）　原理　上記の記述の要約です

$$\{F(x)+C\}' = f(x). \cdots ①$$

原始関数 **不定積分**：$F(x)+C$ 微分する⇄積分する $f(x)$：**導関数**

注　①と②は同じ内容を逆の立場から表したもの．

$$\int f(x)\,dx = F(x)+C \ (C\text{: 積分定数}^{2)}) \cdots ②$$

注　重要度↓　1)：$f(x)$ の任意の原始関数どうし，つまり微分して等しくなる関数どうしは，定数の違いしかないということです．これをキチンと示すには「平均値の定理」（数学Ⅲ）を用います．

2)：丁寧に書くときはこのように断ります．しかし，本書では今後記述の簡便さを重視して，いちいち断らないことにします．それで許されると思います．

なお，大文字「C」は，定数＝constant の頭文字です．

語記サポ　不定積分という名称の由来は，[→6 5 5 最後のコラム]

2 不定積分の計算

「積分する」とは，「微分する」の逆をたどる計算ですから，そこで用いる公式類は微分法の公式をもとに即座に得られます．

不定積分の公式 定理 （n は 0 以上の整数，C は積分定数とする．）

❶ $\displaystyle\int x^n\,dx = \frac{x^{n+1}}{n+1} + C$ （$x^0=1$ とする）　❶′ $\displaystyle\int 0\,dx = C$

❷ $\displaystyle\int (x-\alpha)^n\,dx = \frac{(x-\alpha)^{n+1}}{n+1} + C$　「$1\cdot x-\alpha$」を 1 文字のようにみて

❸ $\displaystyle\int \{f(x)\pm g(x)\}\,dx = \int f(x)\,dx \pm \int g(x)\,dx$（複号同順）　❹ $\displaystyle\int kf(x)\,dx = k\int f(x)\,dx$（$k$ は定数）

〔証明〕 ❶ 右辺を微分すると

$$\left(\frac{x^{n+1}}{n+1}+C\right)' = \frac{(n+1)x^n}{n+1} + 0 = x^n.$$

$\displaystyle\therefore\ \frac{x^{n+1}}{n+1}+C$ は x^n の原始関数（不定積分）である（❶′❷も同様）．

❸ 一般に，不定積分の定義より $\displaystyle\left(\int f(x)\,dx\right)' = f(x)$ となります．
よって❸の両辺は，微分するとどちらも同じ関数 $f(x)\pm g(x)$ となるので，❸は成り立ちます．[→6 5 1 注 1)]

$\displaystyle\int f(x)\,dx$ ⇄ $f(x)$（微分する → ／ ← 積分する）

同様に❹は，両辺を微分するとどちらも $kf(x)$ となるので成り立ちます．

注 「$\int \square\,dx$」は，不特定な積分定数 C を含んだものです．よって，❸❹のように両辺に「$\int$」を含んだ等式は，両辺の積分定数を適当にとると「=」になるという意味で書かれています．あまり神経質にならず，「定数の違いは考えなくてよい」くらいに思っておけば大丈夫です．

問 次の不定積分を計算せよ．

(1) $\displaystyle\int x^3\,dx$　(2) $\displaystyle\int (x^4+2x^2-3)\,dx$　(3) $\displaystyle\int (x^2-6x+9)\,dx$

解答 (1) $\displaystyle\int x^3\,dx = \frac{x^4}{4}+C.$ ∥　（右辺を微分してチェック）

(2) $\displaystyle\int (x^4+2x^2-3)\,dx$

$\displaystyle = \int x^4\,dx + 2\int x^2\,dx - 3\int 1\,dx$

$\displaystyle = \frac{x^5}{5} + 2\cdot\frac{x^3}{3} - 3x + C$　（$\int$ がなくなったら「C」を書く）

$\displaystyle = \frac{x^5}{5} + \frac{2}{3}x^3 - 3x + C.$ ∥

注 $\int 1\,dx$ を，$\int dx$ と書いてしまうこともあります．■

(3) $\displaystyle\int (x^2-6x+9)\,dx$　（x の係数は $+1$）

$\displaystyle = \int (x-3)^2\,dx = \frac{(x-3)^3}{3} + C.$ ∥ …①

別解 （(2)と同様にすると）

$\displaystyle\int (x^2-6x+9)\,dx$

$\displaystyle = \int x^2\,dx - 6\int x\,dx + 9\int dx$

$\displaystyle = \frac{x^3}{3} - 6\cdot\frac{x^2}{2} + 9x + C$

$\displaystyle = \frac{x^3}{3} - 3x^2 + 9x + \underline{C}.$ ∥ …②

注 ①を展開してみると

$\displaystyle \frac{1}{3}(x^3-9x^2+27x-27)+C$

$\displaystyle = \frac{1}{3}x^3 - 3x^2 + 9x \underline{-9+C}.$ …①′

②とは定数部分が異なるように見えますが，積分定数「C」は<u>不特定な</u>任意の定数を表します．①′の「$\underline{-9+C}$」を，②では改めて「C」と書き直していると思ってください．

3 定積分

$F'(x) = f(x)$，つまり $F(x) = \int f(x)\,dx$ ($F(x)$ は $f(x)$ の不定積分) とするとき，$F(x)$ に実数 b, a を代入した値の差：$F(b) - F(a)$ のことを，$f(x)$ の a から b までの**定積分**といい，記号 $\int_a^b f(x)\,dx$ で表します．また，前記の差のことを $\left[\boldsymbol{F(x)}\right]_{\boldsymbol{a}}^{\boldsymbol{b}}$ で表します：

定積分とは **定義** 上記の要約です

$F(x)$ を $f(x)$ の不定積分として，$f(x)$ の a から b までの定積分は，

$$\int_a^b f(x)\,dx = \Big[F(x)\Big]_a^b = F(b) - F(a).$$

「a から b まで」のことを**積分区間**といい，a をその**下端**，b を**上端**という．

注 C を任意の定数として

$$\Big[F(x) + C\Big]_a^b = \{F(b) + \cancel{C}\} - \{F(a) + \cancel{C}\} = F(b) - F(a) = \Big[F(x)\Big]_a^b.$$

つまり，差をとる過程で C は消えるので，積分定数 C の値として何を選んでも結果は同じです．

上端を代入してプラス　下端を代入してマイナス

例 $\displaystyle\int_1^2 (x^2 + 3x)\,dx = \left[\frac{x^3}{3} + 3\cdot\frac{x^2}{2}\right]_1^2 = \left(\frac{2^3}{3} + 3\cdot\frac{2^2}{2}\right) - \left(\frac{1^3}{3} + 3\cdot\frac{1^2}{2}\right) = \frac{7}{3} + 3\cdot\frac{3}{2} = \frac{41}{6}.$

注 上記**例**において，不定積分は「関数」ですが，定積分は「定数」ですね．

語記サポ 今はとりあえず，カチっと定まる値が「定積分」．関数であって値が不定なのが「不定積分」だと覚えておいてください．[→6 5 5 最後のコラム]

4 定積分と面積

4 5 は，少しモヤモヤしても立ち止まらずに次へ進むべし！

それではいよいよ積分法の核心部分です．「導関数」「面積」「定積分」が見事に結びつきます．

$f(x)$ はつねに 0 以上の値をとる関数とし，曲線 C: $y = f(x)$ を考えます．

a を定数として，$a \leqq x \leqq t$ において，C と x 軸で挟まれる部分の面積は，t の関数です．これを $S(t)$ とおきます (「S」と略記したりもします)．

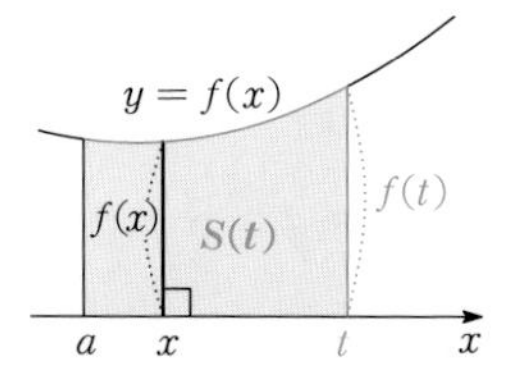

このとき，

$S'(t) = f(t)$ ⋯(*) 面積を微分すると長さになる！？

が成り立つことを示します．

次図のように，t の増加量 Δt に応じた S の増加量を ΔS とすると，

$$S'(t) = \lim_{\Delta t \to 0} \frac{\Delta S}{\Delta t}.$$

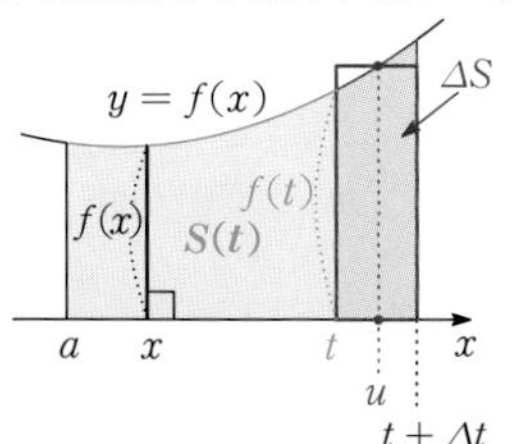

$\Delta t > 0$ のもとで考えます．ΔS (図の赤塗り部分) と同じ面積を持つ長方形 (赤枠部分) を作ります[1)]．

ここで用いる u は，t と $t + \Delta t$ の間のある値です．

$$\frac{\Delta S}{\Delta t} = \frac{f(u)\cdot\Delta t}{\Delta t} = f(u).$$

$\Delta t \to 0$ (t は固定) のとき，t と $t + \Delta t$ とで "挟まれた" u は t に近づきます．よって，

$$\lim_{\Delta t \to 0} \frac{\Delta S}{\Delta t} = \lim_{\Delta t \to 0} f(u) = f(t).$$

i.e. $S'(t) = f(t)$.

これで(*)が示されました．$\Delta t < 0$ のときは，Δt，ΔS がともに負になりますが結論は同じです．

面積を微分すると長さになるということは，言い換えると，長さを積分すれば面積が得られる訳です：

$S'(t)=f(t)$. つまり $S'(x)=f(x)$

$\therefore\ S(t)-S(a)=\left[S(x)\right]_a^t=\int_a^t f(x)\,dx.$

$S(a)=0$ だから， $a\leqq x\leqq a$ の部分の面積は当然 0

$S(t)=\int_a^t f(x)\,dx.$

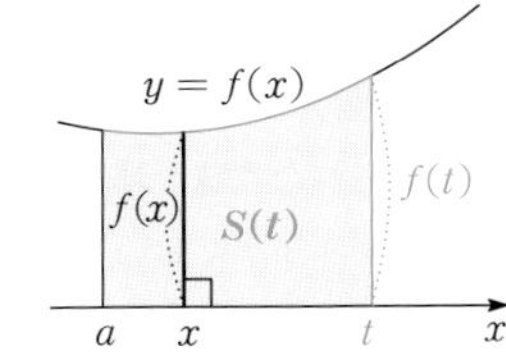

言い訳 1)：「ホントに同じ面積の長方形が作れるの？」という疑問が残りますが…，ここは，いわゆる"高校数学の限界"です．[→5 4 4 最後のコラム]

2 曲線と面積

$a\leqq x\leqq t$ において，つねに $f(x)\geqq g(x)$ であるとき，2 曲線 $y=f(x)$，$y=g(x)$ で挟まれる部分の面積 $S(t)$ を考えます．

$l(x)=f(x)-g(x)$ とおくと，前記と同様に右の赤枠長方形を作ると

$S'(t)=l(t).$

$\therefore S(t)-S(a)=\left[S(x)\right]_a^t=\int_a^t l(x)\,dx.$ これと $S(a)=0$ より，

$S(t)=\int_a^t l(x)\,dx=\int_a^t \{f(x)-g(x)\}\,dx.$

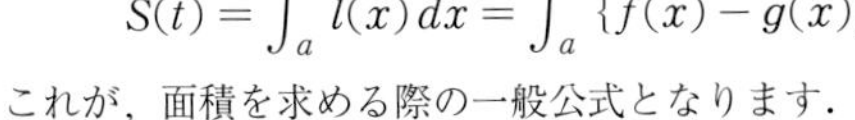

これが，面積を求める際の一般公式となります．

言い訳 ：「ホントに同じ面積の長方形が作れるの？」という疑問は，前記と同様ですが．

面積と定積分 **原理**

$a\leqq x\leqq b$ において，つねに $f(x)\geqq g(x)$ であるとする．右図の面積 S は，"縦の**長さ**" $l(x):=f(x)-g(x)$ の定積分として得られる：

$$S=\int_a^b \underbrace{l(x)}_{\text{縦の長さ}}\,dx=\int_{a\,\text{左}}^{b\,\text{右}} \underbrace{\{\overset{\text{上}}{f(x)}-\overset{\text{下}}{g(x)}\}}_{\text{縦の長さ}(\geqq 0)}\,dx.$$

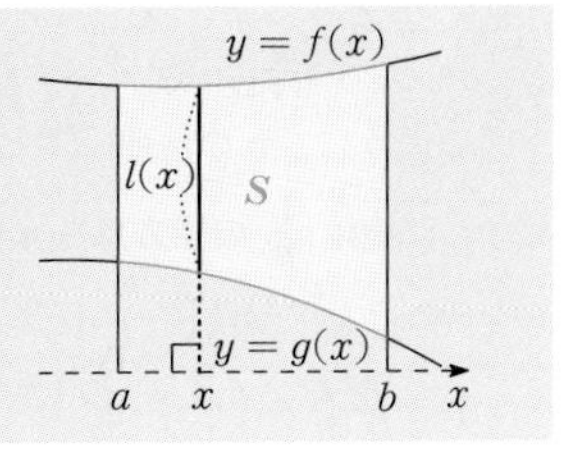

解説 大雑把かつ簡潔にいうと，以下の通りです：

面積は，上から下を引いた縦 1) の長さ（$\geqq 0$）を，左から右まで積分して得られる．

重要 この式を見ると，定積分は赤枠で囲まれた **3 つ**の"パーツ"：

積分区間，被積分関数，積分変数を表す dx

で構成されていることがわかります．問題レベルが上がると，この視点がとても重要になってきます．

将来 1)：数学Ⅲでは，積分変数が dy となることも多く，その場合には「横の長さ」となります．要は，積分変数の座標軸に垂直な長さということです．

例1 右図の面積 S_1 は

$S_1=\int_{0\,\text{左}}^{1\,\text{右}}(\underbrace{1-x^2}_{0\text{ 以上}})\,dx$

$=\left[x-\dfrac{x^3}{3}\right]_0^1$

$=\left(1-\dfrac{1^3}{3}\right)-\left(0-\dfrac{0^3}{3}\right)=\dfrac{2}{3}.$

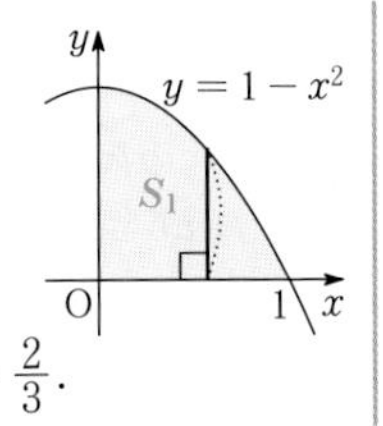

例2 右図の面積 S_2 は

$S_2=\int_{1\,\text{左}}^{2\,\text{右}}\Big(\underbrace{\overset{\text{上}}{x^2}-\overset{\text{下}}{\tfrac{1}{2}x^2}}_{0\text{ 以上}}\Big)\,dx$

$=\int_1^2 \dfrac{1}{2}x^2\,dx$

$=\left[\dfrac{x^3}{6}\right]_1^2=\dfrac{2^3}{6}-\dfrac{1^3}{6}=\dfrac{7}{6}.$

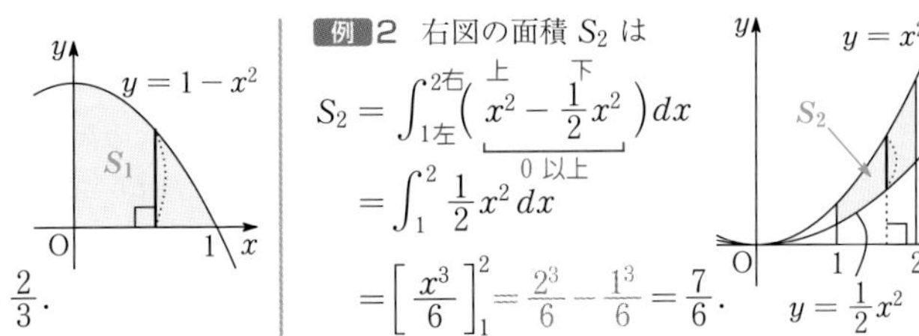

5 定積分と区分求積法 数学B「数列」後

本項の狙いは，面積を求めるもう 1 つの方法 =「区分求積法」を通して，定積分記号：「$\int_a^b f(x)\,dx$」に込められた**意味**を理解していただくことです．本来は理系生のみが数学Ⅲで学ぶ内容ですが，文系生の方も是非知っておいて欲しい内容です（別に難しくはありません）．なお，「Σ 記号」[→7 2 4]を使用します．本書では Ⅰ+A 4 2 1 でもご紹介済みです．

右図の面積 S を，2 通りの方法で求めます．

〔方法 1：4 の方法〕

$$S=\int_0^1 x^2\,dx=\left[\frac{x^3}{3}\right]_0^1=\frac{1}{3}.$$

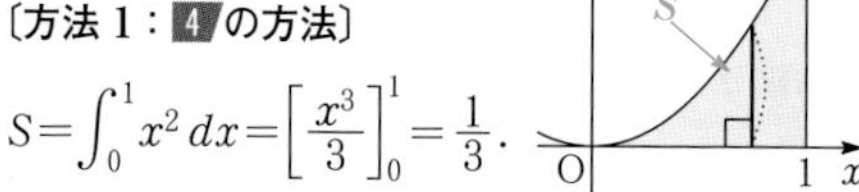

〔方法 2：区分求積法〕

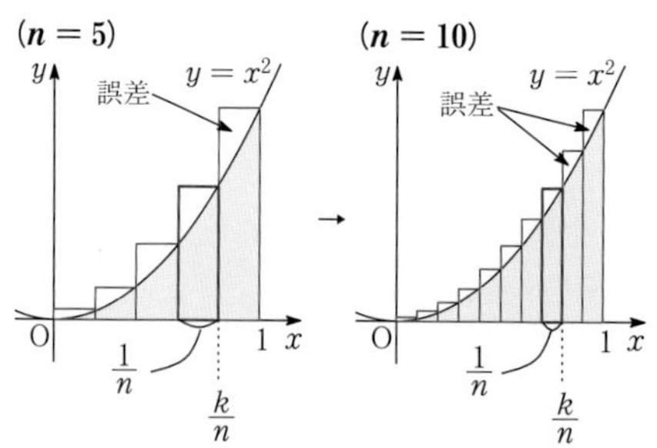

上図のように，x の区間：「0 から 1 まで」を n 等分し，横幅 $\frac{1}{n}$ の長方形を n 個作ります．これらを合わせた"階段状"の図形：の面積は

$$\left(\frac{1}{n}\right)^2\cdot\frac{1}{n}+\left(\frac{2}{n}\right)^2\cdot\frac{1}{n}+\cdots+\left(\frac{n}{n}\right)^2\cdot\frac{1}{n}$$
$$=\sum_{k=1}^{n}\left(\frac{k}{n}\right)^2\cdot\frac{1}{n}$$
$$=\frac{1}{n^3}\sum_{k=1}^{n}k^2$$
$$=\frac{1}{n^3}\cdot\frac{n(n+1)(2n+1)}{6}$$
$$=\frac{1}{6}\left(1+\frac{1}{n}\right)\left(2+\frac{1}{n}\right).\ \cdots①$$

前図において，の面積は，の面積 $S=\frac{1}{3}$ と比べて少しはみ出している分だけ大きい．つまり"誤差"があります．でも，前図の「$n=5$ のとき」と「$n=10$ のとき」を比べると，区分の個数 n を増やす，つまり 1 つの長方形の横幅 $\frac{1}{n}$ を小さくして"きめを細やかに"するほど"誤差"は小さくなることがわかります．

n をもの凄く大きくしていくとどうなるでしょう？

の面積は，の面積 S を目指して近づき，①式の値は $\frac{1}{6}\cdot1\cdot2=\frac{1}{3}$ に近づきます．この関係を，極限を表す記号 lim を用いて表すと，

$$S=\lim_{n\to\infty}\sum_{k=1}^{n}\left(\frac{k}{n}\right)^2\cdot\frac{1}{n}=\frac{1}{3}.$$ 〔方法 1〕と同じ値

このように，[0, 1] という区間を分けて面積を求める方法を，**区分求積法**といいます．

語記サポ 「∞」は「無限大」と読み，「もの凄く大きくする」という意味です．[→**数学Ⅲ**]．■

同一図形の面積 S に対するこれら 2 通りの求め方を比較してみましょう．「x^2」を一般化して「$f(x)$」と書くと次の通りです：

$$S=\lim_{n\to\infty}\sum_{k=1}^{n}f\left(\frac{k}{n}\right)\times\frac{1}{n}\ \cdots②$$

$$S=\int_0^1 f(x)\,dx\ \cdots③$$

（②について）

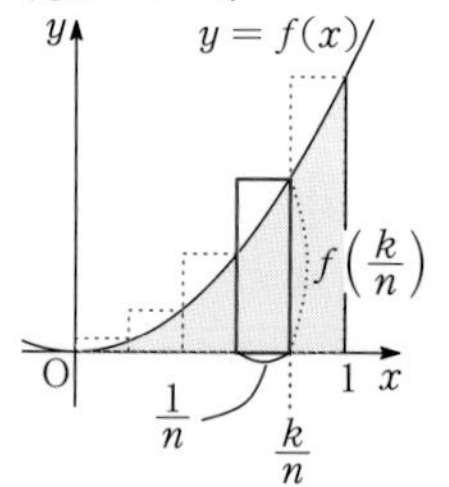

（③について）

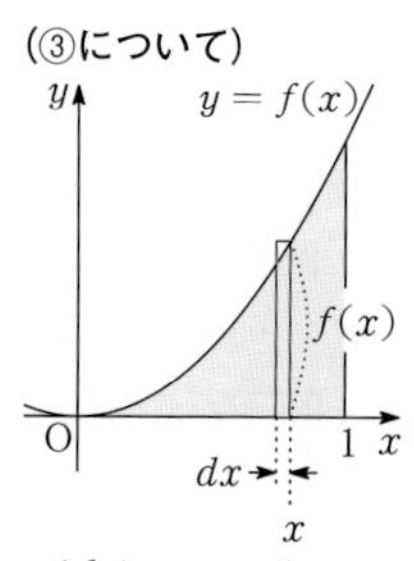

②では，赤枠長方形の縦：$f\left(\frac{k}{n}\right)$ と横：$\frac{1}{n}$ の**積**である面積を集め（Σ），きめを細やかにしていきます（lim）．

その考え方を"真似"して記号化したのが③式です．縦：$f(x)$ と「微小な横幅」を表す記号「dx」の**積**で細長い長方形の面積を表し，0 から 1 まで細かく沢山集めることを表現しています（$\int$）．

これが，**定積分記号の意味**です．積分区間も「a から b まで」に一般化すると，次の通りです．

面積と定積分記号　重要　既習者

右図の面積 S を表す定積分記号の**意味**は，次の通り：

$$S=\underbrace{\int_a^b}_{\text{細かく集める}}\underbrace{\overbrace{f(x)}^{\text{縦}}\,\overbrace{dx}^{\text{微小幅}}}_{\text{細長い長方形の面積}}.$$

注 積分区間「a から b まで」は，積分変数である x の範囲．

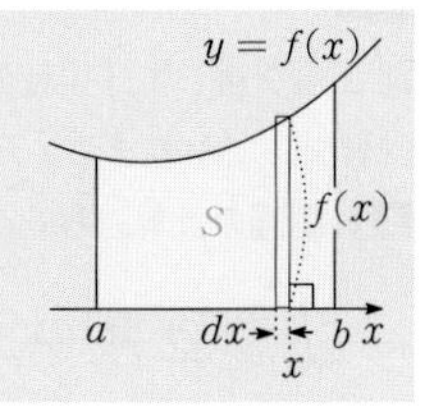

今後定積分の式を書くとき，こうしたイメージを少〜しでもかまいませんから思い浮かべると理想的です．数学Ⅱの積分法ではあまり活躍しませんが，8 3 3 で連続型確率変数を扱う際に役立ちます．

注　∘ $f(x)<0$ の場合には，「面積」に「−」の符号を付けたものになります．つまり，定積分は，+ or − の“符号付面積”を表したものだとみなせます．（6 5 8 で役立ちます．）

∘ 例えば「$\int_2^1$」のように，積分区間が「2(大) から 1(小) まで」となっている場合には，「$-\int_1^2$」と書き改めれば上記と同じように考えられます．（6 5 7 ❻を先取りして使用．）

参考　②③を見るとわかるように，面積 S を介して次の等式が得られました：

$$\lim_{n\to\infty}\sum_{k=1}^{n} f\left(\frac{k}{n}\right)\cdot\frac{1}{n}=\int_0^1 f(x)\,dx.$$ 上記注より，$f(x)<0$ となることがあっても成立

この等式のことを「区分求積法」と呼ぶ人もいます．数学Ⅲでは問題解法として活躍します．

補足　「$\int_0^1 f(x)\,dx$」において，「$f(x)$」と「dx」は意味としては**積**（掛け算）でつながっています．よって 4 例 2 では，$\int_1^2\left(x^2-\frac{1}{2}x^2\right)\times dx$ が正しく，$\int_1^2 x^2-\frac{1}{2}x^2\times dx$ は誤りです．後者においては，「x^2」と「$-\frac{1}{2}x^2\times dx$」の和という意味になってしまいますので．　実際には「×」は書かないよ

コラム

微分積分学における用語・記号　重要度↓

4 5 を経て定積分記号の意味がわかると，他の用語・記号の意味も徐々に見えてきます．

a, b は定数とし，$f(x)$ の原始関数の 1 つを $F(x)$ とします．定積分 $\int_a^b f(x)\,dx=F(b)-F(a)$ は定数です．一方，4 で現れた $\int_a^t f(x)\,dx=F(t)-F(a)$（$t$ は変数）は，t の関数であり値が不定なので，定積分と対比して（大学以降では）**不定積分**と呼びます．これは $f(t)$ の原始関数**の 1 つ**であり，$t=a$ のときの値は $F(a)-F(a)=0$ と決定しています．**任意の**原始関数を表すには，積分区間の下端が a 以外のものも考えなければなりません．そこで，積分区間「a から t まで」を取り除いて，$\int f(x)\,dx$ と書き，任意の原始関数 $F(x)+C$（C は任意定数）を表すものと約束します：$\int f(x)\,dx=F(x)+C$．これが，1 で紹介した不定積分の記号の由来です．

次に，微分係数 $\dfrac{dy}{dx}=\lim\limits_{\Delta x\to 0}\dfrac{\Delta y}{\Delta x}$ や定積分 $\int_a^b f(x)\,dx$ で使われている「dx」は，x の変化量を極限まで小さくしたものを表します．（大学以降では）単体で「微小変化量」を意味する記号として使われ，「x の**微分**」といいます．そして，微分 dx に微分係数 $f'(x)$ を掛けたものを y の微分といい，dy と書きます：$dy=f'(x)\cdot dx$．$f'(x)$ は，微分 dx の係数になっているので「微分係数」と呼ばれる訳です．

6 定積分の計算

前 2 項を通して「定積分」の意味がある程度理解できた所で，今後の実戦的問題に備えて定積分の計算練習をしておきましょう．

3 の 例 の計算過程を，詳しく振り返ってみましょう：

$$\int_1^2 (x^2+3x)\,dx$$
$$=\left[\frac{x^3}{3}+3\cdot\frac{x^2}{2}\right]_1^2$$
$$=\left(\frac{2^3}{3}+3\cdot\frac{2^2}{2}\right)-\left(\frac{1^3}{3}+3\cdot\frac{1^2}{2}\right)$$
$$=\left(\frac{2^3}{3}-\frac{1^3}{3}\right)+3\left(\frac{2^2}{2}-\frac{1^2}{2}\right)\cdots①$$
$$=\frac{7}{3}+3\cdot\frac{3}{2}=\frac{41}{6}.$$

①式は，次のように書くことができます：

$$\left[\frac{x^3}{3}\right]_1^2+3\left[\frac{x^2}{2}\right]_1^2$$
$$=\int_1^2 x^2\,dx+3\int_1^2 x\,dx.$$

つまり，次の等式が成り立ちます：

$$\int_1^2 (x^2+3x)\,dx=\int_1^2 x^2\,dx+3\int_1^2 x\,dx.$$

この 例 からわかるように，定積分においても，2 の不定積分の性質❸，❹と同じ法則が成り立ちます．

定積分の公式 定理（複号同順とする）

❸′ $\int_a^b \{f(x)\pm g(x)\}\,dx=\int_a^b f(x)\,dx\pm\int_a^b g(x)\,dx$

和（差）の定積分＝定積分の和（差）

❹′ $\int_a^b kf(x)\,dx=k\int_a^b f(x)\,dx$（$k$ は定数）

定数倍の定積分＝定積分の定数倍

注 上の 例 では，実質的には❸′❹′ を併用して，

$$\int_1^2 (x^2+3x)\,dx=\int_1^2 x^2\,dx+\int_1^2 3x\,dx=\int_1^2 x^2\,dx+3\int_1^2 x\,dx.$$

（❸′を左辺→右辺）（❹′を左辺→右辺）

として計算しています．ただし，左辺，右辺のどちらの形が有利かは，“ものによって” 異なります．

例題 6 5 a 定積分・代入の仕方 根底 実戦 定期 [→演習問題 6 9 1]

次の定積分を計算せよ．

(1) $\int_1^3 (x^3-2x^2+3)\,dx$　　(2) $\int_{-1}^3 (x^2-2x)\,dx$

方針 ❸′❹′ の左辺：“つなげた状態”，右辺：“バラした状態” のどちらを使って計算するか（上端，下端を代入するか）を，問題ごとに選択します．

解答 (1) 与式$=\left[\frac{x^4}{4}-2\cdot\frac{x^3}{3}+3x\right]_1^3=\cdots$

方針 上記 例 と同様，分母が共通なものどうしを近くに書きます．

注 ただし，$\int_1^3 x^3\,dx-2\int_1^3 x^2\,dx+3\int_1^3 1\,dx$ と紙に書いたりはせず，頭の中でイメージするだけ．■

$$\cdots=\frac{3^4-1^4}{4}-2\cdot\frac{3^3-1^3}{3}+3\cdot(3-1)$$
$$=20-2\left(9-\frac{1}{3}\right)+6$$
$$=8+\frac{2}{3}=\frac{26}{3}.//$$

注 実質的には❸′❹′ を左辺→右辺と変えて計算していますが，紙に書く分量は上記程度で済ますこと！■

(2) 与式 $=\left[\dfrac{x^3}{3}-x^2\right]_{-1}^{3}=\cdots$

着眼 上端の3を代入すると，0ですね！■

$\cdots=\left(\dfrac{3^3}{3}-3^2\right)-\left\{\dfrac{(-1)^3}{3}-(-1)^2\right\}$

$=0-\left(\dfrac{-1}{3}-1\right)=\dfrac{4}{3}$.//

注 ❸′の左辺のままで計算する方が楽でしたね．

$\displaystyle\int_{-1}^{3}2x\,dx$ も，$\displaystyle 2\int_{-1}^{3}x\,dx=2\cdot\left[\frac{x^2}{2}\right]_{-1}^{3}$ とせず，❹′の左辺のままで，$\displaystyle\int 2x=x^2+C$ を使う方がトクです．

注1 結果として，(1)では ❸′❹′の右辺の形で，(2)は左辺のままの形で計算するのが得策でした．問題に応じて，臨機応変に使い分けられるよう訓練しましょう．

注2 定積分を計算すると，「次数が上がる」「分数係数が現れる」「上端・下端の 2 つを代入」「それらの差を計算」と，ミスを誘発する要因が目白押しです (笑)．いろいろ工夫して，少しでも計算ミスの確率を下げるよう心掛けましょう．

例題 6 5 b 定積分計算の工夫

根底 実戦 定期 [→演習問題 6 9 1]

次の定積分を計算せよ．

(1) $\displaystyle\int_0^1(x^2+x+1)\,dx$　(2) $\displaystyle\int_2^5(x^2-4x+4)\,dx$　(3) $\displaystyle\int_\alpha^\beta(x-\alpha)(x-\beta)\,dx$

着眼 (1)はカンタン．(2)(3)は，どちらも ($\boxed{x-\triangle}$) の形が見えます．それを有効活用しましょう．

解答 (1) $\displaystyle\int_0^1(x^2+x+1)\,dx$

$=\left[\dfrac{x^3}{3}+\dfrac{x^2}{2}+x\right]_0^1$

$=\dfrac{1}{3}+\dfrac{1}{2}+1=\dfrac{11}{6}$.//

(2) 与式 $\displaystyle=\int_2^5(\boxed{x-2})^2\,dx$　($x-2$ に下端 2 を代入 $=0$)

$=\left[\dfrac{(\boxed{x-2})^3}{3}\right]_2^5=\dfrac{3^3-0}{3}=9$.//

(3) $\displaystyle\int_\alpha^\beta(\boxed{x-\alpha})(x-\beta)\,dx$　($x-\alpha$ に下端 α を代入 $=0$)

x,β の双方から α を引いた

$\displaystyle=\int_\alpha^\beta(\boxed{x-\alpha})\{(\boxed{x-\alpha})-(\beta-\alpha)\}\,dx$

$\displaystyle=\int_\alpha^\beta\{(x-\alpha)^2-(\beta-\alpha)(x-\alpha)\}\,dx$

$=\left[\dfrac{(x-\alpha)^3}{3}-(\beta-\alpha)\dfrac{(x-\alpha)^2}{2}\right]_\alpha^\beta$

$=\left(\dfrac{1}{3}-\dfrac{1}{2}\right)(\beta-\alpha)^3=-\dfrac{1}{6}(\beta-\alpha)^3$. □

解説 (1) 積分区間の下端：0 は x に代入すると消えてくれるので楽です．また，上端も 1 ですから，けっきょく原始関数の**係数だけ**が残ります．数学Ⅱで扱う整式の関数の定積分で積分区間が「**0 から 1 まで**」のものは，ほとんど暗算で片付きます．

(2) 被積分関数を因数分解すると，積分区間の下端：2 を x へ代入したとき因数 $\boxed{x-2}$ が 0 になって消えてくれるので助かります．考えてみれば，(1)と同じ理屈です (笑)．

(3) 積分区間の下端：α を x へ代入したとき値が 0 となる因数 $\boxed{x-\alpha}$ があります．そこで，被積分関数全体をこの因数で表しました．少し強引な変形に見えるかもしれませんが，前記の目論見がわかっていれば，ワリと自然な発想です．

参考 (3)の等式は，俗称 “6 分の 1 公式” などと呼ばれます．今後，この等式を「公式」として使いますし，それ以上に「証明過程で用いた手法」が大活躍します．[→例題 6 6 e]

7 積分区間

定積分を計算する上で,「積分区間」に関する次の公式が有効となることがあります:

積分区間に関する公式 定理 ❺❻… は,積分法の公式の通し番号

❺ $\int_a^a f(x)\,dx = 0$ 上端,下端が揃うと 0

❻ $\int_b^a f(x)\,dx = -\int_a^b f(x)\,dx$ 上端,下端を互換すると符号が反対

❼ $\int_a^b f(x)\,dx = \int_a^c f(x)\,dx + \int_c^b f(x)\,dx$ 「c」を"中継地点"として分解 or 結合ができる

〔証明〕 $f(x)$ の原始関数の 1 つを $F(x)$ とする.

❺ $\int_a^a f(x)\,dx = \Big[F(x)\Big]_a^a = F(a) - F(a) = 0.$

❻ $\int_b^a f(x)\,dx = \Big[F(x)\Big]_b^a = F(a) - F(b).$

$\int_a^b f(x)\,dx = \Big[F(x)\Big]_a^b = F(b) - F(a).$ …①

よって❻は成り立つ.

❼ $\int_a^c f(x)\,dx + \int_c^b f(x)\,dx$

$= \Big[F(x)\Big]_a^c + \Big[F(x)\Big]_c^b$

$= F(c) - F(a) + F(b) - F(c) = F(b) - F(a).$

これと①より,❼は成り立つ. □

注 ❼は,証明過程からわかるように a, b, c の大小関係には一切関係なく成り立ちます.

参考 ❼は,ベクトルの足し算のルール:$\overrightarrow{AB} = \overrightarrow{AC} + \overrightarrow{CB}$ とよく似ていますね.

例題 6 5 C 積分区間に関する工夫 根底 実戦 定期

[→演習問題 6 9 2]

次の定積分を計算せよ.

(1) $\int_3^{-2} (-2x^2 - 3x + 1)\,dx$

(2) $\int_{-1}^1 (x^3 + 3x)\,dx + \int_1^2 (x^3 + 3x)\,dx$

(3) $\int_{-5}^2 (3x^2 + 2x - 2)\,dx - \int_{-5}^1 (3x^2 + 2x - 2)\,dx$

(4) $\int_{-1}^2 |x^3|\,dx$

解答 (1) 与式 $= \int_{-2}^3 (2x^2 + 3x - 1)\,dx$ ∵ ❻

$= \left[2\cdot\frac{x^3}{3} + 3\cdot\frac{x^2}{2} - x\right]_{-2}^3$

$= 2\cdot\frac{27+8}{3} + 3\cdot\frac{9-4}{2} - 5$

$= \frac{70}{3} + \frac{5}{2} = \frac{155}{6}.$ //

(2) 与式 [1] $= \int_{-1}^2 (x^3 + 3x)\,dx$ ∵ ❼

$= \left[\frac{x^4}{4} + 3\cdot\frac{x^2}{2}\right]_{-1}^2$

$= \frac{16-1}{4} + 3\cdot\frac{4-1}{2}$

$= \frac{15}{4} + \frac{9}{2} = \frac{33}{4}.$ //

補足 [1]:❼より $\int_{-1}^1 + \int_1^2 = \int_{-1}^2$

(3) (❻を用いて書き直すと)

与式 $= \int_{-5}^2 (3x^2 + 2x - 2)\,dx + \int_1^{-5} (3x^2 + 2x - 2)\,dx$

[2] $= \int_1^2 (3x^2 + 2x - 2)\,dx$

$= \Big[x^3 + x^2 - 2x\Big]_1^2 = 8 - 0 = 8.$ //

補足 [2]:❼より $\int_1^{-5} + \int_{-5}^2 = \int_1^2$ 1, 2, −5 の大小は不問

(4) $|x^3| = \begin{cases} -x^3 & (-1 \le x \le 0) \\ x^3 & (0 \le x \le 2) \end{cases}$

だから ❼を左辺→右辺と使う

与式

$= \int_{-1}^0 (-x^3)\,dx + \int_0^2 x^3\,dx$

$= \left[+\frac{x^4}{4}\right]_0^{-1} + \left[\frac{x^4}{4}\right]_0^2 = \frac{1}{4} + 4 = \frac{17}{4}.$ //

実質的には❻

8 原点対称な積分区間

演習問題 5 7 14 で述べた「偶関数」「奇関数」の定義をおさらいしておきます：

偶関数：x^2（偶数乗）や $\cos x$ のように，任意の x に対して $f(-x)=f(x)$ を満たす $f(x)$

奇関数：x^3（奇数乗）や $\sin x$ のように，任意の x に対して $f(-x)=-f(x)$ を満たす $f(x)$

積分区間が原点Oに関して対称な「$-a$ から a まで」である定積分は，偶関数と奇関数に分けて考えると効率的に求めることができます：

偶関数・奇関数の定積分 定理

$-a$ から a までの定積分について，次が成り立つ：　以下は，a の符号に関係なく成り立ちます

❽ $\displaystyle\int_{-a}^{a}(\text{奇関数})\,dx=0$　奇関数：x, x^3 などは消えちゃう

ここは $a>0$ を想定して

❾ $\displaystyle\int_{-a}^{a}(\text{偶関数})\,dx=2\int_{0}^{a}(\text{偶関数})\,dx$　偶関数：定数，x^2, x^4, $|x|$ などは"右半分"の2倍

解説　これらは原始関数を用いて計算すれば証明できますが，むしろ重要なのは，**5 注**で述べた定積分の意味：「符号付面積」に立脚して直感的に納得することです．　下図では $a>0$ を想定

$\displaystyle\int_{-a}^{a}$ を前項❼により $\displaystyle\int_{-a}^{0}$ と $\displaystyle\int_{0}^{a}$ に分割し，それぞれが表す符号付面積を比べます．
奇関数の場合，絶対値が等しく符号が反対なので，両者を加えると0です．

偶関数の場合は，絶対値も符号も等しいので，$\displaystyle\int_{0}^{a}$ 部分（"右半分"）の2倍となります．

例題 6 5 d 原点対称な積分区間　根底 実戦 定期

次の定積分を計算せよ．

(1) $\displaystyle\int_{-2}^{2}(x^3+2x^2+3x+4)\,dx$　(2) $\displaystyle\int_{-1}^{1}(x^2+1)(2x^2+3x-2)\,dx$　(3) $\displaystyle\int_{-3}^{3}(x^3+|x|)\,dx$

方針　(1)〜(3)は，どれも積分区間が原点対称．奇関数の部分は書かずに済ませます．

解答　(1) $\displaystyle\int_{-2}^{2}(x^3+2x^2+3x+4)\,dx$　（x^3+3x：奇関数，$2x^2+4$：偶関数）

$\displaystyle=2\int_{0}^{2}(2x^2+4)\,dx$

$\displaystyle=2\left[2\cdot\frac{x^3}{3}+4x\right]_0^2=2\left(\frac{16}{3}+8\right)=\frac{80}{3}.$ //

(2) $\displaystyle\int_{-1}^{1}(x^2+1)(2x^2+3x-2)\,dx$　赤線部が偶関数

$\displaystyle=2\int_{0}^{1}(2x^4-2)\,dx$

$\displaystyle=2\left[2\cdot\frac{x^5}{5}-2x\right]_0^1=2\left(\frac{2}{5}-2\right)=-\frac{16}{5}.$ //

(3) $\displaystyle\int_{-3}^{3}(x^3+|x|)\,dx$　（x^3：奇関数，$|x|$：偶関数）

$\displaystyle=2\int_{0}^{3}|x|\,dx$

$\displaystyle=2\int_{0}^{3}x\,dx$（$\because$ $0\leq x\leq 3$ では $x\geq 0$）

$\displaystyle=\left[x^2\right]_0^3=9.$ //

参考　定積分 $\displaystyle\int_{0}^{3}x\,dx$ は右図の面積を表すので，その値は，$\displaystyle\frac{1}{2}\cdot 3^2=\frac{9}{2}$ と求まります．

注　次節に進む前に，**演習問題 6 9 1**，**2** で少し積分計算練習をしておくことを勧めます．

6 面積を求める

それでは積分法の実戦的問題に取り組んでいきましょう．本節で扱う「面積」については，**基本原理**が確立しています．それに沿って着実に考えましょう．

1 面積の求め方の基本

既に6 5 4で導かれた定積分による面積の求め方を再掲しておきます：

面積と定積分 原理

$a \leq x \leq b$ において，つねに $f(x) \geq g(x)$ であるとする．右図の面積 S は，“縦の**長さ**” $l(x) := f(x)-g(x)$ の定積分として得られる：

$$S=\int_a^b \underbrace{l(x)}_{\text{縦の長さ}}\,dx=\int_{a\,(\text{左})}^{b\,(\text{右})}\{\underbrace{f(x)-g(x)}_{\text{縦の長さ}(\geq 0)}\}\,dx.$$

上　下

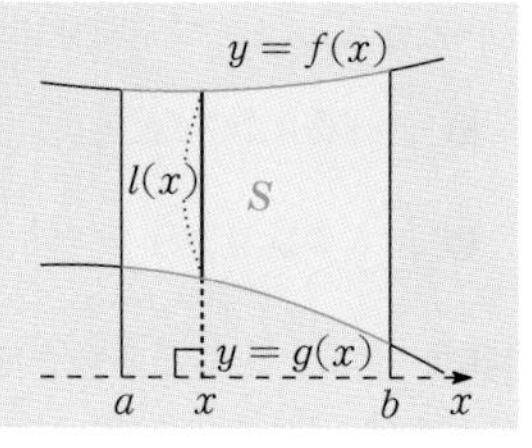

大雑把にいうと，上から下を引いた縦の長さ（≥ 0）を，左から右まで積分すればOKです．

例題 6 6 a 面積の基礎 根底 実戦

[→演習問題 6 9 4]

$f(x)=2x^2-x-3$ とする．曲線 C: $y=f(x)$ と x 軸，y 軸で囲まれる部分のうち，$x \geq 0$ の部分の面積 S を求めよ．

方針 C と x 軸（$y=0$）の上下関係および共有点を調べます．

解答 1) $f(x)=(x+1)(2x-3)$ だから，右図のようになる．

よって求める面積は

$$\therefore\ S=\int_0^{\frac{3}{2}}\{-f(x)\}\,dx \ \text{2)}$$

$$=\int_0^{\frac{3}{2}}(-2x^2+x+3)\,dx$$

$$=\left[-2\cdot\frac{x^3}{3}+\frac{x^2}{2}+3x\right]_0^{\frac{3}{2}}$$

$$=-\frac{2}{3}\left(\frac{3}{2}\right)^3+\frac{1}{2}\left(\frac{3}{2}\right)^2+3\cdot\frac{3}{2}$$

$$=-\frac{9}{4}+\frac{9}{8}+\frac{9}{2}=\frac{27}{8}.\ /\!/$$

解説 1)：C と x 軸の上下関係，つまり $f(x)$ と 0 との大小関係を知るには，このように因数分解して積の形にするのが原則です．

2)：積分変数は x です．そして，面積を求める範囲は $0 \leq x \leq \frac{3}{2}$ であり，このとき $f(x) \leq 0$ なので，x 軸に垂直な縦の長さ（≥ 0）は「$-f(x)$」です．

本問を通して，面積を求めるためにはどんな**準備**をするべきかが少し見えてきたでしょう．

面積を求める“3つの準備” 方法論 ●●● 作業を行う順番通りに並べた

1° 積分変数を決める．

2° 2曲線の共有点を調べる．

3° 2曲線の上下関係を調べる．

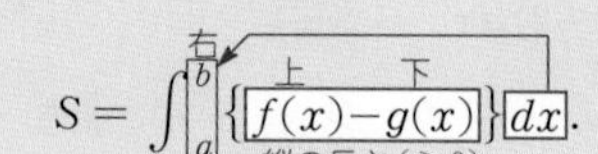

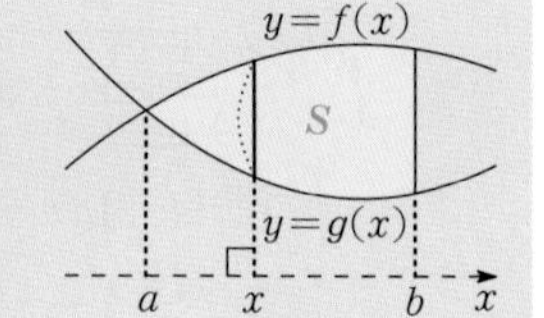

注 1° は，数学Ⅱでは 99 %以上「dx」です（笑）．数学Ⅲとなると「dy」などもかなりあります．
2°, 3° は，実際には同時進行することが多いです．[→次問]

例題 6 6 b “3つの準備” 重要度↑ 根底 実戦

[→演習問題 6 9 4]

$f(x)=\frac{1}{2}x^2+x+1$, $g(x)=x^2+\frac{1}{2}x$ とする．2曲線 C_1: $y=f(x)$, C_2: $y=g(x)$, および直線 $x=1$ で囲まれる部分のうち，$x\leq 1$ を満たす部分の面積 S を求めよ．

方針 前記“3つの準備”に沿っていきます．

1° もちろん「dx」です．

2° 方程式 $f(x)=g(x)$ を解きます．

3° $f(x)$ と $g(x)$ の大小関係を調べます．

2° と 3° は，まとめて1つの作業で片付きます．

解答 $f(x)-g(x)$

$=-\frac{1}{2}x^2+\frac{1}{2}x+1$

$=\frac{-1}{2}(x^2-x-2)$

$\overset{1)}{=}\frac{-1}{2}(x+1)(x-2)$.

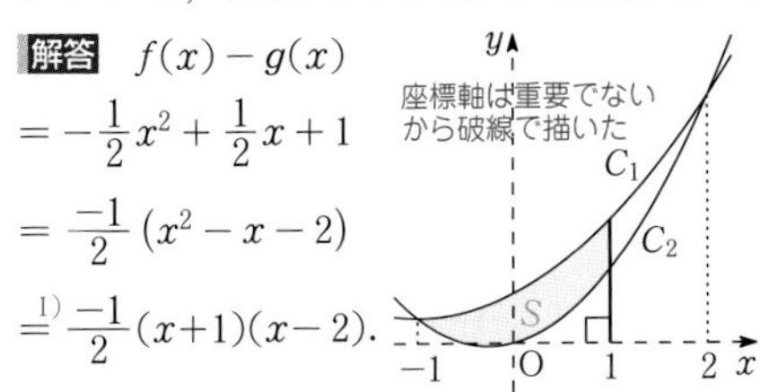

これをもとにして $f(x)$ と $g(x)$ の大小関係を考えると，前図のようになる．よって

$$S=\int_{-1}^{1}\{f(x)-g(x)\}dx$$

（右 1，左 −1；上 $f(x)$，下 $g(x)$；縦の長さ（≧0））

$$=\int_{-1}^{1}\frac{-1}{2}(x^2-x-2)\,dx$$

$$=\int_{0}^{1}(-x^2+2)\,dx$$ 偶関数のみ右半分の2倍

$$=\left[-\frac{x^3}{3}+2x\right]_0^1$$

$$=-\frac{1}{3}+2=\frac{5}{3}.$$ //

解説 重要度↑ **方針**の 2° 3° に加え，被積分関数が $f(x)-g(x)$ となることから，2つの関数 $f(x)$, $g(x)$ の**差をとる**のが有効でした．

補足 1)：因数分解して積の形にすれば，2°, 3° の目的が同時に達成されますね．

「差をとる」ことの有効性 重要 既習者

2曲線 $y=f(x)$, $y=g(x)$ などで囲まれる部分の面積を求める際には，右の3つの理由により，両者の**差をとる**とよい．

“一石三鳥”

㋐：方程式 $f(x)=g(x)$ を解きたい

㋑：$f(x)$ と $g(x)$ の大小関係を調べたい

㋒：被積分関数は $\pm\{f(x)-g(x)\}$

重要 上記**解答**における

$$S=\int_{-1}^{1}\{f(x)-g(x)\}dx$$

（縦の長さ（≧0））

「$y=f(x)-g(x)$」を「$f-g$」と略記しています．以下同様．

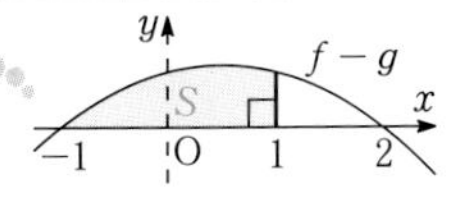

は，右図の面積をも表します．つまり，上記**解答**ではマジメに2つの曲線 C_1, C_2 を描きましたが，実はそれは不要！1つの曲線 $y=f(x)-g(x)$ と x 軸さえ描けば，面積 S は求まります．

一般に，次のことがいえます：

差をとった関数と面積 知識 重要度↑

$a\leq x\leq b$ においてつねに $f(x)\geq g(x)$ であるとき，この範囲で次の3つの面積は全て $S=\int_a^b\{f(x)-g(x)\}dx$ に等しい．（縦の長さ（≧0））

- 2曲線 $y=f(x)$, $y=g(x)$ が挟む部分の面積
- 曲線 $y=f(x)-g(x)$ と x 軸が挟む部分の面積
- 曲線 $y=g(x)-f(x)$ と x 軸が挟む部分の面積

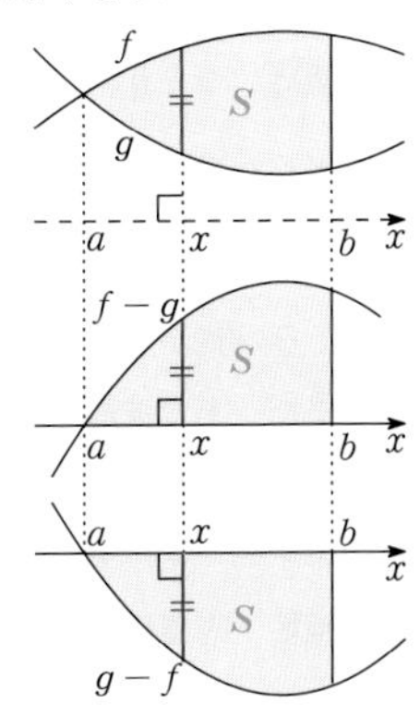

注 右の3つの領域は，形は異なります．しかし，赤線分の長さはどれも等しく「$f(x)-g(x)$」なので，面積も等しくなるという訳です．（このような法則のことを**カバリエリの原理**といいます．）試験で使っても良いと思います

2 「接する」を活かす

624の「接する⟷重解」という関係性と，例題65b(2)の因数 $x-\alpha$ を活かした積分計算．この2つを合わせると，接する状態にある2曲線などで囲まれる部分の面積が，鮮やかに求まります．

例題 66C 放物線の接線と面積 重要度↑ 根底 実戦 典型 [→演習問題696]

曲線 C: $y=2x^2$ の $x=\frac{1}{2}$ における接線を l とする．C, l, および直線 $x=2$ で囲まれる部分の面積 S を求めよ．

方針 l の方程式を求め，“3つの準備”のため，前ページで述べた通り2つの関数の差をとります．

解答 $y=2x^2$, $y'=4x$.

よって

$$l: y-\frac{1}{2}=2\left(x-\frac{1}{2}\right).$$

i.e. $y=2x-\frac{1}{2}$. [1]

ここで，（差をとる！）

$$2x^2-\left(2x-\frac{1}{2}\right)$$
$$=2\left(x^2-x+\frac{1}{4}\right)$$
$$=2\left(\boxed{x-\frac{1}{2}}\right)^2 (\geq 0).$$ [2]

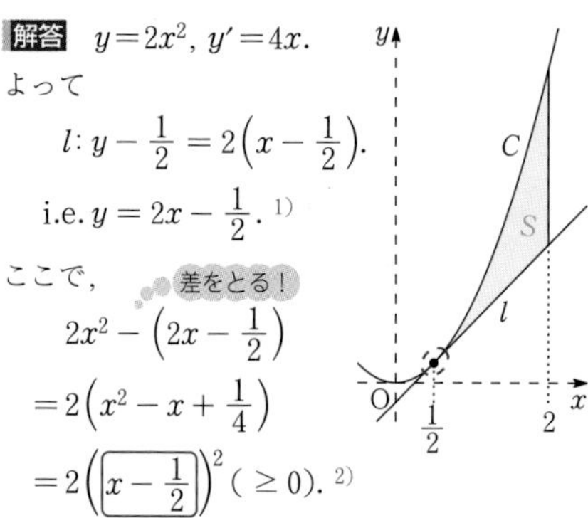

よって，図のようになるから，

$$S=\int_{\frac{1}{2}}^{2}\left\{2x^2-\left(2x-\frac{1}{2}\right)\right\}dx$$
（右 2，左 $\frac{1}{2}$；上 $2x^2$，下 $2x-\frac{1}{2}$；縦の長さ(≥ 0)）

$$=\int_{\frac{1}{2}}^{2}2\left(\boxed{x-\frac{1}{2}}\right)^2dx$$ [3]

$$=2\left[\frac{1}{3}\left(\boxed{x-\frac{1}{2}}\right)^3\right]_{\frac{1}{2}}^{2}$$

$$=\frac{2}{3}\left(\frac{3}{2}\right)^3=\frac{9}{4}.\ /\!/$$

注 2)3)：ここが完全平方式になることは，上図赤破線部を見た段階で既にお見通しです．なぜなら，C と l は $x=\frac{1}{2}$ において接するので，624より，方程式 $2x^2-\left(2x-\frac{1}{2}\right)=0$ は $\frac{1}{2}$ を重解とするはずですので．

発展 1)：実は，l の方程式を具体的に求めなくても面積 S は求まってしまいます．「l: $y=ax+b$」などとテキトーにおいて，$S=\int_{\frac{1}{2}}^{2}\left\{\underset{\sim}{2}x^2-(ax+b)\right\}dx$ と立式しても，「接する⟷重解」の関係により，$\int_{\frac{1}{2}}^{2}\underset{\sim}{2}\left(\boxed{x-\frac{1}{2}}\right)^2dx$ という**因数分解**された形は得られてしまいますね（笑）.

重要 つまり本問の面積の計量においては，展開された形：「$2x^2-\left(2x-\frac{1}{2}\right)$」よりも，**因数分解**された形：「$2\left(\boxed{x-\frac{1}{2}}\right)^2$」の方が重要度が高いのです．

注 本問程度の問題で前記**発展**のような“小賢（こざか）しい”手（？）を使うことを快く思わない採点者もいそうな気がします．ほどほどにね．

また，上で波線を付した x^2 の係数「$\underset{\sim}{2}$」は，$x=\frac{1}{2}$ が重解であることからは得られません．ちゃんと「上 − 下」を書いて立式することは決して怠ってはなりません！

補足 前項最後で述べたことを用いると，S は曲線 $y=2\left(\boxed{x-\frac{1}{2}}\right)^2$ と x 軸で挟まれた右図の面積でもあります．（本問“程度”なら，そのまま図を描いても苦労しませんが．）

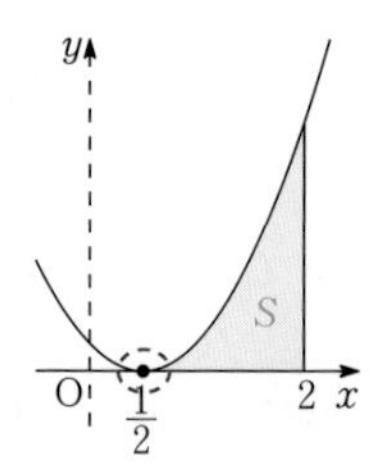

3 「囲まれる部分」

「直線」も「曲線」の一種ですよ

本項では，右の〔図 1〕のような 2 曲線だけで囲まれる部分，つまり“両端が閉じた”図形の面積を求めます．これまで扱ってきた〔図 2〕のように 2 曲線で“挟まれる部分”，つまり“端が開いた”図形の面積にはない，**独特な方法論**があります．

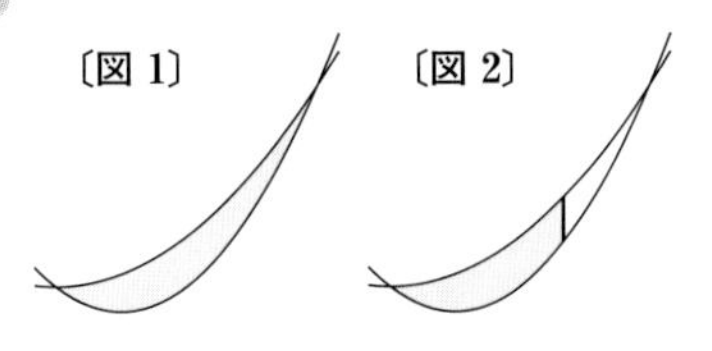

例題 6 6 d 放物線が囲む領域 根底 実戦 典型

[→演習問題 6 9 7]

$f(x)=x^2$, $g(x)=-2x^2+5x-1$ とする．2 曲線 C_1: $y=f(x)$, C_2: $y=g(x)$ で囲まれる部分の面積 S を求めよ．

方針 “3 つの準備”を行います．もちろん差をとってもよいですが，放物線の場合には凹凸により上下関係がわかってしまうので，交点の座標のみ求めれば OK です．

解答 2 式を連立すると

$x^2=-2x^2+5x-1.$

$3x^2-5x+1=0.$ …①

$x=\dfrac{5\pm\sqrt{13}}{6}.$ 1)

これらを α, $(<)\ \beta$ とおくと右図のようになる．よって求める面積は

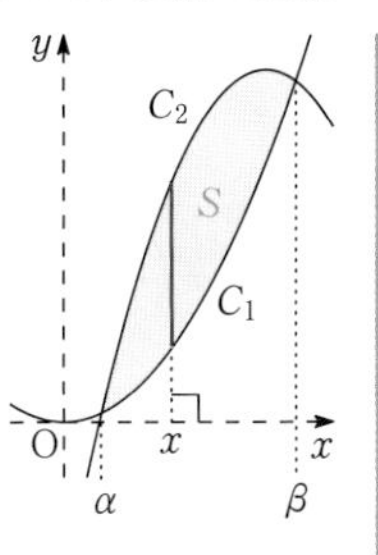

$$S=\int_\alpha^\beta \underbrace{\{(-2x^2+5x-1)-x^2\}}_{\text{縦の長さ}=0\text{ の 2 解：}\alpha,\ \beta\ ^{2)}}dx \quad\cdots②$$

（上：$-2x^2+5x-1$，下：x^2）

$$=\int_\alpha^\beta(-3)(x-\alpha)(x-\beta)\,dx \quad\cdots③$$

$$^{3)}=-3\cdot\frac{-1}{6}(\beta-\alpha)^3 \quad \text{“6 分の 1 公式”}$$

$$=\frac{1}{2}\left(\frac{5+\sqrt{13}}{6}-\frac{5-\sqrt{13}}{6}\right)^3$$

$$=\frac{1}{2}\left(\frac{\sqrt{13}}{3}\right)^3=\frac{13\sqrt{13}}{54}.\ /\!/$$

解説 1)：この値がキレイでないので，②式のような展開された形のまま原始関数 $\dfrac{x^3}{3}$ などに代入して計算するのはツライですね．

しかし，これらに α, β と名前を付けて表記を簡便化し，**因数分解**された③式を作れば…“6 分の 1 公式”を用いて見事解決します．前問に続いて，因数分解された形の方が有効性が高いのです．

2)：このように，“両端が閉じた”図形の面積では，必然的に 被積分関数 $=0$ の 2 解が積分区間の両端となります．

そして，「2 解」を用いれば，次の③のように因数分解ができますね．[→ 1 10 7]

注 3)：面積をイキナリこの式で立式するのはルール違反！そうした“ズルい”答案は，採点する大人たちの間では評判悪いです (笑)．必ずその上の 2 式：「定積分による立式…②」，「被積分関数の因数分解…③」を明示した上で，単に定積分を計算する公式として“6 分の 1 公式”を使うこと．その際，x^2 の係数 -3 には要注意！これだけは，「被積分関数 $=0$ の解」からは得られない情報です．②式をよく見て，正確に．

補足 もちろん，差をとった関数，つまり方程式①の左辺のグラフと x 軸で囲む部分を考えても OK です．(本問程度なら必須の手法ではありませんが．)

注 重要度↑ “6 分の 1 公式”は，例題 6 5 b (3)のように賢くやればほんの 2，3 行の計算で示せる程度のものでしかありません．よって，この公式の「結果を使う」ことの効果は微々たるもの．一方，その証明プロセスで用いた「因数 $x-\alpha$ に着目した積分計算」は，次の例題，延いてはその後の面積の計量で大活躍します．“6 分の 1 公式”の重要度は，『結果 3 割，証明過程 7 割』といった感じです．

例題 6 6 e 因数分解を利用した定積分計算 根底 実戦 典型

[→演習問題 6 9 16]

次の定積分を計算せよ．

(1) $\displaystyle\int_\alpha^\beta (x-\alpha)^2(x-\beta)\,dx$　(2) $\displaystyle\int_\alpha^\beta (x-\alpha)^3(x-\beta)\,dx$　(3) $\displaystyle\int_\alpha^\beta (x-\alpha)^2(x-\beta)^2\,dx$

着眼　“6 分の 1 公式” の左辺：$\displaystyle\int_\alpha^\beta (x-\alpha)(x-\beta)dx$ から，因数の次数が少し変わっただけ．

方針　ポイントも “6 分の 1 公式” と同じ．「α を代入したら消える因数 $\boxed{x-\alpha}$ 」に着目．

解答　(1) $\displaystyle\int_\alpha^\beta (\boxed{x-\alpha})^2(x-\beta)\,dx$　（α を代入すると 0）

（x, β の双方から α を引いた）

$$=\int_\alpha^\beta (\boxed{x-\alpha})^2\left\{(\boxed{x-\alpha})-(\beta-\alpha)\right\}dx$$

$$=\int_\alpha^\beta \left\{(x-\alpha)^3-(\beta-\alpha)(x-\alpha)^2\right\}dx$$

$$=\left[\frac{(x-\alpha)^4}{4}-(\beta-\alpha)\frac{(x-\alpha)^3}{3}\right]_\alpha^\beta$$

$$=\left(\frac{1}{4}-\frac{1}{3}\right)(\beta-\alpha)^4=-\frac{1}{12}(\beta-\alpha)^4.\ /\!/$$

(2) $\displaystyle\int_\alpha^\beta (\boxed{x-\alpha})^3(x-\beta)\,dx$　（α を代入すると 0）

（x, β の双方から α を引いた）

$$=\int_\alpha^\beta (\boxed{x-\alpha})^3\left\{(\boxed{x-\alpha})-(\beta-\alpha)\right\}dx$$

$$=\int_\alpha^\beta \left\{(x-\alpha)^4-(\beta-\alpha)(x-\alpha)^3\right\}dx$$

$$=\left[\frac{(x-\alpha)^5}{5}-(\beta-\alpha)\frac{(x-\alpha)^4}{4}\right]_\alpha^\beta$$

$$=\left(\frac{1}{5}-\frac{1}{4}\right)(\beta-\alpha)^5=-\frac{1}{20}(\beta-\alpha)^5.\ /\!/$$

(3)
$$\int_\alpha^\beta (\boxed{x-\alpha})^2(x-\beta)^2\,dx=\int_\alpha^\beta (\boxed{x-\alpha})^2\left\{(\boxed{x-\alpha})-(\beta-\alpha)\right\}^2dx$$

$$=\int_\alpha^\beta (\boxed{x-\alpha})^2\left\{(\boxed{x-\alpha})^2-2(\beta-\alpha)(\boxed{x-\alpha})+(\beta-\alpha)^2\right\}dx$$

$$=\int_\alpha^\beta \left\{(\boxed{x-\alpha})^4-2(\beta-\alpha)(\boxed{x-\alpha})^3+(\beta-\alpha)^2(\boxed{x-\alpha})^2\right\}dx$$

$$=\left[\frac{(\boxed{x-\alpha})^5}{5}-2(\beta-\alpha)\frac{(\boxed{x-\alpha})^4}{4}+(\beta-\alpha)^2\frac{(\boxed{x-\alpha})^3}{3}\right]_\alpha^\beta$$

$$=\left(\frac{1}{5}-\frac{1}{2}+\frac{1}{3}\right)(\beta-\alpha)^5=\frac{1}{30}(\beta-\alpha)^5.\ /\!/$$

因数分解と定積分　知識

❶ $\displaystyle\int_\alpha^\beta (x-\alpha)(x-\beta)\,dx=-\frac{1}{6}(\beta-\alpha)^3.$　❷ $\displaystyle\int_\alpha^\beta (x-\alpha)^2(x-\beta)\,dx=-\frac{1}{12}(\beta-\alpha)^4.$

❸ $\displaystyle\int_\alpha^\beta (x-\alpha)^3(x-\beta)\,dx=-\frac{1}{20}(\beta-\alpha)^5.$　❹ $\displaystyle\int_\alpha^\beta (x-\alpha)^2(x-\beta)^2\,dx=\frac{1}{30}(\beta-\alpha)^5.$

注　これらは，それぞれ次図のような図形などの面積を計量する際に役立つことが多いです．ただし，公式として使ってよいと言い切れるのは❶のみです．（関連問題番号を付しておきます．）

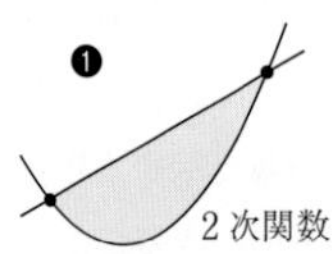

例題 6 6 d

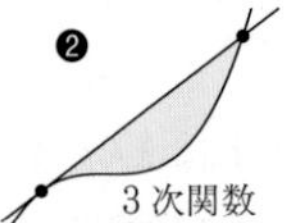

例題 6 6 f

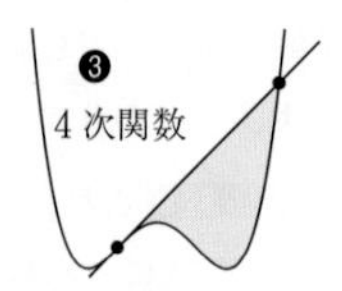

例題 6 6 g

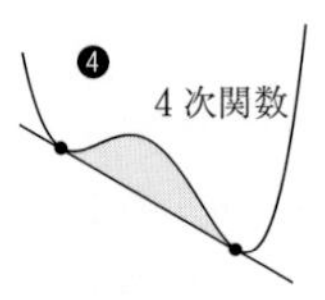

例題 6 8 b

注　演習問題 6 9 16 (1)で，これらと似た等式を扱います．

例題 66f 3次関数と接線・面積 根底 実戦 典型 [→演習問題695]

$f(x)=2x^3-3x^2+2x+2$ とする．曲線 C: $y=f(x)$ の $x=1$ における接線を l として，C と l で囲まれる部分の面積 S を求めよ．

方針 l の方程式を求め，原則通り差をとった関数を考えます．C そのものを描くのは遠回りです．

解答 1) $f'(x)=6x^2-6x+2$ より，

$f'(1)=2$. また，$f(1)=3$.

$\therefore\ l$: $y-3=2(x-1)$.

i.e. $y=2x+1$ ($=g(x)$ とおく).

$$\begin{aligned}&f(x)-g(x)\\&=2x^3-3x^2+1\\&=(x-1)^2(2x+1)\ ^{2)}\\&\geqq 0\left(-\frac{1}{2}\leqq x\leqq 1\right).\end{aligned}$$

y=f(x)−g(x)
S
−1/2
1
x

よって右上図のようになる．求める面積 S は，曲線 $y=f(x)-g(x)$ と x 軸が囲む部分の面積と等しいから，

$$\begin{aligned}S&=\int_{-\frac{1}{2}}^{1}\{f(x)-g(x)\}\,dx\\&=\int_{-\frac{1}{2}}^{1}2\left(x+\frac{1}{2}\right)(\boxed{x-1})^2\,dx\quad(\text{3) } \boxed{x-1}\text{ は上端で }0)\\&=\int_{-\frac{1}{2}}^{1}2\left(\boxed{x-1}+\frac{3}{2}\right)(\boxed{x-1})^2\,dx\\&=2\left[\frac{(\boxed{x-1})^4}{4}+\frac{3}{2}\cdot\frac{(\boxed{x-1})^3}{3}\right]_{-\frac{1}{2}}^{1}\\&=\underset{4)}{-2}\left\{\frac{1}{4}\left(-\frac{3}{2}\right)^4+\frac{1}{3}\cdot\frac{3}{2}\cdot\left(-\frac{3}{2}\right)^3\right\}\\&=2\left(\frac{1}{3}-\frac{1}{4}\right)\left(\frac{3}{2}\right)^4=2\cdot\underbrace{\frac{1}{12}\left(\frac{3}{2}\right)^4}_{5)}=\frac{27}{32}.\end{aligned}$$

解説 1)：微分したのは，あくまでも接線の傾きを求めるためであって，増減を調べるためではありません．面積の計量において重要なのは，曲線 C 自身の概形ではなく，C と l の「上下関係」と「共有点の x 座標」ですから．よって，差をとった関数を考えるのが正解です．（参考までに C, l を図示しておくと右図の通りです．）

y
C
−1/2
S
l
O
1
x

5)：行った積分計算は前述した❷の導出過程とほぼ同じです．その結果と同じ「12 分の 4 乗」型ができ上がることを見越して，このような形に整理しています．❷は公式としての使用は認められない気がしますので，ちゃんと計算プロセスを書きましょう．

注 3)：「2 乗」の付いた因数 $\boxed{x-1}$ に着目して計算します．この因数は，積分区間の下端ではなく，上端を代入すると 0 になります．

4)：下端を代入した値は，「引く」ですよ．

発展 2)：この因数分解は，l の方程式を具体的に求めなくても得られます．「l: $y=ax+b$」などとテキトーにおき，方程式

$$f(x)=ax+b,\quad \text{i.e. } 2x^3-3x^2+\cdots=0$$

を考えます．これは，**接点**の x 座標：1 を**重解**とするので，他の解を α とおくと解と係数の関係より，

$$1+1+\alpha=-\frac{-3}{2}\quad\therefore\ \alpha=-\frac{1}{2}.$$

これで，$f(x)-g(x)$ の因数分解が得られました．（ただし，x^3 の係数は正確に．）

本問の面積の計量では，「展開された形」よりも，「**因数分解**された形」の方が重要です．問題が複雑化すると，上記のように l の方程式を求めない効率的な解答がモノを言うことがあります．

例題 6 6 g 4次関数・面積 根底 実戦 入試

[→演習問題 6 9 8]

$f(x)=2x^4+5x^3+4x^2$, $g(x)=x^2+x+1$ とする．2 曲線 C_1: $y=f(x)$, C_2: $y=g(x)$ で囲まれる部分の面積 S を求めよ．

方針 4 次関数と 2 次関数．さすがに C_1, C_2 それぞれを描くのはメンドウ．**差をとる**一手！

着眼 整数係数の方程式：

$f(x)-g(x)=\boxed{2}x^4+5x^3+3x^2-x-\boxed{1}=0$

の有理数解の候補は，$\pm\dfrac{\boxed{1}\text{の約数}}{\boxed{2}\text{の約数}}$ でしたね．

[→ 1 10 4]

$f(-1)-g(-1)=2-5+3+1-1=0$ ですから，因数定理より…

下書き

```
-1| 2   5   3  -1  -1
       -2  -3   0   1
-1| 2   3   0  -1 | 0
       -2  -1   1
-1| 2   1  -1 | 0
       -2   1
    2  -1 | 0       ■
```

解答 $f(x)-g(x)$
$=2x^4+5x^3+3x^2-x-1$
$=(x+1)^3(2x-1)$. … ①

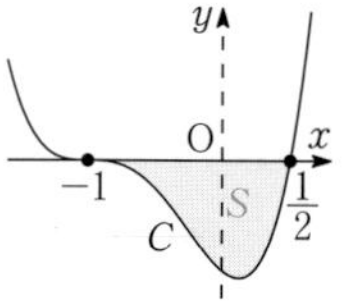

y, O, x, −1, 1/2, S, C

よって，曲線 C: $y=f(x)-g(x)$ は前図のようになる．求める面積 S は，C と x 軸が囲む部分の面積に等しいから

$$S=\int_{-1}^{\frac{1}{2}}\{\overbrace{g(x)-f(x)}^{0\text{ 以上}}\}dx$$

縦の長さ$=0$ の解：-1 (3 重解)，$\frac{1}{2}$

$$=\int_{-1}^{\frac{1}{2}}(-2)(\boxed{x+1})^3\left(x-\frac{1}{2}\right)dx\ (\because\ ①)$$

$$=\int_{-1}^{\frac{1}{2}}(-2)(\boxed{x+1})^3\left\{(\boxed{x+1})-\frac{3}{2}\right\}dx$$

$$=\int_{-1}^{\frac{1}{2}}(-2)\left\{(\boxed{x+1})^4-\frac{3}{2}(\boxed{x+1})^3\right\}dx$$

$$=-2\left[\frac{(\boxed{x+1})^5}{5}-\frac{3}{2}\cdot\frac{(\boxed{x+1})^4}{4}\right]_{-1}^{\frac{1}{2}}$$

$$=-2\left(\frac{1}{5}-\frac{1}{4}\right)\left(\frac{3}{2}\right)^5$$

$$=-2\cdot\frac{-1}{20}\cdot\left(\frac{3}{2}\right)^5=\frac{243}{320}\ /\!/$$

解説 前問と同様，**因数分解**された形を活用して積分計算しました．その過程は，前述した❸とほぼ同じです．よって，「20 分の 5 乗」型が現れることを見越して整理しています．
前問にも言えることですが，こうした数値の係数より「α」や「β」を用いた一般論の方が，むしろやりやすかったりもします (笑).

例題 6 6 h 面積の一致 根底 実戦 入試 典型

[→演習問題 6 9 15]

$f(x)=x^3-4x^2+5x$ とする．曲線 C: $y=f(x)$ と直線 l: $y=kx$ (k は実数の定数) が，$x>0$ の範囲で 2 度交わるとする．

(1) k のとり得る値の範囲を求めよ．

(2) C と l が囲む 2 つの部分の面積が等しくなるような k の値を求めよ．

着眼 (1) C と l は原点で交わります．それ以外の共有点については，2 次方程式を考えます．
(2) 差をとった関数を考えます．

解答 (1) 方程式 $f(x)=kx$ を変形すると

$$\begin{cases} x=0, \text{ または} \\ g(x):=x^2-4x+5=k. \cdots ① \end{cases}$$ "定数分離"

よって題意の条件は，①が $x>0$ の範囲に異なる2解をもつことであり，

$g(x)=(x-2)^2+1$

より右図のようになるから，

$1<k<5.$ // $\cdots$②

(2) ②のもとで考える．①の2解を α, β とおくと 差をとる！ x^3 の係数に注意

$f(x)-kx=1\cdot x(x-\alpha)(x-\beta)\ (0<\alpha<\beta)$

と表せる．

よって右図のようになるから，題意の条件は

$$\int_0^{\alpha}\{f(x)-kx\}\,dx=\int_{\alpha}^{\beta}\{kx-f(x)\}\,dx.$$

$$\int_0^{\alpha}\{f(x)-kx\}\,dx+\int_{\alpha}^{\beta}\{f(x)-kx\}\,dx=0.$$

$$\int_0^{\beta}\{f(x)-kx\}\,dx=0.\ ^{1)}$$

$$\int_0^{\beta}\{x^3-4x^2+(5-k)x\}\,dx=0.$$

$$\left[\frac{x^4}{4}-4\cdot\frac{x^3}{3}+(5-k)\frac{x^2}{2}\right]_0^{\beta}=0.$$

$$\frac{\beta^4}{4}-4\cdot\frac{\beta^3}{3}+(5-k)\frac{\beta^2}{2}=0.$$

$3\beta^2-16\beta+6(5-k)=0\ (\because\ \beta\neq 0).\ \cdots$③

β は①の1つの解だから

$k=\beta^2-4\beta+5.\ \cdots$④

これと③より

$3\beta^2-16\beta+6(-\beta^2+4\beta)=0.$

$-3\beta+8=0\ (\because\ \beta\neq 0).\ \therefore\ \beta=\dfrac{8}{3}.$

これと④：$k=\beta(\beta-4)+5$ より

$$k=\frac{8}{3}\cdot\frac{-4}{3}+5=5-\frac{32}{9}=\frac{13}{9}.$$ //

解説 1)：1つの定積分にまとめて計算します．下端が0なので，因数「x」で表せばOKです．

参考 下端が0以外になると，難度が上がります．[→演習問題6 9 16]

例題 6 6 i 絶対値付き関数・面積 根底 実戦 定期 [→演習問題6 9 17]

不等式 $0\leq y\leq |x^2-1|,\ -\dfrac{3}{2}\leq x\leq\dfrac{3}{2}$ が表す領域 D の面積 S を求めよ．

注 絶対値記号が付いたままでは積分計算はできません！

解答 $f(x)=x^2-1$ とおくと 1)

$$|x^2-1|=|f(x)|=\begin{cases} f(x)\ (x\leq -1,\ 1\leq x) \\ -f(x)\ (-1\leq x\leq 1). \end{cases}$$

よって D は右図のようになる．また，y 軸に関して対称である．

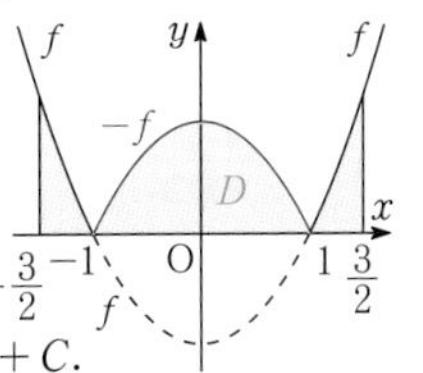

$$\int f(x)\,dx=\underbrace{\frac{x^3}{3}-x}_{F(x)\text{ とおく }^{2)}}+C.$$

この $F(x)$ を用いると

$$\frac{S}{2}=\int_0^1\{-f(x)\}\,dx+\int_1^{\frac{3}{2}}f(x)\,dx$$

$$=\Big[-F(x)\Big]_0^1+\Big[F(x)\Big]_1^{\frac{3}{2}}$$

$$=\Big[+F(x)\Big]_1^0+\Big[F(x)\Big]_1^{\frac{3}{2}}$$

$$=F(0)+F\left(\frac{3}{2}\right)-2F(1)$$ $F(1)$ は2回とも引く

$$=0+\left(\frac{9}{8}-\frac{3}{2}\right)-2\left(-\frac{2}{3}\right)$$

$$=-\frac{3}{8}+\frac{4}{3}=\frac{23}{24}.\qquad \therefore\ S=\frac{23}{12}.$$ //

解説 1)2)：絶対値記号付きの関数を積分する際には，"中身"の符号の変化に応じて積分区間を分割することになり，同じような関数を複数回書くことになります．そこで，上記**解答**のように**関数に"名前"を付け**，記述を簡便化しましょう．

7 定積分と関数

6 5 5 で見たように，定積分には細長い長方形を集めた“符号付面積”という，目に見える具体的な意味があります．本節では，それ以外の抽象的な意味について考え，定積分を用いて定まる関数，俗称“定積分関数”に関する典型的な処理方法を学びます．

1 定積分の意味

例

$$\int_0^1 \boxed{x}^2\,dx=\left[\frac{\boxed{x}^3}{3}\right]_0^1=\frac{1}{3}.$$
$$\int_0^1 \boxed{t}^2\,dt=\left[\frac{\boxed{t}^3}{3}\right]_0^1=\frac{1}{3}.$$
→定数

$$\int_0^1 ax^2\,dx=\left[a\cdot\frac{x^3}{3}\right]_0^1=\frac{a}{3}.$$
$$\int_0^a x^2\,dx=\left[\frac{x^3}{3}\right]_0^a=\frac{a^3}{3}.$$
→ a の関数（a を変数と見れば）

左の 2 例を見るとわかる通り，定積分において，積分変数は上端・下端の値を代入する“器”に過ぎません．よって，その文字が x だろうが t だろうが，得られる定積分の値には**一切関係ありません．**
右の 2 例では，原始関数を求めて上端・下端の値を代入する積分計算過程においては a は固定されています．しかし，積分計算を行った結果は a の式，a の関数になっています．

定積分の意味　原理

❶ 具体的：符号付面積[→6 5 5]（数学Ⅲでは「面積」以外に「体積」や「道のり」も．）

❷ 抽象的：積分変数には依存しない値・積分変数以外の文字の関数（上記のまとめです）

例題 6 7 a 定積分と関数　重要度↑　根底 実戦　定期

[→演習問題 6 9 18]

a が任意の実数値をとって動くとき，定積分 $\displaystyle\int_a^{a+1} x^2dx$ の最小値を求めよ．

着眼　この定積分は，積分変数以外の文字 ***a* の関数**です！

方針　次の 2 つの“ステージ”1°, 2° に分けて考えます．

1° a を固定して定積分を計算する．その際の**積分変数**は x．

例　$a=0$ と固定 → 与式 $=\displaystyle\int_0^1 x^2\,dx=\left[\frac{x^3}{3}\right]_0^1=\frac{1}{3}.$

$a=1$ と固定 → 与式 $=\displaystyle\int_1^2 x^2\,dx=\left[\frac{x^3}{3}\right]_1^2=\frac{7}{3}.$

（$a=-3,\ \frac{1}{2}$ などについても同様）

2° その結果得られた a の式を**変数 *a* の関数**とみて最小値を求める．
つまり，ステージ 1° とステージ 2° では，積分変数「x」と文字「a」の扱いが右表のように変わります：

	x	a
1°：積分計算時	**変数**	定数
2°：積分計算後		**変数**

解答　1° a は定数，x が積分変数です．

$$\int_a^{a+1} x^2\,dx=\left[\frac{x^3}{3}\right]_a^{a+1}$$
$$=\frac{1}{3}\left\{(a+1)^3-a^3\right\}$$
$$=\frac{1}{3}(3a^2+3a+1)$$
$$=a^2+a+\frac{1}{3}.$$
（これで 1° は終了）

2° a を変数とする 2 次関数を考えます．

これを a の関数とみて $f(a)$ とおくと

$$f(a)=\left(a+\frac{1}{2}\right)^2+\frac{1}{12}.$$

a は任意の実数値をとるから

$$\min f(a)=\frac{1}{12}.\ /\!/$$

解説　ほらね．ご覧の通り．定積分 $\displaystyle\int_a^{a+1} x^2\,dx$ は，積分変数以外の文字 a の関数です．

注 ただし，積分計算を行う時点（ステージ 1°）では，a は固定されています．このように，**各ステージごとに文字の役割が変化する**ことを的確にとらえることが，今後重要となります．

参考 この定積分は，$x^2 \geqq 0$, $a < a+1$ より，右図の面積を表します（**図 1**）．最小となるのは，積分区間が $\left[-\frac{1}{2},\ \frac{1}{2}\right]$（原点対称）となるときです（**図 2**）．

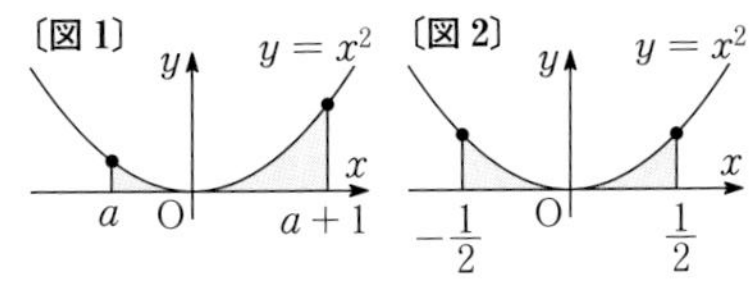

例題 6 7 b 定積分を含む関数 根底 実戦 典型

[→演習問題 6 9 19]

次の条件を満たす関数 $f(x)$ をそれぞれ求めよ．

(1) $f(x) = x^3 + 2\int_0^1 f(t)\,dt$ 　　(2) $f(x) = x^2 + \int_{-1}^1 (x-t)f(t)\,dt$

着眼 (1) 左辺「$f(x)$」とはどんな関数かを“説明”する右辺の中に，未知なる関数「$f(t)$」が含まれており…，何をどうしてよいやらわかりません（笑）．

方針 ところが，前記❷に基づいて「定積分」を「定数 a」とおいてしまえばアッサリ解決します．(2) も同じ手を使いたい所ですが…

解答 (1) $f(x) = x^3 + 2\underbrace{\int_0^1 f(t)\,dt}_{\text{定数 } a \text{ とおく}}$.

$f(x) = x^3 + 2a$. …①

方針 あとは未知定数 a を決定するだけです．与式の「$f(t)$」が**具体的に表せた**ので，定積分 a が計算できます．■

$$a = \int_0^1 (t^3 + 2a)\,dt$$
$$= \left[\frac{t^4}{4} + 2a\cdot t\right]_0^1$$
$$= \frac{1}{4} + 2a. \quad \therefore\ a = -\frac{1}{4}.$$

これと①より，$f(x) = x^3 - \frac{1}{2}$.//

(2) **注** $\int_{-1}^1 (x-t)f(t)\,dt$ は，積分変数以外の文字 x を含むので，x の関数です．(1)を真似して「定数 b」などとおくことはできません．

方針 x は積分計算時点では定数ですから，$\int$ の外へ追い出せます．■

$$f(x) = x^2 + \int_{-1}^1 (x-t)f(t)\,dt$$
$$= x^2 + \int_{-1}^1 \{xf(t) - tf(t)\}\,dt$$
$$= x^2 + x\underbrace{\int_{-1}^1 f(t)\,dt}_{\text{定数 } b \text{ とおく}} - \underbrace{\int_{-1}^1 tf(t)\,dt}_{\text{定数 } c \text{ とおく}}.$$

$f(x) = x^2 + bx - c$. …②

方針 2つの未知数 b, c を求めるために，b, c とおいた2つの定積分を計算します．■

$$b = \int_{-1}^1 (t^2 + bt - c)\,dt \quad \text{（積分区間が原点対称）}$$
$$= 2\int_0^1 (t^2 - c)\,dt = 2\left(\frac{1}{3} - c\right). \quad \cdots③ \quad \text{（偶関数）}$$
$$c = \int_{-1}^1 (t^3 + bt^2 - ct)\,dt$$
$$= 2\int_0^1 bt^2\,dt = \frac{2}{3}b. \quad \text{（偶関数）}$$

これと③より，

$$b = \frac{2}{3} - 2\cdot\frac{2}{3}b. \quad \therefore\ b = \frac{2}{7},\ c = \frac{4}{21}.$$

これと②より，$f(x) = x^2 + \frac{2}{7}x - \frac{4}{21}$.//

解説 本問で用いた「定積分を定数 a などとおき，抽象的な関数 $f(x)$ を具体化する」という手法は，覚え込んでおくべき必須のテクニックです．ただし，(2)の**注**は忘れずに！

2 定積分と微分法

6 5 4で面積と定積分の関係を論じた際，次のことを証明しました：

a を定数として，$a \leq x \leq t$ において C と x 軸で挟まれる右図の面積を $S(t)$ とおくと

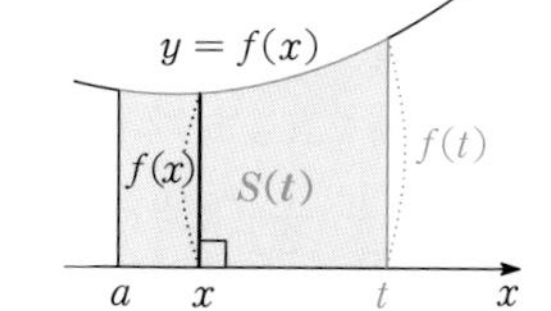

$$S'(t) = f(t).$$ 面積を微分すると長さ

$$S(t) = \int_a^t f(x)\,dx \ (a \text{ は定数}).$$ 長さを積分すると面積

これとよく似た式の登場する，「面積」とは無関係に成り立つ一般法則があります：（「t」と「x」の役割が上記とは逆）

上端 x の関数　上端 x で微分する　上端 x を t へ代入

$$G(x) = \int_a^x f(t)\,dt \ (a \text{ は定数}) \text{ のとき}, \ G'(x) = f(x).$$

上記の定積分は，積分変数以外の文字 **x の関数**です．これを積分区間の**上端 x で微分する**と，被積分関数 $f(t)$ の t へ x を代入した $f(x)$ になるということですね．

〔**証明**〕$f(t)$ の原始関数の1つを $F(t)$ とすると，

$$F'(t) = f(t). \ \cdots ①$$

$$G(x) = \Big[F(x)\Big]_a^x = F(x) - F(a). \ \cdots ②$$

両辺を，積分区間の**上端 x で微分する**と [1)]

$$G'(x) = F'(x) - 0 \ (\because \ F(a) \text{ は定数}^{2)})$$
$$\overset{3)}{=} f(x) \ (\because \ ①). \ \square$$

注 2)：このように言えるのは，$\int_a^x f(t)\,dt$ の被積分関数および下端に「x」が含まれないからです．

3)：例えば $\int_a^{2x} f(t)\,dt = F(2x) - F(a)$ を x で微分すると $F'(2x)$ とはなりません（数学Ⅲの内容になります）．上端が“1文字”「x」であるから，$F'(x) = f(x)$ となるのです．

1)：微分すると，②式の定数「$-F(a)$」が消えてしまいます．つまり $G'(x)$ は下端「a」に関係なく求まり，定数に関する情報が失われてしまいます．

定積分と微分法 定理

x の関数：$G(x) = \int_a^x f(t)\,dt$ を上端 x で微分する [4)] と，$G'(x) = f(x)$.

㋐上端は“1文字”「x」
㋑下端は定数
㋒被積分関数は x を含まない

注1 ㋐，㋑，㋒の“**3点チェック**”をした上で使うこと！

注2 4)：それにともない，x に a を代入して等式：$G(a) = \int_a^a f(t)\,dt = 0$ を作り，**定数に関する情報を保存**するとよい．

語記サポ 「○を **x で微分**したもの」を表す記号「$\dfrac{d}{dx}$○」を使うと，上記は $\dfrac{d}{dx}\int_a^x f(t)\,dt = f(x)$ と書き表すことができます．

例題 6 7 C 積分区間の端の関数　根底 実戦 典型

［→演習問題 6 9 20］

次の条件を満たす関数 $f(x)$ および定数 a の値をそれぞれ求めよ．

(1) $\int_a^x f(t)\,dt = x^3 + x^2 - 2x$（ただし $a > 0$）

(2) $\int_{2x}^2 x f(t)\,dt = x^3 - x^2 + a$（ただし $x > 0$）

方針 (1)(2)とも上記の定理を使いたくなる形ですね．ただし，注1注2を忘れずに．

解答 (1) **着眼** 前記定理注1の"3点チェック"は全てクリアーされています．■

与式の両辺のxにaを代入すると 左辺は$\int_a^a$

$0=a^3+a^2-2a$．$a^2+a-2=0$ ($\because$ $a\neq 0$)．

$(a+2)(a-1)=0$．$\therefore$ $a=1$ ($\because$ $a>0$)．//

与式の両辺をxで微分すると

$f(x)=3x^2+2x-2$．//

(2) **着眼** 前記定理注1の"3点チェック"は全てクリアーされていません(笑)．■

両辺で$x=1$として 左辺は$\int_2^2$

$0=1-1+a$．$\therefore$ $a=0$．//

よって与式は

$\int_{2x}^2 xf(t)\,dt=x^3-x^2$．…①

$\int_{2x}^2 f(t)\,dt=x^2-x$ ($\because$ $x>0$)．被積分関数からxを除去

$\int_2^{2x} f(t)\,dt=-x^2+x$．…② xを上端へ

$y=2x\,(>0)$とおくと 上端を"1文字"yにする

$$\int_2^y f(t)\,dt=-\left(\frac{y}{2}\right)^2+\frac{y}{2}=-\frac{y^2}{4}+\frac{y}{2}.$$

両辺をyで微分すると

$$f(\boxed{y})=-\frac{\boxed{y}}{2}+\frac{1}{2}.$$

i.e. $f(\boxed{x})=-\dfrac{\boxed{x}}{2}+\dfrac{1}{2}$．// □の中身を替えただけ

解説 「両辺をxで微分する」より前に「両辺のxにaや1を代入する」を済ませておく方が安心な気がします．といっても，絶対的なものではありませんし，「代入」作業が結果として不要なこともありますが．

言い訳 ①の後，両辺を躊躇(ちゅうちょ)なくxで割っていただけるよう，「$x>0$」としました．

将来 理系 ②の後，数学Ⅲの微分法を学んだ人は「合成関数の微分法」を用いてもよいですね．

コラム

線型性 (以下において，c, k は定数)

これまでに学んできた微分法・積分法の公式の中には，似通った性質をもつものがありました：

微分法	$\{f(x)+g(x)\}'=f'(x)+g'(x)$ 和の導関数 = 導関数の和	$\{cf(x)\}'=cf'(x)$ 定数倍の導関数 = 導関数の定数倍
不定積分	$\int\{f(x)+g(x)\}\,dx=\int f(x)\,dx+\int g(x)\,dx$ 和の不定積分 = 不定積分の和	$\int kf(x)\,dx=k\int f(x)\,dx$ 定数倍の不定積分 = 不定積分の定数倍
定積分	$\int_a^b\{f(x)+g(x)\}\,dx=\int_a^b f(x)\,dx+\int_a^b g(x)\,dx$ 和の定積分 = 定積分の和	$\int_a^b kf(x)\,dx=k\int_a^b f(x)\,dx$ 定数倍の定積分 = 定積分の定数倍

このような，噛(か)み砕いて言うなら「足し算はバラしてよい．定数倍は前に出してよい．」というルールを総称して**線型性**(せんけいせい)といいます．

「線型」という用語は，おおまかにいうと「直線的な」という意味で，グラフが原点を通る直線となる1次(以下の)関数 $f(\boxed{x})=a\boxed{x}$ (aは定数) のもつ次の性質が由来です：

$$\begin{cases} f(x_1+x_2)=a(x_1+x_2)=ax_1+ax_2=f(x_1)+f(x_2), & \text{和の関数値=関数値の和} \\ f(cx)=a\cdot cx=c\cdot ax=cf(x). & \text{定数倍の関数値=関数値の定数倍} \end{cases}$$

高校数学で線型性をもつものとして，7「数列」の「Σ記号」もあげられます：

$$\sum_{k=1}^n(a_k+b_k)=\sum_{k=1}^n a_k+\sum_{k=1}^n b_k.$$ 和のΣ=Σの和 $$\sum_{k=1}^n c\cdot a_k=c\sum_{k=1}^n a_k.$$ 定数倍のΣ=Σの定数倍

他に，「期待値」8 3 2，「極限値」(数学Ⅲ)などにも同様な性質があります．

8 微積分の総合問題

微分法・積分法を重層的に使うタイプの典型問題をいくつかご紹介しておきます．

例題 6 8 a 放物線と2接線 根底 実戦 典型

[→演習問題 6 9 6]

点 P から放物線 $C\colon y=2x^2$ へ 2 本の接線 l_1, l_2 を引く．C, l_1, l_2 の 3 つで囲まれる部分の面積が $\frac{4}{3}$ であるような点 P の軌跡を求めよ．

方針 例題 6 3 h と同じ「放物線と 2 接線」がテーマですから，「接する」ことを表す際，まず接点の座標を設定し，微分法を用いるのが正道です．

解答 右図のように $\alpha, \beta\ (\alpha<\beta)$ をとる．

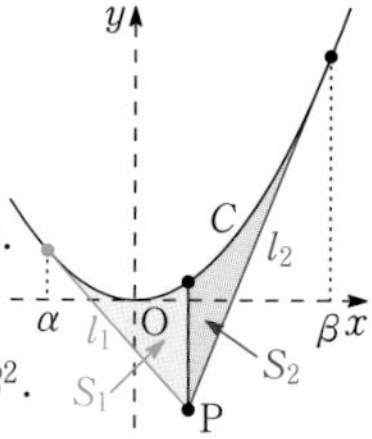

$C \cdots y'=4x.$

$\therefore\ l_1\colon y-2\alpha^2=4\alpha(x-\alpha).$

i.e. $y=4\alpha x-2\alpha^2. \cdots$①

同様に，$l_2\colon y=4\beta x-2\beta^2.$

これら 2 式を連立すると

$4\alpha x-2\alpha^2=4\beta x-2\beta^2.$

$2(\alpha-\beta)x=\alpha^2-\beta^2.=(\alpha+\beta)(\alpha-\beta)$

$\therefore\ x=\dfrac{\alpha+\beta}{2}\ (\because\ \alpha-\beta\neq 0).$ 相加平均

$y=4\alpha\cdot\dfrac{\alpha+\beta}{2}-2\alpha^2=2\alpha\beta\ (\because$ ①$).$

よって，$P(x, y)$ とおくと

$x=\dfrac{\alpha+\beta}{2},\ y=2\alpha\beta.$

$\alpha+\beta=2x,\ \alpha\beta=\dfrac{y}{2}. \cdots$②

次に，図のように面積 S_1, S_2 をとると

$$S_1=\int_\alpha^{\frac{\alpha+\beta}{2}}\underbrace{\{2x^2-(4\alpha x-2\alpha^2)\}}_{\text{縦の長さ}=0\text{ の解}:\alpha,\alpha\text{(重解)}}dx$$

$$=\int_\alpha^{\frac{\alpha+\beta}{2}}2(x-\alpha)^2\,dx \quad 1)$$

$$=\frac{2}{3}\Big[(x-\alpha)^3\Big]_\alpha^{\frac{\alpha+\beta}{2}}$$

$$=\frac{2}{3}\left(\frac{\beta-\alpha}{2}\right)^3=\frac{1}{12}(\beta-\alpha)^3.$$

補足 1)：C, l_1 が $x=\alpha$ で接するから，この完全平方式は既知．ただし x^2 の係数に注意．■

$$S_2=\int_{\frac{\alpha+\beta}{2}}^\beta\{2x^2-(4\beta x-2\beta^2)\}\,dx$$

$$=\int_{\frac{\alpha+\beta}{2}}^\beta 2(x-\beta)^2\,dx$$

$$=\frac{2}{3}\Big[(x-\beta)^3\Big]_{\frac{\alpha+\beta}{2}}^\beta \quad \text{上端を代入すると0}$$

$$=-\frac{2}{3}\left(\frac{\alpha-\beta}{2}\right)^3=\frac{1}{12}(\beta-\alpha)^3.$$

$\therefore\ S=S_1+S_2=\dfrac{1}{6}(\beta-\alpha)^3.$

$\therefore\ \dfrac{1}{6}(\beta-\alpha)^3=\dfrac{4}{3}.\ \ \beta-\alpha=2.$

$(\beta-\alpha)^2=4.\ \ (\alpha+\beta)^2-4\alpha\beta=4.$

これと②より，求める P の軌跡は

$(2x)^2-4\cdot\dfrac{y}{2}=4.$

i.e. $y=2x^2-2.$ // $\cdots$③ 2)

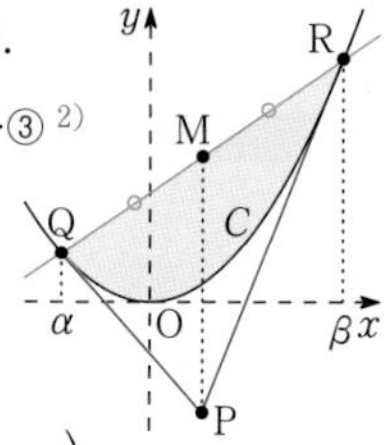

別解（面積の計量部分）

$\triangle PQR$ （M は右図）

$$=\frac{1}{2}\cdot\underbrace{PM}_{\text{共通底辺}}\cdot\underbrace{(\beta-\alpha)}_{\text{高さの和}}$$

$$=\frac{1}{2}\cdot\left(\frac{2\alpha^2+2\beta^2}{2}-2\alpha\beta\right)(\beta-\alpha)$$

$$=\frac{1}{2}(\beta-\alpha)^3.$$

$QR\colon y-2\alpha^2=\dfrac{2\alpha^2-2\beta^2}{\alpha-\beta}(x-\alpha).$

i.e. $y=2(\alpha+\beta)x-2\alpha\beta$

だから，青塗り部分の面積は

$$\int_\alpha^\beta\{(2(\alpha+\beta)x-2\alpha\beta)-2x^2\}\,dx$$

$$=\int_\alpha^\beta(-2)(x-\alpha)(x-\beta)\,dx$$

$$=-2\cdot\frac{-1}{6}(\beta-\alpha)^3=\frac{1}{3}(\beta-\alpha)^3.$$

よって，題意の面積は

$$S=\frac{1}{2}(\beta-\alpha)^3-\frac{1}{3}(\beta-\alpha)^3=\frac{1}{6}(\beta-\alpha)^3.$$

参考 この結果から，$\triangle PQR$ のうち放物線の上側，下側の面積比は 2 : 1 だとわかりますね．

言い訳 [2)]：ホントは，②を満たす α, β の存在条件，つまり (*)：「$P(x, y)$ から C へ 2 接線が引ける」ための条件も求めるべきです．ただ，放物線③上の点 P は全て C より下方にあるので，(*) も満たしていることは自明です．よって，敢えて述べなくても許されるような気"も"します．

例題 6 8 b　4次関数と複接線　根底 実戦　典型

[→演習問題 6 9 12]

$f(x)=\dfrac{1}{4}x^4-x^3$ とする．曲線 C: $y=f(x)$ と異なる 2 点で接する直線を l とする．C と l で囲まれる部分の面積 S を求めよ．

注　例題 6 3 i 発展で述べた「複接線」を題材としています．

「接する」ことの表現　方法論

接点重視 ←❶— 微分法

❷（重解条件 → 接点重視）

接点軽視 ←❸— 重解条件

方針　「接する」ことの表現法は右の 3 通りでした．2 つの接点の x 座標が積分区間になりますから，「接点重視」が良さそうです．❶：「微分法」，❷：「重解条件」のどちらがトクかは問題によりけりですが，C, l の式の差をとって得られる被積分関数を

$$\triangle(x-\bigcirc)^2(x-\bullet)^2$$ 4 次式

の形にすれば，例題 6 6 e(3)の計算手法がそのまま使えるので，ここでは❷を選んでみます．

参考　❶：「微分法」の場合，2 接線の方程式を求めて係数比較しますが，計算量が多いです．

着眼　$f(x)=\dfrac{1}{4}x^3(x-4)$ より，C の概形はほぼ見当がつきます（ちゃんと描かなくても OK）．

解答　（❷：重解条件）

C と l の接点の x 座標を α, β $(\alpha<\beta)$ とおく．

l: $y=ax+b$ とおくと，C と l は $x=\alpha, \beta$ において接する．

よって，$f(x)=ax+b$ は $x=\alpha, \beta$ を重解とするから，

$$f(x)-(ax+b)=\frac{1}{4}\cdot(x-\alpha)^2(x-\beta)^2.\ \cdots①$$

差をとる　恒等式

$u=\alpha+\beta$, $v=\alpha\beta$ とおくと

$$\frac{1}{4}x^4-x^3-ax-b=\frac{1}{4}(x^2-ux+v)^2.\ ^{1)}$$

$$x^4-4x^3-4ax-4b=(x^2-ux+v)^2.$$

両辺の係数を比較して [2)]

$x^3\cdots-4=-2u.\ \therefore\ u=2.$

$x^2\cdots 0=u^2+2v.\ \therefore\ v=-2.$

α, β を 2 解とする方程式は

$(t-\alpha)(t-\beta)=0.\quad t^2-(\alpha+\beta)t+\alpha\beta=0.$

$t^2-2t-2=0.\quad \therefore\ \alpha=1-\sqrt{3},\ \beta=1+\sqrt{3}.$

①より $f(x)-(ax+b)\geqq 0$ だから，

$$S=\int_\alpha^\beta\{f(x)-(ax+b)\}dx$$

$$=\int_\alpha^\beta\frac{1}{4}\cdot(x-\alpha)^2(x-\beta)^2dx$$

… このあとの計算は，例題 6 6 e(3)と全く同じ …

$$=\frac{1}{4}\cdot\frac{1}{30}(\beta-\alpha)^5$$

$$=\frac{1}{120}\left\{(1+\sqrt{3})-(1-\sqrt{3})\right\}^5$$

$$=\frac{1}{120}\left(2\sqrt{3}\right)^5$$

$$=\frac{2^5\cdot 3^2}{120}\sqrt{3}=\frac{12}{5}\sqrt{3}.$$ //

注　[1)]：$(x-\alpha)^2(x-\beta)^2=\{(x-\alpha)(x-\beta)\}^2=\{x^2-(\alpha+\beta)x+\alpha\beta\}^2$ と展開して，基本対称式：$\alpha+\beta$, $\alpha\beta$ が現れるようにしています．

補足　[2)]：もちろん x，定数項も比較できますが，u, v から α, β が求まれば，因数分解された形はでき上がりますから面積は求まります．（参考までに，$a=-2$, $b=-1$ です．）

例題 6 8 C 放物線の法線・面積 根底 実戦 典型 入試

[→例題6 3 k]

放物線 C: $y=\frac{1}{2}x^2$ 上の点 $\mathrm{P}\left(t,\ \frac{1}{2}t^2\right)$ $(t \neq 0)$ における法線を n とする．C と n で囲まれる部分の面積 $S(t)$ の最小値を求めよ．

方針 面積を求めるための"3 つの準備"として，n の方程式を求め，n と C の P 以外の交点を考えます．

解答 C: $y=\frac{1}{2}x^2$. …①

$y'=x$.

よって，P における C の接線の傾きは t だから，法線は

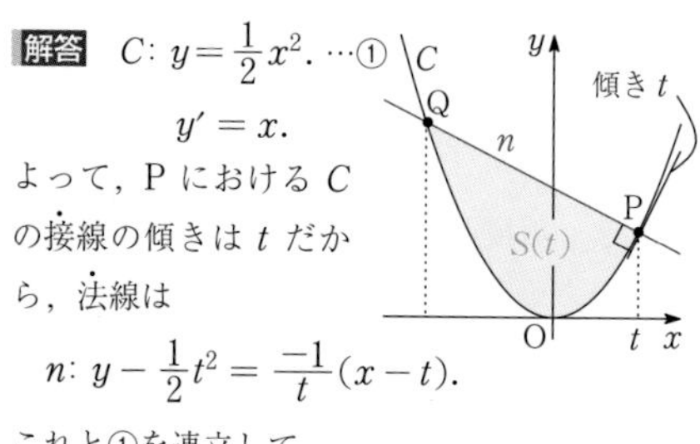

$$n: y-\frac{1}{2}t^2=\frac{-1}{t}(x-t).$$

これと①を連立して

$$\frac{1}{2}x^2-\frac{1}{2}t^2=\frac{-1}{t}(x-t).$$

$$(x+t)(x-t)=\frac{-2}{t}(x-t).\ ^{1)}$$

よって，$x=t$ 以外の解は

$$x+t=\frac{-2}{t}.$$

$$\therefore x_{\mathrm{Q}}=-t-\frac{2}{t}\ (=u \text{ とおく})\ (\text{Qは上図の点}).$$

注 ここで，t と u の大小関係を考えると，t の符号によって場合分けとなりますが…■

放物線 C は y 軸対称だから，$S(-t)=S(t)$.

よって，$t>0$ についてのみ考えればよく[2)]，このとき $u<0<t$. よって，n: $y=n(x)$ とおくと

$$S(t)=\int_u^t \left\{n(x)-\frac{1}{2}x^2\right\}dx$$

（右：t，左：u，上：$n(x)$，下：$\frac{1}{2}x^2$，縦の長さ$=0$の2解：$u,\ t$）

$$=\int_u^t \frac{-1}{2}(x-u)(x-t)\,dx$$

$$=\frac{-1}{2}\cdot\frac{-1}{6}(t-u)^3$$

$$=\frac{1}{12}\left(2t+\frac{2}{t}\right)^3$$

$$=\frac{2}{3}\left(t+\frac{1}{t}\right)^3$$

$$\geq\frac{2}{3}\left(2\sqrt{t\cdot\frac{1}{t}}\right)^3\ (\because\ t>0)$$

（"相加相乗"大小関係の不等式）

$$=\frac{16}{3}.$$

等号は，$t=\frac{1}{t}$，i.e. $t=1$ のとき成立する．

以上より，$\min S(t)=\frac{16}{3}$.//

解説 1)：この方程式は，既知なる交点 P の x 座標を解にもつことがわかっています．その点を留意し，因数「$x-t$」を崩さないで計算するのが正道．展開するのは損です．

注 2)：t の符号を特定せず，t と u の大小関係が未確定だとしても，「$\int_u^t$」と「$\int_t^u$」の違いは「符号」のみですから

（t と $\frac{1}{t}$ は同符号だから）

$$S(t)=\left|\int_u^t\left\{n(x)-\frac{1}{2}x^2\right\}dx\right|=\left|\frac{2}{3}\left(t+\frac{1}{t}\right)^3\right|=\frac{2}{3}\left(|t|+\frac{1}{|t|}\right)^3\ (|t|>0)$$

とすれば，上記**解答**と同じ結果が得られます．[→演習問題6 9 9]

参考 放物線が法線から"切り取る線分"（本問では PQ）の長さを扱う際には，**演習問題3 9 12**のように直角三角形を利用しましょう．

例題 6 8 d 絶対値付関数の定積分 重要度↑ 根底 実戦 典型 [→演習問題 6 9 17]

関数 $f(x)=\int_x^{2x} t|t-1|\,dt$ の増減を調べよ.

着眼 この定積分は，積分変数以外の文字 x の関数です.

方針 絶対値記号を外して積分計算します．その時点では，x は定数ですよ.

注 絶対値記号内の符号変化が起こるのは，$t=1$ の前後のみ．$t=0$ は関係ありません.

解答 $g(t)=t(t-1)=t^2-t$ とおくと，

$$t|t-1|=\begin{cases} g(t)\ (t\geq 1), \\ -g(t)\ (t\leq 1). \end{cases}$$ 被積分関数に名前を付ける

$$\int g(t)\,dt=\underbrace{\frac{t^3}{3}-\frac{t^2}{2}}_{G(t)\text{ とおく}}+C.$$ 原始関数にも名前を付ける

積分区間と $t=1$ の位置関係により，次図のように分けられる.

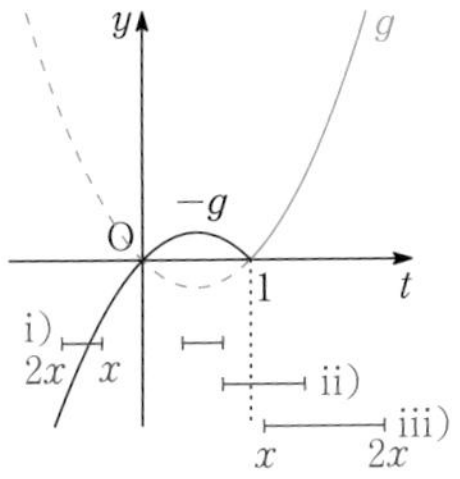

i) $x\leq 0$，もしくは $\begin{cases} x>0, \\ 2x\leq 1 \end{cases}$，つまり $x\leq\frac{1}{2}$ のとき，

$$\begin{aligned} f(x)&=\int_x^{2x}\{-g(t)\}dt \\ &=\Big[-G(t)\Big]_x^{2x} \\ &=\Big[+G(t)\Big]_{2x}^{x} \\ &=G(x)-G(2x) \\ &=\frac{x^3-(2x)^3}{3}-\frac{x^2-(2x)^2}{2} \\ &=-\frac{7}{3}x^3+\frac{3}{2}x^2\ (=f_1(x)\text{ とおく}). \end{aligned}$$

iii) $1\leq x$ のとき， i)と似てるので，ii)より先に

$$\begin{aligned} f(x)&=\int_x^{2x} g(t)\,dt \quad \text{i) と逆符号} \\ &=\frac{7}{3}x^3-\frac{3}{2}x^2=-f_1(x). \end{aligned}$$

ii) $x\leq 1\leq 2x$，i.e. $\frac{1}{2}\leq x\leq 1$ のとき，

$$\begin{aligned} f(x)&=\int_x^1\{-g(t)\}dt+\int_1^{2x} g(t)\,dt \\ &=\Big[-G(t)\Big]_x^1+\Big[G(t)\Big]_1^{2x} \\ &=\Big[+G(t)\Big]_1^x+\Big[G(t)\Big]_1^{2x} \\ &=G(x)+G(2x)-2G(1) \\ &=\frac{x^3+(2x)^3}{3}-\frac{x^2+(2x)^2}{2}-2\left(\frac{1}{3}-\frac{1}{2}\right) \\ &=3x^3-\frac{5}{2}x^2+\frac{1}{3}\ (=f_2(x)\text{ とおく}). \end{aligned}$$

$f_1(x)$, $f_2(x)$, $-f_1(x)$ の増減を調べる.

$$f_1{}'(x)=-7x^2+3x=x(3-7x)\ \left(x<\frac{1}{2}\right).$$

$$f_2{}'(x)=9x^2-5x=x(9x-5)\ \left(\frac{1}{2}<x<1\right).$$

$$-f_1{}'(x)=x(7x-3)>0\ (1<x).$$

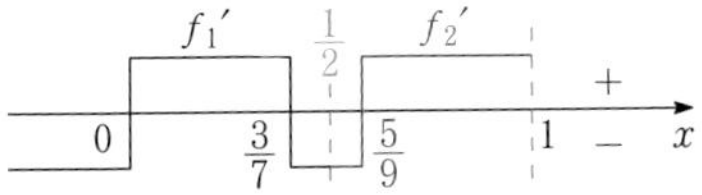

これらの**符号**を考えて，次表を得る：

x	$\cdots$	0	$\cdots$	$\frac{3}{7}$	$\cdots$	$\frac{5}{9}$	$\cdots$
$f'(x)$	$-$	0	$+$	0	$-$	0	$+$
$f(x)$	↘	0	↗	$\frac{9}{98}$	↘	$\frac{37}{486}$	↗

//

解説 「$x\leq 0$」と「$0<x\leq\frac{1}{2}$」では，積分区間の上端と下端の大小関係が逆になりますが，区間内での被積分関数はどちらも「$-g(t)$」ですから，分けずにまとめて処理できます.

注 i) と ii) の“つなぎ目”である $x=\frac{1}{2}$ において，どちらの式からも同じ値：$\frac{1}{12}$ が得られることを確認しましょう．(もう 1 つのつなぎ目 $x=1$ についても同様です．)

言い訳 “つなぎ目”における微分係数の値は気にしないでください (数学Ⅱ範囲を超えます).

例題 6 8 e　3次関数の極値の差　根底 実戦　典型 入試

[→例題 6 5 b]

x の3次関数 $f(x)=x^3+ax^2+(a-1)x$ (a は実数) について答えよ.

(1) $f(x)$ は極大値, 極小値を1つずつもつことを示せ. (以下, それぞれの値を M, m とする.)

(2) a を動かすとき, $f(x)$ の極大値と極小値の差 $M-m$ の最小値を求めよ.

(3) a を $a \geq 0$ の範囲で動かすとき, $f(x)$ の極大値と極小値の和 $M+m$ の最小値を求めよ.

方針 (1) 導関数が符号を変えるか否かを論じます.

(2)(3) $f(x)$ が極値をとる x の値がキレイではありません.「整式の除法」の出番です.

解答 (1) $f'(x)=3x^2+2ax+a-1$.

注 $f'(x)$ が 2次式なので, 方程式の解が利用可能となります. ■

方程式 $f'(x)=0$ …① について

$$E := \frac{\text{判別式}}{4} = a^2-3(a-1) = a^2-3a+3 \cdots ② = \left(a-\frac{3}{2}\right)^2+\frac{3}{4} > 0. \cdots ②'$$

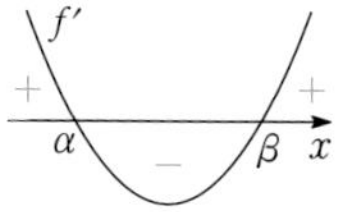

そこで, ①の2解を α, β ($\alpha<\beta$) とおくと, $f'(x)$ は右上図のように**符号を変える**から, 次表を得る:

x	$\cdots$	α	$\cdots$	β	$\cdots$
$f'(x)$	+	0	−	0	+
$f(x)$	↗	極大	↘	極小	↗

よって, 題意は示せた. □

(2) $\alpha=\dfrac{-a-\sqrt{E}}{3}$, $\beta=\dfrac{-a+\sqrt{E}}{3}$. …③

下書き $f(x)$ から $f'(x)$ を除いておきます.

商: $\frac{1}{3}\ \ \frac{a}{9}$

$3\ \ 2a\ \ a-1\ )\ 1\ \ a\ \ a-1\ \ 0$

$1\ \ \frac{2}{3}a\ \ \frac{1}{3}(a-1)$

$\frac{a}{3}\ \ \frac{2}{3}(a-1)\ \ 0$

$\frac{a}{3}\ \ \frac{2}{9}a^2\ \ \frac{1}{9}a(a-1)$

$\frac{2}{3}(a-1)-\frac{2}{9}a^2\ \ -\frac{1}{9}a(a-1)$ ■

$$f(x)=f'(x)\left(\frac{1}{3}x+\frac{a}{9}\right)\underbrace{-\frac{2}{9}(a^2-3a+3)}_{1)\,A\text{ とおく}}x\underbrace{-\frac{1}{9}a(a-1)}_{B\text{ とおく}}.$$

$f'(\alpha)=f'(\beta)=0$ だから,

$$M=f(\alpha)=f'(\alpha)\cdot\left(\frac{1}{3}\alpha+\frac{a}{9}\right)+A\alpha+B = A\alpha+B. \cdots ④$$

$$m=f(\beta)=f'(\beta)\cdot\left(\frac{1}{3}\beta+\frac{a}{9}\right)+A\beta+B = A\beta+B. \cdots ⑤$$

よって題意の差は

$$M-m=(A\alpha+B)-(A\beta+B) = A(\alpha-\beta) = -\frac{2}{9}(a^2-3a+3)\cdot\frac{-2}{3}\sqrt{E}\ (\because ③) = \frac{4}{27}E^{\frac{3}{2}}\ (\because ②).$$

②′より $\min E=\dfrac{3}{4}$ だから, 求める最小値は

$$\frac{4}{27}\cdot\left(\frac{3}{4}\right)^{\frac{3}{2}}=\frac{4}{27}\cdot\frac{3}{4}\cdot\frac{\sqrt{3}}{2}=\frac{\sqrt{3}}{18}. /\!/$$

解説 1): この余りの係数 A が, 方程式①の $\dfrac{\text{判別式}}{4}$ である ***E* と同じ式**で表されるので, $M-m$ はとてもキレイな式になります. ■

(3) ④⑤, および③より, 題意の和は

$$M+m=(A\alpha+B)+(A\beta+B) = A(\alpha+\beta)+2B = -\frac{2}{9}(a^2-3a+3)\cdot\frac{-2a}{3}-\frac{2}{9}a(a-1) = \frac{2}{27}\underbrace{(2a^3-9a^2+9a)}_{g(a)\text{ とおく}}. \cdots ⑥$$

$$g'(a)=6a^2-18a+9 = 3(2a^2-6a+3).$$

$g'(a)=0$ の2解

$a_1=\dfrac{3-\sqrt{3}}{2}$, $a_2=\dfrac{3+\sqrt{3}}{2}$

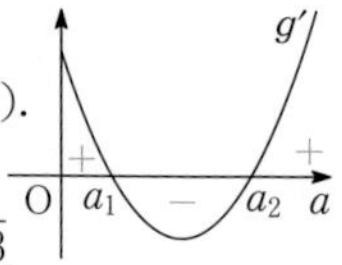

を用いて, 次表を得る:

a	0	$\cdots$	a_1	$\cdots$	a_2	$\cdots$
$g'(a)$		$+$	0	$-$	0	$+$
$g(a)$	0	↗		↘	極小	↗

最小値の候補

注 あとは，最小値の候補である2つの値を比べてもよいのですが，例の"8マス5点"を使えば，値を求める前の段階でどちらが最小値かがわかります．

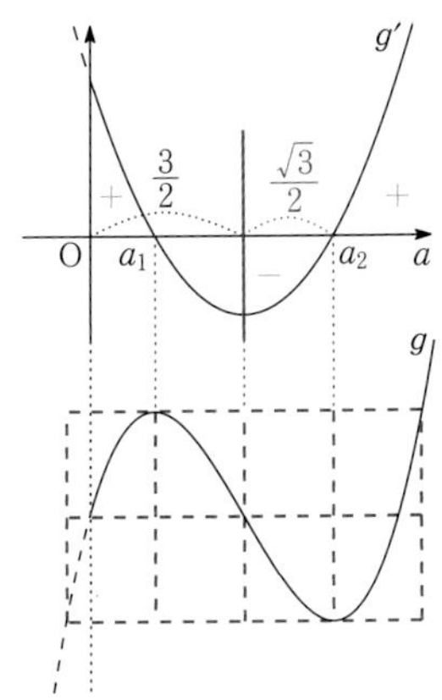

"1マス"の横幅は $\frac{\sqrt{3}}{2}$．よって"2マス"の横幅は $2\cdot\frac{\sqrt{3}}{2}=\sqrt{3}\ (=1.73\cdots)$．これが，$g'$ を表す放物線の軸：$a=\frac{3}{2}$ より大きいので，上図のように $g(a_2)$ が最小値であることが読み取れます．

a_2 の値がキレイではないので，またまた整式の除法を利用します．

下書き $g(a)$ から $\frac{g'(a)}{3}$ を除いておきます．

$$
\begin{array}{r|rrrr}
 & 1 & -\frac{3}{2} & & \\
\hline
2\ \ -6\ \ 3 & 2 & -9 & 9 & 0 \\
 & 2 & -6 & 3 & \\
\hline
 & & -3 & 6 & 0 \\
 & & -3 & 9 & -\frac{9}{2} \\
\hline
 & & & -3 & \frac{9}{2}
\end{array}
$$
■

$$g(a)=\frac{g'(a)}{3}\cdot\left(a-\frac{3}{2}\right)-3a+\frac{9}{2}.$$

これと $g'(a_2)=0$ より

$$
\begin{aligned}
g(a_2)&=\frac{g'(a_2)}{3}\cdot\left(a_2-\frac{3}{2}\right)-3a_2+\frac{9}{2}\\
&=-3a_2+\frac{9}{2}\\
&=-3\cdot\frac{3+\sqrt{3}}{2}+\frac{9}{2}\\
&=-\frac{3}{2}\sqrt{3}<0=g(0).
\end{aligned}
$$

これと⑥より

$$\min(M+m)=\frac{2}{27}\left(-\frac{3}{2}\sqrt{3}\right)=-\frac{\sqrt{3}}{9}.\ /\!/$$

別解 (2)：「3次関数の極大値と極小値の差」に関しては，古来次の簡便な方法が有名です：

$$
\begin{aligned}
M-m&=f(\alpha)-f(\beta)\\
&=\Big[f(x)\Big]_{\beta}^{\alpha}\\
&=\int_{\beta}^{\alpha}f'(x)dx\\
&=\int_{\beta}^{\alpha}3(x-\alpha)(x-\beta)dx\\
&=3\cdot\frac{-1}{6}(\alpha-\beta)^3\\
&=\frac{1}{2}(\beta-\alpha)^3\ \cdots⑦\\
&=\frac{1}{2}\left(\frac{2}{3}\sqrt{E}\right)^3\ (\because\ ③)\\
&=\frac{4}{27}E^{\frac{3}{2}}.
\end{aligned}
$$

言われてみれば「ナルホド」ですね（笑）．"6分の1公式"の面積以外への活用法でした．
ただしこれは，「差」にしか使えない方法です．「和」とか，「極大値」単体が問われた場合も想定し，必ず**解答**のように「整式の除法」を用いる方法もマスターしましょう．

参考 上の⑦式からわかるように，3次関数の"山"と"谷"の"高低差"は，それらの"水平距離"の3乗で表されます．

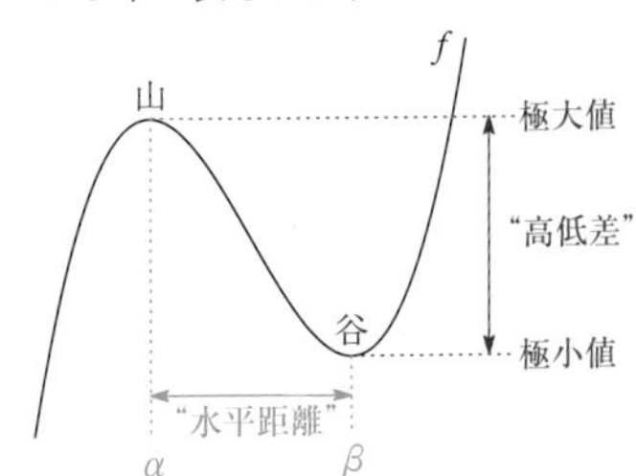

9 演習問題B

691 根底 実戦 定期

次の定積分を計算せよ.

(1) $\displaystyle\int_0^3 (1-x)dx$

(2) $\displaystyle\int_{-\frac{1}{3}}^{\frac{2}{3}} (3x^2+3x-1)dx$

(3) $\displaystyle\int_{-5}^{1} (x^3+6x^2+12x+8)dx$

(4) $\displaystyle\int_0^3 |x-1|\,dx$

(5) $\displaystyle\int_{-\frac{1}{2}}^{1} (2x^2-x-1)dx$

692 根底 実戦 定期

次の定積分を計算せよ.

(1) $\displaystyle\int_{-3}^{0} (x^3+3x^2-2)\,dx$

(2) $\displaystyle\int_{-2}^{3} (x^3-2x+1)\,dx - \int_{-2}^{0} (x^3-2x+1)\,dx$

(3) $\displaystyle\int_1^3 x^4\,dx + \int_3^5 x^4\,dx + \int_5^1 x^4\,dx$

(4) $\displaystyle\int_{-2}^{1} (x^3+3x^2-2x)\,dx + \int_1^2 (x^3+3x^2-2x)\,dx$

(5) $\displaystyle\int_{-2}^{3} x\,|x^2-4|\,dx$

693 根底 実戦 重要

次の条件を満たす x の 3 次関数 $f(x)$ をそれぞれ求めよ.

(1) $x=1$ で極大値 3, $x=3$ で極小値 1 をとる $f(x)$.

(2) $x=1$ において接線の傾きが最大値 2 をとり, 極大値が $\dfrac{4}{3}$, 極小値が $-\dfrac{4}{3}$ である $f(x)$.

694 根底 実戦 定期

次の面積をそれぞれ求めよ.

(1) 2 つの放物線 C_1: $y=x^2+2x$, C_2: $y=-2x^2+2x+4$, および両者の軸の 4 つで囲まれる部分の面積 S

(2) 放物線 C: $y=x^2-2x+1$ の $x=2$ における接線を l とする. C と l と x 軸で囲まれる部分の面積 S_1, および C と l と C の軸で囲まれる部分の面積 S_2.

(3) 放物線 C: $y=2x^2-2x$ と直線 l: $y=3x-3$ で囲まれる部分の面積と, C と l と C の軸で囲まれる部分の面積の和 S.

(4) 曲線 C: $y=-x^3-2$ と x 軸 y 軸で囲まれる部分の面積 S

6 9 5 根底 実戦 典型

次の面積をそれぞれ求めよ．

(1) 2 曲線 C_1: $y = x^3 - 1$, C_2: $y = -x^2 + x$ で囲まれる部分の面積 S

(2) 2 曲線 C_1: $y = x^3$, C_2: $y = x^2 + 4x - 4$ で囲まれる 2 つの部分の面積の和 S

6 9 6 根底 実戦 典型

直線 l は，2 つの放物線 C_1: $y = x^2$ …①, C_2: $y = x^2 - 2x + 2$ …② のいずれにも接するとする．C_1, C_2, l で囲まれる部分の面積を求めよ．

6 9 7 根底 実戦 典型

放物線 C: $y = 2x^2$ …① と，点 A(1, 3) を通る直線 l とで囲まれる部分の面積 S の最小値を求めよ．

6 9 8 根底 実戦 入試

$a, b, c, d, e, p, q, r, s$ は実数の定数とする．4 次関数 $f(x) = ax^4 + bx^3 + cx^2 + dx + e$ と 3 次関数 $g(x) = px^3 + qx^2 + rx + s$ がある．曲線 $C_1 : y = f(x)$ と曲線 $C_2 : y = g(x)$ は 2 点だけを共有し，$x = 1$ において接し，$x = 2$ において交わっている．C_1, C_2 で囲まれる部分の面積 S を a で表せ．

6 9 9 根底 実戦 入試 典型 重要

$f(x) = x^3 + ax^2 + bx + c$ (a, b, c は実数の定数) とする．曲線 $C : y = f(x)$ 上の点 P における C の接線 l が，P 以外の点 Q において C と交わるとする．また，Q における C の接線を m とする．C と l で囲まれる部分の面積を S，C と m で囲まれる部分の面積を T とする．面積比 $S : T$ を求めよ．

6 9 10 根底 実戦 入試

曲線 C: $y = x^3$ を，x 軸方向に a，y 軸方向に a $(a > 0)$ だけ平行移動した曲線を C' とする．

(1) C と C' が異なる 2 点で交わるような a の値の範囲を求めよ．

(2) (1)のとき，C と C' で囲まれる部分の面積を $S(a)$ とする．$S(a)$ の最大値を求めよ．

6 9 11 根底 実戦

曲線 C: $y = |x^2 - 1|$ と直線 l: $y = ax + a$ $(0 < a < 2)$ で囲まれる 2 つの部分の面積の和 S が最小となるときの a の値を求めよ．

6 9 12 根底 実戦 入試

$f(x)=x^4-ax^2+bx$ (a, b は実数) とし，曲線 C: $y=f(x)$ を考える．

(1) C と異なる 2 点で接する直線が存在するための条件を求めよ．また，そのような接線 l の方程式を求めよ．

(2) (1)のとき，C と l で囲まれる部分の面積 S を a で表せ．

(3) (1)のとき，l と平行な C の接線を m とする．C と m で囲まれる 2 つの部分の面積の和 T を a で表せ．

6 9 13 根底 実戦 入試 重要

a は正の定数とする．媒介変数表示された円弧 $C\begin{cases} x=\cos\theta \\ y=\sin\theta \end{cases}$ $\left(-\dfrac{\pi}{6}\leq\theta\leq\dfrac{\pi}{2}\right)$ を考える．C を x 軸方向に a だけ平行移動するとき，C が通過してできる領域 D の面積 S を求めよ．

6 9 14 根底 実戦 入試

$f(x)=x^3-x$ とし，方程式 $f(x)=k$ (k は実数) …① が 3 つの実数解をもつとする．

(1) k のとり得る値の範囲を求めよ．

(2) ①の 3 解のうち，最小のものを $\alpha(k)$，最大のものを $\beta(k)$ とする．また，(1)で求めた範囲を $k_1\leq k\leq k_2$ とする．このとき，定積分 $\displaystyle\int_{k_1}^{k_2}\{\beta(k)-\alpha(k)\}dk$ の値を求めよ．

6 9 15 根底 実戦 入試 重要

a は実数の定数で $0<a<2$ を満たすとする．

$f(x)=x^3+x^2$ とし，曲線 C: $y=f(x)$ $(0\leq x\leq 1)$，直線 l: $y=a$，および y 軸で囲まれる部分の面積を S_1 とし，C, l，および直線 $x=1$ で囲まれる部分の面積を S_2 とする．

(1) $S_1=S_2$ となるような a の値を求めよ．

(2) S_1+S_2 が最小となるような a の値を求めよ．

6 9 16 根底 実戦 入試 重要

(1) 等式 $\displaystyle\int_\alpha^\beta (x-\alpha)(x-\beta)(x-\gamma)dx=\frac{1}{12}(\beta-\alpha)^3(2\gamma-\alpha-\beta)$ が成り立つことを示せ．

(2) $f(x)=x^3-(2k-1)x^2+(k^2-3)x-k(k-3)$ (k は実数) とする．曲線 C: $y=f(x)$ と x 軸が，$x<k$ および $k<x$ の範囲で交わるとする．k のとり得る値の範囲を求めよ．
また，C と x 軸が囲む 2 つの部分の面積が等しくなるような k の値を求めよ．

6 9 17 根底 実戦 典型

定積分 $\int_0^2 |x^2-a|\,dx$ が最小となるような実数 a の値を求めよ.

6 9 18 根底 実戦 入試 重要

x の関数 $f(x)=x^4+3x^3+x^2$ に対して, 定積分 $\int_{-1}^1 \{f(x)-ax\}^2dx$ が最小となるような実数 a の値を求めよ.

6 9 19 根底 実戦 典型

次の条件を満たす関数 $f(x)$ をそれぞれ求めよ.

(1) $\int_0^3 f(t)\,dt+f(x)+x=0$

(2) $f(x)=x^3+\dfrac{1}{8}\int_{-2}^2 x\,|f(t)|\,dt$

6 9 20 根底 実戦 典型 重要

等式 $\int_1^x tf'(t)dt=f(x)+x^3-3x$ …① を満たす整式 $f(x)$ を求めよ.

6 9 21 根底 実戦 入試

$\int_a^x f(t)\,dt=x^3+\int_0^2 xf(t)\,dt$ を満たす関数 $f(x)$ を求めよ. また, 正の定数 a の値を求めよ.

6 9 22 根底 実戦

$f(a)=\int_{-1}^a (|x|-|x-1|)dx$ (a は実数) の最小値を求めよ.

6 9 23 根底 実戦 入試

$$I=\int_0^a (t^2+1)(t-b)dt+\frac{1}{6}b^4$$

において, a,b が実数の範囲で動くとき, I の最小値を求めよ.

10 演習問題C 他分野との融合

6 10 1 根底 実戦 入試 数学B数列後

x の関数の列 $f_n(x)$ $(n=1, 2, 3, \cdots)$ を

$$f_1(x)=3x^2-6x, \quad \cdots①$$

$$f_{n+1}(x)=3x^2+\int_0^2 xf_n(t)dt \ (n=1, 2, 3, \cdots) \quad \cdots②$$

で定める．$f_n(x)$ を求めよ．

6 10 2 根底 実戦 入試 重要

$f(x)=n(x+1)^n(1-nx)$ (n は 2 以上の整数) とし，曲線 C: $y=f(x)$ を考える．

(1) C の概形を描け．

(2) C と x 軸で囲まれる部分の面積 S_n を求めよ．

(3) 数学Ⅲ極限後 (2)において，極限 $\lim_{n\to\infty} S_n$ を求めよ．

6 10 3 根底 実戦 入試 数学B数列後 重要

x の関数 $f_n(x)=1+x+\dfrac{x^2}{2!}+\dfrac{x^3}{3!}+\cdots+\dfrac{x^n}{n!}$ $(n=0, 1, 2, \cdots)$ を考える．例えば，$f_0(x)=1$, $f_1(x)=1+x$, $f_2(x)=1+x+\dfrac{x^2}{2!}$ である．

$m=0, 1, 2, \cdots$ について，不等式 $f_{2m}(x)>0$ (x は任意の実数) が成り立つことを示せ．

第7章

数列

概要

文字通り，**数が列をなして並んだ現象**を考えます．とても素朴な内容であり，小学生でも理解できる内容もたくさんあります．また，数学Ⅱの各分野との関連は比較的薄く，高校 2 年の早い段階で独立して学ぶことができます．また，7を済ませておくと，数学Ⅰ「データの分析」や8「統計的推測」が効率的に学べます．（6 5 5でも7の知識を少し使います．）

注 ただし，1「いろいろな式」と，5「指数・対数関数」の指数計算は事前に済ませておいた方がよいですが．■

素朴な内容であるにもかかわらず，大半の受験生が苦手分野としています．理由は単純：数が並んだ現象を相手にしているのに，ろくに数の並びを見ようともせず，上っ面の「式」だけこねくり回して解法パターン暗記だけに血道を上げるからです．

断言します．「数列」では，そうした誤った学習法は通用しません．逆に言うと，**自然と正しい学習姿勢が促されます．「基本事項の理解」・「現象観察」がそのまんま問題解法に直結しやすい分野であり，「数列」の習得は，そのまんま「数学」全般の習得へとつながります．** 「整数」もそれに近いです

学習ポイント

学ぶべき内容は大別すると次の 3 つです：

1. 法則・ルールに基づいた**数の並びそのもの**を正しく認識する．
2. 公式を，その成り立ち・仕組みの理解に基づき，意味を理解しながらマスターする．
3. 和を求める方法論，漸化式から一般項を求める“パターン”を覚える．

注 学習のメインはあくまでも 1. 2. です．とはいえ，3. も手を抜かないように．この“単純作業”が自在にできるようにしておくと，1. 2. において発想面に集中しやすくなりますから．

将来入試では

「数列」は，様々な現象の記述で使用され，問題が作成しやすい分野です．また，他分野（確率・整数など）と融合しやすいこともあり，入試で超頻出です．数列を一切含まない入試問題セットは，ほとんどないくらいです．そして，出来不出来の差が付きやすく，合否を決める可能性の高い分野です．

この章の内容

1 数列の基礎
2 等差数列
3 等比数列
4 演習問題A
5 和と階差
6 “ドミノ式”→一般項
7 数学的帰納法
8 数列の総合問題
9 演習問題B

［高校数学範囲表］ ●当該分野 ●関連が深い分野

数学Ⅰ	数学Ⅱ	数学Ⅲ 理系
数と式	いろいろな式	いろいろな関数
2次関数	ベクトルの基礎	極限
三角比	図形と方程式	微分法
データの分析	三角関数	積分法
数学A	指数・対数関数	**数学C**
図形の性質	微分法・積分法	ベクトル
整数	**数学B**	複素数平面
場合の数・確率	数列	2次曲線
	統計的推測	

1 数列の基礎

1 数列とは？

その名の通り，数が一列に並んだものが数列です．

少し詳しくいうと，右の 例 1のように順序を表す自然数 1, 2, 3, … に対応付けて数を並べたものが数列です．

例 1

	項数は 5				
番号：	1	2	3	4	5
項：	**1**,	**3**,	**5**,	**7**,	**9**
	初項	第2項	第3項	第4項	第5項 末項

（第1項＝初項）

> 数列とは？ 原理 既習者 重要度↑↑↑
>
> **数列**とは，番号（順序）をつけて数を並べたもの．

注 数以外に文字を並べることもあります．また，番号を 0 番などから始めることもあります．■

並んでいる各数のことを**項**といい，前から順に第 1 項（**初項**），第 2 項，第 3 項，…といいます．

例 1のように終わりのある数列を**有限数列**といい，最後の項を**末項**（まっこう）といいます．例 1では，第 5 項が末項であり，**項数**は 5 です．

有限数列に対して，どこまでも続く数列を**無限数列**といいます（下の 例 2）．

数列の各項：第 1 項, 第 2 項, 第 3 項, …, 第 n 項, … のことを，$a_1, a_2, a_3, \cdots, a_n, \cdots$ のように，その番号を右下に "添え字" として付けて表します（例 2では，$a_1=2,\ a_2=4,\ a_3=8, \cdots$）．

このとき，この数列全体のことを $(\boldsymbol{a_n})$ [1] と表します．

例 2　どこまでも続く

番号：	1	2	3	…	n	…
項：	**2**,	**4**,	**8**,	…,	$\boldsymbol{2^n}$,	…
	a_1,	a_2,	a_3,	…,	a_n,	…

語記サポ 1)：学校教科書では $\{\boldsymbol{a_n}\}$ と書きますが，数学界では順序を無視した**集合**を $\{2, 4, 8\}$ のように中括弧，順序を考えた順列は $(2, 4, 8)$ のように小括弧で表す慣習があります．もちろん「数列」は後者ですから，小括弧で表すのが普通です．[→ I+A 7 3 3 最後のコラム]

$\{2, 4, 8\} = \{2, 8, 4\}$
$(2, 4, 8) \neq (2, 8, 4)$

2 一般項

例えば数列 (a_n) において，

任意の自然数 n に対して $a_{ⓝ} = 2^{ⓝ}$ …①

と定めておけば，右のように各項が定まります．このように，数列 (a_n) の第 n 項を n を用いて定めたものを，(a_n) の**一般項**といいます．

①	ⓝ	$a_{ⓝ} = 2^{ⓝ}$
②	1	$a_{①} = 2^{①} = 2$
	2	$a_{②} = 2^{②} = 4$
	3	$a_{③} = 2^{③} = 8$
	⋮	⋮

重要 重要度↑↑↑ ①式は一見「1 つの式」に見えますが，その中にある ⓝ は "器"（うつわ）のようなものであり，そこへ様々な自然数を代入して得られる「多数の式」を表しています（右上の②）.「数列」とは，番号を付けて数を並べたものですから，どんなときでも②のような **"実像"** が見えていることが大切です．それを 1 行に "要約" した①という "虚像" しか見ていないと,「数列」は永久に理解できません！

> **重要** 既習者 "器"：ⓝ を含む 1 つの式は "虚像"．その "実像" は多数の式．

大多数の受験生はこの前提を欠いているため,「数列」が大の苦手です（苦笑）．

補足 数列 (a_n) において，番号 n に対して第 n 項 a_n は一意的に（ただ 1 つに）定まります．つまり，a_n は n の**関数**です．例えば①では，a_n は n の指数関数ですね．また，例 1の有限数列では一般項が $a_n = 2n - 1$ となります．これは，n の 1 次関数です．

語記サポ　こうした事情により，数列の第 n 項を「a_n」の代わりに「$f(n)$」などと書いたりもします．なお，「関数である」とは「一意的に対応する」という意味です．[→ I+A 2 1 1]

問　次の問いに答えよ．

(1) 数列 (a_n) の一般項が $a_n = 3^n - n$ であるとき，a_1, a_2, a_3 を求めよ．

(2) 数列 (b_n) の一般項が $b_n = \dfrac{2}{n}$ であるとき，b_{n+1}, b_{2n} $(n \in \mathbb{N})$ を求めよ．

解答 (1) 方針　等式 $a_{ⓝ} = 3^{ⓝ} - ⓝ$ において，"器" を意味する ⓝ に対して自然数 1, 2, 3 を代入します．■

$$a_{1} = 3^{1} - 1 = 2.$$

$$a_{2} = 3^{2} - 2 = 7.$$

$$a_{3} = 3^{3} - 3 = 24.$$ //

(2) 方針　等式 $b_{ⓝ} = \dfrac{2}{ⓝ}$ において，"器"：ⓝ に，自然数 $n+1, 2n$ を代入します．■

$$b_{n+1} = \frac{2}{n+1}.$$

$$b_{2n} = \frac{2}{2n} = \frac{1}{n}.$$ //

注　「n に $n+1$ を代入する」というと奇異に感じますので，"器" に代入するという感覚で．

3　一般項と"羅列"

前記の 問 からもわかるように，「一般項」が定まっていれば，その数列の 1 つ 1 つの項は定まります．だからこそ一般項と呼ぶ訳です．

逆に数列のいくつかの項の"羅列"をもとに，その一般項を考えてみましょう．

右の無限数列 (a_n) は，第 5 項までは 例 1 の有限数列と同じです．この『条件』を満たす数列の一般項として真っ先に思い浮かぶのは，例 1 と同じ $a_n = 2n-1$ …③ でしょう．ただし…

n	1	2	3	4	5	…	n	…
a_n	1	3	5	7	9	…	?	…

『条件』

5 次関数

$$a_n = \underset{③}{2n-1} + \frac{1}{120}(n-1)(n-2)(n-3)(n-4)(n-5) \quad \cdots ④$$

という一般項を考えます．$n = 1, 2, 3, 4, 5$ に対しては，赤波線部が 0 となるので，④は赤下線部③と一致し，前記『条件』を満たします．しかし，$n = 6$ となると

$$③ \to a_6 = 11, \quad ④ \to a_6 = 11 + \frac{1}{120} \cdot 5 \cdot 4 \cdot 3 \cdot 2 \cdot 1 = 11 + 1 = 12$$

となり，両者は一致しません．

	n	1	2	3	4	5	6	…
③:	a_n	1	3	5	7	9	11	…
④:	a_n	1	3	5	7	9	12	…

『条件』

つまり，前記『条件』を満たす数列 (a_n) として，③，④という 2 つの異なる数列があることがわかりました．　他にもいろいろある

「数列」を理解する上で，項を"羅列"すること，つまり番号を付けていくつかの項を並べて考えることはとても大切です．しかし，次のことに注意しましょう：

注意！ 有限個の項の"羅列"だけでは，無限数列は定まらない．

問　右のようになる無限数列 $(a_n), (b_n)$ の一般項の 1 つを答えよ．

n	1	2	3	4	5	…	n	…
a_n	2	5	10	17	26	…	?	…

n	1	2	3	4	5	…	n	…
b_n	1	2	6	24	120	…	?	…

解答　$a_n = n^2 + 1.$ //　$b_n = n!.$ //　言われてみれば納得ですね

注　あくまでも「の 1 つ」を見つけただけであり，他にも可能性はあります．困ったことに，初学者段階では「一般項は上記の答えに限る」とやってもマルになったりします．しかし，中位以上の大学入試でそれをやると，**"単なる類推"** に過ぎないものを「断定」しちゃってると蔑まれ，「0 点」になります！

補足　"類推" によって得た「仮説」を，一般的に「証明」すれば「満点」です．[→例題 7 7 b]

2 等差数列

もっとも基本的・原始的な数列である「等差数列」について学びながら，1に加えて知っておいて欲しい用語・概念・記号もご紹介します．

1 等差数列とは？

例

n	1	2	3	4	5	…
a_n	1	4	7	10	13	…

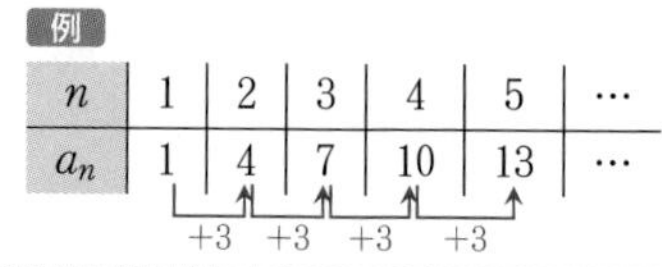

右の 例 のように，番号 n が 1 増えるごとに項の値が一定値ずつ変化する数列が等差数列です．ただし，このような項の“羅列”だけでは数列 (a_n) は定まりませんでした．そこで，…

等差数列の定義 定義

「差」＝difference

任意の自然数 n に対して $a_{n+1}-a_n=d$ が成り立つ数列 (a_n) を**等差数列**という．
ここに，d は何かある定数であり，等差数列 (a_n) の**公差**という．

読んで字の如く，隣り合う項どうしの差が等しい数列ですね．
例えば上の 例 のような等差数列は，次のように定義されます：

$$\begin{cases} a_1=1 & \cdots① \text{ 初項} \\ a_{\boxed{n}+1}-a_{\boxed{n}}=3\ (n=1,2,3,\cdots) & \cdots② \text{ 漸化式} \end{cases}$$

②のような，隣り合う項などの関係を表す式を**漸化式**（ぜんかしき）といいます．そこに含まれる $\boxed{n}$ も，7 1 2「一般項」で述べたのと同様，いろいろな自然数を代入する“器”であり，次のように数列 (a_n) の各項が定まっていきます：

①: $a_1=1$, ② ($\boxed{n}=1$): $a_2-a_1=3 \to a_2=4$.
$a_2=4$, ② ($\boxed{n}=2$): $a_3-a_2=3 \to a_3=7$.
$a_3=7$, ② ($\boxed{n}=3$): $a_4-a_3=3 \to a_4=10$.
⋮

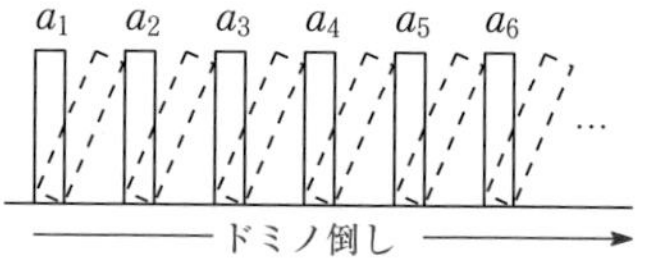

a_1 から a_2 へ，a_2 から a_3 へ，a_3 から a_4 へ…と順次情報が伝達され，各項の値がまるでドミノ倒しのように定まっていきますね．このように，初項（①）と漸化式（②）によって数列を**“ドミノ式”**に定める方法を，**帰納的定義**といいます．

語記サポ　この「帰納」という言葉は，おそらく数学界におけるワースト単語であり，**全く意味不明**です．決められた正式名称なので仕方なく使うしかありませんが，本書では今後，意味のわかる“ドミノ式”という用語の方を多用します．**[→例題 7 8 f 後のコラム]**

2 一般項

1 で見たように，「等差数列」であることの定義は“ドミノ式”になされます．そこから一般項を導くのはカンタンです．小学生でもわかります（笑）．

$a_{n+1}-a_n=d\ (n=1,2,3,\cdots)$ のとき，$a_{\boxed{n}}$ は，$a_{\boxed{1}}$ より $\boxed{n}-\boxed{1}$ 番後ろにあるので，その分だけ公差を足します：

$$a_{\boxed{1}}, a_2, a_3, a_4, \cdots\cdots, a_{n-1}, a_{\boxed{n}}, \cdots$$
（$+d$ $+d$ $+d$ …… $+d$）

等差数列の一般項　$a_{n+1}-a_n=d\ (n=1,2,3,\cdots)$ のとき，

$$a_{\boxed{n}}=a_{\boxed{1}}+d(\boxed{n}-\boxed{1}).$$
$\boxed{n}-\boxed{1}$ は番号差

注　$\boxed{n}$, $\boxed{1}$ の“中身”は任意に変えられます．例えば，$a_{\boxed{n+1}}=a_{\boxed{3}}+d(\boxed{n+1}-\boxed{3})$ です．

問 初項 5，公差 -3 の等差数列 (a_n) の一般項を求めよ．

$a_{\boxed{1}},\ a_2,\ a_3,\ \cdots,\ a_{ⓝ},\ \cdots$ （各項の間が $+(-3)$）

解答
$$a_{ⓝ} = a_{\boxed{1}} + (-3)(ⓝ - \boxed{1})$$
$$= 5 - 3(n-1) = -3n + 8.$$

注 このように，等差数列の一般項は，n の 1 次（以下）の式になります．

3 和の公式

例 等差数列 $(1, 3, 5, 7, 9)$ の和 S は，右のように順序を逆にしたものとの和を考えると，次のようにカンタンに求まります：

$$S = \frac{10\cdot 5}{2} = 25.$$

$$\begin{aligned} S &= 1 + 3 + 5 + 7 + 9 \\ +)\ S &= 9 + 7 + 5 + 3 + 1 \\ \hline 2S &= 10 + 10 + 10 + 10 + 10. \end{aligned}$$

これを一般化して，初項 a，末項 l，項数 n の等差数列の和 S は，公差を d として次のように求まります：

$$\begin{aligned} S &= a + (a+d) + (a+2d) + \cdots + (l-d) + l \\ +)\ S &= l + (l-d) + (l-2d) + \cdots + (a+d) + a \\ \hline 2S &= \underbrace{(a+l) + (a+l) + (a+l) + \cdots + (a+l) + (a+l)}_{n\text{ 個}} \end{aligned}$$

等差数列の和 定理

初項 a，末項 l，項数 n の等差数列の和 S は，

$$S = \frac{a+l}{2}\cdot n.$$

$\dfrac{\text{初め}+\text{終わり}}{2}\cdot$ 個数　　$\dfrac{a_1 + a_n}{2}\cdot n$ と字面（じづら）暗記はダメ

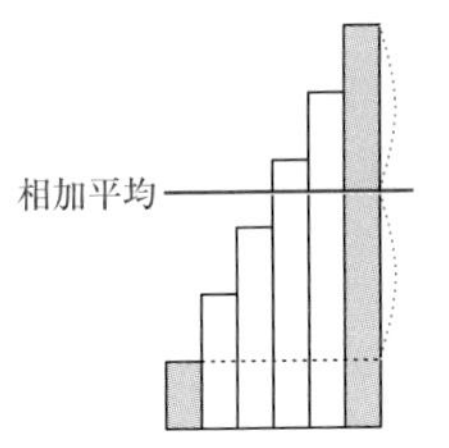

注 吹き出しで書いた“意味”を覚えることが大切です．

補足 $\dfrac{S}{n} = \dfrac{a+l}{2}$ ですから，「n 個全部の相加平均」が「初めと終わりの相加平均」と一致するという訳です．

問 等差数列 (a_n) の一般項が $a_n = 2n + 1$ とする．

(1) $S = a_1 + a_2 + a_3 + \cdots + a_n$ を求めよ．　(2) $T = a_5 + a_6 + a_7 + \cdots + a_{n+1}$ $(n \geq 4)$ を求めよ．

解答

(1)（初め：a_1，終わり：a_n，個数：n）
$$S = \frac{a_1 + a_n}{2}\cdot n = \frac{3 + (2n+1)}{2}\cdot n = (n+2)n.$$

(2)（初め：a_5，終わり：a_{n+1}，個数：$n+1-4$）
$$T = \frac{a_5 + a_{n+1}}{2}\cdot(n+1-4) = \frac{11 + (2n+3)}{2}\cdot(n-3) = (n+7)(n-3).$$

解説 (2)「初め」とは，和を求める部分の最初の項です．別に「a_1」でなくても構いません．
「終わり」は，$a_{n+1} = 2(n+1) + 1 = 2n + 3$ と暗算して求めました．

(2)の「個数」は，$(n+1) - 4 = n - 3$ と求めました（$n+1$：終わりの番号，4：初めの番号の 1 つ前）．小学生レベルの内容ですが，理解は必須です！[→ I+A 6 11 1]

$\overbrace{\underbrace{1, 2, 3, 4}_{4\text{ 個}},\ \underbrace{5, 6, \cdots, n, n+1}_{?\text{ 個}}}^{n+1\text{ 個}}$

4 Σ記号

本書では I+A 4 2 1 で既習．詳しくはこの後 7 5 で

ここで，数列の和を表す「Σ 記号」を軽〜くご紹介しておきます．次のように使います．

$$\sum_{ⓚ=1}^{n} a_{ⓚ} = a_1 + a_2 + a_3 + \cdots + a_n$$

このように，ⓚ という“器”に，1 から n までの整数の全てを代入して得られる総和を表します．同様に，例えば次のように使います：

$$\sum_{ⓚ=3}^{7} \frac{1}{ⓚ} = \frac{1}{3} + \frac{1}{4} + \frac{1}{5} + \frac{1}{6} + \frac{1}{7}$$

例題 7 2 a 等差数列の仕組み 重要度↑ 根底 実戦 典型 定期

[→演習問題 7 4 4]

等差数列 (a_n) があり，$a_4=9$, $a_8=17$ を満たすとする．

(1) (a_n) の一般項を求めよ．　　(2) $\sum_{k=4}^{25} a_k$ を求めよ．

注 重要度↑ この問題を正しく解くか否かが，数列人生，延いては数学人生の分岐点です．大袈裟(おおげさ)ではありません．

n	1 2 3 4 5 6 7 8 … 25
a_n	9　　　17

番号は 4 増えた　項は 8 増えた

着眼 右の**数の並びそのもの**を見てください．$a_4=9$ に公差を 4 回加えたことにより，a_8 の値は a_4 より 8 だけ増加しました．よって公差は…．小学生にとってもカンタンです (笑).

解答 (1) 公差 $=\dfrac{17-9}{8-4}=\dfrac{8}{4}=2.$

$\therefore a_{n} \overset{1)}{=} a_{4}+2\cdot(n-4)$　　$n-4$ は番号差

$=9+2(n-4)=2n+1.$ //

(2) $\sum_{k=4}^{25} a_k=\dfrac{a_4+a_{25}}{2}\cdot(25-3)$　　初め　終わり　個数

$=\dfrac{9+51}{2}\cdot 22=30\cdot 22=660.$ //

解説 1)：この等式は，$n<4$ でも成立します．例えば $n=1$ とすると，

$a_{1}=a_{4}+2\cdot(1-4)=a_4+2\cdot(-3).$

$a_1,\ a_2,\ a_3,\ a_4$ （$+2$, $+2$, $+2$）

a_1 は，a_4 より 3 番前ですから，a_4 から公差を 3 回引くことによって得られますね．つまりこの等式はちゃんと成立しています．

注意！ (1)で，初項 a と公差 d の連立方程式を立て，それを機械的に解くような解答は絶対に止めてください．そのような解答では，“虚像” に過ぎない「式」をこねくり回すだけで，数列の “実像”：「数の並び」が認識されていません．本問自体はとてつもなく易しい問題ですから，そんな誤った方法でも解けて満点が取れるでしょう．しかし，将来レベルが上がると…**確実に壊滅します！**これを受けての合言葉：

正しい “学び方”　重要度↑↑

易しい問題やるときに，**正しいフォーム**を身に付けよ．

5 “等差中項”

3 つの項からなる数列 (x, y, z) が等差数列であるとき，その中央の項：y のことを (俗に) **“等差中項”** といい，d を公差として次が成り立ちます：

（順序を考えることを，小括弧で表しています）

$x,\ y,\ z$ （$-d$, $+d$）

$$\begin{cases} x=y-d \\ z=y+d. \end{cases}$$ 辺々加えると，

$x+z=2y.$　　両端の和 = 等差中項の 2 倍

i.e. $y=\dfrac{x+z}{2}.$　　等差中項 = 両端の相加平均

このように，暗算 3 秒で導ける程度のものですので，結果を記憶することに価値はありません (笑).
大切なのは，むしろ**「中央の項に着目する」という発想**の方です．

例題 7 2 b 等差中項 根底 実戦 定期

[→演習問題 7 4 4]

等差数列 (a_n) があり，$a_{12}=8$ を満たすとする．$\sum_{k=5}^{19} a_k$ を求めよ．

着眼　「初め」も「終わり」も値が不明ですが，a_{12} が a_5 と a_{19} の中央であることに気付けばカンタンです．

$a_5, a_6, \cdots, a_{12}, \cdots, a_{18}, a_{19}$

$-7d$　$+7d$

解答　(a_n) の公差を d とすると

$$a_{19} = a_{12} + d\cdot(19-12) = 8+7d.$$
$$a_5 = a_{12} + d\cdot(5-12) = 8-7d.$$

したがって

$$与式 = \frac{(8-7d)+(8+7d)}{2}\cdot(19-4)$$
$$= 8\cdot 15 = 120.$$

参考　求める和を S として，等差数列においては次が成立します：$\underbrace{\frac{S}{15}}_{全体の平均} = \underbrace{\frac{a_5+a_{19}}{2}}_{両端の平均} = \underbrace{a_{12}}_{中央}$.

6 数列の2つの定め方 既習者

これまで述べてきた通り，(無限) 数列の定め方として，次の **2 通り**があります：

数列の定め方　原理　重要度↑↑　以下において，ⓝ は，様々な自然数を代入する "器".

❶ **「一般項」**

例　$a_{ⓝ} = 2ⓝ - 1$.　直接 n 番を定める

❷ **"ドミノ式"**（正式名称は「帰納的定義」）

例　$a_1 = 1,\ a_{ⓝ+1} - a_{ⓝ} = 2$.　前から順次 n 番を定める

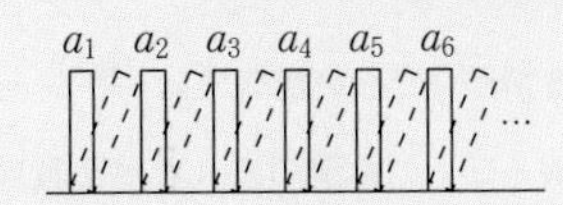

重要　筆者が数列の問題と向き合うと，★ 列 { 一 / ド という "選択肢" が自然に（無意識に）思い浮かんできます．そして「どちらで攻めようかな？」と方針を選んでいます．その 2 つ以外の選択肢はありませんので，基本的に**「数列」に関する全ての入試問題は "2 択"** です（笑）.

注　ある数列の特性を手っ取り早く知りたいときは，項を "羅列" してみるのが一番です．しかし，"羅列" によっては数列は定義されません[→7 1 3]．もっとも，例えば有限数列 (a_1, a_2, a_3) なら，$a_1 = 2,\ a_2 = \frac{2}{5},\ a_3 = \sqrt{5}$ と "羅列" しても定まっていますが（笑）.

補足　"ドミノ式" には，いくつかの "バリエーション" があります．[→7 7 3]

例題 7 2 C 数列の2つの定め方　重要度↑　根底 実戦　[→演習問題 7 4 9]

一般項が n の 1 次以下の式で表される数列 (a_n) は等差数列であることを証明せよ．

着眼　「アタリマエ」と感じる人も多いでしょうが，敢えて「証明せよ」と言われているのですから，「等差数列」であることの**定義**は何かという**基本にさかのぼって**議論します[→7 2 1].

解答　(a_n) の一般項が n の 1 次式で $a_n = pn + q$ (p, q は定数) と表せるとき

$$a_{n+1} - a_n = \{p(n+1)+q\} - (pn+q) = p\ (一定).$$　隣どうしの差は n によらず一定

よって，(a_n) は等差数列である．□

解説　問題文は，等差数列に関する「定理」である「一般項」．解答は，「等差数列」であることの「定義」である "ドミノ式"．これが，本問の構成でした．こうした「基本」をベースとして初めて，本問に価値が生まれます．単に問題と解答を対応付けても意味はありません．実は大多数の受験生は，数学全分野においてそのような役に立たない問題演習を繰り返しています（涙）.

言い訳　本問で証明した事実は，「アタリマエ」として許される状況が多いでしょう．

3 等比数列

数列全般に関する用語・概念・記号を一通り学んだ上で,「等差数列」に次いで基本的な数列である「等比数列」についても前節と同様に学んでいきます.

1 等比数列とは?

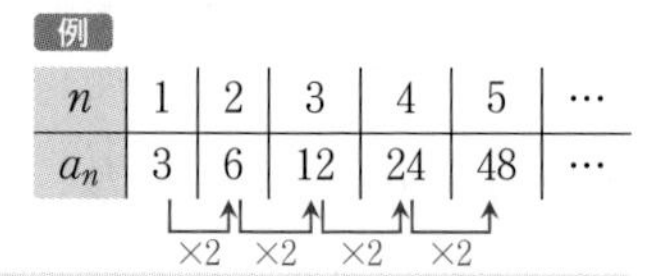

右の 例 のように,番号 n が 1 増えるごとに項の値が定数倍になる数列が等比数列です.こうした項の"羅列"ではなく,キチンと"ドミノ式"に定義すると次の通りです:

等比数列の定義 定義

「比」=ratio

任意の自然数 n に対して $a_{n+1} = r \cdot a_n$ が成り立つ数列 (a_n) を**等比数列**という.

ここに,r は何かある定数であり,等比数列 (a_n) の**公比**という.

各項が0でない場合には $\dfrac{a_{n+1}}{a_n} = r$ と書けます.文字通り,隣り合う項どうしの比が等しい数列ですね.

例えば上の 例 のような等比数列は,次のように定義されます:

$$\begin{cases} a_1 = 3 \cdots ① & \text{初項} \\ a_{n+1} = 2 \cdot a_n \ (n = 1, 2, 3, \cdots) \cdots ② & \text{漸化式} \end{cases}$$

2 一般項

"ドミノ式"に定義される「等比数列」の一般項を導くことは,「累乗」という表記を勉強した中学1年生ならカンタンです.

$a_{n+1} = r \cdot a_n \ (n = 1, 2, 3, \cdots)$ のとき,$a_{\textcircled{n}}$ は,$a_{\boxed{1}}$ より

$\textcircled{n} - \boxed{1}$ 番後ろにあるので,その分だけ公比を掛けます:

$a_{\boxed{1}}, a_2, a_3, a_4, \cdots, a_{n-1}, a_{\textcircled{n}}, \cdots$（$\times r$ $\times r$ $\times r$ …… $\times r$）

等比数列の一般項 $a_{n+1} = r \cdot a_n \ (n = 1, 2, 3, \cdots)$ のとき,

$$a_{\textcircled{n}} = a_{\boxed{1}} \cdot r^{\textcircled{n} - \boxed{1}}.$$

$\textcircled{n} - \boxed{1}$ は番号差

注 $\textcircled{n}$, $\boxed{1}$ の"中身"は任意に変えられます.例えば,$a_{\boxed{n+1}} = a_{\boxed{3}} \cdot r^{\boxed{n+1} - \boxed{3}}$ です.

問 (1) 初項 2,公比 -2 の等比数列 (a_n) の一般項を求めよ.

(2) $b_2 = 3$, $b_5 = 81$ を満たす等比数列 (b_n) (公比は実数) の一般項を求めよ.

解答 (1) $a_{\textcircled{n}} = a_{\boxed{1}} \cdot (-2)^{\textcircled{n} - \boxed{1}}$

$= 2 \cdot (-2)^{n-1} = -(-2)^n.$ //

(2)

n	1	2	3	4	5	$\cdots$
b_n		3			81	$\cdots$

$\times r$ $\times r$ $\times r$ $\times r$

(b_n) の公比を r とおくと

$b_{\boxed{5}} = b_{\boxed{2}} \cdot r^{\boxed{5} - \boxed{2}}$. $81 = 3 \cdot r^3$.

$r^3 = 27$. $\therefore r = 3 \ (\because r \in \mathbb{R})$.

これと $b_2 = 3$ より

$b_{\textcircled{n}} \underset{1)}{=} b_{\boxed{2}} \cdot r^{\textcircled{n} - \boxed{2}} = 3 \cdot 3^{n-2} = 3^{n-1}.$ //

補足 1):これは,$n = 1$ のとき $b_{\textcircled{1}} = b_{\boxed{2}} \cdot r^{\textcircled{1} - \boxed{2}}$ となり,$b_1 = b_2 \cdot \dfrac{1}{r}$ より成り立ちます.

注 このように,等比数列の一般項は,n の指数関数のような形 (累乗) で表されます.

3 和の公式

一般に，初項 a，公比 r，項数 n の等比数列の和を S とすると，

$$\begin{array}{rl} S = & a + ar + ar^2 + ar^3 + \cdots + ar^{n-1} \\ -)\ rS = & \quad\ \ + ar + ar^2 + ar^3 + \cdots + ar^{n-1} + ar^n \\ \hline (1-r)S = & a \qquad\qquad\qquad\qquad\qquad\qquad - ar^n \end{array}$$

$a = ar^0 \sim ar^{n-1}$ までの n 個

上式を r 倍し，右辺を1個"ズラした"

$r \neq 1$ のときは，両辺を $1-r$ で割れば和の公式の出来上がりです．

等比数列の和 定理

初項 a，公比 r，項数 n の等比数列の和 S は，

$r \neq 1$ のとき，$S = a \cdot \dfrac{1-r^n}{1-r}$．　この"意味"を覚える　初め $\cdot \dfrac{1-\text{公比}^{\text{個数}}}{1-\text{公比}}$　$a_1 \cdot \dfrac{1-r^n}{1-r}$ と字面(じづら)暗記はダメ

$r = 1$ のとき，$S = a + a + \cdots + a = an$．　公比が1だと n 項全てが初項 a に等しい

補足　$r > 1$ のときは $a \cdot \dfrac{r^n - 1}{r-1}$ として分母を正にしましょう．

問　(1)　$\dfrac{2}{3} - \dfrac{2}{3^2} + \dfrac{2}{3^3} - \cdots + (-1)^{n-1}\dfrac{2}{3^n}$ を求めよ．　(2)　$\displaystyle\sum_{k=3}^{2n} 3 \cdot 2^{k+1}$ を求めよ．

方針　「初め」，「公比」，「個数」を正確に求めましょう．とくに明示しなくてもよいですが．

解答　(1)　$(-1)^{n-1}\dfrac{2}{3^n} = -2 \cdot \left(-\dfrac{1}{3}\right)^n$ は公比 $-\dfrac{1}{3}$ の等比数列だから

$$\text{与式} = \frac{2}{3} \cdot \frac{1-\left(-\frac{1}{3}\right)^n}{1-\left(-\frac{1}{3}\right)} = \frac{1}{2}\left\{1-\left(-\frac{1}{3}\right)^n\right\}.\ /\!/$$

（初め，個数，公比，分母は正）

注　与式全体を2でくくって，

$$2\left\{\frac{1}{3} - \frac{1}{3^2} + \frac{1}{3^3} - \cdots + (-1)^{n-1}\frac{1}{3^n}\right\}$$

とすることには，何の価値もありませんね（笑）．

(2)　$3 \cdot 2^{k+1}$ は公比2の等比数列だから

$$\text{与式} = 3 \cdot 2^4 \times \frac{2^{2n-2}-1}{2-1} = 12\left(2^{2n}-4\right).\ /\!/$$

（初め，個数，公比，分母は正）

注　等差数列の和と同様，「a_1 から」にこだわる必要性は皆無です．

「個数」の計算は大丈夫ですね？

例題 7 3 a　等比数列の和　根底 実戦

[→演習問題 7 4 8]

2以外の素因数をもたない4桁以下の自然数で，16の倍数であるものの総和 S を求めよ．

着眼　もったいぶった言い回しをしていますが，右のように項を具体的に"羅列"してみればごく単純な話です（笑）．

n	1	2	3	4	5	$\cdots$	10	$\cdots$	13	14
2^n	~~2~~	~~2^2~~	~~2^3~~	2^4	2^5	$\cdots$	2^{10}	$\cdots$	2^{13}	2^{14}
	2	4	8	16	32	$\cdots$	1024	$\cdots$	8192	~~16384~~

解答　題意の自然数は 2^n $(n = 4, 5, 6, \cdots)$ と表せる．これは n に対して増加し，

$2^{13} = 2^{10} \cdot 2^3 = 1024 \cdot 8 < 10^4$,

$2^{14} = 2^{10} \cdot 2^4 = 1024 \cdot 16 > 10^4$.

$$\therefore\ S = \sum_{n=4}^{13} 2^n = 2^4 \cdot \frac{2^{13-3}-1}{2-1} = 16 \cdot 1023 = 16368.\ /\!/$$

（初め，個数，公比）

注　等比数列の和を求める際，初学者段階では「初項」「公比」「項数」を明示するよう指導されたりしますが，入試レベルになると，ごくカンタンなこととして言及不要とみなされます．

例題 7 3 b 和に関する条件 重要度↑ 根底 実戦

[→演習問題 7 4 10]

等比数列 (a_n) があり，$\sum_{k=1}^{8} a_k = 51$ …①，$\sum_{k=1}^{4} a_{2k} = 34$ …② を満たしている．

(1) (a_n) の一般項を求めよ． (2) $\sum_{k=0}^{n} a_{2k+1}$ を求めよ．

注 数列 (a_n) **そのもの**と向き合おうとせず，すぐに"和の公式に当てはめて解く"ような姿勢は慎むべし！

$a_1, a_2, a_3, a_4, a_5, a_6, a_7, a_8$（全体 51，$a_2, a_4, a_6, a_8$ が 34，a_1, a_3, a_5, a_7 が 17）

着眼 ①②から得られる**数の並びそのものに関する情報**は右の通り．とても単純な構造が見えてきますね (笑)．

解答 (1) ②：$a_2 + a_4 + a_6 + a_8 = 34$ と①より

$(a_1+a_3+a_5+a_7)+\underbrace{(a_2+a_4+a_6+a_8)}_{34}=51.$

したがって

$a_1 + a_3 + a_5 + a_7 = 51 - 34 = 17.$

これと②より，初項を a，公比を r として

$$\begin{cases} a + ar^2 + ar^4 + ar^6 = 17, & \cdots③ \\ \underbrace{ar + ar^3 + ar^5 + ar^7}_{r(a+ar^2+ar^4+ar^6)} = 34. \end{cases}$$

$\therefore 17 \cdot r = 34. \quad \therefore r = 2.$

これと③より

$a \cdot (1 + 4 + 16 + 64) = 17. \quad 85a = 17.$

$17 \cdot 5a = 17. \quad \therefore a = \frac{1}{5}.$

以上より，$a_n = \frac{1}{5} \cdot 2^{n-1}$.//

(2) **着眼** 与式を**番号を付けて並べてみる**と，

$a_1 + a_3 + a_5 + \cdots + a_{2n+1}.$

（$\times 2^2$，$\times 2^2$，$\times 2^2$，$\times 2^2$）

a_n の番号が 2 個ずつズレるので，公比 2^2 の等比数列の和となります．それを見抜いた上で…■

(1)より

$a_{2k+1} = \frac{1}{5} \cdot 2^{(2k+1)-1}$　（器 n へ $2k+1$ を代入）

$= \frac{1}{5} \cdot 4^k.$　（指数計算は大丈夫？）

これは公比 4 の等比数列だから

与式 $= \sum_{k=0}^{n} \frac{1}{5} \cdot 4^k$

$= \frac{1}{5} \cdot \frac{4^{n+1}-1}{4-1} = \frac{1}{15}(4^{n+1}-1)$.//

（初め，公比，個数）

解説 (1) 冒頭の**着眼**の赤色：34 と青色：17 を見比べたとき，前者の各項は，それぞれ後者の各項の 1 番後ろ，つまり r 倍です：$a_2 = r \cdot a_1$, $a_4 = r \cdot a_3$, $a_6 = r \cdot a_5$, $a_8 = r \cdot a_7$.
よって，全体としても前者は後者の r 倍ですね (それを式で表したのが③の下の赤字)．そうしたことを見抜いた上で，上記**解答**は書かれています．

(2) これも，**着眼**のように**数の並び**が見えているか否かが勝負所です．それさえ把握できていれば，「初め」は $a_1 = \frac{1}{5}$.「公比」は $2^2 = 4$.「個数」は $0 \sim n$ までの整数の個数だから $n+1$. これで，等比数列の和の公式が使えますね．(もっとも，「答案」としては**解答**のように文字 k を使った計算式を書いた方が手っ取り早いのですが．)

参考 (2)で和を求めた (a_{2k+1}) $(k = 0, 1, 2, \cdots)$ は，数列 (a_n) 全体から一部(奇数番号) を抜き出して得られたものですね．これを，数列 (a_n) の**部分列**といいます．
部分列を扱う際には，**数の並び**を見ることの重要性が高まります．

数列 (a_n)：$a_1, a_2, a_3, a_4, a_5, a_6, \cdots$
部分列：$a_1, \quad a_3, \quad a_5, \quad \cdots$

4 "等比中項"

数列 (x, y, z) が等比数列であるとき，その中央の項：y のことを（俗に）**"等比中項"** といい，公比：$r \neq 0$ のとき次が成り立ちます：

x, y, z （$\div r$，$\times r$）

$$\begin{cases} x = \dfrac{y}{r} \\ z = yr. \end{cases}$$ 辺々掛けると，$xz = y^2$. ●●● $x, y, z > 0$ なら $y = \sqrt{xz}$ 等比中項 ＝ 両端の相乗平均

注　$r = 0$ のときも，$y = z = 0$ より右側の等式は両辺とも 0 となるので成り立ちます．

例題 7 3 c 等比中項 根底 実戦 定期

[→演習問題 7 4 10]

(1) 数列 $(a-1, 2a-4, 2a-1)$ が等比数列となるような実数 a を求めよ．

(2) 等差数列 (b_n) の連続するある 3 項が等比数列となるとき，(b_n) はどのような数列か？

方針 (1) 前記の公式がそのまま適用できそう．　(2) その 3 項は，等差数列で**も**ありますから…

解答 (1) 題意の条件は

$(a-1)(2a-1) = (2a-4)^2$. $2a^2 - 13a + 15 = 0$.

$(a-5)(2a-3) = 0$. $\therefore a = 5, \dfrac{3}{2}$.//

注　題意の数列は，次のようになっています：

$a = 5 \rightarrow (4, 6, 9)$ … 公比：$\dfrac{3}{2}$

$a = \dfrac{3}{2} \rightarrow \left(\dfrac{1}{2}, -1, 2\right)$ … 公比：-2

いずれも確かに等比数列ですね．

(2) 「題意の 3 項」は等差数列をなすから，

$(c-d, c, c+d)$ [1)]

とおける．これが等比数列でもあるための条件は

$(c-d)(c+d) = c^2$. $\therefore d = 0$.

つまり，(b_n) は**定数数列**[2)]．//

解説 1)：等差中項 c を用いて表すことにより，計算が簡便化されます．

語記サポ 2)：全ての項が等しい数列のことをいいます．これは，「公差 0 の等差数列」であり，「公比 1 の等比数列」でもあります．（初項を b として，右の通り．）

$b, b, b, \cdots, b, b, \cdots$ （$+0$ / $\times 1$）

一般に，等差数列であり，なおかつ等比数列でもある数列は，定数数列に限ります．

5 等差×等比の和

等差数列と等比数列の積の $\sum$ を求めます．決められた手法を**覚えてください**．

例題 7 3 d 等差×等比の和 根底 実戦 典型

[→演習問題 7 4 11]

$S = \displaystyle\sum_{k=1}^{n} (3k-2)\cdot 2^{k-1}$ $(n \geq 2)$ を求めよ．

解答

$$S = 1\cdot 1 + 4\cdot 2 + 7\cdot 2^2 + \cdots + (3n-2)\cdot 2^{n-1}$$ ●●● 等差数列×等比数列

$$-)\ 2S = \qquad 1\cdot 2 + 4\cdot 2^2 + \cdots + (3n-5)\cdot 2^{n-1} + (3n-2)\cdot 2^n$$ ●●● 公比倍してズラす 1)

$$-S = 1 + 3\cdot 2 + 3\cdot 2^2 + \cdots + 3\cdot 2^{n-1} - (3n-2)\cdot 2^n$$ ●●● 辺々差をとる

（$1 = -2 + 3\cdot 1$，$3\cdot 2 + \cdots + 3\cdot 2^{n-1}$：等比の和（$n-1$ 個））

$$= -2 + 3\cdot\frac{2^n - 1}{2 - 1} - (3n-2)\cdot 2^n$$ ●●● $3\cdot 1$ も合わせて等比の和（n 個）とした 2)

$$= -(3n-5)2^n - 5. \quad \therefore S = (3n-5)2^n + 5.$$//

解説 等比数列の和の『公式』に**二度**お世話になっています：

1)：『公式』の証明手法をマネしました．　2)：『公式』の結果を使用しました．

4 演習問題A

7 4 1 根底 実戦 定期

最初の数項が次のようになる無限数列 (a_n) の一般項の 1 つを答えよ（結果のみ答えればよい）.

(1)

n	1	2	3	4	5	6	…
a_n	1	$\frac{3}{2}$	$\frac{5}{3}$	$\frac{7}{4}$	$\frac{9}{5}$	$\frac{11}{6}$	…

(2)

n	1	2	3	4	5	6	7	…
a_n	9	-3	1	$-\frac{1}{3}$	$\frac{1}{9}$	$-\frac{1}{27}$	$\frac{1}{81}$	…

(3)

n	1	2	3	4	5	6	7	8	9	10	…
a_n	1	1	1	2	2	2	3	3	3	4	…

7 4 2 根底 実戦 定期

次のような無限数列 (a_n) の一般項を求めよ.

(1) (a_n) の第 n 項は整数で，5 で割った商が $2n$ で余りが 1

(2) (a_n) の第 n 項は，2 から $2n$ までの全ての偶数の積

(3) (a_n) の第 n 項は，2^n の桁数

7 4 3 根底 実戦 定期

初項 3，公差 3 の等差数列 (a_n) について答えよ.

(1) (a_n) の一般項を求めよ.

(2) (a_n) の初項から第 n 項までの和を求めよ.

7 4 4 根底 実戦 重要

等差数列 (a_n) があり，$a_3 + a_5 + a_7 = 15$ …①，$a_6 + a_9 + a_{12} = 9$ …② を満たしている.

(1) (a_n) の一般項を求めよ.

(2) $\sum_{k=3}^{19} a_k$ を求めよ.

7 4 5 根底 実戦 定期

3 で割ると 2 余る 3 桁の自然数の総和 S を求めよ.

7 4 6 根底 実戦 定期

初項 3，公比 3 の等比数列 (a_n) について答えよ.

(1) (a_n) の一般項を求めよ.

(2) (a_n) の初項から第 n 項までの和を求めよ.

7 4 7 根底 実戦 重要

実数からなる等比数列 (a_n) があり，$a_3 = 6$, $a_7 = 24$ を満たす．また，(a_n) の隣り合う項どうしの積はつねに負である.

(1) (a_n) の一般項を求めよ.

(2) $\sum_{k=3}^{2n} a_k$ $(n = 2, 3, 4, \cdots)$ を求めよ.

7 4 8 根底 実戦 入試

p は自然数の定数とする．数列 (a_n) の一般項が $a_n = (-3)^{2p-n}$ $(n = 1, 2, 3, \cdots)$ であるとき，(a_n) の項のうち自然数であるものの総和 S を求めよ．

7 4 9 根底 実戦 重要

a, r は 0 でない実数とする．一般項が $a_n = a \cdot r^n$ である数列 (a_n) は等比数列であることを示せ．

7 4 10 根底 実戦 入試 重要

公比が 1 より大きい等比数列 (a_n) があり，最初の 5 項の和が 31，積が 1024 である．(a_n) の一般項を求めよ．

7 4 11 根底 実戦

次の和を計算せよ．

(1) $S = \sum_{k=1}^{n} k \cdot 2^k$　　(2) $T = \sum_{k=1}^{n} k^2 \cdot 2^k$

7 4 12 根底 実戦 入試 重要

a は正の定数とする．初項 a，末項 $4a$ の等差数列 (a_n) があり，その和を S とする．(a_n) の項の中に $2a$ があるとき，$S > 50a$ が成り立つような最大の公差 d を求めよ．

7 4 13 根底 実戦 入試

等差数列 (a_n) と等比数列 (b_n) があり，$a_n = 3n + 5$, $b_n = 2^n$ $(n = 1, 2, 3, \cdots)$ とする．(a_n) と (b_n) の両方に現れる項を小さいものから順に並べた数列 (c_n) $(n = 1, 2, 3, \cdots)$ の一般項を求めよ．また，(c_n) の初項から第 n 項までの和 S を求めよ．

コラム

「…」という表現

例えば $S_n = a_1 + a_2 + \boxed{a_3} + \cdots\cdots + a_n$ …① という表現を見たとき，多くの初学者が次のような疑念を抱きます：

(a) a_3 の次は**絶対に** a_4 なのか？

(b) $\boxed{a_3}$ は**必ず** S_n に含まれるのか？

①は，本来 $S_{ⓝ} = \sum_{k=1}^{ⓝ} a_k$ …①′ と書くべきところを，わかりやすく書き下したものだとみなされます．

そうした「暗黙の了解事項」のもとでは…

(a) a_3 の次は a_4 であると考えるのが普通です．

(b) 例えば $n = 2$ のとき，①′によれば $S_{②} = \sum_{k=1}^{②} a_k = a_1 + a_2$ ですから「$\boxed{a_3}$」は現れません．それを承知の上で，任意の自然数 n に対して①のように書いてしまうのが慣習です．

(a)(b)に対する回答はどうしても曖昧になってしまいますが，どちらも，文脈の中で誤解が生じない範囲で日常的に使われます．

5 和と階差

1 Σ記号と項の"羅列" 定理

既に何度か使ってきた数列の和を表すΣ記号について，より詳しく学びましょう．

7 2 4で紹介した通り，次のように使います：

$$\sum_{\boxed{k}=1}^{n} a_{\boxed{k}} = a_1 + a_2 + a_3 + \cdots + a_n. \cdots ①\qquad \sum_{\boxed{l}=3}^{7} \frac{1}{\boxed{l}} = \frac{1}{3} + \frac{1}{4} + \frac{1}{5} + \frac{1}{6} + \frac{1}{7}. \cdots ②$$

"器"□に，Σ記号の下・上にある青字の数から赤字の数までの整数の全てを代入して加えます．

注1 "器"□を表す文字は，k だろうが l だろうが関係ありません：

$$\sum_{\boxed{k}=1}^{n} a_{\boxed{k}} = \sum_{\boxed{l}=1}^{n} a_{\boxed{l}} (= a_1 + a_2 + a_3 + \cdots + a_n)$$

"器"を意味するこのような文字のことを"**ダミー変数**"といいます．
定積分における積分変数もそうでしたね．

$$\int_0^1 x^2\,dx = \int_0^1 t^2\,dt \left(= \frac{1}{3}\right).$$

"器"□に使用するアルファベットとしては，k, l, i, j あたりがポピュラーです．なるべくその慣習にならい，状況に応じて使い分けましょう．

注2 "器"□に代入する整数値は，必ず1**ずつ増やす**のが決まりです．$k=1$ の次に ~~$k=3$~~ という訳にはいきません．■

数列の和を表す方法としては，上記①や②の左辺，右辺の2通りがあります：

「Σ記号」：　$\displaystyle\sum_{k=1}^{n} a_k$　→簡潔で厳密

「項の"羅列"」：$a_1 + a_2 + a_3 + \cdots + a_n$ →実体が見えやすい

いちばん右に書いたそれぞれのメリットを把握した上で，状況に応じて使い分けます．もっとも大切なことは，これら2つが**同じもの**だと認識できていることです．そこで，これら2つの表現法の間を**自在に行き来する**練習をしておきます．

問 (1) $\displaystyle\sum_{k=1}^{n}(2k-1)!$ を，Σ記号を用いずに表せ．　(2) $1+\dfrac{1}{3}+\dfrac{1}{5}+\dfrac{1}{7}+\dfrac{1}{9}+\dfrac{1}{11}$ をΣ記号で表せ．

方針 (1)「Σ→羅列」は，ルール通りに書くだけです．
(2) 逆向きの「羅列→Σ」は，「なんとなくこうかな？」とΣで表し，その"仮説"を(1)のようにしてチェックし，必要に応じて調整していきます．つまり試行錯誤です．

解答

(1) $\displaystyle\sum_{\boxed{k}=1}^{n}(2\boxed{k}-1)! = 1!+3!+5!+\cdots+(2n-1)!.$ //
（$k=1$, $k=2$, $k=3$, $k=n$）

(2) **着眼** 分母は，2ずつ増えるので $2k+○$ のように表します．■

$$与式 = \frac{1}{1}+\frac{1}{3}+\frac{1}{5}+\frac{1}{7}+\frac{1}{9}+\frac{1}{11}$$

$$= \sum_{k=?}^{?}\frac{1}{2k+1} = \sum_{k=0}^{5}\frac{1}{2k+1}. \text{//}$$

注 分母を $2k+1$ と表すと決め，k の範囲を考えると，「$k=0$ から」となりましたね．
逆に「$k=1$ から」にしようと決めると…■

別解

$$与式 = \sum_{k=1}^{6}\frac{1}{2k??} = \sum_{k=1}^{6}\frac{1}{2k-1}. \text{//}$$

注 このように，ある数列の和をΣ記号で表す方法はいろいろあります．

2 $\sum$ 記号の性質

例えば等差数列 $a_n=2n+1$ と等比数列 $b_n=3^n$ の和：$a_n+b_n=2n+1+3^n$ の $\sum$，および a_n の定数倍の $\sum$ はどうなるでしょう？項を羅列してみればカンタンです（笑）．

$(a_1+b_1)+(a_2+b_2)+\cdots+(a_n+b_n)=(a_1+a_2+\cdots+a_n)+(b_1+b_2+\cdots+b_n)$（＋を－にしても同様）

$pa_1+pa_2+\cdots+pa_n=p(a_1+a_2+\cdots+a_n)$

これを，$\sum$ 記号を使って表すと，次の通りです：

$\sum$ 記号の性質 定理

注意！「×」や「÷」はダメ！

❶：$\displaystyle\sum_{k=1}^{n}(a_k\pm b_k)=\sum_{k=1}^{n}a_k\pm\sum_{k=1}^{n}b_k$（複号同順）

和（差）の $\sum$ ＝ $\sum$ の和（差）

❷：$\displaystyle\sum_{k=1}^{n}pa_k=p\sum_{k=1}^{n}a_k$（$p$ は定数）

定数倍の $\sum$ ＝ $\sum$ の定数倍

要するに，「足し算（および引き算）はバラしてよい．定数倍は前に出してよい．」ということです．お気付きの通り，6 7 2最後のコラムで述べた「線形性」そのものです．

問 $\displaystyle\sum_{k=1}^{n}\left(2^k-\frac{2k+1}{3}\right)$ を求めよ．

解答 $\displaystyle\sum_{k=1}^{n}\left(2^k-\frac{2k+1}{3}\right)$

$\displaystyle=\sum_{k=1}^{n}2^k-\sum_{k=1}^{n}\frac{2k+1}{3}$ ❶を左辺→右辺

$\displaystyle=\sum_{k=1}^{n}\overbrace{2^k}^{\text{等比}}-\frac{1}{3}\sum_{k=1}^{n}\overbrace{(2k+1)}^{\text{等差}}$ ❷を左辺→右辺

$\displaystyle=2\cdot\frac{2^n-1}{2-1}-\frac{1}{3}\times\frac{3+2n+1}{2}\cdot n$ 等比，等差の和を別々に求める

$\displaystyle=2^{n+1}-2-\frac{1}{3}n(n+2)$.//

3 階差数列

数列 (a_n) の隣り合う項どうしの差から得られる数列を，(a_n) の**階差数列**といいます．キチンと定義すると次の通りです：

階差数列 定義

数列 (a_n) に対して，$b_n:=a_{n+1}-a_n$ から得られる数列 (b_n) を，(a_n) の**階差数列**という．

$a_1\ a_2\ a_3\ \cdots\ a_{n-1}\ \boldsymbol{a_n}\ \boldsymbol{a_{n+1}}\ \cdots$（$+b_1$, $+b_2$, …, $+b_{n-1}$, $+\boldsymbol{b_n}$）

例1

n	1	2	3	4	5	6
a_n	1	3	7	13	21	31

$+b_1$ $+b_2$ $+b_3$ $+b_4$ $+b_5$

n	1	2	3	4	5
b_n	2	4	6	8	10

有限数列 (a_n) の階差数列 (b_n) は，$b_n=2n$.

例2

n	1	2	3	4	5	6
a_n	1	3	7	15	31	63

$+b_1$ $+b_2$ $+b_3$ $+b_4$ $+b_5$

n	1	2	3	4	5
b_n	2	4	8	16	32

有限数列 (a_n) の階差数列 (b_n) は，$b_n=2^n$.

参考 等差数列 (a_n)（$a_{n+1}-a_n=$ 一定）とは，「階差数列が定数数列である数列」ですね．

語記サポ 階差数列のことを「**階差**」と略すことがあります．

注 隣どうしの差を「a_n-a_{n-1}」のように作ることも多いです．これも，構造・機能としては階差数列と全く同等であり，本書では今後，「**(ほぼ) 階差**」と表現します．ただし，問題文中に「階差数列」という単語があれば，高校教科書における定義に従い「$a_{n+1}-a_n$」を指すと考えてください．■

今後「階差」の様々な活用法を学びます．その前に，**演習問題**7 9 1，2を解いてみてください．

4 階差から和へ 重要度↑

前項で学んだ「階差」は，数列の「和」と密接な関係にあります．

$a_{n+1}-a_n=b_n\ (n\geq 1)$ …① **b_n は a_n の階差** [1)]

であるとき，ⓝ に $1, 2, 3, \cdots, n-1$ を代入して辺々加えると，

$$a_n-a_1=b_1+b_2+b_3+\cdots+b_{n-1}\ (n\geq 2).$$

i.e. $a_n=a_1+\sum_{k=1}^{n-1} b_k$. …② **$a_n$ は b_n の（ほぼ）和**. [2)]

ⓝ	$a_{ⓝ+1}-a_ⓝ=b_ⓝ$
1	$a_2-a_1=b_1$
2	$a_3-a_2=b_2$
3	$a_4-a_3=b_3$
	⋮
$n-1$	$a_n-a_{n-1}=b_{n-1}$ (+
	$a_n-a_1=b_1+b_2+\cdots+b_{n-1}$.

“スタート”時点の関係①：**b_n は a_n の階差**が，“ゴール”では②：**a_n は b_n の（ほぼ）和**となりました．つまり，主語を「b_n は」から「a_n は」に変えると，「階差」が「和」に入れ替わるのです．これは，いつでも成り立つ**一般原理**です．

このようになるのは必然です．例えば右において，各行は隣接項どうしの差ですから，a_1 の左隣は a_2 です．また，a_1 の下隣は，“器” ⓝ へ代入する値が 1 増えるので，同じく a_2 です．そして，これら 2 つの a_2 はプラスとマイナスで消し合います．$a_3, a_4, \cdots$ も同様に消えていくので，左辺に残るのは最初の「$-a_1$」と最後の「$+a_n$」のみになる訳です．

ⓝ	$a_{ⓝ+1}-a_ⓝ=b_ⓝ$
1	$a_2-a_1=b_1$
2	$a_3-a_2=b_2$

余談 階差数列を並べて加えたとき，このようにプラスとマイナスで消し合う現象を，**“パタパタ”**と言ったりします．とっても俗な言い方ですが（笑）．

言い訳 [1)]：正しくは「数列 (b_n) は数列 (a_n) の階差数列」と書くべきですが，簡潔さを優先しました．
[2)]：これも同様です．また，「$+a_1$」があるので，「(ほぼ) 和」と書いています．■

上の結果を用いると，階差数列から元の数列の一般項を求めることができます：

問 次のように帰納的に定義された数列 (a_n) の一般項を求めよ．

$a_1=3,\ a_{n+1}-a_n=2^n\ (n=1, 2, 3, \cdots)$ ••• **2^n は a_n の階差**

方針 上の結果が，「公式」として使えますね．

解答 $n\geq 2$ のとき [3)]

$$a_n=a_1+\sum_{k=1}^{n-1} 2^k$$ ••• **a_n は 2^n の（ほぼ）和**

$$=3+2\cdot\frac{2^{n-1}-1}{2-1}$$ ••• 等比数列の和の公式

$$=2^n+1$$ (これは $n=1$ でも成り立つ [4)]). //

補足 [3)]：$n=1$ だと，$\sum_{k=1}^{0}$ (1 から 0 まで) となり，意味をなしません．

[4)]：$n=1$ のとき，$\begin{cases}\text{左辺}=a_1=3,\\ \text{右辺}=2^1+1=3.\end{cases}$ よって

この等式は確かに成り立ちます．

注 重要度↑ 本問は，上記の一般論における前提：①の「b_n」の所を「2^n」と具体的に書き直しただけですから，その結果：②を「公式」とみなしてそれに“当てはめる”だけで正解が得られます．しかし，レベルが上がると「公式」として暗記しただけでは通用せず，それを導く過程で行われる“パタパタ”こそが重要となってきます．［→例題 7 6 d］

くれぐれも**問題①→解答②をシステム化しないこと！**上で説明したプロセスを重視し，**解答** 2 行目に青字で書いた k の範囲が**考えて**書けるようにしましょう．

5 和から階差へ 重要度↑

前項とは逆に「和」から“スタート”して，“ゴール”を「階差」としてみます．

$$S_{ⓝ}=a_1+a_2+\cdots+a_{ⓝ-1}+a_{ⓝ}\left(=\sum_{k=1}^{ⓝ}a_k\right)\ (ⓝ\geqq 1)\ \cdots ③$$ $\boxed{S_n \text{ は } a_n \text{ の和}}$

であるとき，ⓝ を $n-1$ に変えると[1)]

$$S_{n-1}=a_1+a_2+\cdots+a_{n-1}\ (n\geqq 2).\ \cdots ③'$$

これらを辺々引くと

$$S_n-S_{n-1}=a_n\ ({}^{2)}\ n\geqq 2).\ \cdots ④$$ $\boxed{a_n \text{ は } S_n \text{ の（ほぼ）階差}}$ [3)]

前項と同様，主語を取り換えると「和」と「階差」が入れ替わりましたね．

注 [1)]：③の右辺：$\sum_{k=1}^{ⓝ}a_k$ の“器” ⓝ の中身を「$n-1$」に変えるので，③′の右辺は $\sum_{k=1}^{\boxed{n-1}}a_k=a_1+a_2+\cdots+a_{n-1}$ となります．そして，これは $n=1$ だと $\sum_{k=1}^{0}a_k$ となって意味をなしませんから，③′は $n\geqq 2$ においてのみ成り立ちます．

[2)]：よって，③と③′の両方から得られる④も，$n\geqq 2$ においてのみ成り立ちます．

なお，$n=1$ のときの③より，$S_1=a_1$ となります．

言い訳 [3)]：S_n の「階差数列」とは $S_{n+1}-S_n$ です．そこで，「（ほぼ）階差」とゴマカシました．■

前項の内容と合わせて，次の一般論が成り立つことがわかりました：

階差と和の関係 **原理** 重要度↑

b_nが（ほぼ）a_nの**階差**

主語を取り換える ↕　　↕「階差」と「和」が入れ替わる

$\Longleftrightarrow a_n$が（ほぼ）b_nの**和**.

とくに，

丸暗記は不可！

$$a_{n+1}-a_n=b_n \Longrightarrow a_n=a_1+\sum_{k=1}^{n-1}b_k\ (n\geqq 2).$$

$$S_n=\sum_{k=1}^{n}a_k \Longrightarrow a_n=\begin{cases}S_n-S_{n-1}\ (n\geqq 2),\\ S_1\ (n=1).\end{cases}$$

このように，「階差」と「和」はまさに表裏一体です．

注 大学以降では，「階差」・「和」のことをそれぞれ「**差分**」・「**和分**」といい，「微分」・「積分」とよく似た関係にあるものとして有名です．入試問題作成者はこうした基本原理を知っている人ですから，受験生も同じ知識を共有できている方が当然問題は解きやすくなります．

問 数列 (a_n) の初項から第 n 項までの和を S_n とする．$S_n=n^2+5\ (n=1,2,3,\cdots)$ のとき，(a_n) の一般項を求めよ．

着眼 S_n は a_n の和ですから，a_n は S_n の（ほぼ）階差です．

解答 $n\geqq 2$ のとき

$$\begin{aligned}a_n&=S_n-S_{n-1}\ ^{4)}\\&=(n^2+5)-\{(n-1)^2+5\}\\&=2n-1.\end{aligned}$$

また，与式で $n=1$ とすると

$$a_1=S_1=6.$$

以上より，$a_n=\begin{cases}2n-1\ (n\geqq 2),\\ 6\ (n=1)\end{cases}$ //

解説 [4)]：**注** 重要度↑ 本問では，上記一般論における前提：③から得られる結果：④を「公式」として使いましたが，それを導く過程がいつでも頭の中には浮かんでいるべきです．

6 階差に分解して和を求める

本項では，4：「階差から和へ」を利用して数列の和を求める練習をします．

例1 $a_n = \dfrac{1}{n}\ (n \geq 1)$ のとき，(a_n) の階差は

$$b_n := a_{n+1} - a_n = \frac{1}{n+1} - \frac{1}{n} = \frac{-1}{n(n+1)}.$$

b_n は a_n の階差

例2 $a_n = n(n+1)(n+2)\ (n \geq 0)$ のとき，

$$b_n := a_n - a_{n-1}\ (n \geq 1) = n(n+1)(n+2) - (n-1)n(n+1) = n(n+1)\{(n+2)-(n-1)\} = 3n(n+1).$$

b_n は a_n の（ほぼ）階差

いずれにおいても，a_n は b_n の（ほぼ）**和**になります．つまり，b_n の和が a_n を利用して求まる訳です．この事実を知った上で，実際に b_n の「和」を求めてみましょう．

例題 7 5 a 階差に分解→和 重要度↑ 根底 実戦 典型

[→演習問題 7 9 3]

(1) $\displaystyle\sum_{k=1}^{n} \frac{1}{k(k+1)}$ を求めよ．

(2) $\displaystyle\sum_{k=1}^{n} k(k+1)$ を求めよ．

着眼 例1 例2の（ほぼ[1]）b_n の和を求めよという問です．ここでは，上記のように b_n は a_n の（ほぼ）階差の形になり，a_n が b_n の（ほぼ）和になることが既にわかっていますね．

注 [1]：例1では「-1 倍」，例2では「3 倍」という違いがあるので「ほぼ」と書いています．

(1) **解答** 「a_n」「b_n」は例1のもの

$$\sum_{k=1}^{n} \frac{1}{k(k+1)} \quad \text{（ほぼ）} b_n \text{ の和}$$

$$= \sum_{k=1}^{n} \left(\frac{1}{k} - \frac{1}{k+1} \right)^{2)}$$

$$= 1 - \frac{1}{n+1}.\ /\!/ \quad \text{（ほぼ）} a_{n+1}$$

k	$\frac{1}{k} - \frac{1}{k+1}$
1	$\frac{1}{1} - \frac{1}{2}$
2	$\frac{1}{2} - \frac{1}{3}$
3	$\frac{1}{3} - \frac{1}{4}$
⋮	⋮
n	$\frac{1}{n} - \frac{1}{n+1}$
和	$\frac{1}{1} - \frac{1}{n+1}$

解説 右に書いた“パタパタ”のプロセスは計算用紙 or 暗算で済ませて答案には明示しないのが普通です（状況次第ですが）．

補足 答えは通分して $\dfrac{n}{n+1}$ とする人が多いですが，上記の通り「分子の低次化」がなされた形のままでも OK です．■

(2) **解答** 「a_n」「b_n」は例2のもの

$$\sum_{k=1}^{n} k(k+1) \quad \text{（ほぼ）} b_n \text{ の和}$$

$$= \sum_{k=1}^{n} \frac{1}{3} \{\underbrace{k(k+1)(k+2)}_{a_k \text{ とおく}} - (k-1)k(k+1)\}^{3)}$$

$$= \frac{1}{3} \sum_{k=1}^{n} (a_k - a_{k-1})$$

$$= \frac{1}{3} (a_n - \underbrace{a_0}_{0})$$

$$= \frac{1}{3} n(n+1)(n+2).\ /\!/ \quad \text{（ほぼ）} a_n$$

k	$a_k - a_{k-1}$
1	$a_1 - a_0$
2	$a_2 - a_1$
3	$a_3 - a_2$
⋮	⋮
n	$a_n - a_{n-1}$
和	$a_n - a_0$

補足 (1)の「$\dfrac{1}{k}$」と違い，「$k(k+1)(k+2)$」は書くのがメンドウなので，「a_k」という名前で簡潔に記述しました．この方が和が求まる理屈もよくわかりますね．

解説 [2]：階差とは逆順の差：$a_k - a_{k+1}$ ですが，取るに足らないことです．

[3]：定数 $\dfrac{1}{3}$ 倍が付いていても，大勢に影響はありません．

本問の解答は，上記例1 例2のような“準備”を通して，和を求めたい b_n が別の数列 a_n の（ほぼ）階差であることを知っていて初めて可能となります．こうした**予め知っておきたい“予備知識”**をまとめたのが次です．けっこうたくさんありますが，徐々に，おおよその形を覚えていけば OK です．

よく用いる（ほぼ）階差への分解 知識

種別		和を求めたい b_k		別の数列 a_k の（ほぼ）階差
部分分数展開	❶	$\dfrac{1}{k(k+1)}$	$=$	$\dfrac{1}{k}-\dfrac{1}{k+1}$
	❷	$\dfrac{1}{k(k+1)(k+2)}$	$=$	$\dfrac{1}{2}\left\{\dfrac{1}{k(k+1)}-\dfrac{1}{(k+1)(k+2)}\right\}$
	❸	$\dfrac{1}{k(k+2)}$	$=$	$\dfrac{1}{2}\left(\dfrac{1}{k}-\dfrac{1}{k+2}\right)$
連続整数の積	❹	$k(k+1)$	$=$	$\dfrac{1}{3}\{k(k+1)(k+2)-(k-1)k(k+1)\}$
	❺	$k(k+1)(k+2)$	$=$	$\dfrac{1}{4}\{k(k+1)(k+2)(k+3)-(k-1)k(k+1)(k+2)\}$
二項係数	❻	${}_kC_r$	$=$	${}_{k+1}C_{r+1}-{}_kC_{r+1}$　${}_kC_r$ は連続 r 整数の積（の定数倍）
階乗	❼	$k\cdot k!$	$=$	$(k+1)!-k!$
	❽	$\dfrac{k}{(k+1)!}$	$=$	$\dfrac{1}{k!}-\dfrac{1}{(k+1)!}$
$\sqrt{\ }$	❾	$\dfrac{1}{\sqrt{k}+\sqrt{k+1}}$	$=$	$\sqrt{k+1}-\sqrt{k}$
対数	❿	$\log_2\dfrac{k+1}{k}$	$=$	$\log_2(k+1)-\log_2 k$
三角関数	⓫	$\cos k\theta\sin\dfrac{\theta}{2}$	$=$	$\dfrac{1}{2}\left\{\sin\left(k+\dfrac{1}{2}\right)\theta-\sin\left(k-\dfrac{1}{2}\right)\theta\right\}$

これらのほとんどは，右辺を計算すると左辺と一致することがわかります．ただし，❻は I+A 738 最後のコラム❷を利用．❾は左辺の分母を有理化．⓫は左辺を積和公式で変形．

注　もちろんこれら以外にもありますが，多くは❶〜⓫をベースとして対処できます．■

例題 75b 部分分数展開→和　根底 実戦　典型　[→演習問題793]

$\displaystyle\sum_{k=1}^{n}\frac{1}{k(k+1)(k+2)}$ を求めよ．

着眼　「たしか❷のような変形ができたっけ？」程度の知識があれば大丈夫です．

解答　$\displaystyle\sum_{k=1}^{n}\frac{1}{k(k+1)(k+2)}$

$\displaystyle=\sum_{k=1}^{n}?\cdot\left\{\frac{1}{k(k+1)}-\frac{1}{(k+1)(k+2)}\right\}$ 1)

$\left(\text{通分すると}\ \dfrac{(k+2)-k}{k(k+1)(k+2)}\ \text{だから…}\right)$ 2)

$\displaystyle=\sum_{k=1}^{n}\frac{1}{2}\left\{\underbrace{\frac{1}{k(k+1)}}_{a_k\text{とおく}}-\frac{1}{(k+1)(k+2)}\right\}$ 3)

$\displaystyle=\frac{1}{2}\sum_{k=1}^{n}(a_k-a_{k+1})$

$=\dfrac{1}{2}(a_1-a_{n+1})$ …（ほぼ）a_n

$=\dfrac{1}{2}\left\{\dfrac{1}{2}-\dfrac{1}{(n+1)(n+2)}\right\}$

$=\dfrac{n(n+3)}{4(n+1)(n+2)}$．//

k	a_k-a_{k+1}
1	a_1-a_2
2	a_2-a_3
3	a_3-a_4
⋮	⋮
n	a_n-a_{n+1}
和	a_1-a_{n+1}

注　答えはその 1 行上のままでも OK かも．

解説　上記 解答 の左列：「部分分数展開」[→136] の手順を確認しておきます：

1)：おおよその結果を予想して書く．ある程度の経験・予備知識が要ります．

2)：「通分」という順方向の計算によりチェック．

3)：定数倍の違いとか符号を微調整．

7 Σ多項式の公式

前項の例題7 5 a(2)では，連続2整数の積：$k(k+1)$ の和を求めました．それと同様にして，連続3整数の積の和も求まります：

$$\sum_{k=1}^{n} k(k+1)(k+2)$$

$$= \sum_{k=1}^{n} ?\cdot\{k(k+1)(k+2)(k+3)-(k-1)k(k+1)(k+2)\}$$

（因数分解すると，$k(k+1)(k+2)\{\underbrace{(k+3)-(k-1)}_{4}\}$）

$$= \sum_{k=1}^{n} \frac{1}{4}\{\underbrace{k(k+1)(k+2)(k+3)}_{a_k\text{ とおく}}-(k-1)k(k+1)(k+2)\}$$

$$= \frac{1}{4}\sum_{k=1}^{n}(a_k-a_{k-1})$$

$$= \frac{1}{4}(a_n-\underbrace{a_0}_{0}) = \frac{1}{4}n(n+1)(n+2)(n+3).$$

k	$a_k - a_{k-1}$
1	$a_1 - a_0$
2	$a_2 - a_1$
3	$a_3 - a_2$
⋮	⋮
n	$a_n - a_{n-1}$
和	$a_n - a_0$

連続整数の積の和に関するこれらの結果を用いれば，平方数 k^2 や立方数 k^3 の和も簡単です：

例題 7 5 C $\sum k^2$，$\sum k^3$ の公式の証明　重要度↑　根底 実戦

[→演習問題7 9 5]

(1) $\displaystyle\sum_{k=1}^{n} k(k+1)=\frac{1}{3}n(n+1)(n+2)$ を既知として，$\displaystyle\sum_{k=1}^{n} k^2$ を求めよ．

(2) $\displaystyle\sum_{k=1}^{n} k(k+1)(k+2)=\frac{1}{4}n(n+1)(n+2)(n+3)$ を既知として，$\displaystyle\sum_{k=1}^{n} k^3$ を求めよ．

解答

(1) $$\sum_{k=1}^{n} k^2=\sum_{k=1}^{n}\{k(k+1)-k\}$$

$$=\sum_{k=1}^{n} k(k+1)-\sum_{k=1}^{n} k \quad \text{（等差の和）}$$

$$=\frac{1}{3}n(n+1)(n+2)-\frac{1+n}{2}\cdot n$$

$$=\frac{1}{6}n(n+1)\{2(n+2)-3\}$$

$$=\frac{1}{6}n(n+1)(2n+1).//$$

(2) $$\sum_{k=1}^{n} k^3=\sum_{k=1}^{n}(k^3-k+k)\ (\text{以下}, n\geq 2)$$

$$=\sum_{k=2}^{n}(k-1)k(k+1)+\sum_{k=1}^{n}k \quad {}^{1)}\ (k=1\text{のとき}0)$$

$$=\sum_{l=1}^{n-1}l(l+1)(l+2)+\sum_{k=1}^{n}k \quad {}^{2)}\ (l:=k-1)$$

$$=\frac{1}{4}(n-1)n(n+1)(n+2)+\frac{1}{2}n(n+1) \quad \text{（与式の } n \text{ を } n-1 \text{ とした）}$$

$$=\frac{1}{4}n(n+1)\{(n-1)(n+2)+2\}$$

$$=\frac{1}{4}n^2(n+1)^2\ (n=1\text{ でも成立}).//$$

解説 1)：$(k-1)k(k+1)$ は $k=1$ のとき0なので，「$k=1$」→「$k=2$」としてもOKですね．
2)：Σの"ダミー変数"を k から l に変えましたが，項の羅列を考えればどちらも
$1\cdot2\cdot3+2\cdot3\cdot4+\cdots+(n-1)n(n+1)$ であり，両者は同じものです．

注 本書では，「階差に分解」→「Σ連続整数の積」→「$\sum k^2$ など」の順に導きました．学校教科書では，別の（少し手間のかかる）導き方が行われていますが，けっきょく「階差に分解」という手法を使っていることには変わりありません．[→演習問題7 9 5]

前問で得た結果などをまとめておきます．今後は，公式として活用します．

Σ 多項式の公式 定理

❶：$\sum_{k=1}^{n} k=\frac{1}{2}n(n+1)$　等差の和の公式でもある

❷：$\sum_{k=1}^{n} k^2=\frac{1}{6}n(n+1)(2n+1)$　　❷′：$\sum_{k=1}^{n} k(k+1)=\frac{1}{3}n(n+1)(n+2)$

❸：$\sum_{k=1}^{n} k^3=\frac{1}{4}n^2(n+1)^2=\left\{\frac{1}{2}n(n+1)\right\}^2$　　❸′：$\sum_{k=1}^{n} k(k+1)(k+2)=\frac{1}{4}n(n+1)(n+2)(n+3)$

注意！ 公式❶❷❸は，必ず「$k=1$ から」として使います．

これらの等式において，$\sum^{\boxed{n}}$ の $\boxed{n}$ という“器”には，任意の自然数を代入できます．例えば❷で $\boxed{n}$ を $n+1$ とすると，右辺は $\frac{1}{6}(\boxed{n+1})(\boxed{n+1}+1)\{2(\boxed{n+1})+1\}=\frac{1}{6}(n+1)(n+2)(2n+3)$ です．

補足 ❸の右辺は，❶の右辺の 2 乗になっていますね．

注 筆者は❷′❸′も公式として使っています（というか，それを導くプロセスを暗算処理してその場で思い出しています）．高校教科書では公式扱いされてはいませんので，テストでの使用の可否は状況次第です．ちなみに，お隣さん：韓国の教科書では公式扱いされています．

例題 7 5 d　Σ 多項式の計算　根底 実戦

[→演習問題 7 9 6]

n は自然数の定数とする．$\sum_{k=1}^{n}\left(k^3+4k^2+3k\right)$ を計算せよ．

方針 とりあえず和の Σ を分解すれば，上記公式❶〜❸が使えます．

解答 $\sum_{k=1}^{n}\left(k^3+4k^2+3k\right)$

$=\sum_{k=1}^{n} k^3+4\sum_{k=1}^{n} k^2+3\sum_{k=1}^{n} k$

$=\frac{1}{4}n^2(n+1)^2+4\cdot\frac{1}{6}n(n+1)(2n+1)+3\cdot\frac{1}{2}n(n+1)$

$=\frac{1}{12}n(n+1)\{3n(n+1)+8(2n+1)+18\}$

$=\frac{1}{12}n(n+1)\left(3n^2+19n+26\right)$

$=\frac{1}{12}n(n+1)(n+2)(3n+13)$.//

別解 （実は，❷′❸′が使えます．）

k^3+4k^2+3k

$=k(k+1)(k+3)$

$=k(k+1)(\underline{k+2}+1)$

$=k(k+1)(\underline{k+2})+k(k+1)$.

よって与式は，

$\sum_{k=1}^{n} k(k+1)(k+2)+\sum_{k=1}^{n} k(k+1)$

$=\frac{1}{4}n(n+1)(n+2)(n+3)+\frac{1}{3}n(n+1)(n+2)$

$=\frac{1}{12}n(n+1)(n+2)\{3(n+3)+4\}$

$=\frac{1}{12}n(n+1)(n+2)(3n+13)$.//

解説 どちらかというと，別解の方が簡便でしたね．例によって，「どういう問題ではどっちのやり方」という発想の仕方は NG．その場で両天秤にかけ，少し暗算してトクな方を選択します．

補足 検算のため，$n=1$ のときを考えると，与式 $=1+4+3=8$，答え $=\frac{1}{12}\cdot1\cdot2\cdot3\cdot16=8$．どうやら大丈夫そうですね．今後の問題でも，極力検算を行うようにしましょう．

注 繰り返しになりますが，テストで❷′❸′を使ってよいかどうかは状況次第です．

8 Σ計算の総合練習

本項では，様々な方法を駆使して数列の和（Σ）を計算する練習を行います．これが自在にできるようにしておくと，高度な問題にチャレンジする際に発想面に集中できるので断然有利になります．
準備として，これまで見てきた数列の和の求め方をまとめておきます．大きく 5 タイプに分けられます：

和を求める手法 方法論

ⓐ：等差数列	→	初め，終わり，個数 による	[→723]
ⓑ：等比数列	→	初め，公比，個数 による	[→733]
ⓒ：等差数列×等比数列	→	ⓑの証明過程・結果を両方使う	[→735]
ⓓ：階差の形に分解	→	“パタパタ”消し合う	[→756]
ⓔ：$\sum_{k=1}^{n} k^2$ などの公式利用	→	注 $k=1$ から使う	[→757]

注　他に，二項係数の和を二項定理でまとめる手法もありましたね．[→例題11g]

ⓒの例：$\sum_{k=1}^{n} \underbrace{k}_{1\text{次}} \cdot 3^k$ の発展版として，$\sum_{k=1}^{n} \underbrace{k^2}_{2\text{次}} \cdot 3^k$ とかもあります．[→演習問題7411] ■

それでは和を求める練習をしましょう．ⓐ～ⓔのどれを使うかを見抜き，合理的な計算を心掛けてください．Σ の性質[→752]も忘れずに．

例題 75e 和を求める練習（基礎確認） 根底 実戦 [→演習問題796]

次の和を計算せよ．(1) $\sum_{k=1}^{n} \frac{k}{(k+1)!}$　(2) $\sum_{k=1}^{n} (nk + 2^{n+k})$

着眼　上記ⓐ～ⓔの基礎的な使い方を少し練習しておきます．

解答 (1) $\sum_{k=1}^{n} \frac{k}{(k+1)!}$

$= \sum_{k=1}^{n} \frac{(k+1)-1}{(k+1)!}$ 1)

$= \sum_{k=1}^{n} \left\{ \underbrace{\frac{1}{k!}}_{a_k\text{とおく}} - \frac{1}{(k+1)!} \right\}$

$= \sum_{k=1}^{n} (a_k - a_{k+1})$

$= a_1 - a_{n+1} = 1 - \frac{1}{(n+1)!}$.//

k	$a_k - a_{k+1}$
1	$a_1 - a_2$
2	$a_2 - a_3$
3	$a_3 - a_4$
⋮	⋮
n	$a_n - a_{n+1}$
和	$a_1 - a_{n+1}$

注　1)：巧妙な変形に見えるかもしれませんが，756❽を予め知っていて，その右辺の形を目指そうとすれば，ワリと普通に浮かぶアイデアです．

(2) **着眼** 重要度↑ Σ 計算を司（つかさど）る“ダミー変数” k が主体．n は定数とみて扱います．■

$\sum_{k=1}^{n} (nk + 2^{n+k})$

$= \sum_{k=1}^{n} (n \cdot k + 2^n \cdot 2^k)$

$= n \sum_{k=1}^{n} k + 2^n \sum_{k=1}^{n} 2^k$ 2)

$= n \cdot \frac{1}{2} n(n+1) + 2^n \cdot 2 \cdot \frac{2^n - 1}{2-1}$

$= \frac{1}{2} n^2 (n+1) + 2^{n+1} (2^n - 1)$.//

注　2)：2^{n+k} が，このままで「公比 2 の等比数列」だとわかるなら，この式変形は不要です．

例題 75f 和を求める練習（標準的） 根底 実戦 [→演習問題796]

次の和を計算せよ．

(1) $\displaystyle\sum_{k=0}^{n}(k^2+2k+3)$　(2) $\displaystyle\sum_{k=1}^{n}(k+1)(k^2-k+1)$　(3) $\displaystyle\sum_{k=1}^{n}2^{2k-1}+\sum_{k=1}^{n}2\cdot4^k$

解答 (1) **方針** k^2 と $2k+3$ の2つに分解して考えます．■

$$\sum_{k=0}^{n}(k^2+2k+3)$$
$$=\sum_{k=1}^{n}k^2+\sum_{k=0}^{n}(\overbrace{2k+3}^{\text{等差}})$$
$$=\frac{1}{6}n(n+1)(2n+1)+\frac{3+(2n+3)}{2}\cdot(n+1)$$

初め　終わり　個数

$$=\frac{1}{6}(n+1)\{n(2n+1)+6(n+3)\}$$
$$=\frac{1}{6}(n+1)(2n^2+7n+18).$$ //

解説 $\sum k^2$ の公式は「$k=1$ から」として使います．本問は「$k=0$ から」となっているので工夫を要します．$k=0$ のとき，幸い k^2 は消えるので上手くいきましたね．ただし，$2k+3$ の方は0ではありませんよ！

注 1次式「$2k+3$」は等差数列を表します．$2k$ と3に分解するのは下手過ぎです．
等差数列の和の公式は大丈夫ですね？■

(2) **方針** $(k+1)$ と (k^2-k+1) の積の Σ は分解不能．展開して和の Σ にすれば分解可能．■

$$\sum_{k=1}^{n}(k+1)(k^2-k+1)$$
$$=\sum_{k=1}^{n}(k^3+1)$$
$$=\sum_{k=1}^{n}k^3+\sum_{k=1}^{n}1$$
$$=\frac{1}{4}n^2(n+1)^2+n\cdot1$$
$$=\frac{1}{4}n\{n(n+1)^2+4\}$$
$$=\frac{1}{4}n(n^3+2n^2+n+4).$$ //

注 **数の並び**が思い浮かんでいれば，

$$\sum_{k=1}^{n}1=\underbrace{1+1+\cdots+1}_{n\text{個}}=n\cdot1$$

だとわかります．そうでない人は，平気でこの Σ を「1」と答えてしまいます．

なお，$\displaystyle\sum_{k=1}^{n}1$ のことを $\displaystyle\sum_{k=1}^{n}$ とも書きます．$\int 1\,dx$ を $\int dx$ と書いてしまうのと同様です．■

(3) **方針** 2つの Σ を1つにまとめましょう．■

$$\sum_{k=1}^{n}2^{2k-1}+\sum_{k=1}^{n}2\cdot4^k$$ どちらも $\displaystyle\sum_{k=1}^{n}$

$$=\sum_{k=1}^{n}(2^{2k-1}+2\cdot4^k)$$ 1つの Σ にまとまる

$$=\sum_{k=1}^{n}\frac{5}{2}\cdot4^k=10\cdot\frac{4^n-1}{4-1}=\frac{10}{3}(4^n-1).$$ //

初め　個数　公比

解説 2つの累乗は，どちらも「4^k」の形になるので1つにまとめたいですね．

2つの Σ がいずれも「$\displaystyle\sum_{k=1}^{n}$」であり，"ダミー変数" k の範囲が揃っているのでこのまま1つにまとまります．それに対し，範囲がズレているケースでは… [→例題75g(2)]

注 等比数列の和の公式は大丈夫ですね？

補足 最初の式変形の過程を書くと…

$$2^{2k-1}+2\cdot4^k=2^{2k}\cdot2^{-1}+2\cdot4^k$$
$$=\frac{1}{2}\cdot(2^2)^k+2\cdot4^k$$
$$=\frac{1}{2}\cdot4^k+2\cdot4^k$$
$$=\left(\frac{1}{2}+2\right)4^k=\frac{5}{2}\cdot4^k.$$

一気に暗算できるようにしてください．

例題 75g 和を求める練習（少し変化） 根底 実戦

[→演習問題796]

次の和を計算せよ．

(1) $\displaystyle\sum_{k=1}^{n}\frac{1}{k(k+2)}$　　(2) $\displaystyle\sum_{k=0}^{n-1}\left(k^2+k+1\right)+\sum_{k=1}^{n}k^2$　　(3) $\displaystyle\sum_{k=2}^{n}k(k+1)\ (n\geq 2)$

着眼 どの問いも，これまでと比べてちょっとした変化があります．

解答 (1) $\displaystyle\sum_{k=1}^{n}\frac{1}{k(k+2)}$

$\displaystyle=\sum_{k=1}^{n}?\cdot\left(\frac{1}{k}-\frac{1}{k+2}\right)$

(通分すると分子は 2 ゆえ…)

$\displaystyle=\sum_{k=1}^{n}\frac{1}{2}\left(\underbrace{\frac{1}{k}}_{a_k\text{ とおく}}-\frac{1}{k+2}\right)$

$\displaystyle=\frac{1}{2}\sum_{k=1}^{n}\left(a_k-a_{k+2}\right)$

k	a_k-a_{k+2}
1	a_1-a_3
2	a_2-a_4
3	a_3-a_5
4	a_4-a_6
⋮	⋮
$n-1$	$a_{n-1}-a_{n+1}$
n	a_n-a_{n+2}

$\displaystyle=\frac{1}{2}\left(a_1+a_2-a_{n+1}-a_{n+2}\right)\ (n\geq 2\ ^{1)})$ …①

$\displaystyle=\frac{1}{2}\left(\frac{3}{2}-\frac{1}{n+1}-\frac{1}{n+2}\right)$ ($n=1$ でも可)．//

解説 変則的な“パタパタ”．2 行ズレた項どうしが消し合います．

補足 重要度↓ 1)：$n=1$ のときは，“羅列”が 1 行で終わります．ところが①式は，最低 2 行は書いたことを前提としているので意味をなしません．

しかし，①式は $n=1$ のとき

$\displaystyle\frac{1}{2}\left(a_1+a_2-a_2-a_3\right)=\frac{1}{2}\left(a_1-a_3\right)$

となり，$n=1$ のときの“1 行”と一致します．■

(2) **方針** $\sum$ を 1 つにまとめる工夫をします．■

$\displaystyle\sum_{k=0}^{n-1}\left(k^2+k+1\right)+\sum_{k=1}^{n}k^2$

$\displaystyle=\sum_{k=0\to 1}^{n-1}k^2+\sum_{k=0}^{n-1}(k+1)+\sum_{k=1}^{n-1}k^2+n^2\ (n\geq 2)$

$\displaystyle=\sum_{k=0}^{n-1}(\underbrace{k+1}_{\text{等差}})+2\sum_{k=1}^{n-1}k^2+n^2$

$\displaystyle=\frac{1+n}{2}\cdot n+\frac{1}{3}(n-1)n(\underline{2n-1})+n^2$　（$2(n-1)+1$）

$\displaystyle=\frac{1}{6}n\left\{3(n+1)+2(n-1)(2n-1)+6n\right\}$

$\displaystyle=\frac{1}{6}n\left(4n^2+3n+5\right)$ ($n=1$ でも成立)．//

解説 2 つの $\sum k^2$ をまとめるため，k の範囲を「1〜$n-1$」に揃えました．■

(3) **着眼** 「$k=2$ から」をどう扱うか？

$\displaystyle\sum_{k=2}^{n}k(k+1)$

$\displaystyle=\sum_{k=2}^{n}\left(k^2+k\right)$

$\displaystyle=\sum_{k=2}^{n}k^2+\sum_{k=2}^{n}k$　「k」は等差

$\displaystyle=\underbrace{\sum_{k=1}^{n}k^2-1^2}_{2)}+\frac{2+n}{2}\cdot(n-1)$

$\displaystyle=\frac{1}{6}n(n+1)(2n+1)-1+\frac{1}{2}(n+2)(n-1)$

$\displaystyle=\frac{1}{6}\left(2n^3+6n^2+4n-12\right)$

$\displaystyle=\frac{1}{3}\left(n^3+3n^2+2n-6\right)$．//

解説 2)：$\displaystyle\sum_{k=2}^{n}k^2=\left(1^2+2^2+3^2+\cdots+n^2\right)-1^2$

のように数の並びを思い浮かべています．

別解 （「連続整数の積」→「階差へ分解」）

$\displaystyle\sum_{k=2}^{n}k(k+1)$

$\displaystyle=\sum_{k=2}^{n}\frac{1}{3}\{\underbrace{k(k+1)(k+2)}_{a_k\text{ とおく}}-(k-1)k(k+1)\}$

$\displaystyle=\sum_{k=2}^{n}\frac{1}{3}\left(a_k-a_{k-1}\right)$

$\displaystyle=\frac{1}{3}\left(a_n-a_1\right)$

$\displaystyle=\frac{1}{3}\left\{n(n+1)(n+2)-1\cdot2\cdot3\right\}$

$\displaystyle=\frac{1}{3}\left(n^3+3n^2+2n-6\right)$．//

k	a_k-a_{k-1}
2	a_2-a_1
3	a_3-a_2
4	a_4-a_3
⋮	⋮
n	a_n-a_{n-1}
和	a_n-a_1

注 $\sum k^2$ の公式は「$k=1$ から」に縛られますが，「連続整数の積」の手法なら問題なし．■

例題 75h 和を求める練習（数の並び） 重要度↑ 根底 実戦 [→演習問題796]

次の和を計算せよ．（n は自然数とする．）

(1) $\displaystyle\sum_{k=1}^{n}(k+1)^2$　(2) $\displaystyle\sum_{k=1}^{n}(n-k+1)^3$　(3) $\displaystyle\sum_{k=1}^{n}(2k-1)^2+\sum_{k=1}^{n}(2k)^2$

(4) $\displaystyle\sum_{k=1}^{n}(2k-1)^2$　(5) $1\cdot n+2\cdot(n-1)+3\cdot(n-2)+\cdots+n\cdot 1$

解答 (1) **着眼** 展開するのはメンドウ．■

$$\sum_{k=1}^{n}(k+1)^2$$
$$=2^2+3^2+4^2+\cdots+(n+1)^2$$
$$=\sum_{l=2}^{n+1}l^2\ (l:=k+1)$$
$$=\sum_{l=1}^{n+1}l^2-1^2$$
$$=\frac{1}{6}(n+1)(n+2)(2n+3)-1$$
$$=\frac{1}{6}n(2n^2+9n+13).〃$$

注 答えの 1 行上は，式全体が展開し切るでも因数分解し切るでもない中途半端な形です．

(2) **着眼** ますます展開はメンドウ．■

$$\sum_{k=1}^{n}(n-k+1)^3$$
$$=n^3+(n-1)^3+(n-2)^3+\cdots+2^3+1^3$$
$$=\sum_{l=1}^{n}l^3=\frac{1}{4}n^2(n+1)^2.〃$$

解説 立方数を逆順に並べただけ（笑）．■

(3) **着眼** 2 つの Σ を $\displaystyle\sum_{k=1}^{n}\left(8k^2-4k+1\right)$ とまとめてもできますが…メンドウです．■

$$\sum_{k=1}^{n}(2k-1)^2+\sum_{k=1}^{n}(2k)^2$$
$$=1^2+3^2+5^2+\cdots+(2n-1)^2$$
$$+2^2+4^2+6^2+\cdots+(2n)^2$$
$$=\sum_{l=1}^{2n}l^2\ \cdots①$$
$$=\frac{1}{6}(2n)(2n+1)(4n+1)$$
$$=\frac{1}{3}n(2n+1)(4n+1).〃$$

(4) **着眼** もちろん展開してもできますが，前問を利用してみましょう．■

$$\sum_{k=1}^{n}(2k-1)^2 \quad \left(4\sum_{k=1}^{n}k^2\right)$$
$$=\sum_{l=1}^{2n}l^2-\sum_{k=1}^{n}(2k)^2\ (\because\ ①)$$
$$=\frac{1}{3}n(2n+1)(4n+1)-\frac{2}{3}n(n+1)(2n+1)$$
$$=\frac{1}{3}n(2n+1)\{(4n+1)-2(n+1)\}$$
$$=\frac{1}{3}n(2n+1)(2n-1).〃$$

(5) **着眼** (4)までは，「Σ 記号」を「羅列」に書き改めて実像を把握すると簡単になりましたが，逆のケースもあるよという話です．■

$$与式=\sum_{k=1}^{n}k(n+1-k)$$
$$=(n+1)\sum_{k=1}^{n}k-\sum_{k=1}^{n}k^2$$
$$=(n+1)\cdot\frac{1}{2}n(n+1)-\frac{1}{6}n(n+1)(2n+1)$$
$$=\frac{1}{6}n(n+1)\{3(n+1)-(2n+1)\}$$
$$=\frac{1}{6}n(n+1)(n+2).〃$$

余談 ハイレベル↑ $1\sim n+2$ から 3 個を取り出す組合せのうち，2 個目が $k+1$ 番目であるものは，
$k\cdot(n+1-k)$ 通り．

$1\ \ 2\ \cdots\ k$	$k+1$	$k+2\ \cdots\ n+2$
…○…	○	…○…
k 通り		$n+1-k$ 通り

これを，k のとり得る値：$k=1,2,3,\cdots,n$ について加えたのが与式ですから，その答えは

$${}_{n+2}\mathrm{C}_3=\frac{(n+2)(n+1)n}{3!}$$

と一致するのが当然ですね．

9 数列の増減

本節の最後に，数列の増減，延いては最大・最小となる項に関して考察します．

数列 (a_n) の増減，つまり隣接項 a_n と a_{n+1} の**大小関係**の調べ方の基本は，次の通りです：

$a_n < a_{n+1}$ → 増加
$a_n > a_{n+1}$ → 減少

階差: $a_{n+1} - a_n$ の符号によって調べる．

例題 7 5 i 数列の増減 根底 実戦 典型

[→演習問題 7 9 15]

$a_n = n(n-1)\left(\frac{5}{6}\right)^n$ が最大となる自然数 n を求めよ．

解答 $a_{n+1} - a_n$

$= (n+1)n\left(\frac{5}{6}\right)^{n+1} - n(n-1)\left(\frac{5}{6}\right)^n$

$= \underbrace{n\left(\frac{5}{6}\right)^n}_{\text{正}}\left\{\frac{5}{6}(n+1) - (n-1)\right\}.$

これは，次と同符号：

$5(n+1) - 6(n-1) = 11 - n.$

よって

$$\therefore a_{n+1}\begin{cases} > a_n \ (n \leq 10), \\ = a_n \ (n = 11), \\ < a_n \ (n \geq 12). \end{cases}.$$

i.e. $\cdots < a_{10} < a_{11} = a_{12} > a_{13} > \cdots$.

以上より，求める n は，11, 12.//

解説 とにかく，階差の符号のみ考えます．

注 $a_n > 0$ であれば，$a_{n+1} - a_n = \overset{\text{正}}{a_n}\left(\frac{a_{n+1}}{a_n} - 1\right)$ より，隣接項の比をとって「$\frac{a_{n+1}}{a_n}$ と 1 の大小」を考える手もあります．例えば上記例題では，$n \geq 2$ のとき

$$\frac{a_{n+1}}{a_n} = \frac{(n+1)n\left(\frac{5}{6}\right)^{n+1}}{n(n-1)\left(\frac{5}{6}\right)^n} = \frac{n+1}{n-1}\cdot\frac{5}{6}.$$ これと「1」との大小は…

比をとったことにより，上記解答で正の定符号だった $n\left(\frac{5}{6}\right)^n$ が約分され，書く分量が少し減りました．しかし，このあと「1」との大小を調べるのが，分母を払ったり移項したりとメンドウですね．筆者は，比をとることは滅多にしません．

参考 サイコロを n 回投げて 1 の目が 2 回だけ出る確率は，${}_nC_2\left(\frac{1}{6}\right)^2\left(\frac{5}{6}\right)^{n-2} = \frac{1}{50}\cdot n(n-1)\left(\frac{5}{6}\right)^n$.

実は，上記 a_n の正体はこの確率の定数倍だったのです．このように，「数列の最大・最小」は「確率」と融合して出題されることが多いです．[→ I+A 演習問題 7 13 3, 4, 6]

発展 実数変数 x の関数 $f(x)$ の増減は，x の微小増加量 h に対する $f(x)$ の増加量の比：平均変化率の極限値である微分係数 $f'(x)$ の符号によって判定されました．

それに対して自然数 n の関数である数列の各項 $f(n)$ の増減は，n のいちばん小さな増加量である「1」に対する $f(n)$ の値の変化を考えるという訳です．発想としてそっくりですね．(例題 7 5 k では「x」が登場します．)

$$f'(x) = \lim_{h\to 0}\frac{f(x+h) - f(x)}{h}.$$ …微分係数

$$\text{階差} = \frac{f(n+1) - f(n)}{1}$$ …「差分」

語記サポ $a_1 < a_2 < a_3 < \cdots$ を満たす数列 (a_n) を（狭義(きょうぎ)）単調増加列，$a_1 \leq a_2 \leq a_3 \leq \cdots$ を満たす数列 (a_n) を（広義(こうぎ)）単調増加列といいます．また，これらを総称して**単調増加列**，略して**増加列**といいます．もちろん，不等号の向きが逆の場合には**単調減少列**，**減少列**となります．

例題 7 5 j 和と階差総合 重要度↑ 根底 実戦 入試

[→演習問題 7 9 16]

数列 (a_n) $(n=1, 2, 3, \cdots)$ の一般項が $a_n=100-n(n+1)$ であるとする．(a_n) の初項から第 n 項までの和 S_n の最大値を求めよ．

方針 S_n の階差の符号を調べます．

S_n は a_n の**和**より，a_n は S_n の（ほぼ）**階差**です．よって，a_n の符号を調べます．■

解答 $S_n-S_{n-1} \overset{1)}{=} a_n=100-n(n+1)$ $(n\geq 2)$．

(a_n) は減少列であり，

$a_9=100-90>0$, $a_{10}=100-110<0$.

したがって

$$S_n\begin{cases} >S_{n-1} \ (n\leq 9) \\ <S_{n-1} \ (n\geq 10) \end{cases}.$$

i.e. $\cdots S_7<S_8<S_9>S_{10}>S_{11}>\cdots$.

$$\therefore\ \max S_n=S_9=\sum_{k=1}^{9}\{100-k(k+1)\}$$

$$=9\cdot 100-\underbrace{\sum_{k=1}^{9}k(k+1)}_{T\text{ とおく}}.$$

ここで，

$$T=\sum_{k=1}^{9}\frac{1}{3}\{\underbrace{k(k+1)(k+2)}_{a_k}-\underbrace{(k-1)k(k+1)}_{a_{k-1}}\}$$

$$\overset{2)}{=}\frac{1}{3}(\underbrace{9\cdot 10\cdot 11}_{a_9}-\underbrace{0}_{a_0})=330.$$

以上より，$\max S_n=900-330=570$. //

解説 1)2)：いずれにおいても，「和と階差の関係」が大活躍していますね．

例題 7 5 k 数列の増減（階差以外） 根底 実戦 入試

[→演習問題 7 9 17]

$a_n=\dfrac{n^3-n^2+6}{n^3}$ が最小となる自然数 n を求めよ．

着眼 (a_n) の階差の符号を調べたいですが，a_{n+1} の分母が「$(n+1)^3$」となりますから大変そう．

方針 そこで，前の2題とは別の方法を使います．■

解答 $a_n=1-\dfrac{1}{n}+6\left(\dfrac{1}{n}\right)^3$.

そこで，$f(x)=1-x+6x^3$ $(x>0)$ とおくと

$a_n=f\left(\dfrac{1}{n}\right)$. …①

また，$f'(x)=18x^2-1$ より右表を得る．

x	(0)	$\cdots$	$\frac{1}{3\sqrt{2}}$	$\cdots$
$f'(x)$		$-$	0	$+$
$f(x)$		↘	極小	↗

$3\sqrt{2}=3\times 1.41\cdots=4.2\cdots$ より

$$\cdots<\frac{1}{6}<\frac{1}{5}<\frac{1}{3\sqrt{2}}<\frac{1}{4}<\frac{1}{3}<\cdots.$$

これと増減表および①より

$$\begin{cases}\cdots>a_6>a_5, \\ a_4<a_3<\cdots.\end{cases}$$

よって，a_n を最小とする n は 4, 5 以外になく

$$a_4=1+\frac{-16+6}{64}=1-\frac{5}{32},$$

$$a_5=1+\frac{-25+6}{125}=1-\frac{19}{125}.$$

$$\therefore\ a_4-a_5=\frac{19}{125}-\frac{5}{32}$$

$$=\frac{19\cdot 32-5\cdot 125}{125\cdot 32}=\frac{608-625}{125\cdot 32}<0.$$

$\therefore\ a_4<a_5$.

以上より，求める n は，4. //

解説 このように，階差（差分）の符号が調べにくいときには，自然数 n ではなく，実数変数 x を持ち出して微分法を用いるなどします．[→前ページの 発展]

数列 (a_n) の増減の調べ方 方法論

ⓐ 階差：$a_{n+1}-a_n$ の符号を調べる．$\left(\dfrac{a_{n+1}}{a_n}\text{ と 1 の大小を調べる方法もある．}\right)$

ⓑ 自然数「n」を，実数変数「x」に変えて論じる．（ただし，置換などの工夫を．）

6 “ドミノ式”→一般項

7 2 6で述べた「数列の 2 つの定め方」のうち，「ドミノ式」(帰納的定義)から「一般項」を求める様々な方法を学びます．

注 それと逆向きを辿って解答することだってありますよ[→例題7 8 h]．「一般項」と「ドミノ式」という 2 つは，**全く対等な数列の定義方法**であることを忘れてはなりません．

また，本節では“虚像”でしかない「式」をこねくり回す時間帯が続いてしまいますが，“実像”である「数の並びそのもの」を見るという一番大切な基本姿勢を見失わないようにしてください．

本節の“解法パターン”の習得に血道を上げ過ぎても益はありません．大学が受験生に求めるのは，そうした知識量の多寡ではありませんので (笑)．

1 解法の整理

これから学んでいく各種解法を，体系的にまとめておきます．

「ドミノ式」→「一般項」の解法 方法論

1° 〔**基本型**〕

差に注目
- $a_{n+1}-a_n=d$ ……等差型
- $a_{n+1}-a_n=f(n)$ ……階差型

比に注目
- $a_{n+1}=r\cdot a_n$ …… $\dfrac{a_{n+1}}{a_n}=r$．等比型
- $a_{n+1}=g(n)\cdot a_n$ …… $\dfrac{a_{n+1}}{a_n}=g(n)$．“階比型”←俗称です

2° 〔**置換**〕適切な置換により，1° へ帰着させる．(「2 項間」「3 項間」「連立」など多数)

3° 〔“**推定帰納法**”〕a_1, a_2, a_3, a_4 あたりまで求めて一般項を予測→数学的帰納法で証明する．[→例題7 7 b]

注 2° で用いる手法の多くは，先人たちの知恵の結晶です．学んで，覚えるしかありません (笑)．

言い訳 本節では，たとえば「$a_{n+1}=3a_n+2$ $(n=1, 2, 3, \cdots)$」と書くべき所を，赤波線部を自明なこととみなして省いて略記してしまうことがあります．

2 1° 基本型

1°〔**基本型**〕の 4 タイプを確認しておきます．

例題 7 6 a 等差型・等比型 根底 実戦 典型 [→演習問題7 9 18]

次のように帰納的に定義された数列 (a_n) の一般項をそれぞれ求めよ．

(1) $a_1=3, a_{n+1}=a_n+3$　　(2) $a_0=2, a_{n+1}+a_n=0$

解答 (1) $a_{n+1}-a_n=3$ より，(a_n) は公差 3 の等差数列[1]．よって

$$a_{n}=a_{1}+3(n-1) \quad \text{……} n\text{ 番は 1 番より } n-1 \text{ 番後ろ}^{2)}$$
$$=3+3(n-1)=3n.//$$

(2) $a_{n+1}=(-1)\cdot a_n$ より，(a_n) は公比 -1 の等比数列[3]．よって

$$a_{n}=a_{0}\cdot(-1)^{n-0} \quad \text{……} n\text{ 番は 0 番より } n \text{ 番後ろ}^{4)}$$
$$=2\cdot(-1)^n.//$$

解説 2)4)：毎回このことを**考えて**，必ず**数の並び**を思い浮かべるべし．

注 1)3)：問題レベルが上がってきたら，いちいち明言したりはしません．

例題 7 6 b 階差型 根底 実戦 典型 [→演習問題 7 9 18]

次のように帰納的に定義された数列 (a_n) の一般項を求めよ.

(1) $a_1 = 3,\ a_{n+1} - a_n = 2^n\ (n = 1, 2, 3, \cdots)$

(2) $a_1 = 3,\ a_n - a_{n-1} = 2^{n-1}\ (n = 2, 3, 4, \cdots)$

(3) $a_1 = 1,\ a_{n+1} - a_n = \dfrac{1}{n(n+1)}\ (n = 1, 2, 3, \cdots)$

解答 (1) **着眼** 2^n は a_n の**階差**. お気付きの通り, 7 5 4 問 と全く同じです. ■

$n \geq 2$ のとき

$$a_n \overset{1)}{=} a_1 + \sum_{k=1}^{n-1} 2^k \quad \text{（a_n は 2^n の（ほぼ）和）}$$

$$= 3 + 2 \cdot \frac{2^{n-1} - 1}{2 - 1}$$

$= 2^n + 1$ (これは $n=1$ でも成り立つ). //

注 1) : この等式は多くの書物で「公式」として扱われていますが, これを丸暗記している生徒は例外なく数列が苦手です. 必ず例の“パタパタ”を経て (思い浮かべて) 書くようにしましょう.

(2) **着眼** 2^{n-1} は a_n の (ほぼ) **階差**. ■

(1)(2)とも, 項の羅列をして“パタパタ”を観察してみましょう:

(1)

ⓝ	$a_{ⓝ+1} - a_{ⓝ} = 2^{ⓝ}$
1	$a_2 - a_1 = 2^1$
2	$a_3 - a_2 = 2^2$
3	$a_4 - a_3 = 2^3$
	$\vdots$
$n-1$	$a_n - a_{n-1} = 2^{n-1}$
和	$a_n - a_1 = \sum_{k=1}^{n-1} 2^k$

(2)

ⓝ	$a_{ⓝ} - a_{ⓝ-1} = 2^{ⓝ-1}$
2	$a_2 - a_1 = 2^1$
3	$a_3 - a_2 = 2^2$
4	$a_4 - a_3 = 2^3$
	$\vdots$
n	$a_n - a_{n-1} = 2^{n-1}$
和	$a_n - a_1 = \sum_{k=2}^{n} 2^{k-1}$

両者を比べると, 漸化式や Σ による表現は異なりますが,「番号を付けた数の並び」としては全く同じであることがわかりますね. (1)と(2)の (a_n) は, 初項も等しいので全く同じ数列です. ■

$n \geq 2$ のとき [2)]

$$a_n = a_1 + \sum_{k=2}^{n} 2^{k-1} \quad \text{（a_n は 2^{n-1} の（ほぼ）和）}$$

$$= 3 + 2 \cdot \frac{2^{n-1} - 1}{2 - 1}$$

$= 2^n + 1$ (これは $n=1$ でも成り立つ [3)]). //

注 (2)の漸化式をわざわざ(1)の式に書き直し, 意地でも“公式”に当てはめようとする人は…, 確実に数列が苦手になります.
数の並びそのものを見て (あるいは思い浮かべ), Σ 記号に青字で書いた k の範囲を**考えて**書きましょう.

補足 2)3) : この事情に関しては, 前記 7 5 4 問 と同じです.

(3) **着眼** $\dfrac{1}{n(n+1)}$ は a_n の**階差**. したがって, a_n は $\dfrac{1}{n(n+1)}$ の (ほぼ) **和**です.
そして, $\dfrac{1}{n(n+1)}$ の和を計算するために, これを階差の形に分解します. すると, あるラッキーが起こります. ■

$$a_{n+1} - a_n = \frac{1}{n} - \frac{1}{n+1}.$$

$$\text{i.e. } a_{n+1} + \frac{1}{n+1} = \underbrace{a_n + \frac{1}{n}}_{A_n \text{ とおく}}.$$

$A_{n+1} = A_n. \cdots$① (定数数列)

また, $A_1 = a_1 + \dfrac{1}{1} = 1 + 1 = 2$. よって

$$\therefore\ A_n \overset{4)}{=} A_1 = 2. \quad \therefore\ a_n = 2 - \frac{1}{n}. //$$

解説 このようにアッサリ解決します.

補足 4) : ①を繰り返し使っています:

$$A_n = A_{n-1} = A_{n-2} = \cdots = A_2 = A_1.$$

例題 7 6 c “階比型” 重要度↑ 根底 実戦 典型

[→演習問題 7 9 18]

$a_1=1$ …①, $a_n=\dfrac{n}{n+2}a_{n-1}$ $(n=2,3,4,\cdots)$ …② で定まる数列 (a_n) の一般項を求めよ.

注 階差型：隣どうしの「差」が, “階比型”：隣どうしの「比」に変わっただけです. 階差型において, 数の並びを考えた人は楽勝. 公式を丸暗記だった人は壊滅.

着眼 ②を $n=2,3,4,\cdots$ として繰り返し使うだけのことです.

Ⓝ	$a_{Ⓝ}=\dfrac{Ⓝ}{Ⓝ+2}a_{Ⓝ-1}$
2	$a_2=\dfrac{2}{4}a_1$
3	$a_3=\dfrac{3}{5}a_2$
4	$a_4=\dfrac{4}{6}a_3$
	⋮
$n-1$	$a_{n-1}=\dfrac{n-1}{n+1}a_{n-2}$
n	$a_n=\dfrac{n}{n+2}a_{n-1}$

これらをつなげて書くと…■

解答 $n\geq 3$ [1] のとき

$$a_n=a_1\cdot\frac{2}{4}\cdot\frac{3}{5}\cdot\frac{4}{6}\cdot\frac{5}{7}\cdot\cdots\cdots\cdot\frac{n-1}{n+1}\cdot\frac{n}{n+2}$$

$$=1\cdot\frac{2\cdot 3}{(n+1)(n+2)}\ (\because ①)\ \cdots③$$

$$=\frac{6}{(n+1)(n+2)}\ (n=1,2\text{ でも成立}^{2)}).\ /\!/$$

解説 **番号を付けて数を並べて考える**.「数列」は, 全てがそこから始まります.

補足 1)2)：③は, その上の式を見るとわかるように, a_1 に対して最低でも 2 回以上は漸化式②に基づいて分数を掛けたことを前提とした式です. よっていちおう「$n\geq 3$ のとき」と断りました. とはいえ③は,

$n=2$ のとき, $a_2=a_1\cdot\dfrac{2\cdot 3}{3\cdot 4}=a_1\cdot\dfrac{2}{4}$.

$n=1$ のとき, $a_1=a_1\cdot\dfrac{2\cdot 3}{2\cdot 3}=a_1$.

これらはいずれも正しい式ですね (この点に触れなくても減点されないかも).

別解 ②を変形すると

$(n+2)a_n=na_{n-1}$. ●●● 大きい方の番号 n 番に大きい $n+2$ を掛けた形

$\underbrace{(n+2)(n+1)a_n}_{A_n\text{ とおく}}=\underline{(n+1)}^{3)}na_{n-1}$.

$A_n=A_{n-1}$. ●●● 定数数列

$\therefore A_n=A_1=3\cdot 2\cdot a_1=6$ $(\because ①)$.

$\therefore a_n=\dfrac{6}{(n+1)(n+2)}$. //

補足 こちらの方法なら, $n=1,2$ のときを特別扱いしなくても大丈夫です.

解説 3)：両辺に $n+1$ を掛けるという**発想**は, 経験がないと難しいです.

こうした方法論に関する「一般論」は, なかなか高度です. [→演習問題 7 9 28]

例題 7 6 d 階差型の応用 根底 実戦 入試

[→演習問題 7 9 19]

$a_1=1$, $a_{n+2}-a_n=2n$ $(n=1,2,3,\cdots)$ のとき, a_{2n+1} $(n=0,1,2,\cdots)$ を n で表せ.

注 「階差 → 一般項」の“公式丸暗記”では無理. 番号付けて数を並べればカンタン.

解答

Ⓝ	$a_{Ⓝ+2}-a_{Ⓝ}=2Ⓝ$
1	$a_3-a_1=2$ ●●● $4\cdot 1-2$
3	$a_5-a_3=6$ ●●● $4\cdot 2-2$
5	$a_7-a_5=10$ ●●● $4\cdot 3-2$
	⋮
$2n-1$	$a_{2n+1}-a_{2n-1}=4n-2$

$n\geq 1$ のとき

$$a_{2n+1}=a_1+2+6+10+\cdots+(4n-2)$$
$$=a_1+\frac{2+(4n-2)}{2}\cdot n$$
$$=1+2n\cdot n$$
$$=2n^2+1\ (n=0\text{ でも成立}).\ /\!/$$

解説 奇数番 a_1 から奇数番 a_{2n+1} を求めるので, “器” Ⓝ に奇数を代入していきます.

3 2° 置換・2項間漸化式（等比型＋ジャマ）

問題を 4 タイプほどやりますが，同じ方法論が繰り返されます．よって，個々の問題の解き方を暗記するだけでなく，そこで使った方法論の**考え方**まで踏み込んで覚えましょう．

例 $a_1 = 4$ …①, $a_{n+1} = 3a_n - 2$ …② で定まる数列 (a_n) の一般項は？

この漸化式は，次のように見ることができます：

$$\underbrace{a_{n+1} = 3a_n}_{\text{等比型}}\ \underbrace{-2}_{\text{ジャマ（定数）}}\ \cdots②$$

「定数 -2」というジャマモノを除去して等比型へ帰着することを目指しましょう．

唐突ですが，②の a_n, a_{n+1} の所を文字 α に変えた方程式を解きます：

$$\alpha = 3\alpha - 2.\ \cdots②'\quad \alpha = 1.$$

②′の α に 1 を代入した等式 ②″ を作り，②とで辺々差をとります：

$$a_{n+1} = 3a_n - 2\ \cdots②$$
$$-)\qquad 1 = 3\cdot1 - 2\ \cdots②''$$
$$\underbrace{a_{n+1}-1}_{b_{n+1}} = 3(\underbrace{a_n-1}_{b_n})$$

ジャマな -2 が消えた

$b_n = a_n - 1$ と**置換**した数列 (b_n) は，公比 3 の等比数列です．よって

$$\underbrace{a_n - 1}_{b_n} = (\underbrace{a_1 - 1}_{b_1})\cdot3^{n-1}.$$

これと①より

$$a_n = 3\cdot3^{n-1} + 1 = 3^n + 1.//$$

よく似た形の ② と ②″ とで辺々差をとってジャマモノを消去するという手法は，1 次型不定方程式の整数解を求める際にも使っていましたね：

$$3x - 2y = 1\quad\cdots③$$
$$-)\ 3\cdot1 - 2\cdot1 = 1$$
$$3(x-1) - 2(y-1) = 0.$$

特殊解 $(x, y) = (1, 1)$

③を満たす 1 つの解（**特殊解**）：$(x, y) = (1, 1)$ を見つけ，前記の通り辺々引くことにより定数項「1」を消去します．これによって，③の全ての解（一般解）が求まるのでした．[→ I+A 6 10 2]

重要 前記解法における方程式②′も，実を言うと「特殊解」を考えたものです．

ジャマモノと“類似の式”，つまり定数 α を一般項とする数列 (α)：

n	1	2	3	…	n	$n+1$	…
(α)	α	α	α	…	α	α	…

定数数列

が，漸化式②を満たす条件を考えます（初項の条件①は無視します）．定数数列 (α) は第 n 項，第 $n+1$ 項がどちらも「α」ですから，その条件は

$$\underbrace{\alpha}_{\text{第}n+1\text{項}} = 3\underbrace{\alpha}_{\text{第}n\text{項}} - 2.\ \cdots②'$$

つまり，左辺の α と右辺の α は，同じモノに見えて，実は別のものを指しています．

こうして得られた数列 (α)，つまり

$$1, 1, 1, \cdots, 1, \cdots$$

は，漸化式②を満たす数列の 1 つです．これを，②の**特殊解**といいます．特殊解が見つかれば，上記と同様に漸化式とで辺々差をとることにより，ジャマモノを消去することができます．この方法論は，今後も大活躍します．

例題 7 6 e 等比型＋ジャマ（定数） 根底 実戦 典型

[→演習問題 7 9 20]

$a_1 = 1$ …①, $a_{n+1} = 2a_n + 3$ …② で定まる数列 (a_n) の一般項を求めよ．

下書き $\alpha = 2\alpha + 3.\quad \alpha = -3.$ 特殊解

$$a_{n+1} = 2\cdot a_n + 3\ \cdots②$$
$$-)\quad -3 = 2\cdot(-3) + 3$$

ここまでは下書きで済ます．■

解答 ②を変形すると

$$\underbrace{a_{n+1} + 3}_{b_{n+1}} = 2(\underbrace{a_n + 3}_{b_n}).$$

等比型

$$\therefore\ \underbrace{a_n + 3}_{b_n} = (\underbrace{a_1 + 3}_{b_1})\cdot2^{n-1}.$$

これと①より

$$a_n = 4\cdot2^{n-1} - 3 = 2^{n+1} - 3.//$$

特殊解を見つけて漸化式と辺々差をとる手法が続きます：

例題 76f 等比型＋ジャマ（1次式） 根底 実戦 典型

[→演習問題7 9 20]

$a_1=3$ …①, $a_{n+1}=3a_n+4n$ …② で定まる数列 (a_n) の一般項を求めよ．

着眼 $\underbrace{a_{n+1}=3a_n}_{\text{等比型}}+\underbrace{4n}_{\text{ジャマ（1次式）}}$ …②

「1次式 $4n$」というジャマモノを除去して等比型へ帰着するため，ジャマモノと類似の式[1]，つまり1次式 $\alpha n+\beta$ を一般項とする数列：$(\alpha n+\beta)$ が，漸化式②を満たす条件を考えます．

下書き $\alpha(n+1)+\beta=3(\alpha n+\beta)+4n$. …②′

両辺の係数を比べて整理すると

$$\begin{cases} n\cdots & 2\alpha+4=0, \\ \text{定数}\cdots & \alpha=2\beta. \end{cases} \quad \therefore \begin{cases} \alpha=-2, \\ \beta=-1. \end{cases}$$

よって，特殊解は $(-2n-1)$ であり，②′は

$$-2(n+1)-1=3(-2n-1)+4n. \cdots ②''$$

② − ②″ より…■

解答 ②を変形すると

$$\underbrace{a_{n+1}+2(n+1)+1}_{b_{n+1}}=3(\underbrace{a_n+2n+1}_{b_n}). \quad \text{等比型}$$

$$\therefore \underbrace{a_n+2n+1}_{b_n}=(\underbrace{a_1+2\cdot1+1}_{b_1})\cdot3^{n-1}.$$

これと①より

$$a_n=6\cdot3^{n-1}-2n-1=2\cdot3^n-2n-1.//$$

解説 [1]：もう少し詳し目にいうと，ジャマモノと同じ次数の式です．例えばジャマモノが2次式になったら，2次式の特殊解を見つけます．

例題 76g 等比型＋ジャマ（累乗） 根底 実戦 典型

[→演習問題7 9 20]

$a_1=1$ …①, $a_{n+1}=3a_n+2^n$ …② で定まる数列 (a_n) の一般項を求めよ．

着眼 $\underbrace{a_{n+1}=3a_n}_{\text{等比型}}+\underbrace{2^n}_{\text{ジャマ（累乗）}}$ …②

「2の累乗 2^n」というジャマモノを除去して等比型へ帰着するため，ジャマモノと類似の式，つまりその定数倍：$\alpha\cdot2^n$ を一般項とする数列：$(\alpha\cdot2^n)$ が，漸化式②を満たす条件を考えます．

下書き

$$\alpha\cdot2^{n+1}=3\times\alpha\cdot2^n+2^n. \cdots ②'$$

$$2\alpha=3\alpha+1. \quad \alpha=-1.$$

よって，特殊解は (-2^n) であり，②′は

$$-2^{n+1}=3(-2^n)+2^n. \cdots ②''$$

② − ②″ より…■

解答 ②を変形すると

$$\underbrace{a_{n+1}+2^{n+1}}_{b_{n+1}}=3(\underbrace{a_n+2^n}_{b_n}). \quad \text{等比型}$$

$$\therefore \underbrace{a_n+2^n}_{b_n}=(\underbrace{a_1+2^1}_{b_1})\cdot3^{n-1}.$$

これと①より

$$a_n=3\cdot3^{n-1}-2^n=3^n-2^n.//$$

注 本問の 別解 を，例題76h の中で扱います．

これまでの3問で登場した「ジャマモノと類似の特殊解」を整理しておきます：

	"ジャマモノ"	特殊解
例題76e	定数	$\alpha=-3$
例題76f	1次式	$\alpha n+\beta=-2n-1$
例題76g	累乗 $\underline{2}^n$	$\alpha\cdot\underline{2}^n=-\underline{2}^n$

要約すると，ジャマモノが多項式なら同じ次数の特殊解を，ジャマモノが累乗ならその定数倍の特殊解を見つけます．

注 ただし，ジャマモノが累乗の場合には，例外タイプがあります．それが次問です．

例題 7 6 h 等比型＋ジャマ（累乗）・例外タイプ 根底 実戦 典型 [→演習問題 7 9 20]

$a_1=1$ …①, $a_{n+1}=3a_n+3^n$ …② で定まる数列 (a_n) の一般項を求めよ.

着眼 $\underbrace{a_{n+1}=3a_n}_{\text{等比型}}+\underbrace{3^n}_{\text{ジャマ（累乗）}}$ …②

前問と比べて，ジャマモノが 2^n から 3^n に変わっただけですが…，ジャマモノと類似の式，つまり累乗 $\alpha\cdot\underline{3}^n$ を一般項とする数列：$(\alpha\cdot 3^n)$ が，漸化式②を満たす条件を考えると…，

$\alpha\cdot 3^{n+1}=3\times\alpha\cdot 3^n+3^n.$ …②′

$3\alpha=3\alpha+1.$ $\alpha=$…存在しない！

注 このように，$a_{n+1}=3a_n+3^n$（一致）という形の漸化式は，特殊解 $(\alpha\cdot 3^n)$ が見つからない**例外タイプ**なのです．そこで，まったく違う角度からアプローチします：

着眼 $a_{n+1}=\underset{\text{ジャマ}}{3}a_n+3^n$ …②

「3」さえなければ，階差型漸化式ですね．

そこで，この「3」を除去することを目指します．その方法は…学んで，覚えてください（笑）.

解答 ② ÷ 3^{n+1} より

$$\frac{a_{n+1}}{3^{n+1}}=\frac{3a_n}{3^{n+1}}+\frac{3^n}{3^{n+1}}.\quad \cdots 3^{n+1}=3\cdot 3^n$$

$$\underbrace{\frac{a_{n+1}}{3^{n+1}}}_{c_{n+1}}-\underbrace{\frac{a_n}{3^n}}_{c_n}=\frac{1}{3}.\quad \cdots \text{階差が定数で等差型}$$

これと①より

$$\therefore\ \underbrace{\frac{a_n}{3^n}}_{c_n}=\underbrace{\frac{a_1}{3^1}}_{c_1}+\frac{1}{3}(n-1)$$

$$=\frac{1}{3}+\frac{1}{3}(n-1)=\frac{n}{3}.$$

$$\therefore\ a_n=\frac{n}{3}\cdot 3^n=n\cdot 3^{n-1}.\ /\!/$$

参考 この「3^{n+1} で割る」という手法は，実は前問の**例題 7 6 g** にも適用できます：

着眼 $a_{n+1}=\underset{\text{ジャマ}}{3}a_n+2^n$ …②

② ÷ 3^{n+1} より

$$\frac{a_{n+1}}{3^{n+1}}=\frac{3a_n}{3^{n+1}}+\frac{2^n}{3^{n+1}}.\quad \cdots 3^{n+1}=3\cdot 3^n$$

$$\underbrace{\frac{a_{n+1}}{3^{n+1}}}_{c_{n+1}}-\underbrace{\frac{a_n}{3^n}}_{c_n}=\frac{1}{3}\left(\frac{2}{3}\right)^n.\quad \cdots \text{階差型へ帰着}$$

これと①より，$n\geq 2$ のとき

$$\underbrace{\frac{a_n}{3^n}}_{c_n}=\underbrace{\frac{a_1}{3^1}}_{c_1}+\sum_{k=1}^{n-1}\frac{1}{3}\left(\frac{2}{3}\right)^k$$

$$=\frac{1}{3}+\frac{1}{3}\cdot\frac{2}{3}\cdot\frac{1-\left(\frac{2}{3}\right)^{n-1}}{1-\frac{2}{3}}$$

$$=1-\left(\frac{2}{3}\right)^n.$$

$\therefore\ a_n=3^n-2^n$（これは $n=1$ でも成立）.

本問で用いた階差型へ帰着させる方法は，**例題 7 6 e** **例題 7 6 f** でも使おうと思えば使えます．

注 世間では，**例題 7 6 g** ②の両辺を $\underline{2}^{n+1}$ で割る方法が広まっていますが，それを実行すると**例題 7 6 e** の「等比型 ＋ ジャマ（定数）」になり，さらに置換してやっと等比型に帰着します．遠回りで損なやり方です．

例題 7 6 g の②：
$a_{n+1}=\underset{\text{ジャマ}}{3}a_n+\underline{2}^n$

例 $a_{n+1}=\underset{\text{ジャマ}}{3}a_n+\underline{2}^n+\underline{\underline{2}}$ となると，「3^{n+1} で割る」なら解けますが，「$\underline{2}^{n+1}$ で割る」だと上手くいきません．ちなみにこの **例** は，「特殊解」の方式でも解けます．[→例題 7 6 m]

「等比型＋ジャマ」タイプの処理 **方法論**

$$\underbrace{a_{n+1}=ra_n}_{\text{等比型}}+\underbrace{\triangle}_{\text{ジャマ}}\quad \cdots ②$$

$$-)\quad s_{n+1}=rs_n+\triangle\quad \cdots \text{②の特殊解}(s_n)\text{を探す}$$

$$a_{n+1}-s_{n+1}=r(a_n-s_n).\quad \cdots \text{等比型へ帰着}$$

特殊解 (s_n) はジャマモノ △ と類似の式．[→前ページ]

〔例外〕$a_{n+1}=ra_n+$定数$\cdot r^n$（一致）は次の手法：

別解

$a_{n+1}=\underset{\text{ジャマ}}{r}a_n+\triangle$ と見て，r^{n+1} で割る

$$\underbrace{\frac{a_{n+1}}{r^{n+1}}}_{c_{n+1}}-\underbrace{\frac{a_n}{r^n}}_{c_n}=\frac{\triangle}{r^{n+1}}\quad \cdots \text{階差型へ帰着}$$

これの Σ を計算する

4 2° 置換・3項間漸化式

これまで扱ってきた“ドミノ式”定義(帰納的定義)における漸化式のほとんどは隣接2項間の関係式であり，a_{n+1}(“今日”)の値が a_n(“昨日”)の値から決まりました．しかし，726で述べた通り“ドミノ式”には様々なバリエーションがあります．その1つが本項で扱う3項間漸化式です．例えば右のように，a_1 と a_2 から出発して，a_{n+2}(“今日”)の値が a_{n+1}(“昨日”)と a_n(“一昨日”)の2つで決まるので，ギョウカイでは**“一昨日昨日式”**などと呼ばれます．単なる語呂合わせですが(笑)．

$a_1 = a_2 = 1,$

$\underbrace{a_{n+2}}_{\text{今日}} = \underbrace{a_{n+1}}_{\text{昨日}} + \underbrace{a_n}_{\text{一昨日}}$

$a_3 = a_2 + a_1$
$a_4 = a_3 + a_2$
⋮

n	1	2	3	4	5	6	⋯
a_n	1	1	2	3	5	8	⋯

例 $a_1 = a,\ a_2 = b$ ⋯①, $a_{n+2} = pa_{n+1} + qa_n$ (p, q は定数) ⋯② で定まる数列 (a_n) の一般項は？

先人たちの知恵を**“鑑賞”**してください！

②: $a_{n+2} = pa_{n+1} + qa_n$ と同じ係数の2次方程式

$$x^2 = px + q,\ \text{i.e. } x^2 - px - q = 0 \ \cdots③$$

の2つの解を α, β とすると，解と係数の関係より

$$\alpha + \beta = p,\ \alpha\beta = -q.$$

よって②は次のように変形できます．

$$a_{n+2} = (\alpha+\beta)a_{n+1} - \alpha\beta\cdot a_n.$$

$$\underbrace{a_{n+2} - \alpha a_{n+1}}_{b_{n+1}} = \beta(\underbrace{a_{n+1} - \alpha a_n}_{b_n}).$$ 等比型

$$\therefore \underbrace{a_{n+1} - \alpha a_n}_{b_n} = (\underbrace{a_2 - \alpha a_1}_{b_1})\cdot\beta^{n-1}.$$

これと①より

$$a_{n+1} - \alpha a_n = (b - \alpha a)\cdot\beta^{n-1}. \ \cdots④$$

i) $\alpha \neq \beta$ (③が重解でない)のとき [→例題76i]

④において α, β を互換した等式

$$a_{n+1} - \beta a_n = (b - \beta a)\cdot\alpha^{n-1}. \ \cdots④'$$

も得られ，④′−④ により a_{n+1} を消去すれば，$(\alpha - \beta)a_n = \cdots$ となり，a_n は求まります．

ii) $\alpha = \beta$ (③が重解)のとき [→例題76j]

④′は④と同一な式になってしまう例外タイプなので，別の手段を用います．

語記サポ ③のことを，漸化式②の**特性方程式**といいます．例題76e～gの②′式も同じ名で呼ぶ人が増えてしまっていますが，本来そうは呼びません(笑)．

例題 76i 3項間漸化式 根底 実戦 典型

[→演習問題7921]

$a_1 = 1,\ a_2 = 5$ ⋯①, $a_{n+2} = 5a_{n+1} - 6a_n$ ⋯② で定まる数列 (a_n) の一般項を求めよ．

下書き ②の特性方程式は，

$$x^2 = 5x - 6,\ \text{i.e. } x^2 - 5x + 6 = 0. \ \cdots③$$

$(x-2)(x-3)=0.\ \therefore\ x=2, 3.$ 異なる2解

これら2解を用いて…

解答 ②は次のように変形できる：

$$\underbrace{a_{n+2} - 2a_{n+1}}_{b_{n+1}} = 3(\underbrace{a_{n+1} - 2a_n}_{b_n}).$$ 等比型

$$\therefore \underbrace{a_{n+1} - 2a_n}_{b_n} = (\underbrace{a_2 - 2a_1}_{b_1})\cdot 3^{n-1}.$$

これと①より

$$a_{n+1} - 2a_n = (5 - 2\cdot1)3^{n-1} = 3^n. \ \cdots④$$

方針 次に，2と3を入れ替えます．■

同様に，

$$a_{n+1} - 3a_n = (a_2 - 3a_1)\cdot 2^{n-1}$$
$$= (5 - 3\cdot1)2^{n-1} = 2^n. \ \cdots④'$$

④−④′ より，$a_n = 3^n - 2^n$.//

注 実は，例題76gの数列 (a_n) と同一な数列でした．

参考 本問と違って特性方程式③の解がキレイでない場合でも($\sqrt{\ }$ や虚数が現れても)やることは同じです．ただし，解に「名前」を付けて効率よく処理しましょう．[→演習問題7921(2)]

例題 76j 3項間漸化式・例外タイプ 根底 実戦 典型

[→演習問題7921]

$a_1=1,\ a_2=6$ …①, $a_{n+2}=6a_{n+1}-9a_n$ …② で定まる数列 (a_n) の一般項を求めよ.

下書き ②の特性方程式は,

$x^2=6x-9$, i.e. $x^2-6x+9=0$. …③

$(x-3)^2=0$. ∴ $x=3$. 重解

よって, 1通りの変形しかできません.

解答 ②は次のように変形できる:

$$\underbrace{a_{n+2}-3a_{n+1}}_{b_{n+1}}=3(\underbrace{a_{n+1}-3a_n}_{b_n}).$$ 等比型

$$\therefore \underbrace{a_{n+1}-3a_n}_{b_n}=(\underbrace{a_2-3a_1}_{b_1})\cdot 3^{n-1}.$$

これと①より

$$a_{n+1}-3a_n=(6-3\cdot 1)3^{n-1}=3^n. \cdots ④$$

着眼 一致

$$a_{n+1}-3a_n=3^n. \cdots ④$$

これは, 2項間漸化式の例外タイプですね. ■

④÷3^{n+1} より

$$\underbrace{\frac{a_{n+1}}{3^{n+1}}}_{c_{n+1}}-\underbrace{\frac{a_n}{3^n}}_{c_n}=\frac{1}{3}.$$ 階差が定数で等差型

これと①より

$$\therefore \underbrace{\frac{a_n}{3^n}}_{c_n}=\underbrace{\frac{a_1}{3^1}}_{c_1}+\frac{1}{3}(n-1)$$

$$=\frac{1}{3}+\frac{1}{3}(n-1)=\frac{n}{3}.$$

$$\therefore\ a_n=\frac{n}{3}\cdot 3^n=n\cdot 3^{n-1}. /\!/$$

注 実は, 例題76hの数列 (a_n) と同一な数列であり, **着眼**以降の解答はそれと全く同じものです.

解説 3項間漸化式の例外タイプは, 2項間漸化式の例外タイプに帰着する訳です. 覚えやすいですね (笑).

発展 ハイレベル↑ 例題76i: $a_1=1,\ a_2=5$ …①, $a_{n+2}=5a_{n+1}-6a_n$ …② のとき, 一般項は $a_n=3^n-2^n$ でした. これを別の方法で求めてみます. **"鑑賞"** してください.

数列 (x^n) $(x\neq 0)$ が②を満たすための条件は

$$x^{n+2}=5x^{n+1}-6x^n.$$

i.e. $x^2-5x+6=0$. …③

けっきょく, ②の特性方程式となりました. その解は $x=2, 3$ ですから, 2つの数列 $(2^n), (3^n)$ は②を満たします:

$2^{n+2}=5\cdot 2^{n+1}-6\cdot 2^n$, …ⓐ

$3^{n+2}=5\cdot 3^{n+1}-6\cdot 3^n$. …ⓑ

p, q を任意定数として, ⓐ×p+ⓑ×q より

$$p\cdot 2^{n+2}+q\cdot 3^{n+2}$$
$$=5(p\cdot 2^{n+1}+q\cdot 3^{n+1})-6(p\cdot 2^n+q\cdot 3^n).$$

つまり数列 $(p\cdot 2^n+q\cdot 3^n)$ も②を満たします.

あとは, これが①をも満たすように定数 p, q の値を定めます. 2つの条件により, 2文字 p, q の値がピタリと定まりそうです:

$$\begin{cases} p\cdot 2+q\cdot 3=1, & (a_1) \\ p\cdot 4+q\cdot 9=5. & (a_2) \end{cases} \quad \begin{cases} p=-1, \\ q=1. \end{cases}$$

以上より, $a_n=-1\cdot 2^n+1\cdot 3^n=3^n-2^n. /\!/$

なお, この方法を実際に試験で使う場合には, 上記全ての工程を**下書き**で済ませ, $a_n=3^n-2^n$ が①②をともに満たすことを示すのがもっとも手早いです.

注 例題78hでは, 上記とは逆向きに, 一般項から3項間漸化式を作ります.

3項間漸化式の解法選択は趣味で決めてください. どのみち, ただのルーチンワークですから (笑).

5 2° 置換・連立漸化式

2 つの数列 (a_n), (b_n) が関係し合いながら定まるタイプです.

例題 7 6 k 連立漸化式 根底 実戦 典型

[→演習問題 7 9 22]

$\begin{cases} a_1 = 1, \\ b_1 = -4 \end{cases}$ …①, $\begin{cases} a_{n+1} = a_n - b_n, & \cdots ② \\ b_{n+1} = 2a_n + 4b_n & \cdots ③ \end{cases}$ で定まる数列 (a_n) の一般項を求めよ.

n	1	2	3	…
a_n	1	5	19	…
b_n	−4	−14	−46	…

参考 $\begin{cases} a_1 \\ b_1 \end{cases} \to \begin{cases} a_2 \\ b_2 \end{cases} \to \begin{cases} a_3 \\ b_3 \end{cases} \to \cdots$ と,"ドミノ式" に定まります.

方針 「連立漸化式」は, どちらか一方の数列の「3 項間漸化式」へと帰着できます. 本問の要求に合わせて (a_n) だけの漸化式を作るなら, (b_n) の項を消去します. ②, ③をどう使うかわかりますか?

解答 ②より,

$b_n = a_n - a_{n+1}$. (消したい (b_n) を残したい (a_n) で表す [1])

$b_{n+1} = a_{n+1} - a_{n+2}$.

これと③より

$a_{n+1} - a_{n+2} = 2a_n + 4(a_n - a_{n+1})$.

$a_{n+2} = 5a_{n+1} - 6a_n$. …④

方針 (a_n) の 3 項間漸化式ができました. あとは a_1 と a_2 の値があれば, (a_n) は **"一昨日(おととい)昨日(きのう)式"** に定まりますね. ■

また, ①②より, $a_2 = a_1 - b_1 = 5$.

注 けっきょく数列 (a_n) は

$a_1 = 1, a_2 = 5, a_{n+2} = 5a_{n+1} - 6a_n$ で定まります. これは, 例題 7 6 i の (a_n) と全く同じものです. よって, 以下は省略します.

答え: $a_n = 3^n - 2^n$. //

解説 [1]: (b_n) を消去したいので, ②③のうち (b_n) の項が 1 つしかない②を使って $b_n = \cdots$ の形を作り, ③へ代入します.

参考 上記 解答 とは逆に, (b_n) だけの漸化式を作ると, $b_{n+2} = 5b_{n+1} - 6b_n$.

(a_n) の漸化式④と全く同じ係数となります (実は必ずそうなります).

$b_1 = -4, b_2 = -14$ も用いると, 一般項は

$b_n = -2\cdot3^n + 2^n$.

別解 (a_n) と (b_n) を "適切な比率でブレンドする" ことによって等比型へ帰着させる方式もあります:

数列 $(a_n + \alpha b_n)$ が公比 β の等比数列となるための条件は (もちろん, 任意の n について)

$a_{n+1} + \alpha b_{n+1} = \beta(a_n + \alpha b_n)$. …⑤

$a_n - b_n + \alpha(2a_n + 4b_n) = \beta(a_n + \alpha b_n)$.

両辺の係数を比べると

$\begin{cases} a_n \cdots 1 + 2\alpha = \beta, \\ b_n \cdots -1 + 4\alpha = \beta\alpha. \end{cases}$

$\therefore -1 + 4\alpha = (1 + 2\alpha)\alpha$.

$2\alpha^2 - 3\alpha + 1 = 0$. $(\alpha - 1)(2\alpha - 1) = 0$.

$\therefore (\alpha, \beta) = (1, 3), \left(\frac{1}{2}, 2\right)$. …⑥

⑤のとき,

$\underbrace{a_n + \alpha b_n}_{c_n} = (\underbrace{a_1 + \alpha b_1}_{c_1})\cdot\beta^{n-1}$

$= (1 - 4\alpha)\cdot\beta^{n-1}$

となるから, ⑥を代入して

$a_n + 1\cdot b_n = (1 - 4\cdot1)\cdot3^{n-1} = -3^n$. …⑦

$a_n + \frac{1}{2}\cdot b_n = \left(1 - 4\cdot\frac{1}{2}\right)\cdot2^{n-1} = -2^{n-1}$. …⑧

⑧×2−⑦ より, $a_n = 3^n - 2^n$. //

2 項間漸化式の例外タイプ ($a_{n+1} = ra_n +$ 定数 $\cdot r^n$; r と r^n の底が一致), 3 項間漸化式の例外タイプ (特性方程式が重解) に続いて, 連立漸化式にも覚えておくべき特別なタイプがあります:

例題 7 6 l 連立漸化式・特殊タイプ 根底 実戦 典型

[→演習問題 7 9 22]

$\begin{cases} a_1 = 5, \\ b_1 = 2 \end{cases}$ …①, $\begin{cases} a_{n+1} = 5a_n + 2b_n & \cdots② \\ b_{n+1} = 2a_n + 5b_n & \cdots③ \end{cases}$ で定まる数列 (a_n), (b_n) の一般項を求めよ．

着眼 ②と③の右辺を比べると，同じ係数 5 と 2 に対し，$\boxed{a_n}$ と $\boxed{b_n}$ が**互換**されています．**演習問題 1 11 19**「連立方程式（互換）」で述べた通り，互換した式どうしは足したり引いたりするとよいのでしたね．

$$\begin{cases} a_{n+1} = 5\boxed{a_n} + 2\boxed{b_n} & \cdots② \\ b_{n+1} = 5\boxed{b_n} + 2\boxed{a_n} & \cdots③ \end{cases}$$

解答 ②±③ より

$$\begin{cases} a_{n+1} + b_{n+1} = 7(a_n + b_n), \\ a_{n+1} - b_{n+1} = 3(a_n - b_n). \end{cases}$$ 等比型

これと①より

$$\begin{cases} a_n + b_n = (a_1 + b_1)7^{n-1} = 7^n, \\ a_n - b_n = (a_1 - b_1)3^{n-1} = 3^n. \end{cases}$$

$$\therefore a_n = \frac{1}{2}(7^n + 3^n),\ b_n = \frac{1}{2}(7^n - 3^n).//$$

解説 "解法パターン" としては，a_n, b_n の係数が**互換**された $\begin{cases} a_{n+1} = \square\, a_n + \bigcirc\, b_n, \\ b_{n+1} = \bigcirc\, a_n + \square\, b_n \end{cases}$ 型の連立漸化式は**「足して，引く」**と覚えれば OK です．

6 2° 置換・その他

例題 7 6 m ジャマな定数の付加（2項間） 根底 実戦 入試

[→演習問題 7 9 23]

$a_1 = 0$, …①, $a_{n+1} = 3a_n + 2^n + 2$ …② で定まる数列 (a_n) の一般項を求めよ．

着眼 **例題 7 6 h** 後の **例** で触れた漸化式です．**例題 7 6 g** の漸化式に対して "ジャマな定数"「+2」が付加されました．

下書き $\underbrace{a_{n+1} = 3a_n}_{\text{等比型}} + \underbrace{2^n + 2}_{\text{ジャマな累乗 + 定数}}$ …②

初項の条件①をひとまず無視し，ジャマモノと類似の式を一般項とする数列：$(\alpha \cdot 2^n + \beta)$ が，漸化式②を満たす条件を考えると

$$\alpha \cdot 2^{n+1} + \beta = 3(\alpha \cdot 2^n + \beta) + 2^n + 2. \cdots②'$$

両辺の 2^n の係数と定数項を比べて

$$\begin{cases} 2\alpha = 3\alpha + 1 \\ \beta = 3\beta + 2. \end{cases} \therefore \begin{cases} \alpha = -1 \\ \beta = -1 \end{cases}$$

であればよく，このとき②′は

$$-2^{n+1} - 1 = 3(-2^n - 1) + 2^n + 2. \cdots②''$$

② − ②″より…．　ここまで下書き．■

解答 ②を変形すると

$$a_{n+1} + 2^{n+1} + 1 = 3(a_n + 2^n + 1).$$

$$\therefore a_n + 2^n + 1 = (a_1 + 2^1 + 1) \cdot 3^{n-1}.$$

これと①より

$$a_n = 3 \cdot 3^{n-1} - 2^n - 1$$
$$= 3^n - 2^n - 1.//$$

注 **例題 7 6 h** 後の**注**において，

例題 7 6 g：$a_{n+1} = \underset{\text{ジャマ}}{3}\, a_n + \underline{2^n}$

の両辺を 2^{n+1} ✕ で割るのは損だと注意しました．本問では，それをやると「$\dfrac{2}{2^{n+1}}$」が残ってしまい，解けません！

一方，両辺を 3^{n+1} で割って，数列 $\left(\dfrac{a_n}{3^n}\right)$ の階差型に帰着させるのは OK です：

② ÷ 3^{n+1} より

$$\frac{a_{n+1}}{3^{n+1}} = \frac{3a_n}{3^{n+1}} + \frac{2^n}{3^{n+1}} + \frac{2}{3^{n+1}}.$$

$$\underbrace{\frac{a_{n+1}}{3^{n+1}}}_{c_{n+1}} - \underbrace{\frac{a_n}{3^n}}_{c_n} = \frac{1}{3}\left(\frac{2}{3}\right)^n + \frac{2}{3}\left(\frac{1}{3}\right)^n.$$ 階差型

あとは，右辺の 2 つの等比数列の和を計算すればよいですね．

例題 7 6 n ジャマな定数の付加（3項間） 根底 実戦 入試 [→演習問題 7 9 23]

次のように定まる数列 (a_n) の一般項をそれぞれ求めよ．

(1) $a_1 = 2,\ a_2 = 6$ …①, $a_{n+2} = 5a_{n+1} - 6a_n + 2$ …②

(2) $a_1 = 1,\ a_2 = 3$ …③, $a_{n+2} = 2a_{n+1} - a_n + 2$ …④

着眼 (1) 次のような作りになっています：

$$\underbrace{a_{n+2} = 5a_{n+1} - 6a_n}_{3\text{項間漸化式}} + \underbrace{2}_{\text{ジャマ（定数）}}$$

7 6 3 例 の 2 項間漸化式でも同じような形がありましたね：

$$\underbrace{a_{n+1} = 3a_n}_{\text{等比型}} \underbrace{-2}_{\text{ジャマ（定数）}}$$

そこで用いた手法をマネしてみましょう．

下書き ジャマモノと"類似の式"，つまり定数 α を一般項とする数列 (α) が漸化式②を満たす条件は，次の ②′ です：

$$a_{n+2} = 5a_{n+1} - 6a_n + 2 \quad \cdots②$$
$$\alpha = 5\alpha - 6\alpha + 2 \quad \cdots②' \quad \alpha = 1.$$

よって，特殊解は定数数列 $(1, 1, 1, \cdots)$ であり，②′は

$$1 = 5\cdot1 - 6\cdot1 + 2. \quad \cdots②''$$

② − ②″ より… ここまで下書き．■

解答 (1) ②を変形すると

$$a_{n+2} - 1 = 5(a_{n+1} - 1) - 6(a_n - 1).$$

そこで，$b_n = a_n - 1$ とおくと

$$b_1 = 1,\ b_2 = 5;\ b_{n+2} = 5b_{n+1} - 6b_n.$$

注 実はこの数列 (b_n) の定義は，例題 7 6 i の (a_n) と全く同じです．よって，この後の [1] プロセスは省略して…■

$$b_n = 3^n - 2^n. \quad \text{例題 7 6 i の } (a_n) \text{ と同じ}$$

$$\therefore\ a_n = 3^n - 2^n + 1. /\!/$$

余談 [1]：そのプロセスで使用する $x^2 - 5x + 6 = 0$ が「特性方程式」です．という訳で，本問および 7 6 3 例 における②′は，本来「特性方程式」とはいいません．■

(2) **注** (1)と同様に特殊解を探すと…

$$④:\ a_{n+2} = 2a_{n+1} - a_n + \underbrace{2}_{\text{ジャマ（定数）}}$$
$$\alpha = 2\alpha - \alpha + 2.$$

残念ながら解がありませんが…■

④を変形すると，

$$\underbrace{a_{n+2} - a_{n+1}}_{b_{n+1}} = \underbrace{a_{n+1} - a_n}_{b_n} + 2. \quad \text{等差型}$$

$$\therefore \underbrace{a_{n+1} - a_n}_{b_n} = \underbrace{a_2 - a_1}_{b_1} + 2\cdot(n-1) = 2n\ (\because ③).$$

これで，(a_n) は階差型漸化式を用いて

$$a_1 = 1,\ a_{n+1} - a_n = 2n$$

と定義されました．あとは，例題 7 6 b と同様ですから省略します．

答え：$a_n = n^2 - n + 1. /\!/$

例題 7 6 o 両辺を何で割るか？ 根底 実戦 入試 [→演習問題 7 9 27]

$a_1 = 1$ …①, $a_{n+1} = (n+1)a_n + n$ …② で定まる数列 (a_n) の一般項を求めよ．

着眼 $a_{n+1} = \underset{\text{ジャマ}}{3}a_n + 2^n$ の場合，3^{n+1} で割る [1] と上手く階差型漸化式に帰着しました．[→例題 7 6 h 参考]．本問の漸化式：

$$a_{n+1} = \underbrace{(n+1)}_{\text{ジャマ}}a_n + n$$

も，それと同様に処理できないでしょうか？

解答 ②の両辺を $(n+1)!$ で割ると

$$\frac{a_{n+1}}{(n+1)!} = \frac{(n+1)a_n}{(n+1)n!} + \frac{n}{(n+1)!}.$$

$$\underbrace{\frac{a_{n+1}}{(n+1)!}}_{b_{n+1}} = \underbrace{\frac{a_n}{n!}}_{b_n} + \frac{n}{(n+1)!}. \quad \text{階差型 [2]}$$

$$= \frac{a_n}{n!} + \frac{1}{n!} - \frac{1}{(n+1)!}.$$

$$\underbrace{\frac{a_{n+1}+1}{(n+1)!}}_{A_{n+1}} = \underbrace{\frac{a_n+1}{n!}}_{A_n}.$$

$$\therefore\ \underbrace{\frac{a_n+1}{n!}}_{A_n} = \underbrace{\frac{a_1+1}{1!}}_{A_1} = 2\ (\because ①).$$

$$\therefore\ a_n = 2\cdot n! - 1. /\!/$$

解説 1)：この「両辺を**階乗で割る**」という手法は，覚えておきましょう．(何で割るかの一般理論は難しいです．[→**演習問題 7 9 28 発展**])

方法論 ジャマモノが「2」→ 2^{n+1} で割る
ジャマモノが「$n+1$」→ $(n+1)!$ で割る

注 2)：(b_n) の階差型漸化式ですが，$\dfrac{n}{(n+1)!}$ の方も階差に分解することにより，定数数列 (A_n) が得られてしまいましたね．

別解 実は②は次のように変形できます：

$$a_{n+1}+1=(n+1)a_n+n+1.$$

$$\underbrace{a_{n+1}+1}_{c_{n+1}}=(n+1)(\underbrace{a_n+1}_{c_n}).$$ 階比型

これを繰り返し用いると

$$a_n+1=(a_1+1)\cdot2\cdot3\cdot4\cdot\cdots\cdot(n-1)\cdot n$$
$$=2\times2\cdot3\cdot4\cdot\cdots\cdot(n-1)\cdot n$$
$$=2\cdot n!.$$
$$\therefore\ a_n=2\cdot n!-1.$$ //

例題 7 6 p 置換・対数 根底 実戦 [→演習問題 7 9 24]

$a_1=2$ …①, $a_{n+1}=\dfrac{8}{\sqrt{a_n}}$ …② で定まる数列 (a_n) (各項は正 1)) の一般項を求めよ．

方針 積・商・累乗などによって式が扱いにくいとき，**対数をとる**という手法をよく使います．

解答 $a_n>0$ だから，①，②において両辺の対数 (底は 2) をとると

$$\log_2 a_1=\log_2 2,$$
$$\log_2 a_{n+1}=\log_2\frac{8}{\sqrt{a_n}}=\log_2 8-\frac{1}{2}\log_2 a_n.$$

$b_n=\log_2 a_n$ とおくと 等比型+ジャマ(定数)

$$b_1=1\ \cdots①',\quad b_{n+1}=3-\frac{1}{2}b_n.\ \cdots②'$$

②′を変形すると

$$b_{n+1}-2=-\frac{1}{2}(b_n-2).$$
$$\therefore\ b_n-2=(b_1-2)\left(-\frac{1}{2}\right)^{n-1}.$$

これと①′より

$$b_n=2-\left(-\frac{1}{2}\right)^{n-1}.$$
$$\therefore\ a_n=2^{2-\left(-\frac{1}{2}\right)^{n-1}}$$

注 1)：本来は，「$a_n>0\ (n=1, 2, 3, \cdots)$」を自身で事前に示しておきます．数学的帰納法[→7 7]を用いますが，『①②より帰納的に $a_n>0\ (n=1, 2, 3, \cdots)$．』程度で充分です．

例題 7 6 q 分数型漸化式 根底 実戦 [→演習問題 7 9 24]

$a_1=1$ …①, $a_{n+1}=\dfrac{a_n}{3a_n+1}$ …② で定まる数列 (a_n) (各項は正 1)) の一般項を求めよ．

着眼 分数形の漸化式には，普通は誘導が付きます[→**演習問題 7 9 25**, **26**]．しかし，本問は比較的平易なアイデアで片付きます．右辺の**分子が単項式**であることに注目して…

解答 (a_n) の各項は 0 でないから，②の両辺の逆数をとると

$$\frac{1}{a_{n+1}}=\frac{3a_n+1}{a_n}$$ 分母を単項式に

$$\underbrace{\frac{1}{a_{n+1}}}_{b_{n+1}}=3+\underbrace{\frac{1}{a_n}}_{b_n}.$$ 等差型

$$\therefore\ \underbrace{\frac{1}{a_n}}_{b_n}=\underbrace{\frac{1}{a_1}}_{b_1}+3\cdot(n-1)=3n-2\ (\because\ ①).$$

$$\therefore\ a_n=\frac{1}{3n-2}.$$ //

別解 「一般項を予想 → 数学的帰納法で証明」という手もあります．[→**例題 7 7 b**]

注 1)：問題文に「各項は正」となかったら，逆数をとる際，「$a_n\neq0\ (n=1, 2, 3, \cdots)$」を自身で事前に示しておきます．前問の**注**と同様です．

7 数学的帰納法

1 数学的帰納法とは？

例 和の公式 $\displaystyle\sum_{j=1}^{n} j^3 = \frac{1}{4}n^2(n+1)^2$ を，757 とは別の方法で証明してみましょう．

真偽が明確に定まる主張

このような「ⓝ」を含んだ命題は，実際には，"器" ⓝ に様々な自然数を代入することで得られる無数の命題を表します．そこで，この命題に番号入りの名前「$P(ⓝ)$」を与えると，右の通りです．

注 「$P(n)$」とは，左辺や右辺を指すのではなく，「等式」に対して付けられた名前です．

語記サポ 命題 =proposition

$P(ⓝ)$	$\displaystyle\sum_{j=1}^{ⓝ} j^3 = \frac{1}{4}ⓝ^2(ⓝ+1)^2$
$P(1)$	$1^3 = \frac{1}{4}\cdot1^2\cdot2^2$
$P(2)$	$1^3+2^3 = \frac{1}{4}\cdot2^2\cdot3^2$
$P(3)$	$\underline{1^3+2^3+3^3} = \frac{1}{4}\cdot3^2\cdot4^2$
$P(4)$	$\underline{1^3+2^3+3^3}+4^3 = \frac{1}{4}\cdot4^2\cdot5^2$
	4 つの足し算　⋮

右上に書いた個々の命題，例えば $P(1)$ や $P(2)$ が正しいことは，両辺を数値計算してみれば確かめられます．しかし，番号 ⓝ が大きくなり，$P(4)$ ともなると少しメンドウです．

そこで，この命題 $P(4)$ を，1 つ前の命題 $P(3)$ が成り立つと仮定して示すことを考えます．

$P(4)$ の左辺は，赤下線部が $P(3)$ の左辺と同じですから次のように計算することができます：

$$P(4)\text{ の左辺} = \underbrace{\frac{1}{4}\cdot3^2\cdot4^2}_{P(3)\text{ の右辺}} + 4^3 = 4\cdot(9+16) = 100.$$

2 つの足し算

一方，$P(4)$ の右辺 $= 4\cdot25 = 100$．よって，$P(4)$ も成り立ちます．

この証明：$P(3) \to P(4)$ において，「4 つの足し算」である $P(4)$ の左辺が，$P(3)$ を利用したおかげで「**2 つ**の足し算」で済みましたね．4 つ程度の足し算なら高が知れていますが，これが $P(99) \to P(100)$ ともなると，100 個の足し算が **2 つ**の足し算に変わりますから，効果は絶大です．

こうして　$P(1) \to P(2)$, $P(2) \to P(3)$, $P(3) \to P(4)$, … を文字を使って一般的に証明し，なおかつ最初の命題 $P(1)$ も示せば，まるでドミノを倒すように無限個の命題 $P(1)$, $P(2)$, $P(3)$, $P(4)$, … が示せますね．

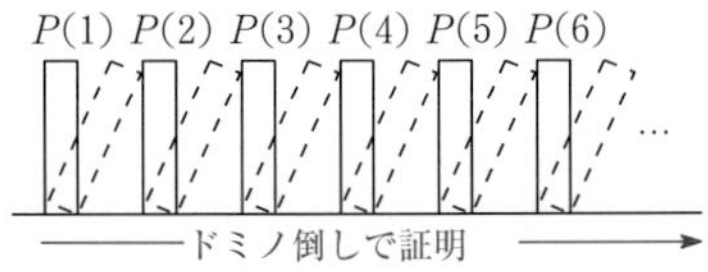

こうした**"ドミノ式"証明法**のことを**数学的帰納法**といいます．実際の「答案」は，次のように書きます：

解答 $P(ⓝ)$：$\displaystyle\sum_{j=1}^{ⓝ} j^3 = \frac{1}{4}ⓝ^2(ⓝ+1)^2$

を，$n = 1, 2, 3, \cdots$ について示す．

これから示す．未知．

1° $P(1)$: $1^3 \underset{?}{=} \frac{1}{4}\cdot1^2\cdot2^2$ は,[1] $\begin{cases} 左辺 = 1, \\ 右辺 = \frac{4}{4} = 1 \end{cases}$

より成り立つ．

2° k は定数とする．[2]

仮定する．既知．

$P(k)$: $\displaystyle\sum_{j=1}^{k} j^3 = \frac{1}{4}k^2(k+1)^2$ を仮定し，[3]

これから示す．未知．

$P(k+1)$: $\displaystyle\sum_{j=1}^{k+1} j^3 \underset{?}{=} \frac{1}{4}(k+1)^2(k+1+1)^2$ を示す．[4]

$P(k+1)$ の左辺

$$= \sum_{j=1}^{k+1} j^3 \quad [5]$$

$$= \sum_{j=1}^{k} j^3 + (k+1)^3$$

$$= \frac{1}{4}k^2(k+1)^2 + (k+1)^3 \quad (\because\ P(k))$$

$$= \frac{1}{4}(k+1)^2\cdot\{k^2 + 4(k+1)\}$$

$$= \frac{1}{4}(k+1)^2(k+2)^2 = P(k+1)\text{ の右辺}.$$

よって，$P(k) \Longrightarrow P(k+1)$ が成り立つ．[6]

1°, 2° より $P(1)$, $P(2)$, $P(3)$, … が示せた．□

解説 1)4)：このように，これから何を示すかを明確にすることが重要です．目的が曖昧なまま証明を行うなんて，あり得ませんよね．（もちろん，何を仮定するかも明確に．）

2)：ステップ 2° には，赤字で書いた文字「k」が全部で 25 個あります．これらの「k」は，全て同一な自然数を指しています．このことを強調するため，敢えて「k は定数」と宣言しました．

(**語記サポ** 定数 =Konstante(独))

6)：実際にどのように示されたのかを説明したのが右です（**仮定**を○，示した**結論**を●で表しています）．ご覧の通り，2° では定数だった文字「k」を，1, 2, 3, ⋯ と動かしています．

$P(1)$ $P(2)$ $P(3)$ $P(4)$ ⋯
● 1°
○ ⇒ ● 2°($k=1$)
○ ⇒ ● 2°($k=2$)
○ ⇒ ● 2°($k=3$)

このように，1° で最初の "ドミノ"：$P(1)$ を示し，2° で直前「k」と直後「$k+1$」との "連鎖反応" も証明すれば，無限個の命題 $P(n)$ が "ドミノ式" に証明されたことになります．こうした証明の仕方の**構造を理解**することこそが，**数学を学ぶ**ということであり，その理解が下地として備わっていれば，**入試問題は自ずと解けます．**

3)：**解答**冒頭で使用した文字「ⓝ」は，1, 2, 3, ⋯ と値を変える変数です．そこで，ステップ 2° では「ⓝ」に定数「k」を代入した命題 $P(k)$ を仮定し，それをこのように具体的に書き表しました．しかしその式は，命題 $P(n)$ の「文字 n」を「文字 k」に変えただけの式であり，書くのが少々ダルいですね(笑)．また，本問では解答者の便を図って「$\sum\limits_{j=}$」としていますが，普段なら「$\sum\limits_{k=}$」と書いているはず．そうすると定数として使用する文字は n, k 以外，例えば「m」とかにしなくてはならず，煩わしいですね．

そこで筆者は（大学以降の書籍は），ステップ 2° において文字「n」のままでそれを定数として扱うという書き方も使います．その際には，「n は**定数**」とか「n を**固定**する」と宣言をします．

5)：何気ないようで，この等式がとても重要です．その意味は，

k までの $\sum$ をもとに，$k+1$ までの $\sum$ が定まる

ということです．まさに "ドミノ式" そのものですね．このように

"ドミノ式"
$$\sum_{j=1}^{k+1} j^3 = \sum_{j=1}^{k} j^3 + (k+1)^3$$

"ドミノ式" 構造をもつものに関する証明は，"ドミノ式" に行うと上手くいくことが多いと覚えておいてください．（"ドミノ式" 構造の典型例は [→例題 7 7 C 後の重要]）

以上で，「数学的帰納法」に関する紹介を終えます．

数学的帰納法 **原理**

命題 $P(1), P(2), P(3), \cdots$ を全て証明するためには，次の 2 つのステップを実行すればよい：

1° $P(1)$ を示す．

2° $P(n) \Longrightarrow P(n+1)$ を任意の n について示す．

$P(1)$ $P(2)$ $P(3)$ $P(4)$ $P(5)$ $P(6)$ ⋯
ドミノ倒しで証明

このように，**多数の命題**を **"ドミノ式"** に証明する手法を**数学的帰納法**という．

この証明法は，"ドミノ式" の構造をもつものに関する証明において用いることが多い．

注 「数学的帰納法」には，いくつかのバリエーションがあります．[→ 7 7 3]

2 数学的帰納法の例題

例題 7 7 a Σと不等式 根底 実戦 典型

[→演習問題 7 9 31]

n は自然数とする．不等式 $\displaystyle\sum_{k=1}^{n}\frac{1}{\sqrt{k}} \leqq 2\sqrt{n}-1$ を示せ．

着眼 「不等式の証明」の常套（じょうとう）手段は「差をとって積・商の形にする」ですが，左辺が多数の項の和となりますからキビシイですね．

方針 そこで，Σが"ドミノ式"構造をもつことに注目し，数学的帰納法を用います．

解答 命題 $P(n)$: $\displaystyle\sum_{k=1}^{n}\frac{1}{\sqrt{k}} \leqq 2\sqrt{n}-1$ を，

$n=1, 2, 3, \cdots$ について示す．

1° $P(1)$:「$\displaystyle\sum_{k=1}^{1}\frac{1}{\sqrt{k}} \underset{?}{\leqq} 2\sqrt{1}-1$」は，　これから示す．未知．

$\begin{cases} 左辺 = \dfrac{1}{\sqrt{1}} = 1 \\ 右辺 = 2-1=1 \end{cases}$ より成り立つ．

2° n を固定する．[1]

$P(n)$ を仮定し，[2]　仮定する．既知．

$P(n+1)$:「$\displaystyle\sum_{k=1}^{n+1}\frac{1}{\sqrt{k}} \underset{?}{\leqq} 2\sqrt{n+1}-1$」を示す．[3]　これから示す．未知．

方針 ここで「差をとる」手法を発動します．「大 − 小」にこだわらず，「長い式 − 短い式」とする方がやりやすいですよ．■

[4] $\displaystyle\sum_{k=1}^{n+1}\frac{1}{\sqrt{k}} - \left(2\sqrt{n+1}-1\right)$　≦0になれ〜と願いながら

$\displaystyle = \sum_{k=1}^{n}\frac{1}{\sqrt{k}} + \frac{1}{\sqrt{n+1}} - \left(2\sqrt{n+1}-1\right)$

$\displaystyle \leqq 2\sqrt{n}-1+\frac{1}{\sqrt{n+1}} - \left(2\sqrt{n+1}-1\right) \ (\because P(n))$

$\displaystyle = \frac{1}{\sqrt{n+1}} + 2\left(\sqrt{n}-\sqrt{n+1}\right)$

$\displaystyle = \frac{1}{\sqrt{n+1}} + 2\cdot\frac{\left(\sqrt{n}-\sqrt{n+1}\right)\left(\sqrt{n}+\sqrt{n+1}\right)}{\sqrt{n}+\sqrt{n+1}}$ [5]

$\displaystyle = \frac{1}{\sqrt{n+1}} - \frac{2}{\sqrt{n}+\sqrt{n+1}}$

$\displaystyle = \frac{2}{\sqrt{n+1}+\sqrt{n+1}} - \frac{2}{\sqrt{n}+\sqrt{n+1}}$

$<0 \ (\because \sqrt{n+1} > \sqrt{n})$.

よって，$P(n) \Longrightarrow P(n+1)$ が成り立つ．　ここまで，「n」は定数でした．

1°, 2° より $P(1), P(2), P(3), \cdots$ が示せた．[6] □

解説 [1)2)]：文字「n」のままでそれを定数とみなす宣言をすれば，ワザワザ文字を「k」に変えた式を書かず，「$P(n)$」と述べるだけで済みますね．**1 行省ける**訳です．問題レベルが上がり，証明すべき命題が長大になればなるほど，このように文字を k に変えないで済ますことの優位性が際立ってきます．

[3]：とにかく，このように「これから何を示すか」を明示しておくことが肝要です．

[4]：ここに"ドミノ式"構造があるのです（前々ページの 例 と同様）．

[6]：本当に無限個の命題が"ドミノ式"に証明できたことを，自分自身で確認しておいてくださいね．**[→前ページの [6]]**

参考 [5]：ここで行った「分子の有理化」は，経験がないと発想しづらいでしょう．もちろん，次のように通分しても OK です：

$\displaystyle \frac{1}{\sqrt{n+1}} + 2\left(\sqrt{n}-\sqrt{n+1}\right)$

$\displaystyle = \frac{1+2\sqrt{n}\sqrt{n+1}-2(n+1)}{\sqrt{n+1}}$.

分子 $= 2\sqrt{n(n+1)}-(2n+1)$

$= \sqrt{4n^2+4n}-\sqrt{4n^2+4n+1}<0$.

参考 解答の最後と似た変形を最初から行い，次のように片付けることができます：

$$\sum_{k=1}^{n}\frac{1}{\sqrt{k}}$$

$$=\frac{1}{\sqrt{1}}+\sum_{k=2}^{n}\frac{1}{\sqrt{k}}\ (n\geq 2)$$

$n=1$ については別途示すこと（略）

$$=1+\sum_{k=2}^{n}\frac{2}{\sqrt{k}+\sqrt{k}}$$

$$<1+\sum_{k=2}^{n}\frac{2}{\sqrt{k}+\sqrt{k-1}}$$

$$=1+\sum_{k=2}^{n}2\cdot\frac{\sqrt{k}-\sqrt{k-1}}{(\sqrt{k}+\sqrt{k-1})(\sqrt{k}-\sqrt{k-1})}$$

$$=1+\sum_{k=2}^{n}2\left(\sqrt{k}-\sqrt{k-1}\right)$$ 階差に分解

$$=1+2\left(\sqrt{n}-\sqrt{1}\right)=2\sqrt{n}-1.\ \square$$

これが，この問題の作られた“背景”です．

例題 7 7 b 漸化式 根底 実戦 典型

本問と同じ数列では [→演習問題 7 9 25]

$x_1=1$ …①, $x_{n+1}=\dfrac{x_n-4}{x_n-3}$ …② で定まる数列 (x_n) を考える．

(1) x_2, x_3, x_4 を求めよ． (2) (x_n) の一般項を求めよ．

着眼 (1) 漸化式②の n に 1, 2, 3 を代入して，“ドミノ式”に項を求めます．

(2) 誘導・ヒントである(1)を通して一般項を推定[1]し，それを数学的帰納法[2]で証明します．

解答 (1) ①と② $(n=1)$ より，

$$x_2=\frac{1-4}{1-3}=\frac{3}{2}.\,/\!/$$

これと② $(n=2)$ より，

$$x_3=\frac{\frac{3}{2}-4}{\frac{3}{2}-3}=\frac{-5}{-3}=\frac{5}{3}.\,/\!/$$

これと② $(n=3)$ より，

$$x_4=\frac{\frac{5}{3}-4}{\frac{5}{3}-3}=\frac{-7}{-4}=\frac{7}{4}.\,/\!/$$

(2) **着眼** (1)の答えを見ると，分母が 1 ずつ，分子は 2 ずつ増えていきそうな“予感”がしますね．それをもとに一般項を予想し，数学的帰納法で証明します．■

$P(n)$:「$x_n=\dfrac{2n-1}{n}$」を $n=1, 2, 3, \cdots$ について示す． これから示す．未知．

1° $P(1)$:「$x_1\underset{?}{=}\dfrac{2\cdot1-1}{1}$」は，

$$\begin{cases}\text{左辺}=1\ (\because\ ①)\\ \text{右辺}=\dfrac{1}{1}=1\end{cases}$$ より成り立つ．

2° n を固定する．

$P(n)$ を仮定し， 仮定する．既知．

$P(n+1)$:「$x_{n+1}\underset{?}{=}\dfrac{2(n+1)-1}{n+1}$」を示す． これから示す．未知．

$$x_{n+1}=\frac{x_n-4}{x_n-3}\ (\because\ ②)$$

$$=\frac{\frac{2n-1}{n}-4}{\frac{2n-1}{n}-3}\ (\because\ P(n))$$

$$=\frac{-2n-1}{-n-1}$$

$$=\frac{2n+1}{n+1}=\frac{2(n+1)-1}{n+1}.$$

よって，$P(n)\Longrightarrow P(n+1)$ が成り立つ．

1°, 2° より $P(1), P(2), P(3), \cdots$ が示せた．□

よって，求める一般項は，$x_n=\dfrac{2n-1}{n}.\,/\!/$

解説 1)2)：俗称“推定帰納法”．“ドミノ式”から「一般項」を求める最終手段．[→7 6 1]

重要 漸化式②は，“ドミノ式”構造の代表選手です．

言い訳 本当は，$x_n=\dfrac{2n-1}{n}$ が①，②をともに満たすことさえ確かめればOKであり，上記解答は，古来“的外れ”とされていますが，試験で問われることがあるので…(苦笑)．

例題 77C 大小関係 重要度↑ 根底 実戦 典型

[→演習問題7 9 30]

n は自然数とする．n^2 と 2^n の大小関係を調べよ．

着眼 まずは項をいくつか並べてみましょう．最初の方は大小がまちまちですが，どうやら $n \geq 5$ では $2^n > n^2$ ではないかと予想できますね．[1)]

n	1	2	3	4	5	6	7	…
n^2	1	4	9	16	25	36	49	…
	∧	‖	∨	‖	∧	∧	∧	
2^n	2	4	8	16	32	64	128	…

注 2^n は指数関数，n^2 は 2 次関数です．両者が**異種の関数** [2)] なので，差をとっても上手く式変形できず，大小関係は示せません．

方針 そこで，“ドミノ式” に証明します．その際，ある “ドミノ式” 構造が活躍します．

解答 $n=1, 2, 3, 4$ に対する $n^2, 2^n$ の値は右表の通り．

n	1	2	3	4
n^2	1	4	9	16
2^n	2	4	8	16

以下において，

$P(n)$:「$2^n \underset{?}{>} n^2$」

を，$n=5, 6, 7, \cdots$ について示す．

1° $P(5)$:「$2^5 > 5^2$」は，$\begin{cases} \text{左辺} = 32, \\ \text{右辺} = 25 \end{cases}$ より成り立つ．

2° $n\ (\geq 5)$ を固定する．

$P(n)$ を仮定し，……仮定・既知

$P(n+1)$:「$2^{n+1} \underset{?}{>} (n+1)^2$」を示す．……未知

$$\begin{aligned} & 2^{n+1} - (n+1)^2 \quad (\uparrow 3)) \\ &= 2 \cdot 2^n - (n+1)^2 \\ &> 2 \cdot n^2 - (n+1)^2 \ (\because\ P(n))\ ^{4)} \\ &= n^2 - 2n - 1 \\ &= (n-1)^2 - 2 \\ &\geq (5-1)^2 - 2\ (\because\ n \geq 5) \\ &= 14 > 0. \end{aligned}$$

よって，$P(n) \Longrightarrow P(n+1)\ (n \geq 5)$ が成り立つ．

1°, 2° より $P(5), P(6), P(7), \cdots$ が示せた．□

以上より，求める大小関係は

$$2^n \begin{cases} > n^2\ (n=1, 5, 6, 7, \cdots), \\ = n^2\ (n=2, 4), \\ < n^2\ (n=3). \end{cases} \text{//}$$

解説 [1)]：これとか，前問で行った (x_n) の一般項の推定こそが，正しい意味での「帰納法」です．

[3)]：このように，「累乗」には “ドミノ式” 構造があるのです．

[2)4)]：「異種関数どうしの大小」が，1 つ前の命題 $P(n)$ の助けを借りて，**同種の関数**（2 次関数どうし）の大小になりましたね．

参考 指数関数を 2 次関数などと比較する際，二項定理を利用することもあります：

$$2^n = (1+1)^n = {}_n\mathrm{C}_0 + {}_n\mathrm{C}_1 + {}_n\mathrm{C}_2 + {}_n\mathrm{C}_3 + \cdots = 1 + n + \frac{1}{2}n(n-1) + \frac{1}{6}n(n-1)(n-2) + \cdots$$

重要 高校数学でよく出会う “ドミノ式” 構造をリストアップしておきます：

“ドミノ式” 構造の典型例 知識 重要度↑ 既習者

❶：漸化式：$a_{\boxed{n+1}} = na_{ⓝ} + \dfrac{1}{n}$

❷：和：$\displaystyle\sum_{k=1}^{\boxed{n}} a_k = \sum_{k=1}^{\boxed{n-1}} a_k + a_n$

❸：累乗：$3^{\boxed{n+1}} = 3^{ⓝ} \cdot 3$

❹：階乗：$\boxed{n}! = (\boxed{n-1})! \cdot n$ （$1! = 0! \cdot 1$ ……$n=1$ のとき）

❺：高次導関数：$f^{(\boxed{n+1})} = \begin{cases} (f^{(ⓝ)})' & \cdots n \text{ 回微分} \to 1 \text{ 回微分} \\ (f')^{(ⓝ)} & \cdots 1 \text{ 回微分} \to n \text{ 回微分} \end{cases}$ 理系

“ドミノ式” の証明法 = 数学的帰納法にまつわる問題には，それと同じ構造をもつ❶～❹が繰り返し登場します．（数学Ⅲ範囲では❺も現れます．）

3 数学的帰納法のバリエーション

これまでは，標準的な“ドミノ式”構造：「直前 n と直後 $n+1$」に沿った証明法でした．次問では“一昨日昨日式”，次々問ではさらに変わった形式のドミノ構造を用います．

例題 7 7 d 一昨日昨日法 根底 実戦

[→演習問題 7 9 32]

自然数からなる数列 (a_n) を $a_1=1$ …①, $a_2=1$ …①′, $a_{n+2}=(n+1)(a_{n+1}+na_n)$ …② で定める．任意の自然数 n に対して，a_n は $(n-1)!$ の倍数であることを示せ．

語記サポ 「整除記号」を使います．**例**「$5\,|\,30$」$\Longleftrightarrow$「5 は 30 を割り切る」．[→ I+A 6 2 1]

注 一般項は求めにくそうですね．[1]

着眼 試しに，いくつか項を並べてみましょう：

② $(n=1)$: $a_3=2(a_2+1\cdot a_1)=2(1+1)=4=2\cdot 2!$,

② $(n=2)$: $a_4=3(a_3+2\cdot a_2)=3(4+2)=18=3\cdot 3!$,

② $(n=3)$: $a_5=4(a_4+3\cdot a_3)=4(18+12)=120=5\cdot 4!$.

n	1	2	3	4	5	…
a_n	1	1	4	18	120	…
$(n-1)!$	1	1	2	6	24	…

$a_n\in\mathbb{N}$ であることは“ドミノ式”にわかり，たしかに $(n-1)!\,|\,a_n$ となっていそうですね．

方針 上の作業を通してわかるように，数列 (a_n) は“一昨日昨日式”に定まります．そこで，その**構造を模倣**[2] した変則的な“ドミノ式”証明を行います．

解答 $P(n)$: $(n-1)!\,|\,a_n$ を，$n=1, 2, 3, \cdots$ について示す．

1° $P(1)\overset{?}{:}$ $0!\,|\,a_1$ は，$0!=1$ と①より成り立つ．

$P(2)\overset{?}{:}$ $1!\,|\,a_2$ は，$1!=1$ と①′より成り立つ．[3]

2° k は定数とする．

$P(k)$: $(k-1)!\,|\,a_k$，$P(k+1)$: $k!\,|\,a_{k+1}$ を仮定し，$P(k+2)\overset{?}{:}$ $(k+1)!\,|\,a_{k+2}$ を示す．

注 たまには文字「k」を使ってみます(笑)．■

$P(k)$, $P(k+1)$ より，

$a_k=(k-1)!\cdot i$, $a_{k+1}=k!\cdot j$ $(i, j\in\mathbb{Z})$

とおけて，②より

$$\begin{aligned}a_{k+2}&=(k+1)(a_{k+1}+ka_k)\\&=(k+1)\{k!\cdot j+k\cdot(k-1)!\cdot i\}\\&=\underline{(k+1)\cdot k!}\cdot(j+i)\\&=\underset{4)}{\underline{(k+1)!}}\cdot(\underbrace{j+i}_{\text{整数}}).\end{aligned}$$

よって，$P(k)$, $P(k+1)\Longrightarrow P(k+2)$.

1°, 2° より $P(1), P(2), P(3), \cdots$ が示せた．[5] □

解説 2)：このように，**定まる仕組みと同じ構造の証明法を用いる**のが“自然体”です．「数学的帰納法(きのうほう)」をもじって，俗に“一昨日昨日法(おとといきのうほう)”と呼ばれたりします．

5)：実際にどのように示されたのかを説明したのが右です（**仮定**を○，示した**結論**を●で表しています）．

P(1)	P(2)	P(3)	P(4)	P(5)	…
●	●				1°
○	○ ⇒	●			2°(k=1)
	○	○ ⇒	●		2°(k=2)
2°(k=3)		○	○ ⇒	●	

3)：この仕組みを理解していれば，1° において，$P(1)$ のみでなく $P(2)$ も示しておくべきだとわかりますね．

4)：2 つの赤下線部が等しいことが，「階乗」のもつ“ドミノ構造”です．

注 1)：②の両辺を $(n+1)!$ で割ると $\dfrac{a_{n+2}}{(n+1)!}=\dfrac{a_{n+1}}{n!}+\dfrac{a_n}{(n-1)!}$ …②′ となり，$b_n=\dfrac{a_n}{(n-1)!}$ と置換すれば $b_{n+2}=b_{n+1}+b_n$ (3 項間漸化式) となります．これでいちおう一般項は求まりますが，$\sqrt{}$ を含んだフクザツな値となるため，本問の証明には役立ちません．なお，②′を用いて **解答** のような“一昨日昨日法”を実行してもよいですね．

例題 7 7 e 累積帰納法 根底 実戦 典型

[→演習問題 7 9 33]

$\displaystyle\sum_{k=1}^{n} a_k{}^3 = \left(\sum_{k=1}^{n} a_k\right)^2$, $a_n > 0$ $(n = 1, 2, 3, \cdots)$ …① を満たす数列 (a_n) の一般項を求めよ.

下書き ①の n に 1, 2, 3 を代入して最初の数項を求めてみましょう.

① $(n=1)$ より

$a_1{}^3 = (a_1)^2$. $a_1 > 0$ より $a_1 = 1$.

これと[1]① $(n=2)$ より

$1^3 + a_2{}^3 = (1 + a_2)^2$. $a_2{}^3 - a_2{}^2 - 2a_2 = 0$.

$a_2(a_2+1)(a_2-2)=0$. $a_2>0$ より $a_2=2$.

これら 2 つ[2]と① $(n=3)$ より

$1^3 + 2^3 + a_3{}^3 = (1+2+a_3)^2$.

$a_3{}^3 - a_3{}^2 - 6a_3 = 0$.

$a_3(a_3+2)(a_3-3)=0$. $a_3>0$ より $a_3=3$.

どうやら, 一般項は $a_n = n$ ではないかと"推定"できますね.

着眼 1)2) : a_2 は a_1 をもとに, a_3 は a_1, a_2 をもとに定まりました. 次の a_4 以降も, それ**以前の全ての項をもとに**定まりますね. [3]

方針 このような「項が定まっていく仕組み」を模倣したスタイルの変則的"ドミノ式"証明を行います.

解答 $P(n)$:「$a_n = n$」を, $n = 1, 2, 3, \cdots$ について示す. (これから示す. 未知.)

1° $P(1)$:「$a_1 \underset{?}{=} 1$」を示す. ① $(n=1)$ より

$a_1{}^3 = (a_1)^2$. $a_1 > 0$ より $a_1 = 1$.

よって, $P(1)$ は成り立つ.

2° n を固定する.

$P(1), P(2), P(3), \cdots, P(n-1)$ $(n \geq 2)$ を仮定し[4], (仮定する. 既知.)

$\underset{?}{P(n)}$ を示す[5]. (これから示す. 未知.)

$P(1) \sim P(n-1)$ と①より

$$1^3 + 2^3 + 3^3 + \cdots + (n-1)^3 + a_n{}^3 = \{1+2+3+\cdots+(n-1)+a_n\}^2.$$

$$\frac{1}{4}(n-1)^2 n^2 + a_n{}^3 = \left\{\frac{1}{2}(n-1)n + a_n\right\}^2.$$

$a_n{}^3 - a_n{}^2 - (n-1)n \cdot a_n = 0$.

$a_n(a_n + n - 1)(a_n - n) = 0$.

$a_n > 0$ より, $a_n = n$.

$\therefore P(1), P(2), P(3), \cdots, P(n-1) \Longrightarrow P(n)$.

1°, 2° より $P(1), P(2), P(3), \cdots$ が示せた. □ [6]

よって, 求める一般項は, $a_n = n$. //

解説 3)4) : このように, **定まる仕組みと同じ構造の証明法を用いる**のが正道です. $P(n)$ を示すのに, それ以前の全てを仮定するスタイルの証明法は,「**累積帰納法**」と呼ばれます.

6) : 実際にどのように示されたのかを説明したのが右です (**仮定**を○, 示した**結論**を●で表しています).

$P(1)$	$P(2)$	$P(3)$	$P(4)$	$\cdots$
●				1°
○ ⇒	●			2° $(n=2)$
○	○ ⇒	●		2° $(n=3)$
○	○	○ ⇒	●	2° $(n=4)$

4)5) : $P(n)$ はとても単純な命題なので, 具体的に明示することなく"名前"を書いておくだけで充分だと思います.

言い訳 本間では①から「$a_n = n$」を導きました. **逆**に「$a_n = n$」を仮定すると, ①において

$$\text{左辺} = \sum_{k=1}^{n} k^3 = \frac{1}{4}n^2(n+1)^2, \quad \text{右辺} = \left(\sum_{k=1}^{n} k\right)^2 = \left\{\frac{1}{2}n(n+1)\right\}^2$$

ですので①は $(a_n > 0$ も含めて) 当然成り立ちます. 本問は, このアタリマエなことを逆向きにして問うただけでした (笑).

8 数列の総合問題

1 群数列

次問のように「群」に区切られた数列のことを**群数列**といいます.

例題 7 8 a 群数列 重要度↑ 根底 実戦 典型 [→演習問題7 9 4 1]

数列 (a_n) が群に区切られており, 第 k 群には 2^{k-1} 個の奇数の自然数が小さい方から並んでいる:

$$1\,|\,1, 3\,|\,1, 3, 5, 7\,|\,1, 3, 5, 7, 9, 11, 13, 15\,|\cdots$$

(1) a_{1000} の値を求めよ.　　(2) $\displaystyle\sum_{n=1}^{2^m} a_n$ (m は自然数) を求めよ.

着眼 各設問において, 注目する項が第何群の何番目かを考えましょう.

方針 本問が,「群数列」のスタンダードな問題です. 次の 2 つを実行すると覚えてください.

群数列の処理 方法論

1° 群番号, 項数を明示する.　2° 第 k 群の終わりまでの項数を, 名前を付けた上で求めておく.

注 数列 (a_n) の "通し番号" は「n」, 群番号は「k」という文字で表すよう心掛けましょう.

解答

群番号:	1 群	2 群	3 群	4 群		k 群
a_n:	1	1, 3	1, 3, 5, 7	1, 3, 5, 7, 9, 11, 13, 15	……	1, 3, 5, ……………
項数:	1 個	2 個	2^2個	2^3個		2^{k-1}個

($f(k)$ 個)

第 k 群の終わりまでの個数を $f(k)$ とすると

$$f(k) = 1 + 2 + 2^2 + \cdots + 2^{k-1} = 1\cdot\frac{2^k - 1}{2 - 1} = 2^k - 1.$$ ($k = 1, 2, 3$ 辺りで検算)

(1) **着眼** a_{1000} は第何群辺りにあるかについて, $f(k)$ を用いて見当をつける[1]と, …

$f(10) \fallingdotseq 2^{10} = 1024 \fallingdotseq 1000$ より 10 群辺り? ■

$f(10) = 2^{10} - 1 = 1023,$ (答案にはイキナリこう書く)

$f(9) = 2^9 - 1 = 511.$ (間に「1000」がある)

…	9 群	10 群
…	……, a_{511}	$a_{512}, \cdots, a_{1000}, \cdots, a_{1023}$

($1000 - 511 = 489$ 個)

よって, a_{1000} は第 10 群の $1000-511=489$ 番目.

各群の第 l 番は, $1 + 2(l-1) = 2l - 1$.

$\therefore a_{1000} = 2\cdot489 - 1 = 977.$ //

(2) **着眼** 各群の和を求め, それをどの範囲で加えるかを考えます. ■

a_n を $a(n)$ とも書くことにする.

$2^m = f(m)+1$ より, $a(2^m)$ は第 $m+1$ 群の先頭.

…	m 群	$m+1$ 群
…	……, $a(2^m - 1)$	$a(2^m)$, ………

(ここまでの個数を求める)

第 k 群の末項は, $2\cdot2^{k-1} - 1 = 2^k - 1$. よって第 k 群の和は (等差の和)

$$\frac{1 + (2^k - 1)}{2}\cdot2^{k-1} = 4^{k-1}.$$

以上より, 求める和は, ($m = 1, 2$ で検算)(等比の和)

$$\sum_{k=1}^{m} 4^{k-1} + a(2^m) = 1\cdot\frac{4^m - 1}{4 - 1} + 1 = \frac{4^m + 2}{3}.$$ //

解説 解答全編に渡って,「$f(k)$」が活躍していますね. 群数列の問題で「$f(k)$」が求まる場合には, 求めておいて損はないと心得ておきましょう.

注 [1]: a_{1000} が属する群は**当然ただ 1 つ**ですから, ちょうどいいのを見つけるのが勝ち.「求める群を k 群とおく」などとして, ワザワザ k に関する不等式を立てたりするのは, 典型的な下手解答です (笑).「常用対数・桁数」でも同じ注意をしましたね. [→例題5 6 0 注意!]

2 格子点

座標平面上で，x, y 座標がともに整数である点のことを「**格子点**」といいます．

言い訳 入試の問題文には，普通上記の注釈が付きますが，本書では今後省略することがあります．

例題 78b 格子点・2次関数 重要度↑ 根底 実戦 典型

[→演習問題7945]

n は自然数とする．領域 D: $0 \leq y \leq n^2 - x^2$ 内にある格子点の個数 N を求めよ．

着眼 領域 D は y 軸対称ですから，"右半分"さえ求めればほぼ OK．ただし，対称の中心である y 軸上の格子点を忘れずに．

方針 格子点 (x, y) には 2 つの座標 x と y，つまり **2 つの変数**がありますから，その個数を数えるには，ひとまずはどちらか片方，つまり **1 文字を固定** します．[→演習問題4822]

本問では，「$x \in \mathbb{Z} \Longrightarrow n^2 - x^2 \in \mathbb{Z}$」なので，ひとまず x を固定します．

解答 D は y 軸対称であり，$x > 0$, $x < 0$ の範囲の格子点数は等しい．

y 軸上の格子点は 1)

$y = \underset{\sim}{0}, 1, 2, \cdots, n^2$.

その個数は，$n^2 \underset{\sim\sim}{+1}$.

$x > 0$ について考える．

直線 $x = k$ (k は $1, 2, \cdots, n$ のいずれか) 上の格子点は 2)

$y = \underset{\sim}{0}, 1, 2, \cdots, n^2 - k^2$.

その個数は，$n^2 - k^2 \underset{\sim\sim}{+1}$.

以上より

$$N = n^2 + 1 + 2\sum_{k=1}^{n}\left(\overbrace{n^2+1}^{\text{定数のカタマリ}} - k^2\right)$$

$$= n^2+1+2(n^2+1)\cdot n - \frac{1}{3}n(n+1)(2n+1)$$

$$= (n^2+1)(2n+1) - \frac{1}{3}n(n+1)(2n+1)$$

$$= \frac{1}{3}(2n+1)\{3(n^2+1) - n(n+1)\}$$

$$= \frac{1}{3}(2n+1)(2n^2-n+3). /\!/$$

注 対称の中心：y 軸上の格子点を，数え忘れたり，あるいはダブルカウントしたりしないよう気を付けましょう．

補足 得られた結果を，$n = 1$ のときを使って"検算"しましょう．このときの D 内の格子点は，右図赤点の 4 個です．一方答えに $n = 1$ を代入すると，$\frac{1}{3}\cdot 3\cdot 4 = 4$．両者が一致するので，この答えが正しいのではないかと自信が持てますね．

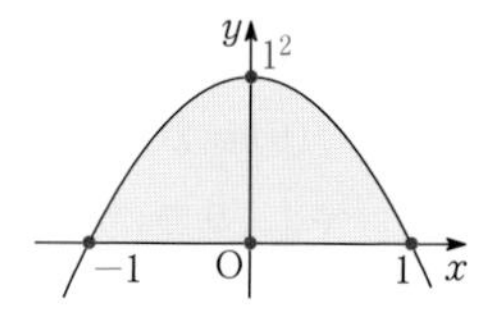

言い訳 1)2)：上記**解答**の記述は，領域 D 内の点だけを考察対象としていることをとくに明言せずに済ませています．

例題 78c 格子点・対数 根底 実戦

[→演習問題7944]

n は自然数とする．曲線 C: $y = \log_2 x$ …① と x 軸，および直線 $x = 2^n$ で囲まれる領域 (境界線を含む) を D とする．D 内にある格子点の個数 $f(n)$ を求めよ．

方針 前問と同様，x, y のうちどちらかの **1 文字を固定**します．①では，「$x \in \mathbb{Z} \Longrightarrow \log_2 x \in \mathbb{Z}$」とはならないので，考えにくいですね．

「対数関数」とは，「指数関数」の逆をたどる関数 (逆関数) でした[→541]．そこで…

解答 ①：$y=\log_2 x$ を変形すると

$x=2^y$.

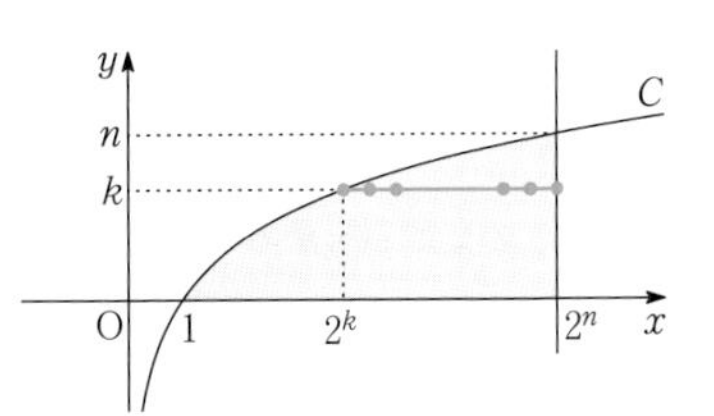

よって，直線 $y=k$（k は $0, 1, 2, \cdots, n$ のいずれか）上の格子点は

$x=2^k, 2^k+1, 2^k+2, \cdots, 2^n$.

その個数は，$2^n-(2^k-1)$. 連続整数の個数は大丈夫？

よって

$$f(n)=\sum_{k=0}^{n}(\overbrace{2^n+1}^{\text{定数のカタマリ}}-2^k)$$

等比の和

$$=(2^n+1)\cdot(n+1)-1\cdot\frac{2^{n+1}-1}{2-1}$$

$$=(n-1)2^n+n+2. /\!/$$ $n=1, 2$ で検算

解説 対数関数 $y=\log_2 x$ を，元の形である指数関数 $x=2^y$ に戻して考えると，上記**解答**のように，「$y\in\mathbb{Z}\Longrightarrow 2^y\in\mathbb{Z}$」となり，格子点が数えやすくなったという訳です．

参考 これと同じことが「$y=\sqrt{x}$」とその逆関数 $x=y^2$ についても言えます．[→演習問題 7 9 44]

例題 7 8 d 格子点・三角形 根底 実戦

[→演習問題 7 9 46]

n は自然数とする．領域 D: $x\geq 0, y\geq 0, \dfrac{x}{5n}+\dfrac{y}{4n}\leq 1$ 内にある格子点の個数 N を求めよ．

注 直線 $\dfrac{x}{5n}+\dfrac{y}{4n}=1$ においては，前 2 問と違い，「$x\in\mathbb{Z}\Longrightarrow y\in\mathbb{Z}$」,「$y\in\mathbb{Z}\Longrightarrow x\in\mathbb{Z}$」のどちらも成り立ちません．

方針 図示してみると，D はキレイな直角三角形です．それを上手く活用します．

解答 右図の長方形内（境界も含む）にある格子点数は，

$x=0, 1, 2, \cdots, 5n$ の各々に対し

$y=0, 1, 2, \cdots, 4n$ の各値があることより，

$(5n+1)(4n+1)$（$=M$ とおく）.

前記の長方形を，図の線分 AB を境として次の 3 つの部分に分け，それぞれの格子点数を考える：

AB より下側 … m_1個

AB より上(うえ)側 … m_2個

AB 上(じょう) … m_3個

2 つの「上」は意味が違う

$m_1+m_2+m_3=M$.

対称性より，$m_1=m_2$.

$$\therefore m_1=\frac{M-m_3}{2}.$$

$$\therefore N=m_1+m_3=\frac{M+m_3}{2}. \cdots①$$

そこで，m_3 を求める．

$$\frac{x}{5n}+\frac{y}{4n}=1,$$

i.e. $4x+5y=20n$（$x\geq 0, y\geq 0$）

を満たす整数の組 (x, y) を考える．

$4x=5(4n-y)$ であり，

$4(=2^2)$と 5 は互いに素だから，

$4n-y=4k$（$k\in\mathbb{Z}$）とおけて，

$(x, y)=(5k, 4n-4k)$.

$x, y\geq 0$ より

$5k, 4n-4k\geq 0$. i.e. $0\leq k\leq n$.

$\therefore m_3=n+1$.

これと①より

$$N=\frac{1}{2}\{(5n+1)(4n+1)+(n+1)\}$$

$$=\frac{1}{2}(20n^2+10n+2)=10n^2+5n+1. /\!/$$

参考 本問と同様，x or $y=$ 一定 上の格子点が数えにくい問いを，演習問題 7 9 45 で扱います．

3 和から一般項を求める

7 5 5「和から階差へ」を少し掘り下げます.

例題 7 8 e 和から一般項へ 重要度↑ 根底 実戦 典型 [→演習問題 7 9 13]

(1) $\sum_{k=1}^{n} a_k = 2^n - 1\ (n = 1, 2, 3, \cdots)$ …① を満たす数列 (a_n) の一般項を求めよ.

(2) $(n+2)\sum_{k=1}^{n} kb_k = 2n+1\ (n = 1, 2, 3, \cdots)$ を満たす数列 (b_n) の和：$\sum_{k=1}^{n} b_k$ を求めよ.

着眼 (1) $2^n - 1$ は a_n の和. よって a_n は $2^n - 1$ の (ほぼ) 階差. 7 5 5 問と同様です.

解答 (1) $\sum_{k=1}^{n} a_k = 2^n - 1\ (n \geq 1)$. …①

①の n を $n-1$ に変えると

$\sum_{k=1}^{n-1} a_k = 2^{n-1} - 1\ (n \underset{1)}{\geq} 2)$. …①′

$n \geq 2$ のとき[2], ① − ①′ より　階差を作る

[3] $a_n = (2^n - 1) - (2^{n-1} - 1) = 2^{n-1}$. …②

また, ① $(n=1)$ より, $a_1 = 2^1 - 1 = 1$.

よって②は $n=1$ でも成り立つ[4]. 以上より

$a_n = 2^{n-1}\ (n = 1, 2, 3, \cdots)$.//

(2) **注** (1)とは違い, このまま番号をズラして辺々差をとっても $b_1 \sim b_{n-1}$ は消えません. 消える工夫をしてください. ■

与式 ÷ $(n+2)$ より,　これが「消える工夫」

$\sum_{k=1}^{n} kb_k = \frac{2n+1}{n+2}$[5] $= 2 - \frac{3}{n+2}\ (n \geq 1)$. …③

③の n を $n-1$ に変えると

$\sum_{k=1}^{n-1} kb_k = 2 - \frac{3}{n+1}\ (n \geq 2)$. …③′

$n \geq 2$ のとき, ③ − ③′ より

$$nb_n = \frac{3}{n+1} - \frac{3}{n+2} = \frac{3}{(n+1)(n+2)}.$$

$\therefore\ b_n = \frac{3}{n(n+1)(n+2)}$. …④

また, ③ $(n=1)$ より, $1 \cdot b_1 = \frac{3}{3}$. ∴ $b_1 = 1$.

よって, $n \geq 2$ のとき[6]

$$\sum_{k=1}^{n} b_k = b_1 + \sum_{k=2}^{n} b_k$$

$n=1$ だと意味をなさない

$$= 1 + \sum_{k=2}^{n} \frac{3}{k(k+1)(k+2)}$$

$$= 1 + \sum_{k=2}^{n} \frac{3}{2}\left\{\underbrace{\frac{1}{k(k+1)}}_{a_k\text{ とおく}} - \frac{1}{(k+1)(k+2)}\right\}$$

$$= 1 + \frac{3}{2}\sum_{k=2}^{n}(a_k - a_{k+1})$$

$$= 1 + \frac{3}{2}(a_2 - a_{n+1})$$

例の"パタパタ"

$$= 1 + \frac{3}{2}\left\{\frac{1}{6} - \frac{1}{(n+1)(n+2)}\right\}$$

$$= \frac{5}{4} - \frac{3}{2} \cdot \frac{1}{(n+1)(n+2)}$$

$$= \frac{5n^2 + 15n + 4}{4(n+1)(n+2)}\ (n=1 \text{ でも成立}).//$$

解説 1)：n を $n-1$ に変えると, n の適用範囲 (定義域) も変化します.

2)：②は, ①, ①′ の両方から得られますので.

3)：7 5 5 の公式：$S_n - S_{n-1} = a_n$ を使っていますが, 右のような項の並びが思い浮かんでいることが大切です.

$$\begin{array}{rl} a_1 + a_2 + \cdots + a_{n-1} + a_n & = \cdots \\ -)\ a_1 + a_2 + \cdots + a_{n-1} & = \cdots \\ \hline a_n & = \cdots \end{array}$$

4)：$n = 1$ のとき, ②の両辺はどちらも 1 ですね.

5)：「分子の低次化」をしておけば, ③ − ③′ において「定数 2」が消えてくれますね.

6)：④ の右辺は, $n = 1$ のとき $\frac{3}{1 \cdot 2 \cdot 3} = \frac{1}{2}$ であり, $b_1 = 1$ とは一致しません. よって和の計算では, b_1 だけを切り離し, $n = 1$ のときだけ特別扱いします (結果は $n = 1$ でも成り立ちますが).

例題 7 8 f 和から一般項へ 根底 実戦 入試

[→演習問題 7 9 13]

$a_1=1,\ \dfrac{a_{n+1}}{n+2}+\displaystyle\sum_{k=1}^{n}\dfrac{a_k}{k}=0\ (n=1,2,3,\cdots)$ で定まる数列 (a_n) の一般項を求めよ.

方針 前問と同様, 和 $(\sum)$ があるので階差を作ります. つまり, 番号をズラして差をとります.

解答 $\dfrac{a_{n+1}}{n+2}+\displaystyle\sum_{k=1}^{n}\dfrac{a_k}{k}=0\ (n\geq 1)$. …①

①の n を $n-1$ に変えると

$$\frac{a_n}{n+1}+\sum_{k=1}^{n-1}\frac{a_k}{k}=0\ (n\geq 2).\ \cdots ①'$$

$n\geq 2$ のとき, ① − ①′ より

$$\frac{a_{n+1}}{n+2}-\frac{a_n}{n+1}+\frac{a_n}{n}=0.$$

$$\frac{a_{n+1}}{n+2}=\left(\frac{1}{n+1}-\frac{1}{n}\right)a_n=\frac{-1}{n(n+1)}a_n.$$

$$\therefore\ \frac{a_{n+1}}{n+2}=\frac{-1}{n}\cdot\frac{a_n}{n+1}.$$

そこで, $A_n=\dfrac{a_n}{n+1}$ とおくと

“階比”型

$$A_{n+1}=\frac{-1}{n}\cdot A_n\ (n\geq 2).\ ^{1)}\ \cdots ②$$

また, ① $(n=1)$ と $a_1=1$ より

$$\frac{a_2}{3}+\frac{a_1}{1}=0.\ \therefore\ a_2=-3.\quad A_2=-1.\ ^{2)}$$

これと②より, $n\geq 2$ のとき

$$A_n=\underbrace{A_2}_{-1}\cdot\frac{-1}{2}\cdot\frac{-1}{3}\cdot\frac{-1}{4}\cdot\cdots\cdot\frac{-1}{n-2}\cdot\frac{-1}{n-1}$$

（図中: A_3, A_4, A_5, A_{n-1}, A_n）

$$=\frac{(-1)^{n-1}}{(n-1)!}.$$

以上より

$n=1$ のときの値は 2

$$a_n=\begin{cases}\dfrac{(-1)^{n-1}\cdot(n+1)}{(n-1)!}\ (n\geq 2),\\ 1\ (n=1).\ /\!/\end{cases}$$

注 1)：この漸化式②が使えるのは「A_2 と A_3」,「A_3 と A_4」,「A_4 と A_5」, …についてのみです.「A_1 と A_2」の関係としては不可.

2)：そこで, 漸化式②を用いる“起点”として, A_2 を求めました.

参考 前問に続いて本問でも n を $n-1$ にズラして差をとりました. これは, $\sum^{n}$ から $\sum^{n-1}$ を引いて「n 番」を作ることを狙ってのことです. ちなみに, n を $n+1$ にズラして得られる結果は $A_{n+2}=\dfrac{-1}{n+1}\cdot A_{n+1}\ (n\geq 1)$ となり, “器” n に各数値を代入して並べて見ると, ②と全く同じ結果だとわかります (笑).

コラム

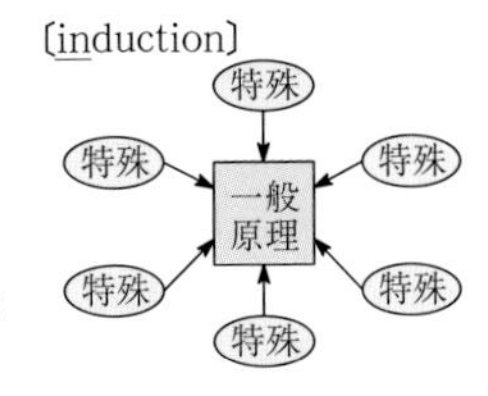

「帰納」という単語 「帰納的定義」・「数学的帰納法」という数学用語には, 共通して「帰納」という言葉が現れます. これは, それぞれの原語 (英) に含まれる「induction」が和訳されたものです.

「帰納」=「induction」とは, 具体的・個別的な事例の観測から, 一般的・普遍的法則を**推定**する方法論 (右図参照・まさに「in」). その対義語:「演繹(えんえき)」=「deduction」は, 逆に一般的・普遍的前提から, 結論を**断定**することをいいます (「de」=「離れる」).

例題 7 7 b “推定帰納法” でいうと,「推定」部分が正しい意味での「帰納」であり,「数学的帰納法」による証明は, 実は立派な「演繹」です. という訳で, 数学界で使用する「帰納」はイミ不明単語. 17 世紀に数学者ジョン・ウォリス (英) が「induction」と呼んだのが現代まで残ってしまったらしいという悲劇.「帰納」に出会ったら即座に “ドミノ式” と脳内変換してくださいね (笑).

4 部分列

例題 7 8 g 部分列 根底実戦 入試

[→演習問題 7 9 48]

数列 (a_n) $(n=0, 1, 2, \cdots)$ が次のように定義されている．

$$a_0 = 0 \cdots ①, \ a_{n+1} = \begin{cases} a_n + 1 \ (n \text{ が偶数のとき}), & \cdots ② \\ 2a_n \ (n \text{ が奇数のとき}). & \cdots ②' \end{cases}$$

(1) a_n を求めよ．

(2) $\sum_{k=0}^{2n-1} a_k$ (n は自然数) を求めよ．

着眼 まず，項をいくつか羅列してみましょう．偶数番からの推移 (右の ②) と，奇数番からの推移 (右の ②′) とでルールが異なります．そこで，(a_n) の一般項も偶数番と奇数番とで分けて考えてみます．

n	0	1	2	3	4	5	6	7	…
a_n	0	1	2	3	6	7	14	15	…

② ②′ ② ②′ ② ②′ ② ②′

解答 (1) $m=0, 1, 2, \cdots$ に対して

②より，$a_{2m+1} = a_{2m} + 1$,

②′より，$a_{2m+2} = 2a_{2m+1}$.

$\therefore a_{2m+2} = 2(a_{2m}+1). \cdots ③$

下書き $\alpha = 2(\alpha+1)$. $\alpha = -2$.

$-2 = 2(-2+1). \cdots ③'$

③ − ③′より…■

③を変形すると

$$\underbrace{a_{2m+2}+2}_{b_{m+1}} = 2(\underbrace{a_{2m}+2}_{b_m}).$$

$$\therefore \underbrace{a_{2m}+2}_{b_m} = (\underbrace{a_0+2}_{b_0}) \cdot 2^m.$$

$m=0, 1$ で検算

これと①より，$a_{2m} = 2^{m+1} - 2. \cdots ④$

②より，$a_{2m+1} = a_{2m} + 1 = 2^{m+1} - 1. \cdots ④'$

注 これらを「答え」としてよい気もしますが，「a_n」が問われたなら「n」で表すのがいちおう [1] 礼儀作法でしょう．■

以下，m を 0 以上のある整数とする．

i) $n = 2m$ (偶数) のとき，④より

$$a_n \overset{2)}{=} a_{2m} = 2^{\frac{n}{2}+1} - 2.$$ //

$n=0, 2$ で検算

ii) $n = 2m+1$ (奇数) のとき，④′より

$$a_n = a_{2m+1} = 2^{\frac{n-1}{2}+1} - 1 = 2^{\frac{n+1}{2}} - 1.$$ //

$n=1, 3$ で検算

(2) **注** (1)の答えで用いた「n」は，(2)の Σ 記号における“ダミー変数”としては使えません．「n」は 0, 2, 4, … もしくは 1, 3, 5, … のように 2 ずつ増えてしまうからです．

方針 1 ずつ変化する「m」を用います．■

$$\sum_{k=0}^{2n-1} a_k$$

$$= \sum_{m=0}^{n-1} (a_{2m} + a_{2m+1})$$

$$= \sum_{m=0}^{n-1} (2^{m+1} - 2 + 2^{m+1} - 1)$$

$$= \sum_{m=0}^{n-1} (4 \cdot 2^m - 3)$$

$$= 4 \cdot \frac{2^n - 1}{2-1} - 3 \cdot n = 4 \cdot 2^n - 3n - 4.$$ //

$n=1, 2$ で検算

m	a_{2m}	a_{2m+1}
0	a_0	a_1
1	a_2	a_3
2	a_4	a_5
⋮	⋮	⋮
$n-1$	a_{2n-2}	a_{2n-1}

解説 数列 (a_n) 全体を，偶数番と奇数番の「**部分列**」に分ける練習でした．考えるのがシンドイ人は，赤字補助説明で書いた「b_m」などを「答案」として使用してくださいね．

注 [1]：④, ④′を「答え」としても許すセンセイもいるようです．だって，(2)につながるのは m で表したこれらの式の方なのですから．

[2]：「$n=2m$ のとき $a_{2m} = \cdots$」などというワケのわからないニホンゴを書かないように．「$n=2m$」と書かなくても a_{2m} は a_{2m} でしょ (笑)．

5 フィボナッチ数列

例題785h 割り切れる条件 根底 実戦 入試

[→演習問題7955]

方程式 $x^2=x+1$ …① の 2 つの実数解 $\alpha=\dfrac{1+\sqrt{5}}{2}$, $\beta=\dfrac{1-\sqrt{5}}{2}$ を用いて，一般項が

$f_n=\dfrac{\alpha^n-\beta^n}{\alpha-\beta}=\dfrac{\alpha^n-\beta^n}{\sqrt{5}}$ である数列 (f_n) $(n=0, 1, 2, \cdots)$ を考える．

(1) (f_n) の各項は整数であることを示せ．　(2) f_n が 3 の倍数となるような n を求めよ．

(3) $\dfrac{\alpha^{100}}{\sqrt{5}}$ の整数部分を 3 で割った余りを求めよ．

着眼 (1)「整数」を論ずる上で，与えられた f_n の式は $\sqrt{\ }$ を含んでいて使いづらい．ところが，その「一般項」から **"ドミノ式"** へと乗り換えてみると…キレイに解決します！

解答 (1) α は①の 1 つの解だから

$\alpha^2=\alpha+1$.

$\therefore \alpha^{n+2}=\alpha^{n+1}+\alpha^n$ $(n=0, 1, 2, \cdots)$.

同様に $\beta^{n+2}=\beta^{n+1}+\beta^n$.

辺々引くと

$\alpha^{n+2}-\beta^{n+2}=\alpha^{n+1}-\beta^{n+1}+\alpha^n-\beta^n$.

両辺を $\alpha-\beta\left(=\sqrt{5}\neq 0\right)$ で割ると，

$f_{n+2}=f_{n+1}+f_n$. …②　"一昨日昨日式"

$f_0=\dfrac{1-1}{\alpha-\beta}=0$, $f_1=\dfrac{\alpha-\beta}{\alpha-\beta}=1$. …③

②より，$f_n, f_{n+1}\in\mathbb{Z}\Longrightarrow f_{n+2}\in\mathbb{Z}$.

③より，$f_0, f_1\in\mathbb{Z}$.

よって帰納的に[1]

$f_n\in\mathbb{Z}$ ($n=0, 1, 2, \cdots$[2]).□

(2) **着眼** 最初の数項を並べてみましょう．

下の「余り」とは当然 3 で割った余りです．

n	0	1	2	3	4	5	6	7	8	9	10	…
f_n	0	1	1	2	3	5	8	13	21	34	55	…
余り	0	1	1	2	0	2	2	1	0	1	1	…

4 番後ろ　4 番後ろ　整除記号

どうやら，$3\mid f_n$ となるのは $4\mid n$ のときのみだと"予想"できますね．■

$f_{n+3}=f_{n+2}+f_{n+1}$
$\quad=f_{n+1}+f_n+f_{n+1}=2f_{n+1}+f_n$.

$f_{n+4}=f_{n+3}+f_{n+2}$
$\quad=2f_{n+1}+f_n+f_{n+1}+f_n$
$\quad=3f_{n+1}+2f_n$.

(1)より $3\mid 3f_{n+1}$ だから

$3\mid f_{n+4}\Longleftrightarrow 3\mid 2f_n$
$\quad\Longleftrightarrow 3\mid f_n$ (∵ 3と2は互いに素).

これと

$3\mid f_0=0$, $3\nmid f_1=1$, $3\nmid f_2=1$, $3\nmid f_3=2$

により，帰納的に ($k=0, 1, 2, \cdots$ として)

$3\mid f_{4k}$, $3\nmid f_{4k+1}$, $3\nmid f_{4k+2}$, $3\nmid f_{4k+3}$.

以上より，求める n は，0, 4, 8, …//

(3) $4\mid 100$ だから，(2)より $f_{100}=3p$ $(p\in\mathbb{Z})$ とおけて，

$3p=\dfrac{\alpha^{100}}{\sqrt{5}}-\dfrac{\beta^{100}}{\sqrt{5}}$. i.e. $\dfrac{\alpha^{100}}{\sqrt{5}}=3p+\dfrac{\beta^{100}}{\sqrt{5}}$.

$-1<\beta<0$ より $0<\dfrac{\beta^{100}}{\sqrt{5}}<1$ だから，$\dfrac{\alpha^{100}}{\sqrt{5}}$ の整数部分は $3p$. よって求める余りは，0.//

解説 本問の数列 (f_n) は「**フィボナッチ数列**」と呼ばれ，有名・頻出です．[→演習問題7957]

[1]：(1)は，②③ができた時点でほぼ自明ですから，このように言い回して「数学的帰納法」の簡易バージョン答案で済ませましょう．

[2]：ここの「n」は，0 以上の任意の整数値をとる変数．それに対してこれの 3 行上に書いた「$f_n, f_{n+1}\in\mathbb{Z}\cdots$」の n は定数．その違いを，赤波線部のように**必ず明示**してください！

6 個数の列

例題 7 8 i 進み方の個数 根底 実戦 典型 入試

[→演習問題 7 9 57]

階段を一度につき 1 段または 2 段登るとき，ちょうど n 段目を踏む登り方の総数を a_n とする．

(1) a_n, a_{n-1}, a_{n-2} の間に成り立つ関係式を答えよ．また，a_{10} を求めよ．

(2) $n > m \geqq 2$ のとき，a_n を $a_m, a_{n-m}, a_{m-1}, a_{n-m-1}$ で表せ．

(3) n を 2 以上の整数とする．a_{2n} および a_{2n+1} を，a_n と a_{n-1}で表せ．

言い訳 階段を登る「段数」を，数直線上の「座標」に変えて図示します．（スペース削減のため）

着眼 個数（および確率）に関する漸化式の多くは，「場合分け」という観点を用いて作ります．その際，“モレ”（数え忘れ）や“ダブり”（重複）が生じないよう，**場合分けの基準を言語化して明記**するべし．

注 (1)「a_{n-1}, a_{n-2}」を見ると，つい「$n-1$ 段を踏む」と「$n-2$ 段を踏む」に分けたくなりますが，…両者はダブってます！（右図参照）

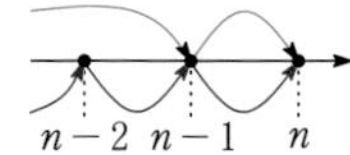

解答 (1) n 段目を踏む登り方を，最後[1]に登る段数で**場合分け**すると次の通り：

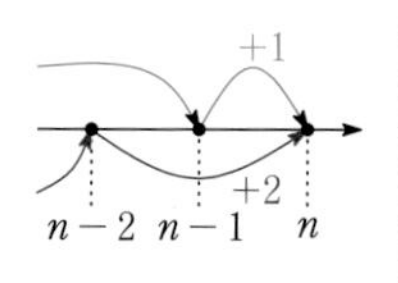

$$\begin{cases} n-1 \text{ 段目を踏む} \to \text{最後に} +1 \text{ 段} \\ n-2 \text{ 段目を踏む} \to \text{最後に} +2 \text{ 段} \end{cases}$$

したがって，$a_n = a_{n-1} + a_{n-2}$．// …①

また，$\begin{cases} a_1 = 1 \\ a_2 = 2. \end{cases}$ （「1 段」のみ）（「2 段」or「1 段→ 1 段」）

これをもとに①を繰り返し使うと，次表を得る：

n	1	2	3	4	5	6	7	8	9	10
a_n	1	2	3	5	8	13	21	34	55	89

//

(2)

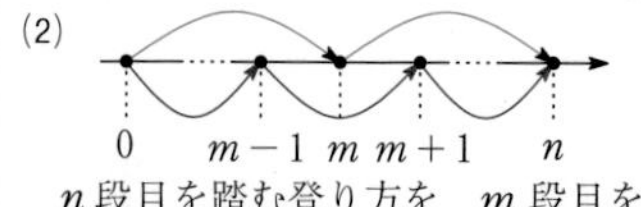

n 段目を踏む登り方を，m 段目を踏むか否かで**場合分け**すると次の通り：

$$\begin{cases} 0\text{段目} \xrightarrow{+m} m\text{段目} \xrightarrow{+(n-m)} n\text{段目} \\ 0\text{段目} \xrightarrow{+(m-1)} m-1\text{段目} \xrightarrow{+2} m+1\text{段目} \xrightarrow{+(n-m-1)} n\text{段目} \end{cases}$$

$\therefore\ a_n = a_m a_{n-m} + a_{m-1} a_{n-m-1}$．// …②

(3) ②において，[2] n を $2n$，m を n としてよく，($\because\ 2n > n \geqq 2$)

$$a_{2n} = a_n a_{2n-n} + a_{n-1} a_{2n-n-1} = a_n{}^2 + a_{n-1}{}^2.$$ //（$n=2$ で検算）

次に②において，n を $2n+1$，m を n としてよく，($\because\ 2n+1 > n \geqq 2$)

$$\begin{aligned} a_{2n+1} &= a_n a_{2n+1-n} + a_{n-1} a_{2n+1-n-1} \\ &= a_n a_{n+1} + a_{n-1} a_n \\ &= a_n (a_{n+1} + a_{n-1}) \\ &= a_n (a_n + a_{n-1} + a_{n-1}) \ (\because\ ①) \\ &= a_n (a_n + 2a_{n-1}). \end{aligned}$$ //（$n=2$ で検算）

解説 (1)の場合分けも，(2)と同じように $n-1$ 段目を踏むか否かで分けると考えてもよいですね．

補足 [1]：「最初」に登る段数で場合分けしても同じように解答できます．

注 [2]：(2)の ⓝ, [m] という“器”に何を代入すると上手くいくかと試行錯誤します．

参考 本問の「階段の登り方」(a_n) と前問の「フィボナッチ数列」(f_n) は全く同じ漸化式を満たします．ただし，最初の方を比べると「$a_1 = 1, a_2 = 2$」に対して「$f_2 = 1, f_3 = 2$」ですから，両者は番号が 1 だけズレています．((a_n) の一般項も，(f_n) とほぼ同形です．)

なお，本問と同内容問題の確率バージョンを I+A 演習問題 7 13 9 で扱っています．I+A 7 13 には，他にも「確率漸化式」の問題があります（II+B 7 9 にもあります）．

例題 78j 領域の分割 根底 実戦 典型

[→演習問題 7947]

平面上に n 本の直線が引かれている．ただし，それらのうちどの 2 直線も 1 点で交わり，どの 3 直線も 1 点で交わることはないとする．

(1) 直線どうしの交点の総数を求めよ．

(2) $n\,(n \geq 2)$ 本全ての直線において，交点によって分けられてできる線分の個数を求めよ．

(3) 平面全体がこれら n 本の直線によって分けられる領域の個数を求めよ．

着眼 問題文には「数列」の「す」の字もなく，見た目は「場合の数」の問題です[1]．しかし，問われているのが「自然数 n に対して定まる値」なので，次のように頭を動かします：

「自然数 n に対して定まる値」→「数列」→ {「一」…一般項・直接 n 番 / 「ド」…帰納的・“ドミノ式”}

(1)(2)「一」で直接イケそうですね．

(3) 例えば $n=100$ のときの領域数を直接求めるのは無理そう．そしたら，消去法で“ドミノ式”しかないことになりますね．

解答 (1) 「題意の交点」は，「異なる n 直線から 2 本を選ぶ組合せ」と 1 対 1 対応．よって求める個数は，${}_n\mathrm{C}_2 = \dfrac{n(n-1)}{2}$．//

(2) 1 本の直線は，他の直線と 1 回ずつ交わることにより $n-1$ 個の交点をもち，これらによって $n-2$ 個の線分と 2 個の半直線に分けられる．

例：$n=5$

よって，求める線分の個数は，

$n(n-2)$．//

(3) 既に n 本の直線が引かれているところに $n+1$ 本目の直線 l を引くと，l は n 個の交点をもつ．

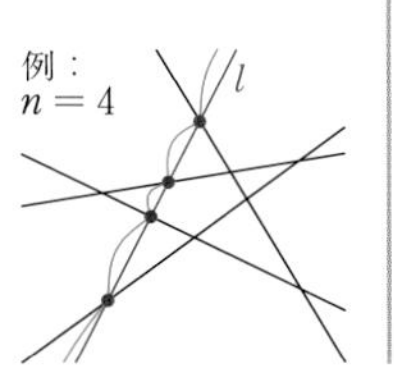

l は，これらの交点により $n-1$ 個の線分と 2 個の半直線に分けられる．

上記 $n+1$ 個の各部分は，自身が含まれる 1 つの領域を 2 つに分割する．[2]

よって，l を引くと領域は $n+1$ 個増える．

したがって，求める個数を a_n として

$a_{n+1} - a_n = n+1$．（階差型）

これと $a_1 = 2$ より，$n \geq 2$ のとき

$$a_n = a_1 + \sum_{k=1}^{n-1} (\underbrace{k+1}_{\text{等差}}) \quad (k\text{の範囲を考えて！})$$

$$= 2 + \frac{2+n}{2} \cdot (n-1)$$

$$= \frac{1}{2}(n^2+n+2) \ (n=1 \text{ でも成立})．//$$

（$n=1$ のとき $\frac{1}{2}\cdot 4 = 2$）

解説 (1)(2)は直接「一般項」が得られました．こんなときは，「数列」を意識することなく，純粋に数学 A の「場合の数」という認識のまま解けてしまいます．

ところが(3)のように“ドミノ式”を用いることになると，一気に数列色が濃くなります．

注 [1]：このように，入試問題ではパッと見どの分野なのかが判然としないことも多いです．基本をベースに，現象そのものをよく観察して的確な判断を下してください．

[2]：〔例：$n=4$〕の図を注意深く観察すると，「$n+1$ 個の部分」のうち，「線分」は「面積有限の領域」を 1 個増やし，「半直線」は「面積無限の領域」を 1 個増やしていることがわかります．

言い訳 前問で，個数・確率に関する漸化式の多くは「場合分け」により作られると述べました．本問は，そうした視点が登場しない例外的なものです．

7 図形の列

例題 7 8 k 三角形の列 根底 実戦 典型

[→演習問題 7 9 52]

右図のように，$OP_1 = 3$, $P_1P_2 = 1$, $\angle OP_1P_2 = 60^\circ$ の $\triangle OP_1P_2$ がある．また，n を任意の自然数として，$\triangle OP_nP_{n+1}$ と $\triangle OP_{n+1}P_{n+2}$ において，

$$\angle P_nOP_{n+1} = \angle P_{n+1}OP_{n+2},\ \angle OP_nP_{n+1} = \angle OP_{n+1}P_{n+2}$$

が成り立っている．$\triangle OP_nP_{n+1}$ の面積を s_n とするとき，$\sum_{k=1}^{n} s_k$ を求めよ．

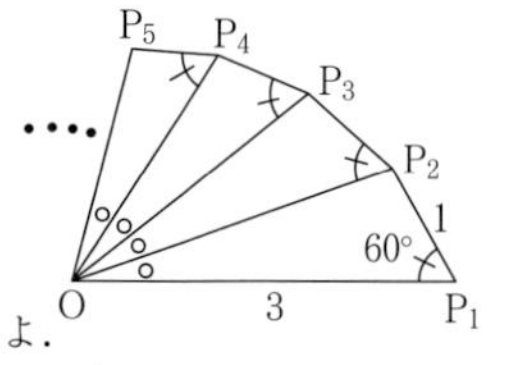

着眼 「三角形」が番号を付けて並んだ「三角形列」がテーマです．そこで「列」{「一」「ド」 を思い浮かべると，どう見ても“ドミノ式”ですね．

さて，直前・直後の三角形どうしの関係は…「相似」ですね！

P_{n+2}
P_{n+1}
P_n
O

解答 $\triangle OP_1P_2$ において余弦定理を用いると

$$OP_2{}^2 = 9 + 1 - 2\cdot3\cdot1\cdot\cos60^\circ$$
$$= 10 - 2\cdot3\cdot\frac{1}{2} = 7.$$

$\therefore\ OP_2 = \sqrt{7}.$

任意の自然数 n に対して　2 角相等

$\triangle \underline{OP_n}P_{n+1} \backsim \triangle \underline{OP_{n+1}}P_{n+2}$ …①

であり，相似比は，[1] $\underline{OP_n} : \underline{OP_{n+1}}$.

また，①を繰り返し使うと

$\triangle OP_nP_{n+1} \backsim \triangle OP_1P_2$.

よって①の相似比は

[2] $OP_n : OP_{n+1} = OP_1 : OP_2 = 3 : \sqrt{7}.$

$\therefore\ s_{n+1} = \left(\frac{\sqrt{7}}{3}\right)^2\cdot s_n = \frac{7}{9}s_n.$　（相似比の 2 乗）（等比型）

$$s_1 = \frac{1}{2}\cdot3\cdot1\cdot\sin60^\circ = \frac{3}{4}\sqrt{3}.$$

$$\therefore\ 与式 = \frac{3}{4}\sqrt{3}\cdot\frac{1-\left(\frac{7}{9}\right)^n}{1-\frac{7}{9}} \quad ^{3)}$$

$$= \frac{27}{8}\sqrt{3}\left\{1-\left(\frac{7}{9}\right)^n\right\}.$$ //

注 3)：「等比の和」に，「一般項」など不要．

補足 1)2)：隣接する三角形どうしの相似比が，1 つの三角形の 2 辺比として求まるという訳です．

例題 7 8 l 円の列 重要度↑ 根底 実戦 典型 入試

[→演習問題 7 9 52]

右図のように，中心が $(0, 1)$ で半径 1 の円 C と，中心が $(2, 1)$ で半径 1 の円 C_1 がある．

C と C_1 と x 軸で囲まれる領域内に，その3つの全てと接する円 C_2 をとる．同様に，C と C_2 と x 軸で囲まれる領域内に，その3つの全てと接する円 C_3 をとる．以下同様にして，円 $C_4, C_5, C_6, \cdots$ を作るとき，円 C_n の半径を n で表せ．

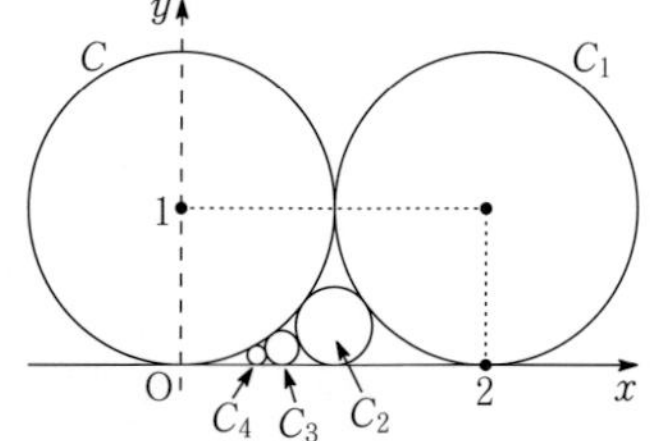

着眼 何やら円がたくさんあって目が眩(くら)みそうですね（笑）．落ち着いて現象を見ると…番号を付けて「円」が並んでいます．そう．本問のテーマは「円列」です．

例によって，「列」{「一」「ド」 を思い浮かべましょう．

C_1 と C_2, C_2 と C_3, …が外接．“ドミノ式”ですね！直前・直後の 2 つの円に集中します．

解答 円 C_n の半径を r_n とすると，

$r_1 = 1.$ …① とりあえず初項　これは数列

C_n と C_{n+1} は外接するから，次図のようになる：

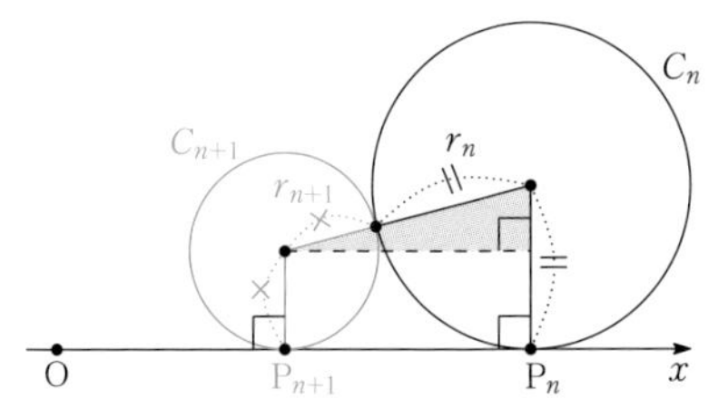

注 図の直角三角形に注目して三平方の定理を使いたいですが，“ヨコの長さ”は r_n などでは表せないので，とりあえず接点の名前で書いておきます．■

図の直角三角形に注目して

$$P_nP_{n+1}{}^2 = (r_n + r_{n+1})^2 - (r_n - r_{n+1})^2$$
$$= 4r_nr_{n+1}.\ \cdots ②$$ 「ド」

注 これだけでは条件が足りません．まだ表現していないことは何かというと…，定円 C との関係です．これは，円列 (C_n) の1つの円に関する条件，つまり「一」の方です．■

次に，C と C_n は外接するから，次図のようになる：

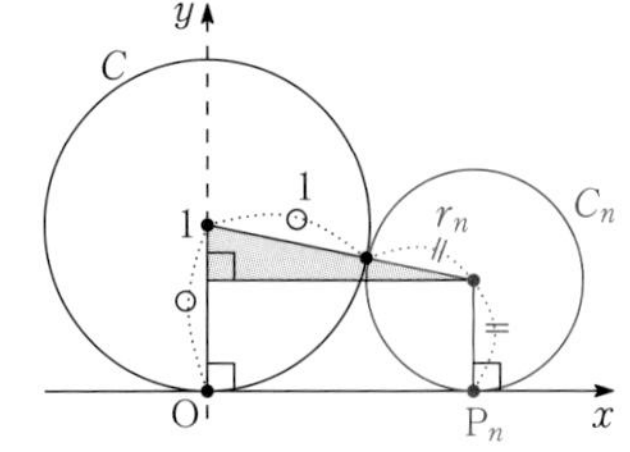

図の直角三角形に注目して

$$OP_n{}^2 = (1 + r_n)^2 - (1 - r_n)^2$$
$$= 4r_n.\ \cdots ③$$ 「一」

方針 ②と③は，“ヨコ”方向に並んだ O，P_n，P_{n+1} を介してつながりそうですね！■

②③より

$$P_nP_{n+1} = 2\sqrt{r_nr_{n+1}}.\ \cdots ②'$$
$$OP_n = 2\sqrt{r_n}.\ \cdots ③'$$

これらを $P_nP_{n+1} = OP_n - OP_{n+1}$ へ代入して

$$2\sqrt{r_nr_{n+1}} = 2\sqrt{r_n} - 2\sqrt{r_{n+1}}.$$

③′の n を $n+1$ にした

両辺を $2\sqrt{r_nr_{n+1}}$ (>0) で割ると

$$1 = \underbrace{\frac{1}{\sqrt{r_{n+1}}}}_{a_{n+1}} - \underbrace{\frac{1}{\sqrt{r_n}}}_{a_n}.$$

r_n, r_{n+1} を集約した　等差型

$$\therefore\ \frac{1}{\sqrt{r_n}} = \frac{1}{\sqrt{r_1}} + 1\cdot(n-1) = n\ (\because\ ①).$$

$$\therefore\ r_n = \frac{1}{n^2}.\ /\!/$$

解説 本問を初見で解くとすれば，「なんだか複雑怪奇」→「“ドミノ式”？」→「やってみると一般項的な攻め方も併用」という思考の流れでしょうか？解ける人は少ないでしょうが（笑）．

注 “ドミノ式”と「一般項的」．このように整理された認識ができない人は，やたらめったら引ける補助線を全部引きまくり，右図のようなスゴイモノを作り上げてしまいます（笑）．C と C_n の外接を論じていれば，C と C_{n+1} の外接まで論じる価値はゼロですね．

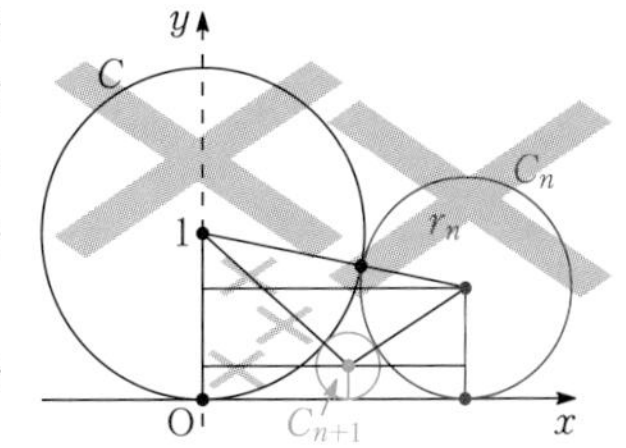

言い訳 各円が x 軸と接することは，大前提と考えて敢えて触れませんでした．

また，本来は問題文を C, C_n, C_{n+1} の関係について一般的に書くべきですが，敢えて練習として状況把握しにくい文章にしました．

余談 図計量を“ドミノ式”に扱う問題は，作ろうとしてみるとほとんどが前問のような「等比型」になってしまいます（苦笑）．そんな事情もあり，本問は希少価値の高いクラシック作品であり，古来入試で何度も出題されています．

9 演習問題B

791 根底 実戦 定期

次の数列の和を，$\sum$ 記号を用いて表せ．

(1) $2\cdot3+3\cdot4+4\cdot5+\cdots+n(n+1)$

(2) $1\cdot n+2\cdot(n-1)+3\cdot(n-2)+\cdots+n\cdot1$

792 根底 実戦 定期

(1) $a_n=\dfrac{1}{n(n+1)}$ で定まる数列 (a_n) の階差数列 (b_n) の一般項を求めよ．

(2) 数列 (a_n)の 階差数列 (b_n) の一般項が $b_n=2n+1$ であるとする．このような (a_n) の一般項を 1 つ求めよ．

793 根底 実戦 重要

次の和を計算せよ．

(1) $\sum\limits_{k=1}^{n}(2k+1)(2k+3)(2k+5)$

(2) $\sum\limits_{k=1}^{n}\dfrac{1}{(3k+1)(3k-2)}$

(3) $\sum\limits_{k=1}^{n}\dfrac{1}{\sqrt{2k+1}+\sqrt{2k-1}}$

(4) $\sum\limits_{k=1}^{n}k\cdot k!$

(5) $\sum\limits_{k=1}^{n}\log_2\left(1+\dfrac{2}{k}\right)$

(6) $\sum\limits_{k=1}^{n}\cos k\theta\ (0<\theta<2\pi)$

794 根底 実戦

$r \fallingdotseq 0, 1$ として以下に答えよ．

(1) $a_n=r^n$ のとき，数列 (a_n) の階差数列 (b_n) の一般項を求めよ．

(2) 初項 a，公比 r，項数 n の等比数列 (c_n) の和 S を，(1)を利用して求めよ．

795 根底 実戦

等式 $(k+1)^3-k^3=3k^2+3k+1$ …① と等差数列の和の公式を用いて，$S=\sum\limits_{k=1}^{n}k^2$ を求めよ．

 → 2・193

7 9 6 根底 実戦 重要

n は自然数とする．次の和を計算せよ．

(1) $\sum_{k=1}^{n}(k+1)(2k+1)$

(2) $\sum_{k=1}^{n}\{k^3+n(k^2+1)+1\}$

(3) $\sum_{k=1}^{2n}(-1)^{k-1}k^3$

(4) $\sum_{k=1}^{n}(k^2+3k+1)-\sum_{k=2}^{n+1}k^2$

(5) $\sum_{k=0}^{2n}(n-k)^5$

(6) $\sum_{k=1}^{n}\frac{9^n}{9^k}$

(7) $\sum_{k=1}^{n}(-1)^k\cdot\frac{k+1}{k!}$

(8) $\sum_{k=1}^{n}k(k+1)(n-k)$

7 9 7 根底 実戦

n, r は自然数とする．次の和を計算せよ．

(1) $\sum_{k=1}^{n}{}_n\mathrm{C}_k$

(2) $\sum_{k=r}^{n}{}_k\mathrm{C}_r$

7 9 8 根底 実戦 入試

n は 2 以上の整数とする．不等式 $1-\frac{1}{n+1}<\sum_{k=1}^{n}\frac{1}{k^2}<2-\frac{1}{n}$ を示せ．

7 9 9 根底 実戦

1 の虚数 3 乗根の 1 つを ω とし，n は自然数とする．

(1) $S_n=\sum_{k=1}^{3n+1}\omega^k$ を求めよ．

(2) $T_n=\sum_{k=0}^{3n-1}k^2\omega^k$ を求めよ．

7 9 10 根底 実戦 重要

n は自然数の定数とする．$\sum_{k=1}^{n}(k^2-a)^2$ が最小となる実数 a を n で表せ．

7 9 11 根底 実戦 典型 重要

集合 $\{1, 2, 3, \cdots, n\}$ から異なる 2 数を抜き出して作る積を，全ての抜き出し方について加えたものを S とする．S を n で表せ．

7 9 12 根底 実戦 重要

$\sum_{i=1}^{m}\left\{\sum_{j=1}^{n}(2i-1)\cdot 2^{j-1}\right\}$ を計算せよ.

7 9 13 根底 実戦 典型

(1) $\sum_{k=1}^{n} a_k=(n+1)(n+2)(n+3)$ $(n=1, 2, 3, \cdots)$ …① を満たす数列 (a_n) の一般項を求めよ.

(2) $\sum_{k=1}^{n}(k+2)(k+3)b_k=n\cdot 2^{n+1}$ $(n=1, 2, 3, \cdots)$ …② を満たす数列 (b_n) の和：$S=\sum_{k=1}^{n} b_k$ を求めよ.

7 9 14 根底 実戦 入試

数列 (x_n) の初項から第 n 項までの和を S_n とする.

(1) $S_n=an^2+bn+c$ のとき, (x_n) が等差数列となるための条件を求めよ.

(2) $S_n=ab^n+c$ $(a\neq 0, b\neq 0, 1)$ のとき, (x_n) が等比数列となるための条件を求めよ.

7 9 15 根底 実戦 入試

箱の中に 1, 2, 3, …, 15 の 15 枚のカードが入っている. そこから 1 枚を取り出して元に戻す操作を n 回繰り返すとき, 7 の倍数がちょうど 1 回出る確率を p_n とする. p_n を最大にする n を求めよ.

7 9 16 根底 実戦 典型

等差数列 (a_n) の一般項が $a_n=-2n+22$ であるとする. (a_n) の初項から第 n 項までの和：S_n の最大値を求めよ.

7 9 17 根底 実戦

一般項が $a_n=(n-2)^2(n-9)$ である数列 (a_n) $(n=1, 2, 3, \cdots)$ の最小の項は第何項か.

7 9 18 根底 実戦 典型

次式で定まる数列 (a_n) の一般項を求めよ.

(1) $a_0=1$ …①, $a_n-a_{n-1}=\frac{1}{3}$ …②

(2) $a_1=2$ …①, $a_{n+1}=-2a_n$ …②

(3) $a_1=0$ …①, $a_{n+1}-a_n=n^2$ …②

(4) $a_1=2$ …①, $a_n-a_{n-1}=2n-1$ …② $(n=2, 3, 4, \cdots)$

(5) $a_1=1$ …①, $a_{n+1}=2^{2n-1}\cdot a_n$ …②

7 9 19 根底 実戦 入試

数列 (a_n) は

$a_1 = 1,$ …①

$a_{n+3} - a_n = 2^n \ (n = 1, 2, 3, \cdots)$ …②

を満たすとする．このとき，a_n の値が求まる n はどのような自然数かを答えよ．また，そのような n に対して a_n を求めよ．

7 9 20 根底 実戦 典型

次式で定まる数列 $(a_n)\ (n = 1, 2, 3, \cdots)$ の一般項を求めよ．

(1) $a_1 = 6$ …①，$a_{n+1} = 3a_n - 6$ …②

(2) $a_1 = 2$ …①，$a_{n+1} = -2a_n + 3n - 2$ …②

(3) $a_1 = 2$ …①，$a_{n+1} = 2a_n + n^2$ …②

(4) $a_1 = 3$ …①，$a_{n+1} = \dfrac{1}{3}a_n + 4\cdot3^n$ …②

(5) $a_1 = 2$ …①，$a_{n+1} = 2a_n - 2^{n+1}$ …②

7 9 21 根底 実戦 典型

次式で定まる数列 $(a_n)\ (n = 1, 2, 3, \cdots)$ の一般項を求めよ．

(1) $a_1 = 2, a_2 = 5$ …①，$a_{n+2} = -2a_{n+1} + 3a_n$ …②

(2) $a_1 = 1, a_2 = 1$ …①，$a_{n+2} = a_{n+1} + a_n$ …②

(3) $a_1 = 1, a_2 = 3$ …①，$a_{n+2} = 3a_{n+1} - \dfrac{9}{4}a_n$ …②

7 9 22 根底 実戦 典型

次式で定まる数列 $(a_n), (b_n)$ の一般項を求めよ．

(1) $\begin{cases} a_1 = -3, \\ b_1 = 1 \end{cases}$ …①，$\begin{cases} a_{n+1} = 3a_n + b_n, & \cdots② \\ b_{n+1} = -a_n & \cdots③ \end{cases}$

(2) $\begin{cases} a_1 = 4, \\ b_1 = -2 \end{cases}$ …①，$\begin{cases} a_{n+1} = 2a_n - b_n & \cdots② \\ b_{n+1} = 2b_n - a_n & \cdots③ \end{cases}$

7 9 23 根底 実戦

次式で定まる数列 (a_n) の一般項を求めよ．

(1) $a_1 = 1$ …①, $a_{n+1} + a_n = \cos n\pi$ …②

(2) $a_1 = 1$ …①, $a_{n+1} = 2a_n + 3^n + 4^{n+1}$ …②

(3) $a_1 = 1, a_2 = 3$ …①, $a_{n+2} = 2a_{n+1} + 3a_n + 4$ …②

7 9 24 根底 実戦

(1) 正の実数からなる数列 (a_n) $(n=1, 2, 3, \cdots)$ が，次のように定められている．

$$a_1 = 2 \cdots ①,\ a_n a_{n+1} = a_n - a_{n+1} \cdots ②$$

(a_n) の一般項を求めよ．

(2) 正の実数からなる数列 (a_n) $(n=1, 2, 3, \cdots)$ が，次のように定められている．

$$a_1 = \frac{1}{9} \cdots ①,\ a_{n+1}{a_n}^3 = 81 \cdots ②$$

(a_n) の一般項を求めよ．

7 9 25 根底 実戦

$x_1 = 1 \cdots ①,\ x_{n+1} = \dfrac{x_n - 4}{x_n - 3} \cdots ②$ で定まる数列 (x_n) を考える．

方程式 $x = \dfrac{x-4}{x-3} \cdots ③$ の解を $x = \alpha$ とする．$y_n = x_n - \alpha$ とおくとき，数列 (y_n) の一般項を求めよ．また，(x_n) の一般項を求めよ．ただし，$x_n \neq \alpha$ $(n=1, 2, 3, \cdots)$ であるとしてよいとする．

7 9 26 根底 実戦

$x_1 = 3 \cdots ①,\ x_{n+1} = \dfrac{3x_n + 2}{x_n + 2} \cdots ②$ で定まる数列 (x_n) を考える．

(1) 方程式 $x = \dfrac{3x+2}{x+2} \cdots ③$ の解を $x = \alpha, \beta$ $(\alpha < \beta)$ とする．$y_n = \dfrac{x_n - \alpha}{x_n - \beta}$ とおくとき，数列 (y_n) の一般項を求めよ．

(2) (x_n) の一般項を求めよ．

7 9 27 根底 実戦

次のように定まる数列 (a_n) の一般項を求めよ．

(1) $a_1 = 1 \cdots ①,\ a_n = na_{n-1} + n - 1$ $(n = 2, 3, 4, \cdots) \cdots ②$

(2) $a_1 = 1 \cdots ①,\ a_{n+1} = \dfrac{a_n}{n+1} + \dfrac{3^n}{n!}$ $(n = 1, 2, 3, \cdots) \cdots ②$

7 9 28 根底 実戦 ハイレベル↑

数列 (a_n) が次のように定義されるとする：

$$a_1 = 2, \cdots ①$$
$$a_{n+1} = 4^n a_n + 2^{(n^2)} \ (n = 1, 2, 3, \cdots). \cdots ②$$

(1) $A_n = \dfrac{a_n}{2^{n(n-1)}}$ とおく．(A_n) の一般項を求めよ．

(2) (a_n) の一般項を求めよ．

7 9 29 根底 実戦

$a_0=1$ …①, $a_1=2$ …②, $a_{n+2}=\dfrac{n+1}{n+2}a_n$ …③ で定まる数列 (a_n) を考える. a_na_{n+1} を n で表せ.

7 9 30 根底 実戦

a, b は正の実数で n は自然数とする. 不等式 $\left(\dfrac{a+2b}{3}\right)^n \leq \dfrac{a^n+2b^n}{3}$ が成り立つことを示せ.

7 9 31 根底 実戦 入試

$0<a_k<1$ $(k=1, 2, 3, \cdots)$ …① とする.

2 以上の任意の自然数 n に対して, 不等式 $a_1+a_2+a_3+\cdots+a_n<a_1a_2a_3\cdots a_n+n-1$ が成り立つことを示せ.

7 9 32 根底 実戦 典型 入試

一般項が $a_n=\left(3+\sqrt{13}\right)^n+\left(3-\sqrt{13}\right)^n$ である数列 (a_n) を考える. a_n は 2^n の倍数であることを示せ.

7 9 33 根底 実戦 入試

$\sum\limits_{k=1}^{n}(n+1-k)a_k=\dfrac{1}{6}n(n+1)(n+2)$ $(n=1, 2, 3, \cdots)$ …① を満たす数列 (a_n) の一般項を求めよ.

7 9 34 根底 実戦 入試

$a_1=4$, …①, $a_{n+1}=\dfrac{1}{3}a_n^2-a_n+3$ …② で定まる数列 (a_n) がある.

(1) $a_n>3$ $(n=1, 2, 3, \cdots)$ を示せ.

(2) $\sum\limits_{k=1}^{n}\dfrac{1}{a_k}$ を a_{n+1} で表せ.

7 9 35 根底 実戦 入試 重要

数列 (a_n) があり, $a_0=1$ …①, $a_na_{n+1}=2^n$ $(n=0, 1, 2, \cdots)$ …② を満たすとする. 数列 (a_n) の一般項を求めよ.

7 9 36 根底実戦 入試 6「微分法」後 ハイレベル↑ 重要

$a_1, a_2, a_3, \cdots > 0$ とする．2 以上の整数 n に対して，次の命題 $P(n)$ を数学的帰納法で証明せよ．

$$\frac{a_1 + a_2 + \cdots + a_n}{n} \geq \sqrt[n]{a_1 a_2 \cdots a_n}$$

等号は，$a_1 = a_2 = \cdots = a_n$ のときのみ成り立つ．

7 9 37 根底実戦 入試 ハイレベル↑

$a_1, a_2, a_3, \cdots$; $p_1, p_2, p_3, \cdots$ は実数とする．2 以上の整数 n に対して，次の命題 $P(n)$ を数学的帰納法で証明せよ．

$$(a_1 p_1 + a_2 p_2 + \cdots + a_n p_n)^2 \leq (a_1{}^2 + a_2{}^2 + \cdots + a_n{}^2)(p_1{}^2 + p_2{}^2 + \cdots + p_n{}^2).$$

等号は，$a_1 : p_1 = a_2 : p_2 = \cdots = a_n : p_n$ のときに限り成り立つ．

7 9 38 根底実戦 入試 ハイレベル↑ 重要

数列 (a_n) が次のように定義されている：

$a_1 = 2$ …①, $a_{n+1}{}^2 - a_{n+1} = a_n{}^2 + a_n$ …②,

n が 3 の倍数のときのみ $a_n < 0$. …③

$S = \sum_{k=1}^{3n} |a_k|$ (n は自然数) を求めよ．

7 9 39 根底実戦 典型入試

多項式の列：$(f_n(x))$ $(n = 0, 1, 2, \cdots)$ を次のように定める．

$f_0(x) = 1$ …①, $f_1(x) = x$ …②,

$f_{n+2}(x) = 2x f_{n+1}(x) - f_n(x)$. …③

(1) $f_n(x)$ は x の n 次多項式であることを示せ．

(2) $f_n(\cos\theta) = \cos n\theta$ を示せ．

(3) 方程式 $f_n(x) = 0$ …④ の全ての解を求めよ．ただし，三角関数を用いて表してもよい．

7 9 40 根底実戦 典型入試

$f(x) = x^2 - 2$ とし，放物線 C: $y = f(x)$ を考える．次のように数列 (x_n) を定める．

$x_1 = \frac{3}{2}$ とし，点 $(x_1, f(x_1))$ における C の接線と x 軸の交点を $(x_2, 0)$ とする．次に，$(x_2, f(x_2))$ における C の接線と x 軸の交点を $(x_3, 0)$ とする．以下同様にして，一般に $(x_n, f(x_n))$ における C の接線と x 軸の交点を $(x_{n+1}, 0)$ とする．

(1) $x_n > \sqrt{2}$ $(n = 1, 2, 3, \cdots)$ を示せ．

(2) $x_4 - \sqrt{2} < 10^{-11}$ を示せ．ただし，$1.4 < \sqrt{2} < 1.5$ …① であることは用いてよいとする．

7 9 41 根底実戦 典型

数列 (a_n) が群に区切られており，第 k 群には分母が $k+1$ で分子が 1, 2, 3, …, k である分数が順に並ぶ：

$$\frac{1}{2}\Big|\frac{1}{3},\ \frac{2}{3}\Big|\frac{1}{4},\ \frac{2}{4},\ \frac{3}{4}\Big|\frac{1}{5},\ \cdots$$

(1) a_{500} の値を求めよ．

(2) (a_n) の項のうち値が $\frac{1}{5}$ に等しい項で，5 回目に現れるものは，(a_n) の第何項か．

(3) $\sum_{n=1}^{2m^2} a_n$ (m は自然数) を求めよ．

7 9 42 根底実戦 入試 重要

自然数を 1 から並べた数列 $a_n = n$ を，次のルールに従って初項から順に第 1 群，第 2 群，第 3 群，…と区切る．

ルール：各群の項数は，その初項と等しい．

第 m 群の終わりまでの和を求めよ．

7 9 43 根底実戦 入試

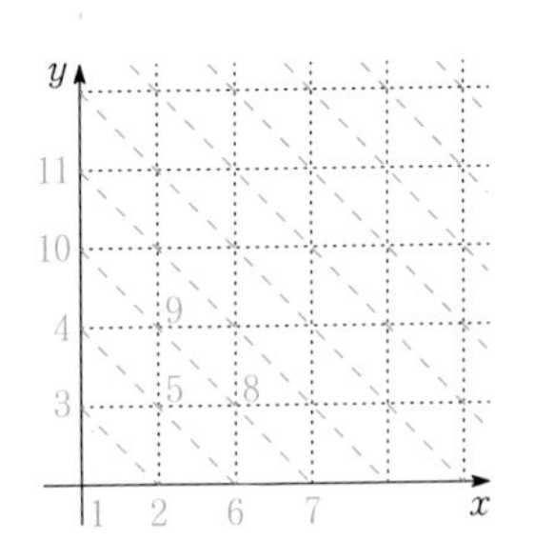

自然数の列：1, 2, 3, … と xy 平面上の格子点 (x, y) $(x, y \geqq 0)$ を右図のように対応付ける．

すなわち，傾き -1 の直線上で一定の向きに自然数を並べ，座標軸上の点に達したら同じ軸上で座標が 1 だけ大きい点に次の自然数を対応付け，さらに傾き -1 の直線上に自然数を並べる．これを繰り返す．

格子点 (m, n) $(m, n \geqq 0)$ に対応付けられる自然数を $a_{m,n}$ とする．

例えば，$a_{0,0} = 1$, $a_{2,1} = 8$ である．以下の問に答えよ．

(1) $a_{m,n} = 100$ となる点 (m, n) を求めよ．

(2) $a_{m,0}$ を m で表せ．

(3) $a_{m,n}$ を m, n で表せ．

7 9 44 根底実戦 典型入試 重要

実数 x を超えない最大整数を $[x]$ で表し，数列 (a_n) を $a_n = \left[\sqrt{n}\right]$ $(n = 1, 2, 3, \cdots)$ で定める．

$\sum_{n=1}^{m^2} a_n$ (m は自然数) を求めよ．

7 9 45 根底 実戦 入試

n は自然数とする．曲線 C: $y=\frac{1}{2}x^3$ …① と x 軸，および直線 $x=2n-1$ で囲まれる領域 (境界線を含む) を D とする．D 内にある格子点の個数 $f(n)$ を求めよ．

7 9 46 根底 実戦 入試

n は 0 以上の整数とする．xyz 空間内で，$x+2y+3z \leqq 6n$ …① を満たす 0 以上の整数の組 (x, y, z) 全体の集合を S_n とし，その要素の個数を $f(n)$ とする．

(1) $n=1, 2, 3, \cdots$ のとき，S_n の要素のうち $z=0$ を満たすもの，および $z=1$ を満たすものの個数をそれぞれ求めよ．

(2) $f(n)-f(n-1)$ を求めよ．

(3) $f(n)$ を求めよ．

7 9 47 根底 実戦 典型

平面上に n 個の円周が引かれている．ただし，それらのうちどの 2 円も異なる 2 点で交わり，どの 3 円も 1 点で交わることはないとする．平面全体がこれら n 個の円によって分けられる領域の個数を求めよ．

7 9 48 根底 実戦 入試 重要

右図のように 4 つの部屋がある．動点 P は初めⓐにあり，各回ごとに隣り合う部屋へ等確率で移動する．例えばⓐにあるときは確率 1 でⓑへ移動し，ⓑにあるときはⓐ，ⓒへそれぞれ確率 $\frac{1}{2}$ で移動する．

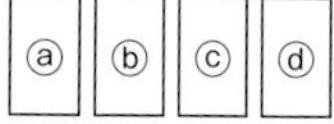

(1) n 回後に P がⓐにある確率 a_n を求めよ．

(2) $0<a_n-\frac{1}{3}<10^{-10}$ となる最小の n を求めよ．ただし，$\log_{10}2=0.3010$, $\log_{10}3=0.4771$ としてよいとする．

7 9 49 根底 実戦 入試

右のような三角形 ABC があり，動点 P は初め頂点 A にある．1 秒ごとに，P は確率 $\frac{2}{3}$ で左回りに移動して隣の頂点へ，確率 $\frac{1}{3}$ で右回りに移動して隣の頂点へ移動する．n 秒後に P が頂点 A にある確率を求めよ．

7 9 50 根底実戦 入試

右のような三角形 ABC があり，動点 P は初め頂点 A にある．1 秒ごとに，P は隣の 2 頂点のいずれかへ移動する．頂点 A，B，C から左回りに移動する確率は，それぞれ $\frac{1}{4}$，$\frac{5}{8}$，$\frac{1}{4}$ である．

n 秒後に，P が頂点 A，B，C にあるとき，それぞれ得点 X_n が 1, 2, 3 であるとする．X_n の期待値を求めよ．

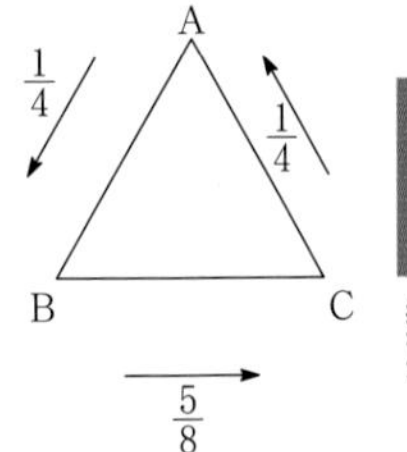

7 9 51 根底実戦 入試 重要

4 枚のカード：〇 〇 △ × が入った箱からカードを 1 枚取り出して元に戻すことを繰り返す．ただし，△ が 2 回連続して出るか，もしくは × が出たら終了とする．

(1) 第 n 回で終了する確率を求めよ．

(2) $n \geq 3$ とする．第 n 回で終了するとき，第 1 回において △ が出ている確率を求めよ．

7 9 52 根底実戦 典型

2 つの半直線 OA，OB があり，なす角が $\theta\left(0<\theta<\frac{\pi}{2}\right)$ とする．

OA 上に，$OP_0=1$ を満たす点 P_0 をとり，P_0 から OB へ垂線 P_0P_1 を下ろす．次に，P_1 から OA へ垂線 P_1P_2 を下ろす．以下同様に，半直線上の P_n から他方の半直線へ垂線 P_nP_{n+1} を下ろす．

折れ線の長さ $L_n=P_0P_1+P_1P_2+P_2P_3+\cdots+P_{n-1}P_n$ について答えよ．

(1) L_n を求めよ．

(2) $f(\theta)=\lim_{n\to\infty}L_n$ を求めよ．

(3) $\lim_{\theta\to+0}\theta f(\theta)$ を求めよ．

注 (2)(3)は 数学Ⅲ「極限」後

7 9 53 根底実戦 入試

n は 2 以上の整数とする．O を原点とする座標平面上の半円 $x^2+y^2=1\ (y\geq 0)$ を n 等分する点を，両端も含めて x 座標が大きい方から順に $P_0(1,0), P_1, P_2, \cdots, P_{n-1}, P_n(-1,0)$ とする．$\triangle OP_0P_k$ の面積を S_k とし，$T=\sum_{k=1}^{n}S_k$ を求めよ．(OP_0P_n も面積 0 の三角形とみなす．)

7 9 54 根底実戦 典型入試 重要

整数からなる数列 $(a_n)\ (n=1,2,3,\cdots)$ が，

$a_1=3\ \cdots$①, $a_{n+1}=a_n(a_n+1)+4^n\ (n=1,2,3,\cdots)\ \cdots$②

を満たしている．a_n を 7 で割った余りを求めよ．

7 9 55 根底 実戦 典型 入試

自然数 n に対して，$(1+\sqrt{2})^n = a_n + b_n\sqrt{2}$ …① で定まる整数 a_n, b_n を考える．

(1) a_{n+1}, b_{n+1} を a_n, b_n で表せ．

(2) $a_n{}^2 - 2b_n{}^2$ を n で表せ．

(3) $(1+\sqrt{2})^n$ の整数部分の偶奇を答えよ．

7 9 56 根底 実戦 入試

$\tan 1^\circ$ は無理数であることを証明せよ．ただし，$\sqrt{3}$ が無理数であることは用いてよいとする．

7 9 57 根底 実戦 入試

$f_0 = 0$, $f_1 = 1$, …①, $f_{n+2} = f_{n+1} + f_n$ $(n = 0, 1, 2, \cdots)$ …② で定まる数列 (f_n) を考える．

(1) $f_{n-1}f_{n+1} - f_n{}^2$ $(n \geq 1)$ を求めよ．

(2) $f_0{}^2 + f_1{}^2 + f_2{}^2 + \cdots + f_n{}^2$ $(n \geq 0)$ を f_n, f_{n+1} で表せ．

7 9 58 根底 実戦 入試 ハイレベル↑

$f_0 = 0$, $f_1 = 1$, …①, $f_{n+2} = f_{n+1} + f_n$ $(n = 0, 1, 2, \cdots)$ …② で定まる数列 (f_n) を考える．各項が整数であることは用いてよいとする．

(1) f_n と f_{n+1} は互いに素であることを示せ．

(2) m は自然数とし，n は m 以上の整数とする．全ての n に対して，$f_n = f_m f_{n-m+1} + f_{m-1} f_{n-m}$ が成り立つことを示せ．

(3) 2 つの整数 x, y の最大公約数を (x, y) で表す．$n \geq m$ のとき，$(f_n, f_m) = (f_m, f_{n-m})$ を示せ．

(4) n を m で割った余りを r とするとき，$(f_n, f_m) = (f_m, f_r)$ を示せ．

(5) $(f_n, f_m) = f_{(n,m)}$ を示せ．

第 8 章
統計的推測

概要

多くの面で数学Ⅰ「データの分析」と似た性格をもつ分野です．“実社会への応用”としての側面が強く，数学の学問体系の本流からは切り離された“脇道”・応用分野です．したがって，本章の不備が他の分野に影響を及ぼすことはありません．
逆に，本章を学ぶためには，下の範囲表の青色分野（数学Ⅲを除く）の基礎がある程度備わっていることが前提です．とくに数学 B「数列」の Σ 記号は自由に操れるようにしておいてください．
後述するように，入試における主要分野ではありませんので，学び方の戦略として，高校 2 年段階では定期テスト前の勉強だけして（笑），受験学年時に数学Ⅰ「データの分析」と合わせてしっかり復習するという手もあります．数学の本流分野の習得を優先し，その後で本章を学ぶのが賢い方法です．
言い訳　応用数学に属する分野なので，純粋な数学と比べて用語の定義・使い方などに多少の曖昧さがあります．
一部 **Ⅰ+A**の**4**「データの分析」や**7**「場合の数・確率」で既に学んだことが重複して書かれています．また，高校数学範囲外の用語でも**大切なもの**は積極的に扱っています．

学習ポイント

1. 大量にある基本用語の定義・意味を理解して覚える
2. 期待値・分散などに関する公式類を，証明過程とともにマスターする
3. 「推定」「検定」といった“実地応用”の方法を，演習を通して身に付ける

将来入試では

脇道応用分野ですから，多くの大学の 2 次試験での出題は少ないでしょう．
ただし共通テストでは，文系生はⅡBC で選択することになると思います．理系生は，数学 C「平面上の曲線と複素数平面」を選択すれば，本章「統計的推測」をスルーできるかもしれません．
本章にどの程度力を注ぐべきかを，各自で考えてください．
注　**7**「数列」では $\sum_{k=1}^{n}$ のように文字「k」を使うことが多かったですが，本章では大学以降の統計書に倣って $\sum_{i=1}^{n}$ のように「i」を多用します．

この章の内容

1 確率の基礎（復習）
2 確率変数
3 期待値・分散の性質
4 演習問題A
5 二項分布と正規分布
6 統計的推測
7 推定・検定
8 演習問題B
9 演習問題C 数学Ⅲとの融合

［高校数学範囲表］ ●当該分野　●関連が深い分野

数学Ⅰ	数学Ⅱ	数学Ⅲ 理系
数と式	いろいろな式	いろいろな関数
2次関数	ベクトルの基礎	極限
三角比	図形と方程式	微分法
データの分析	三角関数	積分法
数学A	指数・対数関数	**数学C**
図形の性質	微分法・積分法	ベクトル
整数	**数学B**	複素数平面
場合の数・確率	数列	2次曲線
	統計的推測	

1 確率の基礎（復習）

I+A 7「場合の数・確率」で既に学んだことのうち，本章の準備として有益なことを軽く振り返っておきましょう．

1 確率とは

ごく単純な具体例を追いかけながら，基本用語の再確認をしておきましょう：

用語	意味	具体例
試行	結果が偶然に支配される実験，操作	サイコロ 1 個を投げる
全事象 U	起こり得る結果全体	1 の目が出る，2 の目が出る，…，6 の目が出る
事象 A	U の部分集合	2 以下の目が出る
確率 $P(A)$	A の U に対する起こりやすさの割合	$P(A)=\frac{2}{6}$.

A	1 の目が出る
	2 の目が出る
U	3 の目が出る
	4 の目が出る
	5 の目が出る
	6 の目が出る

確率とは 定義

事象 A の，全事象 U に対する起こりやすさ[1]の割合を，A の**確率**といい，記号 $\boldsymbol{P(A)}$ で表す． 確率＝probability

注 [1]：「起こりやすさ」の定義がハッキリしませんね．高校数学では，「確率」を厳格に定義することはしません．[→ I+A 7 6 後のコラム]

2 確率の求め方

「場合の数の比」，「乗法定理」の 2 通りがありましたね．[→ I+A 7]

確率の求め方 方法論

❶：〔**場合の数の比**〕

$$P(A)=\frac{A\text{ の場合の数}}{\text{全ての場合の数}}$$

分母と**同基準**で数える　各々**等確率**

❷：〔**乗法定理（独立試行）**〕　例えば「サイコロを投げる」と「コインを投げる」

試行として独立な 2 つの操作 T_1, T_2 を行う試行において，T_1 の結果で定まる事象 A と，T_2 の結果で定まる事象 B があるとき

$$P(A\cap B)=P(A)\cdot P(B).$$

3 個以上の試行，事象についてもまったく同様

❸：〔**乗法定理（一般）**〕　条件付確率

$$P(A\cap B)=P(A)\cdot P_A(B).$$

注 ❷❸は，割合に割合を掛ける感覚で用います．

問 箱の中に 1 2 3 4 5 の 5 枚のカードが入っており，そこから 2 枚を取り出す．次の(1)～(3)の取り出し方それぞれにおいて，その 2 枚が奇数と偶数である確率を求めよ．

(1) 2 枚を同時に取り出す．

(2) 1 枚を取り出し，それを元に戻さずに 2 枚目を取り出す．

(3) 1 枚を取り出し，それを元に戻してから 2 枚目を取り出す．

着眼 それぞれの取り出し方を視覚化しておきましょう.

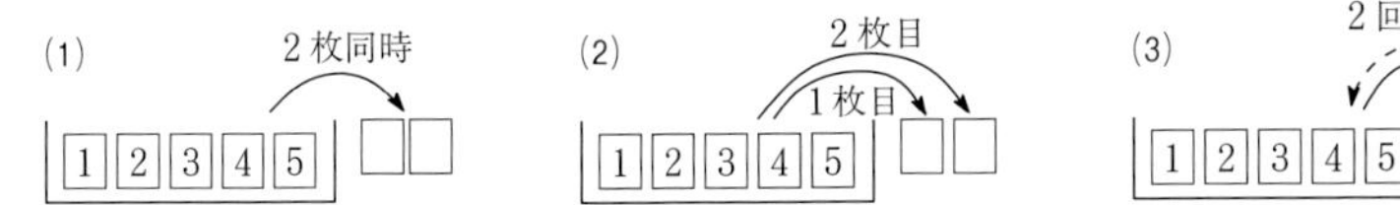

注 後に 8 6 において, (2)を非復元抽出, (3)を復元抽出と呼びます. ((1)も実質的に非復元抽出です.)

解答 (1) ∘取り出す2枚の組合せ：${}_5\mathrm{C}_2$ 通りの各々は等確率.

∘そのうち条件を満たすものは, 3·2 通り.

∘よって求める確率は,

$$\frac{3\cdot2}{{}_5\mathrm{C}_2}$$

(分母と同じく「組合せ」)(各々等確率な「組合せ」の数)

$$=\frac{3\cdot2}{10}=\frac{3}{5}.\,/\!/$$

注 前記❶を使いました. ■

(2) 奇数→偶数, 偶数→奇数の2通りの出方があるから, 求める確率は,

$$\overset{奇}{\frac{3}{5}}\cdot\overset{偶}{\frac{2}{4}}+\overset{偶}{\frac{2}{5}}\cdot\overset{奇}{\frac{3}{4}}=2\cdot\frac{3\cdot2}{5\cdot4}=\frac{3}{5}.\,/\!/$$

(条件付確率)

注 前記❸を使いました. ■

別解 (1)と同様に❶を用いると次の通りです：

∘取り出す2枚の順列：${}_5\mathrm{P}_2$ 通りの各々は等確率.

∘そのうち条件を満たすものは, 奇数, 偶数の順序も考えて 2×3·2 通り.

∘よって求める確率は,

$$\frac{2\times3\cdot2}{{}_5\mathrm{P}_2}$$

(分母と同じく「順列」)(各々等確率な「順列」の数)

$$=\frac{2\cdot3\cdot2}{5\cdot4}=\frac{3}{5}.\,/\!/$$

(1)と比べて, 分母と分子がどちらも2倍になっており, 確率としては一致する訳です. このように, 非復元抽出における確率は, 順序を区別してもしなくてもOKです.

(3) 奇数→偶数, 偶数→奇数の2通りの出方があるから, 求める確率は,

$$2\times\overset{奇}{\frac{3}{5}}\cdot\overset{偶}{\frac{2}{5}}=\frac{12}{25}.\,/\!/$$

注 前記❷を使いました. ■

解説 このように, 取り出したものを元に戻す復元抽出では, 順序を区別して考えるしかありません. この事情について, 詳しくは[→ I+A 7 6 2 解説]

コラム

「期待値」(平均) の意味 (8 2 3 を学んだ後でどうぞ)

(8 2 3 のデータ D そのもの)

X	2	4	6	7	8	計
P	$\frac{2}{10}$	$\frac{3}{10}$	$\frac{2}{10}$	$\frac{2}{10}$	$\frac{1}{10}$	1

例えば右表の分布に従う確率変数 X の期待値 (平均) は,

$$E(X)=2\cdot\frac{2}{10}+4\cdot\frac{3}{10}+6\cdot\frac{2}{10}+7\cdot\frac{2}{10}+8\cdot\frac{1}{10}$$

$$=\frac{1}{10}(4+12+12+14+8)=\frac{50}{10}=5.$$

ここで, 右図のような"てこ"を考えてみてください. 重さの無視できる板を数直線に沿って置き, X の各値の位置にその確率に比例する"重り"を乗せ, 期待値「5」の所を支点とします. すると, 支点の回りの回転力 (力のモーメント) は右のようになり, 見事に釣り合います.

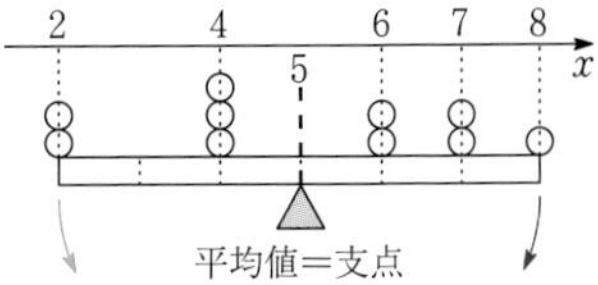

平均値=支点

$$\begin{cases}左回り：3\cdot2+1\cdot3=9.\\ 右回り：1\cdot2+2\cdot2+3\cdot1=9.\end{cases}$$

このように,「期待値」(平均) には「変量全体が釣り合う支点」, あるいはその確率に応じた"重み"を掛けて得られた"加重平均"だという意味があります. かなり感覚的な説明に過ぎませんが, 筆者はこれを利用して結果を大まかに予想し, また検算にも役立てています. (I+Aの 4 2 3, 4 7 7 に少し詳し目な解説があります.)

2 確率変数

1 確率変数・確率分布

例 1　8 1 2 問(2)の試行：

1枚を取り出し，それを元に戻さずに2枚目を取り出す（非復元抽出）において，取り出される「奇数のカードの枚数」X について考えてみましょう．

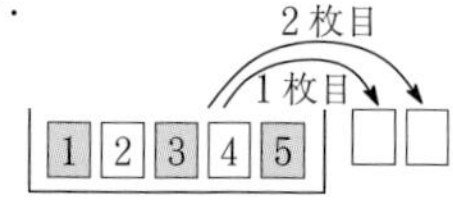

例えば，4→2 と出れば $X=0$.

3→2 と出れば $X=1$.

5→1 と出れば $X=2$.

普通，X, Y などの大文字で表す

この X のように，試行の結果（つまり事象）に応じて定まる変数を**確率変数**といいます．

X は 0, 1, 2 のいずれかの値をとり，それぞれのようになる確率は前項 問 と同様に考えて次の通り：

$$P(X=0)=\overset{偶}{\frac{2}{5}}\cdot\overset{偶}{\frac{1}{4}}=\frac{1}{10},$$

$$P(X=1)=\frac{3}{5},$$ 問 の結果より

$$P(X=2)=\overset{奇}{\frac{3}{5}}\cdot\overset{奇}{\frac{2}{4}}=\frac{3}{10}.$$ 余事象を利用し，$1-\frac{1}{10}-\frac{3}{5}$ と求めても可

X	0	1	2	計
P	$\frac{1}{10}$	$\frac{6}{10}$	$\frac{3}{10}$	1

注　確率の値は，大小が比べやすいよう，分母を10に統一．

これで，確率変数 X の各値に応じてその確率が定まりました．このような「確率変数」X と「確率」P の対応関係のことを X の**確率分布**，もしくは単に**分布**といい，右上のような**確率分布表**で表すことができます．また，X はこの分布に**従う**といいます．

語記サポ　X は，その値が確率をともなって決まるから確率変数と呼ぶのだと覚えておきましょう．

注　一般に，確率分布においては，次のことが成り立ちます：

X のとり得る全ての値が網羅されている．

X の各値に対応する確率は，全て0以上．

その確率の総和は1.　全事象の確率

注　「確率分布」とは「確率変数」と「確率」の対応関係ですが，「事象」を介して対応付いていることを忘れずに．[→ I+A 7 10 1]

事象

確率変数 X ⟷ 確率 P

確率分布

2 期待値（平均）

確率分布において，対応する X と P の積の総和を，確率変数 X の**期待値**または**平均**といい，$\boldsymbol{E(X)}$ と表します．前項 例 1の場合，次の通りです：

$$E(X)=0\cdot\frac{1}{10}+1\cdot\frac{6}{10}+2\cdot\frac{3}{10}=\frac{12}{10}=\frac{6}{5}.//$$

「期待値」の意味は，文字通り「起こることが期待される値」ですが，…とても曖昧ですね．とはいえとり得る値が 0, 1, 2 である上記 X の期待値が「5」になったりするワケはないくらいのことはわかりますね（笑）．

語記サポ　期待値 =expected value

平均 =mean なので，期待値はしばしば文字「m」で表します．

次項で確認するように，確率変数 X の期待値 $E(X)=$ データの変量 x の平均値 $\overline{x}$ ですから，期待値（平均）のことを「平均値」と呼んでも叱られはしないでしょう（笑）．■　昔の教科書ではそうでした

参考 ハイレベル↑ この式では，X のとり得る値のうち，起こりにくい 0 には小さな数値 $\frac{1}{10}$ を掛け，起こりやすい 1 には大きな数値 $\frac{6}{10}$ を掛けています．このように，「期待値」とは，確率変数 X がとる各値に，その値の実現しやすさに応じた“重み”を掛けて得られた“加重平均”だとみることもできます．この 例 1では，$X=0, 1, 2$ の“ど真ん中”は $X=1$ ですが，$X=0$ より $X=2$ の方が起こりやすいため，期待値は $X=1$ より少し $X=2$ 寄りの 1.2 になる訳です．[→前項最後のコラム]

例 2 今度は，8 1 2 問(3)の試行：

1 枚を取り出し，それを元に戻してから 2 枚目を取り出す（復元抽出）

において，例 1と同様に取り出される「奇数のカードの枚数」X の確率分布・期待値を求めてみましょう：

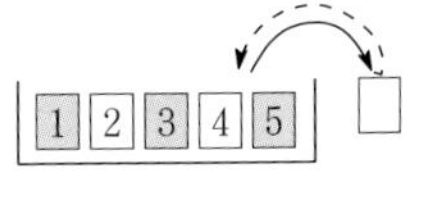

$$P(X=0)=\overset{\text{偶}}{\frac{2}{5}}\cdot\overset{\text{偶}}{\frac{2}{5}}=\frac{4}{25},\quad P(X=1)=\frac{12}{25},$$ 問の結果より

$$P(X=2)=\overset{\text{奇}}{\frac{3}{5}}\cdot\overset{\text{奇}}{\frac{3}{5}}=\frac{9}{25}.$$ 余事象を利用し，$1-\frac{4}{25}-\frac{12}{25}$ と求めても可

これで，右のような確率分布表が得られ，X の期待値は

X	0	1	2	計
P	$\frac{4}{25}$	$\frac{12}{25}$	$\frac{9}{25}$	1

$$E(X)=0\cdot\frac{4}{25}+1\cdot\frac{12}{25}+2\cdot\frac{9}{25}=\frac{30}{25}=\frac{6}{5}.//$$

注 例 1の非復元抽出と 例 2の復元抽出は異なる試行であり，確率分布も変化しました．ところが期待値はどちらも $\frac{6}{5}$ で一致していますね．これが実は必然であることを後に学びます．[→8 3 5]

確率変数・確率分布・期待値 **定義**

試行の結果（つまり事象）に応じて定まる変数 X を**確率変数**という．

確率変数 X と確率 P の対応関係のことを X の**確率分布**（**分布**）という．

X が右の分布に従うとき，次の値を X の**期待値**（**平均**）という：

X	x_1	x_2	x_3	$\cdots$	x_n	計
P	p_1	p_2	p_3	$\cdots$	p_n	1

$$E(X)=\sum_{i=1}^{n}x_ip_i=x_1p_1+x_2p_2+\cdots+x_np_n.$$

例題 8 2 a 確率変数・確率分布・期待値 根底 実戦 定期 [→演習問題 8 4 1]

1 本 100 円のくじを 1 万本販売する．当たりくじは 1 等 10 万円が 2 本，2 等 1 万円が 10 本，3 等 1000 円が 100 本，4 等 100 円が 1000 本あり，残りは外れである．くじを 1 本引く（買う）とき，得られる賞金の期待値を求めよ．

注 「賞金の期待値」が問われていますから，販売価格の「100 円」は関係ありません．このような“不要な情報”に惑わされないようにしましょう．

解答 題意の賞金を確率変数 X とすると，次のような分布になる（単位：円）：（0 は外れ）

X	10^5	10^4	10^3	10^2	0	計
P	$\frac{2}{10^4}$	$\frac{10}{10^4}$	$\frac{100}{10^4}$	$\frac{1000}{10^4}$	$\frac{8888}{10^4}$	1

よって求める期待値 $E(X)$ は，

$$10^5\cdot\frac{2}{10^4}+10^4\cdot\frac{10}{10^4}+10^3\cdot\frac{100}{10^4}+10^2\cdot\frac{1000}{10^4}$$
$$=20+10+10+10=50\ (\text{円}).//$$

注 $P(X=0)$ の値は期待値計算には不要．

余談 くじ 1 本につき購入額が 100 円で賞金期待値が 50 円．88.88 %のくじが外れ．これが，世の宝くじなどの実態です．夢とワクワク感に出費しているのですから，これでよいのです（笑）．

3 データの平均値・分散と確率変数の期待値（平均）

Ⅰ+A 4「データの分析」で学んだ平均値・分散を振り返ります．
右表のように大きさが $N=10$ のデータ D があり変量 x が 5 通りの測定値をとるとき，

〔データ D〕

番号 i	測定値 x_i	度数 f_i	相対度数 $\frac{f_i}{10}$
1	2	2	$\frac{2}{10}$
2	4	3	$\frac{3}{10}$
3	6	2	$\frac{2}{10}$
4	7	2	$\frac{2}{10}$
5	8	1	$\frac{1}{10}$

$$\text{平均値}: \overline{x} = \frac{x\text{の総和}}{\text{個数}}$$
$$= \frac{1}{10}\sum_{i=1}^{5} x_i \cdot f_i \quad \cdots①$$
度数＝frequency
$$= \frac{2\cdot2+4\cdot3+6\cdot2+7\cdot2+8\cdot1}{10}$$
$$= \frac{4+12+12+14+8}{10} = \frac{50}{10} = 5.$$

ここで，このデータ D から **1 つの個体を取り出す試行**を考えます．取り出した変量 x の値を確率変数 X とすると，$X=x_i$ である確率は，
試行の結果に応じて定まる

$$P(X=x_i) = \frac{f_i}{10}.$$
等確率

これは，D における測定値 x_i の**相対度数**そのものです．よって上の表の青色部分は，X の確率分布を表しています．よって X の期待値は

$$E(X) = \sum_{i=1}^{5} x_i \cdot \frac{f_i}{10}.$$

これは，①と全く同じですね（∵ 10 は定数)．
つまり，データから 1 つの個体を取り出す試行における確率変数 X の**期待値**（**平均**）は，そのデータの**平均値**そのものです．

次に，データ D の分散について考えます．平均値：$\overline{x}=5$ より各 x_i の偏差平方は右表のようになるので，

〔**データ D：平均値：$\overline{x}=5$**〕

番号 i	測定値 x_i	度数 f_i	相対度数 $\frac{f_i}{10}$	偏差平方 $(x_i-\overline{x})^2$
1	2	2	$\frac{2}{10}$	9
2	4	3	$\frac{3}{10}$	1
3	6	2	$\frac{2}{10}$	1
4	7	2	$\frac{2}{10}$	4
5	8	1	$\frac{1}{10}$	9

$$\text{分散}: {s_x}^2 = \text{偏差平方の平均値}$$
$$= \frac{\text{偏差平方の総和}}{\text{個数}}$$
$$= \frac{1}{10}\sum_{i=1}^{5}(x_i-5)^2 \cdot f_i \quad \cdots②$$
$$= \frac{9\cdot2+1\cdot3+1\cdot2+4\cdot2+9\cdot1}{10}$$
$$= \frac{18+3+2+8+9}{10}$$
$$= \frac{40}{10} = 4.$$
標準偏差は $\sqrt{4}=2$

D から 1 つの個体を取り出す試行において，X の偏差平方：$(X-5)^2$ は確率変数であり，その期待値は

$$E((X-5)^2) = \sum_{i=1}^{5}(x_i-5)^2 \cdot \frac{f_i}{10}.$$
表の 青色部分が，$(X-5)^2$ の確率分布
分散＝variance

これは，②と全く同じです．これを確率変数 X の**分散**といい，$V(X)$ と表します．

注　分散は，変量 x の平均値 $\overline{x}$ からの“ズレ”である偏差：$x-\overline{x}$ を，「＋」と「－」が打ち消し合わないよう 2 乗した偏差平方の期待値です．この値が大きいほど，データの散らばりが大きいことを意味します．

以上のことをまとめておきます：

データの平均値・分散と期待値 重要 既習者

変量 x のデータ D(大きさ N) において，測定値 x_i $(i=1, 2, \cdots, n)$ の度数を f_i とする．
D から 1 **つの個体を取り出す試行** T において，取り出した変量 x の値を確率変数 X とする．

試行 T における確率変数 X		データ D における指標	算式
$X=x_i$である確率 $P(X=x_i)$	[1]$=$	x_iの相対度数	$\dfrac{f_i}{N}$
X の期待値 $E(X)$	$=$	変量 x の平均値 $\overline{x}$	$\sum_{i=1}^{n} x_i \cdot \dfrac{f_i}{N}$
X の分散 $V(X)$	$=$	変量 x の分散 $s_x{}^2$	$\sum_{i=1}^{n} (x_i-\overline{x})^2 \cdot \dfrac{f_i}{N}$

重要 要するに，「1 つを取り出す試行における確率変数」は「データにおける変量そのもの」と同等に扱えるということです．6以降で重要な役割を果たします．

注 [1]：つまり，X の確率分布は，データ D の相対度数の分布と一致します．

補足 今「データ」と呼んでいるものが，6では，調査対象全体を意味する「母集団」という用語に変わります．

語記サポ X の標準偏差は分散の平方根 $\sqrt{V(X)}$ です．これを，「$\sigma(X)$」と書きます．

標準偏差＝standard deviation．よって I+A 4では x の標準偏差を「s_x」と書きました．アルファベットの「s」にあたるギリシャ文字が「σ」です．和を表す記号「Σ (シグマ)」の小文字で，右のように書きます．

確率変数の分散 定義

右の分布に従う確率変数 X の**分散**は，$m=E(X)$ とおいて，

$$\boldsymbol{V(X)}=E((X-m)^2) \quad \text{偏差平方の期待値}$$
$$=\sum_{i=1}^{n}(x_i-m)^2 \cdot p_i.$$

X の**標準偏差** $\boldsymbol{\sigma(X)}$ は，その平方根 $\sqrt{V(X)}$.

X	x_1	x_2	x_3	$\cdots$	x_n	計
P	p_1	p_2	p_3	$\cdots$	p_n	1

重要 確率変数 X の**期待値・分散**は，その**確率分布**に応じて定まる値です．

例題 8 2 b 確率変数の期待値・分散 根底 実戦 定期

[→演習問題 8 4 1]

表に 1，裏に 3 と書かれたコインを 3 枚投げるとき，出た数字の和：X の分散を求めよ．

方針 分散だけが問われていますが，そのためには期待値，そして確率分布を求めるべきです．

解答 ∘コイン 3 枚を区別して考える．

∘全ての出方：$2^3=8$ 通りの各々は等確率．

∘確率変数 X の値に対する出方は次の通り：

$X=3\cdots(1, 1, 1)$
$X=5\cdots(1, 1, 3), (1, 3, 1), (3, 1, 1)$
$X=7\cdots(1, 3, 3), (3, 1, 3), (3, 3, 1)$
$X=9\cdots(3, 3, 3)$

よって次の確率分布表を得る：

X	3	5	7	9	計
P	$\frac{1}{8}$	$\frac{3}{8}$	$\frac{3}{8}$	$\frac{1}{8}$	1

$$E(X)=3\cdot\frac{1}{8}+5\cdot\frac{3}{8}+7\cdot\frac{3}{8}+9\cdot\frac{1}{8}=6.$$

$$V(X)=(3-6)^2\cdot\frac{1}{8}+(5-6)^2\cdot\frac{3}{8}+(7-6)^2\cdot\frac{3}{8}+(9-6)^2\cdot\frac{1}{8}=3.$$ //

$\sigma(X)=\sqrt{3}$

注 X の分布は $X=6$ を中心に左右対称．よって，「期待値＝釣り合う支点＝ 6」と見通せます．

3 期待値・分散の性質

確率変数の期待値・分散の性質を学びます．前項で見た通り，これらは「データの分析」において既にある程度学んでいますが，ここでは，「確率変数」による表現をメインとします．また，前章「数列」で練習した Σ 記号を多用します．

注 本節における以下の記述では，確率変数 X が右の確率分布に従うことを前提とし，X の期待値：$E(X)$ を，簡単に「$\overline{x}$」あるいは「m」で表します：$m=\overline{x}=\sum_{i=1}^{n} x_i p_i$．また，もちろん $\sum_{i=1}^{n} p_i=1$.

X	x_1	x_2	x_3	$\cdots$	x_n	計
P	p_1	p_2	p_3	$\cdots$	p_n	1

注 「$\sum_{i=1}^{n}$」を誤解が生じない範囲で「Σ」とも書きます．試験ではキチンと宣言してくださいね．

1 分散の公式

分散の求め方として，定義以外に次の公式を用いる方法もあります．

分散の公式 定理

❶ $V(X)=E(X^2)-\{E(X)\}^2$.

$s_x{}^2=\overline{x^2}-(\overline{x})^2$.

(2 乗の平均)−(平均の 2 乗)

〔証明〕

$$\begin{aligned} V(X)&=\sum_{i=1}^{n}(x_i-m)^2 p_i \\ &=\Sigma\ (x_i{}^2-2mx_i+m^2)p_i \\ &=\Sigma\ x_i{}^2 p_i-2m\Sigma\ x_i p_i+m^2\Sigma\ p_i \\ &=E(X^2)-2m\cdot m+m^2\cdot 1 \\ &=E(X^2)-\{E(X)\}^2.\ \square \end{aligned}$$

問 表に 1，裏に 2 と書かれたコインを 3 枚投げるとき，出た数字の和：X の分散を求めよ．

着眼 前問から「裏に 2」に変わっただけですが….

解答 前ページの例題と同様にして次表を得る：

X	3	4	5	6	計
P	$\frac{1}{8}$	$\frac{3}{8}$	$\frac{3}{8}$	$\frac{1}{8}$	1

$$E(X)=3\cdot\frac{1}{8}+4\cdot\frac{3}{8}+5\cdot\frac{3}{8}+6\cdot\frac{1}{8}=\frac{9}{2}.$$

$$\begin{aligned} V(X)&=3^2\cdot\frac{1}{8}+4^2\cdot\frac{3}{8}+5^2\cdot\frac{3}{8}+6^2\cdot\frac{1}{8}-\left(\frac{9}{2}\right)^2 \\ &=\frac{168}{8}-\frac{81}{4}=\frac{3}{4}.\ /\!/ \end{aligned}$$

期待値がキレイな整数値でない場合には，分散の公式を用いる方が楽ですね．

2 変数の変換

確率変数 X に対して，その 1 次式で表される別の確率変数：

$Z=aX+b$ (a, b は定数で $a\neq 0$)

を考え，その期待値・分散がどうなるかを考えます．

注 本項では，とくに断らない限り変数 X と Z の間には上の関係があるとし，それらの個々の値どうしにも，$z_i=ax_i+b$ ($i=1, 2, 3, \cdots, n$) という関係が成り立つとします．■

〔期待値〕
$$\begin{aligned} E(Z)&=\Sigma(ax_i+b)p_i \\ &=\Sigma ax_i p_i+\Sigma bp_i \\ &=a\Sigma x_i p_i+b\Sigma p_i=aE(X)+b. \end{aligned}$$

〔分散〕
$$\begin{aligned} V(Z)&=\Sigma(z_i-\overline{z})^2\cdot p_i \\ &=\Sigma\left\{(ax_i+b)-(a\overline{x}+b)\right\}^2 p_i \\ &=\Sigma a^2(x_i-\overline{x})^2 p_i \\ &=a^2\Sigma(x_i-\overline{x})^2 p_i=a^2V(X). \end{aligned}$$

変数変換と期待値・分散 定理

確率変数 X, Z の間に $Z=aX+b$ (a, b は定数で $a \neq 0$) という関係があるとき，次のようになる：

❷ 期待値：$E(aX+b)=aE(X)+b$. i.e. $\overline{z}=a\overline{x}+b$.

❸ 分散：$V(aX+b)=a^2V(X)$. i.e. ${s_z}^2=a^2{s_x}^2$.

❸′ 標準偏差：$\sigma(aX+b)=|a|\sigma(X)$. i.e. $s_z=|a|s_x$.

分散の正の平方根　　　　絶対値に注意

注 「Σ」の線型性から，「期待値」の線型性が導かれた訳です．[→6 7 2 最後のコラム]

分散は“散らばり”の度合いを表す指標です．「$a\times$」によって変量の値が全体として a 倍されると，“散らばり”：偏差も a 倍になるので，偏差平方の期待値である分散は a^2 倍になります．一方，「$+b$」によって変量の値が全体として同じように“スライド”しても，分散は不変です．

標準偏差は $\sqrt{\text{分散}}$ ですから $\sqrt{a^2V(X)}=\sqrt{a^2}\sqrt{V(X)}=|a|\sqrt{V(X)}$ となります．

3 標準化

	X	$X-m$	Z
期待値	m	$m-m=0$	0
標準偏差	σ	σ	$\frac{\sigma}{\sigma}=1$

期待値 m，標準偏差 σ (>0) の確率変数 X に対して，

$$Z=\frac{X-m}{\sigma}\ \cdots ①$$

で変数変換した Z を考えると，

$$E(Z)=\frac{E(X)-m}{\sigma}=\frac{m-m}{\sigma}=0,\ \sigma(Z)=\frac{\sigma(X)}{\sigma}=\frac{\sigma}{\sigma}=1.$$

このようにして期待値 0，標準偏差 1 の確率変数へと変換することを**標準化**といいます．

逆に，①を変形した $X=\sigma Z+m$ より，標準化された Z から期待値 m，標準偏差 σ の確率変数 X を作ることもできます．

例題 8 3 a 標準化・偏差値 根底 実戦 [→演習問題 8 4 3]

100 点満点のあるテストの得点データを集計したところ，平均点が 61，分散が 144 であった．このデータから 1 つを取り出したときの得点を確率変数 X とする．

(1) X を標準化した確率変数 Z を X で表せ．

(2) (1)の Z を期待値 50，標準偏差 10 となるよう 1 次式で変換した確率変数 W を「**偏差値**」という．得点が 82 点の人の偏差値はいくらか？[→ I+A 4 9 5]

(3) 偏差値 60 の人の得点は何点か？

注 データの平均値＝X の期待値ですね．[→8 2 3]

解答 (1) $\sigma(X)=\sqrt{144}=12$ だから

$$Z=\frac{X-61}{12}.$$

(2) $W=10Z+50$ とすれば，右のように W は題意の条件を満たす．これと(1)より

	Z	$10Z$	W
期待値	0	0	50
標準偏差	1	10	10

$$W=10\cdot\frac{X-61}{12}+50.\ \cdots ①$$

よって，得点 $X=82$ に対する偏差値 W の値は

$$W=10\cdot\frac{82-61}{12}+50$$
$$=10\cdot\frac{7}{4}+50=67.5.$$

(3) ①より，偏差値 $W=60$ に対する得点 X の値は

$$60=10\cdot\frac{X-61}{12}+50.$$

$$\therefore X=73.$$

4 同時分布

目	1	2	3	4	5	6
素因数分解		2	3	2^2	5	$2\cdot 3$
X(素因数 2)	0	1	0	2	0	1
Y(素因数 3)	0	0	1	0	0	1

例　サイコロを 1 個投げる試行において，出た目の素因数分解における 2, 3 の個数をそれぞれ確率変数 X, Y とします．

右表からわかるように，X は 0, 1, 2, Y は 0, 1 のいずれかの値をとり，例えば

$$P(X=0, Y=0)=\frac{2}{6},\ P(X=0, Y=1)=\frac{1}{6}$$

X＼Y	0	1	計
0	$\frac{2}{6}$	$\frac{1}{6}$	$\frac{3}{6}$
1	$\frac{1}{6}$	$\frac{1}{6}$	$\frac{2}{6}$
2	$\frac{1}{6}$	0	$\frac{1}{6}$
計	$\frac{4}{6}$	$\frac{2}{6}$	1

のように，2 つの確率変数 X, Y の値を決めればそれに応じて確率が定まります．これを X, Y の**同時分布**といい，右のような表にまとめられます．

赤色部分，青色部分がそれぞれ X，Y の確率分布になっており，$E(X), E(Y)$ が得られます：

$$E(X)=0\cdot\frac{3}{6}+1\cdot\frac{2}{6}+2\cdot\frac{1}{6}=\frac{4}{6},\quad E(Y)=0\cdot\frac{4}{6}+1\cdot\frac{2}{6}=\frac{2}{6}.$$ 比較しやすいよう $\frac{\triangle}{6}$ の形に統一

また，X と Y の和や積の期待値も求まります：

$$E(X+Y)=(0+0)\cdot\frac{2}{6}+(0+1)\cdot\frac{1}{6}+(1+0)\cdot\frac{1}{6}+(1+1)\cdot\frac{1}{6}+(2+0)\cdot\frac{1}{6}+(2+1)\cdot 0=\frac{6}{6}.$$

$$E(XY)=(0\cdot 0)\cdot\frac{2}{6}+(0\cdot 1)\cdot\frac{1}{6}+(1\cdot 0)\cdot\frac{1}{6}+(1\cdot 1)\cdot\frac{1}{6}+(2\cdot 0)\cdot\frac{1}{6}+(2\cdot 1)\cdot 0=\frac{1}{6}.$$

注　以上の結果を見ると，この例では

「$E(X+Y)=E(X)+E(Y)$」…①は成り立ち，「$E(XY)=E(X)\cdot E(Y)$」…②は成り立ちません．

このような関係性について一般的に論ずることが，次項以降のテーマです．

5 和の期待値

X＼Y	y_1	y_2	計
x_1	P_{11}	P_{12}	p_1
x_2	P_{21}	P_{22}	p_2
x_3	P_{31}	P_{32}	p_3
計	q_1	q_2	1

上記の具体例を一般化した同時分布が右のように得られているとします．表中に記した確率は，次の通りです：

$$P_{ij}=P(X=x_i, Y=y_j)\ (i=1,2,3\ ;\ j=1,2).$$

$$p_i=P(X=x_i)=P_{i1}+P_{i2}.$$ 横並びの和．例：$p_3=P_{31}+P_{32}$

$$q_j=P(Y=y_j)=P_{1j}+P_{2j}+P_{3j}.$$ 縦並びの和．例：$q_1=P_{11}+P_{21}+P_{31}$

これらをもとに前項①を示しましょう．

$$E(X)=x_1p_1+x_2p_2+x_3p_3.$$

$$E(Y)=y_1q_1+y_2q_2.$$

$$\begin{aligned}E(X+Y)=&(x_1+y_1)P_{11}+(x_1+y_2)P_{12}\\&+(x_2+y_1)P_{21}+(x_2+y_2)P_{22}\\&+(x_3+y_1)P_{31}+(x_3+y_2)P_{32}.\end{aligned}$$

方針　これらを見比べて，「x」は横並びを集め，「y」は縦並びを集めます．■

$$\begin{aligned}&E(X+Y)\\&=x_1(P_{11}+P_{12})+x_2(P_{21}+P_{22})+x_3(P_{31}+P_{32})\\&\quad+y_1(P_{11}+P_{21}+P_{31})+y_2(P_{12}+P_{22}+P_{32})\\&=(x_1p_1+x_2p_2+x_3p_3)+(y_1q_1+y_2q_2).\end{aligned}$$

$$\therefore\ E(X+Y)=E(X)+E(Y).\ \square$$

これで，前項①式が一般に成り立つことが示されました．「和の期待値」は「期待値の和」へと分解可能なのです．一方②はというと…，ある限られた条件下でのみ成り立ちます．この“条件”が次項のテーマ：「独立性」です．

参考　X, Y のとり得る値の個数が変わっても同様です．**演習問題** 8 4 6 において扱います．

注　8 2 2 / 例 1 と 例 2 で，期待値が一致したのが必然であったことを説明します．

1，2 回目に出る奇数の枚数をそれぞれ X_1, X_2 とすると，

$E(X) = E(X_1 + X_2) = E(X_1) + E(X_2)$. [→ I+A 7 6 2 解説 "記録カード方式"]

右の分布より，$E(X_1) = 0\cdot\frac{2}{5} + 1\cdot\frac{3}{5} = \frac{3}{5}$.

X_1	0	1	計
P	$\frac{2}{5}$	$\frac{3}{5}$	1

X_2 の分布は，例2では当然 X_1 と同じ．例1でも，「2 回目の出方：5 通りが等確率」に注目すれば X_1 と同じ．よって，2 例のどちらにおいても $E(X_2) = E(X_1)$ なので，両者の期待値は一致します．

6 確率変数の「独立」

例　サイコロと，表に 1，裏に 2 と書かれたコインを用いて次のような試行，確率変数，事象を考えます：

試行	確率変数	事象（例）
T_1：サイコロを投げる	出た目を 4 で割った余り：X	A：$X \leq 2$ など
T_2：コインを投げる	出た数：Y	B：$Y = 1$ など

補足　サイコロの目に対する余りは，

目	1	2	3	4	5	6
X	1	2	3	0	1	2

X と Y の同時分布は右表のようになります．

$X \backslash Y$	1	2	計
0	$\frac{1}{6}\cdot\frac{1}{2}$	$\frac{1}{6}\cdot\frac{1}{2}$	$\frac{1}{6}$
1	$\frac{2}{6}\cdot\frac{1}{2}$	$\frac{2}{6}\cdot\frac{1}{2}$	$\frac{2}{6}$
2	$\frac{2}{6}\cdot\frac{1}{2}$	$\frac{2}{6}\cdot\frac{1}{2}$	$\frac{2}{6}$
3	$\frac{1}{6}\cdot\frac{1}{2}$	$\frac{1}{6}\cdot\frac{1}{2}$	$\frac{1}{6}$
計	$\frac{1}{2}$	$\frac{1}{2}$	1

この例の場合，試行 T_1(サイコロ）と T_2(コイン）が**独立**ですから，
T_1 の結果で決まる事象 A と，T_2 の結果で決まる事象 B の間には

「乗法定理（独立試行）」：$P(A \cap B) = P(A)\cdot P(B)$ [→ I+A 7 8 1]

が成り立ちます．一般に，この等式が成り立つとき，「A と B は事象として**独立**である」，あるいは「A と B は**独立事象**である」といいます．

T_1, T_2 は独立試行なので，上記（例）の A と B だけでなく，T_1 の結果で決まる任意の事象と，T_2 の結果で決まる任意の事象は独立です．よって，例えば

「$X = 1$」と「$Y = 2$」は独立．　「$X = 3$」と「$Y = 1$」は独立．　……

一般に，任意の $\begin{cases} x = 0, 1, 2, 3 \\ y = 1, 2 \end{cases}$ について，「$X = x$」と「$Y = y$」は，独立．

i.e. $P(X = x, Y = y) = P(X = x)\cdot P(Y = y)$.

このようなとき，確率変数 X と Y は互いに**独立**であるといいます．

3 種類の「独立」　定義

試行 T_1 と T_2 が独立 $\Longleftrightarrow$「サイコロ投げ」と「コイン投げ」のように無関係

事象 A と B が独立 $\Longleftrightarrow P(A \cap B) = P(A)\cdot P(B)$

確率変数 X と Y が独立 $\Longleftrightarrow$ 任意の x, y について $P(X = x, Y = y) = P(X = x)\cdot P(Y = y)$.

注　上の例で見たように，試行が独立ならば，それぞれで決まる事象，確率変数どうしも独立です．今後実際に使う事象・確率変数の独立は，試行独立性から“アタリマエ”にもたらされるものがほとんどです（笑）．

補足　重要度↓　一応，そうでない「独立」を紹介しておきます．サイコロを投げる試行において，次の事象を考えます：

A：「出た目が偶数」　B：「出た目が 3 の倍数」

目	1	2	3	4	5	6
A		○		○		○
B			○			○

このとき，$P(A \cap B) = \frac{1}{6}$, $P(A) = \frac{3}{6} = \frac{1}{2}$, $P(B) = \frac{2}{6} = \frac{1}{3}$. よって $P(A \cap B) = P(A)\cdot P(B)$ が成り立つので，A と B は事象として独立ですが，独立試行からもたらされた訳ではないですね．

7 独立な確率変数の性質

5の一般的な同時分布において，確率変数 X, Y が互いに独立なとき

$$P_{ij} = P(X=x_i, Y=y_j) = P(X=x_i)\cdot P(Y=y_j) = p_i q_j$$

が成り立つので，X, Y の同時分布は，右のようになります．これをもとに，期待値・分散の性質を調べましょう．

X＼Y	y_1	y_2	計
x_1	p_1q_1	p_1q_2	p_1
x_2	p_2q_1	p_2q_2	p_2
x_3	p_3q_1	p_3q_2	p_3
計	q_1	q_2	1

$E(XY)=E(X)\cdot E(Y)$ を示します．

$$E(X)=x_1p_1+x_2p_2+x_3p_3.$$
$$E(Y)=y_1q_1+y_2q_2.$$
$$\begin{aligned}E(XY)=\ &x_1y_1\cdot p_1q_1+x_1y_2\cdot p_1q_2\\&+x_2y_1\cdot p_2q_1+x_2y_2\cdot p_2q_2\\&+x_3y_1\cdot p_3q_1+x_3y_2\cdot p_3q_2\\=\ &x_1p_1(y_1q_1+y_2q_2)\\&+x_2p_2(y_1q_1+y_2q_2)\\&+x_3p_3(y_1q_1+y_2q_2)\\=\ &(x_1p_1+x_2p_2+x_3p_3)(y_1q_1+y_2q_2).\end{aligned}$$

$\therefore\ E(XY)=E(X)\cdot E(Y).$ □ …①

注 独立な変数なら，積の期待値も分解可能なんですね．■

次に，$V(X+Y)=V(X)+V(Y)$ を示します．

$m_1=E(X),\ m_2=E(Y)$ とおくと

$$\begin{aligned}&V(X+Y)\\&=E((X+Y)^2)-\{E(X+Y)\}^2.\end{aligned}$$ 分散の公式

ここで，第 1 項は

$$E(X^2+2XY+Y^2)$$ 2 乗を展開
$$=E(X^2)+2E(XY)+E(Y^2)$$ 和を分解
$$=E(X^2)+2m_1m_2+E(Y^2).$$ 独立ゆえ積も分解

第 2 項は

$$(m_1+m_2)^2$$ 和を分解
$$=m_1{}^2+2m_1m_2+m_2{}^2.$$

以上より，

$$\begin{aligned}V(X+Y)&=\{E(X^2)+\cancel{2m_1m_2}+E(Y^2)\}\\&\quad-(m_1{}^2+\cancel{2m_1m_2}+m_2{}^2)\\&=E(X^2)-m_1{}^2+E(Y^2)-m_2{}^2\\&=V(X)+V(Y).\end{aligned}$$ 分散の公式

注 分散は，独立な確率変数のときのみ和を分解可能です．

参考 ①の証明も，**演習問題 8 4 6** においてより一般的に行います．

それでは，2 つの確率変数に関する公式をまとめておきます：

確率変数の和と積の期待値・分散 定理

成立する前提条件→㊥：いつでも成り立つ　㊨：X, Y が独立なときのみ

（㊥＝常，㊨＝独）

	和	積
期待値	❹ （常） $\boldsymbol{E(X+Y)=E(X)+E(Y)}$	❺ （独） $E(XY)=E(X)\cdot E(Y)$
分散	❻ （独） $V(X+Y)=V(X)+V(Y)$	無し

注 3 つ以上の確率変数についても，「独立」の定義や上記のような性質は同様です．例えば，

$E(X+Y+Z)=E(X)+E(Y)+E(Z),\ V(X_1+X_2+\cdots+X_n)=V(X_1)+V(X_2)+\cdots+V(X_n).$

例題 8 3 b 確率変数の独立 重要度↑ 根底 実戦

[→演習問題 8 4 4]

5 本中 2 本が当たりのくじがある．まず A が 1 本引き，次に B が 2 本引く．A，B が取り出す当たりの数を，それぞれ確率変数 X, Y とする．次の⑴⑵のそれぞれにおいて，X, Y の同時分布を求め（結果のみ書けばよい），$E(X+Y),\ E(XY),\ V(X+Y)$ を求めよ．

⑴ A が引いたくじを元にもどしてから B が引くとき．

⑵ A が引いたくじを元にもどさないで B が引くとき．

言い訳 テストで出る問題というより，これまで学んだ内容を確認するための問題です．

着眼 試行の様子を視覚化しておきます（(2)は右図）．

解答 (1) 試行が「復元抽出」なので，X と Y は独立である．（つまり試行が独立）

方針 確率変数の和と積の期待値・分散の公式を活用しましょう．■

X \ Y	0	1	2	
0	$\frac{9}{50}$	$\frac{18}{50}$	$\frac{3}{50}$	$\frac{3}{5}$
1	$\frac{6}{50}$	$\frac{12}{50}$	$\frac{2}{50}$	$\frac{2}{5}$
	$\frac{3}{10}$	$\frac{6}{10}$	$\frac{1}{10}$	1

注 各事象を表す部分の面積が，その確率に比例[1]するよう描いてみました．もちろん，これは義務ではありません．また，(2)では少し見づらく感じるかも…■

（値が 0 の項は省きました）

$$E(X)=1\cdot\frac{2}{5}=\frac{2}{5},$$
$$E(Y)=1\cdot\frac{6}{10}+2\cdot\frac{1}{10}=\frac{4}{5}.$$
$$\therefore E(X+Y)=E(X)+E(Y)=\frac{2}{5}+\frac{4}{5}=\frac{6}{5},$$
$$E(XY)=E(X)\cdot E(Y)=\frac{2}{5}\cdot\frac{4}{5}=\frac{8}{25}.\text{//}$$
$$V(X)=E(X^2)-\{E(X)\}^2 \quad \text{（分散の公式）}$$
$$=1^2\cdot\frac{2}{5}-\left(\frac{2}{5}\right)^2=\frac{2}{5}\cdot\frac{3}{5}=\frac{6}{25}.$$
$$V(Y)=E(Y^2)-\{E(Y)\}^2$$
$$=1^2\cdot\frac{6}{10}+2^2\cdot\frac{1}{10}-\left(\frac{4}{5}\right)^2=\frac{9}{25}.$$
$$\therefore V(X+Y)=V(X)+V(Y)=\frac{15}{25}=\frac{3}{5}.\text{//}$$

解説 独立性があるので，X, Y, 個々の分布から期待値・分散を求めれば解答できました．■

(2) 試行が「非復元抽出」なので，X と Y は独立とは言えない．

X \ Y	0	1	2	
0	$\frac{3}{30}$	$\frac{12}{30}$	$\frac{3}{30}$	$\frac{3}{5}$
1	$\frac{6}{30}$	$\frac{6}{30}$	（確率0）	$\frac{2}{5}$
	$\frac{3}{10}$	$\frac{6}{10}$	$\frac{1}{10}$	1

補足 例えば $P(X=0, Y=1)$ は次のように求めています：$\frac{3}{5}\cdot\frac{2\cdot 2}{{}_4C_2}=\frac{3}{5}\cdot\frac{4}{6}=\frac{12}{30}$．■

X, Y 各々の分布は(1)と同じだから，

[→ I+A 7 6 2 解説"記録カード方式"]

$$E(X+Y)=E(X)+E(Y) \quad \text{（2 つとも(1)と同じ）}$$
$$=\frac{2}{5}+\frac{4}{5}=\frac{6}{5}.\text{//}$$

注「和の期待値」は，独立性に関係なく分解できました．しかし，他はそうはいきません．■

$X+Y$ の分布は次表の通り：

$X+Y$	0	1	2	3	計
P	$\frac{3}{30}$	$\frac{18}{30}$	$\frac{9}{30}$	0	1

$$\therefore V(X+Y)=E((X+Y)^2)-\{E(X+Y)\}^2$$
$$=1^2\cdot\frac{18}{30}+2^2\cdot\frac{9}{30}-\left(\frac{6}{5}\right)^2$$
$$=\frac{9}{5}-\frac{36}{25}=\frac{9}{25}.\text{//}$$

XY の分布は右表の通り：

XY	0	1	2	計
P		$\frac{6}{30}$	0	1

$$\therefore E(XY)=1\cdot\frac{6}{30}=\frac{1}{5}.\text{//}$$

注 本問では，積 XY は「0」になることが多いので楽でしたね．

重要 [1]：同時分布表をこのように描くと，(1)：独立（無関係）と，(2)のそうでない場合との違いが端的にイメージできますね．

参考 (1)を公式に頼らず直接求めると，以下の通りです（各自分布表を作ってみること）．

$$E(X+Y)=1\cdot\frac{24}{50}+2\cdot\frac{15}{50}+3\cdot\frac{2}{50}=\frac{60}{50}=\frac{6}{5},\ E(XY)=1\cdot\frac{12}{50}+2\cdot\frac{2}{50}=\frac{16}{50}=\frac{8}{25},$$
$$V(X+Y)=1^2\cdot\frac{24}{50}+2^2\cdot\frac{15}{50}+3^2\cdot\frac{2}{50}-\left(\frac{6}{5}\right)^2=\frac{51-36}{25}=\frac{3}{5}.$$

確かに公式を用いた上記の結果と一致しますね．

4 演習問題A

8 4 1 根底 実戦 定期

カード $\boxed{1}$, $\boxed{1}$, $\boxed{2}$ が入った箱から 1 枚取り出して元に戻すことを 3 回繰り返す．取り出された数の和を確率変数 X として，その期待値，分散を求めよ．

8 4 2 根底 実戦 入試

(1) カード $\boxed{1}$, $\boxed{2}$, $\boxed{3}$, $\cdots$, $\boxed{n}$ が 1 枚ずつ入った箱から 1 枚を取り出すとき，そこに書かれた数 X の期待値，分散を求めよ．

(2) (1)と同じカードが入った箱から同時に 2 枚を取り出すとき，そこに書かれた大きい方の数 X の期待値を求めよ．

(3) カード $\boxed{1}$ が 1 枚，$\boxed{2}$ が 2 枚，$\boxed{3}$ が 3 枚，$\cdots$，$\boxed{n}$ が n 枚入った箱から 1 枚を取り出すとき，そこに書かれた数 X の期待値，分散を求めよ．

8 4 3 根底 実戦

10 点満点のテストを 10 人が受けた結果，得点データは次のようになった：

7, 8, 10, 6, 1, 4, 7, 5, 8, 9

このデータから 1 つを取り出したときの得点を確率変数 X とし，偏差値に換算したものを W とする．$X=10$ (満点) の人の偏差値を求めよ．
なお，得点 X を，期待値 50，標準偏差 10 となるよう 1 次式で変換した確率変数 W を「偏差値」という．

8 4 4 根底 実戦 重要

箱の中に 0, 1, 2, $\cdots$, 7 と書かれたカードが 1 枚ずつ入っている．そこから 1 枚を取り出し，書かれた数を 3 で割った余りを X とする．取り出したカードは元に戻す．
次に，X の値が書かれたカードを取り除き，箱から再び 1 枚を取り出す．
次の(1)(2)に対して，X と Y の同時分布を表に表せ (結果のみ書けばよい)．

(1) 2 枚目のカードに書かれた数を 3 で割った余りを Y とするとき．

(2) 2 枚目のカードに書かれた数 a に対し，$Y=\begin{cases}0\ (a\text{ が合成数のとき})\\1\ (a\text{ がそれ以外のとき})\end{cases}$ とするとき．

8 4 5 根底 実戦 ハイレベル↑

(1) 2つの事象 A と B が互いに独立ならば，$\overline{A}$ と $\overline{B}$ も独立であることを示せ．

(2) サイコロを n 回投げ，次の確率変数を考える：

$X_i=$ 第 i 回の目における素因数 2 の個数

$Y_i=$ 第 i 回の目における素因数 3 の個数

2つの事象

A: $X_1X_2X_3\cdots X_n=0$,

B: $Y_1Y_2Y_3\cdots Y_n=0$

は互いに独立であることを示せ．

8 4 6 根底 実戦 ハイレベル↑

確率変数 X が $x_1, x_2, \cdots, x_m$ のいずれかの値をとり，Y が $y_1, y_2, \cdots, y_n$ のいずれかの値をとるとする．

(1) $E(X+Y)=E(X)+E(Y)$ が成り立つことを示せ．

(2) X と Y が互いに独立なとき，$E(XY)=E(X)E(Y)$ が成り立つことを示せ．

8 4 7 根底 実戦 入試 重要

サイコロを2回投げ，出た目を順に十の位，一の位として2桁の自然数をつくる．この値の期待値と分散を求めよ．

8 4 8 根底 実戦 入試 重要

コインを5回繰り返し投げ，第 k 回に表が出れば 2^{k-1} 点が得られるとする．合計得点の期待値，標準偏差を求めよ．

8 4 9 根底 実戦 入試 重要

クイズに解答して賞金を得るゲームを行う．最初，賞金1万円を所持しており，クイズに正解するごとに賞金は2倍になる．例えば5問に解答して3問正解なら，賞金は $1\cdot2^3=8$(万円) となる．n 問のクイズに解答するときの賞金の期待値を求めよ．ただし，各問に正解する確率は $p\ (0<p<1)$ とする．

5 二項分布と正規分布

1 二項分布 原理

[→ I+A 7 8 2]

例 1つのサイコロを5回繰り返し投げる反復試行（各回の試行は独立）において，

「ちょうど2回だけ1の目が出る」

という事象の確率を考えます．状況を整理すると，以下の通りです：

$$\text{各回}\begin{cases} A:\text{「1の目が出る」}\cdots\text{確率}\ \dfrac{1}{6} \\ \overline{A}:\text{「他の目が出る」}\cdots\text{確率}\ \dfrac{5}{6}. \end{cases} \qquad 5\text{回の内訳}\begin{cases} A\cdots 2\text{回} \\ \overline{A}\cdots 3\text{回}. \end{cases}$$

○「出方の順序」は，5回のうち A が起こる2回の選び方を考えて ${}_5C_2$ 通り．

○「各々の確率」は，どれも $\left(\dfrac{1}{6}\right)^2\left(\dfrac{5}{6}\right)^3$． 右を参照

○よって求める確率は，${}_5C_2\cdot\left(\dfrac{1}{6}\right)^2\left(\dfrac{5}{6}\right)^3$．

回：	1	2	3	4	5
	A	A	$\overline{A}$	$\overline{A}$	$\overline{A}$
	A	$\overline{A}$	A	$\overline{A}$	$\overline{A}$
	A	$\overline{A}$	$\overline{A}$	A	$\overline{A}$
			⋮		
	$\overline{A}$	$\overline{A}$	$\overline{A}$	A	A

A が**起こる回数**は，試行の結果に応じて定まる**確率変数**です．「2回」以外の回数に対する確率も上記と同様にして求まり．確率分布が得られますね．

上の 例 を一般化した n 回の反復試行 T を考えます：

$$\bigstar\ \text{各回}^{1)}\begin{cases} A\cdots\text{確率}\ p \\ \overline{A}\cdots\text{確率}\ q\ (=1-p). \end{cases} \qquad n\text{回の内訳}\begin{cases} A\cdots k\text{回} \\ \overline{A}\cdots n-k\text{回}. \end{cases}$$

A が**起こる回数**を**確率変数** X とすると，上記と同様にして

$$P(X=k)={}_nC_k p^k q^{n-k} \quad (k=0,\ 1,\ 2,\ \cdots,\ n). \quad \cdots①$$

X	0	1	2	…	k	…	n	計
P	${}_nC_0p^0q^n$	${}_nC_1p^1q^{n-1}$	${}_nC_2p^2q^{n-2}$	…	${}_nC_kp^kq^{n-k}$	…	${}_nC_np^nq^0$	1

具体的イメージのための表．①式そのものが既に「確率分布」です．

これが，X の従う確率分布です．

この分布を**二項分布**といい，「反復回数」と「各回で起こる確率」を用いて 2) $\boldsymbol{B(n,\ p)}$ と表します．

語記サポ 1)：各回の結果が2通りに分けられ，一方が起こる回数が，二項分布に従う確率変数です．

2)：二項分布 ＝binomial distribution

言い訳 「二項分布」のホントの定義は，「X の値に応じた確率が①で表されるような確率分布」ですが，実用のため，それ以前の試行・事象：★を頭に焼き付けておくべきだと考え，上記のように書きました．

2 二項分布の期待値・分散

（同問(3)では二項分布の最頻値も求めました）

二項分布に従う確率変数の期待値は，実は I+A 演習問題 7 13 6 (1)で既に求めました．しかしここでは，前節の確率変数の性質を利用する簡潔な方法で，分散も合わせて公式を導きます．

前項の反復試行 T において，確率変数 $X_i\ (i=1,\ 2,\ 3,\ \cdots,\ n)$ を

$$X_i=\begin{cases} 1\ (\text{第}\ i\ \text{回が}\ A\ \text{のとき})\cdots\text{確率}\ p \\ 0\ (\text{第}\ i\ \text{回が}\ \overline{A}\ \text{のとき})\cdots\text{確率}\ q\ (=1-p) \end{cases} \quad \cdots①$$

と定めると，n 回のうち A が起こる回数 X は

$$X=X_1+X_2+\cdots+X_n.$$

〔$\boldsymbol{n=5}$ の例〕

回：i	1	2	3	4	5
事象	A	A	$\overline{A}$	A	$\overline{A}$
X_i	1	1	0	1	0

$X=1+1+0+1+0=3.$

A が1回起こる度に X に1ずつ加算され，トータルとして A の回数が表されます（上を参照）．

$$\begin{aligned} \therefore\ E(X)&=E(X_1+X_2+\cdots+X_n) \\ &=E(X_1)+E(X_2)+\cdots+E(X_n).\ (\because\ 8\ 3\ 7\ ❹) \end{aligned}$$

ここで，各 X_i について，①より

X_i	1	0	計
P	p	q	1

$$E(X_i)=1\cdot p+0\cdot q=p\ (i=1, 2, 3, \cdots, n).$$

$$\therefore\ E(X)=p+p+\cdots+p=np.$$

例えばサイコロを 600 回投げて 1 の目が出る回数 X は，二項分布 $B\left(600, \dfrac{1}{6}\right)$ に従い，その期待値は，$E(X)=600\cdot\dfrac{1}{6}=100$. これは 600 回の $\dfrac{1}{6}$ ですから，いかにも“期待”される値ですね．

語記サポ このような確率変数 X_i は **“ダミー変数”** と呼ばれ，今後も各所で活用されます．（個数を数える機能をもつので，筆者は **“カウント変数”** と呼んでいます．）■

分散についても同様です．反復試行 T における各回の試行は**独立**ですから，各 X_i どうしも**独立**な確率変数です[→8 3 6]．したがって

$$V(X)=V(X_1+X_2+\cdots+X_n)$$
$$=V(X_1)+V(X_2)+\cdots+V(X_n).\ (\because\ 8\ 3\ 7\ ⑥)$$

ここで，各 X_i について，①より

X_i	1	0	
$X_i{}^2$	1^2	0^2	計
P	p	q	1

$$V(X_i)=E\left(X_i{}^2\right)-\{E(X_i)\}^2 \quad \text{分散の公式}$$
$$=(1^2\cdot p+0^2\cdot q)-p^2=p(1-p)=pq\ (i=1, 2, 3, \cdots, n).$$

$$\therefore\ V(X)=pq+pq+\cdots+pq=npq.$$

二項分布 **原理** 次のような n 回の反復試行 T を考える．

★各回 $\begin{cases} A \cdots 確率\ p \\ \overline{A} \cdots 確率\ q\ (=1-p). \end{cases}$ n 回の内訳 $\begin{cases} A \cdots k\ 回 \\ \overline{A} \cdots n-k\ 回. \end{cases}$

A が**起こる回数**を**確率変数** X とすると，X は**二項分布** $B(n, p)$ に従う．（反復回数，各回で起こる確率，次項参照）

確率分布：$P(X=k)={}_n\mathrm{C}_k p^k q^{n-k}\ (k=0, 1, \cdots, n)$.
期待値：$E(X)=np$.
分散：$V(X)=npq$.

X は整数値のみをとる離散型確率変数．$P(X=k)$ が最大となる X は，期待値 np に近い．[→ I+A 演習問題 7 13 6]

例題 8 5 a 二項分布 根底 実戦 [→演習問題 8 8 2]

2枚のコインを同時に投げることを5回繰り返すとき，2枚とも表の出る回数を確率変数 X とする．
(1) X はどのような分布に従うか？ (2) X の期待値・分散を求めよ． (3) X の確率分布表を作れ．

解答 （表は H，裏は T で表す）

(1) 各回 $\begin{cases} A: \{\mathrm{H, H}\} \cdots 確率\ \dfrac{1^2}{2^2}=\dfrac{1}{4}, \\ \overline{A} \cdots 確率\ 1-\dfrac{1}{4}=\dfrac{3}{4}. \end{cases}$

n 回 $\begin{cases} A \cdots k\ 回 \\ \overline{A} \cdots 5-k\ 回. \end{cases}$（反復回数，各回で起こる確率）

A の回数 X は二項分布 $B\left(5, \dfrac{1}{4}\right)$ に従う．//

(2) $E(X)=5\cdot\dfrac{1}{4}=\dfrac{5}{4}$.//

$V(X)=5\cdot\dfrac{1}{4}\cdot\dfrac{3}{4}=\dfrac{15}{16}$.//（標準偏差は $\sqrt{V(X)}=\dfrac{\sqrt{15}}{4}$）

(3) $k=0, 1, 2, \cdots, 5$ に対して

$$P(X=k)={}_5\mathrm{C}_k\left(\frac{1}{4}\right)^k\left(\frac{3}{4}\right)^{5-k}.$$

よって次の確率分布表を得る：

X	0	1	2	3	4	5	計
P	$\frac{243}{1024}$	$\frac{405}{1024}$	$\frac{270}{1024}$	$\frac{90}{1024}$	$\frac{15}{1024}$	$\frac{1}{1024}$	1

解説 このように，二項分布の期待値・分散は，確率分布を求めなくても得られるのです．

参考 $P(X=k)$ が最大となるのは，$X=1$ のとき．この値は期待値：$\dfrac{5}{4}$ に近いですね．

3 連続型確率変数

筆者が恣意的に作成したデータです.

ある中学校で, 1 年生の男子生徒 100 人を対象とした体力テストを行い,「ボール投げ」の成績 x(m) を変量とするデータ D を得たとします.

階級 (m) 以上～未満	度数	相対度数
12～16	18	0.18
16～20	50	0.50
20～24	26	0.26
24～28	6	0.06

前項で考えた「事象 A が起こる回数」のように飛び飛びの値しかとり得ない**離散変量**(りさん)に対し, ここで扱う「ボール投げの距離」は,「18.66 m」のように整数値以外も含めた連続した値をとり得る**連続変量**です.

連続変量のデータを整理する際には「階級」に分けることになります. **階級の幅**を 4m とした D の相対度数分布表 (右上) をもとに作ったヒストグラムが〔**図 1**〕です. ここでは, 各階級を表す長方形の「面積」が, その階級の「相対度数」と一致するよう描かれています. (長方形の面積の総和は 1 です.)

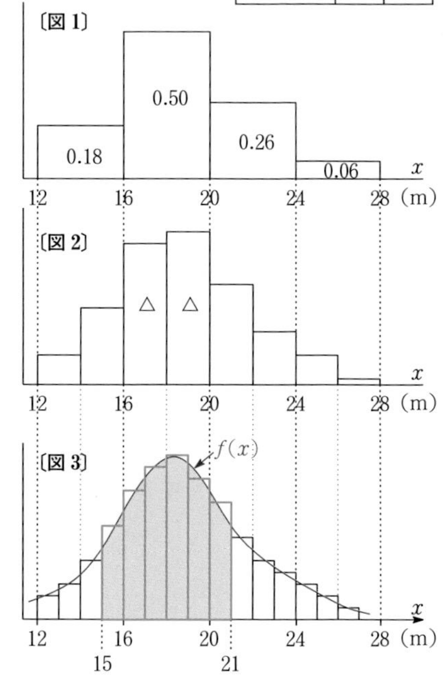

連続変量では,「階級の幅」を小さくしていくことができます. 〔**図 1**〕の「4m」から,「2m」→「1m」と変え, 相対度数分布表を書き直して作ったヒストグラムが〔**図 2**〕, 〔**図 3**〕です. ここでも長方形の「面積」が「相対度数」を表しており, 例えば〔**図 2**〕で「△」の付いた 2 つの長方形の面積の和は, その上にある〔**図 1**〕の長方形の面積と等しく 0.50 です.

〔**図 3**〕のようにさらに区間の幅を小さくしていくと, ヒストグラムの上端がある曲線 $y = f(x)$ に接近していきます. 例えば「$15 \leqq x < 21$ の相対度数」は, 6 個の青色長方形の面積の和で表されますが, それは曲線 $y = f(x)$ と x 軸および 2 直線 $x = 15$, $x = 21$ で囲まれる赤色部分で近似することができますね.

データ D から 1 つを取り出す試行における x の値を確率変数 X とすると, 8 2 3 で見たように, X が階級内の値をとる確率はその階級の相対度数と等しいので, 〔**図 3**〕において次が成り立ちます :

$$P(15 \leqq X < 21) = \text{青色長方形の面積の和} \fallingdotseq \int_{15}^{21} f(x)\,dx.$$

少しは誤差がありますが

一般論として, データの大きさが大きいとき, 連続変量 x の階級の幅を限りなく小さくしていくと, 前記の「誤差」は〔**図 4**〕のようにほとんどなくなり, 上述の曲線 $y = f(x)$ を利用して確率を求めることができます :

〔図 4〕

誤差は限りなく小さい

$$P(a \leqq X \leqq b) = \text{青色長方形の面積の和} = \int_a^b f(x)\,dx.$$

「$f(x)\,dx$」は斜線の細い長方形の面積を表し, それを「$\int_a^b$」により $a \leqq x \leqq b$ の範囲で細かく沢山集めています[→6 5 5]. この曲線 $y = f(x)$ を X の**分布曲線**, $f(x)$ を**確率密度関数**といいます.

語記サポ 前記の X のように,「連続変量」を確率変数とみたものを「**連続型確率変数**」といいます(今後,両者を渾然一体として適宜使用します).**離散型確率変数**についても同様です.■

「連続型」に関する様々な知識は,以下のように「離散型」をベースにすれば自然と覚えられます.「連続型」の分布曲線は前ページの〔**図** 4〕,「離散型」の確率分布は右のようになっているとします.

小さい順に並んでいるとする

X	x_1	x_2	x_3	$\cdots$	x_n	計
P	p_1	p_2	p_3	$\cdots$	p_n	1

離散型	$p_i \geq 0\ (i=1, 2, \cdots, n)$.	$\sum_{i=1}^{n} p_i = 1$.	$P(x_a \leq X \leq x_b) = \sum_{i=a}^{b} p_i$.
連続型	つねに $f(x) \geq 0$.	$\int_{x_0}^{x_1} f(x)\,dx = 1$.	$P(a \leq X \leq b) = \int_a^b f(x)\,dx$.

$\Sigma \updownarrow$ 対応 $\updownarrow p_i$ ／ $\int$ 　 $f(x)\,dx$

離散型	$E(X) = \sum_{i=1}^{n} x_i p_i$ (= m とおく).	$V(X) = \sum_{i=1}^{n} (x_i - m)^2 p_i$.
連続型	$E(X) = \int_{x_0}^{x_1} x f(x)\,dx$ (= m とおく).	$V(X) = \int_{x_0}^{x_1} (x-m)^2 f(x)\,dx$.

$\Sigma \updownarrow$ 対応 $\updownarrow p_i$ ／ $\int$ 　 $f(x)\,dx$

注 離散型確率変数について 8 3 の 1 2 で示した公式❶〜❸′は,連続型確率変数においても同様に成り立ちます.[→演習問題 8 8 27]

例題 8 5 b 連続型確率変数 重要度↑ 根底 実戦 入試

[→演習問題 8 8 4]

連続型確率変数 X の確率密度関数 $f(x)$ は,定義域が $0 \leq x \leq 2$ の 2 次関数で,$f(0) = f(2) = 0$ …① を満たすとする.

(1) $f(x)$ を求めよ.　(2) X の期待値 $E(X)$ を求めよ.

(3) X の分散 $V(X)$ を求めよ.

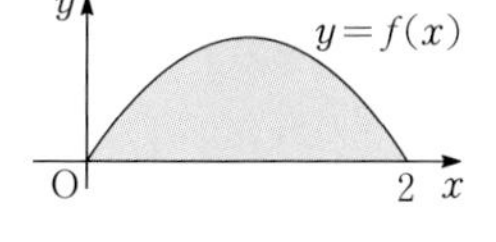

解答 (1) ①と $f(x) \geq 0\ (0 \leq x \leq 2)$ より

$$f(x) = -ax(x-2)\ (a > 0)$$

とおけて,全事象の確率 $P(U)$ を考えると

$$\int_0^2 f(x)\,dx = 1.$$

$$\int_0^2 (-a)x(x-2)\,dx = 1.$$

$$-a \cdot \frac{-1}{6}(2-0)^3 = 1.$$ “6 分の 1 公式”

$$a = \frac{3}{4}.\quad \therefore\ f(x) = -\frac{3}{4}x(x-2).$$ //

(2) $E(X) = \int_0^2 x f(x)\,dx$

$$= \int_0^2 \frac{3}{4}x^2(2-x)\,dx$$

$$= \frac{3}{4}\left[\frac{2}{3}x^3 - \frac{x^4}{4}\right]_0^2 = \frac{3}{4}\cdot\frac{1}{12}\cdot 2^4 = 1.$$ //

注 分布曲線が直線 $x = 1$ に関して対称です.「期待値」(= 平均) は “釣り合う支点” でしたから,当然の結果ですね.

(3) $V(X)$

$$= \int_0^2 (x-1)^2 f(x)\,dx.$$

$$= \int_0^2 (x^2 - 2x + 1) f(x)\,dx$$

$$= \int_0^2 x^2 f(x)\,dx - 2\int_0^2 x f(x)\,dx + \int_0^2 f(x)\,dx.$$

第 2 項は $-2E(X) = -2$,第 3 項は $P(U) = 1$.

$$\text{第 1 項} = \int_0^2 \frac{3}{4}x^3(2-x)\,dx$$

$$= \frac{3}{4}\left[2\cdot\frac{x^4}{4} - \frac{x^5}{5}\right]_0^2$$

$$= \frac{3}{4}\cdot\frac{1}{20}\cdot 2^5 = \frac{6}{5}.$$

以上より,$V(X) = \frac{6}{5} - 2 + 1 = \frac{1}{5}$. //

重要 期待値「1」を X の期待値「m」に変えて同様な計算をすれば,離散型と同様な分散公式:

$$V(X) = E(X^2) - \{E(X)\}^2$$

が導かれます.[→演習問題 8 8 27 (1)]

4 正規分布

前項で素材として用いた「中 1 男子のボール投げの成績（単位：m）」などの連続型確率変数の分布曲線の中には，右図のような対称性のある形状になるものが多くあることが知られています．この分布は**正規分布**と呼ばれる有名なもので，この曲線を**正規分布曲線**といいます．この分布に従う確率変数 X の確率密度関数は，次式で表されます：

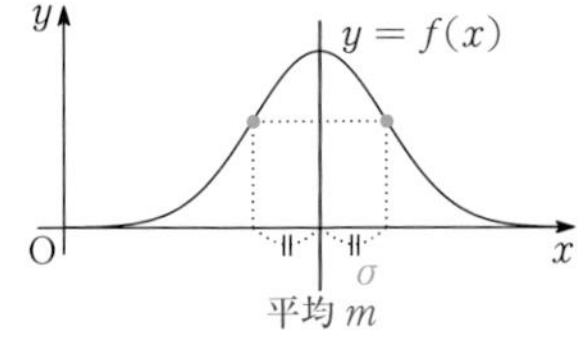

$$f(x)=\frac{1}{\sqrt{2\pi}\sigma}e^{-\frac{(x-m)^2}{2\sigma^2}}.$$ 初見だと意味不明ですね（笑）

ここに含まれる 4 つの文字定数に注釈を加えておきます：

π：もちろん円周率　　e：自然対数の底 数学Ⅲで学ぶ定数．約 2.7

m：X の期待値 $E(X)$ 分布の対称性からわかる　　σ：X の標準偏差 $\sigma(X)=\sqrt{V(X)}$ 分散は σ^2

正規分布は，その期待値と分散を用いて $N(m,\sigma^2)$ と表します． 正規分布 =normal distribution

言い訳　分散が σ^2 であることは，**黙って信じるのみ**（苦笑）．[→演習問題 8 9 3]

注　例えば「1 点刻み 1000 点満点のテストの得点」のように，離散変量であってもとり得る値が数多くあるものも，実質的に連続変量として扱うことができます．そしてこのような連続型確率変数の多くも正規分布に従うことが知られています．[→ 8 5 6 最後のコラム]

正規分布曲線の形状は，教会で鳴らすベルと似ているので「**bell curve**」と称されます．これを直訳した「釣鐘型」だとお寺の鐘の形：「∩」を連想してしまうので不適切ですね（笑）．この曲線 $y=f(x)$ の特徴をまとめておきます：

正規分布曲線の特徴：

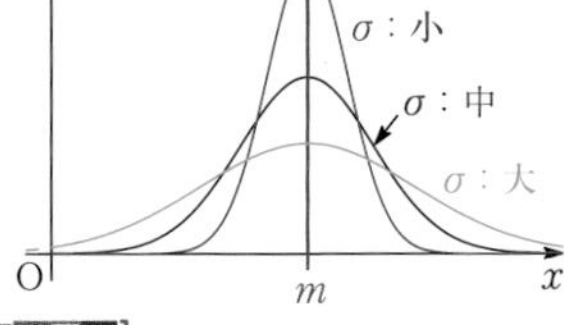

- x は任意の実数．y は正（けっして x 軸には触れません）．
- 曲線と x 軸で挟まれた部分の面積は 1． $P(U)$
- 期待値（平均）の所を中心として左右対称．[1)]
- 標準偏差 σ が大きいほど，平均 m からの散らばりが大きい．
  σ が小さいほど，平均 m の近くに密集して山が高い（右図）．
- $x=m\pm\sigma$ において凹凸が変わる（変曲点）．[→ 6 2 5，演習問題 8 9 1]

補足　1)：$f(m+t)=f(m-t)$ であることからわかりますね．

5 標準正規分布

正規分布 $N(m,\sigma^2)$ に従う確率変数 X に対して，変数変換

$$Z=\frac{X-m}{\sigma} \cdots ①$$

で定まる確率変数 Z を考えると，8 3 3 で学んだことは連続型確率変数についても同様に成り立つので，[→演習問題 8 8 27 (2)]

	X	$X-m$	Z
期待値	m	$m-m=0$	0
標準偏差	σ	σ	$\frac{\sigma}{\sigma}=1$

$$E(Z)=\frac{E(X)-m}{\sigma}=\frac{m-m}{\sigma}=0,\ \sigma(Z)=\frac{\sigma(X)}{\sigma}=\frac{\sigma}{\sigma}=1$$

となり，Z は正規分布 $N(0,1^2)$ に従います．このような，期待値 0，標準偏差 1（分散 1^2）の正規分布を**標準正規分布**といい，今後学んでいく**統計理論の中核**を担います．

注　Z について，期待値，分散はたしかに 0, 1^2 だとわかりますが，厳密にいうと「正規分布」に従うことまでは示されていません．証明には，数学Ⅲの置換積分法を要します．[→演習問題 8 9 2]．

語記サポ ①を用いて期待値 0，標準偏差 1 に変えることを，連続型確率変数においても**標準化**といいます．

正規分布と標準化 **知識**

正規分布 $N(m, \sigma^2)$ に従う X 　　　　標準正規分布 $N(0, 1^2)$ に従う Z

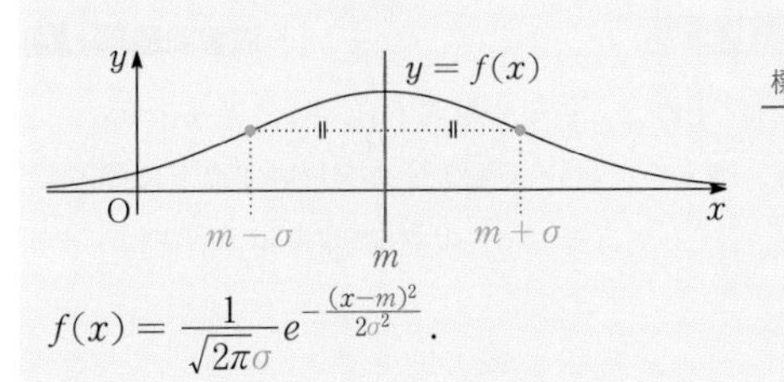

標準化→

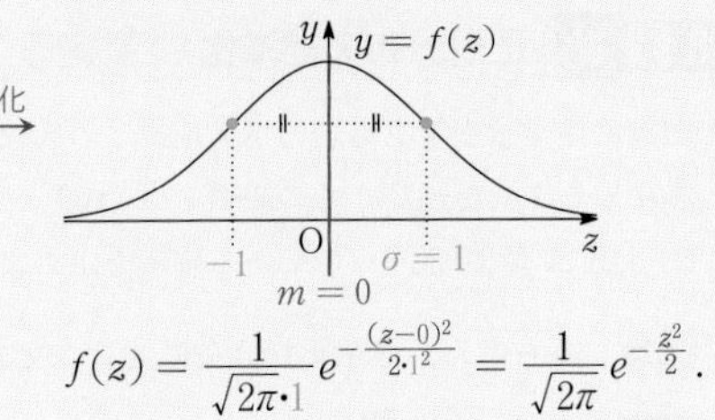

$$f(x) = \frac{1}{\sqrt{2\pi}\sigma}e^{-\frac{(x-m)^2}{2\sigma^2}}. \qquad f(z) = \frac{1}{\sqrt{2\pi}\cdot 1}e^{-\frac{(z-0)^2}{2\cdot 1^2}} = \frac{1}{\sqrt{2\pi}}e^{-\frac{z^2}{2}}.$$

注 二項分布の場合，①のような変数変換をすると，残念ながら二項分布ではなくなります．■

標準正規分布と確率

標準正規分布に従う確率変数 Z については，本書巻末の「(標準) 正規分布表」により，Z の値が特定の範囲にある確率（近似値）を求めることができます．この表の数値 $p(t)$ は確率であり，

$$p(t) = P(0 \leq Z \leq t) = \int_0^t f(z)\,dz = \text{右図の面積}\ (t \geq 0)$$

の概算値です．（グラフの対称性より，$P(-t \leq Z \leq 0)$ も同じです．）

y = f(z)　面積 $p(t)$　$-t$　-1　O　1　t　z　$m = 0$

t	.00	.01	.02	…
⋮	⋮	⋮	⋮	⋮
1.4	0.4192	**0.4207**	0.4222	…

例えば $t = 1.41$ なら，表の右に示した個所を参照して，

$$p(1.41) = P(0 \leq Z \leq 1.41) = 0.4207$$

とわかります．同様に，例えば $p(1) = p(1.00) = 0.3413$ です．

正規分布表のコピーを取り，ページをめくらずいつでも参照できるようにしておきましょう．

例題 8 5 C 標準正規分布と確率 根底 実戦 [→演習問題 8 8 6]

標準正規分布に従う確率変数 Z について，巻末の正規分布表の $p(t)$ を用いて以下の問いに答えよ．

(1) $P(0 \leq Z \leq 1.5)$ を求めよ．　　(2) $P(-1.5 \leq Z \leq 1)$ を求めよ．

(3) $P(0.57 \leq Z \leq a) = 0.22$ となるような a の値を求めよ．

解答 (1)

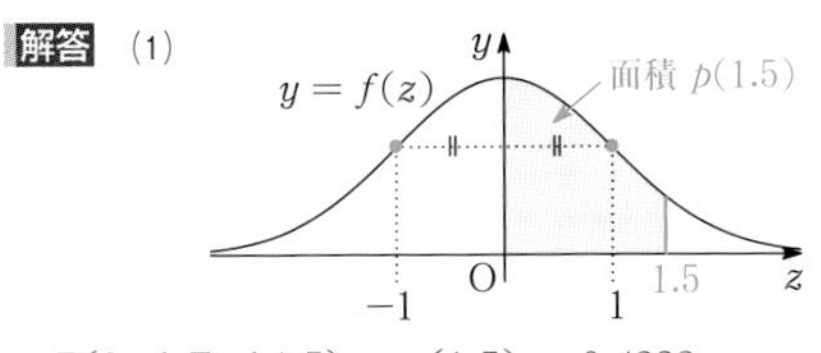

$P(0 \leq Z \leq 1.5) = p(1.5) = 0.4332$ .//

(2)

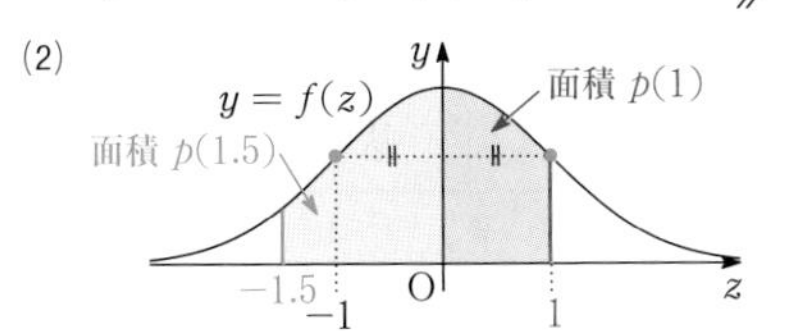

$P(-1.5 \leq Z \leq 1) = p(1.5) + p(1)$
$= 0.4332 + 0.3413$
$= 0.7745$ .//

(3)

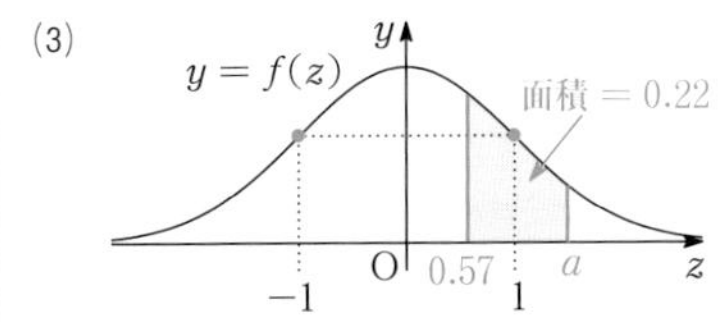

$P(0.57 \leq Z \leq a) = p(a) - p(0.57) = 0.22$.

$\therefore p(a) = p(0.57) + 0.22$
$= 0.2157 + 0.22 = 0.4357$.

これと正規分布表より，$a = 1.52$ .//

任意の正規分布 $N(m, \sigma^2)$ に従う X は，前出の変数変換：

$$Z = \frac{X-m}{\sigma} \quad \cdots ①, \quad \text{i.e.} \quad X = m + \sigma \cdot Z \quad \cdots ①'$$

により，標準正規分布 $N(0, 1^2)$ に従う Z，延いては巻末正規分布表の「$p(t)$」に帰着されます：

例題 8 5 d 正規分布の標準化 重要度↑ 根底 実戦 [→演習問題 8 8 7]

全国の中学校1年生男子のボール投げの成績（単位：m）は，正規分布 $N(18, 4^2)$ に従うとする．この中から1人を選び，その成績を X(m) とする．巻末の正規分布表の $p(t)$ を用いて以下に答えよ．

(1) $15 \leq X \leq 25$ …① である確率を求めよ． (2) $P(X \leq a) = 0.85$ となる a を求めよ．

方針 もちろん，標準正規分布に帰着させます．

解答 $Z = \dfrac{X-18}{4}$ …② とおくと，Z は標準正規分布 $N(0, 1^2)$ に従う．

(1) ①が成り立つための条件は

$$\frac{15-18}{4} \leq Z \leq \frac{25-18}{4},$$

i.e. $-0.75 \leq Z \leq 1.75$．

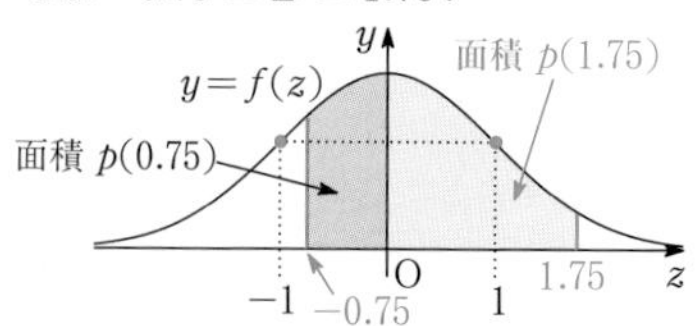

よって求める確率は

$$P(15 \leq X \leq 25) = p(0.75) + p(1.75)$$
$$= 0.2734 + 0.4599 = 0.7333.$$ //

(2) $P(Z \leq b) = 0.85$ となる $b(>0)$ を求める．

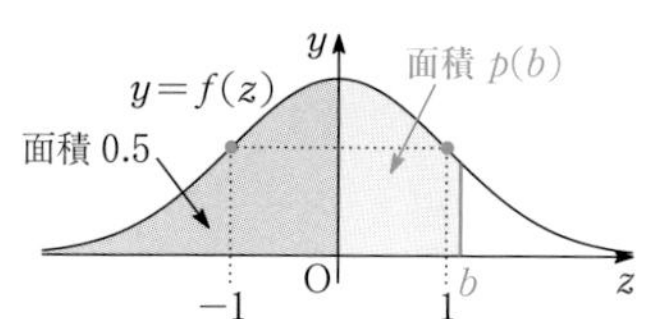

$P(Z \leq b) = 0.5 + p(b) = 0.85$ より

$p(b) = 0.35$. ∴ $b = 1.04$．

これと②：$X = 18 + 4Z$ …②′ より求める a は

$a = 18 + 4 \times 1.04 = 22.16$. //

注 (2)は，X の条件 $X \leq a$ を，Z の条件：$Z \leq \boxed{\dfrac{a-18}{4}}$ と書き直し，$\boxed{\dfrac{a-18}{4}}$ の値を求めてもよいですが，この程度の問題なら，上記のように Z の"限界値"b を求め，②′を用いて X の"限界値"a を得ることができます．

6 二項分布の正規分布による近似

これまでに紹介した「二項分布 $B(n, p)$」と「正規分布 $N(m, \sigma^2)$」には，密接な関係があります．

例 1つのサイコロを n 回投げる反復試行 T を考えます：

★ 各回 $\begin{cases} A：2\text{以下の目が出る} \cdots \text{確率 } p := \dfrac{1}{3} \\ \overline{A}：\text{他の目が出る} \cdots \text{確率 } q := \dfrac{2}{3}. \end{cases}$ n 回の内訳 $\begin{cases} A \cdots k \text{ 回} \\ \overline{A} \cdots n-k \text{ 回}. \end{cases}$

A が**起こる回数**を**確率変数** X とすると，X は**二項分布** $B(n, p) = B\left(n, \dfrac{1}{3}\right)$ に従います．例えば $n = 12$ のとき，分布を表すヒストグラムは右図のようになります：

注 1)：ここでも，長方形の「面積」が確率を表します．ただし，長方形の横幅を 1 にしているので，「縦の長さ」つまり「y 座標」も確率を表しています．■

このヒストグラムを簡易的に表したのが赤色の折れ線グラフです．これと x 軸で挟まれた部分の面積が（ほぼ）確率ですから，分布曲線と（ほぼ）同じ役割を果たします．

さて，反復回数nを12 → 18 → 24と増やしてみましょう．前の図からヒストグラムを除いて折れ線グラフだけを抽出したものは，分布曲線とほぼ同じ機能をもち，右図のように推移します：

見た感じ，だんだんと「正規分布曲線」(bell curve) に似てきていますね．一般に，次の関係が知られています：[2)]

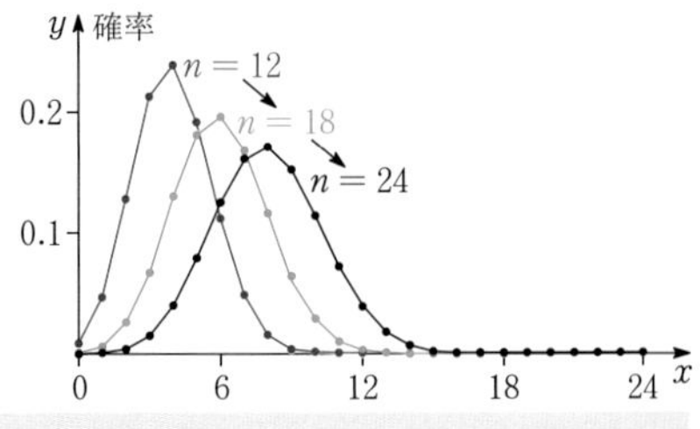

二項分布から正規分布へ 定理

確率変数 X が二項分布 $B(n, p)$ に従うとき，n が大きい[3)] ならば，（離散型確率変数）

X は近似的に正規分布 $N(np, npq)$ $(q := 1 - p)$ に従う．（連続型の分布）

（期待値 np，分散 npq）

解説 離散型の X なのに，近似的に連続型の分布に従うとしてよいという大胆な定理です．

言い訳 2)：高校数学では証明不能であることを白状する際の常套句です（笑）．

補足 重要度⇩ 3)：実用的には，次の条件が満たされていることが"1 つの目安"となっています：

$$\begin{cases} np > 5 \left(p \leq \dfrac{1}{2}\text{のとき}\right), \\ n(1-p) > 5 \left(p > \dfrac{1}{2}\text{のとき}\right) \end{cases}$$

（$p, 1-p$ のうち小さい方を用いる
例：$p = \dfrac{1}{10}$ なら n を 50 より大きくする）

ちなみに上の 例 では，$12 \cdot \dfrac{1}{3} = 4$（不適），$18 \cdot \dfrac{1}{3} = 6$（ギリギリ適），$24 \cdot \dfrac{1}{3} = 8$（適）でした．

例題 8 5 e 二項分布の正規分布近似 重要度⇧ 根底 実戦

[→演習問題 8 8 8]

サイコロを 180 回投げるとき，1 の目が出る回数を X とする．$35 \leq X \leq 40$ …① となる確率を，巻末の正規分布表の $p(t)$ を用いて求めよ．

言い訳 問題文で「正規分布で近似してよい」と宣言すべきですが，練習としてあえて伏せました．上記補足に照らすと，$np = 180 \cdot \dfrac{1}{6} = 30 > 5$ ですから，良い近似ができるはずです．

解答 各回 $\begin{cases} A : 1\text{ の目が出る} \cdots \text{確率 } \dfrac{1}{6}, \\ \overline{A} : \text{他の目が出る} \cdots \text{確率 } \dfrac{5}{6}. \end{cases}$

$X = k$ となるのは次のとき：

180 回の内訳 $\begin{cases} A \cdots k \text{ 回} \\ \overline{A} \cdots 180 - k \text{ 回}. \end{cases}$

よって X は二項分布 $B\left(180, \dfrac{1}{6}\right)$ に従い，

$E(X) = 180 \cdot \dfrac{1}{6} = 30$, $V(X) = 180 \cdot \dfrac{1}{6} \cdot \dfrac{5}{6} = 25$.

∴ X は正規分布 $N(30, 5^2)$ に従う．（近似的に）

$Z = \dfrac{X - 30}{5}$ とおくと

　Z は標準正規分布 $N(0, 1^2)$ に従う．

①が成り立つための条件は

$$\frac{35-30}{5} \leq Z \leq \frac{40-30}{5},$$

i.e. $1 \leq Z \leq 2$.

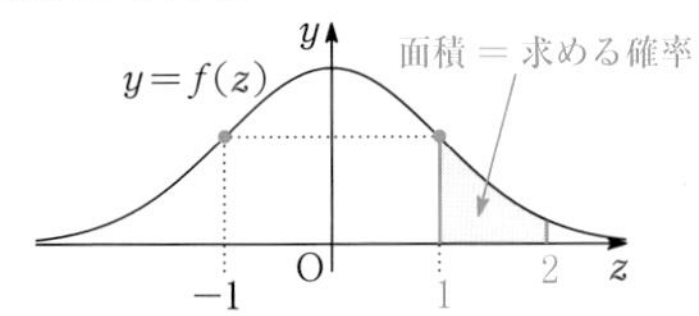

よって求める確率は

$$P(35 \leq X \leq 40) = p(2) - p(1)$$
$$= 0.4772 - 0.3413 = 0.1359.$$ //

言い訳 もちろん，求めた答えは概算値です．

解説 注 正しい手順は，次の通りです：$B(n, p) \xrightarrow{\text{近似}} N(np, npq) \xrightarrow{\text{標準化}} N(0, 1^2)$.
二項分布のまま"標準化"することはできません．二項分布に従う確率変数は「回数」を表す整数値のみ．ところが 1 次式で変換したらそうではなくなります．

例題 8 5 f 二項分布の正規分布近似・発展 根底 実戦 入試

サイコロを n 回投げるとき，1 の目が出る回数を X とする．出た目に占める 1 の目の割合 $\frac{X}{n}$ と，サイコロを 1 回投げるとき 1 の目が出る確率 $\frac{1}{6}$ の絶対差が，99 %[1] 以上の確率で 0.01 以下に収まるような n を求めよ．（巻末の正規分布表の $p(t)$ を用いよ．）

注 明言されていませんが，正規分布で良い近似が得られるとみなします．

言い訳 [1]：正しくは「確率 0.99」ですが，「統計」ではパーセンテージも日常的に使います．

解答 $p=\frac{1}{6}, q=\frac{5}{6}$ とおく． 書くのが楽になる

X は，二項分布 $B(n, p)$に従うから，

正規分布 $N(np, npq)$に従う．…①

題意の条件 (*) は，

事象 A：「$\left|\frac{X}{n}-\frac{1}{6}\right| \leq 0.01$」を用いて，

(*)：$P(A) \geq 0.99$．

$W=\frac{X}{n}-\frac{1}{6}$ とおくと，①より

$\frac{X}{n}$ は正規分布 $N\left(p, \frac{pq}{n}\right)$に従い，

W は正規分布 $N\left(0, \frac{pq}{n}\right)$に従う．

$\therefore Z \coloneqq \frac{W}{\sqrt{\frac{pq}{n}}}$ は標準正規分布 $N(0, 1^2)$ に従う．

消したい W を残したい Z で表す

事象 A を，$W=\sqrt{\frac{pq}{n}}Z$ を用いて書き直すと

$|W| \leq 0.01$． $\left|\sqrt{\frac{pq}{n}}Z\right| \leq \frac{1}{100}$．

$|Z| \leq \frac{1}{100}\cdot\sqrt{\frac{n}{pq}}=\frac{6\sqrt{n}}{100\sqrt{5}}$（$=t$ とおく）．

$-t \leq Z \leq t$．

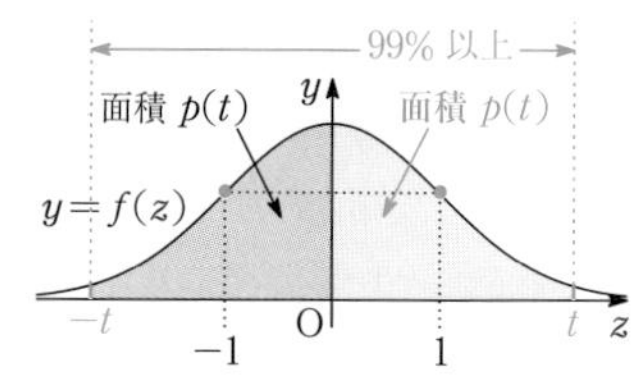

$\therefore$ (*)：$P(0 \leq Z \leq t) \geq \frac{0.99}{2}=0.495$．…②

$p(2.57)=0.4949$, $p(2.58)=0.4951$ だから，

②が成り立つための条件は

$t \geq 2.58$． $\frac{6\sqrt{n}}{100\sqrt{5}} \geq 2.58$． $6\sqrt{n} \geq 258\sqrt{5}$．

$n \geq \frac{258^2 \cdot 5}{6^2}=43^2 \cdot 5=9245$．//

言い訳 X(回数) が整数値しかとらないことは考慮していません．どのみち概算値ですし (笑)．

補足 不等式の向きがいろいろあって頭が混乱するという人へ．「**固定して真偽判定**」という**数学の基盤**は大丈夫ですか？「$t=2.57$ は○×どっち？」「$t=2.58$ は○×どっち？」と考えてみてください．

注 もちろん，サイコロの目はどれも等確率で出ることを前提としています．

余談 本問で登場した「2.58」は，8 7 においても「99 %」と結びつくことになります．

解説 統計的確率（頻度確率）と数学的確率（組合せ論的確率）の誤差が，反復回数を増やすと小さくなるという超古典的テーマでした．[→ I+A 例題 7 11 c 直前のコラム]

例題 8 5 g 二項分布と正規分布の誤差 根底 実戦 入試

[→ 8 5 3]

二項分布 $B(n, p)$ に従う確率変数 X について答えよ．ただし，$n=18$，$p=\frac{1}{3}$ とし，右表の確率 $P=P(X \leq k)$ を用いてよい．

(1) $4 \leq X \leq 8$ となる確率を求めよ．

(2) 二項分布 $B(n, p)$ を近似する正規分布 $N(np, np(1-p))$ に従う確率変数 Y について，$P(4 \leq Y \leq 8)$，および $P(3.5 \leq Y \leq 8.5)$ を求めよ．また，そのうち(1)の結果に近いのはどちらか？

k	P	k	P
0	0.00068	8	0.89240
1	0.00677	9	0.95665
2	0.03265	10	0.98557
3	0.10167	11	0.99608
4	0.23107	12	0.99915
5	0.41224	13	0.99986
6	0.60851	14	0.99998
7	0.77674	15	1.00000
			⋮

解答 (1) $P(4 \leq X \leq 8)$
$= P(X \leq 8) - P(X \leq 3)$
$= 0.89240 - 0.10167 = 0.79073$ .//

(2) $E(Y) = np = 18 \cdot \frac{1}{3} = 6$,

$V(Y) = np(1-p) = 18 \cdot \frac{1}{3} \cdot \frac{2}{3} = 2^2$.

よって, $Z := \frac{Y-6}{2}$ は標準正規分布に従う.

$4 \leq Y \leq 8 \Longleftrightarrow -1 \leq Z \leq 1$.

これと正規分布表より

$P(4 \leq Y \leq 8) = 2 \times p(1)$
$= 2 \times 0.3413 = 0.6826$ .//

$3.5 \leq Y \leq 8.5 \Longleftrightarrow -1.25 \leq Z \leq 1.25$.

これと正規分布表より

$P(3.5 \leq Y \leq 8.5) = 2 \times p(1.25)$
$= 2 \times 0.3944 = 0.7888$ .//

(1)に近いのは, $P(3.5 \leq Y \leq 8.5)$.//

解説 X が従う二項分布を表すヒストグラムと, それを近似する Y が従う正規分布曲線 $w = f(y)$ を重ねて描くと次のようになります (筆者が計算して正確に描きました):

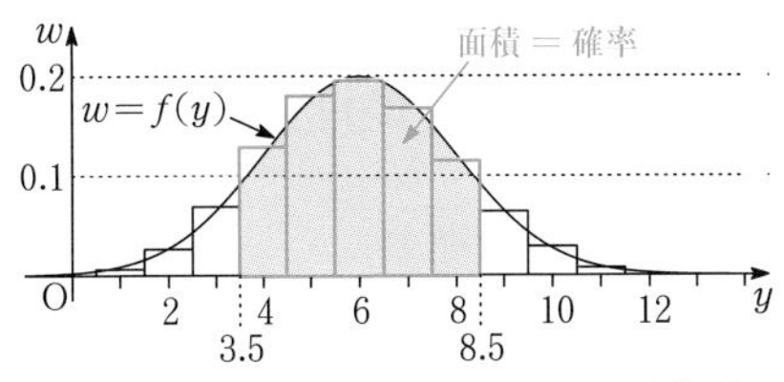

(1)の答えは青太枠長方形 5 個分の面積 (横幅 = 5) であり, それに近いのは,

$\int_4^8 f(y)\,dy$ より $\int_{3.5}^{8.5} f(y)\,dy$ の方である
積分区間の幅=4　積分区間の幅=5

ことがわかります. これが, 本問(2)最後の結論が得られる必然性です.

このように, 離散型確率変数 X の分布を連続型確率変数 Y の分布で近似する際,

$P(a \leq X \leq b)$ を, $P\left(a - \frac{1}{2} \leq Y \leq b + \frac{1}{2}\right)$

によってより良く近似することを, **半整数補正 (連続性補正)** といいます. $np = 6$ ですから, 前々ページ補足の基準 : $np > 5$ をギリギリ満たしている程度なので, この補正が活きます. n がもっと大きくなり, 正規分布近似の精度が上がれば, 半整数補正の有効性は薄れます.

コラム

「正規分布」が現れる理由

8 6 5 を学んだ後で読んでください

自然現象や社会現象の中には, (ほぼ) 正規分布に従う変量がたくさんあることが知られています.
(例) : 全国中学 1 年生女子の身長, 全国テストの合計得点, 工業製品の品質特性値, 雨粒の大きさなど…
どうしてこのようなことが起こるのでしょう?
8 6 5 の「中心極限定理」によれば, 母集団が正規分布に従わなくても, そこから無作為抽出されたサイズの大きな標本については, その標本平均は正規分布に従います.「ランダムという "ふるい"」にかけると母集団に関係なく正規分布ができるのです. これが正規分布が頻繁に現れる理由その 1 です.
しかし, これでは全国テストの得点など母集団そのものの分布が正規分布に近くなることの説明がつきません. そこで登場する理由その 2 が, 本項で学んだ二項分布の正規分布による近似です.
例えば本項の 例 のようにサイコロを繰り返し投げると, 各回の結果は偶然に支配されますが, こうした独立試行を繰り返すと二項分布が現れ, 回を重ねると正規分布に近づきます. 世の中で起こっていることもそれと似ています. 1 人の学生の学力は, 様々な要因 : 遺伝・家庭環境・先生・参考書・塾・部活・睡眠の質…等々が, 偶然性をもちながら (完全に独立ではないにせよ) 重なり合って決定づけられているのではないでしょうか. このような偶然・確率に支配された要因の積み重ねが, この世に「正規分布」を作り出しているのだと考えられます.

6 統計的推測

統計的調査の方法として，国勢調査のように対象全てを調べる**全数調査**と，対象から一部を抜き出して調べる**標本調査**があります．後者が本節のテーマです．

1 母集団と標本

ある工場で1日に製造された全てのネジN本について，「強度」＝耐えられるせん断荷重（横方向の力）を知りたいとします．何しろ「ネジ」ですから生産本数Nは莫大（ばくだい）！全数調査はとても無理です．それに，製品が折れるまで荷重を掛けて調べるとなると，全数調査したら製品が無くなってしまいます（笑）．

そこで，ネジN本（例えば10万本）から，n本（例えば100本）を抜き出して強度を測定し，それをもとにN本の製品全体の強度を推測することを目指します．

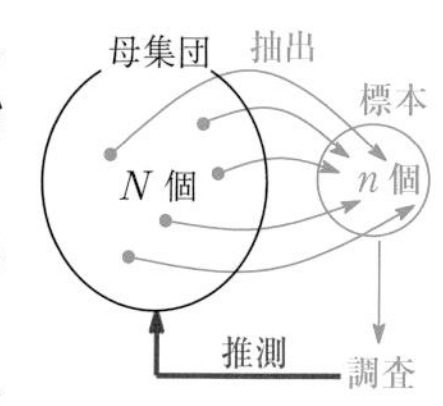

ネジ自体を母集団と呼ぶことも多い

このような標本調査において，N本のネジの強度を**母集団**，調査用に取り出したn本のネジの強度を**標本**といい，母集団から標本を抜き出すことを**抽出**といいます．また，母集団，標本を構成する**個体**の総数N, nを，それぞれの**大きさ**といいます．今後，「標本の大きさ」のことを簡単に「標本サイズ」とも呼びます． sample size

余談　例えるなら，「料理」が母集団，「味見」が標本です．料理を全部食べて調べたら食卓へ運ぶものがなくなってしまいますから，一部を抽出して味を確かめる訳です．■

2 標本の抽出方法

∘ 抽出は，一切の作為をもたずに行うのが基本であり，そのように作られた標本を**無作為標本**といいます．無作為抽出をどのように行うか？はたまた「無作為」とは何かを論じ出すと深みにはまります（笑）．「確率」と同様，試験では，とくに指定がない限りは「無作為」を前提として考えます．

∘ 大きさnの標本の個体は1個ずつ抽出し，順に確率変数$X_1, X_2, X_3, \cdots, X_n$のように識別番号を付けて考えます．

∘ 母集団から同じ個体を2回以上選ぶのはヘンですから，非復元抽出が合理的です．しかし，母集団が「1億2千万人」とか「10万本のネジ」ともなれば，非復元抽出においても前にどの個体が出たかがその後どの個体が出るかに与える影響は軽微ですので，実際上は復元抽出だと考えてOKです．復元抽出の場合，確率変数$X_1, X_2, X_3, \cdots, X_n$が互いに**独立**となり，何かと扱いやすいですね．

∘ 以上より，標本調査では母集団が大きいことを前提に次の約束をするのが普通です：

　標本は「復元抽出」（反復試行）で抜き出すと考える．
　各回の個体を確率変数$X_1, X_2, X_3, \cdots, X_n$と区別する．
　これらは互いに独立である．

3 母集団分布と標本平均の分布

本項の内容が本節全体の要！

母集団から1個を抽出して大きさ1の標本を作るとき，その個体：確率変数X_1の確率分布は母集団の相対度数分布と一致します[→8 2 3]．この分布のことを**母集団分布**といいます．

また，その母集団の平均mを**母平均**，分散σ^2を**母分散**，その正の平方根σを**母標準偏差**といい，これらを総称して**母数**といいます． 世間一般では，「分母」「全体の個数」という意味で誤用されがちです

それに対し，大きさnの標本：$X_1, X_2, X_3, \cdots, X_n$を1つのデータとみて，その平均値，分散をそれぞれ**標本平均**，**標本分散**（その正の平方根を**標本標準偏差**）といいます．

例 単純な母集団・抽出の例を使って，概念や考え方を確認します．**必ず**自分自身でも計算を行い，正しく求められていることを確認しながら話について来てくださいね！

1, 3, 5 から，1 個を取り出して元に戻すことを 2 回繰り返す反復試行を考えます：

母集団：$\{1, 3, 5\}$ $\xrightarrow[\text{反復試行}]{\text{復元抽出}}$ 標本：{○, △}

大きさ $N=3$ 　　大きさ $n=2$

言い訳 標本として同じものが 2 度取り出される可能性があるのは好ましくないですが，実際の母集団は「3 個」とかではなく「1 億 2000 万人」とかになりますから心配ご無用です．■

次の量を考えます：

X_1：1 回目に出る数，　X_2：2 回目に出る数，　標本平均：$\overline{X} = \dfrac{X_1 + X_2}{2}$ 出た目の相加平均

○ **これら 3 つは，抽出 ＝ 試行の結果に応じて定まる確率変数です．**

○ X_1, X_2 の各々は，「1 つを取り出す試行」における確率変数ですから，母集団分布に従います．

○ 各回の試行は**独立**なので，X_1 と X_2 は**独立**な確率変数です．

○ X_1, X_2 の同時分布は右表の通りです．グレー部分，青色部分がそれぞれ X_1，X_2 の確率分布になっています．

X_1 \ X_2	1	3	5	計
1	1 $\frac{1}{9}$	2 $\frac{1}{9}$	3 $\frac{1}{9}$	$\frac{1}{3}$
3	2 $\frac{1}{9}$	3 $\frac{1}{9}$	4 $\frac{1}{9}$	$\frac{1}{3}$
5	3 $\frac{1}{9}$	4 $\frac{1}{9}$	5 $\frac{1}{9}$	$\frac{1}{3}$
計	$\frac{1}{3}$	$\frac{1}{3}$	$\frac{1}{3}$	1

また，$\overline{X}$ の値が表に赤字で書き入れてあり，これをもとに，$\overline{X}$ の確率分布表が右のように作れます．

$\overline{X}$	1	2	3	4	5	計
P	$\frac{1}{9}$	$\frac{2}{9}$	$\frac{3}{9}$	$\frac{2}{9}$	$\frac{1}{9}$	1

期待値・分散を求めてみると，次のようになります：

$$① \begin{cases} E(X_1) = 1\cdot\dfrac{1}{3} + 3\cdot\dfrac{1}{3} + 5\cdot\dfrac{1}{3} = 3, & \text{これは母平均そのもの} \\ V(X_1) = (1-3)^2\cdot\dfrac{1}{3} + (3-3)^2\cdot\dfrac{1}{3} + (5-3)^2\cdot\dfrac{1}{3} = \dfrac{8}{3}. & \text{これは母分散} \end{cases}$$

(X_2についても全く同じ.)

$$② \begin{cases} E(\overline{X}) = 1\cdot\dfrac{1}{9} + 2\cdot\dfrac{2}{9} + 3\cdot\dfrac{3}{9} + 4\cdot\dfrac{2}{9} + 5\cdot\dfrac{1}{9} = 3, & \text{母平均に等しい} \\ V(\overline{X}) = (1-3)^2\cdot\dfrac{1}{9} + (2-3)^2\cdot\dfrac{2}{9} + (3-3)^2\cdot\dfrac{3}{9} + (4-3)^2\cdot\dfrac{2}{9} + (5-3)^2\cdot\dfrac{1}{9} = \dfrac{4}{3}. \end{cases}$$

上記②は，期待値・分散の定義にもとづいて地道に求めましたが，確率変数のとる値の数や標本サイズが増してくるとタイヘンです．そこで，①をもとに確率変数の性質を利用してみましょう：

$$E(\overline{X}) = E\left(\frac{X_1 + X_2}{2}\right) = \frac{E(X_1) + E(X_2)}{2} = E(X_1) = 3 \ (\because\ ①).$$

②と一致！　これは母平均

X_1, X_2 は独立だから

$$V(\overline{X}) = V\left(\frac{X_1 + X_2}{2}\right) = \frac{V(X_1) + V(X_2)}{2^2} = \frac{V(X_1)}{2} = \frac{4}{3} \ (\because\ ①).$$

これは母分散　②と一致！

注 次の㋐と㋑を混同しないように．

㋐：標本平均 $\overline{X}$ の，**抽出＝試行の結果に応じて定まる確率変数**としての「期待値」「分散」：

$E(\overline{X})$：標本平均の期待値，$V(\overline{X})$：標本平均の分散 ②で求めた

㋑：抽出の結果として決まった標本 $\{X_1, X_2\}$ を 1 **つの「データ」と考え**，そのデータに対して求めた「標本平均」「標本分散」．例えば標本が $\{X_1, X_2\} = \{5, 1\}$ だった場合には，

$$\text{標本平均} = \frac{5+1}{2} = 3, \quad \text{標本分散} = \frac{(5-3)^2 + (1-3)^2}{2} = 4.$$

「標本分散」は，8 7 1「推定」において使用します．

特に㋐の「標本平均の期待値」を「標本平均の平均」と言い換えると混乱しますから，本書では今後，標本平均を **"標本相加平均"** とも呼び，「平均」より「期待値」という言い方を多用します．

前記の 例 を通してわかったことを一般化して整理しておきましょう．

大きさ N の母集団から復元抽出（反復試行）により大きさ n の標本を作ります．

標本の個体を，抜き出された順に確率変数 $X_1, X_2, X_3, \cdots, X_n$ とし，

$$\text{標本相加平均}：\overline{X} = \frac{X_1 + X_2 + X_3 + \cdots + X_n}{n} = \frac{1}{n}\sum X_i$$

（$\sum_{i=1}^{n} X_i$ を $\sum X_i$ と略記）

を考えます．母平均を m，母分散を σ^2 とすると，前記 例 と同様に

$$E(\overline{X}) = E\left(\frac{1}{n}\sum X_i\right) = \frac{1}{n}\sum E(X_i) = \frac{1}{n}\cdot nm = m.$$

（母平均に等しい）

$X_1, X_2, X_3, \cdots, X_n$ は互いに独立だから，

$$V(\overline{X}) = V\left(\frac{1}{n}\sum X_i\right) = \frac{1}{n^2}\sum V(X_i) = \frac{1}{n^2}\cdot n\sigma^2 = \frac{\sigma^2}{n}.$$

（$\frac{\text{母分散}}{\text{標本サイズ}}$）

解説 母平均 m が，そのまま標本相加平均の期待値となることは，なんとなく納得ですよね．
一方，母集団における“バラつき度合い”を表す母分散が σ^2 であるとき，標本相加平均とは標本内で n 個のバラつきを均一化した値なので，その分散は小さくなるという訳です．

注 これらの等式は，母集団が正規分布に従うか否かに関係なく成り立ちます．また，標本平均が正規分布に従うか否かは現時点ではわかりません．（5 で判明します！）

問 ある工場で製造されたネジ 10 万本の強度（単位：ニュートン）は，平均値が 950 で分散が 2500 とする．ここから 100 本のネジを取り出すとき，それらの強度の平均値の期待値，標準偏差を求めよ．

注 1 ニュートン＝地球上で約 100g の物体に働く重力．

着眼 情報を整理しておきます．(以下，単位は略)

母集団：「10 万本のネジの強度」

母平均：950，母分散：2500

標本：「取り出した 100 本のネジの強度」

解答

標本相加平均の期待値＝母平均＝950.//

$$\text{標本相加平均の分散} = \frac{\text{母分散}}{\text{標本の大きさ}} = \frac{2500}{100}.$$

$$\therefore \text{標本相加平均の標準偏差} = \sqrt{\frac{2500}{100}} = 5.//$$

単に公式に当てはめるだけでしたね（笑）．

注 重要度↑ この 問 は…さすがに無理があります．「10 万本のネジの強度」など，調べようがないですから，母平均が既知であるという設定はあり得ません！ところが試験では，このような不自然で無価値な問題も出てしまいます．これは，次のような事情によるものだと思ってください．

本節のこれまでの記述では，母集団に関して母平均・母分散が既知であることを前提として，未知なる標本についてわかることを「理論」として構築することを目指してきました．

母集団（既知）—理論を構築→ 標本（未知）

母集団（未知）←実地応用— 標本（既知）

よって，その“練習過程”で上記のような問題も扱ってしまうのです．

右上に示したように，8 7 1「推定」で実地応用する際には，「既知」と「未知」が入れ替わります．

参考 現実に母集団が既知である場合の標本相加平均を，**演習問題 8 8 10**「“くじ”」で扱います．

4 母比率と標本比率

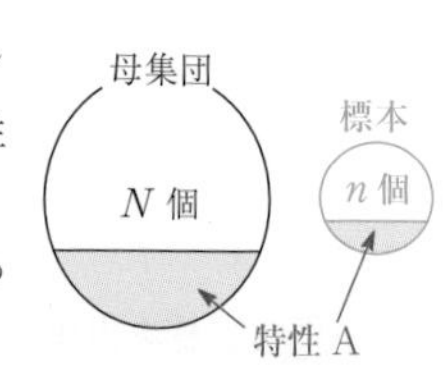

例えば母集団：$N = 10$ 万 本のネジのうち，特性 A：「強度が 800 ニュートン未満である」ものを不良品と定め，その相対度数を p とします．これを，特性 A の**母比率**といいます．

また，大きさ $n = 100$ 本のネジの標本を作るとき，標本の中で特性 A をもつものの比率を**標本比率**といいます．

一般に，大きさ N の母集団から，1 つずつ個体を取り出す復元抽出（反復試行）により大きさ n の標本を作るとき，標本の中で特性 A をもつものの個数を確率変数 X とすると，

標本比率 $= R = \dfrac{X}{n}$．　n は定数．R は確率変数．比率＝ratio

$X = k$ となるのは次のときです：

各回 $\begin{cases}\text{特性 A をもつ} & \cdots \text{確率 } p \\ \text{特性 A をもたない} & \cdots \text{確率 } q\ (= 1-p).\end{cases}$　n 回の内訳 $\begin{cases}\text{A をもつ} & \cdots k \text{ 回} \\ \text{A をもたない} & \cdots n-k \text{ 回}.\end{cases}$（これが X の値）

よって X は二項分布 $B(n, p)$ に従いますから，次のようになります：

標本比率の分布　定理　重要度

特性 A の母比率が p である母集団から抽出した大きさ n の標本において，特性 A をもつものの数 X，および標本比率 R という確率変数を考えると

X は二項分布 $B(n, p)$ に従う．

n が大きいとき [1]，X は正規分布 $N(np, npq)$ $(q = 1-p)$ に従う．

$\therefore R = \dfrac{X}{n}$ は正規分布 $N\left(\dfrac{np}{n}, \dfrac{npq}{n^2}\right)$，i.e. $\boldsymbol{N\left(p, \dfrac{p(1-p)}{n}\right)}$ に従う．　前項の結果より

注 1　このように，標本比率 R の分布は「母比率 p」と「標本サイズ n」の 2 つだけで定まります．つまり，問題文にこの 2 つの情報があれば，その問題は，解けます（笑）．

注 2　[1]：実際に試験で出るのは，このように正規分布によって近似ができるときのみでしょう．

例題 8 6 a　母比率→標本比率　根底 実戦

［→演習問題 8 8 9］

10 万本のうち 2 万本が当たりのくじから 100 本を引くとき，その中に当たりくじが 25 %以上含まれる確率を求めよ．（巻末の正規分布表の $p(t)$ を用いよ．）

着眼　情報を整理しておきます．

母集団：「10 万本のくじ」

母比率：$\dfrac{2\text{万}}{10\text{万}} = 0.2$　母分散は登場せず

標本：「引いた 100 本のくじ」

注　標本サイズ「100」は，大きいとみなしてよいのでしょう．

方針　使うのは「母比率：0.2」と「標本サイズ：100 本」のみ．「10 万本」は使用しません．■

解答　標本比率 R は，正規分布

$N\left(0.2, \dfrac{0.2\times0.8}{100}\right)$，i.e. $N\left(0.2, \left(\dfrac{4}{100}\right)^2\right)$

に従うから，$Z := \dfrac{R-0.2}{\frac{4}{100}}$ は標準正規分布 $N(0, 1^2)$ に従う．

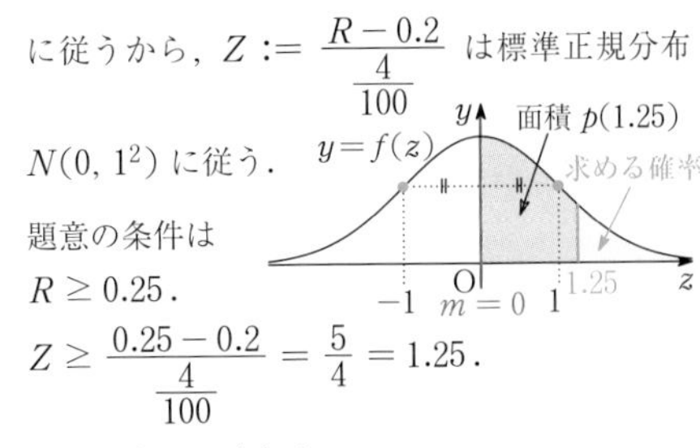

題意の条件は

$R \geqq 0.25$．

$Z \geqq \dfrac{0.25-0.2}{\frac{4}{100}} = \dfrac{5}{4} = 1.25$．

よって求める確率は

$0.5 - p(1.25) = 0.5 - 0.3944 = 0.1056$．//

注　本問の「くじ」では，母比率が既知であるという設定が自然ですね．

コラム

よく用いる正規分布表の値

正規分布表（巻末）のうち，7の実地応用でよく使う $p(t)$ の値のまとめです．

t	$p(t)$ の概算値	
1.64	0.45	90 %の半分 ＝ 45 %
1.96	0.475	95 %の半分 ＝ 47.5 %
2.58	0.495	99 %の半分 ＝ 49.5 %

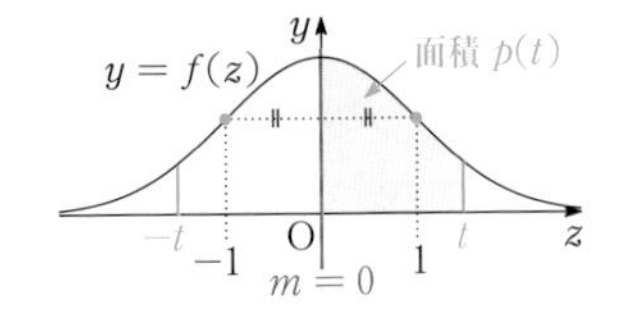

5 標本平均の分布

標本比率の分布を別の方法で考え，標本平均の分布に関する**重要定理**へつなげていきます．

特性 A の母比率が p であるような母集団の各個体に対して，次のような変量 y を考えます：

$$y = \begin{cases} 1\,(\text{特性 A をもつとき}), \\ 0\,(\text{特性 A をもたないとき}). \end{cases}$$

これは，二項分布の期待値・分散を導く際にも用いた“カウント変数”ですね．この変量を確率変数 Y とみます（つまり 1 つの個体を抜き出すときの値を考えます）．

$$E(Y) = 1 \cdot p + 0 \cdot q = p \ (q = 1 - p).$$
$$V(Y) = E((Y-p)^2) = (1-p)^2 \cdot p + p^2 \cdot (1-p) = p(1-p).$$

Y	1	0	計
P	p	q	1
$(Y-p)^2$	$(1-p)^2$	p^2	

これらは変量 y の母平均，母分散そのものです．

さて，i 番目に取り出す個体に対するこの変量の値を確率変数 Y_i とすると，標本において特性 A をもつ個体の個数 X は

$$X = Y_1 + Y_2 + Y_3 + \cdots + Y_n.$$
$$\therefore\ R = \frac{X}{n} = \frac{Y_1 + Y_2 + Y_3 + \cdots + Y_n}{n}.$$

つまり標本比率 R は，変量 y の標本平均 $\overline{Y}$ に他なりません．

以上の結果を振り返ると，次のようになっています．（標本サイズ n が大きく，二項分布が正規分布で近似できるときのみ考えています．）

	上記“カウント変数”y	任意の変量 x
母集団	母平均 p, 母分散 $p(1-p)$	母平均 m, 母分散 σ^2
標本平均	標本比率 $\overline{Y}$→**正規分布** $N\left(p, \dfrac{p(1-p)}{n}\right)$	標本平均 $\overline{X}$→ $E(\overline{X}) = m$, $V(\overline{X}) = \dfrac{\sigma^2}{n}$

注 重要度↑↑ 上表のうち，「正規分布」に従うとわかっているのは青色部のみです．しかし，n が大きいときは，任意の変量の標本平均 $\overline{X}$（赤色部）も，なぜかそれと同じように正規分布 $N\left(m, \dfrac{\sigma^2}{n}\right)$ に従うとしてよいとされています．この説明は，完全なゴマカシですが（笑），大学以降の統計学で**中心極限定理**と呼ばれる重要定理です．証明は，超高校級です．

標本平均の分布 定理 重要度↑

母平均が m，母分散が σ^2 である任意の分布に従う変量 x の母集団から，（正規分布に従っていなくてもよい）大きさ n の無作為標本を抽出するとき，n が大きいならば，**標本平均** $\overline{X}$ は

正規分布 $N\left(\boldsymbol{m}, \dfrac{\boldsymbol{\sigma^2}}{\boldsymbol{n}}\right)$ に従うとしてよい．（“1 つの目安”として，標本サイズ n が 30 以上なら OK）

注 これは，母集団分布が正規分布なら，n が小さくても成り立つ（これも証明は超高校級）．

注 標本平均 $\overline{X}$ の分布は「母平均 m」，「母分散 σ^2」，「標本サイズ n」の 3 つで定まります．

問 ある飲料の内容量は，製造メーカーの調査によって平均値が 180mL，標準偏差が 3mL であるとわかっている．この飲料を 90 個買うとき，1 個あたりの容量（単位：mL）はどのような分布に従うか？

着眼 母集団：「ある飲料の容量全体」

母平均：180ml, 母分散：3^2,

標本：「購入した 90 個の飲料の容量」

注 標本サイズ「90」は，大きいとみなします．

解答 「1 個あたりの容量」とは，標本平均に他ならないから，求める分布は

正規分布 $N\left(180, \dfrac{3^2}{90}\right)$, i.e. $N\left(180, \dfrac{1}{10}\right)$.//

大数の法則

標本平均 $\overline{X}$ は正規分布 $N\left(m,\ \dfrac{\sigma^2}{n}\right)$ に従い，その分散 $\dfrac{\sigma^2}{n}$ は n が大きいほど小さくなります．よって，8 5 4で見たように，標本平均 $\overline{X}$ の分布は，標本の大きさ n が大きいほど母平均 m の近くに密集します．これを**大数の法則**(たいすう)といいます．

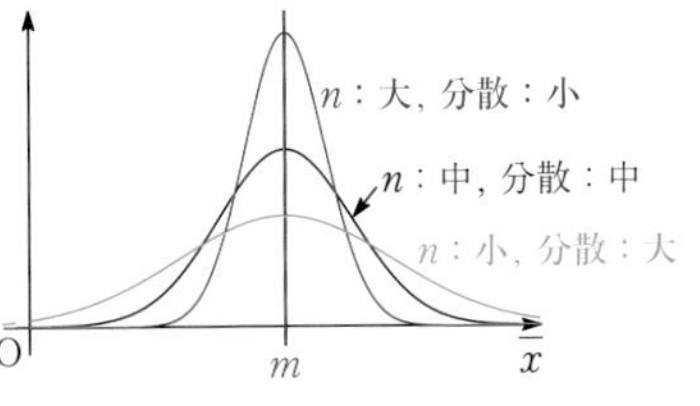

注　前記の定理：標本平均の分布は証明をしておらず，にわかには信用しがたいですよね．以下に“具体例”を1つお見せしますので，それで納得してください (笑)．

$\boxed{1,\ 2,\ 3,\ \cdots,\ 10}$ から n 個を復元抽出したときの標本平均 $\overline{X}$ の分布を考えます．

8 6 3の $\boxed{1,\ 3,\ 5}$ から2個を復元抽出する例と同様な抽出ですね．

◦ $n=1$ のとき，つまりこの母集団の分布そのものは 1〜10 までが全て均一で，正規分布とは似ても似つかない分布です．ところが…

◦ $n=2$ のとき，$\overline{X}=\dfrac{2}{2}$ は (1, 1) の1通り．

$\overline{X}=\dfrac{3}{2}$ は (1, 2), (2, 1) の2通り．…

以下同様にして，右のような“ピラミッド型”の分布となります．

◦ $n=3$ のとき，全ての取り出し方：$10^3=$ 千 通りについて筆者が数えた結果，右の分布を得ました (コンピュータの力を借りました)．既にかなり正規分布曲線 (bell curve) に似てきていますね．どうやら中心極限定理はホントっぽいです．

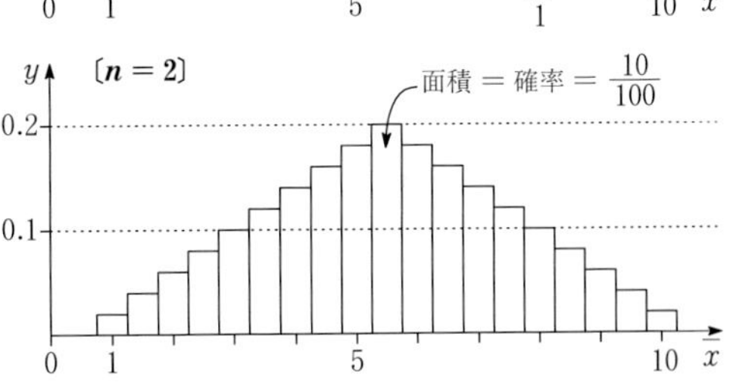

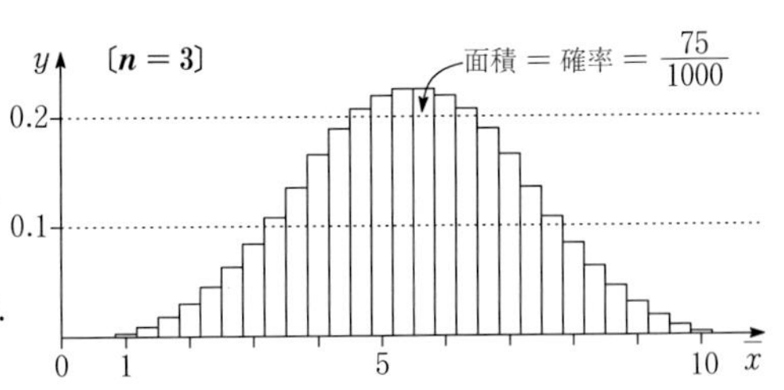

6 正規分布と確率まとめ

次節への準備として，正規分布 $N(m,\sigma^2)$ に従う確率変数 X について，X とその期待値 m との絶対差：$|X-m|$ が a 以下になる確率が 0.95(つまり 95 %) となるような $a\ (>0)$ を求めましょう．

$P(|X-m|\leq a)=0.95$ となる a は？

X を標準化した確率変数を Z とすると，

$Z=\dfrac{X-m}{\sigma}$, i.e. $X-m=\sigma Z$. …①

まず，この Z について巻末正規分布表の $p(t)$ を用いると

$P(|Z|\leq b)=2p(b)=0.95.\quad p(b)=0.475.\quad \therefore\ b=1.96.$

①より，$|Z|\leq b \Longleftrightarrow |X-m|\leq \sigma b.\quad \therefore\ a=1.96\cdot\sigma.$

$\therefore\ P(|X-\boxed{m}|\leq 1.96\,\textcircled{\sigma})=0.95.$ … ②

この結果は，正規分布に従う任意の確率変数について，

□に期待値 (平均)，○に標準偏差を当てはめれば使えます．

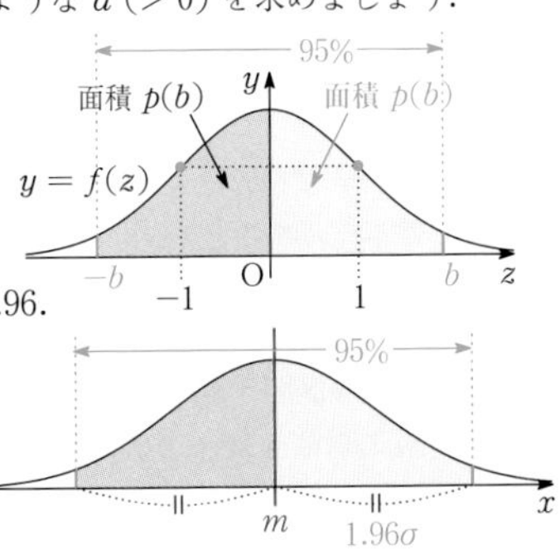

注　「0.95」を「0.99」に変えると，「1.96」が「2.58」に変わります．■

7 推定・検定

1 推定

ここまでで「理論の構築」は完了．いよいよ**実地応用**に入ります（入試で出ます（笑））．8 6 3 問でも述べた通り「既知」と「未知」が入れ替わります（右を参照）．

母集団（既知）$\xrightarrow{\text{理論構築}}$ 標本（未知）

母集団（未知）$\xleftarrow{\textbf{実地応用}}$ 標本（既知）

前節で学んだ内容のうち，本節で特に重要となる結果を枝葉を取り払って要約します：

❶ **母平均** m，母分散 σ^2，標本サイズ n → **標本平均** $\overline{X}$ は正規分布 $N\left(m,\ \dfrac{\sigma^2}{n}\right)$ に従う．

❷ **母比率** p，標本サイズ n → **標本比率** R は正規分布 $N\left(p,\ \dfrac{p(1-p)}{n}\right)$ に従う．

これらを用いて，標本に関する情報から母集団について“推定”することを目指します．

8 6 6で導いた $P(|X-\square| \leqq 1.96\cdot\bigcirc)=0.95$（$\square$は期待値，$\bigcirc$は標準偏差）を，上記❶❷に適用すると

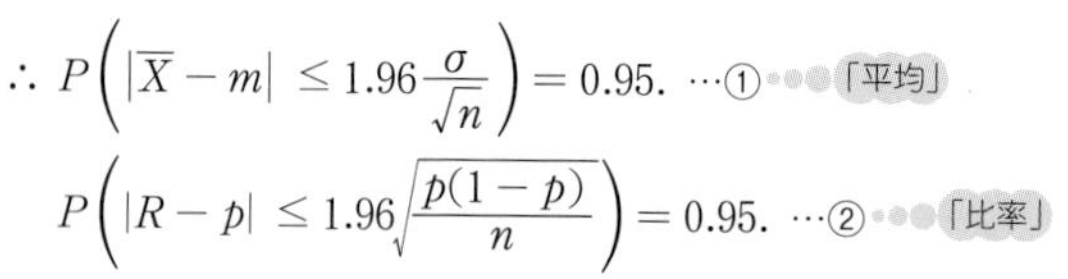

$$\therefore\ P\left(|\overline{X}-m| \leqq 1.96\frac{\sigma}{\sqrt{n}}\right)=0.95.\ \cdots ①\ \text{「平均」}$$

$$P\left(|R-p| \leqq 1.96\sqrt{\frac{p(1-p)}{n}}\right)=0.95.\ \cdots ②\ \text{「比率」}$$

〔①について〕

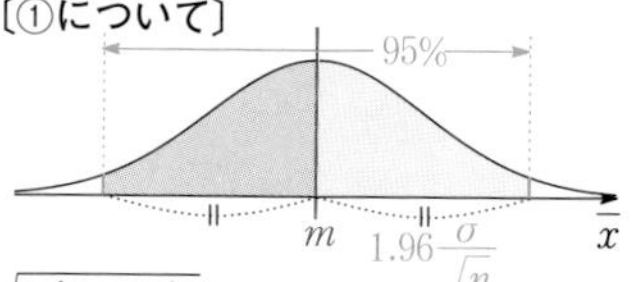

注 ②の場合，右上図が「$\overline{x}$」→「R」，「m」→「p」，「$1.96\dfrac{\sigma}{\sqrt{n}}$」→「$1.96\sqrt{\dfrac{p(1-p)}{n}}$」と変わります．
また，「1.96」を「2.58」に変えると，「0.95」が「0.99」に変わります．■

〔母平均の推定〕 例えばある工場で製造されたネジの強度を調べるため，母集団：ネジ $N=10$ 万本から $n=100$ 本を抽出して標本相加平均 $\overline{X}$ を求め，それを元に母平均 m について「推定」することを考えます．母集団（未知）$\xleftarrow{\text{推定}}$ 標本（既知）の向きです．（これ以降では，一般論を述べます）

①において，不等式 $|\overline{X}-m| \leqq 1.96\dfrac{\sigma}{\sqrt{n}}$ を，未知なる m を既知なる $\overline{X}$ で表す形に変えると，$\overline{X}-1.96\dfrac{\sigma}{\sqrt{n}} \leqq m \leqq \overline{X}+1.96\dfrac{\sigma}{\sqrt{n}}$.

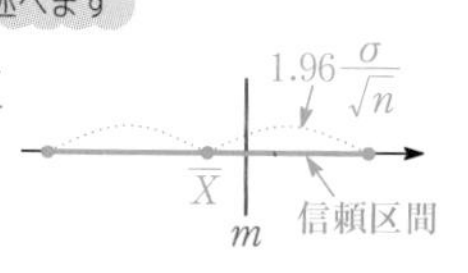

$\therefore$ 区間 $\left[\overline{X}-1.96\dfrac{\sigma}{\sqrt{n}},\ \overline{X}+1.96\dfrac{\sigma}{\sqrt{n}}\right]$ は，95% の確率で m を含みます．

この区間のことを，母平均 m に対する**信頼度** 95% の**信頼区間**といいます．

重要 母平均 m は，未知ではありますが**定数**です．（神のみぞ知る）
一方 $\overline{X}$ は，抽出 = 試行の結果に応じて定まる**確率変数**です．■

注意！ 抽出 = 試行の結果に応じて確率変数 $\overline{X}$ を含む**信頼区間が変動**し（右図の多数の線分），確率 95% で定数 m を含むという意味です．1つの信頼区間内（右図の1つの線分）に m がある確率ではありません！

母平均の信頼区間 定理

母平均 m の信頼度95%（99% なら…）の信頼区間は，$\left[\overline{X}-1.96\dfrac{\sigma}{\sqrt{n}},\ \overline{X}+1.96\dfrac{\sigma}{\sqrt{n}}\right]$（2.58 となる）

- $\overline{X}$ は標本平均（確率変数）
- n は標本サイズ．充分大きい．
- σ^2 は母分散[1]

注 [1]：信頼区間を表すには母分散 σ^2 の値が必要ですが，実際には未知であることが多く，標本サイズが大きければ**標本分散で代用してよい**とされています．（大学以降では「不偏分散」なるものを使います）

例題 8 7 a 母平均の推定 根底 実戦

[→演習問題 8 8 14]

製造されたある飲料から 100 本を抽出して容量 (単位：g) を測ったところ，標本平均は 2003，標本分散は 400 であった．この飲料全体の平均容量に対して，信頼度 95% の信頼区間を求めよ．

注 母分散は，とくに明示されていなくても標本分散に等しいとしてよいでしょう．

解答 標本平均 $\overline{X} = 2003$.
母分散 $\sigma^2 =$ 標本分散 $S^2 = 20^2$.
標本の大きさ $n = 100$.

$\dfrac{\sigma}{\sqrt{n}} = \dfrac{20}{10} = 2$ だから，母平均に対する 95% の信頼区間は

$$[2003 - 1.96 \times 2,\ 2003 + 1.96 \times 2],$$

i.e. $[1999.08,\ 2006.92]$.//

解説 試験の問題で問われるのは，多くの場合，このように 1 つの抽出結果に応じた信頼区間です．

語記サポ 信頼区間を求めることを，**推定**といいます．

〔母比率の「推定」〕前ページの②から，前記と同様に区間 $\left[R - 1.96\sqrt{\dfrac{p(1-p)}{n}},\ R + 1.96\sqrt{\dfrac{p(1-p)}{n}}\right]$ （R は確率変数）は，抽出 = 試行を繰り返すとき 95% の確率で定数 p を含みます．また，n が大きいとき「大数の法則」より標本比率 R は母比率 p に限りなく近いので，次のようになります：

母比率の信頼区間 定理 (n は標本サイズで，充分大きい)

母比率 p の信頼度 95% の信頼区間は，$\left[R - 1.96\sqrt{\dfrac{R(1-R)}{n}},\ R + 1.96\sqrt{\dfrac{R(1-R)}{n}}\right]$

確率変数 R: 標本比率
n: 標本サイズ 充分大きい

99% なら… 2.58 となる

注 母比率の推定においては，母平均と違って「分散」は一切現れませんよ．

例題 8 7 b 母比率の推定 根底 実戦

[→演習問題 8 8 14]

あるテレビ番組 A の全国世帯視聴率 p の調査のため，1 万世帯について調べたところ，千世帯が A を視聴したという．p に対して信頼度 99% の信頼区間を求めよ．

解答 標本比率 $R = \dfrac{1000}{10000} = \dfrac{1}{10}$.
標本の大きさ $n = 10000$.

$$\sqrt{\frac{R(1-R)}{n}} = \sqrt{\frac{\frac{1}{10}\cdot\frac{9}{10}}{10000}} = \frac{3}{1000}\ \text{より，}$$

母比率 p に対する 99% の信頼区間は

$$\left[\frac{1}{10} - 2.58 \times \frac{3}{1000},\ \frac{1}{10} + 2.58 \times \frac{3}{1000}\right],$$

$$[0.1 - 0.00774,\ 0.1 + 0.00774],$$

i.e. $[0.09226,\ 0.10774]$.//

余談 「1 万世帯」というのはほぼ実際の調査世帯数です．全国世帯視聴率がおおよそ「9.2%〜10.8%」．まずまずの精度と言えるのではないでしょうか．ただし…

注 前ページの注意!を忘れずに．仮にこのような抽出→調査を (毎回標本を変えながら) 何度も行うと，変動する信頼区間が 99% の確率で真の視聴率 (定数) を含むという意味です．もっとも，その “真の視聴率” を知るのは神のみですが (笑)．

信頼区間の幅 母平均，母比率の「信頼区間の幅」は，信頼度 95 %の場合，それぞれ $2 \times 1.96\dfrac{\sigma}{\sqrt{n}}$, $2 \times 1.96\sqrt{\dfrac{R(1-R)}{n}}$. これらはいずれも，$\sigma$ や R が不変であれば，分母にある標本サイズ n を大きくすると狭くなります．数多くの個体を調査した方が，より厳しく信頼区間を絞り込めるという訳です．

2 仮説検定の考え方・用語

I+A 4 10でもほぼ同内容を扱いました

とても単純な例を通して,「**仮説検定**」の考え方,およびそこで用いる用語の定義・意味を紹介します.

例 ある1つのサイコロDを180回投げたところ,1の目が40回出たとします.普通に考えて,1の目が出る回数は $180 \cdot \frac{1}{6} = 30$ (回) くらいが相場だと思われ,「40回」は少し多いですね.そこで,「サイコロDの1の目が出る確率 p には異常がある」と主張することを目指しましょう.

サイコロ =dice

	出た回数	計
1の目	40	180
他の目	140	

そのために用いる手法:「仮説検定」(単に「**検定**」ともいいます) は,「$\sqrt{2}$ は無理数」などを証明する際用いる「背理法」[→1 9 12]とそっくりです.対比してまとめておきます:

	背理法	仮説検定
❶ 示したいこと	A: $\sqrt{2}$ は無理数である	対立仮説 H_1: $p \neq \frac{1}{6}$
❷ 上記に相反(あいはん)する仮定	$\overline{A}$: $\sqrt{2}$ は有理数である	帰無仮説 H_0: $p = \frac{1}{6}$
❸ 目標	❷のもとに不合理を導く	❷のもとでは稀有(けう)であるはずの事象が現実に起きたことを示す

仮説 = hypothesis

間違ってると主張したい (無に帰したい) のが❷の**帰無仮説**.それと相対(あいたい)する❶の**対立仮説**が正しいと主張することを目指します.帰無仮説は,議論を進める"出発点"とするので,必ず「等式 $p = \frac{1}{6}$」とか「両者は等しい」のように明快なものにします.

❷を前提として導こうとする❸:目標も両者で似ています.「背理法」では,不合理を導き,「仮説検定」では,稀有(けう)な事象(滅多に起こり得ない出来事) が現実に起こったことを示そうとします.

それではこの**例**において,帰無仮説 H_0 をもとに,現実に起こった「40回」が稀有であることを示しましょう.H_0: $p = \frac{1}{6}$ を仮定すると,「1の目が出る回数」を X として,次のようになります:

X は二項分布 $B\left(180, \frac{1}{6}\right)$ に従う確率変数.

X は正規分布 $N\left(180 \cdot \frac{1}{6}, 180 \cdot \frac{1}{6} \cdot \frac{5}{6}\right)$, i.e. $N(30, 5^2)$ に従う. 近似的に

$Z = \frac{X-30}{5}$ は,標準正規分布 $N(0, 1^2)$ に従う.

8 6 6を用いて考えると,

$P(|X-30| \leq 1.96 \times 5) = 0.95.$ …③

ここまでは8 7 1「推定」の①②式と同様.しかし,「検定」≒「背理法」では,X という確率変数の範囲を考えます:

$P(20.2 \leq X \leq 39.8) = 0.95.$ ③で,$1.96 \times 5 = 9.8$

つまり,「$X = 40$(回)」は,H_0 のもとでは確率 $1 - 0.95$ i.e. 5% しか起こり得ない稀有な事象 (右図の赤色範囲) に属するのです.

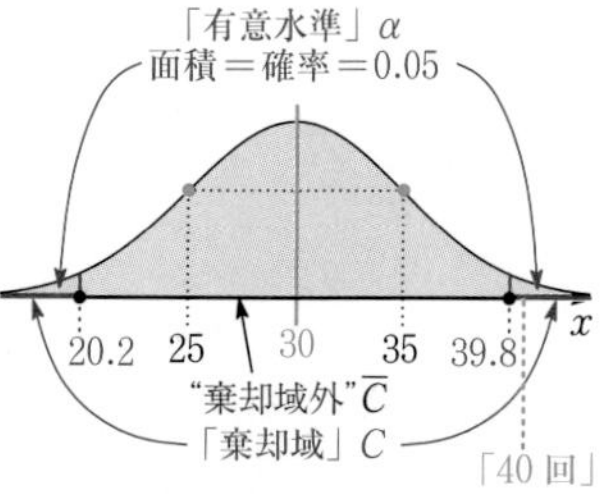

これほどまでに稀有な事象が起こったのは,前提としていた帰無仮説 H_0 が誤りだったからだと判断し,H_0: $p = \frac{1}{6}$ は捨てられ (**棄却**(ききゃく)),対立仮説 H_1: $p \neq \frac{1}{6}$ が支持 (**採択**) されます.

実際に仮説検定を行うときには,どの程度稀有 (小さな確率) な事象が起きた場合に H_0 を棄却して H_1 を採択するかを予め決めておきます.この確率 α のことを**有意水準**といいます.対立仮説 H_1 が意味を有すると判断すべき事象が起こる確率なのでこう呼びます.また,H_0 が棄却されるような X の範囲 C を**棄却域**といいます. 棄却域 =critical region

前記の 例 では，次のようになっていました：

有意水準 α：5%　棄却域 C：$X<20.2,\ 39.8<X$　"棄却域外" $\overline{C}$：$20.2\leq X\leq 39.8$.

X の実現値 $=40\in C$ なので H_0 は棄却され，H_1 が採択された訳です．

	H_0	H_1
$X\in C$ →	棄却	採択
$X\in\overline{C}$ →	？？	？？

もしも試行の結果が $X=35$ だった場合，$X\in\overline{C}$ となるので H_0 は棄却されませんが，だからといって H_0 が正しいとは支持されません．結論＝「わからない」となり，検定は失敗に終わったことになります．背理法で❸の矛盾が示せない失敗と似ていますね．

有意水準 α としては，普通「5%」または「1%」が用いられます．この設定，および試行の結果に応じて定まる確率変数 X の値によって，帰無仮説 H_0 は棄却されたりされなかったりします．

$\alpha=0.01$ (1%) に変えると，③式において「1.96」が「2.58」に変わり，"棄却域外" $\overline{C}$ は

$|X-30|\leq 2.58\times 5$, i.e. $\overline{C}$: $17.1\leq X\leq 42.9$.

さらに，X の値が 35, 45 であった場合も考えると，右図のように様々なケースが発生し得ます．

20.2　39.8
$\alpha=0.05$ | C | $\overline{C}$ | C
$\alpha=0.01$ | C | $\overline{C}$ | C
17.1　42.9
35　40　45

この図を見ながら，仮説検定において起こりかねない"誤り"について考察します：

〔H_0 が真であるとき〕 例えば前記の 例 ($\alpha=0.05$, $X=40$) で下した判断「$X\in C$ より H_0 を棄却」は誤りであったことになります．このように，実は正しい帰無仮説 H_0 を，たまたま稀有な事象が起こってしまったがために棄却してしまうことを，**第 1 種の誤り**といいます．　真である H_0 を棄却してしまう

〔H_0 が偽であるとき〕 例えば有意水準を $\alpha=0.01$ に変えると，$X=40\in\overline{C}$ となり，H_0 を棄却しない判断を下してしまうことになります．このように，実は誤りである帰無仮説 H_0 を，たまたま稀有な事象が起こらなかったがために棄却しないことを，**第 2 種の誤り**といいます．　偽である H_0 を棄却しない

上図の $X=35, 40, 45$ のケースをみると，それぞれの誤りの"起こりやすさ"は次表の通りです：

$\alpha=0.05$	棄却域 C に入りやすい	H_0 を棄却することが多い	H_0 が真→第 1 種の誤りの危険大
$\alpha=0.01$	"棄却域外" $\overline{C}$ に入りやすい	H_0 を棄却しないことが多い	H_0 が偽→第 2 種の誤りの危険大

有意水準 α は，H_0 が真のとき第 1 種の誤りが起こる確率であることから**危険率**とも呼ばれます．

注1　「実は真」とか「実は偽」と書いていますが，本当の真偽は誰にもわかりません．正に"神のみぞ知る"です．それに対して，背理法における❸の「不合理」は**絶対的な**「偽」なので，❶が**絶対的な**「真」であることが**厳密に**証明されたことになります．このように「背理法」と「仮説検定」はとてもよく似ていますが，示された主張の**信憑性**（しんぴょう）に差があります．「統計」って，「数学」とはちょっと違うんです（笑）．

注2　以上の解説では，話の流れをわかりやすくするため，「H_1 を主張したい」という明確な"意図"を持った記述を敢えて行いました．しかし，実際には偏りのない視点で統計調査を行うべきです．また，前述の"誤り"が起こる危険性もあることを念頭に置き，謙虚な姿勢で臨むことが大切です．

仮説検定の手順　方法論

1°　ある変量 x について観測されたデータをもとに，示そうとする対立仮説 H_1，それと相反する帰無仮説 H_0 を立てる．帰無仮説は「$p=\dfrac{1}{6}$」など明快なものにする．

2°　有意水準（危険率）α を決め，帰無仮説 H_0 に基づいて X の分布を求めて棄却域 C を決定する．

3°　X の実現値が棄却域 C に属するなら，H_0 を棄却して H_1 を採択．（$X\in\overline{C}$ なら検定は失敗）

3 仮説検定の問題

前項の 例 では，二項分布を素材として「仮説検定」の概要を紹介しました．本項では，様々な形式の仮説検定を実際に行ってみます．次の点にも留意してください．(何のことを言っているかは，解き進めるとわかります．)

- ◦連続型確率変数 or 離散型確率変数　◦母平均 or 母比率 or …
- ◦両側検定 or 片側検定　◦有意水準 5% or 1%　◦注目変量のまま直接 or 標準化された Z で間接

例題 8 7 C 母平均の検定 根底 実戦

[→演習問題 8 8 21]

あるお菓子メーカーの商品 A は，過去の調査に基づき内容量が 150g と表示されている．最近再び 49 個を抜き出して調査し直したところ，その平均値は 148.5g，標準偏差は 4.5g であった．商品 A の内容量に変化があったとみなすべきか．有意水準 5% で検定せよ．

注 標本サイズ：49 個は大きいとみなし，「推定」と同様，母分散を標本分散で代用します．

着眼 母集団：「商品 A の容量全体」
標本サイズ：$n=49$ 個
標本相加平均：$\overline{X}=148.5$g
標本標準偏差：$S=4.5$g

解答 商品 A の母平均 m について検定する．
1° 対立仮説 H_1:「$m \neq 150$」を示したい．
そこで，帰無仮説 H_0:「$m=150$」を前提とする．
2° 有意水準は $\alpha=0.05$.
抜き出した 49 個について，標本平均 $\overline{X}$ の分布は，母分散 $\sigma^2 \fallingdotseq$ 標本分散 $S^2=4.5^2$ より，
正規分布 $N\left(m, \dfrac{\sigma^2}{n}\right)$ i.e. $N\left(150, \dfrac{4.5^2}{49}\right)$. [1)]
よって棄却域 C は

$$\overline{X}<150-1.96\cdot\frac{4.5}{7},\ 150+1.96\cdot\frac{4.5}{7}<\overline{X}.$$

i.e. C: $\overline{X}<148.74,\ 151.26<\overline{X}$.

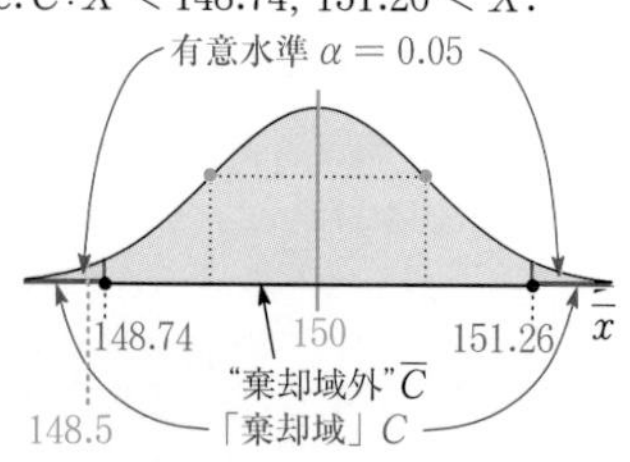

3° $\overline{X}$の実現値：$148.5 \in C$ だから，危険率 5% で H_0 を棄却する．つまり，商品 A の内容量に変化が生じたといえる． //

別解 $\overline{X}$ を標準化した Z を用いて解答すると，以下の通りです ([1) の続きから)：

$Z := \dfrac{\overline{X}-150}{\frac{4.5}{7}}$ は，標準正規分布 $N(0, 1^2)$ に従う．よって Z の棄却域は
C': $Z<-1.96,\ 1.96<Z$.
3° $\overline{X}$の実現値：148.5 に対する Z の値は

$$Z=\frac{148.5-150}{\frac{4.5}{7}}=-2.333\cdots \in C'.$$

よって，危険率 5% で H_0 を棄却する．(以下同様)

解説 「直接 $\overline{X}$」,「間接的に Z」のどちらでもできるようにしておきましょう．いろいろな誘導形式の問題に対応できるようにするために．

言い訳 ここで扱っている標準正規分布を用いる検定法は，大学以降の統計学で「Z 検定」と呼ばれるものであり，別解のように標準化された Z の値で間接的に処理するのが“本式”です．しかし，せっかく 8 6 6 を通して元の変量の値で直接検定できる道筋が用意されているのですから，そちらの方法もマスターしておくと便利です．

参考 本問の検定は次の通り：
- ◦連続型確率変数　◦母平均
- ◦両側検定 (後述)　◦有意水準 5%
- ◦「直接 $\overline{X}$」&「Z で間接」◦帰無仮説を棄却．

例題 8 7 d 母比率の検定 根底 実戦

[→演習問題 8 8 23]

植物 P の種子の色は，ある法則 M によると，黄色と緑色の個数の比が 3 : 1 となるはずである．ある農園 F で P の種子 2700 個を調べたところ，黄色が 1971 個で残りが緑色であった．農園 F の P の種子は，法則 M から外れていると言えるか？有意水準 0.01 で検定せよ．

注 標本サイズ：2700 個は充分大きいとみます．

着眼 母集団：「農園 F の P の種子全体」

標本サイズ：$n = 2700$ 個

黄色い種子の標本比率：$R = \dfrac{1971}{2700} = 0.73$．

解答 農園 F の P の種子に占める黄色い種子の母比率 p について検定する．

1° 対立仮説 H_1：「$p \neq \dfrac{3}{4}$」を示す．

そこで，帰無仮説 H_0：「$p = \dfrac{3}{4}$」を前提とする．

2° 有意水準は $\alpha = 0.01$．

抜き出した2700個について，標本比率 R の分布は

正規分布 $N\left(p, \dfrac{p(1-p)}{n}\right)$ i.e. $N\left(\dfrac{3}{4}, \dfrac{\frac{3}{4}\cdot\frac{1}{4}}{2700}\right)$.

$\sqrt{\dfrac{\frac{3}{4}\cdot\frac{1}{4}}{2700}} = \dfrac{1}{\sqrt{4^2\cdot900}} = \dfrac{1}{120}$ より，[1] 棄却域 C は

$$R < \frac{3}{4} - 2.58\cdot\frac{1}{120},\ \frac{3}{4} + 2.58\cdot\frac{1}{120} < R.$$

$$R < 0.75 - 0.0215,\ 0.75 + 0.0215 < R.$$

i.e. C: $R < 0.7285,\ 0.7715 < R$.

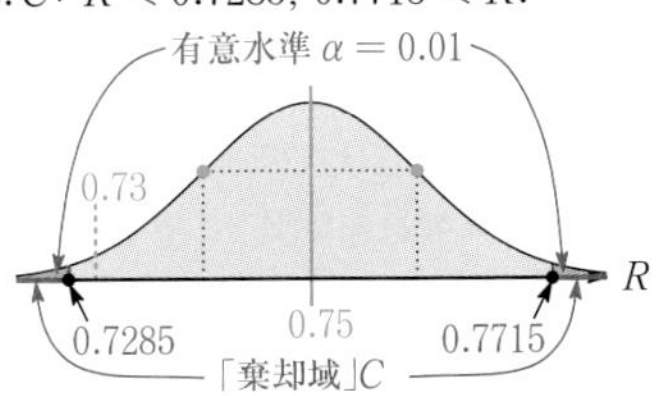

3° R の実現値：$0.73 \notin C$ だから，危険率 1% で H_0 を棄却しない．つまり，農園 F の P が法則 M から外れているとはいえない．//

注 有意水準を 5% に変えると，上記「2.58」が「1.96」に変わり，棄却域 C を求めると次のようになります：

$$C:\ R < 0.7336\cdots,\ 0.7663\cdots < R.$$

今度は，R の実現値：$0.73 \in C$ となり，H_0 は棄却，H_1 が採択されます．

注 次のような“誤り”の可能性があることを忘れずに：

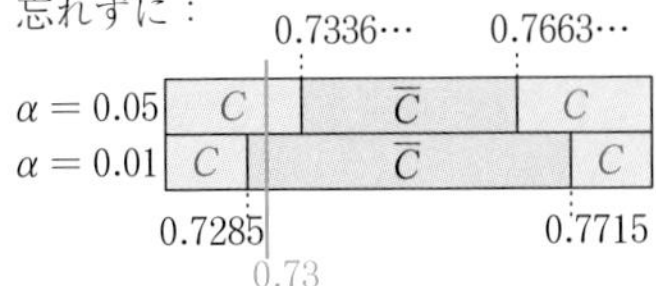

○ $\alpha = 0.05$ のとき，$R = 0.73 \in C$ より H_0 を棄却．H_0 が真だと第 1 種の誤り．

○ $\alpha = 0.01$ のとき，$R = 0.73 \notin C$ より H_0 を棄却せず．H_0 が偽だと第 2 種の誤り．

別解 R を標準化した Z を用いて解答すると，以下の通りです（[1] の続きから）：

$Z := \dfrac{R-0.75}{\frac{1}{120}} = 120(R-0.75)$ は，標準正規分布 $N(0, 1^2)$ に従う．よって Z の棄却域は

C': $Z < -2.58,\ 2.58 < Z$.

3° R の実現値：0.73 に対する Z の値は

$Z = 120(0.73 - 0.75) = -2.4 \notin C'$.

よって危険率1%で H_0 を棄却せず（以下同様）．

なお，有意水準を 5% に変えると，棄却域が

C': $Z < -1.96,\ 1.96 < Z$

に変わり，H_0 は棄却，H_1 が採択されます．

標準化された Z を用いる間接方式には，有意水準を切り替えても瞬時に対応できるというメリットがありますね．

参考 本問の検定は次の通り：

○ 離散型確率変数 [2]　○ 母比率
○ 両側検定（後述）　○ 有意水準 1%
○「直接 R」&「Z で間接」　○ 帰無仮説を棄却せず．

注 [2]：標本内の黄色い種子の「個数」X が関与しているのでいちおう離散型ですが，X のとり得る値が 2701 種類もありますから，連続型として扱うのが慣例でしょう．（次問も同様．）

余談 エンドウの種子の色に関するメンデルの法則をモデルとした架空のお話しでした．

ここまでの検定では，「$p \fallingdotseq \frac{3}{4}$」のように，「〜〜ではない」ことを主張する対立仮説の採択を目指しました．次の例題は，それとは別のタイプです．

例題 8 7 e 片側検定 根底 実戦

[→演習問題 8 8 20]

高校 2 年生向け統一テスト T（1000 点満点）の全国平均点は 630 点で分散は 22500 である．T の対策問題集 W をやった人から 100 人を抜き出して調べた平均点は 655 点であった．W をやった人の方が受験生全体に比べて T の得点が高いといえるか？危険率 5% で検定せよ．

方針 これまでの検定と違い，W をやった方が得点が高いかどうかにだけに関心があります（さすがに低い訳はないと考えます（笑））．このようなときは，棄却域を分布の右側だけにとります．これを**片側検定**といいます．それに対して，前問まで検定は**両側検定**と呼ばれます．

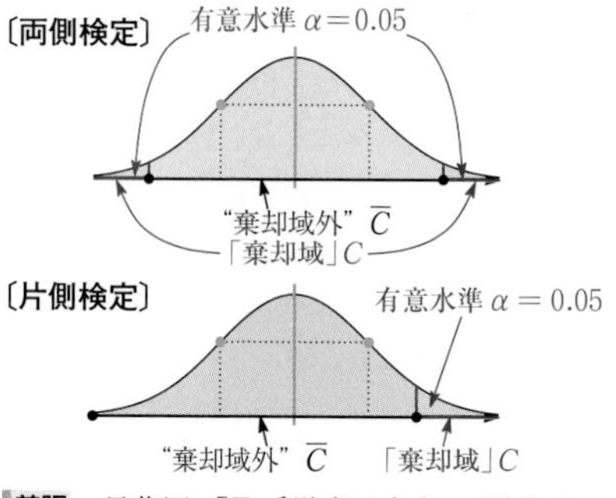

着眼 母集団：「T 受験者のうち，W をやった人全員の得点」 受験者全員ではない！

標本サイズ：$n=100$ 人

標本相加平均：$\overline{X}=655$ 点

母標準偏差：$\sigma=\sqrt{22500}=150$ 点

解答 W をやった人の得点の母平均 m について検定する．

1° 対立仮説 H_1：「$m>630$」を示したい．

そこで，帰無仮説 H_0：「$m=630$」を前提とする．

2° 有意水準は $\alpha=0.05$（片側検定）．

抜き出した 100 人について，標本平均 $\overline{X}$ の分布は

正規分布 $N\left(m, \frac{\sigma^2}{n}\right)$ i.e. $N\left(630, \frac{150^2}{100}\right)$．

方針 本問は，標準化された Z を用いる間接方式でやってみます．■

$Z := \frac{\overline{X}-m}{\frac{\sigma}{\sqrt{n}}} = \frac{\overline{X}-630}{15}$ が従う分布は，

標準正規分布 $N(0, 1^2)$．正規分布表より

$$P(Z \leq 1.64) = 0.5 + p(1.64) \fallingdotseq 0.95$$

だから，棄却域 C は，$Z>1.64$．

3° X の実現値：655 に対して

$$Z = \frac{655-630}{15} = \frac{5}{3} = 1.666\cdots \in C.$$

よって危険率 5% で H_0 を棄却する．

つまり，W をやった人は受験生全体に比べて T の得点が高いといえる．//

参考 本問の検定は次の通り：

- 離散型（実質は連続型）
- 標本平均
- 片側検定
- 有意水準 5%
- 標準化した Z で間接
- 帰無仮説を棄却．

両側検定・片側検定 方法論

帰無仮説は必ず等式

検定方法	目標	対立仮説（例）	帰無仮説（例）	棄却域（例）
両側検定	「…ではない」 と主張	$m \fallingdotseq 150$	$m=150$	$\overline{X}<148.74$, $151.26<\overline{X}$
片側検定	「…より大きい」 「…より小さい」 と主張	$m>630$ $m<630$	$m=630$	$1.64<Z$ $Z<-1.64$

問題文を読めば，どちらの「目標」を持った検定かがわかるようになっています．

重要 どちらの検定方式でも，帰無仮説はつねに明確な「等式」です．

注 上の 2 図からわかるように，今回の実現値：「655 点」の場合，片側検定の方が帰無仮説が棄却され目標の対立仮説が採択されやすいです．しかし，自身が望む結果を得ようとするがために合理性のない検定方法を採用するのはご法度ですよ．

8 演習問題B

881 根底 実戦

次の(1)〜(6)の確率変数 X は二項分布に従うか否かを答えよ．従う場合には，X の期待値・分散を求めよ．

(1) 1 枚のコインを 10 回投げるとき，表が出る回数 X

(2) 10 枚のコインを 1 回投げるとき，表が出る枚数 X

(3) 9 枚のカード：[1], [2], …, [9] が入った箱から，カードを 1 枚取り出して元に戻すことを 10 回繰り返すとき，偶数が出る回数 X

(4) 9 枚のカード：[1], [2], …, [9] が入った箱から，カードを 1 枚ずつ 5 回取り出す．ただし，取り出したカードは元に戻さない．このとき，偶数が出る回数 X

(5) サイコロを n 回投げるとき，1 の目が出る回数 X

(6) サイコロを n 回投げるとき，1 の目が出る回数と他の目が出る回数の差 X

882 根底 実戦

コインを 6 回投げるとき，表が出る回数を確率変数 X とする．

(1) X の期待値 $E(X)$，分散 $V(X)$ を求めよ．

(2) X の確率分布表を作り，それをヒストグラムに表せ．

883 根底 実戦 入試

ある連続型確率変数 X は $2 \leq X \leq 8$ の範囲の値をとる．幅が 1 の階級：

$[2, 3), [3, 4), [4, 5), [5, 6), [6, 7), [7, 8]$

に分けて分布をヒストグラムに表すと右図のようになっており，期待値は $E(X) = 5.5$ であった．これを近似する分布曲線[1] を $y = f(x) = ax + b$ と表すとき，定数 a, b の値を求めよ．

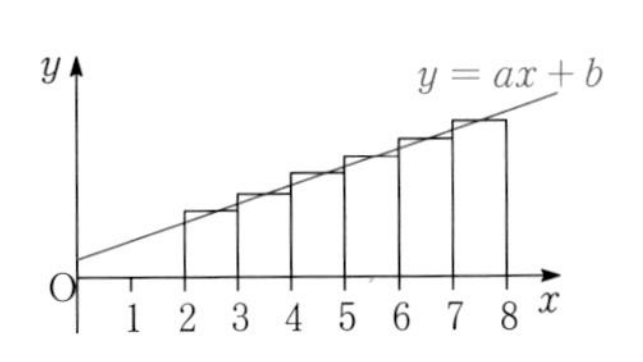

884 根底 実戦 入試

a は正の定数とする．連続型確率変数 X の密度関数 $f(x)$ は

$f(x) = ax \ (0 \leq x \leq 1)$

である．

(1) $f(x)$ を求めよ．

(2) X の期待値 $E(X)$ を求めよ．

(3) X の分散 $V(X)$ を求めよ．

885 根底実戦

期待値 m, 標準偏差 σ の正規分布を表す確率密度関数は

$$f(x)=\frac{1}{\sqrt{2\pi}\sigma}e^{-\frac{(x-m)^2}{2\sigma^2}}\quad \cdots①$$

である.

(1) 正規分布 $N(3,5)$ を表す確率密度関数 $f(x)$ を求めよ.

(2) 密度関数 $f(x)=\dfrac{1}{2\sqrt{\pi}}e^{-\frac{(x+1)^2}{4}}$ は, どのような確率分布を表すか?

886 根底実戦

標準正規分布に従う確率変数 Z について, 巻末の正規分布表の $p(t)$ を用いて以下の問に答えよ.

(1) $P(-1.03\leq Z\leq 1.35)$ を求めよ.

(2) $P(Z\leq a)=0.1$ となるような a の値を求めよ.

887 根底実戦

ある全国テストの全教科合計得点を偏差値に換算したものは正規分布 $N(50,10^2)$ に従っているとする. このデータから1つを選び, その偏差値を X とする. 巻末の正規分布表の $p(t)$ を用いて以下に答えよ.

(1) $60\leq X\leq 70$ …① である確率を求めよ.

(2) $50-a\leq X\leq 50+a$ …② となる確率が 0.5 であるような a を求めよ.

888 根底実戦 入試 重要

数直線上の動点Pが初め原点Oにあり, サイコロを1回投げるごとに, 3以上の目が出たら正の向きに2だけ移動し, 2以下の目が出たら負の向きに1だけ移動する. n 回移動した後のPの座標を確率変数 X とする. 以下の問に答えよ. ただし, $\sqrt{2}=1.41$ としてよいとし, (2)(3)では巻末の正規分布表の $p(t)$ を用いよ.

(1) $n=5$ のとき, $X<0$ となる確率を求めよ.

(2) $n=100$ のとき, $X>120$ となる確率を求めよ.

(3) $P(X>90)>\dfrac{1}{4}$ となる最小の n を求めよ.

889 根底実戦 入試 重要

大きさ $N=10^5$ の母集団から, $n=100$ 個の個体を無作為抽出した標本について考える. 巻末正規分布表の $p(t)$ を用いて, 以下の問に答えよ.

(1) 変量 x の母平均が 50, 母標準偏差が 10 であるとき, 標本平均 $\overline{X}$ について $48\leq\overline{X}\leq 52$ となる確率を求めよ.

(2) ある特性 A の母比率が $p=0.4$ であるとき，特性 A の標本比率 R について $R \geqq 0.5$ となる確率を求めよ．ただし，$\sqrt{6}=2.45$ としてよい．

(3) 母集団の中で特性 B をもつ個体が $8 \cdot 10^4$ 個あるとき，標本内で特性 B をもつ個体の個数 Y について $Y<75$ となる確率を求めよ．

8 8 10 根底 実戦 入試 重要

1 本 100 円のくじを 10 万本販売する．当たりくじは 1 等 200 円が 10000 本，2 等 150 円が 15000 本，3 等 100 円が 30000 本，4 等 50 円が 35000 本あり，残りは外れである．巻末正規分布表の $p(t)$ を用いて，以下の問に答えよ．

(1) くじを 1 本引く（買う）とき得られる賞金（円）の期待値・標準偏差を求めよ．ただし，必要ならば $\sqrt{350}=18.7$ としてよいとする．

(2) くじを 100 本引く（買う）ときを考える．その 100 本の賞金の相加平均が，1 本あたりの購入額：100 円以上となる確率を求めよ．また，当たりくじが 96 本以上含まれる確率を求めよ．

8 8 11 根底 実戦 入試

母集団におけるある特性 A の母比率が $p=0.5$ であるとする．そこから大きさ n の標本を作るとき，標本比率の母比率との誤差が 1 %未満になる確率が 95 %より大きくなるための n に関する条件を求めよ．

ただし，n は充分大きいとし，巻末正規分布表の $p(t)$ を用いてよい．

8 8 12 根底 実戦 入試 重要

正規分布 $N(104, 24^2)$ に従うある変量の母集団から，次の 2 つの方法で標本を抽出して得点を決定する．

(a) 1 つの個体を取り出し，その変量の値を 25 倍したものを得点とする．

(b) 1 つの個体を取り出して元に戻すことを 25 回繰り返し，その変量の値を合計したものを得点とする．

2 つの方法(a), (b)において，得点が 2300 以下または 2900 以上となる確率をそれぞれ求めよ．ただし，巻末の正規分布表の $p(t)$ を用いよ．

8 8 13 根底 実戦

(1) ある変量 x の母分散は 16 であるとする．母集団から抽出した大きさ $n=49$ の標本について，標本平均が $\overline{X}=12$ であった．これを元に，母平均 m に対して信頼度 95 %の信頼区間を求めよ．

(2) 母集団から抽出した大きさ $n=1600$ の標本について，標本比率が 0.2 であった．母比率 p に対して，信頼度 99 %で推定せよ．

8 8 14 根底実戦 重要

A さんは，自身が栽培するキャベツの重さを調べることにした．そこで，400 個のキャベツの重さを測った．

(1) 測った 400 個の中に重さが 1000g 未満のキャベツが 40 個あった．A さんの栽培するキャベツ全体に占める重さ 1000g 未満のものの比率に対して，信頼度 95 %の信頼区間を求めよ．

(2) 測った 400 個のキャベツの重さは，平均が 1300g，標準偏差が 200g であった．A さんの栽培するキャベツの重さの平均に対して，信頼度 99 %で推定せよ．

8 8 15 根底実戦

議席数 1 の選挙区で行われたある選挙の開票を始めたところ，開票率 1 %の段階で候補者 A の得票率は 60 %であった．これを元に，総投票数に占める候補者 A の得票率を信頼度 95 %で推定したところ，信頼区間の下限が 50 %を上回った．（よって，A の当選が有望となった．）このことから，この選挙区の総投票数 N に関してどのようなことが言えるか？

8 8 16 根底実戦 入試 ハイレベル

水田において 1 年間に収穫される米の量を考える．

ある地域の水田面積の総計は 5000ha であり，ここから 1 反（いったん）の水田 49 か所を無作為抽出して収穫量を調べたところ，平均が 9 俵（ひょう），標準偏差は 1 俵であった．この地域の水田全体における総収穫量に対して，信頼度 95 %で推定せよ．

語記サポ 1ha=1 ヘクタール =10000m^2．　1 反 = 約 0.1ha=1000m^2．　1 俵 =60kg

ただし，「俵」を単位として解答せよ．■

8 8 17 根底実戦 入試

ある特性の母比率に対して，信頼度 95 %の信頼区間を求めたところ，信頼区間の幅が 0.07 以上であった．このとき，標本の大きさ n は $n \leq 784$ を満たすことを示せ．

8 8 18 根底実戦 入試

日本全国の中学 2 年生男子の平均身長を母集団として，母平均 m を調べることにした．全数調査とその集計には時間がかかるので，とりあえず 100 人を無作為抽出する標本調査を調査機関 10 社：①〜⑩に依頼した．各社が集計した標本平均の値は次の通りであった：

①	②	③	④	⑤	⑥	⑦	⑧	⑨	⑩
164.6	165.1	165.7	164.8	164.5	165.8	165.5	163.7	166.2	165.4

5 年前の全数調査の結果は，平均 165cm，標準偏差 7cm だったので，今回も母標準偏差を 7cm として考える．

(1) 各社の集計をもとにした，母平均 m に対する信頼度 95 %の信頼区間をそれぞれ求めよ．（小数第 2 位で四捨五入して答えよ．）

(2) しばらく経って全数調査を終えた結果，母平均 m の実際の値は 165.3cm であった．(1)で求めた信頼区間のうち，この m の値を含むものは何個あるか？

8 8 19 根底 実戦 入試

推定における信頼度を γ とし，巻末正規分布表において $p(c)=\dfrac{\gamma}{2}$ となる $c\,(>0)$ を考える（例えば $\gamma=0.95$ なら $c=1.96$）.

変量 x について，母平均 m，母標準偏差 σ，標本の大きさ n，標本平均 $\overline{X}$，標本標準偏差 S とし，m の信頼度 γ の信頼区間 I の幅を W とする.

特性 A について，母比率 p，標本の大きさ n，標本比率 R とし，p の信頼度 γ の信頼区間 I' の幅を W' とする.

標本サイズ n は充分大きいとして，母平均，母比率の推定における信頼区間に関する以下の問に答えよ.

(1) $\gamma=0.95,\ \sigma=5,\ n=100$ のとき，$3\in I$ となるための $\overline{X}$ に関する条件を求めよ.

(2) $\gamma=0.99,\ S=5$ のとき，$W\leq 0.6$ となるための n に関する条件を求めよ.

(3) $n=200,\ \sigma=\sqrt{2}$ のとき，$W\leq 0.3$ となるための γ に関する条件を求めよ.

(4) $\gamma=0.9544,\ n=100$ のとき，I' の下限が 0.04 となるような R を求めよ.

(5) γ, n を一定にして考える．σ が未知であるとき，W は標本の選び方によらず不変か？

(6) γ, n を一定にして考える．W' は標本の選び方によらず不変か？

8 8 20 根底 実戦

あるコイン A を 100 回投げたところ，表が 59 回出た．このことから，コイン A は表が裏より出やすいと言えるか？有意水準 5 %で検定せよ.

8 8 21 根底 実戦

大学受験生の一日当たりの自宅学習時間を調査したところ，受験生全体の学習時間は，平均 5 時間であった.

A 大学受験者 36 人を対象に調査したところ，学習時間の平均は 6 時間，標準偏差は 1.8 時間であった．このことから，A 大学受験者の平均学習時間は，受験生全体のそれとは異なっていると言えるか？危険率 1 %で検定せよ.

8 8 22 根底 実戦

以前行った調査によると内閣支持率は 60 %であった．その後，支持率下落が心配になったため，150 人を対象に調査した結果，81 人が内閣を支持した．このことから，内閣支持率は下落したと判断できるか．有意水準 5 %で検定せよ.

8 8 23 根底 実戦

ある病気 D に罹患した患者のうち 80 %が 48 時間以内に自然治癒することがわかっている．D に罹患した患者のうち，ある健康飲料 A を常飲している人の中から 100 人を選んで調べたところ，48 時間以内に 90 人が治癒したことがわかった．このことから，A は D の治癒に対して影響を及ぼすと判断できるか？危険率 5 %で検定せよ.

8 8 24 根底 実戦 入試

ニュートン

ある工場では耐荷重 1000 (単位：N) のネジ A を製造している．製造機械を交換したので，改めてネジ A の耐荷重を計測することになった．

ネジ A を n 個抽出して測定したところ，平均 1021.5，標準偏差 100 であった．

これを元に有意水準 α で両側検定したところ，ネジ A の耐荷重に変化が生じたと判断を下した．

n は充分大きいとして，以下に答えよ．ただし，巻末の正規分布表の $p(t)$ を用いよ．

(1) $\alpha = 0.01$ とすると，n はどのような数か？

(2) $n = 100$ とすると，α はどのような数か？

8 8 25 根底 実戦 入試 重要

推定，検定に関する次の各文の正誤を判定せよ．

(1) 母平均の推定において，信頼区間は必ず母平均を含む．

(2) 母比率の推定において，2 つの標本をもとに作られた信頼区間どうしは，必ず共通部分をもつ．

(3) 母平均の推定において，母分散が既知で標本サイズが充分大きく一定であるとき，信頼区間の幅は標本の選び方によらず一定である．

(4) 母比率 p に対する信頼度 95 %の推定において，1 つの信頼区間には，95 %の確率で p が含まれる．

(5) 仮説検定において，帰無仮説 H_0 が棄却され対立仮説 H_1 が採択されたとき，H_1 は完全に証明されたことになる．

(6) 仮説検定において，帰無仮説 H_0 が棄却されなかったとき，H_0 が正しいと推測してよい．

(7) 標本平均を用いて母平均について検定するとき，母分散が既知ならば，標本サイズが大きいほど棄却域は広くなる．

(8) 両側検定，片側検定のどちらを使うかは，検定の目的に関わらず各自が自由に決めてよい．

8 8 26 根底 実戦

二項分布 $B(n, p)$ に従う確率変数 X について答えよ．

(1) 二項係数に関する公式：${}_n\mathrm{C}_k \cdot k = n \cdot {}_{n-1}\mathrm{C}_{k-1}$ …① を用いて，$E(X) = np$ を示せ．

(2) ①を用いて等式 ${}_n\mathrm{C}_k \cdot k(k-1) = n(n-1) \cdot {}_{n-2}\mathrm{C}_{k-2}$ …② を示し，これを用いて $V(X) = npq$ ($q = 1 - p$) を示せ．

8 8 27 根底 実戦

連続型確率変数 X ($x_1 \leq X \leq x_2$) の確率密度関数を $f(x)$ とする．

(1) $V(X) = E(X^2) - \{E(X)\}^2$ が成り立つことを示せ．

(2) a, b は定数とする ($a \neq 0$)．$E(aX + b) = aE(X) + b$, $V(aX + b) = a^2V(X)$ が成り立つことを示せ．

9 演習問題C 数学Ⅲとの融合

891 根底 実戦

正規分布を表す確率密度関数 $f(x) = \dfrac{1}{\sqrt{2\pi}\sigma}e^{-\frac{(x-m)^2}{2\sigma^2}}$ $(\sigma > 0)$ について，曲線 C: $y = f(x)$ の概形を描け (凹凸も調べよ).

892 根底 実戦 ハイレベル

確率変数 X が正規分布 $N(m, \sigma^2)$ に従うとき，$Z = \dfrac{X-m}{\sigma}$ は標準正規分布 $N(0, 1^2)$ に従うことを示せ.

893 根底 実戦 ハイレベル

標準正規分布に従う確率変数 Z の密度関数は，$f(z) = \dfrac{1}{\sqrt{2\pi}}e^{-\frac{z^2}{2}}$ である．$E(Z) = 0, V(Z) = 1^2$ であることを示せ．ただし，$P(U) = \displaystyle\int_{-\infty}^{\infty} f(z)\,dz = 1$ …①，$\displaystyle\int_{-\infty}^{\infty}(\text{奇関数})\,dz = 0$ …②，$\displaystyle\lim_{t\to\infty} te^{-t} = 0$ …③ は用いてよいとする.

語記サポ 「$\int_{-\infty}^{\infty}$」は，実数全体が積分区間だという意味.

常用対数表（1）

数	0	1	2	3	4	5	6	7	8	9
1.0	.0000	.0043	.0086	.0128	.0170	.0212	.0253	.0294	.0334	.0374
1.1	.0414	.0453	.0492	.0531	.0569	.0607	.0645	.0682	.0719	.0755
1.2	.0792	.0828	.0864	.0899	.0934	.0969	.1004	.1038	.1072	.1106
1.3	.1139	.1173	.1206	.1239	.1271	.1303	.1335	.1367	.1399	.1430
1.4	.1461	.1492	.1523	.1553	.1584	.1614	.1644	.1673	.1703	.1732
1.5	.1761	.1790	.1818	.1847	.1875	.1903	.1931	.1959	.1987	.2014
1.6	.2041	.2068	.2095	.2122	.2148	.2175	.2201	.2227	.2253	.2279
1.7	.2304	.2330	.2355	.2380	.2405	.2430	.2455	.2480	.2504	.2529
1.8	.2553	.2577	.2601	.2625	.2648	.2672	.2695	.2718	.2742	.2765
1.9	.2788	.2810	.2833	.2856	.2878	.2900	.2923	.2945	.2967	.2989
2.0	.3010	.3032	.3054	.3075	.3096	.3118	.3139	.3160	.3181	.3201
2.1	.3222	.3243	.3263	.3284	.3304	.3324	.3345	.3365	.3385	.3404
2.2	.3424	.3444	.3464	.3483	.3502	.3522	.3541	.3560	.3579	.3598
2.3	.3617	.3636	.3655	.3674	.3692	.3711	.3729	.3747	.3766	.3784
2.4	.3802	.3820	.3838	.3856	.3874	.3892	.3909	.3927	.3945	.3962
2.5	.3979	.3997	.4014	.4031	.4048	.4065	.4082	.4099	.4116	.4133
2.6	.4150	.4166	.4183	.4200	.4216	.4232	.4249	.4265	.4281	.4298
2.7	.4314	.4330	.4346	.4362	.4378	.4393	.4409	.4425	.4440	.4456
2.8	.4472	.4487	.4502	.4518	.4533	.4548	.4564	.4579	.4594	.4609
2.9	.4624	.4639	.4654	.4669	.4683	.4698	.4713	.4728	.4742	.4757
3.0	.4771	.4786	.4800	.4814	.4829	.4843	.4857	.4871	.4886	.4900
3.1	.4914	.4928	.4942	.4955	.4969	.4983	.4997	.5011	.5024	.5038
3.2	.5051	.5065	.5079	.5092	.5105	.5119	.5132	.5145	.5159	.5172
3.3	.5185	.5198	.5211	.5224	.5237	.5250	.5263	.5276	.5289	.5302
3.4	.5315	.5328	.5340	.5353	.5366	.5378	.5391	.5403	.5416	.5428
3.5	.5441	.5453	.5465	.5478	.5490	.5502	.5514	.5527	.5539	.5551
3.6	.5563	.5575	.5587	.5599	.5611	.5623	.5635	.5647	.5658	.5670
3.7	.5682	.5694	.5705	.5717	.5729	.5740	.5752	.5763	.5775	.5786
3.8	.5798	.5809	.5821	.5832	.5843	.5855	.5866	.5877	.5888	.5899
3.9	.5911	.5922	.5933	.5944	.5955	.5966	.5977	.5988	.5999	.6010
4.0	.6021	.6031	.6042	.6053	.6064	.6075	.6085	.6096	.6107	.6117
4.1	.6128	.6138	.6149	.6160	.6170	.6180	.6191	.6201	.6212	.6222
4.2	.6232	.6243	.6253	.6263	.6274	.6284	.6294	.6304	.6314	.6325
4.3	.6335	.6345	.6355	.6365	.6375	.6385	.6395	.6405	.6415	.6425
4.4	.6435	.6444	.6454	.6464	.6474	.6484	.6493	.6503	.6513	.6522
4.5	.6532	.6542	.6551	.6561	.6571	.6580	.6590	.6599	.6609	.6618
4.6	.6628	.6637	.6646	.6656	.6665	.6675	.6684	.6693	.6702	.6712
4.7	.6721	.6730	.6739	.6749	.6758	.6767	.6776	.6785	.6794	.6803
4.8	.6812	.6821	.6830	.6839	.6848	.6857	.6866	.6875	.6884	.6893
4.9	.6902	.6911	.6920	.6928	.6937	.6946	.6955	.6964	.6972	.6981
5.0	.6990	.6998	.7007	.7016	.7024	.7033	.7042	.7050	.7059	.7067
5.1	.7076	.7084	.7093	.7101	.7110	.7118	.7126	.7135	.7143	.7152
5.2	.7160	.7168	.7177	.7185	.7193	.7202	.7210	.7218	.7226	.7235
5.3	.7243	.7251	.7259	.7267	.7275	.7284	.7292	.7300	.7308	.7316
5.4	.7324	.7332	.7340	.7348	.7356	.7364	.7372	.7380	.7388	.7396

常用対数表（2）

数	0	1	2	3	4	5	6	7	8	9
5.5	.7404	.7412	.7419	.7427	.7435	.7443	.7451	.7459	.7466	.7474
5.6	.7482	.7490	.7497	.7505	.7513	.7520	.7528	.7536	.7543	.7551
5.7	.7559	.7566	.7574	.7582	.7589	.7597	.7604	.7612	.7619	.7627
5.8	.7634	.7642	.7649	.7657	.7664	.7672	.7679	.7686	.7694	.7701
5.9	.7709	.7716	.7723	.7731	.7738	.7745	.7752	.7760	.7767	.7774
6.0	.7782	.7789	.7796	.7803	.7810	.7818	.7825	.7832	.7839	.7846
6.1	.7853	.7860	.7868	.7875	.7882	.7889	.7896	.7903	.7910	.7917
6.2	.7924	.7931	.7938	.7945	.7952	.7959	.7966	.7973	.7980	.7987
6.3	.7993	.8000	.8007	.8014	.8021	.8028	.8035	.8041	.8048	.8055
6.4	.8062	.8069	.8075	.8082	.8089	.8096	.8102	.8109	.8116	.8122
6.5	.8129	.8136	.8142	.8149	.8156	.8162	.8169	.8176	.8182	.8189
6.6	.8195	.8202	.8209	.8215	.8222	.8228	.8235	.8241	.8248	.8254
6.7	.8261	.8267	.8274	.8280	.8287	.8293	.8299	.8306	.8312	.8319
6.8	.8325	.8331	.8338	.8344	.8351	.8357	.8363	.8370	.8376	.8382
6.9	.8388	.8395	.8401	.8407	.8414	.8420	.8426	.8432	.8439	.8445
7.0	.8451	.8457	.8463	.8470	.8476	.8482	.8488	.8494	.8500	.8506
7.1	.8513	.8519	.8525	.8531	.8537	.8543	.8549	.8555	.8561	.8567
7.2	.8573	.8579	.8585	.8591	.8597	.8603	.8609	.8615	.8621	.8627
7.3	.8633	.8639	.8645	.8651	.8657	.8663	.8669	.8675	.8681	.8686
7.4	.8692	.8698	.8704	.8710	.8716	.8722	.8727	.8733	.8739	.8745
7.5	.8751	.8756	.8762	.8768	.8774	.8779	.8785	.8791	.8797	.8802
7.6	.8808	.8814	.8820	.8825	.8831	.8837	.8842	.8848	.8854	.8859
7.7	.8865	.8871	.8876	.8882	.8887	.8893	.8899	.8904	.8910	.8915
7.8	.8921	.8927	.8932	.8938	.8943	.8949	.8954	.8960	.8965	.8971
7.9	.8976	.8982	.8987	.8993	.8998	.9004	.9009	.9015	.9020	.9025
8.0	.9031	.9036	.9042	.9047	.9053	.9058	.9063	.9069	.9074	.9079
8.1	.9085	.9090	.9096	.9101	.9106	.9112	.9117	.9122	.9128	.9133
8.2	.9138	.9143	.9149	.9154	.9159	.9165	.9170	.9175	.9180	.9186
8.3	.9191	.9196	.9201	.9206	.9212	.9217	.9222	.9227	.9232	.9238
8.4	.9243	.9248	.9253	.9258	.9263	.9269	.9274	.9279	.9284	.9289
8.5	.9294	.9299	.9304	.9309	.9315	.9320	.9325	.9330	.9335	.9340
8.6	.9345	.9350	.9355	.9360	.9365	.9370	.9375	.9380	.9385	.9390
8.7	.9395	.9400	.9405	.9410	.9415	.9420	.9425	.9430	.9435	.9440
8.8	.9445	.9450	.9455	.9460	.9465	.9469	.9474	.9479	.9484	.9489
8.9	.9494	.9499	.9504	.9509	.9513	.9518	.9523	.9528	.9533	.9538
9.0	.9542	.9547	.9552	.9557	.9562	.9566	.9571	.9576	.9581	.9586
9.1	.9590	.9595	.9600	.9605	.9609	.9614	.9619	.9624	.9628	.9633
9.2	.9638	.9643	.9647	.9652	.9657	.9661	.9666	.9671	.9675	.9680
9.3	.9685	.9689	.9694	.9699	.9703	.9708	.9713	.9717	.9722	.9727
9.4	.9731	.9736	.9741	.9745	.9750	.9754	.9759	.9763	.9768	.9773
9.5	.9777	.9782	.9786	.9791	.9795	.9800	.9805	.9809	.9814	.9818
9.6	.9823	.9827	.9832	.9836	.9841	.9845	.9850	.9854	.9859	.9863
9.7	.9868	.9872	.9877	.9881	.9886	.9890	.9894	.9899	.9903	.9908
9.8	.9912	.9917	.9921	.9926	.9930	.9934	.9939	.9943	.9948	.9952
9.9	.9956	.9961	.9965	.9969	.9974	.9978	.9983	.9987	.9991	.9996

平方・平方根・逆数の表

n	n^2	$\sqrt{n}$	$\sqrt{10n}$	$\frac{1}{n}$
1	1	1.0000	3.1623	1.0000
2	4	1.4142	4.4721	0.5000
3	9	1.7321	5.4772	0.3333
4	16	2.0000	6.3246	0.2500
5	25	2.2361	7.0711	0.2000
6	36	2.4495	7.7460	0.1667
7	49	2.6458	8.3666	0.1429
8	64	2.8284	8.9443	0.1250
9	81	3.0000	9.4868	0.1111
10	100	3.1623	10.0000	0.1000
11	121	3.3166	10.4881	0.0909
12	144	3.4641	10.9545	0.0833
13	169	3.6056	11.4018	0.0769
14	196	3.7417	11.8322	0.0714
15	225	3.8730	12.2474	0.0667
16	256	4.0000	12.6491	0.0625
17	289	4.1231	13.0384	0.0588
18	324	4.2426	13.4164	0.0556
19	361	4.3589	13.7840	0.0526
20	400	4.4721	14.1421	0.0500
21	441	4.5826	14.4914	0.0476
22	484	4.6904	14.8324	0.0455
23	529	4.7958	15.1658	0.0435
24	576	4.8990	15.4919	0.0417
25	625	5.0000	15.8114	0.0400
26	676	5.0990	16.1245	0.0385
27	729	5.1962	16.4317	0.0370
28	784	5.2915	16.7332	0.0357
29	841	5.3852	17.0294	0.0345
30	900	5.4772	17.3205	0.0333
31	961	5.5678	17.6068	0.0323
32	1024	5.6569	17.8885	0.0313
33	1089	5.7446	18.1659	0.0303
34	1156	5.8310	18.4391	0.0294
35	1225	5.9161	18.7083	0.0286
36	1296	6.0000	18.9737	0.0278
37	1369	6.0828	19.2354	0.0270
38	1444	6.1644	19.4936	0.0263
39	1521	6.2450	19.7484	0.0256
40	1600	6.3246	20.0000	0.0250
41	1681	6.4031	20.2485	0.0244
42	1764	6.4807	20.4939	0.0238
43	1849	6.5574	20.7364	0.0233
44	1936	6.6332	20.9762	0.0227
45	2025	6.7082	21.2132	0.0222
46	2116	6.7823	21.4476	0.0217
47	2209	6.8557	21.6795	0.0213
48	2304	6.9282	21.9089	0.0208
49	2401	7.0000	22.1359	0.0204
50	2500	7.0711	22.3607	0.0200
51	2601	7.1414	22.5832	0.0196
52	2704	7.2111	22.8035	0.0192
53	2809	7.2801	23.0217	0.0189
54	2916	7.3485	23.2379	0.0185
55	3025	7.4162	23.4521	0.0182
56	3136	7.4833	23.6643	0.0179
57	3249	7.5498	23.8747	0.0175
58	3364	7.6158	24.0832	0.0172
59	3481	7.6811	24.2899	0.0169
60	3600	7.7460	24.4949	0.0167
61	3721	7.8102	24.6982	0.0164
62	3844	7.8740	24.8998	0.0161
63	3969	7.9373	25.0998	0.0159
64	4096	8.0000	25.2982	0.0156
65	4225	8.0623	25.4951	0.0154
66	4356	8.1240	25.6905	0.0152
67	4489	8.1854	25.8844	0.0149
68	4624	8.2462	26.0768	0.0147
69	4761	8.3066	26.2679	0.0145
70	4900	8.3666	26.4575	0.0143
71	5041	8.4261	26.6458	0.0141
72	5184	8.4853	26.8328	0.0139
73	5329	8.5440	27.0185	0.0137
74	5476	8.6023	27.2029	0.0135
75	5625	8.6603	27.3861	0.0133
76	5776	8.7178	27.5681	0.0132
77	5929	8.7750	27.7489	0.0130
78	6084	8.8318	27.9285	0.0128
79	6241	8.8882	28.1069	0.0127
80	6400	8.9443	28.2843	0.0125
81	6561	9.0000	28.4605	0.0123
82	6724	9.0554	28.6356	0.0122
83	6889	9.1104	28.8097	0.0120
84	7056	9.1652	28.9828	0.0119
85	7225	9.2195	29.1548	0.0118
86	7396	9.2736	29.3258	0.0116
87	7569	9.3274	29.4958	0.0115
88	7744	9.3808	29.6648	0.0114
89	7921	9.4340	29.8329	0.0112
90	8100	9.4868	30.0000	0.0111
91	8281	9.5394	30.1662	0.0110
92	8464	9.5917	30.3315	0.0109
93	8649	9.6437	30.4959	0.0108
94	8836	9.6954	30.6594	0.0106
95	9025	9.7468	30.8221	0.0105
96	9216	9.7980	30.9839	0.0104
97	9409	9.8489	31.1448	0.0103
98	9604	9.8995	31.3050	0.0102
99	9801	9.9499	31.4643	0.0101
100	10000	10.0000	31.6228	0.0100

正規分布表

下の表は，標準正規分布曲線における右図の青色部分の面積の値を求め，小数第 5 位を四捨五入した値をまとめたものである．

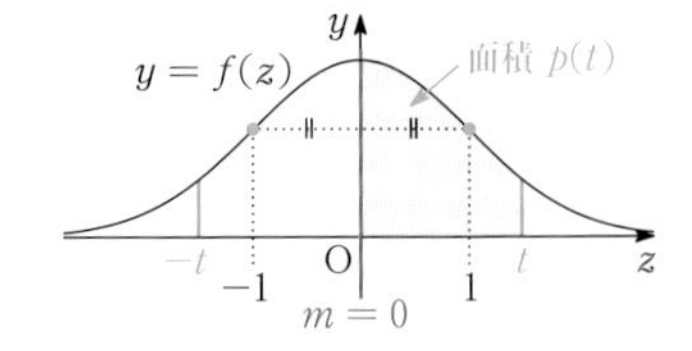

z_0	0.00	0.01	0.02	0.03	0.04	0.05	0.06	0.07	0.08	0.09
0.0	0.0000	0.0040	0.0080	0.0120	0.0160	0.0199	0.0239	0.0279	0.0319	0.0359
0.1	0.0398	0.0438	0.0478	0.0517	0.0557	0.0596	0.0636	0.0675	0.0714	0.0753
0.2	0.0793	0.0832	0.0871	0.0910	0.0948	0.0987	0.1026	0.1064	0.1103	0.1141
0.3	0.1179	0.1217	0.1255	0.1293	0.1331	0.1368	0.1406	0.1443	0.1480	0.1517
0.4	0.1554	0.1591	0.1628	0.1664	0.1700	0.1736	0.1772	0.1808	0.1844	0.1879
0.5	0.1915	0.1950	0.1985	0.2019	0.2054	0.2088	0.2123	0.2157	0.2190	0.2224
0.6	0.2257	0.2291	0.2324	0.2357	0.2389	0.2422	0.2454	0.2486	0.2517	0.2549
0.7	0.2580	0.2611	0.2642	0.2673	0.2704	0.2734	0.2764	0.2794	0.2823	0.2852
0.8	0.2881	0.2910	0.2939	0.2967	0.2995	0.3023	0.3051	0.3078	0.3106	0.3133
0.9	0.3159	0.3186	0.3212	0.3238	0.3264	0.3289	0.3315	0.3340	0.3365	0.3389
1.0	0.3413	0.3438	0.3461	0.3485	0.3508	0.3531	0.3554	0.3577	0.3599	0.3621
1.1	0.3643	0.3665	0.3686	0.3708	0.3729	0.3749	0.3770	0.3790	0.3810	0.3830
1.2	0.3849	0.3869	0.3888	0.3907	0.3925	0.3944	0.3962	0.3980	0.3997	0.4015
1.3	0.4032	0.4049	0.4066	0.4082	0.4099	0.4115	0.4131	0.4147	0.4162	0.4177
1.4	0.4192	0.4207	0.4222	0.4236	0.4251	0.4265	0.4279	0.4292	0.4306	0.4319
1.5	0.4332	0.4345	0.4357	0.4370	0.4382	0.4394	0.4406	0.4418	0.4429	0.4441
1.6	0.4452	0.4463	0.4474	0.4484	**0.4495**	0.4505	0.4515	0.4525	0.4535	0.4545
1.7	0.4554	0.4564	0.4573	0.4582	0.4591	0.4599	0.4608	0.4616	0.4625	0.4633
1.8	0.4641	0.4649	0.4656	0.4664	0.4671	0.4678	0.4686	0.4693	0.4699	0.4706
1.9	0.4713	0.4719	0.4726	0.4732	0.4738	0.4744	**0.4750**	0.4756	0.4761	0.4767
2.0	0.4772	0.4778	0.4783	0.4788	0.4793	0.4798	0.4803	0.4808	0.4812	0.4817
2.1	0.4821	0.4826	0.4830	0.4834	0.4838	0.4842	0.4846	0.4850	0.4854	0.4857
2.2	0.4861	0.4864	0.4868	0.4871	0.4875	0.4878	0.4881	0.4884	0.4887	0.4890
2.3	0.4893	0.4896	0.4898	0.4901	0.4904	0.4906	0.4909	0.4911	0.4913	0.4916
2.4	0.4918	0.4920	0.4922	0.4925	0.4927	0.4929	0.4931	0.4932	0.4934	0.4936
2.5	0.4938	0.4940	0.4941	0.4943	0.4945	0.4946	0.4948	0.4949	**0.4951**	0.4952
2.6	0.4953	0.4955	0.4956	0.4957	0.4959	0.4960	0.4961	0.4962	0.4963	0.4964
2.7	0.4965	0.4966	0.4967	0.4968	0.4969	0.4970	0.4971	0.4972	0.4973	0.4974
2.8	0.4974	0.4975	0.4976	0.4977	0.4977	0.4978	0.4979	0.4979	0.4980	0.4981
2.9	0.4981	0.4982	0.4982	0.4983	0.4984	0.4984	0.4985	0.4985	0.4986	0.4986
3.0	0.4987	0.4987	0.4987	0.4988	0.4988	0.4989	0.4989	0.4989	0.4990	0.4990

$\begin{cases} p(1.64) = 0.44950 \leftarrow 0.45 \text{ に近い} \\ p(1.65) = 0.45053 \end{cases}$

$\begin{cases} p(2.57) = 0.49492 \\ p(2.58) = 0.49506 \leftarrow 0.495 \text{ に近い} \end{cases}$

index

記号・英字

i … 58 1 9 1
$\vec{0}$ … 95 2 2 2
rad … 166 4 1 2
$\left[F(x)\right]_a^b$ … 298 6 5 3
$P(A)$ … 398 8 1 1
$E(X)$ … 400 8 2 2
$V(X)$ … 403 8 2 3
$\sigma(X)$ … 403 8 2 3
$B(n,\ p)$ … 412 8 5 1
$N(m,\ \sigma^2)$ … 416 8 5 4
bell curve … 416 8 5 4

あ

アポロニウスの円・128 3 7 1
余り … 18 1 2 2
位置ベクトル … 98 2 3 1
“一致の定理” … 39 1 5 4
一般角 … 164 4 1 1
一般項 … 330 7 1 2
円周 … 118 3 4 1
黄金比 … 189 4 4 3
“一昨日昨日式” … 362 7 6 4

か

階差 … 343 7 5 3
階差数列 … 343 7 5 3
解の公式 … 63 1 10 3
“カウント変数” … 413 8 5 2
確率 … 398 8 1 1
確率分布 … 400 8 2 1
確率分布表 … 400 8 2 1
確率変数 … 400 8 2 1
確率密度関数 … 414 8 5 3
仮説検定 … 430 8 7 2
片側検定 … 434 8 7 3
傾き … 112 3 2 1
下端 … 298 6 5 3
カバリエリの原理・307 6 6 1
奇関数 … 198, 305 4 6 3, 6 5 8
棄却 … 430 8 7 2
棄却域 … 430 8 7 2
危険率 … 431 8 7 2
軌跡 … 128 3 7 1
軌跡の限界 … 129 3 7 2
期待値 … 401 8 2 2
帰納的定義 … 332 7 2 1
基本周期 … 197 4 6 2
帰無仮説 … 430 8 7 2
逆関数 … 238 5 4 1
逆ベクトル … 95 2 2 2
共役 … 59 1 9 4
極 … 155 3 8 7
極限値 … 271 6 1 6
極小 … 275 6 2 3
極小値 … 275 6 2 3
曲線 … 111 3 1 2
極線 … 155 3 8 7
極大 … 275 6 2 3
極大値 … 275 6 2 3
極値 … 275 6 2 3
極でない停留点 … 275 6 2 3
虚数 … 58 1 9 1
虚数単位 … 58 1 9 1
虚部 … 58 1 9 1
偶関数 … 198, 305 4 6 3, 6 5 8
区分求積法 … 300 6 5 5
組立除法 … 22 1 2 5
群数列 … 375 7 8 1
原始関数 … 296 6 5 1
減少 … 274 6 2 2
減少列 … 354 7 5 9
検定 … 430 8 7 2
公差 … 332 7 2 1
格子点 … 376 7 8 2
項数 … 330 7 1 1
合成 … 192 4 4 5
恒等式 … 36 1 5 1
公比 … 336 7 3 1
互換 … 85 1 12 3
弧度法 … 166 4 1 2

さ

最小値 … 51 1 7 3
採択 … 430 8 7 2
サインカーブ … 196 4 6 1
差分 … 345 7 5 5
三角関数 … 168 4 2 2
指数 … 226 5 1 1
指数関数 … 232 5 2 1
指数法則 … 230 5 1 6
始線 … 164 4 1 1
自然対数の底 … 239 5 4 4
従う … 400 8 2 1
実部 … 58 1 9 1
始点 … 92 2 1 1
重解 … 72 1 10 7
周期 … 197 4 6 2
収束 … 271 6 1 6
終点 … 92 2 1 1
自由落下 … 266 6 1 1
瞬間速度 … 267 6 1 1
“瞬間変化率” … 267 6 1 2
純虚数 … 58 1 9 1
商 … 18 1 2 2
上端 … 298 6 5 3
常用対数 … 252 5 6 4
初項 … 330 7 1 1
真数 … 235 5 3 2
信頼区間 … 428 8 7 1
信頼度 … 428 8 7 1
垂直 … 104 2 5 1
推定 … 429 8 7 1
推定帰納法 … 356 7 6 1
数学的帰納法 … 368 7 7 1
数列 … 330 7 1 1
正規分布 … 416 8 5 4
正規分布曲線 … 416 8 5 4
正弦曲線 … 196 4 6 1
整式の除法 … 18 1 2 2
正射影ベクトル … 101 2 4 3
正の向き … 164 4 1 1
成分表示 … 93 2 1 5
正領域 … 133 3 7 5
積の微分法 … 277 6 2 4
積分区間 … 298 6 5 3
積分する … 296 6 5 1
積分定数 … 296 6 5 1
積分変数 … 296 6 5 1
積和公式 … 190 4 4 4
接する … 277 6 2 4
接線 … 272 6 2 1
絶対不等式 … 286 6 3 3
接点 … 272 6 2 1
零ベクトル … 95 2 2 2
漸化式 … 332 7 2 1
漸近線 … 198 4 6 3
線型計画法 … 143 3 8 5
線型性 … 317 6 7 2
全数調査 … 422 8 6
増加 … 274 6 2 2
増加関数 … 274 6 2 2
相加平均 … 50 1 7 3
相加平均と相乗平均の大小関係(2文字) 50 1 7 3
増加列 … 354 7 5 9
増減表 … 274 6 2 2
相乗平均 … 50 1 7 3

た

第 1 種の誤り … 431 8 7 2
対数 … 235 5 3 2
対数関数 … 238 5 4 1
大数の法則 … 427 8 6 5
第 2 種の誤り … 431 8 7 2
対立仮説 … 430 8 7 2
多項定理 … 15 1 1 5
ダミー変数 … 342, 413 7 5 1, 8 5 2
単位円 … 168 4 2 2
単位ベクトル … 92 2 1 3

単振動 …………… 213 4 7 4
単調減少列 ……… 354 7 5 9
単調増加 ………… 274 6 2 2
単調増加列 ……… 354 7 5 9
“単なる類推” …… 331 7 1 3
チェビシェフの多項式
………………… 218 4 7 5
抽出 ……………… 422 8 6 1
中心極限定理 …… 426 8 6 5
底 …………… 232, 235
5 2 1, 5 3 2
定数数列 ………… 339 7 3 4
定数値関数 ……… 215 4 7 4
定数分離 ………… 283 6 3 2
定積分 …………… 298 6 5 3
停留点 …………… 275 6 2 3
展開式の一般項 …… 13 1 1 3
導関数 …………… 268 6 1 3
動径 ……………… 164 4 1 1
等差数列 ………… 332 7 2 1
等差中項 ………… 334 7 2 5
同時分布 ………… 406 8 3 4
等比数列 ………… 336 7 3 1
等比中項 ………… 339 7 3 4
特殊解 …………… 359 7 6 3
特性方程式 ……… 362 7 6 4
独立 ……………… 407 8 3 6
独立事象 ………… 407 8 3 6
“ドミノ式” ……… 332 7 2 1
“ドミノ式証明法”・368 7 7 1

な

内積 ……………… 100 2 4 2
なす角 …………… 100 2 4 1
二項定理 …………… 12 1 1 3
二項分布 ………… 412 8 5 1
二重接線 ………… 289 6 3 4
2 乗根 …………… 228 5 1 3
2 倍角公式 ……… 185 4 4 2

は

媒介変数 ………… 129 3 7 2
パスカルの三角形 … 14 1 1 4
“パタパタ” ……… 344 7 5 4
パラメタ ………… 129 3 7 2
半整数補正 ……… 421 8 5 6
反転 ……………… 153 3 8 7
判別式 ……………… 64 1 10 3
被積分関数 ……… 296 6 5 1
微分 ……………… 301 6 5 5
微分係数 ………… 267 6 1 2
微分する ………… 268 6 1 3
標準化 …………… 405 8 3 3
標準正規分布 …… 416 8 5 5
標準偏差 ………… 403 8 2 3
標本 ……………… 422 8 6 1
“標本相加平均” …. 423 8 6 3
標本調査 ………… 422 8 6
標本標準偏差 …… 422 8 6 3
標本比率 ………… 424 8 6 4
標本分散 ………… 422 8 6 3
標本平均 ………… 422 8 6 3
比例式 ……………… 44 1 6 3
フィボナッチ数列・381 7 8 5
複接線 …………… 289 6 3 4
複素数 ……………… 58 1 9 1
不定積分 ………… 296 6 5 1
負の向き ………… 164 4 1 1
部分分数展開 ……… 29 1 3 6
部分列 …………… 338 7 3 3
負領域 …………… 133 3 7 5
分散 ……………… 403 8 2 3
分子の低次化 ……… 30 1 3 7
分布 ……………… 400 8 2 1
分布曲線 ………… 414 8 5 3
平均 ……………… 401 8 2 2
平均速度 ………… 266 6 1 1
平行 ………………… 93 2 1 4
平方根 …………… 228 5 1 3
ベクトル …………… 92 2 1 1
偏角 ……………… 168 4 2 2
変曲点 …………… 278 6 2 5
偏差値 …………… 405 8 3 3
方向ベクトル …… 112 3 2 1
法線 ……………… 291 6 3 5
法線ベクトル …… 113 3 2 2
方程式 …………… 111 3 1 2
母集団 …………… 422 8 6 1
母集団分布 ……… 422 8 6 3
母数 ……………… 422 8 6 3
母標準偏差 ……… 422 8 6 3
母比率 …………… 424 8 6 4
母分散 …………… 422 8 6 3
母平均 …………… 422 8 6 3

ま

末項 ……………… 330 7 1 1
無限数列 ………… 330 7 1 1
無作為標本 ……… 422 8 6 2

や

有意水準 ………… 430 8 7 2
有限数列 ………… 330 7 1 1
有向線分 …………… 92 2 1 1

ら

ラジアン ………… 166 4 1 2
離散型確率変数 …. 415 8 5 3
離散変量 ………… 414 8 5 3
立方根 …………… 228 5 1 3
領域 ……………… 131 3 7 3
両側検定 ………… 434 8 7 3
累乗 ……………… 226 5 1 1
累乗根 …………… 228 5 1 3
累積帰納法 ……… 374 7 7 3
連続型確率変数 …. 415 8 5 3
連続性補正 ……… 421 8 5 6
連続変量 ………… 414 8 5 3
連比 ………………… 44 1 6 3
連立 ……………… 122 3 6 1

わ

y 切片 …………… 112 3 2 1
和積公式 ………… 190 4 4 4
和分 ……………… 345 7 5 5

著者紹介

広瀬 和之　(ひろせ かずゆき)

・大手予備校講師歴 30 年超．『攻める老後』を旗印に，世の人々の「わかる喜び」のため，あらゆる媒体を駆使して奮闘中．

・広瀬教育ラボ代表｜河合塾数学科講師｜資産形成支援協会特別アドバイザー｜映像授業（マナビス＆ YouTube ＆自社サイト）｜著書多数（学参・証券外務員試験）｜指導対象：大学受験数学・投資・他

・数学指導の 3 本柱：**基本**にさかのぼる｜**現象**そのものをあるがままに見る｜**計算**を合理的に行う

・数学講義で心掛けていること：簡潔な「本質」を抽出・体系化し｜正しく，生徒と共有できる「言葉」で｜教室の隅まで「響く声」で伝える．｜（どれも“あたりまえなこと”ばかり）

・広瀬教育ラボ大学受験数学 https://hirose-math.com/ 受験に役立つ膨大な量のアドバイス・プリント類を公開｜**本書に関する『動画解説＆補足情報』もあり**

・Amazon 著者ページあり　　・Twitter https://twitter.com/kazupaavo

・YouTube 広瀬教育ラボチャンネル（数学学習法など多彩な内容）

『**謝辞**』本書は，組版ソフト：TeX(テフ) を用いて作成されました．このような数式を美しく出力できるソフトを作成・無償提供してくださったクヌース教授に敬意を表します．また，筆者自らが描いた図は，全て描画ソフト：WinTpic によります．作成者の方に感謝いたします．
そして，筆者の無数のわがままを根気よく聞き入れた上で TeX による出版体制を整えてくださった編集担当の荻野様，遅れに遅れた原稿を，限られた時間の中で校正してくださった鳥居様，本多様のご協力が無ければ，本書は到底完成し得ませんでした．この場を借りて，心より感謝いたします．

□ 編集協力　鳥居竜三　本多慶子
□ 本文デザイン　CONNECT
□ 図版作成　広瀬和之

シグマベスト
入試につながる
合格る 数学Ⅱ＋B

著　者　広瀬和之
発行者　益井英郎
印刷所　中村印刷株式会社
発行所　株式会社文英堂
〒601-8121　京都市南区上鳥羽大物町28
〒162-0832　東京都新宿区岩戸町17
(代表)03-3269-4231

●落丁・乱丁はおとりかえします。

入試につながる

合格る数学Ⅱ+B

解答集

文英堂

第1章 いろいろな式

4 演習問題A

141 二項定理 根底 実戦 [→例題11c]

注 二項定理を使うときは,「抜き出して掛ける」という**展開の仕組み**をイメージしながら.

解答 (1) $(x-2y)^4$

$=\{x+(-2y)\}^4$

$={}_4C_0x^4(-2y)^0+{}_4C_1x^3(-2y)^1+{}_4C_2x^2(-2y)^2+{}_4C_3x^1(-2y)^3+{}_4C_4x^0(-2y)^4$

$=x^4-4x^3\cdot 2y+6x^2(2y)^2-4x(2y)^3+(2y)^4$

$=x^4-8x^3y+24x^2y^2-32xy^3+16y^4$.//

(2) 展開式において,

a^5の項は, ${}_5C_0\cdot(2a)^5=2^5\cdot a^5$.

この係数は, $2^5=32$.//

a^2b^3の項は, ${}_5C_3\cdot(2a)^2(-3b)^3=-10\cdot 2^2\cdot 3^3\times a^2b^3$.

この係数は, $-10\cdot 2^2\cdot 3^3=-1080$.//

解説 行っているのは,結局は単項式の計算です.

符号→文字の次数→係数の絶対値

の順に考えるのでしたね. [→ I+A 例題11a]

(3) 展開式の一般項は

$${}_9C_k\cdot x^{9-k}\left(\frac{2}{x^2}\right)^k={}_9C_k\cdot 2^k\times\frac{x^{9-k}}{x^{2k}}\text{[1]}.$$

これが定数項となるとき, $9-k=2k$ より $k=3$.

よって求める定数項は

$${}_9C_3\cdot 2^3=\frac{9\cdot 8\cdot 7}{3\cdot 2}\cdot 2^3=3\cdot 7\cdot 2^5=21\cdot 32=672.//$$

将来 [1]: 6指数・対数関数後 $\dfrac{x^{9-k}}{x^{2k}}=x^{9-3k}$ とまとめて書き表せます.これが定数項となるための条件は, $9-3k=0$ ですね.

142 展開の仕組み 根底 実戦 重要 [→例題11a]

注 a, b, c という3項からなる因数があるので「多項定理」を使ってもよいですが…

方針 「左」「中」「右」の3つの因数からそれぞれどれを**抜き出して掛けるか**という感覚に基づいて**考えましょう**.

解答

「左」 「中」 「右」

与式 $=(a+b+c)(a+b+c)(a+b+c)$ (a^3; a^2b になる抜き出し方の1つ)

与式 $=(a+b+c)(a+b+c)(a+b+c)$ (abc になる抜き出し方の1つ)

a^3 となる抜き出し方は, 1通り.

よって, a^3 の係数は, 1.

a^2b となる抜き出し方は, 3つの因数のうちどの1つの因数だけから b を抜き出すかと考えて3通り.

よって, a^2b の係数は, 3[1].

abc となる抜き出し方は, 3つの因数から異なる文字を抜き出す仕方を考えて $3!$ 通り.よって, abc の係数は, $3!$[2] $=6$.

解説 [1][2]:抜き出し方を具体的に列記すると,次の通りです.

1)

「左」	「中」	「右」
a	a	b
a	b	a
b	a	a

2)

「左」	「中」	「右」
a	b	c
a	c	b
b	a	c
b	c	a
c	a	b
c	b	a

補足 他の項についても抜き出し方の数を考えると,次のようになります:

文字が1種類: a^3, b^3, c^3 … $1\cdot 3=3$ 個

文字が2種類: $a^2b, a^2c, b^2a, b^2c, c^2a, c^2b$ … $3\cdot 6=18$ 個

文字が3種類: abc … 6個

これらの合計個数は $3+18+6=27$ 個となり,確かに3つの因数「左」「中」「右」から項を1つずつ抜き出す仕方の数: 3^3 通りと一致していますね.

参考 展開式の同類項をまとめたとき何種類の項ができるかについては, [→ I+A 演習問題7531]

143 多項定理 根底 実戦 [→例題11e]

方針 「多項定理」を,**抜き出す感覚**とともに用います.

解答 (1) 展開式における a^2b^5c の項は, 8個の因数から a, b, c をそれぞれ 2, 5, 1 回抜き出して得られるから

$$\frac{8!}{2!5!1!}\cdot a^2b^5c.$$

よって求める係数は

$$\frac{8!}{2!5!}=\frac{8\cdot 7\cdot 6}{2}=168.//$$

(2) 展開式における pq^2r^2 の項は, $p, -2q, r, 3$ をそれぞれ 1, 2, 2, 1 回抜き出して得られるから

$$\frac{6!}{2!2!}\cdot p\cdot(-2q)^2\cdot r^2\cdot 3=\frac{6!}{2!2!}\cdot 2^2\cdot 3\cdot pq^2r^2.$$

よって求める係数は

$6!\cdot 3=720\cdot 3=2160$.//

144 二項展開の利用 根底 実戦

[→例題 11g]

着眼 (2) 左辺：二項係数 ${}_{n+2}\mathrm{C}_{k+2}$ がある.
→ $(1+x)^{n+2}$ の二項展開式を利用.
右辺：二項係数 ${}_n\mathrm{C}_\triangle$ がある.
→ $(1+x)^n$ の二項展開式を利用. ■

解答 (1) 展開式の一般項は, ${}_n\mathrm{C}_k x^k$. //

(2) $(1+x)^{n+2}=(1+x)^2\cdot(1+x)^n$.

左辺 $=\cdots+{}_{n+2}\mathrm{C}_{k+2}x^{k+2}+\cdots$.

右辺 $=(1+2x+x^2)$
$\times(\cdots+{}_n\mathrm{C}_k x^k+{}_n\mathrm{C}_{k+1}x^{k+1}+{}_n\mathrm{C}_{k+2}x^{k+2}+\cdots)$.

両辺の展開式における x^{k+2} の係数は,

$$\begin{cases}\text{左辺}: {}_{n+2}\mathrm{C}_{k+2}, \\ \text{右辺}: 1\cdot{}_n\mathrm{C}_{k+2}+2{}_n\mathrm{C}_{k+1}+1\cdot{}_n\mathrm{C}_k.\end{cases}$$

これらが等しいことから, ①が示せた. □

参考 二項係数に関する公式：

${}_n\mathrm{C}_k={}_{n-1}\mathrm{C}_{k-1}+{}_{n-1}\mathrm{C}_k$

を既知とすれば, これを繰り返し用いて示すこともできます.

$$\begin{aligned}{}_{n+2}\mathrm{C}_{k+2}&={}_{n+1}\mathrm{C}_{k+1}+{}_{n+1}\mathrm{C}_{k+2}\\&={}_n\mathrm{C}_k+{}_n\mathrm{C}_{k+1}+{}_n\mathrm{C}_{k+1}+{}_n\mathrm{C}_{k+2}\\&={}_n\mathrm{C}_k+2{}_n\mathrm{C}_{k+1}+{}_n\mathrm{C}_{k+2}.\end{aligned}$$ □

注 この手法による解答は, 既に
I+A演習問題 7 5 36(3)でやりました.

参考 (1) 展開式全体を $\sum$ 記号（数列後）を用いて書くと, 次の通りです.

$$(1+x)^n=\sum_{k=0}^{n}{}_n\mathrm{C}_k x^k.$$

145 二項係数の和 根底 実戦

[→例題 11g]

方針 S は二項係数の“前半”のみの和です. そこで, “後半”も作って完全な二項係数の和を作ります.

解答

$S={}_{2n}\mathrm{C}_0+{}_{2n}\mathrm{C}_1+{}_{2n}\mathrm{C}_2+\cdots+{}_{2n}\mathrm{C}_n$.
$S={}_{2n}\mathrm{C}_{2n}+{}_{2n}\mathrm{C}_{2n-1}+{}_{2n}\mathrm{C}_{2n-2}+\cdots+{}_{2n}\mathrm{C}_n$.

辺々加えると　${}_n\mathrm{C}_k={}_n\mathrm{C}_{n-k}$ を用いた

$$\begin{aligned}2S&=({}_{2n}\mathrm{C}_0+{}_{2n}\mathrm{C}_1+{}_{2n}\mathrm{C}_2+\cdots+{}_{2n}\mathrm{C}_{2n})+{}_{2n}\mathrm{C}_n\\&=\sum_{k=0}^{2n}{}_{2n}\mathrm{C}_k1^{2n-k}\cdot1^k+{}_{2n}\mathrm{C}_n\\&=(1+1)^{2n}+{}_{2n}\mathrm{C}_n\\&=2^{2n}+{}_{2n}\mathrm{C}_n.\end{aligned}$$

$\therefore\ S=2^{2n-1}+\frac{1}{2}{}_{2n}\mathrm{C}_n$. //

補足 次のパスカルの三角形において, 偶数乗の行における左側（赤字部分）の和を求めるという問題でした.「左右対称」という特性が利用できる訳です.

$(a+b)^1$	1	1							
$(a+b)^2$	1	2	1						
$(a+b)^3$	1	3	3	1					
$(a+b)^4$	1	4	6	4	1				
$(a+b)^5$	1	5	10	10	5	1			
$(a+b)^6$	1	6	15	20	15	6	1		
$(a+b)^7$	1	7	21	35	35	21	7	1	
$(a+b)^8$	1	8	28	56	70	56	28	8	1

146 二項係数の等式 根底 実戦 入試

[→例題 11g]

着眼 (2) 右辺の「${}_{2n}\mathrm{C}_n$」は(1)の答えですね. 一方左辺には「${}_n\mathrm{C}_\triangle$」がありますから, $(1+x)^n$ の展開式を考えます.

解答 (1) $(1+x)^{2n}$ の展開式における x^n の項は
${}_{2n}\mathrm{C}_n x^n$. よって求める係数は, ${}_{2n}\mathrm{C}_n$. //

${}_n\mathrm{C}_\triangle$ から発想

(2) $(1+x)^{2n}=(1+x)^n\cdot(1+x)^n$. …①

左辺の展開式における x^n の係数は, (1)より,
${}_{2n}\mathrm{C}_n$. …②

一方, 右辺の展開式は
$({}_n\mathrm{C}_0+{}_n\mathrm{C}_1x+\cdots+{}_n\mathrm{C}_{n-1}x^{n-1}+{}_n\mathrm{C}_nx^n)$
$\times({}_n\mathrm{C}_0+{}_n\mathrm{C}_1x+\cdots+{}_n\mathrm{C}_{n-1}x^{n-1}+{}_n\mathrm{C}_nx^n)$.

よって, ①の右辺の展開式における x^n の係数は,

$$\begin{aligned}&{}_n\mathrm{C}_0\cdot{}_n\mathrm{C}_n+{}_n\mathrm{C}_1\cdot{}_n\mathrm{C}_{n-1}+\cdots\\&\qquad+{}_n\mathrm{C}_{n-1}\cdot{}_n\mathrm{C}_1+{}_n\mathrm{C}_n\cdot{}_n\mathrm{C}_0\\&={}_n\mathrm{C}_0{}^2+{}_n\mathrm{C}_1{}^2+{}_n\mathrm{C}_2{}^2+\cdots+{}_n\mathrm{C}_{n-1}{}^2+{}_n\mathrm{C}_n{}^2\end{aligned}$$

（${}_n\mathrm{C}_k={}_n\mathrm{C}_{n-k}$ を用いた）.

これと②より, 与式が示せた. □

解説 ①のように, ある多項式を 2 通りに表して両辺の係数を比較するのは, よく用いる手法です.

147 二項係数の等式 根底 実戦 入試

[→例題 11g]

着眼 前問と同様, ある多項式を 2 通りに表して両辺の係数を比較します. ただし, 登場する二項係数が全て「${}_{2n}\mathrm{C}_\triangle$」の形ですから,「$2n$ 乗」の二項展開式だけを利用します.「$1-x^2$」を 2 通りに表すのがポイントです.

解答 (1) $(1-x^2)^{2n}=\{1+(-x^2)\}^{2n}$ の展開式における x^{2n} の項は

$${}_{2n}\mathrm{C}_n(-x^2)^n=(-1)^n{}_{2n}\mathrm{C}_n\cdot x^{2n}.$$

よって求める係数は, $(-1)^n{}_{2n}\mathrm{C}_n$. //

注 この程度なら, このように“カン”を働かせて片付けられると理想的です. ■

(2) $(1-x^2)^{2n}=(1-x)^{2n}\cdot(1+x)^{2n}$. …①

左辺の展開式における x^{2n} の係数は，(1)より，

$(-1)^n{}_{2n}\mathrm{C}_n$. …②

一方，右辺の展開式は

$$({}_{2n}\mathrm{C}_0-{}_{2n}\mathrm{C}_1x+\cdots-{}_{2n}\mathrm{C}_{2n-1}x^{2n-1}+{}_{2n}\mathrm{C}_{2n}x^{2n})$$
$$\times({}_{2n}\mathrm{C}_0+{}_{2n}\mathrm{C}_1x+\cdots+{}_{2n}\mathrm{C}_{2n-1}x^{2n-1}+{}_{2n}\mathrm{C}_{2n}x^{2n}).$$

よって，①の右辺の展開式における x^{2n} の係数は，

$$\begin{aligned}&{}_{2n}\mathrm{C}_0\cdot{}_{2n}\mathrm{C}_{2n}-{}_{2n}\mathrm{C}_1\cdot{}_{2n}\mathrm{C}_{2n-1}+\cdots\\&\qquad-{}_{2n}\mathrm{C}_{2n-1}\cdot{}_{2n}\mathrm{C}_1+{}_{2n}\mathrm{C}_{2n}\cdot{}_{2n}\mathrm{C}_0\\&={}_{2n}\mathrm{C}_0{}^2-{}_{2n}\mathrm{C}_1{}^2+{}_{2n}\mathrm{C}_2{}^2-\cdots-{}_{2n}\mathrm{C}_{2n-1}{}^2+{}_{2n}\mathrm{C}_{2n}{}^2\end{aligned}$$

（${}_{2n}\mathrm{C}_k={}_{2n}\mathrm{C}_{2n-k}$ を用いた).

これと②より，与式が示せた. □

参考 (2)で示した等式が，$n=1, 2$ において確かに成り立つことを確認しておきます.

$$n=1 \text{ のとき}\begin{cases}\text{左辺}=1^2-2^2+1^2=-2.\\\text{右辺}=-2.\end{cases}$$

$$n=2 \text{ のとき}\begin{cases}\text{左辺}=1^2-4^2+6^2-4^2+1^2=6.\\\text{右辺}=6.\end{cases}$$

1 4 8 除法の実行 根底 実戦

[→例題 1 2 a]

方針 除法の筆算は，係数のみ書いて済ませるようにしましょう.

解答 (1) $9x^2=\underbrace{(3x-2)}_{1\text{次式}}(3x+2)+\underbrace{4}_{\text{定数}}$.

∴ 商：$3x+2$, 余り：4.//

(2)

$$\begin{array}{rrr|rrrr} & & & 1 & 2 & & \\ \hline 1 & -2 & 2 & 1 & 0 & 6 & -2\\ & & & 1 & -2 & 2 & \\ \hline & & & & 2 & 4 & -2\\ & & & & 2 & -4 & 4\\ \hline & & & & & 8 & -6\end{array}$$

商：$x+2$, 余り：$8x-6$.//

(3) $g(x)=2\left(x-\frac{1}{2}\right)$. そこで，$f(x)$ をいったん $x-\frac{1}{2}$ で割る.

$$\begin{array}{c|cccc}\frac{1}{2} & 2 & -4 & 5 & -2\\ & & 1 & -\frac{3}{2} & \frac{7}{4}\\ \hline & 2 & -3 & \frac{7}{2} & \left|\,-\frac{1}{4}\right.\end{array}$$

$$\begin{aligned}f(x)&=\left(x-\frac{1}{2}\right)\cdot\left(2x^2-3x+\frac{7}{2}\right)-\frac{1}{4}\\&\overset{1)}{=}(2x-1)\cdot\left(x^2-\frac{3}{2}x+\frac{7}{4}\right)-\frac{1}{4}.\end{aligned}$$

よって，商：$x^2-\frac{3}{2}x+\frac{7}{4}$, 余り：$-\frac{1}{4}$.//

注 1)：(3)は，ここの変形の手間を考えると下のように筆算を用いても大差ありません.

$$\begin{array}{rr|rrrr} & & 1 & -\frac{3}{2} & \frac{7}{4} & \\ \hline 2 & -1 & 2 & -4 & 5 & -2\\ & & 2 & -1 & & \\ \hline & & & -3 & 5 & \\ & & & -3 & \frac{3}{2} & \\ \hline & & & & \frac{7}{2} & -2\\ & & & & \frac{7}{2} & -\frac{7}{4}\\ \hline & & & & & -\frac{1}{4}\end{array}$$

1 4 9 除法の仕組み 根底 実戦

[→例題 1 2 c]

方針 整式の除法のルールにのっとって考えましょう.

解答 $A=BQ+R$ より

$$\begin{aligned}BQ&=A-R\\&=2x^3-x^2+2x-3 \quad (x=1\text{のとき}0\text{となる})\\&=(x-1)(2x^2+x+3).\end{aligned}$$

ここに，$2x^2+x+3$ は整数係数では因数分解不能である[2)].

また，余り R は1次式だから，割る式 B は2次以上で整数係数の整式．以上より

$$\begin{cases}B=2x^3-x^2+2x-3,\ Q=1.\ \text{または}\\B=2x^2+x+3,\ Q=x-1.//\end{cases}$$

注 1)：この条件がない場合

$$\begin{aligned}BQ&=(2x^2+x+3)\cdot(x-1)\\&=\left(x^2+\frac{1}{2}x+\frac{3}{2}\right)\cdot(2x-2)\end{aligned}$$

より，$B=x^2+\frac{1}{2}x+\frac{3}{2}$, $Q=2x-2$ なども正解となります.

2)：方程式 $2x^2+x+3=0$ の解：$x=\dfrac{-1\pm\sqrt{23}i}{4}$ を用いて因数分解すると

$$2\left(x-\frac{-1+\sqrt{23}i}{4}\right)\left(x-\frac{-1-\sqrt{23}i}{4}\right)$$

となり，「整数係数」ではなくなります.

1 4 10 複雑な数値の代入 根底 実戦 典型 定期

[→例題 1 2 d]

方針 x に $\dfrac{3-\sqrt{13}}{4}$ を代入したとき「値0」となる式を，$f(x)$ から予め除いておくのがポイントです.

解答 $\alpha=\dfrac{3-\sqrt{13}}{4}$ とおくと，

$(4\alpha-3)^2=13.$

$16\alpha^2-24\alpha-4=0.$

$4\alpha^2-6\alpha-1=0.$ …①

除く

そこで，$f(x)$ を $g(x):=4x^2-6x-1$ で割る．

$$\begin{array}{rrr|rrrr} & & & 1 & -3 & & \\ \hline 4 & -6 & -1 & 4 & -18 & 19 & 3 \\ & & & 4 & -6 & -1 & \\ \hline & & & & -12 & 20 & 3 \\ & & & & -12 & 18 & 3 \\ \hline & & & & & 2 & 0 \end{array}$$

$f(x)=g(x)\cdot(x-3)+2x.$ 式として等しい

$\therefore\ f(\alpha)=g(\alpha)\cdot(\alpha-3)+2\alpha$ 値として等しい

$=2\alpha$ ($\because$ ①より $g(\alpha)=0$)

$=\dfrac{3-\sqrt{13}}{2}.$ //

解説 3 次式 $f(x)$ から，x に α を代入したとき数値「0」になる 2 次式 $g(x)$ を**予**(あらかじ)**め除いておく**という手法です．

注 整式の除法を行う時点では $g(x)$ は 0 という式ではありません．x に α を数値代入したときの値 $g(\alpha)$ が，0 となるのです．

1 4 11 1次式で割った余り 根底 実戦 [→例題 1 2 f]

方針 (1)(2) 1 次式 $2x-1$ で割った余りが問われていますから，剰余の定理，因数定理が使えますね．

(3) これは少しだけひねられていますが，よく考えれば…

解答 (1) $2x-1=2\left(x-\dfrac{1}{2}\right)$ だから，求める余りは剰余の定理より

$$f\left(\frac{1}{2}\right)=\frac{1}{4}+\frac{a}{4}-a-1=-\frac{3}{4}(a+1). //$$

(2) 題意の条件は，因数定理より(1)で求めた余りが 0 であること，すなわち

$$-\frac{3}{4}(a+1)=0.\quad \therefore\ a=-1. //$$

(3) $F(x)=(2x+1)f(x)$ とおく．

これを $2x-1=2\left(x-\dfrac{1}{2}\right)$ で割った余りは

$$F\left(\frac{1}{2}\right)=\left(2\cdot\frac{1}{2}+1\right)\cdot f\left(\frac{1}{2}\right)=2\cdot\frac{-3}{4}(a+1).$$

よって題意の条件は

$$2\cdot\frac{-3}{4}(a+1)=-6.\quad \therefore\ a=3. //$$

参考 (3)は，除法の仕組みにもどって次のように解答することもできます．

(1)より，$Q(x)$ をある整式として

$$f(x)=(2x-1)Q(x)-\frac{3}{4}(a+1)$$

と表せて，

$(2x+1)f(x)$

$=(2x+1)\left\{(2x-1)Q(x)-\dfrac{3}{4}(a+1)\right\}$

$=(2x-1)\cdot(2x+1)Q(x)-\dfrac{3}{4}(a+1)\cdot\underbrace{(2x+1)}_{(2x-1)+2}$

$=(2x-1)\cdot(x\text{ の多項式})\underbrace{-\dfrac{3}{4}(a+1)\cdot 2}_{\text{これが題意の余り}}.$

(…以下同様…)

1 4 12 余りを求める 根底 実戦 [→例題 1 2 g]

方針 $(x-1)^2$ で割った余りが問われているのですから，因数 $(x-1)$ に注目して式変形します．

解答 二項定理より

$(x+1)^n$

$=\{2+(x-1)\}^n$

$=2^n+n\cdot2^{n-1}(x-1)+(x-1)^2\cdot(x\text{ の多項式}^{1)}).$

$\therefore x(x+1)^n$

$=2^nx+n\cdot2^{n-1}x(x-1)+x(x-1)^2\cdot(x\text{ の多項式})$

$=2^{n-1}\{nx^2+(2-n)x\}+(x-1)^2\cdot(x\text{ の多項式}).$

よって求める余りは，上の第 1 項を

$(x-1)^2=x^2-2x+1$ で割った余りと等しく

第 1 項 $=2^{n-1}\{nx^2+(2-n)x\}$

$=2^{n-1}\{(x^2-2x+1)\cdot n+(2+n)x-n\}$

$=(x-1)^2\cdot2^{n-1}\cdot n+\underbrace{2^{n-1}\{(2+n)x-n\}}_{1\text{ 次以下}}.$

以上より，求める余りは

$2^{n-1}\{(2+n)x-n\}.$ //

補足 1)：$n=1$ のときも，「x の多項式」の所を「0」とすれば，確かにこの等式は成り立っています．

1 4 13 余りを求める（抽象的） 根底 実戦 典型 [→例題 1 2 h]

方針 「式変形」をベースとして，効果的な数値代入を行います．

解答 $f(x)$ は，$Q_1(x)$ などのある整式を用いて次のように表せる（a, b は定数）．

$f(x)=(x+1)(x-1)\cdot Q_1(x)+x.$ …① 式変形

$f(x)=(x+2)(x-1)\cdot Q_2(x)+1.$ …②

$f(x)=\underbrace{(x+1)(x+2)}_{2\text{ 次}}\cdot Q_3(x)+\underbrace{ax+b}_{1\text{ 次以下}}.$ …③

③①より，$f(-1)=-a+b=-1.$ 数値代入

③②より，$f(-2)=-2a+b=1.$

よって $a=-2, b=-3$ だから，求める余りは

$-2x-3.$ //

解説 ③と①には，右辺第1項に共通な因数「$x+1$」があります．ここを0という値にすると正体不明の商 $Q_1(x)$, $Q_3(x)$ が消えてくれますから，a, b の関係式を得ることができます．

1 4 14 余りを求める（平方式）

根底 実戦 入試　[→例題1 2 i]

着眼 例題1 2 i とほぼ同じ問題です．

$f(1)=9$ とは，つまり，$f(x)$ を $x-1$ で割った余りが9ということです．これを，念の為ちゃんと式で表しておきましょう．結果としては，本問は「$f(1)=9$」のままで解決するのですが….

注 3次式 $(x-1)(x+1)^2$ で割った余りは2次以下なので，ax^2+bx+c (a, b, c は定数) とおけますが，未知定数が3個もあるので，単純に x に1と-1を数値代入しても解けません．

方針 そこで，「$(x+1)^2$ で割った余りが x」であることを，しっかりと式で表します．

解答 $f(x)$ は，$Q_1(x)$ などのある整式を用いて次のように表せる (a, b, c は定数)．

$$f(x)=(x+1)^2\cdot Q_1(x)+x. \cdots①$$
$$f(x)=(x-1)\cdot Q_2(x)+9. \cdots②$$
$$f(x)=\underbrace{(x+1)^2(x-1)}_{3次}\cdot Q_3(x)+\underbrace{ax^2+bx+c}_{2次以下}. \cdots③$$

式変形

$\boxed{(x+1)^2}$ で割った余りに注目する．

③右辺第1項は $\boxed{(x+1)^2}$ で割り切れる．これと①より，

ax^2+bx+c を $\boxed{(x+1)^2}$ で割った余りは x.

また，商は定数だから，③より次のように表せる．

$$f(x)=\boxed{(x+1)^2}(x-1)\cdot Q_3(x)+\boxed{(x+1)^2}\cdot k+x. \cdots④$$

④②より

$$f(1)=4k+1=9. \therefore\ k=2.$$

以上より，求める余りは

$$2(x+1)^2+x=2x^2+5x+2. /\!/$$

別解 数学Ⅲ「微分法」後

本問のような「平方式絡みの余り」を求めるには，「積の微分法」を利用する方法もあります．

③①より，$f(-1)=a-b+c=-1. \cdots⑤$

③②より，$f(1)=a+b+c=9. \cdots⑥$

次に，①③より

$$\boxed{(x+1)^2}\cdot Q_1(x)+x$$
$$=\boxed{(x+1)^2}\cdot(x-1)Q_3(x)+ax^2+bx+c.$$
$$\boxed{(x+1)^2}\overbrace{\{(x-1)Q_3(x)-Q_1(x)\}}^{Q_4(x)とおく}+ax^2+(b-1)x+c=0.$$

$\boxed{(x+1)^2}$ でまとめる

両辺を x で微分すると　積の微分法

$$2(x+1)Q_4(x)+(x+1)^2Q_4'(x)+2ax+b-1=0.$$

x に -1 を代入して

$$-2a+b-1=0. \cdots⑦$$

⑥−⑤より，$b=5$. これと⑦より，$a=2$.

これらと⑥より，$c=2$.

以上より，求める余りは

$$ax^2+bx+c=2x^2+5x+2. /\!/$$

正直，本問程度においてワザワザ積の微分法まで持ち出すのは大袈裟（おおげさ）ですが（笑）．

1 4 15 通分

根底 実戦　[→例題1 3 d]

方針 分母を何に揃（そろ）えるのがもっとも効率的かを考えます．

解答

(1)
$$\frac{1}{x+1}+\frac{1}{x^2-1}=\frac{1}{x+1}+\frac{1}{(x+1)(x-1)}$$
$$=\frac{(x-1)+1}{(x+1)(x-1)}$$
$$=\frac{x}{(x+1)(x-1)}. /\!/$$

$\dfrac{x}{x^2-1}$ でも可

(2)
$$\frac{x}{x^2-4}+\frac{x}{x^2+4x+4}$$
$$=\frac{x}{(x+2)(x-2)}+\frac{x}{(x+2)^2}$$
$$=x\cdot\frac{(x+2)+(x-2)}{(x+2)^2(x-2)}$$
$$=\frac{2x^2}{(x+2)^2(x-2)}. /\!/$$

(3)
$$-\frac{4}{x}+\frac{1}{x^2}+\frac{9}{2x+1}$$
$$=\frac{-4x(2x+1)+(2x+1)+9x^2}{x^2(2x+1)}$$
$$=\frac{x^2-2x+1}{x^2(2x+1)}=\frac{(x-1)^2}{x^2(2x+1)}. /\!/$$

(4) **着眼** 階乗の計算は大丈夫ですか？

$(k+1)!=k!\cdot(k+1)$, $(n-k)!=(n-k-1)!\cdot(n-k)$ を用います．■

$$\frac{n!}{(k+1)!\cdot(n-k-1)!}+\frac{n!}{k!\cdot(n-k)!}$$
$$=n!\cdot\frac{(n-k)+(k+1)}{(k+1)!\cdot(n-k)!}$$
$$=\frac{n!(n+1)}{(k+1)!\cdot(n-k)!}=\frac{(n+1)!}{(k+1)!\cdot(n-k)!}. /\!/$$

参考 ここで得た結果は，二項係数を用いて次のように表せます．

$${}_n\mathrm{C}_{k+1}+{}_n\mathrm{C}_k={}_{n+1}\mathrm{C}_{k+1}.$$

これは，二項係数に関する有名性質に他なりません．

1 4 16 部分分数展開 根底 実戦

[→例題 1 3 e]

方針 「部分分数展開」は，「通分」という自然な向きの計算の"逆読み"です．したがって，「予想」→「チェック」→「微調整」の 3 段階ステップ方式となります．

解答

(1) $$\frac{1}{x^2-2x-3}=\frac{1}{(x-3)(x+1)}=\frac{1}{4}\left(\frac{1}{x-3}-\frac{1}{x+1}\right)^{1)}.//$$

補足 1)：「だいたいこんな差の形かな？」と予想して書きました．この（　）内を通分すると，分子は $(x+1)-(x-3)=4$ となります．よって，前に「$\frac{1}{4}$」を付けました．■

(2) $$\frac{x+2}{x^2+4x+3}=\frac{x+2}{(x+1)(x+3)}=\frac{1}{2}\left(\frac{1}{x+1}+\frac{1}{x+3}\right)^{2)}.//$$

補足 2)：この（　）内を通分すると，分子は $(x+3)+(x+1)=2(x+2)$ となります．よって，前に「$\frac{1}{2}$」を付けました．前問と違い，「差の形」にすると通分したとき分子に x が残りませんので，「和の形かな？」と予想して書きました．■

(3) $$\frac{k}{(k+1)!}=\frac{1}{k!}-\frac{1}{(k+1)!}.//$$

方針 右辺を通分すると，$(k+1)!=k!\cdot(k+1)$ より

$$\frac{(k+1)-1}{(k+1)!}=\frac{k}{(k+1)!}$$ となりピッタリです．

(4) $$\frac{1}{x-1}=\frac{1}{(\sqrt{x})^2-1}=\frac{1}{(\sqrt{x}-1)(\sqrt{x}+1)}=\frac{1}{2}\left(\frac{1}{\sqrt{x}-1}-\frac{1}{\sqrt{x}+1}\right)^{3)}.//$$

補足 3)：この（　）内を通分すると，分子は $(\sqrt{x}+1)-(\sqrt{x}-1)=2$ となります．よって，前に「$\frac{1}{2}$」を付けました．

(5) 与式 $=\frac{1}{4}\left\{\frac{1}{(k-4)(k-2)}-\frac{1}{(k-2)k}\right\}^{4)}.//$

補足 4)：この｛　｝内を通分すると，分子は $k-(k-4)=4$ となります．よって，前に「$\frac{1}{4}$」を付けました．

1 4 17 分子の低次化 根底 実戦

[→例題 1 3 f]

解答 (1) **着眼** 分母が単項式ですから，"なんとなく"できてしまいます（笑）．■

$$\frac{x^2+2x+3}{x}=x+2+\frac{3}{x}.//$$

(2) $$\frac{x+3}{2x+1}=\frac{1}{2}+\frac{\boxed{}}{2x+1}$$

分子を分母で割った商　$\frac{1}{2}=\frac{x+\frac{1}{2}}{2x+1}$ だから…

$$=\frac{1}{2}+\frac{\frac{5}{2}}{2x+1}=\frac{1}{2}+\frac{5}{2(2x+1)}.//$$

解説 整式の除法をしっかり行うと次の通りです．

$$\frac{x+3}{2x+1}=\frac{(2x+1)\cdot\frac{1}{2}+\frac{5}{2}}{2x+1}=\frac{1}{2}+\frac{\frac{5}{2}}{2x+1}=\cdots$$

```
          1/2
2  1 ) 1   3
       1  1/2
       ------
          5/2
```

(3) 分子を分母で割ると次の通り．

```
           1  -1   1
1  0  1 ) 1  -1   2   0   1
          1   0   1
          -----------------
             -1   1   0
             -1   0  -1
             --------------
                  1   1   1
                  1   0   1
                  ---------
                      1   0
```

したがって

$$\text{与式}=\frac{(x^2+1)(x^2-x+1)+x}{x^2+1}=x^2-x+1+\frac{x}{x^2+1}.//$$

1 4 18 分数式の簡約化 根底 実戦

[→1 3]

方針 「約分」「繁分数の処理」「通分」などを駆使して簡単にしていきます．

解答 (1) $$\frac{x^2-9}{x^2+x-6}\cdot\frac{x^2-4}{x^2+x-2}=\frac{\cancel{(x+3)}(x-3)}{\cancel{(x+3)}\cancel{(x-2)}}\cdot\frac{\cancel{(x+2)}\cancel{(x-2)}}{\cancel{(x+2)}(x-1)}=\frac{x-3}{x-1}.//$$

補足 状況次第では，さらに「分子の低次化」を行うこともあります．■

(2) $$\frac{1}{1+\frac{1}{1+\boxed{\frac{1}{1+\frac{1}{x}}}}}$$

$$= \frac{1}{1+\boxed{\dfrac{1}{1+\boxed{\dfrac{x}{x+1}}}}}$$ 　□内のみ計算

$$= \frac{1}{1+\boxed{\dfrac{x+1}{2x+1}}}$$ 　□内のみ計算

$$= \frac{2x+1}{3x+2}. /\!/$$

将来 重要度↓ 大学以降で学ぶ「連分数展開」において現れる分数式です. ■

(3) $\dfrac{a+\dfrac{2}{a}+3}{1+\dfrac{1}{a}} \div \left(2-\dfrac{a-4}{a-1}\right)$

$$= \frac{a^2+2+3a}{a+1} \div \frac{a+2}{a-1}$$

$$= \frac{(a+1)(a+2)}{a+1} \cdot \frac{a-1}{a+2} = a-1. /\!/$$

(4) $\left(a+b-\dfrac{4ab}{a+b}\right)\left(a-b+\dfrac{4ab}{a-b}\right)$

$$= \frac{(a+b)^2-4ab}{a+b} \cdot \frac{(a-b)^2+4ab}{a-b}$$

$$= \frac{a^2+b^2-2ab}{a+b} \cdot \frac{a^2+b^2+2ab}{a-b}$$

$$= \frac{(a-b)^2}{a+b} \cdot \frac{(a+b)^2}{a-b}$$

$$= (a-b)(a+b)$$ 　これを「答え」としても可

$$= a^2-b^2. /\!/$$

(5) $\dfrac{x}{1+\sqrt{1-x^2}} + \dfrac{x}{1-\sqrt{1-x^2}}$

$$= x \cdot \frac{1-\sqrt{1-x^2}+1+\sqrt{1-x^2}}{\left(1+\sqrt{1-x^2}\right)\left(1-\sqrt{1-x^2}\right)}$$ 　通分と同時に有理化

$$= x \cdot \frac{2}{1-(1-x^2)} = \frac{2}{x}. /\!/$$

1 4 19 通分の工夫 根底 実戦 [→1 3]

解答 (1) 方針 分母を $k(k+1)(k+2)(k+3)(k+4)$ と通分するのはキツそう. そこで, いったん部分分数展開してみましょう. ■

$$与式 = \left(\frac{1}{k}-\frac{1}{k+1}\right)+\left(\frac{1}{k+1}-\frac{1}{k+2}\right)$$

$$+\left(\frac{1}{k+2}-\frac{1}{k+3}\right)+\left(\frac{1}{k+3}-\frac{1}{k+4}\right)$$

$$= \frac{1}{k}-\frac{1}{k+4} = \frac{4}{k(k+4)}. /\!/$$

将来 7「数列」において「和」を求める際によく使う手法です. ■

(2) 注 これも, 一気に通分は辛そう. そこで, 先に分子の低次化を行います. ■

$$与式 = \left(1-\frac{1}{a+1}\right)-\left(1-\frac{1}{a+2}\right)$$

$$-\left(1-\frac{1}{a+3}\right)+\left(1-\frac{1}{a+4}\right)$$

$$= -\frac{1}{a+1}+\frac{1}{a+2}+\frac{1}{a+3}-\frac{1}{a+4} \quad {}^{1)}$$

$$= \frac{-(a+2)+(a+1)}{(a+1)(a+2)}+\frac{(a+4)-(a+3)}{(a+3)(a+4)}$$

$$= \frac{-1}{(a+1)(a+2)}+\frac{1}{(a+3)(a+4)}$$

$$= \frac{-(a+3)(a+4)+(a+1)(a+2)}{(a+1)(a+2)(a+3)(a+4)}$$

$$= \frac{-2(2a+5)}{(a+1)(a+2)(a+3)(a+4)}. /\!/$$

注 1) : この後も全体を通分せず, 前の 2 つと後の 2 つをそれぞれ通分します. その際, 次の行において「分子が ±1」となることを見越しています.

1 4 20 同次式 根底 実戦 重要

着眼 本問は, 本冊で扱っていない分数式に関する有名な変形“パターン”を覚えていただこうという軽いお話です.

着眼 (1) 分子, 分母にある 4 つの項 : x^2y, xy^2, x^3, y^3 が全て 2 文字 x, y の 3 次の**同次式**ですね. このような分数式は, 2 文字の**比で表せる**ことが有名です.
(2) 分子の 3 つの項は全て 2 文字 x, y の 2 次式です. また, 分母を展開すると, どの項も 2 文字 x, y の 2 次式となります. よって, (1)と同様に変形可能です. ただし, 分母の展開は実際には行いません.

解答 (1) 与式の分子, 分母を y^3 $(\neq 0)$ で割ると

$$与式 = \frac{\dfrac{x^2}{y^2}+\dfrac{x}{y}}{\dfrac{x^3}{y^3}+1} = \frac{\left(\dfrac{x}{y}\right)^2+\dfrac{x}{y}}{\left(\dfrac{x}{y}\right)^3+1}. /\!/$$

(2) 与式の分子, 分母を x^2 $(\neq 0)$ で割ると

$$与式 = \frac{3-2\cdot\dfrac{y}{x}+\left(\dfrac{y}{x}\right)^2}{\left(1+\dfrac{y}{x}\right)^2}. /\!/$$

将来 2 つの変数 x, y があっても, 上記の手法を用いた上で $t=\dfrac{x}{y}$ $\left(\text{or } \dfrac{y}{x}\right)$ と置換すれば, 1 つの変数 t に関する議論へ帰着されるので助かりますね.

参考 ここで用いた方法論は, 分数式以外にも適用できるケースがあります :

例 $y>0$ のとき, 不等式

$$x^3+2x^2y+2xy^2+y^3>0$$

は, 両辺を y^3 (>0) で割ることにより

$$\left(\frac{x}{y}\right)^3+2\left(\frac{x}{y}\right)^2+2\left(\frac{x}{y}\right)+1>0$$

と変形できますね.

同次式

x, y の分数式で全ての項が同次であるものは,

比 : $\dfrac{x}{y}$ $\left(もしくは\dfrac{y}{x}\right)$ で表せる.

1 4 21 分数関数の最大

根底 実戦 入試

方針 分子, 分母の全ての項が 2 次の同次式ですから, 前問で学んだ「比で置換」という手法を使いましょう.

解答 $F = \dfrac{2\left(\frac{x}{y}\right)^2 - 4\cdot\frac{x}{y} + 8}{\left(\frac{x}{y}\right)^2 - 2\cdot\frac{x}{y} + 3}$ $(\because\ y \neq 0)$.

そこで, $t = \dfrac{x}{y}$ とおくと, t の変域は $t > 0$ であり,

$$\begin{aligned} F &= \frac{2t^2 - 4t + 8}{t^2 - 2t + 3} \\ &= \frac{2(t^2 - 2t + 3) + 2}{t^2 - 2t + 3} \\ &= 2 + \frac{2}{t^2 - 2t + 3} \\ &= 2 + \frac{2}{(t-1)^2 + 2}\ (t > 0). \end{aligned}$$

分子の低次化で t を分母へ集約

t をさらに集約

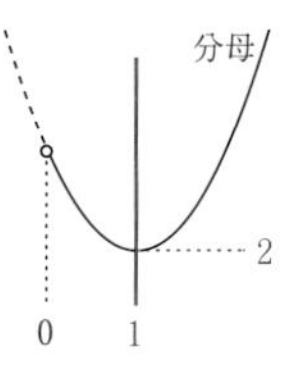

分母は $t = 1(> 0)$ のとき最小値 2 をとるから, 求める最大値は

$$\max F = 2 + \frac{2}{2} = 3. /\!/$$

補足 「2 次関数の最小」といえば,「定義域と軸の位置関係」が重要でしたね.

1 4 22 分数式の整数値

根底 実戦 入試

[→例題 1 3 f]

方針 分子の低次化を行えば, 分母が n の 1 次式なので分子は定数となりますね.

解答

$$\begin{aligned} f(n) &= \frac{2n^2 - n + 5}{2n+1} \\ &= \frac{(2n+1)(n-1) + 6}{2n+1} \\ &= n - 1 + \frac{6}{2n+1}.\ ^{1)} \end{aligned}$$

```
          1 -1
2  1 ) 2 -1  5
       2  1
         -2  5
         -2 -1
              6
```

$n - 1 \in \mathbb{Z}$ より, 題意の条件は

$$\frac{6}{2n+1} \in \mathbb{Z},\ \text{i.e. } 2n+1 \mid 6.$$

$2n+1$ が 6 を割り切る

これと $2n+1$ が奇数であることより

$$2n + 1 = \pm1, \pm3. \quad \therefore\ n = 0, -1, 1, -2. /\!/$$

注 1) : 前記 **解答** では, この後「$2n+1$ が 6 の**約数**である」ことを利用しましたが, 整数に対するもう 1 つの攻め方 :「**大きさ**限定」の方でもできます.

$\dfrac{6}{2n+1}$ は 0 ではないから, 整数値をとるとき,

$$\begin{aligned} &\left|\frac{6}{2n+1}\right| \geq 1. \\ &|2n+1| \leq 6. \\ &-6 \leq 2n+1 \leq 6. \\ &-3.5 \leq n \leq 2.5\,. \end{aligned}$$

$\therefore n = -3, -2, -1, 0, 1, 2$ が必要.

あとはこれら 6 個の n に対する $f(n)$ の値を求め, それが整数値になっているか否かを調べます.

8 演習問題B

181 恒等式の係数決定

根底 実戦 典型 定期 [→例題15a]

方針 (1)「係数比較法」「数値代入法」のいずれでもできるようにしましょう．

(2) 右辺を見ると，「x」ではなく「$(x-1)$」について整理せよと言われている訳ですから…

解答 (1) 右辺

$=a(x^2+x)+b(x^2+3x+2)+c(x^2+5x+6)$.

両辺の係数を比較して

$$\begin{cases} x^2\cdots & 1=a+b+c, \ \cdots① \\ x\cdots & 2=a+3b+5c, \ \cdots② \\ \text{定数項}\cdots & 3=2b+6c. \ \cdots③ \end{cases}$$

② − ①より $1=2b+4c$ …④.

③ − ④より $2=2c$. ∴ $c=1$.

これと④より $b=-\dfrac{3}{2}$. さらに①より

$(a, b, c)=\left(\dfrac{3}{2}, -\dfrac{3}{2}, 1\right)$.//

別解 (1) 与式は $x=0, -1, -2$ [1] で成り立つから

$$\begin{cases} x=0\cdots & 3=2b+6c, \\ x=-1\cdots & 2=2c, \\ x=-2\cdots & 3=2a. \end{cases}$$

∴ $(a, b, c)=\left(\dfrac{3}{2}, -\dfrac{3}{2}, 1\right)$.//

(逆にこのとき，与式は x についての恒等式となる.[2])

(2) $x^4=\{1+(x-1)\}^4$

$=1+{}_4C_1(x-1)+{}_4C_2(x-1)^2+{}_4C_3(x-1)^3+(x-1)^4$

$=1+4(x-1)+6(x-1)^2+4(x-1)^3+(x-1)^4$. [3]

よって，$t=x-1$ とおくと，与式は

$1+4t+6t^2+4t^3+t^4=a+bt+ct^2+dt^3+et^4$.

これが t に関する恒等式だから，両辺の係数を比較して

$(a, b, c, d, e)=(1, 4, 6, 4, 1)$.//

注 [1]：未知数は a, b, c の 3 個なので，条件を 3 個作れば求まるだろうと考えました．

[2]：この“減点されないためのオマジナイ”を書く理由については，[→例題15a注[1]]

もっとも，154 恒等式と“一致の定理”を認めるなら，両辺が 2 次以下の等式が異なる 3 個の x について成立するための条件を作ったので，このオマジナイは不要となりますが．

[3]：$t=x-1$ とおくまでもなく，このように「$(x-1)$」で表した段階で係数比較をしても許される気がします．

182 恒等式の係数決定

根底 実戦 [→例題15a]

方針 係数比較法でいきます．数値代入法でもできますが．

解答 (1) 両辺の係数を比較すると

$$\begin{cases} x^3\cdots\ a=-4. \\ x^2\cdots\ b=4+c. \\ x\cdots\ -6=-2c.\ \therefore\ c=3. \\ \text{定数項}\cdots\ 2=d. \end{cases}$$

∴ $(a, b, c, d)=(-4, 7, 3, 2)$.//

(2) $g(x)=x^2-2x$ とおくと，(1)のとき

$f(x)=g(x)^2+3g(x)+2$.

ここで，$g(x)=(x-1)^2-1$ より，全ての t に対して，

$g(1+t)=g(1-t)\ (=t^2-1)$.

∴ $f(1+t)=f(1-t)$. □

参考 左辺の 4 次関数 $f(x)$ が，直線 $x=1$ に関して対称なグラフをもつ 2 次関数 $g(x)=x^2-2x$ で表せたので，$f(x)$ のグラフも直線 $x=1$ に関して対称になるという訳です．

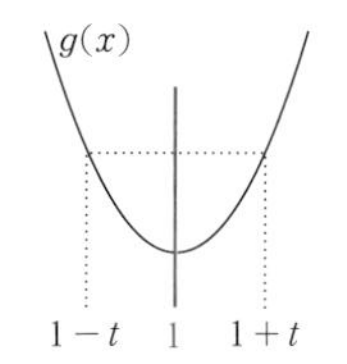

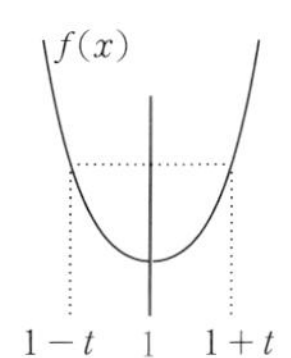

183 恒等式の係数決定（分数式）

根底 実戦 典型 [→例題15c]

方針 右辺を通分して，両辺の分母を揃えましょう．

解答 与式を変形すると

$$\frac{x^2+x+1}{(x+2)(x-1)^2}=\frac{a(x-1)^2+b(x+2)(x-1)+c(x+2)}{(x+2)(x-1)^2}.$$

よって，題意の条件は

x^2+x+1

$=a(x-1)^2+b(x+2)(x-1)+c(x+2)$ …①

が x についての恒等式となることである．

(以下，「数値代入法」で)

①は $x=1, -2, 0$ において成り立つ [1] から

$$\begin{cases} 3=3c, \\ 3=9a, \\ 1=a-2b+2c. \end{cases} \quad \therefore \begin{cases} c=1, \\ a=\dfrac{1}{3}, \\ b=\dfrac{2}{3}. \end{cases}$$ //

(逆にこのとき，①は x についての恒等式となる. [2])

解説 2)：これを書くべき理由については，

[→例題15a注 1)]

154 恒等式と"一致の定理"を認める立場なら，両辺が2次以下である①が恒等式であるためには，①が異なる3個の値で成り立つことが必要十分なので，この一言は不要となります．

1)：与式の分母が0となる値を代入してよい理由については，[→例題15d発展 1)]

別解 (①以降を「係数比較法」で)

両辺の係数を比較して，

$$\begin{cases} x^2\cdots & 1 = a + b, \ \cdots ② \\ x\cdots & 1 = -2a + b + c, \ \cdots ③ \\ \text{定数項}\cdots & 1 = a - 2b + 2c. \ \cdots ④ \end{cases}$$

④－③×2 より $-1 = 5a - 4b$．これと②より，

$$a = \frac{1}{3},\ b = \frac{2}{3}.$$

これと③より，求める値は

$$(a, b, c) = \left(\frac{1}{3}, \frac{2}{3}, 1\right).$$ //

参考 将来 理系 本問の結果により，左辺の分数式を部分分数展開した右辺が得られました．この変形は，積分計算などにおいて役立ちます．

184 恒等式の係数決定（2文字）

根底 実戦 [→例題15e]

方針 両辺の係数を比較するだけですが，未知数が余りに多いので…

解答 まず，両辺における2次の項の係数を比較 1) すると

$$\begin{cases} x^2\cdots 7 = 4 + d. \ \therefore\ d = 3. \\ xy\cdots 8 = -4 + d\cdot 2e. \ \therefore\ e = 2. \\ y^2\cdots a = 1 + d\cdot e^2. \ \therefore\ a = 13. \end{cases}$$

よって①は

$$7x^2 + 8xy + 13y^2 + 10x + 10y + b$$
$$= (2x - y + c)^2 + 3(x + 2y + f)^2$$

この両辺における1次以下の項の係数を比較すると

$$\begin{cases} x\cdots 10 = 4c + 6f. \\ y\cdots 10 = -2c + 12f. \\ \text{定数項}\cdots b = c^2 + 3f^2. \end{cases}$$

上の2式より $c = 1,\ f = 1$．よって $b = 4$．

以上より，求める値は

$$(a, b, c, d, e, f) = (13, 4, 1, 3, 2, 1).$$ //

解説 1)：こうしたことができるためにも，展開式全体を紙に書かなくても，注目した項の係数だけを抜き出す感覚で求められるようにしておかなければなりません．

185 多項式の決定

根底 実戦 入試 重要度↑ [→例題15a]

注 ①は，「式として一致」「恒等式」という意味の等式だと解釈しましょう．このように，"文脈"の中で意味を読み取ることが要求されることもよくありますので．

方針 「$f(x)$」は，姿形が全く見えず抽象的ですが，「多項式」つまり「整式」ですから，**次数を決定**しさえすれば，具体的に表せます．

解答 まず，$f(x)$ の次数 $n\ (\geqq 2)$ を求める．

$$f(x) = a_nx^n + a_{n-1}x^{n-1} + \cdots + a_kx^k + \cdots$$
$$(a_n \neq 0,「\cdots」\text{はその左より低次})$$

とおくと，

$$f(x+2) - f(x)$$
$$= a_n\{(x+2)^n - x^n\} + \cdots + a_k\{\underline{(x+2)^k - x^k}\} + \cdots$$

ここで，下線部を計算すると，二項定理より

$$(x+2)^k - x^k = k\cdot 2x^{k-1} + {}_k\mathrm{C}_2\cdot 2^2x^{k-2} + \cdots.$$

これは，x の $k-1$ 次式 $(k = n, n-1, \cdots, 1)$．

よって，①の両辺について最高次の項を比べると

$$a_n\cdot n\cdot 2 \times x^{n-1} = 1 \times x^2.$$

$$\therefore \begin{cases} n - 1 = 2, & \text{次数} \\ a_n\cdot n\cdot 2 = 1. & \text{係数} \end{cases} \quad \begin{cases} n = 3, & \text{次数決定} \\ a_n = \dfrac{1}{6}. \end{cases}$$

したがって，

$$f(x) = \frac{1}{6}x^3 + bx^2 + cx + 1$$ 1) 具体化できた！

とおける（∵ ②より定数項は1）．このとき①の左辺は

$$\frac{1}{6}\{(x+2)^3 - x^3\} + b\{(x+2)^2 - x^2\}$$
$$+ c\{(x+2) - x\} + (1 - 1)$$
$$= \frac{1}{6}(6x^2 + 12x + 8) + b(4x + 4) + c\cdot 2.$$

これと①の右辺の係数を比較して

$$\begin{cases} x\cdots & 2 = 2 + 4b. \ \therefore\ b = 0. \\ \text{定数項}\cdots & 2 = \dfrac{4}{3} + 4b + 2c. \ \therefore\ c = \dfrac{1}{3}. \end{cases}$$

以上より，$f(x) = \dfrac{1}{6}x^3 + \dfrac{1}{3}x + 1.$ //

解説 多項式（整式）の次数とは，最高次の項の次数です．よって，①の両辺の最高次の項を比較することで，$f(x)$ の次数を決定することに成功しました．

$f(x+2) - f(x)$ の中にある

$$a_k\{\underline{(x+2)^k - x^k}\}\ (k = n, n-1, \cdots, 1)$$

を計算してみると，

$$a_k\cdot k\cdot 2x^{k-1} + \cdots\ (k = n, n-1, \cdots, 1)$$

となったので，①の左辺の最高次の項は，このうち最大の k，つまり $k = n$ に対応するものであるとわかりました．

重要 1)：多項式 $f(x)$ は，次数が 3 次だとわかったとたん，このように具体的に表せて，あとは単純計算のみで片付きますね．

抽象的な多項式（整式）$\xrightarrow[\text{次数決定}]{}$ 具体化

将来 次数決定を行う部分は，7「数列」で学ぶ $\sum$ 記号を用いると，次のようにスッキリ書けます．

$$f(x)=\sum_{k=0}^{n} a_k x^k$$

とおくと，①の左辺は

$$f(x+2)-f(x)=\sum_{k=0}^{n} a_k(x+2)^k-\sum_{k=0}^{n} a_k x^k$$
$$=\sum_{k=0}^{n} a_k\{(x+2)^k-x^k\}$$
$$=\sum_{k=0}^{n} a_k(k\cdot 2\cdot x^{k-1}+\cdots).$$

186 等式の証明

根底 実戦 定期 [→例題16a]

方針 等式の証明法は様々でした[→161]．本問は差をとるメリットはあまり感じられませんので，左辺，右辺のうち一方を計算し，他方と一致することを示します．

(1) **解答1**（左辺を展開して右辺へ）

$$(a-1)(a+1)(a^2+1)(a^4+1)$$
$$=(a^2-1)(a^2+1)(a^4+1)$$
$$=(a^4-1)(a^4+1)$$
$$=a^8-1.\ \square$$

解答2（右辺を因数分解して左辺へ）

$$a^8-1$$
$$=(a^4)^2-1^2$$
$$=(a^4-1)(a^4+1)$$
$$=(a^2-1)(a^2+1)(a^4+1)$$
$$=(a-1)(a+1)(a^2+1)(a^4+1).\ \square$$

(2) **解答1**（右辺を展開して左辺へ）

$$\left(x+1+\frac{1}{x}\right)\left(x-1+\frac{1}{x}\right)$$
$$=\left(\boxed{x+\frac{1}{x}}+1\right)\left(\boxed{x+\frac{1}{x}}-1\right)$$
$$=\left(x+\frac{1}{x}\right)^2-1$$
$$=x^2+2x\cdot\frac{1}{x}+\frac{1}{x^2}-1$$ 「証明」だからこの1行も書く
$$=x^2+1+\frac{1}{x^2}.\ \square$$

解答2（左辺を因数分解して右辺へ）

$$x^2+1+\frac{1}{x^2}$$
$$=x^2+2+\frac{1}{x^2}-1$$ この変形は経験を要す
$$=\left(x+\frac{1}{x}\right)^2-1$$
$$=\left(x+1+\frac{1}{x}\right)\left(x-1+\frac{1}{x}\right).\ \square$$

注 「証明」においては，普段は暗算で済ます箇所もちゃんと書いた方がよい場合があることは覚えておいてくださいね．

187 二項係数の等式

根底 実戦 [→例題16a]

方針 右辺の二項係数 3 つを階乗で表して通分し，左辺の 1 つと一致することを示します．

解答 ${}_n\mathrm{C}_k+2{}_n\mathrm{C}_{k+1}+{}_n\mathrm{C}_{k+2}$

$$=\frac{n!}{k!(n-k)!}+2\cdot\frac{n!}{(k+1)!(n-k-1)!}+\frac{n!}{(k+2)!(n-k-2)!}$$
$$=\frac{n!}{(k+2)!(n-k)!}\{(k+1)(k+2)+2(k+2)(n-k)+(n-k-1)(n-k)\}$$
$$=\frac{n!}{(k+2)!(n-k)!}(n^2+3n+2)$$
$$=\frac{n!}{(k+2)!(n-k)!}(n+1)(n+2)$$
$$=\frac{(n+2)!}{(k+2)!(n-k)!}={}_{n+2}\mathrm{C}_{k+2}.\ \square$$

参考 演習問題144において，二項展開式を利用して示したのと同じ等式です．

188 等式の証明（条件付）

根底 実戦 [→例題16b]

解答1 **方針** ①を利用して，②の左辺を巧みに変形していきます．■

①より

②の左辺

$$=(a+b)^3-3ab(a+b)+c^3+3(-c)(-a)(-b)$$
$$\overset{1)}{=}(-c)^3-3ab(-c)+c^3-3abc$$
$$=-c^3+3abc+c^3-3abc=0=\text{②の右辺}.\ \square$$

解答2 **着眼** “あの”有名公式が使えることに気づけば…■

①より

②の左辺

$$=a^3+b^3+c^3+3(-c)(-a)(-b)$$
$$=a^3+b^3+c^3-3abc$$
$$=(a+b+c)(a^2+b^2+c^2-ab-bc-ca)$$
$$=0\ (\because\ ①).\ \square$$

補足 1)：この変形は，解答2で使った公式の証明過程そのものです（笑）．[→Ⅰ+A例題13g(6)]

1 8 9 等式の証明（条件付） 根底 実戦 ハイレベル

[→例題 1 6 b]

方針 (1) b と c のみの関係式を作れということですね.
(2) (1)をどう活かすか？

解答 (1) ①を②へ代入して

$$(b+c)^2+b^2+c^2=2.$$
$$2b^2+2c^2+2bc=2.$$
$$\therefore b^2+c^2+bc=1. \ \square$$

(2) (1)より, $b^2+c^2=1-bc$. …③

また, ②より

$$a^2=2-(b^2+c^2)$$
$$=2-(1-bc)=1+bc. \ \cdots④$$

③④より

$$a^4+b^4+c^4=a^4+(b^2+c^2)^2-2b^2c^2$$
$$=(1+bc)^2+(1-bc)^2-2b^2c^2$$
$$=2. /\!/$$

解説 (1)から得た③により b^4+c^4 は「bc」で表せます. そこで, a^4 も「bc」で表せないか？と考えて④を作っていますが…, 本音を言うと, 試行錯誤の果てになんとかできたというカンジです (笑).

言い訳 (2)は等式の証明ではありませんが, 等式をいろいろ変形することには変わりありませんね.

1 8 10 連比 根底 実戦

[→例題 1 6 c]

方針 いわゆる"連比"の形です. 有名な処理法がありましたね.

解答

$$\frac{a+b}{b-c}=\frac{b+c}{c-a}=\frac{c+a}{a-b}=k$$

とおくと

$$\begin{cases} a+b=k(b-c), \\ b+c=k(c-a), \\ c+a=k(a-b). \end{cases}$$

辺々加えると

$$2(a+b+c)=0. \text{ i.e. } a+b+c=0. \ \cdots②$$

方針 ②を活かすべく,「和」の形を作ります. ■

したがって,

$$F=\frac{b+c}{a}+\frac{c+a}{b}+\frac{a+b}{c} \ ^{1)}$$
$$=\frac{-a}{a}+\frac{-b}{b}+\frac{-c}{c} \ (\because ②)$$
$$=-3. /\!/$$

解説 1)：分母が共通なものをまとめることで, 分子に 2 文字の「和」ができましたね.

1 8 11 不等式の証明 根底 実戦

[→例題 1 7 a]

方針 (1) 差をとると因数分解できそうな気がしませんか？
(2) 1 文字 x に注目して, 平方完成してみましょう.

解答 (1) 左辺 − 右辺

$$=abc-ab-bc-ca+a+b+c-1 \ ^{1)}$$
$$=(a-1)(b-1)(c-1)<0.$$

($\because$ ①より $a-1, b-1, c-1<0$.)

よって②が示せた. □

(2) 左辺 $=\left(x+\frac{y}{2}\right)^2+\frac{3}{4}y^2-3y+3$ （xについて平方完成）

$$=\left(x+\frac{y}{2}\right)^2+\frac{3}{4}(y-2)^2\geq 0$$ （yについても平方完成）

$$\left(\because \ x+\frac{y}{2}, y-2 \text{は実数.}\right) \square$$

解説 (1)で行った因数分解は, 逆向きの展開を何度も経験すると, 自然にスッとできるようになります.

注 1)：文字 a, b, c の次数が高い順に並べました.

補足 ③では, x は 2 か所に, y は 3 か所にありますね. "散らばり" の少ない x の方に注目して平方完成する方が楽そうですね.

参考 (2)で示した不等式の等号条件は,

$$x+\frac{y}{2}=y-2=0, \text{ i.e. } \begin{cases} x=-1, \\ y=2. \end{cases}$$

1 8 12 不等式の証明 根底 実戦 重要

[→ 1 12 2]

注 これは, 1 12 2 で扱う「コーシー・シュワルツの不等式」そのものです. ただし, ここではベクトルとは切り離して純粋なる「式変形」によって証明する練習として扱います.

解答 (1) 右辺 − 左辺

$$=(a^2+b^2)(p^2+q^2)-(ap+bq)^2$$
$$=a^2q^2+b^2p^2-2ap\cdot bq$$ （消える項は初めから書かない）
$$=(aq)^2+(bp)^2-2aq\cdot bp$$ （上手に組み替える）
$$=(aq-bp)^2\geq 0.$$ （完全平方式！）

よって①が示せた. □

参考 2 ベクトルの基礎 後

等号成立条件は,

$$aq-bp=0 \quad \text{i.e. } a:p=b:q.$$

これはつまり, $\begin{pmatrix} a \\ b \end{pmatrix} /\!/ \begin{pmatrix} p \\ q \end{pmatrix}$ ですね.

(2) 右辺 − 左辺

$$=(a^2+b^2+c^2)(p^2+q^2+r^2)-(ap+bq+cr)^2$$
$$=\underline{a^2q^2}+a^2r^2+\underset{\sim\sim}{b^2r^2}+\underline{b^2p^2}+c^2p^2+\underset{\sim\sim}{c^2q^2}$$
$$\underline{-2ap\cdot bq}\ \underset{\sim\sim}{-2bq\cdot cr}-2cr\cdot ap$$

$= \underline{a^2q^2 + b^2p^2 - 2aq \cdot bp} + b^2r^2 + c^2q^2 - 2br \cdot cq$
$+ c^2p^2 + a^2r^2 - 2cp \cdot ar$

$= (aq - bp)^2 + (br - cq)^2 + (cp - ar)^2 \geq 0.$

よって②が示せた．□

参考 2ベクトルの基礎 後

等号成立条件は，

$$aq - bp = br - cq = cp - ar = 0,$$

i.e. $a : p = b : q = c : r.$

これはつまり，$\begin{pmatrix} a \\ b \\ c \end{pmatrix} /\!/ \begin{pmatrix} p \\ q \\ r \end{pmatrix}$ ですね．

1 8 13 絶対値・$\sqrt{\ }$ と不等式 根底 実戦 [→例題 1 7 d]

着眼 左辺の絶対値，右辺の $\sqrt{\ }$ がジャマです．これらを除去するため，それぞれを 2 乗して比べます．

解答 ①の両辺は 0 以上だから，それぞれ 2 乗しても大小は変わらない．よって，

左辺^2 ≦ 右辺^2 …②

を示せばよい．

$$\text{右辺}^2 - \text{左辺}^2 = 4(x^2 + y^2) - (x + \sqrt{3}y)^2$$
$$= 3x^2 - 2\sqrt{3}xy + y^2$$
$$= (\sqrt{3}x - y)^2 \geq 0.$$

よって，②および①が示せた．□

解説 本問で用いた「0 以上の実数を 2 乗して大小を考える」という手法は，累乗と大小関係 [→ 1 7 1] において $n = 2$ としたものです．

発展 ①は，実は「コーシー・シュワルツの不等式」[→ 1 12 2] から示せます．

xy 平面上の 2 ベクトル $\vec{a} = \begin{pmatrix} 1 \\ \sqrt{3} \end{pmatrix}$，$\vec{p} = \begin{pmatrix} x \\ y \end{pmatrix}$ を考えると，1 12 2〔証明〕にある通り，

$$|\vec{a} \cdot \vec{p}| \leq |\vec{a}||\vec{p}|.$$

これをベクトルの成分で書き表したのが①です．

1 8 14 凸性と不等式 根底 実戦 [→例題 1 7 a]

方針 少しでも扱いやすいよう同値変形してから証明しましょう．

解答 (1) ①は，両辺を 8 (>0) 倍した

$$(a + b)^3 \leq 4(a^3 + b^3) \cdots ①'$$

と同値．これを示す．

$$\text{右辺} - \text{左辺} = 4(a^3 + b^3) - (a + b)^3$$
$$= 3(a^3 + b^3 - a^2b - ab^2).$$
$$= 3\{a^2(a - b) + b^2(b - a)\}$$
$$= 3(a^2 - b^2)(a - b)$$
$$= 3(a+b)(a-b)^2 \geq 0 \ (\because\ a + b > 0).$$

よって，①′および①が示せた．□

(2) ②の両辺は正だから，2 乗しても大小は一致する．

$$\text{左辺}^2 - \text{右辺}^2$$
$$= \frac{a + b}{2} - \frac{a + b + 2\sqrt{a}\sqrt{b}}{4}$$
$$= \frac{a + b - 2\sqrt{a}\sqrt{b}}{4}$$
$$= \frac{(\sqrt{a})^2 + (\sqrt{b})^2 - 2\sqrt{a}\sqrt{b}}{4}$$
$$= \frac{1}{4}(\sqrt{a} - \sqrt{b})^2 \geq 0.$$

よって，②が示せた．□

(3) ③を同値変形すると

$4 \leq (a+b)\left(\frac{1}{a} + \frac{1}{b}\right)$[1]．(両辺を $2(a+b)(>0)$ 倍)

$4ab \leq (a+b)(b+a)$．(両辺を $ab(>0)$ 倍) …③′

これを示す．

$$\text{右辺} - \text{左辺} = (a + b)^2 - 4ab \ ^{2)}$$
$$= a^2 + b^2 - 2ab$$
$$= (a - b)^2 \geq 0.$$

よって，③′および③が示せた．□

注 [1]：この後は，“相加相乗” を使って示すこともできますね：

$$(a+b)\left(\frac{1}{a} + \frac{1}{b}\right) = 2 + \frac{a}{b} + \frac{b}{a}$$
$$\geq 2 + 2\sqrt{\frac{a}{b} \cdot \frac{b}{a}} \ \left(\because\ \frac{a}{b},\ \frac{b}{a} > 0\right)$$
$$= 2 + 2 = 4.$$

[2]：これ以降は，完全平方式と何かを合わせて再び完全平方式を作るというよくある変形です．

注 (1)〜(3)の全てにおいて，不等式の等号成立条件は $a = b$ です．

参考 将来 理系 本問の不等式①〜③は，全て関数のグラフの凹凸から得られるもので，「**凸不等式**」と呼ばれています．下図 ($0 < a < b$ のケース) を見れば，①〜③が成り立つのが “当然” と思えるはずです ($0 < b < a$ でも同様)．

(1) $f(x) = x^3 \ (x > 0)$ グラフは下に凸．

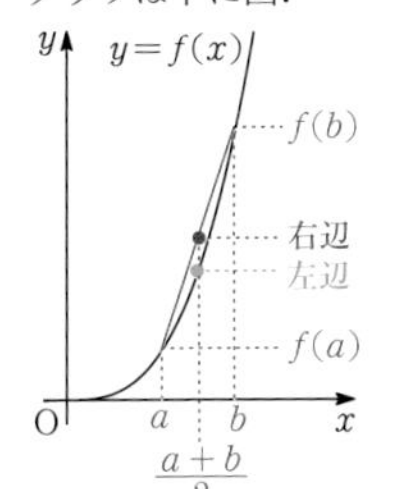

(2) $f(x) = \sqrt{x} \ (x > 0)$ グラフは上に凸．

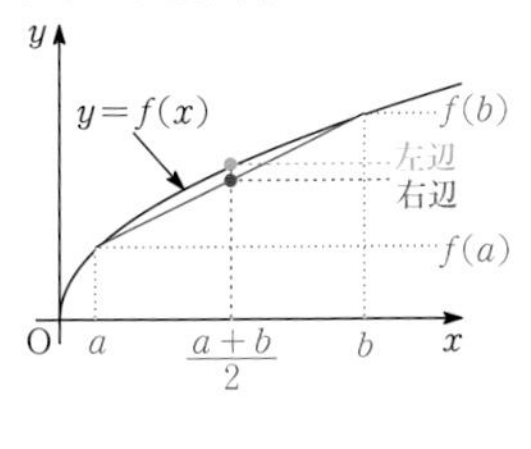

(3) $f(x)=\dfrac{1}{x}\ (x>0)$

グラフは下に凸.

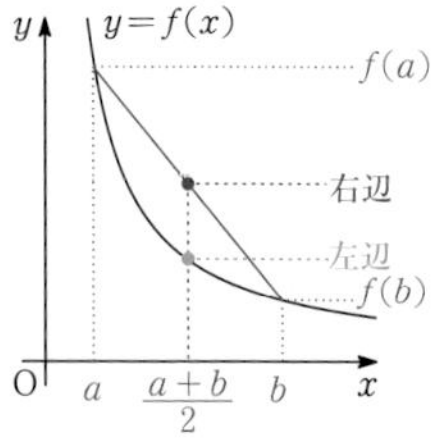

1 8 15 分数式・絶対値と不等式 [→例題1 7 e]

根底 実戦

解答 (1) **方針** 両辺の差をとりますが，その前に一手間かけてください．■

$$\begin{aligned}&\text{右辺}-\text{左辺}\\&=\left(1-\frac{1}{1+q}\right)-\left(1-\frac{1}{1+p}\right)^{1)}\\&=\frac{1}{1+p}-\frac{1}{1+q}\\&=\frac{(1+q)-(1+p)}{(1+q)(1+p)}\\&=\frac{q-p}{(1+q)(1+p)}\\&\geq 0\ (\because\ q-p\geq 0,\ 1+q>0,\ 1+p>0).\end{aligned}$$

よって①が示せた．□

(2) **着眼** (1)の「p, q」に何を代入すればよいのでしょうね？左辺には$|a+b|$が，右辺には $|a|, |b|$ があります．これらの間を取り持つ関係といえば…■

三角不等式より，$0\leq|a+b|\leq|a|+|b|$ だから，(1)が使えて

$$\begin{aligned}\frac{|a+b|}{1+|a+b|}&\leq\frac{|a|+|b|}{1+|a|+|b|}\\&=\frac{|a|}{1+|a|+|b|}+\frac{|b|}{1+|a|+|b|}\\&\leq^{2)}\frac{|a|}{1+|a|}+\frac{|b|}{1+|b|}.\end{aligned}$$

$(\because\ 1+|a|+|b|\geq 1+|a|,\ 1+|a|+|b|\geq 1+|b|.)$

よって②が示せた．□

補足 「三角不等式」については，[→例題1 7 e]

解説 1)：「分子の低次化」により，文字 p を 1 か所へ集約しました.

2)：$\dfrac{|a|}{1+|a|+|b|}\leq\dfrac{|a|}{1+|a|}$ の示し方を詳し～く書くと，次の通りです：

$$1+|a|+|b|\geq 1+|a|\underset{\sim\sim}{>0}.$$

$$\therefore\ \frac{1}{1+|a|+|b|}\leq\frac{1}{1+|a|}.$$

これと $|a|\underset{\sim\sim}{\geq 0}$ より

$$\frac{|a|}{1+|a|+|b|}\leq\frac{|a|}{1+|a|}.$$

赤波線で示した「符号」が重要です．ただし，何しろ「絶対値」ですから，ここまで詳しく述べなくてもマルになる公算が大だと思います.

別解 1 (1)の**解答**では，「式変形」を用いました．他の方法として，「関数」

$$f(x)=\frac{x}{1+x}=1-\frac{1}{1+x}\ (x>0)$$

を考える方法もあります．$x>0$ において，$\dfrac{1}{1+x}$ は減少関数なので $f(x)$ は増加関数です．これと $p\leq q$ より $f(p)\leq f(q)$．よって，与式は成り立ちます.

別解 2 (1)は，分母を払ってから示す手もあります．①を同値変形すると，$1+p, 1+q>0$ より

$$p(1+q)\leq q(1+p).\ \cdots①'$$

これを示す.

$$\begin{aligned}\text{右辺}-\text{左辺}&=q(1+p)-p(1+q)\\&=q-p\geq 0\ (\because\ q\geq p).\end{aligned}$$

よって①′，①が示せた．□

1 8 16 不等式の2通りの扱い [→例題1 7 j]

根底 実戦 入試

方針 (1)は式変形でできそうですが，(2)はどうでしょう…？

解答 (1)

$$\begin{aligned}\text{右辺}-\text{左辺}&=1+\frac{1}{ab}-\frac{1}{a}-\frac{1}{b}\\&=\left(\frac{1}{a}-1\right)\left(\frac{1}{b}-1\right)>0.\end{aligned}$$

$(\because$ ①より $\dfrac{1}{a}>1,\ \dfrac{1}{b}>1.)$

よって②が示せた．□

(2) $\text{右辺}-\text{左辺}=2+\dfrac{1}{abc}-\dfrac{1}{a}-\dfrac{1}{b}-\dfrac{1}{c}.$

これを，a, b を固定して c の関数 $f(c)$ とみると

$$f(c)=\left(\frac{1}{ab}-1\right)\cdot\frac{1}{c}+2-\frac{1}{a}-\frac{1}{b}.$$

c が変数

ここで，③より $0<ab<1$ 1)．よって $\dfrac{1}{ab}>1$ 2) だから，$\dfrac{1}{c}$ の係数は，$\dfrac{1}{ab}-1>0$.

よってcの分数関数 $f(c)\ (0<c<1)$ は減少するから，

$$\begin{aligned}f(c)&>f(1)\\&=\left(\frac{1}{ab}-1\right)+2-\frac{1}{a}-\frac{1}{b}\\&=\frac{1}{ab}+1-\frac{1}{a}-\frac{1}{b}>0.\end{aligned}$$

(∵ (1)の結果が使える.)

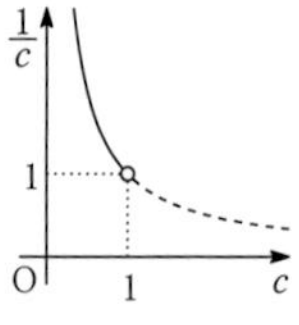

よって，④が示せた．□

解説 (1)は「式変形」，(2)は「関数利用」でした．例題1 7 j も同じでしたね．

注 ②，④とも，分母を払って整式の形に直してから処理することもできます．その場合にも，(1)は「式変形」でできます．(2)は

$bc+ca+ab<2abc+1$

となり，一見演習問題1 8 11(1)と似ていますが，差をとっても因数分解できませんので，「関数利用」(1 次関数) となります．

補足 1)：正の実数 a, b が $\begin{cases} a<1 \\ b<1 \end{cases}$ を満たすので，辺々掛けて $ab<1$ となります．[→例題1 7 j 注]

2)：正の実数 $ab, 1$ が $ab<1$ を満たすので，それぞれの逆数をとると $\dfrac{1}{ab}>1$ となります．[→1 7 2/]

1 8 17 不等式と関数

根底 実戦 入試 重要 [→例題1 7 j]

方針 F は演習問題1 8 11③左辺とよく似た式ですが，因数分解したり，完全平方式 ≥ 0 を用いる手法では上手くいきません．そこで，「関数」という視点を持ち出します．

解答 b を固定し，F を a の関数 $f(a)$ とみると

$f(a)=a^2-(b-2)a+(b^2-b+1)\ (a\geq 0)$.

放物線 C: $y=f(a)$ の軸は $a=\dfrac{b}{2}-1$ であり，

①より $\dfrac{b}{2}-1\leq\dfrac{1}{2}-1<0$.

よって C は右図のようになる．したがって，

$$\begin{aligned} f(a) &\geq f(0) \cdots③ \\ &= b^2-b+1 \\ &= \left(b-\frac{1}{2}\right)^2+\frac{3}{4} \\ &\geq \frac{3}{4}. \cdots④ \end{aligned}$$

$\therefore\ F\geq\dfrac{3}{4}$. □ …⑤

⑤の等号成立条件は，③，④の等号がともに成立すること，すなわち

$a=0,\ b=\dfrac{1}{2}$.// (これらは①をも満たす.)

注 F を「完全平方式」で表すように変形してみると，次のようになります：

$$\begin{aligned} F &= \left(a-\frac{b}{2}+1\right)^2-\left(-\frac{b}{2}+1\right)^2+b^2-b+1 \\ &= \left(a-\frac{b}{2}+1\right)^2+\frac{3}{4}b^2. \end{aligned}$$

これで，「$F\geq 0$」は言えましたが，残念ながら「$F\geq\dfrac{3}{4}$」は示せていません．

「$F=0$」となるための条件は $a-\dfrac{b}{2}+1=b=0$ ですが，$a\geq 0$ ですからこれは成立不能ですね．

参考 本問の結果

大小関係の不等式：$F\geq\dfrac{3}{4}$.

等号成立が可能であることの確認

の 2 つが得られましたので，F の最小値が

$\min F=\dfrac{3}{4}$ と求まったことになります．

1 8 18 分数式と"相加相乗"

根底 実戦 入試 [→例題1 7 h]

方針 (1) 変数 x を分母だけに集約することができます．

(2) 例題1 7 h と同様，整式の除法を利用して分子の低次化を行うこともできますが，この $g(x)$ はもっと手軽に変形できます．

解答 (1)

$$\begin{aligned} f(x) &= \frac{1}{x+3+\frac{4}{x}} \quad \cdots x\text{を分母へ集約} \\ &\overset{1)}{\leq} \frac{1}{2\sqrt{x\cdot\frac{4}{x}}+3} \quad \left(\because\ x,\ \frac{4}{x}>0\right) \\ &= \frac{1}{2\cdot 2+3}. \end{aligned}$$

$\therefore\ f(x)\leq\dfrac{1}{7}$. □

等号成立条件は，$x=\dfrac{4}{x}$，i.e. $x=2$. //

(2)

$$\begin{aligned} g(x) &= \frac{(x+2)^2+6}{x+2} \quad \cdots\text{分母の平方が作れる} \\ &= x+2+\frac{6}{x+2} \quad \cdots ○+\frac{\text{定数}}{○}\text{の形} \\ &\geq 2\sqrt{(x+2)\cdot\frac{6}{x+2}} \quad \left(\because\ x+2,\ \frac{6}{x+2}>0\right). \end{aligned}$$

$\therefore\ g(x)\geq 2\sqrt{6}$. □

等号成立条件は，

$x+2=\dfrac{6}{x+2}$，i.e. $x=\sqrt{6}-2$.// (これは正)

解説 1)：この不等式は，まず分母において"相加相乗"を用い，その後で両辺 (>0) の「逆数」を考えて不等号の向きを逆さにするのが丁寧な示し方です．とはいえ実戦的にはこの程度の説明で済ませてしまうことが多いと思います．

注 (1)は，初めから「逆数」をとる方法もあります：

$$\begin{aligned} \frac{1}{f(x)} &= \frac{x^2+3x+4}{x} \\ &= x+3+\frac{4}{x} \\ &\geq 2\sqrt{x\cdot\frac{4}{x}}+3 \quad \left(\because\ x,\ \frac{4}{x}>0\right). \end{aligned}$$

$\therefore\ \dfrac{1}{f(x)}\geq 7$. 両辺とも正だから，$f(x)\leq\dfrac{1}{7}$. □

これなら，分母が単項式 x となるので，なんとな～く分子の低次化ができてしまいますね．

1 8 19 調和平均と“相加相乗”

根底 実戦 入試

[→例題 1 7 f]

注 速さ u, v は，もちろん正の実数です．

解答 (1) A と B の距離を $L\ (>0)$ として，往復にかかった時間を 2 通りに表すことにより，

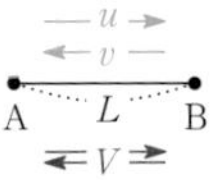

$$\frac{L}{u}+\frac{L}{v}=\frac{2L}{V}.$$

$$\therefore\ V=\frac{2}{\frac{1}{u}+\frac{1}{v}}.\ /\!/ \cdots ①$$

(2) $\frac{1}{u}, \frac{1}{v}>0$ だから，

$$\frac{\frac{1}{u}+\frac{1}{v}}{2}\geq\sqrt{\frac{1}{u}\cdot\frac{1}{v}}=\frac{1}{\sqrt{uv}}.$$

両辺とも正だから，逆数をとると

$$(V=)\frac{2}{\frac{1}{u}+\frac{1}{v}}\leq\sqrt{uv}.$$

等号成立条件は，$\frac{1}{u}=\frac{1}{v}$ かつ①，i.e. $u=v\ (=V)$．以上より，求める大小関係は

$$\begin{cases} u\neq v \text{ のとき}, V<\sqrt{uv}. \\ u=v \text{ のとき}, V=\sqrt{uv}. /\!/ \end{cases}$$

参考 (1)で求めた $V=\frac{2}{\frac{1}{u}+\frac{1}{v}}$ は，AB 間を往復するときの「平均の速さ」といいます．また，この右辺のことを，u と v の**調和平均**といいます．

(2)から，次の大小関係が成り立つことがわかりましたね：

$a, b>0$ のとき，

$$\underbrace{\frac{a+b}{2}}_{\text{相加平均}}\geq\underbrace{\sqrt{ab}}_{\text{相乗平均}}\geq\underbrace{\frac{2}{\frac{1}{a}+\frac{1}{b}}}_{\text{調和平均}}.$$

等号は，いずれも $a=b$ のときのみ成立する．

余談 「調和平均」は他に，物理における並列回路の電気抵抗の値などとして現れます．

1 8 20 分数式の最小値

根底 実戦 入試

[→例題 1 7 g]

注 **演習問題 1 8 10** の「F」と全く同じ形の式ですね．そこでは分母が共通なものを集めましたが…

方針 ここでは，“相加相乗”が適用できるものを集めます．このように，状況次第で目指す式変形の方向性は変わってくるものなのです．■

解答

$$F=\overbrace{\left(\frac{x}{y}+\frac{y}{x}\right)}^{x\text{ と }y}+\overbrace{\left(\frac{y}{z}+\frac{z}{y}\right)}^{y\text{ と }z}+\overbrace{\left(\frac{z}{x}+\frac{x}{z}\right)}^{z\text{ と }x}$$

$$^{1)}\geq 2\sqrt{\frac{x}{y}\cdot\frac{y}{x}}+2\sqrt{\frac{y}{z}\cdot\frac{z}{y}}+2\sqrt{\frac{z}{x}\cdot\frac{x}{z}}$$

$$(\because\ x, y, z>0\ ^{2)})$$

$$=6\ (\text{定数}). \cdots ①$$ 大小関係

①の等号成立条件は，

$$\frac{x}{y}=\frac{y}{x} \text{ かつ } \frac{y}{z}=\frac{z}{y} \text{ かつ } \frac{z}{x}=\frac{x}{z}.$$

i.e. $x=y=z$.

これは成立可能．等号成立確認

以上より，求める最小値は，$\min F=6$. $/\!/$

解説 「大小関係の不等式」+「等号成立確認」→「最小値」の流れは定番手法ですね．

注 1)：“相加相乗”（2 個）を 3 回使いました：

$$\frac{x}{y}+\frac{y}{x}\geq 2\sqrt{\frac{x}{y}\cdot\frac{y}{x}},$$

$$\frac{y}{z}+\frac{z}{y}\geq 2\sqrt{\frac{y}{z}\cdot\frac{z}{y}},$$

$$\frac{z}{x}+\frac{x}{z}\geq 2\sqrt{\frac{z}{x}\cdot\frac{x}{z}}.$$

これらを辺々加えたものを，イキナリ書いています．

2)：ホントは「$\frac{x}{y}, \frac{y}{x};\ \frac{y}{z}, \frac{z}{y};\ \frac{z}{x}, \frac{x}{z}>0$」と書くのが正しいですが，さすがに面倒なので，このくらいで許してもらえるのではないかと（笑）．

1 8 21 対称式の最小値

根底 実戦 入試

[→例題 1 7 i]

着眼 2つの正の実数 a, b の「和」が一定．そして，F は a と b の対称式ですから，整理すると「和」と「積」ab で表せます．そこで，“相加相乗”を利用してみます．

解答

$$\begin{aligned} F&=\frac{1}{a^2b^2}+\frac{1}{a^2}+\frac{1}{b^2}+1 \\ &=\frac{1+a^2+b^2}{a^2b^2}+1 \\ &=\frac{1+(a+b)^2-2ab}{a^2b^2}+1 \\ &=\frac{2-2ab}{a^2b^2}+1 \\ &=2\left(\frac{1}{ab}\right)^2-2\cdot\frac{1}{ab}+1. \end{aligned}$$

そこで，$t=\frac{1}{ab}$ とおく 1) と

$$\begin{aligned} F&=2t^2-2t+1 \\ &=2\left(t-\frac{1}{2}\right)^2+\frac{1}{2}\ (=f(t) \text{ とおく}). \end{aligned}$$ 関数利用

ここで，$a, b>0$ だから，

$a+b\geq 2\sqrt{ab}$. これと①より，

$1\geq 2\sqrt{ab}$. $\frac{1}{4}\geq ab$. 大小関係 2)

両辺とも正だから，$(t=)\ \frac{1}{ab}\geq 4$.

したがって，

$F\geq f(4)$ 大小関係 3)

$=32-8+1=25$ (定数).

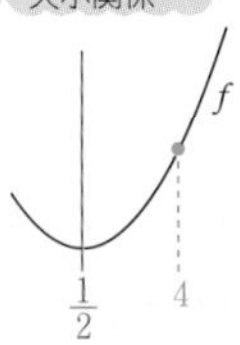

等号は，$a=b=\frac{1}{2}$ のとき $t=4$

となるから成立可能. ●●● 等号成立確認

以上より，求める最小値は，$\min F = 25$. //

解説 t の**関数** $f(t)$ を利用して不等式を証明しました.

ただし，その変数 t について，"相加相乗" による大小関係の不等式を作りました.

注 1) : $t = ○○$ と置換する際には，必ず t の値の制限についてチェックするべし.

2) : これは，あくまでも「大小関係」を表す不等式であり，t の「値の範囲」を表している訳ではありません. したがって…

3) : これも，「大小関係」を表す不等式です.

1 8 22 不等式を解く 根底 実戦 重要 [→1 7 1]

言い訳 不等式の「証明」ではありませんが，この節で学んだ重要な考え方の確認も兼ねて.

方針 方程式，不等式を解く際，真っ先に考えることは「積 (or 商) の形 vs ゼロ」の形への変形です. つまり，(1)(4)では左辺を因数分解し，(2)では (左辺 − 右辺) を通分します.

注 (3)だけは，既に学んだある知識で解決します.

解答 (1) (因数定理を用いてもよいですが，部分的に因数分解する手で解決.)

与式を変形すると

$x^2(x-2)-(x-2) \geq 0.$

$(x^2-1)(x-2) \geq 0.$

$(x+1)(x-1)(x-2) \geq 0.$

各因数の符号を考えて，左辺の符号は次表の通り.

x が増加する向き →

x	…	−1	…	1	…	2	…
$x+1$	−	0	+	+	+	+	+
$x-1$	−	−	−	0	+	+	+
$x-2$	−	−	−	−	−	0	+
左辺	−	0	+	0	−	0	+

よって求める解は，$-1 \leq x \leq 1,\ 2 \leq x$. //

注 上の表は，下のように簡略化して表してもよいです[→ I+A 2 8 1].

3つの因数が +, −, −　3つの因数が +, +, +　左辺

+　+　−　−　−1　1　2　x

3つの因数が −, −, −　3つの因数が +, +, −

(2) 与式を変形すると

$$\frac{2}{x+1}+\frac{1}{x-2} \geq 0.$$

$$\frac{2(x-2)+(x+1)}{(x+1)(x-2)} \geq 0.$$

$$\frac{3x-3}{(x+1)(x-2)} \geq 0.$$

$$\frac{x-1}{(x+1)(x-2)} \geq 0.$$

分子，および分母の各因数の符号を考えて，左辺の符号は次図の通り.

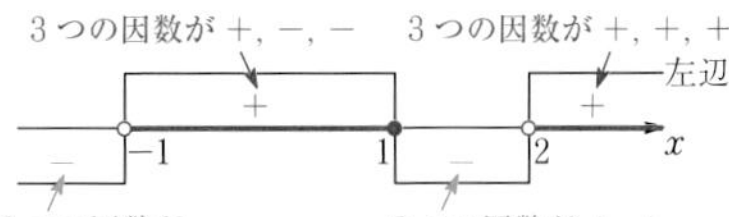

よって求める解は，$-1 < x \leq 1,\ 2 < x$. // ●●● 分母≠0に注意

(3) (「a と b の大小」と「a^3 と b^3 の大小」は，符号に関係なく一致するのでしたね[→例題 1 7 b (2)])

与式を変形すると

$x^3 > (-3)^3.\ \therefore\ x > -3.$ //

(4) (これは，(1)と(3)の合わせ技で解決します.)

与式を変形すると

$x^3(x+1)-8(x+1) < 0.$

$(x+1)(x^3-8) < 0.$

各因数の符号を考えて，左辺の符号は次図の通り.

2つの因数が −, −　2つの因数が +, +　左辺

+　+　−　−1　2　x

2つの因数が +, −

よって求める解は，$-1 < x < 2$. //

解説 不等式の基本形:「積 (or 商) vs ゼロ」は忘れないこと！

補足 (4)は，さらに次のように変形してもよいですね.

$(x+1)(x-2)(x^2+2x+4) < 0.$

$(x+1)(x-2)\underbrace{\{(x+1)^2+3\}}_{正} < 0.$

$(x+1)(x-2) < 0.$

$\therefore -1 < x < 2.$

結局は，ただの2次不等式に帰着しましたね.

(3)も，同様にすれば1次不等式に帰着します.

1 8 23 不等式が成り立つ条件 [→例題 1 7 f 後の重要] 根底 実戦 入試 ハイレベル↑

解答 (1) **方針** 差をとると有名な式が現れ，完全平方式を作れば証明できます. ■

左辺 − 右辺

$= 2x^2+2y^2+2z^2-2xy-2yz-2zx$

$= (x-y)^2+(y-z)^2+(z-x)^2 \geq 0.$

よって①が示せた.

等号成立条件は，

$x-y = y-z = z-x = 0$. i.e. $x = y = z$. //

(2) **考え方** ◦例えば $a=6$ と**固定**すると，(∗) は次のようになります：

「$x^2+y^2+z^2 \leq 6$ ならば $x+y+z \leq 6$」

$x^2+y^2+z^2 \leq 6$ のとき，①より

$$(x+y+z)^2 \leq 3\cdot 6 = 18.$$

$$\therefore (-3\sqrt{2} \leq)\ x+y+z \leq 3\sqrt{2} < 6.$$

よって，(∗) は真となります．

◦例えば $a=1$ と**固定**すると，(∗) は次のようになります：

「$x^2+y^2+z^2 \leq 1$ ならば $x+y+z \leq \boxed{1}$」

$x^2+y^2+z^2 \leq 1$…㋐ のとき，①と合わせて

$$(x+y+z)^2 \underset{①}{\leq} 3(x^2+y^2+z^2) \underset{㋐}{\leq} 3\cdot 1 = 3.$$

$$\therefore (-\sqrt{3} \leq)\ x+y+z \leq \sqrt{3}.$$

㋐および①の等号は $x=y=z=\dfrac{1}{\sqrt{3}}$ で成立しますから，$x+y+z$ の最大値は $\sqrt{3}$ であり，これは $\boxed{1}$を超えてしまっています．よって，(∗) は偽となります．

このように，a を**固定**し，その各々の a の値に応じて (∗) の**真偽を判定**していきます．この考えは，数学の根幹をなす重要な考え方でしたね．[→ I+A例題 1 9 g **「固定して真偽判定」**]

こうした“実験”を行う中で，徐々に思考が整理され，何を答案に書くべきかが見えてきます…とはいえ難問です．■

a を**固定**する．

$x^2+y^2+z^2 \leq a$ …② のとき，①より

$$(x+y+z)^2 \leq 3(x^2+y^2+z^2) \leq 3a.$$

これと $a>0$ より，

$$\therefore (-\sqrt{3a} \leq)\ x+y+z \leq \sqrt{3a}.\ \cdots③$$ 大小関係

この等号および②を満たす x, y, z として，

$x=y=z=\sqrt{\dfrac{a}{3}}$ が存在する． 等号成立確認

よって②のもとで，$x+y+z$ は最大値 $\sqrt{3a}$ をとるから，(∗) であるための条件は

$\sqrt{3a} \leq a.$ [1] i.e. $a \geq 3.$//

参考 ③の等号を満たす x, y, z の見つけ方を述べておきます．

③の等号が成立

$$\iff \begin{cases} ①\text{の等号成立,} \quad \text{かつ} \\ x^2+y^2+z^2=a, \ \text{かつ} \\ x+y+z>0 \end{cases}$$

$$\iff x=y=z=\sqrt{\frac{a}{3}}.$$

ただし，これを答案中に明記する義務はありません（笑）．

補足 [1]：この不等式は次のように解きました．

$$\sqrt{3a} \leq a.$$

$$\sqrt{3}\sqrt{a} \leq \left(\sqrt{a}\right)^2\ (\because\ a>0).$$

$$\sqrt{3} \leq \sqrt{a}\ (\because\ \sqrt{a}>0).$$

$$\therefore 3 \leq a\ (\because\ \text{上式の両辺は正}).$$

11 演習問題C

1 11 1 複素数の計算

根底 実戦 定期 [→例題1 9 a]

方針 複素数の演算は，次の2点だけ頭に置けば大丈夫です．

○ $i^2=-1$

○ 他の演算規則は，普通の文字と同様．

解答 (1) $(\sqrt{3}+3i)-(1-\sqrt{3}i)$

$=(\sqrt{3}-1)+(3+\sqrt{3})i.$ //

(2) $(2+3i)(5-i)=(2\cdot5+3)+(-2+3\cdot5)i$

$=13+13i.$ //

(3) $\dfrac{3i}{3i-1}=\dfrac{3i}{-1+3i}\cdot\dfrac{-1-3i}{-1-3i}$

$=\dfrac{3i(-1-3i)}{1^2+3^2}$

$=\dfrac{9-3i}{10}.$ //

(4) $\dfrac{3+4i}{2+i}+\dfrac{3-4i}{2-i}$ 分母の実数化を行いたい

$=\dfrac{3+4i}{2+i}\cdot\dfrac{2-i}{2-i}+\dfrac{3-4i}{2-i}\cdot\dfrac{2+i}{2+i}$ 通分もできた

$=\dfrac{10+5i}{5}+\dfrac{10-5i}{5}$

$=(2+i)+(2-i)=4.$ //

(5) $\dfrac{(\sqrt{3}-i)^3}{(\sqrt{3}+i)^3}=\left(\dfrac{\sqrt{3}-i}{\sqrt{3}+i}\right)^3.$

ここで，

$\dfrac{\sqrt{3}-i}{\sqrt{3}+i}=\dfrac{\sqrt{3}-i}{\sqrt{3}+i}\cdot\dfrac{\sqrt{3}-i}{\sqrt{3}-i}$

$=\dfrac{(\sqrt{3}-i)^2}{3+1}$

$=\dfrac{(3-1)-2\sqrt{3}i}{4}=\dfrac{1-\sqrt{3}i}{2}.$

よって，

$\dfrac{(\sqrt{3}-i)^3}{(\sqrt{3}+i)^3}=\left(\dfrac{1-\sqrt{3}i}{2}\right)^3$

$=\dfrac{(1-\sqrt{3}i)^3}{8}$

$=\dfrac{1-3\cdot\sqrt{3}i+3\cdot(\sqrt{3}i)^2-(\sqrt{3}i)^3}{8}$

$=\dfrac{(1-9)+(-3\sqrt{3}+3\sqrt{3})i}{8}=-1.$ //

参考 (4)の計算過程を見ると，$\dfrac{3+4i}{2+i}$ と $\dfrac{3-4i}{2-i}$ の分子どうし，分母どうしは互いに共役です．そして，これらをそれぞれ計算して得た $2+i$ と $2-i$ も互いに共役になっていますね．これは，実はよく知られた共役複素数の性質です[→演習問題1 11 3]．

1 11 2 複素数の相等

根底 実戦 [→例題1 9 a]

方針 「複素数どうしが等しい」とは「実部，虚部がともに等しい」ということでしたね．

解答 両辺の実部，虚部が等しいから

$$\begin{cases}3b+a=2, & \cdots① \\ ab-3=-4. & \cdots②\end{cases}$$

①より $a=2-3b$ …①′．これと②より

$(2-3b)b=-1.$

$3b^2-2b-1=0.$

$(3b+1)(b-1)=0.\quad \therefore\ b=-\dfrac{1}{3},\ 1.$

これと①′より，$(a,b)=\left(3,-\dfrac{1}{3}\right),(-1,1).$ //

1 11 3 共役複素数の性質

根底 実戦 [→例題1 9 c]

方針 両辺を共役複素数の定義に従って計算・整理し，同じ形になることを示します．

解答

(1) $\overline{\alpha}+\overline{\beta}=(a-bi)+(c-di)=(a+c)-(b+d)i.$

$\overline{\alpha+\beta}=\overline{(a+c)+(b+d)i}=(a+c)-(b+d)i.$

$\therefore\ \overline{\alpha}+\overline{\beta}=\overline{\alpha+\beta}.$ □

(2) $\overline{\alpha}\cdot\overline{\beta}=(a-bi)(c-di)=(ac-bd)-(ad+bc)i.$

$\overline{\alpha\cdot\beta}=\overline{(a+bi)(c+di)}$

$=\overline{(ac-bd)+(ad+bc)i}$

$=(ac-bd)-(ad+bc)i.$

$\therefore\ \overline{\alpha}\cdot\overline{\beta}=\overline{\alpha\cdot\beta}.$ □

(3) $\dfrac{\overline{\alpha}}{\overline{\beta}}=\dfrac{a-bi}{c-di}\cdot\dfrac{c+di}{c+di}=\dfrac{(ac+bd)+(ad-bc)i}{c^2+d^2}.$

また，

$\dfrac{\alpha}{\beta}=\dfrac{a+bi}{c+di}\cdot\dfrac{c-di}{c-di}$

$=\dfrac{(ac+bd)+(-ad+bc)i}{c^2+d^2}.$

$\therefore\ \overline{\left(\dfrac{\alpha}{\beta}\right)}=\dfrac{(ac+bd)+(ad-bc)i}{c^2+d^2}.$

以上より，$\dfrac{\overline{\alpha}}{\overline{\beta}}=\overline{\left(\dfrac{\alpha}{\beta}\right)}.$ □

補足 (1) まったく同様にして，$\overline{\alpha}-\overline{\beta}=\overline{\alpha-\beta}$ も示せます．

参考 (3)の結果を念頭に置き，**演習問題1 11 1**(4)：$\dfrac{3+4i}{2+i}+\dfrac{3-4i}{2-i}$ の計算を振り返ってみましょう．

$\alpha=3+4i,\ \beta=2+i$ とおくと

与式 $=\dfrac{\alpha}{\beta}+\dfrac{\overline{\alpha}}{\overline{\beta}}=\dfrac{\alpha}{\beta}+\overline{\left(\dfrac{\alpha}{\beta}\right)}.$

このように，第 1 項と第 2 項は互いに共役になるので，第 1 項のみ $\dfrac{\alpha}{\beta}=2+i$ と計算すれば，第 2 項は計算するまでもなくそれと共役な $2-i$ だとわかるのです．

将来　数学 C「複素数平面」では，ここで示した性質をフル活用して計算することになります．

1 11 4　$\sqrt{負の実数}$ の計算　根底 実戦　定期

[→ 1 10 2 注意！]

注意！　$\sqrt{負の実数}$ の計算は注意を要します．

$\sqrt{-2}=\sqrt{2}i$ のように「i」で表してから計算しましょう．

解答 (1) $\sqrt{-2}\sqrt{-5}=\sqrt{2}i\cdot\sqrt{5}i$

$=\sqrt{10}i^2=-\sqrt{10}.$ //

注意！　$\sqrt{-2}\sqrt{-5}=\sqrt{(-2)(-5)}=\sqrt{10}$ は誤り．

(2) $\left(\sqrt{-2}\right)^2=\left(\sqrt{2}i\right)^2=2i^2=-2.$ //

注　$\left(\sqrt{-2}\right)^2=-2$ は，覚えてしまいましょう．

注意！　$\left(\sqrt{-2}\right)^2=\sqrt{(-2)^2}=2$ は誤り．

(3) $\dfrac{\sqrt{-6}}{\sqrt{-2}}=\dfrac{\sqrt{6}i}{\sqrt{2}i}=\dfrac{\sqrt{6}}{\sqrt{2}}=\sqrt{\dfrac{6}{2}}=\sqrt{3}.$ //

注意！　$\dfrac{\sqrt{-6}}{\sqrt{-2}}=\sqrt{\dfrac{-6}{-2}}=\sqrt{3}$ が結果としては成り立っていますが，このような法則はないと思っておいてください．でないと(4)で失敗します．

(4) $\dfrac{\sqrt{6}}{\sqrt{-2}}=\dfrac{\sqrt{6}}{\sqrt{2}i}=\dfrac{\sqrt{3}\cdot i}{i\cdot i}=-\sqrt{3}i.$ //

注意！　$\dfrac{\sqrt{6}}{\sqrt{-2}}=\sqrt{\dfrac{6}{-2}}=\sqrt{-3}=\sqrt{3}i$ は誤り．

言い訳　入試でこのような計算をすることはほとんどありませんが，定期テストでは注意を喚起するために出るかも(笑)．

1 11 5　2次方程式　根底 実戦　定期

[→例題 1 10 a]

方針　キレイには因数分解できそうにない 2 次方程式は，解の公式で解きます．$\sqrt{}$ 内が負になった場合には，例えば $\sqrt{-3}$ を $\sqrt{3}i$ のように書き直します．

解答 (1) **方針**　x^2 の係数を正にしてから解く方がやりやすいです．■

与式は，$x^2-4x+5=0$.

$\therefore\ x=2\pm\sqrt{-1}=2\pm i.$ //

(2) 注　せっかく x が 1 か所に集約されていますから，展開したりしないでくださいね．■

$(2x-1)^2=-3.\quad 2x-1=\pm\sqrt{-3}=\pm\sqrt{3}i.$

$\therefore\ x=\dfrac{1\pm\sqrt{3}i}{2}.$ //

(3) $x=\dfrac{\sqrt{2}a\pm\sqrt{2a^2-4(a^2+1)}}{2}$

$=\dfrac{\sqrt{2}a\pm\sqrt{-2a^2-4}}{2}$ ……$\sqrt{}$ 内は負

$=\dfrac{\sqrt{2}a\pm\sqrt{2a^2+4}i}{2}.$ //

(4) 注意！　$x=\pm\sqrt{i}$ としてはいけません！ $\sqrt{}$ の中に書いてよいのは実数に限ります．$\sqrt{負の実数}$ は OK ですが，$\sqrt{虚数}$ は NG です！

係数（あるいは定数項）に虚数が含まれている場合には「解の公式」は使えません．「判別式」による解の虚実の判定もできません．普段解きなれている方法が通用しなくなりますから気を付けること．もっとも，入試ではあまり出ませんが(笑)．■

$x=p+qi\ (p,q\in\mathbb{R})$ とおくと，与式は

$(p+qi)^2=i.$

両辺の実部，虚部が等しいから

$$\begin{cases} p^2-q^2=0, & \cdots① \\ 2pq=1. & \cdots② \end{cases}$$

②より，$q=\dfrac{1}{2p}\ (p\neq 0)$ …②′．これと①より

$p^2-\dfrac{1}{4p^2}=0.\quad p^4=\dfrac{1}{4}.$

$p^2=\dfrac{1}{2}$ ($\because$ $p\in\mathbb{R}$ より $p^2\geq 0$)．$p=\pm\dfrac{1}{\sqrt{2}}.$

これと②′より，求める解は

$x=\pm\dfrac{1}{\sqrt{2}}\pm\dfrac{1}{\sqrt{2}}i$ (複号同順)

$=\pm\dfrac{1+i}{\sqrt{2}}.$ //

1 11 6　判別式　根底 実戦

[→例題 1 10 b]

方針　実数係数の 2 次方程式の解の公式は

$x=\dfrac{\bigcirc\pm\sqrt{判別式}}{\square}$ (○, □は実数)．[1]

この「判別式」の符号を考えます．

解答　①の判別式を D とすると

$D=(a-1)^2-4\cdot2\cdot2$

$=(a-1)^2-4^2$

$=(a+3)(a-5).$

D
−3
5 a

よって①の解は

$$\begin{cases} D>0,\ \text{i.e.}\ \ a<-3,\ 5<a \text{ のとき,} \\ \qquad\qquad\quad \text{異なる 2 つの実数解.} \\ D=0,\ \text{i.e.}\ \ a=-3,\ 5 \text{ のとき,} \\ \qquad\qquad\quad \text{実数の重解.} \\ D<0,\ \text{i.e.}\ \ -3<a<5 \text{ のとき,} \\ \qquad\qquad\quad \text{異なる 2 つの虚数解.}/\!/ \end{cases}$$

補足 1)：判別式 ＝ 0（重解）のとき，この等式は

$x=\frac{○}{□}$ というとてもシンプルな形になります．

1 11 7 高次方程式 根底 実戦 [→例題 1 10 c]

方針 基本的な流れとしては，

整数係数方程式の有理数解 [→1 10 4] を駆使して「有理数解の候補」を絞り込み，それらを数値代入して 1 つの解を見つけ，因数定理を適用します．

解答 (1) **下書き**

有理数解の候補は，$\frac{4\text{ の約数}}{1\text{ の約数}}=\pm1,\ \pm2,\ \pm4.$

$f(1)=1+3-3+3-4=0.$

$\therefore f(x)$ は $x-1$ で割り切れます．■

1	1	3	−3	3	−4
		1	4	1	4
	1	4	1	4	0

与式を変形すると

$(x-1)(x^3+4x^2+x+4)=0.$

着眼 さらに因数定理を使ってもできますが…■

$(x-1)\{x^2(x+4)+(x+4)\}=0.$

$(x-1)(x+4)(x^2+1)=0.$

$\therefore x=1,\ -4,\ \pm i.$//

(2) **下書き** $f(x)$ は係数が全て正なので，実数解は負に限ります．よって有理数解の候補は，

$\frac{5\text{ の約数}}{3\text{ の約数}}(\text{負})=-1,\ -5,\ -\frac{1}{3},\ -\frac{5}{3}.$

$g(-1)=-3+8-8+5\neq0.$

$g(-5)=5(-75+40-8+1)\neq0.$

$g\left(-\frac{1}{3}\right)=-\frac{1}{9}+\frac{8}{9}-\frac{8}{3}+5=-\frac{17}{9}+5\neq0.$

となると，有理数解として可能性があるのは $x=-\frac{5}{3}$ のみですね．3 次式へ代入するのは辛いので，ダメ元で組立除法をやってみます．実は，その方が計算が楽だったりします（こうしたケースもよくあります）．■

$-\frac{5}{3}$	3	8	8	5
		−5	−5	−5
	3	3	3	0

与式を変形すると

$\left(x+\frac{5}{3}\right)(3x^2+3x+3)=0.$

$\left(x+\frac{5}{3}\right)(x^2+x+1)=0.$ 両辺を 3 で割った

$\therefore x=-\frac{5}{3},\ \frac{-1\pm\sqrt{3}i}{2}.$// かの有名な ω です

注 実際の試験では，高次方程式の左辺の因数分解に苦労することはそう頻繁にはないです（笑）．

1 11 8 高次方程式（相反方程式） 根底 実戦 重要 [→例題 1 10 c]

着眼

$f(x):=\boxed{1}\cdot x^4+3x^3+4x^2+3x+\boxed{1}=0.\ \cdots①$

有理数解の候補は次の通り．

$\frac{\boxed{1}\text{の約数}}{\boxed{1}\text{の約数}}=\pm1.$

係数が全て正なので，正の実数 x は解になり得ない．そこで…

$f(-1)=1-3+4-3+1=0.$

よって $f(x)$ は $x+1$ で割り切れます．

解答

−1	1	3	4	3	1
		−1	−2	−2	−1
−1	1	2	2	1	0
		−1	−1	−1	
	1	1	1	0	

①を変形すると

$(x+1)^2(x^2+x+1)=0.$

$\therefore x=-1\ (\text{重解}),\ \frac{-1\pm\sqrt{3}i}{2}.$//

参考 この方程式は，x^2 の項を中心として，係数が左右対称になっていますね．

$x^4+3x^3+4x^2+3x+1=0.$

このような方程式のことを，「**相反方程式**」と呼び，次のような独特な解き方があります．

①の両辺を，中心となっている項にある x^2 で割ると次のようになります．（$x=0$ は解ではないので考察の対象から除外します．）

$x^2+3x+4+3\cdot\frac{1}{x}+\frac{1}{x^2}=0.$

これは，x と $\frac{1}{x}$ の**対称式**です．2 文字の対称式は，それらの和と積のみで表せて，$x\cdot\frac{1}{x}=1$（定数）ですから，けっきょく和：$x+\frac{1}{x}$ のみで表せます

[→ I+A 例題 1 6 i].

$$\underline{\left(x+\frac{1}{x}\right)^2-2x\cdot\frac{1}{x}}+3\left(x+\frac{1}{x}\right)+4=0.$$
$$\left(x+\frac{1}{x}\right)^2+3\left(x+\frac{1}{x}\right)+2=0.$$
$$\left(x+\frac{1}{x}+1\right)\left(x+\frac{1}{x}+2\right)=0.$$
$$(x^2+1+x)(x^2+1+2x)=0.$$
$$(x^2+x+1)(x+1)^2=0.$$

これで**解答**と同じ因数分解が得られましたね（本問程度だとかえって遠回りですが）．

1 11 9 高次方程式の工夫

根底 実戦　[→例題 1 10 c]

方針　「方程式」の基本は，「積 $=0$」の形を作ることです．

解答 (1) **注**　左辺が「積の形」になっていますが，右辺が 0 でないのでこのままではダメ．ただし，「積の形」を利用すると，1 つの解を見つけるのが容易になります．$x=2$ のとき，左辺 $=2\cdot3\cdot4=24$ ですから，$x=2$ は与式の 1 つの解です．■

与式を変形すると
$$x^3+3x^2+2x-24=0.$$

下書き

2	1	3	2	−24
		2	10	24
	1	5	12	0 ■

$$(x-2)(x^2+5x+12)=0.$$
$$\therefore x=2,\ \frac{-5\pm\sqrt{23}i}{2}.//$$

(2) **着眼**　「x^2」をカタマリとみれば，その 2 次方程式ですね．■

与式より
$$(x^2)^2+x^2-6=0.$$
$$(x^2-2)(x^2+3)=0.$$
$$x^2=2,\ -3.$$
$$\therefore x=\pm\sqrt{2},\ \pm\sqrt{3}i.//$$

(3) **着眼**　(2)と同様「x^2」をカタマリとみればカンタンです．■

与式より
$$(x^2)^2+2x^2+1=0.\qquad (x^2+1)^2=0.$$
$$x^2=-1.\qquad x=\pm i.//$$

参考　与式は，左辺を因数分解すると次の通りです：
$$\{(x-i)(x+i)\}^2=0.\quad (x-i)^2(x+i)^2=0.$$
つまり，この方程式の 4 つの解は $i,\ i,\ -i,\ -i$ であり，i と $-i$ がそれぞれ**重解**です．[→ 1 10 6 **最後の注**] ■

(4) **着眼**　(2)と同様「x^2」をカタマリとみることができますが，その後が…■

与式より
$$(x^2)^2+x^2+1=0.$$
$$x^2=\frac{-1\pm\sqrt{3}i}{2}.\ \cdots①$$

ここで，$x=a+bi\ (a,\ b\in\mathbb{R})$ とおくと [1)]
$$x^2=(a+bi)^2=(a^2-b^2)+2abi$$
だから，①は
$$\begin{cases} a^2-b^2=-\dfrac{1}{2}, & \cdots②\\ 2ab=\pm\dfrac{\sqrt{3}}{2}. & \cdots③\end{cases}$$

③より，$b^2=\dfrac{3}{16a^2}$．これと②より
$$a^2-\frac{3}{16a^2}=-\frac{1}{2}.$$
$$16a^4+8a^2-3=0.$$
$$(4a^2-1)\underbrace{(4a^2+3)}_{\text{正}(\because\ a\in\mathbb{R})}=0.$$
$$\therefore a=\pm\frac{1}{2}.$$

$a=\dfrac{1}{2}$ のとき，③より $b=\pm\dfrac{\sqrt{3}}{2}$．

$a=-\dfrac{1}{2}$ のとき，③より $b=\mp\dfrac{\sqrt{3}}{2}$．

以上より，求める解は
$$x=\frac{1}{2}\pm\frac{\sqrt{3}}{2}i,\ -\frac{1}{2}\mp\frac{\sqrt{3}}{2}i.//$$

本解　(3)は，次の有名な因数分解に気が付けば遥かに楽に解けます．//

与式を変形すると
$$x^4+2x^2+1-x^2=0.$$
$$(x^2+1)^2-x^2=0.$$
$$(x^2+x+1)(x^2-x+1)=0.$$
$$\therefore x=\frac{-1\pm\sqrt{3}i}{2},\ \frac{1\pm\sqrt{3}i}{2}.//$$

(4)の左辺 $=$ (3)の左辺 $-x^2$ となっていることが，少しヒントになっているかも？（笑）．

注 [1)]：とはいえこちらの泥臭い手法も使えるようにはしておきましょう．[→**演習問題** 1 11 5 (4)]

1 11 10 解と係数の関係（2次）

根底 実戦 典型　[→例題 1 10 d]

方針　「2 つの解」とくれば，因数分解→解と係数の関係ですね．

解答　①の 2 つの解は $3k,\ 2k$ とおける．
$$x^2-ax+1-a=1\cdot(x-3k)(x-2k).$$
（因数分解をイメージ）

解と係数の関係より

$\begin{cases} 3k+2k=a, \\ 3k \cdot 2k = 1-a. \end{cases}$ i.e. $\begin{cases} 5k=a, & \cdots ② \\ 6k^2 = 1-a. \end{cases}$

a を消去すると

$6k^2 = 1-5k.$　　$6k^2+5k-1=0.$

$(k+1)(6k-1)=0.$　　$k=-1, \frac{1}{6}.$

これと②より，$a=-5, \frac{5}{6}.$ //

参考　$a=-5$ のとき，①は

$x^2+5x+6=0.$　　$(x+3)(x+2)=0.$

$\therefore x=-3, -2.$

これらの比は，3 : 2 ですね．

$a=\frac{5}{6}$ のとき，①は

$x^2-\frac{5}{6}x+\frac{1}{6}=0.$　　$6x^2-5x+1=0.$

$(2x-1)(3x-1)=0.$　　$\therefore x=\frac{1}{2}, \frac{1}{3}.$

これらの比は，$\frac{1}{2} : \frac{1}{3} = 3:2$ ですね．

1 11 11 解と係数の関係（3次）

根底 実戦 典型　[→例題 1 10 e]

方針　求める方程式の係数は，α, β, γ の対称式となります．よって，解と係数の関係を用いて基本対称式の値を用意します．ただし，(頭の中では)「因数分解」の形を経由することを怠らないように．

解答　α, β, γ は①の 3 解だから

$\underline{2} \cdot x^3 - x^2 + 3x + 1 = \underline{2} \cdot (x-\alpha)(x-\beta)(x-\gamma).$

$$\begin{cases} \alpha+\beta+\gamma = \frac{1}{2}, \\ \alpha\beta+\beta\gamma+\gamma\alpha = \frac{3}{2}, \\ \alpha\beta\gamma = -\frac{1}{2}. \end{cases}$$

求める方程式は　（3 つの解→因数分解）

$1 \cdot (x-\alpha\beta)(x-\beta\gamma)(x-\gamma\alpha)=0.$

これを展開したときの係数を思い浮かべて…

ここで，

$\alpha\beta+\beta\gamma+\gamma\alpha = \frac{3}{2},$

$\alpha\beta \cdot \beta\gamma + \beta\gamma \cdot \gamma\alpha + \gamma\alpha \cdot \alpha\beta$

$= \alpha\beta\gamma(\alpha+\beta+\gamma)$

$= -\frac{1}{2} \cdot \frac{1}{2} = -\frac{1}{4}.$

$\alpha\beta \cdot \beta\gamma \cdot \gamma\alpha = (\alpha\beta\gamma)^2 = \left(-\frac{1}{2}\right)^2 = \frac{1}{4}.$

よって求める方程式は

$$x^3 - \frac{3}{2}x^2 - \frac{1}{4}x - \frac{1}{4} = 0.$$ [1)]

i.e. $4x^3-6x^2-x-1=0.$ //

注　1)：このまま「答え」としてもかまいません．別に整数係数にせよとは要求されていませんので．

1 11 12 共役な解

根底 実戦 典型　[→例題 1 10 g]

注　「共役な解」に関する定理が役立つのは，α が虚数であるときだけですよ．

まず最初に，$\sqrt{1-q^2}$ が虚数になったりしないことに言及しましょう．

解答　$0 \leq q \leq 1$ より $1-q^2 \geq 0$ だから，

$\sqrt{1-q^2} \in \mathbb{R}.$

i) $q=0$ のとき　（1 つの解）

$\alpha=1$ が①の解だから

$1+a-2+2a-1=0. \therefore a=\frac{2}{3}.$

ii) $q>0$ のとき．（何度も書きそうなので，名前を与える）

$p=\sqrt{1-q^2}\,(\geq 0)$ とおく．①は実数係数だから，

$\overline{\alpha}=p-qi\,(\neq \alpha)$ も解にもつ．よって，①の 3 つの解は

$\alpha=p+qi, \overline{\alpha}=p-qi, \beta$

とおけて，　（この因数分解が基本原理）

①の左辺 $= 1 \cdot (x-\alpha)(x-\overline{\alpha})(x-\beta).$ …②

ここで

$\alpha+\overline{\alpha}=2p,$

$\alpha \cdot \overline{\alpha} = p^2+q^2 = 1-q^2+q^2 = 1$

だから，②は

①の左辺 $=(x^2-2px+1)(x-\beta).$ …②′

両辺の係数を比較して

$x^2 \cdots a=-\beta-2p.$ …③　（a, β, p の式）

$x \cdots -2=2p\beta+1.$ …④　（β, p の式）

定数 $\cdots 2a-1=-\beta.$ …⑤　（a, β の式）

方針　④⑤より p および a を β で表し，③へ代入します．■

④より，$\beta, p \neq 0$ であり，$2p=\frac{-3}{\beta}$ …④′.

⑤より，$a=\frac{1-\beta}{2}$ …⑤′. これらを③へ代入して

$\frac{1-\beta}{2} = -\beta + \frac{3}{\beta}.$ $\beta(1-\beta) = -2\beta^2+6\,(\beta \neq 0).$

$\beta^2+\beta-6=0.$　$(\beta+3)(\beta-2)=0.$

ここで，④′と $p \geq 0$ より $\beta<0$ だから，$\beta=-3.$

これと④′⑤′より，$p=\frac{1}{2}, a=2.$

以上 i), ii) より，求める値は

$(a, q) = \left(\frac{2}{3}, 0\right), \left(2, \frac{\sqrt{3}}{2}\right).$ [1)] //

別解　(②′以降は，次のように筆算を用いても OK.)

① の左辺は $x^2-2px+1$ で割り切れる．

一方，① の左辺を $x^2-2px+1$ で割ると

$$
\begin{array}{rrr|rrrr}
 & & & 1 & a+2p & & \\
\hline
1 & -2p & 1 & 1 & a & -2 & 2a-1 \\
 & & & 1 & -2p & 1 & \\
\hline
 & & & & a+2p & -3 & 2a-1 \\
 & & & & a+2p & -2ap-4p^2 & a+2p \\
\hline
 & & & & & 2ap+4p^2-3 & a-2p-1
\end{array}
$$

よって，

$(2ap+4p^2-3)x+(a-2p-1)=0.$ 式が一致

$\therefore \begin{cases} 2ap+4p^2-3=0 \\ a-2p-1=0. \end{cases}$ 値が等しい

方針 「$p \geq 0$」という条件をもつ p の方を残す．■

第 2 式より，$a=2p+1$．これと第 1 式より

$2p(2p+1)+4p^2-3=0.$

$8p^2+2p-3=0.\quad (4p+3)(2p-1)=0.$

$\therefore p=\dfrac{1}{2}\ (\because\ p \geq 0).\quad \therefore a=2\cdot\dfrac{1}{2}+1=2.$

…以下同様…

(もちろん，3 次方程式の解と係数の関係を用いても OK です．)

補足 1)：$p=\dfrac{1}{2}$ のとき，q の値は次のように求まります．

$(p=)\dfrac{1}{2}=\sqrt{1-q^2}.\quad \dfrac{1}{4}=1-q^2.$

$q^2=\dfrac{3}{4}.\quad \therefore q=\dfrac{\sqrt{3}}{2}\ (\because\ q>0).$

複素数平面後　理系　$\alpha=\sqrt{1-q^2}+qi\ (0 \leq q \leq 1)$ の正体は，実は $\cos\theta+i\sin\theta\ \left(0 \leq \theta \leq \dfrac{\pi}{2}\right)$ です．つまり，絶対値が 1 で実部と虚部が 0 以上の複素数を表しています．

1 11 13 純虚数解

根底 実戦　[→例題 1 10 h]

着眼 $qi\ (q>0)$ は純虚数ですね．

方針 この 1 つの解を x へ**数値代入**したら…計算は楽そうですね．

解答 $x=qi\ (q>0)$ が①の解となるための条件は

1 つの解

$(qi)^4+(qi)^3+a(qi)^2-a\cdot qi-8=0.$

$(q^4-aq^2-8)+(-q^3-aq)i=0.$

2 つの括弧内はともに実数だから

$\begin{cases} q^4-aq^2-8=0 \quad \cdots② \\ -q^3-aq=0. \text{ i.e. } a=-q^2\ (\because\ q \neq 0). \quad \cdots③ \end{cases}$

③を②へ代入して

$q^4+q^4-8=0.\quad q^4=4.$

$q^2=2\ (\because\ q^2>0).\quad q=\sqrt{2}\ (\because\ q>0).$

これと③より，求める値は $(a,q)=(-2,\sqrt{2})$．//

別解 (「共役な解」を利用する手もありますね．)

①は実数係数だから，$qi, -qi$ を 2 つの解とする．よって，①の左辺は

$(x-qi)(x+qi)=x^2+q^2$

で割り切れる．…④

一方，①の左辺を x^2+q^2 で割ると次記の通り：

$$
\begin{array}{rrr|rrrrr}
 & & & 1 & 1 & a-q^2 & & \\
\hline
1 & 0 & q^2 & 1 & 1 & a & -a & -8 \\
 & & & 1 & 0 & q^2 & & \\
\hline
 & & & & 1 & a-q^2 & -a & \\
 & & & & 1 & 0 & q^2 & \\
\hline
 & & & & & a-q^2 & -a-q^2 & -8 \\
 & & & & & a-q^2 & 0 & aq^2-q^4 \\
\hline
 & & & & & & -a-q^2 & -aq^2+q^4-8
\end{array}
$$

これと④より，

式として

$(-a-q^2)x+(-aq^2+q^4-8)=0.$ $0x+0$ のこと

$\therefore \begin{cases} -a-q^2=0 \\ -aq^2+q^4-8=0. \end{cases}$ 値としての等式

(…以下，解答と同様…)

1 11 14 3重解

根底 実戦 入試　[→例題 1 10 i]

方針 「3 重解」の意味はわかっていますね．

解答 ①の 3 重解を α とすると，①の 4 つの解は $\alpha, \alpha, \alpha, \beta$ とおける．よって題意の条件は

$f(x)=1\cdot(x-\alpha)^3(x-\beta)$

$\quad\quad =(x^3-3\alpha x^2+3\alpha^2x-\alpha^3)(x-\beta)$

と表せること．両辺の係数を比較して

$x^3 \cdots 0=-\beta-3\alpha \quad \cdots②$

$x^2 \cdots a=3\alpha\beta+3\alpha^2 \quad \cdots③$

$x \cdots b=-3\alpha^2\beta-\alpha^3 \quad \cdots④$

定数項 $\cdots -3=\alpha^3\beta. \quad \cdots⑤$

②より $\beta=-3\alpha$ …②′．これと⑤より

$-3=\alpha^3(-3\alpha).\quad \alpha^4=1.\quad \alpha^2=\pm1.$

$\therefore \alpha=\pm1, \pm i.$

ここで，$\alpha=\pm i$ のとき (以下，複号同順)，①は実数係数だから，それと共役な虚数も解にもつから，$\beta=\mp i$．このとき②′は不成立．よって

$\alpha=\pm1.$ ②′より，$\beta=\mp3.$

③より，$a=-9+3=-6.$ これと④より，

$(a,b)=(-6,\pm9\mp1)=(-6,8),(-6,-8).$ //

解説 「●が3重解」とは，左辺が「$(x-●)^3(\cdots\cdots)$」の形になるということですね．やっていることは，恒等式の係数比較法に過ぎません（笑）．

参考 $(a, b) = (-6, 8), (\alpha, \beta) = (1, -3)$ のとき，①は $1\cdot(x-1)^3(x+3) = 0$.
$(a, b) = (-6, -8), (\alpha, \beta) = (-1, 3)$ のとき，①は $1\cdot(x+1)^3(x-3) = 0$.

1 11 15 共通解
根底 実戦 重要

注 2式の「x」は，必ずしも同じものを表している訳ではありません．

解答 共通解を α とおくと [1]

$$\begin{cases} \alpha^3+\alpha^2-a\alpha-1=0, & \cdots③ \\ \alpha^2+2\alpha+a=0. & \cdots④ \end{cases}$$

着眼 ③④の α は共通な α，③④の a も当然共通です．つまり，③④は α と a の連立 [2] 方程式です．

方針 「連立方程式」といえば，まずは「1文字消去」ですね．■

④より，$a = -\alpha^2 - 2\alpha$. …④′

これと③より

$$\alpha^3+\alpha^2-(-\alpha^2-2\alpha)\cdot\alpha-1=0.$$
$$2\alpha^3+3\alpha^2-1=0.$$
$$(\alpha+1)^2(2\alpha-1)=0.$$
$$\therefore \alpha = -1, \frac{1}{2}.$$

-1	2	3	0	-1
		-2	-1	1
-1	2	1	-1	0
		-2	1	
	2	-1	0	

これと④′より

$$\begin{cases} \alpha=-1 \text{ のとき}, a=1. \\ \alpha=\dfrac{1}{2} \text{ のとき}, a=-\dfrac{5}{4}. /\!/ \end{cases}$$

語記サポ [2]：「連立する」とは，要するに「共通なものを考える」ということです．

解説 連立方程式を解く際，上の**解答**では「代入法」を用いましたが，「消去法」でもできます．

$$\begin{array}{rl} ③: & \alpha^3+\alpha^2-a\alpha-1=0, \\ +)\ ④\times\alpha: & \alpha^3+2\alpha^2+a\alpha=0. \\ \hline & 2\alpha^3+3\alpha^2-1=0. \end{array}$$

（…以下は**解答**と同様…）

参考 $a=1$ のとき，

①: $(x-1)(x+1)^2=0$

②: $(x+1)^2=0$

となり，$x=-1$ が共通解です．

$a=-\dfrac{5}{4}$ のとき，

①: $\left(x-\dfrac{1}{2}\right)\left(x^2+\dfrac{3}{2}x+2\right)=0$

②: $\left(x-\dfrac{1}{2}\right)\left(x+\dfrac{5}{2}\right)=0$

となり，$x=\dfrac{1}{2}$ が共通解です．

言い訳 [1]：ホントは，文字「α」など用いず，文字「x」のままでそれを「共通解」だと宣言すれば済むのですが…．文字「x」の意味を正しく理解できない人が現れる危険を避けるため，共通解を特定の文字「α」で表現しました．文字「α」と文字「a」は，一目でパッと識別できるようにしなくてはなりませんよ（笑）．

1 11 16 共通解（係数互換）
根底 実戦 典型

方針 前問と同様，共通解に名前を与えます．

解答 共通解を α とおくと

$$\begin{cases} \alpha^2+a\alpha+b=0, & \cdots③ \\ \alpha^2+b\alpha+a=0. & \cdots④ \end{cases}$$

注 この2式において，α, a, b の3つが共通です．前問と違って，1文字を消去したとしてもなお2文字が残るので，この後の処理は工夫を要します．■

③ − ④より，

$$(a-b)\alpha+b-a=0,$$
$$\text{i.e.}\ (a-b)(\alpha-1)=0 \quad \cdots⑤$$

が必要．

i) $a=b$ のとき，①②はいずれも $x^2+ax+a=0$ となり，共通解をもつ．

ii) $a \neq b$ のとき，⑤より $\alpha=1$. これが①②の共通解となるための条件は

$1+a+b=0.$ [1]

以上より，題意の条件は

$a=b$ または [2]

$1+a+b=0. /\!/$

これを図示すると，右図の通り．

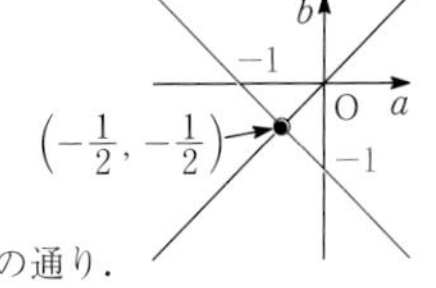

重要 「③ − ④」のように差をとることにより，⑤のような「積 = 0」の形が得られたことは偶然ではありません．

③における a と b を**互換**すると④になりますね．このように，2文字 a, b を互換した式どうしで差をとると，因数「$a-b$」ができることは，実は有名なことです．[→演習問題 1 11 19 重要]

解説 差をとる理由はもう1つあります．それは，**次数下げ**です．③④にある「α^2」が消え，残るのは α の1次式ですから処理しやすくなりますね．

補足 [1]：$\alpha=1$ が①，②の1つの解となるための条件は，それぞれの x に1を数値代入して，

① …$1+a+b=0.$

② …$1+b+a=0.$

これらは同値ですね．

補足 i), ii) のように分けるのが最良の場合分けです．「$a=b$」と「$a \neq b$」は，全ての場合を尽くし，しかも決して同時には起こりませんから！

注 [2]：この答え：

$a=b$, または
$1+a+b=0$. ダブリあり

は，前述の場合分け i), ii) に即して書くなら，

$a=b$, または
$a\neq b$ かつ $1+a+b=0$. ダブリなし

となりますが…図示してみると，どちらでも同じだとわかりますね．答えの「または」を英語の「or」に変えて

$a=b$ or $1+a+b=0$.

としてみましょう．この「or」を「さもなくば」と翻訳しながら読むと，スッと納得できませんか？（あまり神経質にならなくていいですが（笑）．）

1 11 17 共通解（次数下げ）

根底 実戦 入試 重要 [→例題 1 2 d]

方針 前々問と同じように共通解 α と a の連立方程式を作った後，1 文字を消去するのはタイヘンそうですね．そこで，前問**解説**で述べた**次数下げ**を目指します．ただ，単純に差をとってもダメですから…

解答 共通解を α とおくと

$$\begin{cases} f(\alpha)=0 \cdots ③ \\ g(\alpha)=0 \cdots ④ \end{cases}$$

そこで，$f(x)$ を $g(x)$ で割る． 整式の除法

```
                1    -1
1  a  2a ) 1   a-1    a+2   -2a+6
           1    a     2a
           ----------------------
                -1   -a+2   -2a+6
                -1   -a     -2a
                ---------------------
                      2      6
```

$f(x)=g(x)\cdot(x-1)+2(x+3)$. …⑤ 式として等しい

両辺の x に α を代入して，

$f(\alpha)=g(\alpha)\cdot(\alpha-1)+2(\alpha+3)$. 値として等しい

これと ③④ より

$2(\alpha+3)=0$. $\therefore\ \alpha=-3$.

これと④より

$9-3a+2a=0$. $a=9$. //

（このとき $g(x)=(x+3)(x+6)$ と⑤より，①②は確かに共通解 -3 をもつ.）

解説 前問では，辺々差をとることによって次数下げができましたが，より一般的な次数下げの手法は「整式の除法」です．

参考 因数定理によると，「①②が共通解をもつ」ということは，「$f(x)$ と $g(x)$ が共通な因数をもつ」と言い換えることができます．

1 11 18 連立方程式（対称式）

根底 実戦 典型 [→例題 1 10 d]

方針 (1)「基本対称式（和と積）→解と係数の関係」の流れです．

(2)「対称式→基本対称式→解と係数の関係」の流れです．

解答 (1) x, y を 2 解とする t の方程式を作ると

$(t-x)(t-y)=0$ この因数分解を忘れずに

$t^2-(x+y)t+xy=0$

$t^2-2t+3=0$.

これを解いて

$\{x, y\}=\{1\pm\sqrt{2}i\}$. 中括弧は順序を問わない

$(x, y)=(1\pm\sqrt{2}i, 1\mp\sqrt{2}i)$（複号同順 [1]）. //

小括弧は順序を問う

(2) 与式を変形すると

$$\begin{cases} (x+y)^2-xy=6 \cdots ① \\ (x+y)^2-4xy=12 \cdots ② \end{cases}$$

①−② より，$3xy=-6$. $xy=-2$. これと①より，

$(x+y)^2=4$. $\therefore\ x+y=\pm2$.

よって，x, y を 2 解とする t の方程式を作ると

$t^2-2x-2=0$, および $t^2+2x-2=0$.

これを解いて

$\{x, y\}=\{1\pm\sqrt{3}\}, \{-1\pm\sqrt{3}\}$.

$(x, y)=(1\pm\sqrt{3}, 1\mp\sqrt{3})$,

$(-1\pm\sqrt{3}, -1\mp\sqrt{3})$（複号同順）.

言い訳 [1]：「複号同順」という漢字の画数を考えると，

$(1+\sqrt{2}i, 1-\sqrt{2}i)$, $(1-\sqrt{2}i, 1+\sqrt{2}i)$

と 2 組書いた方が早いですが（笑）.

1 11 19 連立方程式（互換）

根底 実戦 典型 入試 重要 [→例題 1 10 d]

注 ①を②へ代入して y を消去すると，x の 4 次方程式となり，メンドウそうですね．

着眼 ②は，①の x と y を互換した式になっていますね．**演習問題 1 11 16 重要**でも述べた通り，x と y を互換した式どうしで差をとると因数「$x-y$」が現れます．また，実は和を作ると「対称式」が現れることも有名です．詳しい理屈はさておき，「互換した式どうしは足したり引いたりするとよい」ということは覚えておきましょう．

解答 ①−② より

$y-x=2(x+y)(x-y)-2(x-y)$.

$x-y\neq0$ だから

$-1=2(x+y)-2$. $x+y=\dfrac{1}{2}$. …③

①＋② より

$x+y=2(x^2+y^2)-2(x+y)$.

$\frac{3}{2}(x+y)=(x+y)^2-2xy.$

これと③より

$\frac{3}{4}=\frac{1}{4}-2xy.\quad\therefore\ xy=-\frac{1}{4}.$

これと③より，x, y を 2 解とする t の方程式を作ると

$(t-x)(t-y)=0$ ●●● この因数分解を忘れずに

$t^2-(x+y)t+xy=0$

$t^2-\frac{1}{2}t-\frac{1}{4}=0.\quad 4t^2-2t-1=0.$

これを解いて

$\{x, y\}=\left\{\frac{1\pm\sqrt{5}}{4}\right\}.$

$\therefore(x, y)=\left(\frac{1\pm\sqrt{5}}{4}, \frac{1\mp\sqrt{5}}{4}\right)$ (複号同順). //

重要 冒頭で述べた知識をまとめておきます．

2 文字を互換した式

2 文字 x, y の多項式 $f(x, y)$ と，その x, y を互換した $f(y, x)$ があるときには，

和：$f(x, y)+f(y, x)$ ●●● 対称式となる

差：$f(x, y)-f(y, x)$ ●●● 因数 $x-y$ をもつ

を作るとよい．

この件に関しては，とりあえず覚えておくだけでも重宝します (笑)．

発展 前記知識の理論背景について軽くふれておきます：

$F(x, y)=f(x, y)+f(y, x)$ とおくと，

$F(y,x)=f(y,x)+f(x,y)$ ●●● xとyを互換した

$=F(x, y).$

つまり，$F(x, y)$ は x と y の互換に対して不変であるから，x, y の**対称式**である．

次に，$f(x, y)-f(y, x)$ を x の多項式とみて $G(x)$ とおく．x に y を代入してみると

$G(y)=f(y, y)-f(y, y)=0.$

よって因数定理より，$G(x)$ は**因数 $x-y$ で割り切れる．**

理解の範疇(はんちゅう)を超えたという人は，深入りせずにスルーし，とりあえず結果のみ暗記してまた後日の理解を目指しましょ (笑)．

参考 $x=y$ のときの連立方程式①②の解は，以下のように求まります．

①②はどちらも

$x=2(x^2-x).$

$x(2x-3)=0.$

$\therefore(x, y)=(0, 0), \left(\frac{3}{2}, \frac{3}{2}\right).$

1 11 20 虚数の代入

根底 実戦 典型 [→例題 1 2 d]

方針 演習問題 1 4 10 とほぼ同じ問題で，代入する値が虚数になっただけです．数値代入したとき「値 0」となる式を，$f(x)$ から予め除いておきます．

解答 $\alpha=\frac{1-\sqrt{3}i}{4}$ とおくと，

$(4\alpha-1)^2=3i^2.$

$16\alpha^2-8\alpha+4=0.$

$4\alpha^2-2\alpha+1=0.$ …① ●●● 除く

そこで，$f(x)$ を $g(x):=4x^2-2x+1$ で割る．

```
              1   0  -2
4  -2  1 ) 4  -2  -7   0  -1
           4  -2   1
          -----------------
                  -8   0  -1
                  -8   4  -2
                  ---------
                      -4   1
```

$f(x)=g(x)\cdot(x^2-2)-4x+1.$ ●●● 式として等しい

$\therefore\ f(\alpha)=g(\alpha)\cdot(\alpha^2-2)-4\alpha+1.$ ●●● 値として等しい

$=-4\alpha+1$ ($\because$ ①より $g(\alpha)=0$)

$=-1+\sqrt{3}i+1=\sqrt{3}i.$ //

注 2 通りの意味の「=」を正しく使い分けましょうね．

1 11 21 割り切れる条件

根底 実戦 入試 [→例題 1 10 I]

着眼 $g(x)=x^2+x+1$ を見たら ω を連想したいです．さて，$g(x)$ と ω を関連付けるには…？[1)]

解答 $g(x)=0$ を解くと $x=\frac{-1\pm\sqrt{3}i}{2}$．これらを $\omega, \overline{\omega}$ と表すと

$g(x)=(x-\omega)(x-\overline{\omega}).$ ●●● 因数分解

$f(x)=(x-\omega)(x-\overline{\omega})\times(\cdots\cdots).$ ●●● これをイメージ

$\omega\neq\overline{\omega}$ だから，題意の条件 (*) は

$f(x)$ が $x-\omega$ および $x-\overline{\omega}$ で割り切れること

であり，これは因数定理[2)] より次と同値：

$f(\omega)=0$ …①かつ $f(\overline{\omega})=0.$ …②

ここで $f(x)$ は実数係数だから，① $\Longleftrightarrow$ ②[3)]

よって (*) は

①: $a_n:=\omega^n-1=0.$

$\omega^2+\omega+1=0$ より $(\omega-1)(\omega^2+\omega+1)=0.$

よって $\omega^3=1$ だから，k をある自然数として

$a_{3k}=(\omega^3)^k-1=1^k-1=0.$

$a_{3k+1}=(\omega^3)^k\cdot\omega-1=\omega-1\neq0.$

$a_{3k+2}=(\omega^3)^k\cdot\omega^2-1=\omega^2-1\neq0.$[4)]

以上より，求める条件は，$3\mid n$. // ●●● 3がnを割り切る

第1章 いろいろな式

解説 1)2)：「式」と「解」を結びつける役割を担うのが因数定理です．

3)：「共役な解」に関する定理ですね．

補足 4)：2 乗して 1 になる数は ±1 のみですから，$\omega^2 \neq 1$ ですね．

注 前記**解答**では x^2+x+1 を「ω」と関連付けましたが，その ω はもとはといえば 1 の虚数 3 乗根 ($x^3=1$ の解) ですから，

$$x^3-1=(x-1)(x^2+x+1)$$

により，整式「x^3-1」へとつながります．この視点にもとづくと，**解答**のような「数値代入」を用いることなく，「式変形」だけで解答することも可能です：

別解 k はある自然数とする．

$n=3k$ のとき

$$\begin{aligned} &f(x)\\ &=x^{3k}-1\\ &=(x^3)^k-1^k\\ &=(x^3-1)\{(x^3)^{k-1}+(x^3)^{k-2}+\cdots+(x^3)+1\}\\ &=(x-1)(x^2+x+1)\cdot(x \text{ の多項式}). \end{aligned}$$

よって，$f(x)$ は $g(x)$ で割り切れる．

そこで，$x^{3k}-1=g(x)\cdot Q(x)$ ($Q(x)$ はある整式) とおく．

$n=3k+1$ のとき

$$\begin{aligned} f(x)&=x^{3k+1}-1\\ &=x\cdot x^{3k}-1\\ &=x\{1+g(x)\cdot Q(x)\}-1\\ &=g(x)\cdot xQ(x)+\underbrace{x-1}_{1\text{ 次式}}. \end{aligned}$$

よって，$f(x)$ は $g(x)$ で割り切れない．

$n=3k+2$ のとき，同様に

$$\begin{aligned} f(x)&=x^{3k+2}-1\\ &=x^2\cdot x^{3k}-1\\ &=x^2\{1+g(x)\cdot Q(x)\}-1\\ &=g(x)\cdot x^2Q(x)+\underbrace{x^2-1}_{(x^2+x+1)-x-2}\\ &=g(x)\cdot\{x^2Q(x)+1\}\underbrace{-x-2}_{1\text{ 次式}}. \end{aligned}$$

よって，$f(x)$ は $g(x)$ で割り切れない．

以上より，題意の条件は，$3 \mid n$. //

1 11 22 ω と二項係数

根底 実戦 入試 ハイレベル [→例題 1 10 k]

注 B, C は二項係数 n 個の和．A だけは $n+1$ 個の和です．とくに大勢には影響しませんが．

解答 (1) $\omega^3=1.$ …①

$$(\omega-1)(\omega^2+\omega+1)=0.$$

$\therefore \omega^2+\omega+1=0$ ($\because$ $\omega \neq 1$). …②

したがって

$$\begin{aligned} (1+\omega)^3&=(-\omega^2)^3 \ (\because ②)\\ &=-(\omega^3)^2=-1 \ (\because ①). \end{aligned}$$

$\therefore$ 与式 $=\{(1+\omega)^3\}^n=(-1)^n.$ //

(2) $(1+\omega)^{3n}$

$$\begin{aligned} &=\sum_{l=0}^{3n} {}_{3n}\mathrm{C}_l\omega^l\\ &=\sum_{k=0}^{n} {}_{3n}\mathrm{C}_{3k}\omega^{3k}+\sum_{k=0}^{n-1} {}_{3n}\mathrm{C}_{3k+1}\omega^{3k+1}+\sum_{k=0}^{n-1} {}_{3n}\mathrm{C}_{3k+2}\omega^{3k+2}\\ &=\sum_{k=0}^{n} {}_{3n}\mathrm{C}_{3k}\cdot1+\sum_{k=0}^{n-1} {}_{3n}\mathrm{C}_{3k+1}\cdot\omega+\sum_{k=0}^{n-1} {}_{3n}\mathrm{C}_{3k+2}\omega^2 \quad (\because ①)\\ &=A+\omega B+\omega^2C\\ &=A+\omega B+(-1-\omega)C \ (\because ②)^{1)}\\ &=(A-C)+\omega(B-C). \end{aligned}$$

これと(1)より

$$\{A-C-(-1)^n\}+\omega(B-C)=0.$$

仮に $B-C\neq0$ だとしたら，$\omega=\dfrac{A-C-(-1)^n}{C-B}$ となり，左辺が虚数で右辺が実数だから不合理．よって

$$B-C=0, \ \cdots③$$

$$\therefore A-C-(-1)^n=0. \ \cdots④$$

方針 3 つの未知数 A, B, C について，既に③④と 2 つの等式が得られています．そこで，何とかあと 1 つ等式を作るため，練習済みである「二項係数の総和」を作る作戦を立てます．■

次に

$$(1+1)^{3n}=\sum_{l=0}^{3n} {}_{3n}\mathrm{C}_l 1^{3n-l}1^l.$$

$$\therefore \ 2^{3n}=A+B+C. \ \cdots⑤$$

③④より

$$B=C, \ A=C+(-1)^n. \ \cdots⑥$$

これらを⑤へ代入して，

$$2^{3n}=3C+(-1)^n.$$

これと⑥より，求める値は

$$A=\frac{2^{3n}+2(-1)^n}{3}, \ C=\frac{2^{3n}-(-1)^n}{3} \ (=B). //$$

解説 「$(1+\omega)^{3n}$」を 2 通りに表して比較するのが決め手でした．よく使う技法です．

注 1)：②を用いて ω^2 を $-1-\omega$(1 次の形) で表すことにより，例題 1 9 b「表現の一意性 (虚数)」に帰着しましたね．前記**解答**では，いちおうその性質を証明しました．

13 演習問題D 他分野との融合

1 13 1 二項係数の最大 [→7 5 9]
根底 実戦 典型 入試 数列後

方針 数列の増減は，階差数列の**符号**によって調べるのが常道です．

注 「x^k」の係数には「2^{n-k}」というヤヤコシイものが現れます．本問では係数が主役ですから…

解答 展開式における x^{n-k} の係数[1]を a_k ($k=0, 1, 2, \cdots, n$) とおく．$(x+2)^n$ の展開式の一般項は

$${}_nC_k x^{n-k}2^k = {}_nC_k 2^k \cdot x^{n-k}.$$

$$\therefore a_k = {}_nC_k 2^k = \frac{n!\cdot 2^k}{k!(n-k)!}.$$

そこで，a_k の増減を調べる．

$$a_{k+1}-a_k = \frac{n!\cdot 2^{k+1}}{(k+1)!(n-k-1)!} - \frac{n!\cdot 2^k}{k!(n-k)!} = \frac{n!\cdot 2^k}{(k+1)!(n-k)!}\cdot\{2(n-k)-(k+1)\} \quad (0 \le k \le n-1).$$

これは，$n=3m$ ($m \in \mathbb{N}$) とおくと次と同符号：

$$2n-1-3k = 6m-1-3k = 3\left(2m-\frac{1}{3}-k\right).$$

したがって

$$a_{k+1}\begin{cases} > a_k\ (k \le 2m-1 \text{ のとき}) \\ < a_k\ (k \ge 2m \text{ のとき}). \end{cases}$$

i.e. $\cdots < a_{2m-1} < a_{2m} > a_{2m+1} > \cdots$.

よって，a_k は $k=2m$ のとき最大となるから，求める次数は，

$$3m-2m = m = \frac{n}{3}.\ ^{2)} \ /\!/$$

解説 文字「n」と「m」の使い分けを上手にこなしましょう．

「n」は 3 の倍数ですから，「$n=3m$」とおくのは常套(じょうとう)手段です．

しかし，最初から「$3m$」と表すと，「n」で済むところをずーっと「$3m$」と書く羽目になり効率が悪いですね．

そこで，当面は「n」のままでいき，「3 の倍数」であることを使いそうなタイミングで「$3m$」とするのが賢い戦略です．

[2]：ただし，最後の答えは，問題文で与えられた文字「n」に戻しておくのがマナーです．

注 [1]：係数を主役に考えたため，「k」は次数を表してはいませんので注意すること．

参考 もっとシンプルに，二項係数

$$b_k := {}_nC_k \ (k=0, 1, 2, \cdots, n)$$

の増減を調べてみましょう．$b_k = \dfrac{n!}{k!(n-k)!}$ より

$$b_{k+1}-b_k = \frac{n!}{(k+1)!(n-k-1)!} - \frac{n!}{k!(n-k)!} = \frac{n!}{(k+1)!(n-k)!}\cdot\underbrace{\{(n-k)-(k+1)\}}_{n-1-2k}. \quad \cdots ①$$

i) $n=2m$ ($m=1, 2, 3, \cdots$) のとき，①は次と同符号：

$$2m-1-2k = 2\left(m-\frac{1}{2}-k\right).$$

したがって

$$b_{k+1}\begin{cases} > b_k\ (k \le m-1 \text{ のとき}) \\ < b_k\ (k \ge m \text{ のとき}). \end{cases}$$

i.e. $\cdots < b_{m-1} < b_m > b_{m+1} > \cdots$.

よって，b_k は $k=m=\dfrac{n}{2}$ のとき最大となる．

ii) $n=2m+1$ ($m=1, 2, 3, \cdots$) のとき，①は次と同符号：

$$2m-2k = 2(m-k).$$

したがって

$$b_{k+1}\begin{cases} > b_k\ (k \le m-1 \text{ のとき}) \\ = b_k\ (k = m \text{ のとき}) \\ < b_k\ (k \ge m+1 \text{ のとき}). \end{cases}$$

i.e. $\cdots < b_{m-1} < b_m = b_{m+1} > b_{m+2} > \cdots$.

よって，b_k は $k=m, m+1=\dfrac{n-1}{2}, \dfrac{n+1}{2}$ のときき最大となる．

i), ii) により，二項係数 ${}_nC_\triangle$ は，「中央ほど大きく，端にいくほど小さい」ということが確かめられました．[→1 1 4 参考❹]

1 13 2 二項係数の等式の証明 [→例題 1 1 g]
根底 実戦 典型 入試 数学Ⅱ微分法・積分法後

着眼 (1) ${}_nC_k x^k$ から $k\,{}_nC_k$ を作るにはどうしたらよいかを考えます．

解答 (1) ①の両辺を x で微分すると

$$n(1+x)^{n-1} = {}_nC_1 + 2{}_nC_2x + 3{}_nC_3x^2 + \cdots + n{}_nC_nx^{n-1}.$$

両辺の x に 1 を代入して，

$$n(1+1)^{n-1} = {}_nC_1 + 2{}_nC_2 + 3{}_nC_3 + \cdots + n{}_nC_n.$$

i.e. $A = n2^{n-1}$. //

(2) ①の両辺を $0 \le x \le 1$ で積分すると

$$\int_0^1 (1+x)^n dx = \int_0^1 ({}_nC_0 + {}_nC_1x + {}_nC_2x^2 + \cdots + {}_nC_nx^n)dx.$$

$$\left[\frac{(1+x)^{n+1}}{n+1}\right]_0^1 = \left[{}_nC_0x + \frac{{}_nC_1}{2}x^2 + \frac{{}_nC_2}{3}x^3 + \cdots + \frac{{}_nC_n}{n+1}x^{n+1}\right]_0^1.$$

両辺を計算して，$B = \dfrac{2^{n+1}-1}{n+1}$. //

参考　「二項係数」には，次のような性質がありました．[→ I+A 7 3 8 後のコラム]

二項係数の公式

❶ ${}_nC_r = {}_nC_{n-r}$.　　選手・補欠

❷ ${}_nC_r = {}_{n-1}C_{r-1} + {}_{n-1}C_r$.　　エース起用・温存

❸ ${}_nC_r \cdot r = n \cdot {}_{n-1}C_{r-1}$.　　キャプテン決定後・先

(1)の結果：$\sum_{k=1}^{n} {}_nC_k \cdot k = n2^{n-1}$ は，上の公式❸によっても示せます：

$$\begin{aligned}\sum_{k=1}^{n} {}_nC_k \cdot k &= \sum_{k=1}^{n} n \cdot {}_{n-1}C_{k-1} \quad \text{公式❸より}\\ &= n\sum_{l=0}^{n-1} {}_{n-1}C_l \ (l = k-1 \text{ とおいた})\\ &= n\sum_{l=0}^{n-1} {}_{n-1}C_l \cdot 1^{n-1-l} 1^l\\ &= n \cdot (1+1)^{n-1}\\ &= n \cdot 2^{n-1}.\end{aligned}$$

1 13 3　整式の除法と最大公約数　[→例題 1 2 c]

根底 実戦　入試　重要

着眼　(1)で行った「整式」の除法を，(2)の「整数」においてどう活かすかがポイントです．

解答　(1)

$$\begin{array}{rrr|rrrr} & & & & 1 & 2 & \\ \cline{4-7} 2 & -1 & 7 & 2 & 3 & 7 & 15\\ & & & 2 & -1 & 7 & \\ \cline{4-7} & & & & 4 & 0 & 15\\ & & & & 4 & -2 & 14\\ \cline{5-7} & & & & & 2 & 1\end{array}$$

上の筆算により，求めるものは

商：$x+2$．余り：$2x+1$．//

(2)　(1)より

$f(x) = g(x) \cdot (x+2) + (2x+1)$.

以下，n を任意の整数として

$f(n) = g(n) \cdot (n+2) + (2n+1)$.

互除法の原理より，最大公約数について

$(f(n),\, g(n)) = (g(n),\, 2n+1)$. …①

また，整式 $g(x)$ を $2x+1$ で割ると次のようになる．

$$\begin{array}{rr|rrr} & & 1 & -1 & \\ \cline{3-5} 2 & 1 & 2 & -1 & 7\\ & & 2 & 1 & \\ \cline{3-5} & & & -2 & 7\\ & & & -2 & -1\\ \cline{4-5} & & & & 8\end{array}$$

$\therefore\ g(x) = (2x+1)(x-1) + 8$.

$g(n) = (2n+1)(n-1) + 8$.

互除法の原理より，

$(g(n),\, 2n+1) = (2n+1,\, 8)$. …②

①②より

$$\begin{aligned}(f(n),\, g(n)) &= (2n+1,\, 8)\\ &= (2n+1,\, 2^3).\end{aligned}$$

$2n+1$ は奇数であり，素因数 2 を持たない．よって，求める最大公約数は

$(f(n),\, g(n)) = 1$. //

参考　つまり，$f(n)$ と $g(n)$ は**互いに素**ですね．

1 13 4　奇数乗と不等式　[→例題 1 7 b]

根底 実戦　数学Ⅱ「微分法」後

方針　差をとって因数分解すると

$a^n - b^n = (a-b)(a^{n-1} + a^{n-2}b + \cdots + b^{n-1})$

となり，a, b が負かもしれないので，第 2 の因数の符号がわかりません．

そこで，「式変形」から「関数利用」に方針転換します．

解答　x の関数 $f(x) = x^n$ $(n = 1, 3, 5, \cdots)$ を考えると

$f'(x) = nx^{n-1} \geq 0$ [1] ($\because$ $n-1$ は偶数).

よって $f(x)$ は増加関数だから，

$a > b$ ならば，$f(a) > f(b)$. i.e. $a^n > b^n$. □

注　ハイレベル↑　重要度↓　1)：ウルサイ話をします（笑）．ここが「> 0」ではなく「≥ 0」なので，ホントは「$f(a) \geq f(b)$」しか示せていません．しかし，$f'(x) = 0$ となるのは $x = 0$ のときのみであり，それ以外のときはつねに $f'(x) > 0$ となるので，通常この程度の説明で許されると思います．

この件をより詳しく述べようとすると，「平均値の定理」（数学Ⅲ）を持ち出すことになります．

重要　そんなことより，次のことをしっかり**記憶**しましょう．

奇数乗と大小関係

$n = 1, 3, 5, \cdots$ のとき，

「a と b の大小」と

「a^n と b^n の大小」は一致する．

a, b の符号は問わない

y　$y = x^n$　O　x

参考　微分法を使わず，「式変形」で示してみます．a, b の符号に注目して場合分けします．

i) $a > b \geq 0$ のとき，例題 1 7 b(3)のように示されています．

ii) $a \geq 0 > b$ のとき,

$a^n \geq 0 > b^n$ ($\because$ n は奇数).

$\therefore a^n > b^n$.

iii) $0 > a > b$ のとき,

$0 < -a < -b$.

$\therefore (-a)^n < (-b)^n$ ($\because$ i)).

$-a^n < -b^n$ ($\because$ n は奇数).

$\therefore a^n > b^n$.

これで,全てのケースに関する証明ができました.

1 13 5 特殊な3次不等式

根底 実戦 重要

着眼 左辺をキレイに因数分解することはできそうにありませんが,「x^3+3x^2+3x」の部分を見ると,キレイにまとまることが見通せます.

解答 与式を変形すると

$x^3+3x^2+3x+1+2>0$.

$(x+1)^3 > -2$. ●●● 立方完成

[1] $x+1 > \sqrt[3]{-2}$. ●●● 右辺の符号は関係なし

$x > -1-\sqrt[3]{2}$. //

解説 「立方完成」(3 乗の形にまとめること) により,未知数 x が 3 か所から 1 か所に集約されましたね.

注 [1]:ここで,前問で得た 奇数乗と大小関係 を用いました.

1 13 6 "相加相乗" の証明 (2個→4個)

根底 実戦 入試 [→例題 1 12 b]

方針 "相加相乗" (2 個) は定理として認められています.そこで,「4 個」を「2 個」と「2 個」に分けて考えると…

解答 $\dfrac{a+b+c+d}{4} = \dfrac{\dfrac{a+b}{2}+\dfrac{c+d}{2}}{2}$. …①

ここで,$a, b, c, d > 0$ だから

$\dfrac{a+b}{2} \geq \sqrt{ab}$. …② $\dfrac{c+d}{2} \geq \sqrt{cd}$. …③

①②③より

$\dfrac{a+b+c+d}{4} \geq \dfrac{\sqrt{ab}+\sqrt{cd}}{2}$.

ここで,$\sqrt{ab}, \sqrt{cd} > 0$ より

$\dfrac{\sqrt{ab}+\sqrt{cd}}{2} \geq \sqrt{\sqrt{ab}\cdot\sqrt{cd}}$. …④

したがって

$\dfrac{a+b+c+d}{4} \geq \sqrt[4]{abcd}$. …⑤

⑤の等号成立条件は,②③④の等号が全て同時に成り立つこと.すなわち

$a=b,\ c=d,\ \sqrt{ab}=\sqrt{cd}$.

i.e. $a=b=c=d$.

以上で題意は示せた.□

解説 「2 個の "相加相乗" を利用する」という方針が立っているなら,「4 個の相加平均」を「2 個の相加平均」で表した①は,ごく自然な式だと思います.

参考 "相加相乗" は,本問と同様な作業を繰り返して,

2 個→ 4 個→ 8 個→ 16 個→ …

一般に $2^n \to 2^{n+1}$ ($n \in \mathbb{N}$)

の順に示すことができます.

1 13 7 "相加相乗" の証明 (4個→3個)

根底 実戦 入試 [→例題 1 12 b]

着眼 4 個の "相加相乗" を仮定して,1 個少ない 3 個の "相加相乗" を示せという訳です.

解答 (1) $\dfrac{a+b+c+d}{4} = \dfrac{a+b+c}{3}$ のとき

$a+b+c+d = \dfrac{4}{3}(a+b+c)$.

$\therefore d = \dfrac{a+b+c}{3}$. //

(2) ①で $d = \dfrac{a+b+c}{3}$ (>0) とおくと

$\dfrac{a+b+c+\dfrac{a+b+c}{3}}{4} \geq \sqrt[4]{abc\cdot\dfrac{a+b+c}{3}}$ …③

この左辺は(1)より $\dfrac{a+b+c}{3}$ であり,両辺を 4 乗すると,

$\left(\dfrac{a+b+c}{3}\right)^4 \geq abc\cdot\dfrac{a+b+c}{3}$.

$\left(\dfrac{a+b+c}{3}\right)^3 \geq abc$.

$\therefore \dfrac{a+b+c}{3} \geq \sqrt[3]{abc}$.

③の等号成立条件は

$a=b=c=\dfrac{a+b+c}{3}$ i.e. $a=b=c$.

以上で②が示された.□

解説 (1)の答え:「$d=\dfrac{a+b+c}{3}$」は,次のような "感覚" から納得がいくでしょう.

例えば,国語60点,数学70点,英語80点であるとき,その 3 教科の平均点は,$\dfrac{60+70+80}{3}=70$(点) です.そこに理科の得点 □ を追加した 4 教科の平均点 $\dfrac{60+70+80+\square}{4}$ が,元の 3 教科の平均点と一致するような理科の得点 □ は?…「元の 3 教科の平均点」ですよね.

$$\frac{60+70+80+\boxed{\dfrac{60+70+80}{3}}}{4}=\frac{60+70+80}{3}.$$

実は，I+A 例題 4 7 c (1)でもこの“感覚”を用いて解答していました.

参考　“相加相乗”は，本問と同様な作業を繰り返して，

例えば 16 個→ 15 個→ 14 個→ …

一般に，$n+1$ 個→ n 個

の順に示すことができます.

参考　“相加相乗”は，前問の流れ「2^n個→ 2^{n+1}個」と，本問の流れ「$n+1$ 個→ n 個」を組み合わせると，任意の個数 n $(n\geq 2)$ について示すことができます．例えば $n=14$ であれば，

前問の流れ：2 個→ 4 個→ 8 個→ 16 個

本問の流れ：16 個→ 15 個→ 14 個

の順に示せばよいですね.

1 13 8　直方体と“相加相乗”

[→例題 1 12 a]

根底 実戦 入試

着眼　V, S, L を a, b, c で表し，それをよく見て**何を**使うか考えます.

解答　$a, b, c>0$ であり，

$V=abc,\qquad S=2(ab+bc+ca),$

$L=\sqrt{a^2+b^2+c^2}.$

①より，$ab+bc+ca=\dfrac{1}{2}.$ …①′

(1)　$ab, bc, ca>0$ より

$ab+bc+ca\geq 3\sqrt[3]{ab\cdot bc\cdot ca}$ …②

$=3\sqrt[3]{(abc)^2}.$

これと①′より

$\dfrac{1}{2}\geq 3V^{\frac{2}{3}}.$

$\therefore V\leq\left(\dfrac{1}{6}\right)^{\frac{3}{2}}=\dfrac{1}{6\sqrt{6}}$ (定数). …③　大小関係

③の等号成立条件は，②の等号と①′が同時に成り立つこと，すなわち

$ab=bc=ca=\dfrac{1}{6}$, i.e. $a=b=c=\dfrac{1}{\sqrt{6}}.$

これは成立可能.　等号成立確認

以上より，求める最大値は，$\max V=\dfrac{1}{6\sqrt{6}}.$ //

(2)　$L^2-\dfrac{S}{2}=a^2+b^2+c^2-(ab+bc+ca)$

$=\dfrac{1}{2}(2a^2+2b^2+2c^2-2ab-2bc-2ca)$

$=\dfrac{1}{2}\{(a-b)^2+(b-c)^2+(c-a)^2\}$ [1)]

$\geq 0.$ …④

$\therefore L^2\geq\dfrac{S}{2}=\dfrac{1}{2}$ ($\because$ ①′).

i.e. $L\geq\dfrac{1}{\sqrt{2}}$ (定数).　大小関係

等号成立条件は，④の等号と①′が同時に成り立つこと，すなわち

$(a-b)^2=(b-c)^2=(c-a)^2=0$, かつ①′

i.e. $a=b=c=\dfrac{1}{\sqrt{6}}.$

これは成立可能.　等号成立確認

以上より，求める最小値は，$\min L=\dfrac{1}{\sqrt{2}}.$ //

解説　(1)(2)のどちらも，「大小関係の不等式」＋「等号成立確認」の2つをしっかり押さえています.

1)：この有名な変形ができることを見越して「$L^2-\dfrac{S}{2}$」という式を持ち出しました.

1 13 9　対称式（2文字）と最小値

[→例題 1 7 i]

根底 実戦 入試

着眼　a と b の和と積があるので，“相加相乗”を用いてみます.

解答　$a, b>0$ だから

$a+b\geq 2\sqrt{ab}.$ …②　“相加相乗”(2 個)

これと①より

$3ab-1\geq 2\sqrt{ab}.$

$3\left(\sqrt{ab}\right)^2-2\sqrt{ab}-1\geq 0$ ($\because$ $ab>0$).

$\underbrace{\left(3\sqrt{ab}+1\right)}_{\text{正}}\left(\sqrt{ab}-1\right)\geq 0.$

$\sqrt{ab}\geq 1.\quad\therefore ab\geq 1.$ …③　大小関係

③の等号成立条件は，②の等号と等式①が同時に成り立つこと，すなわち

$a=b$ かつ①.

これは，$a=b=1$ のとき成立する [1)].　等号成立確認

これと③より，求める最小値は

$\min(ab)=1.$ //

補足　1)：$a=b$ のとき，①は

$2a+1=3a^2.\ 3a^2-2a-1=0.$

$(3a+1)(a-1)=0.$

$a>0$ より $a=1\,(=b)$ となります.

別解　“相加相乗”(3 個) を用いる方法もあります：

$a, b, 1>0$ だから

$a+b+1\geq 3\sqrt[3]{a\cdot b\cdot 1}.$

これと①より

$3ab\geq 3\sqrt[3]{ab}.$

$(ab)^3\geq ab$ ($\because$ $ab, \sqrt[3]{ab}>0$).

$ab\geq 1.$

この等号と①は，$a=b=1$ のとき成り立つ．(…以下同様…).

1 13 10 対称式（3文字）と最小値 [→例題 1 12 a]

根底 実戦 入試

着眼 3つの「和」とか「積」があるので，"相加相乗"（3個）を利用してみましょう．

解答 $ab, bc, ca>0$ だから

$$ab+bc+ca \geq 3\sqrt[3]{ab\cdot bc\cdot ca}. \cdots ②$$ "相加相乗"（3個）

これと①より

$$abc \geq 3\sqrt[3]{(abc)^2}.$$

両辺とも正だから

$$(abc)^3 \geq 27(abc)^2.\ abc \geq 27\ (\because\ abc>0). \cdots ③$$

また，$a, b, c>0$ だから

$$a+b+c \geq 3\sqrt[3]{abc}. \cdots ④$$ "相加相乗"（3個）

これと③より

$$a+b+c \geq 3\sqrt[3]{27}=9\ (\text{定数}). \cdots ⑤$$ 大小関係

⑤の等号成立条件は，②，④の等号と等式①が全て同時に成り立つこと，すなわち

$$\begin{cases} ab=bc=ca \\ a=b=c \end{cases} \text{かつ①}$$

i.e. $a=b=c$ かつ ①.

これは，$a=b=c=3$ のとき成立する [1]. 等号成立確認

これと⑤より，求める最小値は

$$\min(a+b+c)=9. /\!/$$

補足 [1]：$a=b=c$ のとき，①は

$3a^2=a^3$. $a>0$ より $a=3\ (=b=c)$ となります.

1 13 11 多変数関数の最小値 [→例題 1 12 c]

根底 実戦 入試

着眼 この状況で「ベクトル」で表せることを見抜くのはハードルが高いですが…

解答 $\vec{a}=\begin{pmatrix}1\\1\\1\end{pmatrix}$, $\vec{p}=\begin{pmatrix}\sqrt{x}\\\sqrt{y}\\\sqrt{z}\end{pmatrix}$ とすると，

$F=|\vec{p}|^2$ であり，①は $\vec{a}\cdot\vec{p}=1. \cdots ①'$

$\vec{a}$ と $\vec{p}$ のなす角を θ とすると

$$\vec{a}\cdot\vec{p}=|\vec{a}|\,|\vec{p}|\cos\theta.$$

$$(\vec{a}\cdot\vec{p})^2=|\vec{a}|^2|\vec{p}|^2\cos^2\theta \leq |\vec{a}|^2|\vec{p}|^2.$$

これと①′より

$$1 \leq 3F.\ \therefore\ F \geq \frac{1}{3}\ (\text{定数}). \cdots ②$$ 大小関係

また，$x=y=z=\frac{1}{9}$ [1] のとき，

$$F=\frac{1}{9}+\frac{1}{9}+\frac{1}{9}=\frac{1}{3}$$

より②の等号は成り立ち，①も成立する．

以上より，求める最小値は

$$\min F=\frac{1}{3}. /\!/$$

注 [1]：F の最小値を求めるにあたって，②の後は前記 **解答** のように等号を成立させる (x, y, z) を1組見つけさえすればOKです．その"見つけ方"を書いておくと，次の通りです：

②の等号成立条件は

$$\cos^2\theta=1,\ \text{i.e.}\ \theta=0, \pi\ \text{かつ ①}.$$

$$\text{i.e.}\ \vec{p}=\begin{pmatrix}\sqrt{x}\\\sqrt{y}\\\sqrt{z}\end{pmatrix} /\!/ \begin{pmatrix}1\\1\\1\end{pmatrix} \cdots ③\ \text{かつ ①}.$$

③より $x=y=z$. これと①より，

$$3\sqrt{x}=1.\ \therefore\ x=\frac{1}{9}\ (=y=z).$$

1 13 12 多変数関数の最小値 [→例題 1 7 f]

根底 実戦 典型 入試 重要

方針 いろいろな方法で解けます．それぞれに面白味があるので，しばし戯れてみましょう（笑）.

解答1 **着眼** x とその逆数 $\frac{1}{x}$ があるので…■

$$\begin{aligned} F &= 3+\frac{x}{y}+\frac{x}{z}+\frac{y}{x}+\frac{y}{z}+\frac{z}{x}+\frac{z}{y} \\ &= 3+\left(\frac{x}{y}+\frac{y}{x}\right)+\left(\frac{y}{z}+\frac{z}{y}\right)+\left(\frac{z}{x}+\frac{x}{z}\right) \\ &\geq 3+2\sqrt{\frac{x}{y}\cdot\frac{y}{x}}+2\sqrt{\frac{y}{z}\cdot\frac{z}{y}}+2\sqrt{\frac{z}{x}\cdot\frac{x}{z}} \quad (\because\ x, y, z>0) \\ &= 9\ (\text{定数}). \cdots ① \end{aligned}$$ 大小関係

①の等号成立条件は，

$$\frac{x}{y}=\frac{y}{x}\ \text{かつ}\ \frac{y}{z}=\frac{z}{y}\ \text{かつ}\ \frac{z}{x}=\frac{x}{z}.$$

i.e. $x=y=z$.

これは成立可能. 等号成立確認

以上より，求める最小値は，$\min F=9$. $/\!/$

解説 お気付きの通り，**演習問題 1 8 20** とほぼ同じ問題です.

解答2 **着眼** 2つの因数がどちらも<u>3つ</u>の和ですから…■

$x, y, z>0$ より，

$$x+y+z \geq 3\sqrt[3]{xyz}, \cdots ②$$

$$\frac{1}{x}+\frac{1}{y}+\frac{1}{z} \geq 3\sqrt[3]{\frac{1}{x}\cdot\frac{1}{y}\cdot\frac{1}{z}}. \cdots ③$$

②③の両辺はともに正だから [1]，辺々掛けると

$$F \geq 3\sqrt[3]{xyz}\cdot 3\sqrt[3]{\frac{1}{xyz}}=9\ (\text{定数}). \cdots ④$$ 大小関係

④の等号成立条件は，②③の等号がともに成り立つこと，つまり

$$x=y=z \text{ かつ } \frac{1}{x}=\frac{1}{y}=\frac{1}{z}.$$

i.e. $x=y=z$.

これは成立可能．　等号成立確認

以上より，求める最小値は，$\min F=9$. //

注 [1)]：この言及は必須．負でも平気で辺々掛けて不等式を作る人が多いので．

解答3 **方針** 「ベクトル」と関連付けて解くこともできます．ただし，それに気付くことはハードル高目ですが（笑）．■

$\vec{a}=\begin{pmatrix}\sqrt{x}\\ \sqrt{y}\\ \sqrt{z}\end{pmatrix}, \vec{b}=\begin{pmatrix}1/\sqrt{x}\\ 1/\sqrt{y}\\ 1/\sqrt{z}\end{pmatrix}$ とおくと

$$\begin{aligned}F&=|\vec{a}|^2|\vec{b}|^2\\ &\geq(\vec{a}\cdot\vec{b})^2\\ &=(1+1+1)^2=9.\ \cdots⑤\end{aligned}$$

定数　大小関係

⑤の等号成立条件は，

$$\vec{a}\,/\!/\,\vec{b}.$$

i.e. $\sqrt{x}:\dfrac{1}{\sqrt{x}}=\sqrt{y}:\dfrac{1}{\sqrt{y}}=\sqrt{z}:\dfrac{1}{\sqrt{z}}$.

i.e. $x=y=z$.

これは成立可能．　等号成立確認

以上より，求める最小値は，$\min F=9$. //

解説 コーシー・シュワルツの不等式は，このように，ベクトルで表現して証明しながら使うのがお勧め．「使っていいの？」なんて心配もなく，公式を正しく思い出せます．

注 「等号成立」について．ホントは等号が成り立つ (x, y, z) を1つ“見つける”だけでOK.「$x=y=z$ のとき⑤の等号は成り立つ」でもマルです（笑）.

解説 **解答1**では相加相乗（2個）を3つ加え，**解答2**では相加相乗（3個）を2つ掛けました（符号に注意）．そして，**解答3**はコーシー・シュワルツの不等式でした．

1 13 13 不等式の証明（他の結果を利用）

[→例題 1 7 f]

根底 実戦

注 ①は前問で示した不等式であり，②は，例題 1 12 g (2)で示した「Nesbitt の不等式」です．

着眼 ①と②の分母を見比べると，「①の a, b, c」を何かに置き換えるとよいことが見えてきます．

解答 ①において，a, b, c をそれぞれ正の実数 [1)] $b+c, c+a, a+b$ で置き換えると

$$(b+c+c+a+a+b)\left(\frac{1}{b+c}+\frac{1}{c+a}+\frac{1}{a+b}\right)\geq 9.$$

$$(a+b+c)\left(\frac{1}{b+c}+\frac{1}{c+a}+\frac{1}{a+b}\right)\geq\frac{9}{2}.$$

$$\left(\frac{a+b+c}{b+c}+\frac{a+b+c}{c+a}+\frac{a+b+c}{a+b}\right)\geq\frac{9}{2}.$$

$$3+\frac{a}{b+c}+\frac{b}{c+a}+\frac{c}{a+b}\geq\frac{9}{2}.$$

$$\frac{a}{b+c}+\frac{b}{c+a}+\frac{c}{a+b}\geq\frac{3}{2}.\ \square$$

注 [1)]：①を利用して②を示す際には，①が成り立つための前提条件をクリアーしていることへの言及が必須です．

参考 ①を使わず，②の分母を単項式に置き換えることでも示せます．

$\begin{cases}p=b+c\\ q=c+a\\ r=a+b\end{cases}$ とおくと，辺々加えて

$$p+q+r=2(a+b+c).$$

$$\therefore p+q+r=2(a+p).$$

$$a=\frac{q+r-p}{2}.$$

同様に，$b=\dfrac{r+p-q}{2}, c=\dfrac{p+q-r}{2}$.

したがって

$$\begin{aligned}&2\times②\text{の左辺}\\ &=\frac{q+r-p}{p}+\frac{r+p-q}{q}+\frac{p+q-r}{r}\\ &=\left(\frac{p}{q}+\frac{q}{p}\right)+\left(\frac{q}{r}+\frac{r}{q}\right)+\left(\frac{r}{p}+\frac{p}{r}\right)-3\\ &\geq 2\sqrt{\frac{p}{q}\cdot\frac{q}{p}}+2\sqrt{\frac{q}{r}\cdot\frac{r}{q}}+2\sqrt{\frac{r}{p}\cdot\frac{p}{r}}-3\\ &\qquad\qquad(\because\ p, q, r>0)\\ &=6-3=3.\end{aligned}$$

よって②が示せた．□

解説 これは，分母を単項式にするという古典的アイデアによる解答であり，①を前問で証明した際の**解答1**そのものです．よって，けっきょくは①を使っているとも言えます（笑）．

1 13 14 不等式とベクトル

[→ 1 12 2]

根底 実戦

着眼 左辺はベクトルの大きさの2乗，右辺は内積の形ですね．

解答 $\vec{a}, \vec{b}$ のなす角を θ とおくと

$$\vec{a}\cdot\vec{b}=|\vec{a}||\vec{b}|\cos\theta\leq|\vec{a}||\vec{b}|.$$

$$\begin{aligned}\therefore\ ab+bc+ca&\leq\sqrt{a^2+b^2+c^2}\cdot\sqrt{b^2+c^2+a^2}\\ &=a^2+b^2+c^2.\end{aligned}$$

よって①が示せた．□

解説 実は「コーシー・シュワルツの不等式」を使っているようなものなのですが，「ベクトル」という基本に戻って考えると，そのことを意識するまでもなく示せてしまいましたね．

参考 ①の示し方としては，もちろん「差をとって積の形」の方針が有名です：

$$2(\text{左辺}-\text{右辺})=2a^2+2b^2+2c^2-2ab-2bc-2ca$$
$$=(a-b)^2+(b-c)^2+(c-a)^2\geq 0.$$

$\therefore$ 左辺 $\geq$ 右辺．□

発展 ①は，「並べ替えの不等式」から示すこともできます．例題 1 12 f で得た結果：

$a\geq b\geq c,\ p\geq q\geq r$ のとき，
$ap+bq+cr\geq aq+br+cp$ …②

を用います．

①の両辺は a, b, c について対称だから，一般性を失うことなく $a\geq b\geq c$ としてよく，②において p, q, r を a, b, c で置き換えると

$$a\cdot a+b\cdot b+c\cdot c\geq a\cdot b+b\cdot c+c\cdot a.$$

よって①が示せた．□

1 13 15 並べ替えの不等式

根底 実戦 入試 ハイレベル↑ [→例題 1 12 e]

解答 (1) **注** これは，既に 1 12 3 で扱った「並べ替えの不等式」ですね．

方針 オーソドックスに「差をとって因数分解」でOKです．■

$$\text{左辺}-\text{右辺}=ap+bq-aq-bp$$
$$=a(p-q)+b(q-p)$$
$$=(a-b)(p-q).$$

ここで，$a-b<0$，$p-q<0$ だから

左辺 $-$ 右辺 >0.

すなわち，①が示せた．□

(2) **注** (1)の結果から，次の法則があることがわかりました．$a<b,\ p<q$ のとき，

$$ap+bq>aq+bp \ \cdots①$$

（a:小, b:大, p:小, q:大 ／ a:小, b:大, q:大, p:小）

着眼 まず，何についての「最大」が問われているかを理解していますか？ $n=3$ のとき，③を満たす「組」つまり「順列」(x_1, x_2, x_3) の作り方は

$(b_1, b_2, b_3), (b_1, b_3, b_2), (b_2, b_1, b_3),$
$(b_2, b_3, b_1), (b_3, b_1, b_2), (b_3, b_2, b_1).$

この $3!=6$ 通りの中で，どれが S を最大化するか？と問われているのです．

さて，(1)の結果：「大どうしを掛け，小どうしを掛けると大きい」という性質からして，おそらく答えは，

$$(x_1, x_2, \cdots, x_n)=(b_1, b_2, \cdots, b_n)\ \cdots(*)$$

だと予想できます．ただし，…その明確な説明を答案に仕上げるのは至難の業．以下の**解答**をご鑑賞ください（笑）．大まかな方針を言うと，「$(*)$ 以外は最大となり得ない」ことを示します．■

$S=a_1x_1+a_2x_2+a_3x_3+\cdots+a_nx_n$ のうち

$S=\cdots+a_ix_i+\cdots+a_jx_j+\cdots$

（ただし $i<j$，以下において … 部は不変）

$$=\cdots+a_ib_l+\cdots+a_jb_k+\cdots \ (\text{ただし } k<l)\ \cdots②$$

（a_i:小, a_j:大, b_l:大, b_k:小）

のような 2 項を含むものについて考えると，

$a_i<a_j,\ b_k<b_l$ と①より，

$$S<\cdots+a_ib_k+\cdots+a_jb_l+\cdots.$$

（a_i:小, a_j:大, b_k:小, b_l:大）

右辺も S の取り得る値の 1 つだから，②のような 2 項を含むものは S のうち最大のものではない．

また，S の取り得る値は高々 $n!$ 個，つまり有限個だから，S は最大値をもつ．[1)]

以上より，S を最大化する組 $(x_1, x_2, x_3, \cdots, x_n)$ は，②のような 2 項 $(x_i, x_j)=(b_l, b_k)$ $(k<l)$ を一切含まないものだから，

$(b_1, b_2, b_3, \cdots, b_n)$.//

補足 [1)]：有限集合（要素が有限個）が最大値をもつことは常識であり，言及不要かと思います．一方無限集合の場合は，2 次関数 $y=x^2$ $(-1<x<2)$ の値域のように，最大値をもたないことも起こり得ます．

1 13 16 ω と3次方程式

根底 実戦 入試 ハイレベル↑ [→例題 1 10 j]

解答 (1) **方針** 「ω」は 3 次方程式 $x^3=1$ の虚数解ですから，「$\bigcirc^3=1$」の形を作ります．■

④を変形すると

$$x^3=(\sqrt[3]{a})^3. \quad a<0 \text{ でも OK}$$

$$\left(\frac{x}{\sqrt[3]{a}}\right)^3=1.$$

$$\therefore \frac{x}{\sqrt[3]{a}}=1, \omega, \overline{\omega}\ (\because ④\text{は実数係数}). \quad \text{共役な解}$$

$$\therefore x=\sqrt[3]{a}, \sqrt[3]{a}\omega, \sqrt[3]{a}\omega^2\ (\because ③).//$$

参考 **理系** (1) 数学C「複素平面」を学べば，「極形式」からアプローチすることもできます．■

(2) **方針** 3 つの因数を一気に展開するのは骨が折れますね．そこで，まずは ω を含む後ろの 2 つの因数を展開します．■

$$(a+\omega b+\omega^2c)(a+\omega^2b+\omega c)$$
$$=a^2+\omega^3b^2+\omega^3c^2+(\omega^2+\omega)ab$$
$$+(\omega^2+\omega^4)bc+(\omega^2+\omega)ca\ (=A\text{ とおく}).$$

ここで，①より $\omega^3=1,\ \omega^4=\omega$.

また，②より $\omega^2+\omega=-1$．したがって

$$A=a^2+b^2+c^2-ab-bc-ca.$$

$\therefore$ 与式$=(a+b+c)(a^2+b^2+c^2-ab-bc-ca)$

$=a^3+b^3+c^3-3abc.$ // 有名な等式！

(3) **着眼** 有理数の解は見つからないようです．そこで，(2)を利用することを考えます．

(2)の答えを⑤の左辺と対応付ければ，(2)の元の形へ因数分解され，方程式が解けます．

次のように見てはどうでしょう．

(2)の答え： $a^3\ -3bc\cdot a\ +b^3+c^3$

⑤の左辺： $x^3\ +3x\qquad +1$ ■

$\begin{cases} bc=-1, & \cdots⑥ \\ b^3+c^3=1 & \cdots⑦ \end{cases}$ を満たす $b,\ c$ を 1 組求める．

⑥より $b^3c^3=-1$．これと⑦より，次の t についての方程式は $b^3,\ c^3$ を 2 解とする．

$$(t-b^3)(t-c^3)=0.$$
$$t^2-(b^3+c^3)t+b^3c^3=0.$$
$$t^2-t-1=0.$$
$$\therefore \{b^3,\ c^3\}=\left\{\frac{1+\sqrt{5}}{2},\ \frac{1-\sqrt{5}}{2}\right\}.$$

よって，⑥⑦を満たす実数の組 $(b,\ c)$ の 1 つは

$$(b,\ c)=\left(\sqrt[3]{\frac{1+\sqrt{5}}{2}},\ \sqrt[3]{\frac{1-\sqrt{5}}{2}}\right).$$

以下，$b,\ c$ がこの値であることを前提として考えると，

⑤: $x^3+\underline{1}+\underset{\sim}{3}x=0$ は，

$x^3+\underline{b^3+c^3}\underset{\sim\sim\sim}{-3bc}x=0$ と書ける．

(2)の結果を用いてこれを変形すると

$$(x+b+c)(x+\omega b+\omega^2c)(x+\omega^2b+\omega c)=0.$$

以上より，求める⑤の解は

$$x=-b-c,\ -\omega b-\omega^2c,\ -\omega^2b-\omega c$$
$$=-\sqrt[3]{\frac{1+\sqrt{5}}{2}}-\sqrt[3]{\frac{1-\sqrt{5}}{2}},$$
$$-\omega\cdot\sqrt[3]{\frac{1+\sqrt{5}}{2}}-\omega^2\cdot\sqrt[3]{\frac{1-\sqrt{5}}{2}},$$
$$-\omega^2\cdot\sqrt[3]{\frac{1+\sqrt{5}}{2}}-\omega\cdot\sqrt[3]{\frac{1-\sqrt{5}}{2}}.\ //$$

第 2 章 ベクトルの基礎

6 演習問題A

2 6 1 成分表示・平行四辺形 根底 実戦 [→例題2 2 a]

方針 (1) 原点 O を始点とするベクトル $\overrightarrow{OP}$ の成分は，点 P の座標と同じ数で表されますから，これを求めましょう．(2)も同様です．

解答 (1) P は対角線 AC の中点だから

$$\overrightarrow{OP}=\frac{\overrightarrow{OA}+\overrightarrow{OC}}{2}$$ 始点は統一

$$=\frac{1}{2}\left\{\begin{pmatrix}-2\\0\end{pmatrix}+\begin{pmatrix}5\\1\end{pmatrix}\right\}=\frac{1}{2}\begin{pmatrix}3\\1\end{pmatrix}.$$

$\therefore$ $P\left(\frac{3}{2}, \frac{1}{2}\right)$.//

(2) $\overrightarrow{OD}=\overrightarrow{OA}+\overrightarrow{AD}$ 和に分解

$$=\overrightarrow{OA}+\overrightarrow{BC}$$

$$=\begin{pmatrix}-2\\0\end{pmatrix}+\begin{pmatrix}4\\2\end{pmatrix}=\begin{pmatrix}2\\2\end{pmatrix}. \therefore D(2, 2).//$$

参考 A(−2, 0), B(1, −1), D(2, 2) を既知として C の座標を求めるなら次のようにします：

$\overrightarrow{OC}=\overrightarrow{OB}+\overrightarrow{BC}$ 和に分解

$$=\overrightarrow{OB}+\overrightarrow{AD}=\begin{pmatrix}1\\-1\end{pmatrix}+\begin{pmatrix}4\\2\end{pmatrix}=\begin{pmatrix}5\\1\end{pmatrix}.$$

$\therefore$ C(5, 1).

2 6 2 内積と長さ 根底 実戦 重要 [→例題2 5 b]

方針 (1) △ABC の 3 辺と 1 角 ∠A について余弦定理が適用できます．そして，余弦定理の一部には内積が現れます．

(2) 角の二等分線→線分比→内分点公式 の流れで P の位置ベクトルを求めれば，(1)の結果が利用できます．

解答 (1) $\vec{b}=\overrightarrow{AB}$, $\vec{c}=\overrightarrow{AC}$ とおく．△ABC において余弦定理を用いると

$$\underbrace{7^2=4^2+5^2}_{\text{三平方の定理}}-2\times\underbrace{4\cdot5\cdot\cos\angle A}_{\vec{b}\cdot\vec{c}}. \cdots ①$$

$$\therefore\ \vec{b}\cdot\vec{c}=\frac{4^2+5^2-7^2}{2}$$

$$=\frac{16+12\cdot(-2)}{2}=-4.//$$

(2) 角の二等分線の性質より，P は BC を AB : AC = 5 : 4 に内分するから，

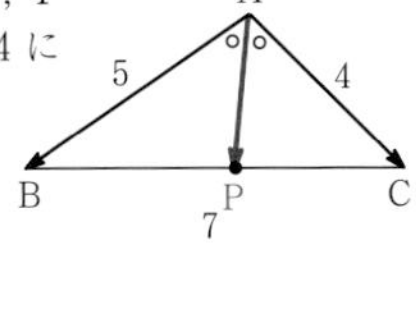

$$\overrightarrow{AP}=\frac{4\overrightarrow{AB}+5\overrightarrow{AC}}{5+4}$$

$$=\frac{4\vec{b}+5\vec{c}}{9}. \cdots ②$$

ここで，$|\vec{b}|=5$, $|\vec{c}|=4$, $\vec{b}\cdot\vec{c}=-4$ だから，

予め準備

$$|4\vec{b}+5\vec{c}|^2=16|\vec{b}|^2+40\vec{b}\cdot\vec{c}+25|\vec{c}|^2$$

$$=16\cdot25+40\cdot(-4)+25\cdot16$$

②の分子のみに注目 $=800-160=640.$

これと②より

$$|\overrightarrow{AP}|=\frac{\sqrt{640}}{9}=\frac{8}{9}\sqrt{10}.//$$

注 (1)は，余弦定理から cos ∠A を求め，それを用いて内積 $\overrightarrow{AB}\cdot\overrightarrow{AC}$ を間接的に求めることもできますが，①を見るとわかるように，内積は余弦定理から直接求まります．

余談 (2)と似たカンジの問題が I+A 例題3 5 g (2)にありましたが，そこでは三角形の面積を利用しました．本問の内積による計量とはまるで別ですね．

2 6 3 内積と正射影 根底 実戦 [→例題2 4 b]

着眼 (1)の内積と(2)の長さの関係は?

解答 (1) $\overrightarrow{AB}\cdot\overrightarrow{AC}=\begin{pmatrix}5-1\\4-1\end{pmatrix}\cdot\begin{pmatrix}2-1\\3-1\end{pmatrix}$

$$=\begin{pmatrix}4\\3\end{pmatrix}\cdot\begin{pmatrix}1\\2\end{pmatrix}=4\cdot1+3\cdot2=10.//$$

(2) $\overrightarrow{AB}$ と $\overrightarrow{AC}$ のなす角を θ とすると，

$\overrightarrow{AB}\cdot\overrightarrow{AC}=AB\cdot AC\cos\theta.$ …①

一方，(1)より $\overrightarrow{AB}\cdot\overrightarrow{AC}>0$ だから θ は鋭角である．

よって，

$AH=AC\cos\theta.$ …②

①②より

$$AH=\frac{\overrightarrow{AB}\cdot\overrightarrow{AC}}{AB}=\frac{10}{5}=2.//$$

(分母の 5 に注 1))

解説 (2)で求めた AH は，$\overrightarrow{AC}$ の $\overrightarrow{AB}$ への正射影ベクトル（図の赤太矢印）の長さに他なりません．

[→2 4 3]

注 θ が鈍角の場合，②には次のように絶対値記号が付きます．

$AH=|AC\cos\theta|.$

補足 1)：$\overrightarrow{AB}=\begin{pmatrix}4\\3\end{pmatrix}$ の大きさは，右図の有名直角三角形を思い浮かべて求めてしまいたいです．

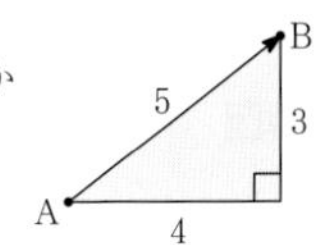

264 正三角形の第3頂点　根底 実戦　[→例題25d]

着眼　(2) C の座標を，(1)で求めた M を利用して求めるには，どんなベクトルに注目するべきでしょう？

解答　(1)　$\overrightarrow{OM}=\dfrac{\overrightarrow{OA}+\overrightarrow{OB}}{2}$　中点公式 始点は統一

$$=\frac{1}{2}\left\{\begin{pmatrix}-3\\1\end{pmatrix}+\begin{pmatrix}4\\3\end{pmatrix}\right\}=\frac{1}{2}\begin{pmatrix}1\\4\end{pmatrix}.^{1)}$$

i.e. $M\left(\dfrac{1}{2},\,2\right)$.//

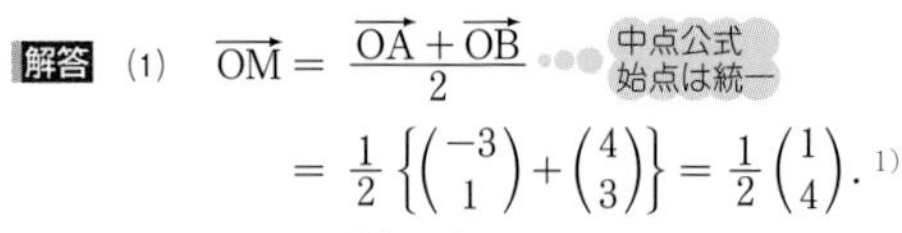

(2)　$\overrightarrow{OC}=\overrightarrow{OM}+\overrightarrow{MC}.\ \cdots$ ①

ここで，

$\overrightarrow{MC}\perp\overrightarrow{AB}$,

$|\overrightarrow{MC}|=\dfrac{\sqrt{3}}{2}|\overrightarrow{AB}|$.　青色三角形の3辺比より

$\overrightarrow{AB}=\begin{pmatrix}7\\2\end{pmatrix}$ と垂直で大きさが等しいベクトルの1つは $\vec{v}=\begin{pmatrix}-2\\7\end{pmatrix}$ だから，　[→例題25d(2)]

$$\overrightarrow{MC}=\pm\frac{\sqrt{3}}{2}\vec{v}.^{2)}$$

これと①より

$$\overrightarrow{OC}=\begin{pmatrix}1/2\\2\end{pmatrix}\pm\frac{\sqrt{3}}{2}\begin{pmatrix}-2\\7\end{pmatrix}.$$

これと $y_C>0$ より

$$\overrightarrow{OC}=\begin{pmatrix}1/2\\2\end{pmatrix}+\frac{\sqrt{3}}{2}\begin{pmatrix}-2\\7\end{pmatrix}.$$

i.e. $C\left(\dfrac{1}{2}-\sqrt{3},\,2+\dfrac{7}{2}\sqrt{3}\right)$.//

重要　2)：「向き」と「大きさ」から「ベクトル」を作るという基本的かつ原始的操作ですが，できない人だらけです（苦笑）．この段階では $\vec{v}$ と同じ向きか反対向きかがわからないので，「±」を付しておきます．

補足　1)：ベクトル $\overrightarrow{OM}$ の始点は原点 O なので，終点 M の座標も $\overrightarrow{OM}$ の成分と同じ数で表されます．

265 内心の座標　根底 実戦 典型　[→例題23a]

方針　(1)「辺の長さ」としてでなく，「ベクトルの大きさ」として求めましょう．

(2) 角の二等分線→線分比→内分点の公式 という流れが使えます．

(3) (2)の結果が利用できます．

解答　(1)　$|\overrightarrow{OB}|=\left|\begin{pmatrix}9\\12\end{pmatrix}\right|=\left|3\begin{pmatrix}3\\4\end{pmatrix}\right|=3\cdot5=15.$//

$$|\overrightarrow{AB}|=\left|\begin{pmatrix}-16\\12\end{pmatrix}\right|=\left|4\begin{pmatrix}-4\\3\end{pmatrix}\right|=4\cdot5=20.$$//

(2)

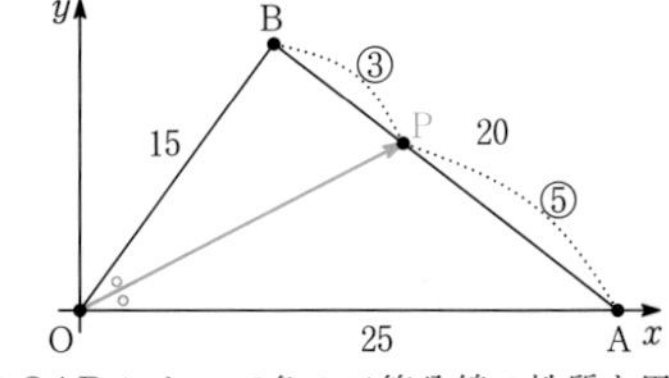

△OAB において角の二等分線の性質を用いると，P は線分 AB を OA : OB = 25 : 15 = 5 : 3 に内分する．よって

$$\overrightarrow{OP}=\frac{3\overrightarrow{OA}+5\overrightarrow{OB}}{5+3}$$　内分点の公式 始点は統一

$$=\frac{1}{8}\left\{3\begin{pmatrix}25\\0\end{pmatrix}+5\begin{pmatrix}9\\12\end{pmatrix}\right\}$$

$$=\frac{1}{8}\begin{pmatrix}120\\60\end{pmatrix}=\frac{15}{2}\begin{pmatrix}2\\1\end{pmatrix}.^{1)}$$

i.e. $P\left(15,\,\dfrac{15}{2}\right)$.//

(3)　△OAB の内心 I は，∠O，∠A の二等分線の交点である．

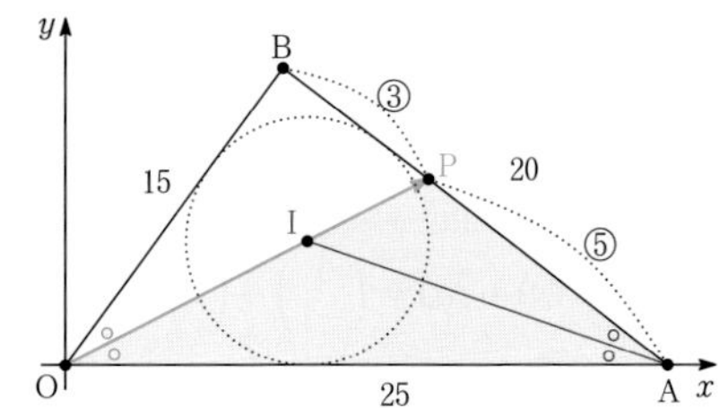

△AOP において角の二等分線の性質を用いると，I は線分 OP を $AO:AP=25:20\cdot\dfrac{5}{8}=2:1$ に内分する．よって

$$\overrightarrow{OI}=\frac{2}{3}\overrightarrow{OP}=\frac{2}{3}\cdot\frac{15}{2}\begin{pmatrix}2\\1\end{pmatrix}=5\begin{pmatrix}2\\1\end{pmatrix}.$$

i.e. I(10, 5).//

補足　1)：ベクトル $\overrightarrow{OP}$ の始点は原点 O なので，終点 P の座標も $\overrightarrow{OP}$ の成分と同じ数で表されます．

将来　次章3では，内心の座標を「点と直線の距離公式」によって求める方法を学びます．[→演習問題3 9 18]

第3章 図形と方程式

5 演習問題A

3 5 1 点の座標 根底 実戦

[→例題3 1 a]

方針 問題タイトルは「座標」ですが,「ベクトル」を使用します.その際重要なことは,「原点 O を始点とするベクトル $\overrightarrow{\mathrm{O}\triangle}$ の成分」と,「点 △ の座標」が同じ数値で表されることです[→2 1 5].

言い訳 図を丁寧に描くと答えは見えてしまいますが,ここでは公式を使う練習として解いてください.

解答 (1) $\overrightarrow{\mathrm{OM}}=\dfrac{\overrightarrow{\mathrm{OA}}+\overrightarrow{\mathrm{OB}}}{2}$

$$=\frac{1}{2}\left\{\begin{pmatrix}1\\4\end{pmatrix}+\begin{pmatrix}4\\-2\end{pmatrix}\right\}.$$

$$\therefore \mathrm{M}\left(\frac{1+4}{2},\ \frac{4-2}{2}\right)=\left(\frac{5}{2},1\right).//$$

注 中点程度なら,ベクトルの式(薄字部分)は書かずに済ませたいです. ■

(2) $\overrightarrow{\mathrm{OP}}=\dfrac{1\overrightarrow{\mathrm{OA}}+2\overrightarrow{\mathrm{OB}}}{2+1}$ 内分点公式において,始点は統一

$$=\frac{1}{3}\left\{\begin{pmatrix}1\\4\end{pmatrix}+2\begin{pmatrix}4\\-2\end{pmatrix}\right\}\ ^{1)}.\ \therefore\ \mathrm{P}(3,0).//$$

(3) $\overrightarrow{\mathrm{OQ}}=\dfrac{3\overrightarrow{\mathrm{OA}}-\overrightarrow{\mathrm{OB}}}{-1+3}$ 外分点公式も始点は統一

$$=\frac{1}{2}\left\{3\begin{pmatrix}1\\4\end{pmatrix}-\begin{pmatrix}4\\-2\end{pmatrix}\right\}.\ \therefore\ \mathrm{Q}\left(-\frac{1}{2},7\right).//$$

(4) $$|\overrightarrow{\mathrm{AB}}|=\left|\begin{pmatrix}3\\-6\end{pmatrix}\right|=\left|3\begin{pmatrix}1\\-2\end{pmatrix}\right|=3\sqrt{5}.//$$

注 1):ベクトルの計算式を最後まで書くと,「点の座標」と合わせて同じ数字を"2 度書き"することになり非効率です.ある程度まで計算できたら,あとは点の座標のみ書きましょう.

3 5 2 直線の方程式 根底 実戦 定期

[→例題3 2 a, b]

方針 基本的には,「傾き」,「法線ベクトル」,あるいは「切片」に注目します.

解答 (1) l_1 の傾きは $-\dfrac{2}{3}$ だから

$$l_1: y-2=-\frac{2}{3}(x-3).$$

$$\text{i.e. } y=-\frac{2}{3}x+4.//$$

(2) l_2 の傾きは $\dfrac{3}{2}$ で,y 切片は 1 だから

$$l_2: y=\frac{3}{2}x+1.//$$

注 l_2 の傾きを m とおくと,$m\cdot\left(-\dfrac{2}{3}\right)=-1$. これを解くと m が求まりますが,実戦的には,「元の傾き $-\dfrac{2}{3}$ を逆数にして符号反対で $\dfrac{3}{2}$」と片付けたいです. ■

(3) l_3 の傾きは,[1] $\dfrac{-4-2}{\frac{5}{2}-1}=-4$ だから

$$l_3: y-2=-4(x-1).\ ^{2)}$$

$$\text{i.e. } y=-4x+6.//$$

注 1):分母が正になるよう立式する方が少しトク.

2):座標がキレイな点 (1, 2) の方を使います. ■

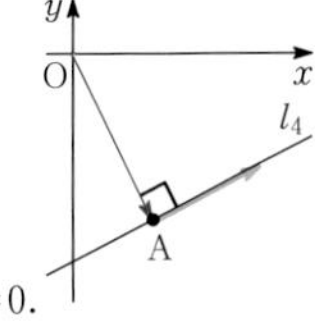

(4) $\overrightarrow{\mathrm{OA}}=\begin{pmatrix}a\\-2a\end{pmatrix}=a\begin{pmatrix}1\\-2\end{pmatrix}$

より,$\begin{pmatrix}1\\-2\end{pmatrix}$ [3] は l_4 の法線ベクトルだから

$$l_4:\begin{pmatrix}1\\-2\end{pmatrix}\cdot\left\{\begin{pmatrix}x\\y\end{pmatrix}-\begin{pmatrix}a\\-2a\end{pmatrix}\right\}=0.$$

$$\text{i.e. } x-2y-5a=0.//$$

注 3):法線ベクトルは,なるべくカンタンな成分のものを使いましょう. ■

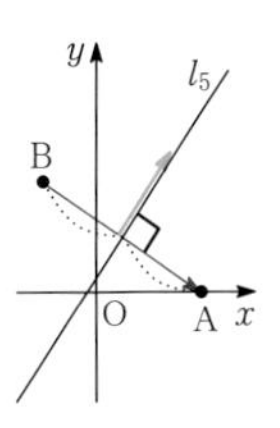

(5) $\overrightarrow{\mathrm{BA}}=\begin{pmatrix}3\\-2\end{pmatrix}$ は,l_5 の法線ベクトル.また,l_5 は AB の中点 $\left(\dfrac{1}{2},1\right)$ を通る.よって

$$l_5:\begin{pmatrix}3\\-2\end{pmatrix}\cdot\left\{\begin{pmatrix}x\\y\end{pmatrix}-\begin{pmatrix}1/2\\1\end{pmatrix}\right\}=0.$$

$$\text{i.e. } 3x-2y+\frac{1}{2}=0.//$$

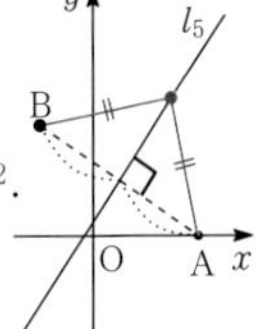

別解 2 点 A, B から l_5 上の点に到る距離に注目して,l_5 の方程式は

$$(x-2)^2+y^2=(x+1)^2+(y-2)^2.$$

$$-4x+4=2x-4y+5.$$

$$6x-4y+1=0.//$$

(6) $$l_6: \frac{x}{-2}+\frac{y}{4}=1.//$$

注 分母を払って $-2x+y=4$ としてもよいですが,答えの形のままの方が切片が直接わかるのでトクのような気もします.

解説 結果として,(1)~(3)は「傾き」,(4)(5)は「法線ベクトル」,(6)では「切片」に注目しました.

353 直線の図示 根底 実戦 定期 [→例題32c]

方針 いろいろ描き方はあります．「傾き」「法線ベクトル」「切片」のいずれかに注目します．

解答 （注目したものを赤色で描いています．）

(1) y 切片が6．傾き -2． (2) x 切片が-4．傾き $\frac{1}{3}$．

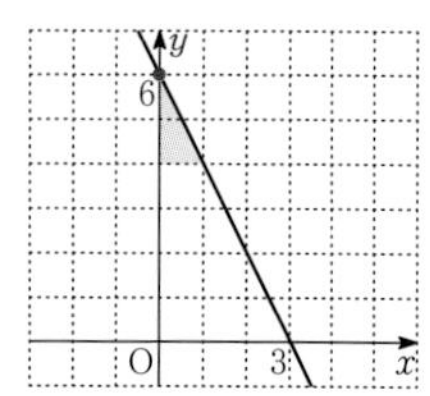

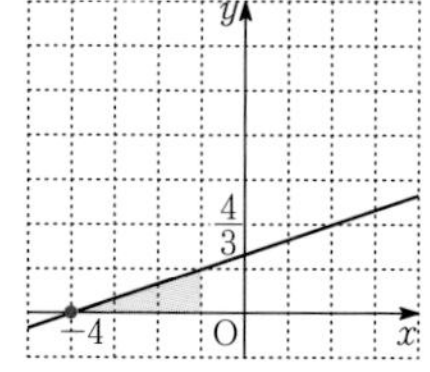

(3) 点 $(0, 1)$ を通る．
$2x-3(y-1)=0$ より，
法線ベクトルは $\begin{pmatrix}2\\-3\end{pmatrix}$．

(4) x 切片が 4．
y 切片が 3．

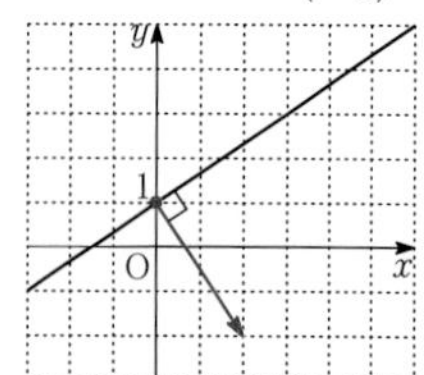

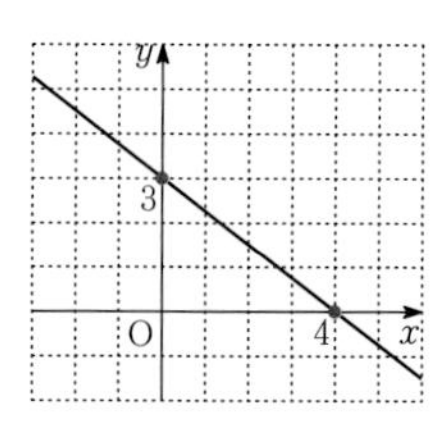

354 点と直線の距離 根底 実戦 定期 [→例題33a]

方針 点と直線の距離公式は，直線の方程式を「～～$=0$」の形にして使います．

解答 (1)（このままで公式が使えます．）

$$d_1=\frac{|3\cdot 2-(-3)+1|}{\sqrt{3^2+(-1)^2}}=\frac{|6+3+1|}{\sqrt{10}}$$
$$=\frac{10}{\sqrt{10}}=\sqrt{10}. /\!/$$

(2)（「～～$=0$」の形に変形します．）
点 $(1, 1)$ と直線 $3x+4y-4=0$ の距離を考えて，

$$d_2=\frac{|3\cdot 1+4\cdot 1-4|}{\sqrt{3^2+4^2}}=\frac{3}{5}. /\!/$$

（「$\sqrt{3^2+4^2}=5$」は常識です．）

(3) 点 $(6, -1)$ と直線 $m(x-3)-y+2=0$ の距離を考えて，

$$d_3=\frac{|m(6-3)-(-1)+2|}{\sqrt{m^2+(-1)^2}}$$
（分子：左辺へ代入，分母：法線ベクトルの大きさ）
$$=\frac{|3m+3|}{\sqrt{m^2+1}}. /\!/$$

注 $mx-y-3m+2=0$ としてはいけません．文字 m は集約された状態のまま代入するのが賢いです．

(4) l_1 上の 1 点 $(2, 0)$ と l_2: $2x+3y-7=0$ の距離を考えて，

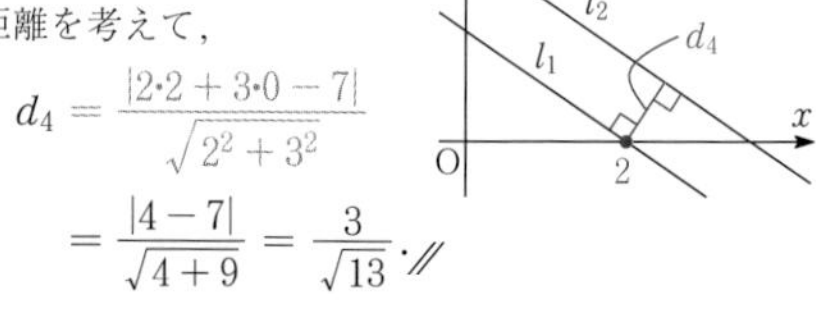

$$d_4=\frac{|2\cdot 2+3\cdot 0-7|}{\sqrt{2^2+3^2}}$$
$$=\frac{|4-7|}{\sqrt{4+9}}=\frac{3}{\sqrt{13}}. /\!/$$

355 円の図示 根底 実戦 定期 [→例題34a]

方針 「中心」「半径」「切片」などに注目します．

解答 (1) この円は，中心 $(2, -2)$，半径 $\sqrt{5}$ だから，右図の通り．

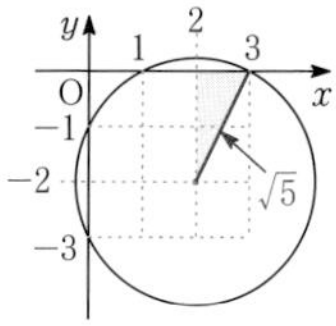

注 半径は 5 ではなく $\sqrt{5}$ です．図の青色直角三角形などに注目して，切片がスパッと見抜けるようになりましょう．■

(2) 与式を変形すると
$$\left(x+\frac{1}{2}\right)^2+(y+1)^2=1+\frac{1}{4}+1=\left(\frac{3}{2}\right)^2.$$

この円は，中心 $\left(-\frac{1}{2}, -1\right)$，半径 $\frac{3}{2}$ だから，右図の通り．

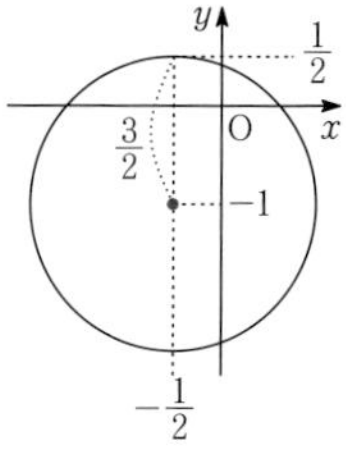

注 この答えでは，中心と上端の座標だけを明示し，切片は $\sqrt{}$ を含んでキレイではないので書いていません．

切片，下端，右端，左端，…どこまで書いたらマルになるかは採点者の趣味ですが，入試では「図示」が主眼となるようなショボい問題は出ませんので心配ご無用です（笑）．■

(3) **着眼** 切片が瞬時にわかる形ですね．■

与式と $y=0$ を連立して，x 切片は $x=0, 1$．
与式と $x=0$ を連立して，y 切片は $y=0, -2$．
よってこの円は右図の通り．

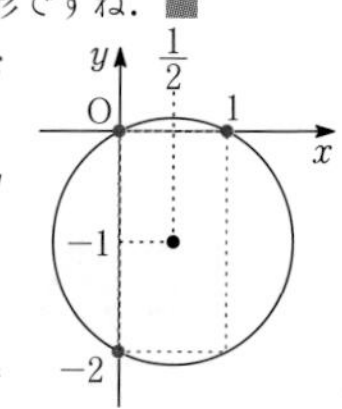

補足 赤点線の長方形の外接円を描くイメージで．■

(4) **着眼** 例題38e(1)でも述べる「対称性」が使えます．例えば点 $(1, 1)$ がこの図形 C 上にあることが分かれば，点 $(1, -1)$，$(-1, 1)$ も C 上にあると言えます．よって，C は x 軸，y 軸に関して対称です．■

この図形は x 軸, y 軸に関して対称.
そこで $x, y \geq 0$ のときを考えると,

$$x^2+y^2-x-y=0.$$

切片の座標を考えて, 右図のようになる.

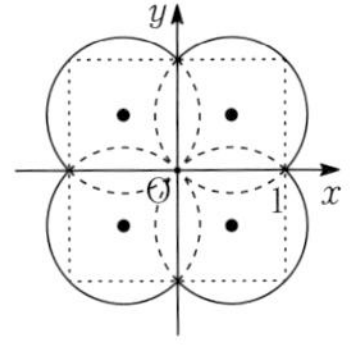

注 絶対値記号内 : x および y の符号に応じて場合分けしてもできますが, ぜひ「対称性」という見方を身に付けましょう.

356 円の決定

根底 実戦 [→例題34b]

方針 “解き方のパターンに当てはめる”という態度に陥らないこと.「中心」「半径」「切片」などの情報をどう活かすかを**考える**ことが大切です.

解答 (1) x 切片が 0, 4 で, y 切片が 0, 3 だから,

$C_1 : x(x-4)+y(y-3)=0.$ //

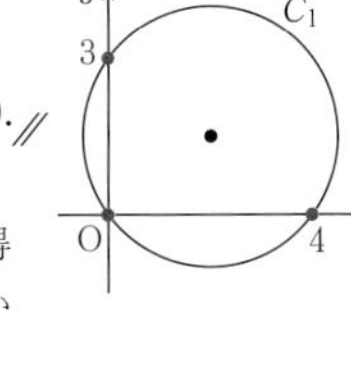

解説 この方程式を見て, x 切片と y 切片が正しく得られることを確認しておいてください.

(2) 中心は (t, t) とおけて, A に到る距離が 2 だから

$$(t-3)^2+(t-1)^2=2^2.$$
$$2t^2-8t+6=0.$$
$$(t-1)(t-3)=0.$$

$\therefore t=1, 3.$

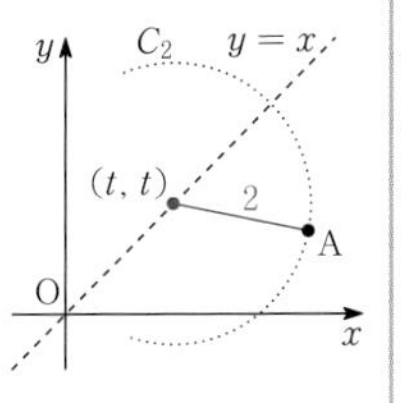

よって C_2 の方程式は

$$(x-1)^2+(y-1)^2=2^2,$$
$$\text{or } (x-3)^2+(y-3)^2=2^2. //$$

注 中心 (t, t) と A の距離が 2 となるのが $t=1, 3$ のときであることは, 図を丁寧に描くと見抜けてしまいます (笑).
しかし, いつでもそのように片付く訳ではありません.
ちゃんと“計算”で t が求められるようにしましょう.

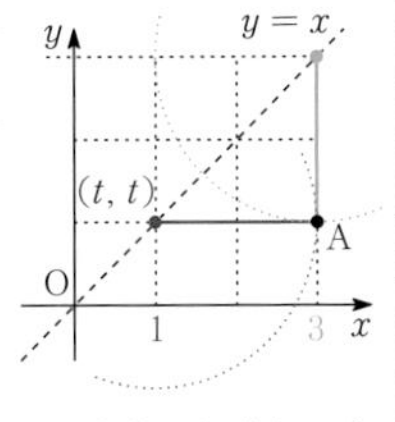

(3) 中心は $(r, r)\ (r>0)$ とおけて, 直線 l: $3x+4y-10=0$ に到る距離も r だから

$$\frac{|3r+4r-10|}{5}=r.$$
$$|7r-10|=5r.$$
$$7r-10=\pm 5r. \quad \therefore r=5, \frac{5}{6}.$$

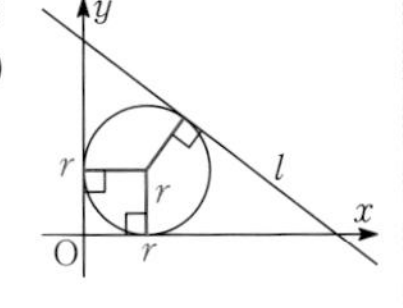

よって C_3 の方程式は

$$(x-5)^2+(y-5)^2=5^2,$$
$$\text{or } \left(x-\frac{5}{6}\right)^2+\left(y-\frac{5}{6}\right)^2=\left(\frac{5}{6}\right)^2. //$$

注 **解答**中の図は「$r=\frac{5}{6}$」の方に, 右図の状態が「$r=5$」の方に, それぞれ対応します.
色の付いた直角三角形に対して, 前者が内接円, 後者が傍接円 (の 1 つ) ですね.

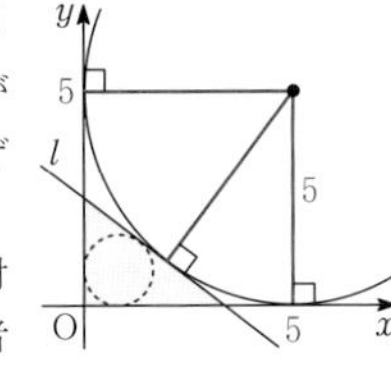

(4) 中心は BC の中点 M :

$$\left(\frac{0+2}{2}, \frac{2-3}{2}\right)=\left(1, -\frac{1}{2}\right).$$

直径の長さは,

$$|\overrightarrow{BC}|=\left|\begin{pmatrix}2\\-5\end{pmatrix}\right|=\sqrt{29}.$$

$$\therefore \text{半径}^2=\left(\frac{\sqrt{29}}{2}\right)^2=\frac{29}{4}.$$

$$\therefore C_4 : (x-1)^2+\left(y+\frac{1}{2}\right)^2=\frac{29}{4}. //$$

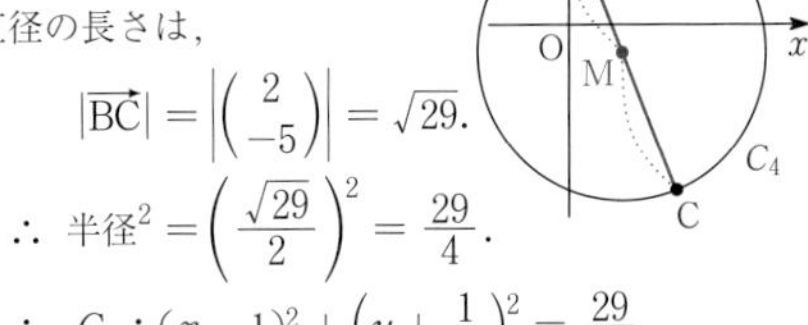

別解 C_4 上の任意の点 P が満たすべき条件は

$\angle\text{BPC}=90^\circ$ (or P=B, C).

$$\overrightarrow{BP}\cdot\overrightarrow{CP}=0.$$
$$\begin{pmatrix}x\\y-2\end{pmatrix}\cdot\begin{pmatrix}x-2\\y+3\end{pmatrix}=0.$$
$$x(x-2)+(y-2)(y+3)=0.$$
$$x^2+y^2-2x+y-6=0. //$$

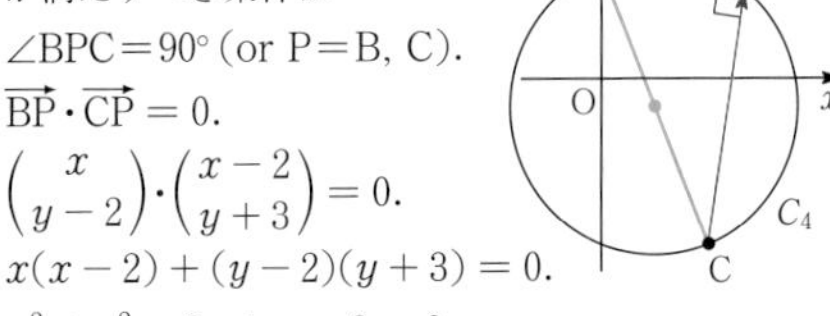

注 **別解**の方が, 分数が現れないので係数がキレイです. ただし, **解答**のようにすると中心・半径が把握できています. 使い分けは状況次第で. //

(5) $C_5 : x^2+y^2+ax+by+c=0$ とおく. これが題意の 3 点を通ることから

$$\begin{cases}4-2a+c=0, & \cdots ① \\ 10+a+3b+c=0, & \cdots ② \\ 8+2a+2b+c=0. & \cdots ③\end{cases}$$

②−①, ③−① より

$$6+3a+3b=0, \text{ i.e. } 2+a+b=0,$$
$$4+4a+2b=0, \text{ i.e. } 2+2a+b=0.$$

$\therefore a=0, b=-2.$ ①より, $c=-4.$

$\therefore C_5 : x^2+y^2-2y-4=0.$ //

注 1 求める円 C_5 は $\triangle$DEF の外接円であり, その中心は 2 辺 DE, EF の垂直二等分線どうしの交点です. 図を丁寧に描くと, その交点が $(0, 1)$, 半径が $\sqrt{5}$ であることが見抜けます.

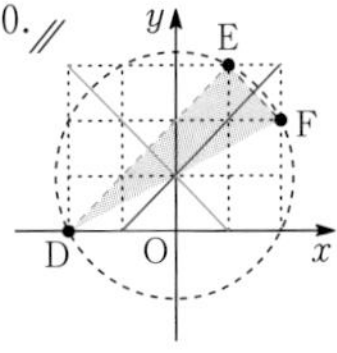

第3章 図形と方程式

注2 あるいは，$\angle DEF = 90°$ を見抜き，C_5 が DF を直径とする円であることを利用して(4)のようにする手もあります.

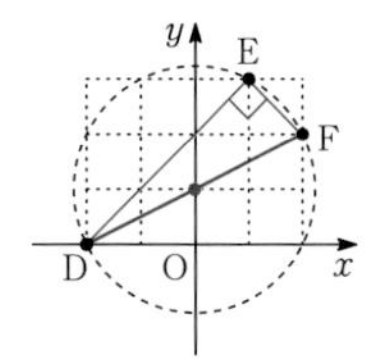

357 平行移動
根底 実戦 定期

[→例題38e]

方針 数学Iで学んだ平行移動の公式を適用.

解答 求める C' の方程式は，与式において x を $x-2$ に，y を $y+1$ に置き換えて

$$(x-2)^2+(y+1)^2+3(x-2)-7(y+1)=0.$$

$$x^2+y^2-x-5y-8=0.$$ //

別解 （円の中心の座標を利用してみます．）

与式を平方完成すると

$$\left(x+\frac{3}{2}\right)^2+\left(y-\frac{7}{2}\right)^2=\frac{9}{4}+\frac{49}{4}=\frac{29}{2}.$$

よって中心の座標は次のようになる.

$$C:\left(-\frac{3}{2},\ \frac{7}{2}\right)\to C':\left(\frac{1}{2},\ \frac{5}{2}\right).$$

$$\therefore C':\left(x-\frac{1}{2}\right)^2+\left(y-\frac{5}{2}\right)^2=\frac{29}{2}.$$ //

解説 本問では，別解の方法だと分数が現れて少し面倒ですね.

358 2直線の関係
根底 実戦 定期

[→例題32d]

方針 $a=0$ のとき，m は傾きをもたないので例外的に扱わざるを得ない気がしますが…,「法線ベクトル」を用いればその心配は御無用. スッキリ片付きます.

解答 l: $ax+y-3=0$, m の法線ベクトルは，それぞれ，$\begin{pmatrix}a\\1\end{pmatrix}$, $\begin{pmatrix}2-a\\a\end{pmatrix}$.

(1) $l \parallel m$ となるための条件は

$$\begin{pmatrix}a\\1\end{pmatrix}\parallel\begin{pmatrix}2-a\\a\end{pmatrix}.\quad a:1=(2-a):a.$$

$$a^2=2-a.\quad a^2+a-2=0.$$

$$(a-1)(a+2)=0.\quad a=1,\ -2.$$

i) $a=1$ のとき

l: $x+y-3=0$, m: $x+y+3=0$.

よって l, m は異なる2直線となる.

ii) $a=-2$ のとき

l: $-2x+y-3=0$, m: $4x-2y+6=0$.

よって l, m は同一な直線となる.

以上 i), ii) より，求める値は $a=1$. //

注 本問では，2直線が一致するケースは除外されています. ■

(2) $l \perp m$ となるための条件は

$$\begin{pmatrix}a\\1\end{pmatrix}\perp\begin{pmatrix}2-a\\a\end{pmatrix}.\quad \begin{pmatrix}a\\1\end{pmatrix}\cdot\begin{pmatrix}2-a\\a\end{pmatrix}=0.$$

$$a(2-a)+a=0.\quad a(3-a)=0.$$

$$\therefore a=0,\ 3.$$ //

参考 「傾き」を用いると，以下のようになります：

l の傾きは $-a$.

$$\begin{cases} a\neq 0 \text{ のとき}, m \text{ の傾きは} \dfrac{a-2}{a}. \\ a=0 \text{ のとき}, m\text{: } x=-2. \end{cases}$$

(1) $a=0$ のとき，$l: y=3$ より，$l \not\parallel m$.

$a\neq 0$ のとき，

$$-a=\frac{a-2}{a}.\quad -a^2=a-2\ \cdots(\text{以下同様})$$

(2) $a=0$ のとき，$l: y=3$ より，$l\perp m$.

$a\neq 0$ のとき，

$$-a\cdot\frac{a-2}{a}=-1.\quad a-2=1.\quad a=3.$$

以上より，$a=0,\ 3$. //

注 「傾き」でやると,「場合分け」と「分数式」がネックになりますね. やはり,「法線ベクトル」に軍配が上がります.

359 三角形の面積
根底 実戦

[→例題33a]

方針 底辺 AB の長さ，AB を底辺とみたときの高さの双方を，要領よく求めましょう.

解答

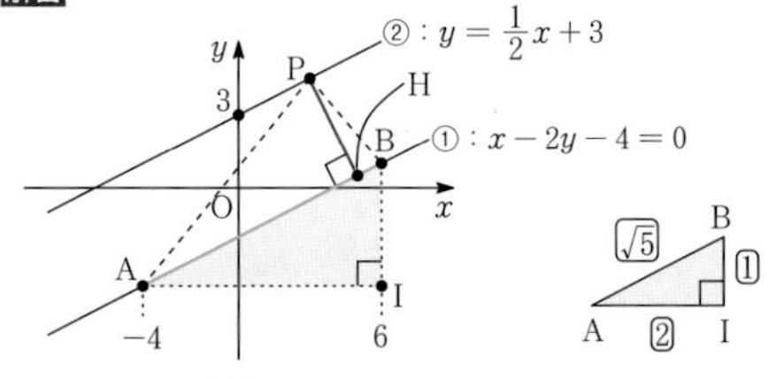

P から AB へ垂線 PH を下ろすと

$$\triangle ABP=\frac{1}{2}\cdot AB\cdot PH.$$

ここで，上右図の $\triangle ABI$ の3辺比を利用すると

$$AB=\frac{\sqrt{5}}{2}\cdot\{6-(-4)\}$$ AB では「比」を利用

$$=5\sqrt{5}.$$

PH は，2直線①②が平行であることより，②上の点 $(0,\ 3)$ と①の距離に等しく，

$$PH=\frac{|-6-4|}{\sqrt{5}}=2\sqrt{5}.$$

以上より

$$\triangle ABP=\frac{1}{2}\cdot 5\sqrt{5}\cdot 2\sqrt{5}=25.$$ //

解説　AB を底辺とみたときの高さは，2 直線が平行なので，P を含んでいる直線②：$y=\frac{1}{2}x+3$ 上の**任意の点**と直線①の距離です．そこで，「任意の点」のうち計算がもっとも楽そうな $(0,3)$（y 切片）を用いました．

別解　Q$(0,3)$ とすれば，いわゆる「等積移動」を用いて $\triangle$ABP$=\triangle$ABQ ですね．

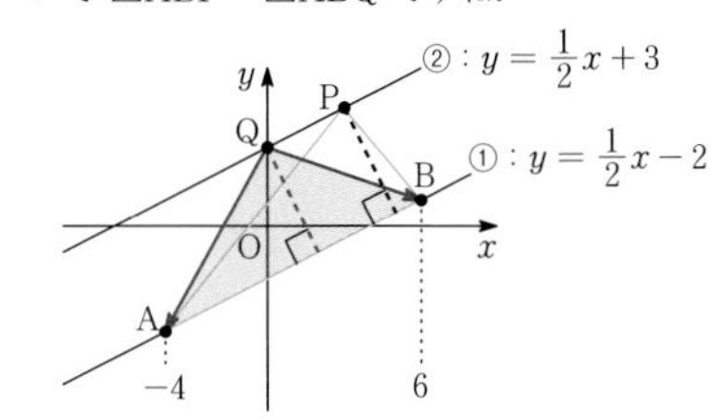

A$(-4,-4)$，B$(6,1)$ より

$$\overrightarrow{\mathrm{QA}}=\begin{pmatrix}-4\\-7\end{pmatrix},\ \overrightarrow{\mathrm{QB}}=\begin{pmatrix}6\\-2\end{pmatrix}.$$

よって，いわゆる“タスキ掛け”の公式により

$$\triangle\mathrm{ABP}=\triangle\mathrm{ABQ}=\frac{1}{2}|(-4)(-2)-(-7)\cdot6|=\frac{1}{2}|8+42|=25.\ /\!/$$

3 5 10　放物線上の3点　根底 実戦

[→例題 2 5 c]

方針　まずは図を描いて概況を把握しましょう．

解答

(1)　$\overrightarrow{\mathrm{AB}}=\begin{pmatrix}3\\3\end{pmatrix}$, $\overrightarrow{\mathrm{AP}}=\begin{pmatrix}t+1\\t^2-1\end{pmatrix}$

より，

“タスキ掛け”の面積公式

$$\triangle\mathrm{ABP}=\frac{1}{2}|3(t^2-1)-3(t+1)|$$
$$=\frac{3}{2}|(t+1)(t-1)-(t+1)|$$
$$=\frac{3}{2}|(t+1)(t-2)|$$
$$=\frac{3}{2}(t+1)(2-t)\ (\because\ -1<t<2).$$

これと右図より，

$$\therefore\ \max\triangle\mathrm{ABP}=\frac{3}{2}\cdot\frac{3}{2}\cdot\frac{3}{2}=\frac{27}{8}.\ /\!/$$

(2)　3 直線の傾きは，

$$\mathrm{AB}\cdots\ \frac{4-1}{2+1}=1,$$
$$\mathrm{AP}\cdots\ \frac{t^2-1}{t+1}=\frac{(t+1)(t-1)}{t+1}=t-1,$$
$$\mathrm{BP}\cdots\ \frac{t^2-4}{t-2}=\frac{(t+2)(t-2)}{t-2}=t+2.$$

よって題意の条件は，次のどれかが成り立つこと．

$1\cdot(t-1)=-1$, $1\cdot(t+2)=-1$, $(t-1)(t+2)=-1$.

$t=0$, $t=-3$, $t^2+t-1=0$.

$$\therefore\ t=0,\ -3,\ \frac{-1\pm\sqrt{5}}{2}.\ /\!/$$

解説　(1)は，AB を底辺，P と AB の距離を高さとみて求めることもできますが，ベクトルによる“タスキ掛け”の公式が手早いですね．

(2)は，法線ベクトルどうしの垂直を用いてもよいですが，ここでは傾きがキレイに求まることを見抜きました．

このように，問題の状況に応じて臨機応変に対処できるようにしましょう．

参考　一般に，放物線 $y=ax^2$ $(a\neq0)$ 上の，$x=s,t$ に対応する異なる 2 点を結ぶ直線の傾きは

$$\frac{at^2-as^2}{t-s}=\frac{a(t+s)(t-s)}{t-s}=a(s+t).$$

つまり，2 点の x 座標を加えて a 倍すれば求まります．

9 演習問題B

391 共有点を求める 根底 実戦 [→例題36a]

方針 連立方程式を解くだけの問題ですが，できるだけ計算を楽に済ますよう工夫しましょう．

解答 (1) **方針** ①の分母を払うと x が消去しやすくなりますね．■

①：$x-2y-6=0$ と②を連立すると，②－① より

$5y+5=0$. これと②より

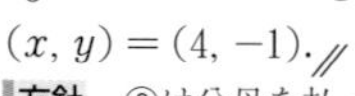

$(x,\ y)=(4,\ -1)$.//

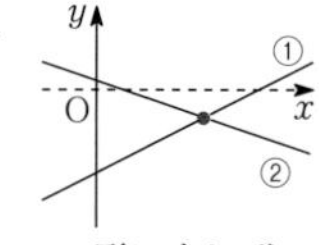

(2) **方針** ②は分母を払って $x=\cdots$ の形にすれば，整数係数の式を①へ代入できます．その際，①において消去する文字 x を平方完成により集約しておきましょう．■

②：$x=7y-3$ …②′ と①：$(x+1)^2+y^2-2y=0$ を連立すると

$(7y-2)^2+y^2-2y=0.$

$50y^2-30y+4=0.$

$25y^2-15y+2=0.$

$(5y-1)(5y-2)=0.$

$y=\dfrac{1}{5},\ \dfrac{2}{5}$. これと②′ より

$(x,\ y)=\left(-\dfrac{8}{5},\ \dfrac{1}{5}\right),\left(-\dfrac{1}{5},\ \dfrac{2}{5}\right)$.//

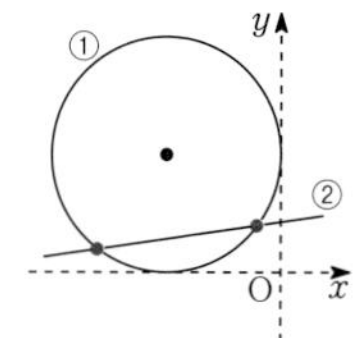

(3) **方針** もちろん一文字消去でもできますが，①②の左辺を見ると，

対称式→和と積→解と係数の関係

の流れで解きたいですね．[→演習問題1 11 18] ■

①：$(x+y)^2-2xy=7$ と②を連立すると

$9-2xy=7.\quad xy=1.$

これと②より，$x,\ y$ は次の2次方程式の2解である：

$t^2-3t+1=0.$

$t=\dfrac{3\pm\sqrt{5}}{2}.$

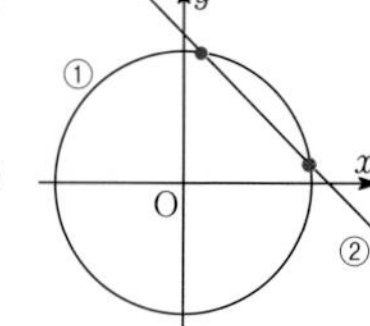

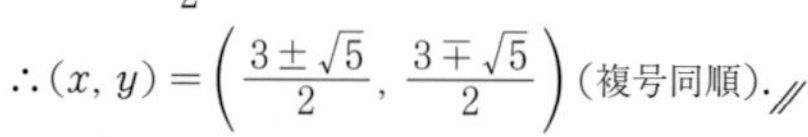

$\therefore (x,\ y)=\left(\dfrac{3\pm\sqrt{5}}{2},\ \dfrac{3\mp\sqrt{5}}{2}\right)$（複号同順）.//

(4) **方針** 何の工夫もせず y が消去できますね（笑）．問題はその後…■

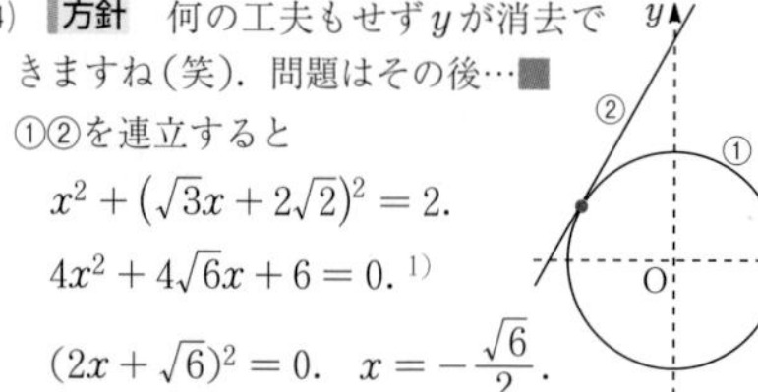

①②を連立すると

$x^2+(\sqrt{3}x+2\sqrt{2})^2=2.$

$4x^2+4\sqrt{6}x+6=0.$ [1)]

$(2x+\sqrt{6})^2=0.\quad x=-\dfrac{\sqrt{6}}{2}.$

これと②より，

$(x,\ y)=\left(-\dfrac{\sqrt{6}}{2},\ \dfrac{\sqrt{2}}{2}\right)$.//

解説 x の2次方程式が重解をもち，共有点がただ1つとなりました．つまり，円①と直線②は答えの点において接しています．

補足 1)：この後の平方完成に気付けなくても，これを解の公式で解いてみれば重解をもつことがわかります．■

(5) **方針** これも y がカンタンに消去できます．■

①②を連立すると

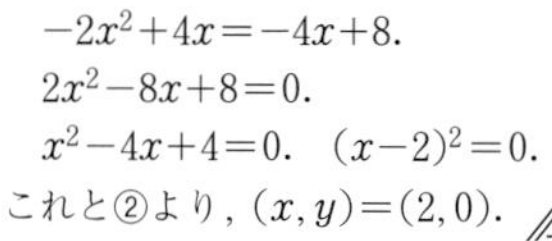

$-2x^2+4x=-4x+8.$

$2x^2-8x+8=0.$

$x^2-4x+4=0.\quad (x-2)^2=0.$

これと②より，$(x,y)=(2,0)$.//

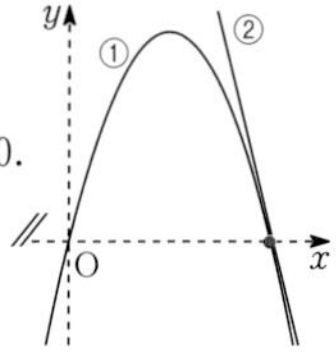

解説 (4)と同様に，

重解→ 共有点がただ1つ

→ 放物線①と直線②が**接する**

ということがわかりました．

392 三角形ができる条件 根底 実戦 [→例題36a]

方針 3直線は，普通三角形を作りますよね（笑）．そこで…

解答 まず，三角形ができないときを考える．

i) どれか2直線が平行となるとき．

$l_1 \not\parallel l_2$ だから，

$l_1 /\!/ l_3$, or $l_2 /\!/ l_3$.

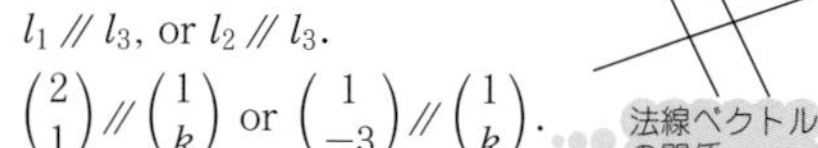

$\begin{pmatrix}2\\1\end{pmatrix} /\!/ \begin{pmatrix}1\\k\end{pmatrix}$ or $\begin{pmatrix}1\\-3\end{pmatrix} /\!/ \begin{pmatrix}1\\k\end{pmatrix}$.

$2:1=1:k$ or $1:(-3)=1:k$.

$\therefore k=\dfrac{1}{2}$ or $k=-3$.

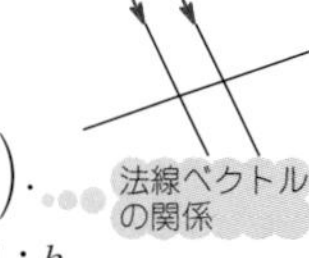

ii) 3直線が1点を共有するとき．

$l_1,\ l_2$ の式を連立して解くと，

$(x,\ y)=\left(3+\dfrac{k}{7},\ 1-\dfrac{2}{7}k\right).$

これが l_3 上にもあるとき

$\left(3+\dfrac{k}{7}\right)+k\left(1-\dfrac{2}{7}k\right)+3=0.$

$42+8k-2k^2=0.\quad k^2-4k-21=0.$

$(k+3)(k-7)=0.\quad k=-3,\ 7.$

以上，i)，ii) で求めた k の値を除いて，求める値は

$k\neq\dfrac{1}{2},\ -3,\ 7.$//

参考 i)，ii) で重複して現れる「$k=-3$」のとき，$l_2,\ l_3$ はどちらも $x-3y+3=0$ という同一な直線となります．

393 対称点 根底 実戦 [→例題36b]

着眼 (1)は典型問題でした．(2)も，それと同じ考え方でイケます．

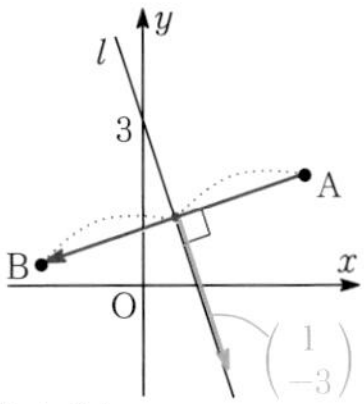

解答 (1) B(a, b) とおくと，

AB$\perp l$ より

$$\begin{pmatrix}1\\-3\end{pmatrix}\cdot\begin{pmatrix}a-3\\b-2\end{pmatrix}=0.^{1)}$$

$a-3-3(b-2)=0.$

$a-3b+3=0.$ …①

また，AB の中点 $\left(\dfrac{a+3}{2}, \dfrac{b+2}{2}\right)$ は l 上にあるから

$$\frac{b+2}{2}=-3\cdot\frac{a+3}{2}+3.$$

$3a+b+5=0.$ …②

①＋②×3 より

$10a+18=0.$ $a=-\dfrac{9}{5}.$ これと②より

$$\mathrm{B}\left(-\frac{9}{5}, \frac{2}{5}\right).$$ //

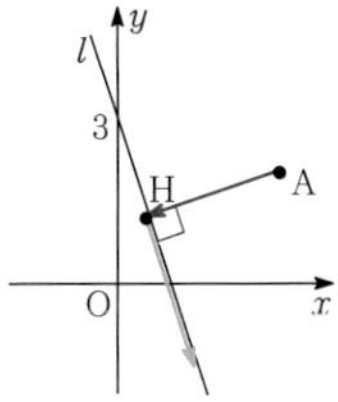

(2) H(s, t) とおくと，AH$\perp l$ より，①と同様に

$s-3t+3=0.$ …③

また，H は l 上にあるから

$t=-3s+3.$

$3s+t-3=0.$ …④

③＋④×3 より

$10s-6=0.$ $s=\dfrac{3}{5}.$ これと④より

$$\mathrm{H}\left(\frac{3}{5}, \frac{6}{5}\right).$$ //

言い訳 (1)の後で(2)を解く場合，本来はもちろん次のようにします：

H は AB の中点だから

$$\overrightarrow{\mathrm{OH}}=\frac{\overrightarrow{\mathrm{OA}}+\overrightarrow{\mathrm{OB}}}{2}$$

$$=\frac{1}{2}\left\{\begin{pmatrix}3\\2\end{pmatrix}+\begin{pmatrix}-9/5\\2/5\end{pmatrix}\right\}$$

$$=\frac{1}{10}\left\{\begin{pmatrix}15\\10\end{pmatrix}+\begin{pmatrix}-9\\2\end{pmatrix}\right\}.$$

i.e. $\mathrm{H}\left(\dfrac{3}{5}, \dfrac{6}{5}\right).$

実戦的には，(1)(2)がセットで出るという状況はまずないので，「独立に解け」と指示した次第です．

参考 1)：この a, b を x, y に変えた等式：

$$\begin{pmatrix}1\\-3\end{pmatrix}\cdot\begin{pmatrix}x-3\\y-2\end{pmatrix}=0,$$

i.e. $x-3-3(y-2)=0$

は，A を通り l と垂直な直線の方程式に他なりません．(2)の③式についても同様です．

394 折れ線の最短経路 根底 実戦 典型 [→例題36b]

着眼 本問は，最短経路を求める問題で，I+A演習問題597(2)とほぼ同内容です．ただし，直線に関する対称点を求める部分がレベルアップしています．

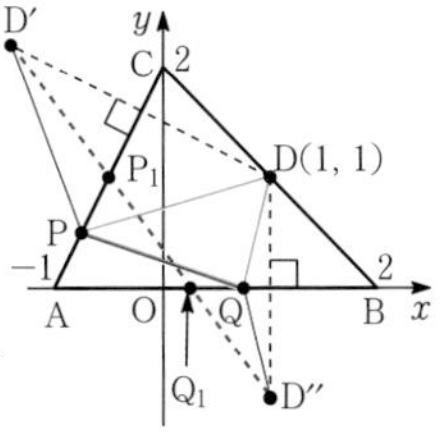

解答 (1) D$'(a, b)$ とおくと，DD$'\perp$AC より

$$\begin{pmatrix}1\\2\end{pmatrix}\cdot\begin{pmatrix}a-1\\b-1\end{pmatrix}=0.$$

$a-1+2(b-1)=0.$

$a+2b-3=0.$ …①

また，DD$'$の中点 $\left(\dfrac{a+1}{2}, \dfrac{b+1}{2}\right)$ は l: $y=2x+2$ 上にあるから

$\dfrac{b+1}{2}=2\cdot\dfrac{a+1}{2}+2.$ $2a-b+5=0.$ …②

①＋②×2 より

$5a+7=0.$ $a=-\dfrac{7}{5}.$ ∴ $\mathrm{D}'\left(-\dfrac{7}{5}, \dfrac{11}{5}\right).$ //

(2) 直線 AB に関して D と対称な点を D$''$ とすると，

D$''(1, -1)$.

$L=\mathrm{DP}+\mathrm{PQ}+\mathrm{QD}$

$=\mathrm{D'P}+\mathrm{PQ}+\mathrm{QD''}$

$\geqq \mathrm{D'D''}$ (定数). …③

③の等号は，$\mathrm{P}=\mathrm{P}_1$, $\mathrm{Q}=\mathrm{Q}_1$ (P_1, Q_1は図中)のとき成立．…④

③④より，求める最小値は

$\min L=\mathrm{D'D''}$.

ここで，

$$\overrightarrow{\mathrm{D'D''}}=\begin{pmatrix}1\\-1\end{pmatrix}-\frac{1}{5}\begin{pmatrix}-7\\11\end{pmatrix}$$

$$=\frac{1}{5}\begin{pmatrix}12\\-16\end{pmatrix}=\frac{4}{5}\begin{pmatrix}3\\-4\end{pmatrix}.$$

$$\therefore\ \min L=\left|\overrightarrow{\mathrm{D'D''}}\right|$$

$$=\frac{4}{5}\cdot5=4.$$ //

解説 折れ線の長さの最小値を，直線に関する対称点を利用して求める有名問題でした．

参考 P_1, Q_1 の座標は，D$'$D$''$ の方程式を利用することにより求まります．結果は次の通りです：

$\mathrm{P}_1\left(-\dfrac{1}{2}, 1\right)$, $\mathrm{Q}_1\left(\dfrac{1}{4}, 0\right)$.

395 対称移動

根底 実戦 入試

[→例題36b]

方針 (1) 典型問題ですね.

(2) もちろん(1)を利用します. 円 C' については, 方程式を求めることもできますが, 半径は C と同じく 1 ですから, 中心の座標のみ求めると楽です.

解答 (1) **解答** $P'(p, q)$ とおくと, $PP' \perp l$ より

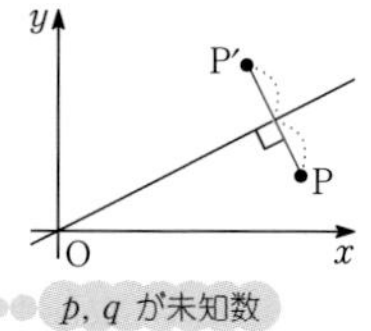

$$\begin{pmatrix}1\\m\end{pmatrix}\cdot\begin{pmatrix}p-a\\q-b\end{pmatrix}=0.$$

$$p-a+m(q-b)=0.$$

$$p+mq=a+mb. \cdots ①$$ (p, q が未知数)

また, PP' の中点 $\left(\dfrac{p+a}{2}, \dfrac{q+b}{2}\right)$ は l 上にあるから

$$\frac{q+b}{2}=m\cdot\frac{p+a}{2}.$$

$$mp-q=-ma+b. \cdots ②$$

① + ② × m より

$$(1+m^2)p=(1-m^2)a+2mb.$$

① × m − ② より

$$(m^2+1)q=2ma+(m^2-1)b.$$

以上より, 求める P' の座標 (p, q) は

$$\begin{cases} p=\dfrac{(1-m^2)a+2mb}{1+m^2}, \\ q=\dfrac{2ma+(m^2-1)b}{1+m^2}. \cdots ③ /\!/ \end{cases}$$

(2) 題意の条件は, C' の中心を (X, Y) として, (右図は一例)

$$|Y|=1. \cdots ④$$

C の中心 $(0, 3)$ と C' の中心は l に関して対称だから, ③より

$$Y=3\cdot\frac{m^2-1}{1+m^2}.$$

よって④は

$$3\cdot\frac{m^2-1}{1+m^2}=\pm1. \quad 3(m^2-1)=\pm(1+m^2).$$

$$2m^2=4, \text{ or } 4m^2=2. \quad \therefore\ m=\pm\sqrt{2}, \pm\frac{1}{\sqrt{2}}. /\!/$$

注 **解答**中の図の状態については, 右図のように l が y 軸と直線 n のなす角を二等分することから求めることもできますが, それ以外の状態も考えるとなると手間がかかり過ぎます.

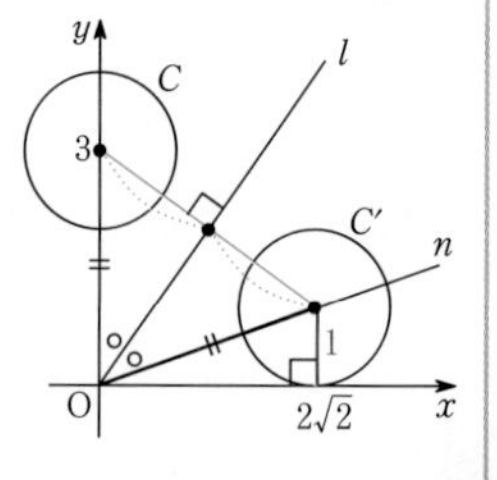

参考 (1)において $m=1, -1$ のときを考えると, 次のようになります:

$P(a, b) \longleftrightarrow P'(b, a)$ ($y=x$ に関して対称)

$P(a, b) \longleftrightarrow P'(-b, -a)$ ($y=-x$ に関して対称)

これらは, 次のような正方形を利用すると直感的にもわかりますが.

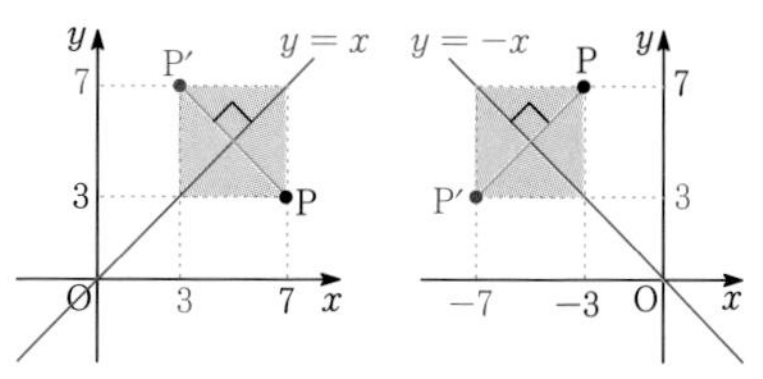

今後, これらの結果を (とくに前者については) "常識" として使ってしまうケースもあります.

[→演習問題3915(4)]

396 円と直線

根底 実戦 典型

[→例題36d]

方針 もちろん, 円の中心と直線の距離に着目しますが, その前に…

解答

$$C:\left(x-\frac{1}{2}\right)^2+(y-2)^2=-2+\frac{1}{4}+4=\left(\frac{3}{2}\right)^2.$$

よって円 C は中心 $B\left(\dfrac{1}{2}, 2\right)$, 半径 $\dfrac{3}{2}$.

右図より, 求める接線の 1 つは $x=2$.

他方を l とすると

$$l: y-3=m(x-2),$$

$$\text{i.e. } m(x-2)-y+3=0$$

とおける. これが C と接するとき, B との距離を考えて

$$\frac{\left|-\frac{3}{2}m+1\right|}{\sqrt{m^2+1}}=\frac{3}{2}. \quad |-3m+2|=3\sqrt{m^2+1}.$$

$$(3m-2)^2=9(m^2+1). \ -12m=5. \ m=-\frac{5}{12}.$$

以上より, 求める接線は

$$\begin{cases} x=2, \text{ および} \\ y-3=-\dfrac{5}{12}(x-2), \text{ i.e. } y=-\dfrac{5}{12}x+\dfrac{23}{6}. /\!/ \end{cases}$$

注 図形そのものをちゃんと描いて, 傾きをもたない接線の方も見逃さないように.

3 9 7 円と直線の交点 [→例題 3 6 d]

根底 実戦 入試

解答1 **方針** 「式」に頼る前に，まずは「図形そのもの」をよく見ましょう．■

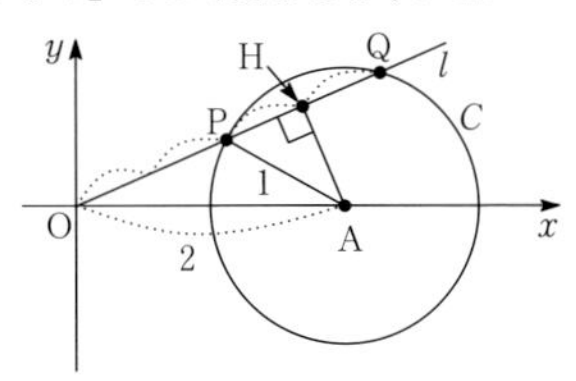

$p = \mathrm{PH}$ とおくと，$\mathrm{OH} = 3p$．△OAH，△PAH に注目して $d = \mathrm{AH}$ とおくと

$$\begin{cases} 2^2 = (3p)^2 + d^2, \\ 1^2 = p^2 + d^2. \end{cases} \quad \text{辺々引くと，} 3 = 8p^2.$$

$$p^2 = \frac{3}{8}. \quad d^2 = \frac{5}{8}. \quad d = \frac{\sqrt{5}}{2\sqrt{2}}.$$

A(2, 0) と l: $ax - y = 0$ の距離に注目して

$$\frac{|2a|}{\sqrt{a^2+1}} = \frac{\sqrt{5}}{2\sqrt{2}}. \quad \text{両辺とも正だから}$$

$$32a^2 = 5(a^2+1). \quad a > 0 \text{ だから，} a = \frac{\sqrt{5}}{3\sqrt{3}}.//$$

解答2 **方針** 直線 l に沿う線分比は，x 軸方向の線分比へとすり替えることができます．よって，実は「式」で攻めてもカンタンです．■

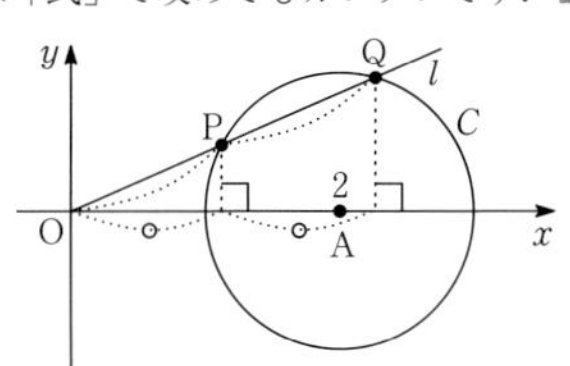

2 式を連立して

$$(x-2)^2 + (ax)^2 = 1.$$

$$(a^2+1)x^2 - 4x + 3 = 0.$$

$$x = \frac{2 \pm \sqrt{4 - 3(a^2+1)}}{a^2+1}$$

$$= \frac{2 \pm \sqrt{1-3a^2}}{a^2+1} \text{ (ただし，} 1 - 3a^2 > 0 \cdots ①).$$

題意の条件 は，①のもとで

$$\frac{2 + \sqrt{1-3a^2}}{a^2+1} = 2 \cdot \frac{2 - \sqrt{1-3a^2}}{a^2+1}.$$

$$3\sqrt{1-3a^2} = 2. \quad 9(1-3a^2) = 4 \text{ (①は成立).}$$

$$a^2 = \frac{5}{27}. \quad a = \frac{\sqrt{5}}{3\sqrt{3}} \ (\because a > 0).$$

解説 本問は「図形」，「式」のどちらで攻めても大差なかったですね．ただし，状況次第では 2 つの方法間で差が生じることも多いですから，その場で少し先の計算量などを想像して，適切な方針選択をしてくださいね．

3 9 8 円と直線・三角形の面積 [→例題 3 6 d]

根底 実戦 入試

方針 いたずらに「式」をこねくり回す前に，まずは図形そのものを見ること．アッサリ解決します．

解答

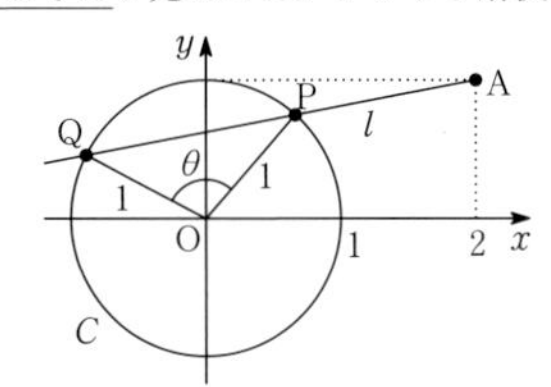

$\theta = \angle\mathrm{POQ}$ とおくと

$$S = \frac{1}{2} \cdot 1 \cdot 1 \cdot \sin\theta = \frac{1}{2}\sin\theta.$$

よって S は $\theta = 90°$ のとき最大となる．

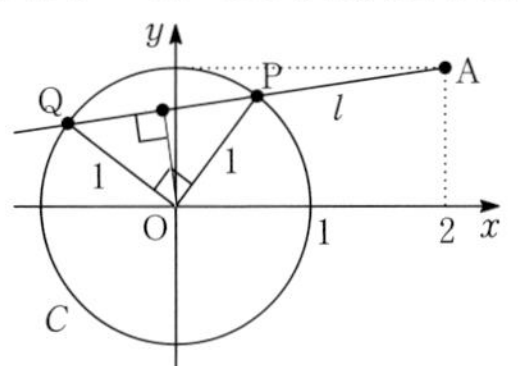

このとき，O と l の距離は $\frac{1}{\sqrt{2}}$．

$$l: y - 1 = m(x-2) \ (m \text{ が傾き}),$$

i.e. $m(x-2) - y + 1 = 0$

とおくと，

$$\frac{|-2m+1|}{\sqrt{m^2+1}} = \frac{1}{\sqrt{2}}. \quad 2(2m-1)^2 = m^2 + 1.$$

$$7m^2 - 8m + 1 = 0. \quad (m-1)(7m-1) = 0.$$

$$\therefore m = 1, \ \frac{1}{7}.//$$

解説 結局，中心 O から l へ引いた垂線（図の赤線）が重要でしたね．その線を初めから利用したのが次の解答です．■

別解

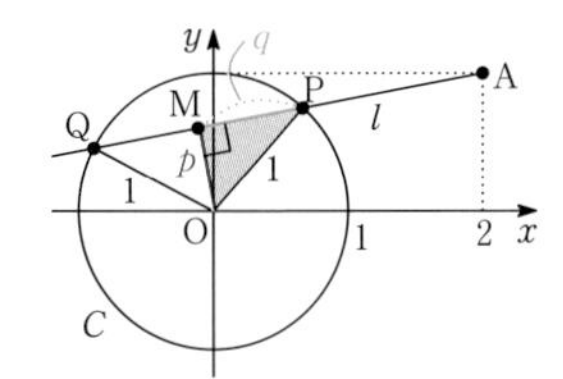

PQ の中点を M とし，上図のように長さ p, q をとる．△OMP に注目して

$$p^2 + q^2 = 1 \ (p, q > 0), \ \cdots ①$$

$$S = pq. \ \cdots ②$$

ここで，$p^2,\ q^2 > 0$ より

$$p^2 + q^2 \geq 2\sqrt{p^2q^2} = 2pq.$$ “相加相乗”

これと①，②より

$$1 \geq 2S.\ \text{i.e.}\ S \leq \frac{1}{2}.\ \cdots③$$ 大小関係の不等式

③の等号は，

$$p^2 = q^2\ \text{かつ}\ ①$$
$$\text{i.e.}\ p = q = \frac{1}{\sqrt{2}}$$

のときのみ成立する．…④ 等号成立確認

③，④より，$p = \dfrac{1}{\sqrt{2}}$ のとき S は最大となるから，このようになる l の傾き m を求めればよい．

……あとは前記 解答 と同様……

解説　『①：和が一定，②：積が目標 → 相加相乗』という有名パターンでした．

重要　解答 別解 のどちらも，図形そのものを見ることが決め手でしたね．今一度確認：

「図形と方程式」では，

「図形」が主．「方程式」は (1 つの) 手段．

3 9 9 共通接線

根底 実戦　入試　[→例題 3 6 e]

方針　求める接線を $y = mx + n$ or $x = k$ とおいてもできますが…．C_1 の接線には便利な表し方がありましたね．

解答

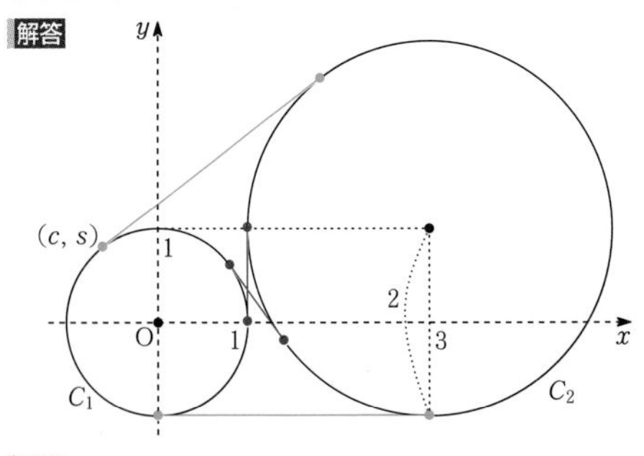

着眼　共通外接線（青色），共通内接線（赤色）とも，片方は図を見ただけで得られてしまいますね（笑）．しかし，それ以外の共通接線については不明ですから…，4 本とも全部まとめて求めちゃいます！■

C_1 上に点 $(c,\ s)$ をとると，

$$c^2 + s^2 = 1.\ \cdots①$$

この点における C_1 の接線は，

$$cx + sy = 1\ \cdots②\ \text{i.e.}\ cx + sy - 1 = 0.$$

これが C_2 とも接するための条件は，中心 $(3,\ 1)$ との距離を考えて

$$\frac{|3c + s - 1|}{\sqrt{c^2 + s^2}} = 2.\ |3c + s - 1| = 2\ (\because\ ①).$$

$$3c + s - 1 = \pm 2.\ \text{i.e.}\ \begin{cases} s = 3 - 3c, & \cdots③\ \text{or} \\ s = -1 - 3c. & \cdots④ \end{cases}$$

③①より

$$c^2 + (3 - 3c)^2 = 1.$$
$$10c^2 - 18c + 8 = 0.$$
$$5c^2 - 9c + 4 = 0.$$
$$(c - 1)(5c - 4) = 0.$$

これと③より

$$(c,\ s) = (1,\ 0),\ \left(\frac{4}{5},\ \frac{3}{5}\right).$$

④①より

$$c^2 + (-1 - 3c)^2 = 1.\quad 10c^2 + 6c = 0.$$
$$5c^2 + 3c = 0.\quad c(5c + 3) = 0.$$

これと④より

$$(c,\ s) = (0,\ -1),\ \left(-\frac{3}{5},\ \frac{4}{5}\right).$$

以上と②より，求める共通接線は

$$x = 1,\ \frac{4}{5}x + \frac{3}{5}y = 1,\ -y = 1,\ -\frac{3}{5}x + \frac{4}{5}y = 1.$$

i.e.

$$x = 1,\ 4x + 3y = 5,\ y = -1,\ -3x + 4y = 5.$$ //

補足　第 2 図の 4 つの交点が，それぞれ第 1 図における C_1 との 4 つの接点と同じ位置にあります．

数学Ⅱ「三角関数」後　単位円 C_1 上の点は，もちろん「$(\cos\theta,\ \sin\theta)$」とおけます．これを略記して「$(c,\ s)$」と書き，付帯条件①を付けておいたのが，上記 解答 です．

3 9 10 2円が交わる条件

根底 実戦　典型　[→例題 3 6 f]

方針　原則通り，中心間距離と半径の和，差を比べましょう．

解答　C_t: $(x - 2t)^2 + (y - t)^2 = t^2$.

∴ 中心 $(2t,\ t)$，半径 $t\ (\because\ t > 0)$.

よって，円 $C_a,\ C_b$ の中心間距離は

$$\left|\begin{pmatrix} 2a - 2b \\ a - b \end{pmatrix}\right| = \left|\begin{pmatrix} 2(a - b) \\ a - b \end{pmatrix}\right|$$
$$= \left|(a - b)\begin{pmatrix} 2 \\ 1 \end{pmatrix}\right| = \sqrt{5}\,|a - b|.$$

したがって，円 $C_a,\ C_b$ が異なる 2 点で交わるための条件は

$$|a - b| < \sqrt{5}\,|a - b| < a + b.$$

左側の不等式より $|a - b| > 0$ だから，$a \neq b$ …①．

右側の不等式は，両辺とも正だから

$$5(a - b)^2 < (a + b)^2.\quad 4a^2 - 12ab + 4b^2 < 0.$$

$a^2-3ab+b^2<0.$ 左辺は a, b の 2 次同次式

$b^2>0$ だから, $\left(\dfrac{a}{b}\right)^2-3\dfrac{a}{b}+1<0.$

これと①より，求める範囲は

$$\therefore\ \frac{3-\sqrt{5}}{2}<\frac{a}{b}<\frac{3+\sqrt{5}}{2},\ \frac{a}{b}\neq 1.$$ //

解説 中心間距離は，ベクトルを利用して求めること．

補足 同次式は比で置換できるのでしたね．

[→例題 1 3 b 参考]

参考 円 C_t は，中心の y 座標と半径が等しい（どちらも t）なので，x 軸に接します．2 円 C_a, C_b が交わる状況の一例は，右図の通りです：

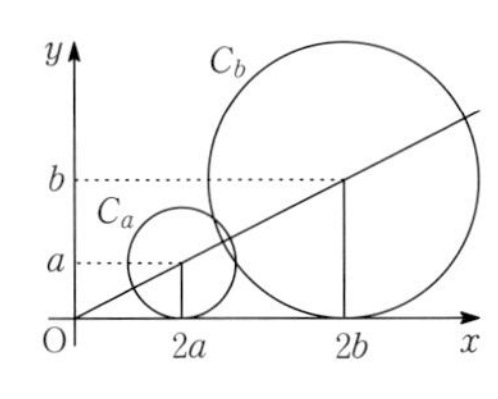

3 9 11 切り取る線分（円）

根底 実戦 典型 [→例題 3 6 d]

方針 円が直線から切り取る線分の長さは，例題 3 6 d (2)のように中心と直線の距離を利用しましょう．

解答 C と l の 2 交点を P, Q とし，線分 PQ の中点を M とする．

原点 O と l: $3x-y+2=0$ の距離を考えて

$$\text{OM}=\frac{|2|}{\sqrt{10}}=\frac{2}{\sqrt{10}}.$$

直角三角形 OPM の 3 辺比に注目すると

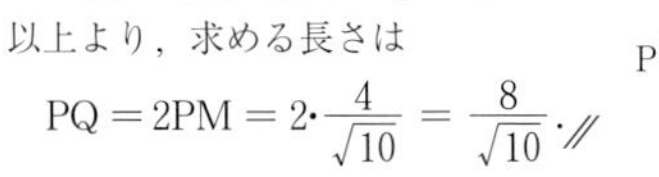

$$\text{OP}:\text{OM}=\sqrt{5}:1.$$

$$\therefore \text{OP}:\text{OM}:\text{PM}=\sqrt{5}:1:2.$$

以上より，求める長さは

$$\text{PQ}=2\text{PM}=2\cdot\frac{4}{\sqrt{10}}=\frac{8}{\sqrt{10}}.$$ //

注 C と l の「方程式」を連立して交点の x 座標を求めると，

$$x=-1,\ -\frac{1}{5}$$

と，ワリとキレイに求まりますが，だとしても上記**解答**の方が早いです．

交点の座標を用いて解答する場合には，傾き 3の直線に沿う線分の長さであることを利用します．[→次問]

3 9 12 切り取る線分（放物線）

[→ I+A 演習問題 2 11 29] 根底 実戦 典型 重要

着眼 前問の「円」から「放物線」に変わりました．

方針 傾き既知の直線に沿う長さは，直角三角形の 3 辺比を利用します．交点の座標は，x のみで OK. y 座標なんて不要です．

言い訳 下の図は，見やすくするために傾きを小さ目にして描いてあります．

解答 C と l の 2 交点を P, Q とする．2 式を連立して

$$x^2-3x-1=0.$$

$$x=\frac{3\pm\sqrt{13}}{2}.$$

図の直角三角形の 3 辺比に注目して

$$\text{PQ}=\sqrt{10}\left(\frac{3+\sqrt{13}}{2}-\frac{3-\sqrt{13}}{2}\right)$$

$$=\sqrt{10}\cdot\sqrt{13}=\sqrt{130}.$$

注 「円」が直線から切り取る線分の長さは，中心と直線の距離に注目して図形的に求めました[→前問]．しかし，「放物線」となると方程式主体で攻めるしかありません．

3 9 13 円を表す条件

根底 実戦 入試 [→例題 3 4 c]

着眼 「任意の a について」という論理的ワードがあって難しく感じる人もいるかもしれませんね．そんなときの合言葉は，

「論理」が難しければ“棚上げ”せよ．

とりあえず,「円を表す」ための条件式を立式し，その後で論理を考えましょう．

方針 平方完成して，右辺が正になるときに円を表すのでしたね．[→例題 3 4 c]

解答 ①を変形すると

$$\left(x+\frac{a}{2}\right)^2+\left(y+\frac{a+1}{2}\right)^2=\left(\frac{a}{2}\right)^2+\left(\frac{a+1}{2}\right)^2-b.\ \cdots①'$$

これが円を表すための条件は

$$\left(\frac{a}{2}\right)^2+\left(\frac{a+1}{2}\right)^2-b>0.\ \cdots②$$

b が満たすべき条件は,

「②が任意の a に対して成り立つこと．」…(*)

そこで，②を a について整理すると

$\dfrac{1}{2}a^2+\dfrac{1}{2}a+\dfrac{1}{4}>b.$ 定数 b を右辺へ分離

$\dfrac{1}{2}\left(a+\dfrac{1}{2}\right)^2+\dfrac{1}{8}>b.$

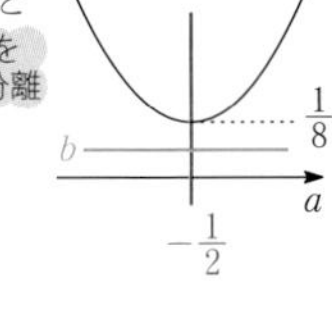

よって (*) は，$b<\dfrac{1}{8}$. //

解説　本問には，役割の異なる 3 種類の文字が登場しており，解答中の各“ステージ”において次のように振舞っています：

1°　①を①′へと平方完成するときには x, y が変数，a, b は定数．

2°　「②が任意の a で成立？」を議論するときには b を固定して a を動かしている．

3°　答は b の範囲．

つまりこういうこと：

	x, y	a	b
1°　平方完成時	**変数**	定数	定数
2°　②を議論する時	×	**変数**	定数
3°　最後の答え	×	×	**変数**

本問の中核を担うのは 2° です．そこでは，b を**固定**し，b の 1 つ 1 つの値に対して，「②が全ての実数 a で成り立つか否か」により**真偽判定**をしています．

3 9 14　領域の図示　根底 実戦

[→例題 3 7 e]

注　どれも，実際の入試では説明など付けずに結果だけ書けば許される“程度”の問題です．そこで，ここでは領域を描く際の頭の動きを“解説”します．

解答　(1)　まず，境界線：$2x-3y=8$ を切片に注目して描く．与式を頭の中で変形すると，「$\sim\sim>y$」となるので，境界線の下側が求める領域（境界除く）．

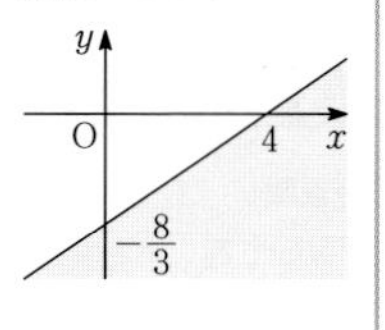

(2)　与式を変形すると

$$(x-1)^2+\left(y+\frac{1}{2}\right)^2\leq\left(\frac{1}{2}\right)^2.$$

これは，右図のように円の内側（境界含む）．

(3)　与式を変形すると

$$x^2<y\leq\frac{x^2}{2}+1.$$

方程式 $x^2=\frac{x^2}{2}+1$ を解くと，$x=\pm\sqrt{2}$．よって右図の領域となる（境界は太線部のみ含む）．

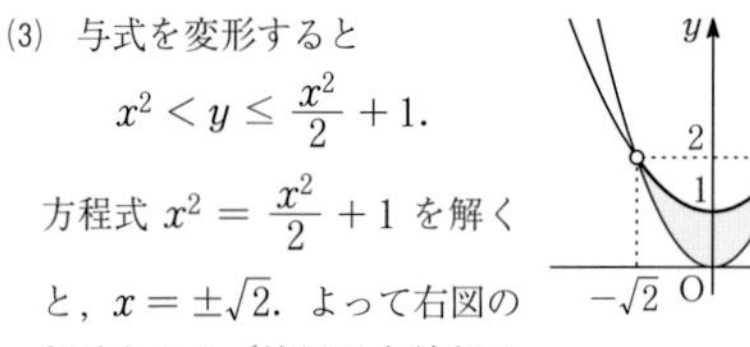

(4)　2 つの因数の符号が「+，−」または「−，+」と場合分けしてもできますが，ここでは左辺：$f(x, y)$ の負領域として描いてみます．

∘ まず，左辺 $=0$ から得られる 2 直線を境界線として描く．その際，交点の座標 $(-1, 2)$ を求め，2 直線の傾き：$3, \frac{2}{5}$ と合わせて描くとよい．（切片に注目して描くのも OK．）

∘ 境界線によって分けられた 4 つ領域のうち 1 つに属する原点 O(0, 0) について調べると

$$f(0, 0)=5\cdot12>0.$$

よって，O の属する領域は，f の正領域．

∘ 境界を越えると，$f(x, y)$ の符号は変わる．

以上より，求める f の負領域が描けた（境界除く）．

(5)　$\frac{y}{x}$ とは，原点 O(0,0) と点 P(x, y) を結んだ直線の傾きである．それが 1 以上であることより，右図の領域を得る（境界は太線部のみ含む）．

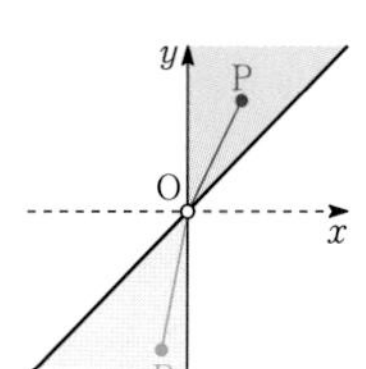

注　$x=0$ のとき，$\frac{y}{x}$ は値をもちません．つまり，OP の「傾き」はありません．■

別解 1　（式変形によって解いてみます．）

与式を変形すると，

$\frac{y}{x}-1\geq0.$ ●●● 移項して，0 との大小に持ち込む

$\frac{y-x}{x}\geq0.$ ●●● 通分して，商の形 vs 0 型にする

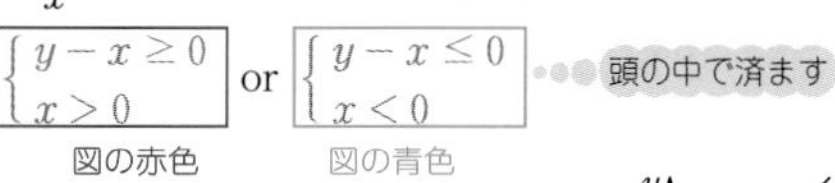

別解 2　与式は，

$$f(x, y):=\frac{y-x}{x}\geq0.$$

そこで，f の正領域を考える（$f=0$ も OK）．

∘ 境界線は次の 2 つ：

$f=0$ となる所 … 直線 $y=x$.

f が値をもたない所 … $x=0$（y 軸）．[1]

∘ 境界線によって分けられた 4 つ領域のうち 1 つに属する点 A(1, 0) について調べると

$$f(1, 0)=\frac{0-1}{1}=-1<0.$$

よって，A の属する領域は，f の負領域．

∘ 境界を越えると，$y-x, x$ の一方が符号を変えるから，$f(x, y)$ も符号を変える．

以上で，上記と同じ答えが得られましたね．

注　[1]：$f(x, y)$ が値をもたない所も，境界線の 1 つとなるケースがあることに気を付けましょう．

(6)　左辺の 3 つの因数の符号のセットに注目して場合分けしてもできますが，ここでは左辺：$f(x, y)$ の正領域として描きます．

○まず，左辺 $=0$ から得られる 2 直線と円を境界線として描く．円については切片に注目して描くとよい．

○境界線によって分けられた 7 つの領域のうち 1 つに属する点 $\mathrm{A}\left(\dfrac{1}{2},\ \dfrac{1}{2}\right)$(円の中心です) について調べると

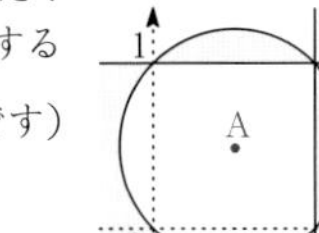

$$f\left(\frac{1}{2},\ \frac{1}{2}\right)$$
$$=\left(-\frac{1}{2}\right)\left(-\frac{1}{2}\right)\left(-\frac{1}{2}\right)<0.$$

よって，A の属する領域は，f の負領域．

○境界を越えると，$f(x,\ y)$ の符号は変わる．

以上より，求める f の正領域が描けた (境界除く)．

3 9 15 絶対値と領域

根底 実戦 典型 重要

方針 (1)(2)は絶対値の定義：「数直線上での原点からの距離」で OK.

(3)(4)は絶対値の定理：「中身の符号で場合分け」です．ただし，(3)には少し楽をする手がありましたね．

解答 (1) 与式を変形すると

$$-1\leqq 2x+y\leqq 1.$$
$$-2x-1\leqq y\leqq -2x+1.$$

これが表す領域は右図 (境界含む)．

補足 「$y\geqq\sim$」や「$y\leqq\sim$」の形にする作業は，頭の中で片付けましょう．■

(2) 与式を変形すると

$$\begin{cases}-1\leqq 2x+y\leqq 1,\\ -1\leqq 2x-y\leqq 1.\end{cases}$$

これが表す領域は右図 (境界含む)．

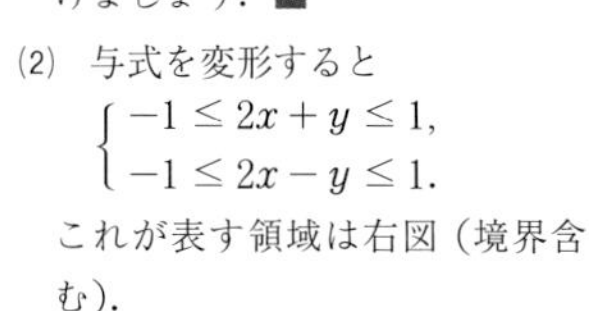

(3) この領域は x 軸，y 軸に関して対称であり，$x,\ y\geqq 0$ のとき

$$2x+y\leqq 1$$

となる．よって，この領域は右図 (境界含む)．

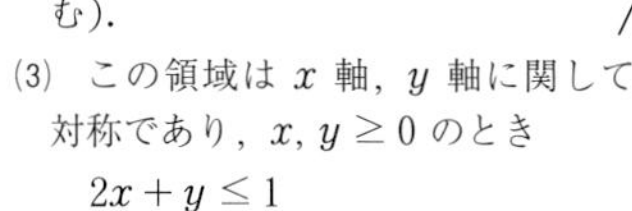

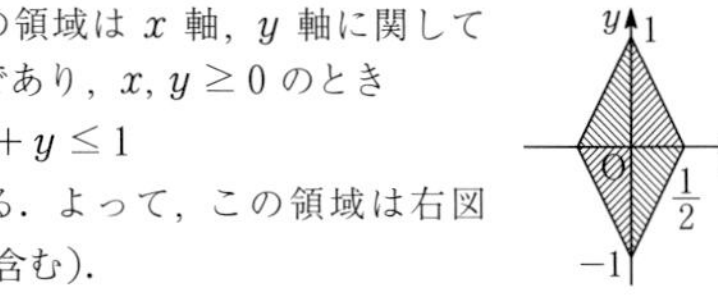

補足 結果として，(2)と同じ領域でしたね．■

(4) 絶対値記号内の符号に応じて場合分けする．

i) $x+y\geqq 0,\ x-y\geqq 0$ のとき，与式は
$(x+y)+(x-y)\leqq 2$. i.e. $x\leqq 1$.

ii) $x+y\geqq 0,\ x-y\leqq 0$ のとき，与式は
$(x+y)-(x-y)\leqq 2$. i.e. $y\leqq 1$.

iii) $x+y\leqq 0,\ x-y\leqq 0$ のとき，与式は
$-(x+y)-(x-y)\leqq 2$. i.e. $x\geqq -1$.

iv) $x+y\leqq 0,\ x-y\geqq 0$ のとき，与式は
$-(x+y)+(x-y)\leqq 2$. i.e. $y\geqq -1$.

以上より，この領域は右図 (境界含む)．

発展 答えからわかるように，この領域は実は 2 直線 $y=-x$, $y=x$ に関して対称なのですが…，(3)に比べてその対称性を見破ることのハードルは上がっています．

演習問題 3 9 5 参考 を使います．

与式の左辺を $f(x,y)$ とおき，領域 D: $f(x,y)\leqq 2$ とします．

$$\begin{cases}f(a,\ b)=|a+b|+|a-b|,\\ f(b,\ a)=|b+a|+|b-a|.\end{cases}$$

$\therefore f(b,\ a)=f(a,\ b)$.

これを用いると

$$f(a,\ b)\in D\Longrightarrow f(b,\ a)\in D.$$

$\therefore D$ は直線 $y=x$ に関して対称．

同様に，

$$f(-b,\ -a)=|-b-a|+|-b+a|.$$

$\therefore f(-b,\ -a)=f(a,\ b)$.

これを用いると

$$f(a,\ b)\in D\Longrightarrow f(-b,\ -a)\in D.$$

$\therefore D$ は直線 $y=-x$ に関して対称．

やはり，ハードル高いですね (笑)．

3 9 16 必要・十分と領域

根底 実戦 入試

方針 必要・十分を判定する際の基本方針は，真理集合どうしの包含関係を考えることでしたね．

[→ I+A 1 9 8]

本問では，各条件 (不等式) の真理集合を xy 平面上の領域として視覚化することができますね．

語記サポ とりあえず「十分 $\Longrightarrow$ 必要」と覚えるのでしたね．[→ I+A 1 9 9]

解答 ①②③が表す領域をそれぞれ $D_1,\ D_2,\ D_3$ とする．

D_2 は x 軸，y 軸に関して対称であり，$x,\ y\geqq 0$ のとき $x+y<2$ となる．よって，$D_1,\ D_2,\ D_3$ は次図のようになる (全て境界除く)．

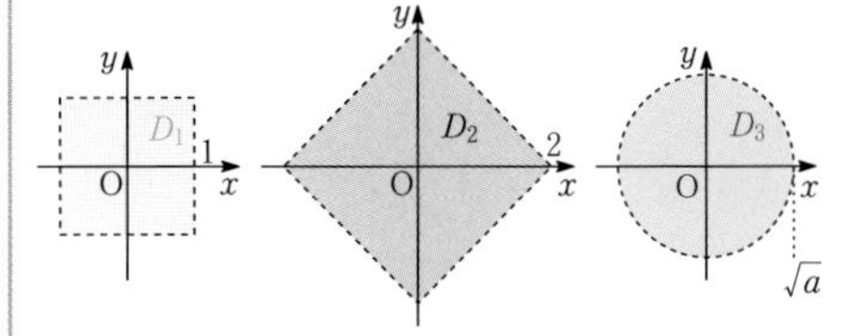

3 9 17

(1) 右図からわかるように

$D_1 \subset D_2$.[1)]

i.e. ① $\Longrightarrow$ ②が成り立つ.

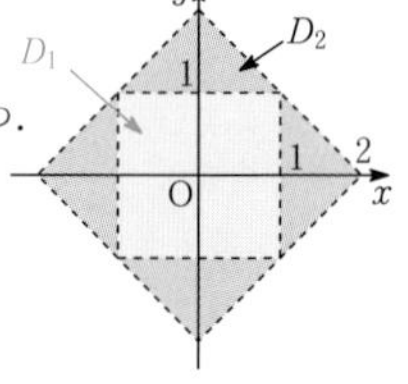

十分　必要

よって，②は①であるための必要条件である. //

次に，

$D_2 \not\subset D_1$.

i.e. ② $\Longrightarrow$ ①は成り立たない.

よって，②は①であるための十分条件ではない. //

(2) ③が②であるための十分条件であるとは，次が成り立つこと：

③ $\Longrightarrow$ ②が成り立つ.

i.e. $D_3 \subset D_2$.

このようになるための条件は，右図の長さを比べて

$\sqrt{a} \leq \sqrt{2}$.[2)]

i.e. $(0 <)\ a \leq 2$. //

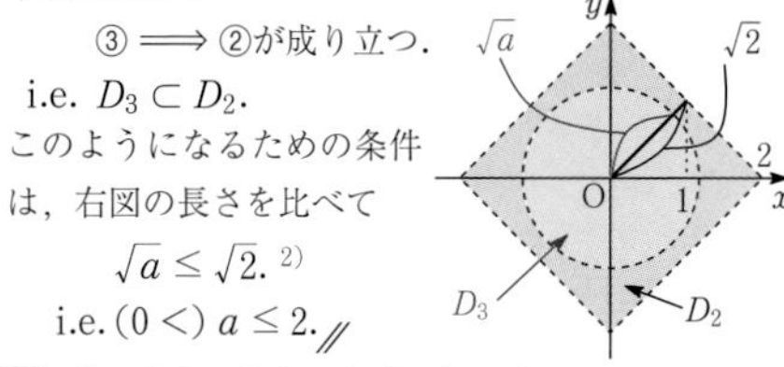

補足 [1)]：①②はどちらも「<」ですから，たしかに $D_1 \subset D_2$ となっていますね.

[2)]：②③はどちらも「<」ですから，「$\sqrt{a} = \sqrt{2}$」のときも $D_3 \subset D_2$ は成り立っていますね.

注 ここでは，「①を満たす (x, y)」について考えます.

①の 2 式を辺々加えると②を得ます．これによっても「① $\Longrightarrow$ ②」であることがわかります.

ただし，(1)からわかったように，(x, y) の「範囲」としては，①と②は異なります．つまり言い方を変えると，①であるとき，②は，「大小関係の不等式」としては正しいのですが，「範囲を表す不等式」としては正しくありません．こうした事情については，日頃から注意を払うようにしましょう.

3 9 17 角の二等分線

根底 実戦 典型  重要

[→例題 3 3 b]

方針 l_1, l_2 の交点の座標を求め，さらに角の二等分線の傾きなどを求める方法もありますが…，もっと簡便な方法があります.

解答 点 $\mathrm{P}(x, y)$[1)] が l_1, l_2 の作る角の二等分線上にあるための条件は，P から l_1, l_2 へ引いた垂線の長さに注目して

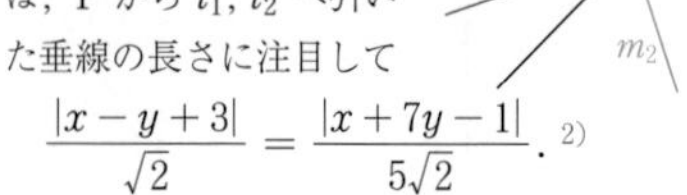

$$\frac{|x-y+3|}{\sqrt{2}} = \frac{|x+7y-1|}{5\sqrt{2}}.^{2)}$$

$5|x-y+3| = |x+7y-1|$.

$5(x-y+3) = \pm(x+7y-1)$.

$4x-12y+16=0,\ 6x+2y+14=0$.

$x-3y+4=0,\ 3x+y+7=0$.

図からわかるように，鋭角の二等分線 m_1 の傾きは正，m_2 の傾きは負だから，

m_1: $x-3y+4=0$,

m_2: $3x+y+7=0$. //

解説 [1)]：この P の座標 (x, y) を，…

[2)]：l_1, l_2 の方程式の x, y の所へ"代入"しています．文字が同じなので「代入した」とイメージしにくい人は，P の座標をいったん (s, t) などに変えてもかまいません．ただし，最後の答えを書くときに x, y に戻す手間が要りますが.

補足 2 つの答えのうちどちらが m_1 でどちらが m_2 を表すかは，図形を見て判断できますね.

3 9 18 内心の座標

根底 実戦 典型

[→例題 3 3 b]

方針 「内心」の扱い方には，「垂線（半径）」と「角の二等分線」の 2 通りがありました.

[→ I+A 5 6 2]

どちらがやりやすいかを天秤（てんびん）にかけて…

解答 I から 3 直線へ引いた垂線の長さはどれも内接円の半径に等しい．よって，$\mathrm{I}(a, b)$ とおくと，

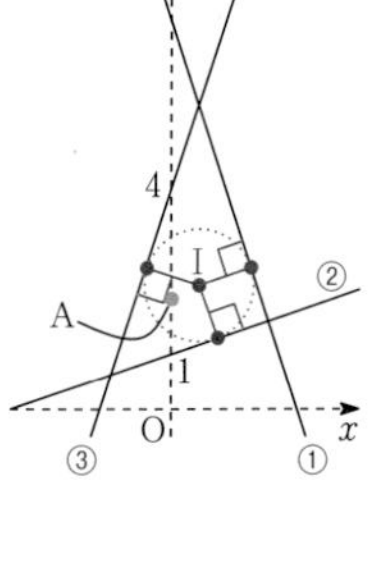

$$\frac{|3a+b-7|}{\sqrt{9+1}} = \frac{|a-3b+3|}{\sqrt{1+9}} = \frac{|3a-b+4|}{\sqrt{9+1}}. \quad \cdots ④$$

着眼 絶対値記号内の符号を判定します．I が各直線の上・下どちら側にあるかによってもわかりますが，ここでは「正領域，負領域」の考えを用います. ■

①，②，③の左辺をそれぞれ $f_1(x, y)$，$f_2(x, y)$，$f_3(x, y)$ とおく.

各直線に関して I と同じ側にある 1 点 $\mathrm{A}(0, 2)$ について調べると

$f_1(0, 2) = 2-7 < 0$,

$f_2(0, 2) = -6+3 < 0$,

$f_3(0, 2) = -2+4 > 0$.

よって $\mathrm{I}(a, b)$ は，f_1 の負領域，f_2 の負領域，f_3 の正領域にある．よって④は，

$-(3a+b-7) = -(a-3b+3) = 3a-b+4$.

$3 = 6a,\ 4a-4b+7=0$.

$\therefore \mathrm{I}\left(\frac{1}{2}, \frac{9}{4}\right)$. //

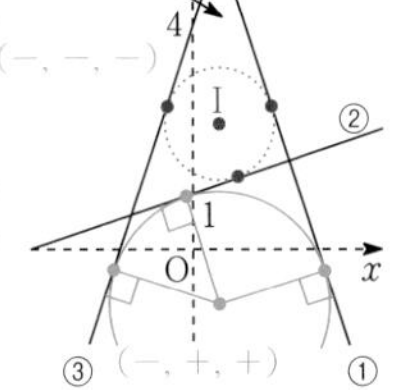

補足 得られた a, b の値を④式のどれかに代入すれば，内接円の半径が得られます．$\dfrac{13}{4\sqrt{10}}$ となります．

参考 3 直線で分けられた各領域における f_1, f_2, f_3 の符号を書き込むと，右図のようになっています：

このうち「$(-, +, +)$」の部分にある点 (a, b) で④を満たす点を考えると

$$-(3a+b-7) = a-3b+3 = 3a-b+4.$$

$$3 = 6a,\ 2a+2b+1 = 0.\quad \therefore \left(\frac{1}{2}, -1\right).$$

これは，三角形の傍心の 1 つの座標です（他の 2 つの傍心も同様に求まります）．

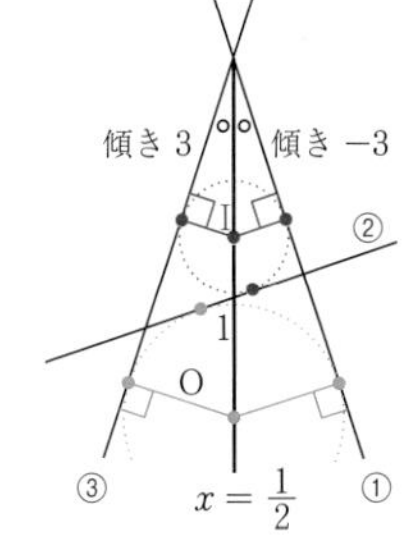

言い訳 2 直線①③の交点は，連立方程式を解くと $\left(\frac{1}{2}, \frac{11}{2}\right)$ です．そして，これら 2 直線の傾きは -3 と $+3$ ですから，右図の内角の二等分線は，実は直線 $x = \frac{1}{2}$ です．

よって，内心 I および上記**参考**で考えた傍心の x 座標は $\frac{1}{2}$ であることが見抜けます．

とはいえ，上記の一般性のある解法をマスターしておきましょう．

3 9 19 "第3の図形"

根底 実戦 典型 ［→例題 3 8 a］

方針 いわゆる "第 3 の図形" の考えが有効ですね．

注 円 C_3 が「$y = 2$ に接する」ための条件は，中心と半径に注目してもできますが，係数に文字が入り平方完成が少しメンドウ．そこで，…

言い訳 2 円が交わることは，さすがに図形的に自明としてよいでしょう．

解答

$$C_1 : x^2+y^2-2 = 0,\ \cdots ①$$

$$C_2 : x^2+y^2-4x-2y = 0.\ \cdots ②$$

方程式

$$k\underbrace{(x^2+y^2-2)}_{①の左辺}+\underbrace{(x^2+y^2-4x-2y)}_{②の左辺} = 0\ \cdots ③$$

が表す図形 F について考える．

1° F は k の値によらずつねに P, Q を通る．

2° F は $k \neq -1$ のときつねに円を表す．[1)]

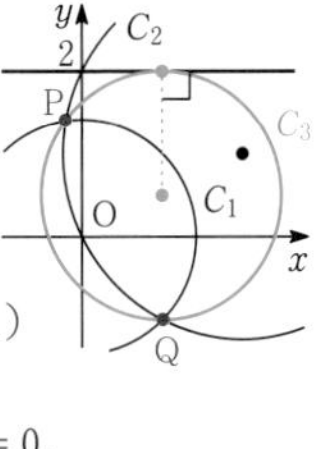

3° 円③が直線 $y = 2$ と接するとき，2 式を連立して得られる

$$k(x^2+2)+(x^2-4x) = 0$$

つまり

$$(k+1)x^2-4x+2k = 0\ (k \neq -1)$$

が重解をもつから

$$判別式/4 = 4-(k+1)\cdot 2k = 0.$$

$$(k-1)(k+2) = 0.\quad \therefore\ k = 1, -2.$$

これを③へ代入して，求める C_3 の方程式は

$$x^2+y^2-2x-y-1 = 0,\ x^2+y^2+4x+2y-4 = 0.$$ //

解説 ③を平方完成して円の中心の座標を計算するのは一苦労です．そこで，連立方程式の共通解へとすり替えました．［→例題 3 6 c 後の 円と直線の共有点の考察］

補足 ③において，「定数 k」はカンタンな式の方に付けるのが賢いです（ここでは大差ありませんが）．

注 1 [1)]：③を平方完成したとき右辺が 0 以下だと，③は円を表しませんが…，③は，少なくとも異なる 2 点 P, Q を通ることがわかっていますから，必ず円を表します．［→例題 3 4 c 後の 知識］

注 2 交点 P, Q の座標はワリとキレイに求まりますが上記**解答**のようにする方が早いです．

3 9 20 "第3の図形"（放物線）

根底 実戦 入試 ［→例題 3 8 a］

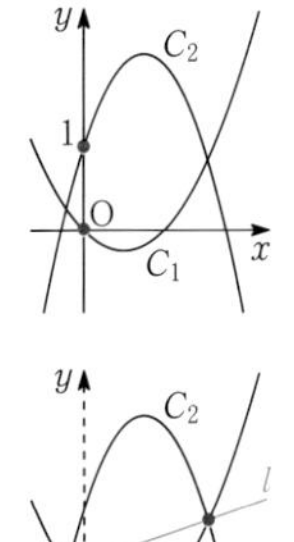

言い訳 C_1, C_2 は，それぞれの y 切片を考えると，2 点で交わることは明白ですから，それを前提として問題文が書かれています．

方針 交点の座標を求めることなく l の方程式を得る "第 3 の図形" の手法を用います．もちろん，マジメに

$$(\qquad)+k(\qquad) = 0$$

の形を作って k の値を決定してもよい [1)] ですが，要は「2 次の項」が消えるようにすればよいので…

解答 ①×2＋② を作ると

$$3y = x+1.\ \cdots ③$$

C_1, C_2 の 2 つの交点について，これらの座標は①②をともに満たすから③をも満たす．

③は 1 次方程式だから，直線を表す．

よって，③が l の方程式である．すなわち

$$l : y = \frac{1}{3}(x+1).$$ //

補足 1)：その方法も一応書いておきます．

$C_1 : x^2 - x - y = 0$, …①

$C_2 : -2x^2 + 3x + 1 - y = 0$. …②

方程式

$k\underbrace{(x^2 - x - y)}_{①の左辺} + \underbrace{(-2x^2 + 3x + 1 - y)}_{②の左辺} = 0$ …④

が表す図形 F について考える．

1° F は k の値によらずつねに C_1, C_2 の 2 交点を通る．

2° F が直線を表すための条件は，④の 2 次の項が消えること．すなわち

$k - 2 = 0$, i.e. $k = 2$.

以上より，求める l の方程式は，$k = 2$ のときの④：

$$2(x^2 - x - y) + (-2x^2 + 3x + 1 - y) = 0.$$

i.e. $x - 3y + 1 = 0$.//

3 9 21 通過定点

根底 実戦 典型 [→例題 3 8 d]

解答 (1) **考え方** いろいろ値を変える k に対して，つねに C 上にある定点を求めます．このように「何が固定され，何が変化するか」を**考えます．** ■

求める定点を P(X, Y) とおく．これが円 C 上にあるための条件は

$X^2 + Y^2 - 2kX - kY + 5k - 10 = 0$ …①

P が満たすべき条件は

(*):「①が全ての k ($\in \mathbb{R}$) について成り立つこと．」

着眼 重要度↑ 2 つの赤色部を見るとわかるように，X, Y は定数．k が値を変える変数です．■

そこで，①を k について整理すると

$(-2X - Y + 5)k + (X^2 + Y^2 - 10) = 0$. …①′

よって (*) は

$$\begin{cases} -2X - Y + 5 = 0, & \cdots ② \\ X^2 + Y^2 - 10 = 0. & \cdots ③ \end{cases}$$

②より $Y = 5 - 2X$ …②′．これと③より

$X^2 + (5 - 2X)^2 - 10 = 0$.

$5X^2 - 20X + 15 = 0$. $X^2 - 4X + 3 = 0$.

$(X - 1)(X - 3) = 0$.

これと②′より，求める定点は

$(X, Y) = (1, 3), (3, -1)$.//

(2) 題意の条件が成り立つとき，右図のように各点をとる．

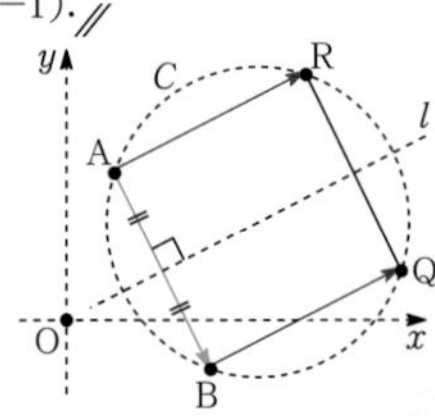

AB の垂直二等分線 l に関して，正方形 ABQR と C はいずれも対称．

よって，

$\mathrm{Q} \in C \Longleftrightarrow \mathrm{R} \in C$

だから，題意の条件は，「$\mathrm{R} \in C$」． …④

$\overrightarrow{\mathrm{AB}} = \begin{pmatrix} 2 \\ -4 \end{pmatrix}$ であり，$\overrightarrow{\mathrm{AR}}$ はこれと等長かつ垂直で $x_{\mathrm{R}} > 0$ だから，$\overrightarrow{\mathrm{AR}} = \begin{pmatrix} 4 \\ 2 \end{pmatrix}$. よって

$$\overrightarrow{\mathrm{OR}} = \overrightarrow{\mathrm{OA}} + \overrightarrow{\mathrm{AR}} = \begin{pmatrix} 1 \\ 3 \end{pmatrix} + \begin{pmatrix} 4 \\ 2 \end{pmatrix}.$$

i.e. R$(5, 5)$.

以上より，求める条件④は，①′において X, Y の所をそれぞれ 5, 5 に変えて，

$(-10-5+5)k + (25+25-10) = 0$. ∴ $k = 4$.//

補足 (2)は，「対称性」を利用せず，点 Q についても C 上にある条件を考えても大して手間は掛かりません．

3 9 22 軌跡（パラメタなし）

根底 実戦 [→例題 3 7 a]

方針 条件を素直に表していくだけです．

解答 P(x, y) とおくと，題意の条件は

$\sqrt{(x-1)^2 + (y-1)^2} = |y-2|$.

$(x-1)^2 + (y-1)^2 = (y-2)^2$.

$x^2 - 2x - 2y + 2 = -4y + 4$.

∴ $C : y = -\frac{1}{2}x^2 + x + 1$.//

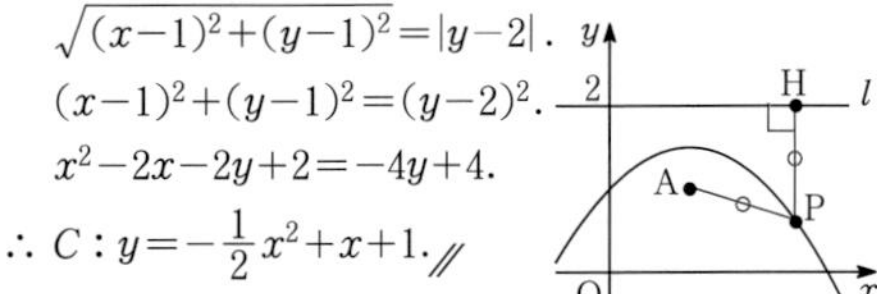

注 理系 曲線 C は，焦点 A，準線 l の放物線ですが，その知識を利用して平行移動も取り入れて解答するより…，上記の方が断然早いです（笑）．

3 9 23 軌跡（パラメタなし）

根底 実戦 入試

語記サポ 「単位円」は「三角比」でお馴染みですね．原点中心半径 1 の円のことです．

着眼 とにかく，まずは，図形そのものを見ること．

解答

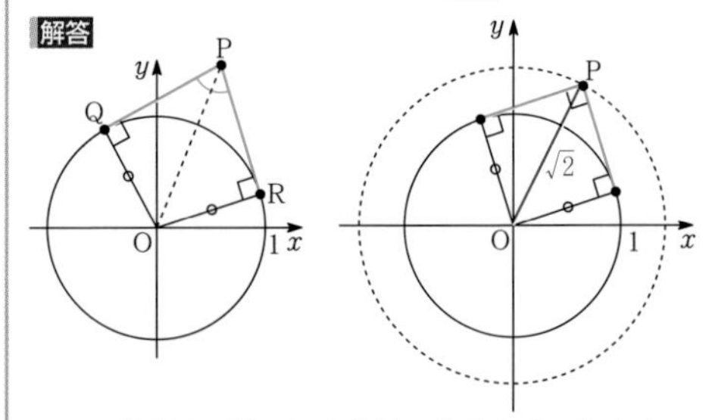

P から単位円に引いた 2 接線の接点を Q，R とすると，四角形 ORPQ において，

OQ = OR, ∠Q = ∠R = 90°.

したがって

$$\angle P = 90^\circ \overset{1)}{\iff} \text{四角形 ORPQ が正方形}$$
$$\overset{2)}{\iff} OP = \sqrt{2}.$$

よって，求める $P(x, y)$ の軌跡は

円：$x^2 + y^2 = 2.$ //

解説 あくまでも「図形そのもの」が**主役**.「方程式」は，1つの"手段"です.

補足 1):「$\Longrightarrow$」について詳しく述べると以下の通り：$\angle P = 90^\circ$ ならば，$\angle O = 90^\circ$. よって四角形 ORPQ は長方形であり，$OQ = OR$ と合わせて正方形となる.

2):「$\Longleftarrow$」について詳しく述べると以下の通り：$OP = \sqrt{2}$ ならば，$\triangle OPQ$ は，$OQ = 1, \angle Q = 90^\circ$ と合わせて直角二等辺三角形となる．よって，四角形 ORPQ は正方形となる.

注 こうした証明をどの程度詳しく書くかは，例によって状況次第で判断します.

3 9 24 軌跡（パラメタの扱い）

根底 実戦 典型 [→例題 3 8 o]

注 方針の良し悪しで大きく差が付きますよ！

パラメタ t 入りの軌跡における立式

◎(最高): $\begin{cases} t = x, y \text{ の式} \\ \text{あと 1 つの式} \end{cases}$

△(イマイチ): $\begin{cases} x = t \text{ の式} \\ y = t \text{ の式} \end{cases}$

解答 $P(x, y)$ とすると，x, y は①，②をともに満たす.

②より $x > 0$ のもとで考えてよく，①より

$\boxed{t = \dfrac{y}{x}}$. …①′ 消したい t を残したい x, y で表す

これを②：$x(1+t^2) = 1$，および $0 < t < 1$ へ代入して

$$\begin{cases} x\left(1 + \dfrac{y^2}{x^2}\right) = 1, & \cdots ③ \\ 0 < \dfrac{y}{x} < 1. & \cdots ④ \end{cases}$$

③は両辺を $x\ (\neq 0)$ 倍して

$$x^2 + y^2 = x.$$
$$\text{i.e. } x^2 + y^2 - x = 0.$$

また，④において $\dfrac{y}{x}$ は直線 OP の傾きを表す．以上より，C は次図の通り.

解説 とにかく①′を作ること．すなわち，

消したい文字 t を，残したい文字 x, y で表す.

これが全て！

注 $x > 0$ のもとで考えるので，④は各辺を x 倍して，$0 < y < x$ と変形しても OK です. 正

3 9 25 円の中心の軌跡

根底 実戦 典型 [→例題 3 7 b]

方針 「中心」P の座標は？「円を表すとき」がいつであるか？この2つは，いずれも平方完成によって解決しますね.

解答 与式を変形すると

$$\left(x + \frac{a+1}{2}\right)^2 + \left(y + \frac{a-1}{2}\right)^2$$
$$= \left(\frac{a+1}{2}\right)^2 + \left(\frac{a-1}{2}\right)^2 - \frac{5}{4}a$$
$$= \frac{2a^2 - 5a + 2}{4}$$
$$= \frac{(2a-1)(a-2)}{4}.$$

これが円を表すための条件は，右辺が「半径 ²」を表すこと，すなわち

$$(2a-1)(a-2) > 0. \quad \text{i.e. } a < \frac{1}{2},\ 2 < a. \ \cdots ①$$

このとき，中心 P を (x, y) とおくと

$$\begin{cases} x = -\dfrac{a+1}{2}, & \cdots ② \\ y = -\dfrac{a-1}{2}. & \cdots ③ \end{cases}$$

②より，

$\boxed{a = -2x - 1}$. …②′ 消したい a を 残したい x で表す

これを③①へ代入して

$$\begin{cases} y = -\dfrac{1}{2}(-2x - 1 - 1), \\ -2x - 1 < \dfrac{1}{2},\ 2 < -2x - 1. \end{cases}$$

i.e.

$$\begin{cases} y = x + 1, \\ x < -\dfrac{3}{2},\ -\dfrac{3}{4} < x. \end{cases} //$$

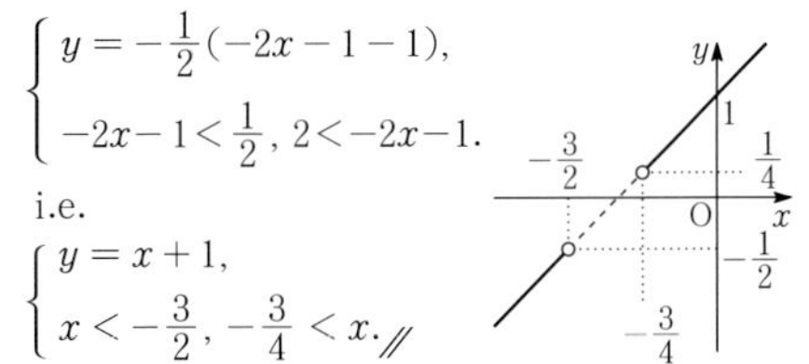

注 本問"程度"なら，②′のような「a について解いた式」を作ることなく，「③ − ② より…」でも正しい答えは得られるでしょうが…，基本通りの解答を心掛けました.

3 9 26 交点の軌跡

根底 実戦 典型 入試 重要 [→例題 3 8 o]

方針 いつも同じ．消したいパラメタ t について解く．以上（笑）.

解答 $P(x, y)$ は，①②をともに満たす．①より

$$t(x-1) = y.$$

i) $x \neq 1$ のとき

$\boxed{t = \dfrac{y}{x-1}}$. …①′ 消したい t を 残したい x, y で表す

これを

②: $x+t(y-2)=0$ ● t を集約してから代入

および $t \geqq 0$ へ代入して

$$x+\frac{y}{x-1}(y-2)=0,\ \frac{y}{x-1} \geqq 0.$$

$$\therefore\ F: x(x-1)+y(y-2)=0,\ \frac{y}{x-1} \geqq 0.$$

ii) $x=1$ のとき，①より $y=0$. このとき②は

$1+t\cdot(-2)=0$, i.e. $t=\dfrac{1}{2}$.

$t \geqq 0$ よりこれは成立可能だから $(x, y)=(1, 0)$.

以上より，F を図示すると右図の太線部.

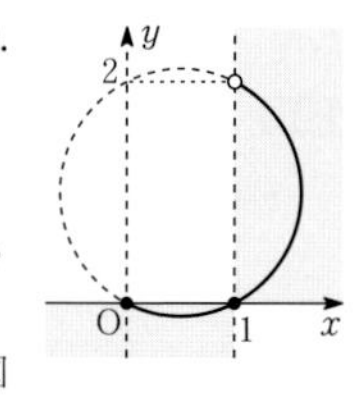

解説 とにかく，①′:『$t=x, y$ の式』が決め手です.

補足 不等式 $\dfrac{y}{x-1} \geqq 0$ が表す領域は，分子と分母が同符号（または分子が 0）であることより，図の青色部分となります.

参考 l: $t(x-1)-y=0$, m: $x+t(y-2)=0$ は，t の値によらずそれぞれ定点 A(1, 0)，B(0, 2) を通ります．また，法線ベクトルどうしの内積は

$$\begin{pmatrix} t \\ -1 \end{pmatrix}\cdot\begin{pmatrix} 1 \\ t \end{pmatrix}=t-t=0.$$

よって $l \perp m$ です．したがって，右図において $\angle APB=90°$ ですから，P の軌跡は AB を直径とする円（の一部）となる訳です.

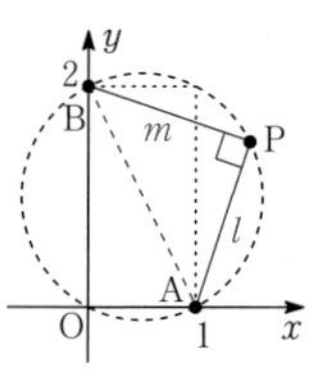

注 上記はあくまでも**参考**です.「交点の軌跡」の問題がいつでもこのように解決する訳ではありませんし，**解答**の方が早いです（笑）.

3 9 27 最短経路と軌跡

根底 実戦 典型 入試 [→例題 3 8 o]

着眼 (1)を利用して最短経路を決定するところまでは有名典型問題.

その後で軌跡を求める際に正しい舵取り（かじ）ができるかどうかが重要です.

解答 (1) A′(a, b) とおくと，AA′ $\perp l$ より

$$\begin{pmatrix} 1 \\ m \end{pmatrix}\cdot\begin{pmatrix} a-1 \\ b \end{pmatrix}=0.$$

$a-1+mb=0.$ …①

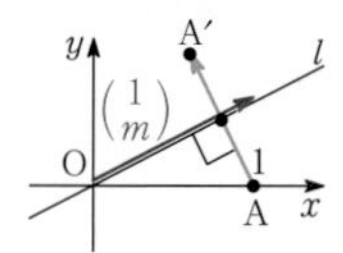

また，AA′の中点 $\left(\dfrac{a+1}{2}, \dfrac{b}{2}\right)$ は l 上にあるから

$$\frac{b}{2}=m\cdot\frac{a+1}{2}.$$

$ma-b+m=0.$ …②

① + ② × m より

$$(1+m^2)a-1+m^2=0.\quad a=\frac{1-m^2}{1+m^2}.$$

これと②より

$$b=m(a+1)$$
$$=m\left(\frac{1-m^2}{1+m^2}+1\right)=\frac{2m}{1+m^2}.$$

$$\therefore\ A'\left(\frac{1-m^2}{1+m^2}, \frac{2m}{1+m^2}\right).//$$

(2) $L=$ AP + PB
$=$ A′P + PB.

これは，P が A′B 上にあるとき最小となる.

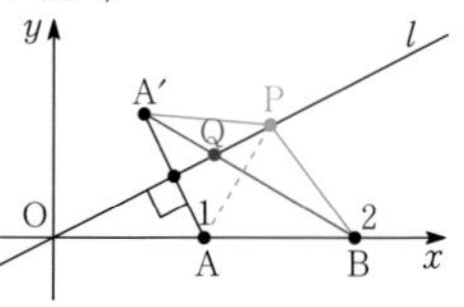

よって，点 Q は l と A′B の交点である.

$$A'B\text{ の傾き}=\frac{\frac{2m}{1+m^2}}{\frac{1-m^2}{1+m^2}-2}=\frac{2m}{-1-3m^2}.$$

よって，Q(x, y) は次を満たす（ただし $m \neq 0$）.

$$\begin{cases} y=mx, & \cdots ③ \\ y=\dfrac{-2m}{1+3m^2}(x-2). & \cdots ④ \end{cases}$$

i) $x \neq 0$ のとき，③より

$\boxed{m=\dfrac{y}{x}}$. …③′ ● 消したい m を残したい x, y で表す

これを④：$2m(x-2)+(1+3m^2)y=0$, $m \neq 0$ へ代入して

$$2\cdot\frac{y}{x}(x-2)+\left(1+3\cdot\frac{y^2}{x^2}\right)y=0,\ \frac{y}{x} \neq 0.$$

$$y \neq 0,\ 2x(x-2)+x^2+3y^2=0.$$

$$\therefore x^2+y^2-\frac{4}{3}x=0,\ y \neq 0.$$

ii) $x=0$ のとき，③より $y=0$. よって④は

$$0=\frac{-2m}{1+3m^2}(-2).$$

これは $m \neq 0$ のとき成立不能．つまり，$x=0$ を満たす F 上の点はない.

以上より，求める軌跡 F は

1) $x^2+y^2-\dfrac{4}{3}x=0,\ y \neq 0.//$

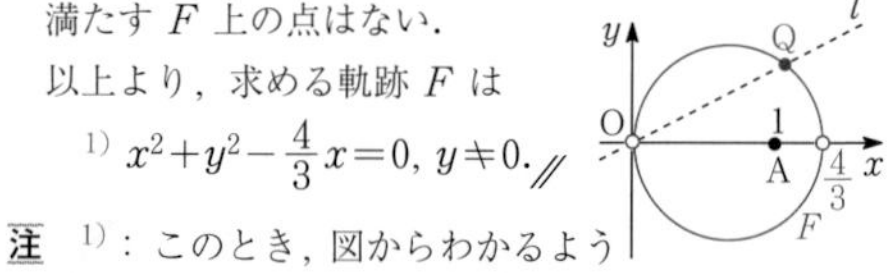

注 1)：このとき，図からわかるように**解答** ii）で得た「$x \neq 0$」も自ずと成り立ちますね.

参考 1 ハイレベル↑ A から l へ下ろした垂線の足 H の軌跡は，$\angle OHA=90°$ より OA を直径とする円（の一部）C となります.

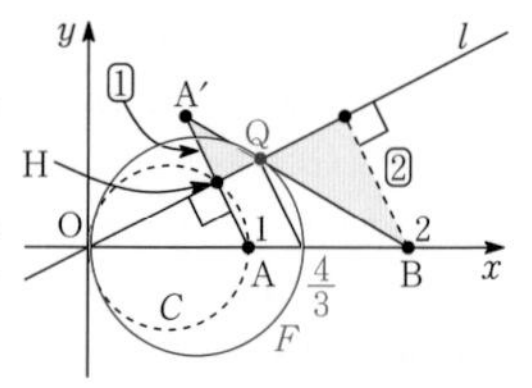

また，図の相似三角形（相似比は 1：2）からわかるように，$\overrightarrow{OQ}=\dfrac{4}{3}\overrightarrow{OH}$．つまり，$C$ と F は原点 O を中心として相似の位置にあり，相似比は 3：4 です．よって F は，**解答**のような円（の一部）となる訳です．

参考 2 数学Ⅱ三角関数後

右図のように偏角 θ をとると，

$m=\tan\theta$.

よって $A'(a,b)$ は，倍角公式などを用いて次のように求まります．

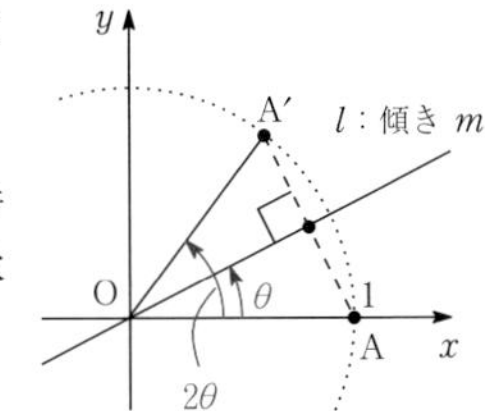

[→例題 4 7 g (1)]

$$\begin{aligned}a&=\cos 2\theta\\&=\cos^2\theta-\sin^2\theta\\&=\cos^2\theta(1-\tan^2\theta)\\&=\frac{1-\tan^2\theta}{1+\tan^2\theta}\quad\cdots\ 1+\tan^2\theta=\frac{1}{\cos^2\theta}\ \text{より}\\&=\frac{1-m^2}{1+m^2}.\end{aligned}$$

$$\begin{aligned}b&=\sin 2\theta\\&=2\sin\theta\cos\theta\\&=2\frac{\sin\theta}{\cos\theta}\cdot\cos^2\theta\\&=\frac{2\tan\theta}{1+\tan^2\theta}=\frac{2m}{1+m^2}.\end{aligned}$$

3 9 28 内分点の軌跡

根底 実戦 入試 ハイレベル

下書き まず，例によって**点の動きそのもの**を見ましょう．

$t=\dfrac{1}{4},\ \dfrac{2}{4},\ \dfrac{3}{4}$ としてみると，点 R はおおよそ青色のような曲線を描きそう…

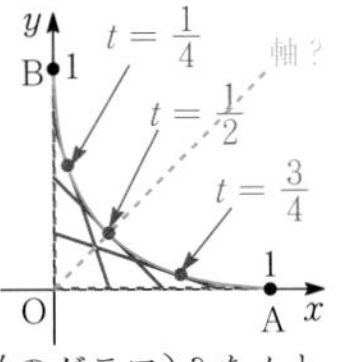

着眼 これが「放物線」（2 次関数のグラフ）？なんとなくですが，直線 $y=x$ が放物線の軸になっていそうな気がしますね．

解答

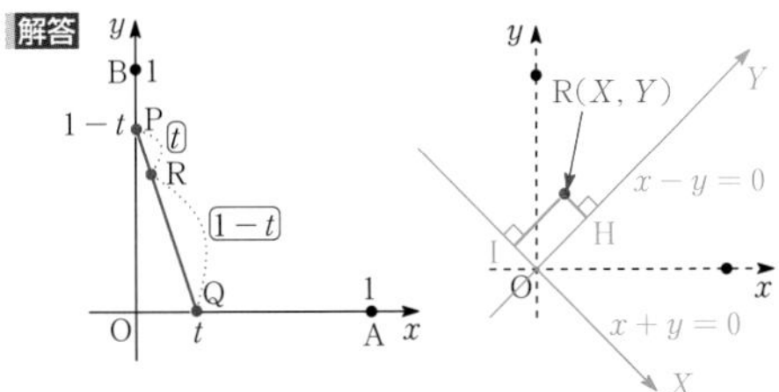

上左図より，$R(x,y)$ とおくと

$$R\begin{cases}x=t\cdot t=t^2,\\ y=(1-t)(1-t)=(1-t)^2.\end{cases}$$

前右図のように垂線の足 H，I をとると

$$RH=\frac{|t^2-(1-t)^2|}{\sqrt{1^2+1^2}}=\frac{|2t-1|}{\sqrt{2}},$$

$$RI=\frac{|t^2+(1-t)^2|}{\sqrt{1^2+1^2}}=\frac{2t^2-2t+1}{\sqrt{2}}\ (>0).$$

そこで，前右図のように XY 平面をとり $R(X,Y)$ とおくと

$$\begin{cases}|X|=RH=\dfrac{|2t-1|}{\sqrt{2}},\\ Y=RI=\dfrac{2t^2-2t+1}{\sqrt{2}}.\end{cases}$$

$$\therefore X^2=|X|^2=\frac{4t^2-4t+1}{2}=2t^2-2t+\frac{1}{2}.$$

$$\therefore Y=\frac{X^2+\frac{1}{2}}{\sqrt{2}}.$$

Y は X の 2 次関数だから，R の軌跡は放物線の一部である．□

解説 とりあえず R の座標を求めると $(t^2,(1-t)^2)$．これが放物線の一部を描くことをどう示すか？**着眼**で述べた通り，どうも直線 $y=x$ が軸っぽい．そこで，上記のような XY 平面を導入しました．高度な発想と言えます．

参考 ちなみに，xy 平面上での $R(x,y)$ は次の関係を満たします：

$\sqrt{x}=t,\ \sqrt{y}=1-t$ より，$\sqrt{x}+\sqrt{y}=1$.

これが放物線を表すことは，そこそこ有名です．

余談 本問で R が描く軌跡は，「ベジェ曲線」と呼ばれる有名なものです．

3 9 29 領域と最大最小

[→例題 3 8 f]

根底 実戦 典型

着眼 「領域と最大最小」に関する典型問題です．a の値による場合分けを要すか否かを見極めてください．

解答 $ax-y=k$（k は定数）…① とおき，

直線①：$y=ax-k$ … y 切片は $-k$

と領域 D とが共有点をもつときを考える．

(1) k が最大，つまり y 切片 $-k$ が最小となる①は右図の㋐．

このとき，O と①：$ax-y-k=0$ の距離に注目して

$$\frac{|-k|}{\sqrt{a^2+1}}=1.\ |k|=\sqrt{a^2+1}.$$

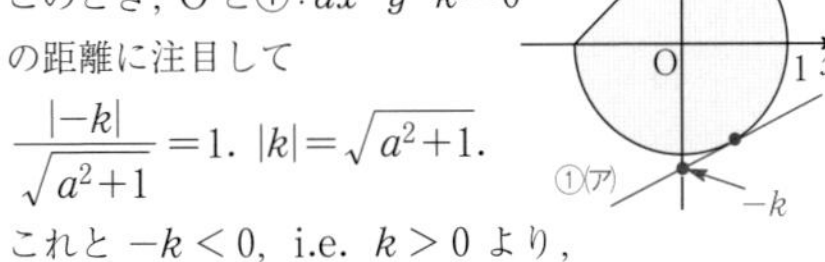

これと $-k<0$, i.e. $k>0$ より，

$\max F=\sqrt{a^2+1}$.//

第3章 図形と方程式

(2) k が最小，つまり y 切片 $-k$ が最大となる①を，傾き a の値に応じて考える．

i) $a \geq 1$ のとき，y 切片 $-k$ が最大となる①は右図の(イ)．このとき，①は点 $(-1, 0)$ を通るから，

$k = a\cdot(-1) - 0 = -a.$

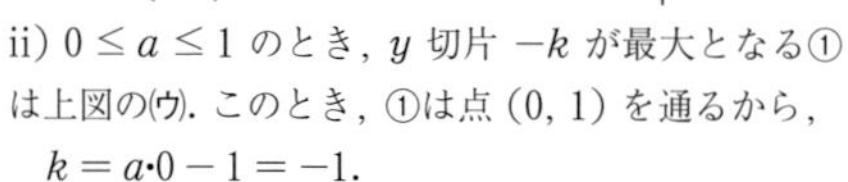

ii) $0 \leq a \leq 1$ のとき，y 切片 $-k$ が最大となる①は上図の(ウ)．このとき，①は点 $(0, 1)$ を通るから，

$k = a\cdot 0 - 1 = -1.$

iii) $a \leq 0$ のとき，y 切片 $-k$ が最大となる①は上図の(エ)．このとき，(1)と同様に，$|k| = \sqrt{a^2+1}$.
これと $-k > 0$, i.e. $k < 0$ より，

$k = -\sqrt{a^2+1}.$

以上 i)〜iii) より

$$\min F = \begin{cases} -\sqrt{a^2+1}\ (a \leq 0 \text{ のとき}), \\ -1\ (0 \leq a \leq 1 \text{ のとき}), \\ -a\ (1 \leq a \text{ のとき}). \end{cases}$$

注 k の値を**固定**して，共有点 (x, y) が存在するか否かで**真偽判定**しているという考え方も忘れずに．

3 9 30 2次関数の変域

根底 実戦 入試 [→例題 3 8 f]

方針 3 文字 a, b, c から，等式①を用いて b を消去すれば，残りの 2 文字 a, c に関する条件が得られます．

解答 (1) ①より，

$f(-1) = a - b + c = 0.$ i.e. $b = a + c.$ …①′

$\therefore\ f(x) = ax^2 + (a+c)x + c.$ …④

$f(0) = c$ と②より

$0 \leq c \leq 1.$ …②′

$f(1) = 2(a+c)$ ($\because$ ④) と③より

$1 \leq 2(a+c) \leq 2,$

i.e. $\dfrac{1}{2} \leq a + c \leq 1.$ …③′

②′③′より，求める領域 D は右図の通り（境界含む）．

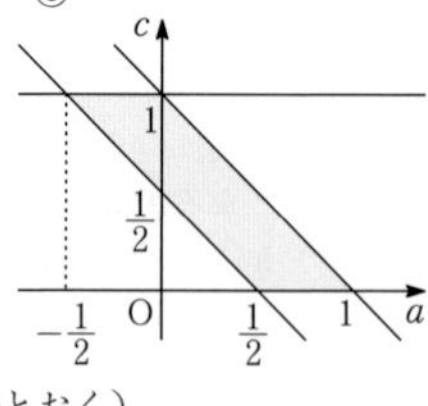

(2) ④より

$f(2) = 4a + (a+c)\cdot 2 + c$
$= 6a + 3c$ ($= k$ …⑤とおく)．

定数 $k \in I$ となるための条件は

「直線⑤：$c = -2a + \dfrac{k}{3}$ と領域 D の共有点が存在すること」 …(∗)

k が最大，つまり y 切片 $\dfrac{k}{3}$ が最大となる⑤は右図の(ア)．このとき，

$k = 6\cdot 1 + 3\cdot 0 = 6.$

k が最小となる⑤は右図の(イ)．このとき，

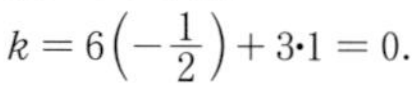

$k = 6\left(-\dfrac{1}{2}\right) + 3\cdot 1 = 0.$

以上より，求める変域は

$I: 0 \leq f(2) \leq 6.$ //

注 ②′③′を満たす a, c に対して，①′（b について解かれている）を満たす実数 b は必ず存在します．よって，(1)で求めた領域 D は，点 (a, c) の存在**範囲**です．

参考1 $f(2)$ が最大，最小となるときの $y = f(x)$ のグラフは右図の通りです．

参考2 ハイレベル (2)は，I+A 例題 1 9 k で述べた「情報をもつ文字で表す」という手法によっても解決します．

③′において

$p = a + c$

とおくと，$\dfrac{1}{2} \leq p \leq 1$ …⑥ であり，

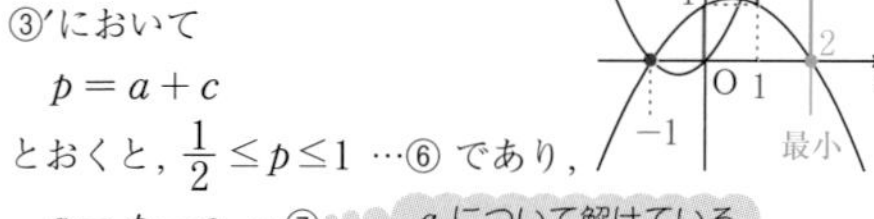

$a = p - c.$ …⑦ (a について解けている)

したがって

$f(2) = 6a + 3c$
$= 6(p - c) + 3c = 6p - 3c.$

②′⑥を満たす (p, c) に対して，②′③′を満たす (a, c) は必ず存在します．よって，②′⑥は (p, c) の存在**範囲**を表します（右図）．つまり，c と p は，②′⑥を満たしながら独立に変化できるので，求める変域は，

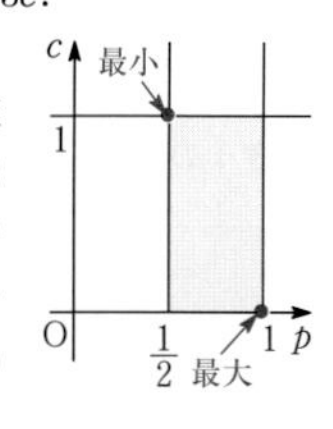

$I: 6\cdot\dfrac{1}{2} - 3\cdot 1 \leq f(2) \leq 6\cdot 1 - 3\cdot 0.$

i.e. $0 \leq f(2) \leq 6.$ //

注意！ 次のような解答はアブナイです：

③′×6 より，$3 \leq 6a + 6c \leq 6.$

②′×(−3) より，$-3 \leq -3c \leq 0.$

辺々加えると

$0 \leq 6a + 3c \leq 6.$ i.e. $0 \leq f(2) \leq 6.$

このように，不等式③′，②′の両辺を足して得られた不等式は必要条件に過ぎず，「大小関係の不等式」でしかありません．よって，最小値が 0 で最大値が 6 であることを言うためには，等号成立確認の作業が不可欠です．

3 9 31 線形計画法

根底 実戦 入試 [→例題 3 8 f]

着眼 まず，状況を見やすく整理しましょう．

○ 農地面積 $=10$ 反．

○（1 反・1 年あたり）	収益（万円）	必要労働時間（時間）
キャベツ	40	50
ニンジン	60	150

ニンジンの方が儲(もう)かる．けれども手間もかかる．さて，どうするべきか？という現実的問題です．

方針 キャベツ・ニンジンに割り当てる農地面積を変数で表し，それを用いて課せられた条件と年間収益を式で表します．

解答 キャベツ，ニンジンを栽培する農地面積をそれぞれ x(反)，y(反) $(x, y \geq 0)$ とおくと，これらは次の条件を満たす：

$$\begin{cases} x+y \leq 10, & \cdots① \\ 50x+150y \leq 1200, \text{ i.e. } x+3y \leq 24. & \cdots② \end{cases}$$

①：農地面積の制約　②：労働力の制約

また，年間収益総額は

$F := 40x + 60y.$ …③

方針 ①②のもとで③の F を最大化する方法を考えます． ■

xy 平面上で，①②を満たす (x, y) $(x, y \geq 0)$ の存在範囲は次図の領域 D である（境界含む）．

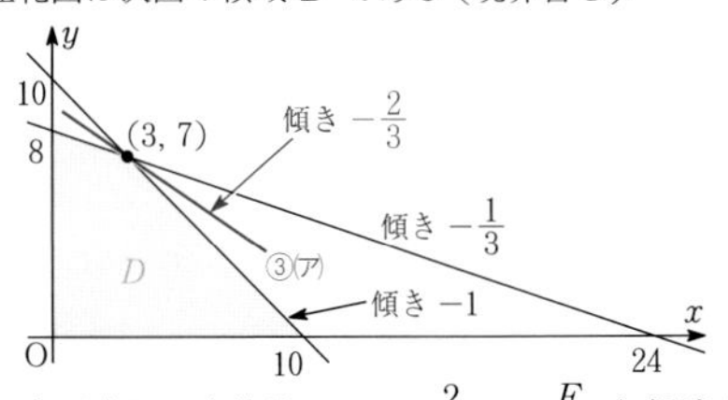

F を固定し，直線③：$y = -\frac{2}{3}x + \frac{F}{60}$ と領域 D が共有点をもつときを考える．

F が最大となるのは，y 切片 $\frac{F}{60}$ が最大となるときであり，これは，各直線の傾きを比べることにより③(ア)のとき．

よって F は，$(x, y) = (3, 7)$ のとき最大となる．すなわち，求める農地の割り当て方は，

キャベツ：3 反，ニンジン：7 反．// [1)]

解説 1)：農地の制約しかない場合には，1 反あたりの収益の多いニンジンだけを栽培したいところですが，労働力の制約もあるので一部キャベツ栽培に当てた方がよいという結論ですね． ■

次に，ニンジンの 1 反あたりの年間収益が a 万円 $(a > 0)$ である場合について．

（1 反・1 年あたり）	収益（万円）	必要労働時間（時間）
キャベツ	40	50
ニンジン	~~60~~ a	150

年間収益総額は

$G := 40x + ay.$ …④

G を固定し，直線④：$y = -\frac{40}{a}x + \frac{G}{a}$ と領域 D が共有点をもつときを考える．

G が最大となるのは，y 切片 $\frac{G}{a}$ が最大となるとき（$\because$ $a > 0$）である．

D の周が全て線分であるから，G が最大となるとき，直線④は D の 4 頂点のいずれかを通る．

$g(x, y) = 40x + ay$

とおくと

$$\begin{cases} g(0,0)=0, \\ g(10,0)=400, \\ g(0,8)=8a, \\ g(3,7)=120+7a. \end{cases}$$

G の最大値は，これらのうち最大のものであり，右上図の実線部で表される．

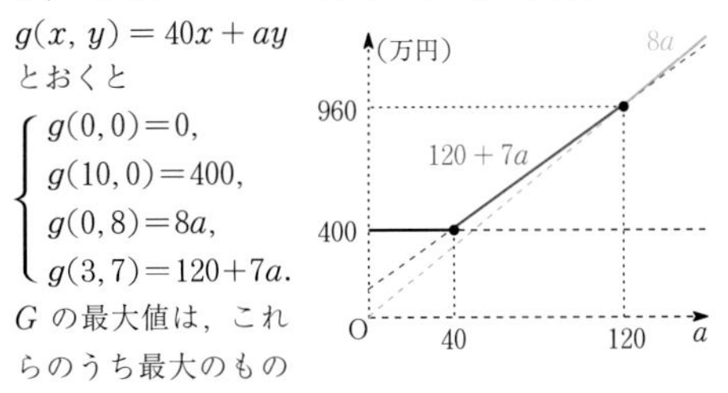

よって，収益 G を最大化する農地割り当ては，次表の通り：

	キャベツ（反）	ニンジン（反）
$0 < a \leq 40$ のとき	10	0
$40 \leq a \leq 120$ のとき	3	7
$120 \leq a$ のとき	0	8

//

（$a = 40, 120$ のときは，2 通りの方法のどちらでもよい．）

注 F と同様，各直線の傾きの大小に注目して場合分けすることもできますが，全てが 1 次（以下の）式で構成された線形計画法においては，“角(かど)”の点だけを考えることで解決します．

参考 年間最大収益額（G 最大値）は，以下の通りです：

$$\max g(x, y) = \begin{cases} 400 \ (0 < a \leq 40 \text{ のとき}) \\ 120 + 7a \ (40 \leq a \leq 120 \text{ のとき}) \\ 8a \ (120 \leq a \text{ のとき}). \end{cases}$$ //

解説 答えの“意味”を検証してみましょう．

○ $0 < a \leq 40$ のとき，ニンジンはキャベツより労働力を要して収益も少ないので，作る気が起きません（笑）．

○ $40 \leq a \leq 120$ のとき，収益性ではニンジンが有利，でも労働力の面ではキャベツの方が余裕ができるので，バランスのとれた作付けをします．

○ $120 < a$ のとき，断然収益性の良いニンジンだけを作ります．ただし，労働力に限界があるので，10反全部に作付けするのは無理．農地の一部は休ませます．

余談　農作業の場合，本来は各月ごとに必要労働時間が決まっており，それを確保する条件が多数の不等式として x, y に課せられます．
また，本来目指すべきは，本問の「収益の最大化」とは限りません．「労働時間あたりの収益の最大化」を重視する人も多いと思われます．

3 9 32 曲線の通過領域

根底 実戦　典型 入試　[→例題 3 8 j]

解答 (1) $P(x, y)$ とおくと

$$\begin{cases} x = -t, \text{ i.e. } t = -x, \\ y = 2t. \end{cases}$$

よって求める軌跡 F は

$y = 2(-x)$. すなわち，直線 $y = -2x$.//

(2) **注**　固定した 1 つの定点が YES か NO か？という考え方を忘れぬように．■

定点 $\boxed{(X, Y)} \in D$ となるための条件は

「$Y = -2(X+t)^2 + 2t$ …①を満たす実数$\boxed{t}$が存在すること．」 …(*)

そこで，①を t について整理すると

$f(t) := -2t^2 + (2-4X)\cdot t - 2X^2 - Y = 0.$ …①′

因数分解しにくい

よって (*) は

判別式/4

$=(1-2X)^2+2(-2X^2-Y)$

$=1-4X-2Y \geq 0.$

すなわち，求める領域は

D: $y \leq -2x + \frac{1}{2}$.//

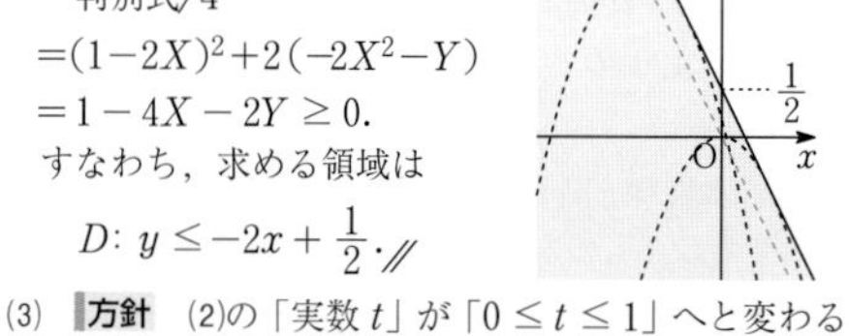

(3) **方針**　(2)の「実数 t」が「$0 \leq t \leq 1$」へと変わるだけです．ただし，"作業量" はグンと増えます．「少なくとも 1 つの解」タイプの解の配置ですから，定義域と軸の位置関係で場合分けします．

[→ I+A 例題 2 9 d]■

定点 $\boxed{(X, Y)} \in D'$ となるための条件は

「①つまり①′を満たす $\boxed{t}$ $(0 \leq t \leq 1)$ が存在すること．」 …(**)

ここで

$$f(t) = -2\left(t+X-\frac{1}{2}\right)^2 + 2\left(X-\frac{1}{2}\right)^2 - 2X^2 - Y$$

$$= -2\left(t+X-\frac{1}{2}\right)^2 - 2X + \frac{1}{2} - Y$$

放物線 $u = f(t)$ の軸：$t = \frac{1}{2} - X$ に注目して場合分けする．

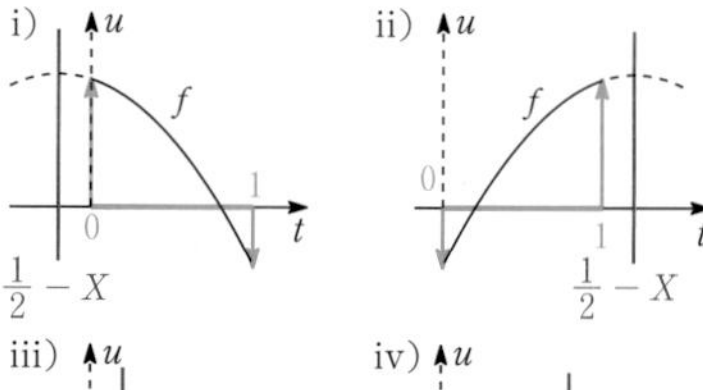

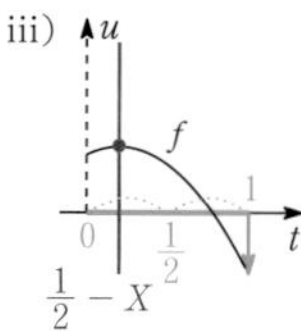

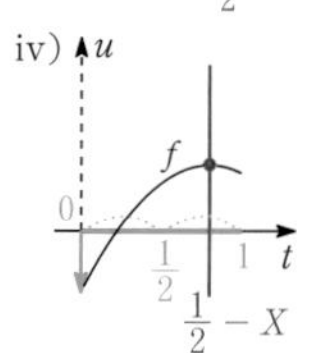

i) $\frac{1}{2} - X \leq 0$, i.e. $\frac{1}{2} \leq X$ のとき，(**) は

$f(0) = -2X^2 - Y \geq 0,$

$f(1) = -2X^2 - 4X - Y \leq 0.$

ii) $1 \leq \frac{1}{2} - X$, i.e. $X \leq -\frac{1}{2}$ のとき，(**) は

$f(0) \leq 0,\ f(1) \geq 0.$　不等号が i) と逆向き

iii) $0 < \frac{1}{2} - X \leq \frac{1}{2}$, i.e. $0 \leq X < \frac{1}{2}$ のとき，(**) は

$f\left(\frac{1}{2} - X\right) = -2X + \frac{1}{2} - Y \geq 0,\ f(1) \leq 0.$

iv) $\frac{1}{2} < \frac{1}{2} - X < 1$, i.e. $-\frac{1}{2} < X < 0$ のとき，(**) は

$f\left(\frac{1}{2} - X\right) \geq 0,\ f(0) \leq 0.$

以上より，求める領域 D' は

i) $\frac{1}{2} \leq x$ のとき，$-2x^2 - 4x \leq y \leq -2x^2$.

ii) $x \leq -\frac{1}{2}$ のとき，$-2x^2 \leq y \leq -2x^2 - 4x$.

iii) $0 \leq x < \frac{1}{2}$ のとき，$-2x^2 - 4x \leq y \leq -2x + \frac{1}{2}$.

iv) $-\frac{1}{2} < x < 0$ のとき，$-2x^2 \leq y \leq -2x + \frac{1}{2}$.

これを図示すると，次の通り（境界含む）．

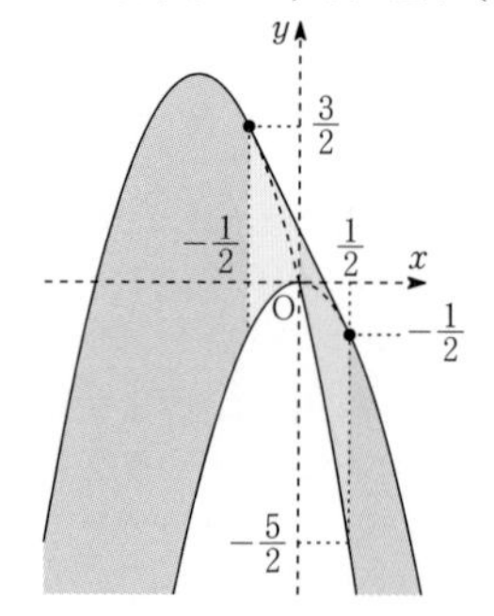

注　もちろん，“プリンタ論法”の方でもできます．前記**解答**と同様，定義域 $0 \leqq t \leqq 1$ と軸の位置関係で場合分けとなります．

参考　放物線 C を，その頂点 $(-t, 2t)$ を直線 $y=-2x$ 上に乗せながら $0 \leqq t \leqq 1$ の範囲で移動することにより，(3)の答えが得られるカラクリがわかります．

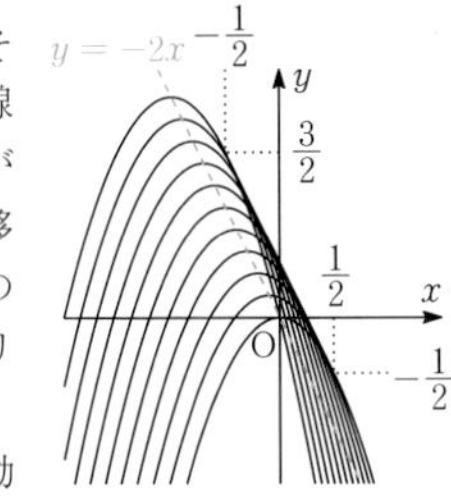

また，t を実数全体で動かすと，(2)の答えにも納得がいくでしょう．

3 9 33　通過領域　根底 実戦　典型 入試　[→例題 3 8 1]

方針　固定した 1 つの定点について考えます．

解答　定点 $\boxed{(X, Y)} \in D$ となるための条件は

「$Y=\dfrac{X^2+tX+2t}{t+1}$ …①を満たす
実数 $\boxed{t}$ ($\geqq 0$) が存在すること．」 …(*)

そこで，①を $t(\geqq 0)$ について整理すると

$(t+1)Y=X^2+tX+2t$ ($\because$ $t+1>0$).

$(X+2-Y)t+(X^2-Y)=0$. …①′

i) $X+2-Y \neq 0$ のとき，①′は

$t=-\dfrac{X^2-Y}{X+2-Y}$.

よって (*) は

$-\dfrac{X^2-Y}{X+2-Y} \geqq 0$. i.e. $\dfrac{X^2-Y}{X+2-Y} \leqq 0$. …②

ii) $X+2-Y=0$ …③ のとき，①′は

$0 \cdot t+(X^2-Y)=0$.

よって (*) は

$X^2-Y=0$. …④

③④より，

$X^2=X+2$.

$(X+1)(X-2)=0$.

$\therefore (X, Y)=(-1, 1), (2, 4)$.

②左辺の分子，分母の符号を考えて，求める領域 D は右図の通り（境界は実線部のみ含む).

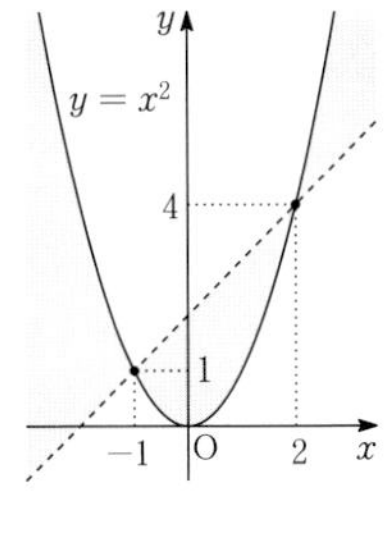

補足　②を，分母 $\neq 0$ のもとで変形すると

$\begin{cases} X^2-Y \geqq 0, \\ X+2-Y<0 \end{cases}$ or $\begin{cases} X^2-Y \leqq 0, \\ X+2-Y>0. \end{cases}$

i.e. $\begin{cases} Y \leqq X^2, \\ Y>X+2 \end{cases}$ or $\begin{cases} Y \geqq X^2, \\ Y<X+2. \end{cases}$

ただし，「通過領域」の処理がメインテーマなので，この変形を暗算処理してイキナリ答えを書きました．

参考　①′式を見るとわかるように，この放物線 C は，「放物線 $y=x^2$」と「直線 $y=x+2$」の 2 交点 P, Q を通る“第 3 の図形”です．

もちろん P, Q は，t の値によらず C 上にあります．つまり，C の通過定点です．

別解　(“プリンタ論法”)

着眼　t について整理するために分母を払ったりせず，右辺をそのまま t の分数関数とみて解答します．

■

C と直線 $x=X$(一定) の交点の y 座標は

$y=\dfrac{X^2+tX+2t}{t+1}$ ($=f(t)$ とおく).

t の関数 $f(t)$ の変域 I を求める．

$$f(t)=\frac{(X+2)t+X^2}{t+1}$$
$$=X+2+\frac{X^2-X-2}{t+1}$$ 分子の低次化
$$=X+2+\frac{(X+1)(X-2)}{t+1}. \cdots⑤$$

着眼　例えば，$X=3$ のとき，$f(t)=5+\dfrac{4}{t+1}$.

例えば，$X=1$ のとき，$f(t)=3+\dfrac{-2}{t+1}$.

このように，「分子の符号」により場合分けします．

■

$t \geqq 0$ のときの変域を考えると

$1 \leqq t+1$. $0<\dfrac{1}{t+1} \leqq 1$. …⑥

これを用いて $f(t)$ の変域を考える．

i) $(X+1)(X-2)>0$, i.e. $X<-1, 2<X$ のとき，⑥を用いると⑤において

$0<\dfrac{(X+1)(X-2)}{t+1} \leqq (X+1)(X-2)$.

$\therefore$ I: $X+2<f(t) \leqq X+2+(X+1)(X-2)$
$=X^2$.

ii) $(X+1)(X-2)<0$, i.e. $-1<X<2$ のとき，⑥を用いると⑤において

$0>\dfrac{(X+1)(X-2)}{t+1} \geqq (X+1)(X-2)$.

$\therefore$ I: $X^2 \leqq f(t)<X+2$.

iii) $(X+1)(X-2)=0$, i.e. $X=-1, 2$ のとき，⑤より

$f(t)=X+2=\begin{cases} 1\ (X=-1 \text{ のとき}), \\ 4\ (X=2 \text{ のとき}). \end{cases}$ t によらない定数

X の各値に対するこの変域を考えることにより，求める領域は…(結果は**解答**と同じ)

3 9 34 円の折り返し　根底 実戦　入試　[→例題 3 8 j]

着眼　まずは，条件を満たすような折り返した円弧をいくつか描こうとしてみましょう．なんとな〜く答えの領域の雰囲気がつかめます．

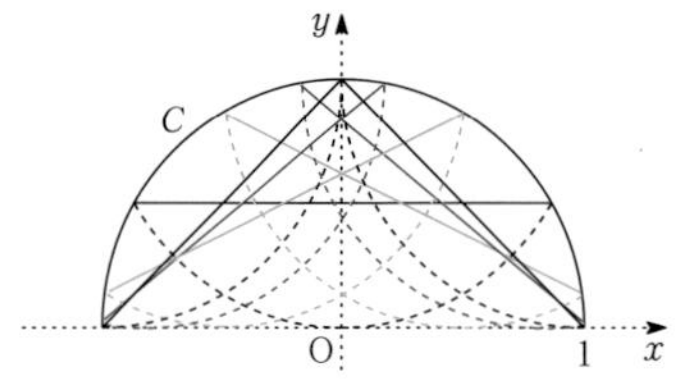

方針　この作業を行うと，「なかなか適切な“折れ目”PQをとるのは難しいな」と感じるはず．その感覚を解答に活かすのです．つまり，「何を定めると図が明快に描けるか？」と考えます．

注　折り返した円の「一部」である円弧を見ているとピンとこない…こんな時の合言葉は，昔から

　　完全な図形を描いてみよ

と決まってます！

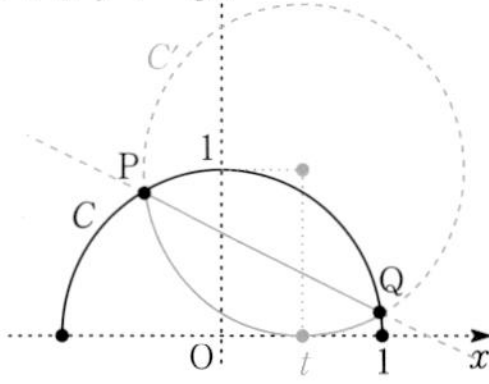

弧 PQ を折り返した円弧と x 軸の接点を $(t, 0)$ とする（ただし，$-1 \leq t \leq 1$ …①）．

この円弧を含む円を C' とすると，半径は 1 で中心は $(t, 1)$ だから

$$C' : (x-t)^2 + (y-1)^2 = 1.$$

$$\text{i.e. } x^2 + y^2 - 2tx - 2y + t^2 = 0. \ \cdots②$$

C: $x^2 + y^2 - 1 = 0$ …③ として ③－② を作ると

$$2tx + 2y - t^2 - 1 = 0. \ \cdots④$$

C と C' の交点 P, Q は②③をともに満たすから，④をも満たす．

また，④は 1 次方程式だから直線を表す．

よって，④が直線 PQ の方程式である．

求める線分 PQ の通過領域 D は，直線 PQ の通過領域 D' のうち半円 C の下側（または周上）の部分である．

そこで，D' のうち $-1 \leq x \leq 1$ を満たす部分 D'' を求める．

$-1 \leq X \leq 1$ のもとで考える．

定点 $\boxed{(X, Y)} \in D''$ となるための条件は，

「$2tX + 2Y - t^2 - 1 = 0$ …⑤を満たす実数 $\boxed{t}$ $(-1 \leq t \leq 1)$ が存在すること．」…(∗)

そこで，⑤を t について整理すると

$$f(t) := t^2 - 2X \cdot t + 1 - 2Y$$ 　因数分解厳しい

$$= (t-X)^2 + 1 - X^2 - 2Y = 0. \ \cdots⑤'$$

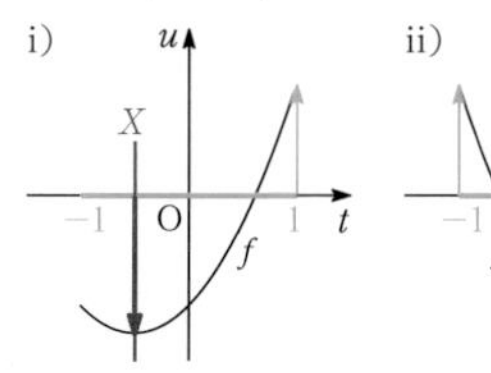

i) $-1 \leq X \leq 0$ のとき，(∗) は

$$\begin{cases} f(1) = 2 - 2X - 2Y \geq 0, \\ f(X) = 1 - X^2 - 2Y \leq 0. \end{cases}$$

ii) $0 \leq X \leq 1$ のとき，(∗) は

$$\begin{cases} f(-1) = 2 + 2X - 2Y \geq 0, \\ f(X) = 1 - X^2 - 2Y \leq 0. \end{cases}$$

よって，D'' は

$$-1 \leq x \leq 0 \text{ のとき，} \frac{1-x^2}{2} \leq y \leq 1 - x.$$

$$0 \leq x \leq 1 \text{ のとき，} \frac{1-x^2}{2} \leq y \leq 1 + x.$$

したがって，求める領域 D は右図の通り（境界含む）．

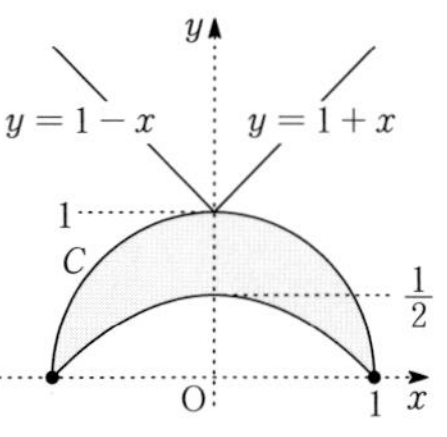

解説　本問を通して，冒頭の**着眼** **方針**で述べた 2 つの大切なことを学んで欲しいです．

1.「図形を明快に描きたい」という**自然な欲求**が，明快な解法を与えてくれる．

2.「折り返した円弧」という断片図形ではなく，「円全体という**完全な**図形」を見る．

3 9 35 線分の通過領域　根底 実戦　入試　ハイレベル↑　[→例題 3 8 j]

注　「線分」の通過領域です．**演習問題 3 9 34** では，「直線」の通過領域を求めてそのうち円の内側として求まりましたが，本問はそうはいきそうにありません．こうなると，本格的な難問となります！

着眼　まずは，いくつかの t の値に対して線分 PR を実際に描いてみて，答えの雰囲気をつかみましょう．

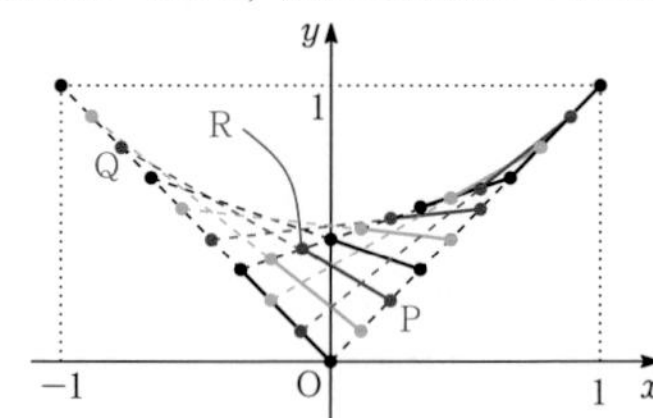

いかにも難しそうですね（笑）.

方針　“プリンタ論法”を用いてみます．ただし，固定された直線 $x=X$ が，「線分 PR」と共有点をもつかどうかにも注意を払います．

解答　直線 PQ の傾きは

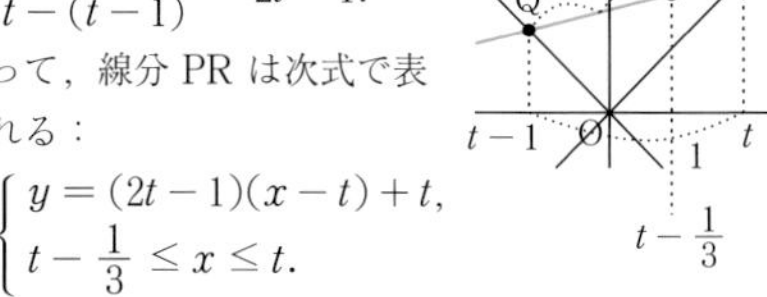

$$\frac{t-(1-t)}{t-(t-1)}=2t-1.$$

よって，線分 PR は次式で表される：

$$\begin{cases} y=(2t-1)(x-t)+t, \\ t-\dfrac{1}{3}\leq x\leq t. \end{cases}$$

これと直線 $x=X$（一定）の共有点が存在するための条件は

$$t-\frac{1}{3}\leq X\leq t. \cdots①$$

このとき交点の y 座標は

$$y=(2t-1)(X-t)+t\ (=f(t)\text{ とおく}). \cdots②$$

t の関数 $f(t)$ の変域 I を求める．

$$\begin{aligned} f(t)&=-2t^2+(2X+2)t-X\ \cdots③ \\ &=-2\left(t-\frac{X+1}{2}\right)^2+\frac{(X+1)^2}{2}-X \\ &=-2\left(t-\frac{X+1}{2}\right)^2+\frac{X^2+1}{2}. \cdots④ \end{aligned}$$

ここで，$f(t)$ の定義域 I_0 は，①も考慮して

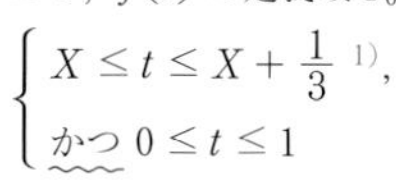

$$\begin{cases} X\leq t\leq X+\dfrac{1}{3}\ ^{1)}, \\ \text{かつ } 0\leq t\leq 1 \end{cases}$$

から定まる．

また，放物線の軸は

$$t=\frac{X+1}{2}.$$

これらの関係を，右図によって考える．（X の範囲は，$-\dfrac{1}{3}\leq X\leq 1$ に限定されることがわかる．）

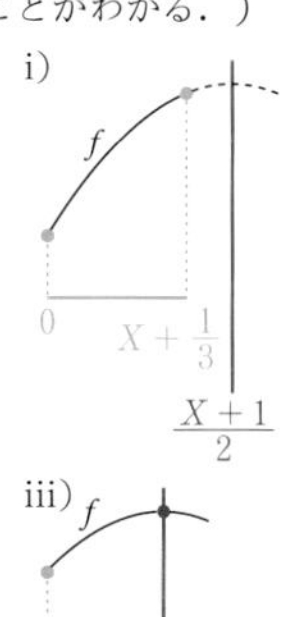

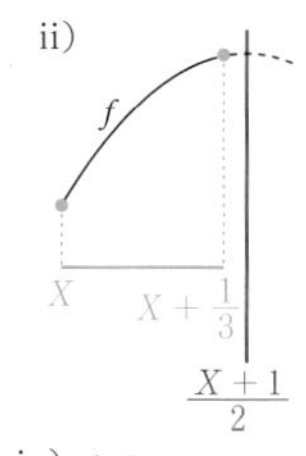

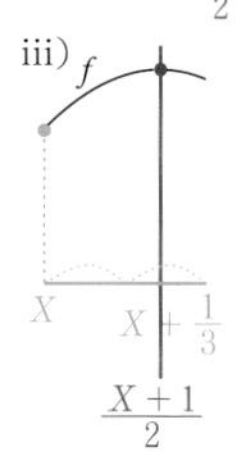

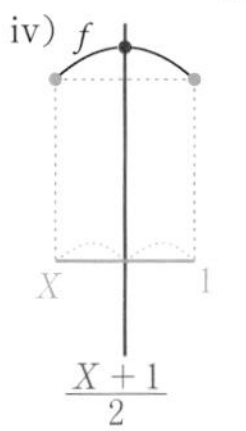

i) $-\dfrac{1}{3}\leq X\leq 0$ のとき I_0: $0\leq t\leq X+\dfrac{1}{3}$．図より，

$$\therefore\quad I: f(0)\leq f(t)\leq f\left(X+\frac{1}{3}\right).$$

③へ代入　②へ代入

$$\text{i.e.} -X\leq f(t)\leq\frac{1}{3}X+\frac{4}{9}.$$

ii) $0\leq X\leq\dfrac{1}{3}$ のとき I_0: $X\leq t\leq X+\dfrac{1}{3}$．図より，

$$\therefore\quad I: f(X)\leq f(t)\leq f\left(X+\frac{1}{3}\right).$$

②へ代入

$$\text{i.e. } X\leq f(t)\leq\frac{1}{3}X+\frac{4}{9}.$$

iii) $\dfrac{1}{3}\leq X\leq\dfrac{2}{3}$ のとき I_0: $X\leq t\leq X+\dfrac{1}{3}$．図より，

$$\therefore\quad I: f(X)\leq f(t)\leq f\left(\frac{X+1}{2}\right).$$

$$\text{i.e. } X\leq f(t)\leq\frac{X^2+1}{2}.$$ ④へ代入

iv) $\dfrac{2}{3}\leq X\leq 1$ のとき I_0: $X\leq t\leq 1$．図より，

$$\therefore\quad I: f(X)\leq f(t)\leq f\left(\frac{X+1}{2}\right).$$

$$\text{i.e. } X\leq f(t)\leq\frac{X^2+1}{2}.$$ 結果としてiii)と同じ

X の各値に対するこの変域を考えることにより，求める領域 D は

$$\begin{cases} -\dfrac{1}{3}\leq x\leq 0\text{ のとき}, -x\leq y\leq\dfrac{1}{3}x+\dfrac{4}{9}, \\ 0\leq x\leq\dfrac{1}{3}\text{のとき}, x\leq y\leq\dfrac{1}{3}x+\dfrac{4}{9}, \\ \dfrac{1}{3}\leq x\leq 1\text{ のとき}, x\leq y\leq\dfrac{x^2+1}{2}. \end{cases}$$ //

これを図示すると，次図の通り（境界含む）．

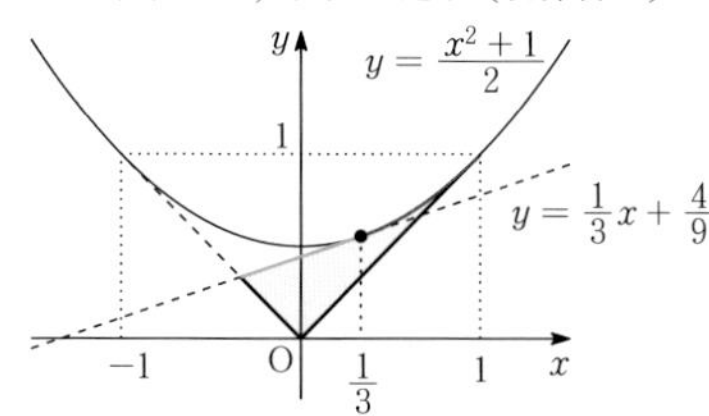

注　1)：直線 $x=X$（一定）が線分 PR と共有点をもつための条件：①により，t の変域に制限が加わります．ここが，線分の通過領域における注意点です．

解説　本問を「1 点を固定→ t の存在条件」で解く場合に行う「解の配置」の処理は，X に応じて変化する t の範囲に対してその都度行う羽目になるので，かな〜りメンドウです．

参考　「線分 PQ の通過領域」なら，**演習問題 3 9 34**と同様に，「直線 PQ の通過領域」を求め，そのうち 2 つの半直線に挟まれた部分を答えとする方法で許されると思います．

3 9 36 対称点の存在
根底 実戦 入試

[→例題 3 6 b]

着眼

〔l: $y=\frac{3}{2}x+1$ のとき〕　〔l: $y=x+\frac{1}{2}$ のとき〕

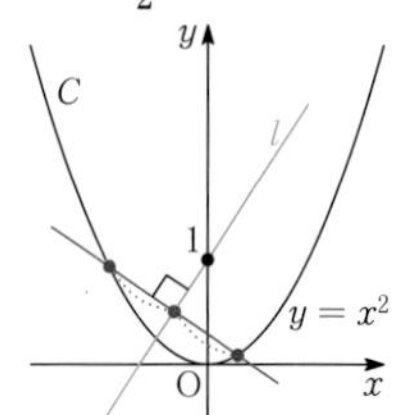

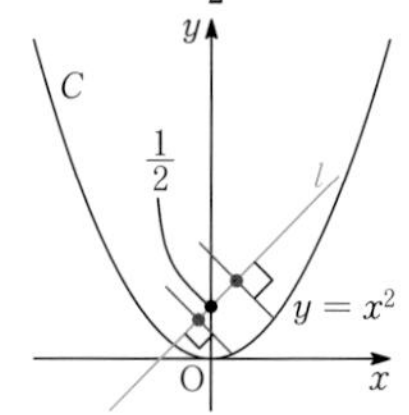

上の 2 つの図から，l: $y=\frac{3}{2}x+1$ のとき「対称点」は存在し，l: $y=x+\frac{1}{2}$ のとき「対称点」は存在しないと推察されます．

このように，直線 l を**固定**し，「対称点」が存在するか否かを判定していきます．

方針 C 上に 2 点をとり，それらが l に関して対称であることが可能か？不可能か？と考えます．l の y 切片について問われていますから，l の方程式は傾きと y 切片で表しましょう．

解答 l: $y=ax+b$ とおく．ただし，傾き a が 0 のとき題意の対称点は存在しないから，$a\neq 0$ のもとで考える．

C 上の 2 点 (s, s^2), (t, t^2) が l に関して対称であるための条件は，$s\neq t$ のもとで考えると，

$$\begin{cases}\dfrac{s^2-t^2}{s-t}\cdot a=-1,\\ \dfrac{s^2+t^2}{2}=a\cdot\dfrac{s+t}{2}+b.\end{cases}$$

$$\text{i.e.}\begin{cases}s+t=-\dfrac{1}{a}, & \cdots① \\ (s+t)^2-2st=a(s+t)+2b. & \cdots②\end{cases}$$

①②より

$$\frac{1}{a^2}-2st=-1+2b.\ \text{i.e.}\ st=\frac{1}{2a^2}+\frac{1}{2}-b.$$

これと①より，s, t は次の方程式の 2 つの解である：

$$z^2+\frac{1}{a}\cdot z+\frac{1}{2a^2}+\frac{1}{2}-b=0.$$ ($(z-s)(z-t)=0$ の形を忘れずに)

題意の対称点の存在条件は，これが異なる 2 実解 z をもつこと，すなわち

$$\text{判別式}=\frac{1}{a^2}-4\left(\frac{1}{2a^2}+\frac{1}{2}-b\right)>0.$$

$$-\frac{1}{a^2}-2+4b>0.$$

$$4b-2>\frac{1}{a^2}.$$

右辺は正だから，題意の対称点が存在するとき，

$$4b-2>0.\ \therefore\ b>\frac{1}{2}.\ \square$$

解説 「対称式→和と積→解と係数の関係」というお馴染(なじ)みの流れを用いました．[→演習問題 1 11 18]

3 9 37 対称式，領域と最大
根底 実戦 典型 入試

[→例題 3 8 t]

解答 (1) **考え方** 単に x, y を消去してもダメ．u, v を**固定**し，それに対して (x, y) が存在するか否かを判定します．「固定して真偽判定」の考え方です．[→ 3 8 6] ■

定点 $\boxed{(u, v)}\in D$ となるための条件は

「①②を満たす実数の組 $\boxed{(x, y)}$ が存在すること」 …(*)

②を①：$(x+y)^2-2xy\leq 1$ へ代入すると

$u^2-2v\leq 1.$ …③

(ここに，①② $\Longleftrightarrow$ ②③．)

また，②より，x, y は次の t の方程式の 2 解である：

$(t-x)(t-y)=0.$

$t^2-(x+y)t+xy=0.$

$t^2-u\cdot t+v=0.$

これの 2 解がともに実数であることより，

判別式 $=u^2-4v\geq 0.$

(*) は，これと③が成り立つこと．

よって，

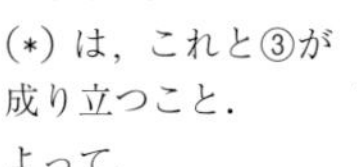

D: $\dfrac{u^2-1}{2}\leq v\leq\dfrac{u^2}{4}.$

これを図示すると右図の通り（境界含む）．

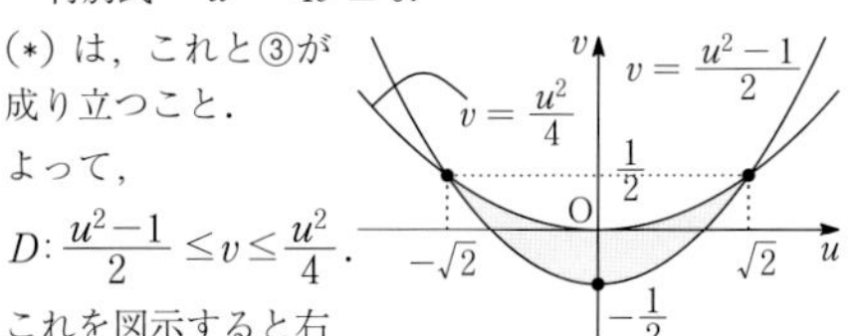

(2) **方針** (1)を活かすべく，x, y の 2 変数関数を u, v の 2 変数関数として表します．その後，「$=k$ とおく」or「1 文字固定」を選択します．■

(1)の u, v を用いると

$a(x+y)-xy=au-v$ ($=F$ とおく)．

1° u を固定し，v を区間 $\left[\dfrac{u^2-1}{2}, \dfrac{u^2}{4}\right]$ で動かすとき，F の最大値は

$au-\dfrac{u^2-1}{2}$ ($=f(u)$ とおく)．

2° 求める F の最大値は，上記 $f(u)$ に対して u を区間 $\left[-\sqrt{2}, \sqrt{2}\right]$ で動かしたときの $\max f(u)$ である．

$$f(u)=-\frac{1}{2}u^2+au+\frac{1}{2}$$
$$=-\frac{1}{2}(u-a)^2+\frac{a^2+1}{2}.$$

u の変域 $\left[-\sqrt{2}, \sqrt{2}\right]$ と放物線の軸：$u=a$ の位置関係で場合分けする．

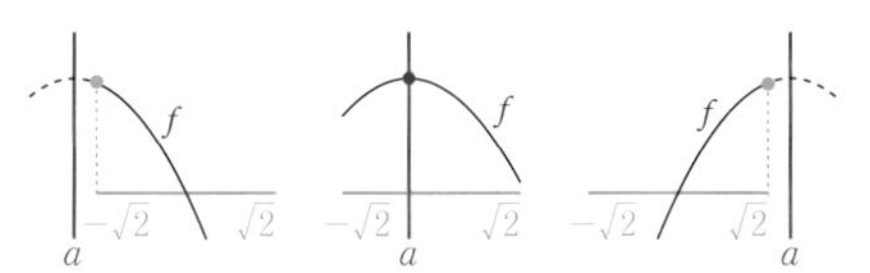

以上 1°, 2° より，求める最大値は

$$\max F=\begin{cases} f(-\sqrt{2})=-\sqrt{2}a-\dfrac{1}{2} & (a\leqq -\sqrt{2}),\\ f(a)=\dfrac{a^2+1}{2} & (-\sqrt{2}\leqq a\leqq\sqrt{2}),\\ f(\sqrt{2})=\sqrt{2}a-\dfrac{1}{2} & (\sqrt{2}\leqq a).\text{//} \end{cases}$$

解説 領域 D の形を見れば，u を固定したときの $F=au-v$（v の 1 次関数）の最大値が瞬時に求まることが一目瞭然．よって，「1 文字固定」の方が本解答でした．

別解 数学Ⅱ微分法後 （少し面倒ですが，「$=k$ とおく」方式でもできます．）

(1)の u, v を用いると

$a(x+y)-xy=au-v.$

そこで，$au-v=k$（k は実数定数）…④ とおき，

直線④: $v=au-k$ ……v 切片は $-k$

と領域 D とが共有点をもつときを考える．

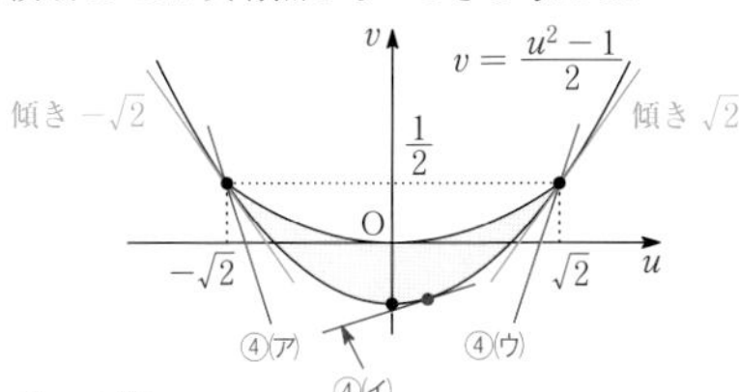

$\left(\dfrac{u^2-1}{2}\right)'=u$ だから，D の両端における放物線 $v=\dfrac{u^2-1}{2}$ の接線の傾きは $\pm\sqrt{2}$．これと直線④の傾き a の大小関係で場合分けする．

i) $a\leqq-\sqrt{2}$ のとき，④の y 切片 $-k$ は④(ア)のとき最小．このとき k は最大．

$\therefore\ \max(au-v)=-\sqrt{2}a-\dfrac{1}{2}$.//

ii) $-\sqrt{2}\leqq a\leqq\sqrt{2}$ のとき，④(イ)のとき k は最大．このとき，$v=\dfrac{u^2-1}{2}$ と $v=au-k$ を連立して

$\dfrac{u^2-1}{2}=au-k$, i.e. $u^2-2a\cdot u+2k-1=0.$

これが重解をもつから

$$\text{判別式}/4=a^2-(2k-1)=0.$$

$\therefore\ \max(au-v)=\dfrac{a^2+1}{2}$.//

iii) $\sqrt{2}\leqq a$ のとき，④(ウ)のとき k は最大．

$\therefore\ \max(au-v)=\sqrt{2}a-\dfrac{1}{2}$.//

3 9 38 極線

根底 実戦 典型 入試 [→例題 3 8 S]

着眼 例題 3 8 S の類題だとピンと来ましたか？

解答 P (x_1, y_1), Q (x_2, y_2) [1] とおくと

m_1: $x_1x+y_1y=1$,

m_2: $x_2x+y_2y=1$.

R(a, b)

（ただし，$a^2+b^2=2$ …①）

とおくと，m_1, m_2 はいずれも R を通るから

$$\begin{cases} x_1a+y_1b=1,\\ x_2a+y_2b=1.\end{cases}\quad \text{i.e.}\begin{cases} a\boxed{x_1}+b\boxed{y_1}=1,\\ a\boxed{x_2}+b\boxed{y_2}=1.\end{cases}$$

この 2 式は異なる 2 点 P, Q がいずれも

直線：$a\boxed{x}+b\boxed{y}=1$ …②

上にあることを表している．よって，直線 PQ，つまり l の方程式は，②である．

l は A$(1, 2)$ を通るから

$a+2b=1.$ i.e. $a=1-2b.$ …③

①③より

$(1-2b)^2+b^2=2.\quad 5b^2-4b-1=0.$

$(b-1)(5b+1)=0.\quad \therefore\ b=1, -\dfrac{1}{5}.$

これと③より，求める R の座標は

$(a, b)=(-1, 1), \left(\dfrac{7}{5}, -\dfrac{1}{5}\right)$.//

解説 問題文は，A → [P, Q] → R の順に書かれてますが，解答の流れは違う順序でした．類題経験があって初めて可能な“すり替え”です．

注 [1]:「円の接線公式」において，これら 2 点が円 C 上の点であることを使うケースも多いです．今回は不要でしたが．

3 9 39 調和点列

根底 実戦 入試 [→例題 3 6 C]

着眼 l は，C に関する A の極線ですね[→例題 3 8 S]．それを求めることと，その後線分の長さを求めることを念頭において，**もっとも計算が楽そうな座標設定**を行いましょう．

方針 3 つの線分 AR, AP, AQ は，全て A を端点としているので，A が原点に来るよう座標設定するとやりやすそうです．

解答 A を原点とする xy 平面上で，円 C の中心を B$(a, 0)$ $(a>1)$ とする．

右図において，

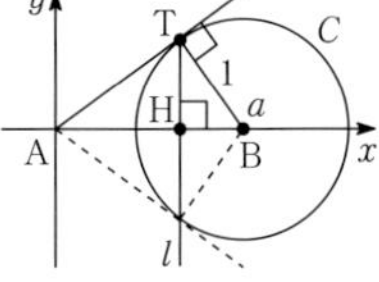

$\triangle ATB \backsim \triangle THB$ より

$AB : BT = TB : BH.$

$a : 1 = 1 : BH. \therefore\ BH = \dfrac{1}{a}.$

$\therefore l : x = a - \dfrac{1}{a}$ ($= \alpha$ とおく). …①

m: $y = tx$ ($t \in \mathbb{R}$) とおく．C: $(x-a)^2 + y^2 = 1$ と連立すると

$(x-a)^2 + t^2x^2 = 1.$

$(1+t^2)x^2 - 2a\cdot x + a^2 - 1 = 0.$

これが異なる 2 実解 β, γ をもつときを考える．

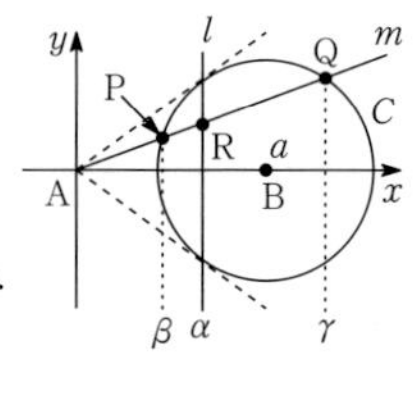

右図より，$k = \sqrt{1+t^2}$ とおいて

$AR = k\alpha,\ AP = k\beta,\ AQ = k\gamma.$ 1)

よって，証明すべき等式は，

$$k\left(a - \frac{1}{a}\right) = \frac{2}{\frac{1}{k\beta} + \frac{1}{k\gamma}}.$$

$$\text{i.e.}\ a - \frac{1}{a} = \frac{2}{\frac{1}{\beta} + \frac{1}{\gamma}}.$$

これを示す．

$$\text{右辺} = \frac{2}{\frac{1}{\beta} + \frac{1}{\gamma}} = \frac{2\beta\gamma}{\beta + \gamma}.$$

ここで，解と係数の関係より

$$\beta + \gamma = \frac{2a}{1+t^2},\ \beta\gamma = \frac{a^2-1}{1+t^2}.$$

$$\therefore \text{右辺} = \frac{2(a^2-1)}{2a} = a - \frac{1}{a} = \text{左辺}.\ \square$$

解説 1)：このように，傾きが既知である直線に沿う線分の長さは，直角三角形の 3 辺比を利用して求めましょう．

余談 ここで示した等式の意味は，「AR が，AP と AQ の**調和平均**[→演習問題 1 8 14]に等しい」ということです．この条件を満たして一直線上に並ぶ 4 点のことを「調和点列」といいます．

10 演習問題C

3 10 1 軌跡・三角関数 [→例題 3 7 c]

根底 実戦 入試 数学Ⅱ三角関数後 重要

方針 正しい方法 はいつも同じ．「消したい文字 (θ) について解け」です．ただし，cos や sin が付いているのでさすがに「$\theta = \sim\sim$」の形は無理．そこで，…

注 例題 3 8 o 後の**発展**と同様，厳密過ぎるくらいに書いてみます． 固定された 1 つの定点

解答 定点 $(x, y) \in C$ となるための条件は

「①, ②, ③を満たす θ が存在すること」…(*)

② ± ①より

$$\begin{cases} \cos\theta = \dfrac{y+x}{2}, & \cdots①' \\ \sin\theta = \dfrac{y-x}{2}. & \cdots②' \end{cases}$$

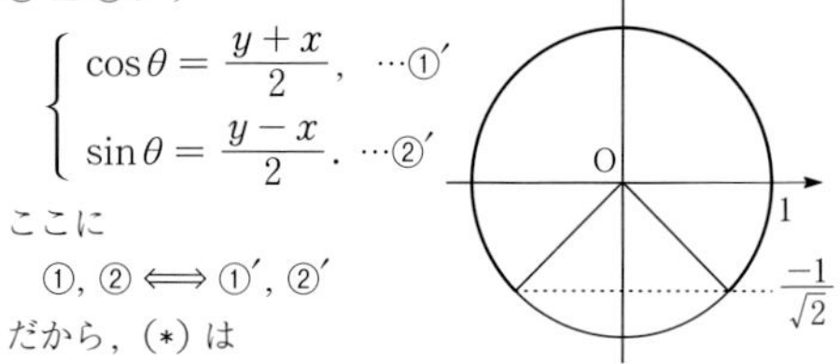

ここに

①, ② $\Longleftrightarrow$ ①′, ②′

だから，(*) は

①′, ②′, ③を満たす θ が存在すること．

$$\text{i.e.} \begin{cases} \left(\dfrac{y+x}{2}\right)^2 + \left(\dfrac{y-x}{2}\right)^2 = 1 \ ^{1)}, \\ \dfrac{y-x}{2} \geqq -\dfrac{1}{\sqrt{2}}. \end{cases}$$

以上より

$$C: \begin{cases} x^2 + y^2 = 2, \\ y \geqq x - \sqrt{2}. \end{cases}$$

これを図示すると右図の太線部．

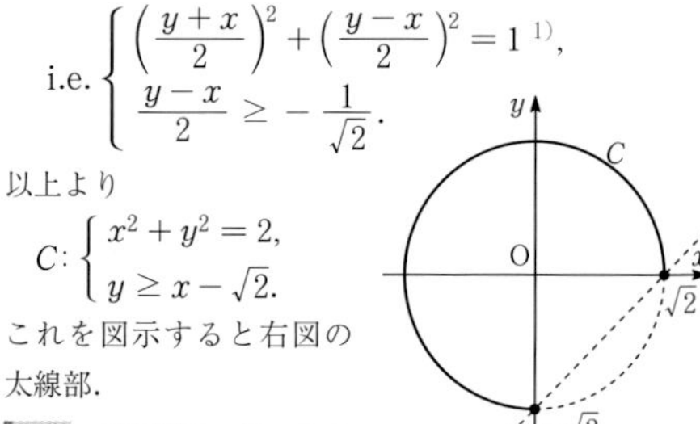

解説 結局用いているのは，1 つの点を**固定**し，それに対する θ の存在条件を求めるという例の考え方でした．

注 なんとなく θ を消去して x, y の方程式を作り，x, y 各々の変域を求めてもダメよ (笑).

[→例題 3 8 q 注意！]

重要 1)：一般に，○，△ を実数として，

$$\begin{cases} \cos\theta = ○ \\ \sin\theta = △ \end{cases} \text{を満たす}\ \theta\ \text{が存在する.}$$

$\Longleftrightarrow ○^2 + △^2 = 1$

でしたね．[→例題 4 7 n (1)]

別解 (有名なオチ)

$$\begin{cases} x = \sqrt{2}\cos\left(\theta + \dfrac{\pi}{4}\right) \\ y = \sqrt{2}\sin\left(\theta + \dfrac{\pi}{4}\right) \end{cases} \left(0 \leqq \theta + \frac{\pi}{4} \leqq \frac{3}{2}\pi\right)$$

よって C は…(上記 **解答** と同じ答えが得られていますね)．cos への合成については，[→演習問題 4 8 12 (2)]

3 10 2 通過領域 [→例題 3 8 j]

根底 実戦 入試 数学Ⅱ三角関数後

方針 「通過しない」だったり，「三角関数」が含まれていたりと目新しく感じるかもしれませんが，考え方は「通過領域」の典型問題と同じです．

注 そろそろ読者の方々も“上級者”になられたものと想定して（笑），固定する点を小文字の (x, y) で表してみますね．[→例題 3 8 l 後の注]

解答 定点 $\boxed{(x, y)} \in D$ となるための条件は

「①を満たす θ が存在しないこと．」 …(*)

そこで，①を θ について整理すると

$(x-2)\cos\theta+(y-1)\sin\theta=1.$

$\underbrace{\sqrt{(x-2)^2+(y-1)^2}}_{A\text{とおく}}\sin(\theta+\alpha)=1$ (α はある定角)．

三角関数の合成

(*) は，θ の関数である左辺の変域：$[-A, A]$ [1] に，右辺の 1 が属さないこと，すなわち

$1<-A$, or $A<1$.

$A<1$ (∵ 1 は正).

$A^2<1^2$ (∵ $A \geq 0$).

∴ D: $(x-2)^2+(y-1)^2<1$.

これを図示すると右図の通り（境界除く）．

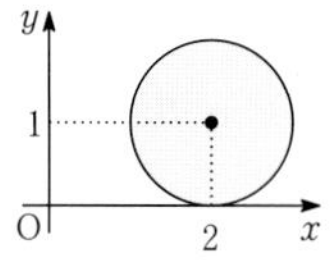

語記サポ 1)：「区間」を表す記号は覚えていますね？ [→ I+A 1 5 4 後のコラム]

参考 種明かしをしておきます．

右図において，接点を P とすると，

$$\overrightarrow{\mathrm{OP}}=\begin{pmatrix}2\\1\end{pmatrix}+\begin{pmatrix}\cos\theta\\\sin\theta\end{pmatrix}.$$

よって，接線の方程式は

$$\begin{pmatrix}\cos\theta\\\sin\theta\end{pmatrix}\cdot\left\{\begin{pmatrix}x\\y\end{pmatrix}-\begin{pmatrix}2\\1\end{pmatrix}-\begin{pmatrix}\cos\theta\\\sin\theta\end{pmatrix}\right\}=0.$$

$(\cos\theta)x+(\sin\theta)y-2(\cos\theta)-(\sin\theta)-1=0.$

(∵ $\cos^2\theta+\sin^2\theta=1$.)

これは，l の方程式に他なりませんね．

つまり本問で求めた D は，この円の接線が通過しない領域ですから，円の内部になるのが当然ということです．

注 このようにすれば，いともカンタンに答えが得られてしまいますね．ただし，こうした特殊な考え方が通用する問題，通用することが見抜ける問題が多い訳ではありません．そうした特殊な事例だけでしか通用しない「考えないで楽に答えを出すシステム」を有難がる受験生は…，伸びません（苦笑）．

3 10 3 楕円の通過領域 [→例題 3 8 j]

根底 実戦 入試 数学C 2次曲線後

着眼 前問の「直線」が「楕円（だえん）」に変わりましたが，1 点を固定してしまえば，後はどちらも θ を変数とする三角関数に関する似たような議論になりそうです．

解答 (1) 定点 $\boxed{(x, y)} \in F_1$ となるための条件は

「①を満たす θ が存在すること．」 …(*)

そこで，①を θ について整理すると

$x^2+4y^2+4-4x\cos\theta-8y\sin\theta=4a^2.$

$4\sqrt{x^2+4y^2}\sin(\theta+\alpha)=x^2+4y^2+4-4a^2$

三角関数の合成 (α はある定角)．

$z=\sqrt{x^2+4y^2}$ (≥ 0) …③ とおくと

$4z\cdot\sin(\theta+\alpha)=z^2+4-4a^2.$ z は定数

(*) は，θ の関数である左辺の変域：$[-4z, 4z]$ に，右辺が属すること，すなわち

$-4z \leq z^2+4-4a^2 \leq 4z.$

$\begin{cases}(z+2)^2 \geq 4a^2,\\(z-2)^2 \leq 4a^2.\end{cases}$

$\begin{cases}z+2 \geq 2a \ (∵\ z+2>0),\\-2a \leq z-2 \leq 2a.\end{cases}$

$\begin{cases}-2+2a \leq z,\\2-2a \leq z \leq 2+2a.\end{cases}$

$|2-2a| \leq z \leq 2+2a$（このとき $z \geq 0$ も成立）．

各辺（0 以上）を 2 乗し，③を代入すると

F_1: $(2-2a)^2 \leq x^2+4y^2 \leq (2+2a)^2.$ //

これを図示すると下図の通り（境界含む）．

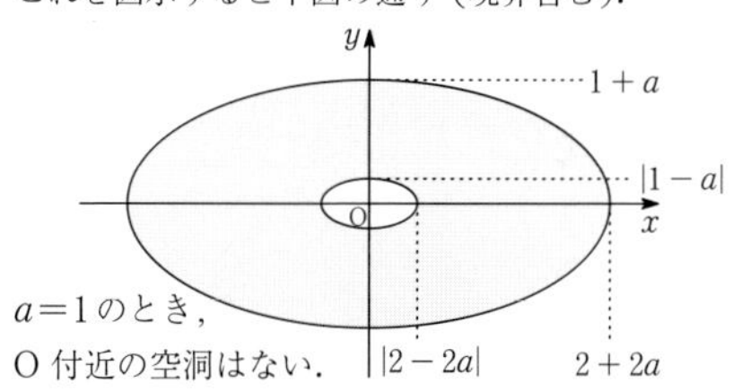

(2) 定点 $\boxed{(x, y)} \in F_2$ となるための条件は

「②を満たす θ が存在すること．」 …(**)

そこで，②を θ について整理する．③のもとで(1)と同様にすると

$4z\cdot\sin(\theta+\alpha) \geq z^2+4-4a^2$ (α はある定角)．

(**) は，θ の関数である左辺の最大値 $=4z$ 以下の範囲に右辺が属すること，すなわち

$z^2+4-4a^2 \leq 4z.$

$(z-2)^2 \leq 4a^2.$

$2-2a \leq z \leq 2+2a.$

これと $z \geq 0$ より，

$2-2a \leq 0$ のとき，$0 \leq z \leq 2+2a$,

$2-2a>0$ のとき，$2-2a \leq z \leq 2+2a$.

(1)と同様にして，求める F_2 は，

$1 \leq a$ のとき，$x^2+4y^2 \leq (2+2a)^2$.

$0<a<1$ のとき，$(2-2a)^2 \leq x^2+4y^2 \leq (2+2a)^2$. //

これを図示すると，$0<a<1$ のときは(1)と同じ（ただし，$|2-2a|$ の所は $2-2a$）で，$1 \leq a$ のときは下図の通り（境界含む）.

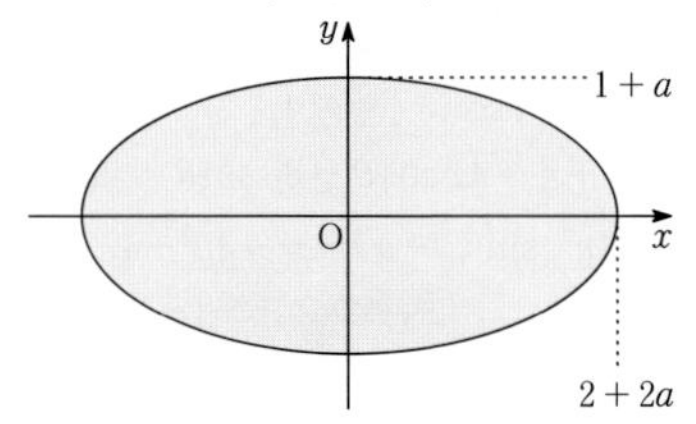

参考1　C は，点 $\mathrm{P}(2\cos\theta,\ \sin\theta)$ を中心とし，横半径 $2a$，縦半径 a の楕円です．また，その中心 P は楕円 C': $\dfrac{x^2}{2^2}+\dfrac{y^2}{1^2}=1$ 上にあります．よって F_1 とは次のような図形です：

楕円 C が，その中心 P が楕円 C'上を1 周するときに通過する領域.

これにより，F_1 がおおよそどんな領域になるかの見当が付きます．ただし，領域の境界線が楕円となることを，説明抜きに断定することは許されません.

〔0 < *a* < 1 のとき〕

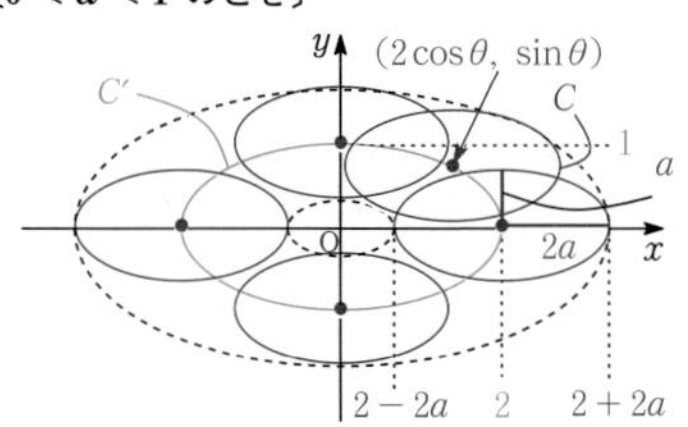

〔1 < *a* のとき〕

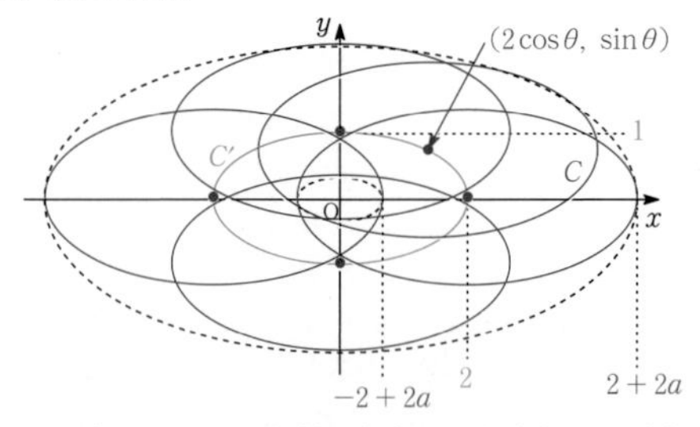

このように，$a=1$ 以外のときは，中央部分が“空洞”になることがわかります.

ただし，$1<a$ のときに関してはそのことが見抜きにくいですね．自分で図を描いてよ～く納得しておくように．なお，$1<a$ のとき(2)のように“中身の詰まった”領域 D を動かした場合には，“空洞”はできません.

参考2　前記**参考1**における「楕円」C, C' を，それぞれ

円 C: $(x-\cos\theta)^2+(y-\sin\theta)^2=a^2$,

円 C': $x^2+y^2=1$

に変えると，円周 C の通過領域として，本問(1)とよく似た次の結論が得られます．ただし，何しろ「円」という単純な図形ですので，本問のような計算処理に依ることなく，図形的考察のみで片付いてしまいますが.

〔0 < *a* < 1 のとき〕

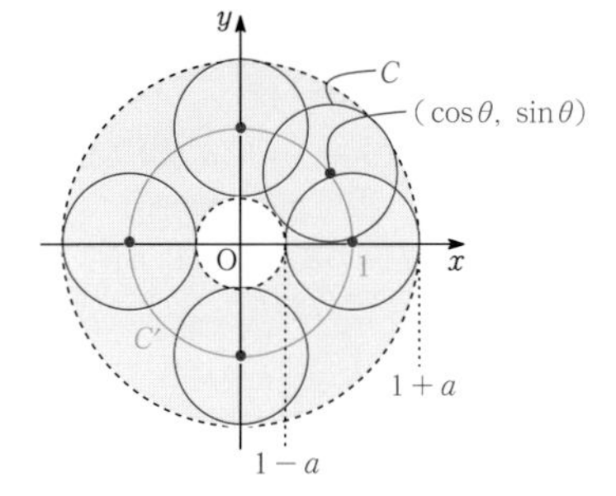

〔1 < *a* のとき〕

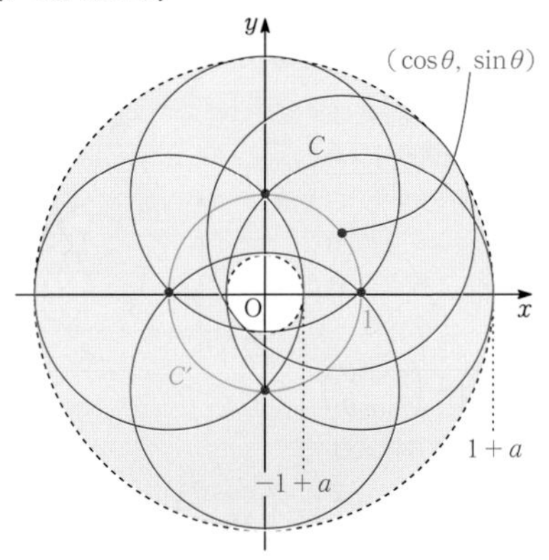

いずれの場合も，外側の円の半径は $1+a$ であり，内側の円の半径は $|1-a|$ と表せます．また，領域の面積はいずれの場合も

$$\pi(1+a)^2-\pi|1-a|^2=\pi(1+a)^2-\pi(1-a)^2 \\ =4\pi a$$

となり，場合分けなしで表すことができます.

3 10 4 2つの動点

根底 実戦 入試 数学Ⅱ三角関数後 [→2 3 3]

方針 とりあえず，P，Q の座標をパラメタ表示し，G の座標を表します．そして 2つの動点があるので，ひとまず**片方を固定**し，他方のみ動かす作戦で．動きが単純な方を先に動かしてみましょうか．

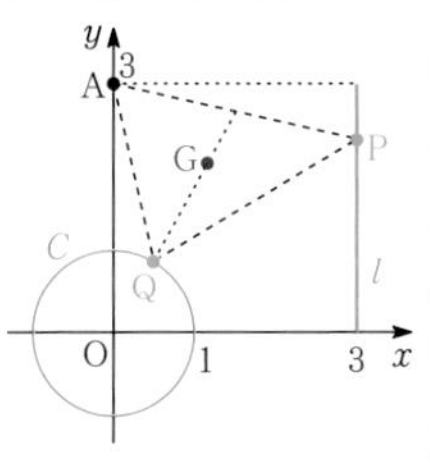

解答 P$(3, t)$ $(0 \leq t \leq 3)$，Q$(\cos\theta, \sin\theta)$ と表せて，

$$\overrightarrow{\mathrm{OG}} = \frac{1}{3}\left(\overrightarrow{\mathrm{OA}} + \overrightarrow{\mathrm{OP}} + \overrightarrow{\mathrm{OQ}}\right)$$
$$= \frac{1}{3}\left\{\begin{pmatrix}0\\3\end{pmatrix} + \begin{pmatrix}3\\t\end{pmatrix} + \begin{pmatrix}\cos\theta\\\sin\theta\end{pmatrix}\right\}$$
$$= \begin{pmatrix}0\\1\end{pmatrix} + \begin{pmatrix}1\\u\end{pmatrix} + \frac{1}{3}\begin{pmatrix}\cos\theta\\\sin\theta\end{pmatrix}.$$

ここに，$u := \frac{t}{3}$ $(0 \leq u \leq 1$ …①$)$.

1° u を固定し θ を動かす．このとき

$$\overrightarrow{\mathrm{OG}} = \begin{pmatrix}1\\1+u\end{pmatrix} + \frac{1}{3}\begin{pmatrix}\cos\theta\\\sin\theta\end{pmatrix}$$

だから，G は中心 R$(1, 1+u)$，半径 $\frac{1}{3}$ の円周 γ を描く．

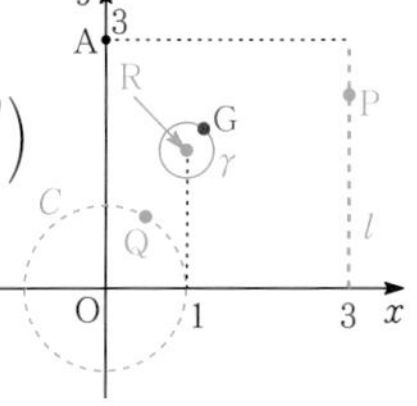

2° u を①の範囲で動かす．このとき円周 γ の中心 R が描く図形は，線分 $x = 1$ $(1 \leq y \leq 2)$.

以上 1°, 2° より，求める領域 D は右図の通り（境界含む）．

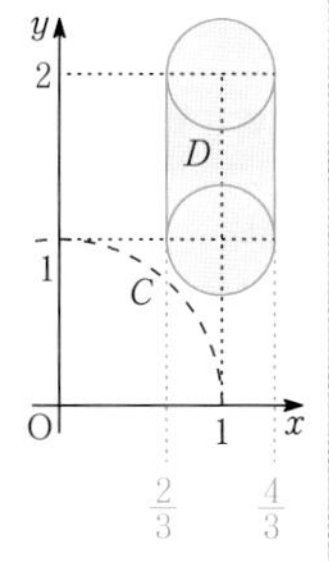

言い訳 P，Q とも動きが単純なので，前記**解答**のように「図形」主体で考えるのが得策でした．「図形と方程式」ではなく「ベクトル」の問題になってしまいましたね（笑）.

3 10 5 3次関数のグラフの平行移動

根底 実戦 入試 数学Ⅱ「微分法」後 [→3 8 4]

方針 円などとは違い，「図形そのもの」を見るだけでは無理．ここは「方程式」を活用します．

解答 C' の方程式は

$y - a = (x-a)^3 - (x-a)$. （ズラした分だけ引く）

これと①を連立して

$(x-a)^3 - (x-a) + a = x^3 - x$. （3 次どうし，1 次どうしをセットに）

$x^3 - (x-a)^3 - \{x - (x-a)\} - a = 0$.

$\{x-(x-a)\}\{x^2 + x(x-a) + (x-a)^2 - 1\} - a = 0$.

$a\{x^2 + x(x-a) + (x-a)^2 - 2\} = 0$. …②

$a = 0$ のとき，これは無限個の実数解をもつから不適．

以下，$a \neq 0$ のもとで考えて，

$x^2 + x(x-a) + (x-a)^2 - 2 = 0$.

$3x^2 - 3ax + a^2 - 2 = 0$.

求める条件は，これが異なる 2 実解をもつこと，すなわち

判別式 $= 9a^2 - 12(a^2 - 2)$
$= 3(8 - a^2) > 0$.

以上より，求める範囲は

$-2\sqrt{2} < a < 2\sqrt{2}$, $a \neq 0$. //

参考 例えば $a = 2$ のとき，2 つのグラフは右図のようになっています．

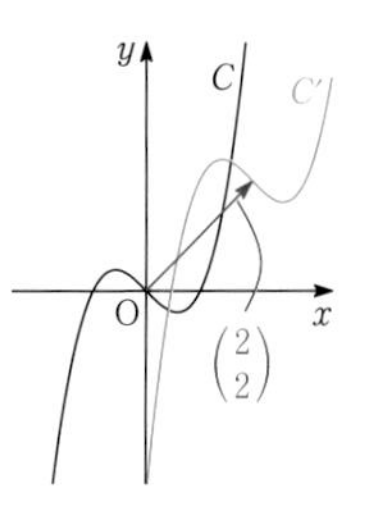

言い訳 微分法を解答中で使うことはありませんでしたね（笑）.

第 4 章 三角関数

3 演習問題A

4 3 1 弧度法の仕組み
根底 実戦 [→ 4 1 2]

語記サポ 中心が A である円のことを「円 A」のように呼んでしまうのでしたね．

方針 4 1 2 弧度法と扇形 の関係に基づいて考えます．

解答 円 A に注目して

$$\overparen{PQ}=5\cdot\frac{2}{3}\pi=\frac{10}{3}\pi.$$

$$\therefore\ \overparen{PR}=\overparen{PQ}=\frac{10}{3}\pi.$$

円 B に注目して

$$3\cdot\theta=\frac{10}{3}\pi.$$

$$\theta=\frac{\frac{10}{3}\pi}{3}=\frac{10}{9}\pi.\,/\!/$$

補足 次のように「方程式」を立ててもよいですね．

$$\overparen{PQ}=\overparen{PR}.$$

$$\therefore\ 5\cdot\frac{2}{3}\pi=3\cdot\theta.$$

注 地道に解答しましたが，次のような“直感”も働くようになりたいです：

扇形の半径を r，中心角を θ，弧の長さを l とすると，

$$r\theta=l.$$

よって，弧の長さが一定のとき，半径 r と中心角 θ は反比例の関係になります．つまり，「半径の比」と「中心角の比」は逆比になります．

本問では前者が 5 : 3 ですから，後者は 3 : 5 になります．実際，

$$\frac{2}{3}\pi:\frac{10}{9}\pi=6:10=3:5$$

となっていますね．

4 3 2 度数法・弧度法変換
根底 実戦 定期 [→ 4 1 2]

方針 「有名角」については，“ピザのピース”を思い描いて片付けます．

そうでない角に関しては 180°，π[rad] に対する倍率（割合）を考えます．

言い訳 試験では，途中経過を書く必要などない程度の問題です．以下に書くのは，説明・解説です．

解説

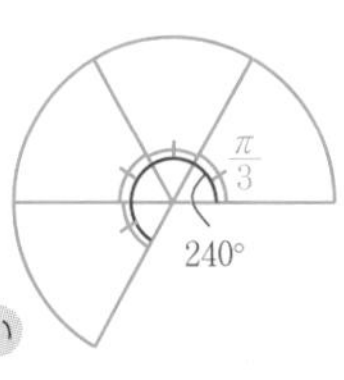

(1) 度数法：$240^\circ=4\times60^\circ$.

弧度法：$4\times\dfrac{\pi}{3}=\dfrac{4}{3}\pi.\,/\!/$

(2) 求める角を x[rad] とすると

$$\frac{147}{180}=\frac{x}{\pi}.\ \text{倍率が等しい}$$

$$\therefore x=\frac{147}{180}\pi=\frac{49}{60}\pi.\,/\!/$$

(3) 弧度法：$\dfrac{5}{6}\pi=5\times\dfrac{\pi}{6}$.

度数法：$5\times30^\circ=150^\circ.\,/\!/$

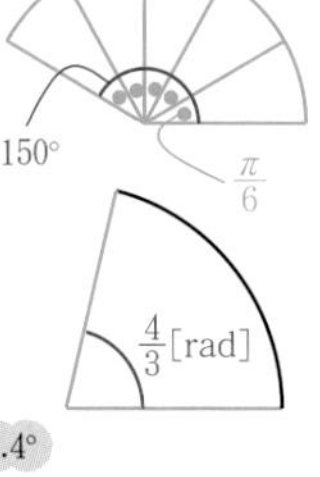

(4) 求める角を y° とすると

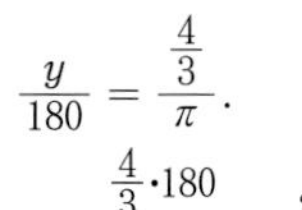

$$\frac{y}{180}=\frac{\frac{4}{3}}{\pi}.$$

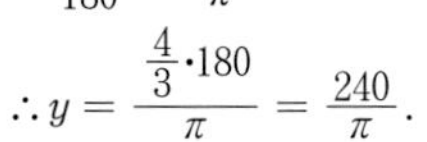

$$\therefore y=\frac{\frac{4}{3}\cdot180}{\pi}=\frac{240}{\pi}.$$

求める角は $\dfrac{240}{\pi}^\circ.\,/\!/$ 約 76.4°

参考 弧度法の角「$\dfrac{4}{3}$[rad]」とは，扇形において弧の長さが半径の $\dfrac{4}{3}$ 倍であるときの中心角ですね．度数法で $\dfrac{240}{\pi}^\circ\fallingdotseq76.4^\circ$ を中心角とする扇形（上右図）を描いてみると，たしかにそのようになっていますね．

注 入試の現場で，このような変換作業を行うことは滅多にありません．よって，変換公式を暗記！しても意味ないですし，だいたいすぐ忘れてしまいます．筆者は，まったく覚えていません（笑）．

4 3 3 一般角
根底 実戦 定期 [→例題 4 1 a]

着眼 全て矢印の付いた（向きを考えた）一般角を求めます．

始線（赤線）から，動径（青線）の最終位置までの「回転移動量」について，向き（符号）と大きさを考えます．

解説 (1) 右回り（時計回り）なので符号は負．大きさは“ちょうど 1 周”の 2π より $\dfrac{\pi}{6}$ だけ小さい．よって

$$\alpha=-\left(2\pi-\frac{\pi}{6}\right)=-\frac{11}{6}\pi.\,/\!/$$

(2) 右回り（時計回り）なので符号は負．大きさは“ちょうど 1 周”の 2π．よって

$$\beta=-2\pi.\,/\!/$$

(3) 左回り（反時計回り）なので符号は正．大きさは“ちょうど 1 周”の 2π より $\dfrac{\pi}{4}$ だけ大きい．よって

$$\gamma=2\pi+\frac{\pi}{4}=\frac{9}{4}\pi.\,/\!/$$

注　度数法を弧度法に変換する練習も兼ねています．変換公式を暗記したりせず，“ピザのピース”をイメージして片付けてくださいね．

4 3 4　扇形の周長と面積　根底 実戦　入試　[→例題41b]

着眼　まず，扇形という図形そのものがどのように変化するかを把握してください：

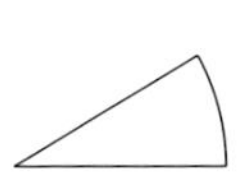
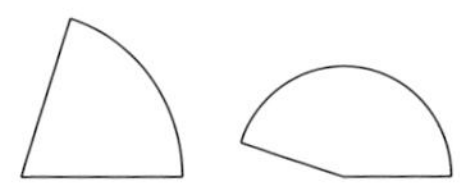

「周長」が一定ですから，半径が短くなるほど中心角は大きくなりますね．

方針　中心角を変数にとることもできますが，扇形の面積は半径と弧長から得られます
[→412 弧度法と扇形]．そこで…

解答　扇形の半径を $r\ (>0)$ とすると，弧の長さは $1-2r$．

これが正であり，半径 r の円周より短いことから，

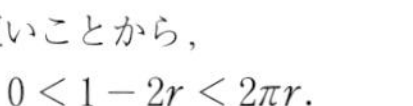

$$0<1-2r<2\pi r.$$

よって r の変域は

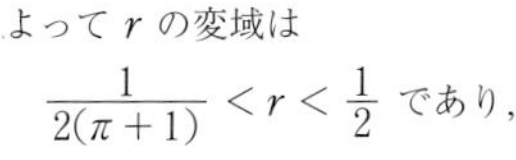

$$\frac{1}{2(\pi+1)}<r<\frac{1}{2}\ \text{であり，}$$

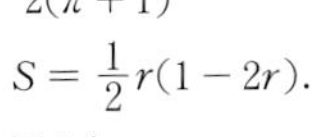

$$S=\frac{1}{2}r(1-2r).$$

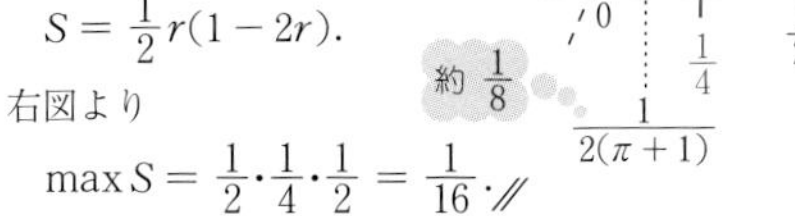

右図より

$$\max S=\frac{1}{2}\cdot\frac{1}{4}\cdot\frac{1}{2}=\frac{1}{16}.\ /\!/$$

また，このとき扇形は右図のようになるから，その中心角 θ は

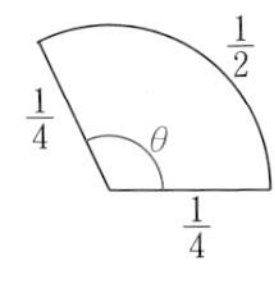

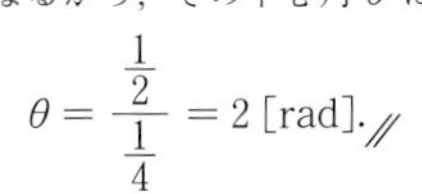

$$\theta=\frac{\frac{1}{2}}{\frac{1}{4}}=2\,[\text{rad}].\ /\!/$$

参考　面積が最大のとき，2つの半径の和と弧の長さが等しくなっていますね．

4 3 5　単位円周上の点　根底 実戦　[→例題42b]

方針　x 軸の正の部分を始線とした一般角：偏角を求めます．

注　α や β は“大きさの角”ですよ．

解答　(1) 右図の P の偏角は

$$\pi-\alpha.$$

よって，単位円周上の点 P の座標は

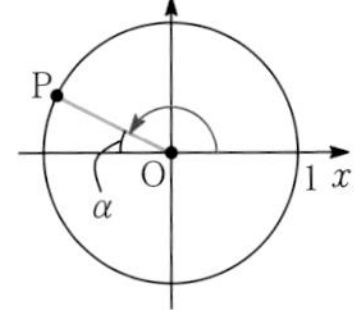

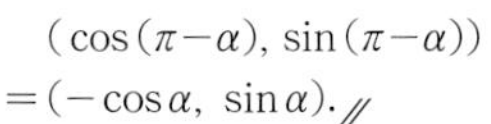

$$(\cos(\pi-\alpha),\ \sin(\pi-\alpha))$$
$$=(-\cos\alpha,\ \sin\alpha).\ /\!/$$

注　偏角は，$-\pi-\alpha$（など）でも OK．P の座標はもちろん前記と同じになります．■

(2) 右図の Q の偏角は

$$-\left(\frac{\pi}{2}-\beta\right)=-\frac{\pi}{2}+\beta.\ ^{1)}$$

よって，単位円周上の点 Q の座標は

$$\left(\cos\left(-\frac{\pi}{2}+\beta\right),\ \sin\left(-\frac{\pi}{2}+\beta\right)\right)$$
$$=\left(\cos\left(\frac{\pi}{2}-\beta\right),\ -\sin\left(\frac{\pi}{2}-\beta\right)\right)$$
$$=(\sin\beta,\ -\cos\beta).\ /\!/$$

解説　1)：左辺では，「回転の向きは負」「回転の大きさは $\frac{\pi}{2}-\beta$」と考えています．一方，別の考え方により右辺を直接得ることもできます：

「負の向きに $\frac{\pi}{2}$ 回転」＋「正の向きに β 回転」

4 3 6　角を θ にする　根底 実戦　定期　[→例題42b]

方針　要するに，角をスッキリと「θ」に変えて表せということです．

注　424 の公式を，“カンニング”しながら解くのは反則（笑）．単位円を描き（あるいは思い描き），公式類を思い出しながら使用すること．

解答　(1)　$\sin(3\pi-\theta)=\sin(\pi-\theta)$　周期 2π を除いた
$=\sin\theta.\ /\!/$

(2)　$\cos\left(\theta-\frac{3}{2}\pi\right)=\cos\left(\theta+\frac{\pi}{2}\right)$　周期 2π を加えた
$=-\sin\theta.\ /\!/$

(3)　$\sin\left(\frac{\pi}{2}-\theta\right)-\cos(\pi-\theta)=\cos\theta+\cos\theta$
$=2\cos\theta.\ /\!/$

(4)　$\tan\left(\theta+\frac{\pi}{2}\right)\sin(\pi-\theta)=-\frac{1}{\tan\theta}\cdot\sin\theta$
$=-\frac{\cos\theta}{\sin\theta}\cdot\sin\theta$
$=-\cos\theta.\ /\!/$

言い訳　問題文にある「$0<\theta<\frac{\pi}{2}$」という制限は，この計算過程で登場する $\tan\theta$ が値をもち，しかもそれが 0 ではないので分母に書いてもよいようにするためです．

4 3 7　1つの三角関数→他の三角関数　根底 実戦　[→例題42g]

方針　例題42g と同様，「相互関係公式」「直角三角形」の2通りの方式で解答しておきます．

解答　$\cos\theta$ を c，$\sin\theta$ を s と略記し，単位円周上の点 $P(c,s)$ を考える．

解答1 (相互関係公式利用)

(1) P の位置は，右図の 1 か所．

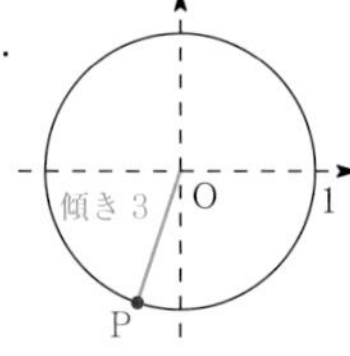

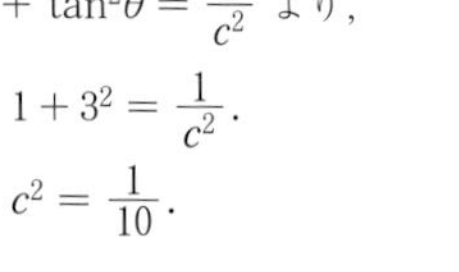

$1+\tan^2\theta=\dfrac{1}{c^2}$ より，

$1+3^2=\dfrac{1}{c^2}$.

$c^2=\dfrac{1}{10}$.

図より $c<0$ だから，$c=-\dfrac{1}{\sqrt{10}}$.

これと $s=c\cdot\tan\theta$ より

$(c,\ s)=\left(-\dfrac{1}{\sqrt{10}},\ -\dfrac{3}{\sqrt{10}}\right)$.//

(2) P の位置は，右図の 2 か所．

$s^2=1-c^2$

$=1-\dfrac{1}{3}=\dfrac{2}{3}$.

$\therefore\ s=\pm\dfrac{\sqrt{2}}{\sqrt{3}}$.//

$\therefore\ \tan\theta=\dfrac{s}{c}$

$=-\sqrt{3}\cdot\left(\pm\dfrac{\sqrt{2}}{\sqrt{3}}\right)=\mp\sqrt{2}$.//

(3 つの複号，すべて同順)

解答2 (直角三角形利用)

(1)

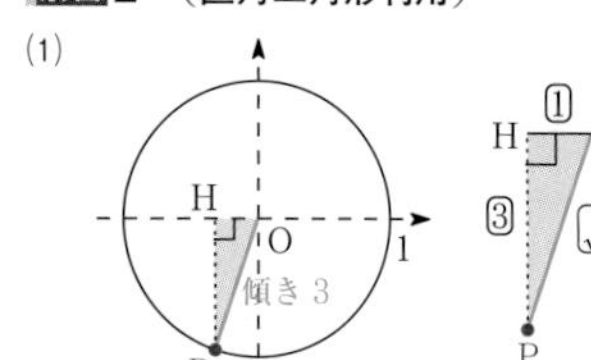

上図の直角三角形 OPH の 3 辺比に注目して，

OH : HP $=1:3$ より

OH : HP : OP $=1:3:\sqrt{10}$.

符号は目で見て，

$(\cos\theta,\ \sin\theta)=\left(-\dfrac{1}{\sqrt{10}},\ -\dfrac{3}{\sqrt{10}}\right)$.//

(2)

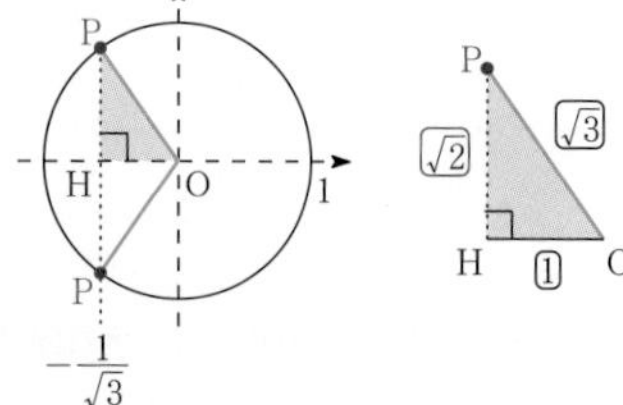

上図の直角三角形 OPH の 3 辺比に注目して，

OP : OH $=\sqrt{3}:1$ より

OP : OH : HP $=\sqrt{3}:1:\sqrt{2}$.

符号は目で見て，

$\sin\theta=\pm\dfrac{\sqrt{2}}{\sqrt{3}}$，$\tan\theta=\mp\sqrt{2}$ (複号同順).//

注 「直角三角形」方式も必ずマスターしてください．

4 3 8 相互関係公式の利用

根底 実戦 [→4 2 6]

方針 cos，sin，tan の相互関係を用いて整理していきます．その際，書く手間を省き，処理スピードを上げ，視認性をよくするために…**略記**してください！

解答 $\cos\theta$ を c，$\sin\theta$ を s と略記すると，

$$f(\theta)=\left(\frac{1}{c}-1\right)\left(\frac{1}{c}+1\right)\cdot\frac{1-c}{s^4}\cdot c^2 \quad {}^{1)}$$

$$=(1-c)(1+c)\frac{1-c}{(1-c^2)^2} \quad {}^{2)}$$

$$=\frac{(1-c)^2(1+c)}{(1-c)^2(1+c)^2} \quad {}^{3)}$$

$$=\frac{1}{1+\cos\theta}.//$$

解説 1)：公式：$1+\tan^2\theta=\dfrac{1}{\cos^2\theta}$ を使いました．

2)：全てを $c(=\cos\theta)$ だけで表そうという意識が働いています．

3)：$1-c^2=(1-c)(1+c)$ という因数分解を，暗算で済ませてから紙に書いています．

重要 この計算を，全て「$\cos\theta$」などとマジメに書いた場合の労力を想像してみてください．正直，「やってらんない！」って感じるはずです (笑)．

4 3 9 三角関数の値域

根底 実戦 定期 [→例題 4 2 a]

方針 もちろん，単位円周上の点 $(\cos\theta,\ \sin\theta)$ の存在範囲を図示して考えます．

解答 単位円周上の点 $(\cos\theta,\ \sin\theta)$ の存在範囲は右図赤太線部．

したがって，求める値域は

$0\leq\sin\theta\leq1$,

$-\dfrac{1}{2}\leq\cos\theta\leq1$.//

$\tan\theta$ については，点 $(\cos\theta,\ \sin\theta)$ の存在範囲のうち縦軸の左側部分を右側に移して考える．求める値域は，

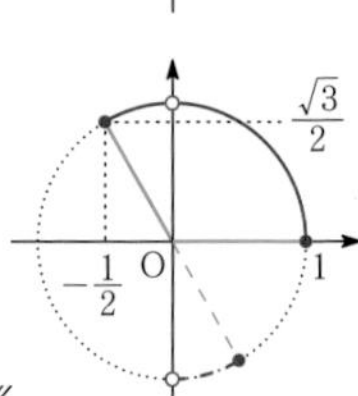

$\tan\theta\leq-\sqrt{3},\ 0\leq\tan\theta$.//

言い訳 $\tan\theta$ については，もちろん $\theta=\dfrac{\pi}{2}$ を除いて考えます．

4 3 10 三角関数の値域（定義域が変化）[→例題 4 2 a]
根底 実戦

補足 もちろん，角は弧度法で考えています．

方針 単位円周上の点 $(\cos\theta,\ \sin\theta)$ の存在範囲を考えると…，a に応じた場合分けを要することが見えてきます．

解答 単位円周上の点 $(\cos\theta,\ \sin\theta)$ の存在範囲は，a の大きさに応じて下図赤太線部となる：

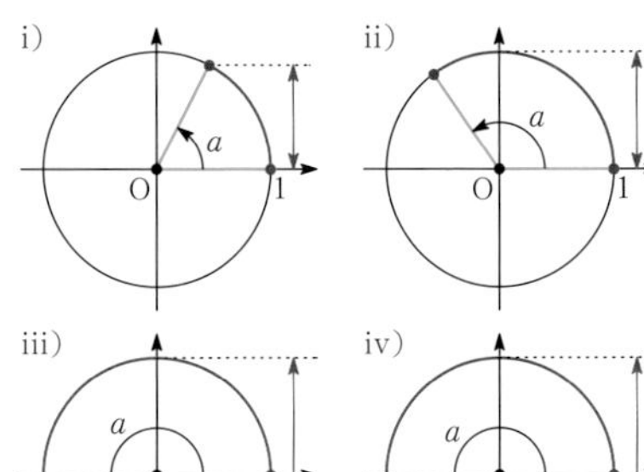

よって，求める値域は次のようになる：

i) $0 \leq a \leq \dfrac{\pi}{2}$ のとき，$0 \leq \sin\theta \leq \sin a$.

ii) $\dfrac{\pi}{2} \leq a \leq \pi$ のとき，$0 \leq \sin\theta \leq 1$.

iii) $\pi \leq a \leq \dfrac{3}{2}\pi$ のとき，$\sin a \leq \sin\theta \leq 1$.

iv) $\dfrac{3}{2}\pi \leq a \leq 2\pi$ のとき，$-1 \leq \sin\theta \leq 1$. //

注 「どのように場合分けするか」は，その場であれこれやってみて判断です．

4 3 11 三角方程式・不等式 [→例題 4 2 c，d]
根底 実戦

方針 もちろん，単位円周上の点の位置を考えます．

解答 (1) 与式より

$$\cos\theta = \pm\frac{\sqrt{3}}{2}.$$

よって，単位円周上の点 $(\cos\theta,\ \sin\theta)$ の位置は右図の通り．

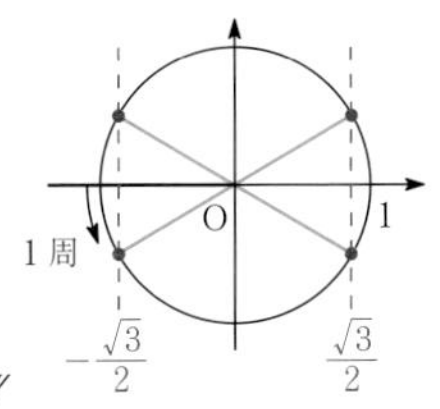

$$\therefore\ \theta = \pm\frac{\pi}{6},\ \pm\frac{5}{6}\pi. //$$

(2) 与式より，$\varphi = \theta + \dfrac{\pi}{3}$ とおいて

$$\sin\varphi \leq -\frac{1}{2}.$$

よって，単位円周上の点 $(\cos\varphi,\ \sin\varphi)$ の位置は右図の赤太線部．

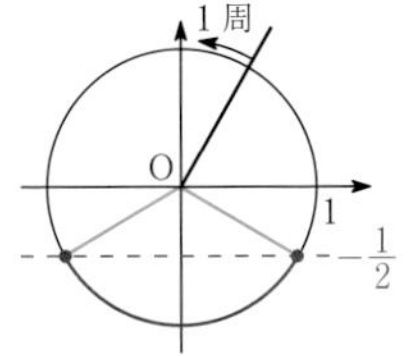

$\dfrac{\pi}{3} \leq \varphi < \dfrac{\pi}{3} + 2\pi$ の範囲で考えると

$$\frac{7}{6}\pi \leq \varphi \leq \frac{11}{6}\pi.$$

$$\therefore\ \frac{5}{6}\pi \leq \theta \leq \frac{3}{2}\pi. //$$

(3) 与式より，単位円周上の点 $(\cos 2\theta,\ \sin 2\theta)$ の位置は右図の赤太線部．

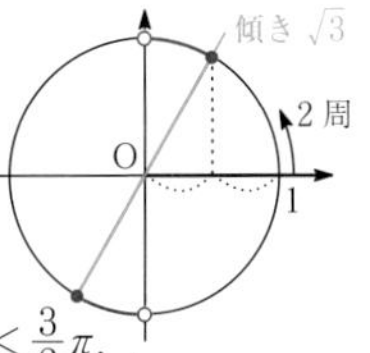

$0 \leq 2\theta < 4\pi$ の範囲で考えると

$$\frac{\pi}{3} \leq 2\theta < \frac{\pi}{2},\ \frac{4}{3}\pi \leq 2\theta < \frac{3}{2}\pi,$$ （1 周目）

$$\frac{\pi}{3} + 2\pi \leq 2\theta < \frac{\pi}{2} + 2\pi,$$ （2 周目）

$$\frac{4}{3}\pi + 2\pi \leq 2\theta < \frac{3}{2}\pi + 2\pi.$$

i.e. $\dfrac{\pi}{6} \leq \theta < \dfrac{\pi}{4},\ \dfrac{2}{3}\pi \leq \theta < \dfrac{3}{4}\pi,$

$\dfrac{7}{6}\pi \leq \theta < \dfrac{5}{4}\pi,\ \dfrac{5}{3}\pi \leq \theta < \dfrac{7}{4}\pi.$ //

補足 (3)の tan については，まず単位円の“右側”で考え，それを利用して“左側”を考えましょう．

4 3 12 三角不等式 [→例題 4 2 d]
根底 実戦 重要

注 1 [rad] ってどんな角かわかりますね．弧度法の定義が理解できていれば．弧の長さが半径の 1 倍ですね．

着眼 考えることはいつも同じ．単位円周上の点 $(\cos\theta,\ \sin\theta)$ の位置です．

方針 定数である右辺も，左辺と同じ「sin」に**統一**した方が考えやすいですね．

解答 与式を変形すると

$$\sin\theta > \sin\left(\frac{\pi}{2} - 1\right).$$

ここで，$\dfrac{\pi}{2} - 1 \fallingdotseq 0.57$ [rad] だから，単位円周上の点 $(\cos\theta,\ \sin\theta)$ の存在範囲は次図の赤太線部．

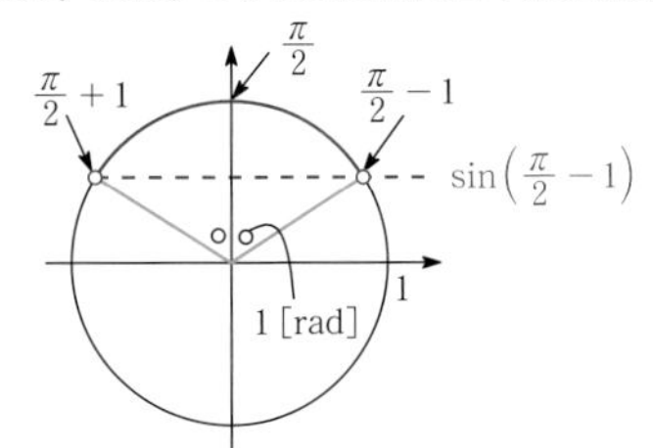

よって，求める解は，

$$\frac{\pi}{2} - 1 < \theta < \frac{\pi}{2} + 1. //$$

解説 単位円周上の点のうち，“右端”は $\frac{\pi}{2}$ から 1 [rad] だけ“戻った”点．“左端”は $\frac{\pi}{2}$ から 1 [rad] だけ“進んだ”点ですね．

4 3 13 cos，sin の不等式

根底 実戦 入試 [→例題 4 2 e]

注 「$2\cos^2\theta-1$」に目を付けて「$\cos 2\theta$」に変えようとするのはかまいませんが…，そのあと行き詰まりますからこの方針は却下．
このように，「問題を解く」という営みは，基本的には試行錯誤．ちょっと進めてみて，様子をうかがってその線で行くかどうかを判断します．

方針 「三角関数」と「不等式」の基本中の**基本**を思い出しましょう．
1. 単位円周上の点 $(\cos\theta, \sin\theta)$ の位置
2. 積 vs 0 型

1 次の部分「$\sin\theta-\cos\theta$」はイジリようがない（合成してもダメ）．$2\cos^2\theta$ を $2(1-\sin^2\theta)$ に変えても上手くいかない．そこで奥の手…

解答 $\cos\theta$ を c，$\sin\theta$ を s と略記する．与式を変形すると

$$2c^2+s-c\underline{-c^2-s^2}\leq 0.$$
$$c^2-s^2+s-c\leq 0.\ ^{1)}$$
$$(c+s)(c-s)-(c-s)\leq 0.$$
$$(c-s)(c+s-1)\leq 0.$$ 積 vs 0 型

よって，**単位円周上の点 (c, s)** は，次の領域内にもあるから，その存在範囲は下図の赤太線部．

$$(x-y)(x+y-1)\leq 0\ ^{2)}$$
i.e. $\begin{cases} y\leq x, \\ y\leq -x+1 \end{cases}$ または $\begin{cases} y\geq x, \\ y\geq -x+1 \end{cases}$

これと $0\leq\theta<2\pi$ より，求める θ の範囲は

$$\theta=0,\ \frac{\pi}{4}\leq\theta\leq\frac{\pi}{2},$$
$$\frac{5}{4}\pi\leq\theta<2\pi.$$ //

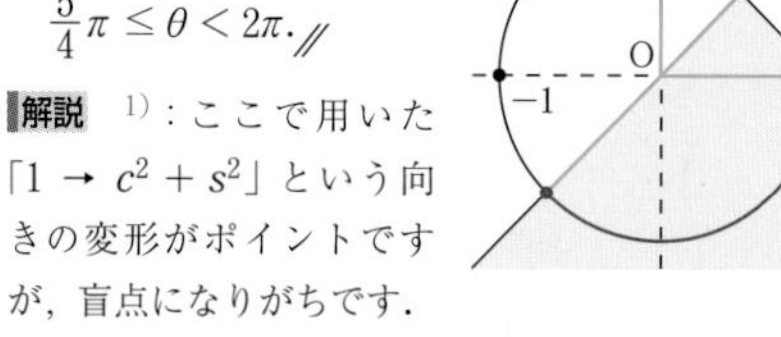

解説 1)：ここで用いた「$1\to c^2+s^2$」という向きの変形がポイントですが，盲点になりがちです．
なお，次のようにしても同じ結果が得られます：
$$2c^2-1=c^2+c^2-1=c^2-s^2.$$
2)：この領域は，この左辺 $f(x, y)$ の負領域（および境界）として描くと手軽です．[→ 3 7 5]
$$f(-1, 0)=(-1)(-2)=2>0$$
ですから，点 $(-1, 0)$ を含む部分は不適．これで，**解答**と同じ領域が得られていますね．

注 $\theta=0$ が“孤立した”解になることを見落とさないように．

4 3 14 三角不等式

根底 実戦 入試 [→ 4 2]

着眼 「$\sin 8\theta>\sin\theta$」ですから，単位円周上の，偏角 θ に対応する点を青点，偏角 8θ に対応する点を赤点で表し，その位置関係を**考えます**．
$0<\theta<\frac{\pi}{2}$ より青点は第 1 象限にあり，$0<8\theta<4\pi$ より赤点は単位円を“2 周”しますね．

解答 i) $0<8\theta<2\pi$, i.e. $0<\theta<\frac{\pi}{4}$ のとき，それぞれの角に対応する単位円周上の点の位置関係は次図の通り：

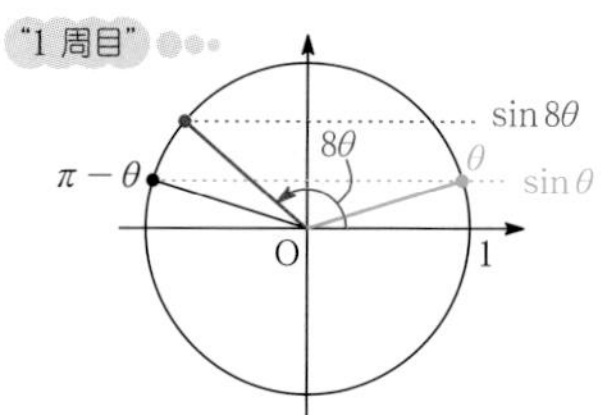

$$\therefore\ \theta<8\theta<\pi-\theta.\quad 0<\theta<\frac{\pi}{9}.$$

ii) $2\pi\leq 8\theta<4\pi$, i.e. $\frac{\pi}{4}\leq\theta<\frac{\pi}{2}$ のとき，それぞれの角に対応する単位円周上の点の位置関係は次図の通り：

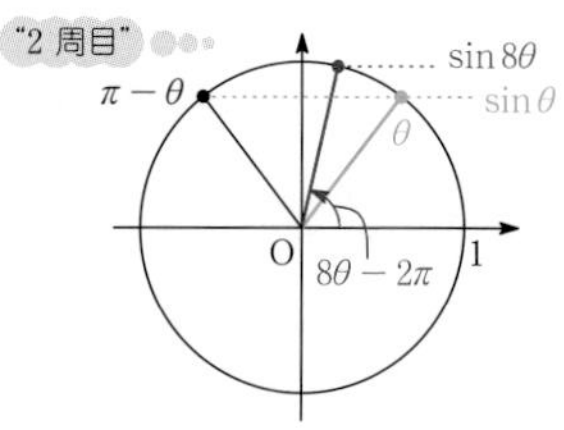

$$\theta<8\theta-2\pi<\pi-\theta.\quad \frac{2}{7}\pi<\theta<\frac{\pi}{3}.$$

以上 i), ii) より，求める解は
$$0<\theta<\frac{\pi}{9},\ \frac{2}{7}\pi<\theta<\frac{\pi}{3}.$$ //

解説 素朴に素朴に，単位円周上の青点と赤点の位置を追跡しました．
ii) の“2 周目”では，「θ と 8θ」ではなく，“ぐるり 1 周分”を除いて「θ と $8\theta-2\pi$」の大小を考えます．

4 3 15 三角関数とベクトル

根底 実戦 入試 [→例題 4 2 h]

方針 「点Qの座標」というより，「ベクトル $\overrightarrow{OQ}$ の成分」を求めます．
ベクトルの成分は，その「大きさ」と「偏角」から得られます．[→4 2 7]

解答 $\overrightarrow{OQ}=\overrightarrow{OP}+\overrightarrow{PQ}$. …①
$|\overrightarrow{OP}|=2$ であり，$\overrightarrow{OP}$ の偏角は θ だから，

$$\overrightarrow{OP}=2\begin{pmatrix}\cos\theta\\ \sin\theta\end{pmatrix}.\ \cdots②$$

$|\overrightarrow{PQ}|=1$ であり，$\overrightarrow{PQ}$ の偏角は $\theta+\theta=2\theta$ だから，

$$\overrightarrow{PQ}=\begin{pmatrix}\cos 2\theta\\ \sin 2\theta\end{pmatrix}.\ \cdots③$$

①②③より，

$$\overrightarrow{OQ}=2\begin{pmatrix}\cos\theta\\ \sin\theta\end{pmatrix}+\begin{pmatrix}\cos 2\theta\\ \sin 2\theta\end{pmatrix}.$$

よって，$\mathrm{Q}(x, y)$ として

$$x=2\cos\theta+\cos 2\theta,\ y=2\sin\theta+\sin 2\theta.\ /\!/$$

注 ベクトルの偏角を考える際には，「x 軸の正の部分」ではなく，「x 軸の正の向き」を始線と考えてください．

4 3 16 弧度法・単位円・ベクトル

根底 実戦 入試 [→例題 4 2 h]

方針 問われているのは点Rの座標ですが，ベクトルを利用します．円の中心Pから円周上の点Rへ到るベクトル $\overrightarrow{PR}$ の「大きさ」と「向き」(偏角) に注目しましょう．

解答

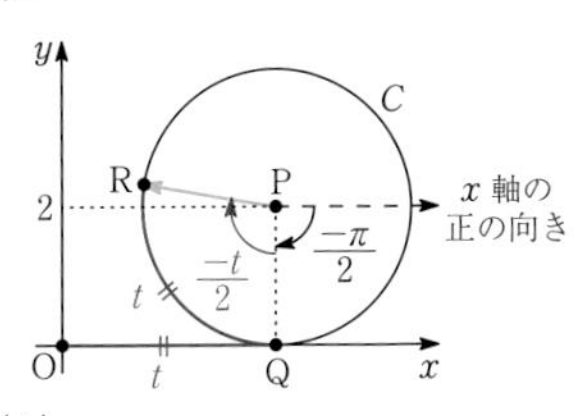

$$\overrightarrow{OP}=\begin{pmatrix}t\\ 2\end{pmatrix}.$$

次に $\overrightarrow{PR}$ を求める．まず，$|\overrightarrow{PR}|=2$.

$\overset{\frown}{QR}=OQ=t$ より，$\angle QPR=\dfrac{t}{2}$.

$$\therefore\ \overrightarrow{PR}\text{の偏角}=-\frac{\pi}{2}-\frac{t}{2}.$$

$$\therefore\ \overrightarrow{PR}=2\begin{pmatrix}\cos\left(-\frac{\pi}{2}-\frac{t}{2}\right)\\ \sin\left(-\frac{\pi}{2}-\frac{t}{2}\right)\end{pmatrix}$$

$$=2\begin{pmatrix}\cos\left(\frac{\pi}{2}+\frac{t}{2}\right)\\ -\sin\left(\frac{\pi}{2}+\frac{t}{2}\right)\end{pmatrix}=2\begin{pmatrix}-\sin\frac{t}{2}\\ -\cos\frac{t}{2}\end{pmatrix}.$$

以上より

$$\overrightarrow{OR}=\overrightarrow{OP}+\overrightarrow{PR}$$
$$=\begin{pmatrix}t\\ 2\end{pmatrix}+2\begin{pmatrix}-\sin\frac{t}{2}\\ -\cos\frac{t}{2}\end{pmatrix}.$$

よって，$\mathrm{R}(x, y)$ として

$$x=t-2\sin\frac{t}{2},\ y=2-2\cos\frac{t}{2}.\ /\!/$$

解説 「弧度法」「一般角」「三角関数・単位円」「ベクトル」「三角関数の変形」という様々な基礎が備わって初めて解答可能な問題です．逆に言うと，基礎の確認にめっちゃ役立ちます．

将来 **理系** 数学Ⅲで頻出の曲線である「サイクロイド」を扱う際に，同様な作業を要求されます．

5 演習問題B

451 加法定理などの利用 根底 実戦 定期 [→44]

方針 加法定理などを利用して，有名角の三角関数の値に帰着させます．

解答

(1) $\cos 165^\circ = \cos(120^\circ + 45^\circ)$ 　加法定理

$= \cos 120^\circ \cos 45^\circ - \sin 120^\circ \sin 45^\circ$

$= \dfrac{-1}{2}\cdot\dfrac{\sqrt{2}}{2} - \dfrac{\sqrt{3}}{2}\cdot\dfrac{\sqrt{2}}{2} = -\dfrac{\sqrt{2}+\sqrt{6}}{4}$.//

注 $\cos 165^\circ = \cos(180^\circ - 15^\circ) = -\cos 15^\circ$ としてから加法定理を使ってもよいです．

(2) $\sin\dfrac{5}{8}\pi = \sin\left(\dfrac{\pi}{8} + \dfrac{\pi}{2}\right) = \cos\dfrac{\pi}{8}$.

ここで，

$$\cos^2\frac{\pi}{8} = \frac{1+\cos\frac{\pi}{4}}{2} \quad \text{半角公式}$$

$$= \frac{1+\frac{\sqrt{2}}{2}}{2} = \frac{2+\sqrt{2}}{4}.$$

$0 < \dfrac{\pi}{8} < \dfrac{\pi}{2}$ より $\cos\dfrac{\pi}{8} > 0$ だから，求める値は

$$\cos\frac{\pi}{8} = \sqrt{\frac{2+\sqrt{2}}{4}} = \frac{1}{2}\sqrt{2+\sqrt{2}}.//$$

(3) $\tan\dfrac{17}{12}\pi = \tan\left(\dfrac{5}{12}\pi + \pi\right)$

$= \tan\dfrac{5}{12}\pi$

$= \tan\left(\dfrac{2}{12}\pi + \dfrac{3}{12}\pi\right)$

$= \tan\left(\dfrac{\pi}{6} + \dfrac{\pi}{4}\right)$

$= \dfrac{\tan\frac{\pi}{6} + \tan\frac{\pi}{4}}{1 - \tan\frac{\pi}{6}\tan\frac{\pi}{4}}$ 　加法定理

$= \dfrac{\frac{1}{\sqrt{3}} + 1}{1 - \frac{1}{\sqrt{3}}\cdot 1}$

$= \dfrac{1+\sqrt{3}}{\sqrt{3}-1}\cdot\dfrac{\sqrt{3}+1}{\sqrt{3}+1}$

$= \dfrac{(\sqrt{3}+1)^2}{2} = 2+\sqrt{3}$.//

注 もちろん，$\dfrac{17}{12}\pi = \dfrac{2}{12}\pi + \dfrac{15}{12}\pi = \dfrac{\pi}{6} + \dfrac{5}{4}\pi$ としても OK です．

452 相互関係と加法定理など 根底 実戦 [→44]

着眼 (1)(2)とも，既知なる三角関数と未知なる三角関数とで，角も異なり，cos，sin，tan の種類も違っています．よって，やるべき仕事が“2 つ”あります．

- 「角を変える」ためのツールは 2 倍角・半角公式です．
- 「関数の種類を変える」には相互関係公式 or 直角三角形利用でしたね（本問は，後者を用いて片付けます）．

この 2 つのどちらを先にやるかに応じて，2 通りの**解答**を書いておきます．

(1)の**解答1** **解答2**→(2)の**解答1** **解答2**の順に書きます．

(1) **解答1** （相互関係が先）

単位円周上の点 $P(\cos\theta, \sin\theta)$ を考える．

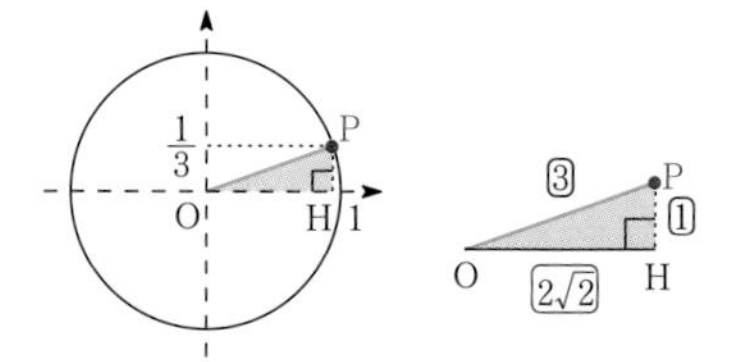

上図の直角三角形 OPH の 3 辺比に注目して，

$OP : PH = 3 : 1$ より

$OP : PH : OH = 3 : 1 : 2\sqrt{2}$.

符号は目で見て，

$$\cos\theta = \frac{2\sqrt{2}}{3},\ \tan\theta = \frac{1}{2\sqrt{2}}.$$

したがって

$\sin 2\theta = 2\sin\theta\cos\theta$

$= 2\cdot\dfrac{1}{3}\cdot\dfrac{2\sqrt{2}}{3} = \dfrac{4\sqrt{2}}{9}$.//

$\tan 2\theta = \dfrac{2\tan\theta}{1-\tan^2\theta}$

$= \dfrac{2\cdot\frac{1}{2\sqrt{2}}}{1-\frac{1}{8}} = \dfrac{4\sqrt{2}}{7}$.//

解答2 （2 倍角・半角公式が先）

$\cos 2\theta = 1 - 2\sin^2\theta$

$= 1 - 2\cdot\dfrac{1}{9} = \dfrac{7}{9}$.

これと $0 < 2\theta < \pi$ より，単位円周上の点 $P(\cos 2\theta, \sin 2\theta)$ は次図の位置．

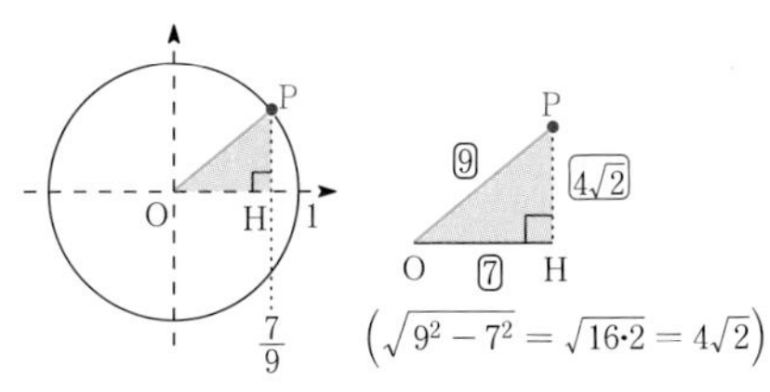

上図の直角三角形 OPH の 3 辺比に注目して,

$\mathrm{OP} : \mathrm{OH} = 9 : 7$ より

$\mathrm{OP} : \mathrm{OH} : \mathrm{PH} = 9 : 7 : 4\sqrt{2}$.

符号は目で見て,

$$\sin 2\theta = \frac{4\sqrt{2}}{9},\ \tan 2\theta = \frac{4\sqrt{2}}{7}. /\!/$$

(2) **解答 1** (相互関係が先)

単位円周上の点 $\mathrm{P}(\cos 2\theta,\ \sin 2\theta)$ の位置は, $\pi < 2\theta < 2\pi$ より, 下図の通り.

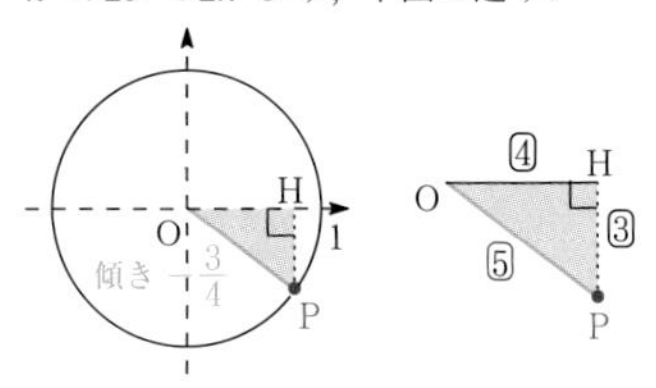

上図の直角三角形 OPH の 3 辺比に注目して,

$\mathrm{OH} : \mathrm{PH} = 4 : 3$ より

$\mathrm{OH} : \mathrm{PH} : \mathrm{OP} = 4 : 3 : 5$.

符号は目で見て,

$$\cos 2\theta = \frac{4}{5}.$$

$$\therefore\ \cos^2\theta = \frac{1 + \cos 2\theta}{2} = \frac{1 + \frac{4}{5}}{2} = \frac{9}{10}.$$

$$\sin^2\theta = \frac{1 - \cos 2\theta}{2} = \frac{1 - \frac{4}{5}}{2} = \frac{1}{10}.$$

これと $\frac{\pi}{2} < \theta < \pi$ より

$$(\cos\theta,\ \sin\theta) = \left(\frac{-3}{\sqrt{10}},\ \frac{1}{\sqrt{10}}\right). /\!/$$

解答 2 (2 倍角・半角公式が先)

$$\tan 2\theta = \frac{2\tan\theta}{1 - \tan^2\theta}.$$

$t = \tan\theta$ とおくと

$$-\frac{3}{4} = \frac{2t}{1 - t^2}.$$

$3t^2 - 8t - 3 = 0$. $(t - 3)(3t + 1) = 0$.

$\frac{\pi}{2} < \theta < \pi$ より $\tan\theta < 0$ だから

$$t = \tan\theta = -\frac{1}{3}.$$

これと $\frac{\pi}{2} < \theta < \pi$ より, 単位円周上の点 $\mathrm{P}(\cos\theta,\ \sin\theta)$ は次図の位置.

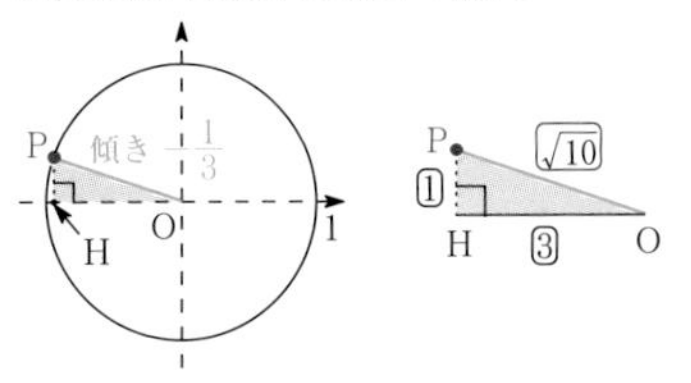

上図の直角三角形 OPH の 3 辺比に注目して,

$\mathrm{OH} : \mathrm{HP} = 3 : 1$ より

$\mathrm{OH} : \mathrm{HP} : \mathrm{OP} = 3 : 1 : \sqrt{10}$.

符号は目で見て,

$$(\cos\theta,\ \sin\theta) = \left(\frac{-3}{\sqrt{10}},\ \frac{1}{\sqrt{10}}\right). /\!/$$

注 前記**解答**以外にもいろんな方法があります. ただし, どうやるにしても, 必ず**単位円周上の点 P の位置**を考えることだけは怠らないように!

453 三角関数の変形

根底 実戦 [→44]

着眼 もちろん, $\tan\theta$ の値を求めて $\tan$ の 2 倍角公式を用いてもできますが…

解答 $\cos\theta$ を c, $\sin\theta$ を s, $\tan\theta$ を t と略記する.

①より

$$1 - t^2 = 3t\ (t \neq 0).$$

注 ここから $\tan\theta$ の値を求めると $\frac{-3 + \sqrt{13}}{2}$ となり, キレイな値ではないので得策ではありません. ■

$$\frac{t}{1 - t^2} = \frac{1}{3}\ (t \neq 0, \pm 1).$$

$$\frac{2t}{1 - t^2} = \frac{2}{3}.\quad \therefore\ \tan 2\theta = \frac{2}{3}. /\!/$$

解説 $\tan$ の 2 倍角公式を逆向きに使う練習でした.

別解 ①の変形は, 次のように c と s で表してもよいですね:

$$\frac{c}{s} - \frac{s}{c} = 3.\quad c^2 - s^2 = 3sc.$$

$$\cos 2\theta = \frac{3}{2}\sin 2\theta.\quad \tan 2\theta = \frac{2}{3}. /\!/$$

4 5 4 分数式・不等式

根底 実戦

[→4 4 3]

着眼 2倍角・3倍角公式を使えば，すぐに $\sin x$ が約分で消えるのが見えますか？

解答 分母：$\sin x \neq 0$ より $x \neq 0$ である．

$\cos x$ を c，$\sin x$ を s と略記して与式を変形すると，

$$\frac{2sc}{s}+\frac{3s-4s^3}{s} \geq 1. \quad \text{角を } x \text{ に統一}$$

$$2c+3-4(1-c^2) \geq 1. \quad c\text{ に統一}$$

$$2c^2+c-1 \geq 0.$$

$$\underbrace{(c+1)}_{\text{正}}(2c-1) \geq 0. \quad \text{積 vs 0 型}$$

$$\cos x \geq \frac{1}{2}.$$

よって，右図を得る．

したがって，求める解は

$$-\frac{\pi}{3} \leq x \leq \frac{\pi}{3},\ x \neq 0.$$

注 $\sin x$ を約分して消す際，その符号は関係ありませんよ．不等式の両辺に何かを掛けたりする訳ではありませんから．

注意！ 与式の両辺を $\sin x$ 倍して分母を払うのはNG．その符号の吟味が要るのと，せっかく約分できるチャンスを失うことになりますから．

4 5 5 和積・積和公式の活用

根底 実戦 重要

[→例題4 4 e]

方針 「方程式」の基本中の基本：「積＝0型」がすぐに作れます．

注 x の範囲が限定されていませんから，実数全体で考えます．

解答 ①を変形すると

$$2\cos\underbrace{\frac{5}{2}x}_{\frac{3x+2x}{2}}\cdot\cos\underbrace{\frac{x}{2}}_{\frac{3x-2x}{2}}=0.$$

$$\cos\frac{5}{2}x=0 \text{ or } \cos\frac{x}{2}=0.$$

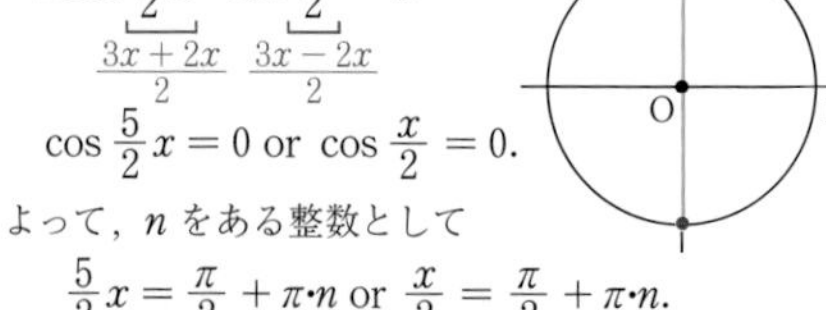

よって，n をある整数として

$$\frac{5}{2}x=\frac{\pi}{2}+\pi\cdot n \text{ or } \frac{x}{2}=\frac{\pi}{2}+\pi\cdot n.$$

$$\therefore\ x=\begin{cases}\dfrac{2n+1}{5}\pi & \cdots② \text{ or}\\ (2n+1)\pi. & \cdots③\end{cases}$$

ここで，$\dfrac{2n+1}{5}$ は任意の奇数：

$$\cdots,\ \frac{-15}{5},\ \frac{-5}{5},\ \frac{5}{5},\ \frac{15}{5},\ \cdots$$

となり得るから，②の解は③の解を含む．

したがって，求める解は

$$x=\frac{2n+1}{5}\pi\ (n\in\mathbb{Z}).$$

補足 ①を $\cos(\pi-2x)=\cos 3x$ と変形し，2つの角 $\pi-2x$, $3x$ に対応する単位円周上の点の位置関係を考えてもOKですが，**解答**のように「積＝0型」を"瞬時に"作って片付きます．

注 「x」でなく「$\cos x$」の値を求めることはまったく別問題です．次のように，2倍角・3倍角公式を用います．$\cos x$ を c と略記すると，①は

$$2c^2-1+4c^3-3c=0. \quad 4c^3+2c^2-3c-1=0.$$

$$(c+1)(4c^2-2c-1)=0. \quad \therefore\ c=-1,\ \frac{1\pm\sqrt{5}}{4}.$$

4 5 6 三角不等式

根底 実戦

[→例題4 2 e]

方針 まずは単位円周上の点 $(\cos\theta, \sin\theta)$ の位置．それで無理なら，加法定理などによる変形を試みます．

解答 (1) 単位円周上の点 $\mathrm{P}(\cos\theta, \sin\theta)$ は，与式より領域 $x+y \leq \dfrac{1+\sqrt{3}}{2}$ 内にもある．

直線 $x+y=\dfrac{1+\sqrt{3}}{2}$ は，2点

$$\left(\frac{1}{2},\ \frac{\sqrt{3}}{2}\right),\ \left(\frac{\sqrt{3}}{2},\ \frac{1}{2}\right)$$

を通るから，P の存在範囲は次図の赤太線部．

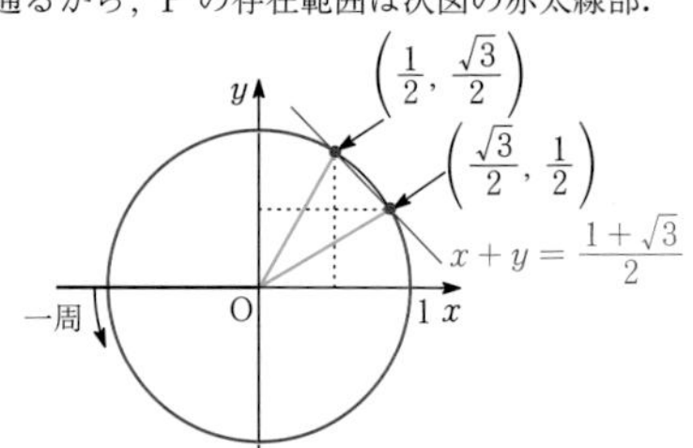

$-\pi \leq \theta < \pi$ の範囲で考えて，求める解は

$$-\pi \leq \theta \leq \frac{\pi}{6},\ \frac{\pi}{3} \leq \theta < \pi.$$

(2) 与式を変形すると

$$\sqrt{2}\sin\left(\theta+\frac{\pi}{4}\right) \leq \frac{1}{\sqrt{2}}.$$

$$\sin\left(\theta+\frac{\pi}{4}\right) \leq \frac{1}{2}.$$

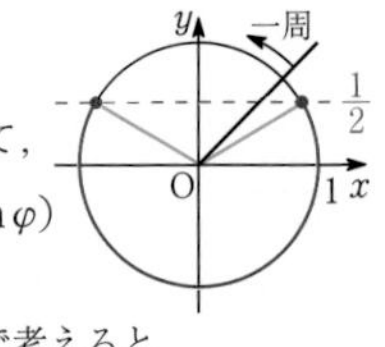

よって，$\varphi=\theta+\dfrac{\pi}{4}$ とおいて，単位円周上の点 $(\cos\varphi, \sin\varphi)$ の存在範囲は右図赤太線部．

$\dfrac{\pi}{4} \leq \varphi < \dfrac{\pi}{4}+2\pi$ の範囲で考えると

$$\frac{5}{6}\pi \leq \varphi \leq 2\pi+\frac{\pi}{6}.$$

$$\therefore\ \frac{7}{12}\pi \leq \theta \leq \frac{23}{12}\pi.$$

解説　「単位円周上の点 $(\cos\theta,\ \sin\theta)$ はどこにあるか？」これが,「三角関数」の**第一基本原理**です. (1)でこれをすっ飛ばし, 左辺を合成したりするとかえって解きづらくなります.

しかし(2)では, 直線 $x+y=\dfrac{1}{\sqrt{2}}$ と単位円の交点が有名角に対応しません. そこで左辺を合成してみると, 上手くいきましたね.

何事もケースバイケース. 試行錯誤です.

457　合成・単位円周上の点　[→例題44f]

根底　実戦

方針　もちろん合成します. 図を使って, 合成に使用する定角を**目視**しながら.

解答

$f(\theta)=3\sin(\theta+\alpha)$ (α は右図).

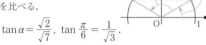

$\theta+\alpha$ の変域は $\left[\alpha,\ \alpha+\dfrac{2}{3}\pi\right]$.

右図を念頭に, α と $\dfrac{\pi}{6}$ の大小を比べる.

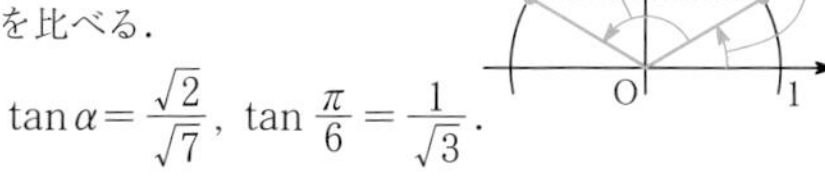

$$\tan\alpha=\frac{\sqrt{2}}{\sqrt{7}},\ \tan\frac{\pi}{6}=\frac{1}{\sqrt{3}}.$$

$$\frac{\sqrt{2}}{\sqrt{7}}-\frac{1}{\sqrt{3}}=\frac{\sqrt{6}-\sqrt{7}}{\sqrt{7\cdot 3}}<0.$$

$\therefore \alpha<\dfrac{\pi}{6}$.

よって, 右図を得る：

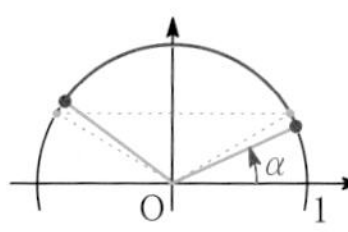

以上より, 求める変域は,

$f(0)\leq f(\theta)\leq 3\cdot 1$.　i.e. $\sqrt{2}\leq f(\theta)\leq 3$. //

解説　合成した後, 単位円周上の点の範囲を考えると, 定義域の両端のどちらで最小になるかが微妙です. そこで, 合成に使用した定角 α と**何の大小を比べるべきか**を考えます.

8　演習問題C

481　三角関数のグラフ　[→例題46a]

根底　実戦　定期

方針　基本関数：$y=\sin x,\ \cos x,\ \tan x$ のいずれかを"ベース"にして考えましょう.

解答

(1)　$y=\cos x$ …① をもとに考える.

y の0からの変動量(振幅)が①の2倍.

よって, 右図を得る.

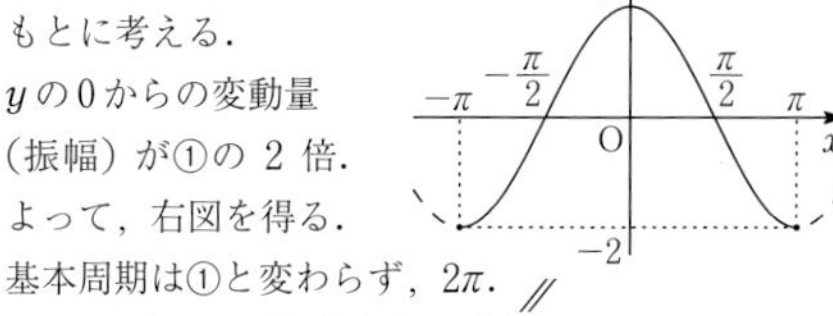

基本周期は①と変わらず, 2π. //

(2)　$y=\sin x$ …② をもとに考える.

②において, y 座標が負の部分は -1 倍してグラフを x 軸に関して折り返す. よって, 右図を得る.

基本周期は②から変わって, π. //

参考　π が周期であることは, 次の計算によって確かめられます：

$|\sin(x+\pi)|=|-\sin x|=|\sin x|$ (x は任意の実数).

(π が基本周期であることまでは確かめてません.) ■

(3)　$y=\cos x$ …① をもとに考える.

角「$\dfrac{x}{2}$」が 2π 増加

→対応する単位円周上の点はちょうど1周

→このとき「x」の増加量は $2\times 2\pi=4\pi$

→よって, $\cos\dfrac{x}{2}$ の基本周期は 4π. //

よって, 次図を得る.

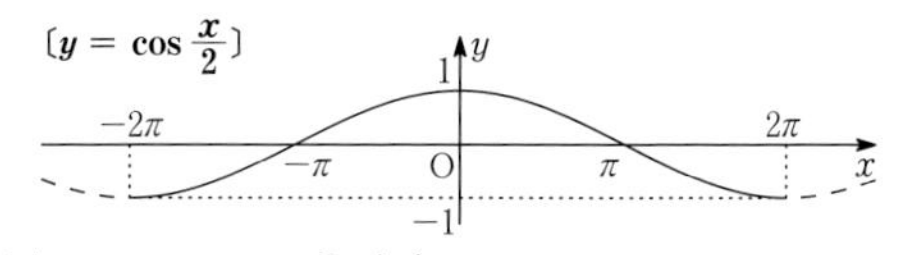

(4)　$y=\tan x$ …③ をもとに考える.

③のグラフを x 軸方向に $-\dfrac{\pi}{4}$ だけ平行移動して, 右図を得る.

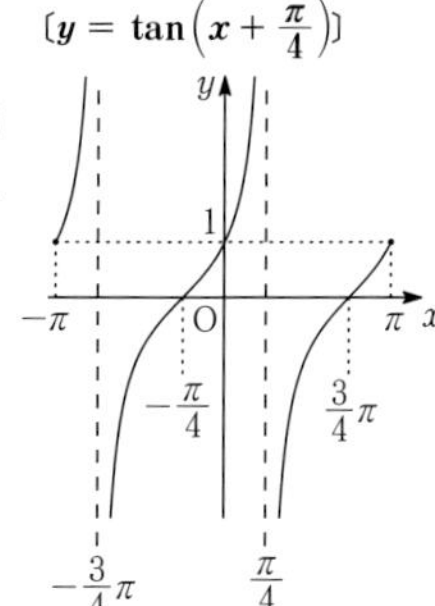

基本周期は③と変わらず, π. //

482 「$+n\pi$」の三角関数 根底 実戦 [→422]

着眼 単位円周上の点の位置を見れば，答えは即座に得られます．

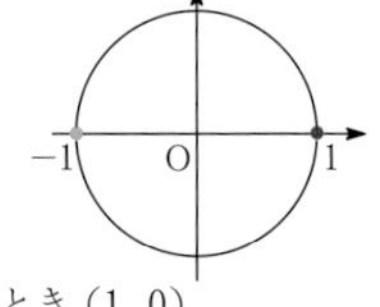

解答 (1)(2) 単位円周上の点 $(\cos n\pi,\ \sin n\pi)$ の位置は

$n=\cdots,\ -2,\ 0,\ 2,\ 4,\ \cdots$ のとき $(1,\ 0)$．

$n=\cdots,\ -1,\ 1,\ 3,\ 5,\ \cdots$ のとき $(-1,\ 0)$．

したがって

$$\sin n\pi=0.\ /\!/$$

$$\cos n\pi=\begin{cases}1\ (n\text{ が偶数のとき}),\\ -1\ (n\text{ が奇数のとき})\end{cases}$$

$$=(-1)^n.\ /\!/$$

注 ここで得た結果：

$$\sin n\pi=0,\quad \cos n\pi=(-1)^n$$

は，記憶に留めておいてください．

とくに理系の人は，将来数学Ⅲでしょっちゅう使いますよ．

(3) 単位円周上の点 $\left(\cos\left(\dfrac{\pi}{6}+n\pi\right),\ \sin\left(\dfrac{\pi}{6}+n\pi\right)\right)$ の位置は

n が偶数のとき右図の赤点．

n が奇数のとき右図の青点．

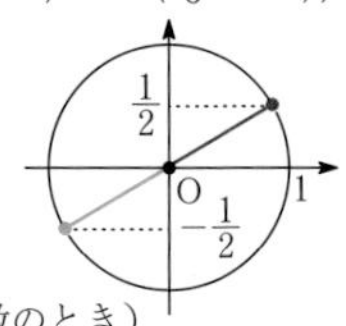

したがって

$$\sin\left(\frac{\pi}{6}+n\pi\right)=\begin{cases}\dfrac{1}{2}\ (n\text{が偶数のとき}),\\ -\dfrac{1}{2}\ (n\text{が奇数のとき})\end{cases}$$

$$=(-1)^n\cdot\frac{1}{2}.\ /\!/$$

483 関数変形時の３方針 根底 実戦 重要 [→471]

解答 (1) **注** 与式が cos → sin の順に並べられていますよ．■

$$(\sqrt{2}-\sqrt{6})^2+(\sqrt{2}+\sqrt{6})^2$$

$$=8-2\sqrt{2}\sqrt{6}+8+2\sqrt{2}\sqrt{6}=16.$$

したがって　（θ が集約！）

$f(\theta)=4\sin(\theta+\alpha)$ （α は右図）．

$\theta+\alpha$ の変域は $[\alpha,\ \alpha+\pi]$ だから，右図を得る：

よって求める変域は

$$4\cdot(-1)\leq f(\theta)\leq f(0).$$

$$\text{i.e. } -4\leq f(\theta)\leq\sqrt{2}+\sqrt{6}.\ /\!/$$

解説 元々2か所にあった変数 θ が，「合成」により1か所に**集約**したので，変域が求まりました．■

(2) $g(\theta)=1-\sin^2\theta+\sin\theta.$ （$\sin\theta$ に統一！）

そこで $t=\sin\theta$ とおくと，$0\leq\theta\leq\pi$ より t の変域は

$$0\leq t\leq 1\ \cdots①$$

であり，

$$g(\theta)=-t^2+t+1$$

$$=-\left(t-\frac{1}{2}\right)^2+\frac{5}{4}.$$

これと①より右図を得る．したがって，求める変域は

$$1\leq g(\theta)\leq\frac{5}{4}.\ /\!/$$

解説 元々は cos, sin の2種類の関数で構成されていましたが，「相互関係公式」により sin だけの1種類に**統一**されたので，変域が求まりました．■

注 統一した後，$t=\sin\theta$ と置換したら，新しく設定した変数「t」の変域を調べることを忘れずに．

(3) $$h(\theta)=\sqrt{2\cdot\frac{1+\cos\theta}{2}}+\sqrt{2\cdot\frac{1-\cos\theta}{2}}.$$

$$\therefore\ \frac{h(\theta)}{\sqrt{2}}=\sqrt{\cos^2\frac{\theta}{2}}+\sqrt{\sin^2\frac{\theta}{2}}$$

$$=\left|\cos\frac{\theta}{2}\right|+\left|\sin\frac{\theta}{2}\right|\ (=H(\theta)\text{ とおく}).$$

着眼 $0\leq\dfrac{\theta}{2}\leq\pi$ ですから，$\sin\dfrac{\theta}{2}$ は 0 以上ですが，$\cos\dfrac{\theta}{2}$ は符号を変えるので，$\dfrac{\theta}{2}$ と $\dfrac{\pi}{2}$ の大小で範囲を分けて考えるところですが…，「周期性」はないかなと探ってみると…■

ここで，

$$h(\theta+\pi)=\sqrt{1+\cos(\theta+\pi)}+\sqrt{1-\cos(\theta+\pi)}$$

$$=\sqrt{1-\cos\theta}+\sqrt{1+\cos\theta}$$

$$=h(\theta).$$

よって，π は $h(\theta)$ および $H(\theta)$ の周期であるから，$0\leq\theta<\pi$ のみ考えればよい[1]．

このとき $0\leq\dfrac{\theta}{2}<\dfrac{\pi}{2}$ だから，

$$H(\theta)=\cos\frac{\theta}{2}+\sin\frac{\theta}{2}$$

$$=\sqrt{2}\sin\left(\frac{\theta}{2}+\frac{\pi}{4}\right).$$

$$\therefore\ h(\theta)=2\sin\left(\frac{\theta}{2}+\frac{\pi}{4}\right).$$

$\dfrac{\theta}{2}+\dfrac{\pi}{4}$ の変域は $\left[\dfrac{\pi}{4},\ \dfrac{3}{4}\pi\right)$ だから，右図を得る：

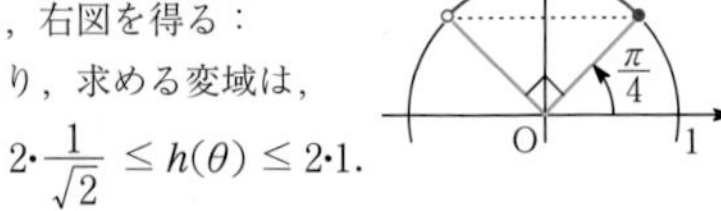

以上より，求める変域は，

$$2\cdot\frac{1}{\sqrt{2}}\leq h(\theta)\leq 2\cdot 1.$$

$$\text{i.e. } \sqrt{2}\leq h(\theta)\leq 2.\ /\!/$$

解説 元々 $\sqrt{\ }$ があって扱いづらかったのですが，「半角公式」により $\sqrt{\ }$ 内の**次数を変えた**（1 次→ 2 次）ことにより，変域が求めやすくなりました．

「次数」は，普通下げる向きへ変形することが多いですが．■

という訳で，本問は次の基本方針の確認を意図した問題でした．[→例題**47d**の後]

関数変形時の基本方針

❶ 変数を**集約**する．←(1)
❷ 種類を**統一**する．←(2)
❸ **次数**を変える．←(3)

参考 (1)の定角 α は，実は $\frac{7}{12}\pi\,(105^\circ)$ です．ただし，それに気付けなくても解答には影響しません（笑）.

補足 1)：$\pi \leq \theta < 2\pi$ は，$0 \leq \theta < \pi$ と同じ値の繰り返しでしかありませんので．

4 8 4 三角関数の変形 根底 実戦 [→例題 4 7 a]

方針 (1) 左辺において，角を 10°→ 20° として 2 種類の角：10°, 20° を 20° に統一し，さらに 20° を右辺の 40° に変えることを目指します．

(2) cos どうしの積があり，例えば 20° と 100° の和は有名角 120° ですから…，2 角の和や差が登場する積和公式の出番です．

解答 (1)

$$\begin{aligned}\text{左辺} &= 4\sin^4 10^\circ - 4\sin^2 10^\circ + \cos^2 20^\circ\\ &= -4\sin^2 10^\circ \underbrace{(1-\sin^2 10^\circ)}_{\cos^2 10^\circ} + \cos^2 20^\circ\\ &= -(2\sin 10^\circ\cos 10^\circ)^2 + \cos^2 20^\circ\\ &= -\sin^2 20^\circ + \cos^2 20^\circ\\ &= \cos 2\cdot 20^\circ = \cos 40^\circ.\ \square\end{aligned}$$

別解 上記**解答**では，角を大きくしていきましたが，逆に角を小さくする方針でもできます．

$$\begin{aligned}\cos 40^\circ - \cos^2 20^\circ &= 2\cos^2 20^\circ - 1 - \cos^2 20^\circ\\ &= \cos^2 20^\circ - 1\\ &= (1-2\sin^2 10^\circ)^2 - 1\\ &= 4\sin^4 10^\circ - 4\sin^2 10^\circ.\end{aligned}$$

これで与式が示されましたね．

注 **解答**のように角を大きくしていくと次数が下がり，逆に**別解**のように角を小さくしていくと次数が上がっていますね．■

(2) 与式 $= \frac{1}{2}(\cos 120^\circ + \cos 80^\circ)\cdot\cos 140^\circ$ （$100^\circ+20^\circ$，$100^\circ-20^\circ$，$180^\circ-40^\circ$）

$$\begin{aligned}&= \left(-\frac{1}{4} + \frac{1}{2}\cos 80^\circ\right)\cdot(-\cos 40^\circ)\\ &= \frac{1}{4}\cos 40^\circ - \frac{1}{4}(\cos 120^\circ + \cos 40^\circ)\\ &= -\frac{1}{4}\cdot\frac{-1}{2}\\ &= \frac{1}{8}.\,/\!/\end{aligned}$$

（$80^\circ+40^\circ$，$80^\circ-40^\circ$）

余談 実は，この 3 つの cos は，例題**47u**の 3 次方程式：$x^3-3x-1=0$ の 3 解：

$$x = \underline{2}\cos\frac{\pi}{9},\ \underline{2}\cos\frac{5}{9}\pi,\ \underline{2}\cos\frac{7}{9}\pi$$

の「$\underline{2}$」を除いたものです．これら 3 解の積は，解と係数の関係より，$-\frac{-1}{1}=1$ ですから，本問の答えは $\frac{1}{2^3}=\frac{1}{8}$ になる訳です．

4 8 5 三角不等式 根底 実戦 [→471]

方針 (1) 角を統一したいですね．$2\sin^2 x = 1-\cos 2x$ により角を $2x$ に揃えようとしても，「$\cos x$」の方は上手く変えられません．そこで，角を x に揃えます．関数の種類も考えて，「$\cos x$」に統一しましょう．

(2) 同様な理由により，こちらも角を x に揃えます．ただし，sin の 2 倍角公式を使うと，$\cos x$, $\sin x$ が両方現れますから，関数の種類まで統一することはできません．そこで，不等式の基本を思い出します．

解答 $\cos x$ を c，$\sin x$ を s と略記し，単位円周上の点 $\mathrm{P}(c, s)$ を考える．

(1) 与式を変形すると，

$$2(1-c^2) - 2c \underline{-(2c^2-1)-1}_{1)} \leq 0.$$

$$-4c^2-2c+2 \leq 0.\quad 2c^2+c-1 \geq 0.$$

$$(c+1)(2c-1) \geq 0.$$

$$c \leq -1,\ \frac{1}{2} \leq c.$$

よって，P の範囲は右図の赤色部分．したがって，求める変域は

$$x = {}^{2)}-\pi,\ -\frac{\pi}{3} \leq x \leq \frac{\pi}{3}.\,/\!/$$

補足 1)：ここは，右辺の「1」を移項して初めからまとめて，

$$-(\cos 2x + 1) = -2\cos^2 x$$ （半角公式の逆利用）

としてもよいですね（次の(2)では，このようにします）．■

(2) 与式を変形すると，

$$\sin 2x - (1-\cos 2x) + 2\sin x \geq 0.$$

$$2sc - 2s^2 + 2s \geq 0.$$

$$s(c-s+1) \geq 0.$$

よって，$\mathrm{P}(c, s)$ は，XY 平面上で領域

$Y(X-Y+1)\geqq 0$ [3)]

内にもあるから，右図の赤色部分．よって，P の範囲は右図の通り．したがって，求める変域は

$$0\leqq x\leqq \frac{\pi}{2},\ x={}^{4)}\ \pi.$$

補足 3)：「角」を表すのに文字「x」が使われていますから，座標を表す文字には大文字の X, Y を用いました．

この領域は，左辺の正領域（および境界）として描いています．例えば点 $(0,-1)$ が左辺の負領域にあることから，図のようになります．

注 2)4)：こうした“孤立点”も見逃さないように！

486 三角不等式 根底 実戦

[→例題47f]

方針 まずは $\sqrt{\quad}$ をなんとかしたいですね．

解答

$$\sqrt{1-\cos\theta}=\sqrt{2\cdot\frac{1-\cos\theta}{2}}=\sqrt{2}\sqrt{\sin^2\frac{\theta}{2}}=\sqrt{2}\left|\sin\frac{\theta}{2}\right|=\sqrt{2}\sin\frac{\theta}{2}\ \left(\because\ 0<\frac{\theta}{2}<\pi\right).$$

よって，与式は

1) $\sqrt{2}\sin\frac{\theta}{2}+2\sin\frac{\theta}{2}\cos\frac{\theta}{2}\leqq 0.$ …角を $\frac{\theta}{2}$ に統一

$\sqrt{2}+2\cos\frac{\theta}{2}\leqq 0\ \left(\because\ \sin\frac{\theta}{2}>0\right).$

$\cos\frac{\theta}{2}\leqq -\frac{1}{\sqrt{2}}.$

よって，単位円周上の点 $\left(\cos\frac{\theta}{2},\ \sin\frac{\theta}{2}\right)$ の存在範囲は，$0<\frac{\theta}{2}<\pi$ の範囲で考えて，右図の通り．以上より，

$$\frac{3}{4}\pi\leqq\frac{\theta}{2}<\pi.$$

$$\therefore\ \frac{3}{2}\pi\leqq\theta<2\pi.$$

解説 ポイントは，半角公式

$$\sin^2\frac{\theta}{2}=\frac{1-\cos\theta}{2}$$

を用いてルート内を「2 乗」の形にして，ルートを外す変形です．超定番です．[→演習問題483(3)]

すると，角 $\frac{\theta}{2}$ が現れるので，それに応じて $\sin\theta$ の方も変形しました．

補足 1)：これを，$\sin\frac{\theta}{2}$ で“くくる”のは単にどんくさい．符号は正に決まってるのだから，とっとと割るべし！

重要 $\frac{1-\cos\theta}{2}=\sin^2\frac{\theta}{2}$ …半角公式

$\sin\theta=2\sin\frac{\theta}{2}\cos\frac{\theta}{2}$ …2 倍角公式

この変形は，必ずセットで覚えましょう．

[→例題47f]

半角公式・2 倍角公式には，「次数を変える」という機能もあることを忘れずに．

487 三角不等式 根底 実戦

[→例題47f]

着眼 与式を見ると，角 θ と 2θ があるので，角を統一したいです．（“またしても”ですね．クドイくらいやりますよ！）

さて，どちらに統一するか？左辺第 3 項だけ変えて θ に揃えてみましょう．その際，cos の 2 倍角公式の“3 つの形”：

$$\cos 2\theta=\begin{cases}\cos^2\theta-\sin^2\theta,\\ 2\cos^2\theta-1,\\ 1-2\sin^2\theta\end{cases}$$

の中から適切なものを選びます．3 番目の形を使えば，両辺から定数 1 が消えて「sin，cos の **2 次同次式**」になり，扱いやすそう．普段から「**次数**」に着目して計算している人にとっては，ごく自然な発想です．もっとも，やってる本人は無意識に実行していたりしますが (笑)．

解答 $\cos\theta$ を c，$\sin\theta$ を s と略記すると，与式は

$$2\sqrt{3}c^2+2(\sqrt{3}-1)sc+\underline{1-2s^2}_{1)}<1.$$

これを変形すると

$\sqrt{3}c^2+(\sqrt{3}-1)sc-s^2<0.$ …左辺は 2 次同次式

$(s+c)(\sqrt{3}c-s)<0.$ …積 vs 0 型

よって，単位円周上の点 (c, s) は領域

2) $(y+x)(\sqrt{3}x-y)<0$

内にあるから，その存在範囲は右図の通り．よって求める解は，

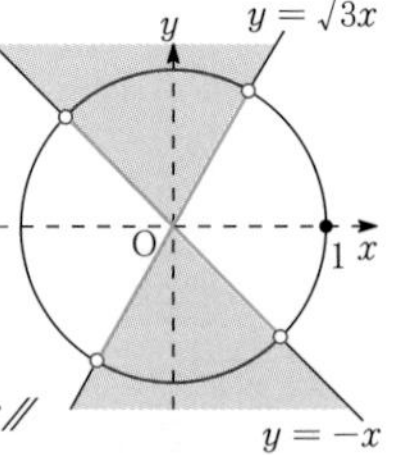

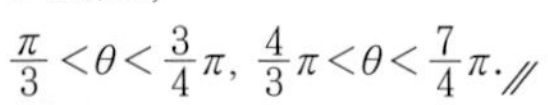

$$\frac{\pi}{3}<\theta<\frac{3}{4}\pi,\ \frac{4}{3}\pi<\theta<\frac{7}{4}\pi.$$

補足 1)：このように 2 倍角公式を使う代わりに，右辺の 1 を移項して半角公式により

$$\cos 2\theta-1=-2\cdot\frac{1-\cos 2\theta}{2}=-2\sin^2\theta$$

と変形してもよいですね．

2)：この領域の図示においては，「左辺の負領域」はどこかを考えています．点 $(1, 0)$ は正領域にありますから，図のような 2 つの部分が負領域となります．

参考　ちなみに，与式左辺の第 1 項と第 2 項をいじって 2θ に統一すると，次のようになります：

$$\sqrt{3}(1+\cos 2\theta)+\left(\sqrt{3}-1\right)\sin 2\theta+\cos 2\theta<1.$$
$$\left(\sqrt{3}-1\right)\sin 2\theta+\left(\sqrt{3}+1\right)\cos 2\theta<1-\sqrt{3}.$$
$$\sin 2\theta+\frac{\sqrt{3}+1}{\sqrt{3}-1}\cos 2\theta<-1.$$
$$\sin 2\theta<-\left(2+\sqrt{3}\right)\cos 2\theta-1.$$

よって，単位円周上の点 $(\cos 2\theta,\ \sin 2\theta)$ は，直線

$$y=\underbrace{-\left(2+\sqrt{3}\right)}_{\text{約 }-3.73}x-1$$

の下側にあるから，右図の太線部．

この交点の x 座標が…，計算してみると $x=0,\ -\dfrac{1}{2}$ という "有名値" となるので，解が得られます．

とはいえ前記**解答**に比べると苦労が多いですね．

注　2 つの解法を比較して，

「いつでも sin，cos の 2 次同次式がベスト」

だなどと決めつけないこと．全てはケースバイケース．暗算で 2，3 手先を読んでみて判断．

4 8 8　三角方程式　根底 実戦　典型　[→例題 4 4 e]

着眼

1.　「方程式」ですから，「積 vs 0 型」にしたい．

2.　角が $x, 2x, 3x$ とバラバラです．統一したい．

この 2 つの見方が，それぞれ必然性のある解法を与えてくれます．

解答 1　(1. の見方．2 つの角 $x, 3x$ の和の半分が $2x$ ですから…)

①を変形すると，

$$\sin 2x+2\sin 2x\cos x=0. \quad \text{（和積公式：}\tfrac{3x+x}{2},\ \tfrac{3x-x}{2}\text{）}$$
$$\sin 2x(1+2\cos x)=0. \quad \text{（積 vs 0 型）}$$
$$\begin{cases}\sin 2x=0\ (0\le 2x<4\pi)\ \text{または}\\ \cos x=-\dfrac{1}{2}\ (0\le x<2\pi).\end{cases}$$

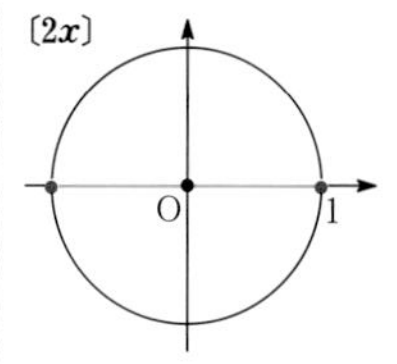

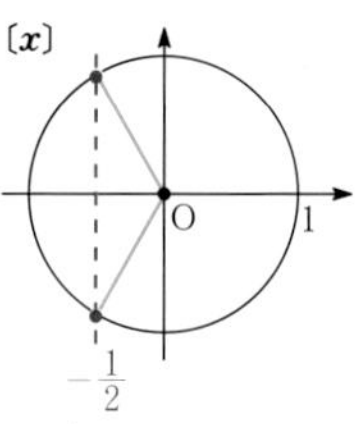

$$\begin{cases}2x=0,\ \pi,\ 2\pi,\ 3\pi,\ \text{または}\\ x=\dfrac{2}{3}\pi,\ \dfrac{4}{3}\pi.\end{cases}$$

$$\therefore x=0,\ \frac{\pi}{2},\ \pi,\ \frac{3}{2}\pi,\ \frac{2}{3}\pi,\ \frac{4}{3}\pi. /\!/$$

解答 2　(2. の見方．角を全て x に統一します．)

$\cos x$ を c，$\sin x$ を s と略記する．①を変形すると，

$$s+2sc+3s-4s^3=0.$$
$$s(4+2c-4s^2)=0.$$
$$s(4c^2+2c)=0.$$
$$sc(2c+1)=0.$$
$$\sin x=0\ \text{または}\ \cos x=0,\ -\frac{1}{2}.$$

(これで，**解答 1** と同じ解が得られています．以下略.)

4 8 9　三角関数の変形　根底 実戦　[→例題 4 7 a]

着眼　(1)「$\tan 2\theta$」の値が与えられています．それを念頭において F を見ると，計算力・暗算力が身に付いた人には，分子と分母に「2θ」の三角関数が見えてきます．

(2) $\dfrac{\sin\theta}{\cos\theta}$ を作りましょう．

解答　$\cos\theta$ を c，$\sin\theta$ を s，$\tan\theta$ を t と略記する．

(1)
$$F=\frac{\frac{1}{2}\cdot 2sc+1}{(s^2+c^2)(s^2-c^2)} \quad \text{（これを暗算でイメージしたい）}$$
$$=\frac{\frac{1}{2}\sin 2\theta+1}{-\cos 2\theta}.$$

ここで，①より右図のようになるから，

(直角三角形：斜辺 $\sqrt{5}$，高さ 2，底辺 1，角 2θ)

$$F=\frac{\frac{1}{2}\cdot\frac{2}{\sqrt{5}}+1}{-\frac{1}{\sqrt{5}}}$$
$$=-1-\sqrt{5}. /\!/$$

(2)
$$F=\frac{sc+1}{(s^2+c^2)(s^2-c^2)} \quad \text{（暗算でイメージ）}$$
$$=\frac{\frac{s}{c}+\frac{1}{c^2}}{\left(\frac{s}{c}\right)^2-1} \quad \text{（分子，分母を } c^2 \text{ で割った）}$$
$$=\frac{t+1+t^2}{t^2-1} \quad \left(1+t^2=\frac{1}{c^2}\right)$$
$$=\frac{\tan^2\theta+\tan\theta+1}{\tan^2\theta-1}. /\!/$$

発展 (2)の変形において，F から“目くらまし”の要素を取り去ってその“正体”を明かしましょう．
分母においては「$c^2+s^2 \to 1$」と次数を下げ，分子においては逆に「$1 \to c^2+s^2$」と次数を上げる変形を行うと，

$$F=\frac{sc+c^2+s^2}{s^2-c^2}.$$

これで，分子，分母が s, c の 2 次**同次式**となりましたので，s, c の比：$\frac{s}{c}$，つまり $\tan\theta$ で表せるのです．これが，設問(2)の背景知識です．

[→例題 1 3 b 参考]

分子と分母で逆向きのことをする訳ですから，ハードル高目ですね (笑).

4 8 10 cos, sin の2次同次式

根底 実戦 典型 [→例題 4 7 c]

着眼 展開すれば，いや，展開するまでもなく，「cos，sin の 2 次同次式だ！」と気付きたい形です．

解答 $\cos\theta$ を c，$\sin\theta$ を s と略記すると

$$\begin{aligned}f(\theta)&=s^2-2sc-3c^2\\&=\frac{1-\cos 2\theta}{2}-\sin 2\theta-3\cdot\frac{1+\cos 2\theta}{2}\\&=-\sin 2\theta-2\cos 2\theta-1\ ^{1)}\\&=\sqrt{5}\sin(2\theta+\alpha)-1\\&\qquad(\alpha \text{ は右図}).\end{aligned}$$

ここで，$2\theta+\alpha$ の変域は $[\alpha, \alpha+\pi]$ だから，右下図を得る．よって，求める値域は

$$\sqrt{5}\cdot(-1)-1 \le f(\theta) \le f\left(\frac{\pi}{2}\right).$$

$$-\sqrt{5}-1 \le f(\theta) \le 1. /\!/$$

解説

$\sin\theta$, $\cos\theta$ の 2 次同次式
→半角・2 倍角公式で次下げ
→合成

という定番の流れでした．

注1 $f\left(\frac{\pi}{2}\right)$ の計算は，合成する前の式を利用しますよ．

注2 1)：見るからに「$f(\theta)=-(\cdots\cdots)$」のように「マイナス」でくくりたくなる形ですが，そうすると「$f(\theta)$」と「$(\cdots\cdots)$」とで最大・最小がひっくり返りますので要注意です！

4 8 11 cos, sin と置換

根底 実戦 [→例題 4 7 d]

方針 (1) 左辺を合成するまでもありません．
(2) 例えば $\cos^2\theta$ を次数下げすると，角が 2θ となり，後ろの項：$\sin\theta-\sqrt{3}\cos\theta$ と統一がとれません．そこで，(1)が利用できないかと考えます．

解答 (1) 単位円周上の点 $(\cos\theta, \sin\theta)$ は，①より直線 $y-\sqrt{3}x=1$ 上にもあるから，右図の位置．
これと $0 \le \theta < 2\pi$ より

$$\theta=\frac{\pi}{2}, \frac{7}{6}\pi. /\!/$$

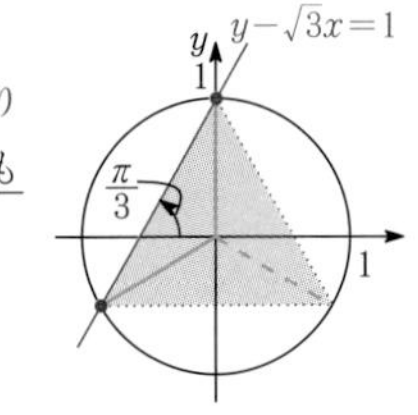

(2) $\cos\theta$ を c，$\sin\theta$ を s と略記し，$t=s-\sqrt{3}c$ とおく．

着眼 これを 2 乗すると，$-2\sqrt{3}cs=-\sqrt{3}\sin 2\theta$ が現れますね．■

$$\begin{aligned}t^2&=(s-\sqrt{3}c)^2\\&=s^2-2\sqrt{3}sc+3c^2\\&=(s^2+c^2)-\sqrt{3}\cdot 2sc+2c^2\\&=1-\sqrt{3}\sin 2\theta+2c^2.\end{aligned}$$

したがって，与式は次のように変形できる：

$$t^2-1+t-1=0. \qquad t^2+t-2=0.$$
$$(t-1)(t+2)=0. \qquad \therefore t=1, -2.$$

$t=s-\sqrt{3}c=1$ は，①そのものである．
$t=s-\sqrt{3}c=-2$ のとき，単位円周上の点 $(\cos\theta, \sin\theta)$ は，直線 $y-\sqrt{3}x=-2$ 上にもあるから，右図の位置．
以上より，求める②の解は

$$\theta=\frac{\pi}{2}, \frac{7}{6}\pi, \frac{11}{6}\pi. /\!/$$

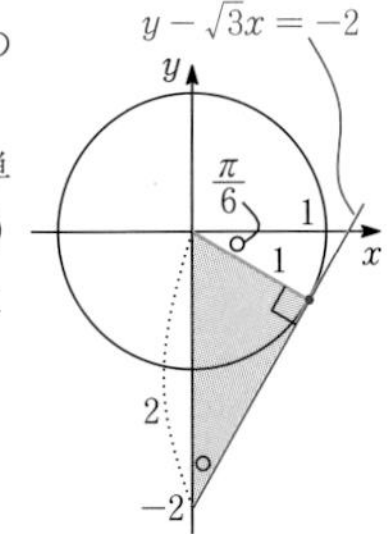

解説 本問(2)は，**例題 4 7 d** における置換：$t=\sin\theta+\cos\theta$ の右辺を少しだけアレンジしたものです．

補足 (1)で考えた直線の「傾き $\sqrt{3}$」は，“特別な値”(有名値) です．図のように，偏角 $\frac{\pi}{3}$ を見抜き，単位円に内接する正三角形を利用するなどして，第 3 象限の交点の位置をパッと特定したいところです．
それができない場合には，左辺を合成したり，あるいは連立方程式：$\begin{cases}x^2+y^2=1\\y-\sqrt{3}x=1\end{cases}$ を解けばよいですね．
(2)の最後についても同様です．

4 8 12 sin & cos へ合成

根底 実戦 入試 重要 [→4 4 5]

方針 (1)は，慣れているので暗記してる通りやればOK.

(2)は，(1)で用いる方法論の**考え方**に立ち返って，それをマネします.

解答 (1) $f(\theta)=2\sin\left(\theta-\dfrac{\pi}{6}\right)$.//

(2) $g(\theta)=\boxed{\sqrt{3}}\cos\theta+\boxed{1}\cdot\sin\theta$ を

$r\cos(\theta-\beta)=\boxed{r\cos\beta}\cos\theta+\boxed{r\sin\beta}\sin\theta$

へと変形するには，右図より

$r=2,\ \beta=\dfrac{\pi}{6}$

でよい. よって

$g(\theta)=2\cos\left(\theta-\dfrac{\pi}{6}\right)$.//

解説 合成は，普段は世間一般に倣い，マニュアル通りに「sin に合成」すればOKですが，たま～に「cos に合成せよ」と指定されることもあります. そんなときに備えて，理論もちゃんと理解しておきましょうね.

また，軌跡関連で媒介変数表示：

$$\begin{cases} x=g(\theta)=\sqrt{3}\cos\theta+\sin\theta \\ y=f(\theta)=\sqrt{3}\sin\theta-\cos\theta \end{cases}$$

があるとき，本問のようにして x は cos へ，y は sin へと合成すると

$$\begin{cases} x=2\cos\left(\theta-\dfrac{\pi}{6}\right) \\ y=2\sin\left(\theta-\dfrac{\pi}{6}\right) \end{cases}$$

となり，軌跡が円となることが一目瞭然となります.

[→演習問題 3 10 1 別解]

参考 (2)の「cos への合成」は，ベクトルの内積と関連付けると次のように片付きます：

$g(\theta)=\sqrt{3}\cdot\cos\theta+1\cdot\sin\theta$

$=\begin{pmatrix}\sqrt{3}\\1\end{pmatrix}\cdot\begin{pmatrix}\cos\theta\\\sin\theta\end{pmatrix}$

$=2\cdot1\cdot\cos\left(\theta-\dfrac{\pi}{6}\right)$.

$\varphi=\theta-\dfrac{\pi}{6}$ とおきます. φ が負になったり，あるいは π を超えると，2 ベクトルのなす角は「$-\varphi$」とか「$2\pi-\varphi$」となったりもしますが，

$\cos(2\pi-\varphi)=\cos(-\varphi)=\cos\varphi$

ですから，合成した結果は，ちゃんと前記のようになります.

言い訳 (1)の答えは，$f(\theta)=2\sin\left(\theta+\dfrac{-\pi}{6}\right)$ だと解釈してください. ちゃんと「$\theta+\alpha$」の形になってますね.

4 8 13 "波" の重ね合わせ

根底 実戦 典型 重要 [→4 7 4]

着眼 (1)(2)とも，周期が等しい "波" どうしの和ですから，必ず 1 つの "波" にまとまります.

ただし，sin の係数どうしも等しい(2)の方が少し手早く解決します.

解答

(1) $f(\theta)=2\sin\theta+\sin\theta\cdot\dfrac{-1}{2}+\cos\theta\cdot\dfrac{\sqrt{3}}{2}$

$=\dfrac{3}{2}\sin\theta+\dfrac{\sqrt{3}}{2}\cos\theta$

$=\dfrac{\sqrt{3}}{2}(\sqrt{3}\sin\theta+\cos\theta)$

$=\sqrt{3}\sin\left(\theta+\dfrac{\pi}{6}\right)$.

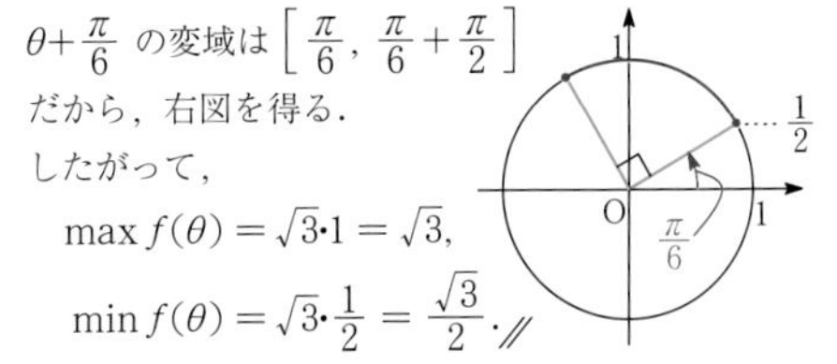

$\theta+\dfrac{\pi}{6}$ の変域は $\left[\dfrac{\pi}{6},\ \dfrac{\pi}{6}+\dfrac{\pi}{2}\right]$ だから，右図を得る.

したがって，

$\max f(\theta)=\sqrt{3}\cdot1=\sqrt{3}$,

$\min f(\theta)=\sqrt{3}\cdot\dfrac{1}{2}=\dfrac{\sqrt{3}}{2}$.//

(2) $g(\theta)=2\sin\left(\theta+\dfrac{\pi}{3}\right)\cdot\cos\dfrac{\pi}{3}$ （和積公式：$\dfrac{1}{2}\left(\theta+\dfrac{2}{3}\pi+\theta\right)$，$\dfrac{1}{2}\left(\theta+\dfrac{2}{3}\pi-\theta\right)$）

$=\sin\left(\theta+\dfrac{\pi}{3}\right)$.

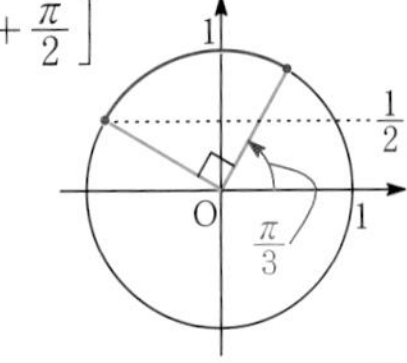

$\theta+\dfrac{\pi}{3}$ の変域は $\left[\dfrac{\pi}{3},\ \dfrac{\pi}{3}+\dfrac{\pi}{2}\right]$ だから，右図を得る.

したがって，

$\max g(\theta)=1$,

$\min g(\theta)=\dfrac{1}{2}$.//

解説 (2)の $g(\theta)$ のように，2 つの sin の係数が等しく，2 つの角の和 or 差が一定なら，和積公式によって変数 θ を集約できます.

4 8 14 定数値関数となる条件

根底 実戦 [→例題 4 7 r]

着眼 (1)と(2)では，問われていることは同じでも，内容的にはまったく別の問題です：

(1): 周期が一致した "波" の重ね合わせ

(2): 周期が不一致の "波" の重ね合わせ

解答

(1) $f(x)=\sin x+\cos x\cos\alpha-\sin x\sin\alpha$

$=\underbrace{(1-\sin\alpha)}_{\text{定数}}\sin x+\underbrace{\cos\alpha}_{\text{定数}}\cos x$

$=\sqrt{(1-\sin\alpha)^2+(\cos\alpha)^2}\sin(x+\beta)$ （x が集約）

(β は，x によらないある定数).

よって題意の条件は

$$\sqrt{(1-\sin\alpha)^2+(\cos\alpha)^2}=0.$$
$$1-\sin\alpha=0,\ \cos\alpha=0.$$
$$(\cos\alpha,\ \sin\alpha)=(0,1).$$

これと $0\leq\alpha<2\pi$ より，$\alpha=\frac{\pi}{2}$. //

(2) 題意が成り立つためには，

$$g(0)=g(\pi)=g\left(\frac{\pi}{2}\right)\ \cdots①$$

が必要である．①より

$b=-b=a.\quad\therefore\ a=b=0.$ （これが題意の必要条件）

逆にこのとき

$$g(x)=0\cdot\sin x+0\cdot\cos 3x=0.$$

これは，確かに定数値関数である．

以上より，求める値は $a=b=0$. //

注 (1)で，「$\alpha=\frac{\pi}{2}$」とすれば

$$f(x)=\sin x+\cos\left(x+\frac{\pi}{2}\right)=\sin x-\sin x=0$$

と，定数値関数が得られます．

同様に(2)で，「$a=b=0$」とすれば，$g(x)=0$（定数値関数）となります．

しかし，このことだけ述べても，題意の「十分条件」であることにしか言及していませんので正解にはなりません．そこで…

解説 (1)では，周期の一致した 2 つの“波”を 1 つに合成し，題意の**必要十分条件**を得ました．

ところが(2)では，周期が不一致の 2 つの“波”なのでそうはいきません．そこで，とりあえず $x=0,\pi,\frac{\pi}{2}$ のときを考え，題意の**必要条件**から a,b の候補を絞り込み，その後で十分性の確認をしました．

言い訳 (2)の答えは，いかにも「アタリマエ」という感じがしますね（笑）．しかし，その「アタリマエ」なことをキチンと示すのが「数学」の使命です．

4 8 15 最大値の範囲 根底 実戦 [→例題 4 7 p]

着眼 右辺にある 2 つの“波”の周期は一致していますから，1 つの“波”に合成できます．

解答 $f(\theta)$

$$=\sin\theta\cos\alpha+\cos\theta\sin\alpha$$
$$+2(\cos\theta\cos 2\alpha-\sin\theta\sin 2\alpha)$$
$$=(\cos\alpha-2\sin 2\alpha)\sin\theta+(\sin\alpha+2\cos 2\alpha)\cos\theta.$$

ここで

$$(\cos\alpha-2\sin 2\alpha)^2+(\sin\alpha+2\cos 2\alpha)^2$$
$$=\ \cos^2\alpha-4\cos\alpha\sin 2\alpha+4\sin^2 2\alpha$$
$$+\sin^2\alpha+4\sin\alpha\cos 2\alpha+4\cos^2 2\alpha$$
$$=5-4(\sin 2\alpha\cos\alpha-\cos 2\alpha\sin\alpha)$$
$$=5-4\sin(2\alpha-\alpha)$$
$$=5-4\sin\alpha.$$

よって

$$f(\theta)=\sqrt{5-4\sin\alpha}\cdot\sin(\theta+\beta)$$

（β は θ によらない定角）.

したがって

$$M=\sqrt{5-4\sin\alpha}.$$

$-1\leq\sin\alpha\leq 1$ より，求める変域は

$$\sqrt{5-4\cdot1}\leq M\leq\sqrt{5+4\cdot1}.$$

i.e. $1\leq M\leq 3$. //

参考 M が最大，すなわち

$$\sin\alpha=-1,\ \text{i.e. } \alpha=\frac{-\pi}{2}$$

のとき，

$$f(\theta)=\sin\left(\theta-\frac{\pi}{2}\right)+2\cos(\theta-\pi)$$
$$=-\cos\theta-2\cos\theta\ (=-3\cos\theta).$$

このように，2つの“波”はピタリと一致 1)しています．

逆に M が最小，すなわち

$$\sin\alpha=1,\ \text{i.e. } \alpha=\frac{\pi}{2}$$

のとき，

$$f(\theta)=\sin\left(\theta+\frac{\pi}{2}\right)+2\cos(\theta+\pi)$$
$$=\cos\theta-2\cos\theta\ (=-\cos\theta).$$

このように，2 つの“波”は，符号違い・反対向きの変動 2) となっています．

語記サポ 物理の用語を用いると，次のように言います：

1)：位相が一致している．　2)：逆位相である．

4 8 16 2変数関数 根底 実戦 入試 [→例題 4 7 o]

方針 （独立な）2 変数 x,y の関数です．「$=k$ とおく」方法論では無理そうですから，「1 文字固定」ですね．x,y のどっちを固定しても一緒でしょう．

解答 1° y を固定し，x を実数全体で動かす．

定数とみている $\cos y$, $\sin y$ をそれぞれ c,s と略記すると，

$$F=(2s+c)\sin x+(c-2s)\cos x$$
$$=\underbrace{\sqrt{(2s+c)^2+(c-2s)^2}}_{A\text{ とおく}}\sin(x+\alpha)$$

（α は点 $(2s+c,\ c-2s)$ の偏角）.

よって，1° 段階での F の最大値は

$$A=\sqrt{8s^2+2c^2}\quad{}^{1)}$$
$$=\sqrt{2+6\sin^2 y}\ (=f(y)\text{ とおく}).$$

2° $f(y)$ に対して，y を実数全体で動かすと，

$$\max\sin^2 y=1.$$

以上 1°, 2° より，求める最大値は

$$\max F=\sqrt{2+6}=2\sqrt{2}.$$ //

解説 1° では $\cos y$, $\sin y$ は定数ですから，

$F=$(定数)$\sin x+$(定数)$\cos x$ (角が一致)

となり，「定数」の所が何であっても合成できるのが"常識"です．

参考 1)：もし，ここに「sc」の項が含まれていたら，

$\sin\theta$, $\cos\theta$ の 2 次同次式

→半角・2 倍角公式で次下げ

→合成

という例の流れで処理します．

語記サポ 「A」は，「振幅 =amplitude」の頭文字です．

4 8 17 三角関数によるパラメタ表示 [→例題 4 7 f]

根底 実戦 典型 重要

着眼 ちゃんと，右辺の三角関数そのものを見ること．何かが見えてくるでしょ！

解答 与式を変形すると，

$$^{1)}\begin{cases} x=\dfrac{1+\cos 2\theta}{2} \\ y=\dfrac{1}{2}\sin 2\theta. \end{cases}$$

$$\text{i.e.}\begin{cases} \cos 2\theta=2x-1, \\ \sin 2\theta=2y. \end{cases}$$

点 $(x, y)\in C$ となるための条件は，これを満たす $\theta\ (0\leq 2\theta\leq\pi)$ が存在すること，すなわち，

$$\therefore\ C: (2x-1)^2+(2y)^2=1,\ 2y\geq 0.$$

$$\text{i.e.}\ \left(x-\frac{1}{2}\right)^2+y^2=\left(\frac{1}{2}\right)^2,\ y\geq 0.$$

これを図示すると，右図の通り．

注 1)：このパラメタ表示のまま，ベクトルを用いて

$$\begin{pmatrix} x \\ y \end{pmatrix}=\begin{pmatrix} 1/2 \\ 0 \end{pmatrix}+\frac{1}{2}\begin{pmatrix} \cos 2\theta \\ \sin 2\theta \end{pmatrix}$$

$$(0\leq 2\theta\leq\pi)$$

と表しても同じ軌跡が描けますね．

参考 本問で行った三角関数の変形は，例題 4 7 f の変形：

「$\cos\theta-1$, $\sin\theta$ を $\dfrac{\theta}{2}$ の三角関数で表す」

とは逆向きですね．

注意！ **理系** 数学ⅢC を学んだ理系の人へ．「そのもの」をロクに見もしないで微分法にベッタリ頼り切り，x, y を θ で微分したりすると赤っ恥（苦笑）．

4 8 18 2直線のなす角 [→例題 4 7 h]

根底 実戦 典型

注 2 直線のなす角 θ については，求め方の公式がありましたね．しかし…，それを丸暗記すると確実にこの種のテーマが苦手になります．

基本原理：「tan(偏角) $=$ 傾き」に立脚して解答します．

必要な情報は，2 直線の傾きのみです．

解答 図のように偏角 α, β

$$\left(-\frac{\pi}{2}<\beta<\alpha<\frac{\pi}{2}\ \cdots①\right)$$

をとると

$$\tan\alpha=l\ \text{の傾き}=\frac{3}{2},$$

$$\tan\beta=m\ \text{の傾き}=-5.$$

さらに上図のように角 θ' をとると，①より

$$^{1)}\ \theta'=\alpha-\beta.$$

$$\therefore\ \tan\theta'=\tan(\alpha-\beta)$$

$$=\frac{\tan\alpha-\tan\beta}{1+\tan\alpha\tan\beta}$$

$$=\frac{\frac{3}{2}-(-5)}{1+\frac{3}{2}\cdot(-5)}=\frac{13}{-13}=-1.$$

①より $0<\theta'<\pi$ だから，$\theta'=\dfrac{3}{4}\pi$．したがって

$$\theta=\pi-\theta'=\frac{\pi}{4}. /\!/$$

解説 直線を表す偏角は，とにかく①の範囲（単位円の"右半分"）でとるように心掛けましょう．

補足 1)：この等式を，具体的な概算値（度数法）を使って書き表すと次の通り：

$$135°=56°-(-79°).$$

注 y 切片やら，交点の座標やらは，「なす角」と何の関係もありません．

別解 2 直線の法線ベクトルどうしのなす角 φ を利用する手もあります．

l, m の法線ベクトルは，それぞれ

$$\vec{u}:=\begin{pmatrix} 3 \\ -2 \end{pmatrix},\ \vec{v}:=\begin{pmatrix} 5 \\ 1 \end{pmatrix}.$$

$$\therefore\cos\varphi=\frac{\vec{u}\cdot\vec{v}}{|\vec{u}||\vec{v}|}=\frac{13}{\sqrt{13}\sqrt{26}}=\frac{1}{\sqrt{2}}.$$

$$\therefore\varphi=\frac{\pi}{4}.$$

よって $0<\varphi<\dfrac{\pi}{2}$ だから，

$$\theta=\varphi=\frac{\pi}{4}. /\!/$$

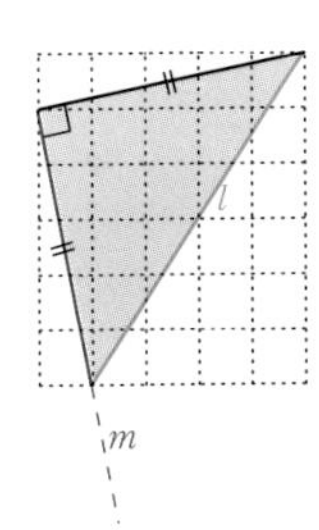

参考 右図の直角二等辺三角形を見ると，なす角がキレイに $\dfrac{\pi}{4}$ と求まるカラクリがわかりますね．

4 8 19 角の最小化
根底 実戦 入試　[→例題 4 7 i]

着眼　まずは図を描いて様子を観察しましょう．

〔$t=0$ のとき〕　〔$t=-1$ のとき〕

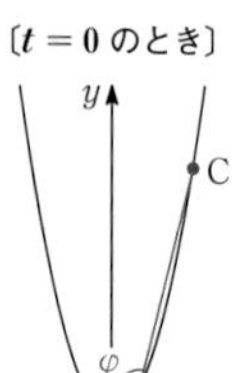

どうやら φ は鈍角にも鋭角にも（直角にも）なることがありそうです．

方針　(2)(3)では，例の「tan(偏角) = 傾き」という原理を使いそう．そこで，(1)でも傾きを使います．（ベクトルの内積でもできますが．）

(2) 場合分けが要りそうです．

(3) 角の最小化を考えるのですから，もちろん鋭角のときのみ論じれば OK です．

解答　AB の傾き $=\dfrac{(t+1)^2-t^2}{(t+1)-t}$

$=\dfrac{\{(t+1)+t\}\{(t+1)-t\}}{(t+1)-t}$

$=$ [1] $(t+1)+t=2t+1$.

同様に

BC の傾き $=(t+3)+(t+1)=2t+4$.

(1)　AB⊥BC となるための条件は

$(2t+1)(2t+4)=-1$.　傾きの積 $=-1$ [→ 3 2 4]

$4t^2+10t+5=0$.

$t=\dfrac{-5\pm\sqrt{5}}{4}$. //　だいたい -1.8, -0.7 くらい

(2)　右図のように偏角 α, β をとると

$\tan\alpha=$AB の傾き$=2t+1$,

$\tan\beta=$BC の傾き$=2t+4$.

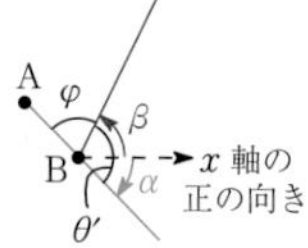

ただし $\alpha, \beta\in\left(-\dfrac{\pi}{2}, \dfrac{\pi}{2}\right)$. …①　開区間

$\tan\alpha<\tan\beta$ だから，①より $\alpha<\beta$.

これと①より

$-\dfrac{\pi}{2}<\alpha<\beta<\dfrac{\pi}{2}$ …①′

したがって，上図のように角 θ' をとると，①′より

[2] $\theta'=\beta-\alpha$.　“大きさの角”

$\therefore\ \tan\theta'=\tan(\beta-\alpha)$

$=\dfrac{\tan\beta-\tan\alpha}{1+\tan\beta\tan\alpha}$

$=\dfrac{(2t+4)-(2t+1)}{1+(2t+4)(2t+1)}$ [3]

$=\dfrac{3}{4t^2+10t+5}$.

(1)で求めた 2 つの t の値を $t_1, t_2\ (t_1<t_2)$ とおくと，分母の符号は右図のようになる．

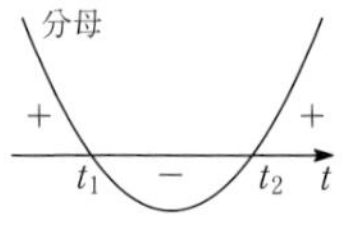

また，①′より $0<\theta'<\pi$ だから，次のように場合分けされる．

i) $t<t_1$, $t_2<t$ のとき，$\tan\theta'>0$ より $0<\theta'<\dfrac{\pi}{2}$ だから，

$\theta=\theta'$.

$\therefore\ \tan\theta=\tan\theta'=\dfrac{3}{4t^2+10t+5}$. //

ii) $t_1<t<t_2$ のとき，$\tan\theta'<0$ より $\dfrac{\pi}{2}<\theta'<\pi$ だから，

$\theta=\pi-\theta'$.

$\therefore\ \tan\theta=-\tan\theta'=\dfrac{-3}{4t^2+10t+5}$. //

(3)　(2)の図からわかるように

$\varphi=\pi-\theta'$.

φ が最小となるのは，φ が鋭角，つまり θ' が鈍角となる $t_1<t<t_2$ のときに絞られる．このとき

φ: min $\iff$ $\tan\varphi$: min. …②

$\tan\varphi=-\tan\theta'$

$=\dfrac{-3}{4t^2+10t+5}$

$=\dfrac{3}{-4t^2-10t-5}$.

分母　t_1　$-\dfrac{5}{4}$　t_2　t

この分母の変化は右上図の通り．よって，$t=-\dfrac{5}{4}$ のとき，$\tan\varphi$ は最小となり，②よりこのとき φ も最小となる．

以上より，求める値は，$t=-\dfrac{5}{4}$. //

補足　[1]：一般に放物線 $y=ax^2$ 上の 2 点 (s, as^2), (t, at^2) を結ぶ直線の傾きは

$$\frac{as^2-at^2}{s-t}=\frac{a(s+t)(s-t)}{s-t}=a\underbrace{(s+t)}_{x\text{ 座標の和}}$$

とカンタンに求まります．

[2]：とにかくこの等式を正確に．左辺は“大きさの角”，右辺の α, β は偏角です．

[3]：この分母が 0 となることが，(1)で考えた AB と BC の垂直条件そのものですね．つまりこの等式は，「垂直」でないときのみ意味をもつ訳です．

4 8 20 三角形の形状決定
根底 実戦 定期　[→例題 4 7 b]

注　[1]：問い方が曖昧ですが，何かしら“呼び名”のある三角形が“答え”になります（笑）．

言い訳　(1)〜(3)は Ⅰ+A 例題 3 5 j と，(4)は Ⅰ+A 演習問題 3 8 9 (2)と同問です（笑）．

方針 与えられた等式から，三角形の形状を決定します．正弦定理や余弦定理を用いて「辺のみ」もしくは「角のみ」の関係にして整理します．
数学Ⅰ段階では，「辺だけの関係」にする以外に手がなかったのですが，数学Ⅱで「加法定理」などを学ぶと，「角だけの関係」にして変形するという別の方法論が生まれるということを体験していただきます．

解答 A, B, C は三角形の内角だから

$A+B+C=\pi.\quad A, B, C>0.$ …①

また，外接円の半径を $R\,(>0)$ とおく．

(1) 正弦定理を用いて与式を変形すると

$2R\sin A\cos A=2R\sin B\cos B.$

$2\sin A\cos A=2\sin B\cos B.$

$\sin 2A-\sin 2B=0.$

$2\cos(A+B)\sin(A-B)=0.$

$\begin{cases}\text{i) } \cos(A+B)=0,\ \text{または}\\ \text{ii) } \sin(A-B)=0.\end{cases}$

i) のとき，①より $0<A+B<\pi$ だから

$A+B=\dfrac{\pi}{2}.\quad \text{i.e. } C=\dfrac{\pi}{2}.$

ii) のとき，①より $-\pi<A-B<\pi$ だから

$A-B=0.\quad \text{i.e. } A=B.$

よって，△ABC は

$C=\dfrac{\pi}{2}$ の直角三角形，または

$a=b$ の二等辺三角形．//

(2) 与式を変形すると，

$\sin A\cos B-\cos A\sin B=0.$

$\sin(A-B)=0.$

よって，(1)の ii) と同様に，△ABC は $a=b$ の二等辺三角形．//

(3) 正弦定理を用いて与式を変形すると

$2R\sin A\cos A+2R\sin B\cos B=2R\sin C\cos C.$

$\sin 2A+\sin 2B=\sin 2C.$

$2\sin(\underbrace{A+B}_{\pi-C})\cos(A-B)=\sin 2C.$

$2\sin C\cos(A-B)=2\sin C\cos C.$

$2\sin C>0$ だから

$\cos(A-B)-\cos C=0.$

$-2\sin\underbrace{\dfrac{A-B+C}{2}}_{\frac{\pi-2B}{2}}\sin\underbrace{\dfrac{A-B-C}{2}}_{\frac{2A-\pi}{2}}=0.$

$\cos B\cos A=0.$

$\cos A=0,\ \text{or}\ \cos B=0.$

これと①より

$A=\dfrac{\pi}{2},\ \text{or}\ B=\dfrac{\pi}{2}.$

すなわち，△ABC は

$A=\dfrac{\pi}{2}$ または $B=\dfrac{\pi}{2}$ の直角三角形．//

(4) 与式の左辺は，

$\cancel{\sin(\underbrace{A+B}_{\pi-C})}-\sin(A-B)+\sin A-\sin B\cancel{-\sin C}$

$=-\sin(A-B)+2\cos\dfrac{A+B}{2}\sin\dfrac{A-B}{2}$

$=-2\sin\dfrac{A-B}{2}\cos\dfrac{A-B}{2}$

$\qquad+2\cos\dfrac{A+B}{2}\sin\dfrac{A-B}{2}$

$=2\sin\dfrac{A-B}{2}\left(\cos\dfrac{A+B}{2}-\cos\dfrac{A-B}{2}\right)$

$=2\sin\dfrac{A-B}{2}\cdot(-2)\sin\dfrac{A}{2}\sin\dfrac{B}{2}.$

よって与式を変形すると

$\sin\dfrac{A-B}{2}\sin\dfrac{A}{2}\sin\dfrac{B}{2}=0.$

①より $\sin\dfrac{A}{2},\ \sin\dfrac{B}{2}>0$ だから

$\sin\dfrac{A-B}{2}=0.$

①より $-\dfrac{\pi}{2}<\dfrac{A-B}{2}<\dfrac{\pi}{2}$ だから

$\dfrac{A-B}{2}=0.\ \text{i.e.}\ A=B.$

したがって，△ABC は $a=b$ の二等辺三角形．//

解説 ここで用いている手法では，「辺→角」の向きのすり替えを行います．その場合には，余弦定理を使うことはあまりないです（笑）．

注 (2)(4)は初めから角だけの関係です．数学Ⅰ段階ではこれを辺だけの関係に直してやっていた訳です．

言い訳 Ⅰ+A演習問題 3 8 9 (1)：「$a^2=b^2+c^2+bc$」は，初めから辺だけの関係になっているので，さすがにこれを角の関係に直すのは遠回りと判断し，ここでは扱いませんでした．

4 8 21 第一余弦定理の証明 [→ 4 4 1]

根底 実戦

着眼 前問で見たように，辺の長さは正弦定理により角の大きさに変えることができます．すると…一瞬ですね．

解答 外接円の半径を $R\,(>0)$ とおく．正弦定理を用いると

左辺 $=2R\sin C.$

右辺 $=2R\sin B\cos A+2R\sin A\cos B$

$=2R(\sin B\cos A+\sin A\cos B)$

$=2R\sin(A+B)$

$=2R\sin(\pi-C)=2R\sin C.$

よって与式が示せた．□

参考 この等式の証明は，Ⅰ+A演習問題 3 8 10 でも扱いました．そこでは，辺の長さの関係に直すなどして示していました．

4 8 22 多変数関数 根底 実戦 入試 [→例題 4 7 b]

着眼 A, B, C の 3 つが変数です．ただし，これらの和は一定で 1 文字は消去できます[1] から，実質的には 2 変数関数といえます．**I+A 演習問題 2 12 4**「2 変数関数の最小値」の最後に書いたまとめを再掲しておきます：

> **2 変数関数 $f(x, y)$ の最大・最小**
> 1. $f(x, y) = k$ と固定して，「$=$」が成立可能かどうかを調べる．
> 2. 1 変数化 $\begin{cases} 1\text{ 文字消去} \\ 1\text{ 文字固定} \end{cases}$

本問では，2. の「1 文字固定」を用います．

方針 三角形の内角 3 つの cos の和です．**例題 4 7 b** には三角形の内角 3 つの sin の和がありました．そこでも述べたように，例えば $A+B=\pi-C$ のように，2 角の和は他の 1 角で表せますから，2 角の和を「和積公式」を用いて作りましょう．

注 [1]：だからといって慌てて文字を消さない方が，スッキリした計算プロセスになります．

解答 A, B, C は三角形の内角だから

$A+B+C=\pi$.　$A, B, C>0$. …①

1° C を固定し，A, B を

$A+B=\pi-C$

のもとで動かす．

$$F=2\cos\underbrace{\frac{A+B}{2}}_{\frac{\pi-C}{2}}\cos\frac{A-B}{2}+\cos C$$

$$=2\sin\frac{C}{2}\cos\frac{A-B}{2}+\cos C.$$

ここで①より $2\sin\frac{C}{2}>0$[2] より

$F \leq 2\sin\frac{C}{2}\cdot 1+\cos C$ ($=f(C)$ とおく)．

等号は，　大小関係

$$\begin{cases} \frac{A-B}{2}=0 \\ \text{かつ ①} \end{cases} \quad \text{i.e. } A=B=\frac{\pi-C}{2}$$

のとき成立する．　等号成立確認

よって，1° での F の最大値は $f(C)$ である．

2° $f(C)$ に対して，C を $0<C<\pi$ の範囲で動かす．

$f(C)=2\sin\frac{C}{2}+\cos 2\cdot\frac{C}{2}$.　角を $\frac{C}{2}$ に統一したい

そこで，$t=\sin\frac{C}{2}$ とおくと，$0<t<1$ …② であり

$$f(C)=2t+(1-2t^2)$$
$$=-2t^2+2t+1$$
$$=-2\left(t-\frac{1}{2}\right)^2+\frac{3}{2}.$$

これと②より，右図を得る．

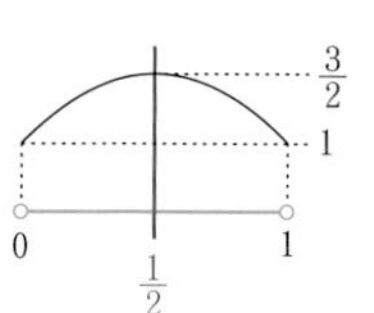

以上 1°, 2° より，求める最大値は

$$\max F=\frac{3}{2}.$$ //

解説 俗に言う“予選決勝方式”でした．1° の“予選”を勝ち抜いた $f(C)$：

$f\left(\frac{\pi}{6}\right), f\left(\frac{\pi}{4}\right), f\left(\frac{\pi}{3}\right), f\left(\frac{\pi}{2}\right)$, などなど …

を対象として，2° の“決勝戦”を行い，全体でのチャンピオンを決定しました．

参考 F が最大になるときはどんなときかというと…

$$A=B=\frac{\pi-C}{2},\ \frac{C}{2}=\frac{\pi}{6}.$$

i.e. $A=B=C=\frac{\pi}{3}$.

つまり，△ABC が正三角形のときです．(図計量の最大・最小は，たいていこうした“キレイな”状況で起こります．)

注 [2]：この次の行の不等式「$F\leq\cdots$」は，不等式「$\cos\frac{A-B}{2}\leq 1$」の両辺に掛けた $2\sin\frac{C}{2}$ の**符号**も吟味して初めて得られます．

4 8 23 三角形と三角関数 根底 実戦 典型 [→ 4 4 1 /]

着眼 (1)(2)とも，「面積」を利用するというテクニックを用います．他の方法がない訳ではありませんが，ずいぶん手間がかかります．

解答 (1) △BAD と △BCD は，AD, CD を底辺とみると高さは共通だから

$$\text{AD}:\text{DC}=\triangle\text{BAD}:\triangle\text{BCD}$$
$$=\frac{1}{2}\cdot 4\cdot\text{BD}\cdot\sin 45^\circ:\frac{1}{2}\cdot 3\cdot\text{BD}\cdot\sin 60^\circ$$
$$=4\cdot\frac{1}{\sqrt{2}}:3\cdot\frac{\sqrt{3}}{2}$$
$$=4\sqrt{2}:3\sqrt{3}.$$ //　約 5.6 : 5.2

(2) $x=\text{BD}$ とおくと，△BAC = △BAD + △BCD より

$$\frac{1}{2}\cdot 4\cdot 3\cdot\sin(45^\circ+60^\circ)=\frac{1}{2}\cdot 4\cdot x\cdot\sin 45^\circ+\frac{1}{2}\cdot 3\cdot x\cdot\sin 60^\circ.$$

$$12\left(\frac{1}{\sqrt{2}}\cdot\frac{1}{2}+\frac{1}{\sqrt{2}}\cdot\frac{\sqrt{3}}{2}\right)=4\cdot\frac{1}{\sqrt{2}}\cdot x+3\cdot\frac{\sqrt{3}}{2}\cdot x.$$

$$12\left(1+\sqrt{3}\right)=\left(8+3\sqrt{6}\right)x.$$

したがって

$$\mathrm{BD} = x = 12\cdot\frac{1+\sqrt{3}}{8+3\sqrt{6}}\cdot\frac{8-3\sqrt{6}}{8-3\sqrt{6}}$$
$$= \frac{6}{5}\cdot(8-3\sqrt{6}+8\sqrt{3}-9\sqrt{2}).$$ //

参考 線分比と面積比の関係は，[→ I+A 5 7].
(2)とよく似た問題を，既に I+A 例題 3 5 g (2)で扱っていました.

4 8 24 三角形の計量・三角関数 [→4 4 1]
根底 実戦 重要

着眼 BP を辺としてもつ三角形に注目します．その際，「30°」以外の角が**定まっている**という認識があればカンタンです.

解答 図のように △ABC の内角 α(度数法) をとる.
△ABP に注目して正弦定理を用いると ●●● △CBP でも可

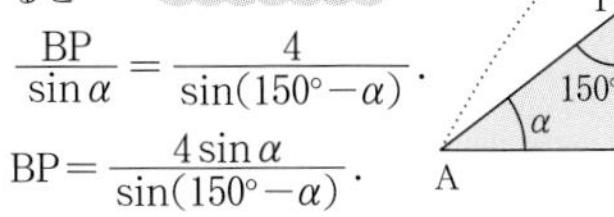

$$\frac{\mathrm{BP}}{\sin\alpha} = \frac{4}{\sin(150^\circ-\alpha)}.$$
$$\mathrm{BP} = \frac{4\sin\alpha}{\sin(150^\circ-\alpha)}.$$

ここで，直角三角形 ABC に注目すると

$$\cos\alpha = \frac{4}{5},\ \sin\alpha = \frac{3}{5}.$$

$$\therefore\ \mathrm{BP} = \frac{4\cdot\frac{3}{5}}{\frac{1}{2}\cdot\frac{4}{5} - \frac{-\sqrt{3}}{2}\cdot\frac{3}{5}}$$
$$= \frac{24}{4+3\sqrt{3}}\cdot\frac{3\sqrt{3}-4}{3\sqrt{3}-4} = \frac{24}{11}(3\sqrt{3}-4).$$ //

解説 角 A が数値として求まっていれば皆ができますが，こうして
数値としては求まっていないが **1 つに定まる**角
についても，自在に操れるようになりたいです.

4 8 25 トレミーの定理・証明 [→4 4 4]
根底 実戦

着眼 問題文にあるのは四角形ですが，基本となる図形である三角形に注目します.「外接円」とくれば，あの定理ですね.
円に内接する四角形の性質も忘れずに.

解答 A, B, C, D は共円だから，

$$(\alpha+\delta)+(\beta+\gamma)=\pi.$$
$$\text{i.e. } \alpha+\beta+\gamma+\delta=\pi.\ \cdots①$$

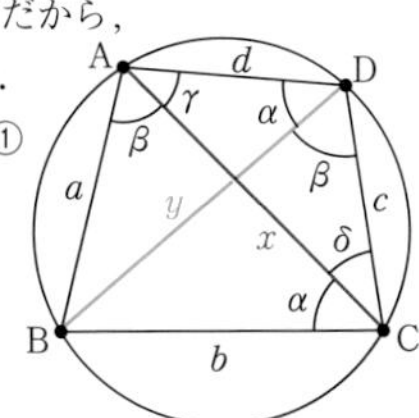

外接円の半径を R とする.
△BCA に注目して正弦定理を用いると

$$\frac{a}{\sin\alpha} = \frac{b}{\sin\beta} = 2R.$$

△DAC に注目して，同様に

$$\frac{c}{\sin\gamma} = \frac{d}{\sin\delta} = 2R.$$

したがって

$$ac+bd = (2R)^2(\sin\alpha\sin\gamma + \sin\beta\sin\delta).\ \cdots②$$

次に，円周角の性質を用いると前図のように D のまわりに角 α, β をとることができる．よって，△DAC，△CDB に注目して正弦定理を用いると

$$\frac{x}{\sin(\alpha+\beta)} = 2R,\ \frac{y}{\sin(\alpha+\delta)} = 2R.$$
$$\therefore xy = (2R)^2\cdot\sin(\alpha+\beta)\sin(\alpha+\delta).\ \cdots③$$

①を用いると，②より

$$\frac{ac+bd}{2R^2}$$
$$= 2\sin\alpha\sin\gamma + 2\sin\beta\sin\delta$$
$$= \cos(\alpha-\gamma) - \cos(\alpha+\gamma) + \cos(\beta-\delta) - \cos(\underbrace{\beta+\delta}_{\pi-(\alpha+\gamma)})$$
$$= \cos(\alpha-\gamma) + \cos(\beta-\delta).\ \cdots④$$

③より

$$\frac{xy}{2R^2} = 2\sin(\alpha+\beta)\sin(\alpha+\delta)$$
$$= \cos(\alpha+\beta-\alpha-\delta) - \cos(\overbrace{\alpha+\beta+\delta}^{\pi-\gamma}+\alpha)$$
$$= \cos(\beta-\delta) + \cos(\gamma-\alpha)$$
$$= \cos(\beta-\delta) + \cos(\alpha-\gamma).$$

これと④より，題意は示せた．□

余談 トレミーの定理の証明は，I+A においても**演習問題** 3 8 13(余弦定理) および**演習問題** 5 12 5(相似三角形) で証明を行いました．1 つの問題に対し解法を沢山知っているから偉いという訳ではありません (笑)．ですが，この様々な証明法が，数学の様々な分野の絶好のトレーニングの場となるのです.

4 8 26 円弧上の点との距離 [→4 4 5]
根底 実戦 典型

着眼 まずは図形そのものをよく見ること．その上で，どの三角形に注目し，どんな定理を適用するべきかを判断します.

解答 (1) A, B, P, C は共円だから，△BCP も直角三角形.
これに注目して

$$\mathrm{BP} = 5\sin\theta,\ \mathrm{CP} = 5\cos\theta.$$ //

次に，右図のように定角 α をとる[1].
△CAP に注目して正弦定理を用いると

$$\frac{\mathrm{AP}}{\sin(\theta+\alpha)} = 5.$$ ●●● 外接円の直径の長さ

よって

$$\mathrm{AP} = 5\sin(\theta+\alpha)$$
$$= 5(\sin\theta\cos\alpha + \cos\theta\sin\alpha)$$
$$= 5\sin\theta\cdot\frac{3}{5} + 5\cos\theta\cdot\frac{4}{5}$$
$$= 3\sin\theta + 4\cos\theta.$$ //

第4章 三角関数

(2) (1)より

$$f(\theta)=5\sin\theta+5\cos\theta+3\sin\theta+4\cos\theta$$
$$=8\sin\theta+9\cos\theta$$
$$=\sqrt{145}\sin(\theta+\beta)\ (\beta\text{は右図}).$$

ここで，$\theta+\beta$ の変域は開区間 $\left(\beta, \beta+\dfrac{\pi}{2}\right)$ であり，$\beta>\dfrac{\pi}{4}$ だから，右下図を得る．

以上より，求める値域は

$$f\left(\frac{\pi}{2}\right)<f(\theta)\leq\sqrt{145}\cdot1.$$

i.e. $8<f(\theta)\leq\sqrt{145}$.//

解説 1)：こうした，「数値としては求まっていないが **1 つに定まる**角」と仲良しになりましょうね．

参考 前問で証明した「トレミーの定理」を用いると，

$$\text{BC}\cdot\text{AP}=\text{AC}\cdot\text{BP}+\text{AB}\cdot\text{CP},$$

i.e. $5\text{AP}=3\text{BP}+4\text{CP}$

が成り立つはずです．実際，本問で得た AP，BP，CP の長さを用いると

左辺 $=5(3\sin\theta+4\cos\theta)=15\sin\theta+20\cos\theta$,

右辺 $=3\cdot5\sin\theta+4\cdot5\cos\theta=15\sin\theta+20\cos\theta$

ですから，確かに上記の等式は成立しています．

4 8 27 面積の最大化

[→例題 4 7 d]

方針 もし(1)というヒントがなかった場合，何を変数にとるかの判断は次のようにします．

直角三角形において，1 つの鋭角を決めれば直角と合わせて 2 角が決まり，三角形の形状が**定まります**．さらに，3 辺の和が 1 ですから，三角形が大きさも含めて完全に**定まります**．

このように，「何を決めれば図形が**定まるか**？」と考えると，適切な方針が得られることが多いです．もちろん，最終的には試行錯誤ですが．

このように，「どう解くか？」ではなく，「どうすれば図形が**定まるか**？」という頭の動かし方を身に付けましょう．

解答 (1) $\text{AB}=l\cos\theta$, $\text{BC}=l\sin\theta$.

$\cos\theta$ を c，$\sin\theta$ を s と略記すると，

$$l+lc+ls=1.$$
$$(1+c+s)l=1.$$

$$l=\frac{1}{1+\cos\theta+\sin\theta}.//$$

(2) (1)より，△ABC の面積 S は

$$S=\frac{1}{2}\cdot\text{AB}\cdot\text{BC}$$
$$=\frac{1}{2}\cdot lc\cdot ls$$
$$=\frac{1}{2}\left(\frac{1}{1+c+s}\right)^2\cdot cs.\ \cdots①$$

また，θ の変域は，$0<\theta<\dfrac{\pi}{2}$ …②.

着眼 ①には c と s の和と積がありますね．
[→例題 4 7 d]

$t=c+s$ とおくと

$(c+s)^2=1+2cs$ より，$cs=\dfrac{t^2-1}{2}$.

これと①より

$$\therefore\ S=\frac{1}{2}\cdot\frac{1}{(1+t)^2}\cdot\frac{(t+1)(t-1)}{2}$$
$$=\frac{1}{4}\cdot\frac{t-1}{t+1}\ (=f(t)\ \text{とおく})$$
$$=\frac{1}{4}\left(1-\frac{2}{t+1}\right).\ \cdots③$$

分子の低次化

ここで，$t=\sqrt{2}\sin\left(\theta+\dfrac{\pi}{4}\right)$ であり，②より $\theta+\dfrac{\pi}{4}$ の変域は開区間 $\left(\dfrac{\pi}{4}, \dfrac{3}{4}\pi\right)$ だから，右図より t の変域は，

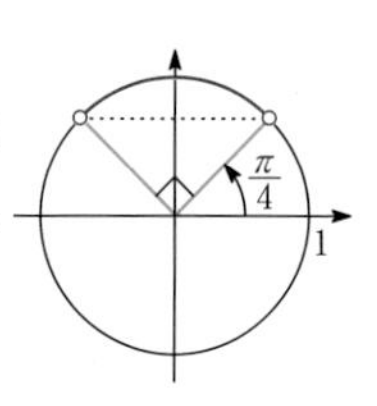

$1<t\leq\sqrt{2}$.

③において，$\dfrac{2}{t+1}$ は t の減少関数だから S は増加する．したがって

$$\max S=f\left(\sqrt{2}\right)$$
$$=\frac{1}{4}\cdot\frac{\sqrt{2}-1}{\sqrt{2}+1}\cdot\frac{\sqrt{2}-1}{\sqrt{2}-1}=\frac{3-2\sqrt{2}}{4}.//$$

参考 「面積」は，AB と BC の積から得られますから，それらの長さを変数にとるというのも理にかなった発想です．以下のように解けます：

右図の長さ $x, y\ (>0)$ が満たすべき条件は

$$x+y+\sqrt{x^2+y^2}=1.\ \cdots④$$

また，$S=\dfrac{1}{2}xy$.

ここで，$x, y>0$ だから

$$x+y+\sqrt{x^2+y^2}\geq2\sqrt{xy}+\sqrt{2\sqrt{x^2y^2}}$$
$$=2\sqrt{2S}+\sqrt{2\cdot2S}$$
$$=\left(2\sqrt{2}+2\right)\sqrt{S}.\ \cdots⑤$$

"相加相乗"

これと④より

$$1\geq\left(2\sqrt{2}+2\right)\sqrt{S}.$$

$$\therefore\ \sqrt{S}\leq\frac{1}{2}\cdot\frac{1}{\sqrt{2}+1}\cdot\frac{\sqrt{2}-1}{\sqrt{2}-1}=\frac{\sqrt{2}-1}{2}.$$

$$S\leq\left(\frac{\sqrt{2}-1}{2}\right)^2=\frac{3-2\sqrt{2}}{4}.\ \cdots⑥$$

大小関係の不等式

⑥の等号成立条件は，

⑤の等号成立 かつ ④.

$x=y$ かつ ④.

$x=y$ かつ $2x+\sqrt{2}x=1$

i.e. $x=y=\dfrac{1}{2+\sqrt{2}}$.

これは成立可能. 等号成立確認

以上より, $\max S=\dfrac{3-2\sqrt{2}}{4}$.//

参考 面積が最大となるのは, △ABC が直角二等辺三角形となるときですね. こうした図計量の問題では, 最大・最小はこのようなキレイな形のときに生じることが多いです.

4 8 28 扇形と長方形

根底 実戦 入試

[→例題 4 7 a]

着眼 右下図のような図形で, θ が変数です. 長方形の面積ですから縦, 横の辺の長さを求めればよいですね. それぞれを辺としてもつ**三角形**に注目しましょう.

解答 まず, θ の変域は

$0^\circ<\theta<60^\circ$. …①

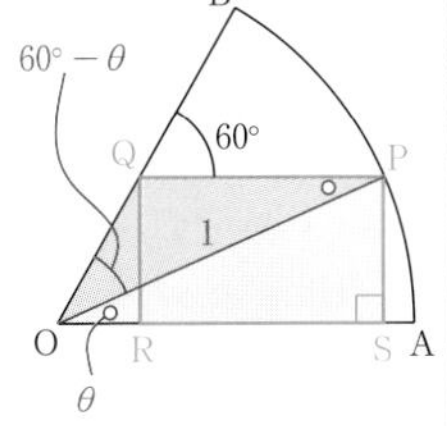

直角三角形 OSP に注目すると

$PS=1\cdot\sin\theta=\sin\theta$.

△OPQ において正弦定理を用いると

$$\frac{PQ}{\sin(60^\circ-\theta)}=\frac{1}{\sin 120^\circ}.$$

$$PQ=\frac{2}{\sqrt{3}}\sin(60^\circ-\theta).$$

したがって,

$$\begin{aligned}f(\theta)&=PS\cdot PQ\\&=\sin\theta\cdot\frac{2}{\sqrt{3}}\sin(60^\circ-\theta)\end{aligned}$$

2 角の和が一定→積和公式

$$=\frac{1}{\sqrt{3}}\{\cos(2\theta-60^\circ)-\cos 60^\circ\}$$ θが集約

$$=\frac{1}{\sqrt{3}}\left\{\cos(2\theta-60^\circ)-\frac{1}{2}\right\}.$$

①より $-60^\circ<2\theta-60^\circ<60^\circ$ だから, 右図を得る.

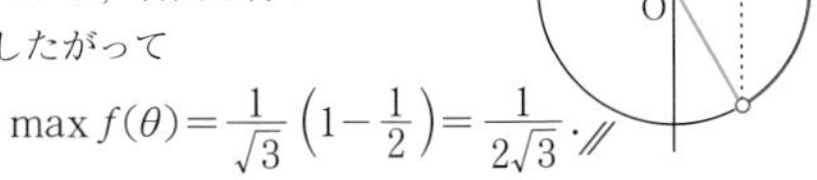

したがって

$$\max f(\theta)=\frac{1}{\sqrt{3}}\left(1-\frac{1}{2}\right)=\frac{1}{2\sqrt{3}}.$$//

注 1 最後のところは, cos にまとめているので, 単位円周上の点の横座標の最大を考えてくださいね.

注 2 次の流れでもできますが, 本問では遠回りです.

「$\sin(60^\circ-\theta)$ を, 加法定理で角を θ に変える. → $\sin\theta$, $\cos\theta$ の 2 次同次式→半角・2 倍角公式で次下げ→合成」

4 8 29 二等辺三角形の底辺

根底 実戦

[→例題 4 7 c]

方針 (1) 内接円の半径といえば, 面積に関する有名な公式がありましたね. [→ I+A 5 6 2]

(2) 正三角形 BCD の面積も求めて, (1)で考えた面積に加えます.

解答 (1) A から BC に垂線 AH を下ろすと, H は BC の中点である.

△ABH に注目すると

$$BH=1\cdot\sin\frac{\theta}{2}.$$

$$\therefore\ BC=2\sin\frac{\theta}{2}.\ \cdots①$$

△ABC の面積を 2 通りに表して

$$\frac{1}{2}\cdot1^2\sin\theta=\frac{1}{2}\left(1+1+2\sin\frac{\theta}{2}\right)r.$$

$$\therefore r=\frac{\sin\theta}{2\left(1+\sin\frac{\theta}{2}\right)}.$$//

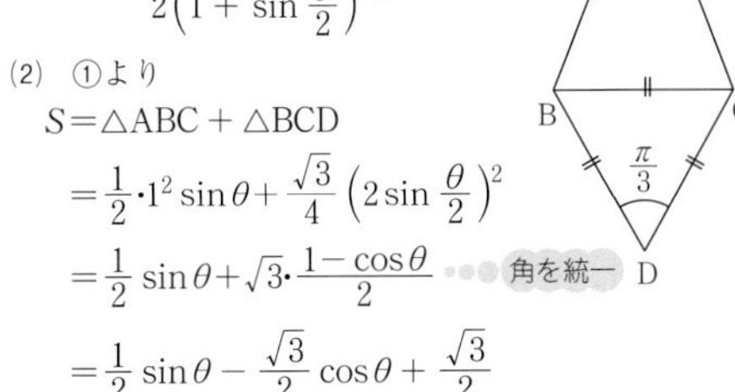

(2) ①より

$$\begin{aligned}S&=\triangle ABC+\triangle BCD\\&=\frac{1}{2}\cdot1^2\sin\theta+\frac{\sqrt{3}}{4}\left(2\sin\frac{\theta}{2}\right)^2\\&=\frac{1}{2}\sin\theta+\sqrt{3}\cdot\frac{1-\cos\theta}{2}\\&=\frac{1}{2}\sin\theta-\frac{\sqrt{3}}{2}\cos\theta+\frac{\sqrt{3}}{2}\\&=1\cdot\sin\left(\theta-\frac{\pi}{3}\right)+\frac{\sqrt{3}}{2}\end{aligned}$$

角を統一

(下左図参照).

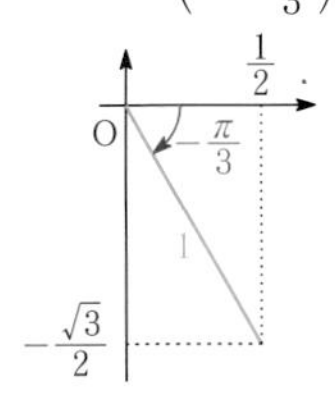

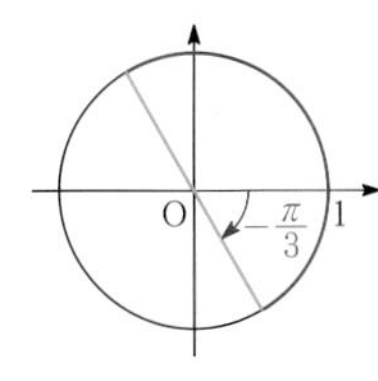

$\theta-\dfrac{\pi}{3}$ の変域は, 開区間 $\left(-\dfrac{\pi}{3},\ \dfrac{2}{3}\pi\right)$ だから, 上右図を得る. よって求める最大値は

$$\max S=1+\frac{\sqrt{3}}{2}.$$//

注 1 二等辺三角形の底辺 BC を求めるには, (1)のように垂線 AH を引いて直角三角形を利用するのが常道です.

余弦定理を使うと以下のようになります:

$$BC^2=1^2+1^2-2\cdot1\cdot1\cos\theta.\ \cdots②$$

$$\begin{aligned}BC&=\sqrt{2(1-\cos\theta)}\\&=\sqrt{2^2\cdot\frac{1-\cos\theta}{2}}\\&=2\sqrt{\sin^2\frac{\theta}{2}}\end{aligned}$$

$$= 2\left|\sin\frac{\theta}{2}\right|$$
$$= 2\sin\frac{\theta}{2}\ \left(\because\ 0 < \frac{\theta}{2} < \frac{\pi}{2}\right).$$

$\sqrt{\ }$ を外す手間がかかる分遠回りですね．なお，ここで用いた $\sqrt{\ }$ の外し方は，**演習問題 4 8 3**(3)で経験済みです．

注2 ところが(2)では，上記余弦定理による方が早いんです．②より

$$\triangle\mathrm{BCD} = \frac{\sqrt{3}}{4}\cdot\mathrm{BC}^2 = \frac{\sqrt{3}}{2}(1-\cos\theta).$$

BC の 2 乗を用いるので，$\sqrt{\ }$ を外す手間がないからです．

という訳で，二等辺三角形の底辺を求める際には，どちらの方法が得策かを選ぶよう心掛けましょう．

補足 正三角形の面積は

$$\frac{1}{2}(1\text{ 辺})^2\sin\frac{\pi}{3} = \frac{1}{2}(1\text{ 辺})^2\cdot\frac{\sqrt{3}}{2}$$
$$= \frac{\sqrt{3}}{4}(1\text{ 辺})^2$$

となります．これは覚えてしまいましょう．

4 8 30 円周上の2点・距離

根底 実戦 [→ 4 4 1]

方針 ごく単純な問題です．ほぼ暗算で片付けてください．

解答

(1)
$$\mathrm{PQ}^2 = (\cos\alpha-\cos\beta)^2 + (\sin\alpha-\sin\beta)^2$$
$$= \cos^2\alpha - 2\cos\alpha\cos\beta + \cos^2\beta + \sin^2\alpha - 2\sin\alpha\sin\beta + \sin^2\beta$$
$$= 2-2(\cos\alpha\cos\beta+\sin\alpha\sin\beta)$$
$$= 2-2\cos(\alpha-\beta).$$ 加法定理の逆利用

$$\therefore\ \mathrm{PQ} = \sqrt{2-2\cos(\alpha-\beta)}.\ //$$

解説 「加法定理の逆利用」を行いました．

参考 本問(1)の計算過程は，「加法定理」の証明過程とそっくりです．

別解 (1)は，「ベクトルの演算法則」を用いるとスマートにできます．[→ 2 4 5]

$$\left|\overrightarrow{\mathrm{QP}}\right|^2 = \left|\underbrace{\begin{pmatrix}\cos\alpha\\ \sin\alpha\end{pmatrix}}_{\vec{a}} - \underbrace{\begin{pmatrix}\cos\beta\\ \sin\beta\end{pmatrix}}_{\vec{b}}\right|^2$$
$$= |\vec{a}|^2 + |\vec{b}|^2 - 2\vec{a}\cdot\vec{b}$$
$$= 1+1-2(\cos\alpha\cos\beta+\sin\alpha\sin\beta)$$
$$= 2-2\cos(\alpha-\beta).\ (\text{以下同様})$$

注 右図のときだけを考えると，直角三角形 OPH に注目して

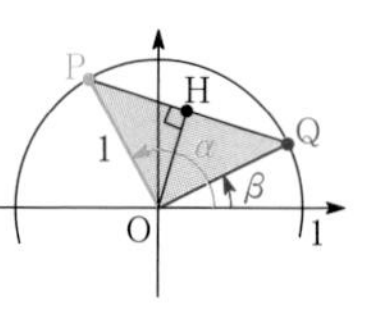

$$\mathrm{PQ} = 2\mathrm{PH} = 2\cdot1\cdot\sin\frac{\alpha-\beta}{2}$$

と求まります．

しかし，α と β の大小関係などが確定していない本問において，自分にとって"都合の良い"状況だけを想定しているので，正解とはなりません．

参考 答えの $\sqrt{\ }$ は，次のように外せます：

$$\sqrt{2-2\cos(\alpha-\beta)} = \sqrt{2^2\cdot\frac{1-\cos(\alpha-\beta)}{2}}$$
$$= 2\sqrt{\sin^2\frac{\alpha-\beta}{2}}$$
$$= 2\left|\sin\frac{\alpha-\beta}{2}\right|.$$

上記注の指摘が正しいことがわかりましたね．絶対値が付くんです．■

（延々(1)に関するコメントが続きましたが…，次の(2)は一瞬です．）

(2) H，I の y 座標どうしは等しいから

$$\mathrm{HI} = |\cos\alpha - \cos\beta|.\ //$$

注 場合分けなんてしないでくださいね（笑）．$\cos\alpha$，$\cos\beta$ の符号も，大小関係も関係ありません．要するに，数直線上にある 2 点間の距離に他なりませんから．

[→ I+A 1 5 4 2 点間の距離]

4 8 31 円周上の動点

根底 実戦 入試 重要 [→ 4 2 7]

方針 円の中心から円周上の動点へ至るベクトルの偏角を正確に求めましょう．

解答

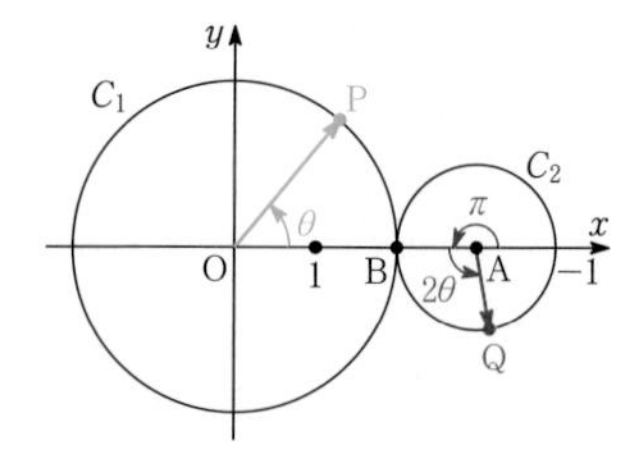

P が B を出発して角 θ [rad] だけ正の向きへ回転したとき，$\overrightarrow{\mathrm{OP}}$ の偏角は $\theta(\geq 0)$ だから，

$$\overrightarrow{\mathrm{OP}} = 2\begin{pmatrix}\cos\theta\\ \sin\theta\end{pmatrix}.$$

また，P が C_1 上で B から移動した距離は $2\cdot\theta$．Q が C_2 上で B から移動した距離も 2θ． $\widehat{\mathrm{BP}} = \widehat{\mathrm{BQ}}$

$\therefore$ Q の回転移動量 $= \dfrac{2\theta}{1} = 2\theta.$

$\therefore\ \overrightarrow{AQ}$の偏角 $= \pi + 2\theta.$

したがって

$$\overrightarrow{OQ} = \overrightarrow{OA} + \overrightarrow{AQ} = \begin{pmatrix}3\\0\end{pmatrix} + \begin{pmatrix}\cos(\pi+2\theta)\\ \sin(\pi+2\theta)\end{pmatrix} = \begin{pmatrix}3\\0\end{pmatrix} - \begin{pmatrix}\cos 2\theta\\ \sin 2\theta\end{pmatrix}.$$

よって

$$|\overrightarrow{PQ}|^2 = |\overrightarrow{OQ} - \overrightarrow{OP}|^2 = \left|\begin{pmatrix}3\\0\end{pmatrix} - \begin{pmatrix}\cos 2\theta\\ \sin 2\theta\end{pmatrix} - 2\begin{pmatrix}\cos\theta\\ \sin\theta\end{pmatrix}\right|^2$$

[1] $= 9 + 1 + 4 - 2\cdot 3\cos 2\theta - 4\cdot 3\cos\theta + 4\cos\theta.$

そこで，$t = \cos\theta\ (-1 \leqq t \leqq 1)$ とおくと

$$|\overrightarrow{PQ}|^2 = 14 - 6(2t^2 - 1) - 8t = -12t^2 - 8t + 20 = -12\left(t + \frac{1}{3}\right)^2 + \frac{64}{3}\ (= f(t) \text{ とおく}).$$

以上より，

$$f(1) \leqq |\overrightarrow{PQ}|^2 \leqq f\left(-\frac{1}{3}\right).$$

$$0 \leqq |\overrightarrow{PQ}|^2 \leqq \frac{64}{3}.$$

$$\therefore 0 \leqq PQ \leqq \frac{8}{\sqrt{3}}.\ /\!/$$

注 $f(1)=0$ は当然ですね．$t = \cos\theta = 1$，つまり $\theta = 0$ などのとき，2 点 P, Q は一致していますから．

補足 [1]：ベクトルの演算法則をフル活用しています．[→2 4 5]

$$|\overrightarrow{PQ}|^2 = \left|\underbrace{\begin{pmatrix}3\\0\end{pmatrix}}_{\vec{a}} - \underbrace{\begin{pmatrix}\cos 2\theta\\ \sin 2\theta\end{pmatrix}}_{\vec{b}} - 2\underbrace{\begin{pmatrix}\cos\theta\\ \sin\theta\end{pmatrix}}_{\vec{c}}\right|^2$$

$$= |\vec{a}|^2 + |\vec{b}|^2 + 4|\vec{c}|^2 - 2\vec{a}\cdot\vec{b} - 4\vec{a}\cdot\vec{c} + 4\vec{b}\cdot\vec{c}$$

$$= 9 + 1 + 4 - 2\cdot 3\cos 2\theta - 4\cdot 3\cos\theta + 4\underline{\cos\theta}.$$

赤下線部をさらに補足すると

$$\vec{b}\cdot\vec{c} = \cos 2\theta\cos\theta + \sin 2\theta\sin\theta = \cos(2\theta - \theta) = \cos\theta.$$ 加法定理の逆利用

ただし，このように丁寧に途中経過を書いていては話になりません．必ず薄字部分を省いて暗算できるよう鍛えてください．

4 8 32 cos と無理数

根底 実戦 入試 [→4 4 4]

方針 「無理数である」＝「有理数ではない」の証明といえば，背理法でしたね．[→ I+A 例題 1 9 m]

「$\cos 10°$」と「$\sqrt{3}$」を見比べると，なんとなく「$\cos 30° = \dfrac{\sqrt{3}}{2}$ を使いそうな気がします．さて，「10°」と「30°」を結びつけるには…？

語記サポ 「有理数である」は「$\in \mathbb{Q}$」,「無理数である」は「$\notin \mathbb{Q}$」と書きますね．

解答 仮に $\cos 10° \in \mathbb{Q}$ …① とする．ウソの仮定

$\cos 30° = \cos 3\cdot 10°.$

$\therefore\ \dfrac{\sqrt{3}}{2} = 4\cos^3 10° - 3\cos 10°.$ 3 倍角の公式

①のとき，右辺 $\in \mathbb{Q}$ [1]．ところが 左辺 $\notin \mathbb{Q}$ [2]．これは不合理．

したがって，①は成り立たない．つまり，$\cos 10°$ は無理数である．□

解説 [1]：仮定①により有理数である $\cos 10°$ の 3 次式で構成された右辺は有理数ですね．

一般に，「有理数である」ことを活かす典型的方法として，次の 2 つがあります：

> 「有理数」であることの用法
>
> ❶ $\dfrac{m}{n}\ (m, n \in \mathbb{Z})$ と表せる．
>
> ❷ 加減乗除に関して閉じている．

本問は，このうち❷の方[→ I+A 1 5 3]だけで解決しました．

注 [2]：「$\sqrt{3}$ が無理数なら，$\dfrac{\sqrt{3}}{2}$ も無理数に“決まってる”」で許される気がしますが…．ちゃんと示すなら，これも背理法によります：

仮に $\dfrac{\sqrt{3}}{2} \in \mathbb{Q}$ …② とすると，ウソの仮定

$$\sqrt{3} = \frac{\sqrt{3}}{2}\cdot 2.\quad \begin{cases}\text{左辺} \notin \mathbb{Q},\\ \text{右辺} \in \mathbb{Q}\ (\because\ ②).\end{cases}$$

これは不合理だから，②は成り立たない．よって，$\dfrac{\sqrt{3}}{2}$ は無理数．□

将来 本問とよく似た「三角関数の無理数性」を扱った問題が，**演習問題 7 11 17** にもあります．

4 8 33 cos の多項式

根底 実戦 典型 入試 [→例題 4 4 d]

方針 (1) 5θ を直接 θ に変えることはできませんから…

(2) $|x| \leq 1$ を見て，(1)の利用に気付けましたか？

(3) 方程式の「解」に関する**基本原理**を思い出してください．

解答 (1) $\cos\theta$ を c，$\sin\theta$ を s と略記する．

$$\begin{aligned}\cos 5\theta &= \cos(3\theta+2\theta)\\ &= \cos 3\theta\cos 2\theta - \sin 3\theta \sin 2\theta\\ &= (4c^3-3c)(2c^2-1)-\underbrace{(3s-4s^3)\cdot 2sc}_{2cs^2(3-4s^2)}\\ &= 8c^5-10c^3+3c+2c(c^2-1)(4c^2-1)\\ &= 16c^5-20c^3+5c.\end{aligned}$$

$\therefore\ f(x) = 16x^5-20x^3+5x.$ //

(2) $|x| \leq 1$ のとき，$x=\cos\theta$ とおけて

$f(x) = f(\cos\theta) = \cos 5\theta.$

$|\cos 5\theta| \leq 1$ だから，$|f(x)| \leq 1.$ □

(3) **着眼** 方程式の「解」に関する 2 通りの扱い [→1 10 1] のうち，❷「因数分解」は無理そう．そこで，❶「数値代入」を使います．

$\cos 5\boxed{\theta} = f\left(\boxed{\cos\boxed{\theta}}\right).$ …① 任意の θ で成立

$f\left(\boxed{x}\right) = -\dfrac{1}{2}.$ …②

「②の $\boxed{x}$ に何を代入したら $-\dfrac{1}{2}$ になるか」

と考えますが，②だけ見ていても無理ですね．

そこで，①を見ながら

「$\boxed{\theta}$ に何を代入したら両辺が $-\dfrac{1}{2}$ になるか」

を考えます．左辺を見れば解決ですね．■

$x=\cos\theta$ $(0 \leq \theta \leq \pi$ [1]$)$ が②の解であるための条件は

$f(\cos\theta) = -\dfrac{1}{2}.$

これは，①より次と同値：

$\cos 5\theta = -\dfrac{1}{2}.$

これと $0 \leq 5\theta \leq 5\pi$ より

$5\theta \underset{2)}{=} \dfrac{2}{3}\pi,\ \dfrac{4}{3}\pi,\ \dfrac{2}{3}\pi+2\pi,\ \dfrac{4}{3}\pi+2\pi,\ \dfrac{2}{3}\pi+4\pi.$

$\theta = \dfrac{2}{15}\pi,\ \dfrac{4}{15}\pi,\ \dfrac{8}{15}\pi,\ \dfrac{10}{15}\pi,\ \dfrac{14}{15}\pi.$

これら 5 数を順に $\theta_1, \theta_2, \theta_3, \theta_4, \theta_5$ とおくと

$x = \cos\theta_1, \cos\theta_2, \cdots, \cos\theta_5$ …③

の各々は，方程式②の 1 つの解であり，

$0<\theta_1<\theta_2<\cdots<\theta_5<\pi$

だから，③の 5 数（右図赤点の横座標）は全て相異なる [3]．

また，5 次方程式②の解の個数は 5 である．

以上より，方程式②の全ての解は③である．すなわち，求める解 x は $\cos\dfrac{10}{15}\pi$

$\cos\dfrac{2}{15}\pi,\ \cos\dfrac{4}{15}\pi,\ \cos\dfrac{8}{15}\pi,\ -\dfrac{1}{2},\ \cos\dfrac{14}{15}\pi.$ //

解説 [1]：これで，$\cos\theta$ の値として可能な区間 $[-1, 1]$ 全体をカバーできますね．

[2]：単位円を π 刻みに“半周”するごとに，1 つずつ解があります．

[3]：❶：「数値代入→ 1 つの解」だけでは，③の 5 数が②の「全ての解」だとは言えません．**必ず**，それら 5 数が相異なることにも言及すること．

言い訳 (1)で求めた $f(x)$ の一意性は不問でしょう．

参考 5次関数 $y=f(x)$ のグラフを描くと右のようになります．（自力で描くには，6「微分法」を要します．）

これを見ると，(2)(3)で問われた内容が，視覚的に把握できますね．

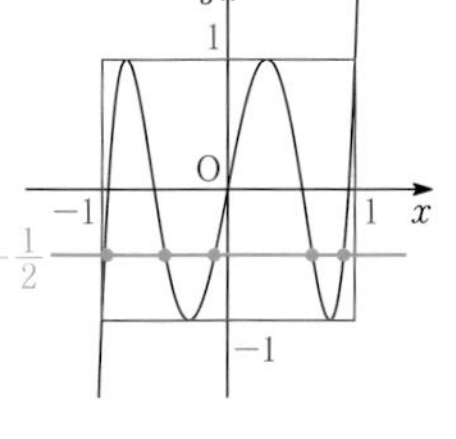

9 演習問題D 他分野との融合

4 9 1 三角関数の最大 [→4 4]

根底 実戦 入試 数学Ⅱ「微分法」後

方針 角を揃えたい．でも半角公式を使うなら $\cos^2\dfrac{\theta}{2}$ でないと困る．そこで…

解答 $0<\theta<\pi$ より $\sin\theta>0$．また，$0<\dfrac{\theta}{2}<\dfrac{\pi}{2}$ より $\cos\dfrac{\theta}{2}>0$．よって，$f(\theta)$ と $f(\theta)^2$ は同時に最大となり

$$f(\theta)^2=\cos^2\frac{\theta}{2}\sin^2\theta=\frac{1+\cos\theta}{2}\cdot(1-\cos^2\theta).$$

そこで，$t=\cos\theta$ とおくと $-1<t<1$ であり

$$f(\theta)^2=\frac{1}{2}(1+t)(1-t^2)\ \cdots①$$
$$=\frac{1}{2}(-t^3-t^2+t+1)\ (=g(t)\text{ とおく}).$$

$$2g'(t)=-3t^2-2t+1=\underbrace{(1+t)}_{\text{正}}(1-3t)$$

よって，次表を得る：

t	(-1)	$\cdots$	$\frac{1}{3}$	$\cdots$	(1)
$g'(t)$		$+$	0	$-$	
$g(t)$		↗		↘	

以上より，求める最大値は

$$\max f(\theta)=\sqrt{g\left(\frac{1}{3}\right)}=\sqrt{\frac{1}{2}\cdot\frac{4}{3}\cdot\frac{8}{9}}=\frac{4}{3\sqrt{3}}=\frac{4}{9}\sqrt{3}.//$$

（有理化せずこのままでも可）

解説 $\cos\dfrac{\theta}{2}$ と $\sin\theta$ は基本周期が異なります．こんな場合には上記**解答**のようにいろいろ工夫を要することが多くなります．

別解
$$f(\theta)=\cos\frac{\theta}{2}\cdot2\sin\frac{\theta}{2}\cos\frac{\theta}{2}=2\sin\frac{\theta}{2}\left(1-\sin^2\frac{\theta}{2}\right)$$

あとは**解答**と同様な置換により，やはり3次関数に帰着して解決します．

注 理系 数学Ⅲの微分法を学んだ人は，①の後 $\dfrac{1}{2}(1+t)^2(1-t)$ と変形して「積の微分法」を用いるべし．初めから共通因数が現れてくれますから．

4 9 2 cos, sin の対称式 [→例題4 7 d]

根底 実戦 典型 入試 数学Ⅱ「微分法」後

方針 まずは，角を統一してみましょう．すると…何かに気付くはず．

解答 $\cos x$ を c，$\sin x$ を s と略記すると，

$$f(x)=2(4c^3-3c)-2(3s-4s^3)+3\cdot2sc=8(c^3+s^3)-6(c+s)+3\cdot2sc.$$

着眼 c, s の対称式ですね．**例題4 7 d**の有名な流れが使えます．■

そこで，$t=c+s\ \cdots①$ とおくと，

$$t^2=1+2cs.\quad \text{i.e. } cs=\frac{t^2-1}{2}.$$

したがって

$$f(x)=8(c+s)(c^2-cs+s^2)-6(c+s)+3\cdot2sc$$
$$=8t\left(1-\frac{t^2-1}{2}\right)-6t+3(t^2-1)$$
$$=-4t^3+3t^2+6t-3\ (=g(t)\text{ とおく}).$$

ここで，①より

$$t=\sqrt{2}\sin\left(\theta+\frac{\pi}{4}\right).$$

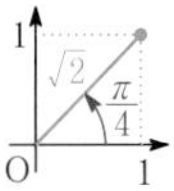

$\theta+\dfrac{\pi}{4}$ の変域は $\left[\dfrac{5}{4}\pi,\ \dfrac{5}{4}\pi+\pi\right]$ だから，右図を得る．よって，t の変域は

$$\sqrt{2}\cdot(-1)\leq t\leq\sqrt{2}\cdot\frac{1}{\sqrt{2}}.$$

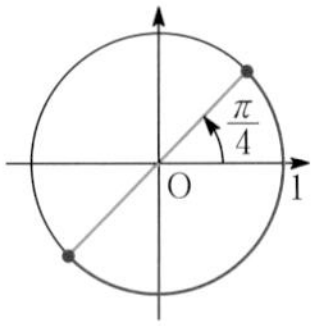

i.e. $-\sqrt{2}\leq t\leq1.\ \cdots②$

$$g'(t)=-12t^2+6t+6=6(1+t-2t^2)=\underbrace{6(1-t)}_{0\text{ 以上}}\times\underbrace{\boxed{(1+2t)}}_{\text{符号決定部}}.$$

よって，②の範囲では次表を得る．

t	$-\sqrt{2}$	$\cdots$	$-\frac{1}{2}$	$\cdots$	1
$g'(t)$		$-$	0	$+$	
$g(t)$		↘		↗	

ここで

$$g(1)=-4+3+6-3=2,$$
$$g(-\sqrt{2})=8\sqrt{2}+6-6\sqrt{2}-3=3+2\sqrt{2}\ (>2),$$
$$g\left(-\frac{1}{2}\right)=\frac{1}{2}+\frac{3}{4}-3-3=-\frac{19}{4}.$$

以上より

$$\max f(x)=g(-\sqrt{2})=3+2\sqrt{2},$$
$$\min f(x)=g\left(-\frac{1}{2}\right)=-\frac{19}{4}.//$$

解説 本問の流れはパターンとして覚えておくべきです：

c と s の対称式
→和：$c+s$ と 積：cs のみで表す（相互関係公式あり）
→$t=c+s$ と置換

本問では，この置換により t の3次関数となったので，微分法（数学Ⅱ）を用いました．

第 5 章 指数・対数関数

5 演習問題A

言い訳 本節**演習問題A**の 5 5 1 ～ 5 5 4 では □ に当てはまる数を求めます．答えの書き方は 1 通りとは限りませんが，気にせずサクサク解いて答え合わせをしてください．

5 5 1 累乗根と指数

根底 実戦 定期 重要 [→ 5 1 6]

注 累乗 ↔ 指数の書き換えなどの練習です．ほぼ暗算でサッとできるように訓練しましょう．

解答 (1) $\dfrac{1}{49}=\dfrac{1}{7^2}=7^{\boxed{-2}}$.

(2) $10^{-3}=\dfrac{1}{10^3}=\dfrac{1}{\boxed{1000}}$.

(3) $\sqrt[4]{81}=\boxed{3}$.

(4) $\sqrt[5]{-32}=\boxed{-2}$.

(5) $\sqrt{125}=\sqrt{5^3}=5^{\boxed{\frac{3}{2}}}$.

(6) $\sqrt[3]{243}=\sqrt[3]{3^5}=3^{\boxed{\frac{5}{3}}}$.

(7) $\dfrac{1}{\sqrt{8}}=\dfrac{1}{\sqrt{2^3}}=\dfrac{1}{2^{\frac{3}{2}}}=2^{\boxed{-\frac{3}{2}}}$.

(8) $\dfrac{1}{\sqrt[4]{1000}}=\dfrac{1}{\sqrt[4]{10^3}}=\dfrac{1}{10^{\frac{3}{4}}}=10^{\boxed{-\frac{3}{4}}}$.

(9) $3^{\frac{4}{5}}=\sqrt[5]{3^4}=\sqrt[5]{\boxed{81}}$.

(10) $5^{\frac{2}{3}}=\sqrt[3]{5^2}=\sqrt[3]{\boxed{25}}$.

5 5 2 累乗根・指数の計算

根底 実戦 定期 重要 [→ 5 1 6]

方針 累乗根のままではやりにくいと感じたら，指数で表して計算しましょう．

解答 (1) $27^{\frac{3}{4}}=(3^3)^{\frac{3}{4}}=3^{\boxed{\frac{9}{4}}}$.

(2) $\left(2^{\frac{1}{3}}\cdot3^{\frac{5}{6}}\right)^{\frac{3}{4}}=\left(2^{\frac{1}{3}}\right)^{\frac{3}{4}}\cdot\left(3^{\frac{5}{6}}\right)^{\frac{3}{4}}=2^{\boxed{\frac{1}{4}}}\cdot3^{\boxed{\frac{5}{8}}}$.

(3) $5^{-\frac{1}{3}}\cdot5^{\frac{2}{5}}=5^{-\frac{1}{3}+\frac{2}{5}}=5^{\boxed{\frac{1}{15}}}$.

(4) $\dfrac{2^{\frac{1}{4}}}{2^{\frac{2}{3}}}=2^{\frac{1}{4}-\frac{2}{3}}=2^{\boxed{-\frac{5}{12}}}$.

(5) $3^{\frac{3}{2}}\cdot3^{-\frac{1}{4}}\div3^{\frac{1}{2}}=3^{\frac{3}{2}-\frac{1}{4}-\frac{1}{2}}=3^{\boxed{\frac{3}{4}}}$.

(6) $\dfrac{\sqrt[3]{9}}{27}=(3^2)^{\frac{1}{3}}\cdot3^{-3}=3^{\frac{2}{3}-3}=3^{\boxed{-\frac{7}{3}}}$.

(7) $\dfrac{25}{\sqrt{5}}=5^{2-\frac{1}{2}}=5^{\boxed{\frac{3}{2}}}$.

注 もちろん，$5\sqrt{5}$ とも表せます．■

(8) $a\sqrt{a}=a^{1+\frac{1}{2}}=a^{\boxed{\frac{3}{2}}}$.

注 (8)は比較的カンタンですね．入試で実際に行う指数計算は，“この程度”のものが大半を占めます(笑)．逆向きの変形もできるようにしておきましょう．■

(9) $\dfrac{\sqrt[3]{a^4}}{a\sqrt[5]{a}}=\dfrac{a^{\frac{4}{3}}}{a^{1+\frac{1}{5}}}=a^{\frac{4}{3}-1-\frac{1}{5}}=a^{\boxed{\frac{2}{15}}}$.

(10) $4^{\frac{1}{6}}\cdot(\sqrt{2})^{\frac{2}{3}}=(2^2)^{\frac{1}{6}}\cdot\left(2^{\frac{1}{2}}\right)^{\frac{2}{3}}=2^{\frac{1}{3}+\frac{1}{3}}=2^{\frac{2}{3}}=\sqrt[3]{\boxed{4}}$.

(11) $5^{\frac{1}{3}}+\dfrac{2}{5^{\frac{2}{3}}}=5^{\frac{1}{3}}+2\cdot\dfrac{5^{\frac{1}{3}}}{5^{\frac{2}{3}}\cdot5^{\frac{1}{3}}}$

$=5^{\frac{1}{3}}+\dfrac{2}{5}\cdot5^{\frac{1}{3}}=\boxed{\dfrac{7}{5}}\sqrt[3]{5}$.

(12) $\dfrac{6}{\sqrt[3]{-4}}+3\sqrt[3]{16}=-\dfrac{6\cdot2^{\frac{1}{3}}}{2^{\frac{2}{3}}\cdot2^{\frac{1}{3}}}+3\cdot2^{\frac{4}{3}}$

$=-\dfrac{6\cdot2^{\frac{1}{3}}}{2}+3\cdot2^{1+\frac{1}{3}}$

$=-3\cdot2^{\frac{1}{3}}+6\cdot2^{\frac{1}{3}}=\boxed{3}\sqrt[3]{2}$.

5 5 3 対数の定義・性質

根底 実戦 定期 重要 [→例題 5 3 a]

方針 「対数とは何か」だけを考えて解答してください．「対数の公式」は使いませんよ．

解答 (1) $3^x=5$ のとき，$x=\boxed{\log_3 5}$.

注 これが対数の定義です．■

(2) **着眼** 「$\log_{3}\square\ 81$ の $\square$ に入る数は何か？」と考えます．■

$\log_3 81=\log_3 3^4=\boxed{4}$.

(3) $\log_2 4\sqrt{2}=\log_2 2^{\frac{5}{2}}=\boxed{\dfrac{5}{2}}$.

(4) $\log_{\sqrt{3}}\dfrac{1}{3\sqrt{3}}=\log_{\sqrt{3}}\dfrac{1}{(\sqrt{3})^3}=\boxed{-3}$.

(5) $\log_{100}1000=\log_{10^2}10^3=\boxed{\dfrac{3}{2}}$. …… $(10^2)^{\boxed{\frac{3}{2}}}=10^3$

(6) $-2=\log_5 5^{-2}=\log_5\boxed{\dfrac{1}{25}}$.

(7) $\dfrac{1}{3}=\log_{\frac{1}{3}}\left(\dfrac{1}{3}\right)^{\frac{1}{3}}=\log_{\frac{1}{3}}\dfrac{1}{\boxed{\sqrt[3]{3}}}$. …… $3^{\frac{1}{3}}$でも OK

(8) $10^{\log_{10}7}=\boxed{7}$.

注 「$\log_{10}\square\,7$ の $\square$」に入る数が $\log_{10}7$ ですから．■

(9) $9^{\log_3 2}=(3^2)^{\log_3 2}=(3^{\log_3 2})^2=2^2=\boxed{4}$.

(10) $3^{\log_9 5}=\left(9^{\frac{1}{2}}\right)^{\log_9 5}=(9^{\log_9 5})^{\frac{1}{2}}=5^{\frac{1}{2}}=\boxed{\sqrt{5}}$.

5 5 4 対数の計算

根底 実戦 定期 [→例題 5 3 b]

方針 できるだけ暗算で片付けましょう．

解答 (1) $\log_6 12+\log_6 3=\log_6 12\cdot 3=\log_6 36=\boxed{2}$.

(2) $\log_2 15-\log_2 6=\log_2 \dfrac{15}{6}=\log_2 \boxed{\dfrac{5}{2}}$.

(3) $\log_3 45=\log_3 9\cdot 5=\log_3 9+\log_3 5=\boxed{2}+\log_3 \boxed{5}$.

(4) $\log_2 \dfrac{10}{3}=\log_2 \dfrac{2\cdot 5}{3}=\boxed{1}+\log_2 \boxed{5}-\log_2 \boxed{3}$.

(5) $2\log_3 5=\log_3 5^2=\log_3 \boxed{25}$.

(6) $\log_{10} 9\sqrt{3}=\log_{10} 3^2\cdot 3^{\frac{1}{2}}=\log_{10} 3^{\frac{5}{2}}=\boxed{\dfrac{5}{2}}\log_{10} 3$.

(7) $\log_3 60^{10}=10\log_3 3\cdot 2^2\cdot 5$
$$=10(1+2\log_3 2+\log_3 5)$$
$$=\boxed{10}+\boxed{20}\log_3 2+\boxed{10}\log_3 5.$$

(8) $\log_{10} 25=\log_{10} \dfrac{100}{4}$
$$=\log_{10} 100-\log_{10} 2^2$$
$$=\boxed{2}-\boxed{2}\log_{10} 2.$$

(9) $\log_2(\sqrt{5}+1)-\log_2(\sqrt{5}-1)$
$$=\log_2 \frac{\sqrt{5}+1}{\sqrt{5}-1}$$
$$=\log_2\left(\frac{\sqrt{5}+1}{\sqrt{5}-1}\cdot\frac{\sqrt{5}+1}{\sqrt{5}+1}\right)$$
$$=\log_2 \frac{(\sqrt{5}+1)^2}{4}$$
$$=\boxed{2}\log_2(\sqrt{5}+1)-\boxed{2}.$$

別解 (要するに，第 2 項も第 1 項と同じ形で表せるということですから…)//
$$-\log_2(\sqrt{5}-1)=\log_2 \frac{1}{\sqrt{5}-1}\cdot\frac{\sqrt{5}+1}{\sqrt{5}+1}$$
$$=\log_2 \frac{\sqrt{5}+1}{4}$$
$$=\log_2(\sqrt{5}+1)-2.$$
これと第 1 項を加えて完了．//

(10) $\log_4 3=\dfrac{\log_2 3}{\log_2 4}=\dfrac{\log_2 3}{2}=\log_2 3^{\frac{1}{2}}=\log_2 \boxed{\sqrt{3}}$.

(11) $\log_{\frac{1}{3}} 5+\dfrac{2}{\log_2 3}$
$$=\frac{\log_3 5}{\log_3 \frac{1}{3}}+2\log_3 2$$
底と真数を入れ替えると逆数
$$=-\log_3 5+\log_3 2^2=\log_3 \boxed{\frac{4}{5}}.$$

(12) $\log_2 3\cdot\log_3 5\cdot\log_5 7=\dfrac{\log_2 3}{\log_2 2}\cdot\dfrac{\log_2 5}{\log_2 3}\cdot\dfrac{\log_2 7}{\log_2 5}$
$$=\log_2 \boxed{7}.$$

注 底の変換公式を用いると，次のようになります：

{ 元の真数→分子の真数
{ 元の底　→分母の真数

この感覚がつかめると，(12)の式を見たとき，「あ．約分で消えるな」と見抜けます．

5 5 5 指数・対数関数のグラフ

根底 実戦 定期 [→例題 5 4 a]

方針 既に経験済みのグラフを平行移動して考えましょう．

解答 ①②は，次の平行移動によって得られる：

①′: $y=2^x$ —(y 方向に -1 平行移動)→ ①: $y=2^x-1$

②′: $y=\log_2 x$ —(x 方向に -1 平行移動)→ ②: $y=\log_2(x+1)$

①′, ②′のグラフは直線 $y=x$ に関して対称．
以上より，求めるグラフは次図の通り：

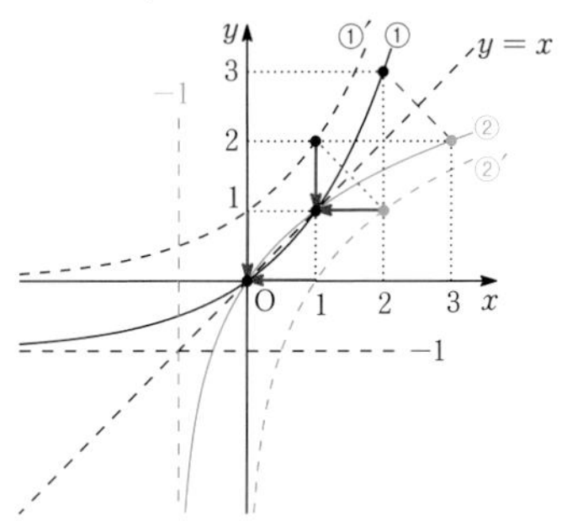

補足 曲線①，曲線②の漸近線は，それぞれ直線 $y=-1$, $x=-1$ です．

参考 ①式を変形すると
$$y+1=2^x.\quad x=\log_2(y+1).$$
つまり，①の x と y を互換したのが②ですから，両者のグラフは，①′と②′と同様，直線 $y=x$ に関して対称となります．

7 演習問題B

571 応用への計算 根底 実戦 [→1, 3]

注 応用問題中でよく使う計算をいくつか集めてみました.

解答 (1) $4^{x+\frac{1}{4}} = (2^2)^x \cdot (2^2)^{\frac{1}{4}}$
$= 2^{2x} \cdot 2^{2\cdot\frac{1}{4}} = \sqrt{2}(2^x)^2.$//

(2) $(a^x + a^{-x})^2 = (a^x)^2 + 2a^x \cdot a^{-x} + (a^{-x})^2$
$= a^{2x} + a^{-2x} + 2.$//

注 a^x と a^{-x} が互いに逆数であることは常識としておきましょう. ■

(3) 左辺 $= (a^x + a^{-x})^2 - 4$
$= a^{2x} + a^{-2x} + 2 - 4$
$= a^{2x} + a^{-2x} - 2 = (a^x - a^{-x})^2 =$ 右辺. □

別解1

左辺 − 右辺 $= \underline{(a^x + a^{-x})^2} - 4 \underline{- (a^x - a^{-x})^2}$
$= \underline{2a^x \cdot 2a^{-x}} - 4 = 4 - 4 = 0.$

∴ 左辺 = 右辺.□

別解2

$$a^x + a^{-x} + 2 = \left(a^{\frac{x}{2}}\right)^2 + \left(a^{-\frac{x}{2}}\right)^2 + 2a^{\frac{x}{2}} \cdot a^{-\frac{x}{2}} = \left(a^{\frac{x}{2}} + a^{-\frac{x}{2}}\right)^2.$$

同様に

$$a^x + a^{-x} - 2 = \left(a^{\frac{x}{2}} - a^{-\frac{x}{2}}\right)^2.$$

∴ 左辺 $= \left(a^{\frac{x}{2}} + a^{-\frac{x}{2}}\right)^2 \cdot \left(a^{\frac{x}{2}} - a^{-\frac{x}{2}}\right)^2$
$= \left\{\left(a^{\frac{x}{2}} + a^{-\frac{x}{2}}\right)\left(a^{\frac{x}{2}} - a^{-\frac{x}{2}}\right)\right\}^2$
$= (a^x - a^{-x})^2 =$ 右辺. □

(4) $\underline{(a^x - 1)(a^x + 1)}(a^{2x} + 1)(a^{4x} + 1)(a^{8x} + 1)$
$= \underline{(a^{2x} - 1)(a^{2x} + 1)}(a^{4x} + 1)(a^{8x} + 1)$
$= \underline{(a^{4x} - 1)}(a^{4x} + 1)(a^{8x} + 1)$
$= (a^{8x} - 1)(a^{8x} + 1) = a^{16x} - 1.$//

注 これとは逆向きに, 右辺を因数分解していくことによっても示せます. ■

(5) $\log_{10} 45^{10} = 10 \log_{10} 9 \cdot 5$
$= 10 \log_{10} 3^2 \cdot \frac{10}{2}$
$= 10(2\log_{10} 3 + 1 - \log_{10} 2)$
$= 10 - 10\log_{10} 2 + 20\log_{10} 3.$//

(6) $10^{4+\log_{10} 3} = 10^4 \cdot 10^{\log_{10} 3} = 10^4 \cdot 3 = 30000.$//

(7) $5^x = (3^{\log_3 5})^x = 3^{\boxed{(\log_3 5)x}}.$//

注 指数関数の底の変換でした. ■

(8) $\log_2 \sqrt{ab} = \log_2 (ab)^{\frac{1}{2}}$
$= \frac{1}{2} \log_2 ab$
$= \frac{1}{2}(\log_2 a + \log_2 b).$//

言い訳 (8)や(10)において, もちろん真数の文字は正, 底の文字は 1 以外の正数です. 細かいことは気にせず, サクサク計算してください. ■

(9) $\frac{1}{\log_2 10} = \log_{10} 2 < \log_{10} 3$ (∵ 底 : $10 > 1$).

i.e. $\log_{10} 3 > \frac{1}{\log_2 10}$.//

注 底と真数を入れ替えると逆数となります. ■

(10) $\log_{a^p} b^p = \frac{\log_a b^p}{\log_a a^p} = \frac{p \log_a b}{p} = \log_a b.$//

注 公式として覚えてもよいくらいキレイな結果ですが…筆者の場合はうろ覚えなので (笑), 証明過程を暗算で思い浮かべ, その場で導きながら使っています.

572 大小比較 根底 実戦 [→例題56a, b]

方針 (1) 底を統一しましょう.
(2) 3 つの底が 3, 4, 5 とバラバラであり, 底の統一がしにくそう…. 実は, 1 つだけ値がカンタンに求まるものがあります.

解答 (1)
$$\begin{cases} \left(\frac{1}{2}\right)^{\sqrt{15}}, \\ \left(\frac{1}{4}\right)^{\sqrt{3}} = \left(\frac{1}{2}\right)^{2\sqrt{3}} = \left(\frac{1}{2}\right)^{\sqrt{12}}, \\ \left(\frac{1}{8}\right)^{\sqrt{2}} = \left(\frac{1}{2}\right)^{3\sqrt{2}} = \left(\frac{1}{2}\right)^{\sqrt{18}}. \end{cases}$$

$\sqrt{12} < \sqrt{15} < \sqrt{18}$ であり, 底 : $\frac{1}{2} < 1$ だから, 求める大小関係は

$$\left(\frac{1}{4}\right)^{\sqrt{3}} > \left(\frac{1}{2}\right)^{\sqrt{15}} > \left(\frac{1}{8}\right)^{\sqrt{2}}.$$//

注 いかにも底を $\frac{1}{2}$ (< 1) に揃えたくなりそうな形ですが, 1 より大きな底の方が "普通" ですから, 次のようにしてもよいですね :

$$\begin{cases} \left(\frac{1}{2}\right)^{\sqrt{15}} = 2^{-\sqrt{15}}, \\ \left(\frac{1}{4}\right)^{\sqrt{3}} = 2^{-\sqrt{12}}, \\ \left(\frac{1}{8}\right)^{\sqrt{2}} = 2^{-\sqrt{18}}. \end{cases}$$

$-\sqrt{12} > -\sqrt{15} > -\sqrt{18}$ であり, 底 : $2 > 1$ だから, 求める大小関係は

$$\left(\frac{1}{4}\right)^{\sqrt{3}} > \left(\frac{1}{2}\right)^{\sqrt{15}} > \left(\frac{1}{8}\right)^{\sqrt{2}}.$$//

(2) $\log_4 8 = \dfrac{3}{2}$. ・・・ $(2^2)^{\square} = 2^3$ の□に入る数

これと他の 2 つの大小を比べる．

◦ $\log_3 6$ と $\dfrac{3}{2}$ について．

$\dfrac{3}{2} = \log_3 3^{\frac{3}{2}}$ であり，

$$\begin{cases} 6^2 = 36, \\ \left(3^{\frac{3}{2}}\right)^2 = 3^3 = 27. \end{cases}$$

$\therefore 6 > 3^{\frac{3}{2}}$.

底：$3 > 1$ より，$\log_3 6 > \dfrac{3}{2} = \log_4 8$. …①

◦ $\log_5 10$ と $\dfrac{3}{2}$ について．

$\dfrac{3}{2} = \log_5 5^{\frac{3}{2}}$ であり，

$$\begin{cases} 10^2 = 100, \\ \left(5^{\frac{3}{2}}\right)^2 = 5^3 = 125. \end{cases}$$

$\therefore 10 < 5^{\frac{3}{2}}$.

底：$5 > 1$ より，$\log_5 10 < \dfrac{3}{2} = \log_4 8$. …②

①②より，求める大小関係は

$\log_3 6 > \log_4 8 > \log_5 10$.//

別解 (3 つとも，真数が底の 2 倍ですね)

$$\log_3 6 = \log_3 3\cdot 2 = 1 + \log_3 2 = 1 + \frac{1}{\log_2 3},$$

$$\log_4 8 = \log_4 4\cdot 2 = 1 + \log_4 2 = 1 + \frac{1}{\log_2 4},$$

$$\log_5 10 = \log_5 5\cdot 2 = 1 + \log_5 2 = 1 + \frac{1}{\log_2 5}.$$

ここで，$0 < \log_2 3 < \log_2 4 < \log_2 5$ (底：$2 > 1$) だから

$\log_3 6 > \log_4 8 > \log_5 10$.//

573 大小比較

根底 実戦 入試 [→例題56a，b]

方針 まずは $f(n)$ を求めましょう．対数を用いればカンタンですね．

解答 ①より

$nx = \log_{10} n$.

$\therefore\ f(n) = x = \dfrac{1}{n}\cdot\log_{10} n = \log_{10} n^{\frac{1}{n}}$.

底：$10 > 1$ だから，$f(1), f(2), \cdots, f(5)$ の大小は，$g(n) = n^{\frac{1}{n}}$ とおいて

$g(1) = 1,\ g(2) = 2^{\frac{1}{2}},\ g(3) = 3^{\frac{1}{3}},$

$g(4) = 4^{\frac{1}{4}},\ g(5) = 5^{\frac{1}{5}}$

の大小と一致する． …②

着眼 5 個の数から比べる 2 数を選ぶ組合せは ${}_5C_2 = 10$ 通りもありますから，闇雲に比べるのはダメ．ちょっと考えると "2 つ" のことが見抜けます．■

まず，$g(2), g(3), g(4), g(5) > 1 = g(1)$. …③

また，$g(4) = (2^2)^{\frac{1}{4}} = 2^{\frac{1}{2}} = g(2)$. …④

着眼 これで，実質的に $g(2), g(3), g(5)$ の 3 つの比較に帰着されました．実はこれ，例題56a(2)と全く同じ 3 数です (笑)．■

◦ $g(2) = 2^{\frac{1}{2}}$ と $g(3) = 3^{\frac{1}{3}}$ を比べる．

$$\begin{cases} \left(2^{\frac{1}{2}}\right)^6 = 2^3 = 8, \\ \left(3^{\frac{1}{3}}\right)^6 = 3^2 = 9. \end{cases}$$ $8 < 9$ より，$g(2) < g(3)$.

◦ $g(2) = 2^{\frac{1}{2}}$ と $g(5) = 5^{\frac{1}{5}}$ を比べる．

$$\begin{cases} \left(2^{\frac{1}{2}}\right)^{10} = 2^5 = 32, \\ \left(5^{\frac{1}{5}}\right)^{10} = 5^2 = 25. \end{cases}$$ $32 > 25$ より，$g(2) > g(5)$.

これらと③，④，および②より，求める大小関係は

$f(1) < f(5) < f(2) = f(4) < f(3)$.//

数学Ⅲ「微分法」後

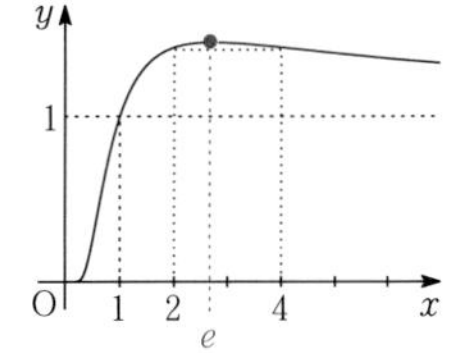

微分法を用いると，関数 $y = x^{\frac{1}{x}}$ $(x > 0)$ は，$x = e$ (e は自然対数の底で約 2.7 くらい) において最大となり，グラフは右図のようになります．これを見ると，本問における $g(1)$~$g(5)$ の大小関係が一目でわかりますね．

574 大小比較 (置換)

根底 実戦 典型 [→例題56b]

方針 対数の底は，2 つが b で 1 つが a ですから，底を b に統一しましょう．

A, B, C を変形すると，共通な何かで表せることに気付きます．

解答 $A = \log_b \sqrt{\dfrac{a}{b}}$

$= \dfrac{1}{2}(\log_b a - \log_b b) = \dfrac{1}{2}(\log_b a - 1),$

$B = \log_a b = \dfrac{1}{\log_b a},$

$C = \log_b \dfrac{b^2\sqrt{b}}{a} = \log_b \dfrac{b^{\frac{5}{2}}}{a} = \dfrac{5}{2} - \log_b a.$

そこで，$t = \log_b a$ とおくと

$A = \dfrac{1}{2}(t - 1),\ B = \dfrac{1}{t},\ C = \dfrac{5}{2} - t.$ …②

ここで，①より

$1<\sqrt{b}.\ \therefore\ b>1.$ 底の条件

これと $\sqrt{b}<a<b^2$ より， 真数の条件

$\log_b \sqrt{b}<\log_b a<\log_b b^2.$

i.e. $\frac{1}{2}<t<2.$ …③

②の各関数のグラフを③の範囲で描くと下の通り：

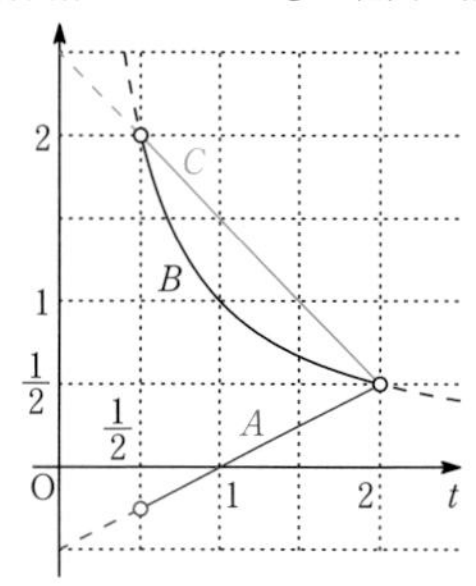

よって求める大小関係は

$A<B<C.$//

解説 ①の不等式を，「底の条件」と「真数の条件」とに分けて考えるのがハードル高目ですね：

$1<\sqrt{b}<a<b^2$

言い訳 B と C の大小は，B（反比例）のグラフの凹凸を用いて判断しています（たぶん許されるでしょう）．ちゃんと式で示すと次の通りです：

$$C-B=\frac{5}{2}-t-\frac{1}{t}$$

$$=\frac{5t-2t^2-2}{2t}$$

$$=\frac{1}{2t}(2t-1)(2-t)>0\ \left(\because\ \frac{1}{2}<t<2\right).$$

$\therefore\ C>B.$

575 大小比較（“相加相乗”） [→例題56C]

根底 実戦 入試

着眼 (1)の A, B は，**例題56C** で示した①式の両辺と同じものです．

(2) 底を統一したいですね．ただ，せっかく a と b がほぼ対等に現れていますから，C, D どちらかの底に揃えるより，定数にした方がキレイな式ができそうです．1 より大きな底が扱いやすいですから，(1)にならって「2」にしましょう．

「$\sqrt{ab}$」とは，a と b の「相乗平均」です．「log」と“相加相乗”には密接な関係がありましたね．

(3) (2)とよく似ていますね．

解答 (1) ①より $a,b>0$ だから，

$$\frac{a+b}{2}\geq\sqrt{ab}\ (\because\ a,b>0)$$

（等号は $a=b$ のときのみ成立）．

$$\therefore\ \log_2\frac{a+b}{2}\geq\log_2\sqrt{ab}\ (\because\ 底：2>1)$$

“相加相乗”

$$=\frac{1}{2}\log_2 ab$$

$$=\frac{\log_2 a+\log_2 b}{2}.$$

したがって

$$\begin{cases} a\neq b\ のとき，A>B. \\ a=b\ のとき，A=B. \end{cases}$$//

(2) $C=\dfrac{\log_2 a}{\log_2\sqrt{ab}}$, $D=\dfrac{\log_2\sqrt{ab}}{\log_2 b}$.

それぞれの右辺において，底：$2>1$，真数 >1 より分子，分母は全て正．よって

C と D の大小は，

$\log_2 a\cdot\log_2 b$ と $\left(\log_2\sqrt{ab}\right)^2$ の大小と一致．…②

ここで

$y=\log_a x$ $(a>1)$

$$\log_2\sqrt{ab}=\log_2(ab)^{\frac{1}{2}}$$

“相加相乗”

$$\overset{1)}{=}\frac{\log_2 a+\log_2 b}{2}$$

$$\geq\sqrt{\log_2 a\cdot\log_2 b}$$

（$\because$ ①より $\log_2 a$, $\log_2 b>0$）．

両辺とも正だから，それぞれを 2 乗して

$$\left(\log_2\sqrt{ab}\right)^2\geq\log_2 a\cdot\log_2 b.\ \cdots③$$

等号は，$\log_2 a=\log_2 b$, i.e. $a=b$ のときのみ成立．

これと②より，

$$\begin{cases} a\neq b\ のとき，C<D. \\ a=b\ のとき，C=D. \end{cases}$$//

(3) ①より $\log_2\dfrac{a+b}{2}>\log_2 1=0$ だから，(2)と同様にして

E と F の大小は，

$\log_2 a\cdot\log_2 b$ と $\left(\log_2\dfrac{a+b}{2}\right)^2$ の大小と一致．…④

ここで③より

$$\log_2 a\cdot\log_2 b\leq\left(\log_2\sqrt{ab}\right)^2=\left(\frac{\log_2 a+\log_2 b}{2}\right)^2.$$

また，①より(1)の両辺は正だから，2 乗して

$$\left(\frac{\log_2 a+\log_2 b}{2}\right)^2\leq\left(\log_2\frac{a+b}{2}\right)^2.$$

これら 2 式（両者とも，等号成立条件は $a=b$）より

$$\log_2 a\cdot\log_2 b\leq\left(\log_2\frac{a+b}{2}\right)^2$$

（等号は，$a=b$ のときのみ成立）．

これと④より，

$$\begin{cases} a\neq b\ のとき，E<F. \\ a=b\ のとき，E=F. \end{cases}$$//

注 [1)]：このように，「相乗平均の対数」は「対数の相加平均」へと“化けます”．

解説 なにやら入り組んでいる本問でしたが (笑)，「核」となっている不等式をわかりやすくまとめておくと次の通りです．$a, b>1$ のとき，

$$\log_2 \frac{a+b}{2} \geq \log_2 \sqrt{ab} \quad \text{(}a\text{ と }b\text{ で“相加相乗”)}$$

$$= \frac{\log_2 a + \log_2 b}{2} \geq \sqrt{\log_2 a \cdot \log_2 b}.$$

$\log_2 a$ と $\log_2 b$ で“相加相乗”

お気づきの通り (？)，例題5 6 c そのものです (笑).

別解 ②の後，次のように差をとってもよいですね：

$$\left(\log_2 \sqrt{ab}\right)^2 - \log_2 a \cdot \log_2 b$$

$$= \left(\frac{\log_2 a + \log_2 b}{2}\right)^2 - \log_2 a \cdot \log_2 b$$

($X = \log_2 a$, $Y = \log_2 b$ とおくと)

$$= \frac{X^2 + 2XY + Y^2 - 4XY}{4}$$

$$= \frac{X^2 - 2XY + Y^2}{4}$$

$$= \left(\frac{\log_2 a - \log_2 b}{2}\right)^2 \geq 0.$$

これは，“相加相乗”の証明過程そのものですが (笑).

注 (1)と(2)は，結果として独立に解けました．こんな時の(3)は，(1)と(2)を合わせて解く可能性が高いです．

参考 ハイレベル⬆ $a, b>0$, $a \neq b$ のとき

$$\log_2 \frac{a+b}{2} > \frac{\log_2 a + \log_2 b}{2}$$

が成り立つことは，対数関数 $y = \log_2 x$ のグラフを使って“説明”することができます．

下図のように，グラフ上の 2 点を結ぶ線分 (「弦」という) の中点 (青色) と，その“真上”にあるグラフ上の点 (赤色) の y 座標を比べると，確かに上式が成り立つことが一目でわかりますね．

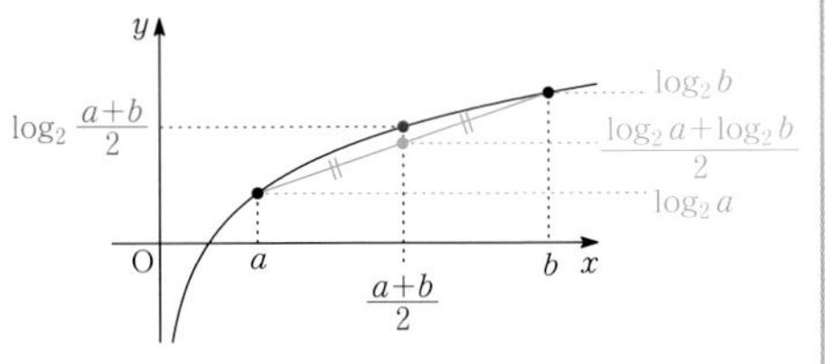

注 これはあくまで“説明”です．これを**解答**として用いるためには，グラフの凹凸を調べなければなりません (数学Ⅲの内容となります).

5 7 6 指数の方程式・不等式

根底 実戦 [→例題5 6 e]

方針 底の統一が大原則です．

解答 (1) **着眼** 両辺から 2^x が消去できるのが見えますか？■

与式を変形すると

$$2^x \cdot 3^x = 2^x \cdot 2^2.\ 3^x = 4\ (\because\ 2^x \neq 0).$$

$$\therefore x = \log_3 4.\ /\!/$$

(2) **方針** 2^x というカタマリで表します．■

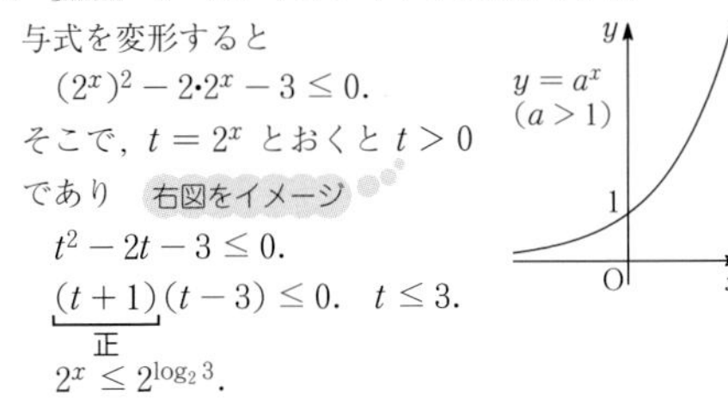

与式を変形すると

$$(2^x)^2 - 2 \cdot 2^x - 3 \leq 0.$$

そこで，$t = 2^x$ とおくと $t>0$ であり (右図をイメージ)

$$t^2 - 2t - 3 \leq 0.$$

$$\underbrace{(t+1)}_{\text{正}}(t-3) \leq 0.\quad t \leq 3.$$

$$2^x \leq 2^{\log_2 3}.$$

底：$2>1$ だから，$x \leq \log_2 3.\ /\!/$

(3) **方針** 底を a に統一します．a と 1 の大小により場合分けとなります．

注 とくに「指数関数」とは明言されていないので，$a=1$ の場合も考えます．■

$a=1$ のとき，与式の両辺は 1．よって与式の解は任意の実数. //

$a>0$, $a \neq 1$ のとき，与式を変形すると

$$a^{2(x-1)} \geq \left(a^{-\frac{1}{2}}\right)^x.$$

$$a^{2x-2} \geq a^{-\frac{x}{2}}.$$

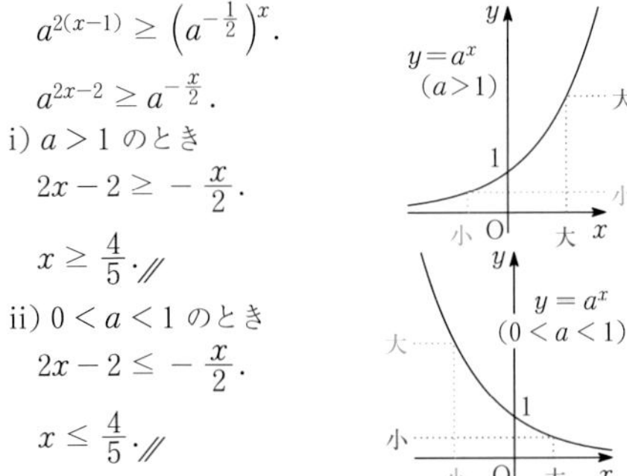

i) $a>1$ のとき

$$2x - 2 \geq -\frac{x}{2}.$$

$$x \geq \frac{4}{5}.\ /\!/$$

ii) $0<a<1$ のとき

$$2x - 2 \leq -\frac{x}{2}.$$

$$x \leq \frac{4}{5}.\ /\!/$$

言い訳 最後に答えだけをまとめて

$$\begin{cases} a=1 \text{ のとき, 任意の実数.} \\ a>1 \text{ のとき, } x \geq \dfrac{4}{5}. \\ 0<a<1 \text{ のとき, } x \leq \dfrac{4}{5}.\ /\!/ \end{cases}$$

と書くのが“丁寧”な解答ですが，入試の現場はとても忙しいので，上記**解答**の通りでも OK でしょう．

577 指数の不等式

根底 実戦

[→例題56e]

方針 「底の統一」を大原則として.

解答 (1) **方針** 底：$\frac{1}{8}$ と $\frac{1}{2}$ を，$\frac{1}{2}$ に統一します. ■

与式を変形すると

$$\left(\frac{1}{2}\right)^{3x} \geq \left(\frac{1}{2}\right)^{x-2}.$$

底：$\frac{1}{2}<1$ だから

$$3x \leq x-2. \therefore x \leq -1.$$ //

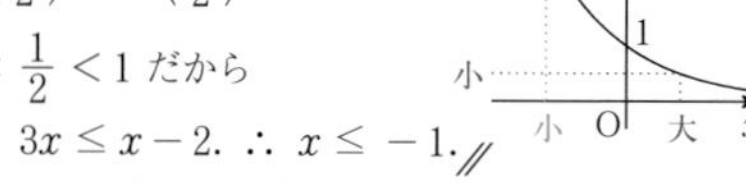

注 かなり作為的に作られた問題なので「1 より小さな底」に統一しましたが，次のように「1 より大きな底」に揃えてもできます.

$$2^{-3x} \geq 2^{-x+2}.$$

底：$2>1$ だから

$$-3x \geq -x+2. \therefore x \leq -1.$$ //

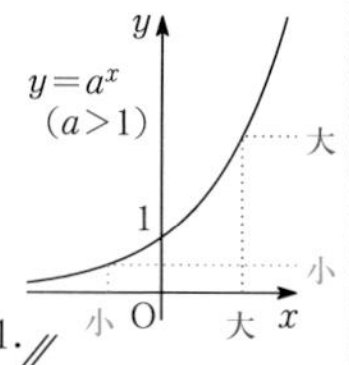

(2) **方針** 底が「2 と 3」です. (1)に比べると底を統一しづらいですが，ちゃんとできます. ■

与式を変形すると（指数関数の底の変換）

$$2^x > (2^{\log_2 3})^{x-2}.$$

$$2^x > 2^{(\log_2 3)(x-2)}.$$

底：$2>1$ だから

$$x > (\log_2 3)(x-2).$$

$$2\log_2 3 > (\log_2 3 - 1)x.$$

$\log_2 3 - 1 > 0$ だから（両辺を割るものの符号に注意）

$$x < \frac{2\log_2 3}{\log_2 3 - 1}.$$ //

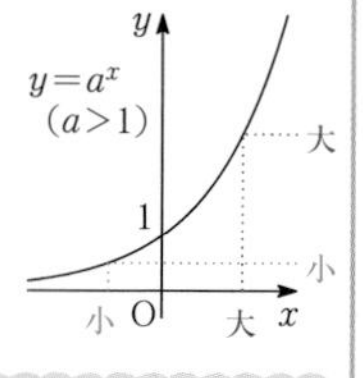

別解1 （どうせ対数を使うのなら…）

与式の両辺は正だから（真数条件の確認）

$$\log_2 2^x > \log_2 3^{x-2}\ (\text{底}: 2>1).$$

$$x > (x-2)\log_2 3.\ (\cdots\ \text{以下同様}\ \cdots)$$

別解2 （x を集約してしまう手もあります. ）

$$2^x > 3^x \cdot \frac{1}{9}.\ 9 > \frac{3^x}{2^x}.\ (\because\ 2^x>0)$$

$$\left(\frac{3}{2}\right)^x < 9.\ x < \log_{\frac{3}{2}} 9.\ \text{//}\ \left(\because\ \text{底}: \frac{3}{2}>1\right)$$

注 答えの右辺を変形すると

$$\log_{\frac{3}{2}} 9 = \frac{\log_2 9}{\log_2 \frac{3}{2}} = \frac{2\log_2 3}{\log_2 3 - 1}$$

となります. **解答**の結果と一致していますね.

(3) **方針** a^x というカタマリで表せそう. 底：a と 1 との大小関係に注意.

注 とくに「指数関数」とは明言されていないので，$a=1$ の場合も考えます. ■

$a=1$ のとき，与式の左辺 $=1-2\cdot1+1=0$.

よって与式は解をもたない. …①

$a>0, a \neq 1$ のとき，与式を変形すると

$$a(a^x)^2-(a^2+1)a^x+a<0.$$

$$(a \cdot a^x-1)(a^x-a)<0. \cdots ②$$

i) $a>1$ のとき，$\frac{1}{a}<a$ だから，②を解くと

$$\frac{1}{a}<a^x<a.\quad a^{-1}<a^x<a^1.$$

底：$a>1$ だから，

$$-1<x<1.$$

ii) $0<a<1$ のとき，$a<\frac{1}{a}$ だから，②を解くと

$$a<a^x<\frac{1}{a}.\quad a^1<a^x<a^{-1}.$$

底：$0<a<1$ だから，

$$1>x>-1.$$ （i) と同じ）

i), ii) と①より，求める解は

$$\begin{cases} a=1 \text{ のとき, 解なし.} \\ a>0, a \neq 1 \text{ のとき, } -1<x<1. \end{cases}$$ //

解説 i) と ii) は，「a と $\frac{1}{a}$ の大小」，「底：a と 1 の大小」がどちらも逆になり…，答えは結局同じになりました (笑). そこで，最後の答えをまとめ直して書きました.

578 対数の方程式・不等式

根底 実戦

[→例題56f]

解答 (1) **方針** 両辺の対数をとり，「$\log_3 x$ 乗」を「$\log_3 x$ 倍」に変えましょう. 底は何にするのがトクでしょう？■

まず，真数条件より $x>0$ …①.

①のもとで与式を変形すると

$$\log_3 x^{\boxed{\log_3 x}} = \log_3 81.$$

$$\boxed{\log_3 x} \cdot \log_3 x = 4.\quad \log_3 x = \pm 2.$$

これと①より，$x=3^{\pm2}=9, \frac{1}{9}.$ //

別解 **着眼** 「$x^{\square}=81$」という関係を対数で表すと…■

①のもとで与式：$x^{\boxed{\log_3 x}}=81$ を変形する. $x=1$ のとき与式は成立しない. よって $x \neq 1$ のもとで，

$$\boxed{\log_3 x} = \log_x 81.$$ （底：$x \neq 1$）

$$\log_3 x = \frac{\log_3 81}{\log_3 x}.$$

$x \neq 1$ より $\log_3 x \neq 0$ であり

$$(\log_3 x)^2 = 4.\quad \log_3 x = \pm 2.\quad \cdots\ \text{以下同様}\ \cdots$$

(2) まず，真数条件：

$x+1,\ 3-x>0$ より，$-1<x<3$. …②

②のもとで与式を変形すると

$$\log_3(x+1) \le \frac{\log_3(3-x)}{\log_3 \frac{1}{3}}.$$

$$\log_3(x+1) \le -\log_3(3-x).\ ^{1)}$$

$$\log_3(x+1)+\log_3(3-x) \le 0.$$

$$\log_3(x+1)(3-x) \le \log_3 1.$$

$\log_3$ □ 型に統一

底：$3>1$ だから

$$(x+1)(3-x) \le 1.$$

方程式 $(x+1)(3-x)=1$ を解くと，

$$x^2-2x-2=0.\quad x=1\pm\sqrt{3}.$$

これと②，および右図より，求める解は

$$-1<x\le 1-\sqrt{3},$$

$$1+\sqrt{3} \le x<3.$$ //

$y=(x+1)(3-x)$

注 [1)]：この右辺：「−□」は，移項して「+□」にすること．

5 7 9 対数不等式（場合分け）

根底 実戦 入試 ハイレベル↑ [→例題5 6 g]

方針 底を a に統一しましょう．

注 「文字」は，様々な値をとり得ることに気を付けましょう．

解答 まず，底の条件より a は 1 以外の正の定数．

また，真数条件より

$$x+1,\ 2x+a>0. \cdots①$$

$$\text{i.e. } x>-1,\ x>-\frac{a}{2}. \cdots①'$$

①のもとで与式を変形すると

$$\log_a(x+1)+\frac{1}{2} \le \frac{\log_a(2x+a)}{2}.$$

$\log_a a^2$

$$2\log_a(x+1)+\log_a a \le \log_a(2x+a).$$

$$\log_a a(x+1)^2 \le \log_a(2x+a).$$

i) 底：$a>1$ のとき，

$$a(x+1)^2 \le 2x+a. \cdots②$$

$$ax^2+2(a-1)x \le 0.$$

$$x\left(x-2\cdot\frac{1-a}{a}\right) \le 0\ (\because\ a>0).$$

$a>1$ より $2\cdot\dfrac{1-a}{a}<0$ だから

$$2\cdot\frac{1-a}{a} \le x \le 0. \cdots③$$

この x が $x>-1$ を満たすとき，②より $2x+a>0$ も自ずと成り立つ．よって，「③かつ $x>-1$」が与式の解である．

$$2\cdot\frac{1-a}{a}-(-1)=\frac{2-a}{a}$$

大小比較の基本：差をとって積・商の形

より，i) はさらに次のように場合分けされる：

ア) $a\ge 2$ のとき，$2\cdot\dfrac{1-a}{a} \le -1$ だから，与式の解は

$$-1<x\le 0.$$ //

イ) $1<a<2$ のとき，$2\cdot\dfrac{1-a}{a}>-1$ だから，与式の解は

$$2\cdot\frac{1-a}{a} \le x \le 0.$$ //

ii) 底：$0<a<1$ のとき，

$$a(x+1)^2 \ge 2x+a.$$

$$x\left(x-2\cdot\frac{1-a}{a}\right) \ge 0\ (\because\ a>0).$$

$a<1$ より $2\cdot\dfrac{1-a}{a}>0$ だから

$$x\le 0,\ 2\cdot\frac{1-a}{a} \le x. \cdots④$$

①′において，$a<1$ より $-\dfrac{a}{2}>-\dfrac{1}{2}>-1$.

よって与式の解は，「④かつ $x>-\dfrac{a}{2}$」，すなわち

$$-\frac{a}{2}<x\le 0,\ 2\cdot\frac{1-a}{a} \le x.$$ //

解説 「底：a と 1 の大小」以外にも場合分けが発生するので，正確に処理するのは少し困難です．

5 7 10 対数不等式

根底 実戦 入試 [→例題5 6 g]

方針 $\sqrt{2}$, 4, 16 がありますから，底を 2 に統一しましょう．

解答 まず，底と真数に関する条件から

$$x>0,\ x\ne 1. \cdots①$$

①のもとで与式を変形すると

$$\left(\frac{\log_2 x}{\log_2\sqrt{2}}\right)^2+20\cdot\frac{\log_2 x}{\log_2 4}+\frac{\log_2\frac{1}{16}}{\log_2 x}+2 \le 0.$$

そこで，$t=\log_2 x$ とおくと，①より $t\ne 0$ であり，

$$(2t)^2+10t+\frac{-4}{t}+2 \le 0.$$

$$^{1)}\ 2t^2+5t+1-\frac{2}{t} \le 0.\quad \frac{2t^3+5t^2+t-2}{t} \le 0.$$

下書き 分子を因数分解します．$t=-1$ のとき，分子 $=-2+5-1-2=0$. これを念頭に，組立除法を用います．

−1	2	5	1	−2
		−2	−3	2
	2	3	−2	0

さらに商の 2 次式も因数分解すると…■

$$\frac{(t+1)(t+2)(2t-1)}{t} \leq 0.$$

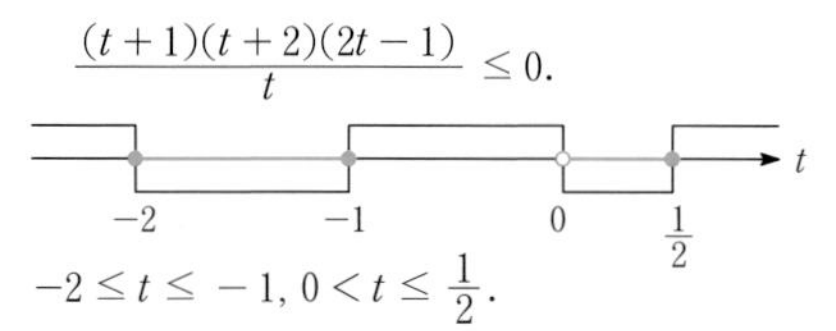

$-2 \leq t \leq -1,\ 0 < t \leq \frac{1}{2}.$

$\log_2 \frac{1}{4} \leq \log_2 x \leq \log_2 \frac{1}{2},\ \log_2 1 < \log_2 x \leq \log_2 \sqrt{2}.$

これと①より，求める解は

$\frac{1}{4} \leq x \leq \frac{1}{2},\ 1 < x \leq \sqrt{2}.$ //

注 1)：この分数形の不等式は，分母の符号で範囲分けなどしないで片付けましょうね．

[→演習問題 1 8 22 (2)]

5 7 11 複雑な不等式

根底 実戦 入試 [→例題 5 6 e]

方針 指数「△」の形だらけなので，両辺の対数をとる手もありそうですが…，もっと素朴に解決します．

解答 与式を変形すると

$(2x)^2(x+1)^x > (2x)^x(x+1)^2$

$(x+1)^{x-2} > (2x)^{x-2}$ （∵ $(x+1)^2(2x)^2 > 0$）.

$\left(\frac{x+1}{2x}\right)^{x-2} > 1$ （∵ $(2x)^{x-2} > 0$）. …①

i) $x = 1$ のとき，①は 左辺 $= 1$ より不成立．

ii) $0<x<1$ …② のとき，右図より

$\frac{x+1}{2x} > 1$ だから，①は，

$x - 2 > 0$. i.e. $x > 2$.

これと②を満たす x はない．

iii) $1 < x$ …③ のとき，

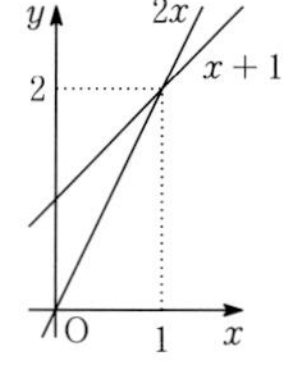

$0 < \frac{x+1}{2x} < 1$ だから，①は，

$x - 2 < 0$. これと③より，$1 < x < 2$.

以上 i)～iii) より，求める解は，$1 < x < 2$. //

解説 ①のように，キレイに ○$^{\triangle}$ の形にまとまったことが，解決につながりましたね．

補足 i) では下左，ii) では下右のグラフをイメージしています．底の a にあたる部分が定数ではありませんが，例えば「(1 より大きい数)^{正数} は 1 より大きい」のように考えます．

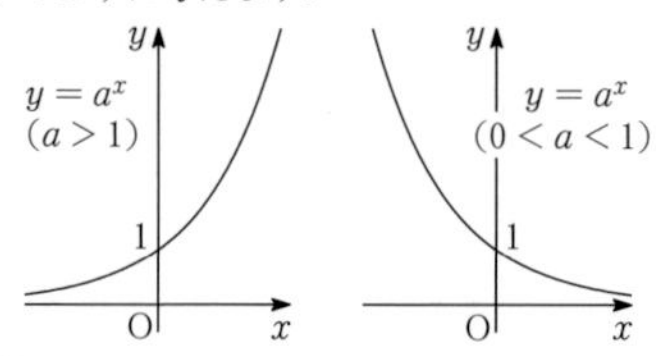

参考 ①に対して，両辺の対数をとってみましょう．底は何でもかまいませんが，1 より大きい方が扱いやすいので，「2」にしてみます．

$\log_2\left(\frac{x+1}{2x}\right)^{x-2} > \log_2 1$ （∵ 底：$2 > 1$）.

$(x-2)\log_2 \frac{x+1}{2x} > 0.$

これで，$x - 2$ と $\log_2 \frac{x+1}{2x}$ の**符号**を考えることに帰着しましたね．あとは，前記 **解答** と同様です．

5 7 12 指数・対数の連立方程式

根底 実戦 [→例題 5 6 k]

着眼 (1)(2)とも，何やら対称式（のようなもの）ができそうですね．

解答 (1) $X = 3^x,\ Y = 3^y$ とおくと，

$X, Y > 0$ …① であり

$X^2 + Y^2 = 30,\ XY = 9.$

$(X+Y)^2 - 2XY = 30,\ XY = 9.$

$(X+Y)^2 = 48,\ XY = 9.$

$X + Y = 4\sqrt{3},\ XY = 9$ （∵ ①）.

よって X, Y は次の方程式の 2 解：

$(t-X)(t-Y)=0.\quad t^2-(X+Y)t+XY=0$

$t^2 - 4\sqrt{3}t + 9 = 0.$

$t = 2\sqrt{3} \pm \sqrt{12-9} = 3\sqrt{3},\ \sqrt{3}.$

$x < y$ より $X < Y$ （∵ 底：$3 > 1$）だから

$X = 3^x = \sqrt{3},\ Y = 3^y = 3\sqrt{3}.$

$\therefore x = \frac{1}{2},\ y = \frac{3}{2}.$ //

(2) まず，真数条件より $x, y > 0$. …②

②のもとで与式を変形すると

$\log_3 x - \log_3 y = 3,\ \frac{\log_3 x}{2} \cdot \frac{\log_3 y}{2} = \frac{5}{2}.$

$X = \log_3 x,\ Y = \log_3 y$ とおくと，

$X - Y = 3,\ XY = 10.$

$X + (-Y) = 3,\ X(-Y) = -10.$

$\{X, -Y\} = \{5, -2\}.$

$(\log_3 x, -\log_3 y) = (5, -2), (-2, 5).$

$(\log_3 x, \log_3 y) = (5, 2), (-2, -5).$ 1)

$\therefore (x, y) = (243, 9), \left(\frac{1}{9}, \frac{1}{243}\right).$ //

補足 (2)では X と $-Y$ について，"いちおう"(1)と同様に和と積を作りました．しかし，それにこだわらず 1 文字を消去してもかまいません．
また，数値がキレイなので(1)で用いた「解と係数の関係」は使わず，条件を満たすものを見つけて済ませました．この程度なら許されるかと思います．

注 1)：この 2 つの組における「−」の付き方に気を付けてください．

5 7 13 3^x と 3^{-x}

根底 実戦 典型 [→例題 5 6 i]

方針 有名な，次の流れで解答します：

$\boxed{3^x}$ と $\boxed{3^{-x}}$ の対称式

→和：$\boxed{3^x}+\boxed{3^{-x}}$ と 積：$\boxed{3^x}\cdot\boxed{3^{-x}}$（$=1$）のみで表せる．

→$t=\boxed{3^x}+\boxed{3^{-x}}$ と置換する．

解答 $9^x+9^{-x}=(3^x+3^{-x})^2-2\cdot3^x\cdot3^{-x}$,

$$3^{\frac{1}{2}+x}+3^{\frac{1}{2}-x}=\sqrt{3}\cdot3^x+\sqrt{3}\cdot3^{-x}.$$

そこで，$t=3^x+3^{-x}\ (>0)$ とおくと，与式は

$$t^2-2-\sqrt{3}t+\frac{2}{3}=0.\quad 3t^2-3\sqrt{3}t-4=0.$$ [1)]

$$(\sqrt{3}t-4)(\sqrt{3}t+1)=0.\quad t=\frac{4}{\sqrt{3}}\ (\because\ t>0).$$

[2)] $$3^x+3^{-x}=\frac{4}{\sqrt{3}}.\ (3^x)^2-\frac{4}{\sqrt{3}}\cdot3^x+1=0.$$ [3)]

$$\therefore 3^x=\frac{2}{\sqrt{3}}\pm\sqrt{\frac{4}{3}-1}=\frac{3}{\sqrt{3}},\ \frac{1}{\sqrt{3}}.$$

$$3^x=3^{\frac{1}{2}},\ 3^{-\frac{1}{2}}.\quad \therefore\ x=\pm\frac{1}{2}.$$ //

補足 [1)3)]：2 つの 2 次方程式を，前者は「因数分解」で，後者は「(b' の) 解の公式」で解きましたが，それぞれ他方のやり方でも解けます．

注 [2)]：演習問題 5 7 14 を学んだ後で振り返ると，3^x+3^{-x} は偶関数ですから，この方程式の 2 解は $\pm\triangle$ の形になるのが当然です．

5 7 14 偶関数・奇関数

根底 実戦 入試 重要 [→例題 5 6 h]

方針 偶関数・奇関数の定義に基づき，設問の流れに沿って解答していきます．

解答 (1) $f(-x)=\dfrac{3^{-x}+3^x}{2}=f(x)$ より，$f(x)$ は偶関数．□

①を解くと

$$\frac{3^x+3^{-x}}{2}=a.\quad 3^x+\frac{1}{3^x}=2a.$$

$$(3^x)^2-2a\cdot3^x+1=0.\quad 3^x=a\pm\sqrt{a^2-1}.$$

$$\therefore x=\log_3\left(a\pm\sqrt{a^2-1}\right).$$ //

$\sqrt{}$ 内は正

(2) $g(-x)=\dfrac{3^{-x}-3^x}{2}=-g(x)$ より，$g(x)$ は奇関数．□

②を解くと

$$\frac{3^x-3^{-x}}{2}=2.\quad 3^x-\frac{1}{3^x}=4.$$

$(3^x)^2-4\cdot3^x-1=0.$ $3^x>0$ だから，

$$3^x=2+\sqrt{5}.$$

$$\therefore x=\log_3\left(2+\sqrt{5}\right).$$ //

(3)
$$2f(x)g(x)=2\cdot\frac{3^x+3^{-x}}{2}\cdot\frac{3^x-3^{-x}}{2}$$
$$=\frac{(3^x)^2-(3^{-x})^2}{2}$$
$$=\frac{3^{2x}-3^{-2x}}{2}=g(2x).\ \square$$

別解（逆向きに示します．）

$$g(2x)=\frac{3^{2x}-3^{-2x}}{2}$$
$$=\frac{(3^x)^2-(3^{-x})^2}{2}$$
$$=\frac{(3^x+3^{-x})(3^x-3^{-x})}{2}$$
$$=2\cdot\frac{3^x+3^{-x}}{2}\cdot\frac{3^x-3^{-x}}{2}$$
$$=2f(x)g(x).\ \square$$

(4) ④の左辺を f,g を用いて表し，③を繰り返し用いると

$$左辺=g(x)f(x)f(2x)f(4x)$$
$$=\frac{1}{2}g(2x)f(2x)f(4x)$$
$$=\frac{1}{4}g(4x)f(4x)=\frac{1}{8}g(8x).$$

よって④は

$$\frac{1}{8}g(8x)=-\frac{1}{4}.$$

$$g(8x)=-2.\ \cdots④'$$

$g(x)$ は奇関数だから，④′を満たす $8x$ は，②の解と逆符号．よって

$$8x=-\log_3\left(2+\sqrt{5}\right).$$

$$x=-\frac{1}{8}\log_3\left(2+\sqrt{5}\right).$$ //

補足 (1)で求めた 2 つの解は，$f(x)$ が偶関数であることより「$\pm\triangle$」の形に表せるはずです．実際，複号のうち「－」の方を変形すると

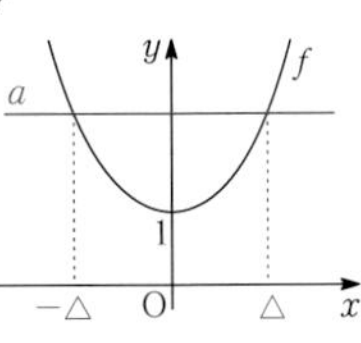

$$\log_3\left(a-\sqrt{a^2-1}\right)$$
$$=\log_3\left\{\left(a-\sqrt{a^2-1}\right)\cdot\frac{a+\sqrt{a^2-1}}{a+\sqrt{a^2-1}}\right\}$$
$$=\log_3\frac{a^2-(a^2-1)}{a+\sqrt{a^2-1}}$$
$$=\log_3\frac{1}{a+\sqrt{a^2-1}}$$
$$=-\log_3\left(a+\sqrt{a^2-1}\right).$$

よって，①の 2 解は，確かに

$x=\pm\log_3\left(a+\sqrt{a^2-1}\right)$ と書けますね．

参考 $f(x)$ を f, $g(x)$ を g と略記します．f と g の間には，次の相互関係公式が成り立ちます：

$$f^2 - g^2 = (f+g)(f-g) = 3^x \cdot 3^{-x} = 1.$$

$\therefore f^2 - g^2 = 1.$

これは，三角関数に関する有名公式：

$\cos^2\theta + \sin^2\theta = 1$

と少し似てますね（符号が逆ですが）．

将来　数学Ⅲでは，こうした「性質」を活用して計算を円滑に行うことを要求される場面が多々あります．

発展（以下における「$f(x)$」は，本問のそれとは別の一般の関数です．）

有名な事実 (*)：

「実数全体で定義された任意の関数 $f(x)$ は，
偶関数と奇関数の和の形で表せる」

を証明します．

$$f(x) = \underbrace{\frac{f(x)+f(-x)}{2}}_{f_1(x)\text{ とおく}} + \underbrace{\frac{f(x)-f(-x)}{2}}_{f_2(x)\text{ とおく}}. \quad \cdots①$$

ここに，

$$f_1(-x) = \frac{f(-x)+f(x)}{2} = f_1(x).$$

$\therefore f_1(x)$ は偶関数．

$$f_2(-x) = \frac{f(-x)-f(x)}{2} = -f_2(x).$$

$\therefore f_2(x)$ は奇関数．

よって，(*) が示せた．□

5 7 15　対称式の値

根底　実戦　典型　　[→例題 5 6 h]

着眼　$\sqrt[3]{a} = a^{\frac{1}{3}}$ より $a^{\frac{2}{3}} = (\sqrt[3]{a})^2$ となることが見抜ければ，$a^{\frac{1}{3}}$ と $a^{-\frac{1}{3}}$ の対称式だとわかります．

解答　$b = a^{\frac{1}{3}}$ (>0) とおくと，

①は $b^2 + \left(\dfrac{1}{b}\right)^2 = 3.$ …①′　（左辺は b と $\dfrac{1}{b}$ の対称式）

$A = b + \dfrac{1}{b}.$

①′より

$\left(b+\dfrac{1}{b}\right)^2 - 2\cdot b\cdot\dfrac{1}{b} = 3.$　（$b+\dfrac{1}{b}$ と $b\cdot\dfrac{1}{b}(=1)$ で表せる）

$\therefore A^2 = 5.$

$A > 0$ だから，$A = \sqrt{5}.$ //

5 7 16　方程式の1つの解

根底　実戦　　[→ 5 1 6]

着眼　和：$a+b$ が問われており，$\sqrt[3]{\ }$ 内を見るとわかるように，積：ab の値は求めやすそう．そこで，対称式に関する公式が使えないかと模索してみます．

解答　$a^3 = \dfrac{7+\sqrt{17}}{2}$, $b^3 = \dfrac{7-\sqrt{17}}{2}$ であり

$$\begin{aligned} ab &= \sqrt[3]{\frac{7+\sqrt{17}}{2}} \cdot \sqrt[3]{\frac{7-\sqrt{17}}{2}} \\ &= \sqrt[3]{\frac{7+\sqrt{17}}{2} \cdot \frac{7-\sqrt{17}}{2}} \\ &= \sqrt[3]{\frac{49-17}{4}} = \sqrt[3]{8} = 2. \end{aligned}$$

これらを用いると

$$\begin{aligned} (a+b)^3 &= a^3 + b^3 + 3ab(a+b) \\ &= 7 + 6(a+b). \end{aligned}$$

よって $(a+b)^3 - 6(a+b) - 7 = 0$ だから，求める方程式は

$x^3 - 6x - 7 = 0.$ //

解説　「1 つの解」→「数値代入」でしたね．答えの x に $a+b$ を代入すると，確かに「=」が成り立っています．

参考　演習問題 1 13 16 に，似たテーマがあります．

5 7 17　指数・対数関数の値域

根底　実戦　　[→例題 5 6 i]

方針　(1)「a^x」で表せそう．

(2)「$\log_2 x$」で表せそう．

解答　(1)　$f(x) = (a^x)^2 - a\cdot a^x + a^2.$

そこで，$t = a^x$ (>0) とおくと　（t の変域に注意）

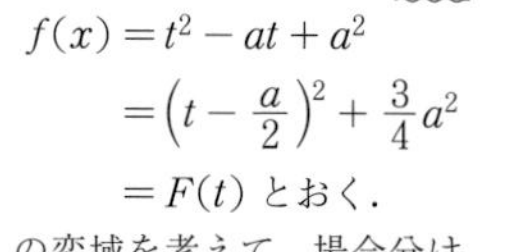

$$\begin{aligned} f(x) &= t^2 - at + a^2 \\ &= \left(t - \frac{a}{2}\right)^2 + \frac{3}{4}a^2 \\ &= F(t) \text{ とおく．} \end{aligned}$$

t の変域を考えて，場合分けする．

i) $a > 1$ のとき，$t \geq a$ より右図を得る．よって $f(x)$ の値域は

$f(x) \geq F(a).$

i.e. $f(x) \geq a^2.$ //

ii) $0 < a < 1$ のとき，$0 < t \leq a$ より右図を得る．よって $f(x)$ の値域は

$F\left(\dfrac{a}{2}\right) \leq f(x) \leq F(a).$

i.e. $\dfrac{3}{4}a^2 \leq f(x) \leq a^2.$ //

解説　2 次関数の値域といえば，「定義域と軸の位置関係」に注目でしたね．[→ Ⅰ+A 2 3 2] ■

(2) $g(x) = \log_2 \dfrac{x}{4} \cdot \dfrac{\log_2 \dfrac{8}{x}}{\log_2 4}$

$= \dfrac{1}{2}(\log_2 x - 2)(3 - \log_2 x).$

そこで，$X = \log_2 x$ とおくと

$g(x) = \dfrac{1}{2}(X-2)(3-X)$

$= G(X)$ とおく．

X の変域は任意の実数だから，右図を得る．よって $g(x)$ の値域は

$g(x) \leq G\left(\dfrac{5}{2}\right).$

i.e. $g(x) \leq \dfrac{1}{8}.$ //

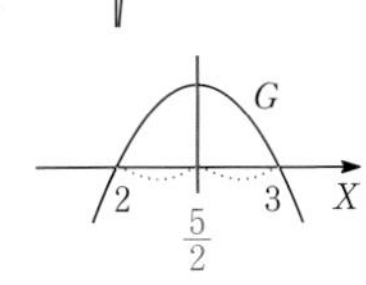

注 $G(X)$ は"切片形"の2次関数ですから，展開したりせず，そのままグラフを描いてくださいね．

[→ I+A 2 2 5]

5 7 18 「図形と方程式」との融合 根底 実戦 入試 [→例題 5 6 k]

方針 $\log_3 x, \log_3 y$ だけで表せそうです．

解答 まず，真数条件より

$x, y, x^2, y^2 > 0.$ i.e. $x, y > 0.$ …②

②のもとで①を変形すると

$(\log_3 x)^2 + (\log_3 y)^2 = 2\log_3 x + 2\log_3 y.$

そこで，$X = \log_3 x, Y = \log_3 y$ とおくと

$X^2 + Y^2 - 2X - 2Y = 0.$ …③

また

$\log_3 xy = \log_3 x + \log_3 y = X + Y.$

そこで $X + Y = k$ …④ とおき，XY 平面上で円③と直線④が共有点をもつときを考える．

右図において，④(ア)のとき Y 切片 k は最小となり，

$k = 0 + 0 = 0.$

④(イ)のとき k は最大となり，

$k = 2 + 2 = 4.$

以上より，

$0 \leq \log_3 xy \leq 4.$

$\log_3 1 \leq \log_3 xy \leq \log_3 3^4.$

$\therefore 1 \leq xy \leq 81.$ //

解説 ①式を $X = \log_3 x, Y = \log_3 y$ で表しましたので，xy の方もそれに合わせて対数をとりました．

5 7 19 図形と方程式との融合 根底 実戦 入試 [→例題 5 6 l]

方針 与式を $\log_2$ □ $\leq \log_2$ □ の形にしましょう．

注 左辺の $-\log_2(x+1) - \log_2(y-1)$ から分数式を作ったりしないこと．右辺に移項して $+$ にしてください．

解答 まず，真数条件より

$x+y-2, x+1, y-1 > 0.$

i.e. $y > -x+2, x > -1, y > 1.$ …②

②のもとで①を変形すると

$\log_2(x+y-2)^2 \leq \log_2(x+1) + \log_2(y-1) + \log_2 2.$

$\log_2(x+y-2)^2 \leq \log_2 2(x+1)(y-1).$

底：$2 > 1$ だから

$(x+y-2)^2 \leq 2(x+1)(y-1).$

$x^2+y^2-4x-4y+4 \leq -2x+2y-2.$ ……$2xy$ は消える

$x^2+y^2-2x-6y \leq -6.$

$(x-1)^2+(y-3)^2 \leq 2^2.$

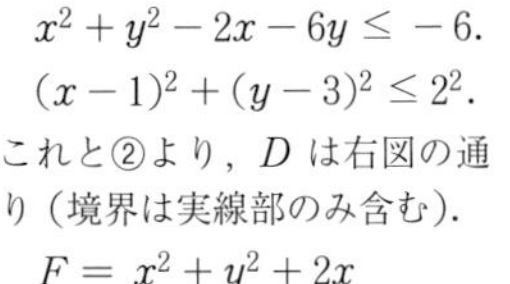

これと②より，D は右図の通り（境界は実線部のみ含む）．

$F = x^2+y^2+2x$

$= (x+1)^2+y^2-1.$

定点 A$(-1, 0)$ をとると

$F = \text{AP}^2 - 1.$ …③

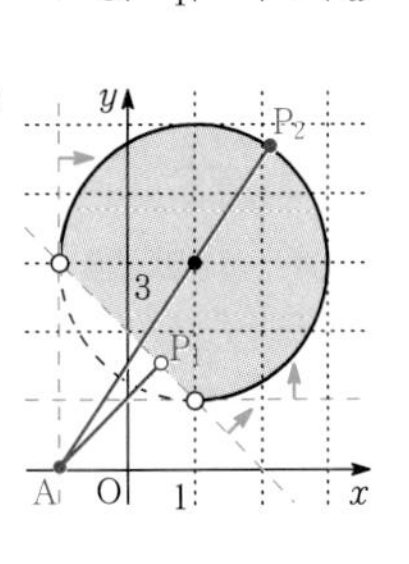

右図において，変域を考えると

$\text{AP}_1 < \text{AP} \leq \text{AP}_2.$

$\dfrac{3}{\sqrt{2}} < \text{AP} \leq \sqrt{13}+2.$

$\dfrac{9}{2} < \text{AP}^2 \leq 17+4\sqrt{13}.$

これと③より，求める変域は

$\dfrac{7}{2} < F \leq 16+4\sqrt{13}.$ //

解説 3「図形と方程式」とのちょっとした融合でした．「指数・対数」だけでは内容のある問題は作りづらいので，こうして他分野と（ややムリヤリ）ミックスした問題が出たりします（笑）．

5 7 20 対数の関係式 根底 実戦 [→例題 5 6 m]

方針 「連比を k とおく」のと似た手法が使えそうですね．

解答 $\log_2 a = \log_3 b = \log_6 c = k$

とおくと

$a = 2^k, b = 3^k, c = 6^k.$

$\therefore ab = 2^k \cdot 3^k = (2 \cdot 3)^k = 6^k = c.$ □

5 7 21 対数と有理数
根底 実戦 入試 [→例題 5 6 n]

方針 有理数であることを整数の文字を用いて表現します.

解答 $\log_9 n\ (>0)$ が有理数であるための条件は,

$\log_9 n = \dfrac{k}{l}$ …①を満たす 自然数 k, l が存在すること. …(*)

①を変形すると

$9^{\frac{k}{l}} = n.\quad 9^k = n^l.$

$3^{2k} = n^l.$ …①′

よって, n がもつ素因数は 3 のみであり, $n \geq 2$ より, (*) であるためには

$n = 3^a\ (a \in \mathbb{N})$ と表せること …②

が必要である.

逆にこのとき ①′ は,

$3^{2k} = 3^{al}.\quad$ i.e. $2k = al.$ …③

任意の自然数 a に対して, ③を満たす自然数の組

$(k, l) = (a, 2)$

が存在する. よって②は, (*) のために十分でもある.

以上より, 求める n は

$n = 3^a\ (a \in \mathbb{N})$.//

解説 ①′を見ながら, 両辺の**素因数分解**を考えることが重要です.

5 7 22 桁数と首位
根底 実戦 典型 [→例題 5 6 o]

方針 例題 5 6 o では, 初学者への "導入" として(1)「桁数」, (2)「首位」と段階を踏んで求めましたが, 経験を積んだら, 桁数・首位を同時に求めてしまいましょう. 常用対数を用い, 次の点に注目します:

桁数 → $\log_{10} a$ の「整数部分」に注目.

首位 → $\log_{10} a$ の「小数部分」に注目.

解答 $\log_{10} a = 20\log_{10} 2 + 30\log_{10} 3$

$= 20\times 0.3010 + 30\times 0.4771 = 20.333.$

$\therefore\ a = 10^{20.333}.$ …①

ここで, $\log_{10} 2 < 0.333 < \log_{10} 3$ だから

$10^{20+\log_{10} 2} < a < 10^{20+\log_{10} 3}.$

$2\cdot 10^{20} < a < 3\cdot 10^{20}.$

$2\cdot 10^{20} = 2\underbrace{000\cdots 00}_{0\text{ が }20\text{ 個}}$

$3\cdot 10^{20} = 3\underbrace{000\cdots 00}_{0\text{ が }20\text{ 個}}$

以上より,

a の桁数は 21. 首位は 2.//

注 たったこれだけの問題です. 「桁数を m とおく」とかはゼッタイに止めてくださいね (笑).

5 7 23 小数と首位
根底 実戦 典型 [→例題 5 6 p]

着眼 前問と同様, 常用対数の整数部分と小数部分に注目します. **小数部分は必ず正**ですよ!

解答 $\log_{10} b = 50\log_{10} 5 - 60\log_{10} 6$

$= 50(1-\log_{10}2) - 60(\log_{10}2+\log_{10}3)$

$= 50\times 0.6990 - 60\times 0.7781$

$= -11.736$

$= -12 + 0.264.$

$\therefore\ b = 10^{-12+0.264}.$ 小数部分はプラス

ここで, $0.264 < \log_{10} 2$ だから

$10^{-12} < b < 10^{-12+\log_{10} 2}.$

$10^{-12} < b < 2\cdot 10^{-12}.$

$10^{-12} = 0.000\cdots 01$ (12 桁繰り下がる)

$2\cdot 10^{-12} = 0.000\cdots 02$ (12 桁繰り下がる)

∴ 初めて 0 以外の数が現れるのは小数第 12 位.//

また, その数 (首位) は, 1.//

5 7 24 桁数を求める工夫
根底 実戦 入試 [→例題 5 6 s]

方針 (1)は典型問題として片付きます.

着眼 (2)では, 2^{100} と 3^{100} の大きさを比較することが大切です. 2 と 3 の 5 乗どうし: $2^5 = 32,\ 3^5 = 243$ を比べてもわかる通り, 3^{100} は 2^{100} に比べて断然大きいです.

つまり, b の値の主たる部分は 3^{100} であり, 2^{100} は取るに足らない "ゴミ" 同然のものです.

解答 (1) $\log_{10} a = \log_{10}(2\cdot 3)^{100}$

$= 100\cdot(\log_{10} 2 + \log_{10} 3)$

$= 100\times 0.7781 = 77.81.$

i.e. $a = 10^{77.81}.$

$\therefore\ 10^{77} < a < 10^{78}.$

よって a の桁数は, 78.//

(2) $b = 2^{100} + 3^{100} > 3^{100}.$ … ①

ここで,

$\log_{10} 3^{100} = 100\log_{10} 3$

$= 100\times 0.4771 = 47.71.$

$\therefore\ 3^{100} = 10^{47.71}.$

これと①より, $b > 10^{47.71} > 10^{47}.$ …②

注 次に, 逆向きの不等式を作るために

$b = 2^{100} + 3^{100} < 3^{100} + 3^{100} = 2\cdot 3^{100}$

とすると

$\log_{10} 2\cdot 3^{100} = \log_{10} 2 + 100\log_{10} 3$

$= 0.3010 + 47.71 = 4\underset{\sim}{8}.011$

となり, 整数部分が繰り上がってしまったので桁数が求まりません. そこで, もっと "精度" の高い評価を考えます. ■

$$b = 2^{100} + 3^{100}$$
$$= 2 \cdot 2^{99} + 3^{100}$$
$$< 2 \cdot 3^{99} + 3 \cdot 3^{99}$$
$$= 5 \cdot 3^{99}. \cdots ③$$

ここで，

$$\log_{10} 5 \cdot 3^{99} = \log_{10} 5 + \log_{10} 3^{99}$$
$$= \log_{10} \frac{10}{2} + 99 \log_{10} 3$$
$$= 1 - \log_{10} 2 + 99 \log_{10} 3$$
$$= 1 - 0.3010 + 99 \times 0.4771 = 47.9319.$$
$$\therefore\ 5 \cdot 3^{99} = 10^{47.9319}.$$

これと③より，$b < 10^{47.9319} < 10^{48}$. …④

②④より

$$10^{47} < b < 10^{48}.$$

よって b の桁数は，48.//

解説 対数を利用する際には，積：$a = 2^{100} \times 3^{100}$ はカンタン．和：$b = 2^{100} + 3^{100}$ は難しいということがわかりましたね．

難しい和である b については，「主要部」と「ゴミ」の識別を行い，「主要部」である $3^{\triangle}$ だけで表すよう工夫します．

補足 (2)の「$b<$」側の評価について．注に書いた評価と，その後の**解答**で行った評価を比較してみましょう：

注：$2^{100} < 3^{100} = 3 \cdot 3^{99}$ と評価．

解答：$2^{100} = 2 \cdot 2^{99} < 2 \cdot 3^{99}$ と評価．

なるほど確かに，**解答**の方が誤差の小さい評価になっていますね．

5 7 25 桁数と首位

根底 実戦 入試 [→例題 5 6 t]

方針 (1)を典型問題として片付けた後，それを(2)でどう活かすかを考えます．

解答 (1)

$$\log_{10} 5^{100} = 100 \log_{10} \frac{10}{2}$$
$$= 100 \cdot (1 - 0.3010)$$
$$= 100 \times 0.6990 = 69.90.$$
$$\text{i.e. } 5^{100} = 10^{69.90}. \cdots ①$$
$$\therefore\ 10^{69} < 5^{100} < 10^{70}.$$

よって求める桁数は，70.//

(2) **着眼** いくつかの n について "実験" してみましょう．

n	1	2	3	4	5	…	100
5^n	5	25	125	625	3125	…	
桁数	1	2	3	3	4	…	70
首位	5	2	1	6	3	…	

これを見ると，桁数は 1 ずつ増えていくことが多いですが，表中赤枠のように同じ桁が続くこともあります．このとき，前の方の首位は「1」となっています．これは…考えてみれば当然ですね．■

5^n の桁数 $f(n)$ の推移は次のようになる：

i) 5^nの首位が2以上 → $f(n+1) = f(n) + 1$.
ii) 5^nの首位が1 → $f(n+1) = f(n)$. …(*)

(ただし，$n = 1, 2, 3, \cdots, 99$. [1])

n の推移：$1 \to 2,\ 2 \to 3,\ 3 \to 4, \cdots, 99 \to 100$ の 99 回の内訳を考えると，

計 99 回 $\begin{cases} \text{i): } 70 - 1 = 69\ (\text{回})\ (\because (1)). \\ \text{ii): } 99 - 69 = 30\ (\text{回}). \end{cases}$

また，①より

$$10^{69 + \log_{10} 2} < 5^{100} < 10^{70}.$$
$$\therefore\ 2 \cdot 10^{69} < 5^{100} < 10^{70}.$$

よって 5^{100} の首位は 2 以上．

以上より，求める個数は，30.//

解説 「首位が 1」と「桁数が増えない」を関連付けることがポイントでした．ただし…

注 [1]：ここは「100」ではありません．よって 5^{100} だけを別扱いにして，最後にその首位を調べたのです．

補足 (*) をキチンと示すと次の通りです：

p を 0 以上のある整数として

○ $1 \cdot 10^p \leq 5^n < 2 \cdot 10^p$ のとき，
$5 \cdot 10^p \leq 5^{n+1} < 10^{p+1}$. 桁数は増えない

○ $2 \cdot 10^p \leq 5^n < 10^{p+1}$ のとき，
$10^{p+1} \leq 5^{n+1} < 5 \cdot 10^{p+1}$. 桁数は 1 増える

まあ，小学生でも軽い暗算でわかる程度のことですので，説明不要でしょうが (笑).

5 7 26 細胞分裂

根底 実戦 典型 [→例題 5 6 u]

語記サポ 細胞 =cell

着眼 細胞数は，20 分経過するごとに 2 倍になりますから，経過時間の指数関数となりますね．

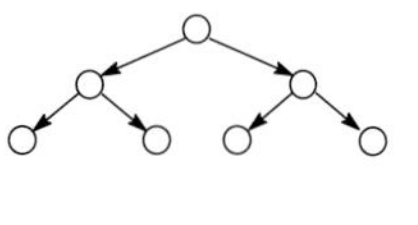

解答 $20 \cdot n$ 分 $(n = 0, 1, 2, \cdots)$ が経過したときの C の個数を $f(n)$ とすると

$$f(n) = 100 \cdot 2^n.$$

C の個数が 1 億を超えるための条件は

$$f(n) = 100 \cdot 2^n > 10^8. \quad 2^n > 10^6.$$
$$\log_{10} 2^n > \log_{10} 10^6. \quad n \log_{10} 2 > 6.$$
$$n > \frac{6}{0.3010} = 19.9 \cdots.$$

これを満たす最小の自然数 n は，$n = 20$.

よって求める時間は，

$$20 \times 20\ (\text{分}) = 400\ (\text{分}).$$

答えは 6 時間 40 分後.//

第5章 指数・対数関数

解説 「x 時間後」のように「時間」(hour) を単位にとるより，「20 分が n 回経過した後」と考えて「20 分」を単位とした方が自然で，わかりやすいですね．

余談 実際には，単細胞生物 C が増えすぎると生存するための環境が悪化し，増殖スピードが鈍ってきます．でないと，世界中が C で埋め尽くされてしまいますね (笑)．

5 7 27 温度変化

根底 実戦 入試 [→例題 5 6 u]

語記サポ 熱 =heat

着眼 温度は経過時間の指数関数となりますね．

解答 H の n 分後の温度 (単位：℃) を $g(n)$ とすると

$$g(n) = 100 \cdot r^n \ (n = 0, 1, 2, \cdots).$$

よって与えられた条件より

$$g(20) = 100 \cdot r^{20} = 50. \quad r^{20} = \frac{1}{2}. \quad r = \left(\frac{1}{2}\right)^{\frac{1}{20}}.$$

よって，n 分後に H が 20 ℃未満になるための条件は

$$g(n) = 100 \cdot \left(\frac{1}{2}\right)^{\frac{n}{20}} < 20.$$

$$10 \cdot \left(\frac{1}{2}\right)^{\frac{n}{20}} < 2.$$

$$\log_{10} 10 \cdot \left(\frac{1}{2}\right)^{\frac{n}{20}} < \log_{10} 2.$$

$$1 + \frac{n}{20}(-\log_{10} 2) < \log_{10} 2.$$

$$1 - \log_{10} 2 < \frac{n}{20} \cdot \log_{10} 2.$$

$$n > \frac{20(1 - \log_{10} 2)}{\log_{10} 2} = \frac{20(1 - 0.3010)}{0.3010} = 46.4\cdots.$$

これを満たす最小の自然数 n は，$n = 47$ (分後)．//

言い訳 本問は，「ニュートンの冷却法則」が成り立つことを前提としています．現実には，少し誤差が発生します．

5 7 28 12平均律

根底 実戦 入試 [→例題 5 6 v]

方針 (1)「12 平均律」の定義に従って考えます．

(2) m と $\frac{5}{4}$ の比が問われていますから，対数を用いて処理しやすいですね．(3)も同様です．

解答 (1) 上の「ド」は，下の「ド」に対して半音 12 個分上だから

$$r^{12} = 2. \quad \therefore \ r = 2^{\frac{1}{12}}. //$$ 約 1.06

(2) 「ミ」は，下の「ド」に対して半音 4 個分上だから

$$m = r^4 = \left(2^{\frac{1}{12}}\right)^4 = 2^{\frac{4}{12}} = 2^{\frac{1}{3}}.$$

$$\therefore \ \log_{10} \frac{m}{\frac{5}{4}} = \log_{10} \frac{2^3 \cdot 2^{\frac{1}{3}}}{10}$$

$$= \log_{10} \frac{2^{\frac{10}{3}}}{10}$$

$$= \frac{10}{3} \log_{10} 2 - 1$$

$$= \frac{10}{3} \cdot 0.3010 - 1 = 0.0033\cdots \ (>0).$$

常用対数表によると，$\log_{10} 1.01 = 0.0043$ だから

$$\log_{10} 1 < \log_{10} \frac{m}{\frac{5}{4}} < \log_{10} 1.01.$$

$$\therefore 1 < \frac{m}{\frac{5}{4}} < 1.01. \ \square$$

(3) 「ソ」は，下の「ド」に対して半音 7 個分上だから

$$s = r^7 = \left(2^{\frac{1}{12}}\right)^7 = 2^{\frac{7}{12}}.$$

$$\therefore \ \log_{10} \frac{s}{\frac{3}{2}} = \log_{10} \frac{2 \cdot 2^{\frac{7}{12}}}{3}$$

$$= \log_{10} \frac{2^{\frac{19}{12}}}{3}$$

$$= \frac{19}{12} \log_{10} 2 - \log_{10} 3.$$

$$= \frac{19}{12} \cdot 0.3010 - 0.4771$$

$$= -0.0005\cdots \ (<0).$$

常用対数表によると，

$$\log_{10} 0.998 = \log_{10} \frac{9.98}{10} = 0.9991 - 1 = -0.0009$$

だから

$$\log_{10} 0.998 < \log_{10} \frac{s}{\frac{3}{2}} < \log_{10} 1.$$

$$\therefore 0.998 < \frac{s}{\frac{3}{2}} < 1. \ \square$$

別解 (2)で $\log_{10} \frac{m}{\frac{5}{4}}$ を計算する際，

$$\log_{10} \frac{5}{4} = \log_{10} 1.25 = 0.0969 \ (\text{常用対数表より})$$

を用いても証明できます．

注 ここで用いた常用対数表の数値は，もちろん概算値です．問われている比の実際の値は，次の通りです．

$$\frac{m}{\frac{5}{4}} = 1.0079\cdots, \quad \frac{s}{\frac{3}{2}} = 0.9988\cdots.$$

参考 1 本問の結果から，「長和音」をなす 3 音：ド・ミ・ソの周波数比は，

$$1 : r^4 : r^7 \fallingdotseq 1 : \frac{5}{4} : \frac{3}{2} = 4 : 5 : 6$$

というキレイな整数比に極めて近いことがわかりました．このような音どうしは美しく響き合い，人間にとって心地よく聞こえることが知られています (ここは，物理学・音楽心理学などの領域です)．

しかも「平均律」の場合，移調・転調を行って基音をズラしても，その基音に対して移調・転調前と全く同じ周波数比の音を奏でることができるので便利です．

ちなみに「短和音」をなす3音の周波数比は,

$1:r^3:r^7 \fallingdotseq 10:12:15$

であり, 長和音ほどキレイな比ではないので, 響きが暗く聞こえるようです.

参考2 本問を通して示された近似式:

$2^{\frac{1}{3}} \fallingdotseq \frac{5}{4},\ 2^{\frac{7}{12}} \fallingdotseq \frac{3}{2}$

は, 有名な近似式: $2^{10} \fallingdotseq 10^3$, $3^4 \fallingdotseq 2^3 \cdot 10$ へと帰着されます. 以下に, 結論から逆に辿(たど)っていく経過だけザックリ書いておきます.

$\circ 2^{\frac{1}{3}} \fallingdotseq \frac{5}{4}\quad 2^{\frac{1}{3}} \fallingdotseq \frac{10}{2^3}\quad 2^{\frac{10}{3}} \fallingdotseq 10\quad 2^{10} \fallingdotseq 10^3$

$\circ 2^{\frac{7}{12}} \fallingdotseq \frac{3}{2}\quad 2^{\frac{19}{12}} \fallingdotseq 3\quad 2^{19} \fallingdotseq 3^{12}$

$2^{19} \fallingdotseq (3^4)^3\quad 2^{19} \fallingdotseq (2^3 \cdot 10)^3\quad 2^{10} \fallingdotseq 10^3$

けっこうアッサリと導けますね(笑).

5 7 29 地震のマグニチュード

根底 実戦 入試 [→例題5 6 v]

方針 "実用的応用"の一種ですが, やるべきことは単純明快. 定義式①を用いて, 与えられた条件を表していくだけです.

解答 (1) ①より

$$E = 10^{4.8+1.5M} = 10^{4.8} \cdot (10^{1.5})^M = a \cdot r^M \ (a := 10^{4.8},\ r := 10\sqrt{10}).$$

よって, M が1だけ増えると, E は $r = \underline{10\sqrt{10}}$ 倍になる.//

(2) エネルギー量が $2E$ のときのマグニチュードを M' とおくと

$$\log_{10} 2E = 4.8 + 1.5 \cdot M'. \ \cdots ②$$

② − ①より

$$\log_{10} 2E - \log_{10} E = (4.8 + 1.5 \cdot M') - (4.8 + 1.5 \cdot M).$$

$$\log_{10} \frac{2E}{E} = \frac{3}{2}(M' - M).$$

よって求める M の増加量は

$$M' - M = \frac{2}{3}\log_{10} 2 = \frac{2}{3} \cdot 0.3 = 0.2.//$$

(3) $\log_{10} E_1 = 4.8 + 1.5 \cdot M_1$,

$\log_{10} E_2 = 4.8 + 1.5 \cdot M_2$.

辺々加えて2で割ると

$$\frac{\log_{10} E_1 + \log_{10} E_2}{2} = 4.8 + 1.5 \cdot \frac{M_1 + M_2}{2}.$$

$$\therefore \log_{10} E' = \frac{\log_{10} E_1 + \log_{10} E_2}{2}. \ \cdots ③$$

これと $\log_{10} \frac{E_1 + E_2}{2}$ の大小を比べる.

$E_1, E_2 > 0$ だから

$$\log_{10} \frac{E_1 + E_2}{2} \geqq \log_{10} \sqrt{E_1 \cdot E_2} = \log_{10} (E_1 \cdot E_2)^{\frac{1}{2}} = \frac{\log_{10} E_1 + \log_{10} E_2}{2}.$$

"相加相乗"

これと③より

$$\log_{10} \frac{E_1 + E_2}{2} \geqq \log_{10} E'.$$

(等号は, $E_1 = E_2$ のときのみ成立).

以上より, 求める大小関係は

$$\begin{cases} E_1 \neq E_2 \text{のとき}, \dfrac{E_1 + E_2}{2} > E'. \\ E_1 = E_2 \text{のとき}, \dfrac{E_1 + E_2}{2} = E'. // \end{cases}$$

解説 (1)も, (2)と同様に解答することもできます. マグニチュード $M+1$ に対応するエネルギー量を E'' として

$$\log_{10} E'' = 4.8 + 1.5 \cdot (M + 1). \ \cdots ④$$

④ − ①より

$$\log_{10} E'' - \log_{10} E = 1.5.$$

$$\log_{10} \frac{E''}{E} = 1.5.$$

よって求めるエネルギー量の倍率は

$$\frac{E''}{E} = 10^{1.5} = 10\sqrt{10}.//$$

とはいえ,「M の関係」→「E の関係」が問われているので,「E を M で表す式」を作って軽く片付けたいですね.

参考 (1) マグニチュードが1大きくなるだけで, エネルギー量は $10\sqrt{10} \fallingdotseq 10 \times 3.16 = 31.6$ 倍にもなるんですね.

(2) マグニチュードがたった「0.2」増えるだけで, エネルギー量は2倍になるんですね.

(3)は, お馴染みの「log」と"相加相乗"のミックスでした.

余談 これまで例題5 6 v および本問・前問で扱ってきた"実用的応用"の素材から, 次のような共通点が見い出せます.

物理量	星の明るさ $10^{\frac{2}{5}} \fallingdotseq 2.5$ 倍	音の周波数 $2^{\frac{1}{12}} \fallingdotseq 1.06$ 倍	地震のエネルギー $10\sqrt{10} \fallingdotseq 31.6$ 倍
	↓	↓	↓
人間の感覚	等級 −1	音階 半音上がる	マグニチュード +1

このように, ある物理量が一定値倍になるとき, 人間は一段階変化したと知覚するのではないかという説があり, これを「**フェヒナーの法則**」といいます. (もちろん, "感覚"を扱うので, 絶対的真理という訳ではありませんが.)

8 演習問題C

581 複利と積立て

根底 実戦 典型 入試 数学B数列後 [→例題56u]

解説 各回の積立金の元利は，1 年前に比べて $R := 1 + \dfrac{r}{100}$ 倍になります．よって，各回の積立金の元利の n 年後に到る推移は，次のようになります．1 が積立てたときの額（単位：百万円）で，その元利の推移が右向きに書かれています．

年後:	0	1	2	3	…	$n-2$	$n-1$	n
	1	R	R^2	R^3	…	R^{n-2}	R^{n-1}	R^n
		1	R	R^2	…	R^{n-3}	R^{n-2}	R^{n-1}
			1	R	…	R^{n-4}	R^{n-3}	R^{n-2}
					⋮			
						1	R	R^2
							1	R

解答 金額の単位を百万円とする．

(1) 0, 1, 2, …, $n-2$, $n-1$ 年後に積立てた預金は，それぞれ $n, n-1, n-2, \cdots, 2, 1$ 年間複利運用される．よって，

$$A(n) = R^n + R^{n-1} + R^{n-2} + \cdots + R^2 + R$$
$$^{1)} = R \cdot \frac{R^n - 1}{R - 1}. /\!/ (\because\ R \neq 1)$$

(2) 題意の条件は，(1)より

$$R \cdot \frac{R^n - 1}{R - 1} > B.$$
$$R^{n+1} - R > B(R-1)\ (\because\ R > 1).$$
$$R^{n+1} > B(R-1) + R. \quad \text{これを「答え」としても可}$$
$$R^{n+1} > (B+1)R - B. /\!/$$

(3) 題意の条件は，(2)の結果において $R = 1 + \dfrac{5}{100}$，$B = 99$ として

$$1.05^{n+1} > 100 \cdot \left(1 + \frac{5}{100}\right) - 99 = 6.$$
$$\log_{10} 1.05^{n+1} > \log_{10} 6.$$
$$(n+1)\log_{10} 1.05 > \log_{10} 6. \quad \cdots①$$

ここで，

$$\log_{10} 1.05 = \log_{10} \frac{3 \cdot 5 \cdot 7}{100} = \log_{10} \frac{3 \cdot 7}{2 \cdot 10} = \log_{10} 3 + \log_{10} 7 - \log_{10} 2 - 1$$
$$= 0.4771 + 0.8451 - 0.3010 - 1 = 0.0212.$$
$$\log_{10} 6 = \log_{10} 2 + \log_{10} 3 = 0.7781.$$

よって①は

$$0.0212 \times (n+1) > 0.7781.$$
$$n > \frac{0.7781}{0.0212} - 1 = 35.7\cdots.$$

これを満たす最小の自然数 n は，$n = 36. /\!/$

補足 1)：等比数列の和を，右から左への順に $R + R^2 + R^3 + \cdots + R^n$ と捉え直して求めました．

参考 ホントに年利率 5 %で運用できれば，「99 年分」の預金額に「36 年」で達するということですね．

注意！ 投資にはリスク（不確実性）が付き物です．投資は自己責任で．

582 桁数・首位と極限

根底 実戦 典型 入試 数学Ⅲ「極限」後 [→例題56o]

方針 (1) 桁数に関する条件は，「不等式」で表されます．それに関する極限ですから，いわゆる“はさみうち”が使えそうですね．

(2) 桁数 $f(n)$ と $g(n)$ にはどんな関係があるかを考えます．

解答 (1) 7^n の桁数が $f(n)$ であるための条件は，

$$10^{f(n)-1} \leq 7^n < 10^{f(n)}.$$
$$\log_{10} 10^{f(n)-1} \leq \log_{10} 7^n < \log_{10} 10^{f(n)}.$$
$$f(n) - 1 \leq n \log_{10} 7 < f(n).$$
$$\log_{10} 7 < \frac{f(n)}{n} \leq \log_{10} 7 + \frac{1}{n}.$$

$n \to \infty$ のとき，最左辺，最右辺 $\to \log_{10} 7$ だから，

はさみうちより，$\dfrac{f(n)}{n} \to \log_{10} 7. /\!/$ 約 0.85

(2) $7^{k+1} = 7^k \cdot 7$ より，

$f(k+1) - f(k) = 0$ or 1. 7 倍すると，桁数はそのまま or 1 増える

よって，$n-1$ 個の $k\,(=1, 2, 3, \cdots, n-1)$ について

$$f(k+1) - f(k) = \begin{cases} 0 \cdots g(n)\text{ 個}, \\ 1 \cdots (n-1) - g(n)\text{ 個}. \end{cases}$$
$$\therefore f(n) = f(1) + \{n - 1 - g(n)\} \cdot 1 = n - g(n).$$
$$\text{i.e. } g(n) = n - f(n).$$

これと(1)より

$$\frac{g(n)}{n} = 1 - \frac{f(n)}{n} \xrightarrow[n \to \infty]{} 1 - \log_{10} 7. /\!/ \quad \text{約 0.15}$$

参考 ガウス記号を用いて，桁数 $f(n)$ をいったん $f(n) = \left[\log_{10} 7^n\right] + 1$ のように等式で表し，その後で不等式を作ることもできます．

583 2^n の桁数と首位

根底 実戦 入試 ハイレベル↑ 数学Ⅲ「極限」後 [→例題56o]

着眼 (1)は「“実験”してみよ」という誘導です．その結果をよく観察することが大切です．

(2) 表のように，桁数 $f(k)$ が一定である“グループ”ごとに区切って考えましょう．“実験”の結果，「3 個グループ」と「4 個グループ」の 2 種類があることがわかります．

$g(k) = 1$ なる k はどのグループにも 1 個ずつあります．一方 $g(k) = 4$ なる k は，「4 個グループ」の方だけに 1 個ずつあるようです．また，与えられている常用対数 $\log_{10} 2$ の概算値をどう使うかも考えます．

(3) ここまでの過程から，「3 個グループ」，「4 個グループ」が現れる回数が鍵を握っていることがわかりましたね．

言い訳 [1]：本来は自力で求めるべきものですが，前問(1)とほぼ同じですので（笑）．

解答 (1)

k	0	1	2	3	4	5	6	7	8	9
2^k	1	2	4	8	16	32	64	128	256	512
$f(k)$	1	1	1	1	2	2	2	3	3	3
$g(k)$	1	2	4	8	1	3	6	1	2	5

k	10	11	12	13	14
2^k	1024	2048	4096	8192	16384
$f(k)$	4	4	4	4	5
$g(k)$	1	2	4	8	1

//

(2) $f(100)$, $g(100)$ を求める．

$$\log_{10} 2^{100} = 100\log_{10} 2 = 30.10\,.$$

$$\therefore 2^{100} = 10^{30.10}.$$

$$10^{30} < 10^{30.10} < 10^{30+\log_{10} 2}.$$

$$\therefore 10^{30} < 10^{30.10} < 2\cdot 10^{30}.$$

$$\therefore f(100) = 31,\ g(100) = 1.\ \cdots①$$

桁数 $f(k)$ が一定である k の「グループ」を考える．各グループにおいて，首位 $g(k)$ は必ず 1 から始める．なぜなら

$2^k =\ 9\circ\circ\cdots\circ$（首位が 9）のときですら，
$2^{k+1} = 1\circ\circ\circ\cdots\circ$（首位は 1）となるから．
（$\circ$ は各桁の数を表す．）

よって，各グループ内での首位 $g(k)$ の推移は，$2^{k+1} = 2^k \times 2$ より以下のどれかになる：

i) 1, 2, 4, 8
ii) 1, 2, 4, 9 ］「4 個グループ」と呼ぶ

iii) 1, 2, 5
iv) 1, 3, 6
v) 1, 3, 7 ］「3 個グループ」と呼ぶ

①より，$k = 100$ は 31 桁のグループの先頭．また，$k = 99$ までの桁数は $1, 2, 3, \cdots, 30$ の 30 個だから，そこまでのグループの数も 30 個．

- 首位「1」は，各グループの先頭にある．$k = 100$ もカウントして，首位「1」の個数は $30+1 = 31$. //
- 首位の値「4」は，4 個グループに 1 個ずつある．$k = 0, 1, 2, \cdots, 99$ にある 4 個グループ，3 個グループの個数をそれぞれ x, y とおくと，

$$\begin{cases} 4x+3y=100, \\ x+y=30. \end{cases}$$

$k=0$ を忘れないように！

$$\therefore x = 10,\ y = 20.$$

よって，首位「4」の個数は $x = 10$. //

(3) **注** $k = n$ がグループの末尾とは限りません：

k	0	$\cdots$	$n-5$	$n-4$	$n-3$	$n-2$	$n-1$	n	
$f(k)$	1	$\cdots$	31	31	31	32	32	32	32
$g(k)$	1	$\cdots$	1	2	5	1	2	4	8

“余り”

上表のように，“余り”が発生しているケースもありますね．■

$k = 0, 1, 2, \cdots, n$ に含まれる 4 個グループ，3 個グループの個数をそれぞれ x_n, y_n とおく．(2)と同様に考えて，首位の値「4」は，4 個グループに 1 個ずつあるから，

“余り”に現れるかも

$$a_n = x_n \text{ or } x_n + 1.\ \cdots②$$

また，k の個数および桁数の個数に注目して

$$\begin{cases} n-2 \leq 4x_n + 3y_n \leq n+1, & \cdots③ \\ f(n) - 1 \leq x_n + y_n \leq f(n). & \cdots④ \end{cases}$$

④×(−3) より

$$-3f(n) \leq -3x_n - 3y_n \leq -3f(n) + 3.\ \cdots④'$$

③＋④′ より

$$n - 2 - 3f(n) \leq x_n \leq n + 4 - 3f(n).$$

$$1 - \frac{2}{n} - 3\cdot\frac{f(n)}{n} \leq \frac{x_n}{n} \leq 1 + \frac{4}{n} - 3\cdot\frac{f(n)}{n}.$$

$n \to \infty$ のとき，最左辺，最右辺 $\to 1 - 3\log_{10} 2$ だから，はさみうちより，$\dfrac{x_n}{n} \to 1 - 3\log_{10} 2$. これと②より

$$\frac{a_n}{n} = \frac{x_n}{n} \text{ or } \frac{x_n}{n} + \frac{1}{n}$$

$$\to 1 - 3\log_{10} 2. \ //$$

約 0.1

解説 ③④両式とも，$k = n$ がグループの終わりなら右側の等号が成立します．また，例えば下表のようになっているときに，左側の等号が成立します．（$k = 0$ から数えていることに注意）

k	0	$\cdots$	$n-5$	$n-4$	$n-3$	$n-2$	$n-1$	n	
$f(k)$	1	$\cdots$	31	31	31	32	32	32	32
$g(k)$	1	$\cdots$	1	2	5	1	2	4	8

ここまでで $4x_n + 3y_n$ 個

補足 2^k と 2^{k+1} の関係には，詳細な説明を書くまでもないと思いますが，例えば次のように考えています：

$2^k = 23\circ\circ\circ$ $\to 2^{k+1} = 4\circ\circ\circ\circ$.　　$2^k = 26\circ\circ\circ$ $\to 2^{k+1} = 5\circ\circ\circ\circ$.

$2^k = 49\circ\circ\circ$ $\to 2^{k+1} = 9\circ\circ\circ\circ$.　　$2^k = 53\circ\circ\circ$ $\to 2^{k+1} = 1\circ\circ\circ\circ\circ$.

注 前問(2)も，「2 個グループ」と「1 個グループ」に分類して考えていたとみることもできますね．

参考 本問(3)の結果，2^k の首位における「4」の占める割合は約 $1 - 3\log_{10} 2 \fallingdotseq 0.1$ であることがわかりました．それ以外の首位についても同様に求めると，次のようになっています：

首位	1	2, 3	4	5, 6, 7	8, 9
割合	$\log_{10}2$	$\log_{10}2$	$1-3\log_{10}2$	$4\log_{10}2-1$	$1-3\log_{10}2$
概算値	0.3	0.3	0.1	0.2	0.1

もし，時間と余力と興味がおありなら，自力で求めてみてください（笑）．

第5章 指数・対数関数

第6章 微分法・積分法

4 演習問題A

641 平均変化率・微分係数 根底 実戦 定期 [→613]

注 「平均変化率」,「微分係数」の**意味を考えながら**解答してくださいね.

方針 (1) x の**変化量**に対する, $f(x)$ の**変化量**の比を考えます.

(2) 「平均変化率」の極限値を考えます.

解答 (1) 求める平均変化率は

$$\frac{f(2+h)-f(2)}{h}=\frac{(2+h)^3-2^3}{h}$$
$$=\frac{2^3+3\cdot2^2\cdot h+3\cdot2\cdot h^2+h^3-2^3}{h}$$
$$=\frac{12h+6h^2+h^3}{h}$$
$$=12+6h+h^2.$$

(2) $g(x)$ において, x が a から $a+h$ まで変化するときの平均変化率は

$$\frac{g(a+h)-g(a)}{h}$$
$$=\frac{\{3(a+h)^2-5(a+h)+2\}-(3a^2-5a+2)}{h}$$
$$=3\cdot\frac{(a+h)^2-a^2}{h}-5\cdot\frac{(a+h)-a}{h}+\frac{2-2}{h}\ ^{1)}$$
$$=3\cdot\frac{(2a+h)h}{h}-5\cdot\frac{h}{h}+\frac{0}{h}$$
$$=3(2a+h)-5.$$

よって, 求める微分係数は

$$g'(a)=\lim_{h\to0}\{3(2a+h)-5\}$$
$$=3\cdot2a-5=6a-5.$$

参考 (1)を利用すると, $f(x)$ の $x=2$ における微分係数は

$$\lim_{h\to0}(12+6h+h^2)=12$$

と求まります. これは, 導関数を公式により $f'(x)=3x^2$ と求め, x に 2 を代入して得られる値: $3\cdot2^2=12$ と一致していますね.

注 1): このように, 各次数ごとに振り分けて計算することが大切です.

642 導関数の定義 根底 実戦 [→613]

言い訳 本来は数学III範囲の内容ですが, 微分係数・導関数の定義への理解度を試すため, 解いてみてください.

解答1: 613 ⑥式

$$f'(x)=\lim_{h\to0}\frac{\frac{1}{x+h}-\frac{1}{x}}{h} \quad h\neq0$$
$$=\lim_{h\to0}\frac{-h}{(x+h)xh} \quad h\text{ を約分}$$
$$=\lim_{h\to0}\frac{-1}{(x+h)x}=\frac{-1}{x^2}.$$

解答2: 613 ⑦式

$$f'(x)=\lim_{X\to x}\frac{\frac{1}{X}-\frac{1}{x}}{X-x} \quad X\neq x$$
$$=\lim_{X\to x}\frac{x-X}{Xx(X-x)} \quad X-x\text{ を約分 符号に注意}$$
$$=\lim_{X\to x}\frac{-1}{Xx}=\frac{-1}{x^2}.$$

解説 いずれの解答においても,「0 に近づくもの」を約分して消すことにより, 極限値が求まっていますね.

643 積の微分法の証明 根底 実戦 重要度↓ [→624]

方針 ヒントの等式を使って, $f(x)g(x)$ の平均変化率を, $f(x)$ および $g(x)$ の平均変化率で表します.

解答 $\frac{F(x+h)-F(x)}{h}$ ($F(x)=f(x)g(x)$ の平均変化率)

$$=\frac{f(x+h)g(x+h)-f(x)g(x)}{h}$$
$$=\frac{\{f(x+h)-f(x)\}g(x+h)+f(x)g(x+h)-f(x)g(x)}{h}$$
$$=\underbrace{\frac{f(x+h)-f(x)}{h}}_{f(x)\text{ の平均変化率}}g(x+h)+f(x)\cdot\underbrace{\frac{g(x+h)-g(x)}{h}}_{g(x)\text{ の平均変化率}}.$$

$$\therefore \lim_{h\to0}\frac{F(x+h)-F(x)}{h}=f'(x)g(x)+f(x)g'(x).\square$$

解説 「ヒントの等式」のように,「同じものを引いて足す」というテクニックは, 極限に関する問題においてよく使われます.

言い訳 ここで証明した結果:「積の微分法」は, 本来数学IIIで学ぶ内容ですが, 本書では 624「接する ⟷ 重解」の関係を証明する際に使用しました.

また, 数学II範囲の問題でも, 役立つことがたまにあります. [→例題631 補足]

6 4 4 関数の極限 根底 実戦 [→6 1 6]

解答 (1) **着眼** $x \to -2$ のとき，分子，分母の各々は，どちらも $x=-2$ のときの値に近づきます．そして，その値を計算してみると，いずれも「0」です．よって因数定理より，どちらも因数 $x-(-2)$ をもつはずです．■

$$与式 = \lim_{x\to -2}\frac{(x+2)(x^2-2x+4)}{(x+2)(x-1)}$$
$$= \lim_{x\to -2}\frac{x^2-2x+4}{x-1}$$
$$= \frac{4+4+4}{-3} = -4.//$$

(2) **方針** 「$f'(a)$ で表せ」とありますから，極限をとる前の「平均変化率」の形を作ります．その際，前問：演習問題6 4 3で使った「同じものを引いて足す」という手法が役立ちます．■

与式

$$= \lim_{h\to 0}\frac{f(a+2h)-f(a)+f(a)-f(a-h)}{h}$$
$$= \lim_{h\to 0}\left\{\frac{f(a+2h)-f(a)}{h} - \frac{f(a-h)-f(a)}{h}\right\}$$
$$= \lim_{h\to 0}\left\{2\cdot\frac{f(a+\boxed{2h})-f(a)}{\boxed{2h}} + \frac{f(a\boxed{-h})-f(a)}{\boxed{-h}}\right\}$$
$$= 2f'(a)+f'(a) = 3f'(a).//$$

注 $h\to 0$ のとき，$\boxed{2h}\to 0$, $\boxed{-h}\to 0$ ですね．■

(3) **着眼** これも，分子が前問：演習問題6 4 3と同じような形をしていますので…■

$$\lim_{x\to a}\frac{x^2f(x)-a^2f(a)}{x^2-a^2}$$
$$= \lim_{x\to a}\frac{x^2f(x)-x^2f(a)+x^2f(a)-a^2f(a)}{x^2-a^2}$$
$$= \lim_{x\to a}\left\{\frac{x^2}{x+a}\cdot\frac{f(x)-f(a)}{x-a}+f(a)\right\}$$
$$= \frac{a^2}{2a}f'(a)+f(a)$$
$$= \frac{a}{2}f'(a)+f(a).//$$

補足 「$x^2f(a)$」の代わりに「$a^2f(x)$」を引いて足しても解決します．

別解 ハイレベル↑ 上記では前問：演習問題6 4 3の“手法”を真似しましたが，“結果”を利用するという手もあります：

$F(x)=x^2f(x)$ とおくと

$$与式 = \lim_{x\to a}\frac{x^2f(x)-a^2f(a)}{x^2-a^2}$$
$$= \lim_{x\to a}\frac{F(x)-F(a)}{x-a}\cdot\frac{1}{x+a}$$
$$= F'(a)\cdot\frac{1}{2a}.$$

ここで，「積の微分法」を用いると

$$F'(x) = \{x^2\cdot f(x)\}'$$
$$= 2x\cdot f(x)+x^2\cdot f'(x).$$

以上より，

$$与式 = \{2a\cdot f(a)+a^2\cdot f'(a)\}\cdot\frac{1}{2a}$$
$$= f(a)+\frac{a}{2}f'(a).//$$

注 数学Ⅱ範囲での「極限」は，「微分法」の導入のためにあるという側面が強く，極限単体での出題は，入試では少ないと思われます．

6 4 5 導関数の計算 根底 実戦 定期 [→例題6 1 c]

方針 微分法の<u>公式を使って</u>導関数を求める練習です．

注 「<u>x の関数</u>を微分せよ」ですから，もちろん<u>x で微分</u>します．

解答 (1) $y' = (x^3)'+2a\cdot(x^2)'+3a^2\cdot(x)'+(a^3)'$
$= 3x^2+4ax+3a^2.//$

(2) $y = 4x^2+4x+1.$

$\therefore\ y' = 8x+4.//$

別解 $y = 4\left(x+\frac{1}{2}\right)^2.$ ←x の係数を 1 にする

$\therefore\ y' = 8\left(x+\frac{1}{2}\right) = 8x+4.//$

解説 「3 乗以上」となると，別解の方が有利でしょう．本問は「2 乗」なのでどっちもどっちですが．■

理系 数学Ⅲ後 $y=(\underline{2}x+1)^2$ のまま，合成関数の微分法を用いて，$y' = 2(2x+1)\cdot\underline{2} = 4(2x+1)$ と求まります．

(3) $y = (x^2-1)(x^2-2x+1)$
$= x^4-2x^3+2x-1.$

$\therefore\ y' = 4x^3-6x^2+2.//$

別解 $y=(x+1)(x-1)^3$. 積の微分法より [1]

$$y' = 1\cdot(x-1)^3+(x+1)\cdot 3(x-1)^2$$
$$= (x-1)^2\{(x-1)+3(x+1)\}$$
$$= 2(x-1)^2(2x+1).//$$

解説 別解の方が，因数分解された形になっているので，関数の増減調べのために導関数の符号を知りたいときには有利ですね．

言い訳 [1]：もちろん，数学Ⅱでは範囲外ですから，文系の人にとっては必須という訳ではありません．

646 速度
根底 実戦 重要

[→613]

方針 各量を**文字**で表し，それらの関係を定式化しましょう．

注 ○○の「速度」とは，○○を**時刻の関数**とみたときの微分係数（“瞬間変化率”）のことです．

解答 時刻 t 秒における半径，体積，表面積をそれぞれ t の関数とみて $r(t)$ [cm]，$V(t)$ [cm^3]，$S(t)$ [cm^2] とすると

$$r(t)=1+2t.$$

$$\therefore\ V(t)=\frac{4}{3}\pi r^3=\frac{4}{3}\pi(1+2t)^3.\ \cdots①$$

$$S(t)=4\pi r^2=4\pi(1+2t)^2.\ \cdots②$$

(1) **方針** $1\leq t\leq 1.5$ における，$V(t)$ と t の変化量どうしの比を考えます．■

求める平均変化率は

$$\frac{V(1.5)-V(1)}{1.5-1}=\frac{\frac{4}{3}\pi\cdot4^3-\frac{4}{3}\pi\cdot3^3}{\frac{1}{2}}$$

立方 cm 毎秒

$$=\frac{8}{3}\pi\cdot(64-27)=\frac{296}{3}\pi\,[\text{cm}^3/\text{s}].〃$$

(2) **方針** $t=2$ における，$V(t)$ の t に対する“瞬間変化率”を考えます．■

①より

$$V(t)=\frac{32}{3}\pi\left(t+\frac{1}{2}\right)^3.$$

1 次式の“カタマリ”「$1\cdot t+\cdots$」を作った

$$\therefore\ V'(t)=32\pi\left(t+\frac{1}{2}\right)^2.$$

よって求める速度は

$$V'(2)=32\pi\left(\frac{5}{2}\right)^2$$

$$=8\cdot25\pi=200\pi\ [\text{cm}^3/\text{s}].〃$$

(3) **方針** $V(t)=36\pi$ となる時刻を求め，そのときの $S(t)$ の t に対する“瞬間変化率”を考えます．■

$V(t)=36\pi$ となる t は，①より

$$\frac{4}{3}\pi(1+2t)^3=36\pi.$$

$$(1+2t)^3=27.$$

$$1+2t=3\ (\because\ 1+2t\in\mathbb{R}).\quad t=1.$$

②より

$$S(t)=16\pi\left(t+\frac{1}{2}\right)^2.$$

$$\therefore\ S'(t)=32\pi\left(t+\frac{1}{2}\right).$$

よって求める速度は

$$S'(1)=32\pi\cdot\frac{3}{2}=48\pi\ [\text{cm}^2/\text{s}].〃$$

語記サポ 「速度」においては，符号（向き）まで考えます．一方，「速さ」は大きさだけを測った量であり，必ず0以上です．本問においては，速度は必ず正なので両者は結果として一致します．よって，問題文が「速度」の代わりに「速さ」と書かれていても同じことです．

647 接線
根底 実戦

[→例題62a]

方針 微分法を用いて接線の方程式を求める練習です．とにかく，**まず接点**です．

(1) 「傾き -4」から，接点の座標がわかります．

(2) 「点 A を通る」から，接点の座標がわかります．

解答 (1) 求める接線の接点の x 座標は

$$f'(x)=4x^3-6x^2-6x=-4$$

の実数解である．これを解くと

$$2x^3-3x^2-3x+2=0.$$

$$(x+1)(2x^2-5x+2)=0.$$

$$(x+1)(x-2)(2x-1)=0.$$

-1	2	-3	-3	2
		-2	5	-2
	2	-5	2	0

$$x=-1,\ 2,\ \frac{1}{2}.$$

それぞれに対応する接線を求める．

i) $x=-1$ について．$f(-1)=0$ だから

$$y=-4(x+1).\quad \text{i.e. } y=-4x-4.$$

ii) $x=2$ について．$f(2)=-12$ だから

$$y+12=-4(x-2).\ \text{i.e. } y=-4x-4.$$

上記と同一！

iii) $x=\frac{1}{2}$ について．

$$f\left(\frac{1}{2}\right)=\frac{1}{16}-\frac{1}{4}-\frac{3}{4}=-\frac{15}{16}\ \text{だから}$$

$$y+\frac{15}{16}=-4\left(x-\frac{1}{2}\right).\quad \text{i.e. } y=-4x+\frac{17}{16}.$$

以上 i)〜iii) より，求める接線は

$$y=-4x-4,\ y=-4x+\frac{17}{16}.〃$$

注 i) と ii) では，「接点」は異なりますが，「接線」としては同一直線 $y=-4x-4$ です．

つまりこの接線は，C の複接線です．[→例題63i発展]■

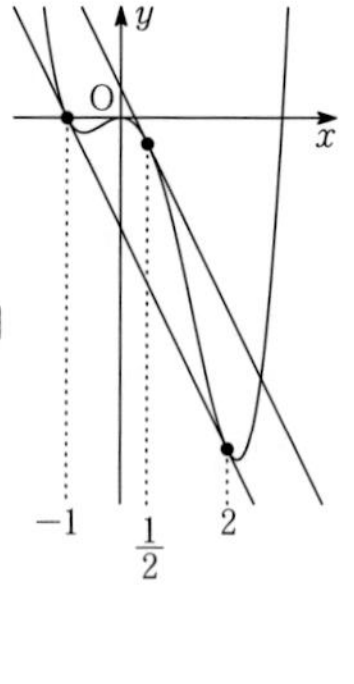

(2)

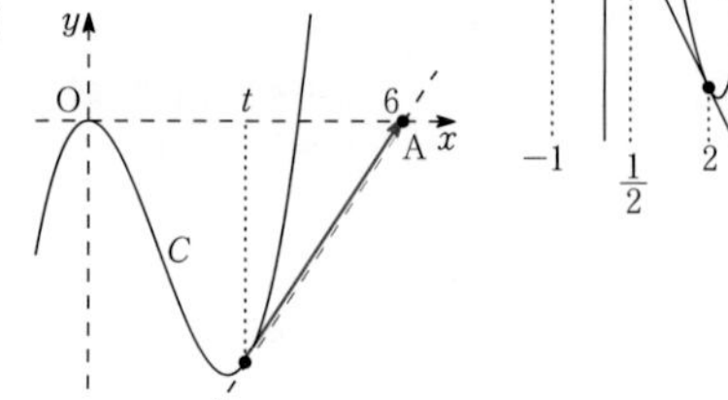

$f'(x)=3x^2-8x$ だから，$x=t$ における接線が A を通るための条件は

$$0-(t^3-4t^2)=(3t^2-8t)(6-t).$$ [1)]

$$2t^3-22t^2+48t=0.$$

$$t(t^2-11t+24)=0.$$

$$t(t-3)(t-8)=0.$$

$\therefore t=0,\,3,\,8.$ ⋯接点の x 座標 [2)]

よって求める接線は，傾きが

$$f'(0)=0,\ f'(3)=3(9-8)=3,$$

$$f'(8)=8^2(3-1)=128$$

であり，A(6, 0) を通ることから

$$y=0,\ y=3(x-6),\ y=128(x-6).$$ [3)] //

注 1)：この式を，~~接線公式~~により

$$y-(t^3-4t^2)=(3t^2-8t)(x-t)$$

と書いた後で x, y に 6, 0 を代入して作るのは遠回り．

2)：この後，必ず接点の y 座標を求めにかかるのも遠回り．だって，A(6, 0) を通るとわかっているのですから（笑）．

これら 2 つは，「~~接線公式~~を暗記してベッタリ~~頼り~~切る」ことによる弊害です．

余談 3)：「$y=0$」は，C の概形が見えていれば "当然" と言えます．

「傾き 128」は，肉眼ではほとんど x 軸と垂直に見えるでしょうね（笑）．

6 4 8 接線

根底 実戦 重要　[→例題 6 2 b]

着眼 点 A(1, 2) は⋯，C 上の点ですね（笑）．よってもちろん A における接線も答えの 1 つではあります．しかし，それ以外の接線もあるかもしれませんから，けっきょく前問(2)と同様に処理することになります．

解答 $f'(x)=3x^2+1$ だから，$x=t$ における接線が A を通るための条件は

$$2-(t^3+t)=(3t^2+1)(1-t).$$

$$2t^3-3t^2+1=0.$$

$$(t-1)(2t^2-t-1)=0.$$

$$(t-1)^2(2t+1)=0.$$

1	2	−3	0	1
		2	−1	−1
	2	−1	−1	0

$t=1,\,-\dfrac{1}{2}.$ ⋯$t=1$ は A における接線に対応

よって求める接線は，傾きが

$$f'(1)=4,\ f'\left(-\frac{1}{2}\right)=\frac{7}{4}$$

であり，A(1, 2) を通ることから ⋯接点の y 座標は不要

$$y-2=4(x-1),\ y-2=\frac{7}{4}(x-1).$$

$$\text{i.e. } y=4x-2,\ y=\frac{7}{4}x+\frac{1}{4}.$$ //

注 前問(2)と同様，~~接線公式~~に~~頼り~~切るのは NG！

補足 答えの 2 つのうち，前者は A 自身における接線です．

6 4 9 接線どうしのなす角

根底 実戦 典型　[→例題 6 3 g]

方針 (1) 本問では，接点 P の座標を用います．

(2) C と l が P で 接する こと（図の※）を利用して．

(3)「tan 偏角 ＝ 傾き」の関係を用います．m については，傾きのみで OK．

注 「直線どうしのなす角」は，0 以上 $\dfrac{\pi}{2}$ 以下の範囲で考えます．

言い訳 右図は，この後の 解答 の結果も用いて正確に描いてしまっています．もちろん，問題を解く段階ではこんなにちゃんとは描けませんし，描く必要もありません．ここでは，問題の "全体像" をイメージしていただくために載せています．

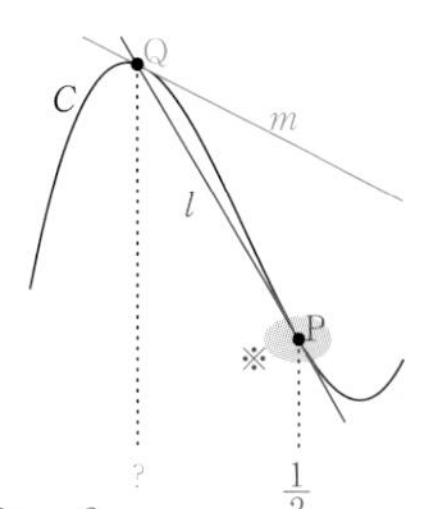

解答 (1) $f'(x)=6x^2-2x-3.$

$$\therefore\ f'\left(\frac{1}{2}\right)=\frac{3}{2}-1-3=-\frac{5}{2}.$$ ⋯l の傾き

また，$f\left(\dfrac{1}{2}\right)=\dfrac{1}{4}-\dfrac{1}{4}-\dfrac{3}{2}+1=-\dfrac{1}{2}$ より，

$\mathrm{P}\left(\dfrac{1}{2},\,-\dfrac{1}{2}\right).$ ⋯l 上の 1 点

$$\therefore\ l: y+\frac{1}{2}=-\frac{5}{2}\left(x-\frac{1}{2}\right).$$

$$\text{i.e. } y=-\frac{5}{2}x+\frac{3}{4}.$$ //

(2) C, l の方程式を連立すると

$$2x^3-x^2-3x+1=-\frac{5}{2}x+\frac{3}{4}.$$

$$8x^3-4x^2-2x+1=0.$$

$$4x^2(2x-1)-(2x-1)=0.$$

$$(2x-1)(4x^2-1)=0.$$

$$(2x-1)^2(2x+1)=0.$$ ⋯ 接点 P の x 座標である $\dfrac{1}{2}$ は 重解

（$(2x-1)^2$：※より既知）

$\therefore x_{\mathrm{Q}}=-\dfrac{1}{2}.$ // ⋯$x_{\mathrm{P}}=\dfrac{1}{2}$ 以外の解が x_{Q}

(3) m の傾きは，(2)より

$$f'\left(-\frac{1}{2}\right)=\frac{3}{2}+1-3=-\frac{1}{2}.$$

よって，図のように偏角 $\alpha, \beta\in\left(-\dfrac{\pi}{2},\,\dfrac{\pi}{2}\right)$ をとると

$$\tan\alpha=l\ \text{の傾き}=-\frac{5}{2},$$

$$\tan\beta=m\ \text{の傾き}=-\frac{1}{2}.$$

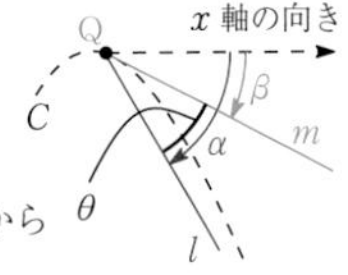

よって，$-\dfrac{\pi}{2}<\alpha<\beta<0$ だから

$$\theta = \beta - \alpha.$$

$$\therefore\ \tan\theta = \tan(\beta - \alpha)$$

$$= \frac{\tan\beta - \tan\alpha}{1 + \tan\beta\tan\alpha}$$

$$= \frac{\frac{-1}{2} - \frac{-5}{2}}{1 + \frac{-1}{2}\cdot\frac{-5}{2}}$$

$$= \frac{2}{1 + \frac{5}{4}} = \frac{8}{9}.〃$$

注 「偏角」α, β と「なす角」θ の関係は，前記のように l, m の交点 Q の周りにとるべきです．x 軸を持ち出したりするのは下手な解答の見本です．

6 4 10 放物線と2接線

根底 実戦　　[→例題 6 3 h]

方針 「放物線の 2 接線」は，例題 6 3 h でも扱った有名テーマです．「接点の x 座標」をフル活用します．

解答

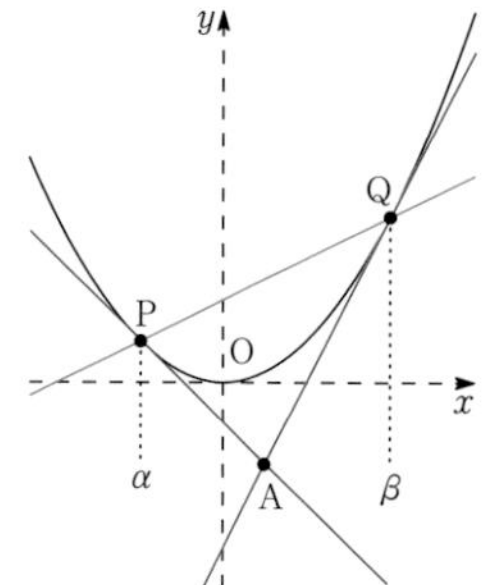

P, Q の x 座標をそれぞれ $\alpha, \beta\ (\alpha \neq \beta)$ とする．

$$C \cdots y' = \frac{2}{3}x$$

だから，P における接線は

$$y - \frac{1}{3}\alpha^2 = \frac{2}{3}\alpha(x - \alpha).$$

$$\text{i.e.}\ y = \frac{2}{3}\alpha x - \frac{1}{3}\alpha^2. \cdots ①$$

同様に，Q における接線は

$$y = \frac{2}{3}\beta x - \frac{1}{3}\beta^2.$$

これら 2 式を連立すると

$$\frac{2}{3}\alpha x - \frac{1}{3}\alpha^2 = \frac{2}{3}\beta x - \frac{1}{3}\beta^2.$$

$$2(\alpha - \beta)x = \alpha^2 - \beta^2.$$

$$2(\alpha - \beta)x = (\alpha + \beta)(\alpha - \beta).$$

$$\therefore x = \frac{\alpha + \beta}{2}\ (\because\ \alpha - \beta \neq 0).$$ 相加平均 1)

これと①より

$$y = \frac{2}{3}\alpha\cdot\frac{\alpha + \beta}{2} - \frac{1}{3}\alpha^2 = \frac{1}{3}\alpha\beta.$$

$$\therefore \mathrm{A}\left(\frac{\alpha + \beta}{2},\ \frac{1}{3}\alpha\beta\right).$$ 「和」と「積」2)

これが $(1, -2)$ と一致するから

$$\alpha + \beta = 2,\ \alpha\beta = -6. \cdots ②$$

次に，直線 PQ の傾きは

$$\frac{\frac{1}{3}\alpha^2 - \frac{1}{3}\beta^2}{\alpha - \beta} = \frac{1}{3}\cdot\frac{(\alpha + \beta)(\alpha - \beta)}{\alpha - \beta} = \frac{1}{3}(\alpha + \beta).$$

$$\therefore\ \mathrm{PQ} : y - \frac{1}{3}\alpha^2 = \frac{1}{3}(\alpha + \beta)(x - \alpha).$$

$$y = \frac{1}{3}(\alpha + \beta)x - \frac{1}{3}\alpha\beta.$$ 3)

これと②より，求める方程式は

$$y = \frac{2}{3}x + 2.〃$$

解説 1)2)：このように，放物線の 2 接線の交点の座標は，**接点の x 座標**の「和」と「積」で表せます．

[→例題 6 3 h]

3)：そして，2 接点を結んだ直線の方程式も，同じ「和」と「積」で表せるのです．

参考 ②と解と係数の関係より，α, β の値は $1 \pm \sqrt{7}$ と求まります．本問では不要ですが．

発展 ①以降は，次のように片付けることもできます：

直線①が $\mathrm{A}(1, -2)$ を通るから

$$-2 = \frac{2}{3}\alpha\cdot 1 - \frac{1}{3}\alpha^2.$$

$$\text{i.e.}\ \boxed{\frac{1}{3}\alpha^2} = \frac{2}{3}\boxed{\alpha} + 2.$$

$$\text{同様に，}\boxed{\frac{1}{3}\beta^2} = \frac{2}{3}\boxed{\beta} + 2.$$

これら 2 式は，2 点 $\mathrm{P}\left(\alpha,\ \frac{1}{3}\alpha^2\right)$，$\mathrm{Q}\left(\beta,\ \frac{1}{3}\beta^2\right)$ が

$$\text{直線}\ \boxed{y} = \frac{2}{3}\boxed{x} + 2$$

上にあることを表す．よって…

演習問題 3 9 15 と同様な手法でした．これを使うとアッサリです（笑）．ただし，大事なのはあくまでも前記**解答**のような地道な方法ですよ．

6 4 11 接線・法線

根底 実戦 入試　　[→例題 6 3 k]

着眼 「接線であり，なおかつ法線でもある」の意味は，図示してみると読み取れるはず．

解答 $f'(x) = 3x^2 + a$ より，点 $\mathrm{P}(t, t^3 + at)$ における C の接線 l は

$$y-(t^3+at)=(3t^2+a)(x-t).$$

これと①を連立して

$$(x^3+ax)-(t^3+at)=(3t^2+a)(x-t).$$

$$(x-t)\{(x^2+xt+t^2)+a-(3t^2+a)\}=0.$$

$$(x-t)(x^2+t\cdot x-2t^2)=0.$$

$$(x-t)^2(x+2t)=0.\ \therefore\ x=t,\ -2t.$$

l が C の法線でもあるための条件は，C と l が P 以外の点 Q で交わり，Q での接線が l と垂直であること．つまり，$-2t \neq t$, i.e. $t \neq 0$ のもとで,

$$f'(t)\cdot f'(-2t)=-1.$$

$$\text{i.e. } (3t^2+a)(12t^2+a)=-1.\ \cdots②$$

よって題意の条件は,

②を満たす実数 $t\ (\neq 0)$ が存在すること． …(*)

$u=t^2\ (>0)$ とおくと，②は

$$g(u):=36u^2+15a\cdot u+a^2+1=0.\ \cdots③$$

よって (*) は

③を満たす実数 $u\ (>0)$ が存在すること． …(**)

注　③の左辺はキレイに因数分解できなさそう．■

$g(0)=a^2+1>0$ はつねに成立.

よって，右図より (**) は

$$\begin{cases} \text{軸：} -\dfrac{15a}{72}>0, \\ \text{判別式} =(15a)^2-4\cdot 36(a^2+1)\geq 0. \end{cases}$$

$$\begin{cases} a<0, \\ 25a^2-16(a^2+1)\geq 0,\ \text{i.e. } a^2\geq \dfrac{16}{9}. \end{cases}$$

以上より，求める a の範囲は

$$a\leq -\frac{4}{3}.//$$

解説　最後の部分は典型的な 2 次方程式の「解の配置」ですね．[→ I+A 2 9]

注　直線 m については，傾きのみで OK．方程式は不要です．

6 4 12 互いに接する放物線

根底 実戦 入試 重要　[→ 6 2 1]

着眼　2 曲線が「接する」とは，両者が点を共有し，しかもその点での接線の傾きが等しいことを意味します．つまり，**接線を共有する**ということです．

下書き　まずは図を描いて，問題で述べられている現象そのものを把握します．

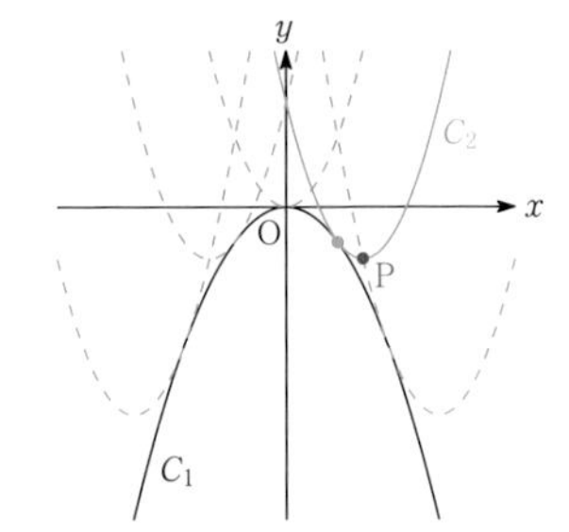

方針　「接する」ことの表現法を選択します．「接点」を重視するか軽視するか…

C_2 の方程式は，問われているのが頂点の軌跡ですから，**頂点の座標を用いて表す**のが良策です．

解答1：微分法 (接点重視)

$$C_1:\ y=-x^2,\ y'=-2x.$$

C_2 の頂点を $P(p,q)$ とすると

$$C_2:\ y=2(x-p)^2+q.\ \cdots②$$

$$y'=4(x-p).$$

接線共有

C_1 と C_2 が $x=t$ において接するとすると

$$\begin{cases} -t^2=2(t-p)^2+q, & \text{点を共有} \\ -2t=4(t-p). & \text{接線の傾きが一致} \end{cases}$$

第 2 式より $t=\dfrac{2}{3}p$ だから，t を消去すると,

$$q=-\left(\frac{2}{3}p\right)^2-2\left(-\frac{p}{3}\right)^2=-\frac{2}{3}p^2.$$

以上より，求める P の軌跡は

放物線：$y=-\dfrac{2}{3}x^2.//$

答えは，p,q を x,y に変えて

解答2：重解条件 (接点軽視)

C_2 の頂点を $P(p,q)$ とすると

$$C_2:\ y=2(x-p)^2+q.\ \cdots②$$

①②を連立すると

$$-x^2=2(x-p)^2+q.$$

$$3x^2-4px+2p^2+q=0.$$

C_1 と C_2 が接するための条件は

$$\text{判別式}/4=4p^2-3(2p^2+q)=-2p^2-3q=0.$$

(以下，解答1と同じ)

解説　接点の座標が問われていない本問では，接点軽視の解答2の方が手軽に片付きましたね．とはいえ，どちらの方法もできるようにしておいてください．

参考　本問のテーマ：「接線を共有」(曲線どうしが接する) も含め，様々な「接する」という状況を整理してまとめておきます：

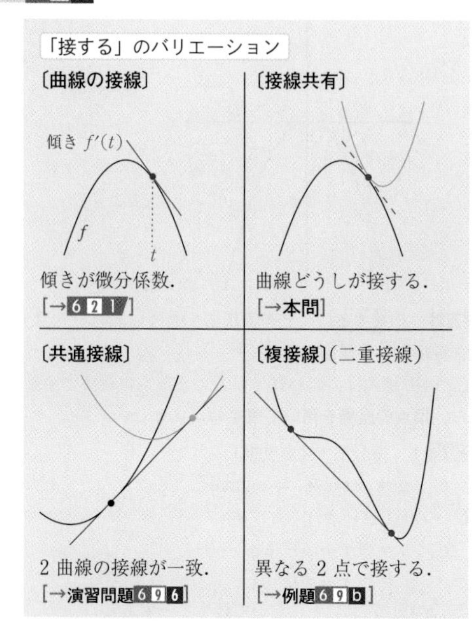

「接する」のバリエーション
〔曲線の接線〕
傾き $f'(t)$
f
t
傾きが微分係数.
[→6 2 1]
〔接線共有〕
曲線どうしが接する.
[→本問]
〔共通接線〕
2 曲線の接線が一致.
[→演習問題6 9 6]
〔複接線〕(二重接線)
異なる 2 点で接する.
[→例題6 9 b]

6 4 13 「接する」と「重解」

根底 実戦 入試 重要　[→6 2 4]

方針　[→例題6 3 h 後の重要]

もちろん「❶：微分法」でもできますが，「❷：重解条件」だと条件がとてもシンプルに表せますね．ただし，2 次方程式にはなりませんので，判別式を使って「❸：接点軽視」の方針をとることはできません．

解答　2 式を連立すると

$$2x^3+6x^2+3x-5=ax+b.$$

i.e. $2x^3+6x^2+(3-a)x-(5+b)=0.$ …①

C, l の唯一の共有点の x 座標を t とすると，両者はそこで接するから，①は $x=t$ を重解としてもち，他に実数解はない．

仮に実数係数の①が虚数解 $p+iq$ $(p, q\in\mathbb{R}, q\neq 0)$ をもつとしたら，$p-iq$ をも解としてもち，3 次方程式①が 4 個の解をもつことになり不合理．よって①は虚数解をもたない．

よって，①は $x=t$ を 3 重解としてもつ．すなわち，次が成り立つ：　式として等しい

$$2x^3+6x^2+(3-a)x-(5+b)=2(x-t)^3.\ ^{1)}$$

両辺の係数を比較して

$$\begin{cases}6=2\cdot(-3t),\\ 3-a=2\cdot 3t^2,\\ -5-b=2(-t^3).\end{cases}\quad \therefore\ \begin{cases}t=-1,\\ a=-3,\\ b=-7.\end{cases}$$ //

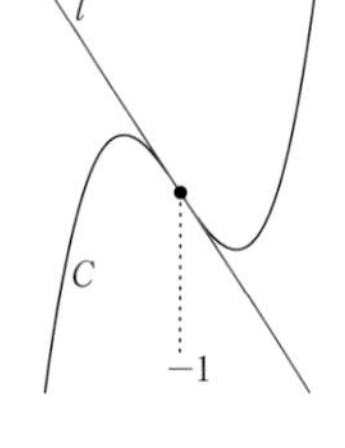

参考　1)：この左辺は，C: $y=f(x)$ と l: $y=g(x)$ として，差をとった関数 $f(x)-g(x)$ です．

そして，右辺が $\triangle\cdot(x+1)^{\text{奇数乗}}$ の形ですから，C と l は $x=-1$ で接していますが，その前後で上下関係が入れ替わります．

このことからわかるように，l は，C の変曲点（対称の中心）における接線です．[→6 2 5]

6 4 14 極値をもつ条件

根底 実戦　[→例題6 2 e]

注　「3 次関数」とありますから，$a\neq 0$ です．

方針　ひたすら，導関数 $f'(x)$ の**符号**を考えます．

解答　(1)　$f'(x)=3ax^2+2(a+2)x+(a+2)$ $(a\neq 0)$.

$f(x)$ が極値をもつための条件は，

$f'(x)$ が符号を変えること．…(*)

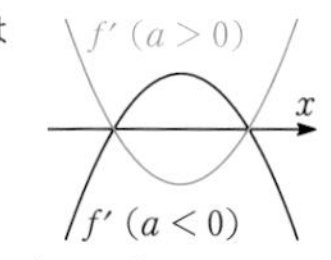

$f'(x)$ は 2 次関数だから，(*) は

$f'(x)=0$ …①が

異なる 2 実解をもつこと．1)

すなわち

$$①\text{の判別式}/4=(a+2)^2-3a(a+2)>0.$$
$$(a+2)(-2a+2)>0.$$
$$(a+2)(a-1)<0.$$
$$\therefore -2<a<1,\ a\neq 0.$$ //

注　1)：これは 2 次関数限定の話ですから，あくまでも (*) を述べた上で書くこと．

(2)　題意の条件は，$f'(x)$ が右図のように符号を変えること，すなわち

$$\begin{cases}a<0,\\ f'(0)=a+2>0.\end{cases}$$
$$\therefore -2<a<0.$$ //

補足　「右図のように」とは，「$f'(x)$ が $x<0$ の範囲で負から正へ符号を変え，$x>0$ の範囲で正から負へ符号を変えること」を指します．もちろんこれを書いた方がよいのですが，試験では"時間と相談して"ということになります．

6 4 15 関数のグラフ

根底 実戦 定期　[→例題6 2 f]

方針　まず，必ず $f(x)$ そのものも見ること．その上で，導関数の**符号**を調べます．

注 3次関数に関しては，“8マス5点”(ウラワザ)も念頭に置いて描く練習をしましょう.（試験では，そこまで気にして描かなくてもマルになると思いますが.）

解答 (1) **着眼** $f(x)$ は因数分解できますね. ■

$$f(x)=x^2(x-1)-(x-1)$$
$$=(x^2-1)(x-1)$$
$$=(x+1)(x-1)^2.$$ ……$f(x)$ の符号がわかる

$$f'(x)=3x^2-2x-1$$
$$=(3x+1)(x-1).$$ ……$f'(x)$ の符号がわかる

$$f\left(-\frac{1}{3}\right)=-\frac{1}{27}-\frac{1}{9}+\frac{1}{3}+1=\frac{32}{27}.$$

よって，次図のようになる.

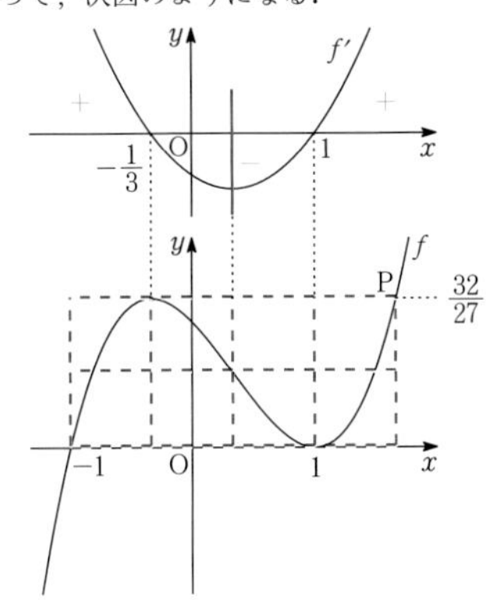

注 “1マス”の横幅は $\dfrac{1-\frac{-1}{3}}{2}=\dfrac{2}{3}$. よって，図中の点Pについて，$x_P=1+\dfrac{2}{3}=\dfrac{5}{3}$ です. ■

(2) **着眼** 見た目は(1)と似ていますが，まるで性格は異なります(笑). ■

$$f(x)=x^2(x+1)+(x+1)$$
$$=(x^2+1)(x+1).$$
$$f'(x)=3x^2+2x+1$$
$$=3\left(x+\frac{1}{3}\right)^2+\frac{2}{3}>0.$$

よって $f(x)$ は増加関数であり，次図のようになる.

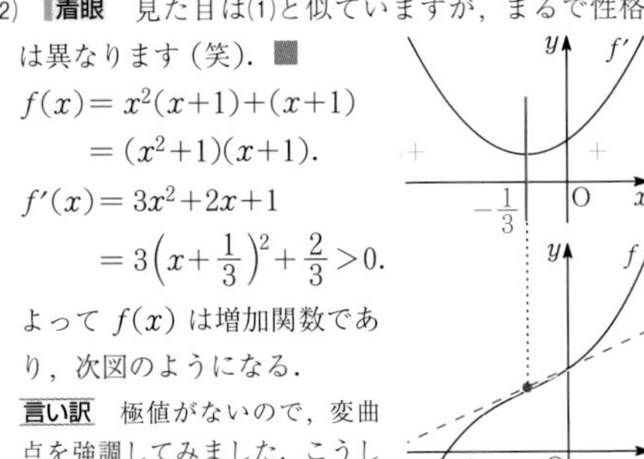

言い訳 極値がないので，変曲点を強調してみました. こうした問題はあまり出ませんのでご安心を. ■

(3) **着眼** これは奇関数ですね. 原点Oは，グラフ対称の中心であり，“変曲点”です. ■

$$f(x)=x(3-2x^2).$$ ……x 切片は $x=0,\ \pm\sqrt{\frac{3}{2}}$

$$f'(x)=-6x^2+3$$
$$=6\left(\frac{1}{2}-x^2\right).$$ ……$f'(x)$ の符号がわかる

$$f\left(\frac{1}{\sqrt{2}}\right)=\frac{1}{\sqrt{2}}(3-1)=\sqrt{2}.$$
$$f\left(-\frac{1}{\sqrt{2}}\right)=-f\left(\frac{1}{\sqrt{2}}\right)=-\sqrt{2}.$$

よって，次図のようになる.

注 “1マス”の横幅は $\dfrac{1}{\sqrt{2}}$. よって，図中の点P, Qについて，$x_P=\dfrac{1}{\sqrt{2}}+\dfrac{1}{\sqrt{2}}=\sqrt{2}$. 同様に，$x_Q=-\sqrt{2}$ です. ■

(4) **着眼** $f(x)$ は，因数分解されているので符号はすぐにわかります.

方針 微分する際には，いったん展開しましょう.（「積の微分法」が使いこなせる人は別ですが.）■

$$f(x)=(x^2-2x+1)(x^2-2x)$$
$$=x^4-4x^3+5x^2-2x.$$

$$\therefore\ f'(x)=4x^3-12x^2+10x-2$$
$$=2(2x^3-6x^2+5x-1)$$
$$=2(x-1)(2x^2-4x+1).$$

これは，$x=1,\ \dfrac{2\pm\sqrt{2}}{2}\left(=1\pm\dfrac{1}{\sqrt{2}}\right)$ において

符号を変え，次表を得る：

x	$\cdots$	$1-\frac{1}{\sqrt{2}}$	$\cdots$	1	$\cdots$	$1+\frac{1}{\sqrt{2}}$	$\cdots$
$f'(x)$	$-$	0	$+$	0	$-$	0	$+$
$f(x)$	↘		↗		↘		↗

以下，複号同順として，

$$f\left(1\pm\frac{1}{\sqrt{2}}\right)=\left(1\pm\frac{1}{\sqrt{2}}\right)\cdot\frac{1}{2}\cdot\left(-1\pm\frac{1}{\sqrt{2}}\right)$$
$$=\frac{1}{2}\cdot\left(\frac{1}{2}-1\right)=-\frac{1}{4}.$$

以上より，右図を得る：

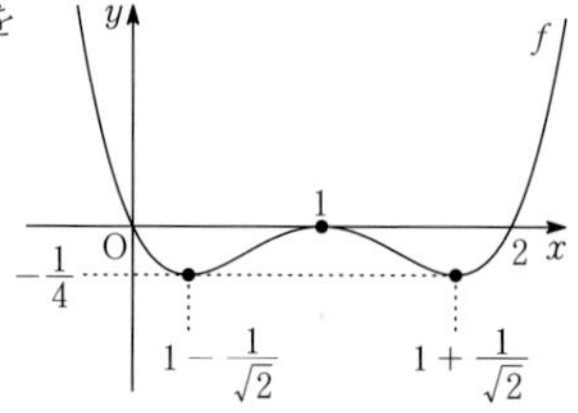

補足 極小値は，展開する前の因数分解された形を使って計算しました．

6 4 16 最大値・最小値 根底 実戦

[→例題 6 3 a]

着眼 $f(x)$ から得られる情報は…，とくにありません．

解答 (1) $f'(x)=-3x^2+6x+9$

$=-3(x^2-2x-3)$

$=-3(x+1)(x-3)$.

よって右表のようになる．

x	-3	$\cdots$	-1	$\cdots$	3
$f'(x)$		$-$	0	$+$	0
$f(x)$		↘		↗	

したがって，

$\min f(x)=f(-1)=1+3-9-5=-10.$ //

次に，最大値となり得る値を求める．

$f(3)=3^3(-1+1+1)-5=22,$

$f(-3)=3^3(1+1-1)-5=22.$

よって，$\max f(x)=22.$ //

注 "8 マス 5 点"を使えば，"1 マス"の横幅 $=\dfrac{3-(-1)}{2}=2$ より，$f(3)=f(-3)$ となることは初めからお見通しですね．

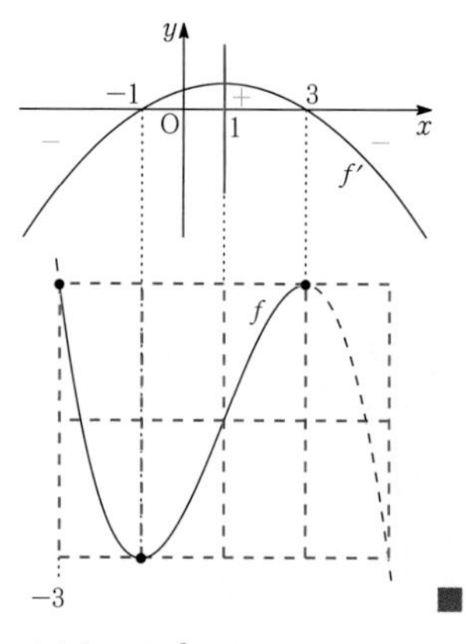

■

(2) $f'(x)=3x^2-6x-6$

$=3(x^2-2x-2)$.

$f'(x)=0$ を解くと，　もちろん符号を考えた上で

$x=1\pm\sqrt{3}\in(-2,5)$.

よって，次表を得る：

x	-2	$\cdots$	$1-\sqrt{3}$	$\cdots$	$1+\sqrt{3}$	$\cdots$	5
$f'(x)$		$+$	0	$-$	0	$+$	
$f(x)$		↗		↘		↗	

着眼 最大値の候補，最小値の候補に注目します．極値の計算がメンドウですから，まずは "8 マス 5 点" を使います．"1 マス" の横幅 $\sqrt{3}$ より，次図のようになります．

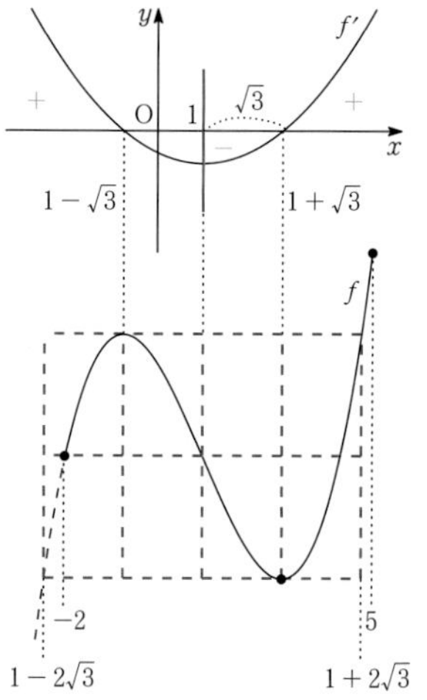

どうやら，最大値は端点 $f(5)$ ですが，最小値になるのは極小値のようですね．そこで，整式の除法で準備をしましょう．

$$
\begin{array}{rrr|rrrr}
 & & & 1 & -1 & & \\
1 & -2 & -2 & 1 & -3 & -6 & 8 \\
 & & & 1 & -2 & -2 & \\
\hline
 & & & & -1 & -4 & 8 \\
 & & & & -1 & 2 & 2 \\
\hline
 & & & & & -6 & 6
\end{array}
$$

■

$f(x)=\dfrac{f'(x)}{3}\cdot(x-1)-6(x-1)$.

これと $f'(1\pm\sqrt{3})=0$ より

$f(1\pm\sqrt{3})=-6(\pm\sqrt{3})=\mp6\sqrt{3}$（複号同順）.

また，

$f(-2)=2^2(-2-3+3+2)=0,$

$f(5)=5(25-15-6)+8=28.$

最大値の候補について，

$f(1-\sqrt{3})=6\sqrt{3}<6\cdot2<28=f(5).$

最小値の候補について，

$f(1+\sqrt{3})=-6\sqrt{3}<0=f(-2).$

以上より

$$\begin{cases} \max f(x) = f(5) = 28, \\ \min f(x) = f(1+\sqrt{3}) = -6\sqrt{3}. \end{cases}$$ //

(3) $f'(x) = 12x^3 - 30x^2 + 6x + 12$
$= 6(2x^3 - 5x^2 + x + 2)$
$= 6(x-1)(2x^2 - 3x - 2)$
$= 6(x-1)(2x+1)(x-2).$

よって次表を得る：

x	$\cdots$	$-\frac{1}{2}$	$\cdots$	1	$\cdots$	2	$\cdots$
$f'(x)$	$-$	0	$+$	0	$-$	0	$+$
$f(x)$	↘		↗		↘		↗

最小値となり得る値を求める．

$$f(2) = 2^2(12 - 20 + 3 + 6) + 5 = 9,$$
$$f\left(-\frac{1}{2}\right) = \frac{3}{16} + \frac{5}{4} + \frac{3}{4} - 6 + 5 = \frac{19}{16} (< 9).$$

以上より，求める最小値は，$\frac{19}{16}$．//

参考 $y = f(x)$ のグラフは次のようになります：

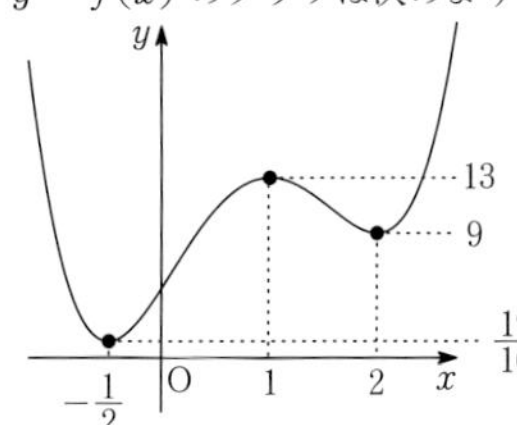

発展 （6 5で学ぶ積分法に関する知識を用います．）
4 次関数の極小値どうしの大小を比べる方法として，次のような一般論があります：

$f(x) = x^4 + ax^3 + bx^2 + cx + d,$
$f'(x) = 4x^3 + 3ax^2 + 2bx + c.$

$f'(x)$ が，次表のように符号を変えるとする．

x	$\cdots$	α	$\cdots$	γ	$\cdots$	β	$\cdots$
$f'(x)$	$-$	0	$+$	0	$-$	0	$+$
$f(x)$	↘	極小	↗		↘	極小	↗

2 つの極小値の大小を比べる．

$$f(\beta) - f(\alpha) = \Big[f(x)\Big]_\alpha^\beta$$
$$= \int_\alpha^\beta f'(x)\,dx$$
$$= \int_\alpha^\beta 4(x-\alpha)(x-\beta)(x-\gamma)\,dx$$
⋮（この部分の計算は**演習問題6 9 16**）
$$= \underbrace{\frac{4}{12}(\beta - \alpha)^3}_{\text{正}} \cdot (2\gamma - \alpha - \beta).$$

これは，次と同符号：

$$2\gamma - \alpha - \beta = 2\left(\gamma - \frac{\alpha + \beta}{2}\right).$$

よって，極小値どうしの大小は，そのときの x の相加平均：$\frac{\alpha+\beta}{2}$ に対する，極大となる $x = \gamma$ の大小によって決まります．

本問(3)の場合は，$\alpha = -\frac{1}{2}, \beta = 2, \gamma = 1$ より

$$\frac{\alpha + \beta}{2} = \frac{3}{4} < 1 = \gamma. \quad \therefore \ f(\beta) - f(\alpha) > 0.$$

よって，$f(x)$ の最小値は $f(\alpha)$ であることがわかります．

例題6 8 e(2)で扱う「3 次関数の極大値と極小値の差」においても，これと似た手法を用います．

6 4 17 最小値（場合分け） 根底 実戦 [→例題6 3 b]

着眼 $f(x) = x^2(-x-3)$ より，グラフの y 座標の符号はわかります．（“8 マス 5 点” を使ってしまえば，増減極値までわかります．）

方針 最小値の候補：「極小値」と「“下り切った” 端点」のみに注目します．

解答 $f'(x) = -3x^2 - 6x$
$= -3x(x+2).$

“8 マス 5 点”を意識して

また，$f(-2) = f(1) = -4$ だから，次図のようになる：

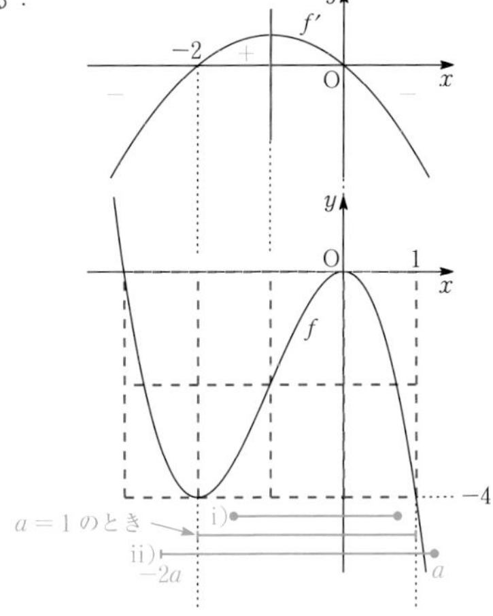

$a = 1$ のとき，定義域は $-2 \leq x \leq 1$ となり，そこを境として次のように分けられる：

i) $0 < a < 1$ のとき，最小値 $m(a)$ となり得るのは，$f(a), f(-2a)$ のいずれか．これらの大小を比べる．

$$f(a) - f(-2a) = (-a^3 - 3a^2) - (8a^3 - 12a^2)$$
$$= -9a^3 + 9a^2 = 9a^2(1-a) > 0.$$

よって $f(a) > f(-2a)$ だから，

$$m(a) = f(-2a) = 8a^3 - 12a^2.$$ //

ii) $1 \leq a$ のとき,

$m(a)=f(a)=-a^3-3a^2$.//

注 $a=1$ のときは, $f(a)=f(1)$ と $f(-2a)=f(-2)$ はどちらも最小値です. また, この値は $f(x)$ の極小値 -4 と一致しています.

解説 極小値 $f(-2)=-4$ が含まれるときには, 端点 $f(a)$ が必ずそれ以下の値となります. よって本問では, 極小値が単独で最小値となるケースはありません.

6 4 18 絶対値付き関数の最大値

根底 実戦 重要 [→例題 6 3 b]

方針 (1) 絶対値記号内の符号を考え, グラフを描きます. そして, 最大値の候補だけに注目し, "8 マス 5 点" を利用します.

(2) $M(a)$ を a の関数とみて, グラフを描きます.

解答 $0 \leq x \leq 1$ において考える.

(1) i) $a \leq 0$ のとき, x^3, $-3ax$ はともに増加[1] するから, $f(x)$ も増加し, 0 以上. (微分法は不要)

$\therefore\ M(a)=f(1)=1-3a$.

ii) $a>0$ のとき,

$f'(x)=3(x^2-a)$.

また,

$-f(\sqrt{a})=a\sqrt{a}(-1+3)=2a\sqrt{a}$,

$f(2\sqrt{a})=a\sqrt{a}(8-6)=2a\sqrt{a}$. ("8マス5点" を意識して)

$\therefore\ -f(\sqrt{a})=f(2\sqrt{a})$. ($f(x)$ は奇関数)

よって, 偶関数 $y=|f(x)|$ のグラフは次図の通り:

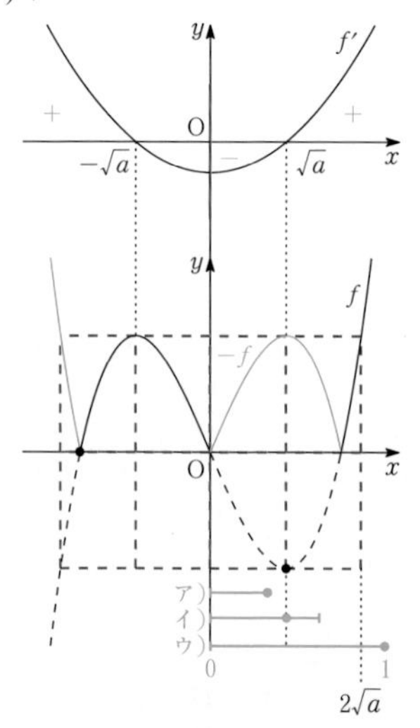

ア) $1 \leq \sqrt{a}$, i.e. $1 \leq a$ のとき

$M(a)=-f(1)=3a-1$.

イ) $\sqrt{a} \leq 1 \leq 2\sqrt{a}$, i.e. $\frac{1}{4} \leq a \leq 1$ のとき

$M(a)=-f(\sqrt{a})=2a\sqrt{a}$.

ウ) $2\sqrt{a} \leq 1$, i.e. $(0<)\ a \leq \frac{1}{4}$ のとき

$M(a)=f(1)=1-3a$. (i) と同じ式)

以上をまとめると

$$M(a)=\begin{cases}1-3a\ \left(a \leq \frac{1}{4}\right) \\ 2a\sqrt{a}\ \left(\frac{1}{4} \leq a \leq 1\right) \\ 3a-1\ (1 \leq a).\end{cases}$$

($a \leq 0$ も含めて)

(2) (1)より, $M(a)$ のグラフは次図の通り:

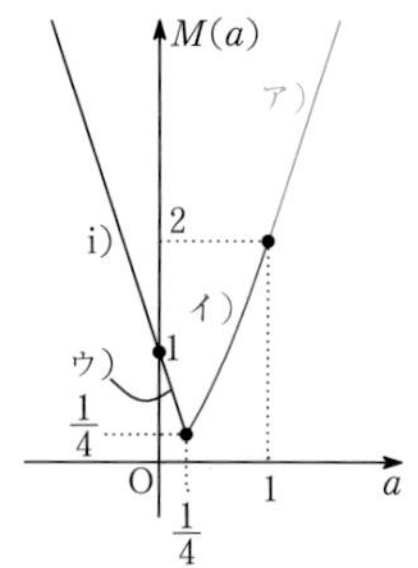

$\therefore\ \min M(a)=M\left(\frac{1}{4}\right)=\frac{1}{4}$.//

解説 ii) の図に関して. ホントは「定義域」が固定されており,「曲線」が a の値に応じて変化するのですが, 大切なのは両者の**相対的な関係**ですから, あたかも曲線が固定され, 定義域が伸び縮みするかのように描いて効率化を図りました.

注 「$x<0$」の範囲は定義域に含まれませんが, "8 マス 5 点" を活かすためには不可欠です.

補足 もちろん, ア) とイ) の "つなぎ目": $a=1$ における両者の値が一致することを確認しましょう. $a=0,\ \frac{1}{4}$ についても同様です.

言い訳 [1]: $a=0$ のときは, $-3ax$ は定数値関数ですが, これも広い意味 (広義) では「増加関数」に含めます.

6 4 19 絶対値付き方程式

根底 実戦 [→例題 6 3 c]

方針 問題文を額面通りに受け止めると, 傾きが1である直線が移動し, 曲線との位置関係が微妙です. そこで, 別の図形どうしの問題としてとらえ直します.

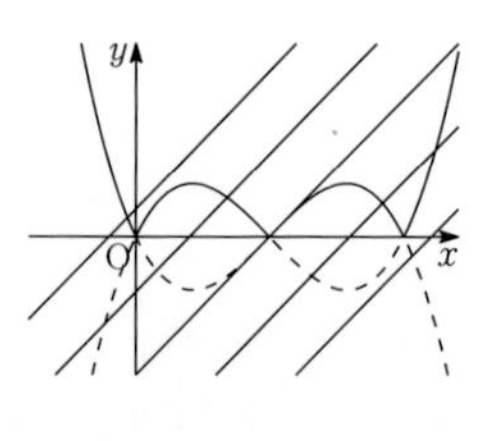

解答 2式を連立すると

$$|x^3-3x^2+2x|=x+k.$$

i.e. $f(x):=|x^3-3x^2+2x|-x=k$. “定数分離”

よって N は，曲線 $y=f(x)$ と直線 $y=k$ の共有点の個数と一致する．ここで，

$$x^3-3x^2+2x=x(x-1)(x-2)$$

の符号を考えて，次のようになる：

i) $x\leq 0,\ 1\leq x\leq 2$ のとき

$$f(x)=-(x^3-3x^2+2x)-x$$
$$=-x^3+3x^2-3x\ (=f_1(x)\text{ とおく}).$$

$$f_1{}'(x)=-3x^2+6x-3=-3(x-1)^2\leq 0.$$

よって，i) における $f_1(x)$ は減少する．

ii) $0\leq x\leq 1,\ 2\leq x$ のとき

$$f(x)=(x^3-3x^2+2x)-x$$
$$=x^3-3x^2+x\ (=f_2(x)\text{ とおく}).$$

$f_2{}'(x)=3x^2-6x+1=0$ を解くと，

$$x=\frac{3\pm\sqrt{6}}{3}=1\pm\frac{\sqrt{6}}{3}.$$ もちろん符号を考えた上で

$$\left(0<1-\frac{\sqrt{6}}{3}<1<1+\frac{\sqrt{6}}{3}<2.\right)$$

よって，ii) における $f_2(x)$ の増減は，$\alpha=1-\dfrac{\sqrt{6}}{3}$ とおくと次の通り：

x	0	$\cdots$	α	$\cdots$	1		2	$\cdots$
$f_2{}'(x)$		$+$	0	$-$				$+$
$f_2(x)$	0	↗		↘	-1		-2	↗

下書き

$$\begin{array}{r|rrrr} & \frac{1}{3} & -\frac{1}{3} & & \\ \hline 3\ \ -6\ \ 1 & 1 & -3 & 1 & 0 \\ & 1 & -2 & \frac{1}{3} & \\ \hline & & -1 & \frac{2}{3} & 0 \\ & & -1 & 2 & -\frac{1}{3} \\ \hline & & & -\frac{4}{3} & \frac{1}{3} \end{array}$$

■

$$f_2(x)=f_2{}'(x)\cdot\frac{1}{3}(x-1)-\frac{4}{3}x+\frac{1}{3}.$$

$f_2{}'(\alpha)=0$ だから

$$f_2(\alpha)=-\frac{4}{3}\alpha+\frac{1}{3}$$
$$=-\frac{4}{3}\left(1-\frac{\sqrt{6}}{3}\right)+\frac{1}{3}$$
$$=-1+\frac{4}{9}\sqrt{6}.$$ $\fallingdotseq -1+\dfrac{4\times 2.45}{9}\fallingdotseq 0.1$

以上より，次図を得る：

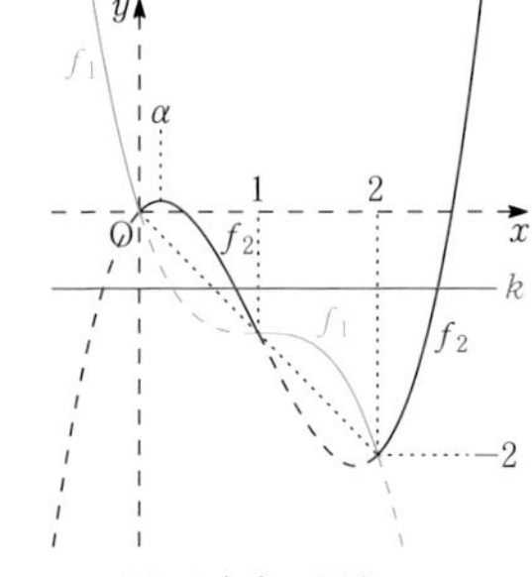

よって，N は次表の通り：

k	$\cdots$	-2	$\cdots$	0	$\cdots$	$-1+\frac{4}{9}\sqrt{6}$	$\cdots$
N	0	1	2	3	4	3	2

//

解説 本問の**解答**の流れを整理すると，次の通りです：

$$\begin{cases}\text{曲線 } y=|x^3-3x^2+2x| \text{ と}\\ \text{直線 } y=x+k\end{cases}$$ 傾き $=1$

→ 方程式 $|x^3-3x^2+2x|=x+k$

→ 方程式 $|x^3-3x^2+2x|-x=k$ “定数分離”

→ $$\begin{cases}\text{曲線 } y=|x^3-3x^2+2x|-x \text{ と}\\ \text{直線 } y=k\end{cases}$$ 傾き $=0$

こうすると，傾きが0の直線を上下に“スライドさせて考えることができるので，明快ですね．

注 極大値 $f_2(\alpha)\fallingdotseq 0.1$ を見逃さないように．

補足 $$f_1(x)=-x^3+3x^2-3x+1-1$$
$$=-(x-1)^3-1$$

は，微分しなくても増減がわかりますね．

参考 グラフが“折れ曲がった”所にできた $f(0)=0$ や $f(2)=-2$ も「極小値」というのでしたね．[→6 2 3]

6 4 20 4次関数が極大値をもつ条件

根底 実戦 入試 重要 [→例題6 3 c]

方針 もちろん，導関数の符号変化を考えます．

解答

$$f'(x)=4x^3+6x^2-24x+a$$
$$\overset{1)}{=}a-(\underbrace{-4x^3-6x^2+24x}_{g(x)\text{ とおく}}).$$

$f(x)$ が極大値をもつための条件は，$f'(x)$ が正から負へと符号を変えること，すなわち，

直線 $y=a$ と曲線 $y=g(x)$ の上下が右上図のように入れ替わること．　…(*)

$$g'(x)=-12x^2-12x+24$$
$$=-12(x^2+x-2)$$
$$=-12(x+2)(x-1).$$

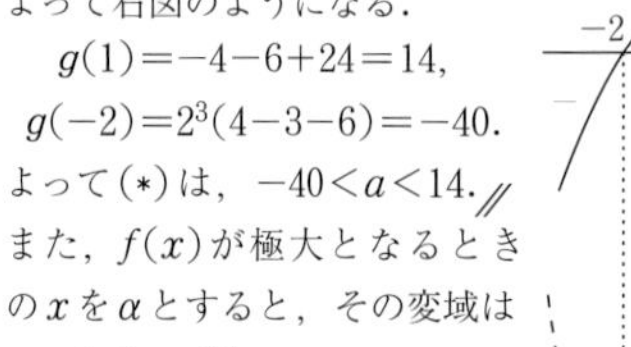

よって右図のようになる．

$g(1)=-4-6+24=14$,

$g(-2)=2^3(4-3-6)=-40$.

よって$(*)$は，$-40<a<14$.//

また，$f(x)$が極大となるときのxをαとすると，その変域は

$-2<\alpha<1$.//

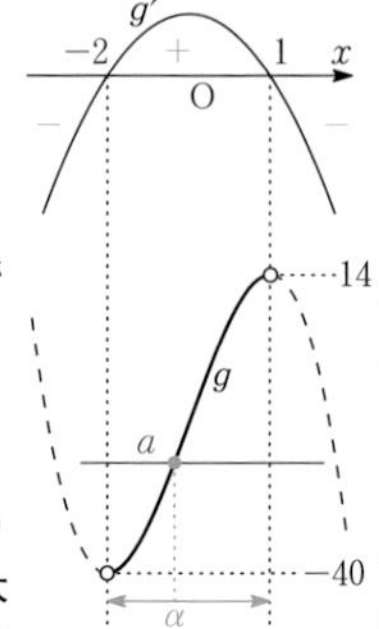

解説 1)：$f'(x)$の符号を，このように変形することにより「定数 a」と「関数 $g(x)$」の**大小関係**に帰着させることは，「方程式」の問題で用いたいわゆる“定数分離”の手法と同等ですね．［→例題6 3 c］

6 4 21 解の個数

根底 実戦 入試　［→例題6 3 e］

方針 因数分解は無理そうなのでグラフを利用します．

解答 ①の左辺を $f(x)$ とおくと，

$f'(x)=9x^2-6x-4$.

これの**符号**の変わり目は，

$f'(x)=0$ を解いて

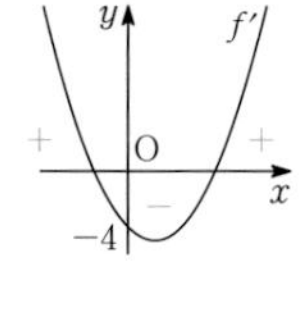

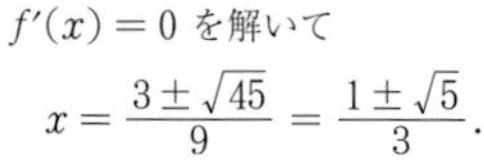

$$x=\frac{3\pm\sqrt{45}}{9}=\frac{1\pm\sqrt{5}}{3}.$$

これらを $\alpha,\beta\ (\alpha<\beta)$ とおくと，次表を得る：

x	$\cdots$	α	$\cdots$	β	$\cdots$
$f'(x)$	$+$	0	$-$	0	$+$
$f(x)$	↗		↘		↗

方針 極値の計算がメンドウなので，例によって整式の除法を用いてもよいですが，極値の「符号」さえわかればよいので，例題6 3 eでも用いた“近くの値を代入する”という手法を使ってみます．

$\alpha\fallingdotseq\dfrac{-1.2}{3}=-0.4$

$\beta\fallingdotseq\dfrac{3.2}{3}\fallingdotseq1.1$

なので… ■

ここで，

$f(0)=3>0$,

$f(1)=-1<0$

だから，右図を得る．

したがって，求める個数は，3 個．//

言い訳 図の 2 つの赤点と，2 つの赤楕円部を見れば，それだけで曲線 $y=f(x)$ と x 軸が 3 回交わることがわかります．つまり，結果としては本問において微分法は不要だったのです (笑).

とはいえ実際に解答する際の流れとしては，上記のようになると思われますが．

6 4 22 不等式の証明・絶対不等式

根底 実戦 典型　［→例題6 3 f］

着眼 実は，$f(x)$ そのものに対して有効な変形があります．

方針 「つねに >0」＝「最小値ですら >0」ですね．

解答 (1) $f(x)=2x(x-a)^2+a^2+2a+3$. …①

$f'(x)=6x^2-8ax+2a^2$

$=2(3x-a)(x-a)$.

また，①より $f(0)\overset{1)}{=}f(a)=a^2+2a+3$ であり，$0<\dfrac{a}{3}<a$ だから，次図のようになる：

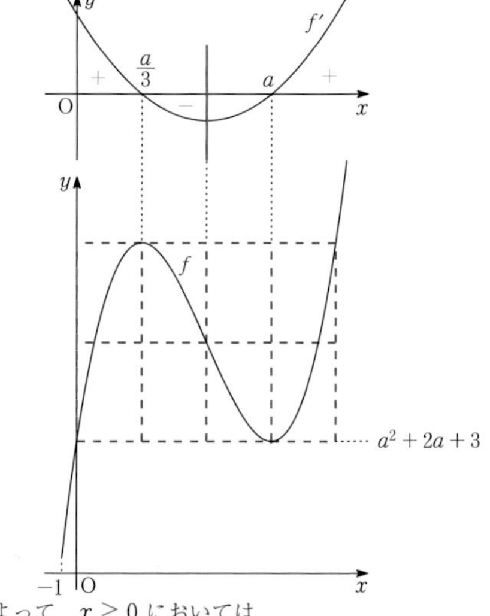

よって，$x\geqq0$ においては

$\min f(x)=a^2+2a+3$

$=(a+1)^2+2>0$

だから，題意が示せた．□

(2) $x\geqq-1$ においては，$\min f(x)=f(-1)$ だから，題意の条件は

$f(-1)=-a^2-2a+1>0$.

これと $a>0$ より，求める a の範囲は，

$0<a<-1+\sqrt{2}$.//

解説 (1)は「不等式の証明」，(2)は「絶対不等式となるための条件」でした．

補足 1)：このことは，①の形があれば，“8 マス 5 点”を用いるまでもなく見抜けてしまいますね．

6 4 23 2変数関数

根底 実戦 入試 [→例題6 3 a]

方針 I+A演習問題2 12 4などでも述べた,「2 変数関数」に対する処理方法を確認しておきます:

2 変数関数 $f(x, y)$ の最大・最小

1. $f(x, y)=k$ と固定して,「=」が成立可能かどうかを調べる. [→3 8 5]
2. 1 変数化 $\begin{cases} 1\text{ 文字消去} [\to\text{例題}5\ 6\ k] \\ 1\text{ 文字固定} [\to\text{例題}3\ 8\ i] \end{cases}$

x, y の間に等式の関係式がないので「1 文字消去」は無理.

1. を用いようとして $x^3+\dfrac{1}{2}x^2+y=k$ とおくと,これは 3 次関数のグラフを表し,曲線が k に応じて動くことになり,得策とは言えません.

①の表す領域の形を見れば,1 **文字固定**が良さそうです.例の,俗称“予選決勝方式”ですね.

解答 ①が xy 平面上で表す領域は右図の通り.

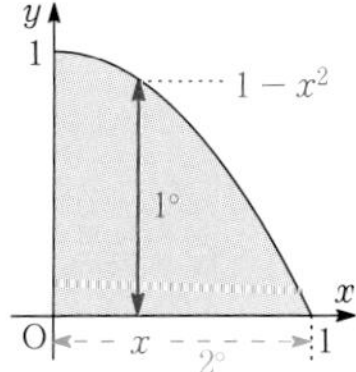

1° x を固定し,y を区間 $[0, 1-x^2]$ で動かす.

$$F=\underset{\text{増加}}{y}+\underbrace{\left(x^3+\frac{1}{2}x^2\right)}_{\text{定数}}$$

だから,1° における F の最大値は

$$(1-x^2)+x^3+\frac{1}{2}x^2$$
$$=x^3-\frac{1}{2}x^2+1\ (=f(x)\text{ とおく}).$$

2° $f(x)$ に対して,x を区間 $[0, 1]$ で動かす.

$$f'(x)=3x^2-x=x(3x-1)$$

より,次表を得る.

x	0	$\cdots$	$\frac{1}{3}$	$\cdots$	1
$f'(x)$		−	0	+	
$f(x)$	1	↘		↗	$\frac{3}{2}$

以上 1°, 2° より,求める F の最大値は

$$f(1)=\frac{3}{2}.\ /\!/$$

解説 2 か所の赤波線部:「1° における F の最大値」と,「求める F の最大値」という表現の違いに注目してください.

注 最大・最小の応用問題は,極値が答えとなることが多い気がしますが,端点にも可能性があることを忘れてはなりません.

6 4 24 立体の展開図・高さ

根底 実戦 入試 [→例題6 3 j]

方針 二等辺三角形の“縦”の長さ AL が定数 1 です.そこで,“横”の長さ BC を変数とみるのが自然でしょう.(1)では,その変数の範囲(定義域)が問われている訳です.

注 ただし,先の計算を見据えて上手に変数設定をしたいものです.問題文の立体見取り図を見ると,二等辺三角形 PQL に注目することになりそうですから,その底辺 PL の長さ(=BL)を $2x$ とおくと処理がしやすそうです.

解答 (1) $\text{PL}=2x\ (=\text{BL})$ とおく.

四面体ができるための条件は,△PQL ができること,すなわち

$$\left|\frac{1}{2}-\frac{1}{2}\right|<2x<\frac{1}{2}+\frac{1}{2}.$$

i.e. $0<x<\dfrac{1}{2}$. …①

これと $\text{BC}=2\text{BL}=4x$ より,求める変域は

$0<\text{BC}<2.\ /\!/$

(2)

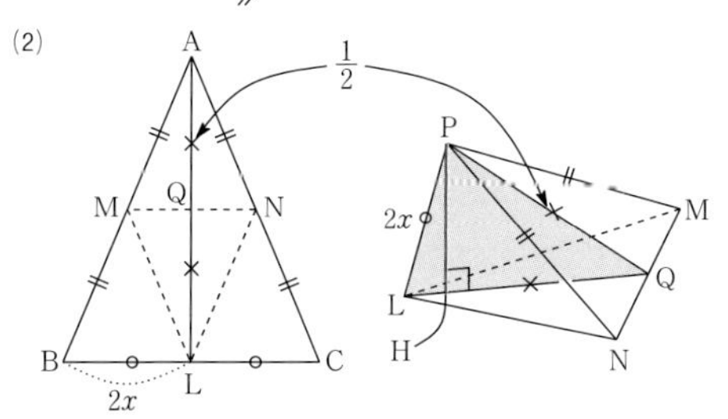

頂点 P から底面 LMN へ垂線 PH を下ろす.線分 MN の中点を Q として,対称性より H は直線 QL 上にある.

また,紙を折り曲げたとき QA は QP となり,LB は LP となる.よって平面 PQL による断面は右のようになる.

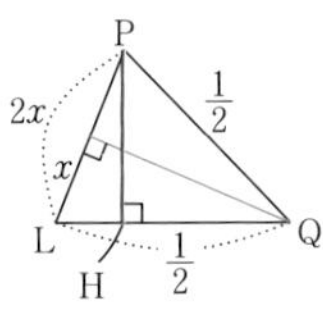

△PQL の面積を 2 通りに表して

$$\frac{1}{2}\cdot\frac{1}{2}\cdot\text{PH}=\frac{1}{2}\cdot 2x\cdot\sqrt{\frac{1}{4}-x^2}.\ \cdots②$$

$$\therefore\ \text{PH}=4x\sqrt{\frac{1}{4}-x^2}.$$

また,底面積は

$$\triangle\text{LMN}=\frac{1}{2}\cdot 2x\cdot\frac{1}{2}=\frac{x}{2}\ \left(\because\ \text{MN}=\frac{1}{2}\text{BC}=2x\right).$$

したがって

$$V=\frac{1}{3}\cdot\frac{x}{2}\cdot 4x\sqrt{\frac{1}{4}-x^2}=\frac{2}{3}x^2\sqrt{\frac{1}{4}-x^2}.$$

そこで $t=x^2$ とおくと，①より $0<t<\frac{1}{4}$ であり

$$V=\frac{2}{3}t\sqrt{\frac{1}{4}-t}=\frac{2}{3}\sqrt{t^2\left(\frac{1}{4}-t\right)}.\ \cdots③$$

$\sqrt{\quad}$ 内を $f(t)$ とおくと，V と $f(t)$ は同時に最大となり，

$$f(t)=t^2\left(\frac{1}{4}-t\right)=\frac{1}{4}t^2-t^3.$$

$$f'(t)=\frac{1}{2}t-3t^2$$
$$=3t\left(\frac{1}{6}-t\right).$$

よって，次表を得る．

t	(0)	$\cdots$	$\frac{1}{6}$	$\cdots$	$\left(\frac{1}{4}\right)$
$f'(t)$		$+$	0	$-$	
$f(t)$		↗		↘	

これと③より

$$\max V=\frac{2}{3}\sqrt{f\left(\frac{1}{6}\right)}$$
$$=\frac{2}{3}\sqrt{\left(\frac{1}{6}\right)^2\cdot\frac{1}{12}}$$
$$=\frac{2}{3}\cdot\frac{1}{6}\cdot\frac{1}{2}\sqrt{\frac{1}{3}}=\frac{1}{18\sqrt{3}}\left(=\frac{\sqrt{3}}{54}\right).//$$

解説 V を x で表した後，イキナリ微分しようとしても無理[1)]．そこで，「x^2」というカタマリを「t」と**置換**しました．

さらに，③の**式変形**により，$\sqrt{\quad}$ の外・内の両方にある変数 t が $\sqrt{\quad}$ 内だけに**集約**され，$\sqrt{\quad}$ を含まない t の3次関数 $f(t)$ に帰着しました．

注 $\sqrt{\quad}$ を除去するには，次の方法もあります：

V は正なので，V^2 と同時に最大となります．そこで，

$$V^2=\frac{4}{9}t^2\left(\frac{1}{4}-t\right)\ (\because\ ③)$$

の最大を考えます．これで，**解答**と同じ3次関数 $f(t)$ に帰着しましたね．

注 **理系** [1)]：数学Ⅲ範囲の微分法を使えば，$\sqrt{\quad}$ を含んだままでもいちおう微分することは可能です．しかし，だとしてもやはり上記**解答**のように処理すべきです：

> **関数の処理** 方法論
> 微分する前に，まず「**変形**」&「**置換**」！

言い訳 V が最大のとき，$x=\sqrt{t}=\frac{1}{\sqrt{6}}$ より，

△PQL において

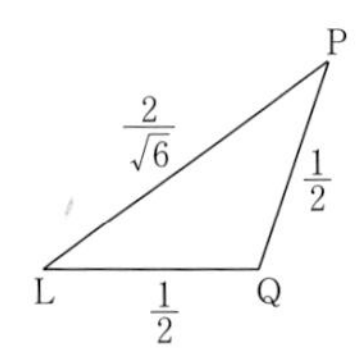

$$QL^2+QP^2-LP^2$$
$$=\left(\frac{1}{2}\right)^2+\left(\frac{1}{2}\right)^2-\left(\frac{2}{\sqrt{6}}\right)^2$$
$$=\frac{1}{2}-\frac{2}{3}<0.$$

よって実際には ∠Q は鈍角です．

ただし，解答する時点でこれを見越した図が描けていなくてもかまいません．本問の**解答**においては，鈍角三角形だと不備が生じることは何もありませんので．

注 (2)における体積は，(1)で注目した△PQL を底面と見る方が簡明です．

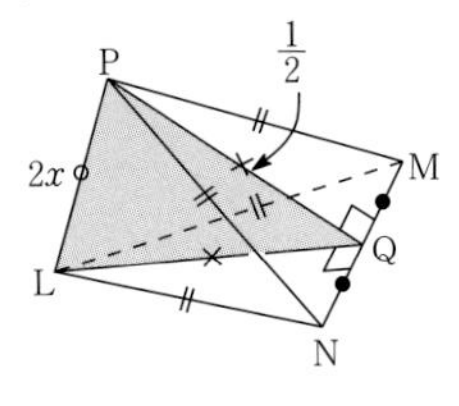

△PMN，△LMN はどちらも二等辺三角形だから，

$$\begin{cases}MN\perp QP,\\ MN\perp QL.\end{cases}\quad\therefore\ MN\perp\text{平面 PQL}.$$

$$\therefore V=\frac{1}{3}\cdot\triangle PQL\cdot MN.$$

面積 △PQL は②右辺のように求まり，

$$V=\frac{1}{3}\cdot x\sqrt{\frac{1}{4}-x^2}\cdot 2x=\frac{2}{3}x^2\sqrt{\frac{1}{4}-x^2}.$$

[→ I+A 5 14 4 断面 MAD と辺 BC の関係]

6 4 25 面積の最大

根底 実戦 入試 [→例題 6 3 k]

着眼 (1)では動点が1つ．(2)では2つ．両者の“つながり”が読み取れますか？

方針 三角形の面積は，ベクトルを用いた公式により簡単かつ機械的に求まります．[→ 2 6 4]

解答 (1) $P(s,s^2)\ (0<s<a\ \cdots①)$ とおくと

$$\overrightarrow{OA}=\begin{pmatrix}a\\a^2\end{pmatrix},\ \overrightarrow{OP}=\begin{pmatrix}s\\s^2\end{pmatrix}.$$

よって

$$S=\frac{1}{2}|a\cdot s^2-a^2\cdot s|$$
$$=\frac{1}{2}as|s-a|$$
$$=\frac{1}{2}a\cdot s(a-s)\ (\because\ ①).$$

これと①より右図を得る．

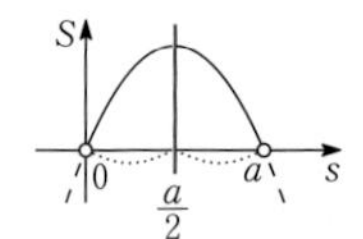

よって，S が最大となるとき，

$$x_P=\frac{a}{2}.//$$ 0 と a のど真ん中

(2) **方針** 2つが独立に動くので，ひとまずは**一方を固定**しましょう．[→演習問題4 8 22]
その際，「R」の方を固定すれば，見事に(1)に帰着しますね．前々問と同様な俗称"予選決勝方式"です．■

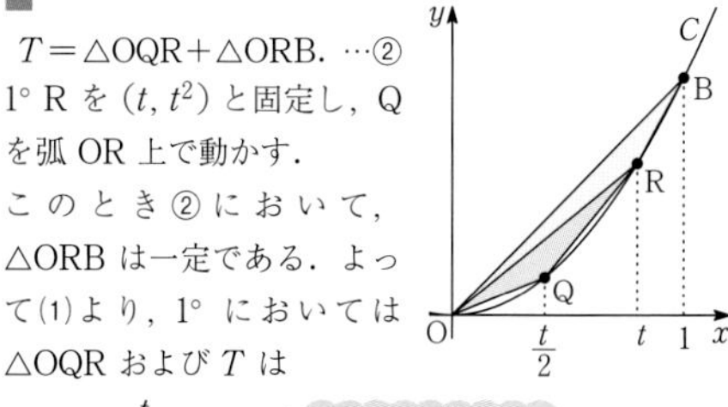

$T = \triangle\text{OQR} + \triangle\text{ORB}$. …②

1° R を (t, t^2) と固定し，Q を弧 OR 上で動かす．

このとき②において，$\triangle$ORB は一定である．よって(1)より，1° においては $\triangle$OQR および T は

$$x_Q = \frac{t}{2} \cdots ③$$ 0と t のど真ん中

のとき最大となる．

2° ③のもとで，R を弧 OB 上で動かす．

$$\overrightarrow{OQ} = \begin{pmatrix} \frac{t}{2} \\ \frac{t^2}{4} \end{pmatrix}, \overrightarrow{OR} = \begin{pmatrix} t \\ t^2 \end{pmatrix}, \overrightarrow{OB} = \begin{pmatrix} 1 \\ 1 \end{pmatrix}.$$

よって②より

$$T = \frac{1}{2}\left|\frac{t}{2}\cdot t^2 - \frac{t^2}{4}\cdot t\right| + \frac{1}{2}\left|t\cdot 1 - t^2\cdot 1\right|$$
$$= \frac{1}{2}\left|\frac{1}{4}t^3\right| + \frac{1}{2}\left|t(1-t)\right|.$$

$0 < t < 1$ より

$$T = \frac{1}{2}\cdot\frac{1}{4}t^3 + \frac{1}{2}t(1-t) \cdots ④$$
$$= \frac{1}{8}(t^3 - 4t^2 + 4t)\ (= f(t) \text{ とおく}).$$

$$f'(t) = \frac{1}{8}(3t^2 - 8t + 4)$$
$$= \frac{1}{8}(t-2)(3t-2)$$
$$= \underbrace{\frac{1}{8}(2-t)}_{\text{正}}\cdot\underbrace{(2-3t)}_{\text{符号決定部}}.$$

よって次表を得る：

t	(0)	…	$\frac{2}{3}$	…	(1)
$f'(t)$		+	0	−	
$f(t)$		↗	最大	↘	

以上 1°, 2° より，求める最大値は

$$\max T = f\left(\frac{2}{3}\right)$$
$$= \frac{1}{8}\cdot\frac{8}{27} + \frac{1}{2}\cdot\frac{2}{3}\cdot\frac{1}{3}\ (\because ④)$$
$$= \frac{1}{27} + \frac{1}{9} = \frac{4}{27}.\ /\!/$$

参考 (2)で T が最大のとき，

$$x_R = \frac{2}{3},\ x_Q = \frac{1}{2}\cdot x_R = \frac{1}{3}.$$

つまり，右図のように区間 $0 \leq x \leq 1$ がキレイに 3 等分されます．

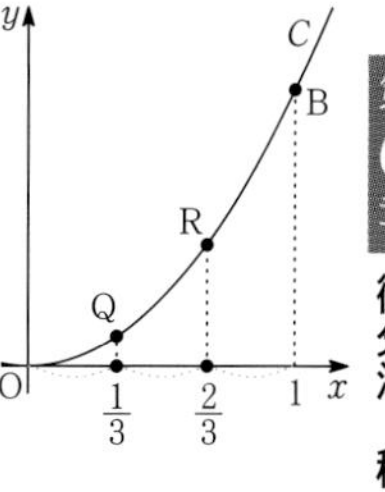

9 演習問題B

6 9 1 定積分の計算

根底 実戦 定期 [→6 5 6]

方針 各設問ごとに，それぞれ適切な手法を用いてください．

解答 (1) $\displaystyle\int_0^3 (1-x)\,dx = \left[x - \frac{x^2}{2}\right]_0^3$

$\displaystyle= \left(3 - \frac{3^2}{2}\right) - 0$

$\displaystyle= 3 - \frac{9}{2} = -\frac{3}{2}.$

(2) $\displaystyle\int_{-\frac{1}{3}}^{\frac{2}{3}} (3x^2+3x-1)\,dx$

$\displaystyle= \left[x^3 + \frac{3}{2}x^2 - x\right]_{-\frac{1}{3}}^{\frac{2}{3}}$

$\displaystyle= \frac{8+1}{3^3} + \frac{3}{2}\cdot\frac{4-1}{3^2} - \frac{2+1}{3}$ 　各項ごとに上端，下端を代入

$\displaystyle= \frac{1}{3} + \frac{1}{2} - 1 = -\frac{1}{6}.$ //

(3) $\displaystyle\int_{-5}^{1} (\underline{x^3} + 6x^2 + 12x + \underline{8})\,dx$ 　赤下線部を見ると…

$\displaystyle= \int_{-5}^{1} (x+2)^3\,dx$ 　“立方完成”に気付く

$\displaystyle= \left[\frac{(x+2)^4}{4}\right]_{-5}^{1}$

$\displaystyle= \frac{3^4 - (-3)^4}{4} = 0.$ //

注 右図のように面積をとると，この定積分は符号付面積を考えて

$-S_1 + S_2 = 0$ ($\because$ $S_1 = S_2$)

だとわかります．■

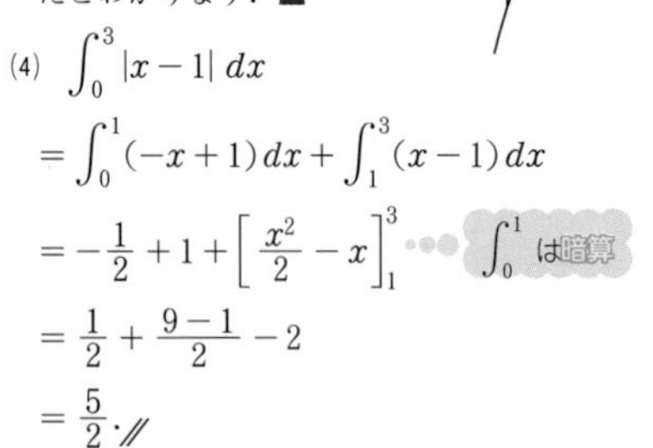

(4) $\displaystyle\int_0^3 |x-1|\,dx$

$\displaystyle= \int_0^1 (-x+1)\,dx + \int_1^3 (x-1)\,dx$

$\displaystyle= -\frac{1}{2} + 1 + \left[\frac{x^2}{2} - x\right]_1^3$ 　$\int_0^1$ は暗算

$\displaystyle= \frac{1}{2} + \frac{9-1}{2} - 2$

$\displaystyle= \frac{5}{2}.$ //

別解 この定積分は，

$|x-1| \geqq 0,\ 0 < 3$

より右図の面積を表す．

よって

与式 $\displaystyle= \frac{1}{2}\cdot 1^2 + \frac{1}{2}\cdot 2^2 = \frac{5}{2}.$ //

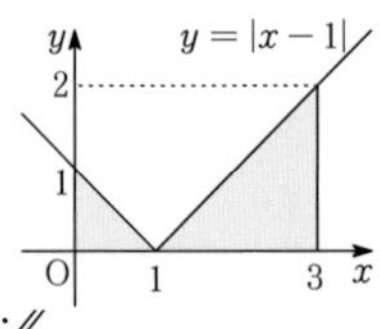

(5) $\displaystyle\int_{-\frac{1}{2}}^{1} (2x^2 - x - 1)\,dx$

$\displaystyle= \int_{-\frac{1}{2}}^{1} (2x+1)(x-1)\,dx$

$\displaystyle= \int_{-\frac{1}{2}}^{1} 2\cdot\left(x - \frac{-1}{2}\right)(x-1)\,dx$

$\displaystyle= 2\cdot\frac{-1}{6}\cdot\left(1 - \frac{-1}{2}\right)^3$ 　“6 分の 1 公式”

$\displaystyle= -\frac{1}{3}\cdot\left(\frac{3}{2}\right)^3$

$\displaystyle= -\frac{9}{8}.$ //

注 定積分計算は，計算ミスとの戦いです（笑）．なるべく工夫して，正しい結果が得られる確率を上げる努力を惜しまないこと．

6 9 2 積分区間

根底 実戦 定期 [→例題 6 5 c]

着眼 「積分区間」に関する知識の確認です．

解答 (1) $\displaystyle\int_{-3}^{0} (x^3 + 3x^2 - 2)\,dx$

$\displaystyle= \int_0^{-3} (-x^3 - 3x^2 + 2)\,dx$ 　下端が 0 だと楽

$\displaystyle= \left[-\frac{x^4}{4} - x^3 + 2x\right]_0^{-3}$

$\displaystyle= -\frac{81}{4} + 27 - 6 = \frac{3}{4}.$ //

(2) $\displaystyle\int_{-2}^{3} (x^3 - 2x + 1)\,dx - \int_{-2}^{0} (x^3 - 2x + 1)\,dx$

$\displaystyle= \int_{-2}^{3} (x^3 - 2x + 1)\,dx + \int_0^{-2} (x^3 - 2x + 1)\,dx$

$\displaystyle= \int_0^3 (x^3 - 2x + 1)\,dx$ 　積分区間が 1 つにまとまった

$\displaystyle= \left[\frac{x^4}{4} - x^2 + x\right]_0^3$

$\displaystyle= \frac{81}{4} - 9 + 3 = \frac{57}{4}.$ //

(3) $\displaystyle\int_1^3 x^4\,dx + \int_3^5 x^4\,dx + \int_5^1 x^4\,dx$

$\displaystyle= \int_1^5 x^4\,dx + \int_5^1 x^4\,dx$

$\displaystyle= \int_1^1 x^4\,dx = 0.$ //

注 このようにマジメな計算をするまでもなく，積分区間の端を見れば，「1, 3, 5」がそれぞれ 1 回ずつ上端・下端にあるので，プラスとマイナスが消しあってゼロになることが見通せます．■

(4) $\int_{-2}^{1}(x^3+3x^2-2x)\,dx+\int_{1}^{2}(x^3+3x^2-2x)\,dx$

$=\int_{-2}^{2}(x^3+3x^2-2x)\,dx$ 積分区間が原点対称

$=2\int_{0}^{2}3x^2\,dx$ 偶関数のみ"右半分"の2倍

$=2\left[x^3\right]_0^2=16.$ //

(5) $x|x^2-4|=\begin{cases}x^3-4x & (x\leq -2,\ 2\leq x),\\ -x^3+4x & (-2\leq x\leq 2).\end{cases}$

$$\int_{-2}^{2}(-x^3+4x)\,dx+\int_{2}^{3}(x^3-4x)\,dx$$

原点対称 奇関数

$=0+\left[\dfrac{x^4}{4}-2x^2\right]_2^3$

$=\dfrac{81-16}{4}-2(9-4)$

$=\dfrac{1}{4}+20-4-10=\dfrac{25}{4}.$ //

注 絶対値を含んだ関数の定積分は，積分区間を分割せざるを得ないことが多いです．

693 3次関数の決定

根底 実戦 重要 [→651]

方針 まずは与えられた情報を視覚的に表しましょう．

解答 (1) **着眼** $f'(x)$の符号に関する情報がありますね．■

$f'(x)$は2次関数であり，$f'(x)$は右図のように符号を変える．よって，aをある正の定数として

$\therefore\ f'(x)=a(x-1)(x-3)$
$=a(x^2-4x+3).$

$\therefore\ f(x)=\int f'(x)\,dx$

$=a\left(\dfrac{x^3}{3}-2x^2+3x\right)+C$ 積分定数

$=\dfrac{a}{3}(x^3-6x^2+9x)+C$ …①

$=\dfrac{a}{3}\cdot x(x-3)^2+C.$

ここで，

$$f(1)=\frac{4}{3}a+C=3.\ f(3)=C=1.$$

$\therefore a=\dfrac{3}{2}.$

これと①より，

$f(x)=\dfrac{1}{2}(x^3-6x^2+9x)+1$

$=\dfrac{1}{2}(x^3-6x^2+9x+2).$ //

(2) **着眼** $f'(x)$の「最大値」に関する情報がありますね．■

$f'(x)$は2次関数であり，$x=1$で最大値2をとるから，bをある正の定数として

$f'(x)=-b(x-1)^2+2.$ …②

$f(x)=\int f'(x)\,dx$

$=-b\cdot\dfrac{(x-1)^3}{3}+2x+C.$ …③

ここで，②より次表を得る：

x	…	$1-\sqrt{\frac{2}{b}}$	…	$1+\sqrt{\frac{2}{b}}$	…
$f'(x)$	$-$	0	$+$	0	$-$
$f(x)$	↘	極小	↗	極大	↘

これと③より

極大値 $=-\dfrac{b}{3}\cdot\dfrac{2}{b}\sqrt{\dfrac{2}{b}}+2\left(1+\sqrt{\dfrac{2}{b}}\right)+C$

$=\dfrac{4}{3}\cdot\sqrt{\dfrac{2}{b}}+2+C=\dfrac{4}{3}.$ …④

極小値 $=-\dfrac{b}{3}\cdot\dfrac{-2}{b}\sqrt{\dfrac{2}{b}}+2\left(1-\sqrt{\dfrac{2}{b}}\right)+C$

$=-\dfrac{4}{3}\sqrt{\dfrac{2}{b}}+2+C=-\dfrac{4}{3}.$ …⑤

④＋⑤より

$2(2+C)=0.\ \therefore\ C=-2.$

これと④より

$\dfrac{4}{3}\cdot\sqrt{\dfrac{2}{b}}=\dfrac{4}{3}.\ \therefore\ b=2.$

これらと③より，

$f(x)=-\dfrac{2}{3}\cdot(x-1)^3+2x-2$

$=-\dfrac{2}{3}(x^3-3x^2+3x-1)+2x-2$

$=-\dfrac{2}{3}(x^3-3x^2+2).$ //

参考 $b=2$のとき，$f(x)$が極値をとるのは$x=0,2$のときです．

694 面積（基礎）

根底 実戦 定期 [→例題66b]

方針 "3つの準備"を心掛けてください．

解答 (1) C_1, C_2の軸は，それぞれ

$x=-1,\ x=\dfrac{1}{2}$

であり，右図のようになる．したがって，

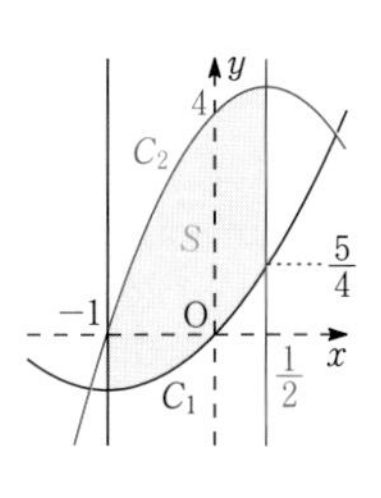

$$S=\int_{-1}^{\frac{1}{2}}\{(-2x^2+2x+4)-(x^2+2x)\}\,dx$$
$$=\int_{-1}^{\frac{1}{2}}(-3x^2+4)\,dx$$
$$=\Big[-x^3+4x\Big]_{-1}^{\frac{1}{2}}$$
$$=\left(-\frac{1}{8}+2\right)-(1-4)=\frac{39}{8}.\,/\!/$$

(2) C: $y=(x-1)^2$ より，
$$y'=2(x-1).$$
$\therefore$ l: $y-1=2(x-2)$,
i.e. $y=2x-3$.

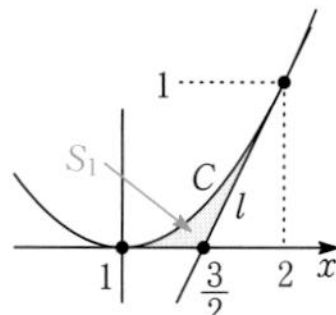

∘ S_1 について．
右図のようになるから

$S_1=$ (図) $-$ (図)

$$=\int_1^2(x-1)^2\,dx-\frac{1}{2}\cdot\frac{1}{2}\cdot 1$$
$$=\left[\frac{(x-1)^3}{3}\right]_1^2-\frac{1}{4}=\frac{1}{3}-\frac{1}{4}=\frac{1}{12}.\,/\!/$$

∘ S_2 について．
C の軸は $x=1$.
よって右図のようになるから

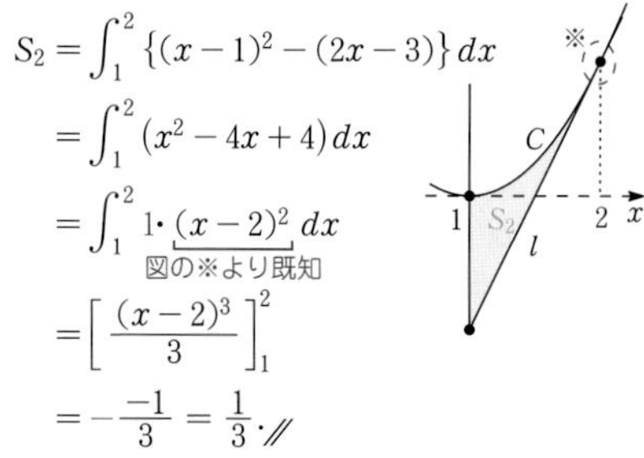

$$S_2=\int_1^2\{(x-1)^2-(2x-3)\}\,dx$$
$$=\int_1^2(x^2-4x+4)\,dx$$
$$=\int_1^2 1\cdot\underbrace{(x-2)^2}_{\text{図の※より既知}}\,dx$$
$$=\left[\frac{(x-2)^3}{3}\right]_1^2$$
$$=-\frac{-1}{3}=\frac{1}{3}.\,/\!/$$

注　S_1 に，x 軸より下側部分の三角形を加えて
$$S_2=S_1+\frac{1}{2}\cdot\frac{1}{2}\cdot 1=\frac{1}{12}+\frac{1}{4}=\frac{4}{12}=\frac{1}{3}$$
と求めることもできます．ただしここでは，S_1, S_2 それぞれを“単独で”求める方法の習得を優先してください．■

(3) C の軸は $x=\frac{1}{2}$.
$$(2x^2-2x)-(3x-3)$$
$=2x^2-5x+3$ ($=f(x)$ とおく)
$=(x-1)(2x-3)$.
よって，右図のようになる．

方針　$x=1$ を境として C と l の上下が入れ替わります．
よって，積分区間を分割することになり，同じような関数を複数回書く羽目になりそうです．そこで，関数に名前を付けて表記を簡便化しましょう．■

$$\int f(x)\,dx=\underbrace{\frac{2}{3}x^3-\frac{5}{2}x^2+3x}_{F(x)\text{ とおく}}+C.$$

求める面積は
$$S=\int_{\frac{1}{2}}^{1}f(x)\,dx+\int_1^{\frac{3}{2}}\{-f(x)\}\,dx$$
$$=\Big[F(x)\Big]_{\frac{1}{2}}^{1}+\Big[+F(x)\Big]_{\frac{3}{2}}^{1}$$
$$=2F(1)-F\left(\frac{1}{2}\right)-F\left(\frac{3}{2}\right)$$
$$=2\left(\frac{2}{3}-\frac{5}{2}+3\right)$$
$$-\left(\frac{1}{12}-\frac{5}{8}+\frac{3}{2}\right)-\left(\frac{9}{4}-\frac{45}{8}+\frac{9}{2}\right)$$
$$=\frac{4}{3}+1-\frac{1}{12}+\frac{25}{4}-6-\frac{9}{4}=\frac{1}{4}.\,/\!/$$

注　原始関数の係数が分数であり，代入する値も 2 つが分数ですから，けっこうメンドウですね．そこで，別の工夫として，差をとった関数 $f(x)$ の因数分解を利用します．■

$$S=\int_{\frac{1}{2}}^{1}f(x)\,dx+\int_1^{\frac{3}{2}}\{-f(x)\}\,dx.$$

右辺第 2 項は
$$\int_1^{\frac{3}{2}}(-2)\cdot(x-1)\left(x-\frac{3}{2}\right)dx$$
$$=-2\cdot\frac{-1}{6}\left(\frac{3}{2}-1\right)^3 \quad \text{“6 分の 1 公式”}$$
$$=\frac{1}{3}\cdot\frac{1}{8}=\frac{1}{24}.$$

第 1 項は
$$\int_{\frac{1}{2}}^{1}2\cdot(x-1)\left(x-\frac{3}{2}\right)dx$$
$$=\int_{\frac{1}{2}}^{1}2(x-1)\left\{(x-1)-\frac{1}{2}\right\}dx$$
$$=\int_{\frac{1}{2}}^{1}\{2(x-1)^2-(x-1)\}\,dx$$
$$=\left[-2\cdot\frac{(x-1)^3}{3}+\frac{(x-1)^2}{2}\right]_1^{\frac{1}{2}} \quad \text{下端が消えるように工夫}$$
$$=\frac{1}{12}+\frac{1}{8}=\frac{5}{24}.$$

以上より，$S=\frac{1}{24}+\frac{5}{24}=\frac{1}{4}.\,/\!/$

補足　上記“第 1 項”については，x 軸の下側にある直角三角形を利用する手もあります．

(4) $\alpha = -\sqrt[3]{2}$ とおくと，右図のようになる．よって

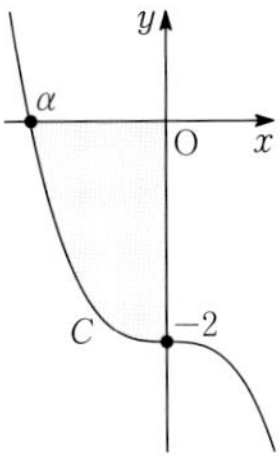

$$S = \int_{\alpha}^{0} \underbrace{(x^3+2)}_{縦の長さ(\geq 0)} dx$$

（上端 右，下端 左）

$$= \left[\frac{x^4}{4} + 2x\right]_{\alpha}^{0}$$

$$= -\alpha\left(\frac{\alpha^3}{4} + 2\right)$$

$$= \sqrt[3]{2}\left(-\frac{2}{4} + 2\right) = \frac{3}{2}\sqrt[3]{2}.$$ //

注 積分区間は $-\sqrt[3]{2} \leq x \leq 0$ です．0 が上端ですよ．この区間では $-x^3 - 2 \leq 0$ です．よって，“縦の長さ”は x^3+2 です．

補足 「$-\sqrt[3]{2}$」と何度も書くと効率が悪いので，いったん「α」と名前を付けました．■

695 囲まれる部分の面積

根底 実戦 典型 [→663]

方針 “3 つの準備”をしっかりと．

解答 (1) $f(x)=x^3-1,\ g(x)=-x^2+x$ とおくと

$$f(x)-g(x) = (x-1)(x^2+x+1)+x(x-1)$$
$$= (x-1)(x^2+2x+1)$$
$$= (x+1)^2(x-1)$$
$$\leq 0\ (-1 \leq x \leq 1).$$

（差をとる）

よって右図のようになるから，

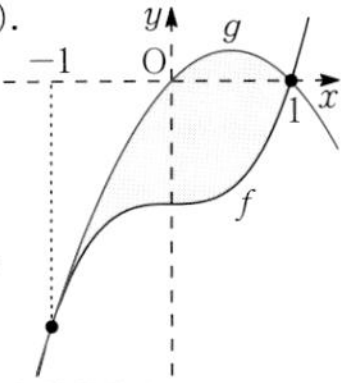

$$S = \int_{-1}^{1}\{g(x)-f(x)\}dx$$
$$= \int_{-1}^{1}(-x^3-x^2+x+1)dx$$
$$= 2\int_{0}^{1}(-x^2+1)dx$$
$$= 2\left(-\frac{1}{3}+1\right) = \frac{4}{3}.$$ //

（偶関数のみ “右半分”の 2 倍）

別解 $f(x)-g(x)$ の因数分解を利用した計算法です．

$$S = \int_{-1}^{1}\{g(x)-f(x)\}dx$$
$$= \int_{-1}^{1}(-1)(x+1)^2(x-1)dx$$
$$= -\int_{-1}^{1}(x+1)^2(x+1-2)dx$$
$$= -\int_{-1}^{1}\{(x+1)^3-2(x+1)^2\}dx$$
$$= -\left[\frac{(x+1)^4}{4} - 2\cdot\frac{(x+1)^3}{3}\right]_{-1}^{1}$$
$$= -\left(\frac{1}{4}-\frac{1}{3}\right)2^4$$
$$= \frac{1}{12}\cdot 2^4 = \frac{4}{3}.$$ //

解説 積分計算過程は，663❷の証明過程と同様です．本問“程度”においては，やや大袈裟かも(笑)．

注 もちろん，差をとった関数 $y=f(x)-g(x)$ のグラフを描き，x 軸と囲む部分の面積を求めても OK です．[→661] ■

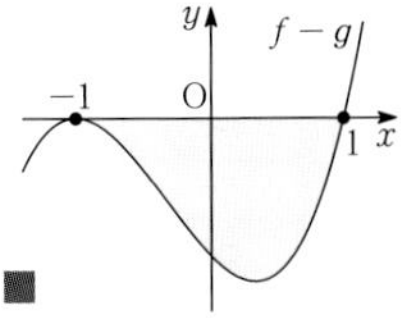

(2) **方針** 2 つの曲線を描いてもよいですが，状況がやや複雑．ここでは差をとった関数を考えましょう．■

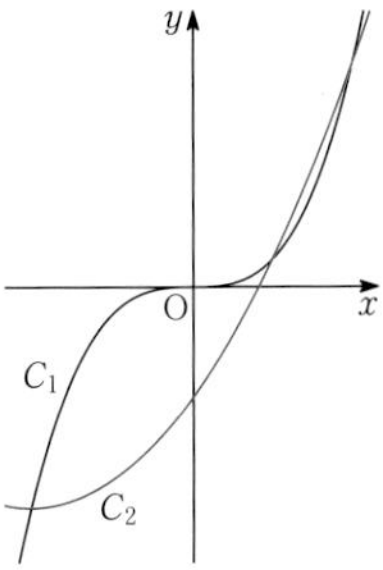

$f(x)=x^3$,
$g(x)=x^2+4x-4$
とおくと

$$f(x)-g(x)$$
$$= x^3-x^2-4x+4$$
$$= x^2(x-1)-4(x-1)$$
$$= (x^2-4)(x-1)$$
$$= (x+2)(x-1)(x-2).$$

よって右図のようになる．

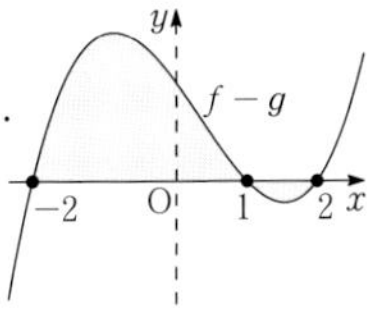

$$h(x) = f(x)-g(x)$$
$$= x^3-x^2-4x+4$$

とおくと，

$$\int h(x)\,dx = \underbrace{\frac{x^4}{4} - \frac{x^3}{3} - 2x^2 + 4x}_{H(x)\text{ とおく}} + C.$$

これらを用いると

$$S = \int_{-2}^{1}h(x)\,dx + \int_{1}^{2}\{-h(x)\}dx$$
$$= \Big[H(x)\Big]_{-2}^{1} + \Big[+H(x)\Big]_{2}^{1}$$
$$= 2H(1) - H(-2) - H(2)$$
$$= 2\left(\frac{1}{4}-\frac{1}{3}-2+4\right)$$
$$-\left(4+\frac{8}{3}-8-8\right)-\left(4-\frac{8}{3}-8+8\right)$$
$$= \frac{1}{2}-\frac{2}{3}+12 = -\frac{1}{6}+12 = \frac{71}{6}.$$ //

注 「2 つのグラフ」，「差をとった関数のグラフ」のどちらを描くかは，ケースバイケースで判断してください．高度な問題になるほど，後者の優位性が際立ってきます．

696 共通接線・面積

根底 実戦 典型 [→例題66C]

方針 「接する」ことの表現法を，右の中から選択します．2 通りの方法でやってみましょう．

「接する」ことの表現

接点重視 ←❶ 微分法

❷

接点軽視 ←❸ 重解条件

解答 1：❶微分法

$C_1 \cdots y' = 2x.\ C_2 \cdots y' = 2x - 2.$

C_1 の $x = s$ における接線は

$$y - s^2 = 2s(x - s),$$

i.e. $y = 2sx - s^2.\ \cdots$③

C_2 の $x = t$ における接線は

$$y - (t^2 - 2t + 2) = (2t - 2)(x - t),$$

i.e. $y = (2t-2)x - t^2 + 2.\ \cdots$④

③，④が同一直線を表すとき，

$$\begin{cases} 2s = 2t - 2, \\ -s^2 = -t^2 + 2. \end{cases}$$

$$\begin{cases} s = t - 1, \\ (t-1)^2 = t^2 - 2. \end{cases}$$

$$t = \frac{3}{2},\ s = \frac{1}{2}.$$

③より

$$l\colon y = x - \frac{1}{4}.$$

また，①②を連立すると

$$x^2 = x^2 - 2x + 2. \quad \therefore\ x = 1.$$

よって次図のようになる．

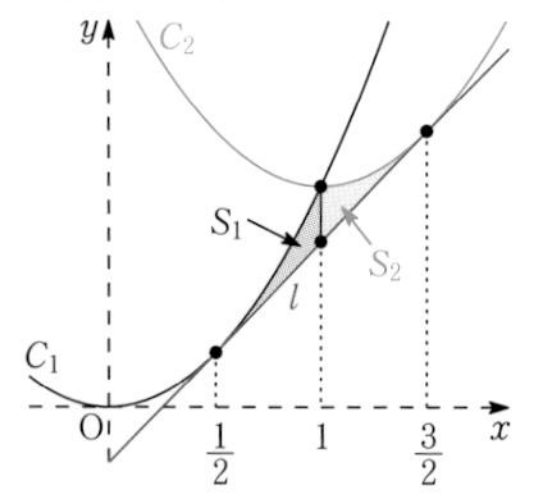

図中の面積 S_1, S_2 について，

$$S_1 = \int_{\frac{1}{2}}^{1} \left\{x^2 - \left(x - \frac{1}{4}\right)\right\} dx$$

$$= \int_{\frac{1}{2}}^{1} 1\cdot\left(x - \frac{1}{2}\right)^2 dx$$

$$= \left[\frac{1}{3}\left(x - \frac{1}{2}\right)^3\right]_{\frac{1}{2}}^{1} = \frac{1}{3}\cdot\frac{1}{8} = \frac{1}{24}.$$

$$S_2 = \int_1^{\frac{3}{2}} \left\{(x^2 - 2x + 2) - \left(x - \frac{1}{4}\right)\right\} dx$$

$$= \int_1^{\frac{3}{2}} \left(x^2 - 3x + \frac{9}{4}\right) dx$$

$$= \int_1^{\frac{3}{2}} 1\cdot\left(x - \frac{3}{2}\right)^2 dx$$

$$= \left[\frac{1}{3}\left(x - \frac{3}{2}\right)^3\right]_1^{\frac{3}{2}} = -\frac{1}{3}\cdot\frac{-1}{8} = \frac{1}{24}.$$

以上より，求める面積は

$$S_1 + S_2 = 2\cdot\frac{1}{24} = \frac{1}{12}. /\!/$$

解答 2：❸重解条件（接点軽視）

$l\colon y = mx + n \cdots$⑤ とおき，①と連立すると

$$x^2 = mx + n.$$

$$x^2 - mx - n = 0.\ \cdots⑥.$$

これが重解をもつから，

$$\text{判別式} = m^2 + 4n = 0\ \cdots⑦.$$

同様に，⑤と②を連立すると

$$x^2 - 2x + 2 = mx + n.$$

$$x^2 - (2+m)x + 2 - n = 0.\ \cdots⑧.$$

$$\text{判別式} = (2+m)^2 - 4(2-n) = 0.\ \cdots⑨$$

⑨ − ⑦より

$$4 + 4m - 8 = 0.\ \therefore\ m = 1.$$

これと⑦より，$n = -\dfrac{1}{4}$ だから

$$l\colon y = x - \frac{1}{4}.$$

また，⑥より，$x = \dfrac{m \pm \sqrt{0}}{2} = \dfrac{1}{2}.$

⑧より，$x = \dfrac{2 + m \pm \sqrt{0}}{2} = \dfrac{3}{2}.$

（…以下，**解答 1** と同じ…）

解説 接点の座標が積分区間の端になりますから，**接点重視**の❶微分法がよいと思われますが，2 次関数であれば，判別式を用いた**接点軽視❸**でも難なくできました．

参考 ❷重解条件（接点重視）でもできます．⑥は，C_1 と l の接点の x 座標 s を重解とするので，左辺は

$$x^2 - mx - n = 1\cdot(x - s)^2$$

と因数分解されます．あとは，この両辺の係数を比べます（⑧も同様）．

697 面積の最小

根底 実戦 典型

[→例題66d]

言い訳 本当は,「何の変化に対する最小値であるか」を述べるべきですが…,「傾き」以外にはないですね.

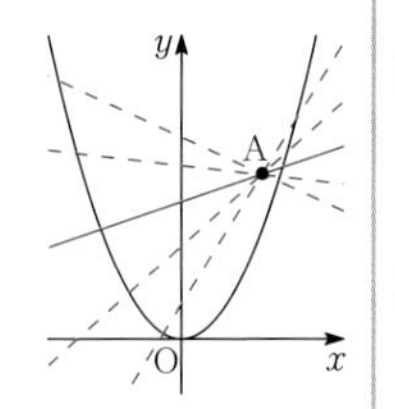

方針 その傾きを文字 m で表し,面積を求める"3つの準備"をしましょう.

解答 l: $y=m(x-1)+3$ ($=l(x)$ とおく) とおき,①と連立すると

$$2x^2=m(x-1)+3.$$
$$2x^2-mx+m-3=0.$$
$$x=\frac{m\pm\sqrt{D}}{4}.\ \cdots②$$

ここに,

$$\begin{aligned}D&=m^2-8(m-3)\\&=m^2-8m+24\\&=(m-4)^2+8\ (>0).\ \cdots③\end{aligned}$$

そこで,②の2実解を $\alpha, (<)\beta$ とおくと

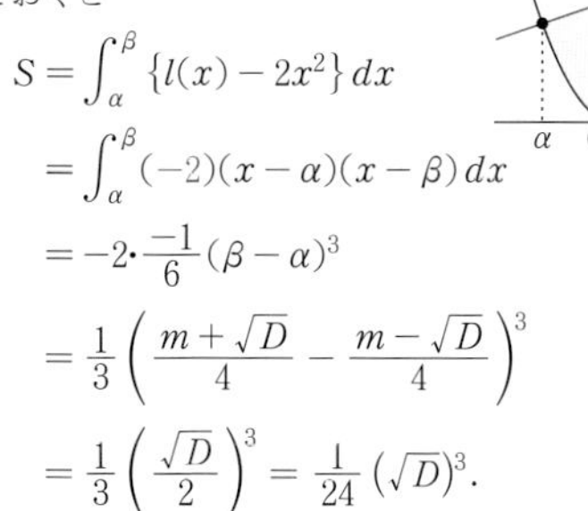

$$\begin{aligned}S&=\int_\alpha^\beta\{l(x)-2x^2\}\,dx\\&=\int_\alpha^\beta(-2)(x-\alpha)(x-\beta)\,dx\\&=-2\cdot\frac{-1}{6}(\beta-\alpha)^3\\&=\frac{1}{3}\left(\frac{m+\sqrt{D}}{4}-\frac{m-\sqrt{D}}{4}\right)^3\\&=\frac{1}{3}\left(\frac{\sqrt{D}}{2}\right)^3=\frac{1}{24}\left(\sqrt{D}\right)^3.\end{aligned}$$

ここで,③より $\min D=8$ だから

$$\min S=\frac{1}{24}\left(\sqrt{8}\right)^3=\frac{2}{3}\sqrt{2}.〃$$

解説 ②のように,交点の x 座標を普通に求めるのが正道です.ただし,判別式をいったん「D」とおくことで,見た目をスッキリさせましょう.さらに,これらの解に「α」,「β」と"名前"を付けてその後の積分計算を行うと表記が楽ですね.

「解と係数の関係」を用いるのは,後で2解の「差」をとることを考えるとむしろ遠回りです.

注 ③において,②の $\sqrt{\ }$ 内:判別式 D の符号を確認すべきです.本問では,定点Aが C の上側にあるので②は必ず異なる2実解になることがわかっていますが.

698 面積(一般論)

根底 実戦 入試

[→例題66g]

着眼 完全に一般的な4次関数,3次関数ですから,2曲線 C_1, C_2 を描こうにもどうしようもないですね.

方針 しかし,注目すべきはあくまでも「**差をとった関数**」でした.[→661]

そして,「囲まれる部分の面積」ですから,「展開された形」より,「**因数分解された形**」こそが重要なのでしたね[→例題66f].そこに関する情報なら,問題文中にちゃんとあります!

注1 ただし,最高次の項の係数には要注意!問題文が「a で表せ」となっていることからもわかる通り,面積は a に依存します.

解答 題意の条件より,方程式 $f(x)=g(x)$ は,$x=1$ を重解,$x=2$ を単解(重解ではない解)とし,他には解をもたない[1].よって

$$f(x)-g(x)=a(x-1)^3(x-2).$$ (x^4 の係数に注意!)

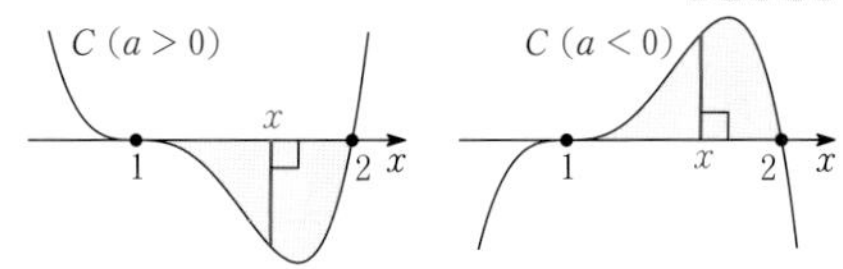

注2 積分区間:$1\leq x\leq 2$ における $f(x)-g(x)$ の符号は,a の符号により異なります.しかし,「絶対値記号」を使えば,"縦の長さ"(図の赤線分の長さ)を a の正・負によらずに表すことが可能です.■

求める面積 S は,曲線 C: $y=f(x)-g(x)$ と x 軸で囲まれる部分の面積と等しく,

$$S=\int_1^2|f(x)-g(x)|\,dx$$ (絶対値は必ず0以上)

$$=\int_1^2(-|a|)\cdot\underbrace{(x-1)^3(x-2)}_{0\text{以下}}\,dx$$ (x^4 の係数に注意)

$$=-|a|\int_1^2(x-1)^3(x-1-1)\,dx$$ (因数 $x-1$ で表す)

$$=-|a|\int_1^2\left\{(x-1)^4-(x-1)^3\right\}dx$$

$$=|a|\left[-\frac{(x-1)^5}{5}+\frac{(x-1)^4}{4}\right]_1^2$$ (符号に注意)

$$=|a|\left(-\frac{1}{5}+\frac{1}{4}\right)=\frac{|a|}{20}.〃$$

解説 a 以外の係数の文字 b, c, d, e, p, q, r, s は全てダミー.共有点の座標(と最高次の係数 a)だけで解決するという,まるでインチキのような問題でした(笑).

本問の積分計算過程は，663❸の証明過程と同様です．$\boxed{x-1}$ という，下端の「1」を代入すると消える "カタマリ" に注目し，それだけで表すことが肝要です．

補足 1)：もし実数係数の方程式 $f(x)=g(x)$ が虚数解をもてば，それと共役な虚数も解としてもち，4 次方程式が重解・単解と合わせて 5 個以上の解をもつことになってしまいます．よって，その次の式のように因数分解される訳です．

注3 **解答**にある等式：

$$S=\int_1^2 |f(x)-g(x)|\,dx.$$

は，$|f(x)-g(x)|$ が $f(x)-g(x)$ の符号によらず 0 以上であり，図の赤線分の長さを表すことから成り立ちます．

この後の，絶対値記号に対する別の処理方法を紹介します：

別解

$f(x)-g(x)$ は，$1\leq x\leq 2$ で符号を変えない．…①

よって

$$\int_1^2 |f(x)-g(x)|\,dx=\left|\int_1^2 \{f(x)-g(x)\}\,dx\right|.\cdots②$$

あとは，絶対値記号内を上記**解答**と同様に計算すればOK です．

①のとき，等式②が成り立つ理由を説明します．

積分区間：$1\leq x\leq 2$ において

$a>0$ のとき，つねに $f(x)-g(x)\leq 0$.

$a<0$ のとき，つねに $f(x)-g(x)\geq 0$.

よって②右辺の絶対値記号内について，

$$\int_1^2 \{f(x)-g(x)\}\,dx=\begin{cases}-S\ (a>0\text{ のとき}),\\ \ \ S\ (a<0\text{ のとき}).\end{cases}$$

よって②右辺は，$|\pm S|=S$ となり，左辺と一致します．

このように，「面積 S」を求める際，敢えて符号が不確定で「S, $-S$ のいずれか」となる定積分を利用し，それと絶対値記号を駆使して面積を立式→計算するという手法が，高度な問題では活躍します．[→次問]

6 9 9 3次関数・接線・面積 [→例題66f]

根底 実戦 入試 典型 重要

注1 前問と同様，「展開された形」よりも「因数分解された形」の方が大切ですから，問題にある文字係数はほとんどダミー (笑).

着眼 曲線と接線で囲む部分の面積は，接点の座標に対して一意的に定まります．

方針 そこで，接点の x 座標を文字で表し，それを用いて面積を表すことを目指します．

注2 ただし問題があります．右図の青色・黒色の 2 つのケースを比べるとわかるように，「C と l の上下関係」・「積分区間の端：p と q の "左右関係"」という 2 つの観点について場合分けが発生してしまうのです．

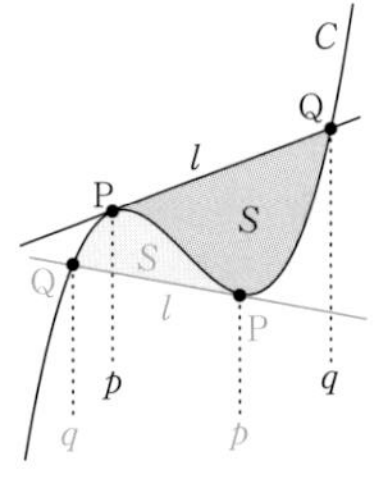

もちろん，キチンと 2 つに分けて解答することもできますが，以下の**解答**では，前問の**注3**で触れた「絶対値記号」の活用法を用いて片付けてみます．

解答 P, Q の x 座標をそれぞれ $p, q\ (p\neq q)$ とする．

l: $y=l(x)$ (1 次以下) とおくと，C と l が $x=p$ で接し，$x=q$ で交わることから

$$f(x)-l(x)=x^3+ax^2+\cdots\ (\cdots\text{ は 1 次以下})$$
$$=1\cdot(x-p)^2(x-q).\ \cdots①$$

したがって

$$^{1)}\ S=\left|\int_p^q \underbrace{|f(x)-l(x)|}_{\text{必ず 0 以上}}dx\right|.$$

(p, q の大小は不明)

ここで①より，$f(x)-l(x)$ は p と q の間で符号を変えない [2] から

$$^{3)}\ S=\left|\int_p^q \{f(x)-l(x)\}\,dx\right|$$
$$=\left|\int_p^q 1\cdot(x-p)^2(x-q)\,dx\right|$$

(以下，663の❷と同じ計算)

$$=\left|\int_p^q (x-p)^2\{(x-p)-(q-p)\}\,dx\right|$$
$$=\left|\int_p^q \{(x-p)^3-(q-p)(x-p)^2\}\,dx\right|$$
$$=\left|\left[\frac{(x-p)^4}{4}-(q-p)\cdot\frac{(x-p)^3}{3}\right]_p^q\right|$$
$$=\left|\left(\frac{1}{4}-\frac{1}{3}\right)(q-p)^4\right|$$
$$=\frac{1}{12}(q-p)^4.\ \cdots②$$

方針 ここで q を p で表すこともできますが，"いつでもできる" ことなので，とりあえず "棚上げ" しておきます．■

次に，m と C の交点 R の x 座標を r とおくと，同様にして

$$T=\frac{1}{12}(r-q)^4.$$

これと②より，求める面積比は

$$S:T=(q-p)^4:(r-q)^4.\cdots③$$

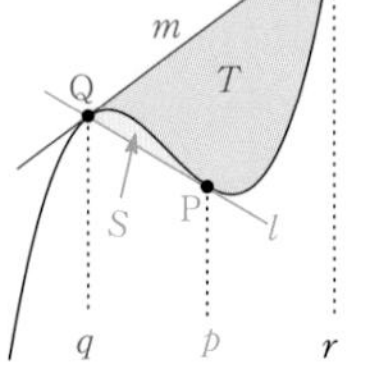

ここで，方程式

$$f(x)-l(x)=x^3+ax^2+\cdots=0$$

の 3 つの解が $p,\ p,\ q$ だから，解と係数の関係より

$$p+p+q=-\frac{a}{1}.\ \text{i.e.}\ 2p+q=-a.\ \cdots④$$

同様に，　$2q+r=-a.\ \cdots⑤$

⑤ − ④より

$$2(q-p)+(r-q)=0.\ \therefore\ r-q=-2(q-p).$$

これと③より

$$S:T=(q-p)^4:\{-2(q-p)\}^4=1:16.\ /\!/$$

解説 1)：面積 S が，

$$S=\Bigl|\underbrace{\int_p^q |f(x)-l(x)|\,dx}_{I\ とおく}\Bigr|.$$

と立式できることを説明します．

∘ 内側の絶対値記号について．

$|f(x)-l(x)|$ は必ず 0 以上ですから，ちゃんと“縦の長さ”を表しています．

∘ 外側の絶対値記号について．

定積分 I の上端，下端の大小は不明であり，「下端 ＞ 上端」となってしまっているケースもあり得ますが，仮にそうだとしても符号が反対になって「$I=-$ 面積」となるだけです．よって，この外側の絶対値記号により，$|I|$ は必ず「面積」を表します．

2)3)：次に，本問において

$$\Bigl|\underbrace{\int_p^q |f(x)-l(x)|\,dx}_{I\ とおく}\Bigr|=\Bigl|\underbrace{\int_p^q \{f(x)-l(x)\}\,dx}_{J\ とおく}\Bigr|$$

のように，内側の絶対値記号を外してよい理由を説明します．

①式の因数分解により，積分区間において，

$f(x)-l(x)$ は**符号を変えない**ので，次のようになります：

つねに $f(x)-l(x)\geq 0 \to I=J.$

つねに $f(x)-l(x)\leq 0 \to I=-J.$

これと外側の絶対値記号により

$$|I|=|\pm J|=|J|$$

が成り立ちます．

上記を一般化して書くと，次の通りです：

> **定積分と絶対値（等式）**
>
> 積分区間内で $f(x)$ が**符号を変えない**とき，
>
> $$\left|\int_p^q |f(x)|\,dx\right|=\left|\int_p^q f(x)\,dx\right|.$$

将来　これは，数学Ⅲにおいてさらに一般化されて次のようになります：

> **定積分と絶対値（不等式）**
>
> $$\left|\int_p^q f(x)\,dx\right| \leq \left|\int_p^q |f(x)|\,dx\right|.$$
>
> 等号成立条件は，$f(x)$ が積分区間内で**符号を変えない**こと．

6 9 10　平行移動・面積

根底 実戦　入試　［→例題 6 6 d］

着眼　だいたい，こんなカンジです．a の値により平行移動量が変わり，グラフ C' が“スライド”していきます．

方針　2 次関数ではないので，「上下関係は凹凸より自明」という訳にはいきません．C' の方程式を求め，原則通り差をとりましょう．

解答　(1)　$f(x)=x^3$ とおく．

$C':y-a=f(x-a).$

$$y=(x-a)^3+a$$

$$y=x^3-3ax^2+3a^2x-a^3+a\ (=g(x)\ とおく).$$

$$g(x)-f(x)=-3ax^2+3a^2x-a^3+a=0\ \cdots①$$

が異なる 2 実解をもつための条件は，①の判別式を D として，

$$D=9a^4+12a(-a^3+a)$$

$$=3a^2(4-a^2)>0.$$

これと $a>0$ より

$$a^2<4.\ \therefore\ 0<a<2.\ /\!/\ \cdots②$$

(2)　②のもとで，①の 2 解は

$3ax^2-3a^2x+a^3-a=0$ より

$$\alpha:=\frac{3a^2-\sqrt{D}}{6a},\ \beta:=\frac{3a^2+\sqrt{D}}{6a}\ (\alpha<\beta).$$

$$g(x)-f(x)$$

$$=-3a(x-\alpha)(x-\beta)$$

$$\geq 0\ (\alpha\leq x\leq\beta)$$

だから

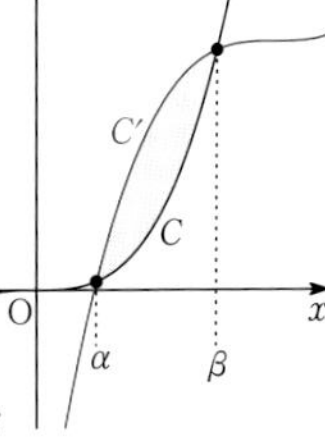

$$S(a)$$

$$=\int_\alpha^\beta \{g(x)-f(x)\}\,dx$$

$$=\int_\alpha^\beta (-3a)(x-\alpha)(x-\beta)\,dx$$

$$=-3a\cdot\frac{-1}{6}(\beta-\alpha)^3$$

$$=\frac{a}{2}\left(\frac{\sqrt{D}}{3a}\right)^3$$

$$= \frac{a}{2}\left\{\frac{\sqrt{3a^2(4-a^2)}}{3a}\right\}^3$$

$$= \frac{1}{6\sqrt{3}} \cdot \underbrace{a(4-a^2)^{\frac{3}{2}}}_{A\text{とおく}}. \cdots ③$$

方針 $\frac{3}{2}$ 乗は処理しづらいので，A を 2 乗しましょう．すると，「a^2」というカタマリが見えてきます．■

$A^2 = a^2(4-a^2)^3$.

ここで，$t = a^2$ とおくと，②より $0 < t < 4$ であり，

$A^2 = t(4-t)^3$. 1)

さらに $u = 4 - t$ とおくと $0 < u < 4$ であり

$A^2 = (4-u)u^3 = 4u^3 - u^4 \,(= h(u)$ とおく$)$.

$h'(u) = 12u^2 - 4u^3 = 4u^2(3-u)$.

よって，次表を得る：

u	(0)	…	3	…	(4)
$h'(u)$		+	0	−	
$h(u)$		↗	最大	↘	

したがって

$\max A^2 = h(3) = 27$.

これと③より

$$\max S(a) = \frac{1}{6\sqrt{3}} \cdot \sqrt{27} = \frac{1}{2}. /\!/$$

解説 素材は 3 次関数ですが，差をとった関数は 2 次になるという問題でした．

参考 $u = 3$ のとき，$t = a^2 = 1$ より，$a = 1$ ですね．このとき，C の変曲点 $(0, 0)$ は，平行移動によって C 自身上の点 $(1, 1)$ へ移されています．

将来 1)：理系の人は，このままの形で積の微分法＆合成関数の微分法を用いて次のように t で微分すれば OK です．

$$\begin{aligned}\{t(4-t)^3\}' &= 1\cdot(4-t)^3 - t\cdot 3(4-t)^2 \\ &= (4-t)^2\{(4-t)-3t\} \\ &= 4(4-t)^2(1-t).\end{aligned}$$

これにより，$S(a)$ は $t=1\ (a=1)$ のとき最大となることがわかります．

6 9 11 絶対値付き関数・面積 根底 実戦 [→例題 6 6 d]

注 絶対値記号が付いたままでは積分計算はできません！

着眼 C と l: $y = a(x+1)$ は，$x = -1$ において共有点をもちます．これを用いて他の共有点について調べてみましょう．

解答 $f(x) = x^2 - 1$ とおくと

$$|x^2-1| = |f(x)| = \begin{cases} f(x) & (x \leq -1,\ 1 \leq x) \\ -f(x) & (-1 \leq x \leq 1). \end{cases}$$

$f(x) = a(x+1)$ を解くと

$(x+1)(x-1) = a(x+1)$.

$(x+1)(x-1-a) = 0$.

$\therefore x = -1,\ 1+a\ (>1)$.

$-f(x) = a(x+1)$ を解くと

$(1+x)(1-x) = a(x+1)$.

$(x+1)(x-1+a) = 0$.

$\therefore x = -1,\ 1-a\ (-1 < 1-a < 1)$.

よって，右図のようになる．

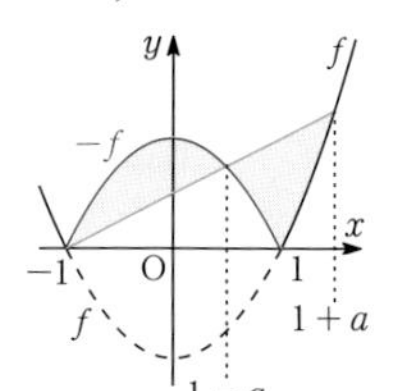

着眼 積分区間を分割して丹念に求めることも可能ではありますが…，“キレイな形”の組合せとしてとらえ，簡明に処理することができます．■

$S_1 =$ （図：−1, 1−a）　$S_2 =$ （図：−1, 1+a）　$S_3 =$ （図：−1, 1）

とおくと，

$S =$ （図：−1, 1−a）$+$ （図：1−a, 1+a）

$\underset{1)}{=} S_1 + (S_1 + S_2 - 2S_3) = 2S_1 + S_2 - 2S_3$.

$$\begin{aligned} S_1 &= \int_{-1}^{1-a} \{-(x^2-1) - a(x+1)\}\,dx \\ &= \int_{-1}^{1-a} (-1)(x+1)\{x-(1-a)\}\,dx \\ &= (-1)\cdot\frac{-1}{6}\{(1-a)-(-1)\}^3 \\ &= \frac{1}{6}(2-a)^3. \end{aligned}$$

同様にして 2)

$$\begin{aligned} S_2 &= (-1)\cdot\frac{-1}{6}\{(1+a)-(-1)\}^3 \\ &= \frac{1}{6}(2+a)^3. \end{aligned}$$

$$S_3 = (-1)\cdot\frac{-1}{6}\{1-(-1)\}^3 = \frac{1}{6}\cdot 2^3.$$

以上より

$$S = 2\cdot\frac{1}{6}(2-a)^3 + \frac{1}{6}(2+a)^3 - 2\cdot\frac{1}{6}\cdot 2^3$$

$$\begin{aligned} 6S &= 2(8 - 12a + 6a^2 - a^3) \\ &\quad + (8 + 12a + 6a^2 + a^3) - 16 \\ &= 8 - 12a + 18a^2 - a^3 \ (= g(a) \text{ とおく}). \end{aligned}$$

$$\begin{aligned} g'(a) &= -3a^2 + 36a - 12 \\ &= -3(a^2 - 12a + 4). \end{aligned}$$

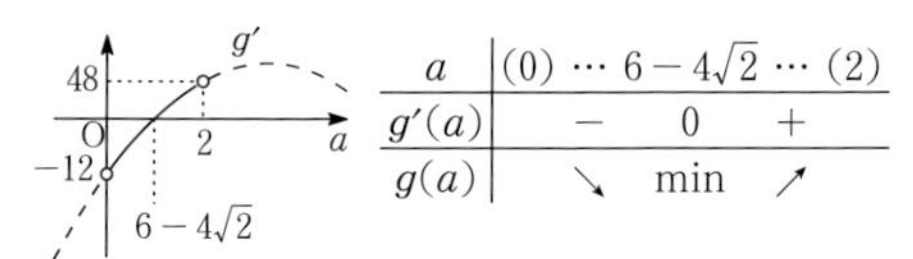

a	(0)	⋯	$6-4\sqrt{2}$	⋯	(2)
$g'(a)$		$-$	0	$+$	
$g(a)$		↘	min	↗	

S と $g(a)$ は同時に最小となるから，S を最小にする a は，$6-4\sqrt{2}$. // 約 0.3

解説 1)：面積 S がこのように表せることは，初見ではなかなか気づかないでしょう．S_1, S_2, S_3 が全て "6 分の 1 公式" を利用できるので，積分計算の負担が軽減されました．

2)：面積を求める際には，S_1 の求め方のように，定積分を正しく立式して被積分関数を因数分解した上で "6 分の 1 公式" を使うべきです．

ただし，そうした正しい使い方を一度見せておけば，二度目以降は少しサボっても叱られはしない気がします．

注 「S が最小となる a の値」はキレイな数値ではありませんが，その値自体が問われており，「最小値」は不要です．よって，整式の除法の出番はありません．

6 9 12 4次関数・接線・面積

根底 実戦 入試 [→例題 6 8 b]

方針 (1) 例題 6 8 b でも扱った「4 次関数のグラフの複接線」ですね．そこで学んだ通り，重解条件を用います．

(2) (1)で用いた因数分解を活用します．

(3) l と傾きが等しい接線の接点を考えます．

解答 (1) C と l の接点の x 座標を $\alpha, \beta\ (\alpha<\beta)$ とおく．

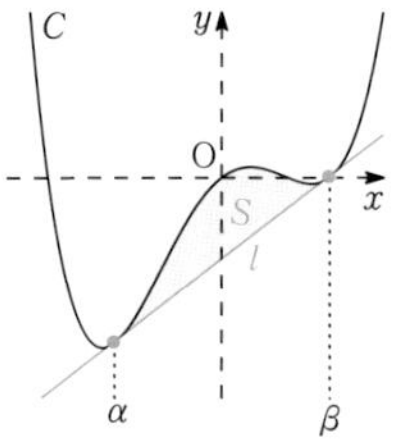

l: $y=px+q$ とおくと，C と l は $x=\alpha, \beta$ において接する．

よって，$f(x)=px+q$ は $x=\alpha, \beta$ を重解とするから，

$$f(x)-(px+q)=1\cdot(x-\alpha)^2(x-\beta)^2. \cdots①$$

差をとる　恒等式

$u=\alpha+\beta,\ v=\alpha\beta$ とおくと

$$x^4-ax^2+(b-p)x-q=(x^2-ux+v)^2.$$

両辺の係数を比較して

$x^3 \cdots 0=-2u.\ \therefore\ u=0.$

$x^2 \cdots -a=u^2+2v.\ \therefore\ v=-\dfrac{a}{2}.$

$x \cdots b-p=-2uv.\ \therefore\ p=b.$

定数項 $\cdots -q=v^2.\ \therefore\ q=-v^2=-\dfrac{a^2}{4}.$

α, β を 2 解とする方程式は

$(t-\alpha)(t-\beta)=0.\ \ t^2-(\alpha+\beta)t+\alpha\beta=0.$

$t^2-\dfrac{a}{2}=0. \cdots②$

題意の条件は，これが異なる 2 実解 α, β をもつこと，すなわち，

$\dfrac{a}{2}>0.$ i.e. $a>0.$ //

また，l: $y=bx-\dfrac{a^2}{4}.$ //

(2) ②を解いて

$\alpha=-\sqrt{\dfrac{a}{2}},\ \beta=\sqrt{\dfrac{a}{2}}.$

①より $f(x)-(px+q)\geqq 0$ だから，

$$S=\int_\alpha^\beta \{f(x)-(px+q)\}\,dx$$
$$=\int_\alpha^\beta 1\cdot(x-\alpha)^2(x-\beta)^2\,dx$$

$\cdots$(この後の計算は，例題 6 6 e (3)と全く同じ)$\cdots$

$$=\frac{1}{30}(\beta-\alpha)^5$$
$$=\frac{1}{30}\left(\sqrt{2a}\right)^5=\frac{2\sqrt{2}}{15}a^{\frac{5}{2}}. //$$

別解 積分区間が原点対称ですから，展開した形を使って積分計算しても大丈夫です．

$\alpha=-\beta$ だから

$$S=\int_{-\beta}^\beta \left\{\left(x^4-ax^2+bx\right)-\left(bx-\frac{a^2}{4}\right)\right\}dx$$
$$=\int_{-\beta}^\beta \left(x^4-ax^2+\frac{a^2}{4}\right)dx$$
$$=2\int_0^\beta \left(x^4-ax^2+\frac{a^2}{4}\right)dx \quad \text{偶関数}$$
$$=2\left[\frac{x^5}{5}-a\cdot\frac{x^3}{3}+\frac{a^2}{4}x\right]_0^{\sqrt{\frac{a}{2}}}$$
$$=2\left(\frac{1}{5}\cdot\frac{1}{4\sqrt{2}}-\frac{1}{3}\cdot\frac{1}{2\sqrt{2}}+\frac{1}{4}\cdot\frac{1}{\sqrt{2}}\right)a^{\frac{5}{2}}$$
$$=\sqrt{2}\left(\frac{1}{20}-\frac{1}{6}+\frac{1}{4}\right)a^{\frac{5}{2}}$$
$$=\sqrt{2}\cdot\frac{3-10+15}{60}a^{\frac{5}{2}}=\frac{2\sqrt{2}}{15}a^{\frac{5}{2}}. //$$

(3) l と傾きが等しい接線の接点を考えると，

$f'(x)=4x^3-2ax+b=b.$

$4x^3-2ax=0.\ \ x\left(x^2-\dfrac{a}{2}\right)=0.$ 　$x^2=\dfrac{a}{2}$ は l に対応

よって，m と C の接点は，原点 $(0, 0)$.

$\therefore m$: $y=bx.$

$f(x)-bx=x^4-ax^2=x^2(x^2-a).$

よって，C と m の共有点は $x=-\sqrt{a}, 0, \sqrt{a}$ 上にあり，$-\sqrt{a}\leqq x\leqq \sqrt{a}$ において $f(x)-bx\leqq 0.$

よって,

$$T=\int_{-\sqrt{a}}^{\sqrt{a}}(-x^4+ax^2)\,dx$$
$$=2\int_0^{\sqrt{a}}(-x^4+ax^2)\,dx$$
$$=2\left[-\frac{x^5}{5}+a\cdot\frac{x^3}{3}\right]_0^{\sqrt{a}}$$
$$=2\left(-\frac{1}{5}+\frac{1}{3}\right)a^{\frac{5}{2}}$$
$$=\frac{4}{15}a^{\frac{5}{2}}.$$ //

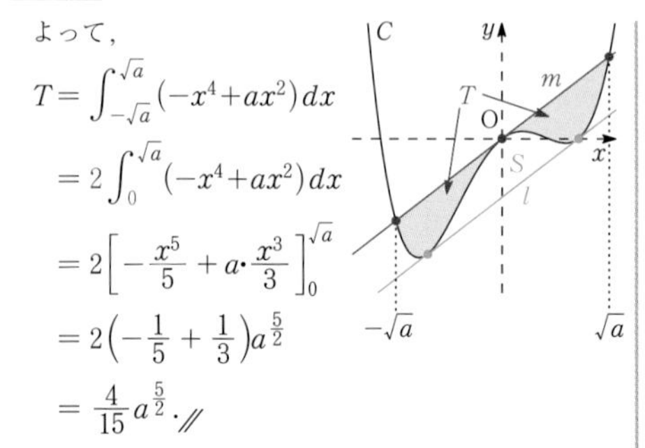

注 もちろん,(2)(3)は「差をとった関数」のグラフを描いて考えても OK です.

参考 a, b の値によらず,面積の比は

$$S:T=2\sqrt{2}:4=1:\sqrt{2}$$

となりますね.

6 9 13 平行移動・カバリエリの原理 [→6 6 1]

根底 実戦 入試 重要

着眼 「面積」の計量ですから,領域 D をよく見て,定積分が利用できないかと考えます.

解答 C 上の点 P を x 軸方向に a だけ移動した点を Q とすると,任意の P に対して,

$\mathrm{PQ}=a$.

PQ は y 軸と垂直であり,

$-\frac{1}{2}\leq y_{\mathrm{P}}\leq 1$.

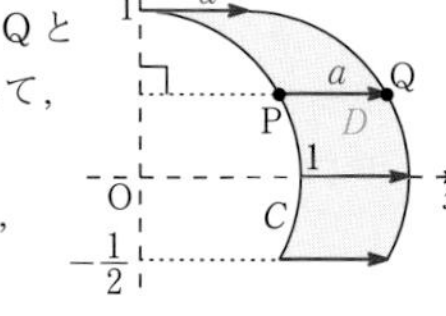

$$S=\int_{-\frac{1}{2}}^{1}a\,dy=\left[ay\right]_{-\frac{1}{2}}^{1}=\frac{3}{2}a.$$ //

解説 積分変数がこれまでと違って「y」なのでやりづらいかもしれませんが,要は y 軸に垂直な線分の長さを y で積分すれば OK です.

注 下図のような“都合の良い図”を描き,青実線部を“切り取って”青破線部へ“埋め込んで”赤枠の「長方形」を作った解答は不完全です.**解答**の図のようなケースには対応できていませんので.

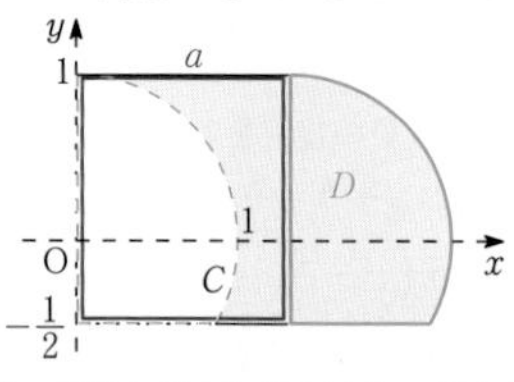

解説 「領域 D」と「次図右の長方形」は,「形」こそ異なりますが,同じ y 座標における線分 PQ, P′Q′ の長さは等しいですね.よって,「カバリエリの原理」[→6 6 1]により,S は右図の長方形の面積と等しいことがわかります.

また,「区分求積法」で学んだように,定積分が「細長い長方形を沢山集めたもの」だという記号の意味から,両者の面積が等しいことに合点がいくでしょう.

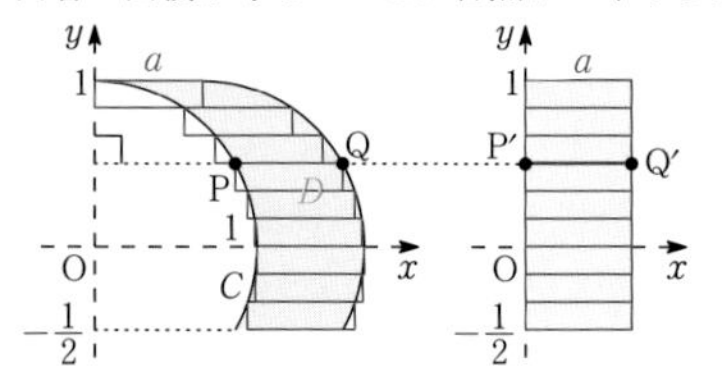

6 9 14 解と定積分 [→6 5 5]

根底 実戦 入試

解答 (1) 曲線 C: $y=f(x)$ と直線 l: $y=k$ の共有点について考える.

$f'(x)=3x^2-1$ より次のようになる:

x	$\cdots$	$\frac{-1}{\sqrt{3}}$	$\cdots$	$\frac{1}{\sqrt{3}}$	$\cdots$
$f'(x)$	$+$	0	$-$	0	$+$
$f(x)$	↗	$\frac{2}{3\sqrt{3}}$	↘	$\frac{-2}{3\sqrt{3}}$	↗

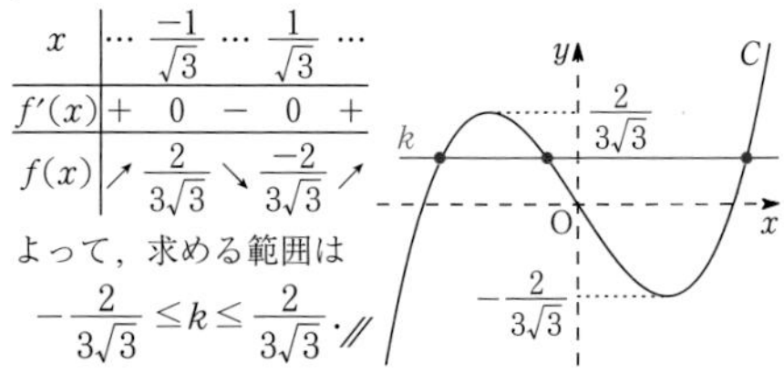

よって,求める範囲は

$$-\frac{2}{3\sqrt{3}}\leq k\leq\frac{2}{3\sqrt{3}}.$$ //

(2) (1)より $k_1=-\frac{2}{3\sqrt{3}}$, $k_2=\frac{2}{3\sqrt{3}}$ である.

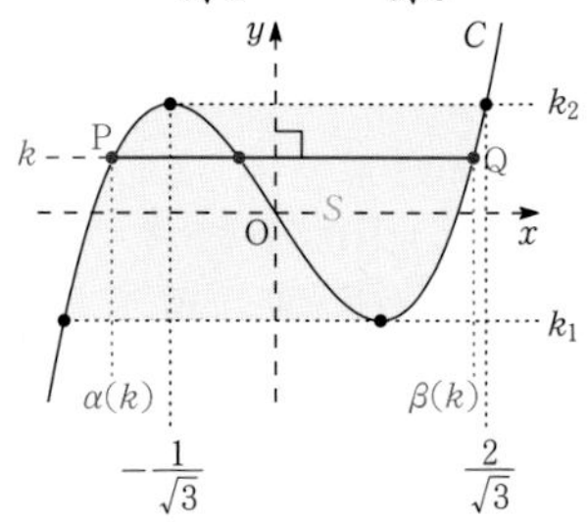

上図のように点 P, Q をとると,

$\beta(k)-\alpha(k)=\mathrm{PQ}$.

$\mathrm{PQ}\perp y$ 軸. 「y」を「k」で代用している

よって,与式は上図の面積 S を表す.

C は原点対称であり, “8 マス 5 点”を意識して

$$f\left(\frac{2}{\sqrt{3}}\right)=\frac{2}{\sqrt{3}}\left(\frac{4}{3}-1\right)=\frac{2}{3\sqrt{3}}=f\left(-\frac{1}{\sqrt{3}}\right).$$

$p=-\frac{1}{\sqrt{3}}$, $q=\frac{2}{\sqrt{3}}$ とおくと

$$\frac{S}{2}=\int_p^q\{k_2-f(x)\}\,dx$$
$$=\int_p^q(-1)(x-p)^2(x-q)\,dx$$

…(この後の計算は,**例題6 6 e**(1)と全く同じ)…

$$=(-1)\frac{-1}{12}(q-p)^4$$

$$=\frac{1}{12}(\sqrt{3})^4=\frac{9}{12}=\frac{3}{4}.$$

$$\therefore\ S=\frac{3}{2}.\ /\!/$$

解説 6 5 5 で述べた定積分の意味：「細長い長方形を集める」が理解できていれば，本問の定積分は次図の赤色長方形の面積を $k_1 \leq k \leq k_2$ の範囲で集めたものですから，面積 S と等しいことが理解できるはずです．

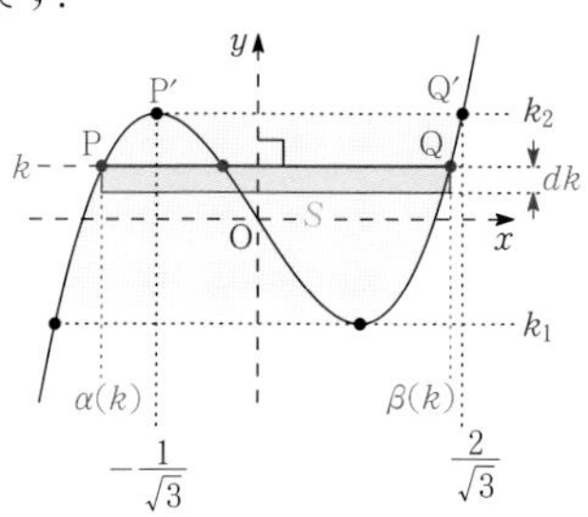

なお，この長方形の縦幅は，y 軸方向の微小変化量なので「dy」と表したいところです．ただ，本問では直線 l: $y=\underline{k}$ との交点を考えて，$\underline{k}$ の関数である $\beta(\underline{k})-\alpha(\underline{k})$ を積分するので，「$d\underline{k}$」となります．

補足 重要度⇩ 定積分の積分区間は閉区間ですから，$k=k_1, k_2$ のときも考えます．例えば $k=k_2$ のとき，C と l は接するので，①の 3 つの解は

$$x=\underbrace{-\frac{1}{\sqrt{3}},\ -\frac{1}{\sqrt{3}}}_{\text{重解}},\ \frac{2}{\sqrt{3}}.$$

よって，最小の解 $\alpha(k)=-\frac{1}{\sqrt{3}}$，最大の解 $\beta(k)=\frac{2}{\sqrt{3}}$ となり，$\beta(\underline{k})-\alpha(\underline{k})$ は前記 **解説** 図の線分 P′Q′の長さを表します．よって，与式は確かに面積 S と一致します．

6 9 15 2つの部分の面積

根底 実戦 入試 重要 [→例題 6 6 h]

着眼 $x \geq 0$ において $f(x)$ は単調増加なので，C と l の交点は a に対して1つに定まります．しかし，その x 座標は 3 次方程式の解であり，具体的には表せません．

このような座標は，「α」などと名前を付けてそれを用いて処理していくのが良策です．[→ 5 2 3 最後のコラム]

解答 (1) $0 \leq x \leq 1$ において $f(x)$ は増加するから，$0<a<2$ なる a に対して

$$f(\alpha)=a\ (0<\alpha<1)\ \cdots ①$$

を満たす α が 1 つに定まる．これを用いると，$S_1=S_2$ となるための条件は

$$\int_0^\alpha \{a-f(x)\}\,dx=\int_\alpha^1 \{f(x)-a\}\,dx.$$

$$\int_0^\alpha \{a-f(x)\}\,dx+\int_\alpha^1 \{a-f(x)\}\,dx=0.$$

$$\int_0^1 \{a-f(x)\}\,dx=0.\ ^{1)}$$

よって，求める値は

$$a=\int_0^1 f(x)\,dx \quad \cdots\ \int_0^1 a\,dx=a\ \text{と暗算した}$$

$$=\int_0^1 (x^3+x^2)\,dx$$

$$=\frac{1}{4}+\frac{1}{3}=\frac{7}{12}.\ /\!/$$

注 (1)では結果として「α」は消え，積分区間は「0 から 1 まで」となりましたが，(2)ではそうはいきません．■

(2) $$\int \{f(x)-a\}\,dx=\underbrace{\frac{x^4}{4}+\frac{x^3}{3}-ax}_{F(x)\text{ とおく}}+C.$$

S_1+S_2

$$=\int_0^\alpha \{a-f(x)\}\,dx+\int_\alpha^1 \{f(x)-a\}\,dx$$

$$=\int_\alpha^0 \{f(x)-a\}\,dx+\int_\alpha^1 \{f(x)-a\}\,dx$$

$$=\Big[F(x)\Big]_\alpha^0+\Big[F(x)\Big]_\alpha^1$$

$$=F(0)+F(1)-2F(\alpha)$$

$$=0+\left(\frac{1}{4}+\frac{1}{3}-a\right)-2\left(\frac{\alpha^4}{4}+\frac{\alpha^3}{3}-a\alpha\right)$$

$$=-\frac{1}{2}\alpha^4-\frac{2}{3}\alpha^3+a(2\alpha-1)+\frac{7}{12}\ ^{2)}$$

$$=-\frac{1}{2}\alpha^4-\frac{2}{3}\alpha^3+(\alpha^3+\alpha^2)(2\alpha-1)+\frac{7}{12}\ (\because ①)$$

$$=\frac{3}{2}\alpha^4+\frac{1}{3}\alpha^3-\alpha^2+\frac{7}{12}\ (=g(\alpha)\text{ とおく}).$$

$g'(\alpha)$ ⋯ α で微分する

$$=6\alpha^3+\alpha^2-2\alpha$$

$$=\alpha(6\alpha^2+\alpha-2)$$

$$=\underbrace{\alpha(3\alpha+2)}_{\text{正}}(2\alpha-1).$$

α	(0) ⋯ $\frac{1}{2}$ ⋯ (1)
$g'(\alpha)$	− 0 +
$g(\alpha)$	↘ ↗

これと①より，求める a の値は

$$a=\left(\frac{1}{2}\right)^3+\left(\frac{1}{2}\right)^2=\frac{3}{8}.\ /\!/$$

注 [1)]：この左辺を，1 行上の左辺：

$$\int_0^{\alpha}\{\underbrace{a-f(x)}_{\text{正}}\}dx+\int_{\alpha}^{1}\{\underbrace{a-f(x)}_{\text{負}}\}dx$$

のように 2 つの定積分に分割し，それぞれの“**符号付面積**”を考えてみましょう．第 1 項は正の面積 $+S_1$，第 2 項は“負の面積” $-S_2$ を表します．よって $S_1=S_2$ のとき，2 つの項がちょうど消しあって「0」となります．

これは，原点対称な積分区間における奇関数の定積分に関する公式：6 5 8 ❽の導き方とそっくりな考え方ですね．こうした感覚を備えていれば，前記 2 つの項が 1 **つにまとまる**ことが見通せるばかりか，この等式を直接書くことすら可能です．

とはいえ“答案”としては，上記のようなプロセスを踏んだ方が無難ですが．

[2)]：このように 2 つの文字 a,α で表されたので，1 つの文字で表すことを考えます．S_1+S_2 は a の関数ですが，α を消去して a で表すのは無理です．そこで逆に，a を α で表した①を利用して，a を消去して α で表します．

その際，文字 a を 1 か所に集約してから代入するのが得策です．

6 9 16 面積の一致

根底 実戦 入試 重要 [→例題 6 6 e]

方針 (1) “6 分の 1 公式”とよく似た形の定積分ですね．よって，計算法のポイントも“6 分の 1 公式”と同じ：「α を代入したら消える因数 $(x-\alpha)$」に着目することです．

(2) さて，(1)をどのように使うのでしょう？

解答 (1) （この因数で表す）

$$\int_{\alpha}^{\beta}(x-\alpha)(x-\beta)(x-\gamma)\,dx$$

$$=\int_{\alpha}^{\beta}(x-\alpha)(x-\alpha+\alpha-\beta)(x-\alpha+\alpha-\gamma)\,dx$$

$$=\int_{\alpha}^{\beta}\{(x-\alpha)^3+(2\alpha-\beta-\gamma)(x-\alpha)^2+(\alpha-\beta)(\alpha-\gamma)(x-\alpha)\}\,dx$$

$$=\left[\frac{(x-\alpha)^4}{4}+(2\alpha-\beta-\gamma)\frac{(x-\alpha)^3}{3}+(\gamma-\alpha)(\beta-\alpha)\frac{(x-\alpha)^2}{2}\right]_{\alpha}^{\beta}$$

$$=(\beta-\alpha)^3\left(\frac{\beta-\alpha}{4}+\frac{2\alpha-\beta-\gamma}{3}+\frac{\gamma-\alpha}{2}\right)$$

$$=\frac{1}{12}(\beta-\alpha)^3\{3(\beta-\alpha)+4(2\alpha-\beta-\gamma)+6(\gamma-\alpha)\}$$

$$=\frac{1}{12}(\beta-\alpha)^3(2\gamma-\alpha-\beta).\ \square$$

(2) **着眼** C と x 軸との交点，つまり方程式 $f(x)=0$ の解が問われているのですから…，まずは因数分解を試みるべきです．イキナリ $f(x)$ を微分するとか NG！

定数項が $-k\times(k-3)$ ですから，x に ±1 や $\pm k$ を代入してみます．その結果

$$f(k)=k^3-(2k-1)k^2+(k^2-3)k-k(k-3)=0$$

となります．

下書き

k	1	$-2k+1$	k^2-3	$-k^2+3k$
		k	$-k^2+k$	k^2-3k
	1	$-k+1$	$k-3$	0

■

$$f(x)=(x-k)\{\underbrace{x^2-(k-1)x+k-3}_{g(x)\text{ とおく}}\}=0$$

を解くと

$$\begin{cases}x=k,\ \text{または}\\ g(x)=0.\ \cdots①\end{cases}$$

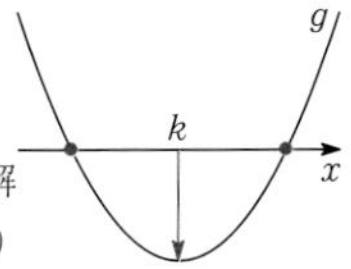

よって題意の条件は，①が $x<k$ および $k<x$ の範囲に解をもつこと，すなわち右図より

$$g(k)=k^2-(k-1)k+k-3<0.$$

$$2k-3<0.\ \therefore\ k<\frac{3}{2}.\ \cdots②/\!/$$

②のもとで考える．①の 2 解を α,β とおくと

$$f(x)=1\cdot(x-k)(x-\alpha)(x-\beta).$$ （x^3 の係数に注意）

ただし，$\alpha<k<\beta$.

よって右下図のようになるから，題意の条件は

$$\int_{\alpha}^{k}f(x)\,dx=\int_{k}^{\beta}\{-f(x)\}\,dx.$$

$$\int_{\alpha}^{k}f(x)\,dx+\int_{k}^{\beta}f(x)\,dx=0.$$

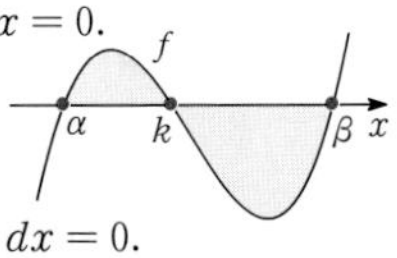

$$\int_{\alpha}^{\beta}f(x)\,dx=0.$$

$$\int_{\alpha}^{\beta}(x-\alpha)(x-\beta)(x-k)\,dx=0.$$

これは，(1)により

$$\underbrace{\frac{1}{12}(\beta-\alpha)^3}_{\text{正}}\cdot(2k-\alpha-\beta)=0.$$

$$2k-\alpha-\beta=0.\ \cdots③$$

ここで，①において解と係数の関係を用いると

$$\alpha+\beta=k-1.$$

よって③は

$$2k-(k-1)=0.\quad \therefore\ k=-1./\!/$$

解説 (2)の答え：$k=-1$ のとき，

$$f(x)=x^3+3x^2-2x-4.$$

$$f'(x)=3x^2+6x-2=3(x+1)^2-5 \text{ より}$$

C の変曲点は，$(-1,f(-1))=(-1,0)=(k,0)$ であり，C はこの点に関して対称です．よって，「2 つの部分の面積」は当然等しくなる訳です．

参考 (1)で証明した等式は，**例題 6 6 e** 後にある 因数分解と定積分 に「❺」として追加しておいてもよい気がします．実はいろいろ使い出があります．
例えば本問の面積 S_1, S_2 の各々が，次のように計算できます：

$$
\begin{aligned}
S_1 &= \int_\alpha^k f(x)\,dx \\
&= \int_\alpha^k (x-\alpha)(x-\beta)(x-k)\,dx \\
&= \frac{1}{12}(k-\alpha)^3 \cdot (2\beta-k-\alpha).
\end{aligned}
$$

$$
\begin{aligned}
S_2 &= \int_k^\beta \{-f(x)\}\,dx \\
&= -\int_k^\beta (x-\alpha)(x-\beta)(x-k)\,dx \\
&= -\frac{1}{12}(\beta-k)^3 \cdot (2\alpha-\beta-k).
\end{aligned}
$$

(本問では，これをさらに計算して k, α, β のうち 1 文字だけで表すのは困難ですが．)
それから，4 次関数の極小値どうしの大小関係を調べるのにも使えましたね．[→演習問題 6 4 16 (3) 発展]

6 9 17 絶対値付定積分の最小

[→例題 6 8 d]

根底 実戦 典型

着眼 例えば…

$a=5$ と**固定**→ $\displaystyle\int_0^2 |x^2-5|\,dx = \int_0^2 (5-x^2)\,dx.$

$a=-1$ と**固定**→ $\displaystyle\int_0^2 |x^2+1|\,dx = \int_0^2 (x^2+1)\,dx.$

$a=1$ と**固定**→ $\displaystyle\int_0^2 |x^2-1|\,dx$

$$= \int_0^1 (1-x^2)\,dx + \int_1^2 (x^2-1)\,dx.$$

このように,「a」を固定し,「x」を積分変数として積分計算することにより，a の各値に応じた定積分の値が定まります．

つまりこの定積分は積分変数 x 以外の文字：a の関数であり，各“ステージ”における 2 つの文字「x」,「a」の役割は，右表の通りです．

	x	a
積分計算時	変数	定数
積分計算後	×	変数

注 絶対値は必ず「0 以上」であり，積分区間に関して「下端：0 < 上端：2」となっているので，$f(a)$ は「面積」という意味をもちます．

解答 与式を $f(a)$ とおく．$|x^2-a| \geq 0$ だから，$f(a)$ は，$0 \leq x \leq 2$ において曲線 $y=x^2$ と直線 $y=a$ で挟まれる部分の面積を表す．

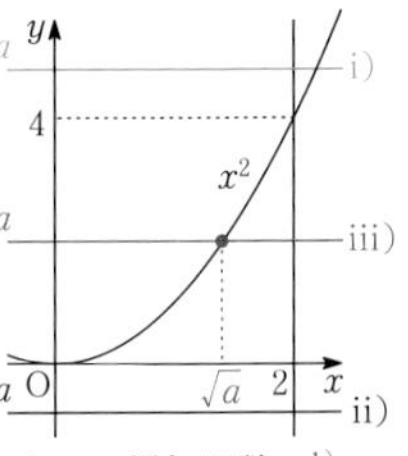

i) $a \geq 4$ のとき，面積 $f(a)$ は a の増加関数．[1)]
ii) $a \leq 0$ のとき，面積 $f(a)$ は a の減少関数．[2)]
iii) よって，$f(a)$ が最小となるのは $0 \leq a \leq 4$ のときに限られる．
$g(x) = x^2 - a$ とおき，その原始関数の 1 つである $G(x) := \dfrac{x^3}{3} - ax$ を用いると

$$
\begin{aligned}
f(a) &= \int_0^{\sqrt{a}} \{-g(x)\}\,dx + \int_{\sqrt{a}}^2 g(x)\,dx \\
&= \Big[+G(x)\Big]_{\sqrt{a}}^0 + \Big[G(x)\Big]_{\sqrt{a}}^2 \\
&= G(0) + G(2) - 2G\left(\sqrt{a}\right) \\
&= 0 + \left(\frac{8}{3} - 2a\right) - 2\left(-\frac{2}{3}a\sqrt{a}\right).
\end{aligned}
$$

ここで，$t = \sqrt{a}$ とおくと，$0 \leq t \leq 2$ であり

$$f(a) = \frac{4}{3}t^3 - 2t^2 + \frac{8}{3}\ (= h(t) \text{ とおく}).$$

$$h'(t) = 4t^2 - 4t = 4t(t-1).$$

よって，次表を得る：

t	0	⋯	1	⋯	2
$h'(t)$		−	0	+	
$h(t)$		↘	最小	↗	

以上より，$f(a)$ が最小となるのは $t=1$，i.e. $a=1$ のとき．//

解説 1)：$a\ (\geq 4)$ が増加するとき，図中青色の直線は上へ移動し，“挟む面積”は増加しますね．
2)：$a(\leq 0)$ が増加するとき，図中黒色の直線は上へ移動し，“挟む面積”は減少しますね．

補足 もちろん，i) や ii) のケースについても「面積」に頼らず「積分計算」によって処理しても OK です．

i) のとき

$$
\begin{aligned}
f(a) &= \int_0^2 \{-g(x)\}\,dx \\
&= \Big[+G(x)\Big]_2^0 \\
&= G(0) - G(2) \\
&= 0 - \left(\frac{8}{3} - 2a\right) = 2a - \frac{8}{3}.
\end{aligned}
$$

ii) のとき

$$f(a)=\int_0^2 g(x)\,dx \quad \text{i) と逆符号}$$
$$=-2a+\frac{8}{3}.$$

たしかに, i) では a の増加関数, ii) では a の減少関数となっていますね.

参考 1 ハイレベル 逆に, iii) で得た答え：$a=1$ を「面積」を用いて“説明”することもできます：

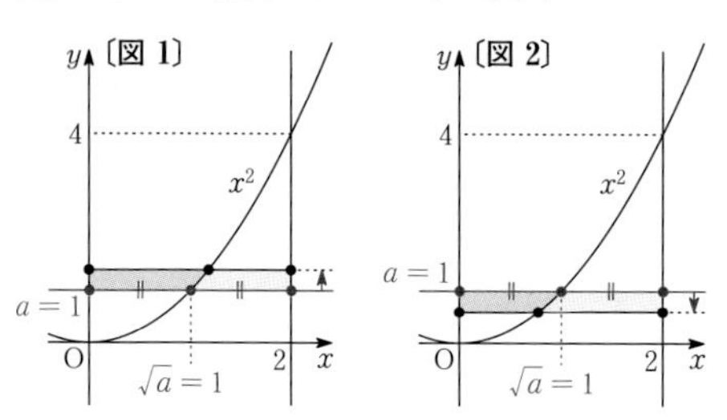

$a=1$ のとき, 交点の x 座標 $\sqrt{a}=1$ は, 積分区間 $[0, 2]$ の“ど真ん中”ですね. この状況から a の値をズラすとき, $f(a)$ が表す面積のうち赤線 $y=a$ の「下側」・「上側」の各部についての増減を考え, 変化量の絶対値を比較すると, 次の表のようになります：

	下側	上側	$f(a)$ 全体
a が 1 から増加〔図 1〕	黒色分増える(大)	青色分減る(小)	増加
a が 1 から減少〔図 2〕	黒色分減る(小)	青色分増える(大)	増加

つまり, a が 1 から増加・減少いずれの向きに変化しても $f(a)$ は増加するので, $f(a)$ は $a=1$ のとき最小となることがうかがい知れます.

注 ただしこれはあくまでも直感的な“説明”に過ぎません. 入試解答をこれで済ますことは慎みましょう. たいいち,「答案」として記述すると, **解答**のように素朴に計算した方が早いです (笑).

参考 2 ハイレベル 「$|x^2-a|$」とは, 関数 x^2 と定数 a の“誤差”(数直線上での距離) を表します.「定積分」が「きめ細やかに集めたもの」を表すことを理解していれば, $f(a)$ には,「両者の誤差を $0\leq x\leq 2$ の範囲で集めたもの」という意味があることが読み取れ, 本問で求めた a の値とは, その誤差の集積がもっとも小さくなる値, つまり $0\leq x\leq 2$ において x^2 を最も良く近似する定数値であることがわかります.
こうした“背景”があるため, 入試においては似たような問題が繰り返し繰り返し出ます (笑).

6 9 18 定積分の最小
根底 実戦 入試 重要 [→例題 6 7 a]

着眼 前問と同様, この定積分は, 積分変数 x 以外の文字：a の関数です.

方針 そこで, 積分計算をする際, **文字 a を主体**として整理していきます.

解答
$$\int_{-1}^1\{f(x)-ax\}^2\,dx \quad \text{これを}a\text{について整理する}$$
$$=\int_{-1}^1\{f(x)^2-2axf(x)+a^2x^2\}\,dx \quad a\text{の降べき}$$
$$=a^2\int_{-1}^1 x^2\,dx-2a\int_{-1}^1 xf(x)\,dx+\int_{-1}^1\{f(x)\}^2\,dx$$
$$=2a^2\int_0^1 x^2dx-4a\int_0^1 3x^4dx+\text{const}\ ^{1)}$$
$$=\frac{2}{3}a^2-\frac{12}{5}a+\text{const}$$
$$=\frac{2}{3}\left(a-\frac{9}{5}\right)^2+\text{const}.\ ^{2)}$$

よって, 求める値は $a=\frac{9}{5}$. //

語記サポ const=constant の略 = 定数.「何かある定数であり, それがどんな値であるかに重要性はない」という状況でよく使います.
「const.」と書くのが正式ですが,「.」は数式のピリオドと紛らわしいので省きました.

解説 1)：この行が重要です！1 行上の最後の項は, a を含まない定数項です.「最小となる a」には関係ありませんから, 計算しないで上記の「const」で片づけました.
また, 積分区間が原点対称ですから, 偶関数のみ残して「$\int_0^1$ の 2 倍」に変えました.

注 2)：もちろん, この「const」は, 2 行上の「const」とは異なる「ある定数」です.

参考 ハイレベル 前問の「$|x^2-a|$」は, 関数 x^2 と定数 a の「誤差」を表していました. 本問の「$\{f(x)-ax\}^2$」は, 関数 $f(x)$ と 1 次関数 ax との「誤差平方」です.
つまり本問の定積分は,「両者の誤差平方を $-1\leq x\leq 1$ の範囲で集めたもの」であり, その答え：$a=\frac{9}{5}$ とは, 区間 $-1\leq x\leq 1$ において, 4 次関数 $f(x)$ のもっともよい近似となる 1 次関数 ax の係数です.

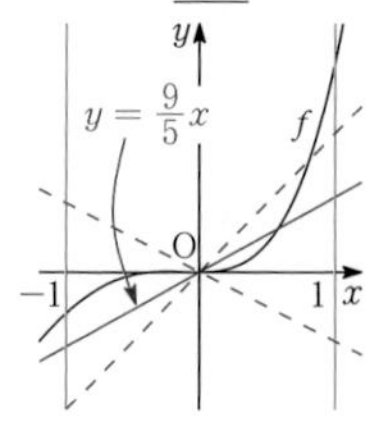

6 9 19 定積分を含む関数 根底 実戦 典型 [→例題 6 7 b]

方針 「定積分」は，積分変数以外の文字を含んでいなければ「定数 a」などとおけて，被積分関数内の「$f(t)$」を具体的に表すことができます．

解答 (1) $\underbrace{\int_0^3 f(t)\,dt}_{a\text{ とおく}} + f(x) + x = 0.$

$f(x) = -x - a.$ …①

$\therefore\ a = \int_0^3 (-t-a)\,dt$

$= \left[-\dfrac{t^2}{2} - at\right]_0^3$

$= -\dfrac{9}{2} - 3a.$

$\therefore\ a = -\dfrac{9}{8}.$

これと①より，$f(x) = -x + \dfrac{9}{8}.$ //

(2) $f(x) = x^3 + \dfrac{x}{8}\cdot\underbrace{\int_{-2}^2 |f(t)|\,dt}_{\text{定数 } b \text{ とおく}}$

$f(x) = x^3 + \dfrac{b}{8}x.$ …②

$b = \int_{-2}^2 \left|t^3 + \dfrac{b}{8}t\right|\,dt.$

着眼 積分区間 $[-2, 2]$ は原点対称．$t^3 + \dfrac{b}{8}t$ は奇関数ですが，その絶対値は…■

ここで，$\left|t^3 + \dfrac{b}{8}t\right|$ は偶関数だから

$b = 2\int_0^2 \left|t^3 + \dfrac{b}{8}t\right|\,dt.$

また，$0 \leq t \leq 2$ においてつねに $t^3 + \dfrac{b}{8}t \geq 0$ ($\because$ $b \geq 0$ [1]) だから

$b = 2\int_0^2 \left(t^3 + \dfrac{b}{8}t\right)dt$

$= 2\left[\dfrac{t^4}{4} + \dfrac{b}{16}t^2\right]_0^2$

$= 2\left(4 + \dfrac{b}{4}\right).\quad \therefore\ b = 16.$

これと②より，$f(x) = x^3 + 2x.$ //

注 [1]：定積分 b は，0 以上の関数 $|f(t)|$ の -2(小) から 2(大) までの定積分ですから，ある図形の面積を表します．よって，0 以上です．

6 9 20 積分区間の端の関数 根底 実戦 典型 重要 [→例題 6 7 c]

方針 上端 x で微分する手が使えそうです．
あるいは，「整式」に限定されていますから，「次数決定→具体化」でもできるかも．

解答1（上端で微分する）

注 "3 点チェック"と，「上端・下端をそろえる」を怠らないこと．■

①において $x = 1$ とおくと

$0 = f(1) - 2.\ \therefore\ f(1) = 2.$ …②

①の両辺を x で微分すると

$xf'(x) = f'(x) + 3x^2 - 3.$

$(x-1)f'(x) = 3(x+1)(x-1).$

これが全ての実数 x について成り立つから [1]

$f'(x) = 3(x+1).$

$\therefore\ f(x) = \dfrac{3}{2}x^2 + 3x + C.$

$x = 1$ とおくと，②より

$2 = \dfrac{3}{2} + 3 + C.\ \therefore\ C = -\dfrac{5}{2}.$

$\therefore f(x) = \dfrac{3}{2}x^2 + 3x - \dfrac{5}{2}.$ //

解答2（次数決定）

$f(x) = ax^n + \cdots$

($a \neq 0$, $n \in \mathbb{N}$,「…」はその左より低次)

とおける．なぜなら $f(x)$ が定数のとき $f'(x) = 0$ より①の左辺は定数 0，右辺は x の 3 次式となってしまうから．

①の左辺は

$\int_1^x t(ant^{n-1} + \cdots)dt$

$= \int_1^x (ant^n + \cdots)dt$

$= \left[an\cdot\dfrac{t^{n+1}}{n+1} + \cdots\right]_1^x = \dfrac{an}{n+1}x^{n+1} + \cdots.$

よって，①は次のようになる：

$\dfrac{an}{n+1}x^{n+1} + \cdots = ax^n + \cdots + x^3 - 3x.$

$n = 1$ のとき，左辺は 2 次，右辺は 3 次ゆえ不適．
$n \geq 3$ のとき，左辺は $n+1$ 次，右辺は n 次以下ゆえ不適．
よって $n = 2$ であり，このとき両辺の最高次の項を比べると

$\dfrac{2a}{3}x^3 = x^3.\ \therefore\ a = \dfrac{3}{2}.$

したがって，$f(x) = \dfrac{3}{2}x^2 + bx + c$ とおけて，

$f'(x) = 3x + b$

だから，①は

$\int_1^x (3t^2 + bt)dt = \dfrac{3}{2}x^2 + bx + c + x^3 - 3x.$

左辺 $= \left[t^3 + \dfrac{b}{2}t^2\right]_1^x = x^3 + \dfrac{b}{2}x^2 - \left(1 + \dfrac{b}{2}\right).$

両辺の係数を比べて

$$\begin{cases} x^2 \cdots \dfrac{b}{2} = \dfrac{3}{2}. \\ x \cdots 0 = b - 3. \\ \text{定数} \cdots -1 - \dfrac{b}{2} = c. \end{cases} \quad \therefore \begin{cases} b = 3, \\ c = -\dfrac{5}{2}. \end{cases}$$

$$\therefore f(x) = \frac{3}{2}x^2 + 3x - \frac{5}{2}. /\!/$$

解説　**解答**2で用いたのは，**例題 1 8 g** でも使った次の手法ですね：

> 抽象的な多項式（整式）$\xrightarrow[\text{次数決定}]{}$ 具体化

発展　**重要度↓**　1)：

$(x-1)f'(x) = 3(x+1)(x-1)$ …③から

$f'(x) = 3(x+1)$ …④

が得られる理由を説明します．$x \neq 1$ のときは，③の両辺を $x-1(\neq 0)$ で割ればよいですが，$x=1$ のときはそうはいきません．

しかし，④は 1 以外の無限個の x について成り立ちます．一般に，x の n 次以下の整式からなる等式は，異なる $n+1$ 個の x について成り立てば恒等式となりますから，④は恒等式です．（$x=1$ のときも含めて成り立ちます．）[→ 1 5 4 **"一致の定理"**]

6 9 21　有名問題の融合

根底 実戦　入試　　[→例題 6 7 b，c]

着眼　なにやら見覚えのある形が 2 か所ありますね．

解答　$\displaystyle\int_a^x f(t)\,dt = x^3 + x \cdot \underbrace{\int_0^2 f(t)\,dt}_{\text{定数 } b \text{ とおく}}.$

$$\int_a^x f(t)\,dt = x^3 + bx. \cdots ①$$

①で $x = a$ とすると ••• 上端と下端をそろえる

$0 = a^3 + ba.$　$a^2 + b = 0\ (\because\ a \neq 0).$ …②

①の両辺を x で微分すると ••• "3 点チェック" は OK

$f(x) = 3x^2 + b.$ …③

したがって

$$b = \int_0^2 (3t^2 + b)dt$$
$$= \Big[t^3 + bt\Big]_0^2$$
$$= 8 + 2b.\quad b = -8.$$

これと③より，$f(x) = 3x^2 - 8.$ //

また，②より，

$a^2 = 8.$　$a = 2\sqrt{2}\ (\because\ a > 0).$ //

解説　「定積分を定数とおく」と「積分区間の上端で微分する」の"ミックス"でした．

6 9 22　絶対値付関数・積分区間の上端

根底 実戦　　[→例題 6 7 c]

注　この定積分は，積分変数以外の文字 a の関数です．

方針　この定積分を計算しようとすると，絶対値記号が 2 か所にあるため，a の値による範囲分けや積分区間の分割がメンドウそう．そこで，まず最初に $f(a)$ の増減を調べるため，a で微分します．

注　積分区間の上端 a で微分する際には，例の"3 点チェック"を！全てクリアーされていますね．

解答　$f'(a) = |a| - |a-1|.$

右図より，下の表を得る：

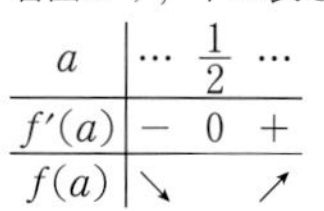

a	… $\frac{1}{2}$ …
$f'(a)$	－　0　＋
$f(a)$	↘　　↗

|a|　1　O　$\frac{1}{2}$　1　a　|a−1|

したがって，求める最小値は

$$f\left(\frac{1}{2}\right) = \int_{-1}^{\frac{1}{2}} (|x| - |x-1|)\,dx$$
$$= \int_{-1}^{0} \{-x + (x-1)\}\,dx + \int_0^{\frac{1}{2}} \{x + (x-1)\}\,dx$$
$$= \int_{-1}^{0} (-1)\,dx + \int_0^{\frac{1}{2}} (2x-1)\,dx$$
$$= \Big[+x\Big]_0^{-1} + \Big[x^2 - x\Big]_0^{\frac{1}{2}}$$
$$= -1 + \frac{1}{4} - \frac{1}{2} = -\frac{5}{4}. /\!/$$

解説　$f(a)$ が最小となるような a の値だけなら，導関数 $f'(a)$ さえわかればよく，積分計算することなく求まります．

6 9 23　定積分と 2 変数関数

根底 実戦　入試　　[→例題 6 7 c]

着眼　定積分は積分変数 t 以外の文字 a, b の 2 **変数関数**です．そこで，ひとまず a, b の**一方を固定**します．

	t	a, b
積分計算時	変数	定数
積分計算後	×	変数

どちらを固定するのが得策かを，両天秤にかけて考えます…．b を固定すると，a に対する I の増減は一瞬でわかりますね．

解答　1° b を固定し，a を実数全体で動かすとき，I を a の関数 $f(a)$ とみると

$f'(a) = (\underbrace{a^2+1}_{\text{正}})(\underbrace{a-b}_{\text{符号決定部}})$ ••• 上端で微分 "3 点チェック"OK

よって右表を得る．
したがって，1° においては

a	$\cdots$	b	$\cdots$
$f'(a)$	$-$	0	$+$
$f(a)$	↘	最小	↗

$$\min f(a) = f(b) \quad ^{1)}$$

$$= \int_0^b (t^2+1)(t-b)\,dt + \frac{1}{6}b^4$$

（$= g(b)$ とおく）．　積分変数 t 以外の文字 b の関数

2° $g(b)$ に対して b を実数全体で動かす．

$$g(b) = \int_0^b (t^3 - bt^2 + t - b)dt + \frac{1}{6}b^4$$

$$= \frac{b^4}{4} - b\cdot\frac{b^3}{3} + \frac{b^2}{2} - b\cdot b + \frac{1}{6}b^4$$

$$= \frac{1}{12}b^4 - \frac{1}{2}b^2$$

$$= \frac{1}{12}(b^2-3)^2 - \frac{3}{4} \geqq -\frac{3}{4}.$$

（等号は $b = \pm\sqrt{3}$ で成立．）

以上 1°, 2° より，求める最小値は，$\min I = -\frac{3}{4}$．//

解説　先に b を固定したおかげで，1° は“例の定理”を使って積分計算なしで済みましたね．
逆に a を固定すると，b の 4 次関数となってメンドウです．

補足　1)：「$f(b)$」とは，関数 $f(a)$ の変数 a に定数 b を代入した値という意味です．

10 演習問題C　他分野との融合

6 10 1　関数列
根底 実戦　入試　数学B数列後　［→例題 6 7 b］

方針　まず，②右辺にある定積分を $x\int_0^2 f_n(t)dt$ と変形しましょう．積分変数は t であり，x は積分計算時点では定数ですからこのように扱うことができます．
赤下線部の定積分は，積分変数以外の文字：n の関数，つまり「順番」を表す自然数 n に対応して定まるもの：「**数列**」ですね．

解答　②を変形すると

$$f_{n+1}(x) = 3x^2 + x\cdot\underbrace{\int_0^2 f_n(t)dt}_{a_n\text{とおく}}.$$

$$f_{n+1}(x) = 3x^2 + a_n\cdot x. \quad \cdots②'$$　具体化できた

方針　$f_n(x)$ が“ドミノ式”（帰納的）に定義されていますから，a_n についても“ドミノ式”に攻めます．
つまり，漸化式と初項を求めます．■

したがって，

$$a_{n+1} = \int_0^2 f_{n+1}(t)dt$$

$$= \int_0^2 (3t^2 + a_n\cdot t)dt \quad (\because ②')$$

$$= \left[t^3 + a_n\cdot\frac{t^2}{2}\right]_0^2.$$

$$\therefore\ a_{n+1} = 8 + 2a_n. \quad \cdots③$$

また，①より

$$a_1 = \int_0^2 f_1(t)dt$$

$$= \int_0^2 (3t^2 - 6t)dt$$

$$= \left[t^3 - 3t^2\right]_0^2 = 8 - 12 = -4. \quad \cdots④$$

③を変形すると

$$a_{n+1} + 8 = 2(a_n + 8).$$

$$\therefore a_n + 8 = (a_1 + 8)\cdot 2^{n-1}.$$

これと④より

$$a_n = 4\cdot 2^{n-1} - 8 = 2^{n+1} - 8.$$

これと②′より，$n \geqq 2$ のとき

$$f_n(x) = 3x^2 + a_{n-1}\cdot x \quad ^{1)}$$

$$= 3x^2 + (2^n - 8)x \ (n=1 \text{ でも成立}).$$ //

注　1)：②′において，左辺は「$n+1$ 番」，右辺は「n 番」と番号がズレています．
「a_{n-1}」が意味をもつのは $n-1 \geqq 1$, i.e. $n \geqq 2$ のときに限定されます．よって，$f_1(x)$ に関しては“別途”考えなくてはなりません．

6 10 2 一般次数の関数

根底 実戦 入試 重要 [→例題 6 6 e]

着眼 (1) まずは $f(x)$ そのものを見ること．因数分解されているので，**符号**はわかりやすいですね．ただし，$x+1<0$ となる範囲では，n の偶奇によって分かれます．

〔n : odd〕

x	$\cdots$	-1	$\cdots$	$\frac{1}{n}$	$\cdots$
$1-nx$	+	+	+	0	−
$(x+1)^n$	−	0	+	+	+
$f(x)$	−	0	+	0	−

〔n : even〕

x	$\cdots$	-1	$\cdots$	$\frac{1}{n}$	$\cdots$
$1-nx$	+	+	+	0	−
$(x+1)^n$	+	0	+	+	+
$f(x)$	+	0	+	0	−

注 $f(x)$ の符号に関するこの議論は，ここまで丁寧に説明せずとも結果（グラフ）に正しく反映されていればマルだと思われます．

方針 (1) 上記の議論の後で，微分して増減を調べていきます．ここでも，n の偶奇による場合分けが発生します．

(2) $f(x)$ が因数分解されているので，“3 つの準備” は既に完了しているも同然です．因数 $\boxed{x+1}$ を活かして積分計算しましょう．

なお，(1)で考えた内容のうち，$x<-1$ における $f(x)$ の符号は関係ありませんし，微分して調べた増減・極値もどうでもよいです（笑）．

(3) “有名公式” が使える形が丸見えですね（笑）．

解答 積の微分法．展開して微分しても可

(1)
$$\begin{aligned} f'(x) &= n\cdot n(x+1)^{n-1}(1-nx)+n\cdot(x+1)^n(-n) \\ &= n^2(x+1)^{n-1}\{(1-nx)-(x+1)\} \\ &= n^2(n+1)\cdot(x+1)^{n-1}(-x). \end{aligned}$$

よって，n の偶奇に応じて次のようになる：

〔n : odd〕

x	$\cdots$	-1	$\cdots$	0	$\cdots$
$f'(x)$	+	0	+	0	−
$f(x)$	↗	0	↗	n	↘

〔n : even〕

x	$\cdots$	-1	$\cdots$	0	$\cdots$
$f'(x)$	−	0	+	0	−
$f(x)$	↘	0	↗	n	↘

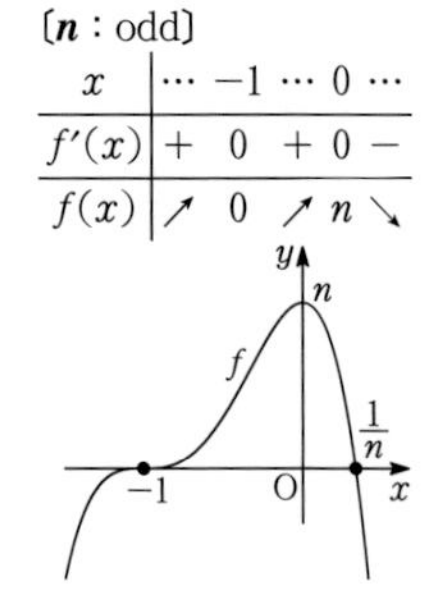

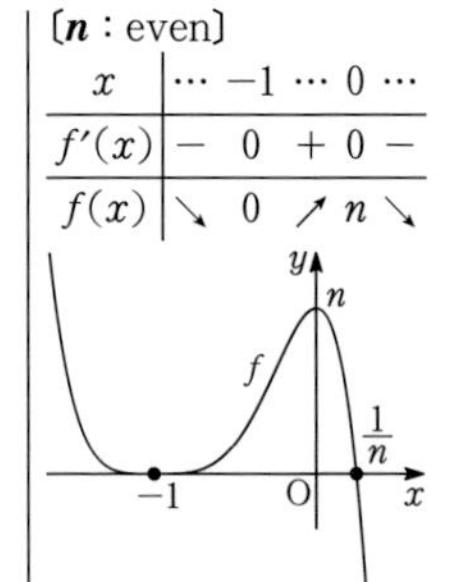

(2) C と x 軸の共有点は $x=-1,\ \frac{1}{n}$ 上にあり，$-1\leq x\leq\frac{1}{n}$ においては $f(x)\geq 0$ [1] である．したがって

$$S_n=\int_{-1}^{\frac{1}{n}} n(\boxed{x+1})^n(1-nx)\,dx$$

($\boxed{x+1}$ は $x=-1$ で 0)

$$\begin{aligned} &= n\int_{-1}^{\frac{1}{n}}(\boxed{x+1})^n\{(1+n)-n(\boxed{x+1})\}\,dx \\ &= n\int_{-1}^{\frac{1}{n}}\{(1+n)(\boxed{x+1})^n-n(\boxed{x+1})^{n+1}\}\,dx \\ &= n\left[(\boxed{x+1})^{n+1}-\frac{n}{n+2}\cdot(\boxed{x+1})^{n+2}\right]_{-1}^{\frac{1}{n}} \\ &= n\left\{\left(1+\frac{1}{n}\right)^{n+1}-\frac{n}{n+2}\cdot\left(1+\frac{1}{n}\right)^{n+2}\right\} \ {}^{2)} \\ &= \left(1+\frac{1}{n}\right)^n\cdot\left\{(n+1)-\frac{1}{n+2}(n+1)^2\right\} \\ &= \left(1+\frac{1}{n}\right)^n\cdot\frac{n+1}{n+2}. /\!/ \end{aligned}$$

(3) (2)より，

$$S_n=\left(1+\frac{1}{n}\right)^n\cdot\frac{1+\frac{1}{n}}{1+\frac{2}{n}}\xrightarrow[n\to\infty]{} e\cdot 1=e. /\!/$$

（e：自然対数の底）

解説 [1]：**着眼**で考えた $f(x)$ の**符号**が役立ちましたね．

注 面積の計量においては，$f(x)$ の**符号**（および x 軸との共有点）さえわかれば OK です．(1)で調べた「増減・極値」は関係ありません．

入試では，このように(2)：「面積の計量」のためには不要である「グラフ」が(1)で問われることがしばしばです．独立な 2 つの設問があると考えて対処しましょう．

補足 [2]：理系生は，この式を見たら「$\left(1+\frac{1}{n}\right)^n\to e$」を使いたくなりますね．

参考 例題 6 2 f の**参考**で述べたように，x を凄く大きくしたとき・小さくしたときの関数の変化は，**次数の偶奇**，および**最高次数項の係数の符号**によって決まります．本問では，$f(x)$ を展開・整理したときの最高次項は，

$$-n^2\cdot x^{n+1}\cdots\begin{cases}\text{次数は } n+1,\\ \text{係数は負.}\end{cases}$$

以下，本問から離れた説明として，最高次数項の係数が負である場合について書きます：

〔次数が偶数〕

例 2 次関数

$f(x)=-x^2+x+1$

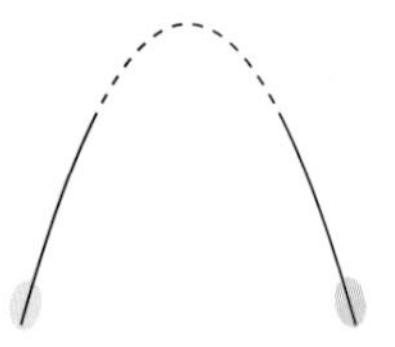

$\lim_{x\to\pm\infty}=-\infty.$

〔次数が奇数〕

例 3 次関数

$f(x)=-x^3+x+1$

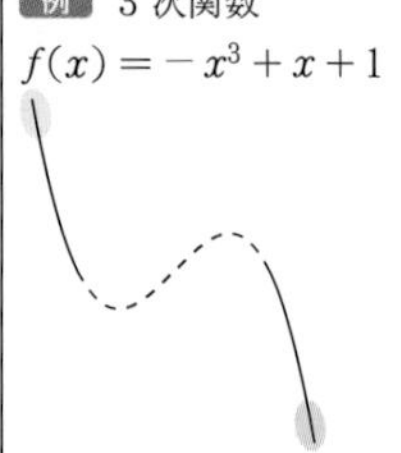

$\lim_{x\to\pm\infty}=\mp\infty$（複号同順）.

（最後の1行は，理系限定の表現です．）

注 理系　この件に関するより詳細な議論は，次問最後の**注**のように行います．

6 10 3　関数列と増減

根底 実戦　入試　数学B数列後　重要　[→6 2 2]

着眼　もちろん $f_n(x)$ を因数分解して符号を調べることなど無理ですから，関数の増減を考えます．
そこで試しに $f_n(x)$ を微分してみると…，あることに気付きます．

解答　$f_n(x)=1+x+\dfrac{x^2}{2!}+\dfrac{x^3}{3!}+\cdots+\dfrac{x^n}{n!}$.

$$f_n{}'(x)=0+1+\frac{2x}{2!}+\frac{3x^2}{3!}+\cdots+\frac{nx^{n-1}}{n!}$$
$$=1+x+\frac{x^2}{2!}+\cdots+\frac{x^{n-1}}{(n-1)!}.$$

$\therefore\ f_n{}'(x)=f_{n-1}(x)\ (n=1,2,3,\cdots)$. …①

着眼　つまり，“直前”：$f_{n-1}(x)$ が，“直後”：$f_n(x)$ の導関数です．よって，$f_{n-1}(x)$ の**符号**により，$f_n(x)$ の**増減**がわかります．

方針　このような“直前”・“直後”の間の“連鎖反応”を用いた“ドミノ式”の証明法といえば…，「数学的帰納法」ですね．■

命題 $P(m)$:「$f_{2m}(x)>0$」
を，$m=0,1,2,\cdots$ について示す．
1° $P(0)$:「$f_0(x)>0$」は，$f_0(x)=1$ より成り立つ．
2° m を固定する．
$P(m)$ を仮定し，$P(m+1)$:「$f_{2m+2}(x)>0$」を示す．
①と $P(m)$ より

$$f_{2m+1}{}'(x)=f_{2m}(x)>0.$$

$\therefore f_{2m+1}(x)$ は増加関数．…②
次に，①より

$$f_{2m+2}{}'(x)=f_{2m+1}(x).\ \cdots③$$

そこで，$f_{2m+1}(x)$ の符号を調べる．
$x\to\pm\infty$ のとき [1)]

$$f_{2m+1}(x)$$
$$=1+x+\frac{x^2}{2!}+\cdots+\frac{x^{2m+1}}{(2m+1)!}$$
$$=x^{2m+1}\left\{\frac{1}{x^{2m+1}}+\frac{1}{x^{2m}}+\cdots+\frac{1}{(2m+1)!}\right\}$$
$$\to\pm\infty\ (\text{複号同順}).$$

これと②より $f_{2m+1}(\alpha)=0$ なる α が1つに定まり，③より次表を得る．

x	$-\infty$ … α … ∞
$f_{2m+2}{}'(x)=f_{2m+1}(x)$	$-$ 0 $+$
$f_{2m+2}(x)$	↘ ↗

したがって，

$$f_{2m+2}(x)$$
$$\geq f_{2m+2}(\alpha)$$
$$=1+\alpha+\frac{\alpha^2}{2!}+\cdots+\frac{\alpha^{2m+1}}{(2m+1)!}+\frac{\alpha^{2m+2}}{(2m+2)!}$$
$$=f_{2m+1}(\alpha)+\frac{\alpha^{2m+2}}{(2m+2)!}$$
$$=\frac{\alpha^{2m+2}}{(2m+2)!}\ (\because\ f_{2m+1}(\alpha)=0)$$
$$>0\ (\because\ 2m+2\text{: even}).$$

よって，$P(m)\Longrightarrow P(m+1)$.
1°, 2° より，$P(0), P(1), P(2), \cdots$ が示せた．□

解説　2° の流れを視覚化すると，右図の通りです．

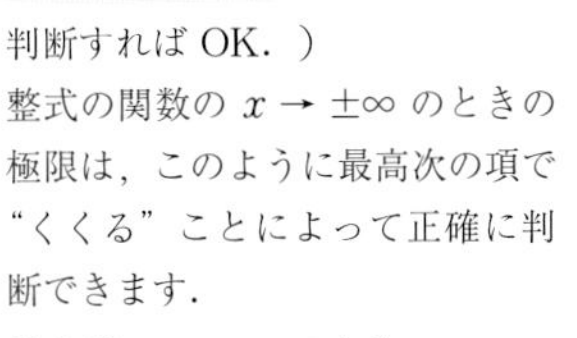

注 [1)]：（ここから「$\to\pm\infty$」までの議論は理系限定．文系生は，最高次数項の係数の符号をチェックして，x を凄く大きくしたとき・小さくしたときの関数の変化を判断すれば OK．）
整式の関数の $x\to\pm\infty$ のときの極限は，このように最高次の項で“くくる”ことによって正確に判断できます．
例えば $x\to-\infty$ のとき，

$$\begin{cases} x^{2m+1}\to-\infty\ (\because\ 2m+1\text{: odd}) \\ \{\quad\}\text{部}\to\dfrac{1}{(2m+1)!}\ (\text{正定数}). \end{cases}$$

$\therefore f_{2m+1}(x)\to-\infty.$

第7章 数列

4 演習問題A

741 一般項を類推 根底 実戦 定期 [→713]

方針 次のように試行錯誤を行います：
数の並びを観察
→「だいたいこんな答え？」
→n に 1, 2, 3, … を代入して検算
→必要に応じて微調整

解答 (1) **着眼** $a_1=\frac{1}{1}$ であり，nが1増えるごとに分子は2ずつ，分母は1ずつ増えていきます．■

$$a_n=\frac{2n-1}{n}.$$

(2) **着眼** nが1増えるごとに $-\frac{1}{3}$ 倍になります．■

$$a_n=9\cdot\left(-\frac{1}{3}\right)^{n-1}.$$ 等比数列です

参考 $a_n=(-3)^2\cdot(-3)^{1-n}=(-3)^{3-n}$ とまとめることもできます．■

(3) **着眼** nが3増えて，やっと1だけ増えます．■

$$a_n=\left[\frac{n+2}{3}\right].$$ $n=1, 4, 7$ のとき，分子が3の倍数になり a_n が1増える

注 あくまでも「の1つ」を見つけただけです．無限数列は，いくつかの項の羅列だけでは定義されません．

742 一般項 根底 実戦 定期 [→712]

方針 「言葉」で書かれた定義を「式」で表すだけです．(3)は経験者にとっては有名なもので，「○○を超えない最大整数」を表すガウス記号を用います．

解答 (1) $a_n=5\cdot2n+1=10n+1.$

(2) $a_n=2\times4\times6\times\cdots\times(2n-2)\times(2n)$
$=2\cdot1\times2\cdot2\times2\cdot3\times\cdots\times2\cdot(n-1)\times2\cdot n$
$=2^n\cdot n!.$

(3) 2^n の桁数が a_n であるための条件は
$10^{a_n-1}\leq2^n<10^{a_n}.$
$\log_{10}10^{a_n-1}\leq\log_{10}2^n<\log_{10}10^{a_n}.$
$a_n-1\leq n\log_{10}2<a_n.$
$[n\log_{10}2]=a_n-1.$ ガウス記号
$a_n=[n\log_{10}2]+1.$

解説 (3)については，[→例題56o後の参考]

注 (3)の (a_n) を羅列してみると，次の通りです：

n	1	2	3	4	5	6	7	8	9	10	11	12	13	…
2^n	2	4	8	16	32	64	128	256	512	1024	2048	4096	8192	…
a_n	1	1	1	2	2	2	3	3	3	4	4	4	4	…

第9項までは，同じ数が3つ連続して並んでおり，前問(3)と全く同じです．しかし，第10～13項は同じ数が4つ連続して並んでいますね．
繰り返しになりますが，有限個の項についての情報だけでは無限数列は定まらないことを肝に銘じておいてください．

余談 「一般項を求めよ」とは，「一般項をなるべく簡潔な形で表せ」という意味です．(2), (3)で一般項が“求まった”のは，それぞれ「階乗」,「ガウス記号」という表現手段があるおかげです．もしそれがなければ，一般項は「言葉・文章」で述べるしかなくなります．そうした場合には，入試で「一般項」が問われることはないと思われますが(笑).

743 等差数列の基礎 根底 実戦 定期 [→72]

注 「公式に当てはめる」という姿勢はダメ．
「数の並びそのもの」をよく見て考えるべし！

解答 (1) **着眼** $a_{ⓝ}$ は $a_{\boxed{1}}$ よりⓝ$-\boxed{1}$ 番後ろにありますから…■

番号は $n-1$ 増えた

n	1 2 3 … n …
a_n	3 … a_n

項はいくら増えるか？

$a_{ⓝ}=a_{\boxed{1}}+3\cdot(ⓝ-\boxed{1})$
$=3+3(n-1)=3n.$

(2) 求める和は，(1)より

$$\sum_{k=1}^{n}a_k=\frac{a_1+a_n}{2}\cdot n$$
（初め，終わり，個数）
$$=\frac{3+3n}{2}\cdot n=\frac{3}{2}n(n+1).$$

注 (1)の「番号差」は「$n-1$」，(2)の「項数」は「n」です．微妙に違いますから，よく考えて．
(2)で用いた和の公式は，必ず注釈で示した“意味”を唱えながら使うこと！

744 等差数列の仕組み 根底 実戦 重要 [→例題72a]

着眼 ①，②でセットになっている番号が，それぞれ
「3, 5, 7」,「6, 9, 12」
です．等差中項に注目するとよいですね．

$a_1\ a_2\ a_3\ a_4\ a_5\ a_6\ a_7\ a_8\ a_9\ a_{10}\ a_{11}\ a_{12}$ …
（a_5 から $-2d$ で a_3，$+2d$ で a_7；a_9 から $-3d$ で a_6，$+3d$ で a_{12}）d は公差

解答 (1) (a_n) の公差を d とおくと，①より

$(a_5-2d)+a_5+(a_5+2d)=15$. ∴ $a_5=5$. …③

②より

$(a_9-3d)+a_9+(a_9+3d)=9$. ∴ $a_9=3$. …④

③④より

$d=\dfrac{3-5}{9-5}=-\dfrac{1}{2}$.

番号は 4 増えた

n	1 2 3 4 5 6 7 8 9 … 19
a_n	5 　 3

項の変化量は -2

これと③より

$a_{ⓝ}=a_{\boxed{5}}+\dfrac{-1}{2}\cdot(ⓝ-\boxed{5})$

$=5-\dfrac{1}{2}(n-5)=\dfrac{1}{2}(15-n)$.//

(2) (1)より，$a_3=\dfrac{12}{2}=6$, $a_{19}=\dfrac{-4}{2}=-2$. よって，

$\displaystyle\sum_{k=3}^{19}a_k=\frac{a_3+a_{19}}{2}\cdot(19-2)$ （初め・終わり・個数）

$=\dfrac{6-2}{2}\cdot17=34$.//

解説 とにかく「数の並びそのもの」を見ること．これが数列全般の土台となります．

745 自然数の和

根底 実戦 定期 [→723]

方針 余りが 2 である数を，文字式を用いて表します．

解答 題意の自然数は，整数 k を用いて

$3k+2(=a_k$ とおく$)$

と表せる．よって求める S は [1] 等差数列 (a_k) の和であり，a_k が 3 桁であるための条件は

$100\leq3k+2<1000$.

$98\leq3k<998$.

これを満たす k は，

$k=33, 34, 35, \cdots, 332$.（$3k=99$，$3k=996$）

以上より，

$S=a_{33}+a_{34}+a_{35}+\cdots+a_{332}$

$=\dfrac{a_{33}+a_{332}}{2}\cdot(332-32)$ （初め・終わり・個数）

$=\dfrac{101+998}{2}\cdot300$

$=1099\cdot150$

$=(1100-1)\cdot150$

$=165000-150=164850$.//

解説 等差数列の和が，「初め」「終わり」「個数」から確実に求められるようにしましょう．

注 [1]：ここでは，「k の 1 次関数が作る数列は等差数列に決まってる」という，例題72c とは違った立場で解答しています．

746 等比数列の基礎

根底 実戦 定期 [→73]

注 「公式に当てはめる」という姿勢はダメ．

「数の並びそのもの」を考えて．

解答 (1) **着眼** $a_{ⓝ}$ は $a_{\boxed{1}}$ よりⓝ$-\boxed{1}$ 番後ろにありますから…■

番号が $n-1$ 増える

n	1 2 3 … n …
a_n	3 　 a_n

項は何倍になるか？

$a_{ⓝ}=a_{\boxed{1}}\cdot3^{ⓝ-\boxed{1}}$

$=3^n$.//

(2) 求める和は，(1)より

$\displaystyle\sum_{k=1}^{n}a_k=a_1\cdot\frac{3^n-1}{3-1}$ （初め・個数・公比・分母は正）

$=\dfrac{3}{2}(3^n-1)$.//

注 (1)の「番号差」は $n-1$，(2)の「項数」は n です．

747 等比数列の仕組み

根底 実戦 重要 [→例題73b]

注 とにかく「数の並び」を考えて．

解答 (1) **着眼** a_7 は a_3 より $7-3=4$ 番後ろにありますから…■

番号は 4 増えた

n	1 2 3 4 5 6 7 …
a_n	6 　 24 …

項は 4 倍になった

公比を r とおくと

$r^4=\dfrac{24}{6}=4$.

$r^2=2$ ($\because$ $r^2\geq0$).

「隣りどうしの積は負」より $r<0$ だから

$r=-\sqrt{2}$.

これと $a_3=6$ より

$a_{ⓝ}=a_{\boxed{3}}\cdot(-\sqrt{2})^{ⓝ-\boxed{3}}$ （$a_{ⓝ}$ は $a_{\boxed{3}}$ よりⓝ$-\boxed{3}$ 番後ろ）

$=6\cdot(-\sqrt{2})^{n-3}$.//

(2) 求める等比数列の和は

$\displaystyle\sum_{k=3}^{2n}a_k=6\cdot\frac{1-(-\sqrt{2})^{2n-2}}{1-(-\sqrt{2})}$ （初め・個数・公比・分母は正）

$=6\cdot\dfrac{\sqrt{2}-1}{(\sqrt{2}+1)(\sqrt{2}-1)}\cdot\left\{1-(-\sqrt{2})^{2\cdot(n-1)}\right\}$

$=6(\sqrt{2}-1)(1-2^{n-1})$.// （$n=2$ で検算）

7 4 8 和を求める部分の特定

根底 実戦 入試 [→例題 7 3 a]

着眼 いくつかの項を具体的に“羅列”してみると，次の通りです．

n	1	2	3	4	…	$2p$	$2p+1$	…
a_n	-3^{2p-1}	3^{2p-2}	-3^{2p-3}	3^{2p-4}	…	1	$-\frac{1}{3}$	…

「自然数である」とは，「正」であり，なおかつ「整数」であることですね．

解答 $a_n \in \mathbb{N}$ となるための条件は

$$\begin{cases} a_n \in \mathbb{Z}, \text{かつ} \\ a_n > 0. \end{cases} \quad \begin{cases} 2p-n \geq 0, \text{かつ} \\ 2p-n\text{: even.} \end{cases}$$

i.e. $n = 2, 4, 6, \cdots, 2p$.

$$\therefore\ S = \sum_{k=1}^{p} a_{2k} \quad (a_2 + a_4 + a_6 + \cdots + a_{2p})$$

$$= \sum_{k=1}^{p} (-3)^{2p-2k}$$

$$= \sum_{k=1}^{p} 9^{p-k}$$

$$= 9^{p-1} + 9^{p-2} + 9^{p-3} + \cdots + 9 + 1 \quad (\text{数の並びを見るべし})$$

$$= 1 \cdot \frac{9^p - 1}{9-1} \quad (\text{上記を逆順に考えて公比 9 の等比数列})$$

$$= \frac{9^p - 1}{8} \mathbin{/\!/}$$

解説 いったい何の和を求めるべきかの判断も，そして，最後で逆順に並べた等比数列の和を求めるところも，「数の並び」が見えていて初めて可能となります．

7 4 9 等比数列とは？

根底 実戦 重要 [→例題 7 2 c]

方針 もちろん，例題 7 2 c と同様です：

問題文：「一般項」→ 解答：“ドミノ式”

解答 $\dfrac{a_{n+1}}{a_n} = \dfrac{a \cdot r^{n+1}}{a \cdot r^n}$ ($\because$ $a, r \neq 0$)

$= r$ (一定).

よって，(a_n) は公比 r の等比数列である．□

言い訳 ここで証明した事実は，普段は「アタリマエ」として許されると思います．

7 4 10 等比中項

根底 実戦 入試 重要 [→例題 7 3 c]

着眼 $a_1 \sim a_5$ の“中項”である a_3 を中心に考えるとスッキリいけそうです．（r は公比）

$$a_1 \quad a_2 \quad a_3 \quad a_4 \quad a_5 \quad \cdots$$

（a_3 から a_2 へ $\div r$，a_4 へ $\times r$；a_1 へ $\div r^2$，a_5 へ $\times r^2$）

解答 (a_n) の公比を r (>1) とし，[1] $a = a_3$ とおくと，題意の条件は

$$\frac{a}{r^2} + \frac{a}{r} + a + ar + ar^2 = 31, \quad \cdots①$$

$$\frac{a}{r^2} \cdot \frac{a}{r} \cdot a \cdot ar \cdot ar^2 = 1024. \quad \cdots②$$

②より

$$a^5 = 2^{10}. \ \therefore\ ^{2)}\ a = 2^2 = 4. \quad \cdots③$$

これと①より

$$\frac{1}{r^2} + \frac{1}{r} + 1 + r + r^2 = \frac{31}{4}.$$

$$\frac{1}{r^2} + \frac{1}{r} - \frac{27}{4} + r + r^2 = 0. \ ^{3)}$$

着眼 左辺は r と $\dfrac{1}{r}$ の**対称式**です．2 文字の対称式は，それらの和と積のみで表せて，$r \cdot \dfrac{1}{r} = 1$ (定数) ですから，けっきょく和：$r + \dfrac{1}{r}$ のみで表せます [→ I+A 例題 1 6 i]．■

$$\left(r + \frac{1}{r}\right)^2 - 2r \cdot \frac{1}{r} + \left(r + \frac{1}{r}\right) - \frac{27}{4} = 0.$$

$$\left(r + \frac{1}{r}\right)^2 + \left(r + \frac{1}{r}\right) - \frac{35}{4} = 0.$$

$$\underbrace{\left(r + \frac{1}{r} + \frac{7}{2}\right)}_{r>1 \text{ より正}}\left(r + \frac{1}{r} - \frac{5}{2}\right) = 0. \ ^{4)}$$

$$r + \frac{1}{r} - \frac{5}{2} = 0. \quad r^2 - \frac{5}{2}r + 1 = 0.$$

$$^{5)}\ (r-2)\left(r - \frac{1}{2}\right) = 0. \quad r > 1 \text{ より}, r = 2.$$

これと③より，

$$a_{ⓝ} = a_{③} \cdot 2^{ⓝ-③} \quad (a_{ⓝ} \text{ は } a_{③} \text{ より } ⓝ-③ \text{ 番後ろ})$$

$$= 4 \cdot 2^{n-3} = 2^{n-1}. \mathbin{/\!/}$$

解説 3)：演習問題 1 11 8 参考の「相反方程式」でも出会った有名な形です．こうしたキレイな式が現れるのも，“中項”：a_3 に注目したからこそです．

1)：「a_3」と何度も書くのがメンドウなのでこのようにおきました．

2)：r が 1 より大きな実数ですから，$a = a_3$ が虚数だと題意の和も虚数になってしまいます．よって a は実数です．

4)5)：この因数分解に気付きにくければ，もちろん整数係数に直して考えてもかまいません．

7 4 11 多項式 × 等比の和 根底 実戦 [→例題 7 3 d]

方針 (1) $\sum k\cdot 2^k$ は，$\sum 2^k$，つまり等比数列の和の公式の証明法をマネするのでしたね．

(2) $\sum k^2\cdot 2^k$ も，$\sum k\cdot 2^k$，つまり(1)の和の求め方をマネしてみると…

解答 (1) $n \geq 2$ のとき　等差数列×等比数列

$$S = 1\cdot 2^1 + 2\cdot 2^2 + 3\cdot 2^3 + \cdots + n\cdot 2^n$$

$$-)\ 2S = 1\cdot 2^2 + 2\cdot 2^3 + \cdots + (n-1)\cdot 2^n + n\cdot 2^{n+1}$$

$$-S = \underbrace{2^1 + 2^2 + 2^3 + \cdots + 2^n}_{\text{等比の和 }(n\text{ 個})} - n\cdot 2^{n+1}$$

$$= 2\cdot\frac{2^n-1}{2-1} - n\cdot 2^{n+1}$$

$$= (1-n)\cdot 2^{n+1} - 2.$$

$$\therefore\ S = (n-1)\cdot 2^{n+1} + 2\ (n=1 \text{ でも成立}).$$ //

(2) $n \geq 2$ のとき

$$T = 1^2\cdot 2^1 + 2^2\cdot 2^2 + 3^2\cdot 2^3 + \cdots + n^2\cdot 2^n$$

$$-)\ 2T = 1^2\cdot 2^2 + 2^2\cdot 2^3 + \cdots + (n-1)^2\cdot 2^n + n^2\cdot 2^{n+1}$$

$$-T = 1\cdot 2^1 + 3\cdot 2^2 + 5\cdot 2^3 + \cdots + (2n-1)2^n - n^2\cdot 2^{n+1}.$$

$$\therefore\ T = n^2\cdot 2^{n+1} - \sum_{k=1}^{n}(2k-1)2^k$$

$$= n^2\cdot 2^{n+1} - 2\cdot\underbrace{\sum_{k=1}^{n} k\cdot 2^k}_{S} + \sum_{k=1}^{n} 2^k$$

$$= n^2\cdot 2^{n+1} - 2\{(n-1)\cdot 2^{n+1} + 2\} + 2\cdot\frac{2^n-1}{2-1}$$

$$= (n^2-2n+3)2^{n+1} - 6\ (n=1 \text{ でも成立}).$$ //

解説 という訳で，$\sum k\cdot 2^k$ は $\sum 2^k$（等比）に帰着．同様に，$\sum k^2\cdot 2^k$ は $\sum k\cdot 2^k$ に帰着します．

7 4 12 等差数列・数の並び 根底 実戦 入試 重要 [→ 7 2]

着眼 "公式に当てはめる" という逃げ腰ではどうしようもないですが，**数の並びそのもの**を考えればごく単純な話です：

(ア) a ○ $2a$ ○ ○ ○ $4a$　（$+a$，$+2a$）
(イ) a ○ ○ $2a$ ○ ○ ○ ○ ○ $4a$
(ウ) a ○ ○ ○ ○ ○ ○ $2a$ ○ ○ ○ ○ ○ ○ ○ ○ ○ ○ ○ ○ ○ $4a$

$a, 2a, 4a$ を項とする等差数列 (a_n) は，上のようにいろいろな作り方があります：

(ア): 公差 d を大きくとって "粗く刻む".
(ウ): 公差 d を小さくとって "細かく刻む".
(イ): 上記 2 つの中間.

もちろん，細かく刻むほど項数が増えて和 S は大きくなります．つまり本問では，公差 d をどの程度小さくすれば和が $50a$ を超えるかが問われており，そのような d のうち最大のものを答えれば正解となります．

解答 (a_n) の項の中に $2a$ があるための条件 $(*)$ は，m, n をある自然数として

$$\begin{cases} dm = 2a - a = a, & \cdots① \\ dn = 4a - 2a = 2a & \cdots② \end{cases}$$

と表せること．② ÷ ① より

$$\frac{n}{m} = 2.\ \text{i.e.}\ n = 2m.$$

逆にこのとき①②を満たす公差 d は存在する．よって，$(*)$ は

$n = 2m.$

このとき $(*)$ の項数は

$$1 + m + 2m = 1 + 3m.$$

例：$m = 3$　a ○ ○ $2a$ ○ ○ ○ ○ ○ ○ $4a$（$+md$，$+2md$）

よって，$S > 50a$ となるための条件は

$$\frac{a+4a}{2}\cdot(1+3m) > 50a.$$

$$\frac{5}{2}\cdot(1+3m) > 50\ (\because\ a>0).\quad 1+3m > 20.$$

これを満たす最小の m は 7 であり，①と $a > 0$ より

$$m\text{: min} \Longleftrightarrow d\text{: max}$$

だから，求める最大の d は，$\dfrac{a}{7}$. //

解説 数の並びそのものを見ることの大切さが身に染みますね．小学生でもできそうな問題ですが，大学受験生の出来は…けっこう悲惨です（苦笑）．

7 4 13 等差と等比の共通項 根底 実戦 入試 [→ 7 1 1]

着眼 いくつかの項を羅列してみましょう：

a_n: 8, 11, 14, 17, 20, 23, 26, 29, 32, 35, …
b_n: 2, 4, 8, 16, 32, 64, …

(b_n) の次の項：$b_7 = 128$ は (a_n) に現れるかどうか調べてみると

$$3n + 5 = 128.\quad n = \frac{123}{3} = 41.$$　3 で割り切れる

$\therefore b_7 = 128 = a_{41}$ です．

さらにその次の項：$b_8 = 256$ については，

$$3n + 5 = 256.\quad n = \frac{251}{3}.$$　3 で割り切れない

どうやら，「3 で割った余り」が重要なようですね．

解答 [1] mod 3 で考えると

$$a_n = 3(n+1) + 2 \equiv 2.$$

$$b_n = 2^n$$
$$= (-1+3)^n$$
$$= (-1)^n + n(-1)^{n-1}\cdot 3 + {}_nC_2(-1)^{n-2}\cdot 3^2 + \cdots + 3^n$$
$$\equiv (-1)^n \equiv \begin{cases} 1\ (n\text{: even}) \\ 2\ (n\text{: odd}). \end{cases}\quad \cdots①$$

また，$a_n \geq a_1 = 8$ だから，$b_n = 2^n$ が (a_n) の項でもあるための条件は

$$\begin{cases} n\text{: odd, かつ} \\ 2^n \geq 8. \end{cases} \quad \text{i.e. } n = 3, 5, 7, \cdots.$$

したがって，

(c_n): $2^3, 2^5, 2^7, \cdots$

の一般項は

$$c_n = 2^{2n+1} = 2\cdot 4^n.$$ //

$$\therefore\ S = \sum_{k=1}^{n} 2\cdot 4^k = 2\cdot 4\cdot \frac{4^n - 1}{4 - 1} = \frac{8}{3}(4^n - 1).$$ //

解説 「(b_n) の項が (a_n) にも含まれるか？」と考えると上手くいきましたね．逆に「(a_n) の項が (b_n) にも含まれるか？」と考えるのはシンドイ．どちらを選ぶかは，例によって試行錯誤です．

補足 2^n を 3 で割った余りを求める方法として，項を羅列して①の結果を推定し，それをもとに次のようにドミノ式に攻めることもできます：

並べて見ると，番号が 2 だけズレると同じ余りになりそうだとわかります．そこで，

$2^{n+2} - 2^n = 3\cdot 2^n$ より

$3 \mid 2^{n+2} - 2^n$. i.e. $2^{n+2} \equiv 2^n$ (mod 3, 以下同様).

これと $\begin{cases} 2^1 \equiv 2 \\ 2^2 \equiv 1 \end{cases}$ より，帰納的に

$$\begin{cases} 2^n \equiv 2\ (n = 1, 3, 5, \cdots) \\ 2^n \equiv 1\ (n = 2, 4, 6, \cdots). \end{cases}$$

例の考え方：「列」{「一」「ド」} のうち，**解答**の方法が「一」，上記の方法が「ド」に当たります．

なお，この件に関するより詳細な説明が

I+A 演習問題 6 13 3 にあり，そこでは「余りの周期性」にまで言及しています．そのテーマについては

II+B 演習問題 7 9 54 で扱います．

補足 1)：合同式については，[→ I+A 6 7 3]

9 演習問題B

7 9 1 Σ記号による表現

根底 実戦 定期 [→ 7 5 1]

方針 項の羅列→ Σ 記号の変換は試行錯誤．「こうかな？」と書いてみて，ダメなら微調整をします．

解答 (1) 与式 $= \sum_{k=2}^{n} k(k+1)$. //

別解 与式 $= \sum_{k=1}^{n-1} (k+1)(k+2)$. //

(2) 与式 $= \sum_{k=1}^{n} k(n+1-k)$. //

注 答え方はいろいろあります．上記**解答**は，正解の例です．

7 9 2 階差数列

根底 実戦 定期 [→ 7 5 3]

方針 (1)は階差数列の定義に従って計算するだけ．一方(2)はその逆をたどる問題ですから，試行錯誤を要します．

解答

(1)
$$\begin{aligned} b_n &= a_{n+1} - a_n \\ &= \frac{1}{(n+1)(n+2)} - \frac{1}{n(n+1)} \\ &= \frac{n - (n+2)}{n(n+1)(n+2)} = \frac{-2}{n(n+1)(n+2)}. \end{aligned}$$ //

(2)
$$\begin{aligned} (n+1)^2 - n^2 &= \cancel{n^2} + 2n + 1 - \cancel{n^2} \\ &= 2n + 1. \end{aligned}$$

よって，求める a_n の 1 つは

$$a_n = n^2.$$ //

解説 2 次式の階差を作れば，最高次数の項が消し合って 1 次式が得られます．本問の「$2n+1$」を見たとき，「$(n+1)^2$ の展開式の一部だ」と気付けばカンタンでした．

注 $a_n = n^2 + c$（c は任意の定数）のときでも，(a_n) の階差数列の一般項は

$$\{(n+1)^2 + \cancel{c}\} - (n^2 + \cancel{c}) = 2n + 1.$$

定数 c は差をとる過程で消えますから，でき上がる階差数列には影響しません．よって(2)の答えは，c の値を変えることにより，無数にできます．

この任意定数 c の役割は，なにやら定積分における積分定数 C と似ていますね．

言い訳 もちろん，**例題 6 7 b** のように b_n から a_n を「求める」こともできますが，本問は上記のように“見つける”練習だと思ってください．

7 9 3 階差に分解→和 根底 実戦 重要 [→例題 7 5 a]

方針 全て，756 よく用いる階差への分解❶〜⑪のどれか，もしくはそれをベースに少しアレンジしたものを使います．（以下においても，この番号❶〜⑪を使って記述します．）

解答 (1) **着眼** ❺「連続整数の積」ではありませんが，それに近い形ですね．■

$$\sum_{k=1}^{n}(2k+1)(2k+3)(2k+5)$$

$$=\sum_{k=1}^{n}\,?\cdot\{(2k+1)(2k+3)(2k+5)(2k+7)-(2k-1)(2k+1)(2k+3)(2k+5)\}$$

（因数分解すると，

$(2k+1)(2k+3)(2k+5)\underbrace{\{(2k+7)-(2k-1)\}}_{8}$）

$$=\sum_{k=1}^{n}\frac{1}{8}\{\underbrace{(2k+1)(2k+3)(2k+5)(2k+7)}_{a_k\text{とおく}}-(2k-1)(2k+1)(2k+3)(2k+5)\}$$

$$=\frac{1}{8}\sum_{k=1}^{n}(a_k-a_{k-1})$$

$$=\frac{1}{8}(a_n-a_0)$$

$$=\frac{1}{8}\{(2n+1)(2n+3)(2n+5)(2n+7)-105\}.\text{//}$$

解説 上記のように階差に分解できる理由を，$b_k=2k+1$（1 次式）とおいて説明します．

$$(2k+1)(2k+3)(2k+5)=b_kb_{k+1}b_{k+2}.$$

一方，$\underline{b_kb_{k+1}b_{k+2}}b_{k+3}-b_{k-1}\underline{b_kb_{k+1}b_{k+2}}$

$$=\underline{b_kb_{k+1}b_{k+2}}(\underbrace{b_{k+3}-b_{k-1}}_{\text{この差は定数 }8})$$

よって，$b_kb_{k+1}b_{k+2}$ は $a_k=b_kb_{k+1}b_{k+2}b_{k+3}$ の（ほぼ）階差の形で表せます．要するに，ある数列 (b_n)（1 次式）の連続 3 項の積だから，上手くいく訳です．

そして，この 1 次式「b_k」の所が「k」であるものが，❺「連続整数の積」です．■

言い訳 この答えは展開し切るでも因数分解し切るでもない中途半端な形であり，本来は

$$\frac{n}{8}(16n^3+128n^2+344n+352)$$

まで計算し切るべきですが，何事も“程度問題”ですので，上記**解答**のままで許されるかも．そもそも，入試でこの和を求めることが主眼となることは多くないのでご安心を（笑）．■

(2) **着眼** ❶「部分分数展開」に近い形ですね．■

$$\sum_{k=1}^{n}\frac{1}{(3k+1)(3k-2)}$$

$$=\sum_{k=1}^{n}\,?\cdot\left(\frac{1}{3k-2}-\frac{1}{3k+1}\right)$$ 分子は 3

（通分すると $\dfrac{(3k+1)-(3k-2)}{(3k-2)(3k+1)}$ だから…）

$$=\sum_{k=1}^{n}\frac{1}{3}\left(\underbrace{\frac{1}{3k-2}}_{a_k\text{とおく}}-\frac{1}{3k+1}\right)$$

$$=\frac{1}{3}\sum_{k=1}^{n}(a_k-a_{k+1})$$

$$=\frac{1}{3}(a_1-a_{n+1})$$

$$=\frac{1}{3}\left(1-\frac{1}{3n+1}\right)$$

$$=\frac{n}{3n+1}.\text{//}$$

k	a_k-a_{k+1}
1	a_1-a_2
2	a_2-a_3
3	a_3-a_4
	⋮
n	a_n-a_{n+1}
和	a_1-a_{n+1}

注 答えはその 1 行上のままでも OK でしょう．

解説 階差に分解できる理由を(1)と同様に説明します．$b_k=3k-2$（1 次式）とおくと

$$\frac{1}{(3k-2)(3k+1)}=\frac{1}{b_kb_{k+1}}.$$

一方，$\dfrac{1}{b_k}-\dfrac{1}{b_{k+1}}=\dfrac{b_{k+1}-b_k}{b_kb_{k+1}}$． この差は定数 3

よって，$\dfrac{1}{b_kb_{k+1}}$ は $\dfrac{1}{b_k}$ の（ほぼ）階差の形で表せます．(1)と同様，分母がある数列 (b_n)（1 次式）の連続 2 項の積だから上手くいきます．1 次式「b_k」が「k」であるものが，❶「部分分数展開」です．■

(3) **着眼** ❾「$\sqrt{\quad}$」に近い形ですね．■

与式

$$=\sum_{k=1}^{n}\frac{1}{\sqrt{2k+1}+\sqrt{2k-1}}\cdot\frac{\sqrt{2k+1}-\sqrt{2k-1}}{\sqrt{2k+1}-\sqrt{2k-1}}$$

$$=\sum_{k=1}^{n}\frac{1}{2}(\underbrace{\sqrt{2k+1}}_{a_k\text{とおく}}-\sqrt{2k-1})$$

$$=\frac{1}{2}\sum_{k=1}^{n}(a_k-a_{k-1})$$

$$=\frac{1}{2}(a_n-a_0)$$

$$=\frac{1}{2}(\sqrt{2n+1}-1).\text{//}$$

k	a_k-a_{k-1}
1	a_1-a_0
2	a_2-a_1
3	a_3-a_2
	⋮
n	a_n-a_{n-1}
和	a_n-a_0

解説 $a_k=\sqrt{2k+1}$ とおくとき，

$$\sqrt{2k-1}=\sqrt{2(k-1)+1}=a_{k-1}$$

なので，階差の形になります．■

(4) **着眼** これは，❼「階乗」そのものです．■

$$\sum_{k=1}^{n}k\cdot k!$$

$$=\sum_{k=1}^{n}\{(k+1)!-\underbrace{k!}_{a_k\text{とおく}}\}$$

$$=\sum_{k=1}^{n}(a_{k+1}-a_k)$$

$$=a_{n+1}-a_1$$

$$=(n+1)!-1.\text{//}$$

k	$a_{k+1}-a_k$
1	a_2-a_1
2	a_3-a_2
3	a_4-a_3
	⋮
n	$a_{n+1}-a_n$
和	$a_{n+1}-a_1$

(5) **着眼** 雰囲気が⑩「対数」に似てますね．■

$$\sum_{k=1}^{n}\log_2\left(1+\frac{2}{k}\right)$$
$$=\sum_{k=1}^{n}\log_2\frac{k+2}{k}$$
$$=\sum_{k=1}^{n}\{\log_2(k+2)-\underbrace{\log_2 k}_{a_k\text{ とおく}}\}$$
$$=\sum_{k=1}^{n}(a_{k+\underline{2}}-a_k)$$
$$=a_{n+2}+a_{n+1}-a_2-a_1\ (n\geqq 2^{1)})$$
$$=\log_2(n+2)+\log_2(n+1)-\log_2 2-\log_2 1$$
$$=\log_2\frac{(n+1)(n+2)}{2}\ (n=1\text{ でも可})./\!/$$

k	$a_{k+2}-a_k$
1	a_3-a_1
2	a_4-a_2
3	a_5-a_3
4	a_6-a_4
	⋮
$n-1$	$a_{n+1}-a_{n-1}$
n	$a_{n+2}-a_n$

解説 変則的な"パタパタ"で，2行ズレた項どうしが消し合います．

注 1)：これが要る理由は，[→例題75g(1)補足]．■

(6) **着眼** これは，⑪「三角関数」を利用します．予備知識がないとまず無理でしょう．■

与式を S とおくと

$$\sin\frac{\theta}{2}\cdot S$$
$$=\sum_{k=1}^{n}\cos k\theta\sin\frac{\theta}{2}$$
$$=\sum_{k=1}^{n}\frac{1}{2}\left\{\underbrace{\sin\left(k+\frac{1}{2}\right)\theta}_{a_k\text{ とおく}}-\sin\left(k-\frac{1}{2}\right)\theta\right\}$$

積和公式

$$=\frac{1}{2}\sum_{k=1}^{n}(a_k-a_{k-1})$$
$$=\frac{1}{2}(a_n-a_0)$$
$$=\frac{1}{2}\left\{\sin\left(n+\frac{1}{2}\right)\theta-\sin\frac{1}{2}\theta\right\}$$
$$=\cos\frac{n+1}{2}\theta\sin\frac{n}{2}\theta.$$

k	a_k-a_{k-1}
1	a_1-a_0
2	a_2-a_1
3	a_3-a_2
	⋮
n	a_n-a_{n-1}
和	a_n-a_0

$0<\frac{\theta}{2}<\pi$ より $\sin\frac{\theta}{2}\neq 0$ だから

$$S=\frac{\cos\frac{n+1}{2}\theta\sin\frac{n}{2}\theta}{\sin\frac{\theta}{2}}./\!/$$

$n=1$ で検算

794 等比数列の和と階差 根底 実戦

[→例題75a]

着眼 b_n つまり（ほぼ）r^n は a_n の階差．よって，a_n が（ほぼ）r^n の和です．

解答 (1) $b_n=a_{n+1}-a_n$
$$=r^{n+1}-r^n$$
$$=(r-1)r^n./\!/$$

(2) $c_n=a\cdot r^{n-1}$
$$=\frac{a}{r}\cdot r^n$$
$$=\frac{a}{r(r-1)}b_n$$
$$=\frac{a}{r(r-1)}(a_{n+1}-a_n).$$

したがって，

$$\sum_{k=1}^{n}c_k=\frac{a}{r(r-1)}\sum_{k=1}^{n}(a_{k+1}-a_k)$$
$$=\frac{a}{r(r-1)}(a_{n+1}-a_1)$$
$$=\frac{a}{r(r-1)}(r^{n+1}-r^1)$$
$$=a\cdot\frac{r^n-1}{r-1}./\!/$$

解説 このように，等比数列の和の公式は，「和と階差の関係」からも証明できるのです．

参考 (2)の答えは，$r=0$ のとき a となります．よって この答えは $r=0$ でも成り立ちます．

（初項 a，公比 0）
$a, 0, 0, 0, \cdots$

795 和の公式の証明 根底 実戦

[→例題75c]

参考 これが，学校教科書流の $\sum_{k=1}^{n}k^2$ の公式の導き方です．けっきょくは，「k^3」の**階差**を利用して「k^2」の**和**を求めよという訳です．（本冊の方法の方が優れています．）

解答 ①において，$k=1, 2, 3, \cdots, n$ として辺々加える．

k	$(k+1)^3-k^3$	$=3k^2+3k+1$
1	2^3-1^3	$=3\cdot1^2+3\cdot1+1$
2	3^3-2^3	$=3\cdot2^2+3\cdot2+1$
3	4^3-3^3	$=3\cdot3^2+3\cdot3+1$
⋮		
n	$(n+1)^3-n^3$	$=3\cdot n^2+3\cdot n+1$
和	$(n+1)^3-1^3$	$=$ ……

例の"パタパタ"

$$(n+1)^3-1^3=\sum_{k=1}^{n}(3k^2+3k+1)^{1)}$$
$$=3S+\sum_{k=1}^{n}(3k+1).$$
$$3S=(n+1)^3-1-\frac{4+(3n+1)}{2}\cdot n$$
$$=n^3+3n^2+3n-\frac{1}{2}n(3n+5)$$
$$S=\frac{1}{6}n(2n^2+6n+6-3n-5)$$
$$=\frac{1}{6}n(2n^2+3n+1)$$
$$=\frac{1}{6}n(n+1)(2n+1)./\!/$$

解説 1)：$a_k=3k^2+3k+1$ とおくと，“スタート”時点の関係①：a_k は k^3 の**階差**が，“ゴール”では n^3 は(ほぼ)a_n の**和**となりました．いつも通りですね(笑)．

参考 等式

$$(k+1)^4-k^4=4k^3+6k^2+4k+1$$

と本問の結果および等差数列の和の公式を用いれば，本問と同様にして，$\sum_{k=1}^{n} k^3$ の公式も導けます．

796 Σ計算・総合 根底 実戦 重要 [→758]

方針 和を求める総合練習です．数の並びを認識したり，公式を正しく使ったりと，けっこうハードルはあります．

解答 (1) $\sum_{k=1}^{n}(k+1)(2k+1)$ 積の形を…

$$=\sum_{k=1}^{n}(2k^2+\underbrace{3k+1}_{\text{等差}})$$ 展開して和の形にする

$$=\frac{2}{6}n(n+1)(2n+1)+\frac{4+(3n+1)}{2}\cdot n$$
$$=\frac{n}{6}\{2(n+1)(2n+1)+3(3n+5)\}$$
$$=\frac{1}{6}n(4n^2+15n+17).//$$

注 「$3k$」と「1」を分けて計算するのは典型的な下手解法．■

(2) **着眼** Σ計算における変数は k，n は定数として扱います．■

$$\sum_{k=1}^{n}\{k^3+n(k^2+1)+1\}$$
$$=\sum_{k=1}^{n}\{k^3+nk^2+(n+1)\}$$ 定数 $n+1$ を n 個加える
$$=\frac{1}{4}n^2(n+1)^2+n\cdot\frac{1}{6}n(n+1)(2n+1)+n(n+1)$$
$$=\frac{1}{12}n(n+1)\{3n(n+1)+2n(2n+1)+12\}$$
$$=\frac{1}{12}n(n+1)(7n^2+5n+12).//$$

(3) **着眼** 「$(-1)^{k-1}$」は，+，− の符号を交互にとります．■

$$\sum_{k=1}^{2n}(-1)^{k-1}k^3$$
$$=1^3-2^3+3^3-4^3+\cdots+(2n-1)^3-(2n)^3 \quad {}^{1)}$$
$$=1^3+2^3+3^3+4^3+\cdots+(2n-1)^3+(2n)^3$$
$$-2\{2^3+4^3+\cdots+(2n)^3\}$$
$$=\sum_{k=1}^{2n}k^3-2\sum_{k=1}^{n}(2k)^3$$
$$=\frac{1}{4}(2n)^2(2n+1)^2-16\cdot\frac{1}{4}n^2(n+1)^2$$
$$=n^2\{(2n+1)^2-(2n+2)^2\}$$
$$=-n^2(4n+3).//$$

別解 1)：この後，奇数番と偶数番に分けて次のように求めても可です：

$$\text{与式}=\sum_{k=1}^{n}(2k-1)^3-\sum_{k=1}^{n}(2k)^3$$
$$=\sum_{k=1}^{n}(-12k^2+6k-1)$$
$$=-2n(n+1)(2n+1)+\frac{5+(6n-1)}{2}\cdot n$$
$$=n\{-2(n+1)(2n+1)+(3n+2)\}$$
$$=n(-4n^2-3n)=-n^2(4n+3).//$$

(4) **注** 2つのΣで k の範囲がズレていますね．与式を例題 75g(2)と同様に

$$5+\sum_{k=2}^{n}(k^2+3k+1)-\sum_{k=2}^{n}k^2-(n+1)^2\ (n\geq 2)$$
$$=5+\sum_{k=2}^{n}(3k+1)-(n+1)^2$$

と変形する手もありますが…■

$$\sum_{k=1}^{n}(k^2+3k+1)-\sum_{k=2}^{n+1}k^2$$
$$=\sum_{k=1}^{n}(k^2+3k+1)-\sum_{l=1}^{n}(l+1)^2\ (l=k-1)$$
$$=\sum_{k=1}^{n}(k^2+3k+1)-\sum_{k=1}^{n}(k+1)^2$$
$$=\sum_{k=1}^{n}k=\frac{1}{2}n(n+1).//$$

(5) **着眼** 「5乗」ですのでなにかしら工夫を要します．Σ記号で書かれていても，ちゃんと**数の並び**が見えていれば楽勝です．■

$$\sum_{k=0}^{2n}(n-k)^5$$
$$=n^5+(n-1)^5+\cdots+1^5+0-1^5-\cdots-(n-1)^5-n^5$$
$$=0.//$$

(6) **着眼** $\sum_{k=1}^{n}\frac{9^n}{9^k}=\sum_{k=1}^{n}9^n\left(\frac{1}{9}\right)^k$ は，公比 $\frac{1}{9}$ の等比数列の和として求まります．しかし，**数の並び**が見えている人は…■

$$\sum_{k=1}^{n}\frac{9^n}{9^k}$$
$$=\frac{9^n}{9}+\frac{9^n}{9^2}+\frac{9^n}{9^3}+\cdots+\frac{9^n}{9^{n-2}}+\frac{9^n}{9^{n-1}}+\frac{9^n}{9^n}$$

(逆順に並べると)

$$=1+9+9^2+\cdots+9^{n-3}+9^{n-2}+9^{n-1}$$
$$=1\cdot\frac{9^n-1}{9-1}=\frac{9^n-1}{8}.//$$

(7) **着眼** $\sum_{k=1}^{n}\frac{k-1}{k!}=\sum_{k=1}^{n}\left\{\frac{1}{(k-1)!}-\frac{1}{k!}\right\}$ という「階差へ分解」を用いる問題と似ていますが，残念ながら「−」ではなく「＋」です．そこで，「$(-1)^k$」を上手く活用します．■

$$\sum_{k=1}^{n}(-1)^k\cdot\frac{k+1}{k!}$$
$$=\sum_{k=1}^{n}(-1)^k\left\{\frac{1}{(k-1)!}+\frac{1}{k!}\right\}$$
$$=\sum_{k=1}^{n}\left\{\underbrace{\frac{(-1)^k}{k!}}_{a_k\text{ とおく}}-\frac{(-1)^{k-1}}{(k-1)!}\right\}$$
$$=\sum_{k=1}^{n}(a_k-a_{k-1})$$
$$=a_n-a_0=\frac{(-1)^n}{n!}-1.$$

k	a_k-a_{k-1}
1	a_1-a_0
2	a_2-a_1
3	a_3-a_2
	⋮
n	a_n-a_{n-1}
和	a_n-a_0

注 和の求まる数列は5タイプ［→758］しかありません．本問の場合，「階差へ分解」以外には考えられませんね．

(8) **方針** とりあえず展開して和や差の形にすれば，$\sum k^2$ などの公式が使えます．■

$$\sum_{k=1}^{n}k(k+1)(n-k)$$
$$=\sum_{k=1}^{n}(k^2+k)(n-k)$$
$$=\sum_{k=1}^{n}\{-k^3+(n-1)k^2+nk\}$$
$$=-\sum_{k=1}^{n}k^3+(n-1)\sum_{k=1}^{n}k^2+n\sum_{k=1}^{n}k$$
$$=-\frac{1}{4}n^2(n+1)^2+(n-1)\cdot\frac{1}{6}n(n+1)(2n+1)+n\cdot\frac{1}{2}n(n+1)$$
$$=\frac{n(n+1)}{12}\{-3(n^2+n)+2(2n^2-n-1)+6n\}$$
$$=\frac{1}{12}n(n+1)(\underline{n^2+n-2})$$
$$=\frac{1}{12}(\underline{n-1})n(n+1)(\underline{n+2}).$$

注 Σ 内の式は $k=n$ のとき0ですが，$\sum_{k=1}^{n}$ のままの方が公式が楽に使えるので，敢えてそのままにしました．

別解（連続整数の積を作る手も使えます．）

$$k(k+1)(n-k)$$
$$=k(k+1)\{(n+2)-(k+2)\}$$
$$=(n+2)k(k+1)-k(k+1)(k+2).$$

よって与式は，

$$(n+2)\sum_{k=1}^{n}k(k+1)-\sum_{k=1}^{n}k(k+1)(k+2)$$
$$=(n+2)\cdot\frac{1}{3}n(n+1)(n+2)-\frac{1}{4}n(n+1)(n+2)(n+3)$$
$$=\frac{1}{12}n(n+1)(n+2)\{4(n+2)-3(n+3)\}$$
$$=\frac{1}{12}(n-1)n(n+1)(n+2).$$

注 ここでは，757 Σ多項式の公式 ❷′❸′ を公式として使ってしまいました．状況によっては，公式を導くプロセスも書いた方がよいかもしれません．

余談 ハイレベル↑ 本問の結果には，例題75h(5)と同様に“意味付け”することができます：

$n\geqq 2$ のとき，$1\sim n+2$ から4個を取り出す組合せのうち，3個目が $k+2$ 番目であるものは，

$${}_{k+1}C_2\cdot(n-k)=\frac{1}{2}\times k(k+1)(n-k)\text{ 通り．}$$

$1\ \ 2\ \cdots\ k+1$	$k+2$	$k+3\ \cdots\ n+2$
$\cdots$○$\cdots$○$\cdots$	○	$\cdots$○$\cdots$
${}_{k+1}C_2$通り		$(n+2)-(k+2)$ 通り

これの2倍を，k のとり得る全ての値：

$k=1,2,3,\cdots,n-1$ （$k=n$ のとき上式 $=0$）

について加えたのが与式です．よってその答えは

$$2\times{}_{n+2}C_4=2\frac{(n+2)(n+1)n(n-1)}{4!}$$
$$=\frac{1}{12}(n+2)(n+1)n(n-1)$$

と一致する訳です．

797 二項係数と Σ 根底 実戦 ［→756］

注 見た目は似ていますが，実はまるで別物の2題．数の並びが見えていればカンタンです．

解答 (1) $\sum_{k=1}^{n}{}_nC_k={}_nC_1+{}_nC_2+{}_nC_3+\cdots+{}_nC_n$

$$=\sum_{k=0}^{n}{}_nC_k-{}_nC_0$$
$$=(1+1)^n-1\ [\to\text{例題11g}(1)]$$
$$=2^n-1.$$

(2) **着眼** 例えば $r=3$ であれば，与式は

$$\sum_{k=3}^{n}{}_kC_3=\sum_{k=3}^{n}\frac{k(k-1)(k-2)}{3!}$$

ですね．要は，「連続 r 整数の積」ということです．

方針 よって，756 よく用いる階差への分解 ❺ のようにすれば OK ですが，それを知りつつ，せっかくですから二項係数の性質を利用する❻でやってみます．■

二項係数に関する公式[1]：${}_{k+1}C_{r+1}={}_kC_r+{}_kC_{r+1}$ より

$$\sum_{k=r}^{n}{}_kC_r=\sum_{k=r}^{n}({}_{k+1}C_{r+1}-\underbrace{{}_kC_{r+1}}_{a_k\text{ とおく}})$$

（ただし，$a_r={}_rC_{r+1}=0$ とする[2]）

$$= \sum_{k=r}^{n} (a_{k+1} - a_k)$$
$$= a_{n+1} - a_r$$
$$= {}_{n+1}\mathrm{C}_{r+1} - 0$$
$$= {}_{n+1}\mathrm{C}_{r+1}. /\!/$$

注 2)：二項係数 ${}_k\mathrm{C}_r$ は，$k \geqq r$ でないと意味をもちません．そこで，等式

$${}_k\mathrm{C}_r = {}_{k+1}\mathrm{C}_{r+1} - {}_k\mathrm{C}_{r+1}$$

において $k = r$ とした式：

$$\underbrace{{}_r\mathrm{C}_r}_{1} = \underbrace{{}_{r+1}\mathrm{C}_{r+1}}_{1} - \underbrace{{}_r\mathrm{C}_{r+1}}_{0\text{ だと約束する}}$$

が成り立つように“約束”しておいた訳です．初見ではこうした処理を思い付くのは困難でしょう．
ちなみに，「二項係数 ${}_k\mathrm{C}_r$」を「連続 r 整数の積」に書き直してやれば，こうした例外的作業は発生しません．

1)：[→ I+A 738 後コラム]

798 Σと不等式

根底 実戦 入試 [→例題75a]

着眼 $\dfrac{1}{k^2}$ の和は求まりません．つまり，「$\Sigma \dfrac{1}{k^2} = \cdots$」という「等式」を作るのは無理です．しかし，要求されているのは「不等式」ですから…

解答

$$\sum_{k=1}^{n} \frac{1}{k^2} > \sum_{k=1}^{n} \frac{1}{k(k+1)} \quad {}^{1)} \text{ 和の求まる形}$$
$$= \sum_{k=1}^{n} \left(\frac{1}{k} - \frac{1}{k+1} \right) \quad \text{階差に分解}$$
$$= 1 - \frac{1}{n+1}. \quad \text{“パタパタ”しましたよ}$$

同様に

$$\sum_{k=1}^{n} \frac{1}{k^2} = 1 + \sum_{k=2}^{n} \frac{1}{k^2} \quad (\because\ n \geqq 2)$$
$$< 1 + \sum_{k=2}^{n} \frac{1}{(k-1)k}$$
$$= 1 + \sum_{k=2}^{n} \left(\frac{1}{k-1} - \frac{1}{k} \right)$$
$$= 1 + 1 - \frac{1}{n}$$
$$= 2 - \frac{1}{n}. \ \square$$

解説 1)：このように，「和の求まらない $\dfrac{1}{k^2}$」を「和の求まる $\dfrac{1}{k(k+1)}$」で評価する（不等式を作る）ことがポイントです．
「この形なら Σ 計算できる」という“型”を知っていることが前提です．

参考 本問は，「数学的帰納法」の練習問題としてもよく使われます．「Σ」には“ドミノ式”の構造がありますからね．
右側の不等式のみ証明しておきます（左側の不等式も同様）．

命題 $P(n)$: $\displaystyle\sum_{k=1}^{n} \frac{1}{k^2} < 2 - \frac{1}{n}$ を，

$n = 2, 3, 4, \cdots$ について示す．

1° $P(2)$:「$\displaystyle\sum_{k=1}^{2} \frac{1}{k^2} \underset{?}{<} 2 - \frac{1}{2}$」は，（これから示す．未知．）

$$\begin{cases} \text{左辺} = \dfrac{1}{1^2} + \dfrac{1}{2^2} = \dfrac{5}{4} \\ \text{右辺} = \dfrac{3}{2} = \dfrac{6}{4} \end{cases}$$
より成り立つ．

2° n を固定する．
$P(n)$ を仮定し，（仮定する．既知．）

$P(n+1)$:「$\displaystyle\sum_{k=1}^{n+1} \frac{1}{k^2} \underset{?}{<} 2 - \frac{1}{n+1}$」を示す．（これから示す．未知．）

方針 不等式の証明ですから，差をとります．「大－小」にこだわらず，「長い式 － 短い式」としましょう．■

$${}^{2)}\ \sum_{k=1}^{n+1} \frac{1}{k^2} - \left(2 - \frac{1}{n+1}\right) \quad \text{< 0 にな〜れ〜と願いながら}$$
$$= \sum_{k=1}^{n} \frac{1}{k^2} + \frac{1}{(n+1)^2} - \left(2 - \frac{1}{n+1}\right)$$
$$< 2 - \frac{1}{n} + \frac{1}{(n+1)^2} - \left(2 - \frac{1}{n+1}\right) \quad (\because\ P(n))$$
$$= \frac{-(n+1)^2 + n + n(n+1)}{n(n+1)^2}$$
$$= \frac{-1}{n(n+1)^2} < 0.$$

よって，$P(n) \Longrightarrow P(n+1)$ が成り立つ．（ここまで，「n」は定数．）

1°, 2° より $P(2), P(3), P(4), \cdots$ が示せた．□

注 2)：これが，Σ のもつ“ドミノ構造”です．

数学III後 **理系** 「与式 Σ を横幅 1 の長方形の面積の和とみて，定積分で評価する」という定番解法の練習問題としても使用されます．
なお，$n \to \infty$ のとき，

$$1 - \frac{1}{n+1} \to 1,\ 2 - \frac{1}{n} \to 2.$$

両者の極限値が異なるので，残念ながらこの不等式から“はさみうち”を用いて無限級数 $\displaystyle\sum_{k=1}^{\infty} \frac{1}{k^2}$ の和を求めることはできません．その極限値が $\dfrac{\pi^2}{6}$ であることが有名ですが，誘導がないと一般人では無理です．

7 9 9 Σとω
根底 実戦 [→1 10 8]

解答 ω は次を満たす：

$\omega^3 = 1.$ …①

$(\omega - 1)(\omega^2 + \omega + 1) = 0$ $(\omega \neq 1)$ より，

$\omega^2 + \omega + 1 = 0.$ …②

(1) **方針** 公比 ω の等比数列の和です．和の公式が使えます．■

$$S_n = \omega \cdot \frac{1 - \omega^{3n+1}}{1 - \omega} \ (\because\ \omega \neq 1).$$

ここで，①より

$$\omega^{3n+1} = (\omega^3)^n \cdot \omega = 1^n \cdot \omega = \omega.$$

$$\therefore S_n = \omega \cdot \frac{1 - \omega}{1 - \omega} = \omega.$$ //

(2) **着眼** k の 2 次式 × 等比の Σ ですから，もちろん演習問題7 4 11(2)のようにしてもできますが，ここでは「ω」の性質を活用して手早く片付けます．

$\omega^3 = 1$ より，ω^k は次のようになります：

k	0	1	2	3	4	5	6	7	8	9	…
ω^k	1	ω	ω^2	1 (ω^3)	ω	ω^2	1	ω	ω^2	1	…

これを見ると，k を 3 で割った余りごとに分けて計算するとよさそうですね．■

①より

$$\begin{aligned} T_n = &\ 0^2\cdot 1 + 1^2\cdot\omega + 2^2\cdot\omega^2 \\ &+ 3^2\cdot 1 + 4^2\cdot\omega + 5^2\cdot\omega^2 \\ &+ 6^2\cdot 1 + 7^2\cdot\omega + 8^2\cdot\omega^2 \\ &\ \vdots \\ &+ (3n-3)^2\cdot 1 + (3n-2)^2\cdot\omega + (3n-1)^2\cdot\omega^2 \\ = &\ 1\cdot\underbrace{\sum_{k=0}^{n-1}(3k)^2}_{A\text{とおく}} + \omega\underbrace{\sum_{k=0}^{n-1}(3k+1)^2}_{B\text{とおく}} + \omega^2\underbrace{\sum_{k=0}^{n-1}(3k+2)^2}_{C\text{とおく}} \\ = &\ A + \omega B + (-1-\omega)C \ (\because\ ②) \\ = &\ (A - C) + \omega(B - C) \\ = &\ \sum_{k=0}^{n-1}(-2)(6k+2) + \omega\sum_{k=0}^{n-1}(-1)(6k+3) \\ = &\ -2\cdot\frac{2 + (6n-4)}{2}\cdot n - \omega\cdot\frac{3 + (6n-3)}{2}\cdot n \\ = &\ -n(6n - 2 + 3n\cdot\omega). \end{aligned}$$ //

注 等比数列の和の公式は，公比が 1 以外なら虚数相手でも使えます．公式の証明過程を理解していればわかります．

参考 本問と似た雰囲気で二項定理を絡めた問題を，演習問題1 11 22で扱いました．

7 9 10 Σが作る関数
根底 実戦 重要 [→演習問題6 9 18]

着眼 n は定数，k はシグマ計算で用いる"ダミー変数"．この Σ は，…そう．**a の関数**です．

解答

$$\begin{aligned} f(a) :=&\ \sum_{k=1}^{n}(k^2 - a)^2 \\ =&\ \sum_{k=1}^{n}(k^4 - 2ak^2 + a^2) \\ =&\ a^2\sum_{k=1}^{n}1 - 2a\sum_{k=1}^{n}k^2 + \overbrace{\text{const}}^{\sum_{k=1}^{n}k^4} \quad {}^{1)} \\ =&\ na^2 - 2a\sum_{k=1}^{n}k^2 + \text{const} \quad \text{（}a\text{の2次関数）} \\ =&\ n\left(a - \frac{1}{n}\sum_{k=1}^{n}k^2\right)^2 + \text{const.} \quad \text{（平方完成）} \end{aligned}$$

（グラフは下に凸）

$n > 0$ だから，これを最小とする a は

$$\begin{aligned} a =&\ \frac{1}{n}\sum_{k=1}^{n}k^2 \\ =&\ \frac{1}{n}\cdot\frac{n(n+1)(2n+1)}{6} = \frac{(n+1)(2n+1)}{6}. \end{aligned}$$ //

解説 例えば $a = 1$ と**固定** → ダミー変数 k を 1〜n 範囲で**動かして**シグマ計算 → 値 $f(1)$ が定まる．

$a = 2$ と**固定** → シグマ計算 → 値 $f(2)$ が定まる．

……(以下同様)……

こうして，各実数 a に応じて，$f(a)$ の値が一意的に定まります：

a を固定 → k でシグマ計算 → 値 $f(a)$ が定まる．

	k	a
1°シグマ計算時	**変数**	定数
2°シグマ計算後	×	**変数**

このように，"ステージ" 1° と 2° で各文字の "役割" が変わってきます．[→例題6 7 a]

1)：この Σ が「a の関数」であることが見抜けていれば，このように初めから **a を主体として整理**するのが**自然**です．

なお，シグマ計算時点（ステージ 1°）では a は定数なので，このようにシグマの "前に出す" ことができます．

言い訳 ホントは，a が変数であり，与式を a の関数とみることを問題文中でハッキリ述べるべきなのですが，それを見破る訓練のために敢えて伏せておきました．

語記サポ const=constant= 定数の略（「const.」と書くのが正式）．「なにかある不特定な定数」を表します．[→演習問題6 9 18]

$\sum_{k=1}^{n} k^4$ は，ただの定数（∵ n は定数）に過ぎませんから苦労してまで求めなくてよいのです（笑）．
もちろん，平方完成後の「const」は，その上の「const」とは別の定数ですよ．

参考 データの観測値：$x_1, x_2, x_3, \cdots, x_n$ と a の誤差平方の総和：$\sum_{k=1}^{n}(x_k-a)^2$ が最小となる a の値が，平均値 $\frac{1}{n}\sum_{k=1}^{n} x_k$ と一致することは有名です．
[→ I+A 演習問題 4 12 2]
本問は，観測値が $1^2, 2^2, \cdots, n^2$ である特殊なデータにおいて上記の性質を導くものでした．
なお，積分法においても同じテーマ・意味の問題を扱いました：[→演習問題 6 9 18]：
「$\int_{-1}^{1}\{f(x)-ax\}^2dx$ が最小となる a」

7 9 11 積の総和

根底 実戦　典型　重要　[→ 1 1 1]

解答1 **方針** 抜き出す 2 つの数がともに変化する，つまり「2 変数」ですから，ひとまず**片方を固定**して考えましょう．■
ひとまず大きい方を固定して考えると，次のようになります：

$$S = 1\cdot2 \quad \text{（大きい方が 2）}$$
$$+1\cdot3+2\cdot3 \quad \text{（大きい方が 3）}$$
$$+1\cdot4+2\cdot4+3\cdot4 \quad \text{（大きい方が 4）}$$
$$\vdots$$
$$+1\cdot n+2\cdot n+3\cdot n+\cdots+(n-1)n \quad \text{（大きい方が } n\text{）}$$
$$= 2\cdot1$$
$$+3\cdot(1+2)$$
$$+4\cdot(1+2+3)$$
$$\vdots$$
$$+n\cdot\{1+2+3+\cdots+(n-1)\}$$
$$=2\cdot\sum_{k=1}^{1}k+3\cdot\sum_{k=1}^{2}k+4\cdot\sum_{k=1}^{3}k+\cdots+n\cdot\sum_{k=1}^{n-1}k$$
$$=\sum_{l=2}^{n}\left(l\sum_{k=1}^{l-1}k\right) \quad \text{（大きい方を } l \text{ と固定）}$$ [1)]
$$=\sum_{l=2}^{n}l\cdot\frac{1}{2}(l-1)l$$
$$=\frac{1}{2}\sum_{l=1}^{n}(l^3-l^2) \ (\because\ l=1 \text{ のとき } l^3-l^2=0)$$
$$=\frac{1}{8}n^2(n+1)^2-\frac{1}{12}n(n+1)(2n+1)$$
$$=\frac{1}{24}n(n+1)\{3n(n+1)-2(2n+1)\}$$
$$=\frac{1}{24}n(n+1)(3n^2-n-2)$$
$$=\frac{1}{24}(n-1)n(n+1)(3n+2).$$ //

解説 1)：実際には，この上にある「数の並び」はイメージするだけで済まし，イキナリこの Σ 表現の式を書けるようになりたいです．

補足 小さい方を k と固定して考えると，次のようになります：

$$S=1\cdot2+1\cdot3+1\cdot4+\cdots+1\cdot n \quad \text{（小さい方が 1）}$$
$$+2\cdot3+2\cdot4+\cdots+2\cdot n \quad \text{（小さい方が 2）}$$
$$+3\cdot4+\cdots+3\cdot n \quad \text{（小さい方が 3）}$$
$$\vdots$$
$$+(n-1)\cdot n \quad \text{（小さい方が } n-1\text{）}$$
$$=1\cdot(2+3+4+\cdots+n)$$
$$+2\cdot(3+4+\cdots+n)$$
$$+3\cdot(4+\cdots+n)$$
$$\vdots$$
$$+(n-1)\cdot n$$
$$=1\cdot\sum_{l=2}^{n}l+2\cdot\sum_{l=3}^{n}l+3\cdot\sum_{l=4}^{n}l+\cdots+(n-1)\cdot\sum_{l=n}^{n}l$$
$$=\sum_{k=1}^{n-1}\left(k\sum_{l=k+1}^{n}l\right) \quad \text{（小さい方を } k \text{ と固定）}$$
$$=\sum_{k=1}^{n-1}k\cdot\underbrace{\frac{k+1+n}{2}(n-k)}_{\text{等差の和}}$$
$$=\frac{1}{2}\sum_{k=1}^{n-1}\{-k^3-k^2+n(n+1)k\} \quad \text{（今度は } k \text{ が変数）}$$
$$=\frac{1}{2}\left\{-\frac{(n-1)^2n^2}{4}-\frac{(n-1)n(2n-1)}{6}+n(n+1)\cdot\frac{(n-1)n}{2}\right\}$$
$$=\frac{(n-1)n}{24}\{-3(n-1)n-2(2n-1)+6n(n+1)\}$$
$$=\frac{1}{24}(n-1)n(3n^2+5n+2)$$
$$=\frac{1}{24}(n-1)n(n+1)(3n+2).$$ //

解答2 **方針** 本問は，展開の仕組みが活用できることで有名です．[→ 1 1 1]■

$$(1+2+3+\cdots+n)^2=\sum_{k=1}^{n}k^2+2S.$$ [2)]

$$\therefore\ 2S=\left\{\frac{1}{2}n(n+1)\right\}^2-\frac{n(n+1)(2n+1)}{6}$$
$$=\frac{1}{12}n(n+1)\{3n(n+1)-2(2n+1)\}$$
$$=\frac{1}{12}n(n+1)(3n^2-n-2)$$
$$\therefore\ S=\frac{1}{24}n(n+1)(n-1)(3n+2).$$ //

第7章 数列

解説 2):『展開式とは，各因数から 1 つずつ項を抜き出して掛け合わせた積を，全ての抜き出し方に対し て加えたもの』でした．$(1+2+3+\cdots+n)^2$ の展開式の項を，2 つの因数から「同じ数を抜き出して掛ける」と「異なる数を抜き出して掛ける」の 2 種類に分けて考えたのがこの式です．

$$(1+2+\cdots+n)(1+2+\cdots+n)$$

同じ数の積
異なる数の積

このような「展開の仕組み」は，多方面へ応用されます．例えば「自然数の正の約数の総和」もそうでしたね．[→ I+A 6 11 5]

7 9 12 2重Σ 根底 実戦 重要

[→演習問題 8 4 6]

注 何やら「等差 × 等比」の和に見えそうですが，**2 つの "ダミー変数" i, j があります**ので全く別物です．

「$\sum_{j=1}^{n}$」を計算する際には，j を含まない $2i-1$ は定数扱いされます．

その後，$\sum_{i=1}^{m}$ を計算する際には，もちろん i はダミー変数扱いされます．

以下においても，その時点での変数を赤字で示します．「定数」・「変数」の**識別**を明確に意識しながら計算しましょう．

解答

$$\sum_{i=1}^{m}\left\{\sum_{j=1}^{n}(2i-1)\cdot 2^{j-1}\right\}$$

$$=\sum_{i=1}^{m}\left\{(2i-1)\sum_{j=1}^{n}2^{j-1}\right\}$$

（現時点では定数）（等比の和）（ここまでは j が変数）

$$=\sum_{i=1}^{m}\left\{(2i-1)\times 1\cdot\frac{2^n-1}{2-1}\right\}$$

（定数）（ここからは i が変数）

$$=(2^n-1)\sum_{i=1}^{m}(2i-1)$$

（等差の和）

$$=(2^n-1)\times\frac{1+(2m-1)}{2}\cdot m$$

$$=m^2\cdot(2^n-1).\text{//}$$

解説 けっきょくは，

$$\sum_{i=1}^{m}\left\{\sum_{j=1}^{n}(2i-1)2^{j-1}\right\}$$

$$=\left\{\sum_{i=1}^{m}(2i-1)\right\}\times\left\{\sum_{j=1}^{n}\cdot 2^{j-1}\right\}$$

$$=m^2\times(2^n-1)$$

と，積の形へと分解されましたね．

発展 本問で得た結果をより一般的に書くと，次のようになります．（以下において，a_i は j を含まず，b_j は i を含まないとします．）

$$\sum_{i=1}^{m}\left(\sum_{j=1}^{n}a_ib_j\right)=\sum_{i=1}^{m}\left(a_i\cdot\sum_{j=1}^{n}b_j\right)$$

（$\sum_{j=1}^{n}b_j$：i を含まない定数）

$$=\left(\sum_{j=1}^{n}b_j\right)\cdot\left(\sum_{i=1}^{m}a_i\right).$$

この計算は，下表において $\sum_{j=1}^{n}$ で横並びの和を求め，それを $\sum_{i=1}^{m}$ で縦に加えたものです．

	b_1	b_2	b_3	$\cdots$	b_n
a_1	a_1b_1	a_1b_2	a_1b_3	$\cdots$	a_1b_n
a_2	a_2b_1	a_2b_2	a_2b_3	$\cdots$	a_2b_n
$\vdots$			$\vdots$		
a_m	a_mb_1	a_mb_2	a_mb_3	$\cdots$	a_mb_n

次に，上記と Σ の順序を逆にしたものを考えます．上表において $\sum_{i=1}^{m}$ で縦並びの和を求め，それを $\sum_{j=1}^{n}$ で横に加えていきます．

$$\sum_{j=1}^{n}\left(\sum_{i=1}^{m}a_ib_j\right)=\sum_{j=1}^{n}\left(b_j\cdot\sum_{i=1}^{m}a_i\right)$$

$$=\left(\sum_{i=1}^{m}a_i\right)\cdot\left(\sum_{j=1}^{n}b_j\right).$$

このように，$\sum_{i=1}^{m}$ と $\sum_{j=1}^{n}$ の順序を交換しても，同じ結果が得られます．上の表において，横と縦のどちらを先に加えるかだけの違いですから，一致するのが当然でしたね（笑）．

結果をまとめると，次の通りです：

2重のΣ

a_i は j を含まず，b_j は i を含まないとき，

$$\sum_{i=1}^{m}\left(\sum_{j=1}^{n}a_ib_j\right)=\sum_{j=1}^{n}\left(\sum_{i=1}^{m}a_ib_j\right)=\left(\sum_{i=1}^{m}a_i\right)\cdot\left(\sum_{j=1}^{n}b_j\right).$$

つまり，積 a_ib_j の i, j 双方についての Σ は，次を満たします：

1° $\sum_{i=1}^{m}$ と $\sum_{j=1}^{n}$ の順序を交換可能．

2° $\sum_{i=1}^{m}a_i$ と $\sum_{j=1}^{n}b_j$ の積へと分解可能．

2° は，演習問題 8 4 6「期待値の性質」で活躍します．

注 前記の結果は，ガチガチに暗記したりせず，毎回，その場で数の並びを思い浮かべて考えるようにしましょう．

例えば前問で現れた

$$\sum_{l=2}^{n}\left(l\sum_{k=1}^{l-1}k\right),\ つまり\ \sum_{l=2}^{n}\left(\sum_{k=1}^{l-1}l\cdot k\right)は，$$

$$\left(\sum_{l=2}^{n}l\right)\cdot\left(\sum_{k=1}^{l-1}k\right)\ と分解できません！$$

(以下において，その時点での変数を赤字で表します．)

$$\sum_{l=2}^{n}\left(\sum_{k=1}^{l-1}l\cdot k\right)=\sum_{l=2}^{n}\left(l\sum_{k=1}^{l-1}k\right)$$

$$=\left(\sum_{k=1}^{l-1}k\right)\cdot\left(\sum_{l=2}^{n}l\right)$$

ご覧の通り，$\sum_{k=1}^{l-1}k$ は，その時点での変数 l を含んでいるため，上記 2 行目のように「定数倍とみて Σ の前に出す」ことは許されません．

2 重 Σ の性質は，高校数学では使う機会が少ないです．よって覚える価値は低いですし，そもそも正しく記憶に定着しません．

一方大学以降では，2 重 Σ はしょっちゅう使うので覚える価値が高く，正しく記憶に定着します．世の中そんなふうに上手くできているんですね (笑)．

7 9 13 和から一般項へ

根底 実戦 典型 [→例題 7 8 e]

着眼 (1) $(n+1)(n+2)(n+3)$ は a_n の和．よって a_n は $(n+1)(n+2)(n+3)$ の (ほぼ) 階差です．(2) も同様です．

解答 (1) $\sum_{k=1}^{n}a_k=(n+1)(n+2)(n+3)\ (n\geq 1)$ …①

①の n を $n-1$ に変えると

$$\sum_{k=1}^{n-1}a_k=n(n+1)(n+2)\ (n\geq 2)\ \cdots①'$$

$n\geq 2$ のとき，① − ①′ より [1]　階差を作る

$$a_n=(n+1)(n+2)(n+3)-n(n+1)(n+2)$$
$$=3(n+1)(n+2).\ /\!/$$

また，① $(n=1)$ より，$a_1=2\cdot 3\cdot 4=24.\ /\!/$

(2) $\sum_{k=1}^{n}(k+2)(k+3)b_k=n\cdot 2^{n+1}\ (n\geq 1)$. …②

②の n を $n-1$ に変えると

$$\sum_{k=1}^{n-1}(k+2)(k+3)b_k=(n-1)\cdot 2^n\ (n\geq 2).\ \cdots②'$$

$n\geq 2$ のとき，② − ②′ より

$$(n+2)(n+3)b_n=n\cdot 2^{n+1}-(n-1)\cdot 2^n$$
$$=2^n\cdot(n+1).$$

$$\therefore\ b_n=\frac{(n+1)\cdot 2^n}{(n+2)(n+3)}.\ \cdots③$$

ここに，② $(n=1)$: $3\cdot 4\cdot b_1=1\cdot 2^2$ より $b_1=\frac{1}{3}$ だから，$n=1$ のとき③は両辺とも $\frac{1}{3}$ となり，成り立つ．よって

$$S=\sum_{k=1}^{n}\frac{(k+1)\cdot 2^k}{(k+2)(k+3)}.$$

方針 和の求まる数列は 5 タイプ．これは，「階差へ分解」以外に考えられませんね．どんな数列の階差になるかはわかりませんので，下書き用紙で試行錯誤を行います．

下書き 有名な部分分数展開を手掛かりにしていきます．

$$\frac{1}{(k+2)(k+3)}=\frac{1}{k+2}-\frac{1}{k+3}$$

右辺の分子に，2 の累乗を乗せましょう．ただし，階差型ができるよう考慮しながら．

$$\frac{2^k}{k+2}-\frac{2^{k+1}}{k+3}=\frac{2^k\{(k+3)-2(k+2)\}}{(k+2)(k+3)}$$
$$=\frac{2^k(-k-1)}{(k+2)(k+3)}=-b_k.$$

この符号を反対にすれば OK ですね．■

$$\frac{2^{k+1}}{k+3}-\underbrace{\frac{2^k}{k+2}}_{c_k\ とおく}=\frac{2^k\{2(k+2)-(k+3)\}}{(k+2)(k+3)}$$
$$=\frac{2^k(k+1)}{(k+2)(k+3)}=b_k.$$

したがって

$$S=\sum_{k=1}^{n}(c_{k+1}-c_k)$$
$$=c_{n+1}-c_1$$
$$=\frac{2^{n+1}}{n+3}-\frac{2^1}{3}$$
$$=\frac{2^{n+1}}{n+3}-\frac{2}{3}.\ /\!/$$

k	$c_{k+1}-c_k$
1	c_2-c_1
2	c_3-c_2
3	c_4-c_3
	⋮
n	$c_{n+1}-c_n$
和	$c_{n+1}-c_1$

解説 [1]：必ず，次のような数の並びをイメージしながら計算してください：

$$\sum_{k=1}^{n}a_k=a_1+a_2+\cdots+a_{n-1}+a_n$$
$$-)\ \sum_{k=1}^{n-1}a_k=a_1+a_2+\cdots+a_{n-1}$$
$$\sum_{k=1}^{n}a_k-\sum_{k=1}^{n-1}a_k=\qquad a_n$$

(2)における ② − ②′ も同様です．

7 9 14 和と一般項の関係 根底 実戦 入試

[→例題 7 8 e]

着眼 S_n は x_n の和ですから，x_n は (ほぼ)S_n の階差ですね．

注 $S_n - S_{n-1}$ を作った際，「$n \geq 2$」に限ることに気を付けて．

解答 (1) $n \geq 2$ のとき

$$x_n = S_n - S_{n-1}$$
$$= (an^2+bn+c)-\{a(n-1)^2+b(n-1)+c\}$$
$$= a(2n-1)+b = 2an - a + b. \cdots①$$

これは公差 $2a$ の等差数列を表す．

一方，$x_1 = S_1 = a+b+c. \cdots②$

よって題意の条件は，

$$x_2 - x_1 = 2a. \quad (3a+b)-(a+b+c)=2a.$$

i.e. $c = 0.$ //

注 ②の後は，次のように処理してもよいです：題意の条件は，①が $n=1$ でも成り立つことであり，②より

$$a+b+c = 2a\cdot1 - a + b. \text{ i.e. } c = 0.$$ //

(2) $n \geq 2$ のとき

$$x_n = S_n - S_{n-1}$$
$$= (ab^n + c) - (ab^{n-1} + c)$$
$$= a(b-1)b^{n-1}. \cdots③$$

これは公比 b の等比数列を表す．

一方，$x_1 = S_1 = ab + c. \cdots④$

よって題意の条件は，

$$x_2 = bx_1. \quad a(b-1)b = b(ab+c).$$

$b \neq 0$ より，$c = -a.$ //

注 ④の後は，次のように処理してもよいです：題意の条件は，③が $n=1$ でも成り立つことであり，④より

$$ab + c = a(b-1). \text{ i.e. } c = -a.$$ //

参考 (x_n) が等差数列であるならば，

$$S_n = \frac{x_1 + x_n}{2}\cdot n = (n \text{ の 1 次以下の式}) \times n.$$

これは，n の 2 次以下の式で定数項は 0．つまり，答えの条件が成り立っています．

同様に，(x_n) が等比数列 (公比：$b \neq 1$) であるならば，

$$S_n = x_1\cdot\frac{b^n-1}{b-1} = \frac{x_1}{b-1}\cdot b^n - \frac{x_1}{b-1}.$$

b^n の係数とその後ろの定数は逆符号．つまり，答えの条件が成り立っています．

7 9 15 確率の最大 根底 実戦 入試

[→例題 7 5 i]

注 「確率」の内容をミックスしてみました．ホントに軽くですが (笑)．

方針 p_n を n で表してしまえば，残るテーマは「数列の最大」ですから，例によって

数列の増減→直前直後の大小→階差の符号

の流れでいきます．

解答 各回における事象とその確率は

$$\begin{cases} A:\text{「7, 14 が出る」}\cdots\dfrac{2}{15}(=a \text{ とおく}) \\ \overline{A}:\text{「7, 14 以外が出る」}\cdots\dfrac{13}{15}(=b \text{ とおく}). \end{cases}$$

注 このあと何度も書きそうな分数の数値に，文字で“名前”を付けて記述の簡便化を図りました．■

$$p_n = {}_nC_1\cdot a^1\cdot b^{n-1} = a\cdot nb^{n-1}.$$
$$\therefore\ p_{n+1} - p_n = a\cdot(n+1)b^n - a\cdot nb^{n-1}$$
$$= \underbrace{ab^{n-1}}_{\text{正}}\cdot\{b(n+1)-n\}.$$

これは次と同符号：

$$\{\quad\}\text{部} = \frac{13}{15}(n+1) - n$$
$$= \frac{1}{15}(13-2n).$$

したがって

$$p_{n+1}\begin{cases} > p_n\ (n \leq 6), \\ < p_n\ (n \geq 7). \end{cases}$$

i.e. $\cdots < p_6 < p_7 > p_8 > \cdots.$ 数の並びを見る

よって，求める n は，$n = 7.$ //

解説 ○フクザツな数値に“名前”を付ける．

○(p_n) の階差の符号のみを追求する．

この 2 つがとくに重要です．

注 p_{n+1}, p_n の比をとるのはあくまでも第 2 の手段です．

参考 例題 7 5 i も，確率をめぐる同様な背景をもっていました．このテーマに関するより一般的な問題が，I+A演習問題 7 13 6(3)にあります．

7 9 16 等差数列の和の最大 根底 実戦 典型

[→例題 7 5 j]

方針 例題 7 5 j と同様，次のように考えます：

S_nの増減→ S_nの階差の符号→ a_nの符号

解答 $S_n - S_{n-1} = a_n = 2(11-n)\ (n \geq 2).$

$$\therefore\ S_n\begin{cases} > S_{n-1}\ (n \leq 10) \\ = S_{n-1}\ (n = 11) \\ < S_{n-1}\ (n \geq 12). \end{cases}$$

すなわち

$$\cdots < S_9 < S_{10} = S_{11} > S_{12} > \cdots.$$

したがって，求める最大値は

$$S_{10}=\frac{a_1+a_{10}}{2}\cdot 10$$
$$=\frac{20+2}{2}\cdot 10=110.$$ //

補足　最大値は，もちろん S_{11} を求めてもかまいません：

$$S_{11}=\frac{a_1+a_{11}}{2}\cdot 11$$
$$=\frac{20+0}{2}\cdot 11=110.$$ //

7 9 17　数列の最小

根底 実戦　　[→例題 7 5 k]

方針　もちろん，階差の符号を調べます．

解答　$a_{n+1}-a_n$
$=(n-1)^2(n-8)-(n-2)^2(n-9)$ [1]
$=(n^2-2n+1)(n-8)-(n^2-4n+4)(n-9)$
$=3n^2-23n+28$（$=b_n$とおく）．

注　$b_n=0$ を解の公式で解くのはメンドウですね．

方針　自然数 n に対するb_n の値を考えましょう．

自然数 n を実数 x に変えたときのグラフを頼りに，b_n の符号を探ります．

$n=1, 2$ の間で符号が変わり，放物線の軸の座標が約 4 ですから…

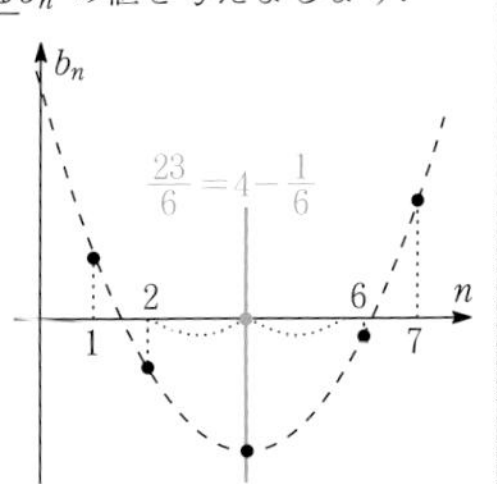

■

$b_1=8>0,$
$b_2=2\cdot(6-23+14)=-6<0,$
$b_6=6\cdot(18-23)+28=-2<0,$
$b_7=7\cdot(21-23+4)=14>0.$

よって $b_n(=a_{n+1}-a_n)$ の符号は右上図のようになるから

$$a_{n+1}\begin{cases}>a_n\ (n=1)\\<a_n\ (2\leq n\leq 6)\\>a_n\ (n\geq 7).\end{cases}$$

i.e. $a_1<a_2>a_3>a_4>a_5>a_6>a_7<a_8<\cdots.$

よって，(a_n) の最小の項は a_1, a_7 以外にはない．

ここで

$a_1=1^2\cdot(-8)=-8,$
$a_7=5^2\cdot(-2)=-50.$

よって $a_7<a_1$ だから，(a_n) の最小の項は，a_7.//

注　1)：この状況で，a_n と a_{n+1} の比をとる人はいませんね（笑）．

別解　前記**解答**では，(a_n) の階差数列 (b_n) の符号を，実数変数 x の関数のグラフを利用して考えました．

(a_n) 自体に対して同じ手法を使うこともできます［→例題 7 5 k］．次の通りです：

実数 x の関数 $f(x)=(x-2)^2(x-9)\ (x\geq 1)$ を考えると，

$f(x)=(x^2-4x+4)(x-9)$
$\quad=x^3-13x^2+40x-36.$

$f'(x)=3x^2-26x+40$
$\quad=(x-2)(3x-20).$

よって右表を得る．

x	1	$\cdots$	2	$\cdots$	$\frac{20}{3}$	$\cdots$
$f'(x)$		+	0	−	0	+
$f(x)$		↗		↘		↗

$6<\frac{20}{3}<7$ だから，(a_n) の最小の項は a_1, a_6, a_7 以外にはない．ここで

$a_1=1^2\cdot(-8)=-8,$
$a_6=4^2\cdot(-3)=-48,$
$a_7=5^2\cdot(-2)=-50.$

以上より，(a_n) の最小の項は，a_7.//

数学Ⅲ「微分法」後　積の微分法を用いるともっと楽です：

$f'(x)=2(x-2)\cdot(x-9)+(x-2)^2$
$\quad=(x-2)(3x-20).$

7 9 18　"ドミノ式"→一般項・基本型

根底 実戦 典型　　[→ 7 6 2]

着眼　全て「基本型」です．素朴に考えればできます．

解答　(1)　**補足**　②は，もちろん $n=1, 2, 3, \cdots$ について成り立つという意味で書かれています．■

②より，(a_n) は公差 $\frac{1}{3}$ の等差数列 [1]．よって

$$a_{ⓝ}=a_{\boxed{0}}+\frac{1}{3}(ⓝ-\boxed{0})$$ …… n番は0番よりn番後ろ [2]

$$=1+\frac{n}{3}.$$ //

注　1)：問題レベルが上がれば，ワザワザ明言したりはしませんが（笑）．

2)：毎回，必ずこれを考えること！

（これらの注意は(2)でも同様．）■

(2)　②より，(a_n) は公比 -2 の等比数列．よって

$$a_{ⓝ}=a_{\boxed{1}}\cdot(-2)^{ⓝ-\boxed{1}}$$ …… n番は1番より$n-1$番後ろ

$$=2\cdot(-2)^{n-1}=-(-2)^n.$$ //

(3) **着眼** $\boxed{n^2 \text{ は } a_n \text{ の階差}}$. 項を羅列して“パタパタ”を観察！■

ⓝ	$a_{ⓝ+1}-a_{ⓝ}=ⓝ^2$
1	$a_2-a_1=1^2$
2	$a_3-a_2=2^2$
3	$a_4-a_3=3^2$
	⋮
$n-1$	$a_n-a_{n-1}=(n-1)^2$
和	$a_n-a_1=\sum_{k=1}^{n-1}k^2$

$n \geq 2$ のとき

$$a_n \overset{3)}{=} a_1+\sum_{k=1}^{n-1}k^2$$

a_nはn^2の(ほぼ)和

$$=\frac{1}{6}(n-1)n(2n-1).\text{//}$$

($n=1$ でも成立.)

注 3)：これを公式として丸暗記したら，上には行けなくなりますよ！■

(4) **着眼** $\boxed{2n-1 \text{ は } a_n \text{ の（ほぼ）階差}}$です. ■

ⓝ	$a_{ⓝ}-a_{ⓝ-1}=2ⓝ-1$
2	$a_2-a_1=3$
3	$a_3-a_2=5$
4	$a_4-a_3=7$
	⋮
n	$a_n-a_{n-1}=2n-1$
和	$a_n-a_1=\cdots$

$n \geq 2$ のとき

$$a_n=a_1+\sum_{k=2}^{n}(2k-1)$$

a_nは$2n-1$の(ほぼ)和

$$=2+\frac{3+(2n-1)}{2}\cdot(n-1)$$

$$=n^2+1.\text{//}$$

($n=1$ でも成立.)

(5) **着眼** ②を，n に様々な自然数を代入して繰り返し使うだけのことです. 右の $n-1$ 行の式をつなげて書くと…■

ⓝ	$a_{ⓝ+1}=2^{2ⓝ-1}\cdot a_{ⓝ}$
1	$a_2=2^1\cdot a_1$
2	$a_3=2^3\cdot a_2$
3	$a_4=2^5\cdot a_3$
	⋮
$n-1$	$a_n=2^{2n-3}\cdot a_{n-1}$

$n \geq 2$ のとき [4]

$$a_n=a_1\cdot 2^1\cdot 2^3\cdot 2^5\cdot\cdots\cdot 2^{2n-3}$$

(a_2, a_3, a_4, a_{n-1}, a_n)

$$\overset{5)}{=}1\cdot 2^M.$$

ここに，$M=1+3+5+\cdots+(2n-3)$

$$=\frac{1+(2n-3)}{2}\cdot(n-1)=(n-1)^2.$$

$$\therefore\ a_n=2^{(n-1)^2}\ (n=1 \text{ でも成立}).\text{//}\ ^{6)}$$

解説 **番号を付けて数を並べて考える.** 「数列」は，全てがそこから始まります.

注 4)：この次の式は，a_1 に対して何かしらを掛けたことを前提に書かれているので，$n=1$ のときは特別扱いになります.

5)：このように，$2^{\square}$ の[指数部分]における計算の分量が多いときは，いったん名前(M)を付けて，次の行でその計算を実行するとよいです. 英語の「先行詞」→「関係代名詞節」の流れそのものです. 日本語には関係代名詞がありませんが，「ここに」がしばしばその代用となります.

6)：「$2^{(n-1)^2}$」とは，$2^{\{(n-1)^2\}}$ のことです. 一般に $x^{y^z}=x^{(y^z)}$です. 指数部分から先に計算する

7 9 19 階差型の応用

根底 実戦 入試 [→例題7 6 d]

着眼 こうした“風変わり”な状況になると，番号を付けて項を並べることの重要性が際立ちます.

解答 数列 (a_n) の各項は，②より次のように定まる(m はある自然数)：

$$a_1 \to a_4 \to a_7 \to \cdots \to a_{3m-2} \to \cdots$$
$$a_2 \to a_5 \to a_8 \to \cdots \to a_{3m-1} \to \cdots$$
$$a_3 \to a_6 \to a_9 \to \cdots \to a_{3m} \to \cdots$$

①より a_1 の値は定まっているが，a_2, a_3 の値は不明. よって，a_n の値が求まる n は

$$n=3m-2\ (m=1, 2, 3, \cdots).\text{//}$$

そこで，②の ⓝ に $3m-2$ を代入して

$$a_{3m+1}-a_{3m-2}=2^{3m-2}.\ ^{1)}$$

これを繰り返し使うと次のようになる：

ⓜ	$a_{3ⓜ+1}-a_{3ⓜ-2}$	$=2^{3ⓜ-2}$
1	a_4-a_1	$=2^1$
2	a_7-a_4	$=2^4$
3	$a_{10}-a_7$	$=2^7$
		⋮
m	$a_{3m+1}-a_{3m-2}$	$=2^{3m-2}$
和	$a_{3m+1}-a_1$	$=2^1+2^4+2^7+\cdots+2^{3m-2}$

上表より，$m \geq 1$ のとき

$$a_{3m+1}=a_1+2^1+2^4+2^7+\cdots+2^{3m-2}$$
$$=1+2\cdot\frac{8^m-1}{8-1}$$
$$=\frac{1}{7}(2\cdot 8^m+5)\ (m=0 \text{ でも成立}).$$

よって，$n=3m+1$ のとき

$$a_n=a_{3m+1}$$
$$=\frac{1}{7}\left(2\cdot 8^{\frac{n-1}{3}}+5\right)=\frac{1}{7}(2^n+5).\text{//}$$

注 上記**解答**では，文字「m」を使って n を 3 で割った余りを表現しましたが，次の解答で充分だという人はそれで OK です：

$n \equiv 1\ (\mathrm{mod}\ 3)$ のときを考える.

ⓝ	$a_{ⓝ+3}-a_{ⓝ}$	$=2^{ⓝ}$
1	a_4-a_1	$=2^1$
4	a_7-a_4	$=2^4$
7	$a_{10}-a_7$	$=2^7$
		⋮
$n-3$	a_n-a_{n-3}	$=2^{n-3}$
和	a_n-a_1	$=2^1+2^4+2^7+\cdots+2^{n-3}$

$n=4, 7, 10, \cdots$ のとき

$$a_n = a_1 + 2^1 + 2^4 + 2^7 + \cdots + 2^{n-3}$$
$$= 1 + 2\cdot\frac{8^{\boxed{\frac{n-4}{3}+1}} - 1}{8-1}$$
$$= 1 + \frac{2}{7}(2^{n-1} - 1)$$
$$= \frac{1}{7}(2^n + 5) \text{（これは } n=1 \text{ でも成立）.}$$

注　$\boxed{\frac{n-4}{3}+1}$ の所がよくわからないという人もいるでしょう．その場合は，解答のように文字 m の助けを借りることを推奨します．

1)：さらにこの式において $b_m = a_{3m+1}$ と置換するとわかりやすいかもしれません．手間は少し増えてしまいますが．

7 9 20　"ドミノ式"→一般項・置換（2項間）

根底 実戦　典型　[→7 6 3]

(1) 着眼　$\underbrace{a_{n+1} = 3a_n}_{\text{等比型}}\ \underbrace{-6}_{\text{ジャマ（定数）}}$ …②

「定数 -6」というジャマモノを除去して等比型へ帰着するため，ジャマモノと類似の式，つまり定数 α を一般項とする数列 (α)：$\alpha, \alpha, \alpha, \cdots$ が，漸化式②を満たす条件を考えます．

下書き

$\alpha = 3\alpha - 6$. …②′　$\alpha = 3$.

よって，特殊解は数列 (3): 3, 3, 3, … であり，②′は

$3 = 3\cdot3 - 6$. …②″

② − ②″ を行うと…

$$\begin{array}{rl} & a_{n+1} = 3\cdot a_n \cancel{-6} \ \cdots② \\ -) & 3 = 3\cdot 3 \cancel{-6} \ \cdots②'' \end{array}$$

ここまでは下書きで済ませます．■

解答　②を変形すると

$$\underbrace{a_{n+1} - 3}_{b_{n+1}} = 3(\underbrace{a_n - 3}_{b_n}).$$ 等比型

$$\therefore\ \underbrace{a_n - 3}_{b_n} = (\underbrace{a_1 - 3}_{b_1})\cdot 3^{n-1}.$$

これと①より

$$a_n = 3\cdot3^{n-1} + 3 = 3^n + 3. /\!/$$

(2) 着眼　$\underbrace{a_{n+1} = -2a_n}_{\text{等比型}} + \underbrace{3n-2}_{\text{ジャマ（1 次式）}}$ …②

「1 次式 $3n-2$」というジャマモノを除去して等比型へ帰着するため，ジャマモノと類似の式，つまり 1 次式 $\alpha n + \beta$ を一般項とする数列：$(\alpha n + \beta)$ が，漸化式②を満たす条件を考えます．

下書き

$\alpha(n+1) + \beta = -2(\alpha n + \beta) + 3n - 2$. …②′

両辺の係数を比べて整理すると

$$\begin{cases} n \cdots & 3\alpha = 3, \\ \text{定数} \cdots & \alpha = -3\beta - 2. \end{cases} \quad \therefore \begin{cases} \alpha = 1, \\ \beta = -1. \end{cases}$$

よって，特殊解は $(n-1)$ であり，②′は

$(n+1) - 1 = -2(n-1) + 3n - 2$. …②″

② − ②″ より…■

解答　②を変形すると

$$\underbrace{a_{n+1} - (n+1) + 1}_{b_{n+1}} = -2(\underbrace{a_n - n + 1}_{b_n}).$$ 等比型

$$\therefore\ \underbrace{a_n - n + 1}_{b_n} = (\underbrace{a_1 - 1 + 1}_{b_1})\cdot(-2)^{n-1}.$$

これと①より

$$a_n = 2\cdot(-2)^{n-1} + n - 1 = -(-2)^n + n - 1. /\!/$$

(3) 着眼　$\underbrace{a_{n+1} = 2a_n}_{\text{等比型}} + \underbrace{n^2}_{\text{ジャマ（2 次式）}}$ …②

「2 次式 n^2」というジャマモノを除去して等比型へ帰着するため，ジャマモノと類似の式，つまり 2 次式 $\alpha n^2 + \beta n + \gamma$ を一般項とする数列：$(\alpha n^2 + \beta n + \gamma)$ が，漸化式②を満たす条件を考えます．

下書き

$$\alpha(n+1)^2 + \beta(n+1) + \gamma = 2(\alpha n^2 + \beta n + \gamma) + n^2. \quad \cdots②'$$

両辺の係数を比べて整理すると

$$\begin{cases} n^2 \cdots & \alpha + 1 = 0, \\ n \cdots & 2\alpha = \beta, \\ \text{定数} \cdots & \alpha + \beta = \gamma. \end{cases} \quad \therefore \begin{cases} \alpha = -1, \\ \beta = -2, \\ \gamma = -3. \end{cases}$$

よって，特殊解は $(-n^2 - 2n - 3)$ であり，②′は

$$-(n+1)^2 - 2(n+1) - 3 = 2(-n^2 - 2n - 3) + n^2. \quad \cdots②''$$

② − ②″ より…■

解答　②を変形すると

$$\underbrace{a_{n+1} + (n+1)^2 + 2(n+1) + 3}_{b_{n+1}} = 2(\underbrace{a_n + n^2 + 2n + 3}_{b_n}).$$ 等比型

$$\therefore\ \underbrace{a_n + n^2 + 2n + 3}_{b_n} = (\underbrace{a_1 + 1^2 + 2\cdot1 + 3}_{b_1})\cdot 2^{n-1}.$$

これと①より

$$a_n = 8\cdot2^{n-1} - n^2 - 2n - 3$$
$$= 2^{n+2} - n^2 - 2n - 3. /\!/$$

(4) 着眼　$\underbrace{a_{n+1} = \frac{1}{3}a_n}_{\text{等比型}} + \underbrace{4\cdot3^n}_{\text{ジャマ（累乗）}}$ …②

「3 の累乗」というジャマモノを除去して等比型へ帰着するため，ジャマモノと類似の式，つまりその定数倍：$\alpha\cdot3^n$ を一般項とする数列：$(\alpha\cdot3^n)$ が，漸化式②を満たす条件を考えます．

下書き

$$\alpha\cdot3^{n+1}=\frac{1}{3}\times\alpha\cdot3^n+4\cdot3^n.\ \cdots②'$$

$$3\alpha=\frac{1}{3}\alpha+4.\quad \alpha=\frac{3}{2}.$$

よって，特殊解は数列 $\left(\frac{3}{2}\cdot3^n\right)=\left(\frac{3^{n+1}}{2}\right)$ であり，②′は

$$\frac{3^{n+2}}{2}=\frac{1}{3}\cdot\frac{3^{n+1}}{2}+4\cdot3^n.\ \cdots②''$$

② − ②″ より…■

解答 ②を変形すると

$$\underbrace{a_{n+1}-\frac{3^{n+2}}{2}}_{b_{n+1}}=\frac{1}{3}\Big(\underbrace{a_n-\frac{3^{n+1}}{2}}_{b_n}\Big).$$ 等比型

$$\therefore\ \underbrace{a_n-\frac{3^{n+1}}{2}}_{b_n}=\Big(\underbrace{a_1-\frac{3^2}{2}}_{b_1}\Big)\cdot\left(\frac{1}{3}\right)^{n-1}.$$

これと①より

$$a_n=-\frac{3}{2}\cdot\left(\frac{1}{3}\right)^{n-1}+\frac{3^{n+1}}{2}$$
$$=\frac{1}{2}\left\{3^{n+1}-\left(\frac{1}{3}\right)^{n-2}\right\}.//$$

別解 階差型へ帰着させる方法もマスターしましょう：

$$a_{n+1}=\underbrace{\frac{1}{3}}_{ジャマ}a_n+4\cdot3^n\ \cdots②$$

②×3^{n+1} より　つまり ②÷$\left(\frac{1}{3}\right)^{n+1}$

$$3^{n+1}a_{n+1}=\frac{3^{n+1}}{3}a_n+4\cdot3^n\times3^{n+1}.$$

$$\underbrace{3^{n+1}a_{n+1}}_{c_{n+1}}-\underbrace{3^na_n}_{c_n}=12\cdot9^n.$$ 階差型へ帰着

これと①より，$n\geqq2$ のとき

$$\underbrace{3^na_n}_{c_n}=\underbrace{3^1a_1}_{c_1}+\sum_{k=1}^{n-1}12\cdot9^k$$
$$=9+12\cdot9\cdot\frac{9^{n-1}-1}{9-1}$$
$$=9+\frac{3}{2}(9^n-9)=\frac{1}{2}(3^{2n+1}-3^2).$$

$$\therefore\ a_n=\frac{1}{2}\left\{3^{n+1}-\left(\frac{1}{3}\right)^{n-2}\right\}\ (n=1\text{ でも成立}).//$$

(5) **着眼** $a_{n+1}=\underbrace{2}_{ジャマ}a_n-2^{n+1}\ \cdots②$ （2 と 2^{n+1} の底が「一致」）

前問と似た「等比型＋ジャマ（累乗）」ですが，上のように「一致」しているのは**例外タイプ**．2 を除去して階差型へ帰着すると覚えてください．■

②÷2^{n+1} より

$$\frac{a_{n+1}}{2^{n+1}}=\frac{2a_n}{2^{n+1}}-1.$$ $2^{n+1}=2\cdot2^n$

$$\underbrace{\frac{a_{n+1}}{2^{n+1}}}_{c_{n+1}}-\underbrace{\frac{a_n}{2^n}}_{c_n}=-1.$$ 階差が定数で等差型

これと①より

$$\therefore\ \underbrace{\frac{a_n}{2^n}}_{c_n}=\underbrace{\frac{a_1}{2^1}}_{c_1}+(-1)(n-1)$$
$$=1-(n-1)=2-n.$$
$$\therefore\ a_n=(2-n)2^n.//$$

7 9 21 3項間漸化式

根底 実戦 典型　[→7 6 4]

(1) **下書き** ②の特性方程式は，

$x^2=-2x+3$, i.e. $x^2+2x-3=0$.

$(x-1)(x+3)=0$. ∴ $x=1,\ -3$. 異なる 2 解

これら 2 解を用いて…

解答 ②は次のように変形できる：

$$\underbrace{a_{n+2}-a_{n+1}}_{b_{n+1}}=-3(\underbrace{a_{n+1}-a_n}_{b_n}).$$ 等比型

$$\therefore\ \underbrace{a_{n+1}-a_n}_{b_n}=(\underbrace{a_2-a_1}_{b_1})\cdot(-3)^{n-1}.$$

これと①より

$$a_{n+1}-a_n=(5-2)(-3)^{n-1}=-(-3)^n.\ \cdots③$$

方針 次に，1 と −3 を入れ替えます．■

同様に，

$$a_{n+1}+3a_n=(a_2+3a_1)\cdot1^{n-1}$$
$$=5+3\cdot2=11.\ \cdots③'$$

③′ − ③ より，$a_n=\dfrac{11+(-3)^n}{4}.//$

注 特性方程式が異なる 2 解をもち，その 1 つが「1」であるとき…

③: $a_{n+1}-a_n=-(-3)^n$.　階差型

③′: $a_{n+1}=-3a_n+11$.　等比型＋ジャマ（定数）

これらはいずれも，一方だけでもカンタンに一般項を導ける漸化式です．しかし，けっきょくは両方用いて最後に差をとる上記の方法が一番早いです（笑）．■

(2) **解答** 方程式 $x^2=x+1$ i.e. $x^2-x-1=0$ …③ の 2 解を

$$\alpha=\frac{1+\sqrt{5}}{2},\ \beta=\frac{1-\sqrt{5}}{2}$$

とおくと，②は次のように変形できる：

$$\underbrace{a_{n+2}-\alpha a_{n+1}}_{b_{n+1}}=\beta(\underbrace{a_{n+1}-\alpha a_n}_{b_n}).$$ 等比型

$$\therefore\ \underbrace{a_{n+1}-\alpha a_n}_{b_n}=(\underbrace{a_2-\alpha a_1}_{b_1})\cdot\beta^{n-1}$$
$$=(1-\alpha)\beta^{n-1}\ (\because\ ①)$$
$$=\beta\cdot\beta^{n-1}\ (\because\ ③より\ \alpha+\beta=1)$$
$$=\beta^n.\ \cdots④$$

α と β を入れ替えると，同様にして

$a_{n+1}-\beta a_n=\alpha^n$. …④′

④′－④ より

$(\alpha-\beta)a_n=\alpha^n-\beta^n$.

$$\therefore a_n=\frac{\alpha^n-\beta^n}{\alpha-\beta}$$

$$=\frac{1}{\sqrt{5}}\left\{\left(\frac{1+\sqrt{5}}{2}\right)^n-\left(\frac{1-\sqrt{5}}{2}\right)^n\right\}.//$$

参考 有名な「フィボナッチ数列」の一般項です．例題 7 8 h では，本問と逆に「問題文：一般項」→「解答：“ドミノ式”」の向きに考えました．■

(3) **下書き** ②の特性方程式は，

$x^2=3x-\frac{9}{4}$, i.e. $4x^2-12x+9=0$.

$(2x-3)^2=0$. $\therefore\ x=\frac{3}{2}$. 重解

よって，1 通りの変形しかできない例外タイプです．

解答 ②は次のように変形できる：

$$\underbrace{a_{n+2}-\frac{3}{2}a_{n+1}}_{b_{n+1}}=\frac{3}{2}\Big(\underbrace{a_{n+1}-\frac{3}{2}a_n}_{b_n}\Big).$$ 等比型

$$\therefore \underbrace{a_{n+1}-\frac{3}{2}a_n}_{b_n}=\Big(\underbrace{a_2-\frac{3}{2}a_1}_{b_1}\Big)\cdot\left(\frac{3}{2}\right)^{n-1}.$$

これと①より

$$a_{n+1}-\frac{3}{2}a_n=\left(3-\frac{3}{2}\cdot1\right)\cdot\left(\frac{3}{2}\right)^{n-1}$$

$$=\left(\frac{3}{2}\right)^n.\ \cdots③$$

着眼

一致

$$a_{n+1}-\frac{3}{2}a_n=\left(\frac{3}{2}\right)^n.\ \cdots③$$

ジャマ

これは，2 項間漸化式の例外タイプですね．■

③ $\div\left(\frac{3}{2}\right)^{n+1}$ より

$$\underbrace{\frac{a_{n+1}}{\left(\frac{3}{2}\right)^{n+1}}}_{c_{n+1}}-\underbrace{\frac{a_n}{\left(\frac{3}{2}\right)^n}}_{c_n}=\frac{1}{\frac{3}{2}}=\frac{2}{3}.$$ 階差が定数で等差型

これと①より

$$\therefore\ \underbrace{\frac{a_n}{\left(\frac{3}{2}\right)^n}}_{c_n}=\underbrace{\frac{a_1}{\left(\frac{3}{2}\right)^1}}_{c_1}+\frac{2}{3}(n-1)$$

$$=\frac{2}{3}+\frac{2}{3}(n-1)=\frac{2}{3}n.$$

$$\therefore\ a_n=n\left(\frac{3}{2}\right)^{n-1}.//$$

7 9 22 連立漸化式 根底 実戦 典型 [→7 6 5]

解答 (1) **方針** (a_n), (b_n) どちらか一方の数列の「3 項間漸化式」を作ります．カンタンな③を，②へ代入してどちらかを消去します．何しろ③がシンプルなので，どちらを消すのもカンタンです．■

③より，

$a_n=-b_{n+1}$. …③′ 消したい (a_n) を残したい (b_n) で表す

これと②より

$-b_{n+2}=3(-b_{n+1})+b_n$.

$b_{n+2}=3b_{n+1}-b_n$. …④

また，①③より $b_2=3$ …①′.[1)]

方程式 $x^2=3x-1$ i.e. $x^2-3x+1=0$ …⑤ の 2 解を

$$\alpha=\frac{3+\sqrt{5}}{2},\ \beta=\frac{3-\sqrt{5}}{2}$$

とおくと，④は次のように変形できる：

$$\underbrace{b_{n+2}-\alpha b_{n+1}}_{B_{n+1}}=\beta\big(\underbrace{b_{n+1}-\alpha b_n}_{B_n}\big).$$ 等比型

$$\therefore\ \underbrace{b_{n+1}-\alpha b_n}_{B_n}=\big(\underbrace{b_2-\alpha b_1}_{B_1}\big)\cdot\beta^{n-1}$$

$=(3-\alpha)\beta^{n-1}$ ($\because$ ①, ①′)

$=\beta\cdot\beta^{n-1}$ ($\because$ ⑤より $\alpha+\beta=3$)

$=\beta^n$. …⑥

α と β を入れ替えると，同様にして

$b_{n+1}-\beta b_n=\alpha^n$. …⑥′

⑥′－⑥ より

$(\alpha-\beta)b_n=\alpha^n-\beta^n$.

$$\therefore b_n=\frac{\alpha^n-\beta^n}{\alpha-\beta}$$

$$=\frac{1}{\sqrt{5}}\left\{\left(\frac{3+\sqrt{5}}{2}\right)^n-\left(\frac{3-\sqrt{5}}{2}\right)^n\right\}.//$$

これと ③′ より

$$a_n=-b_{n+1}$$

$$=\frac{-1}{\sqrt{5}}\left\{\left(\frac{3+\sqrt{5}}{2}\right)^{n+1}-\left(\frac{3-\sqrt{5}}{2}\right)^{n+1}\right\}.//$$

注 1)：これと $b_1=1$，および④により，(b_n) の各項は“一昨日昨日式”に**定まります**．この定義を完成させた後で，漸化式の変形に取り掛かります．定義が未完成なまま漸化式をイジるのは NG です．

別解 (a_n) だけの漸化式を作ると以下の通りです：

②より $a_{n+2}=3a_{n+1}+b_{n+1}$. これは $n\geqq0$ で成立

これに③を代入して 消したい (b_n) が，既に残したい (a_n) で表されている

$a_{n+2}=3a_{n+1}-a_n$. …④′

また，①②より $a_2=-8$ …①″.

注 (a_n) だけの 3 項間漸化式 ④′ は，(b_n) だけの 3 項間漸化式 ④ と全く同じ係数ですね（必ずそうなることが知られています）．
もちろん特性方程式も両者で共通ですから，この後行う 3 項間漸化式の処理も同様です．なのでかなり飛ばして，“違い” が現れる所から書くと…■

$$\underbrace{a_{n+1}-\alpha a_n}_{A_n}=(\underbrace{a_2-\alpha a_1}_{A_1})\cdot\beta^{n-1}$$
$$=(-8+3\alpha)\beta^{n-1}\ (\because\ ①,\ ①'').$$

ここで，⑤より
$$-8+3\alpha=-8+3(3-\beta)=-3\beta+1.$$
β は⑤の 1 つの解だから，
$$\beta^2=3\beta-1.$$
$$\therefore a_{n+1}-\alpha a_n=-\beta^2\cdot\beta^{n-1}=-\beta^{n+1}.\ \cdots⑦$$
α と β を入れ替えると，同様にして
$$a_{n+1}-\beta a_n=-\alpha^{n+1}.\ \cdots⑦'$$
⑦′ − ⑦ より
$$(\alpha-\beta)a_n=-\alpha^{n+1}+\beta^{n+1}.$$
$$\therefore a_n=-\frac{\alpha^{n+1}-\beta^{n+1}}{\alpha-\beta}$$
$$=\frac{-1}{\sqrt{5}}\left\{\left(\frac{3+\sqrt{5}}{2}\right)^{n+1}-\left(\frac{3-\sqrt{5}}{2}\right)^{n+1}\right\}.//$$
これと③より
$$b_{n+1}=\frac{\alpha^{n+1}-\beta^{n+1}}{\alpha-\beta}\ (n\geq 1).$$
$$\text{i.e.}\ \ b_n=\frac{\alpha^n-\beta^n}{\alpha-\beta}\ (n\geq 2).$$
これは，$n=1$ のとき両辺が 1（∵ ①）なので成り立つ．よって
$$b_n=\frac{\alpha^n-\beta^n}{\alpha-\beta}\ (n\geq 1)$$
$$=\frac{1}{\sqrt{5}}\left\{\left(\frac{3+\sqrt{5}}{2}\right)^{n}-\left(\frac{3-\sqrt{5}}{2}\right)^{n}\right\}.//$$

解説 ④′を作る段階では，代入が 1 か所だけで済んだので少しだけ楽でしたが，その後の処理は前記**解答**より手間が掛かりましたね．③を見たとき，筆者は「(a_n) の n 番は，(b_n) の $n+1$ 番で表されるから次数が高くなるのでメンドウそうだな」と判断を下しますが，もちろんそこまで見通せなくても大丈夫です（笑）．

参考 「連立漸化式」には，**例題 7 6 k 別解**で述べた「(a_n) と (b_n) を “適切な比率でブレンドする”」という方法もあります．

(2) **着眼** ②③の右辺を見ると，a_n, b_n の係数が**互換された**
$$\begin{cases}a_{n+1}=\square\,a_n+\bigcirc\,b_n,\\ b_{n+1}=\bigcirc\,a_n+\square\,b_n\end{cases}$$
型の連立漸化式ですから，**「足して，引く」**のが “解法パターン” でしたね．■

②±③ より
$$\begin{cases}a_{n+1}+b_{n+1}=a_n+b_n, & \text{定数数列}\\ a_{n+1}-b_{n+1}=3(a_n-b_n). & \text{等比型}\end{cases}$$
これと①より
$$\begin{cases}a_n+b_n=a_1+b_1=2,\\ a_n-b_n=(a_1-b_1)3^{n-1}=2\cdot 3^n.\end{cases}$$
$$\therefore a_n=1+3^n,\ b_n=1-3^n.//$$

7 9 23 “ドミノ式” →一般項・変化形

根底 実戦 [→例題 7 6 m, n]

(1) **着眼** パッと見はなんだかよくわかりませんが，「$\cos n\pi=(-1)^n$」という常識を知ってさえいれば，次のタイプだと見抜けます：
$$a_{n+1}=\underbrace{-1}_{\text{ジャマ}}\cdot a_n+(-1)^n$$
（-1 と $(-1)^n$ の -1 が「一致」）

「等比型 ＋ ジャマ（累乗）」の “例外タイプ” ですね．■

解答 ② ÷ $(-1)^{n+1}$ より
$$\frac{a_{n+1}}{(-1)^{n+1}}+\frac{a_n}{(-1)^{n+1}}=\frac{(-1)^n}{(-1)^{n+1}}$$
$$\frac{a_{n+1}}{(-1)^{n+1}}-\frac{a_n}{(-1)^n}=-1.\ \text{等差型}$$
$$\therefore\frac{a_{ⓝ}}{(-1)^n}=\frac{a_{\boxed{1}}}{(-1)^1}+(-1)(ⓝ-\boxed{1}).$$
これと①より
$$a_n=-n\cdot(-1)^n.//$$

(2) **着眼** 「等比型 ＋ ジャマ（累乗）」ですね．ジャマな累乗が 2 つありますが，いつもと同じようにやればできそうな予感．■

下書き $\underbrace{a_{n+1}=2a_n}_{\text{等比型}}+\underbrace{3^n+4^{n+1}}_{\text{ジャマな累乗（2 つ）}}\ \cdots②$

初項の条件①をひとまず無視し，ジャマモノと類似の式を一般項とする数列：$(\alpha\cdot 3^n+\beta\cdot 4^n)$ が，漸化式②を満たす条件を考えると
$$\alpha\cdot 3^{n+1}+\beta\cdot 4^{n+1}=2(\alpha\cdot 3^n+\beta\cdot 4^n)+3^n+4^{n+1}.\ \cdots②'$$
両辺の 3^n, 4^n の係数を比べて
$$\begin{cases}3\alpha=2\alpha+1\\ 4\beta=2\beta+4.\end{cases}\ \therefore\begin{cases}\alpha=1\\ \beta=2\end{cases}$$
であればよく，このとき②′は
$$3^{n+1}+2\cdot 4^{n+1}=2(3^n+2\cdot 4^n)+3^n+4^{n+1}.\ \cdots②''$$
② − ②″ より⋯．　ここまで下書き．■

解答 ②を変形すると

$$\underbrace{a_{n+1}-3^{n+1}-2\cdot 4^{n+1}}_{b_{n+1}}=2\big(\underbrace{a_n-3^n-2\cdot 4^n}_{b_n}\big).$$ 等比型

$$\therefore \underbrace{a_n-3^n-2\cdot 4^n}_{b_n}=\big(\underbrace{a_1-3^1-2\cdot 4^1}_{b_1}\big)\cdot 2^{n-1}.$$

これと①より

$$a_n=3^n+2\cdot 4^n-5\cdot 2^n.$$ //

別解 $a_{n+1}=\underset{\text{ジャマ}}{2}a_n+3^n+4^{n+1}$ …②

とみて，階差型へ帰着させることを考えます．

② ÷ 2^{n+1} より

$$\frac{a_{n+1}}{2^{n+1}}=\frac{2a_n}{2^{n+1}}+\frac{3^n}{2^{n+1}}+\frac{4^{n+1}}{2^{n+1}}.$$

$$\underbrace{\frac{a_{n+1}}{2^{n+1}}}_{c_{n+1}}-\underbrace{\frac{a_n}{2^n}}_{c_n}=\frac{1}{2}\left(\frac{3}{2}\right)^n+2^{n+1}.$$ 階差型

よって $n\geq 2$ のとき

$$\underbrace{\frac{a_n}{2^n}}_{c_n}=\underbrace{\frac{a_1}{2^1}}_{c_1}+\sum_{k=1}^{n-1}\left\{\frac{1}{2}\left(\frac{3}{2}\right)^k+2^{k+1}\right\}$$

$$=\frac{1}{2}+\frac{1}{2}\cdot\frac{3}{2}\cdot\frac{\left(\frac{3}{2}\right)^{n-1}-1}{\frac{3}{2}-1}+4\cdot\frac{2^{n-1}-1}{2-1}$$

$$=\left(\frac{3}{2}\right)^n+2^{n+1}-5\ (n=1\text{ でも成立}).$$

$$\therefore\ a_n=3^n+2\cdot 4^n-5\cdot 2^n.$$ //

注 繰り返しになりますが，「3^{n+1}」や「4^{n+1}」で割ってもダメです．■

(3) **着眼** $\underbrace{a_{n+2}=2a_{n+1}+3a_n}_{\text{3 項間漸化式}}+\underset{\text{ジャマ（定数）}}{4}$ …②

2 項間漸化式の「等比型 ＋ ジャマ（定数）」で用いた手法をマネします．

下書き ジャマモノと“類似の式”，つまり定数 α を一般項とする数列 (α) が漸化式②を満たす条件は，

$\alpha=2\alpha+3\alpha+4$ …②′ $\alpha=-1$.

よって，特殊解は定数数列 $(-1, -1, -1, \cdots)$ であり，②′は

$-1=2\cdot(-1)+3\cdot(-1)+4.$ …②″

② − ②″ より… ここまで下書き．■

解答 ②を変形すると

$a_{n+2}+1=2(a_{n+1}+1)+3(a_n+1).$

そこで，$b_n=a_n+1$ とおくと

$b_{n+2}=2b_{n+1}+3b_n.$ …③

また，$b_1=2,\ b_2=4$ (∵ ①) …①′

下書き 特性方程式は

$x^2=2x+3.\quad x^2-2x-3=0.$

$(x+1)(x-3)=0.\quad x=-1,\ 3.$

これら 2 解を用いて… ここまで下書き．■

③は次のように変形できる：

$$\underbrace{b_{n+2}+b_{n+1}}_{c_{n+1}}=3\big(\underbrace{b_{n+1}+b_n}_{c_n}\big).$$ 等比型

$$\therefore \underbrace{b_{n+1}+b_n}_{c_n}=\big(\underbrace{b_2+b_1}_{c_1}\big)\cdot 3^{n-1}.$$

これと①′より

$b_{n+1}+b_n=6\cdot 3^{n-1}=2\cdot 3^n.$ …④

方針 次に，-1 と 3 を入れ替えます．■

同様に，

$$b_{n+1}-3b_n=(b_2-3b_1)\cdot(-1)^{n-1}$$
$$=-2\cdot(-1)^{n-1}=2\cdot(-1)^n.\ \cdots④'$$

④ − ④′より，

$$b_n=\frac{2\cdot 3^n-2\cdot(-1)^n}{4}=\frac{3^n-(-1)^n}{2}.$$

$$\therefore\ a_n=\frac{3^n-(-1)^n}{2}-1.$$ //

7 9 24 “ドミノ式”→一般項・その他

根底 実戦 [→例題 7 6 p, q]

着眼 (1)(2)とも，経験がモノをいうタイプです．“パターンに慣れる”という程度の軽い気持ちでサクサクやってください（笑）．

解答 (1) ② ÷ $a_{n+1}a_n$ (>0) より

$$\underbrace{\frac{1}{a_{n+1}}}_{b_{n+1}}-\underbrace{\frac{1}{a_n}}_{b_n}=1.$$ 等差型

これと①より

$$\underbrace{\frac{1}{a_n}}_{b_n}=\underbrace{\frac{1}{a_1}}_{b_1}+1\cdot(n-1)$$

$$=\frac{1}{2}+n-1=n-\frac{1}{2}.$$

$$\therefore\ a_n=\frac{1}{n-\frac{1}{2}}=\frac{2}{2n-1}.$$ //

参考 一般項を推定して数学的帰納法で示す手もあります．

言い訳 (a_n) の各項が正であることは，次のように“ドミノ式”に示せます：

②を変形すると $(a_n+1)a_{n+1}=a_n$. よって

$a_n>0 \Longrightarrow a_{n+1}>0.$

また，①より $a_1>0$. よって帰納的に

$a_n>0\ (n=1, 2, 3, \cdots).$

(2) **方針** これも“パターン”です．

積（累乗）の形 $\xrightarrow{\text{対数をとる}}$ 和の形

$81=3^4$ ですから，底は 3 にするとよさそうです．■

$a_n > 0\ (n = 1, 2, 3, \cdots)$ だから，②を変形すると

$$\log_3(a_{n+1}a_n{}^3) = \log_3 3^4.$$

$$\log_3 a_{n+1} + 3\log_3 a_n = 4.$$

そこで $b_n = \log_3 a_n$ とおくと

$$b_{n+1} = -3b_n + 4. \cdots ②'$$

また，①より，$b_1 = \log_3 \dfrac{1}{9} = -2 \cdots ①'$.

②′を変形すると ●●● ”例の” 変形です

$$b_{n+1} - 1 = -3(b_n - 1).$$

$$\therefore\ b_n - 1 = (b_1 - 1)\cdot(-3)^{n-1}.$$

これと①′より

$$b_n = \log_3 a_n = (-3)^n + 1.$$

$$\therefore\ a_n = 3^{(-3)^n+1}.\mathbin{/\!/}$$

参考 $\dfrac{a_{n+2}{}^2 a_n}{a_{n+1}{}^3} = \sim\sim\sim$ とかでも，各項が正であれば対数をとるのが有効です．

7 9 25 分数形漸化式（重解） 根底 実戦 [→例題 7 7 b]

方針 この (x_n) は例題 7 7 b と全く同じ数列です．そこでは“推定帰納法”を用いました．本問の誘導に従うと別の方法で解決します．

注 方程式③は，漸化式②の特殊解（定数数列）を求めるものですね．

解答 ③を解く．$x \neq 3$ のもとで

$$x(x-3) = x - 4. \quad x^2 - 4x + 4 = 0.$$

$$(x-2)^2 = 0. \quad \therefore\ \alpha = 2. \quad \boxed{\text{重解}}$$

$$\therefore y_n = x_n - 2. \cdots ④$$

言い訳 重解となることを見越して，問題文では③の解に「α」という 1 つの呼び名を与えました．

方針 (x_n) が“ドミノ式”に定まっていますから，(y_n) も“ドミノ式”に定めます．■

④と①より，$y_1 = 1 - 2 = -1. \cdots ⑤$

$$y_{n+1} = x_{n+1} - 2$$
$$= \frac{x_n - 4}{x_n - 3} - 2$$
$$= \frac{-x_n + 2}{x_n - 3} = -\frac{x_n - 2}{x_n - 3}.$$

$$\therefore\ y_{n+1} = -\frac{y_n}{y_n - 1}.$$

ここで，$x_n \neq \alpha = 2$ より $y_n \neq 0$ だから

$$\frac{1}{y_{n+1}} = \frac{1}{y_n} - 1. \text{ ●●● 等差型}$$

$$\therefore\ \frac{1}{y_n} = \frac{1}{y_1} + (-1)\cdot(n-1) = -n\ (\because ⑤).$$

$$y_n = -\frac{1}{n}.\mathbin{/\!/}$$

これと④より，$x_n = 2 - \dfrac{1}{n}.\mathbin{/\!/}$

別解 (y_n) の漸化式を作る際には，

消したい x_nを残したい y_nで表す

という方法もあります：

④より，$x_n = y_n + 2$. これを②へ代入して

$$y_{n+1} + 2 = \frac{y_n + 2 - 4}{y_n + 2 - 3}$$

$$\therefore\ y_{n+1} = \frac{y_n - 2}{y_n - 1} - 2 = \frac{-y_n}{y_n - 1}.$$

言い訳 「$x_n \neq \alpha\ (n = 1, 2, 3, \cdots)$」の証明は，本問の主眼ではないので敢えて問いませんでした．次のように数学的帰納法で示されます：

$P(n)$: $x_n \neq 2$

を $n = 1, 2, 3, \cdots$ について示す．

1° $P(1)$: $x_1 \neq 2$ は①より成り立つ．

2° n を固定する．$P(n)$ を仮定し，$P(n+1)$: $x_{n+1} \neq 2$ を示す．（「≠」という否定表現の証明なので，背理法を用いる）

仮に $x_{n+1} = 2$ だとしたら，②より

$$2 = \frac{x_n - 4}{x_n - 3}. \quad 2(x_n - 3) = x_n - 4.$$

$\therefore x_n = 2$ となり $P(n)$ に反する．

よって，$P(n) \Longrightarrow P(n+1)$ が成り立つ．

1°, 2° より，$P(1), P(2), P(3), \cdots$ が示せた．□

このように，主眼でない部分に結構な手間がかかってしまうのです．

7 9 26 分数形漸化式（異なる2解） 根底 実戦 [→演習問題 7 9 25]

着眼 方程式③は，漸化式②の特殊解（定数数列）を求めるものですね．

解答 (1) ③を解く．$x \neq -2$ のもとで

$$x(x+2) = 3x + 2. \quad x^2 - x - 2 = 0.$$

$$(x+1)(x-2) = 0.$$

$$\therefore (\alpha, \beta) = (-1, 2). \quad \boxed{\text{異なる 2 解}}$$

$$\therefore y_n = \frac{x_n + 1}{x_n - 2}. \cdots ④$$

方針 (x_n) が“ドミノ式”に定まっていますから，(y_n) も“ドミノ式”に定めます．■

④と①より，$y_1 = \dfrac{3+1}{3-2} = 4. \cdots ⑤$

$$y_{n+1} = \frac{x_{n+1} + 1}{x_{n+1} - 2}$$
$$= \frac{\dfrac{3x_n + 2}{x_n + 2} + 1}{\dfrac{3x_n + 2}{x_n + 2} - 2}$$
$$= \frac{4x_n + 4}{x_n - 2}$$
$$= 4\cdot\frac{x_n + 1}{x_n - 2}.$$

$\therefore\ y_{n+1}=4y_n$.　等比型

これと⑤より

$y_n=4\cdot 4^{n-1}=4^n$.// …⑥

(2) ④より

$y_n=1+\dfrac{3}{x_n-2}$.　分子を低次化して x_n を集約

これと⑥より

$(4^n-1)(x_n-2)=3$.

$\therefore x_n=\dfrac{3}{4^n-1}+2$.//　通分すると $\dfrac{2\cdot 4^n+1}{4^n-1}$

言い訳　作問者が「④のように置換せよ」と言ったということは，暗に「$x_n \neq 2$ としてよい」と示唆していると解釈できる気がします．この点をキチンと処理するなら，前問の**言い訳**と同様に数学的帰納法を用います．

7 9 27　両辺を何で割るか？　根底 実戦　[→例題 7 6 o]

解答 (1) **着眼** $a_n=\underset{\text{ジャマ}}{n}\,a_{n-1}+n-1$ …②

ジャマな n を除去して階差型へ帰着させます．■

②÷$n!$ より

$$\underbrace{\frac{a_n}{n!}}_{b_n}=\underbrace{\frac{a_{n-1}}{(n-1)!}}_{b_{n-1}}+\frac{n-1}{n!}$$

$$=\frac{a_{n-1}}{(n-1)!}+\frac{1}{(n-1)!}-\frac{1}{n!}.$$

$$\therefore\ \underbrace{\frac{a_n+1}{n!}}_{A_n}=\underbrace{\frac{a_{n-1}+1}{(n-1)!}}_{A_{n-1}}.$$　定数数列

これを繰り返し用いて

$$\underbrace{\frac{a_n+1}{n!}}_{A_n}=\underbrace{\frac{a_1+1}{1!}}_{A_1}=2\ (\because ①).$$

$\therefore\ a_n=2\cdot n!-1$.//

(2) $a_n+1=n(a_{n-1}+1)$ と変形しても OK.

着眼 $a_{n+1}=\underset{\text{ジャマ}}{\dfrac{1}{n+1}}a_n+\dfrac{3^n}{n!}$ …②

(1)と同様に考えます．■

②×$(n+1)!$ より

$$\underbrace{(n+1)!a_{n+1}}_{b_{n+1}}-\underbrace{n!a_n}_{b_n}=(n+1)3^n.$$

よって $n\geq 2$ のとき

$$\underbrace{n!a_n}_{b_n}=\underbrace{1!a_1}_{b_1}+\underbrace{\sum_{k=1}^{n-1}(k+1)3^k}_{S\text{とおく}}.\ \cdots③$$

ここで，$n\geq 3$ のとき　等差数列×等比数列

$$\begin{array}{rl} S= & 2\cdot 3^1+3\cdot 3^2+4\cdot 3^3+\cdots+n\cdot 3^{n-1} \\ -)\ 3S= & \qquad 2\cdot 3^2+3\cdot 3^3+\cdots+(n-1)\cdot 3^{n-1}+n\cdot 3^n \\ \hline -2S= & \underbrace{2\cdot 3^1}_{3+3^1}+\underbrace{3^2+3^3+\cdots+3^{n-1}}_{\text{等比の和}(n-2\text{個})}-n\cdot 3^n \end{array}$$

$$=3+3\cdot\frac{3^{n-1}-1}{3-1}-n\cdot 3^n$$　3^1 も合わせて等比の和とした

$$=\left(\frac{1}{2}-n\right)3^n+\frac{3}{2}.$$

$\therefore\ S=\left(\dfrac{n}{2}-\dfrac{1}{4}\right)3^n-\dfrac{3}{4}$ ($n=2$ でも成立).

これと③①より

$n!a_n=\left(\dfrac{n}{2}-\dfrac{1}{4}\right)3^n+\dfrac{1}{4}$ ($n=1$ でも成立).

$\therefore\ a_n=\left\{\left(\dfrac{n}{2}-\dfrac{1}{4}\right)3^n+\dfrac{1}{4}\right\}\cdot\dfrac{1}{n!}$.//

解説　ジャマモノをどうやって除去するかは，基本的には試行錯誤です．次問でいちおう一般論を述べますが…

7 9 28　両辺を何で割るか・一般論　根底 実戦 ハイレベル↑　[→例題 7 6 o]

方針　両辺を何で割ると「$\dfrac{a_n}{2^{n(n-1)}}$」が現れるでしょう？

解答 (1) ②÷$2^{n(n+1)}$ より

$$\frac{a_{n+1}}{2^{n(n+1)}}=\frac{4^na_n}{2^{n(n+1)}}+\frac{2^{(n^2)}}{2^{n(n+1)}}.$$

ここで，

$$\frac{4^n}{2^{n(n+1)}}=\frac{1}{2^{n(n+1)-2n}}=\frac{1}{2^{n(n-1)}}.$$

$$\frac{2^{(n^2)}}{2^{n(n+1)}}=2^{n^2-n(n+1)}$$

$$=2^{-n}=\left(\frac{1}{2}\right)^n.$$

したがって，

$$\frac{a_{n+1}}{2^{n(n+1)}}=\underbrace{\frac{a_n}{2^{n(n-1)}}}_{A_n\text{とおく}}+\left(\frac{1}{2}\right)^n.$$

$$A_{n+1}-A_n=\left(\frac{1}{2}\right)^n.$$

$A_1=\dfrac{a_1}{1}=2$ だから，$n\geq 2$ のとき

$$A_n=A_1+\sum_{k=1}^{n-1}\left(\frac{1}{2}\right)^k$$

$$=2+\frac{1}{2}\cdot\frac{1-\left(\frac{1}{2}\right)^{n-1}}{1-\frac{1}{2}}$$

$$=3-\left(\frac{1}{2}\right)^{n-1}\ (n=1\text{ でも成立}).//$$

(2) (1)より

$$a_n=\left\{3-\left(\frac{1}{2}\right)^{n-1}\right\}\cdot 2^{n(n-1)}.//$$

発展 ハイレベル↑　本問の一般的理論背景を説明します．数列 (a_n) の漸化式が，ある数列 (b_n), (c_n) を用いて次のように表されるとします（ただし $b_n\neq 0$).

$a_{n+1}=b_{n+1}a_n+c_n$ ($n=1,2,3,\cdots$). …③

③ $\div b_1b_2b_3\cdots b_nb_{n+1}$ より

$$\underbrace{\frac{a_{n+1}}{b_1b_2b_3\cdots b_nb_{n+1}}}_{A_{n+1}}-\underbrace{\frac{b_{n+1}a_n}{b_1b_2b_3\cdots b_nb_{n+1}}}_{A_n}=\frac{c_n}{b_1b_2b_3\cdots b_nb_{n+1}}.$$

これで (A_n) の階差型漸化式ができましたので，あとは右辺の $\sum$ が計算できれば，(A_n)，延いては (a_n) の一般項が求まります．

例: $a_{n+1}=(n+1)a_n+n$ [→例題 7 6 o]

なら，$b_n=n$ より両辺を $b_1b_2b_3\cdots b_nb_{n+1}=(n+1)!$ で割ります．

本問：

$$a_{n+1}=4^na_n+○$$

では，$b_n=4^{n-1}$ ですから，両辺を

$$b_1b_2b_3\cdots b_nb_{n+1}=1\cdot4\cdot4^2\cdot\cdots\cdot4^n$$
$$=4^{\frac{1}{2}n(n+1)}=2^{n(n+1)}$$

で割ります．

7 9 29 漸化式・変化形 [→例題 7 6 c]

根底 実戦

着眼 ③は"1 個飛ばし"の漸化式ですから，偶数番，奇数番に分けて考えるのが素朴な発想です．

解答 m をある自然数として，

$$a_{2m}=a_0\cdot\frac{1}{2}\cdot\frac{3}{4}\cdot\frac{5}{6}\cdot\frac{7}{8}\cdot\cdots\cdots\frac{2m-3}{2m-2}\cdot\frac{2m-1}{2m}.$$

（矢印注記：$a_2, a_4, a_6, a_8, a_{2m-4}, a_{2m-2}, a_{2m}$）

$$a_{2m+1}=a_1\cdot\frac{2}{3}\cdot\frac{4}{5}\cdot\frac{6}{7}\cdot\frac{8}{9}\cdot\cdots\cdots\frac{2m-2}{2m-1}\cdot\frac{2m}{2m+1}.$$

（矢印注記：$a_3, a_5, a_7, a_9, a_{2m-3}, a_{2m-1}, a_{2m+1}$）

これら 2 式より，$n=2m$ (偶数) のとき

$$a_na_{n+1}=a_{2m}a_{2m+1}$$
$$=a_0\cdot\frac{1}{2}\cdot\frac{3}{4}\cdot\frac{5}{6}\cdot\frac{7}{8}\cdot\cdots\cdots\frac{2m-3}{2m-2}\cdot\frac{2m-1}{2m}$$
$$\times a_1\cdot\frac{2}{3}\cdot\frac{4}{5}\cdot\frac{6}{7}\cdot\frac{8}{9}\cdot\cdots\cdots\frac{2m-2}{2m-1}\cdot\frac{2m}{2m+1}$$
$$=a_0a_1\cdot\frac{(2m)!}{(2m+1)!}$$
$$=1\cdot2\cdot\frac{1}{2m+1}\ (m\geqq1)$$
$$=\frac{2}{n+1}\ (m=0,\ \text{i.e. } n=0 \text{ でも成立}).$$

$n=2m+1$ (奇数) のとき

$$a_na_{n+1}=a_{2m+1}a_{2m+2}$$
$$=a_0\cdot\frac{1}{2}\cdot\frac{3}{4}\cdot\frac{5}{6}\cdot\frac{7}{8}\cdot\cdots\cdots\frac{2m-1}{2m}\cdot\frac{2m+1}{2m+2}$$
$$\times a_1\cdot\frac{2}{3}\cdot\frac{4}{5}\cdot\frac{6}{7}\cdot\frac{8}{9}\cdot\cdots\cdots\frac{2m-2}{2m-1}\cdot\frac{2m}{2m+1}$$
$$=a_0a_1\cdot\frac{(2m+1)!}{(2m+2)!}$$
$$=1\cdot2\cdot\frac{1}{2m+2}\ (m\geqq1)$$
$$=\frac{2}{n+1}\ (m=0,\ \text{i.e. } n=1 \text{ でも成立}).$$

以上より，n の偶奇によらず，$a_na_{n+1}=\dfrac{2}{n+1}$.//

注 このように，番号を付けて数を並べて地道に答えを導けることが最重要です．と言いつつ，本解答は次の通りです：

本解 ③を変形すると

$$(n+2)a_{n+2}=(n+1)a_n.$$
$$\underbrace{(n+2)a_{n+2}a_{n+1}}_{A_{n+1}}=\underbrace{(n+1)a_{n+1}a_n}_{{}^{1)}\ A_n}.$$

これを繰り返し用いて

$$\underbrace{(n+1)a_{n+1}a_n}_{A_n}=\underbrace{1\cdot a_1a_0}_{A_0}=2.$$
$$\therefore\ a_{n+1}a_n=\frac{2}{n+1}.//$$

解説 さっきの **解答** における苦労は何だったのか？というカンジですね (笑).

1): 言われてみれば，問われているのが「a_n」ではなく「a_na_{n+1}」ですから，このようにして右辺に「a_na_{n+1}」を作ろうとするのは自然なアイデアでしたね．

注 ただし，いつでもこうした楽な方法があるとは限りませんので，最初にやった地味～な方法もやろうと思えばできるようにはしておきましょう．

7 9 30 数学的帰納法・不等式 [→例題 7 7 c]

根底 実戦

着眼 不等式の証明といえば「差をとって符号を調べる」ですが，何しろ「n 乗」ですから，キレイに因数分解で片付く気配はありません．そこで，累乗がもつ"ドミノ構造" [→例題 7 7 c] を活かします．

両辺とも累乗がありますが，よりシンプルな"ドミノ構造"をもっているのは左辺の方ですね．

解答 $P(n)$:「$\left(\dfrac{a+2b}{3}\right)^n\leqq\dfrac{a^n+2b^n}{3}$」

を $n=1, 2, 3, \cdots$ について示す．

1° $P(1)$:「$\left(\dfrac{a+2b}{3}\right)^1\leqq\dfrac{a^1+2b^1}{3}$」は，両辺とも $\dfrac{a+2b}{3}$ だから成り立つ．

2° n を固定する．$P(n)$ を仮定し，

$$P(n+1):\left(\frac{a+2b}{3}\right)^{n+1}\leqq\frac{a^{n+1}+2b^{n+1}}{3}$$

を示す．

1)左辺 − 右辺

$$=\left(\frac{a+2b}{3}\right)^{n+1}-\frac{a^{n+1}+2b^{n+1}}{3}$$

$$= \frac{a+2b}{3}\cdot\left(\frac{a+2b}{3}\right)^n - \frac{a^{n+1}+2b^{n+1}}{3}$$
$$\leq \frac{a+2b}{3}\cdot\frac{a^n+2b^n}{3} - \frac{a^{n+1}+2b^{n+1}}{3} \quad (\because P(n))$$
$$= \frac{1}{9}(-2a^{n+1}-2b^{n+1}+2ab^n+2ba^n)$$
$$= \frac{2}{9}\{a^n(b-a)+b^n(a-b)\}$$
$$= -\frac{2}{9}(a-b)(a^n-b^n).$$

ここで，$a, b > 0$ より $a-b$ と a^n-b^n の大小は一致するから，[2)]

　左辺 − 右辺 ≤ 0.

よって $P(n) \Longrightarrow P(n+1)$ が成り立つ.

1°, 2° より，$P(1), P(2), P(3), \cdots$ が示せた. □

解説 [1)]：この後，$P(n+1)$ の左辺を変形して $P(n)$ を利用することを目論んでいます．よって，左辺の方の符号がプラスになるように差をとりました．

補足 [2)]：[→例題 1 7 b の後]

参考 $f(x) = x^n$ $(x > 0)$ とおくと，与式は次のように書けます：

$$f\left(\frac{1\cdot a+2b}{2+1}\right) \leq \frac{1\cdot f(a)+2f(b)}{2+1}.$$

$n = 2, 3, \cdots$ のとき，放物線 $y = x^2$ などを思い浮かべるとわかるように，曲線 $y = f(x)$ $(x > 0)$ は下に凸です．よって，x 軸上で a, b を $2:1$ に内分する点に対応する「曲線上の点」と「弦上の点」の y 座標を比べることで，与式が成り立つことがわかりますね．

なお，下図は $0 < a < b$ の場合を想定して描かれています．もしもこうした図を用いた解答をするなら，$0 < b < a$ や $0 < a = b$ の場合にも言及が要りますし，グラフが下に凸であることも示しておかねばなりません．よって基本的には数学Ⅲ範囲の内容となります．

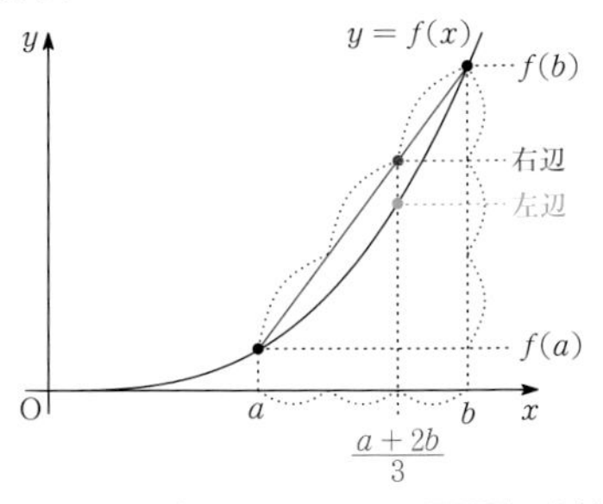

これと同じ話題には，**演習問題 1 8 14** でも触れました．

7 9 31 数学的帰納法・Σ

根底 実戦 入試 [→例題 7 7 a]

方針 不等式の証明ですが，「差をとって因数分解」は無理そうです．和：「$a_1+a_2+a_3+\cdots+a_n$」（つまり Σ）がもつ "ドミノ構造" に着目し，数学的帰納法を用います．

解答 ①のもとで

　$P(n)$: $a_1+a_2+\cdots+a_n < a_1a_2\cdots a_n+n-1$

を $n = 2, 3, 4, \cdots$ について示す．

1° $P(2)$: $a_1+a_2 < a_1a_2+1$ は，

　右辺 − 左辺 $= a_1a_2+1-a_1-a_2$

　　　　　$= (1-a_1)(1-a_2) > 0$ より成立．

　　　　　　($\because$ ①より $1-a_1, 1-a_2 > 0$.)

2° n を固定する．$P(n)$ を仮定し，$P(n+1)$：

　$a_1+a_2+\cdots+a_n+a_{n+1} < a_1a_2\cdots a_na_{n+1}+n$

を示す．

方針 両辺の差をとる際，左辺の方が "長い式" ですので，右辺の方を移項しましょう．■

　左辺 − 右辺 ＜0 にな〜れ〜と願いながら…

$= \underline{a_1+a_2+\cdots+a_n}+a_{n+1}-a_1a_2\cdots a_na_{n+1}-n$

$< \underline{a_1a_2a_3\cdots a_n+n-1}_{1)}+a_{n+1}-a_1a_2\cdots a_na_{n+1}-n$

　　　　　　　　　　　　　　　　($\because P(n)$)

$= a_1a_2a_3\cdots a_n(1-a_{n+1})-(1-a_{n+1})$

$= (a_1a_2a_3\cdots a_n-1)(1-a_{n+1})$. …②

ここで①より，[2)] $a_1a_2a_3\cdots a_n < 1$, $a_{n+1} < 1$ だから，②の 2 つの因数は，順に負，正．

　∴ 左辺 < 右辺．

よって $P(n) \Longrightarrow P(n+1)$ が成り立つ．

1°, 2° より，$P(2), P(3), P(4), \cdots$ が示せた．□

解説 [1)]：$P(n)$ の助けを借りたおかげで，例えば $n = 100$ のときを考えると，上の赤下線部：100 項が，下の赤下線部ではたったの 3 項に集約されたことになりますね．

注 [2)]：この不等式を導くには，あくまでも①：$0 < a_k < 1$ $(k = 1, 2, 3, \cdots)$ が要ります！ $a_k < 1$ だけだと，例えば

　$a_1 = -2 < 1$, $a_2 = -3 < 1$. しかし，$a_1a_2 = 6 > 1$

といった事態が起こり得ますから．

参考 $P(n)$ を仮定して $P(n+1)$ を証明する際，"最後の 1 文字" a_{n+1} を変数と見て x とおく手もあります：

$x = a_{n+1}$ とおくと，$P(n+1)$ において

　左辺 − 右辺

　$= a_1+a_2+\cdots+a_n+x-a_1a_2\cdots a_n\cdot x-n$

　$= (1-a_1a_2\cdots a_n)x+a_1+a_2+\cdots+a_n-n$.

第7章 数列

これを $x\ (0<x<1)$ の関数 $f(x)$ とみる.

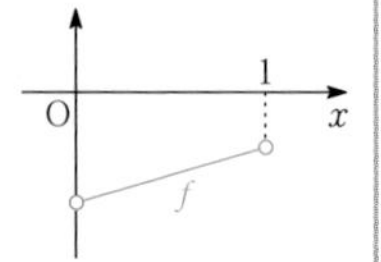

①より $a_1a_2\cdots a_n<1$. よって
$1-a_1a_2\cdots a_n>0$.
よって $f(x)$ は x の増加関数だから,

$$\begin{aligned}f(x)&<f(1)\\&=(1-a_1a_2\cdots a_n)\cdot 1+a_1+a_2+\cdots+a_n-n\\&=a_1+a_2+\cdots+a_n-(a_1a_2\cdots a_n+n-1)\\&<0\ (\because\ P(n)).\end{aligned}$$

けっきょく最後は $P(n)$ の助けを借りて証明ができました.

このように, 数学的帰納法において, $P(n+1)$ で新たに追加された 1 **文字を変数とする関数**を考える手法は, 高度な問題でしばしば活躍します.

7 9 32 一般項→"ドミノ式"

根底 実戦 典型 入試 [→例題 7 7 d]

着眼 一瞬何を言ってるのかわからないですね.「$\sqrt{13}$」があるのに「2^n の倍数」だなんて.

「わからない」理由は,「一般項」を見ているからです. そこで, 数列のもう 1 つの定め方:"ドミノ式"に乗り換えましょう.

注 繰り返し何度も書きそうな $3\pm\sqrt{13}$ には名前を付けて.

解答 $\alpha=3+\sqrt{13},\ \beta=3-\sqrt{13}$ とおく.

[1] $a_{n+2}=\alpha^{n+2}+\beta^{n+2}$

$$=\left(\alpha^{n+1}+\beta^{n+1}\right)(\alpha+\beta)-\underline{\alpha\beta\left(\alpha^n+\beta^n\right)}.$$

($\alpha^{n+2}+\beta^{n+2}$, $\alpha^{n+1}\beta+\alpha\beta^{n+1}$)

ここで, $\alpha+\beta=6,\ \alpha\beta=9-13=-4$ だから

$a_{n+2}=6a_{n+1}+4a_n.$ …①

また, "一昨日昨日式". 3 項間漸化式& a_1, a_2

$a_1=\alpha+\beta=6,$ …②

$a_2=2(9+13)=44.$ …③

整除記号

$P(n)$: $2^n\mid a_n$ を, $n=1, 2, 3, \cdots$ について示す.

1° $P(1)\overset{?}{:}$ $2^1\mid a_1$ は, $2^1=2$ と②: $a_1=2\cdot 3$ より成り立つ.

$P(2)\overset{?}{:}$ $2^2\mid a_2$ は, $2^2=4$ と③: $a_2=4\cdot 11$ より成り立つ.

2° n を固定する.

$P(n)$: $2^n\mid a_n$, $P(n+1)$: $2^{n+1}\mid a_{n+1}$ を仮定し,

$P(n+2)\overset{?}{:}$ $2^{n+2}\mid a_{n+2}$ を示す.

$P(n), P(n+1)$ より,

$a_n=2^n\cdot i,\ a_{n+1}=2^{n+1}\cdot j\ (i, j\in\mathbb{Z})$

とおけて, ①より

$$\begin{aligned}a_{n+2}&=6\cdot 2^{n+1}\cdot j+4\cdot 2^n\cdot i\\&=2^{n+2}\cdot(\underbrace{3j+i}_{\text{整数}}).\end{aligned}$$

よって, $P(n), P(n+1)\Longrightarrow P(n+2)$.

1°, 2° より $P(1), P(2), P(3), \cdots$ が示せた. □

解説 数列の 2 通りの定め方のうち,「一般項」は数値がフクザツで使いづらかったですが, "ドミノ式" の方はキレイな整数係数で使い勝手が良いですね. このように,「一般項」より "ドミノ式" の方が有効であることもよくあります. [→例題 7 2 c]

漸化式を作ってみたところ, 3 項間漸化式になりましたので, 初項 a_1 のみならず a_2 をも求めて "一昨日昨日式" の定義を確立し, それと同じ構造である "一昨日昨日式" タイプの数学的帰納法を用いました. 全てが**自然体**ですね.

補足 [1]: 初見でこの操作を行うなら $a_{n+1}=\cdots$ と計算を初め,「あ. 3 項間漸化式だ」と気付いてから $a_{n+2}=\cdots$ と書き直すことになると思います.

注 例題 7 8 h と同じように 2 次方程式を利用して漸化式を導くこともできます: α, β を 2 解とする方程式は

$(x-\alpha)(x-\beta)=0.$

$x^2-(\alpha+\beta)x+\alpha\beta=0.$

$x^2-6x-4=0.$

α はこれの $\underline{1\text{ つの解}}$だから

$\alpha^2=6\alpha+4.$

$\therefore\ \alpha^{n+2}=6\alpha^{n+1}+4\alpha^n\ (n=1, 2, 3, \cdots).$

同様に $\beta^{n+2}=6\beta^{n+1}+4\beta^n$.

辺々加えると

$\alpha^{n+2}+\beta^{n+2}=6\left(\alpha^{n+1}+\beta^{n+1}\right)+4\left(\alpha^n+\beta^n\right).$

i.e. $a_{n+2}=6a_{n+1}+4a_n$.

7 9 33 累積帰納法

根底 実戦 入試 [→例題 7 7 e]

注 一見, "番号をズラして差をとる" 手法が思い浮かびそうですが…, ダメです. $\displaystyle\sum_{k=1}^{n}(\underline{n}+1-k)a_k$ において, 赤下線の $\underline{n}$ も変化しちゃいますから, 差をとってもキレイに消えてくれません.

下書き ①の n に 1, 2, 3 を代入して最初の数項を求めてみましょう.

① $(n=1)$: $\displaystyle\sum_{k=1}^{1}(2-k)a_k=\frac{1}{6}\cdot 1\cdot 2\cdot 3.$

i.e. $1\cdot a_1=1$ より, $a_1=1$.

これと[1]

① $(n=2)$: $\sum_{k=1}^{2}(3-k)a_k=\frac{1}{6}\cdot 2\cdot 3\cdot 4$.

i.e. $2\cdot a_1+1\cdot a_2=4$ より, $a_2=2$.

これら 2 つ[2]と

① $(n=3)$: $\sum_{k=1}^{3}(4-k)a_k=\frac{1}{6}\cdot 3\cdot 4\cdot 5$.

i.e. $3\cdot a_1+2\cdot a_2+1\cdot a_3=10$ より, $a_3=3$.

どうやら, 一般項は $a_n=n$ ではないかと"推定"できますね.

着眼 [1)2)]: a_2 は a_1 をもとに, a_3 は a_1, a_2 をもとに定まりました. 次の a_4 以降も, それ**以前の全ての項をもとに**定まりますね.

方針 このような「項が定まっていく仕組み」を模倣したスタイルの変則的"ドミノ式"証明 :「累積帰納法」を採用します.

解答 $P(n)$:「$a_n=n$」を, $n=1, 2, 3, \cdots$ について示す. (これから示す. 未知.)

1° $P(1)$:「$a_1\overset{?}{=}1$」を示す.

① $(n=1)$: $\sum_{k=1}^{1}(2-k)a_k=\frac{1}{6}\cdot 1\cdot 2\cdot 3$.

i.e. $1\cdot a_1=1$ より, $a_1=1$.

よって, $P(1)$ は成り立つ.

2° n を固定する. (仮定する. 既知.)

$P(1), P(2), P(3), \cdots, P(n-1)$ $(n\geqq 2)$ を仮定し, $P(n)_?$を示す. (これから示す. 未知.)

$P(1)\sim P(n-1)$ と①より

$$\sum_{k=1}^{n-1}(n+1-k)\cdot \underbrace{k}_{a_k}+1\cdot a_n=\frac{1}{6}n(n+1)(n+2).$$

したがって

$$\begin{aligned}a_n&=\frac{1}{6}n(n+1)(n+2)-\sum_{k=1}^{n-1}(n+1-k)k\\&=\frac{1}{6}n(n+1)(n+2)-\sum_{k=1}^{n-1}\{(n+1)k-k^2\}\\&=\frac{1}{6}n(n+1)(n+2)-(n+1)\cdot\frac{1}{2}(n-1)n\\&\qquad+\frac{1}{6}(n-1)n(2n-1)\\&=\frac{1}{6}n\{(n+1)(n+2)-3(n+1)(n-1)\\&\qquad+(n-1)(2n-1)\}\\&=\frac{1}{6}n\cdot 6=n.\end{aligned}$$

$\therefore P(1), P(2), P(3), \cdots, P(n-1) \Longrightarrow P(n)$.

1°, 2° より $P(1), P(2), P(3), \cdots$ が示せた.[3] □

よって, 求める一般項は, $a_n=n$.//

注 [3]: どのようにして無限個の"ドミノ"が証明されたのか, 各自確認しておくこと. [→例題 7 7 e 解説]

7 9 34 漸化式と和

根底 実戦 入試 [→例題 7 6 a]

着眼 漸化式に $a_n{}^2$ が含まれるので, 一般項を求めるのは容易ではなさそうです.

方針 (2)「和が求まる数列」は 5 タイプしかありません[→7 5 8]. 本問では抽象的な (a_n) が相手ですから, ⓓ「階差に分解」しかないですね.

(1)の「a_n と 3 の大小」がヒントです.

解答 (1) ②: $a_{n+1}=\frac{1}{3}a_n(a_n-3)+3$ より

$a_n>3 \Longrightarrow a_{n+1}>3$. (この n は固定)

また, ①より $a_1>3$. よって帰納的に

$a_n>3$ $(n=1, 2, 3, \cdots)$. □ (この n は変数)

注 この程度の軽い書き方で充分かと思いますが,「n」を固定しているのか, 動かしているのかが相手に伝わるように. 最後の「$(n=1, 2, 3, \cdots)$」は**絶対不可欠**です!

(2) ②より

$$a_{n+1}-3=\frac{1}{3}a_n(a_n-3). \cdots ②'$$

(隣接項)

方針 この両辺の逆数をとれば,「$\frac{1}{a_n}$」が現れそう. 分母 $\neq 0$ が(1)で示されていますね. ■

ここで, (1)より, ②′の両辺の逆数がとれて (（1)はこのための準備)

$$\begin{aligned}\frac{1}{a_{n+1}-3}&=\frac{3}{a_n(a_n-3)}\\&=\frac{1}{a_n-3}-\frac{1}{a_n}.\end{aligned}$$

$$\frac{1}{a_n}=\underbrace{\frac{1}{a_n-3}}_{b_n\text{ とおく}}-\frac{1}{a_{n+1}-3}.$$

$$\begin{aligned}\therefore\ 与式&=\sum_{k=1}^{n}(b_k-b_{k+1})\\&=b_1-b_{n+1}\\&=\frac{1}{a_1-3}-\frac{1}{a_{n+1}-3}\\&=1-\frac{1}{a_{n+1}-3}.//\end{aligned}$$

$\left(\frac{a_{n+1}-4}{a_{n+1}-3}\right)$

参考 数学Ⅲ「極限」後 無限級数の和 : $\sum_{n=1}^{\infty}\frac{1}{a_n}$ が, 次のように求まります :

(1)と同様にして, 帰納的に

$a_n\geqq 4$ $(n=1, 2, 3, \cdots)$.

第7章 数列

これと ②′より

$$a_{n+1}-3 \geq \frac{4}{3}(a_n-3).$$

これを繰り返し用いると, $n \to \infty$ のとき

$$a_{n+1}-3 \geq (a_1-3)\cdot\left(\frac{4}{3}\right)^n=\left(\frac{4}{3}\right)^n \to \infty.$$

$$\therefore\ a_{n+1}-3 \to \infty.$$

これと(2)の結果より

$$\sum_{n=1}^{\infty}\frac{1}{a_n}=\lim_{n\to\infty}\sum_{k=1}^{n}\frac{1}{a_k}=1.$$

7 9 35 偶奇セットの数学的帰納法 [→例題 7 8 g]

根底 実戦 入試 重要

着眼 置換などによって一般項を求める方法が思い浮かばない [1] ようなら, 項を羅列して「推定→“ドミノ式”に証明」ですね.

$a_{n+1}=\dfrac{2^n}{a_n}$ ですから, a_{n+1} は, 2^n を a_n で割ることで得られます：

n	0	1	2	3	4	5	6	7	…
2^n	1	2	2^2	2^3	2^4	2^5	2^6	2^7	…
a_n	1	1	2	2	2^2	2^2	2^3	2^3	…

どうやら規則性がありそうです. ただし, 同じ数が 2 個ずつ連続するようなので,「$a_n=n$ の式」という形で予想を立てるのはやりづらそう. そこで, 偶数番, 奇数番に分けて考えます.

n	0	1	2	3	4	5	6	7	…
a_n	1	1	2	2	2^2	2^2	2^3	2^3	…
a_{2m}	a_0		a_2		a_4		a_6		
a_{2m+1}		a_1		a_3		a_5		a_7	
m	0		1		2		3		

3 か所ある青字の「2」, 3 か所にある赤字の「3」を見ると, 一般項を予想する式が書けそうです.

解答

$P(m)$:「$a_{2m}=2^m,\ a_{2m+1}=2^m$」 [2]

を, $m=0, 1, 2, \cdots$ について示す.

1° $P(0)$:「$a_0=2^0,\ a_1=2^0$」を示す.

①と② $(n=0)$ より

$a_0a_1=2^0.\ \ 1\cdot a_1=1.\ \therefore\ a_1=1.$

これと①, および $2^0=1$ より $P(0)$ は成り立つ.

2° m を固定する. $P(m)$ を仮定し,

$P(m+1)$:「$a_{2m+2}=2^{m+1},\ a_{2m+3}=2^{m+1}$」

を示す.

$P(m)$ より, $a_{2m+1}=2^m$.

② $(n=2m+1)$ より, $a_{2m+1}a_{2m+2}=2^{2m+1}$.

$$\therefore\ a_{2m+2}=\frac{2^{2m+1}}{2^m}=2^{m+1}.$$

② $(n=2m+2)$ より, $a_{2m+2}a_{2m+3}=2^{2m+2}$.

$$\therefore\ a_{2m+3}=\frac{2^{2m+2}}{2^{m+1}}=2^{m+1}.$$

以上で $P(m) \Longrightarrow P(m+1)$ が示せた.

1°, 2° より, $P(0), P(1), P(2), \cdots$ が示せた. □

したがって, $n=2m$ (偶数) のとき,

$a_n=a_{2m}=2^m=2^{\frac{n}{2}}$. //

$n=2m+1$ (奇数) のとき,

$a_n=a_{2m+1}=2^m=2^{\frac{n-1}{2}}$. //

解説 [2]: このように, 2 つの等式を“セット”にし, それを 1 枚の“ドミノのピース”だとみなすタイプの数学的帰納法も, 入試レベルではしばしば用います.

注 [1]: 実は, 次のような方法もあります：

別解

$a_na_{n+1}=2^n\ (n \geq 0)$ …②

n を $n-1$ に変えると

$a_{n-1}a_n=2^{n-1}\ (n \geq 1)$ …②′

② ÷ ②′ より

$\dfrac{a_na_{n+1}}{a_{n-1}a_n}=\dfrac{2^n}{2^{n-1}}$. ← 各項は帰納的に正

$a_{n+1}=2a_{n-1}\ (n \geq 1)$. …③

また, ①と② $(n=0)$ より

$a_0a_1=2^0.\ \ 1\cdot a_1=1.\ \ a_1=1.$ …①′

m を 0 以上の整数とする.

③より

$\underbrace{a_{2m+2}}_{b_{m+1}}=2\underbrace{a_{2m}}_{b_m}$. ← 等比型

これと①より

$\underbrace{a_{2m}}_{b_m}=\underbrace{a_0}_{b_0}\cdot 2^m=2^m$.

また, ③より

$\underbrace{a_{2m+3}}_{c_{m+1}}=2\underbrace{a_{2m+1}}_{c_m}$.

これと①′より

$\underbrace{a_{2m+1}}_{c_m}=\underbrace{a_1}_{c_0}\cdot 2^m=2^m$. (…以下同様…)

注 両辺の対数 (底は 2) をとる手もあります.

7 9 36 “相加相乗”・数学的帰納法 [→ 1 12 1]

根底 実戦 入試 6「微分法」後 ハイレベル↑ 重要

着眼 “相加相乗”の一般証明です.

方針 演習問題 7 9 31 参考で述べた「$P(n+1)$ で新たに追加された 1 文字を変数とする」という手法を用います. 経験がないとキビシイ問題です.

解答 1° $P(2)$：

$$\frac{a_1+a_2}{2} \geq \sqrt{a_1a_2}$$

等号は, $a_1=a_2$ のときのみ成り立つ.

を示す．前の不等式において

$$左辺-右辺=\frac{a_1+a_2}{2}-\sqrt{a_1a_2}$$
$$=\frac{a_1+a_2-2\sqrt{a_1a_2}}{2}$$
$$=\frac{(\sqrt{a_1}-\sqrt{a_2})^2}{2}\geq 0.$$

等号成立条件は

$\sqrt{a_1}-\sqrt{a_2}=0$, i.e. $a_1=a_2$.

よって $P(2)$ は示せた．

2° n を固定する．$P(n)$ を仮定し，$P(n+1)$：

$$\frac{a_1+a_2+\cdots+a_n+a_{n+1}}{n+1}\geq \sqrt[n+1]{a_1a_2\cdots a_na_{n+1}}.$$

等号は $a_1=a_2=\cdots=a_n=a_{n+1}$のときのみ成立．

を示す．

上の不等式は，$x:=\sqrt[n+1]{a_{n+1}}\ (>0)$ で表すと

$$f(x):=a_1+a_2+\cdots+a_n+x^{n+1}-(n+1)\sqrt[n+1]{a_1a_2\cdots a_n}\cdot x\geq 0.$$

これを示す．

$$f'(x)=(n+1)\left(x^n-\sqrt[n+1]{a_1a_2\cdots a_n}\right).$$

よって，$\alpha=(a_1a_2\cdots a_n)^{\frac{1}{n(n+1)}}$ とおくと右表を得る．

x	(0)	$\cdots$	α	$\cdots$
$f'(x)$		$-$	0	$+$
$f(x)$		↘		↗

したがって

$$f(x)\geq f(\alpha)$$
$$=a_1+a_2+\cdots+a_n+(a_1a_2\cdots a_n)^{\frac{1}{n}}-(n+1)(a_1a_2\cdots a_n)^{\frac{1}{n+1}+\frac{1}{n(n+1)}}$$
$$=a_1+a_2+\cdots+a_n+(a_1a_2\cdots a_n)^{\frac{1}{n}}-(n+1)(a_1a_2\cdots a_n)^{\frac{1}{n}}$$
$$=a_1+a_2+\cdots+a_n-n(a_1a_2\cdots a_n)^{\frac{1}{n}}$$
$$=n\left(\frac{a_1+a_2+\cdots+a_n}{n}-\sqrt[n]{a_1a_2\cdots a_n}\right).$$

これと $P(n)$ より，$f(x)\geq 0$.

また，等号成立条件は，

$P(n)$ の等号が成立し，なおかつ

$$x=\sqrt[n+1]{a_{n+1}}=(a_1a_2\cdots a_n)^{\frac{1}{n(n+1)}}$$

i.e. $a_{n+1}=\sqrt[n]{a_1a_2\cdots a_n}$が成り立つこと．

すなわち，

$a_1=a_2=\cdots=a_n=a_{n+1}$.

以上で，$P(n)\Longrightarrow P(n+1)$ が示せた．

1°, 2° より，$P(2), P(3), P(4), \cdots$ が示せた．□

7 9 37 コーシー・シュワルツの不等式・数学的帰納法

根底 実戦 入試 ハイレベル↑ [→1 12 2]

注 “相加相乗”と違い，各文字は「正」でなくても可．

着眼 「コーシー・シュワルツの不等式」の一般証明です．左辺，右辺にある「和」(Σ) の“ドミノ構造”を活かします．

解答 題意の命題 $P(n)$ を，$n=2, 3, 4, \cdots$ に対して示す．

1° $P(2)$：

$$(a_1p_1+a_2p_2)^2\leq(a_1{}^2+a_2{}^2)(p_1{}^2+p_2{}^2).$$

等号は，$a_1:p_1=a_2:p_2$のときに限り成り立つ．

を示す．上の不等式において

$$右辺-左辺$$
$$=(a_1{}^2+a_2{}^2)(p_1{}^2+p_2{}^2)-(a_1p_1+a_2p_2)^2$$
$$=\underline{a_1{}^2p_2{}^2}+\underline{a_2{}^2p_1{}^2}-2\underline{a_1}\,\underline{p_1a_2}\,\underline{p_2}$$
$$=(a_1p_2-a_2p_1)^2\geq 0.$$

等号成立条件は

$a_1p_2=a_2p_1$, i.e. $a_1:p_1=a_2:p_2$.

よって $P(2)$ は示せた．

2° n を固定する．$P(n)$ を仮定し，$P(n+1)$：

$$(\overbrace{a_1p_1+\cdots+a_np_n}^{I\text{とおく}}+a_{n+1}p_{n+1})^2\leq(\underbrace{a_1{}^2+\cdots+a_n{}^2}_{A\text{とおく}}+a_{n+1}{}^2)(\underbrace{p_1{}^2+\cdots+p_n{}^2}_{P\text{とおく}}+p_{n+1}{}^2).$$

等号は，$a_1:p_1=\cdots=a_n:p_n=a_{n+1}:p_{n+1}$ のときに限り成り立つ．

を示す．上の不等式において

$$右辺-左辺$$
$$=(A+a_{n+1}{}^2)(P+p_{n+1}{}^2)-(I+a_{n+1}p_{n+1})^2$$
$$=\underline{AP-I^2}$$
$$+\underline{a_{n+1}{}^2P+p_{n+1}{}^2A-2a_{n+1}p_{n+1}I}.\ \cdots①$$

ここで，

下線部 ≥ 0 ($\because$ $P(n)$). …②

a_{n+1} を a，p_{n+1} を p と略記すると

$$波線部=a^2\sum_{k=1}^{n}p_k{}^2+p^2\sum_{k=1}^{n}a_k{}^2-2ap\sum_{k=1}^{n}a_kp_k$$
$$=\sum_{k=1}^{n}\left(\underline{a^2p_k{}^2}+\underline{p^2a_k{}^2}-2\underline{a}\,\underline{pa_k}\,\underline{p_k}\right)$$
$$=\sum_{k=1}^{n}(ap_k-pa_k)^2\geq 0.\ \cdots③$$

②＋③ および①より

右辺－左辺 ≥ 0. …④

④の等号成立条件は，②③の等号がどちらも成り立つこと[1]，すなわち

$P(n)$ の等号が成立し，なおかつ

$ap_k = pa_k$, i.e. $a_{n+1} : p_{n+1} = a_k : p_k$
$(k = 1, 2, 3, \cdots, n)$.

すなわち

$a_1 : p_1 = a_2 : p_2 = \cdots = a_n : p_n = a_{n+1} : p_{n+1}$.

以上で，$P(n) \Longrightarrow P(n+1)$ が示せた.

1°, 2° より，$P(2), P(3), P(4), \cdots$ が示せた. □

解説 題意の不等式の右辺：$\sum_{k=1}^{n} {a_k}^2 \times \sum_{k=1}^{n} {p_k}^2$ は 2つの Σ の積なのですが，数学的帰納法を用い，$P(n)$ の助けを借りたおかげで，$P(n+1)$ を示す際には③式のように 1 つの Σ にまとまりましたね.

補足 1)：もしも②，③の少なくとも一方の等号が不成立なら，それらを加えて得られた④の等号は成り立ちませんね.

また，③も，$(ap_k - pa_k)^2 \geq 0$ を $k = 1, 2, \cdots, n$ について加えて得られていますから，これら n 個の不等式の等号が全て成り立つときのみ③の等号は成立します.

別解 ①の後で 波線部 ≥ 0 を示す際，前問と同様に 1 文字の関数とみる手もあります：

$x = a_{n+1}$ とおき，波線部を $f(x)$ とおくと

$f(x) = x^2P + p^2A - 2xpI$. ($p_{n+1}$ を p と略記)

$= P \cdot x^2 - 2pI \cdot x + p^2A$.

$P \neq 0$ (i.e. $P > 0$) のとき，

$$f(x) = P\left(x - \frac{pI}{P}\right)^2 + p^2A - \frac{(pI)^2}{P}$$

$$\geq \frac{p^2}{P}(AP - I^2) \geq 0 \ (\because\ P(n)).$$

$P = 0$, i.e. $p_1 = p_2 = \cdots = p_n = 0$ のときも，$I = 0$ より①の波線部 ≥ 0.

参考 本問で示した「コーシー・シュワルツの不等式(一般形)」の証明は，本書では既に 2 回扱っていました. [→ Ⅱ+A 演習問題 4 12 5，例題 1 12 d]

7 9 38 漸化式の選択

根底 実戦 入試 ハイレベル↑ 重要 [→例題 7 8 g]

方針 まずは漸化式②を扱いやすく変形しましょう.

解答 ②より

${a_{n+1}}^2 - {a_n}^2 - a_{n+1} - a_n = 0$.

$(a_{n+1} + a_n)(a_{n+1} - a_n) - (a_{n+1} + a_n) = 0$.

$(a_{n+1} + a_n)(a_{n+1} - a_n - 1) = 0$.

$$\therefore a_{n+1} = \begin{cases} -a_n, & \cdots ④ \text{または} \\ a_n + 1. & \cdots ⑤ \end{cases}$$

着眼 これと①，③をもとに，いくつか項を羅列してみましょう：

n	1	2	3	4	5	6	7	8	9	10	$\cdots$
a_n	2	3	-3	3	4	-4	4	5	-5	5	$\cdots$

⑤ ④ ④ ⑤ ④ ④ ⑤ ④ ④

③を考慮すると，④と⑤のどちらを選ぶべきかが**決まります**. そして，一般項が推定できましたね. ■

1) $P(k)$: $\begin{cases} a_{3k-2} = k+1 \\ a_{3k-1} = k+2 \\ a_{3k} = -(k+2) \end{cases}$

を $k = 1, 2, 3, \cdots$ について示す.

1° $P(1)$: $\begin{cases} a_1 = 2 \\ a_2 = 3 \\ a_3 = -3 \end{cases}$ を示す.

$a_1 = 2$ は①より成り立つ.

③より $a_2 \geq 0$ だから，⑤を用いて

$a_2 = a_1 + 1 = 2 + 1 = 3$.

③より $a_3 < 0$ だから，④を用いて

$a_3 = -a_2 = -3$.

よって $P(1)$ は成り立つ.

2° k を固定する. $P(k)$ を仮定し，

$P(k+1)$: $\begin{cases} a_{3k+1} = k+2 \\ a_{3k+2} = k+3 \\ a_{3k+3} = -(k+3) \end{cases}$ を示す.

∘ $P(k)$ より $a_{3k} = -(k+2) \leq -3$. 次に⑤を使うと

$a_{3k+1} = a_{3k} + 1 \leq -2$

となるが，③より $a_{3k+1} \geq 0$ だから不適. よって④を使って

$a_{3k+1} = -a_{3k} = k + 2$.

∘ 次に，③より $a_{3k+2} \geq 0$ だから⑤を使って

$a_{3k+2} = a_{3k+1} + 1 = k + 3$.

∘ 次に，③より $a_{3k+3} < 0$ だから④を使って

$a_{3k+3} = -a_{3k+2} = -(k+3)$.

よって，$P(k) \Longrightarrow P(k+1)$ が成り立つ.

1°, 2° より，$P(1), P(2), P(3), \cdots$ が示せた. □

以上より

$$S = \sum_{k=1}^{n} (|a_{3k-2}| + |a_{3k-1}| + |a_{3k}|)$$

$$= \sum_{k=1}^{n} \{(k+1) + (k+2) + (k+2)\}$$

$$= \sum_{k=1}^{n} (3k+5)$$

$$= \frac{8 + (3n+5)}{2} \cdot n$$

$$= \frac{1}{2}n(3n+13). /\!/$$

解説 1)：このように複数の等式を"セット"にして1枚の"ドミノピース"とみなすタイプの数学的帰納法は，**演習問題7 9 35**でも扱いました．

注 「④ or ⑤」の意味は大丈夫ですか？
番号を付けて数を並べる姿勢が身に付いている人なら，

$n=1$ のとき「④ or ⑤」
$n=2$ のとき「④ or ⑤」
$n=3$ のとき「④ or ⑤」
⋮

のように正しく理解できるはずです．ところが多くの受験生は，

「$n=1, 2, 3, \cdots$ のとき④」or
「$n=1, 2, 3, \cdots$ のとき⑤」

と誤って解釈してしまい，チンプンカンプンとなります（苦笑）．

7 9 39 チェビシェフの多項式・一般 [→例題4 7 u]

根底 実戦 典型 入試

方針 (1)(2) この関数列 $f_n(x)$ は"一昨日昨日式"に定義されていますから，それを模した"一昨日昨日法"で示しましょう．

解答 以下において，$f_n(x)$ を f_n と略記することがある．

(1) n を定数とする．

$$\begin{cases} f_n\text{が } n \text{ 次多項式,}^{1)} \\ f_{n+1}\text{が } n+1 \text{ 次多項式} \end{cases}$$

であるならば，③の右辺において

$$\begin{cases} 2xf_{n+1}\text{は } n+2 \text{ 次多項式,} \\ -f_n\text{は } n \text{ 次多項式.} \end{cases}$$

∴③の左辺 f_{n+2} は $n+2$ 次多項式．

また，①②より

$$\begin{cases} f_0\text{は 0 次多項式 (定数),} \\ f_1\text{は 1 次多項式.} \end{cases}$$

以上より，帰納的に

$f_n(x)$ は x の n 次多項式 $(n=0, 1, 2, \cdots)$ □

注 1)：その下の「f_{n+1} が $n+1$ 次多項式」しか仮定していなかったら，③の右辺の2項：$2xf_{n+1}$ と $-f_n$ がどちらも $n+2$ 次で互いの最高次の項どうしが消し合い，右辺全体は $n+1$ 次以下になってしまう可能性が残されてしまいますね．■

(2) $P(n)$:「$f_n(\cos\theta)=\cos n\theta$」を，$n=0, 1, 2, \cdots$ について示す．

1° $P(0)$:「$f_0(\cos\theta)=\cos 0\theta$」は，

$$\begin{cases} \text{左辺}=1 \ (\because ①), \\ \text{右辺}=\cos 0=1 \end{cases}$$ より成り立つ．

$P(1)$:「$f_1(\cos\theta)=\cos 1\theta$」は，

$$\begin{cases} \text{左辺}=\cos\theta \ (\because ②), \\ \text{右辺}=\cos\theta \end{cases}$$ より成り立つ．

2° n を固定する．
$P(n)$, $P(n+1)$ を仮定し，$P(n+2)$ を示す．
$P(n)$, $P(n+1)$ と③より

$$\begin{aligned} & f_{n+2}(\cos\theta) \\ &= 2\cos\underline{\theta}\cos\underline{(n+1)\theta} - \cos n\theta \ ^{2)} \\ &= \cos\{(n+1)\theta+\theta\}+\cos\{(n+1)\theta-\theta\}-\cos n\theta \\ &= \cos(n+2)\theta+\cos n\theta-\cos n\theta=\cos(n+2)\theta. \end{aligned}$$

$\therefore P(n), P(n+1) \Longrightarrow P(n+2)$.

1°, 2° より，$P(0)$, $P(1)$, $P(2)$, $\cdots$ が示せた．□

解説 2)：赤下線部の2角の差が，赤波線部と等しいですから，「積和公式」の出番です．■

(3) **着眼** 方程式の「解」に関する2通りの扱い[→1 10 1]のうち，❷「因数分解」は無理そう．そこで，❶「数値代入」を使います．

$\cos n\boxed{\theta}=f_n\left(\boxed{\cos\boxed{\theta}}\right)$. …⑤ 任意の$\theta$で成立

$f_n\left(\boxed{x}\right)=0$. …④

「④の$\boxed{x}$に何を代入したら0になるか」
と考えますが，④だけ見ていても無理ですね．
そこで⑤に注目し
「$\boxed{\theta}$に何を代入したら両辺が0になるか」
を考えます．左辺を見れば解決ですね．
本問および**演習問題4 8 33**で扱った多項式は，「**チェビシェフの多項式**」と呼ばれる有名なものであり，両者とも全く同じ考え方を用います．■

$x=\cos\theta \ (0\leq\theta\leq\pi)$ が④の解であるための条件は

$f_n(\cos\theta)=0$.

これは，(2)より次と同値：

$\cos n\theta=0$.

$n\theta=\dfrac{\pi}{2}+k\pi$ (k はある整数)．

これと $0\leq\theta\leq\pi$ より

$$\theta=\frac{k+\frac{1}{2}}{n}\pi \ (k=0, 1, 2, \cdots, n-1).$$

これを θ_k とおき，$x_k=\cos\theta_k$ とすると

$x_0, x_1, x_2, \cdots, x_{n-1}$ …⑥

の各々は，方程式④の1つの解であり．

$0<\theta_0<\theta_1<\theta_2<\cdots<\theta_{n-1}<\pi$

第7章 数列

だから，⑥の n 個の値(右図赤点の横座標) は全て相異なる．

また，n 次方程式④の解の個数は n である．

以上より，方程式④の全ての解は⑥である．すなわち，求める解 x は

$$x=\cos\frac{k+\frac{1}{2}}{n}\pi\ (k=0,1,2,\cdots,n-1).//$$

注 (3)における方程式の解をめぐる注意点などについては，[→演習問題4 8 33]

7 9 40 接線・近似

根底 実戦 典型 入試 [→例題7 7 b]

着眼 $x_1\to x_2\to x_3\to\cdots$ と，情報が“ドミノ式”に伝播(でんぱ)していきますね．

方針 そこで，(x_n) の漸化式を作り，(1)は“ドミノ式”に示すことを考えます．

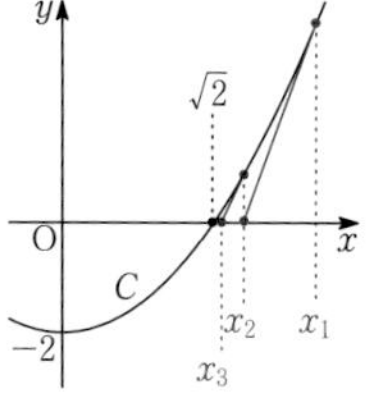

注 右上図を見ると，

$x_n>\sqrt{2}$ が成り立つことは直感的に明らかですが，「それを示せ」と要求されたなら，式を用いてキチンと証明しなくてはなりませんよ．

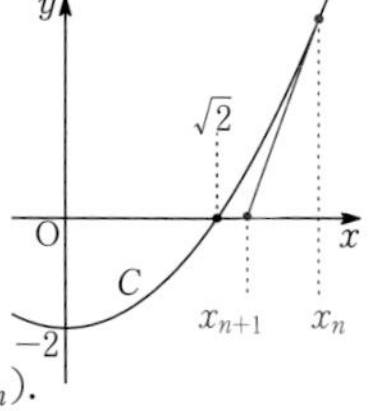

解答 (1) $f'(x)=2x$.

よって，$(x_n, f(x_n))$ における C の接線が点 $(x_{n+1}, 0)$ を通るための条件は

$0-f(x_n)=2x_n\cdot(x_{n+1}-x_n)$.

$2-x_n{}^2=2x_nx_{n+1}-2x_n{}^2$.

$2+x_n{}^2=2x_nx_{n+1}$.

左辺 >0 より，$x_n, x_{n+1}\neq 0$. 1)

$$\therefore\ x_{n+1}=\frac{x_n{}^2+2}{2x_n}.\ \cdots②$$

また，$x_1=\dfrac{3}{2}.\ \cdots③$

②より

$$x_{n+1}-\sqrt{2}=\frac{x_n{}^2+2}{2x_n}-\sqrt{2}$$
$$=\frac{x_n{}^2+2-2\sqrt{2}x_n}{2x_n}$$
$$=\frac{(x_n-\sqrt{2})^2}{2x_n}.\ \cdots④$$

④より

$$x_n>\sqrt{2}\Longrightarrow x_{n+1}>\sqrt{2}.$$

また，③より $x_1=1.5>\sqrt{2}$ (∵ ①).

よって帰納的に $x_n>\sqrt{2}$ $(n=1,2,3,\cdots)$. □

(2) ④と(1)の結果より

$$x_{n+1}-\sqrt{2}=\frac{(x_n-\sqrt{2})^2}{2x_n}$$
$$<\frac{(x_n-\sqrt{2})^2}{2\sqrt{2}}.\ \cdots⑤$$

③と①より

$$0<x_1-\sqrt{2}<\frac{1}{10}=10^{-1}.$$

これと⑤より

$$x_2-\sqrt{2}<\frac{1}{2\sqrt{2}}\cdot(10^{-1})^2.$$

これと⑤より

$$x_3-\sqrt{2}<\frac{1}{2\sqrt{2}}\cdot\left(\frac{1}{2\sqrt{2}}\cdot10^{-2}\right)^2$$
$$=\left(\frac{1}{2\sqrt{2}}\right)^3\cdot10^{-4}.$$

これと⑤より

$$x_4-\sqrt{2}<\frac{1}{2\sqrt{2}}\cdot\left\{\left(\frac{1}{2\sqrt{2}}\right)^3\cdot10^{-4}\right\}^2$$
$$=\left(\frac{1}{2\sqrt{2}}\right)^7\cdot10^{-8}$$
$$=\frac{1}{2^{10}\sqrt{2}}\cdot10^{-8}$$
$$<\frac{1}{1000}\cdot10^{-8}\ (\because\ 2^{10}=1024)$$
$$=10^{-11}.\ □$$

解説 (1)の数学的帰納法は，④を作った後では明らかなことの証明ですので簡易バージョンで片付けました．

注 1)：このことは，それほど厳格に述べなくても許される気がします．

余談 ②③から，(x_n) の第 4 項までは下のようになります．(ちなみに，$\sqrt{2}$ の概算値は，1.41421356 です．)

n	x_n (分数)	x_n (小数)
1	$\frac{3}{2}$	1.5
2	$\frac{17}{12}$	1.41666666⋯
3	$\frac{577}{408}$	1.41421568⋯
4	$\frac{665857}{470832}$	1.41421356⋯

(2)の結果より，たった 4 番目で既に誤差が千億分の一未満です．けっこう凄いですね．

このようにして平方根の近似値を求める方法は「**ニュートン法**」と呼ばれ，市販の電卓でも使われています．

言い訳　「$\sqrt{2}$」の近似値を議論するのに際して，「①：$1.4 < \sqrt{2} < 1.5$」であることを用いるのが奇異に感じられるかもしれません．ただ，①は各々の 2 乗を手計算（筆算）するだけで得られる程度のこと．一方本問(2)で問うていることはそれより遥(はる)かに高度なことですから，①を認めて(2)を問うことは不自然ではありません．

数学Ⅲ「極限」後　$n \to \infty$ のとき，$x_n \to \sqrt{2}$ となることを示すのが，数学Ⅲの典型問題です．

7 9 41　群数列　根底 実戦　典型　[→例題 7 8 a]

着眼　群数列では，注目する項が第何群の何番目かを考えます．

方針　群数列では，次の 2 つを実行するのが原則です：

1° 群番号，項数を明示する．

2° 第 k 群の終わりまでの項数を名前を付けて求める．

注　第 k 群の分母が $k+1$ であることに注意．

あと，数列 (a_n) の"通し番号"は「n」，群番号は「k」という文字で表すよう心掛けましょう．

解答

1 群	2 群	3 群	…	k 群
$\frac{1}{2}$	$\frac{1}{3}, \frac{2}{3}$	$\frac{1}{4}, \frac{2}{4}, \frac{3}{4}$	…	$\frac{1}{k+1}, \frac{2}{k+1}, \cdots, \frac{k}{k+1}$
1 個	2 個	3 個	…	k 個

$f(k)$ 個

第 k 群の終わりまでの個数を $f(k)$ とすると

$$f(k) = 1+2+3+\cdots+k$$
$$= \frac{1}{2}k(k+1).$$ 　$k=1, 2$ で検算

(1) **着眼**　a_{500} は第何群辺りにあるか見当をつけると…

$f(k) \fallingdotseq 500$.　$k(k+1) \fallingdotseq 1000$.　$\sqrt{10} \fallingdotseq 3.16$

$k^2 \fallingdotseq 1000$.　$k \fallingdotseq 10\sqrt{10} \fallingdotseq 32$ 辺り？ ■

$$f(32) = \frac{1}{2}\cdot 32\cdot 33 = 16\cdot 33 = 528,$$ 　答案にはイキナリこう書く

間に「500」がある

$$f(31) = \frac{1}{2}\cdot 31\cdot 32 = 31\cdot 16 = 496.$$

…	31 群	32 群
…	……, a_{496}	$a_{497}, a_{498}, a_{499}, \boldsymbol{a_{500}}, \cdots, a_{528}$
	$f(31)$ 個	$f(32)$ 個

よって，a_{500} は第 32 群の 4 番目．

各群の第 l 番の分子は l だから，

$$a_{500} = \frac{4}{33}.\ /\!/$$ 　32 群の分母は 33

(2) **着眼**　「$\frac{1}{5}$ と値が等しい項」には，約分して $\frac{1}{5}$ となる項も含まれます． ■

$\frac{1}{5}$ と値が等しい最初の 5 項は，

$$\frac{1}{5}, \frac{2}{10}, \frac{3}{15}, \frac{4}{20}, \frac{5}{25}.$$

よって題意の項は $\frac{5}{25}$ であり，これは

第 24 群の 5 番目．

…	23 群	24 群
…	……, $\frac{23}{24}$	$\frac{1}{25}, \frac{2}{25}, \cdots, \boldsymbol{\frac{5}{25}}, \cdots$
	$f(23)$ 個	

よって求める番号は

$$f(23)+5 = \frac{1}{2}\cdot 23\cdot 24 + 5 = 23\cdot 12 + 5 = 281.\ /\!/$$

注　分母が「25」，属するのが「24 群」，そして使用する値が「$f(23)$」です．ちょっとでも油断すると間違えます． ■

(3) **着眼**　各群の和を求め，それをどの範囲で加えるかを考えます． ■

第 k 群の和は　等差の和　必ず検算

$$\frac{1+2+3+\cdots+k}{k+1} = \frac{\frac{1}{2}k(k+1)}{k+1} = \frac{k}{2}.$$

次に，a_n を $a(n)$ とも書くことにする．

下書き　$a(2m^2)$ が属する群の見当をつけます：

$f(k) \fallingdotseq 2m^2$.　$k(k+1) \fallingdotseq 4m^2$.

$k^2 \fallingdotseq 4m^2$.　$k \fallingdotseq 2m$. ■

$$f(2m) = \frac{1}{2}\cdot 2m(2m+1) = 2m^2+m,$$ 　間に $2m^2$

$$f(2m-1) = \frac{1}{2}(2m-1)2m = 2m^2-m.$$

…	$2m-1$ 群	$2m$ 群
…	…, $a(2m^2-m)$	…, $a(2m^2)$, …, $a(2m^2+m)$

ここまでの和を求める

よって $a(2m^2)$ は，第 $2m$ 群の

$2m^2-(2m^2-m) = m$（番目）．

以上より，求める和は，

$$\sum_{k=1}^{2m-1}\frac{k}{2} + \frac{1}{2m+1} + \frac{2}{2m+1} + \cdots + \frac{m}{2m+1}$$
$$= \frac{1}{4}(2m-1)(2m) + \frac{1}{2m+1}\cdot\frac{1}{2}m(m+1)$$
$$= \frac{m}{2}\left(2m-1+\frac{m+1}{2m+1}\right)$$
$$= \frac{m^2(4m+1)}{2(2m+1)}.\ /\!/$$ 　$m=1, 2$ で検算

解説　「$f(k)$」．八面六臂(はちめんろっぴ)の大活躍でした．

(1)(3)とも，属する群の見当を付けることがポイントです．

7 9 42 群数列と“ドミノ式”

根底 実戦 入試 重要

[→例題 7 8 a]

着眼 最初の方の項を羅列してみましょう：

群番号：	1 群	2 群	3 群	4 群	…
a_n：	1	2, 3	4, 5, 6, 7	8, …	…
項数：	1 個	2 個	4 個	…	

各群の初項が，1, 2, 2^2, 2^3, … となっていますね．

方針 各群の初項に注目した上で，例の考え方：

「列」$\left\{\begin{array}{l}「一」\\「ド」\end{array}\right.$ のうち，「ド」の方を選択します．

解答 第 k 群の初項を b_k とおく．

群番号：	…	k 群	$k+1$ 群	…
a_n：	…	b_k, b_k+1, …, ○	b_{k+1}, …	
項数：	…	b_k 個		…

上の b_k を用いた　ここが b_k 個

$b_1=1$,

$b_{k+1}=b_k+1\cdot b_k=2b_k$.

$\therefore\ b_k=2^{k-1}$.　$k=1, 2, 3, 4$ で検算

よって，第 k 群の終わり，つまり第 $k+1$ 群の初項の 1 つ前の項は，

数列 (a_n) の第 $b_{k+1}-1=2^k-1$ 項．

したがって，求める和は

$$1+2+3+\cdots+(2^m-1)$$
$$=\frac{1}{2}(2^m-1)\cdot 2^m$$
$$=2^{m-1}\cdot(2^m-1).\ /\!/$$

$m=1, 2$ で検算

注 第 k 群の和なんて求めないでくださいね．本問の (a_n) は，全体が通しで「等差数列」ですから（笑）．

7 9 43 2次元群数列

根底 実戦 入試

[→例題 7 8 a]

着眼 傾き -1 の直線上に並ぶ自然数の列を「群」とする群数列だと捉えられます．

解答 (1) 右図のように，直線 $x+y=k-1$ 上の格子点に対応付けられた自然数の列を「第 k 群」とする．第 k 群の終わりまでの項数，つまり第 k 群の終わりの自然数は

$$f(k):=1+2+3+\cdots+k=\frac{1}{2}k(k+1).$$

下書き 自然数 100 が，どのあたりの群に属するか見当を付けます．

$f(k)\fallingdotseq 100$.　$k^2\fallingdotseq 200$.　$k\fallingdotseq 14$ ？ ■

$$f(14)=\frac{1}{2}\cdot 14\cdot 15=105,$$
$$f(13)=\frac{1}{2}\cdot 13\cdot 14=91.$$

よって，自然数 100 は，第 14 群の $100-91=9$ 番目．一般に，奇数群の末項は x 軸上，偶数群の末項は y 軸上の格子点に対応する．…①

「13」は奇数だから，右図のようになる．

よって，自然数 100 は，点 $(13, 0)$ からベクトル $(-8, 8)$ だけ移動した点に対応する．よって求める点は，

$(13-8, 0+8)=(5, 8)$. //

(2) ①より，m の偶奇に応じて次図のようになる：

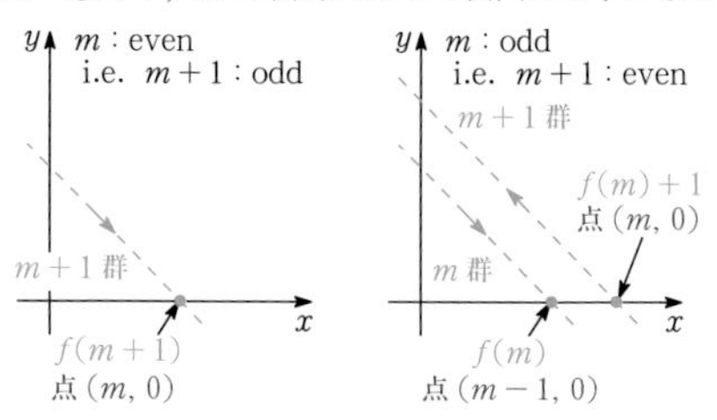

したがって，m：even のとき，

$$a_{m,0}=f(m+1)=\frac{1}{2}(m+1)(m+2).\ /\!/$$

m：odd のとき，

$$a_{m,0}=f(m)+1$$
$$=\frac{1}{2}m(m+1)+1=\frac{1}{2}(m^2+m+2).\ /\!/$$

(3) $a_{m,n}$ は，第 $m+n+1$ 群に属する．そこで，$m+n$ の偶奇に応じて考えると次図のようになる：

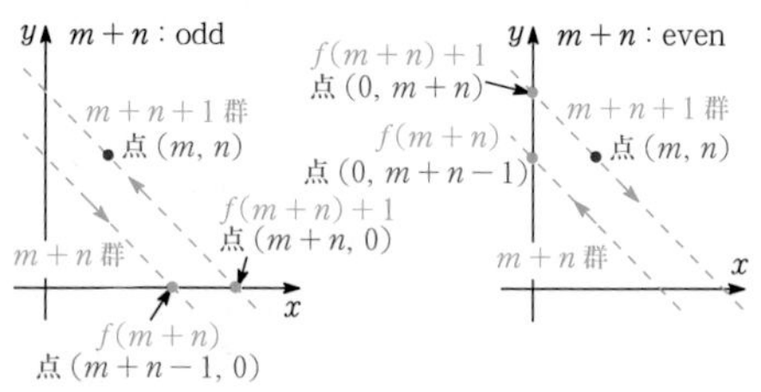

したがって，$m+n$：odd のとき，

$$a_{m,n}=f(m+n)+1+n$$
$$=\frac{1}{2}(m+n)(m+n+1)+1+n.\ /\!/$$

$m+n$：even のとき，

$$a_{m,n}=f(m+n)+1+m$$
$$=\frac{1}{2}(m+n)(m+n+1)+1+m.\ /\!/$$

解説 群数列の決め手:「第 k 群の終わりまでの項数 $f(k)$」が効いていますね．この“名前”なしで，全てを具体的な式で書くとどうなるかを想像すると…ゾッとしますね．

注 (2)(3)は，m, n にカンタンな具体数を代入して検算しましょう．

補定 ①：これは，単なる類推ではありません．

1°：第 2 群の末項は y 軸上の格子点に対応する．

2°：$k+1$ 群の末項は，k 群の末項とは別の軸上．

この2つにより，帰納的に示されます．もっとも，こんなにキチンと書かなくても許される程度のことですが．

7 9 44 ガウス記号と数列 [→例題 7 8 a, c]

根底 実戦 典型 入試 重要

着眼 いわゆる「ガウス記号」ですね．いくつか項を羅列して様子をうかがいましょう（$\sqrt{n}$ では概算値も使います）．

n	1	2	3	4	5	6	7	8	9	…
$\sqrt{n}$	1	1.4	1.7	2	2.2	2.4	2.6	2.8	3	…
a_n	1	1	1	2	2	2	2	2	3	…

（a_1〜a_3：3 個，a_4〜a_8：5 個）

どうやら，「同じ値が何個か連続する」のではないかと推定できますね．

方針 a_n の値が一定の自然数であり続ける番号 n の範囲を考えます．[1]

解答 $\left[\sqrt{n}\right]=k\ (\in\mathbb{N})$ となるための番号 n に関する条件は

$$k\leq\sqrt{n}<k+1.\ ^{2)}$$

（例）$2\leq\sqrt{5}<3$.

$$k^2\leq n<(k+1)^2.$$

（$k=1, 2$ で検算）

i.e. $n=k^2, k^2+1, k^2+2, \cdots, (k+1)^2-1$.

このような n に対応する項を「第 k 群」と呼ぶことにすると，その個数は

$$\{(k+1)^2-1\}-(k^2-1)=2k+1.$$

（$k=1\to3$ 個，$k=2\to5$ 個と検算）

また，$a_{m^2}=\left[\sqrt{m^2}\right]=m$ は，第 m 群の先頭．

……	$m-1$ 群	m 群
……	$a_{(m-1)^2}, \cdots, a_{m^2-1}$	$a_{m^2}, \cdots, a_{(m+1)^2-1}$

以上より，（ここまでの和を求める）

$$\begin{aligned}
\text{与式}&=\sum_{k=1}^{m-1}k(2k+1)+m\ (m\geq2)\\
&=\frac{1}{3}(m-1)m(2m-1)+\frac{1}{2}(m-1)m+m\\
&=\frac{1}{6}m\{2(m-1)(2m-1)+3(m-1)+6\}\\
&=\frac{1}{6}m(4m^2-3m+5)\ (m=1\text{ でも成立}).
\end{aligned}$$

解説 1)：数列を扱うとき，普段は「番号→項の値」の向きに考えますが，本問では「項の値→番号」と逆向きに考えると上手くいきましたね．

2)：「超えない」「最大の」を不等式で表すのは大丈夫ですね？ [→ I+A 1 6 5 後のコラム]

別解 ガウス記号は，ある範囲にある整数の個数を表すのによく使われます．それを踏まえて考えると，求める和は，実は「格子点」と関連付けることができます．

xy 平面上の領域 D: $0<y\leq\sqrt{x}$, $1\leq x\leq m^2$ 内にある格子点を考える．（x 軸上は除く）

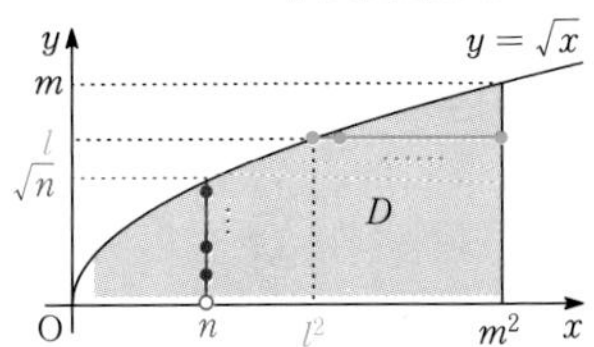

（$y=\sqrt{x}$ のグラフは，テキトーでも OK.）

直線 $x=n$（n は $1, 2, 3, \cdots, m^2$ のいずれか）上の格子点は，

$$x=1, 2, 3, \cdots, \left[\sqrt{n}\right] \text{ の } \left[\sqrt{n}\right] \text{ 個.}$$

よって与式は，D 内にある格子点の個数 N と一致する．

直線 $y=l$（l は $1, 2, 3, \cdots, m$ のいずれか）上の格子点は，

$$y=\sqrt{x}\iff x=y^2\ (y\geq0)$$

より，

$$x=l^2, l^2+1, l^2+2, \cdots, m^2 \text{ の}$$

$$m^2-(l^2-1)=m^2+1-l^2 \text{ 個.}$$

$$\begin{aligned}
\therefore\ N&=\sum_{l=1}^{m}(m^2+1-l^2)\\
&=m(m^2+1)-\frac{1}{6}m(m+1)(2m+1)\\
&=\frac{1}{6}m\{6(m^2+1)-(m+1)(2m+1)\}\\
&=\frac{1}{6}m(4m^2-3m+5).
\end{aligned}$$

解説 問題文・解答では“縦線” $x=n$ 上の格子点数を考えており，別解では“横線” $y=l$ 上の格子点を考えたという訳です．

例題 7 8 c では，対数関数 $y=\log_2 x$ を，元の形である指数関数 $x=2^y$ に戻して考え，直線 $y=$ 一定上の格子点を数えました．上記 別解 でも，それと同様に $y=\sqrt{x}$ を $x=y^2$ に戻して考えました．

7 9 45 格子点　根底 実戦 入試　[→例題 7 8 b]

着眼　y が x のワリとキレイな式で表されているので，ひとまず x を固定し，直線 $x=$ 一定 上の格子点を数えます．

注　ただし，①: $y=\dfrac{1}{2}ⓧ^3$」において，分数係数があるため…

$ⓧ=4 \cdots y=\dfrac{4^3}{2}=32$ (整数).

$ⓧ=5 \cdots y=\dfrac{5^3}{2}=62.5$ (整数でない！).

このように，"器" ⓧ にいろんな整数値を代入して観察することにより，x の偶奇による場合分けを要することが見抜けますね．

注　「偶数」は「$2k$」と表すとして，「奇数」の方は「$2k-1$」と「$2k+1$」の 2 択です．ここでは x が偶数「0」で始まり奇数「$2n-1$」で終わるので，「$2k,\ 2k+1$」の偶奇セットが得策です (事前にそこまで判断できなくても仕方ないですが…).

解答　k は $0, 1, 2, \cdots, n-1$ のいずれかとする．

直線 $x=2k$ 上の格子点は，

$\dfrac{(2k)^3}{2} \in \mathbb{Z}$ ($\because$ $2k$: even) より，

$y=0, 1, 2, \cdots, \dfrac{(2k)^3}{2}$ の

$\dfrac{(2k)^3}{2}+1$ 個.

直線 $x=2k+1$ 上の格子点は，

$\dfrac{(2k+1)^3}{2}=$ 整数 $+\dfrac{1}{2}$ ($\because$ $2k+1$: odd) より，

$y=0, 1, 2, \cdots, \dfrac{(2k+1)^3-1}{2}$ の

$\dfrac{(2k+1)^3-1}{2}+1=\dfrac{(2k+1)^3+1}{2}$ 個.

したがって，求める D 内の格子点数は

$$\sum_{k=0}^{n-1}\left\{\frac{(2k)^3}{2}+1+\frac{(2k+1)^3+1}{2}\right\}$$
$$=\sum_{k=0}^{n-1}\left\{\frac{3}{2}+\frac{(2k)^3}{2}+\frac{(2k+1)^3}{2}\right\}$$
$$=\frac{3}{2}n+\frac{1}{2}\sum_{l=0}^{2n-1} l^3 \quad {}^{1)}$$
$$=\frac{3}{2}n+\frac{1}{8}(2n-1)^2(2n)^2$$
$$=\frac{3}{2}n+\frac{1}{2}(2n-1)^2n^2$$
$$=\frac{n}{2}\left\{3+(2n-1)^2\cdot n\right\}$$
$$=\frac{1}{2}n\left(4n^3-4n^2+n+3\right). /\!/$$

$n=1$ で検算

解説　1)：数の並びを思い浮かべて，この変形が正しいことを確認してください．そうした反復練習により，このような式変形が自身でサッとできるようになるのです．

7 9 46 格子点・空間　根底 実戦 入試　[→例題 7 8 d]

注　求めるものは，xyz 空間内の領域にある格子点の個数とみなせます．とくに明言はされていませんが．

着眼　$f(n)$ は，n について定まるもの．つまり「数列」です．

方針　(2)→(3)の流れはわかりますね．(1)→(2)のつながりが見えるかどうかがポイントです．

注　余力のある人は，誘導(1)(2)を用いないで(3)を解く方法も考えてみてください．

解答　以下，x, y, z が 0 以上の整数であることを前提として述べる．

(1)　∘ $z=0$ のとき，

①: $x+2y \leq 6n$.

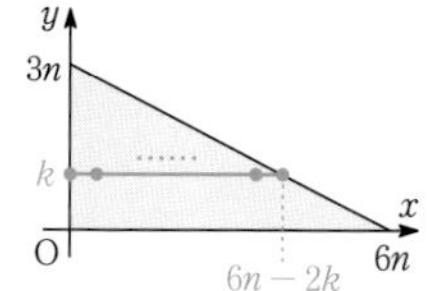

k を $0, 1, 2, \cdots, 3n$ のいずれかとして，直線 $y=k$ 上の格子点は，

$x=0, 1, 2, \cdots, 6n-2k$ の $6n-2k+1$ 個.

よって，S_n $(z=0)$ の要素数は

$$\sum_{k=0}^{3n}(6n+1-2k)=\frac{(6n+1)+1}{2}\cdot(3n+1)$$
$$=(3n+1)^2. /\!/$$

∘ $z=1$ のとき，

①: $x+2y \leq 6n-3$.

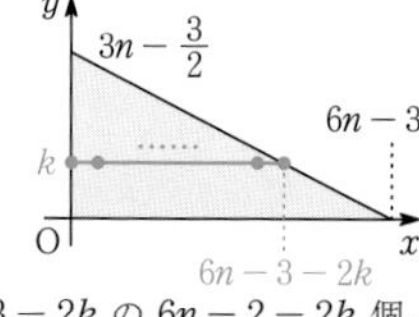

k を $0, 1, 2, \cdots, 3n-2$ のいずれかとして，直線 $y=k$ 上の格子点は，

$x=0, 1, 2, \cdots, 6n-3-2k$ の $6n-2-2k$ 個.

よって，S_n $(z=1)$ の要素数は

$$\sum_{k=0}^{3n-2}(6n-2-2k)=\frac{(6n-2)+2}{2}\cdot(3n-1)$$
$$=3n(3n-1). /\!/$$

(2)　**方針**　「$f(n-1)$」が現れるよう工夫します．■

①を変形すると

$x+2y+3(z-2) \leq 6(n-1)$.

これを満たす組 $(x, y, z-2)$ $(z-2 \geq 0)$ の個数は $f(n-1)$.

つまり，①を満たす組 (x, y, z) $(z \geq 2)$ の個数は $f(n-1)$.

$z=0, 1$ については(1)で求めた通りだから

$$f(n)-f(n-1)=(3n+1)^2+3n(3n-1)$$
$$=18n^2+3n+1. /\!/$$

(3) S_0 の要素は $(0, 0, 0)$ のみだから，$f(0) = 1$.
これと(2)より，$n \geq 1$ のとき

k の範囲を考えて！

$$f(n) = f(0) + \sum_{k=1}^{n} (18k^2 + 3k + 1)$$
$$= 1 + 3n(n+1)(2n+1) + \frac{4+(3n+1)}{2} \cdot n$$
$$= \frac{1}{2}\{2 + 6n(n+1)(2n+1) + (3n+5)n\}$$
$$= \frac{1}{2}(12n^3 + 21n^2 + 11n + 2)$$
$$= \frac{1}{2}(n+1)(12n^2+9n+2) \ (n=0 \text{ でも成立}). //$$

注 誘導(1)(2)を用いることなく，次のように解答できます．x, y, z と変数が 3 つもありますから，ひとまず **1 文字を固定**します．z を固定すると，①が $x + 2y \leq 3(2n - z)$ となり，係数がカンタンなので考えやすそうです．
ただし，y の範囲が $y \leq \dfrac{3(2n-z)}{2}$ となり，前問と同様，z の偶奇で場合分けすることになります．

別解 z を固定して考える．

i) $z = 2l$ (l は $0, 1, 2, \cdots, n-1, n$ のいずれか) のとき，①は

$x + 2y \leq 6(n - l)$.

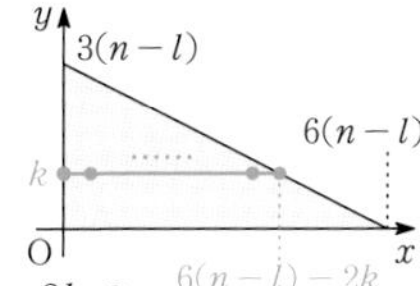

k を $0, 1, 2, \cdots, 3(n-l)$ のいずれかとして，直線 $y = k$ 上の格子点は，

$x = 0, 1, 2, \cdots, 6(n-l) - 2k$ の
$6(n-l) - 2k + 1$ 個.[1)]

これらの総数は

$$\sum_{k=0}^{3(n-l)} \{6(n-l) - 2k + 1\}$$
$$= \frac{6(n-l) + 1 + 1}{2} \cdot \{3(n-l) + 1\}$$
$$= \{3(n-l) + 1\}^2 \ (= a_l \text{とおく}).$$

ii) $z = 2l + 1$ (l は $0, 1, 2, \cdots, n-1$ のいずれか) のとき，①は

$x + 2y \leq 6(n-l) - 3$.

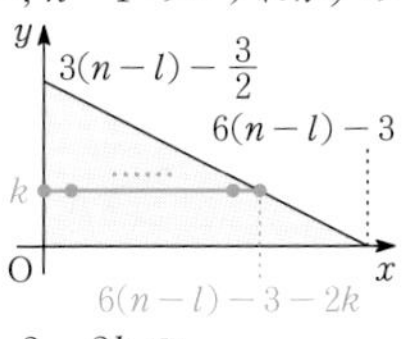

k を $0, 1, 2, \cdots, 3(n-l)-2$ のいずれかとして，直線 $y = k$ 上の格子点は，

$x = 0, 1, 2, \cdots, 6(n-l) - 3 - 2k$ の
$6(n-l) - 2 - 2k$ 個.

これらの総数は

$$\sum_{k=0}^{3(n-l)-2} \{6(n-l) - 2 - 2k\}$$
$$= \frac{6(n-l) - 2 + 2}{2} \cdot \{3(n-l) - 1\}$$
$$= 3(n-l)\{3(n-l) - 1\} \ (= b_l \text{ とおく}).$$

以上より

$$f(n) = \sum_{l=0}^{n-1} (a_l + b_l) + a_n$$
$$= \sum_{j=1}^{n} \{(3j+1)^2 + 3j(3j-1)\} + 1 \ (j := n-l)^{2)}$$
$$= \sum_{j=1}^{n} (18j^2 + 3j + 1) + 1$$

$= \cdots$ 以下，**解答**と同様．…

注 [2)]：a_l, b_l が「$n - l$」というカタマリで表されていますので，このように置換すると楽ですね．こうしたことが見抜けるようになりたいものです．

[→例題 7 5 h (2)]

補足 [1)]：ここで考えた個数は，y 座標 ($= k$) が 1 増えるごとに 2 個ずつ減ることが図からわかりますね．よって，こうしたマジメな文字式を書かず，

$y=0$ 上	$y=1$ 上	…	$y=3(n-k)$ 上
$6(n-k)+1$ 個	$6(n-k)-1$ 個	…	1 個

の和を等差数列の和の公式で求めてしまっても OK です（筆者は自分で勝手に解くときはいつもそうしてます（笑））.

7 9 47 領域の分割（円）

根底 実戦 典型

[→例題 7 8 j]

着眼 もちろん，**例題 7 8 j** の類題です．

解答 既に n 個の円が引かれているところに $n+1$ 個目の円 C を引くと，C は $2n$ 個の交点をもつ．
C は，これらの交点により $2n$ 個の円弧に分けられる．

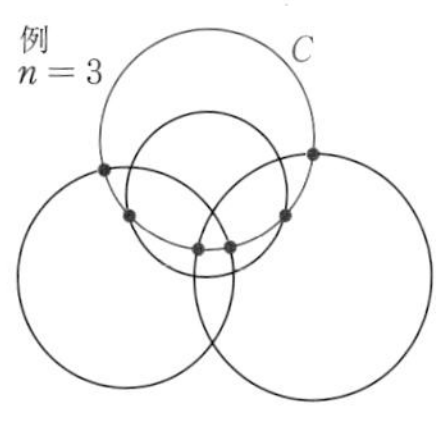

上記 $2n$ 個の円弧は，自身が含まれる 1 つの領域を 2 つに分割する．
よって，C を引くと領域は $2n$ 個増える．
したがって，求める個数を a_n として

$a_{n+1} - a_n = 2n$. 階差型

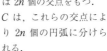

これと $a_1 = 2$ より，$n \geq 2$ のとき

k の範囲を考えて！

$$a_n = a_1 + \sum_{k=1}^{n-1} 2k$$
$$= 2 + 2 \cdot \frac{1}{2}(n-1)n$$
$$= n^2 - n + 2 \ (n = 1 \text{ でも成立}). //$$

余談 **解答**の図にある黒色の 3 円は，いわゆる「ベン図」そのものであり，3 つの集合に属するか否かを表すために，$2^3 = 8$ 個の領域に分かれているべきです．同様に，一般に n 個の集合を表すベン図は，全平面を 2^n 個の領域に分割しているべきですね．

そこで，2^n と本問の結果：a_n を比べてみましょう：

n	1	2	3	4	5	6	…
2^n	2	4	8	16	32	64	…
n^2-n+2	2	4	8	14	22	32	…

このように，指数関数 2^n と 2 次関数 a_n の値が，$n=1, 2, 3$ においては奇跡的に一致します．しかし，$n=4$ 以降では 2^n の方が大きそうですね[→例題 7 7 c]．したがって，「円」を使ってベン図が描けるのは 3 つの集合までということになります．

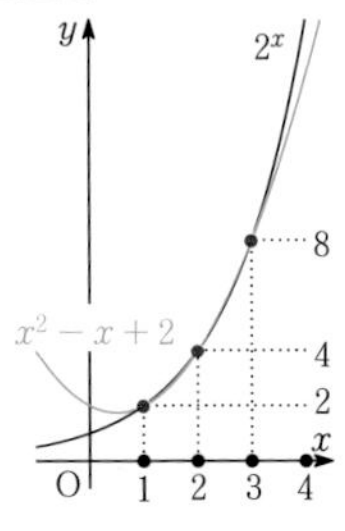

7 9 48 確率漸化式・偶奇分け

根底 実戦 入試 重要 [→例題 7 8 g]

着眼 イキナリ「式」を立てようとせず，まずは「P の動きそのもの」を見てください．

回：	0	1	2	3	4	5	…
P の部屋	ⓐ	ⓑ	ⓐ or ⓒ	ⓑ or ⓓ	ⓐ or ⓒ	ⓑ or ⓓ	…

解答 (1) n 回後の P の位置を考える．

P は次のように移動する：

ⓐ or ⓒ → ⓑ or ⓓ，　ⓑ or ⓓ → ⓐ or ⓒ　"ドミノ式"に

また，$n=0$ のとき P はⓐにある．よって帰納的に

n: even…P はⓐ or ⓒにある．

n: odd…P はⓑ or ⓓにある．

よって，n：odd のとき，$a_n=0$.//

以下，n：even のときを考える．まず，$a_0=1$. …①

P が $2m+2$ 回後にⓐにある事象は，P の $2m$ 回後の位置で**場合分け**すると次図の通り：

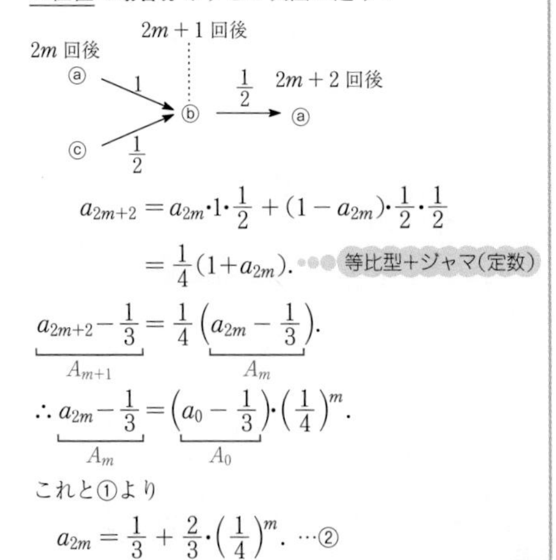

$$a_{2m+2}=a_{2m}\cdot 1\cdot\frac{1}{2}+(1-a_{2m})\cdot\frac{1}{2}\cdot\frac{1}{2}$$

$$=\frac{1}{4}(1+a_{2m}).$$ 等比型＋ジャマ(定数)

$$\underbrace{a_{2m+2}-\frac{1}{3}}_{A_{m+1}}=\frac{1}{4}\Big(\underbrace{a_{2m}-\frac{1}{3}}_{A_m}\Big).$$

$$\therefore \underbrace{a_{2m}-\frac{1}{3}}_{A_m}=\Big(\underbrace{a_0-\frac{1}{3}}_{A_0}\Big)\cdot\left(\frac{1}{4}\right)^m.$$

これと①より

$$a_{2m}=\frac{1}{3}+\frac{2}{3}\cdot\left(\frac{1}{4}\right)^m. \cdots ②$$

よって，$n=2m$（偶数）のとき

$$a_n=a_{2m}=\frac{1}{3}+\frac{2}{3}\cdot\left(\frac{1}{4}\right)^{\frac{n}{2}}$$

$$=\frac{1}{3}+\frac{2}{3}\cdot\left(\frac{1}{2}\right)^n.//$$

(2) n：odd のとき，$0<a_n-\frac{1}{3}$ とならないから不適．よって以下では n：even のときのみ考える．

$n=2m$ のとき，題意の条件は②より

$$0<\frac{2}{3}\cdot\left(\frac{1}{4}\right)^m<10^{-10}.$$

$$\log_{10}\frac{2}{3}\cdot\left(\frac{1}{4}\right)^m<\log_{10}10^{-10}=-10.$$

$$\log_{10}2-\log_{10}3+m(-2\log_{10}2)<-10.$$

$$(2\log_{10}2)m>10+\log_{10}2-\log_{10}3.$$

$$0.6020\times m>9.8239.$$

$$m>16.3\cdots.$$

これを満たす最小の自然数 m は，17.

よって求める $n(=2m)$ は，34.//

参考 (a_n) の偶数番だけを抜き出した「部分列」を考えました．

7 9 49 確率漸化式・3状態

根底 実戦 入試 [→例題 7 6 k]

着眼 ごく自然と次のように頭が動くようになりましたか？

「自然数 n に対して定まる値」

→「数列」→ {「一」… 一般項・直接 n 番 ／「ド」… 帰納的・"ドミノ式"}

本問で直接「一」は無理そう．一方，直前・直後の関係は明快ですから，「ド」で行ってみましょう．

解答 n 秒後に P が A, B にある確率をそれぞれ a_n, b_n とする（C にある確率は $1-a_n-b_n$）．[1)]

P が $n+1$ 秒後に A にある事象は，P の n 秒後の位置で**場合分け**すると次図左の通り（B にある事象については次図右）：

n 秒後　B →($\frac{1}{3}$) A，C →($\frac{2}{3}$) A　$n+1$ 秒後

n 秒後　A →($\frac{2}{3}$) B，C →($\frac{1}{3}$) B　$n+1$ 秒後

$$\therefore\ a_{n+1}=b_n\cdot\frac{1}{3}+(1-a_n-b_n)\cdot\frac{2}{3},$$

i.e. $3a_{n+1}=-2a_n-b_n+2.$ …①

$$b_{n+1}=a_n\cdot\frac{2}{3}+(1-a_n-b_n)\cdot\frac{1}{3},$$

i.e. $3b_{n+1}=a_n-b_n+1.$ …②

これらは $n=0, 1, 2, \cdots$ で成り立つ．ただし，

$a_0=1, b_0=0.$ …③

方針 a_n を求めたいので，b_n を消去します．■

①より

$b_n=2-3a_{n+1}-2a_n$. 消去したいものについて解く

これを②へ代入して

$3(2-3a_{n+2}-2a_{n+1})=a_n-(2-3a_{n+1}-2a_n)+1.$

$a_{n+2}=-a_{n+1}-\frac{1}{3}a_n+\frac{7}{9}$. …④

また，③①より $a_1=0$. …③′

方針 ジャマな定数 $+\frac{7}{9}$ を除去します．

下書き ジャマモノと“類似の式”，つまり定数 α を一般項とする数列 (α) が漸化式④を満たす条件は，次の ④′：

$\alpha=-\alpha-\frac{1}{3}\alpha+\frac{7}{9}$. …④′ $\alpha=\frac{1}{3}$.

$\frac{1}{3}=-\frac{1}{3}-\frac{1}{3}\cdot\frac{1}{3}+\frac{7}{9}$. …④″

④－④″より… ここまで下書き．■

④を変形すると

$a_{n+2}-\frac{1}{3}=-\left(a_{n+1}-\frac{1}{3}\right)-\frac{1}{3}\left(a_n-\frac{1}{3}\right).$

そこで，$A_n=a_n-\frac{1}{3}$ とおくと，③③′より

$A_0=\frac{2}{3},\ A_1=-\frac{1}{3}$. …③″

$A_{n+2}=-A_{n+1}-\frac{1}{3}A_n$. …⑤

方程式 $x^2=-x-\frac{1}{3}$, i.e. $3x^2+3x+1=0$ の 2 解を

$\alpha=\frac{-3+\sqrt{3}i}{6},\ \beta=\frac{-3-\sqrt{3}i}{6}$

とおくと，⑤は次のように変形できる：

$A_{n+2}-\alpha A_{n+1}=\beta(A_{n+1}-\alpha A_n).$

$$\therefore\ A_{n+1}-\alpha A_n=(A_1-\alpha A_0)\cdot\beta^n=-\frac{2\alpha+1}{3}\cdot\beta^n=-\frac{i}{3\sqrt{3}}\beta^n.\ \cdots⑥$$

$$同様に，A_{n+1}-\beta A_n=-\frac{2\beta+1}{3}\cdot\alpha^n=\frac{i}{3\sqrt{3}}\alpha^n.\ \cdots⑦$$

⑦－⑥より

$$\underbrace{(\alpha-\beta)}_{\frac{i}{\sqrt{3}}}A_n=\frac{i}{3\sqrt{3}}(\alpha^n+\beta^n).$$

$A_n=\frac{1}{3}(\alpha^n+\beta^n).$

$a_n=\frac{1}{3}(\alpha^n+\beta^n+1).$ // [2]

注 [1]：ホントに「1－△」の形でよいかどうか確認すること．本問では，P が「A にある」，「B にある」，「C にある」の 3 つを合わせると全事象となるので大丈夫ですね．

参考 前問と比較すると，「確率」部分はカンタン．「数列」に関する漸化式処理はメンドウでしたね．

言い訳 [2]：最後の答えは“略称” α,β ではなく，$\frac{-3+\sqrt{3}i}{6}$，$\frac{-3-\sqrt{3}i}{6}$ という値そのもので書くべきですが，けっこうタイヘンな問題ですので，これで許してくれると思います (笑).

数学 C「複素数平面」後 α,β は虚数ですが，互いに共役なので α^n,β^n も互いに共役です．したがって，答えにある「$\alpha^n+\beta^n$」はちゃんと実数となります．

7 9 50 期待値の漸化式

根底 実戦 入試 [→例題 7 6 e]

着眼 前問とワザとそっくりに見える設定にしました．もちろん「確率」を数列ととらえ，“ドミノ式”に処理していきます．

解答 n 秒後に P が A, B, C にある確率をそれぞれ a_n, b_n, c_n とする．ここに，

$a_n+b_n+c_n=1$. …①

求める期待値 $E(X_n)$ を E_n とおくと，①より

$$E_n=1\cdot a_n+2\cdot b_n+3\cdot c_n=1-b_n-c_n+2b_n+3c_n=1+b_n+2c_n.\ \cdots②$$

（a_n が消しやすい）

$(a_0=1,)\ b_0=0,\ c_0=0$. …③

次に，P は右図の確率で推移するから，①も用いると，$n\geq0$ に対して，

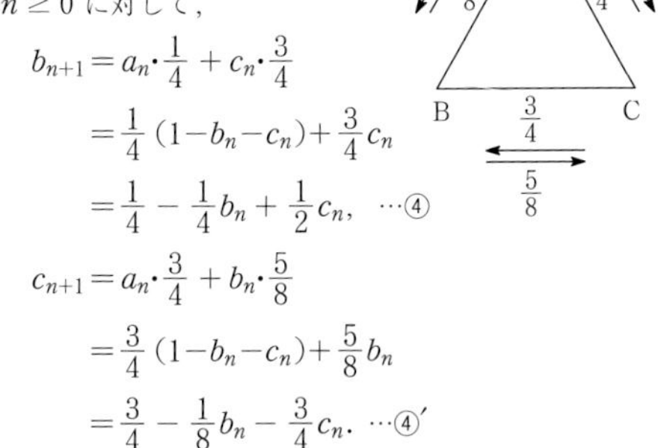

$$b_{n+1}=a_n\cdot\frac{1}{4}+c_n\cdot\frac{3}{4}=\frac{1}{4}(1-b_n-c_n)+\frac{3}{4}c_n=\frac{1}{4}-\frac{1}{4}b_n+\frac{1}{2}c_n,\ \cdots④$$

$$c_{n+1}=a_n\cdot\frac{3}{4}+b_n\cdot\frac{5}{8}=\frac{3}{4}(1-b_n-c_n)+\frac{5}{8}b_n=\frac{3}{4}-\frac{1}{8}b_n-\frac{3}{4}c_n.\ \cdots④'$$

方針 ③④④′から，前問と同様に b_n, c_n を求めることは可能ですが，メンドウです．そこで，もっと近道はないかと考えます．「確率」$(b_n),(c_n)$ が“ドミノ式”に定まりますから，「期待値」(E_n) も…■

②③より

$E_0=1$. …⑤

②④④′より

E_{n+1}

$=1+b_{n+1}+2c_{n+1}$

$$= 1+\left(\frac{1}{4}-\frac{1}{4}b_n+\frac{1}{2}c_n\right)+2\left(\frac{3}{4}-\frac{1}{8}b_n-\frac{3}{4}c_n\right)$$
$$= \frac{11}{4}-\frac{1}{2}b_n-c_n$$
$$= \frac{11}{4}-\frac{1}{2}(b_n+2c_n)$$
$$= \frac{11}{4}-\frac{1}{2}(E_n-1)\ (\because\ ②).$$
$$\therefore\ E_{n+1}=-\frac{1}{2}E_n+\frac{13}{4}.\ \cdots⑥$$

下書き 方程式 $\alpha=-\frac{1}{2}\alpha+\frac{13}{4}$ を解くと $\alpha=\frac{13}{6}$.

$$\therefore\ \frac{13}{6}=-\frac{1}{2}\cdot\frac{13}{6}+\frac{13}{4}.$$

⑥とこれを辺々引くと（ここまで下書き）■

$$E_{n+1}-\frac{13}{6}=-\frac{1}{2}\left(E_n-\frac{13}{6}\right).$$
$$\therefore\ E_n-\frac{13}{6}=\left(E_0-\frac{13}{6}\right)\left(-\frac{1}{2}\right)^n.$$

これと⑤より

$$E_n=\frac{13}{6}-\frac{7}{6}\cdot\left(-\frac{1}{2}\right)^n.\ /\!/$$ $n=0,1$ で検算

補足 「期待値」の定義は大丈夫ですね？

[→ I+A 7 10 1]

言い訳 E_n に関する漸化式がキレイにできたのは，作問者（筆者）がそうなるように数値を調整しているからです．入試問題とは，限られた時間内に解けるよう，そうした措置がなされるものなのです．

7 9 51 確率漸化式・最初で場合分け

[→例題 7 6 i]

根底 実戦 入試 重要

着眼 「自然数 n に対して定まる値」

→「数列」→ {「一」 一般項・直接 n 番 / 「ド」 帰納的・"ドミノ式"}

と頭を動かします．「一」はまず無理そうですから，「ド」の方で．

方針 いわゆる「確率漸化式」ですから，「場合分け」によって作れないかなと考えます．

最後の方，つまり終了間際を考えると，

△△，×

のいずれで終わるのかを考えるのが難しそう．

そこで，最初の事象に注目します．

解答 (1) 第 n 回 $(n\geq 3)$ に終了する事象は，最初に出るカードに注目して場合分けすると次の通り：

i) ○ → $n-1$ 回後に終了

ii) △ → ○ → $n-2$ 回後に終了

ここに，○の後 n 回で終了する事象は，初めから n 回で終了する事象と同等である．よって，求める確率を p_n とすると

$$p_n=\frac{1}{2}p_{n-1}+\frac{1}{4}\cdot\frac{1}{2}p_{n-2}$$
$$=\underbrace{\frac{1}{2}p_{n-1}}_{\text{i)}}+\underbrace{\frac{1}{8}p_{n-2}}_{\text{ii)}}.\ \cdots①$$

また，

$$p_1=\frac{1}{4}\ \cdots②,$$ ×

$$p_2=\frac{1}{4}\cdot\frac{1}{4}+\frac{3}{4}\cdot\frac{1}{4}=\frac{1}{4}.\ \cdots②'$$ △→△ / ×以外→×

注 このように，"ドミノ式"を完成させてから，一般項を求めにかかってください．■

方程式 $x^2=\frac{1}{2}x+\frac{1}{8}$，i.e. $8x^2-4x-1=0$ の2解を

$$\alpha=\frac{2+\sqrt{12}}{8}=\frac{1+\sqrt{3}}{4},\ \beta=\frac{1-\sqrt{3}}{4}$$

とおくと，①は次のように変形できる：

$$p_{n+2}-\alpha p_{n+1}=\beta(p_{n+1}-\alpha p_n).$$
$$\therefore\ p_{n+1}-\alpha p_n=(p_2-\alpha p_1)\cdot\beta^{n-1}$$
$$=\frac{1}{4}(1-\alpha)\cdot\beta^{n-1}$$
$$=\frac{1}{4}\cdot\frac{3-\sqrt{3}}{4}\cdot\beta^{n-1}$$
$$=\frac{-\sqrt{3}}{4}\cdot\frac{1-\sqrt{3}}{4}\cdot\beta^{n-1}$$
$$=\frac{-\sqrt{3}}{4}\cdot\beta^n.\ \cdots③$$

同様に，

$$p_{n+1}-\beta p_n=\frac{1}{4}(1-\beta)\cdot\alpha^{n-1}$$
$$=\frac{1}{4}\cdot\frac{3+\sqrt{3}}{4}\cdot\alpha^{n-1}$$
$$=\frac{\sqrt{3}}{4}\cdot\frac{1+\sqrt{3}}{4}\cdot\alpha^{n-1}$$
$$=\frac{\sqrt{3}}{4}\cdot\alpha^n.\ \cdots③'$$

③′－③ より

$$\underbrace{(\alpha-\beta)}_{\frac{\sqrt{3}}{2}}p_n=\frac{\sqrt{3}}{4}(\alpha^n+\beta^n).$$
$$p_n=\frac{1}{2}(\alpha^n+\beta^n).\ /\!/$$

(2) 事象 A, B を

A：「第 n 回で終了」，B：「第1回が△」

とすると，求めるものは条件付確率

$$P_A(B)=\frac{P(A\cap B)}{P(A)}.\ \cdots④$$

ここで，A は(1)の事象．$A\cap B$ は，(1)における ii) の事象である．以上より

$$P_A(B)=\frac{\frac{1}{8}p_{n-2}}{p_n}$$
$$=\frac{1}{8}\cdot\frac{\alpha^{n-2}+\beta^{n-2}}{\alpha^n+\beta^n}.\ /\!/$$

解説 本問で用いた「最初の方で場合分け」という手法は時として絶大なる効果を発揮します．覚えておきましょう．[→例題 7 8 I 補足]

「条件付確率」を求める際のポイントを確認しておきます．[→ I+A 7 9 3]

1° 2つの事象に A, B と**名前**を与える

2° 求めるべき「条件付確率」の定義式を初めに書いておく．

3° その定義式の分子，分母をそれぞれ求める．

参考 数学Ⅲ「極限」後

$n\to\infty$ のとき，$|\alpha|>|\beta|$ より

$$P_A(B)=\frac{1}{8}\cdot\frac{1+\left(\dfrac{\beta}{\alpha}\right)^{n-2}}{\alpha^2+\beta^2\cdot\left(\dfrac{\beta}{\alpha}\right)^{n-2}}\to\frac{1}{8\alpha^2}.$$

7 9 52 折れ線の長さ 根底 実戦 典型 [→例題 7 8 K]

着眼 点列 (P_n) がテーマです．

「点列」{「一」「ド」}

点 P_n から垂線を引いて P_{n+1} が定まりますから，「ド」の方ですね．

方針 $\mathrm{P}_n\mathrm{P}_{n+1}$ と $\mathrm{P}_{n+1}\mathrm{P}_{n+2}$ の関係を考えます．どの三角形に注目すべきでしょう？

解答 (1)

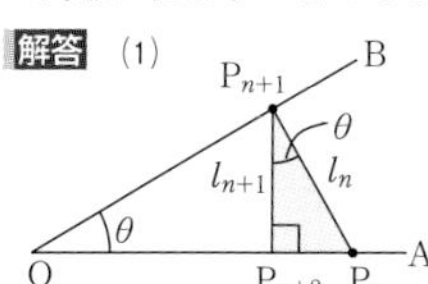

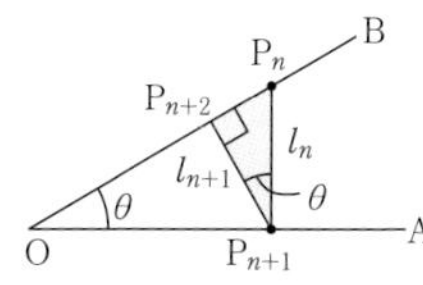

$l_n=\mathrm{P}_n\mathrm{P}_{n+1}$ とおく．$\triangle\mathrm{P}_n\mathrm{P}_{n+1}\mathrm{P}_{n+2}$ に注目すると

$l_{n+1}=l_n\cdot\cos\theta$.

$\triangle\mathrm{OP}_0\mathrm{P}_1$ に注目すると

$l_0=\mathrm{P}_0\mathrm{P}_1=1\cdot\sin\theta$.

したがって，

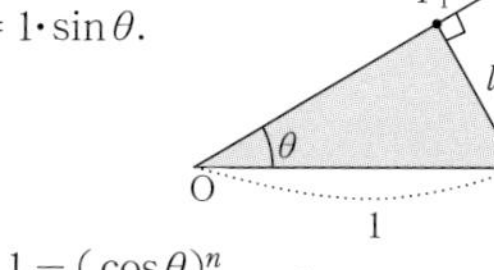

$$L_n=\sum_{k=0}^{n-1}l_k=\sin\theta\cdot\frac{1-(\cos\theta)^n}{1-\cos\theta}.\ /\!/\ (\because\ 0<\cos\theta<1.)$$

(2) $0<\cos\theta<1$ より，

$$f(\theta)=\lim_{n\to\infty}L_n=\frac{\sin\theta}{1-\cos\theta}.\ /\!/$$

(3)
$$\lim_{\theta\to+0}\theta f(\theta)=\lim_{\theta\to+0}\frac{\theta\sin\theta}{1-\cos\theta}=\lim_{\theta\to+0}\frac{\theta^2}{1-\cos\theta}\cdot\frac{\sin\theta}{\theta}=2\cdot1=2.\ /\!/$$

解説 直角三角形における三角比の定義は大丈夫でしたか？[→ I+A 3 2 4]

(2)で求めた極限値は，無限級数 $\sum_{k=0}^{\infty}l_k$ の和ですね．

(3)では，三角関数に関する2つの極限公式：

$$\lim_{\theta\to0}\frac{\sin\theta}{\theta}=1,\ \lim_{\theta\to0}\frac{1-\cos\theta}{\theta^2}=\frac{1}{2}$$

を用いています．

7 9 53 面積の和 根底 実戦 入試 [→ 7 5 6]

方針 図形の処理は単純です．Σ 計算をどうするかが勝負．

解答 $\angle\mathrm{P}_0\mathrm{OP}_k=\dfrac{\pi}{n}\cdot k$.

そこで，$\theta=\dfrac{\pi}{n}$ とおくと 1)

$$S_k=\frac{1}{2}\cdot1\cdot1\cdot\sin k\theta.$$

$$\therefore\ T=\sum_{k=1}^{n}\frac{1}{2}\sin k\theta.$$

方針 数列 $(\sin k\theta)$ の和は，階差に分解して求まる典型例の1つです．

[→ 7 5 6 よく用いる（ほぼ）階差への分解 ⑪]

$$\begin{aligned}\sin\frac{\theta}{2}\cdot T&=\sum_{k=1}^{n}\frac{1}{2}\sin k\theta\cdot\sin\frac{\theta}{2}\\&=\sum_{k=1}^{n}\frac{1}{4}\left\{\underbrace{\cos\left(k-\frac{1}{2}\right)\theta}_{a_k\text{ とおく}}-\cos\left(k+\frac{1}{2}\right)\theta\right\}\\&=\sum_{k=1}^{n}\frac{1}{4}(a_k-a_{k+1})\\&=\frac{1}{4}(a_1-a_{n+1})\ \cdots\text{“パタパタ”}\\&=\frac{1}{4}\left\{\cos\frac{\theta}{2}-\cos\left(n+\frac{1}{2}\right)\theta\right\}\ ^{2)}\\&=\frac{1}{2}\sin\frac{n+1}{2}\theta\cdot\sin\frac{n}{2}\theta\\&=\frac{1}{2}\sin\left(\frac{n+1}{2}\cdot\frac{\pi}{n}\right)\cdot\sin\left(\frac{n}{2}\cdot\frac{\pi}{n}\right)\\&=\frac{1}{2}\sin\frac{n+1}{2n}\pi.\end{aligned}$$

ここで，$0<\dfrac{\theta}{2}=\dfrac{\pi}{2n}<\pi$ より $\sin\dfrac{\theta}{2}\neq0$ だから，

$$T=\frac{\sin\frac{n+1}{2n}\pi}{2\sin\frac{\pi}{2n}}.\ /\!/$$

解説 Σ 計算をするにあたっての“ダミー変数”は k です．n は定数として扱い，答えの記述に用いてかまいません．

注 1)：角「$\dfrac{\pi}{n}$」を何度も繰り返し書くことになると予感して，このように“名前”を与えています．

2)：このままで両辺を $\sin\dfrac{\theta}{2}$ で割って答えても正解です：

$$T = \frac{\cos\frac{\theta}{2} - \cos\left(n+\frac{1}{2}\right)\theta}{4\sin\frac{\theta}{2}}$$
$$= \frac{\cos\frac{\pi}{2n} - \cos\frac{2n+1}{2n}\pi}{4\sin\frac{\pi}{2n}}. //$$

7 9 54 漸化式と余り

根底 実戦 典型 入試 重要

[→例題 7 8 h]

参考 「余りの周期性」に関しては，I+Aの**演習問題 6 13 3**(指数関数)，**演習問題 6 13 8**(3 項間漸化式）においても詳しく論じています．本問が解きにくいなと感じた人は，先にこれらの問題にあたってみることをお勧めします．

着眼 「$a_n(a_n+1)$」があるので，一般項をカンタンに求めるの無理そう．いくつか項を羅列してみましょう．

②において，a_{n+1} の余りは「a_n」と「4^n」の 2 つ[1]によって決まります．そこで，まずは 4^n の余りを考えましょう．ただし，7 で割った**余り**だけに注目し，mod7 の合同式を使って書きます．

$$4^1 = 4,$$
$$4^2 = 16 = 14 + \underline{2},$$
$$4^3 = (14 + \underline{2})\cdot 4 \equiv \underline{8} \equiv 1.$$
$$4^4 = (7\cdot\triangle + \underline{1})\cdot 4 \equiv \underline{4}.$$

これで 4^1 と同じ余りに戻りました．よって余りは次のような繰り返しになります（**解答**ではちゃんと示します）．

4, 2, 1, 4, 2, 1, 4, 2, 1, ⋯

これを踏まえて a_n の余りを求めていきます．例えば a_2, a_3 の余りは，次のように計算します（もちろん暗算で）：

$$a_2 = a_1(a_1+1)+4^1 = 3\cdot4+4 = 16 = 7\cdot2\underline{+2} \equiv 2.$$

$$a_3 = a_2(a_2+1)+4^2 = (7\cdot2\underline{+2})(7\cdot2\underline{+3})+14\underline{+2} \equiv 2\cdot3+2 = 8 \equiv 1.$$

いずれも，7 で割り切れない部分（赤下線部）だけに注目して計算しています．以下同様に求めていくと，次表のようになります：

n	1	2	3	4	5	6	7	8	9	⋯
$4^n \equiv$	4	2	1	4	2	1	4	2	1	⋯
$a_n \equiv$	3	2	1	3	2	1	3	2	1	⋯

3 個　3 個　3 個

どうやら a_n の余りは

「3, 2, 1」の 3 個の繰り返し

になりそうだと"予想"[2] されます．

これは，4 6 2 で述べた「周期のイメージ」そのものですね．

ただし，「3 が余りの**周期**」であることの**定義**は次の通りです：

$a_{n+3} \equiv a_n$ が，
全ての自然数 n について成り立つ．

n	1	2	3	4	5	6	7	8	9	⋯
$a_n \equiv$	3	2	1	3	2	1	3	2	1	⋯

等しい

これを示すことを目指します．

解答 mod7 で考える．（7 を法とする合同式を用いる）

まず，4^n について考えると

$$4^{n+3} - 4^n = 4^n(4^3-1)$$ [3]
$$= 4^n\cdot63 = 4^n\cdot9\cdot7.$$
$$\therefore\ 7 \mid 4^{n+3} - 4^n.$$

i.e. $4^{n+3} \equiv 4^n$. ⋯③

これを用いて

$P(n)$:「$a_{n+3} \equiv a_n$」

を，$n = 1, 2, 3, \cdots$ について示す．

1° $P(1)$:「$a_4 \equiv a_1$」を示す．

①と②（$n=1$）より

$$a_2 = 3\cdot4 + 4^1 = 16 = 7\cdot2 + 2 \equiv 2. \cdots ④$$

これと②（$n=2$）より

$$a_3 \equiv 2\cdot3 + 4^2 = 22 = 7\cdot3 + 1 \equiv 1. \cdots ⑤$$

これと②（$n=3$）より

$$a_4 \equiv 1\cdot2 + 4^3 = 66 = 7\cdot9 + 3 \equiv 3.$$ [4]

よって $a_4 \equiv a_1\ (=3)$ だから，$P(1)$ は成り立つ．

2° n を固定する．$P(n)$ を仮定し，

$P(n+1)$:「$a_{n+4} \equiv a_{n+1}$」

を示す．

$$a_{n+4} = a_{n+3}(a_{n+3}+1) + 4^{n+3}\ (\because\ ②)$$
[5] $$\equiv a_n(a_n+1) + 4^n\ (\because\ P(n), ③)$$
$$= a_{n+1}\ (\because\ ②).$$

よって，$P(n) \Longrightarrow P(n+1)$ が成り立つ．

1°2° より，$P(1), P(2), P(3), \cdots$ が示せた．

これと①④⑤より，求める余りは

[6] $$a_n \equiv \begin{cases} 3\ (n = 1, 4, 7, \cdots), \\ 2\ (n = 2, 5, 8, \cdots), \\ 1\ (n = 3, 6, 9, \cdots). \end{cases} //$$

解説 [5]：ここが本問**解答**において最も重要なところです．成り立つ理由を徹底理解してください．

[6]：例えば「$a_n \equiv 3\ (n = 1, 4, 7, \cdots)$」は，次のようにして導かれています：

①より，$a_1 \equiv 3$.
これと $P(1)$ より，$a_4 \equiv 3$.

これと $P(4)$ より，$a_7 \equiv 3$.
⋮

要するに，2 個飛ばしの“ドミノ式”です.

注 4)：$a_4 \equiv a_1 (\equiv 3)$. つまり余りは“振り出し”に戻った訳ですが，これだけで「余りは「3, 2, 1」を繰り返す」と断定するのは誤りです.

1)：なぜかというと，a_{n+1} の余りが「a_n」のみならず「4^n」にも依存するからです．よって，次の 2 点を述べれば OK です：

∘ a_{n+1}の余りは，a_nの余りと 4^nの余りで定まる.

∘ $\begin{cases} 4^n\text{の余りは「4, 2, 1」を繰り返す.} \\ a_n\text{の余りは「3, 2, 1, 3」となる.} \end{cases}$

これなら，a_4 で余りが“振り出し”に戻り，なおかつ 4^n は同じ余りを繰り返すので，a_n も同じ余りを繰り返すことが言えますね.

そのことを，数式と数学的帰納法で明確に記述したのが前記**解答**という訳です.

補足 2)：「3 個の繰り返し」は，単なる類推に過ぎません.

3)：「余りが等しい」$\Longleftrightarrow$「差をとって割り切れる」は常識です．[→ I+A 6 7 3]

別解 演習問題 7 9 35 と同様に，複数の式を 1 つの“ドミノ”に見立てて証明する手もあります．：

この 3 式が 1 つの“ドミノ”

$Q(k)$：「$a_{3k-2} \equiv 3,\ a_{3k-1} \equiv 2,\ a_{3k} \equiv 1$」

を，$k = 1, 2, 3, \cdots$ について示す.

1° $Q(1)$：「$a_1 \equiv 3,\ a_2 \equiv 2,\ a_3 \equiv 1$」を示す.

(これは，①と前記**解答**の④⑤により成立．)

2° k を固定する．$Q(k)$ を仮定し，

$Q(k+1)$：「$a_{3k+1} \equiv 3,\ a_{3k+2} \equiv 2,\ a_{3k+3} \equiv 1$」

を示す.

(③などにより，

$n = 1, 2, 3, \cdots$ に対する

4^nの余りが $4, 2, 1, 4, 2, 1, \cdots$

の繰り返しであるとわかっているとします．)

$$\begin{aligned} a_{3k+1} &= a_{3k}(a_{3k}+1) + 4^{3k} \\ &\equiv 1 \cdot 2 + 1 = 3. \end{aligned}$$

これと②より

$$\begin{aligned} a_{3k+2} &= a_{3k+1}(a_{3k+1}+1) + 4^{3k+1} \\ &\equiv 3 \cdot 4 + 4 = 16 \equiv 2. \end{aligned}$$

これと②より

$$\begin{aligned} a_{3k+3} &= a_{3k+2}(a_{3k+2}+1) + 4^{3k+2} \\ &\equiv 2 \cdot 3 + 2 = 8 \equiv 1. \end{aligned}$$

よって，$Q(k) \Longrightarrow Q(k+1)$ が示せた.

1°, 2° より，$Q(1), Q(2), Q(3), \cdots$ が示せた.

これで，**解答**と同じ結果が得られましたね.

参考 整数の余りと数列を絡めた問題が，I+A 6 13 に多数あります.

7 9 55 連立漸化式・整数部分 [→例題 7 8 h]

根底 実戦 典型 入試

方針 仮に(1)の誘導がなくても，$(a_n), (b_n)$ の「一般項」を直接目指すのはキビシそうなので，“ドミノ式”を選ぶことになります.「累乗」のもつ“ドミノ構造”を活かしましょう.

(2)も“ドミノ式”.

(3)で，(2)をどう活かすかが見抜けますか？

解答 (1) $(1+\sqrt{2})^{n+1} = (1+\sqrt{2}) \cdot (1+\sqrt{2})^n$.　“ドミノ式”

これと①より

$$\begin{aligned} a_{n+1} + b_{n+1}\sqrt{2} &= (1+\sqrt{2})(a_n + b_n\sqrt{2}) \\ &= (a_n + 2b_n) + (a_n + b_n)\sqrt{2}. \end{aligned}$$

有理数

$a_n, b_n, a_{n+1}, b_{n+1} \in \mathbb{Q},\ \sqrt{2} \notin \mathbb{Q}$ だから

$$\begin{cases} a_{n+1} = a_n + 2b_n, \\ b_{n+1} = a_n + b_n. \end{cases} \cdots ②$$

(2) ① $(n=1)$ より

$1 + \sqrt{2} = a_1 + b_1\sqrt{2}$.

$\therefore a_1 = b_1 = 1.\ \cdots ③$

ここで，$c_n = a_n{}^2 - 2b_n{}^2$ とおくと　目標とするものに名前を付ける

$$\begin{aligned} c_{n+1} &= a_{n+1}{}^2 - 2b_{n+1}{}^2 \\ &= (a_n + 2b_n)^2 - 2(a_n + b_n)^2 \ (\because ②) \\ &= -a_n{}^2 + 2b_n{}^2 = -c_n. \end{aligned}$$

$c_1 = -1\ (\because ③)$.

$\therefore c_n = (-1)^n$.

(3) **着眼** 「$a_n + b_n\sqrt{2}$」と「$a_n{}^2 - 2b_n{}^2$」をどうつなげましょうか？■

(2)より

$(a_n + b_n\sqrt{2})(a_n - b_n\sqrt{2}) = (-1)^n$.

$$\begin{aligned} \therefore\ a_n - b_n\sqrt{2} &= \frac{(-1)^n}{a_n + b_n\sqrt{2}} \\ &= \frac{(-1)^n}{(1+\sqrt{2})^n} \\ &= \left(\frac{-1}{1+\sqrt{2}} \cdot \frac{1-\sqrt{2}}{1-\sqrt{2}} \right)^n \\ &= (1-\sqrt{2})^n. \end{aligned}$$

これと①：$a_n + b_n\sqrt{2} = (1+\sqrt{2})^n$ を辺々加えると

$2a_n = (1+\sqrt{2})^n + (1-\sqrt{2})^n$.

$(1+\sqrt{2})^n = \underbrace{2a_n}_{\text{even}} - (\underbrace{1-\sqrt{2}}_{-1\text{と}0\text{の間}})^n$.

第7章 数列

ここで，$-1<1-\sqrt{2}<0$ より

$$(1-\sqrt{2})^n \in \begin{cases}(0,1)\ (n\text{: even}),\\(-1,0)\ (n\text{: odd}).\end{cases}$$

（ , ）は開区間

これと $a_n\in\mathbb{Z}$ より

$$\left[(1+\sqrt{2})^n\right]=\begin{cases}2a_n-1\text{:奇数}\ (n\text{: even}),\\2a_n\text{:偶数}\ (n\text{: odd}).\end{cases}$$ //

ガウス記号

解説 漸化式②を導くところでは，有理数・無理数に関する有名性質［→ I+A演習問題 1 10 19］を使っています．

初項③を求めるところも同様です．

言い訳 そうした内容にも，解答で詳しく触れた方がよいのかもしれませんね．

また，そもそも a_n, b_n が整数になることも，本来は数学的帰納法で証明されてしかるべきであり，本問の周辺にはいろいろ気になることがらがあるのですが，前記**解答**で書かれた本問の**主眼**に注目して学んでください．

余談 本問は，整数論で有名な「ペル方程式」なるものを背景としています．

7 9 56 tan と無理数

根底 実戦 入試 ［→ 7 7］

方針 「無理数である」＝「有理数ではない」の証明といえば，背理法でしたね．［→ I+A例題 1 9 m］

「tan」と「$\sqrt{3}$」を見比べると，どうやら「$\tan 60°=\sqrt{3}$ が無理数」がカギを握っていそう….

さて，「1°」と「60°」をどうやって結びつけるか？

解答 仮に $\tan 1°\in\mathbb{Q}$ …① として矛盾を導く．

命題 $P(n)$：「$\tan n°\in\mathbb{Q}$」（有理数）

を $n=1,2,3,\cdots,60$ について示す．

1° $P(1)$ は，仮定した①より成り立つ．

2° n を固定する．$P(n)$ を仮定し，$P(n+1)$ を示す．

$$\tan(n+1)°=\frac{\tan n°+\tan 1°}{1-\tan n°\tan 1°}.^{1)}$$

これと $P(1)$ より，$P(n)\Longrightarrow P(n+1)$ が成り立つ．

1°, 2° より，$P(1), P(2), P(3), \cdots, P(60)$ が示せた．

ところが，$P(60)$：「$\tan 60°=\sqrt{3}\in\mathbb{Q}$」は不合理である．したがって，$\tan 1°\notin\mathbb{Q}$．□

解説 $\tan 1°\in\mathbb{Q}$ …① という“ウソの仮定”を設定して矛盾を導く「背理法」の中で，「数学的帰納法」を用いています．

参考

「有理数」であることの用法

❶ $\frac{m}{n}$ $(m, n\in\mathbb{Z})$ と表せる．

❷ 加減乗除に関して閉じている．

本問は，このうち❷の方だけで解決しました．

1)：加法定理から得られたこの等式が，見事に“ドミノ構造”を持っていますね．

左辺は値をもつので，右辺の分母 $\neq 0$ です．

7 9 57 フィボナッチ数列の性質

根底 実戦 入試 ［→例題 7 8 h］

着眼 7 8 5 でも扱った「フィボナッチ数列」です（だから名前が「f_n」です）．

(1), (2)で求めるものをそれぞれ F_n, S_n とおきます（後で**解答**中でも宣言します）．いくつか項を並べて見ると…

n	0	1	2	3	4	5	6	7	8	9	…
f_n	0	1	1	2	3	5	8	13	21	34	…
F_n		−1	1	−1	1	−1	1	−1	…		
S_n	0	1	2	6	15	40	104	…			

どうやら予想が立ちましたね．

方針 どちらも数学的帰納法で示すことができそうですが，(1)の方は漸化式で片付きます．

解答 (1) $F_n=f_{n-1}f_{n+1}-\underline{f_n{}^2}$ とおくと

$$F_1=f_0f_2-f_1{}^2=0-1=-1.$$

$$\begin{aligned}F_{n+1}&=f_nf_{n+2}-f_{n+1}{}^2\\&=f_n(f_{n+1}+f_n)-f_{n+1}{}^2\\&=f_n{}^2-f_{n+1}(f_{n+1}-f_n)\\&=f_n{}^2-f_{n+1}f_{n-1}\ (\because ②)\\&=-F_n.\end{aligned}$$

（上の赤下線部と同じ）

$$\therefore\ F_n=F_1\cdot(-1)^{n-1}=(-1)^n.$$ //

(2) $S_n=f_0{}^2+f_1{}^2+f_2{}^2+\cdots+f_n{}^2$ とおく．

$P(n)$：「$S_n=f_nf_{n+1}$」を $n=0,1,2,\cdots$ について示す．

1° $P(0)$：「$S_0=f_0f_1$」は，

$\begin{cases}\text{左辺}=f_0{}^2=0\\\text{右辺}=0\cdot1=0\end{cases}$ $(\because ①)$ より成り立つ．

2° n を固定する．

$P(n)$ を仮定し，$P(n+1)$：「$S_{n+1}=f_{n+1}f_{n+2}$」を示す．

$$\begin{aligned}S_{n+1}&=S_n+f_{n+1}{}^2\\&=f_nf_{n+1}+f_{n+1}{}^2\ (\because P(n))\\&=f_{n+1}(f_n+f_{n+1})\\&=f_{n+1}f_{n+2}\ (\because ②).\end{aligned}$$

（S_n がもつ“ドミノ構造”）

よって，$P(n)\Longrightarrow P(n+1)$ が成り立つ．

1°, 2° より $P(0), P(1), P(2), \cdots$ が示せた．□

解説 ②は3項間漸化式ですが，(1)の“ドミノ式”定義も，(2)の数学的帰納法も“一昨日昨日式”にはなりませんでしたね．

何事も，決め付け過ぎは禁物です．柔軟に．柔軟に．

7 9 58 フィボナッチ数列の性質・発展 [→例題7 8 i]
根底 実戦 入試 ハイレベル↑

着眼 前問と同じ「フィボナッチ数列」です.

注 全てが先人たちによって**完璧にデザインされた**問題・解答です. 筆者自身も, この問題を初見で解けた訳ではありません (笑). よって, 解答を読んで鑑賞するだけでも OK です.

解答 (1) ②: $f_{n+2} = f_{n+1}\cdot 1 + f_n$ だから, 互除法の原理より

$(f_{n+2}, f_{n+1}) = (f_{n+1}, f_n)$.

これを繰り返し使うと

$(f_{n+1}, f_n) = (f_1, f_0) = (1, 0) = 1$.

つまり, f_{n+1} と f_n は互いに素である. □

(2) m を定数とみて

$P(n)$: $f_n = f_m f_{n-m+1} + f_{m-1} f_{n-m}$

を $n = m, m+1, m+2, \cdots$ について示す.

1° $P(m)$: $f_m = f_m f_1 + f_{m-1} f_0$ を示す.

右辺 $= f_m\cdot 1 + f_{m-1}\cdot 0$ (∵ ①)

$= f_m =$ 左辺. "一昨日昨日式"を想定

よって $P(m)$ は成り立つ.

$P(m+1)$: $f_{m+1} = f_m f_2 + f_{m-1} f_1$ を示す.

右辺 $= f_m\cdot 1 + f_{m-1}\cdot 1$ (∵ ①②より $f_2 = 1+0 = 1$)

$= f_{m+1}$ (∵ ②)

$=$ 左辺.

よって, $P(m+1)$ は成り立つ.

2° n を固定する ($n \geq m$).

$P(n)$, $P(n+1)$ を仮定し, $P(n+2)$ を示す.

$P(n)$: $f_n = f_m f_{n-m+1} + f_{m-1} f_{n-m}$,

$P(n+1)$: $f_{n+1} = f_m f_{n-m+2} + f_{m-1} f_{n-m+1}$

を辺々加えると

$$\begin{aligned} f_n + f_{n+1} &= f_m (f_{n-m+1} + f_{n-m+2}) \\ &\quad + f_{m-1}(f_{n-m} + f_{n-m+1}) \\ &= f_m f_{n-m+3} + f_{m-1} f_{n-m+2} \ (\because ②). \end{aligned}$$

よって, $P(n), P(n+1) \Longrightarrow P(n+2)$ が成り立つ.

1°, 2° より, $P(m), P(m+1), P(m+2), \cdots$ が示せた. □

(3) $f_n = f_m f_{n-m+1} + f_{m-1} f_{n-m}$ と互除法の原理より

$$\begin{aligned} (f_n, f_m) &= (f_m, f_{m-1} f_{n-m}) \\ &= (f_m, f_{n-m}). \end{aligned}$$

(∵ (1)より f_m と f_{m-1} は互いに素). □

(4) $n = mq + r$ ($q \in \mathbb{Z}$) とおけて, (3)を繰り返し用いると

$$\begin{aligned} (f_n, f_m) &= (f_m, f_{n-m}) \\ &= (f_m, f_{n-2m}) \\ &\ \ \vdots \\ &= (f_m, f_{n-qm}) = (f_m, f_r). \ \square \end{aligned}$$

(5) 次のような数列 (r_n) を考える:

$\underbrace{r_k}_{n}$ を $\underbrace{r_{k+1}}_{m}$ で割った余りが $\underbrace{r_{k+2}}_{r}$. (4)との対応

このとき, 互除法の原理より

$(r_k, r_{k+1}) = (r_{k+1}, r_{k+2})$. …③

また, (4)より

$(f_{r_k}, f_{r_{k+1}}) = (f_{r_{k+1}}, f_{r_{k+2}})$. …④

$r_0 = n$, $r_1 = m$ とする. 互除法により, $r_{N+1} = 0$ となる N が存在する.

③を繰り返し用いると いわゆる「互除法」

$$\begin{aligned} (n, m) &= (r_0, r_1) \\ &= (r_1, r_2) \\ &\ \ \vdots \\ &= (r_N, r_{N+1}) \\ &= (r_N, 0) = r_N. \ \cdots ⑤ \end{aligned}$$

次に④を繰り返し用いると

$$\begin{aligned} (f_n, f_m) &= (f_{r_0}, f_{r_1}) \\ &= (f_{r_1}, f_{r_2}) \\ &\ \ \vdots \\ &= (f_{r_N}, f_{r_{N+1}}) \\ &= (f_{r_N}, f_0) = (f_{r_N}, 0) = f_{r_N}. \ \cdots ⑥ \end{aligned}$$

⑤⑥より

$(f_n, f_m) = f_{(n,m)}$. □

参考 (2)の等式は, フィボナッチ数に関する「加法定理」と呼ばれます. ほぼ同等な数列である**例題7 8 i** の数列 (a_n) における(2)の等式に相当します.

参考 (5)をもとにすると,

$m \mid n \Longleftrightarrow f_m \mid f_n$.

という性質が即座に示されます:

$m \mid n \Longleftrightarrow (n, m) = m$.

$f_m \mid f_n \Longleftrightarrow (f_n, f_m) = f_m$.

これらにより,

$$\begin{aligned} f_m \mid f_n &\Longleftrightarrow (f_n, f_m) = f_m \\ &\Longleftrightarrow f_{(n,m)} = f_m \ (\because (5)) \\ &\Longleftrightarrow (n, m) = m \ (\because (f_n) \text{ は増加列}) \\ &\Longleftrightarrow m \mid n. \ \square \end{aligned}$$

この性質は, (5)を用いず, もっとカンタンに示せますが.

第 8 章 統計的推測

4 演習問題A

8 4 1 期待値・分散の基礎 根底 実戦 定期 [→例題 8 2 b]

着眼 いわゆる「反復試行」ですね.

方針 まずは確率分布を求めます.

解答 X のとり得る値：3, 4, 5, 6 に対応する取り出す 3 数の組合せは次の通り：

$X=3 \cdots \{1, 1, 1\}$
$X=4 \cdots \{1, 1, 2\}$
$X=5 \cdots \{1, 2, 2\}$
$X=6 \cdots \{2, 2, 2\}$

順序も考えて，次の確率を得る：

$$P(X=3)=1\cdot\left(\frac{2}{3}\right)^3=\frac{8}{27},$$
$$P(X=4)=3\cdot\left(\frac{2}{3}\right)^2\cdot\frac{1}{3}=\frac{12}{27},$$
$$P(X=5)=3\cdot\frac{2}{3}\cdot\left(\frac{1}{3}\right)^2=\frac{6}{27},$$
$$P(X=6)=1\cdot\left(\frac{1}{3}\right)^3=\frac{1}{27}.$$

X	3	4	5	6	計
P	$\frac{8}{27}$	$\frac{12}{27}$	$\frac{6}{27}$	$\frac{1}{27}$	1

$$\therefore\ E(X)=3\cdot\frac{8}{27}+4\cdot\frac{12}{27}+5\cdot\frac{6}{27}+6\cdot\frac{1}{27}$$
$$=\frac{1}{27}(24+48+30+6)=\frac{108}{27}=4. /\!/$$

方針 期待値がキレイな整数値になったので，分散は「定義」で求めましょう. ■

$$V(X)=1^2\cdot\frac{8}{27}+0^2\cdot\frac{12}{27}+1^2\cdot\frac{6}{27}+2^2\cdot\frac{1}{27}$$
$$=\frac{1}{27}(8+6+4)$$
$$=\frac{18}{27}=\frac{2}{3}. /\!/$$

参考 「期待値」=「釣り合いの中心」でしたね.
たしかに $X=4$ を支点にすると釣り合う感じがしませんか？

別解 本問の主目的は，上記**解答**のように地道にコツコツ作業を進めることですが，次のように確率変数の性質を使うこともできます：

第 i 回に出る数を確率変数 X_i $(i=1, 2, 3)$ とすると

$$X=X_1+X_2+X_3.$$
$$E(X)=E(X_1+X_2+X_3)$$
$$=E(X_1)+E(X_2)+E(X_3). \cdots ①$$

ここで，各 i について右の分布表より，

X_i	1	2	計
P	$\frac{2}{3}$	$\frac{1}{3}$	1

$$E(X_i)=1\cdot\frac{2}{3}+2\cdot\frac{1}{3}=\frac{4}{3}.$$

これと①より

$$E(X)=3E(X_1)=3\cdot\frac{4}{3}=4. /\!/$$

また，カードを取り出す各回の試行は独立 [1] だから，各 X_i は独立．よって

$$V(X)=V(X_1+X_2+X_3)$$
$$=V(X_1)+V(X_2)+V(X_3). \cdots ②$$

ここで，各 i について

$$V(X_i)=E(X_i^2)-\{E(X_i)\}^2$$
$$=1^2\cdot\frac{2}{3}+2^2\cdot\frac{1}{3}-\left(\frac{4}{3}\right)^2=\frac{2}{9}.$$

これと②より

$$V(X)=3V(X_1)=3\cdot\frac{2}{9}=\frac{2}{3}. /\!/$$

注 [1]：和の分散を分解する際には「独立」への言及が必須．期待値については不要です.

8 4 2 期待値・分散と Σ 計算 根底 実戦 入試 [→例題 8 2 b]

方針 まず求めるべきは「確率分布」です.

確率分布

解答 (1) $P(X=k)=\dfrac{1}{n}$ $(k=1, 2, 3, \cdots, n)$.

$$\therefore\ E(X)=\sum_{k=1}^{n}k\cdot P(X=k)$$
$$=\sum_{k=1}^{n}k\cdot\frac{1}{n}$$
$$=\frac{1}{n}\cdot\frac{n(n+1)}{2}$$
$$=\frac{n+1}{2}. /\!/$$

方針 期待値が分数の形になったので，分散は「公式」を利用する方法で. ■

$$V(X)=E(X^2)-\{E(X)\}^2.$$

ここで，

$$E(X^2)=\sum_{k=1}^{n}k^2\cdot\frac{1}{n}$$
$$=\frac{1}{n}\cdot\frac{n(n+1)(2n+1)}{6}$$
$$=\frac{(n+1)(2n+1)}{6}.$$

以上より

$$V(X)=\frac{(n+1)(2n+1)}{6}-\left(\frac{n+1}{2}\right)^2$$
$$=\frac{n+1}{12}\{2(2n+1)-3(n+1)\}$$
$$=\frac{(n+1)(n-1)}{12}.\text{//}$$

(2) 大きい方が $X=k$ となるとき，小さい方は $1, 2, \cdots, k-1$ のいずれか．よって

$$P(X=k)=\frac{k-1}{{}_n\mathrm{C}_2}\ (k=2, 3, \cdots, n).$$
$$\therefore\ E(X)=\sum_{k=2}^{n}k\cdot P(X=k)$$
$$=\sum_{k=2}^{n}k\cdot\frac{2(k-1)}{n(n-1)}$$
$$=\frac{2}{n(n-1)}\sum_{k=2}^{n}(k-1)k$$
$$=\frac{2}{n(n-1)}\cdot\frac{(n-1)n(n+1)}{3}$$
$$=\frac{2}{3}(n+1).\text{//}$$

注 連続整数の積 $(k-1)k$ の Σ を暗算で片づけました．[→7 5 7]■

(3) カードの総数は

$$1+2+3+\cdots+n=\frac{1}{2}n(n+1).$$
$$\therefore\ P(X=k)=\frac{k}{\frac{1}{2}n(n+1)}$$
$$=\frac{2k}{n(n+1)}\ (k=1, 2, 3, \cdots, n).$$
$$\therefore\ E(X)=\sum_{k=1}^{n}k\cdot P(X=k)$$
$$=\sum_{k=1}^{n}k\cdot\frac{2k}{n(n+1)}$$
$$=\frac{2}{n(n+1)}\cdot\frac{n(n+1)(2n+1)}{6}$$
$$=\frac{2n+1}{3}.\text{//}$$

$$V(X)=E(X^2)-\{E(X)\}^2.$$

ここで，

$$E(X^2)=\sum_{k=1}^{n}k^2\cdot\frac{2k}{n(n+1)}$$
$$=\frac{2}{n(n+1)}\cdot\frac{n^2(n+1)^2}{4}=\frac{n(n+1)}{2}.$$

以上より

$$V(X)=\frac{n(n+1)}{2}-\left(\frac{2n+1}{3}\right)^2$$
$$=\frac{1}{18}\{9n(n+1)-2(2n+1)^2\}$$
$$=\frac{1}{18}(n^2+n-2)$$
$$=\frac{1}{18}(n-1)(n+2).\text{//}$$

注 本問の場合，$P(X=k)$ を k の式で表したらそれ自体が「確率分布」です．確率分布表は作らなくてもかまいません．

参考 3つの期待値を比較してみましょう．

(1)は，$1\sim n$ が均等にあるので，ちょうど真ん中：$\frac{1+n}{2}$ で釣り合います．

(2)は，「大きい方」なので，それより大きな期待値となりました．

(3)も，大きな数ほどたくさん“加重”されているので，期待値は(1)より大きくなりました．

((2)と(3)はかなり近いですね．)

8 4 3 偏差値

根底 実戦 [→例題8 3 a]

方針 偏差値を得るために，まずは期待値と分散を求めます．

X と W の間に「標準化した変量 Z」をはさんで考えると楽です．

解答
$$E(X)=\frac{1}{10}(7+8+10+6+1+4+7+5+8+9)$$
$$=\frac{65}{10}=\frac{13}{2}=6.5.$$
$$V(X)=E(X^2)-\{E(X)\}^2.$$

ここで，

$$E(X^2)=\frac{1}{10}(49+64+100+36+1+16+49+25+64+81)$$
$$=\frac{485}{10}=\frac{97}{2}.$$
$$\therefore\ V(X)=\frac{97}{2}-\left(\frac{13}{2}\right)^2$$
$$=\frac{194-169}{4}=\frac{25}{4}.$$
$$\therefore\ \sigma(X)=\sqrt{V(X)}=\frac{5}{2}=2.5.$$

したがって，

$$Z:=\frac{X-6.5}{2.5}$$

は標準化された確率変数であり

$$E(Z)=0,\ \sigma(Z)=1.$$

したがって，

$$W=10Z+50$$
$$=10\cdot\frac{X-6.5}{2.5}+50$$

は期待値 50，標準偏差 10 の確率変数である．

以上より，$X=10$ に対応する偏差値は

$$W=10\cdot\frac{10-6.5}{2.5}+50$$
$$=10\cdot\frac{7}{5}+50=64.\text{//}$$

言い訳 たかが「10人・10点満点」の試験で「偏差値」を算出することに価値は無さそうですが…．その“仕組み”を体験していただくための問題でした．

8 4 4 同時分布 根底 実戦 重要

[→例題 8 3 b]

語記サポ 合成数：2 個以上の素数の積で表される自然数

着眼 全カードの数字，および 3 で割った余りを肉眼で見えるようにしておきましょう．

カードの数	0	1	2	3	4	5	6	7
余り X	0	1	2	0	1	2	0	1

注 内容を理解していただくため，各事象を表す部分の面積が，その確率に比例するよう描きます．もちろん，試験の解答としては不要なことですが．

解答 (1) 1 回目の試行後，箱に入っているカードの数と 3 で割った余り Y は次の通り：

$X=0\left(確率\frac{3}{8}\right)\to$

カードの数		1	2	3	4	5	6	7
余り Y		1	2	0	1	2	0	1

$X=1\left(確率\frac{3}{8}\right)\to$

カードの数	0		2	3	4	5	6	7
余り Y	0		2	0	1	2	0	1

$X=2\left(確率\frac{2}{8}\right)\to$

カードの数	0	1		3	4	5	6	7
余り Y	0	1		0	1	2	0	1

よって，求める同時分布は次の通り：

X \ Y	0	1	2	
0	$\frac{6}{56}$	$\frac{9}{56}$	$\frac{6}{56}$	$\frac{3}{8}$
1	$\frac{9}{56}$	$\frac{6}{56}$	$\frac{6}{56}$	$\frac{3}{8}$
2	$\frac{6}{56}$	$\frac{6}{56}$	$\frac{2}{56}$	$\frac{2}{8}$
	$\frac{3}{8}$	$\frac{3}{8}$	$\frac{2}{8}$	1

補足 例えば次のように確率を求めています：

$$P(X=0, Y=1)=\frac{3}{8}\cdot\frac{3}{7}=\frac{9}{56}.\ ■$$

(2) 1 回目の試行後，箱に入っているカードの数と Y の値は次の通り：

$X=0\left(確率\frac{3}{8}\right)\to$

カードの数		1	2	3	4	5	6	7
Y		1	1	1	0	1	0	1

$X=1\left(確率\frac{3}{8}\right)\to$

カードの数	0		2	3	4	5	6	7
Y	1		1	1	0	1	0	1

$X=2\left(確率\frac{2}{8}\right)\to$

カードの数	0	1		3	4	5	6	7
Y	1	1		1	0	1	0	1

よって，求める同時分布は次の通り：

X \ Y	0	1	
0	$\frac{6}{56}$	$\frac{15}{56}$	$\frac{3}{8}$
1	$\frac{6}{56}$	$\frac{15}{56}$	$\frac{3}{8}$
2	$\frac{4}{56}$	$\frac{10}{56}$	$\frac{2}{8}$
	$\frac{2}{7}$	$\frac{5}{7}$	1

注 本問では，「1 回目に取り出す」と「2 回目に取り出す」という試行どうしは独立ではありません．
しかし，(2)では X の任意の値 $i=0, 1, 2$ および Y の任意の値 $j=0, 1$ に対して

$$P(X=i, Y=j)=P(X=i)\cdot P(Y=j)$$

が成り立ちますから，確率変数 X と Y は互いに独立です．こうしたケースもあるのです．

試行が独立 $\underset{????}{\overset{必ず成立}{\rightleftarrows}}$ 事象・確率変数が独立

本問(2)では，1 回目の後取り除かれる数が 0, 1, 2 のどれであっても，合成数でないことには変わりないので Y には影響が及ばないという訳です．
一方，(1)では X と Y は独立ではありません．

8 4 5 事象の独立 根底 実戦 ハイレベル

[→8 3 6]

方針 「事象の独立」の定義にのっとって解答します．

解答 (1) 「A と B が互いに独立 …①」とすると，

$$\begin{aligned}
&P(\overline{A}\cap\overline{B})\\
&=1-\{P(A)+P(B)-P(A\cap B)\}\\
&=1-P(A)-P(B)+P(A)\cdot P(B)\ (\because\ ①)\\
&=\{1-P(A)\}\cdot\{1-P(B)\}\\
&=P(\overline{A})\cdot P(\overline{B}).
\end{aligned}$$

よって，$\overline{A}$ と $\overline{B}$ も独立．□

(2) （目に含まれる素因数の個数を可視化しましょう．）

第 i 回の目	1	2	3	4	5	6
X_i	0	1	0	2	0	1
Y_i	0	0	1	0	0	1

注 「積が 0」という事象は，「少なくとも 1 つが 0」という曖昧で考えづらい事象です．そこで余事象を考え，(1)を利用します．■

A：「$X_1, X_2, X_3, \cdots, X_n$の少なくとも 1 つが 0」の余事象は

$\overline{A}$：「$X_1, X_2, X_3, \cdots, X_n$が全て 0 以外」…②
i.e.「n 回の目が全て 2, 4, 6」

同様に，B の余事象は

$\overline{B}$：「$Y_1, Y_2, Y_3, \cdots, Y_n$が全て 0 以外」…③

i.e.「n 回の目が全て 3, 6」

したがって

$\overline{A}\cap\overline{B}$：「$n$ 回の目が全て 6」.

以上より

$$\begin{cases} P(\overline{A}) = \left(\frac{3}{6}\right)^n = \left(\frac{1}{2}\right)^n, \\ P(\overline{B}) = \left(\frac{2}{6}\right)^n = \left(\frac{1}{3}\right)^n, \\ P(\overline{A}\cap\overline{B}) = \left(\frac{1}{6}\right)^n. \end{cases}$$

$\therefore P(\overline{A}\cap\overline{B}) = P(\overline{A})\cdot P(\overline{B})$. …④

よって，$\overline{A}$ と $\overline{B}$ は独立．これと(1)より

$\overline{\overline{A}} = A$ と $\overline{\overline{B}} = B$ も独立．□

別解 実は，②③の後は次のように示すこともできます：

A_i：「$X_i \neq 0$」$(i = 1, 2, 3, \cdots, n)$

とすると

$\overline{A} = A_1\cap A_2\cap A_3\cap\cdots\cap A_n$.

各回の試行は独立だから

$P(\overline{A}) = P(A_1)P(A_2)\cdots P(A_n)$.

同様に，

B_i：「$Y_i \neq 0$」$(i = 1, 2, 3, \cdots, n)$

とすると

$P(\overline{B}) = P(B_1)P(B_2)\cdots P(B_n)$.

したがって，

$\overline{A}\cap\overline{B}$

$= (A_1\cap A_2\cap\cdots\cap A_n)\cap(B_1\cap B_2\cap\cdots\cap B_n)$

$= (A_1\cap B_1)\cap(A_2\cap B_2)\cap\cdots\cap(A_n\cap B_n)$.

各回の試行は独立だから

$P(\overline{A}\cap\overline{B})$

$= P(A_1\cap B_1)\cdot P(A_2\cap B_2)\cdot\cdots\cdot P(A_n\cap B_n)$.

ここで，各 i について

$$\begin{cases} P(A_i) = \frac{3}{6} = \frac{1}{2}, \\ P(B_i) = \frac{2}{6} = \frac{1}{3}, \\ P(A_i\cap B_i) = \frac{1}{6}. \end{cases}$$

$\therefore P(A_i\cap B_i) = P(A_i)\cdot P(B_i)$. …⑤

以上より

$P(\overline{A}\cap\overline{B})$

$= P(A_1)P(B_1)\cdot P(A_2)P(B_2)\cdot\cdots\cdot P(A_n)P(B_n)$

$= P(A_1)P(A_2)\cdots P(A_n)\cdot P(B_1)P(B_2)\cdots P(B_n)$

$= P(\overline{A})\cdot P(\overline{B})$. (以下同様)

各回における独立性⑤が，n 回を通しての独立性④をもたらしたというのが，本問の種明かしでした．

解説 本問は，事象の独立が，独立試行以外からもたらされる 1 例にもなっています．

参考 確率変数 X_i と Y_i の同時分布は右表のようになります(834の表と全く同じです).

X_i \ Y_i	0	1	計
0	$\frac{2}{6}$	$\frac{1}{6}$	$\frac{3}{6}$
1	$\frac{1}{6}$	$\frac{1}{6}$	$\frac{2}{6}$
2	$\frac{1}{6}$	0	$\frac{1}{6}$
計	$\frac{4}{6}$	$\frac{2}{6}$	1

例えば

$$\begin{cases} P(X_i = 1) = \frac{2}{6}, \\ P(Y_i = 1) = \frac{2}{6}, \\ P(X_i = 1, Y_i = 1) = \frac{1}{6}. \end{cases}$$

$\therefore P(X_i = 1, Y_i = 1) \neq P(X_i = 1)P(Y_i = 1)$

ですから，確率変数 X_i と Y_i は独立ではありません．このことは，例えば

$X_i = 1 \to 2, 6$ の目 $\to Y_i = 1$ となり得る

$X_i = 2 \to 4$ の目 $\to Y_i = 1$ となり得ない

ということからもわかりますね．

846 期待値の性質・証明

根底 実戦 ハイレベル↑ [→837]

注 83の5，7で示した期待値の性質の，より本格的な証明です．「2 重 Σ」の計算を実行します．

[→演習問題7912]

以下において，その時点での変数を赤字で示します．「定数」・「変数」の**識別**を明確に意識してください．

解答 (1) X, Y の同時分布が次のようになっているとする．

X \ Y	y_1	y_2	$\cdots$	y_n	計
x_1	P_{11}	P_{12}	$\cdots$	P_{1n}	p_1
x_2	P_{21}	P_{22}	$\cdots$	P_{2n}	p_2
$\vdots$		$\vdots$			$\vdots$
x_m	P_{m1}	P_{m2}	$\cdots$	P_{mn}	p_m
計	q_1	q_2	$\cdots$	q_n	1

$$\begin{aligned} E(X+Y) &= \sum_{i=1}^{m}\left\{\sum_{j=1}^{n}(x_i+y_j)P_{ij}\right\} \\ &= \sum_{i=1}^{m}\left(\sum_{j=1}^{n}x_iP_{ij} + \sum_{j=1}^{n}y_jP_{ij}\right) \\ &= \sum_{i=1}^{m}\left(\sum_{j=1}^{n}x_iP_{ij}\right) + \sum_{i=1}^{m}\left(\sum_{j=1}^{n}y_jP_{ij}\right) \\ &= \sum_{i=1}^{m}\left(\sum_{j=1}^{n}x_iP_{ij}\right) + \sum_{j=1}^{n}\left(\sum_{i=1}^{m}y_jP_{ij}\right) \\ &= \sum_{i=1}^{m}\left(x_i\sum_{j=1}^{n}P_{ij}\right) + \sum_{j=1}^{n}\left(y_j\sum_{i=1}^{m}P_{ij}\right) \\ &= \sum_{i=1}^{m}x_ip_i + \sum_{j=1}^{n}y_jq_j \\ &= E(X)+E(Y). \ \square \end{aligned}$$

第8章 統計的推測

解説 前の表において，X については先に横並びの和：$\sum_{j=1}^{n}$ を計算し，Y については先に縦並びの和：$\sum_{i=1}^{m}$ を計算しました．■

(2) (1)において，X, Y が独立なので，任意の i, j について

$$P_{ij} = p_i \cdot q_j$$

が成り立つ．よって，同時分布は次の通り：

X＼Y	y_1	y_2	$\cdots$	y_n	計
x_1	p_1q_1	p_1q_2	$\cdots$	p_1q_n	p_1
x_2	p_2q_1	p_2q_2	$\cdots$	p_2q_n	p_2
$\vdots$		$\vdots$			$\vdots$
x_m	p_mq_1	p_mq_2	$\cdots$	p_mq_n	p_m
計	q_1	q_2	$\cdots$	q_n	1

$$\begin{aligned}E(XY) &= \sum_{i=1}^{m}\left(\sum_{j=1}^{n} x_i y_j \cdot P_{ij}\right)\\ &= \sum_{i=1}^{m}\left(\sum_{j=1}^{n} x_i y_j \cdot p_i q_j\right)\\ &= \sum_{i=1}^{m}\left(x_i p_i \sum_{j=1}^{n} y_j q_j\right)\\ &= E(Y)\sum_{i=1}^{m} x_i p_i\\ &= E(Y)E(X). \ \square\end{aligned}$$

解説 独立性により，P_{ij} が p_i と q_j の積に分解できたのがポイントでしたね．上の表において先に横並びの和：$\sum_{j=1}^{n}$，後で縦並びの和：$\sum_{i=1}^{m}$ を計算しました．■

847 期待値の性質・活用（サイコロ）[→例題83b]

根底 実戦 入試 重要

着眼 何しろ $6^2 = 36$ 通りの数ができますので，定義に従ってコツコツ求めるのはツライですね．

方針 そこで，確率変数の期待値・分散の性質を使います．

解答 1 回目，2 回目に出た目をそれぞれ確率変数 X, Y とすると，題意の自然数 Z は

$$Z = 10X + Y.$$

$$\therefore\ E(Z) = E(10X+Y) = 10E(X) + E(Y). \quad \cdots①$$

また，サイコロを投げる各回の試行は独立 [1] だから，X と Y は独立．よって

$$\begin{aligned}V(Z) &= V(10X+Y)\\ &= V(10X) + V(Y)\\ &= 10^2V(X) + V(Y). \quad \cdots②\end{aligned}$$

ここで，

$$\begin{aligned}E(X) &= \frac{1}{6}(1+2+3+4+5+6)\\ &= \frac{1}{6}\cdot\frac{6\cdot7}{2} \quad \text{（}\Sigma k \text{ の公式）}\\ &= \frac{7}{2}\ (= E(Y)).\end{aligned}$$

これと①より

$$E(Z) = 11E(X) = \frac{77}{2}. /\!/$$

また，

$$\begin{aligned}V(X) &= E(X^2) - \{E(X)\}^2\\ &= \frac{1}{6}(1^2+2^2+3^2+4^2+5^2+6^2) - \left(\frac{7}{2}\right)^2\\ &= \frac{1}{6}\cdot\frac{6\cdot7\cdot13}{6} - \frac{49}{4} \quad \text{（}\Sigma k^2 \text{ の公式）}\\ &= \frac{182-147}{12} = \frac{35}{12}\ (= V(Y)).\end{aligned}$$

これと②より

$$V(Z) = 101V(X) = \frac{3535}{12}. /\!/$$

注 [1]：和の分散を分解する際には「独立」への言及が必須です．一方の期待値については不要です．

848 期待値の性質・活用（コイン）[→例題83b]

根底 実戦 入試 重要

着眼 前問と同様，コツコツ丹念に求めるのはメンドウそうです．

方針 ある独特な確率変数を利用します．

解答 確率変数 X_i $(i = 1, 2, 3, 4, 5)$ を次のように定める．

$$X_i = \begin{cases} 1\ (\text{第 } i \text{ 回が H のとき})\cdots \text{確率 } \dfrac{1}{2} & \text{（表）}\\ 0\ (\text{第 } i \text{ 回が T のとき})\cdots \text{確率 } \dfrac{1}{2} & \text{（裏）}\end{cases} \quad \cdots①$$

合計得点 X は

$$X = 1\cdot X_1 + 2\cdot X_2 + 2^2\cdot X_3 + 2^3\cdot X_4 + 2^4\cdot X_5.$$

補足 例えば右のとき，上式の値は

$$X = 2\cdot1 + 2^2\cdot1 + 2^4\cdot1.$$

たしかにこれは総得点と一致しますね．■

回：i	1	2	3	4	5
事象	T	H	H	T	H
X_i	0	1	1	0	1
得点	0	2	2^2	0	2^4

$$\begin{aligned}E(X) &= E(1\cdot X_1 + 2\cdot X_2 + 2^2\cdot X_3 + 2^3\cdot X_4 + 2^4\cdot X_5)\\ &= E(X_1) + 2E(X_2) + 2^2E(X_3)\\ &\quad + 2^3E(X_4) + 2^4E(X_5). \quad \cdots②\end{aligned}$$

ここで，各 X_i について，①より

$$E(X_i) = 1\cdot\frac{1}{2} + 0\cdot\frac{1}{2} = \frac{1}{2}.$$

これと②より

$$E(X)=(1+2+2^2+2^3+2^4)E(X_1)$$
$$=1\cdot\frac{2^5-1}{2-1}E(X_1) \quad \text{等比の和の公式}$$
$$=\frac{31}{2}.\ /\!/$$

また，コインを投げる各回の試行は独立だから，各 X_i どうしは独立．よって

$$V(X)=V(1\cdot X_1+2\cdot X_2+2^2\cdot X_3+2^3\cdot X_4+2^4\cdot X_5)$$
$$=V(X_1)+2^2V(X_2)+2^4V(X_3)$$
$$+2^6V(X_4)+2^8V(X_5).\ \cdots③$$

ここで，各 X_i について，①より

$$V(X_i)=\frac{1}{4}\cdot\frac{1}{2}+\frac{1}{4}\cdot\frac{1}{2} \quad \text{分散の定義}$$
$$=\frac{1}{4}.$$

これと③より

$$V(X)=(1+2^2+2^4+2^6+2^8)V(X_1)$$
$$=1\cdot\frac{4^5-1}{4-1}V(X_1) \quad \text{等比の和の公式}$$
$$=\frac{1023}{3}\cdot\frac{1}{4}=\frac{341}{4}.$$

$$\therefore\ \sigma(X)=\frac{\sqrt{341}}{2}.\ /\!/$$

語記サポ ここで用いた 0 or 1 の値をとる確率変数 X_i は“ダミー変数”と呼ばれます．852でも活躍します．

注 和の分散を分解する際には，独立性に言及するべし．

参考 $X=1\cdot X_1+2\cdot X_2+2^2\cdot X_3+2^3\cdot X_4+2^4\cdot X_5$ とは，実は 2 進整数

$X_5X_4X_3X_2X_{1(2)}$

に他なりません．

8 4 9 期待値の性質・活用（クイズ） [→例題 8 3 b]

根底 実戦 入試 重要

方針 まずは素朴・地道に．

解答 次の事象を考える：

各問 $\begin{cases} A:\text{「正解」} \cdots \text{確率 } p \\ \overline{A}:\text{「不正解」} \cdots \text{確率 } q\ (=1-p). \end{cases}$ 事象

賞金を確率変数 X とすると，

n 回の内訳 $\begin{cases} A \cdots k \text{ 回} \\ \overline{A} \cdots n-k \text{ 回} \end{cases}$

のとき $X=2^k$ (単位：万円)． 確率変数

$$\therefore\ P(X=2^k)={}_n\mathrm{C}_k p^k q^{n-k}. \quad \text{確率}$$

注 この等式が「確率分布」そのものです．■

したがって，求める期待値は

$$E(X)=\sum_{k=0}^{n}2^k\cdot{}_n\mathrm{C}_k p^k q^{n-k}$$
$$=\sum_{k=0}^{n}{}_n\mathrm{C}_k(2p)^k q^{n-k}$$
$$=(2p+q)^n \quad \text{二項定理の逆利用}$$
$$=(1+p)^n\ (\text{万円}).\ /\!/\ (\because\ p+q=1.)$$

別解 （確率変数の性質を巧妙に使うことができます．）

各回のクイズの結果に応じて定まる次の確率変数を考える：

$$X_i=\begin{cases} 2\ (\text{第 } i \text{ 問が正解のとき}) \\ 1\ (\text{第 } i \text{ 問が不正解のとき}). \end{cases} \cdots①$$

これを用いると，賞金 X は

$$X=1\cdot X_1X_2X_3\cdots X_n.$$

補足 例えば $n=5$ で右のようになったとき，

回：i	1	2	3	4	5
事象	A	$\overline{A}$	$\overline{A}$	A	A
X_i	2	1	1	2	2

$1\cdot X_1X_2X_3X_4X_5$
$=1\times2\cdot1\cdot1\cdot2\cdot2=2^3.$

たしかにこれは賞金 X の値と一致しますね．■

各クイズは独立に行われるから，各 X_i は互いに独立．

$$\therefore\ E(X)=E(X_1X_2X_3\cdots X_n)$$
$$=E(X_1)E(X_2)E(X_3)\cdots E(X_n).\ \cdots②$$

ここで，各 X_i について，①より

$$E(X_i)=2\cdot p+1\cdot q=1+p\ (\because\ p+q=1).$$

これと②より，求める期待値は

$$E(X)=(1+p)^n.\ /\!/$$

解説 このような確率変数 X_i の活用は，経験を積んで初めてできるようになるものです．

注 積の期待値を分解する際には，「独立」への言及が不可欠です．

8 演習問題B

881 二項分布に従う確率変数 根底 実戦 [→851]

着眼 二項分布に従う確率変数 X とは，基本的には次のようなものです：

n 回の反復試行（各回は独立試行）において

$$\text{各回}\begin{cases} A \cdots \text{確率 } p, \\ \overline{A} \cdots \text{確率 } q\ (=1-p) \end{cases}$$

と2つの事象に分けられるとき，n 回のうち A が起こる**回数** X.

$$n \text{ 回の内訳}\begin{cases} A \cdots k \text{ 回} \\ \overline{A} \cdots n-k \text{ 回}. \end{cases}$$

のとき，$X=k$ となります．X のとり得る値は $0, 1, 2, \cdots, n$ のいずれかです．

解答 (1) 各回の試行は独立だから，X は二項分布 $B\left(10, \frac{1}{2}\right)$ に従う．//

$$E(X)=10\cdot\frac{1}{2}=5,\ V(X)=10\cdot\frac{1}{2}\cdot\frac{1}{2}=\frac{5}{2}.//$$

(2) 各コインを投げる試行は独立だから，X は二項分布 $B\left(10, \frac{1}{2}\right)$ に従う．//

$E(X), V(X)$ は(1)と同じ．

注 このように，**着眼**で述べた「n 回，k 回」が「n 個，k 個」に変わるケースもあります．各々の試行が独立であることが肝要です．■

(3) 復元抽出なので，各回の試行は独立だから，X は二項分布 $B\left(10, \frac{4}{9}\right)$ に従う．//

$$E(X)=10\cdot\frac{4}{9}=\frac{40}{9},\ V(X)=10\cdot\frac{4}{9}\cdot\frac{5}{9}=\frac{200}{81}.//$$

(4) 各回の試行は独立ではないから，X は二項分布には従わない．//

(5) 各回の試行は独立だから，X は二項分布 $B\left(n, \frac{1}{6}\right)$ に従う．//

$$E(X)=n\cdot\frac{1}{6}=\frac{n}{6},\ V(X)=n\cdot\frac{1}{6}\cdot\frac{5}{6}=\frac{5n}{36}.//$$

注 これぞ，「二項分布」の典型です！■

(6) X は**回数**ではないので，二項分布には従わない．//

注 各回の試行は独立ですが，例えば $n=5$，1の目が出た回数が2のとき，

$$X=2-3=-1$$

と負の値になってしまいますね．X は「回数」(個数) を表してはいないのです．

言い訳 「二項分布」のホントの定義は

$$P(X=k)={}_n\mathrm{C}_k p^k q^{n-k}\ (k=0, 1, 2, \cdots, n)$$

で表される分布ですが，このように確率を求める前の段階で，二項分布であるか否かを判別できるようにしておきましょう．

882 二項分布 根底 実戦 [→例題85a]

注 (1)は，(2)を経ずに解答できます．

解答 (1) 各回の試行は独立であり，

$$\text{各回}\begin{cases} \mathrm{H} \cdots \text{確率 } \frac{1}{2}, \\ \mathrm{T} \cdots \text{確率 } \frac{1}{2}. \end{cases}$$

H：表，T：裏

H の回数 X は二項分布 $B\left(6, \frac{1}{2}\right)$ に従う．よって，

$$E(X)=6\cdot\frac{1}{2}=3,\ V(X)=6\cdot\frac{1}{2}\frac{1}{2}=\frac{3}{2}.//$$

(2) $$6 \text{ 回}\begin{cases} \mathrm{H} \cdots k \text{ 回} \\ \mathrm{T} \cdots n-k \text{ 回} \end{cases}$$

となる確率は，順序も考えて

$$P(X=k)={}_6\mathrm{C}_k\left(\frac{1}{2}\right)^6 \quad {}^{1)}$$
$$=\frac{{}_6\mathrm{C}_k}{64}.$$

よって次の確率分布表とヒストグラムを得る：

X	0	1	2	3	4	5	6	計
P	$\frac{1}{64}$	$\frac{6}{64}$	$\frac{15}{64}$	$\frac{20}{64}$	$\frac{15}{64}$	$\frac{6}{64}$	$\frac{1}{64}$	1

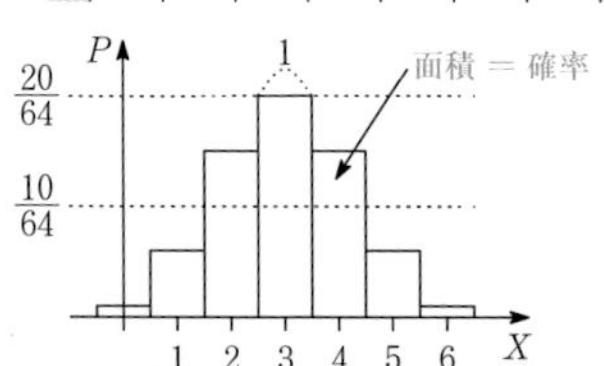

解説 ヒストグラムは，長方形の横幅を「1」にして，面積が確率と一致するように描きました．こうすると，「正規分布による近似」へとスムーズに移行できます．

注 1)：「$\left(\frac{1}{2}\right)^6$」を「$\left(\frac{1}{2}\right)^k\left(\frac{1}{2}\right)^{6-k}$」と書くのは遠回り．[→ I+A 例題78b(2)]

参考

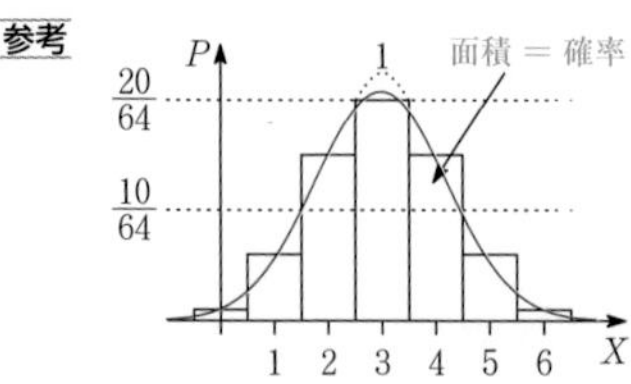

たったの「$n=6$」ですが，なんとなく正規分布曲線：「bell curve」に似ているカンジがしますね．

8 8 3 分布曲線

根底 実戦 入試

[→例題 8 5 b]

語記サポ $2 \leqq x < 3$ を満たす x の範囲を $[2, 3)$ と表すのでしたね．

1)：数学では，「直線」も「曲線」の一種とみなします．

解答

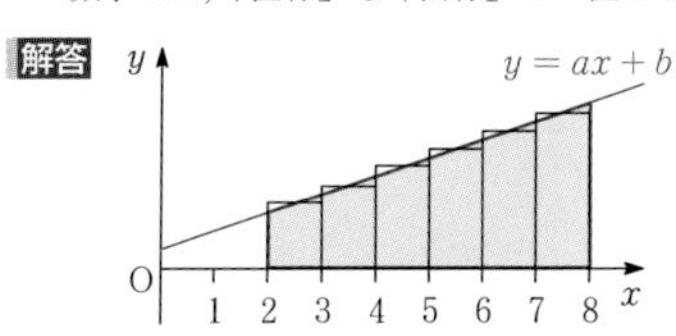

全事象の確率 $P(U)$ は上図台形の面積だから

$$\frac{1}{2}\{(2a+b)+(8a+b)\}\cdot(8-2)=1.$$

$$5a+b=\frac{1}{6}.\ \cdots①$$

$$E(X)=\int_2^8 xf(x)\,dx$$
$$=\int_2^8 (ax^2+bx)dx$$
$$=\left[a\cdot\frac{x^3}{3}+b\cdot\frac{x^2}{2}\right]_2^8$$
$$=a\cdot\frac{512-8}{3}+b\cdot\frac{64-4}{2}$$
$$=168a+30b=6(28a+5b).$$

これと $E(X)=5.5$ より

$$28a+5b=\frac{5.5}{6}.\ \cdots②$$

② − ①×5 より

$$3a=\frac{0.5}{6}.\quad a=\frac{1}{36}.$$

これと①より

$$(a, b)=\left(\frac{1}{36}, \frac{1}{36}\right).\!/\!/$$

補足 $P(U)$ は，もちろん定積分を計算して

$$P(U)=\int_2^8 (ax+b)\,dx$$
$$=\left[a\cdot\frac{x^2}{2}+bx\right]_2^8$$
$$=a\cdot\frac{64-4}{2}+b(8-2)$$
$$=30a+6b=6(5a+b)$$

としても OK です．

8 8 4 連続型確率変数の密度関数

根底 実戦 入試

[→例題 8 5 b]

着眼 全事象の確率：$P(U)=1$ を忘れずに．

解答 (1) 全事象の確率 $P(U)$ を考えると

$$\int_0^1 f(x)\,dx=1.\quad \int_0^1 ax\,dx=1.$$

$$\frac{a}{2}=1.\quad a=2.$$

$$\therefore\ f(x)=2x.\!/\!/$$

(2) $E(X)=\displaystyle\int_0^1 xf(x)\,dx$

$$=\int_0^1 2x^2\,dx=\frac{2}{3}.\!/\!/$$

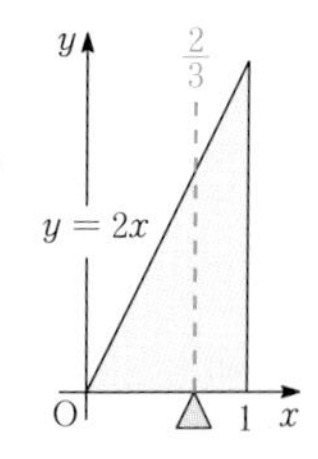

注 確かに $x=\dfrac{2}{3}$ を支点にすると釣り合っていそうな気がしませんか？■

(3) **方針** 期待値が分数ですので，分散の公式を使ってみます．■

$$V(X)=E(X^2)-\{E(X)\}^2$$
$$=\int_0^1 x^2f(x)\,dx-\left(\frac{2}{3}\right)^2$$
$$=\int_0^1 2x^3\,dx-\frac{4}{9}$$
$$=\frac{1}{2}-\frac{4}{9}=\frac{1}{18}.\!/\!/$$

8 8 5 正規分布の密度関数

根底 実戦

[→ 8 5 4]

方針 「期待値 m」と「標準偏差 σ」の値を考えます．

解答 (1) ①において，$m=3, \sigma=\sqrt{5}$ とおいて，

$$f(x)=\frac{1}{\sqrt{10\pi}}e^{-\frac{(x-3)^2}{10}}.\!/\!/$$

注 「$N(3, 5)$」という表記における「5」とは分散です．標準偏差は $\sqrt{5}$ ですよ．■

(2) 与式は，①において $m=-1, \sigma=\sqrt{2}$ としたものである．

∴ 与式は正規分布 $N(-1, 2)$を表す．//

注 ①に従う確率変数 X の標準偏差が σ であることは，証明抜きに認めるしかありません．

[→演習問題 8 9 3]

8 8 6 標準正規分布と確率

根底 実戦

[→例題 8 5 c]

方針 正規分布曲線を描いて目で見ながら考えましょう．

解答 (1)

面積 $p(1.03)$　面積 $p(1.35)$

y　-1.03　O　1.35　z

$$P(-1.03 \leqq Z \leqq 1.35)=p(1.03)+p(1.35)$$
$$=0.3485+0.4115$$
$$=0.7600\ .\!/\!/$$

0.76 でも OK

第8章 統計的推測

(2)

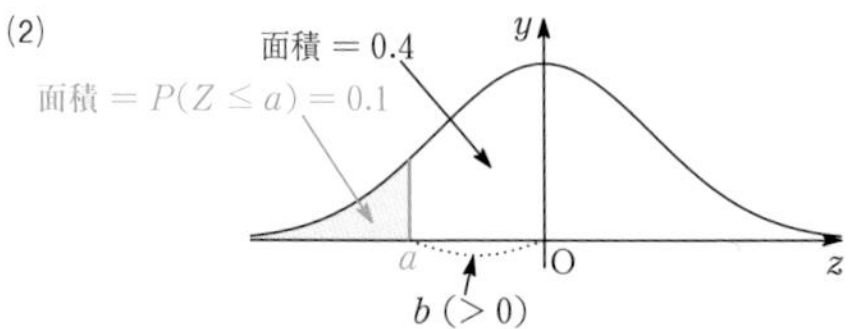

上図のように $b\,(>0)$ をとると

$p(b)=0.5-0.1=0.4.$

正規分布表より $b=1.28.$

よって，$a=-b=-1.28.$ //

8 8 7 正規分布と確率

根底 実戦 [→例題 8 7 d]

方針 標準正規分布に帰着させます.

解答 $Z=\dfrac{X-50}{10}$ …③ とおくと，Z は標準正規分布 $N(0,\,1^2)$に従う.

(1) ①が成り立つための条件は，③より

$$\frac{60-50}{10}\le Z\le\frac{70-50}{10},$$

i.e. $1\le Z\le 2$.

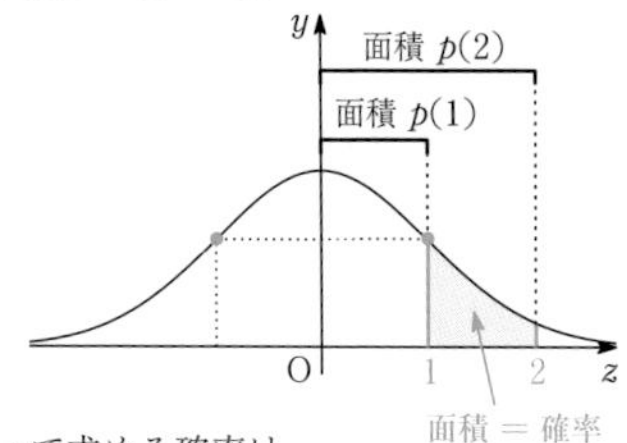

よって求める確率は

$$\begin{aligned}P(60\le X\le 70)&=P(1\le Z\le 2)\\&=p(2)-p(1)\\&=0.4772-0.3413=0.1359.\end{aligned}$$ //

余談 偏差値が 60 台の受験者は，全体の約 14 %いるということですね. ■

(2) ②が成り立つための条件は，③より

$$\frac{-a}{10}\le Z\le\frac{a}{10}.$$

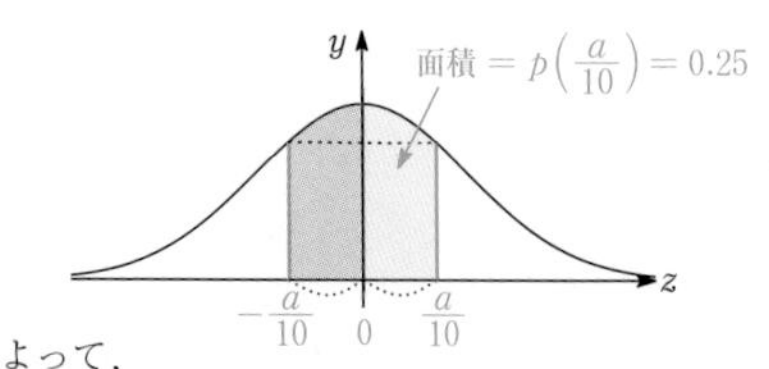

よって，

$$\begin{aligned}P(50-a\le X\le 50+a)&=P\left(\frac{-a}{10}\le Z\le\frac{a}{10}\right)\\&=2\cdot p\left(\frac{a}{10}\right).\end{aligned}$$

よって題意の条件は

$$2\cdot p\left(\frac{a}{10}\right)=0.5.\quad p\left(\frac{a}{10}\right)=0.25.$$

正規分布表より，

$$\frac{a}{10}=0.67.\ \therefore\ a=6.7.$$ //

参考

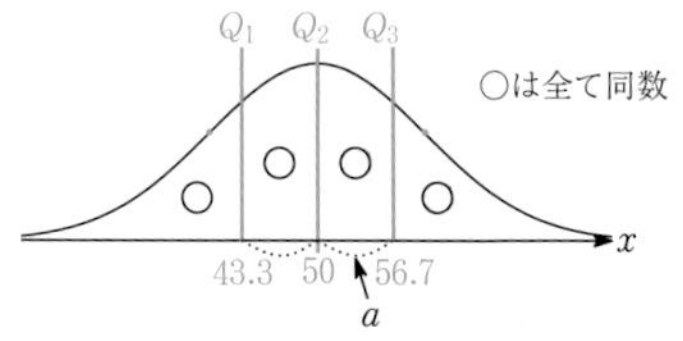

図からわかる通り，「偏差値」が正規分布に従う場合には，(おおよそ) 中央値 (第 2 四分位数) が 50，第 1 四分位数が $50-6.7=43.3$，第 3 四分位数が $50+6.7=56.7$ です.

$a=6.7$ は「四分位偏差」を意味します ($2a$ が四分位範囲).

8 8 8 二項分布と正規分布

根底 実戦 入試 重要 [→例題 8 5 e]

方針 「3 以上」，つまり「+2 移動」の**回数**に対して，その確率が求まり，X も定まりますね.

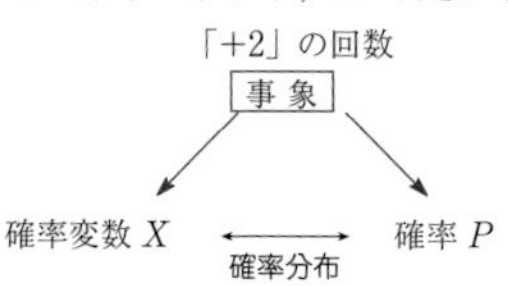

注 「確率分布」とは「確率変数」と「確率」の対応関係ですが，「事象」を介して対応付いていることを忘れずに. [→ I+A 7 10 1]

解答

$$\text{各回}\begin{cases}\text{「+2 移動」… 確率 }\dfrac{4}{6}=\dfrac{2}{3}(=p\text{ とおく})\\[2mm]\text{「−1 移動」… 確率 }\dfrac{2}{6}=\dfrac{1}{3}(=q\text{ とおく})\end{cases}$$

n 回のうち「+2 移動」の回数を確率変数 Y とする.

$Y=k$ となるのは次のとき：

$$n\text{ 回の内訳}\begin{cases}\text{「+2」}\cdots k\text{ 回}\\\text{「−1」}\cdots n-k\text{ 回.}\end{cases}$$ ••• これが Y の値

よって

Y は二項分布 $B(n,\,p)$に従う. …①

$P(Y=k)={}_n\mathrm{C}_k p^k q^{n-k}.$ …②

$X=2\cdot Y+(-1)(n-Y)=3Y-n.$ …③

(1) $n=5$ のとき，$X<0$ となるための条件は，③より

$3Y-5<0.\ \therefore\ Y=0,\,1.$

これと②より，求める確率は

$$\begin{aligned}P(X<0)&={}_5\mathrm{C}_0q^5+{}_5\mathrm{C}_1pq^4\\&=\left(\frac{1}{3}\right)^5+5\cdot\frac{2}{3}\left(\frac{1}{3}\right)^4=\frac{11}{243}.\end{aligned}$$ //

(2) n は充分大きいと考えて，①より Y は正規分布 $N(np,\ npq)$, i.e. $N\left(\frac{2}{3}n,\ \frac{2}{9}n\right)$に従う．

これと③より，X は正規分布

$N\left(3\cdot\frac{2}{3}n-n,\ 3^2\cdot\frac{2}{9}n\right)$, i.e. $N(n,\ 2n)$に従う．

$\therefore Z:=\frac{X-n}{\sqrt{2n}}$ は，標準正規分布 $N(0,\ 1^2)$に従う．

$n=100$ のとき，$Z=\frac{X-100}{10\sqrt{2}}$ だから，$X>120$ となるための条件は

$Z>\frac{120-100}{10\sqrt{2}}=\sqrt{2}=1.41$．もちろん近似値

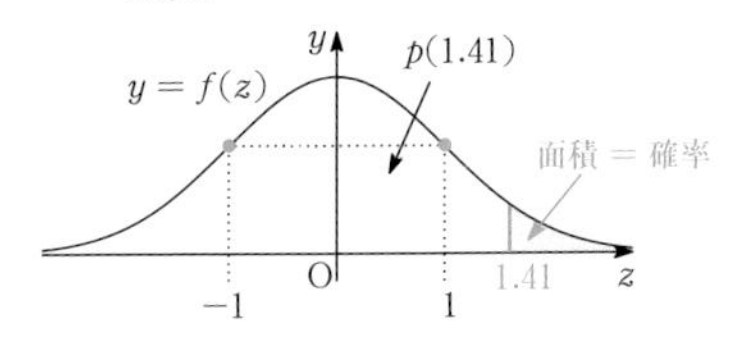

よって求める確率は

$P(X>120)=P(Z>1.41)$
$=0.5-p(1.41)$
$=0.5-0.4207=0.0793$．// 約8%

(3) **方針** 標準化されたZの条件として考えます．■

$X>90$ となるための条件は

$Z>\frac{90-n}{\sqrt{2n}}$（$=t$ とおく）．

よって題意の条件は

$P(Z>t)>0.25$．…④

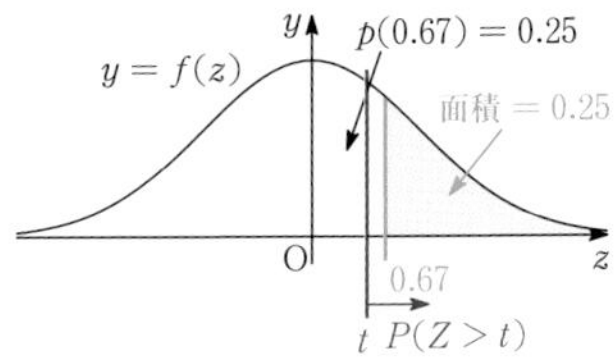

ここで，[1] $p(0.67)=0.25$ より上図のようになるから，④は

$t<0.67$． $\frac{90-n}{\sqrt{2n}}<0.67$．

$f(n):=n+0.67\times1.41\sqrt{n}$
$=n+0.9447\sqrt{n}>90$．…⑤

方針 「$\sqrt{n}$」の計算が楽な「平方数 n」について調べ，答えの見当をつけます．■

$f(81)=81+0.9447\times9<81+1\times9=90$,

$f(82)=82+0.9447\times\sqrt{82}>82+0.9\times9=90.1$．

$f(n)$ は増加列だから

$\cdots<f(80)<f(81)<90<f(82)<f(83)<\cdots$．

よって，⑤を満たす最小の自然数 n は，$n=82$．//

解説 ④を満たす t は，0.67 より大きいか，それとも小さいか？ここは例によって「固定して真偽判定」という頭の動かし方の出番です．

注 正しい手順を再確認しておきます．次の通りです：

$$B(n,\ p)\xrightarrow{\text{近似}}N(np,\ npq)\xrightarrow{\text{標準化}}N(0,\ 1^2)$$

言い訳 [1]：ホントは 0.67 と 0.68 の中間の値：0.67… を用いるべきですが，「統計」ではそのような精緻な考えは要求されません．社会に出れば，コンピュータで処理することになりますし（笑）．

889 標本・分布

根底 実戦 入試 重要 [→864, 5]

注 母集団が大きいので，標本は復元抽出によるものと考えてかまいません．

標本サイズ：100 が大きいので，正規分布で近似してよいとされます．

着眼 考察対象となっているものは，(1)「標本平均」，(2)「標本比率」，(3)「標本内の個数」です．

解答 (1) 母集団：「$N=10^5$個の変量 x の値全体」

母平均：$m=50$, 母標準偏差：$\sigma=10$

標本：「取り出した 100 個の x の値」

標本平均 $\overline{X}$ は，標本サイズが大きいので 正規分布 $N\left(50,\ \frac{10^2}{100}\right)$, i.e. $N(50,\ 1^2)$ に従うとしてよい．

よって，$Z:=\frac{\overline{X}-50}{1}$ は，標準正規分布 $N(0,\ 1^2)$ に従う．

$48\leq\overline{X}\leq52$ となるための条件は，

$-2\leq Z\leq2$．

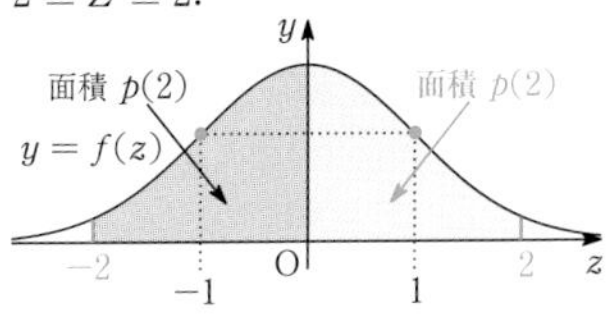

よって求める確率は

$P(48\leq\overline{X}\leq52)=P(-2\leq Z\leq2)$
$=2\cdot p(2)$
$=2\times0.4772=0.9544$．//

(2) 母集団：「$N=10^5$個の個体」

母比率：$p=0.4$．母分散は登場せず

標本：「取り出した 100 個の個体」

100 個の標本における特性 A の標本比率 R は，標本サイズが大きいので，

正規分布 $N\left(p, \dfrac{p(1-p)}{n}\right)$, i.e. $N\left(0.4, \dfrac{\frac{2}{5}\cdot\frac{3}{5}}{100}\right)$

に従うとしてよい．よって $W := \dfrac{R-0.4}{\frac{\sqrt{6}}{50}}$ は標準

正規分布 $N(0, 1^2)$ に従う．よって，$R \geqq 0.5$ となるための条件は，

$$W \geqq \frac{0.5-0.4}{\frac{\sqrt{6}}{50}}$$

$$= \frac{5}{\sqrt{6}} = \frac{5}{6}\sqrt{6} = \frac{5}{6}\cdot 2.45 = 2.041\cdots \fallingdotseq 2.04.$$

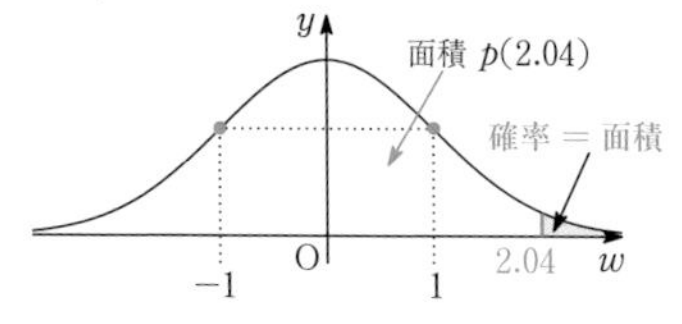

よって求める確率は

$$P(R \geqq 0.5) = P(W \geqq 2.04)$$
$$= 0.5 - p(2.04)$$
$$= 0.5 - 0.4793 = 0.0207. /\!/$$

(3)　母集団が大きいので，復元抽出と考えてよい．

取り出す各個体 $\begin{cases} 「\text{B をもつ}」\cdots \text{確率 } \dfrac{8\cdot 10^4}{10^5} = \dfrac{4}{5} \\ 「\text{B をもたない}」\cdots \text{確率 } \dfrac{1}{5}. \end{cases}$

$Y = k$ となるのは次のとき：

100 個の内訳 $\begin{cases} 「\text{B をもつ}」\cdots k \text{ 個} \\ 「\text{B をもたない}」\cdots n-k \text{ 個}. \end{cases}$（これが Y の値）

したがって，

Y は二項分布 $B\left(100, \dfrac{4}{5}\right)$に従う．

$$E(Y) = 100\cdot\frac{4}{5} = 80,\ V(Y) = 100\cdot\frac{4}{5}\cdot\frac{1}{5} = 16.$$

標本サイズ：100 が大きいので，

Y は正規分布 $N(80, 4^2)$に従う．

よって，$Y' := \dfrac{Y-80}{4}$ は，標準正規分布 $N(0, 1^2)$ に従う．よって，$Y < 75$ となるための条件は，

$$Y' < \frac{75-80}{4} = -1.25.$$

よって求める確率は

$$P(Y < 75) = P(Y' < -1.25)$$
$$= 0.5 - p(1.25)$$
$$= 0.5 - 0.3944 = 0.1056. /\!/$$

解説　(1)の「標本平均 $\overline{X}$」と(2)の「標本比率 R」については「公式」が確立しています．

注　しかし，「標本内の個数 Y」はそうではないので，二項分布まで戻って考えるのが賢明です（R の公式の導出過程そのものです）．もちろん，$n = 100$ で割って標本比率に換算し，(2)と同じように解答することもできますが，ここでは「個数」のままで基本にさかのぼって解決できることを目指しましょう．
なお，Y は整数値のみをとる離散型確率変数ですが，正規分布で近似し，連続型確率変数を対象として考える際には，「$Y < 75$」と「$Y \leqq 75$」を厳格に区別したりはしません．

余談　(1)の「平均（期待値）50，標準偏差 10」といえば，「偏差値」ですね．受験者 10 万人から 100 人を無作為抽出すると，その平均偏差値はかなりの高確率で 50 近くになるということです．

8 8 10　宝くじ・分布

根底 実戦　入試　重要　[→8 6 4，5]

方針　(1) 分散の公式を使いましょう．

着眼　(2) 引いた 100 本のくじにおける標本平均・標本比率の分布が問われているのがわかりますか？

解答　(1)　くじを 1 本引くときの賞金を確率変数 X とすると，次のような分布になる（単位:円）：

X	200	150	100	50	0（外れ）	計
P	$\frac{10}{100}$	$\frac{15}{100}$	$\frac{30}{100}$	$\frac{35}{100}$	$\frac{10}{100}$	1

求める期待値 $E(X)$ は，

$$200\cdot\frac{10}{100} + 150\cdot\frac{15}{100} + 100\cdot\frac{30}{100} + 50\cdot\frac{35}{100}$$
$$= 20 + 22.5 + 30 + 17.5 = 90\ (\text{円}). /\!/ \quad {}^{1)}$$

分散は，

$$V(X) = E(X^2) - \{E(X)\}^2$$
$$= 200^2\cdot\frac{10}{100} + 150^2\cdot\frac{15}{100} + 100^2\cdot\frac{30}{100} + 50^2\cdot\frac{35}{100} - 90^2$$
$$= 4000 + 3375 + 3000 + 875 - 8100 = 3150.$$

よって，標準偏差は

$$\sigma(X) = \sqrt{3150} = 3\sqrt{350} = 3\times 18.7 = 56.1\ (\text{円}). /\!/ \quad {}^{2)}$$

(2)　母集団：「10 万本のくじの賞金額」
　母平均： 90 円，母標準偏差：56.1 円
　標本：「取り出した 100 本のくじの賞金額」

標本平均を $\overline{X}$ とする．標本サイズが大きいので，$\overline{X}$ は

正規分布 $N\left(90,\ \dfrac{56.1^2}{100}\right)$に従うとしてよい.

よって, $Z := \dfrac{\overline{X}-90}{5.61}$ は, 標準正規分布 $N(0,\ 1^2)$ に従う.

$\overline{X} \geqq 100$ となるための条件は,

$$Z \geqq \frac{100-90}{5.61} = \frac{10}{5.61} = 1.782\cdots \fallingdotseq 1.78.$$

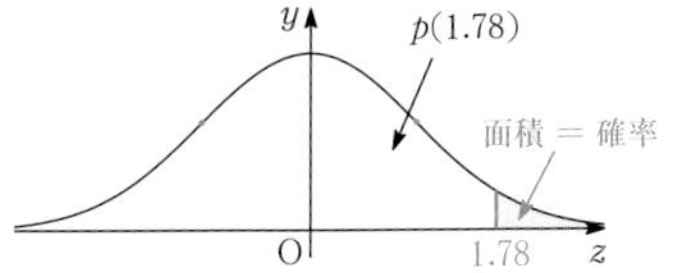

よって求める確率は

$$\begin{aligned} P(\overline{X} \geqq 100) &= P(Z \geqq 1.78) \\ &= 0.5 - p(1.78) \\ &= 0.5 - 0.4625 = 0.0375. \ /\!/ \end{aligned}$$ [3)]

次に, 当たりくじの比率を考える.

母集団:「10 万本のくじ」

母比率 : $\dfrac{90}{100} = \dfrac{9}{10} = 0.9$

標本:「引いた 100 本のくじ」

100 本からなる標本に占める当たりくじの比率 R は, 標本サイズが大きいので,

正規分布 $N\left(\dfrac{9}{10},\ \dfrac{\frac{9}{10}\cdot\frac{1}{10}}{100}\right)$に従うとしてよい.

よって, $W := \dfrac{R-0.9}{0.03}$ は,標準正規分布 $N(0,\ 1^2)$ に従う.

題意の条件, つまり $R \geqq 0.96$ となるための条件は,

$$W \geqq \frac{0.96-0.9}{0.03} = 2.$$

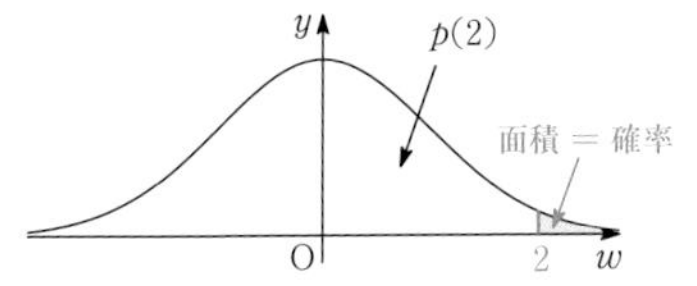

よって求める確率は

$$\begin{aligned} P(R \geqq 0.96) &= P(W \geqq 2) \\ &= 0.5 - p(2) \\ &= 0.5 - 0.4772 = 0.0228. \ /\!/ \end{aligned}$$ [4)]

別解 「母比率」の代わりに, 問題文にある「96 本」という「個数」を論じてもかまいません.

標本 =「取り出した 100 本」の中にある当たりくじの本数を確率変数 Y とする. 母集団が大きいので, 復元抽出と考えてよい.

各くじ $\begin{cases}「当たり」\cdots 確率\ \dfrac{90}{100} = \dfrac{9}{10} \\ 「外れ」\cdots 確率\ \dfrac{1}{10}. \end{cases}$

$Y = k$ となるのは次のとき :

100 本の内訳 $\begin{cases}「当たり」\cdots k\ 本 \\ 「外れ」\cdots n-k\ 本. \end{cases}$ これが Y の値

したがって,

Y は二項分布 $B\left(100,\ \dfrac{9}{10}\right)$に従う.

$E(Y) = 100\cdot\dfrac{9}{10} = 90,\ V(Y) = 100\cdot\dfrac{9}{10}\cdot\dfrac{1}{10} = 9.$

標本サイズ : 100 が大きいので,

Y は正規分布 $N(90,\ 3^2)$に従う.

よって, $Y' := \dfrac{Y-90}{3}$ は, 標準正規分布 $N(0,\ 1^2)$ に従う.

題意の条件, つまり $Y \geqq 96$ となるための条件は,

$Y' \geqq \dfrac{96-90}{3} = 2.$ (…以下同様…)

$R = \dfrac{Y}{100}$, i.e. $Y = 100R$ ですから, どちらで考えても大差ありませんね (笑). ただし,「標本比率 R」に関しては「公式」が確立しているのに対し,「標本内の個数 Y」の場合はそうではないので, 二項分布まで戻って考えることになります. これは, R の「公式」を導出する過程そのものです.

注 本問は, 抽象的だった前問の(1)「標本平均」, (2)「標本比率」, (3)「標本内の個数」を, 日常的な題材を用いて論じたものです. 母集団が既知である“くじ”について, 標本についての確率を考えました.

言い訳 1 等賞金が 200 円. ずいぶん夢のないくじでしたね (笑). 本物の宝くじでは, 1 等 7 億円とかになり, このようなの高額賞金 (いわゆる「外れ値」) が当たるか否かで得られる賞金額が一変します. その影響で正規分布による近似の精度が下がるでしょうから, 本問のようなショボいくじにしました (笑).

余談 1) : 実際の宝くじでは, 賞金期待値は購入費用のほぼ 50 %です.

2) : 期待値 90 円に対して標準偏差が 56.1 円. いちおう“くじ”ですから, バラつきは大きめです.

3) : “元が取れる”確率は, 約 4 %程度.

4) : 母比率 0.9 に対して, 標本比率が 0.96 以上になる確率は 2 %程度.

参考 母集団から標本を抽出する際に行われる「近似」について振り返っておきます :

サイズが大きい → 復元抽出とみなせる

母集団　**標本**　{ 標本平均 / 標本比率

サイズが大きい → 正規分布で近似可能

8 8 11 標本比率の分布と標本サイズ

根底 実戦 入試 [→8 6 4]

着眼 前問までは，標本サイズが与えられ，それをもとに確率を算出しました．本問はその逆です．

解答 母比率：0.5
標本：大きさ n

n 個からなる標本に占める標本比率 R は，標本サイズが大きいので，

正規分布 $N\left(\frac{1}{2}, \frac{\frac{1}{2}\cdot\frac{1}{2}}{n}\right)$ に従うとしてよい．

よって，$Z := \dfrac{R-0.5}{\frac{1}{2\sqrt{n}}} = 2\sqrt{n}(R-0.5)$ は，標準正規分布 $N(0, 1^2)$ に従う．

「誤差が 1% 未満」，つまり $|R-0.5| < 0.01$ となるための条件は，

$|Z| < 0.01 \times 2\sqrt{n}$ $(= t$ とおく$)$.

題意の条件は，

$P(|Z| < t) > 0.95$.

i.e. $P(0 \leq Z < t) > \dfrac{0.95}{2} = 0.475$. …①

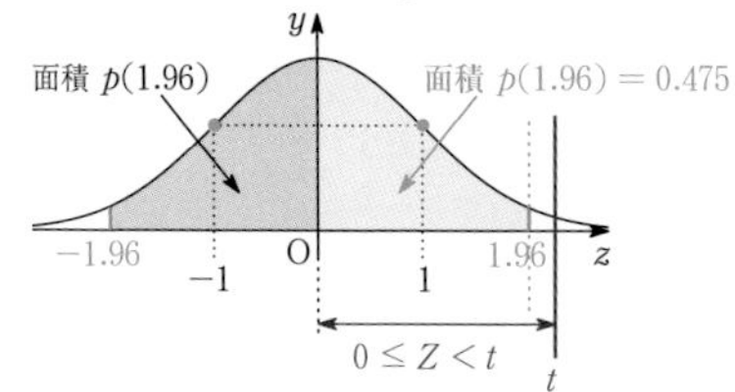

ここで，$p(1.96) = 0.475$ だから，①は

$t > 1.96$.　$0.01 \times 2\sqrt{n} > 1.96$.

$4n > 196^2$.　∴ $n > 98^2 = 9604$. //

注 標本サイズを増やすと，標本比率の分布は母比率の近くに密集していくのです．

8 8 12 確率変数の定数倍と和の違い

根底 実戦 入試 重要

方針 2 つの方法それぞれにおける「得点」の分布を考えます．そのために，まずは期待値と標準偏差を求めましょう．

(b)では，確率変数の性質が活用できます．

解答 まず, 2 つの方法における得点の分布を求める．

〔方法(a)〕取り出す個体の変量の値を確率変数 X_1，得点を X とすると，

$X = 25X_1$.

∴ $E(X) = E(25X_1) = 25E(X_1)$.

$V(X) = V(25X_1) = 25^2V(X_1)$.

$\sigma(X) = \sqrt{V(X)} = \sqrt{25^2V(X_1)} = 25\sigma(X_1)$.

ここで，取り出す 1 つの個体について，変量の値 X_1 は母集団と同じく [1] 正規分布 $N(104, 24^2)$ に従い，

$E(X_1) = 104$, $\sigma(X_1) = \sqrt{V(X_1)} = 24$.

∴ $E(X) = 25\cdot104 = 2600$, $\sigma(X) = 25\cdot24 = 600$.

以上より，X $(= 25X_1)$ が従う分布は

[2] 正規分布 $N(2600, 600^2)$. …①

〔方法(b)〕第 i 回に取り出す変量の値を確率変数 Y_i とすると，得点は

$Y := Y_1 + Y_2 + Y_3 + \cdots + Y_{25}$.

$$\begin{aligned}E(Y) &= E(Y_1 + Y_2 + Y_3 + \cdots + Y_{25})\\ &= E(Y_1)+E(Y_2)+E(Y_3)+\cdots+E(Y_{25})\\ &= 25E(Y_1)\\ &= 25E(X_1) = 2600.\end{aligned}$$

また，個体を取り出す各回の試行は独立 [3] だから，各 Y_i どうしは独立．よって

$$\begin{aligned}V(Y) &= V(Y_1 + Y_2 + Y_3 + \cdots + Y_{25})\\ &= V(Y_1)+V(Y_2)+V(Y_3)+\cdots+V(Y_{25})\\ &= 25V(Y_1)\\ &= 25V(X_1).\end{aligned}$$

$$\begin{aligned}\therefore\ \sigma(Y) &= \sqrt{V(Y)}\\ &= \sqrt{25V(X_1)} = 5\sigma(X_1) = 5\cdot24 = 120.\end{aligned}$$

母集団分布が正規分布なので，Y $(= Y_1+Y_2+\cdots+Y_{25})$ が従う分布は

[4] 正規分布 $N(2600, 120^2)$. …②

次に，確率を求める．

〔方法(a)〕①より，$Z = \dfrac{X-2600}{600}$ とおくと，Z は標準正規分布 $N(0, 1^2)$に従う．

$X \leq 2300$, $2900 \leq X$ が成り立つための条件は

$$Z \leq \frac{2300-2600}{600},\ \frac{2900-2600}{600} \leq Z,$$

i.e. $Z \leq -0.5$, $0.5 \leq Z$.

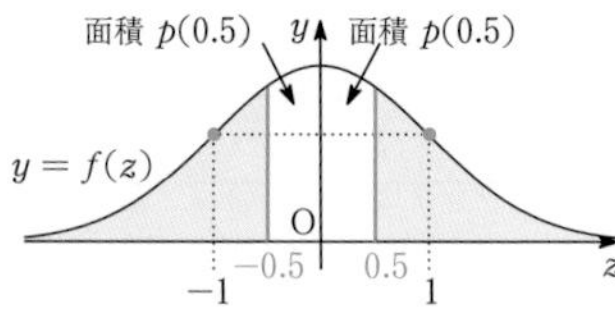

よって求める確率は

$$\begin{aligned}&P(X \leq 2300, 2900 \leq X)\\ &= P(Z \leq -0.5, 0.5 \leq Z)\\ &= 2\{0.5 - p(0.5)\}\\ &= 2(0.5-0.1915) = 1-0.3830 = 0.6170.\ //\end{aligned}$$

〔方法(b)〕②より，$W = \dfrac{Y-2600}{120}$ とおくと，W は標準正規分布 $N(0, 1^2)$に従う．

$Y \leq 2300,\ 2900 \leq Y$ が成り立つための条件は

$$W \leq \frac{2300-2600}{120},\ \frac{2900-2600}{120} \leq W,$$

i.e. $W \leq -2.5,\ 2.5 \leq W$.

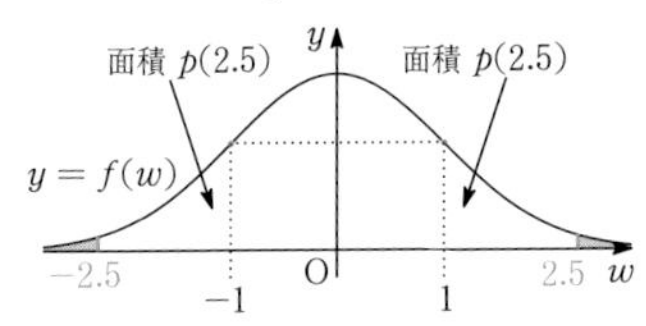

よって求める確率は

$$P(Y \leq 2300,\ 2900 \leq Y)$$
$$= P(W \leq -2.5,\ 2.5 \leq W)$$
$$= 2\{0.5 - p(2.5)\}$$
$$= 2(0.5 - 0.4938) = 2 \times 0.0062 = 0.0124. /\!/$$

解説 次の **4 つの基本**を明確に意識しておいてください.

1)：1 つの個体を取り出す試行における確率変数 X_1 は，母集団と同じ分布に従います．[→8 2 3 重要]

2)：X_1 は正規分布に従うので，その1 次式で表される X も正規分布に従います．[→8 5 5]

3)：和の分散を分解する際には，独立性に言及すること.

4)：標本平均が母集団の分布によらず正規分布に従うとしてよいための「1 つの目安」は $n > 30$ です．本問(b)では $n = 25$ でありこれを満たしていませんが，母集団分布が正規分布なら，n が小さくても「標本平均」は正規分布に従います．(b)の「和」は，「標本平均」の 25 倍（定数倍）ですから，やはり正規分布に従います.

注 (a)の $X := 25X_1$ と(b)の $Y := Y_1 + Y_2 + Y_3 + \cdots + Y_{25}$ は，どちらも「個体 25 個分」であり，期待値は一致します.

しかし，標準偏差（バラつき度合い）については，“一発勝負”の(a)の方が，25 回分をコツコツ積み上げる(b)より大きく，期待値（平均）からの隔たりが大きい“偏った”得点が出やすくなります.

この X と Y の違い，もっと単純化していうなら $X := 2X_1$（2 倍）と $Y := Y_1 + Y_2$（2 個の和）の違いをよ～く理解しておきましょう.

補足 このことは，両者の得点を 25 で割った

X_1 と $\dfrac{Y_1 + Y_2 + Y_3 + \cdots + Y_{25}}{25}$（標本相加平均）

との比較においても同様です．後者は 25 回の数字の相加平均であり，各回の数字の大小が均一化されるため，バラつき度合いが小さくなります.

余談 筆者はこの問題を，株式投資をイメージしながら作りました.

株式公開している会社全体について，1 年後の株価の元値に対する倍率が，平均 104%，標準偏差 24% であると仮定します（現実の値に近いです).

例えば 25 万円を投資するとして，(a)のように 1 つの会社の株（個別株）に全額を注いだ場合，その会社の業績次第では 2 倍に値上がりする可能性もある反面，倒産すれば紙屑(かみくず)同然となってしまいます.

一方(b)のように，25 個の会社の株 1 万円ずつを組み入れた「投資信託」なら，個別株のような大儲(おおもう)け or 大損というギャンブル性は抑えられますね.

ちなみに，投資用語としての「リスク」とは，正に本問のテーマである“バラつき度合い”のことを指します．世間のほとんどの人は「危険性」のことだと勘違いしているようですが（笑).

8 8 13 推定・抽象的 根底 実戦 [→8 7 1]

語記サポ 「推定せよ」とは，「信頼区間を求めよ」という意味です.

着眼 (1) 母平均の信頼区間は，標本平均，標本サイズ，母分散の 3 つによって表されます.

(2) 母比率の信頼区間は，標本比率，標本サイズの 2 つによって表されます.

注 (1)(2)とも，標本サイズ n が充分大きい $(n > 30)$ ので，母平均，母比率の信頼区間の公式が使えます.

解答 (1) 求める信頼区間（信頼度 95%）は

$$\left[12 - 1.96 \cdot \frac{\sqrt{16}}{\sqrt{49}},\ 12 + 1.96 \cdot \frac{\sqrt{16}}{\sqrt{49}}\right].$$
$$\left[12 - 1.96 \cdot \frac{4}{7},\ 12 + 1.96 \cdot \frac{4}{7}\right].$$
$$[12 - 1.12,\ 12 + 1.12].$$
$$[10.88,\ 13.12]. /\!/$$

(2) $\sqrt{\dfrac{0.2 \cdot 0.8}{1600}} = \dfrac{0.4}{40} = 0.01$

より，求める信頼区間（信頼度 99%）は，

$$[0.2 - 2.58 \times 0.01,\ 0.2 + 2.58 \times 0.01].$$
$$[0.2 - 0.0258,\ 0.2 + 0.0258].$$
$$[0.1742,\ 0.2258]. /\!/$$

解説 ほとんど公式に当てはめるだけでしたね．ですが，その「公式」はなかなかフクザツな式ですから，ド忘れしても試験場でサッと導けるようにしておく方が無難です.

注 本問(1)では「母分散が既知」が前提でした．実際にはそうではないケースが多いですが，標本サイズが大きければ標本分散で代用してよいのでしたね.

8 8 14 推定・具体的 根底 実戦 重要

[→8 7 1]

着眼 母集団，標本などに関する情報を整理して臨みましょう．

注 標本サイズ：$n=400$ は大きいので，母比率・母平均の信頼区間の公式が使えますね．

解答 母集団を「A さんが栽培するキャベツ全体」として考える．

(1) 1000g 未満のキャベツの母比率 p に対して推定する．

標本比率：$R=\dfrac{40}{400}=0.1$ 母分散は登場せず

標本の大きさ：$n=400$

標本サイズ：400 は充分大きく，

$$\sqrt{\frac{R(1-R)}{n}}=\sqrt{\frac{0.1\times 0.9}{400}}=\frac{3}{200}$$

だから，求める母比率 p の信頼区間（信頼度 95%）は

$$\left[0.1-1.96\cdot\frac{3}{200},\ 0.1+1.96\cdot\frac{3}{200}\right].$$

$[0.1-0.0294,\ 0.1+0.0294]$.

$[0.0706,\ 0.1294]$.//

(2) キャベツの重さの母平均 m に対して推定する．

標本平均：$\overline{X}=1300$g

標本標準偏差：$S=200$g

標本の大きさ：$n=400$

標本サイズ：400 は充分大きいから，母標準偏差 σ は標本標準偏差 $S=200$ と等しいとしてよい．

$$\therefore\ \frac{\sigma}{\sqrt{n}}=\frac{200}{\sqrt{400}}=10$$

だから，求める母平均 m の信頼区間（信頼度 99%）は

$[1300-2.58\times 10,\ 1300+2.58\times 10]$.

$[1274.2,\ 1325.8]$.//

解説 情報を整理してとらえることさえできれば，ほとんど“公式に当てはめるだけ”で解けてしまいます．ただし，その公式の導出過程が理解できていないと困るケースもありますよ．[→演習問題 8 8 16]

8 8 15 母比率の推定・当選確実 根底 実戦

[→例題 8 7 b]

着眼 母比率の推定を行います．そのために要する情報は，標本比率と標本サイズの 2 つだけです．

注 一見，母集団の大きさが問われているようですが，「1%」を使えば，母集団の大きさは標本の大きさから即座に得られますね．

解答 総投票数に占める候補者 A の得票率について推定する．

母集団：投票全体．大きさ N.

母比率：p（未知）

標本：開票された票．大きさ $n=\dfrac{N}{100}$ 票. 「1%」より

標本比率：$R=0.6$（既知）.

注 投票数はかなり多数でしょうから，標本サイズも充分大きいとみなせます．よって，正規分布による近似ができ，母比率の信頼区間の公式が使えます．■

$$\sqrt{\frac{R(1-R)}{n}}=\sqrt{\frac{\frac{3}{5}\cdot\frac{2}{5}}{n}}=\frac{\sqrt{6}}{5\sqrt{n}}$$ より，

母比率 p に対する 95% 信頼区間は

$$\left[0.6-1.96\times\frac{\sqrt{6}}{5\sqrt{n}},\ 0.6+1.96\times\frac{\sqrt{6}}{5\sqrt{n}}\right].$$

この下限が 0.5 を上回るための条件は

$$0.6-1.96\times\frac{\sqrt{6}}{5\sqrt{n}}>0.5.$$

$$1.96\times\frac{\sqrt{6}}{5\sqrt{n}}<0.1.$$ 両辺を $10\sqrt{n}$ 倍する

$$\sqrt{n}>3.92\times\sqrt{6}.$$

$$\therefore n>3.92^2\times 6=92.1984.$$

よって，総投票数 N は

$N=100n>9219$ を満たす．//

解説 繰り返しになりますが，母比率の信頼区間の決定要素の 1 つは「標本サイズ」です．決して「総投票数」や「開票率」が重要なのではありません．

言い訳 最後の端数処理とかは深刻に考えないで．正規分布で近似していますし，1.96 という数値も近似値でしかありませんので（笑）．そんな事情もあり，問題文の問い方もワザと曖昧な言い回しにしました（笑）．

余談 選挙速報を見ていると，よく「開票率 1% なのに**当選確実**」と出たりしますね．そのカラクリがまさにこの「母比率の推定」です．
ただし，例えばその「1%」が都市部の票であった場合，支持が特定政党に偏りやすい傾向があるかもしれませんから，「当選確実」を出すには慎重を期す必要があります．

注 本問のテーマである「開票率 1% なのに当選確実」に関しては，各所で盛んに論じられていますが，その多く（ほとんど）は，「信頼区間」の解釈を誤っていますので気を付けてください．
例えば候補者 A の総投票数に占める得票率 p の信頼区間（信頼度 95%）が $[0.53,\ 0.67]$ であるとき，p がこの区間に含まれる確率が 95% なのではありませんでしたね．この信頼区間と p はどちらも完全に定まったものですから，「確率」が介在する余地などありません．正しい意味は次の通りです：

『仮にこのような 1% の抽出→開票を（毎回標本を変えながら）何度も行うと，変動する信頼区間が 95% の確率で真の得票率 p(定数) を含む．』

"真の得票率 p" が判明するのは，もちろん全ての開票が終わったときです．

この "正誤" については，試験でも出ますよ！

8 8 16 「総量」の推定

根底 実戦 入試 ハイレベル↑ [→8 7 1]

注 「推定」は，普通「母平均」や「母比率」について行われますが，他の量についても同様に行うことができます．ここで問われているのは，「母集団全体における総量」ですね．

解答 母集団：「50000 反の水田」 1ha が 10 反

1 反あたりの米収穫量：確率変数 X とおく．

X の母平均：m とする．

X の母集団総量（総収穫量）：$g = 50000m$．

標本：「取り出した 49 か所の水田」

X の標本平均：$\overline{X} = 9$（俵）

X の標本標準偏差：$S = 1$ 俵．

総収穫量：$g = 50000m$ に対して推定する．

方針 8 6 6 で述べた通り，正規分布に従う任意の確率変数 Y について，

確率変数　Y の期待値．未知定数

$$P\left(\left|Y-\square\right| \le 1.96\cdot\square\right) = 0.95 .$$

Y の標準偏差

本問では，$g = 50000m$ に対して推定するので，期待値が g となる確率変数を上記「Y」の所に当てはめます．標本相加平均 $\overline{X}$ の期待値が m ですから…■

$W = 50000\overline{X}$ とおくと

$$\begin{aligned} E(W) &= E(50000\overline{X}) \\ &= 50000\cdot E(\overline{X}) \\ &= 50000m = g. \end{aligned}$$

母平均と等しい

よって，確率変数 W を用いて g に対する推定を行う．

$$\begin{aligned} \sigma(W) &= \sigma(50000\overline{X}) \\ &= 50000\cdot\sigma(\overline{X}) \\ &= 50000\cdot\frac{\sigma}{\sqrt{49}} \end{aligned}$$

（σ は母標準偏差）．

ここで，標本サイズ：49 は充分大きいので母標準偏差 σ は標本標準偏差 $S = 1$ で代用できる．よって

$$\sigma(W) = 50000\cdot\frac{1}{\sqrt{49}} = \frac{50000}{7}$$

（$= s$ とおく）．

W は正規分布 $N(g, s^2)$ に従うから，

確率変数　W の期待値．未知定数

$$P\left(\left|W-\boxed{g}\right| \le 1.96\cdot\boxed{s}\right) = 0.95 .$$

W の標準偏差

よって，W の実現値：$50000\cdot 9$ に応じた g の信頼区間（信頼度 95%）は，

$$[50000\cdot 9 - 1.96\cdot s,\ 50000\cdot 9 + 1.96\cdot s].$$

$$\left[450000 - 1.96\cdot\frac{50000}{7},\ 450000 + 1.96\cdot\frac{50000}{7}\right].$$

$$[450000 - 14000,\ 450000 + 14000].$$

$[436000, 464000]$（単位：俵）．//

解説 普段やり慣れている推定は，次のようにして行います：

母平均 m の推定→ 標本平均 $\overline{X}$ を用いて推定

母比率 p の推定→ 標本比率 R を用いて推定

ここで，

総計 = 母集団サイズ N × 母平均 m 本問

総数 = 母集団サイズ N × 母比率 p

ですから，「母平均」・「母比率」の推定をもとに考えれば，「総計」・「総数」の推定もできます．

とはいえ，本問のように普段やり慣れていない「総計」について推定するのはなかなか難しいですね．時間を掛けて，慎重に．

8 8 17 母比率の推定・区間の幅

根底 実戦 入試 [→8 7 1]

着眼 母比率の信頼区間は，標本比率 R と標本サイズ n の 2 つで決まります．本問では標本比率に関する情報がありませんが…

解答 標本比率を R とすると，母比率の信頼区間（信頼度 95%）は

$$\left[R-1.96\sqrt{\frac{R(1-R)}{n}},\ R+1.96\sqrt{\frac{R(1-R)}{n}}\right].$$

この幅が 0.07 以上となるための条件は

$$2\times 1.96\sqrt{\frac{R(1-R)}{n}} \ge 0.07 .$$

$$\sqrt{n} \le \frac{2\cdot 196}{7}\sqrt{R(1-R)} = 2\cdot 28\sqrt{R(1-R)}. \quad \cdots①$$

ここで，右図より $R(1-R) \le \frac{1}{4}$ だから，①より

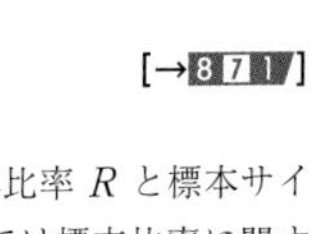

$$\sqrt{n} \le 2\cdot 28\cdot\sqrt{\frac{1}{4}} = 28.$$

$$\therefore n \le 28^2 = 784. \ \square$$

注 標本サイズ n が一定とすると，標本比率 R が $\frac{1}{2}$ に近いほど，母比率の信頼区間の幅は大きくなります．

8 8 18 複数の信頼区間

根底 実戦 入試

[→8 7 1]

着眼　「標本平均 $\overline{X}$」は確率変数ですから，試行の結果により様々な値をとり，それに応じて信頼区間も様々です．

注　標本サイズ：100 は充分大きいとみなせますから，正規分布による近似ができ，母平均の信頼区間の公式が使えます．

解答　(1)　母平均 m について推定する．

標本平均$\overline{X}$: 各社ごとに異なる．

母標準偏差 $\sigma=7$．　5 年前のもの

標本の大きさ $n=100$．

$$1.96\times\frac{7}{\sqrt{100}}=1.372\doteqdot 1.4$$

より，母平均 m に対する信頼度 95% の信頼区間は，

$$\left[\overline{X}-1.4,\ \overline{X}+1.4\right].$$

よって，各社の標本調査結果に応じた信頼区間は右の通り．

	$\overline{X}$	信頼区間
①	164.6	[163.2, 166.0]
②	165.1	[163.7, 166.5]
③	165.7	[164.3, 167.1]
④	164.8	[163.4, 166.2]
⑤	164.5	[163.1, 165.9]
⑥	165.8	[164.4, 167.2]
⑦	165.5	[164.1, 166.9]
⑧	163.7	[162.3, 165.1]
⑨	166.2	[164.8, 167.6]
⑩	165.4	[164.0, 166.8]

(2)　(1)で求めた信頼区間のうち，⑧だけが $m=165.3$ を含まない．よって，求める個数は 9 個．//

解説　信頼区間が動き，定数である母平均 m を含んだり含まなかったりする．

こうした具体性のある作業を通して，信頼区間や信頼度の意味に対する理解を深めていきましょう．

注　今回の標本調査では，10 社のうち 9 社 (90%) の信頼区間が m を含みましたが，もちろんそれが 8 社になったり 10 社になったりする可能性もありますよ．「信頼度 95%」だからといって，いつでもきっかり 95% の信頼区間が m を含んでいる訳ではありません．

参考　本問では，全ての標本に応じた信頼区間が，既知なる母標準偏差を用いて作られますから，信頼区間の幅は一定です．

しかし，母標準偏差 σ が未知であり，標本標準偏差 S で代用する場合には，各標本ごとに確率変数 S は変化するので，信頼区間の幅も一定ではなくなります．

8 8 19 信頼区間

根底 実戦 入試

[→8 7 1]

方針　「信頼区間」を表す式を見ながら考えましょう．

解答　母平均 m の信頼区間 I は

$$\left[\overline{X}-c\cdot\frac{\sigma}{\sqrt{n}},\ \overline{X}+c\cdot\frac{\sigma}{\sqrt{n}}\right].\ \cdots①$$

信頼度 95% なら $c=1.96$

その幅は，$W=2c\cdot\dfrac{\sigma}{\sqrt{n}}$．…①′

母比率 p の信頼区間 I' は

$$\left[R-c\sqrt{\frac{R(1-R)}{n}},\ R+c\sqrt{\frac{R(1-R)}{n}}\right].\ \cdots②$$

その幅は，$W'=2c\sqrt{\dfrac{R(1-R)}{n}}$．…②′

以上をもとに考える．

(1)　$\gamma=0.95$ より $c=1.96$．よって

$$c\cdot\frac{\sigma}{\sqrt{n}}=1.96\cdot\frac{5}{10}=0.98.$$

これと①より，$3\in I$ となるための条件は

$$\overline{X}-0.98\leq 3\leq\overline{X}+0.98.$$

$$2.02\leq\overline{X}\leq 3.98.//$$

(2)　$\gamma=0.99$ より $c=2.58$．また，σ を $S=5$ で代用してよいから，

$$c\cdot\frac{\sigma}{\sqrt{n}}=2.58\cdot\frac{5}{\sqrt{n}}.$$

これと①′より，$W\leq 0.6$ となるための条件は

$$2\times 2.58\cdot\frac{5}{\sqrt{n}}\leq 0.6.\quad 258\leq 6\sqrt{n}.$$

$$\therefore n\geq 43^2=1849.//$$

解説　標本サイズを大きくし，たくさん調べた方が信頼区間を絞り込めるという訳です．■

(3)　$c\cdot\dfrac{\sigma}{\sqrt{n}}=c\cdot\dfrac{\sqrt{2}}{10\sqrt{2}}=\dfrac{c}{10}$．

これと ①′ より，$W\leq 0.3$ となるための条件は

$$2\cdot\frac{c}{10}\leq 0.3.\quad c\leq 1.5.$$

ここで，$\gamma=2\cdot p(c)$ だから，求める条件は

$$\gamma\leq 2\cdot p(1.5)=2\times 0.4332=0.8664.//$$

(4)　$p(c)=\dfrac{\gamma}{2}=\dfrac{0.9544}{2}$ となる c は，

$p(c)=0.4772$ より，$c=2$．

これと $n=100$ より

$$c\sqrt{\frac{R(1-R)}{n}}=2\cdot\frac{\sqrt{R(1-R)}}{10}=\frac{\sqrt{R(1-R)}}{5}.$$

よって題意の条件は

$$R-\frac{\sqrt{R(1-R)}}{5}=0.04.$$

両辺を 25 倍する

$$25R-1=5\sqrt{R(1-R)}.$$

$25R-1\geq 0$ …③ のもとで

$$(25R-1)^2=25R(1-R).$$
$$650R^2-75R+1=0.$$
$$(65R-1)(10R-1)=0.$$

これと③より，$R=\dfrac{1}{10}$.//

(5) γ が一定ゆえ，$c\ (>0)$ も一定．σ が未知であるとき，①′において σ を S で代用して

$$W=2c\cdot\frac{S}{\sqrt{n}}.$$

標本の選び方に応じて，S は変化するから W も変化する．//

注 標本標準偏差 S は確率変数です．だから，大文字で表しておいたのです．

参考 前問のように母標準偏差 σ が既知で，それを用いて信頼区間を作る際には，幅 W は一定となります．■

(6) γ が一定ゆえ，$c\ (>0)$ も一定．

$$②'\colon W'=2c\sqrt{\frac{R(1-R)}{n}}$$

において，標本の選び方に応じて，R は変化するから W' も変化する．//

注 標本比率 R は確率変数です．だから，大文字で表しています．

8 8 20 回数による検定

根底 実戦 [→8 7 2 例]

着眼 普通に考えると，表が出る回数は $100\cdot\dfrac{1}{2}=50$(回) くらいが相場．「59 回」は少し多い気がします．そこで，表が出る確率は $\dfrac{1}{2}$ より大きい」と主張することを目指します．

方針 「$\dfrac{1}{2}$ と異なる」ではなく，「$\dfrac{1}{2}$ より大きい」を示したいので，片側検定を採用します．

解答 コイン A の表が出る確率 p について検定する．

1° 対立仮説 H_1:「$p>\dfrac{1}{2}$」を示したい．

そこで，帰無仮説 H_0:「$p=\dfrac{1}{2}$」を前提とする．

2° 有意水準は $\alpha=0.05$ (片側検定).

100 回における表の回数 X の分布は，

二項分布 $B\left(100,\ \dfrac{1}{2}\right)$.

回数が多いので，これは次の正規分布で近似できる：

$N\left(100\cdot\dfrac{1}{2},\ 100\cdot\dfrac{1}{2}\cdot\dfrac{1}{2}\right)$, i.e. $N(50,\ 5^2)$. [1]

$p(1.64)\fallingdotseq 0.45$ だから，片側検定の棄却域 C は

$50+1.64\times 5<X$.

i.e. C: $58.2<X$.

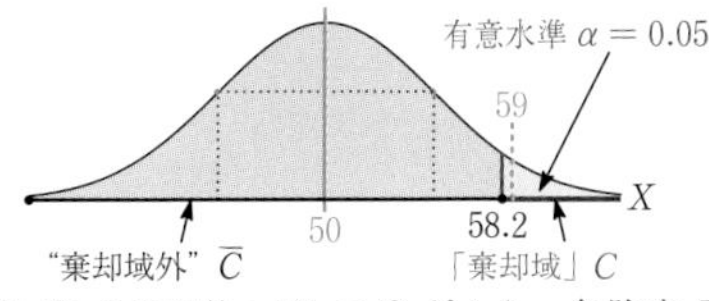

3° X の実現値：$59\in C$ だから，危険率 5% で H_0 を棄却する．つまり，コイン A は表が出やすい．//

別解 X を標準化した Z を用いて解答すると，以下の通りです ([1] の続きから)：

$Z:=\dfrac{X-50}{5}$ は，標準正規分布 $N(0,\ 1^2)$ に従う．

よって Z の棄却域は

C': $1.64<Z$.

3° X の実現値：59 に対する Z の値は

$$Z=\frac{59-50}{5}=1.8\in C'.$$

よって，危険率 5% で H_0 を棄却する．(以下同様)

解説 ここでは，「直接 X」，「間接的に Z」の 2 通りの方法を示しましたが，この後の各問題は一方のみ書きます．どちらの方式でもできるようにしておきましょう．

参考 本問の検定は次の通り：

- 離散型 (実質は連続型)
- 確率の検定
- 片側検定
- 有意水準 5%
- 「直接 X」&「Z で間接」
- 帰無仮説を棄却.

注 「検定」では，本問のように「母集団」や「標本」を意識しないで行うケースもあります．もっとも本問も，同質なコイン A が無限個あり，そこから抽出した 100 個の標本について調べたと解釈することもできますが (8 7 2 の 例 も同様).

言い訳 「1.64」という係数に対する説明は不要かなという気がします．この点がもし気になるなら，[→例題 8 7 e]

注 もしも「コイン A は表と裏の出やすさに違いがあるか？」を調べるなら，1° が

対立仮説 H_1:「$p\neq\dfrac{1}{2}$」を示したい．

そこで，帰無仮説 H_0:「$p=\dfrac{1}{2}$」を前提とする．

となり，両側検定をすることになります．すると上記の「1.64」が「1.96」に変わり，棄却域が

C: $X<40.2,\ 59.8<X$

となりますから，X の実現値：$59\notin C$ となり H_0 は棄却されませんね．

つまり，今回の実現値：「59 回」の場合，片側検定の方が両側検定より帰無仮説が棄却されやすい訳ですが，検定方法の選択を自身が望む結果を得ることを意図して行うのはルール違反ですよ．

8 8 21 母平均の検定

根底 実戦

[→例題 8 7 c]

着眼 母集団：「A 大学の受験者全体」 受験生全体ではない！

標本サイズ：$n=36$

標本相加平均：$\overline{X}=6$ (h)

標本標準偏差：$S=1.8$ (h)

注 標本サイズ：$36>30$ [→ 8 6 5 標本平均の分布] なので，標本平均は正規分布に従うとみなします．

解答 A 大学受験者の平均学習時間 m について検定する．

1° 対立仮説 H_1:「$m \neq 5$」を示したい．

そこで，帰無仮説 H_0:「$m=5$」を前提とする．

2° 有意水準は $\alpha=0.01$ (両側検定).

抽出した $n=36$ 人について，標本平均 $\overline{X}$ の分布は，

母標準偏差 σ を標本標準偏差 1.8 で代用して

正規分布 $N\left(m, \dfrac{\sigma^2}{n}\right)$ i.e. $N\left(5, \dfrac{1.8^2}{36}\right)$.

よって棄却域 C は

$$\overline{X}<5-2.58\cdot\frac{1.8}{6},\ 5+2.58\cdot\frac{1.8}{6}<\overline{X}.$$

$$\overline{X}<5-0.774,\ 5+0.774<\overline{X}.$$

i.e. C: $\overline{X}<4.226,\ 5.774<\overline{X}$.

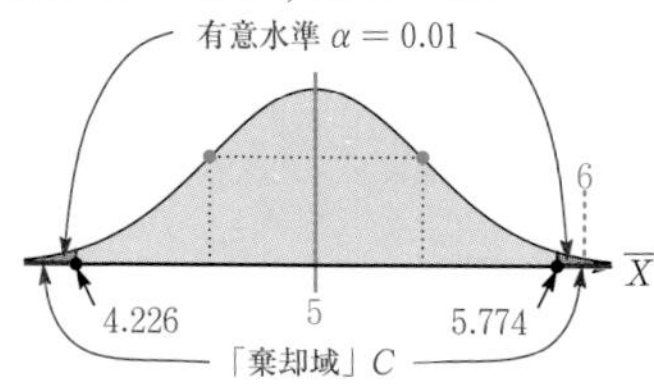

3° $\overline{X}$の実現値：$6 \in C$ だから，危険率 1% で H_0 を棄却する．つまり，A 大学受験者の平均学習時間は，受験生全体のそれとは異なっているといえる． //

参考 本問の検定は次の通り：

- 連続型確率変数 ○ 母平均
- 両側検定 ○ 有意水準 1%
- 「直接 $\overline{X}$」 ○ 帰無仮説を棄却.

8 8 22 母比率の片側検定

根底 実戦

[→例題 8 7 d]

注 標本サイズ：150 は充分大きいとみます．

着眼 母集団：「国民全体」

標本サイズ：$n=150$ 人

支持者の標本比率：$R=\dfrac{81}{150}=0.54$.

解答 国民全体に占める内閣支持者の母比率 p について検定する．

1° 対立仮説 H_1:「$p<0.6$」を示す．

そこで，帰無仮説 H_0:「$p=0.6$」を前提とする．

2° 有意水準は $\alpha=0.05$ (片側検定).

抽出した $n=150$ 人について，標本比率 R の分布は

正規分布 $N\left(p, \dfrac{p(1-p)}{n}\right)$ i.e. $N\left(0.6, \dfrac{\frac{3}{5}\cdot\frac{2}{5}}{150}\right)$.

$\sqrt{\dfrac{\frac{3}{5}\cdot\frac{2}{5}}{150}}=\dfrac{1}{25}$ より，棄却域 C は

$$R<0.6-1.64\times\frac{4}{100}.$$

$$R<0.6-0.0656.$$

i.e. C: $R<0.5344$.

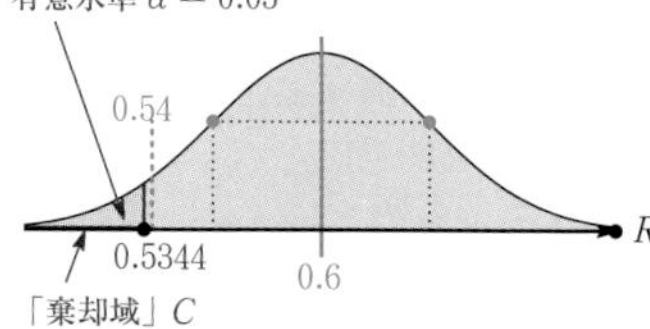

3° R の実現値：$\dfrac{81}{150}=0.54 \notin C$ だから，危険率 5% で H_0 を棄却しない．つまり，内閣支持率が下がっているとはいえない． //

注 だからと言って，支持率が下がっていないと証明できた訳ではありませんよ．

補足 「片側検定」は，このように左側 (値が小さい方) に棄却域を設けることもあります．

参考 本問の検定は次の通り：

- 離散型 (実質は連続型) ○ 母比率
- 片側検定 ○ 有意水準 5%
- 「直接 R」 ○ 帰無仮説を棄却せず.

8 8 23 母比率の検定・新薬

根底 実戦

[→例題 8 7 d]

着眼 母集団：「A を常飲している D の罹患者(りかんしゃ)全体」

標本サイズ：$n=100$ 人

標本比率：$R=\dfrac{90}{100}=0.9$

解答 A を常飲している人の，48 時間以内の治癒率 p について検定する．

1° 対立仮説 H_1:「$p \neq 0.8$」を示したい．

そこで，帰無仮説 H_0:「$p=0.8$」を前提とする．

2° 有意水準は $\alpha=0.05$ (両側検定).

抽出した $n=100$ 人について，標本比率 R の分布は

正規分布 $N\left(p, \dfrac{p(1-p)}{n}\right)$ i.e. $N\left(0.8, \dfrac{\frac{4}{5}\cdot\frac{1}{5}}{100}\right)$.

方針 本問は，標準化された Z を用いる間接方式でやってみます． ■

$\sigma(R)=\frac{2}{50}=\frac{1}{25}$ だから，

$$Z:=\frac{R-0.8}{\frac{1}{25}}=25(R-0.8)$$

が従う分布は，標準正規分布 $N(0,1^2)$.

よって，棄却域 C は，$Z<-1.96,\ 1.96<Z$.

3° R の実現値：0.9 に対して

$$Z=25(0.9-0.8)=2.5\in C.$$

よって危険率 5% で H_0 を棄却する．つまり，飲料 A は D の治癒に影響を及ぼすといえる．//

参考 本問の検定は次の通り：

- 離散型（実質は連続型）　○標本比率
- 両側検定　○有意水準 5%
- 標準化した Z で間接　○帰無仮説を棄却.

注 なにしろ「健康飲料」ですから，「治癒に対する効果があるか」，つまり H_1:「$p>0.8$」を示すべく片側検定を採用してもよさそうな案件ですね．その場合，Z の棄却域は $1.64<Z$ となり，右側（値が大きい側）では広くなるので，H_0 を棄却（H_1 を採択）しやすくなります．

しかし，A に含まれる成分が人体にマイナスの作用を与える危険性もありますので，慎重を期して両側検定を採用したのです．

これと近い話題として，「新薬の治験」があります．H_1：「新薬は有効か？」とだけ考え，マイナス作用を無視して片側検定を採用すると，H_1 が採択（新薬が認可）されやすくなり，実は有効でない薬が市場に出回ってしまう危険（第 1 種の誤り）が増してしまいます．こうした事態を避けるため，前記のような片側検定は避けるよう，厚生労働省からお達しが出ています．

ちなみに，実際の新薬治験では，薬を処方することの心理的影響を除いて評価するため，「プラセボ対照試験」が行われます．興味がある方は調べてみてください．

8 8 24 母平均の両側検定・逆問題

根底 実戦 入試　[→例題 8 7 c]

着眼 母集団：「ネジ A 全体」

標本サイズ：n

標本相加平均：$\overline{X}=1021.5$ (N)

標本標準偏差：$S=100$ (N)

解答 ネジ A 全体の平均耐荷重 m について検定する．

1° 対立仮説 H_1:「$m\neq 1000$」を示したい．

そこで，帰無仮説 H_0:「$m=1000$」を前提とする．

2° 有意水準は α（両側検定）．

抽出した n 個のネジについて，標本平均 $\overline{X}$ の分布は，母標準偏差 σ を標本標準偏差 $S=100$ で代用して

$$\text{正規分布 } N\left(m,\ \frac{\sigma^2}{n}\right)\ \text{i.e.}\ N\left(1000,\ \frac{100^2}{n}\right).$$

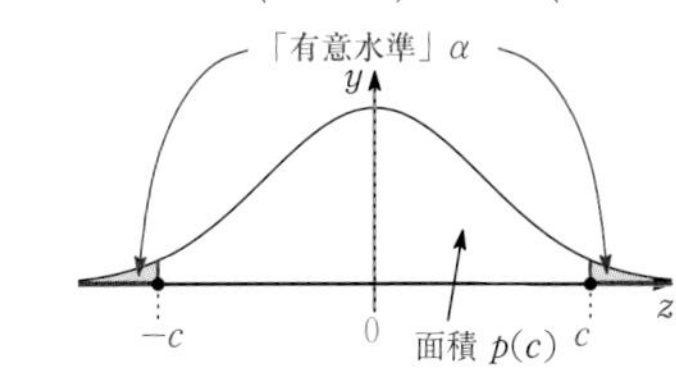

ここで，標準正規分布において，

$$p(c)=0.5-\frac{\alpha}{2}\ \cdots①$$

を満たす c を考える（上図）．これを用いると，$\overline{X}$ の棄却域 C は，

$$\overline{X}<1000-c\cdot\frac{100}{\sqrt{n}},\ 1000+c\cdot\frac{100}{\sqrt{n}}<\overline{X}.$$

3° 危険率 α で H_0 を棄却したということは，$\overline{X}$の実現値：$1021.5\in C$．よって

$$1000+c\cdot\frac{100}{\sqrt{n}}<1021.5.$$

$$100c<21.5\sqrt{n}.\ \cdots②$$

(1) 有意水準 $\alpha=0.01$ のとき，①より $c=2.58$ だから，②は

$$258<21.5\sqrt{n}.\quad 12<\sqrt{n}.$$

$$\therefore n>12^2=144.//$$

(2) 標本サイズ $n=100$ のとき，②は

$$100c<215.\quad c<2.15.$$

ここで，正規分布表より $p(2.15)=0.4842$ だから，

$$p(c)<0.4842.$$

①より

$$0.5-\frac{\alpha}{2}<0.4842.$$

$$\therefore \alpha>2\times 0.0158=0.0316.//$$

解説 ②式を作った後で(1)(2)それぞれの解答に取り掛かると効率的ですね．

参考 本問の検定は次の通り：

- 連続型確率変数　○母平均
- 両側検定　○有意水準 1%, α
- 「直接 $\overline{X}$」　○帰無仮説を棄却.

8 8 25 推定，検定の正誤問題 [→8 7]
根底 実戦 入試 重要

解答 (1) 誤 (2) 誤 (3) 正 (4) 誤 (5) 誤 (6) 誤 (7) 正 (8) 誤

解説 (1) 母平均 m の信頼区間は

$$\left[\overline{X}-c\cdot\frac{\sigma}{\sqrt{n}},\ \overline{X}+c\cdot\frac{\sigma}{\sqrt{n}}\right].$$

信頼度 95% なら $c=1.96$

これは確率変数 $\overline{X}$ を含むので，どんな範囲になるかわかりません．抽出の結果次第では，母平均を含まないケースも起こり得ます．

(2) 母比率 p の信頼区間は

$$\left[R-c\sqrt{\frac{R(1-R)}{n}},\ R+c\sqrt{\frac{R(1-R)}{n}}\right].$$

これは確率変数 R を含むので，どんな範囲になるかわかりません．

(3) 母平均の推定において，信頼区間の幅は

$$2c\cdot\frac{\sigma}{\sqrt{n}}.$$

信頼度 95% なら $c=1.96$

ここには確率変数が含まれないので，標本の選び方によらず一定です．

(4) 典型的な誤りですね(笑)．抽出＝試行の結果に応じて確率変数 R(標本比率)を含む**信頼区間が変動**し，確率 95% で定数 p を含むというのが正しい意味です．

(5) 「完全に」ではありません．H_1 が正しい可能性が高いと言えるだけです．実は帰無仮説 H_0 が正しいのに，たまたま稀有(けう)な事象が起きてしまったがために H_0 を棄却してしまった(第 1 種の誤り)可能性もあります．

(6) 帰無仮説 H_0 が棄却されなかった場合には，その検定は失敗に終わり，「何もわからない」というのが結論となります．背理法で，矛盾が示せなかった場合に証明が失敗に終わるのと同様です．

注 (大学以降の)統計書では，「帰無仮説 H_0 を棄却，対立仮説 H_1 を採択」とならないことを「帰無仮説 H_0 を採択，対立仮説 H_1 を棄却」と言ってしまうこともありますが，誤解を招きやすい表現なので，本書では使用を避けています．

(7) 母平均 m についての検定において，標本平均 $\overline{X}$ の棄却域は

$$\overline{X}<m-c\cdot\frac{\sigma}{\sqrt{n}},\ m+c\cdot\frac{\sigma}{\sqrt{n}}<\overline{X}.$$

信頼度 95% なら $c=1.96$

母分散 σ は定数．標本サイズ n が大きくなると，$c\cdot\dfrac{\sigma}{\sqrt{n}}$ が小さくなり，棄却域(右図の赤線)は広くなります．

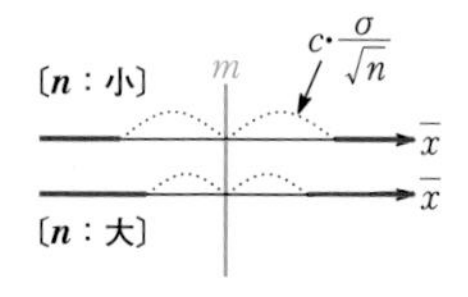

(8) 「○○でない」という対立仮説を示したいなら両側検定，「○○より大きい」や「○○より小さい」という対立仮説を示したいなら片側検定を採用するのが基本です．つまり，検定の目的によって決定されます．それを無視して，帰無仮説が棄却されやすいようにと意図的に検定法を選択するのはルール違反です．

8 8 26 二項分布と二項係数 [→8 5 2]
根底 実戦

注 ①は，I+A 7 3 8 最後のコラムなどで学びましたね．

解答

(1)
$$\begin{aligned}
E(X)&=\sum_{k=0}^{n}k\cdot P(X=k)\\
&=\sum_{k=1}^{n}k\cdot{}_n\mathrm{C}_k\,p^kq^{n-k}\\
&=\sum_{k=1}^{n}n\,{}_{n-1}\mathrm{C}_{k-1}\,p^kq^{n-k}\ (\because\ ①)\quad 1)\\
&=\sum_{k=1}^{n}n\,{}_{n-1}\mathrm{C}_{k-1}\,p\cdot p^{k-1}q^{(n-1)-(k-1)}\quad 2)\\
&=np\sum_{l=0}^{n-1}{}_{n-1}\mathrm{C}_l\,p^lq^{n-1-l}\ (l:=k-1)\\
&=np(p+q)^{n-1}\\
&=np\ (\because\ p+q=1).\ \square
\end{aligned}$$

二項定理より

(2) ①を繰り返し用いて，

$$\begin{aligned}
{}_n\mathrm{C}_k\cdot k(k-1)&=n\cdot{}_{n-1}\mathrm{C}_{k-1}\cdot(k-1)\\
&=n(n-1)\cdot{}_{n-2}\mathrm{C}_{k-2}.\ \square
\end{aligned}$$

もちろん $n\geqq 2$

$$V(X)=E(X^2)-E(X)^2.$$

ここで

$$\begin{aligned}
E(X^2)&=\sum_{k=0}^{n}k^2{}_n\mathrm{C}_kp^kq^{n-k}\\
&=\sum_{k=1}^{n}\{k(k-1)+k\}{}_n\mathrm{C}_kp^kq^{n-k}\\
&=\sum_{k=2}^{n}k(k-1){}_n\mathrm{C}_kp^kq^{n-k}+E(X).
\end{aligned}$$

②より第 1 項は，

$$\begin{aligned}
&\sum_{k=2}^{n}n(n-1){}_{n-2}\mathrm{C}_{k-2}p^2\cdot p^{k-2}q^{(n-2)-(k-2)}\\
&=n(n-1)p^2\sum_{j=0}^{n-2}{}_{n-2}\mathrm{C}_jp^jq^{(n-2)-j}\ (j:=k-2)\\
&=n(n-1)p^2(p+q)^{n-2}\\
&=n(n-1)p^2.
\end{aligned}$$

以上より

$$V(X)=n(n-1)p^2+np-(np)^2$$
$$=np\{(n-1)p+1-np\}$$
$$=np(1-p)=npq.\ \square$$

解説 1)：上の行の $k\cdot{}_n\mathrm{C}_k$ では 2 か所にあった変数 k が，$n_{n-1}\mathrm{C}_{k-1}$ では 1 か所に集約されました．

2)：「${}_{n-1}\mathrm{C}_{k-1}$」を見て，「$n-1$」と「$k-1$」で表せば二項定理が使えると先読みして変形しています．

注 $\sum$ 計算における「k」の範囲が，赤字で書いたように変化することに注意してください．

参考 8 5 2 で行った，期待値・分散の性質を用いた証明法がいかに簡便であったがが実感されますね(笑)．なお，期待値については，既に

I+A 演習問題 7 13 6 (1)で同じことを示していました．

8 8 27 連続型確率変数の期待値・分散 [→8 5 3]

根底 実戦

着眼 8 3 の 1 2 で述べた離散型確率変数に関する公式類❶❷❸が，連続型確率変数においても全く同様に成り立つことの証明です．

方針 分散および期待値の定義にしたがって単純計算するだけです．

解答

(1) $$P(U)=\int_{x_1}^{x_2} f(x)\,dx=1.\ \cdots①$$

$$E(X)=\int_{x_1}^{x_2} xf(x)\,dx\,(=m\ とおく).\ \cdots②$$

これらを用いると

$$V(X)=\int_{x_1}^{x_2}(x-m)^2 f(x)\,dx\ \cdots③$$ 分散の定義

$$=\int_{x_1}^{x_2}(x^2-2mx+m^2)f(x)\,dx$$
$$=\int_{x_1}^{x_2}x^2 f(x)\,dx-2m\int_{x_1}^{x_2}xf(x)\,dx+m^2\int_{x_1}^{x_2}f(x)\,dx$$
$$=E(X^2)-2m\cdot m+m^2\cdot 1\ (\because ①②)$$
$$=E(X^2)-m^2$$
$$=E(X^2)-\{E(X)\}^2.\ \square$$

(2) $$E(aX+b)=\int_{x_1}^{x_2}(ax+b)f(x)\,dx$$
$$=a\int_{x_1}^{x_2}xf(x)\,dx+b\int_{x_1}^{x_2}f(x)\,dx$$
$$=aE(X)+b\cdot 1\ (\because ①②)$$
$$=aE(X)+b\ (=am+b).$$

$$V(aX+b)=\int_{x_1}^{x_2}\{(ax+b)-(am+b)\}^2 f(x)\,dx$$
$$=a^2\int_{x_1}^{x_2}(x-m)^2 f(x)\,dx\ (\because ③)$$
$$=a^2V(X).\ \square$$

解説 離散型における「$\sum$ 計算」が，連続型では「積分計算」に変わっただけでしたね．

連続型確率変数において，標準偏差に関する公式：❸′：$\sigma(aX+b)=|a|\sigma(X)$ も成り立ちます．

9 演習問題C 数学Ⅲとの融合

891 正規分布曲線 根底 実戦 [→854]

着眼 微分する前に，まず関数 $f(x)$ そのものを見ること．

解答 $f(m+t)=f(m-t)$ より，C は直線 $x=m$ に関して対称．

そこで，以下 $x\geq m$ のもとで考える．

$f(x)>0$ であり，$x\to\infty$ のとき，$f(x)\to 0$.

$f(x)$ は減少する．

$$f'(x)=\frac{1}{\sqrt{2\pi}\sigma}\cdot\frac{-(x-m)}{\sigma^2}\cdot e^{-\frac{(x-m)^2}{2\sigma^2}}$$

$$=(\text{正定数})\times(m-x)\cdot e^{-\frac{(x-m)^2}{2\sigma^2}}.$$

よって，$f''(x)$ は次と同符号：

$$-1+(m-x)\frac{-(x-m)}{\sigma^2}$$

$$=\frac{1}{\sigma^2}\left\{(x-m)^2-\sigma^2\right\}$$

$$=\underbrace{\frac{1}{\sigma^2}\{x-(m-\sigma)\}}_{\text{正}}\{x-(m+\sigma)\}.$$

よって，C の凹凸は次表の通り．

x	m	$\cdots$	$m+\sigma$	$\cdots$
$f''(x)$		$-$	0	$+$
$f(x)$		$\cap$		$\cup$

$$f(m)=\frac{1}{\sqrt{2\pi}\sigma}e^0=\frac{1}{\sqrt{2\pi}\sigma},$$

$$f(m+\sigma)=\frac{1}{\sqrt{2\pi}\sigma}e^{-\frac{\sigma^2}{2\sigma^2}}=\frac{1}{\sqrt{2\pi}\,\sigma}\cdot\frac{1}{\sqrt{e}}.$$

以上より，C の概形は次図の通り：

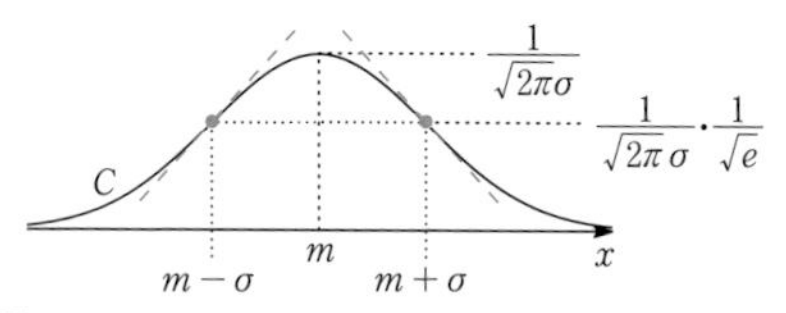

注 $x=m\pm\sigma$ の所に変曲点があることは覚えておきましょう．

参考

$\frac{1}{\sqrt{2\pi}\sigma}$ C σ m x $2.5\times\sigma$

$f(x)$ は確率密度関数ですから，x 軸とはさむ領域（上図赤色）の面積は 1 となるはずです．この面積は，“目分量”によると図の青枠長方形のおおよそ半分ですね．この値を計算してみると

$$\frac{1}{2}\times(2\times2.5\times\sigma)\times\frac{1}{\sqrt{2\pi}\sigma}$$

$$=\frac{2.5}{\sqrt{2\pi}}\fallingdotseq\frac{2.5}{\sqrt{6.28}}\fallingdotseq\frac{2.5}{\sqrt{6.25}}=\frac{2.5}{2.5}=1.$$

ほら，ちゃんと「1」になりましたね．

言い訳 赤色領域はホントは左右に無限に広がっていますが，$m\pm2.5\times\sigma$ の外側はほぼ無視できますね．

大学以降の統計学では，積分区間が無限に広がる定積分を考え，等式

$$\int_{-\infty}^{\infty}f(x)\,dx=1$$ ∞は「無限大」と読む

が成り立つことを証明します．残念ながら高校数学では無理ですので，前記の“目分量”で納得しておいてください（笑）．

892 正規分布と変数変換 根底 実戦 ハイレベル [→855]

注 855注で述べたテーマです．

X の期待値・分散が m, σ^2 ならば，演習問題8827で示した連続型確率変数の性質を認めるなら Z の期待値，分散が 0, 1^2 であることはすぐに確かめられます．しかし，Z が正規分布に従うかどうかは示されていませんでしたね．

本問では，下の密度関数①における期待値，分散が m, σ^2 であること[→次問]は認めた上で議論します．

解答 正規分布 $N(m,\sigma^2)$ の密度関数は

$$f(x)=\frac{1}{\sqrt{2\pi}\sigma}e^{-\frac{(x-m)^2}{2\sigma^2}}.\ \cdots①$$

X が正規分布 $N(m,\sigma^2)$ に従うから，

$$P(a\leq X\leq b)=\int_a^b f(x)\,dx.$$

方針 これと同じようなことが Z についても言えることを示します．■

$Z=\dfrac{X-m}{\sigma}$ を変形すると

$X=\sigma Z+m.$ 消したい X を，残したい Z で表した

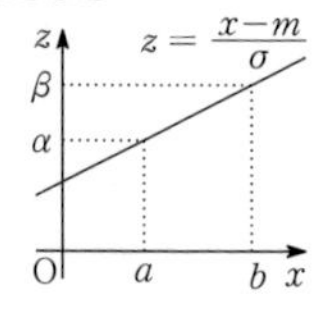

右図のように α, β をとると，$a\leq X\leq b\iff\alpha\leq Z\leq\beta$ だから，

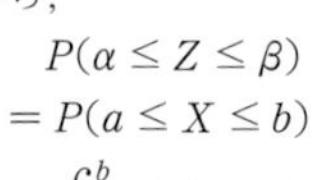

$$P(\alpha\leq Z\leq\beta)$$

$$=P(a\leq X\leq b)$$

$$=\int_a^b f(x)\,dx\ (x=\sigma z+m\text{ と置換すると，})$$

$$=\int_\alpha^\beta f(\sigma z+m)\cdot\underline{\sigma\,dz}$$

$$=\int_\alpha^\beta\frac{1}{\sqrt{2\pi}\sigma}e^{-\frac{(\sigma z+m-m)^2}{2\sigma^2}}\cdot\sigma\,dz$$

$$= \int_\alpha^\beta \frac{1}{\sqrt{2\pi}} e^{-\frac{z^2}{2}}\,dz$$
$$= \int_\alpha^\beta \frac{1}{\sqrt{2\pi}\cdot 1} e^{-\frac{(z-0)^2}{2\cdot 1^2}}\,dz.$$

この被積分関数は，①の密度関数において，$m=0,\ \sigma=1$ としたものである．よって，Z は標準正規分布 $N(0,1^2)$ に従う．□

解説 置換積分法により，σdz となり，σ が約分されて消えることがポイントです．

注 本問と同様にして，X の 1 次式で表される任意の確率変数も正規分布に従うことが示されます．

8 9 3 標準正規分布の期待値・分散

根底 実戦 ハイレベル

[→8 5 4]

言い訳 「$\int_{-\infty}^{\infty}$」は大学以降の表現です．

②は6 5 8で学んだ奇関数の性質そっくりですが，「∞」が絡んでいますので，大学以降ではキチンと収束性を吟味した上で使うべきものです．

解答 $E(Z)=\int_{-\infty}^{\infty} zf(z)\,dz.$

ここで，$zf(z)=\dfrac{1}{\sqrt{2\pi}}\cdot ze^{-\frac{z^2}{2}}$ は奇関数だから，②より $E(Z)=0$.

次に，これを用いると

$$V(Z)=\int_{-\infty}^{\infty} z^2 f(z)\,dz \quad \text{分散の定義}$$
$$=\int_{-\infty}^{\infty} \underset{\downarrow\ 1}{z}\cdot \underset{\uparrow\ -f(z)}{zf(z)}\,dz \quad \text{矢印は微分する向き}$$
$$=\Big[-zf(z)\Big]_{-\infty}^{\infty}+\int_{-\infty}^{\infty} f(z)\,dz.$$

ここで，第 2 項は①より 1. 第 1 項は

$$\left[-\frac{1}{\sqrt{2\pi}} ze^{-\frac{z^2}{2}}\right]_{-\infty}^{\infty}=\frac{-1}{\sqrt{2\pi}}\left[\frac{2}{z}\cdot\frac{z^2}{2}e^{-\frac{z^2}{2}}\right]_{-\infty}^{\infty}.$$

ここで，$z\to\pm\infty$ のとき $\dfrac{z^2}{2}\to\infty$ だから，③より

$$\text{第 1 項}=\frac{-1}{\sqrt{2\pi}}(0-0)=0.$$

以上より，$V(Z)=0+1=1^2$. □

参考 前問で示した通り，X が

密度関数 $\dfrac{1}{\sqrt{2\pi}\sigma}e^{-\frac{(x-m)^2}{2\sigma^2}}$ の正規分布 …④

に従うとき，

$Z=\dfrac{X-m}{\sigma}$, i.e. $X=\sigma Z+m$ …⑤

によって変換した Z は，

密度関数 $\dfrac{1}{\sqrt{2\pi}}e^{-\frac{z^2}{2}}=\dfrac{1}{\sqrt{2\pi}\cdot 1}e^{-\frac{(z-0)^2}{2\cdot 1^2}}$ の正規分布

に従います．

そして本問の結果より，この Z の期待値，分散はそれぞれ

$E(Z)=0,\ V(Z)=1^2$

ですから，**演習問題8 8 27**で示した連続型確率変数の性質（∞ が絡む正規分布でも成り立ちます）と⑤より，X の期待値，分散はそれぞれ

$E(X)=\sigma E(Z)+m=\sigma\cdot 0+m=m,$

$V(X)=\sigma^2 V(Z)=\sigma^2\cdot 1^2=\sigma^2.$

これにて初めて，④の正規分布の期待値，分散がわかりました．本章ではこれまでずっと，そうしたことを無反省に認めてあれやこれやと応用問題を解いてきたのです（笑）.

注 「統計」，とりわけ「正規分布」に関しては，高校数学では証明抜きに認めてしまう事柄が多く，真摯に数学と向き合いたい学生から不信感を抱かれがちです．そこで，少しだけ背伸びをすれば何とかなることをできる限り示しておこうとしたのが8 9演習問題Cの 3 問です．

残念ながら等式①の証明は「重積分」なるものを使うので完全に超高校レベルですが，前問で「どうやら正しいらしい」という雰囲気だけは味わっていただきました．

本章の締めの言葉：「統計」と「数学」は，かなり違う（笑）.